现代采矿手册

（下册）

王运敏　主编

北　京

冶金工业出版社

2014

内 容 提 要

本书分为上、中、下三册。上册包括:绪论、矿山地质及水文地质、矿山测量、矿山地面总体布置、矿山岩石力学、露天矿穿孔设备、爆破工程。中册包括:露天开采、地下开采。下册包括:露天地下联合开采、特殊条件矿床开采、矿井通风、矿山压气、矿山防排水、矿山清洁生产与环境保护、矿山地质灾害及治理、数字化矿山、采矿系统工程、矿山建设项目经济评价、矿山环境影响评价、职业病危害评价、安全评价。

本书全面、系统介绍了我国非煤固体矿产采矿技术、采矿方法与采矿设备,内容涉及与我国金属矿开采有关的所有专业,既有基础性的理论,又有前沿技术,是我国几十年广大矿业科技工作者采矿理论与技术的积累,具有较大的参考价值。

本书可供从事矿山的科研和设计、施工建设、矿山生产技术人员和各级管理人员使用;亦可供大专院校的师生参考。

图书在版编目(CIP)数据

现代采矿手册. 下册/王运敏主编. —北京:冶金工业
出版社,2012.2 (2014.1 重印)
ISBN 978-7-5024-5842-3

Ⅰ.① 现⋯　Ⅱ.① 王⋯　Ⅲ.① 矿山开采—技术手册
Ⅳ.① TD8 - 62

中国版本图书馆 CIP 数据核字(2011)第 275144 号

出 版 人　谭学余
地　　　址　北京北河沿大街嵩祝院北巷 39 号,邮编 100009
电　　　话　(010)64027926　电子信箱　yjcbs@ cnmip. com. cn
责任编辑　王之光　杨秋奎　美术编辑　李　新　版式设计　孙跃红
责任校对　王贺兰　责任印制　牛晓波
ISBN 978-7-5024-5842-3

冶金工业出版社出版发行;各地新华书店经销;三河市双峰印刷装订有限公司印刷
2012 年 2 月第 1 版,2014 年 1 月第 2 次印刷
210mm×285mm;55.75 印张;1757 千字;872 页
260.00 元

冶金工业出版社投稿电话:(010)64027932　投稿信箱: tougao@cnmip. com. cn
冶金工业出版社发行部　电话:(010)64044283　传真:(010)64027893
冶金书店　地址:北京东四西大街 46 号(100010)　电话:(010)65289081(兼传真)
(本书如有印装质量问题,本社发行部负责退换)

《现代采矿手册》（下册）
编 撰 人 员

主　编　王运敏

副主编（以下按姓氏笔画排序）

王 斐	王方汉	王洪仁	王荣祥	王湘桂	左 敏	卢才武	甘德清	任贤锋	刘小力
刘保平	刘效良	李 山	李维健	李翠平	杨志强	辛明印	宋福昌	宋嘉栋	张化远
张建华	张国建	陈宜华	陈战强	陈梅岭	邵 武	邵安林	林大泽	岳润芳	周建功
项宏海	赵 奎	赵广山	郝树华	胡 侠	修国林	郭金峰	顾士亮	秦洪元	徐志宏
翁占斌	姬志勇	黄海根	董金奎	程建忠	曾细龙	谢志勤	谭亚辉		

编　委（以下按姓氏笔画排序）

刁 虎	于清军	万凯军	马志刚	马旭峰	马莘林	王 先	王 继	王二军	王广和
王长军	王书春	王玉成	王文杰	王文潇	王巨堂	王发芝	王任大	王任中	王付民
王正昌	王永生	王洪江	王春仁	王新民	王维勤	王虎臣	王靖文	王耀凯	牛忠育
毛权生	毛国胜	文孝廉	尹宝昌	邓 飞	邓永前	卢敬标	叶海旺	田志云	田取珍
付永祥	付存利	付存禄	代永新	白怀良	白复锌	冯雅丽	吉少清	吉学文	匡忠祥
曲文峰	吕国新	任效乾	邬长福	刘 杨	刘 翔	刘长坚	刘丰贵	刘成祥	刘 沪
刘海林	刘福春	刘喜富	刘景玉	闫红新	闫志强	闫满志	江大体	许文远	孙乐雨
孙世国	孙向远	孙利清	孙国权	孙建珍	孙殿兴	寿震宇	严积松	杜 明	李 明
李 真	李 涛	李 跃	李大培	李山泉	李长权	李计良	李兴尚	李同鹏	李志超
李希平	李进生	李迎佳	李洪元	李家泉	李秀臣	李海洪	李爱峰	李爱国	李振宗
李雁翎	何顺斌	杨先翠	杨永生	杨夕辉	杨进林	杨裕官	吴冷峻	吴胡颂	吴将有
吴晓兵	吴 峰	吴鹏程	张 进	张 峰	张夫华	张玉华	张永坤	张四维	张伍兴
张成舜	张英华	张步斌	张明旭	张学平	张国胜	张树杰	张晶晶	张敬奇	陈子辉
陈士林	陈柏林	陈佩富	陈德强	陈继军	范立军	范作鹏	林祖成	金书明	周 君
周 敏	周玉新	周庆忠	周志鸿	周希哲	庞计来	房定旺	赵亚军	赵克文	赵鸣展
赵昱东	胡杏保	胡军尚	胡晨涛	查显明	柳小胜	南世卿	钟 铁	段祥宝	段蔚平
侯成桥	姜志功	姜德华	姚中亮	姚树江	袁士宏	袁梅芳	柴延森	徐 颖	徐志强
高忠明	高梦熊	郭 章	郭世伟	郭建文	郭宝安	唐鹏善	黄 文	黄志安	黄应盟
黄泉江	萧其林	曹作忠	常龙新	康 乐	梁江涛	寇子顺	彭 鹏	彭小刚	彭建谋
董学作	傅海亭	傅玉滨	曾学敏	谢建斌	楼晓明	黎永杰	霍俊发	戴碧波	

前　言

随着我国国民经济的快速增长,城市化、工业化进程的加快以及我国社会消费结构的变化,对资源的需求越来越大,拉动了我国矿业的快速发展。自 1992 年我国铁矿石产量突破 2 亿吨,历经 10 年盘整,2002 年达到 2.3 亿吨,此后进入迅猛增长阶段,2010 年达 10.72 亿吨,8 年年平均复合增长率达 21.2%;铁精粉价格一路攀升,2008 年 66% 品位的铁精粉最高达到 1610 元/t,形成了量价齐升的格局;黑色金属矿采选业固定资产投资规模也大幅度攀升,从 2004 年的 132 亿元,到 2010 年的 1066 亿元,6 年年平均复合增长率达 41.6%。有色金属矿采选业的投资规模也一路高歌:2004 年 117 亿元,2010 年 1009 亿元,6 年年平均复合增长率达 43.2%,我们用了不到半个世纪的时间,跻身为世界第三矿业大国。

最近 10 年,我国金属矿开采技术和理论取得较大进展,许多采矿新技术、新工艺、新设备和新材料在矿山得到应用。在露天开采方面,开采工艺更加成熟,运输方式更加多样化、高效化,随着陡帮开采、采矿工艺连续化半连续化、可移式破碎站、陡坡铁路运输、振动给矿机转载站、汽车-提升机运输等技术的应用,无(低)废开采技术、矿山的数字化、智能化与无人采矿等先进技术的推广,矿山的生产效率明显提高。在地下开采方面,大孔径潜孔钻机、牙轮钻机和凿岩台车、铲运机和装载机、井下矿用汽车、装药机械和锚杆台车等辅助采矿机械获得推广应用,VCR 采矿法、高分段崩落采矿法、自然崩落采矿法、水平和缓倾斜厚大矿体的房柱法等高效采矿方法和工艺相继诞生。充填采矿方法应用范围进一步扩大,各种充填采矿方法的变形方法也相继得到推广应用,生产效率明显提高。在采矿设备方面,目前在我国露天矿山的主体设备中,牙轮钻机孔径已达 $310 \sim 380 \, mm$,潜孔钻机孔径为 $150 \sim 200 \, mm$,装药车的载重 $10 \sim 25 \, t$,机械式单斗挖掘机铲斗容量达 $27 \sim 35 \, m^3$,液压挖掘机达 $10 \sim 15 \, m^3$,斗轮挖掘机的生产能力达 $3500 \sim 4000 \, m^3/h$,前端式装载机的铲斗容积达 $8 \sim 10 \, m^3$,重型卡车的载重能力达 $100 \sim 150 \, t$,电机车的黏着重量为 $1000 \sim 1500 \, t$,带式输送机的胶带宽度已达 $1800 \sim 2000 \, mm$,运量为 $2000 \sim 2500 \, t/h$,运距达 $15 \sim 20 \, km$,功率超过 $1600 \, kW$。在地下矿山的主体设备中,中深孔采矿钻机孔径为 $50 \sim 100 \, mm$,孔深达 $10 \sim 20 \, m$,装药器的容量为 $80 \sim 150 \, kg$,铲运机的铲斗容积达 $3 \sim 4 \, m^3$,轮胎式运矿车的载重达 $18 \sim 30 \, t$,井下电机车的黏着重量为 $14 \sim 30 \, t$。采矿装备的进步还使一些以前无法开采或难以开采的复杂难采矿体得到有效开采和利用。

冶金工业出版社于 20 世纪 80 ~ 90 年代出版的《采矿手册》曾经为我国采矿科学技

术进步作出杰出贡献,但其内容已经不能适应和满足目前我国矿山快速发展的实际需要。为了全面系统地总结我国近20年来在采矿方面取得的科学技术成就,更好地推广先进采矿科学技术和理念,推动我国采矿技术和设备的科研、设计、生产水平,促进采矿事业的进步,中钢集团马鞍山矿山研究院联合全国20多家高校科研单位和100多家矿山企业和设备制造厂家,共同组织编写了大型工具书——《现代采矿手册》。本书分为上、中、下三册。上册包括:绪论、矿山地质及水文地质、矿山测量、矿山地面总体布置、矿山岩石力学、露天矿穿孔设备、爆破工程。中册包括:露天开采、地下开采。下册包括:露天地下联合开采、特殊条件矿床开采、矿井通风、矿山压气、矿山防排水、矿山清洁生产与环境保护、矿山地质灾害及治理、数字化矿山、采矿系统工程、矿山建设项目经济评价、矿山环境影响评价、职业病危害评价、安全评价。本书由中钢集团马鞍山矿山研究院王运敏教授担任主编。

　　本书在编写过程中,参阅了大量的国内外文献资料,部分采用了原《采矿手册》、《采矿设计手册》和《采矿工程师手册》的资料,在此谨向文献作者表示衷心感谢。

　　由于水平有限,书中不妥之处,恳请读者指正。

编　者

2010 年 3 月

目　　录

10 露天地下联合开采

10.1 概述

露天地下联合开采技术理论是20世纪70年代随着采矿事业的发展提出的一种新观念,其出发点是在开发一个矿床过程中将不同的工艺与技术最有效的联合起来,实质是露天与地下开采不同的工艺技术要素在一个工艺系统中集成。

在一个矿床内,无论是顺序地或是同时地进行露天和地下开采,它们在整体或某段空间和时间上的结合,为一个有机的整体同时进行开采时(不是单独地只考虑露天或只考虑地下设计与开采),则称为矿床的联合开采。

无论是露天还是地下开采,均各自具有独特的工艺特点。视矿床具体条件和开采需要适合于采用露天和地下联合开采时,就应利用这些工艺特点。这样就能大幅度提高矿山总的生产能力和企业的技术经济指标。

联合开采是指在同一矿床范围内,既有露天开采又有地下开采。联合开采的方式按其生产发展情况有如下三种:

(1)初期采用露天开采,生产若干年后转为地下开采,既在露天转地下开采过渡时期的联合开采。一般称露天转地下开采。

(2)全面的联合开采,既矿山从设计开始即采用露天与地下同时开采。一般是为了加大矿石年产量。

(3)初期采用地下开采,因情况而变转为露天开采,既在地下转入露天过渡时期的联合开采。

联合开采方式的选择,主要取决于矿床的赋存条件、矿石产量的需求、采矿技术水平及开采状况而定。

10.2 联合开采理论

露天地下联合开采理论包括:
(1)合理地确定露天与地下开采界线。
(2)地质力学特征和开采参数。
(3)露天坑底过渡层(隔离层)参数。
(4)采场稳定性及开采作业安全。

10.2.1 联合开采经济界线的确定

露天开采境界的圈定方法,一般是用境界剥采比不大于经济合理剥采比的原则($n_j \leq n_{jh}$),来确定露天与地下开采界线。深部矿床采用地下开采。

露天与地下联合开采,在相当长的时期内,存在着两种开采工艺系统互相利用与结合的问题。考虑到联合开采的有利特点,露天和地下技术经济指标不能用单一开采方式计算,这是因为露天的极限开采深度可按露天和地下每吨矿石的生产成本相等的原则确定,很显然,当矿床联合开采时,相应地降低露天采矿费用,减少地下开采的投资费用等,露天开采的极限深度可以相应延深。

从矿床联合开采总的经济效益最佳角度出发,作为露天与地下联合开采经济界线确定的方法和原则可按下面计算方式确定。

10.2.1.1　经济合理剥采比的计算

如图 10-1 所示,设矿体从地表延深到 H_0,露天开采境界深度为 H_1,确定的联合采矿层高度为 h,开采深度为 H_2。假定矿体连续,露天矿境界内矿量 A 与岩量 V 是采深 H 的函数,表示为:

$$\begin{cases} A = \int \phi(H)\,\mathrm{d}H \\ V = \int f(H)\,\mathrm{d}H \end{cases} \tag{10-1}$$

设 ΔH 是境界 $abcd$ 上的一个微小高度,则有:

$$\Delta A = \phi(H)\Delta H;\ \Delta V = f(H)\Delta H \tag{10-2}$$

若以露天开采和联合采矿层开采的综合单位成本不低于地下开采成本作为计算基础,依原矿成本比较法有:

$$\frac{\gamma a\int_0^{H_1}\phi(H)\,\mathrm{d}H + b\int_0^{H_1}f(H)\,\mathrm{d}H + \gamma C_{\mathrm{LD}}\int_0^{H_1}\phi(H)\,\mathrm{d}H}{\int_0^{H_2}\phi(H)\,\mathrm{d}H} \leqslant \gamma C_{\mathrm{D}} \tag{10-3}$$

对积分的上限求导:

$$\frac{f(H_1)}{\phi(H_1)} \leqslant \frac{\gamma(C_{\mathrm{LD}}-a)}{b} + \frac{\gamma(C_{\mathrm{D}}-C_{\mathrm{LD}})}{b}\cdot\frac{\phi(H_2)}{\phi(H_1)} \tag{10-4}$$

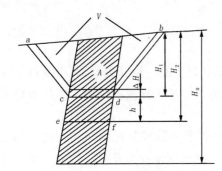

图 10-1　矿床开采境界模型

式(10-4)左端为境界剥采比,右端为联合采矿法时的经济合理剥采比,即亦 $n_{\mathrm{j}}\leqslant n_{\mathrm{jh}}'$,其中:

$$n_{\mathrm{jh}}' = \frac{\gamma(C_{\mathrm{LD}}-a)}{b} + \frac{\gamma(C_{\mathrm{D}}-C_{\mathrm{LD}})}{b}K,\ K=\frac{\phi(H_2)}{\phi(H_1)} \tag{10-5}$$

式中　ΔA——露天开采境界延深单位深度后所增加的矿石量,m^3;

　　　n_{j}——露天开采境界剥采比,$n_{\mathrm{j}}=\Delta V/\Delta A$;

　　　n_{jh}'——露天 – 地下联合开采的经济合理剥采比;

　　　a——露天开采的纯采矿成本,元/t;

　　　b——露天开采的剥离成本,元/t;

　　　γ——矿石的密度,$\mathrm{t/m}^3$;

　　　C_{D}——地下开采成本,元/t;

　　　C_{LD}——联合采矿层的开采成本,元/t。

按原矿成本法进一步分析,可以得出:按 $n_{\mathrm{j}}\leqslant n_{\mathrm{jh}}'$ 原则所确定的露天矿境界,能使整个矿床开采的总经济效果最佳。当露天开采采到 H_1 深度时,露天开采的总费用 S_{L} 为:

$$S_{\mathrm{L}} = \gamma a\int_0^{H_1}\phi(H)\,\mathrm{d}H + b\int_0^{H_1}f(H)\,\mathrm{d}H \tag{10-6}$$

当联合采矿层开采到 H_2 深度时,联合采矿层开采的总费用 S_{LD} 为:

$$S_{\mathrm{LD}} = \gamma C_{\mathrm{LD}}\int_{H_1}^{H_2}\phi(H)\,\mathrm{d}H = \gamma C_{\mathrm{LD}}\left[\int_0^{H_2}\phi(H)\,\mathrm{d}H - \int_0^{H_1}\phi(H)\,\mathrm{d}H\right] \tag{10-7}$$

当剩余部分用地下开采时,则地下开采总费用为 S_{D} 为:

$$S_{\mathrm{D}} = \gamma C_{\mathrm{D}}\int_{H_1}^{H_0}\phi(H)\,\mathrm{d}H = \gamma C_{\mathrm{D}}\left[\int_0^{H_0}\phi(H)\,\mathrm{d}H - \int_0^{H_2}\phi(H)\,\mathrm{d}H\right] \tag{10-8}$$

这样,整个矿床开采的总费用 S 为:

$$S = S_{\mathrm{L}} + S_{\mathrm{LD}} + S_{\mathrm{D}} = \gamma a\int_0^{H_1}\phi(H)\,\mathrm{d}H + b\int_0^{H_1}f(H)\,\mathrm{d}H + \gamma C_{\mathrm{LD}}\int_{H_1}^{H_2}\phi(H)\,\mathrm{d}H + \gamma C_{\mathrm{D}}\int_{H_1}^{H_0}\phi(H)\,\mathrm{d}H \tag{10-9}$$

对积分上限求导,则有:

$$\frac{\mathrm{d}S}{\mathrm{d}H} = \gamma(a-C_{\mathrm{LD}})\phi(H)\,\mathrm{d}H + bf(H_1) + \gamma(C_{\mathrm{LD}}-C_{\mathrm{D}})\phi(H_2) \tag{10-10}$$

通常岩石增量的变化大于矿石增量的变化,即 $\dfrac{d^2 S}{dH^2} > 0$,从而保证 S 有最小值,令 $\dfrac{dS}{dH} = 0$ 整理后得:

$$\frac{f(H_1)}{\phi(H_1)} = \frac{\gamma(C_{LD} - a)}{b} + \frac{\gamma(C_D - C_{LD})}{b} \cdot \frac{\phi(H_2)}{\phi(H_1)} \tag{10-11}$$

即 $n_j = n'_{jh}$,说明为了使整个矿床开采的总经济效果最佳,要求 $n_j = n'_{jh}$。

另外,对于联合开采矿床,在确定露天开采境界时,应根据矿床特点对传统经济合理剥采比 N_j 计算公式做如下换算处理:

$$N_j = \frac{a[1 + (\rho_1 - \rho_2)]\Sigma\zeta_2 - b[1 - (\rho_1 - \rho_2)]\Sigma\zeta_1}{c\Sigma\zeta} \tag{10-12}$$

式中 a, b——分别为露天(未包括剥离)和地下每吨矿石的开采成本,元/t;

c——每吨剥离废石的费用,元/t;

ρ_1, ρ_2——分别为露天和地下开采的矿石贫化率,%;

ζ_1, ζ_2——分别为露天和地下开采的矿石回采率,%;

$\Sigma\zeta_1, \Sigma\zeta_2, \Sigma\zeta$——分别为露天地下联合开采工艺之露天和地下采出每吨矿石以及对每吨剥离的总作用系数。

分析上式可以看出:当 $\zeta_1 > 1$ 和 $\zeta_2 > 1$ 时 N_j 增大,通过与境界剥采比比较计算,露天开采的极限深度相比传统计算可以提高 15% ~ 25%。

联合开采经济界线确定原则:

(1)用露天与地下联合开采时,露天开采境界的确定原则为 $n_{jh} \leq n'_{jh}$,它的最初含义是露天和露天与地下联合采矿的综合单位成本不超过地下开采成本。按这一原则确定的露天开采境界,能使矿床开采的总经济效果最佳(总开采费用最小)。

(2)用露天与地下联合开采时,露天开采的经济合理剥采比随采深和矿体厚度的不同而变化。

10.2.1.2 露天矿境界的确定

露天地下联合开采的露天设计中,仍是采用境界剥采比不大于经济合理剥采比的原则确定露天矿境界,确定境界的步骤和方法也与常规设计时基本相同。所不同的是,这里的经济合理剥采比不只是一个由成本指标比较计算得出的常数,而且还可能是一个与采深和矿体厚度有关的函数,其值与境界剥采比一样,随采深的变化而变化。

关于 n'_{jh} 中 K 值的计算,按函数 $\phi(H)$ 的定义,它表示在 H 水平矿体的面积。对于狭长露天矿,通常是在横剖面图上确定露天采深,此时的 $\phi(H)$ 可近似地以该深度矿体的水平厚度表示,因而 K 值为无量纲的线段比。如图 10-1 所示,当已确定联合采矿层可能的高度为 h,露天开采深度在 H_1 时的 K 值为:$K = \dfrac{\phi(H_2)}{\phi(H_1)} = \dfrac{\overline{ef}}{\overline{cd}}$;传统的露天矿设计中所计算的经济合理剥采比 n_{jh} 与有露天地下联合开采时的经济合理剥采比 n'_{jh} 的关系如图 10-2 所示。当矿体在延伸方向上比较规则时,有 $\phi(H_1) = \phi(H_2)$,$K = 1$,即:

$$n'_{jh} = \frac{\gamma(C_{LD})}{b} \tag{10-13}$$

式(10-13)说明,在该条件下合理的露天开采深度就是按传统方法确定的露天开采极限深度,它与是否采用露天地下联合采矿无关(图 10-2 中的直线 2)。

当矿体沿延深方向上大下小时,$\phi(H_1) > \phi(H_2)$,$K < 1$,即 $n'_{jh} < n_{jh}$,则说明在该条件下合理的露天开采深度小于按传统方法确定的露天开采极限深度(图 10-2 中的曲线 1)。

当矿体沿延深方向上小下大时,$\phi(H_1) < \phi(H_2)$,$K > 1$,即 $n'_{jh} > n_{jh}$,则说明在该条件下合理的露天开采深度大于按传统方法确定的露天开采

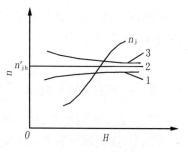

图 10-2 n'_{jh} 和 H 的关系

1—$K < 1$ 时的 n'_{jh};2—$K = 1$ 时的 n'_{jh};

3—$K > 1$ 时的 n'_{jh}

极限深度(图10-2中的曲线3)。

10.2.2 矿床开采强度及生产能力的确定

露天地下联合开采的矿山,整个矿床的开采期要经过露天开采期、露天和地下同时开采的过渡期和地下开采期等三个阶段。这三个阶段的矿床开采强度和矿山企业的生产能力是各不相同的。矿床开采强度和矿山生产能力的变化与提高,必然要导致矿山主要技术经济指标的差异和改善。为了客观地评价矿床可能的技术经济效益,就须要确定整个矿床在开采期间的平均强度指标和矿山的平均生产能力。

矿床开采强度指标的计算,可以通过矿床开采的年下降速度 h 和采矿强度 η(每平方米面积的年产量)来确定。当矿床是按露天和地下分别评定指标时,前面所计算的指标就应为换算指标。

在计算上述指标时,为了要考虑露天和地下开采工作在时间和空间上的结合程度,就需要相应的系数 K_t 和 K_n。

当矿床采用露天地下联合开采时,整个矿床开采期间的平均采矿强度 η 可用式(10-14)计算:

$$\eta = \frac{\eta_0 t_0 + (\eta_0' + \eta_u') t_k + \eta_u t_u}{T} \tag{10-14}$$

式中 η_0, η_0'——分别为露天开采时,当 $K_t = 0$ 和 $K_t = 1$ 的采矿强度;

η_u, η_u'——分别为地下开采时,当 $K_t = 0$ 和 $K_t = 1$ 的采矿强度。

矿床开采的平均下降速度也是用与上述类似的方法确定。

当矿床开采是露天和地下沿垂直面上同时开采时($K_t = 1$、$K_n = 2$),矿床采矿强度 η 和年下降速度 h 将达到最大值。

矿床的平均采矿强度 η' 和年下降速度 h' 是随着露天和地下工作在时间和空间上的结合程度而变。这些系数可以按式(10-14)计算求得。

由于提出了按整个矿床开采期限换算年下降速度和采矿强度来评定矿床的开采强度,这就使我们能对矿床储量的利用程度得到客观的认识,同时也有利于探寻合理利用矿产资源的方向。

在一个矿床内,当露天和地下同时进行开采时,其开采强度显然要比露天和地下顺序开采或独立开采时高,即此时矿山的生产能力最大。

在设计中,露天和地下的生产能力通常是独立确定的。当采用露天转地下联合开采时,企业的生产能力是由露天和地下两部分组成,它的确定应当考虑以下特点:

(1)为了在计算中便于对比,应将露天和地下采出的矿石折算成统一的品位。

(2)所有计算必须按矿石量进行,不能按采掘量计算。

(3)露天和地下的开采强度指标,应当按互相影响的条件来确定(有利的或不利的),也就是要考虑采矿工作在时间和空间上相结合时的影响因素。

(4)露天、地下和整个矿山的技术经济指标,应当按全部开采期限来确定,而且应当采用矿山整个服务期间的平均先进指标。

因此,矿山的生产能力 A,是根据采矿工作在空间和时间上相结合的条件下,露天生产能力 A_0 和地下生产能力 A_u 的总和,而且是按统一品位的矿石计算的。公式如下:

$$A = A_0 + A_u K \tag{10-15}$$

式中 K——矿石换算系数,$K = \dfrac{\varepsilon_u}{\varepsilon_0}$,$\varepsilon_u$,$\varepsilon_0$ 分别为地下和露天采出的矿石品位。

露天和地下矿的生产能力,可根据技术上可能的年下降速度或采矿强度进行计算。在考虑矿山地质条件的基础上,露天转地下开采的生产能力可以式(10-16)计算:

$$A = \frac{A_0 t_0 + (A_0 + A_u) t_K + A_u t_u}{T} \tag{10-16}$$

若按矿床的开采面积和采矿强度指标考虑,式(10-16)可以改为:

$$A = \frac{S_0\eta_0 t_0 + (S_0'\eta_0' + S_u'\eta_u')t_K + S_u\eta_u t_u}{T} \tag{10-17}$$

式中　S_0，S_0'——分别为顺序开采和同时开采期间露天矿境界内矿体平均面积；

　　　S_u，S_u'——分别为顺序开采和同时开采期间地下井田内矿体平均面积。

在具体的矿山地质条件下，确定矿床开采的强度指标和企业生产能力时，还应考虑生产工艺。

当设计新矿山时，在技术上可能采用露天和地下全面的联合开采，或者是露天转地下连续生产，为了正确、经济地选择开拓方案和矿山生产能力，在矿床开采设计中，应当统一考虑露天和地下的开拓系统及其采矿方法。

当在一个垂直面上同时进行露天和地下联合开采时，如果地下开采用崩落法，必须保证露天作业安全，在考虑投入开采的矿床有效面积的情况下，遵循两种开采作业相互关联的发展顺序。为了保持矿块安全参数不变，可用式（10-18）确定露天和地下联合开采的规模：

$$\frac{A_1}{A_2} = \frac{nS_1 k_1 \gamma_1}{S_2 k_2 \gamma_2} \tag{10-18}$$

式中　A_1，A_2——分别为露天开采和地下开采的生产能力；

　　　n——同时作业的阶段数；

　　　S_1，S_2——分别为投入露天开采和地下开采矿床有效面积，m^2；

　　　k_1，k_2——分别为露天开采和地下开采的回采率，%；

　　　γ_1，γ_2——分别为露天开采和地下开采的矿石密度，t/m^3。

10.2.3　联合开采安全控制技术理论

露天与地下联合开采的结果，形成了复杂的地质力学矿山结构，矿岩体中形成了由地下和露天开采相互影响引起的应力场，在联合开采的影响下，应力场的变化可能导致破坏静力平衡和降低作业安全性。

10.2.3.1　露天开采沉陷预测方法及沉陷机理

地下开采时，预测露天开采范围内沉陷坑的位置、深度、时间，并确定地表出现这种沉陷坑的原因和条件，是保证联合开采安全的重要问题。

地表及岩体移动的预测方法可分为唯象法、数值方法、物理模拟法、力学方法4类（图10-3）。

A　唯象法

唯象法是根据现象或输入、输出（如采矿方法、工作面尺寸及地表观测站资料）而不详细考察内部结构（工程岩体性质、地质条件）得出的输入与输出之间的定性或定时关系。目前的地表及岩体移动普遍采用的预测方法。

唯象法是地表及岩体移动预测的基本方法，它能够较好地拟合地表的移动变形，适合于本地区的地表移动预测，而且应用非常方便。但由于曲线仅依赖于剖面方程的少数几个参数，避开了岩层与地表移动的主体、采动覆岩的力学性质和力学过程，只是应用宏观上符合统计规律的特征建立的预测理论。开采工程岩体的内部结构及其性质仅由通过实测资料拟合求得的预测参数来综合反映。因此唯象法在相同条件下的类比预测较为可靠，但条件若有改变，则预测精度不高。

B　数值方法

由于工程岩体的复杂性，数值方法显示了其独特的优越性。数值方法能否成功应用主要取决于对岩性的认识和计算模型的选取。数值方法广泛应用在开采应力场、位移场及其矿柱稳定性的分析。常使用的数值方法有弹塑性有限单元法、损伤非线性大变形有限单元法、离散单元法、边界单元法及有限差分法。

C　物理模拟法

物理模拟法包括相似材料模型和电模型，但电模型应用较少。相似材料模型试验局限于平面模型，只能得出一些定性的或半定量的结论。由于平面模型不符合开采的边界条件，而矿柱处于三向应力状态，因此，立体相似材料模型试验是揭示开采矿柱荷载分布和矿柱强度的有效方法。然而立体相似材料模型因其费用大,难以进行内部移动变形观测,而且模型之间观测结果的可比性差,因而限制了其推广应用。

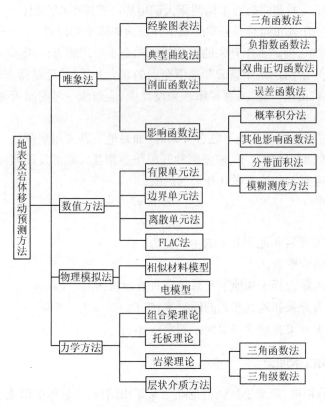

图 10-3　地表沉降及岩体移动预测方法

D　力学方法

力学方法是将开采工程岩体概化为满足特定边界条件的某种连续介质,利用相应的力学理论得出的地表及岩体移动预测方法。根据简化的连续介质的不同,可细分为岩梁理论、组合岩梁理论、托板理论及层状介质方法(无限大板叠合)。

岩梁及组合岩梁理论都把开采工程岩体视为平面问题,理论过于简化。托板理论把开采工程体视为"准三维"介质,在模型上是一大进步,但托板的位置、托板的断裂准则、托板的边界条件如何合理确定以及在岩层移动预测中如何考虑托板的作用,还需作进一步研究。连续介质力学(解析)方法是在对工程岩体做了大量简化后得到的,但岩体本身是一种非连续介质,在开采或开挖卸荷条件下,变形规律复杂,其预测模型的应用受到诸多限制。

实际上许多连续介质力学方法在经过简化后,其单元开采下沉预测函数与正态分布函数类似:

$$W_e = \frac{1}{r^2(z)} e^{\frac{\pi[(x-\xi)^2-(y-\xi)^2]}{r^2(z)}} \tag{10-19}$$

矿体开采沉陷可以通过对式(10-19)的积分得到:

$$W(x,y,z) = \iiint_Q \frac{1}{r^2(z)} e^{\frac{\pi[(x-\xi)^2-(y-\xi)^2]}{r^2(z)}} \mathrm{d}x\mathrm{d}y\mathrm{d}z \tag{10-20}$$

其实质与概率积分法相同,都是通过正态或偏态分布函数拟合下沉曲线,其中的参数大都没有物理意义,下沉位移的求解最后归结为高斯数值积分。

通常条件下的地表沉降及岩体移动计算方法比较成熟,应用较多的方法有概率积分法、负指数函数法及典型曲线法。其中概率积分法成为当前主导的计算方法。计算参数的求取由几何方法发展为全剖面曲线拟合法和全盆地曲面拟合法,在机理和规律研究方面较普遍地采用物理模拟和计算机数值模拟与实地监测相结合的综合方法。

10.2.3.2 空场法沉陷机理

空场法产生沉陷坑的地方分布在地下采空场内空洞聚集区段的上方,在矿体上下盘和沿走向方向,沉陷产生地点同空洞边界的偏离值 I 按式(10-21)确定:

$$I = H\tan\gamma \tag{10-21}$$

式中　H——地表至空洞边界的深度,m;

　　　γ——沉陷角。

地表形成沉陷坑的可能性,根据暴露面稳定性的计算和空洞上方局部陷落岩层的松散对地下空洞的充填来确定。

由于影响暴露面稳定性的因素众多且难以精确计算,因此,仅能根据地下空洞覆盖层岩石的松动和沉陷所决定的充填条件,计算能否产生沉陷。

当允许暴露面不稳定时,根据陷落岩石的松散度,产生沉陷的可能条件为:

$$V_0\zeta - V_0 < V_n \tag{10-22}$$

式中　V_0——沉陷岩石原始体积,m³;

　　　ζ——局部沉陷时岩石的松散系数;

　　　V_n——空洞体积,m³。

在这种情况下,沉陷坑的体积 V_B 为:

$$V_B = V_n - V_0(\zeta - 1) \tag{10-23}$$

则沉陷的岩石量 Q_0 为:

$$Q_0 = \frac{1}{3}\left[S_0\cos\alpha + S_B + (S_B S_D \cos\alpha)^{0.5}\right]H \tag{10-24}$$

式中　S_0——空洞顶帮面积,m²;

　　　α——矿体倾角,(°);

　　　H——沉陷至空洞顶帮中心的深度,m;

　　　S_B——沉陷坑底面积,m²,$S_B = \frac{1}{4}\pi d_B^2$,$d_B$ 为沉陷坑直径,m,$d_B = 2.3h_B$,h_B 为沉陷坑深度,m。

归纳以上各式可得:

$$d_B^2(d_B + A) = B - Cd_B \tag{10-25}$$

式中,$A = 1.2H(\zeta - 1)$;$B = 1.27(3.7V_n - Ab)$;$b = S_0\cos\alpha$;$C = 1.13Ab^{0.5}$。

判断沉陷坑产生的可能性条件是:当采空场的最小水平尺寸与其深度之比 $H/L > 1$ 时,在临近产生沉陷的一定时间里,不采用技术措施,就不能保证露天开采安全性。

10.2.3.3 崩落法放矿沉陷机理

崩落法在放矿时,采空区内矿石转移会形成露天坑沉陷。其沉陷机理可以用地下开采条件下放出松散物质的原始理想模型来进行分析研究。具体而言,就是在崩落开采条件下,将地表沉陷速度等值线图和强化地下放矿时移动速度变化曲线图相互比较,进而确定露天坑沉陷规模。

放矿深度 H、从开始放矿至出现沉陷坑所经过的时间 T、放出矿石体积 V_1、出现沉陷坑时已放出的矿石体积 V_2 和沉陷坑深度 h。

$$h = \frac{V_1}{S_1} - (K_s - 1)H \tag{10-26}$$

式中　S_1——放矿面积,m²;

　　　K_s——岩层松散系数;

　　　H——放矿高度,m。

区别出现沉陷坑的判别方式为:

$$\frac{V_1}{V_2} > 1, \quad \frac{V_1}{V_2} \approx 1, \quad \frac{V_1}{V_2} < 1 \tag{10-27}$$

当 $V_1/V_2 > 1$ 时,几个漏斗同时放矿,大量的上覆松散岩石随之移动,并立即发生平衡而又极缓慢的大面积地表下沉;当 $V_1/V_2 \approx 1$ 时,沉陷坑深度明显增大,地表陷落更加剧烈,沉陷坑出露地表持续时间缩短;当 $V_1/V_2 < 1$ 时,沉陷坑出露地表的情况证实采前岩体中就存在空洞。

10.2.4　边坡稳定的地质力学模型

边坡稳定性分析是确定边坡是否处于稳定状态,是否需要对其进行加固与治理,防止其发生破坏的重要决策依据。分析和预测地下开采及空洞引起露天边坡稳定的地质力学特点和参数,必须选择岩体的力学模型。一般采用连续弹性横向各向同性介质模型,该介质在地质动力学非均质初始受力状态下,在稳定状态时具有线性变形律,而达到临界状态时具有脆性破坏特性。

10.2.4.1　极限平衡法及其地质力学模型

极限平衡法是目前最简单、最成熟、应用最广泛的边坡稳定性分析方法,这种方法经过长期的工程实践证明是一种有效的和实用的方法,它是根据边坡上的滑体或滑体分块的力学平衡原理分析边坡各种破坏模式下的受力状态,以及边坡滑体上的抗滑力和下滑力之间的关系来评价边坡的稳定性。极限平衡法的计算过程一般先假定边坡破坏是岩土体沿某一确定的滑裂面滑动,再根据滑裂岩土体的静力平衡条件和 Mohr-Coulomb 破坏准则计算沿该滑裂面滑动的可能 F_s,即安全系数的大小,或是破坏概率的高低,然后系统地选取多个可能的滑动面,用同样的办法计算稳定安全系数或是破坏概率。最后安全系数最小或者是破坏概率最高的滑动面就是最可能的滑动面。极限平衡法的基本思想是:以 Mohr-Coulomb 抗剪强度理论为基础,将滑坡体划分成若干条块,建立作用在条块上的力的平衡方程,求解安全系数,判断边坡的稳定性。极限平衡法主要分为平面破坏力学模型、简化 Bishop 法力学模型、Janbu 法力学模型、Sarma 法力学模型等四种。

A　平面破坏力学模型

平面破坏计算法是对边坡上滑体沿单一结构面或软弱面产生平面滑动的分析方法,其力学模型见图 10-4。

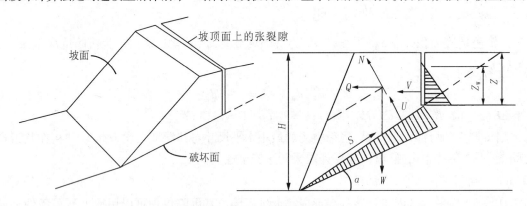

图 10-4　平面破坏力学模型

a　假定条件

滑动面及张裂隙的走向平行于坡面;张裂隙是直立的,其中充有高度为 Z_W 的水柱;水沿张裂隙的底进入滑动面并沿滑动面渗透;滑体沿滑动面做刚体下滑。

b　力学分析

根据图 10-4 可知,滑体上作用力有:滑体重量 W;滑动面上的法向力 N;滑动面上的裂隙水压 U(该力在库仑准则里考虑);抗滑力 S;作用在滑体重心上的水平力(如地震力)Q_A;张裂隙空隙水压力 V。

由滑线法向(N 方向)力平衡 $\sum N = 0$,得:

$$N + Q_A \sin\alpha - W\cos\alpha + V\sin\alpha = 0 \tag{10-28}$$

由滑面切向(S 方向)力平衡 $S = 0$,得:

$$Q_A \sin\alpha + W\cos\alpha + V\cos\alpha - S = 0 \tag{10-29}$$

由库仑破坏准则及安全系数定义得：

$$S = \frac{1}{F}\left[Cl + (N - U)\tan\varphi \right] \tag{10-30}$$

由以上三式得出：

$$F = \frac{Cl - (Q_A \sin\alpha - W\cos\alpha + V\sin\alpha + U)\tan\varphi}{Q_A \cos\alpha + W\sin\alpha + V\cos\alpha} \tag{10-31}$$

其中：

$$U = \frac{1}{2}\gamma_W Z_W (H - Z)\csc\alpha; \quad V = \frac{1}{2}\gamma_W Z_W^2 \tag{10-32}$$

式中 C——滑动面的黏结力；

φ——滑动面的内摩擦角，(°)；

α——滑动面的倾角，(°)；

l——滑动面的长度，$l = (H - Z)\csc\alpha$；

γ_W——裂隙水容重；

F——稳定系数。

c 主要特点及适用条件

平面破坏力学模型的主要特点是力学模型和计算公式简单，主要适用于均质砂性土、顺层岩质边坡以及沿基岩产生的平面破坏的稳定分析，但要求滑体做整体刚体运动，对于滑体内产生剪切破坏的边坡稳定性分析误差很大。

B 简化 Bishop 法力学模型

Bishop 是一种适合于圆弧形破坏滑动面的边坡稳定性分析方法。但它不要求滑动面为严格的圆弧，而只是近似圆弧即可。Bishop 法的力学模型见图 10-5。

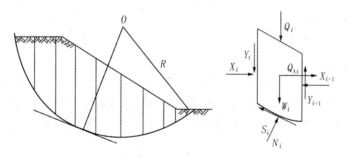

图 10-5 Bishop 法力学模型

a 假设条件

滑动面为圆弧形或近似圆弧形，采用简化 Bishop 法时假定条块侧面的垂直剪力为零，即 $(Y_i - Y_{i+1})\tan\varphi_i = 0$。

b 力学分析

由图 10-5 可知，滑体的条块上作用力有：分块的重量 W_i；作用在分块上的地面荷载 Q_i；作用在分块上的水平作用力（如地震力）Q_{Ai}；条间作用力的水平分量 X_i；条间作用力的垂直分量 Y_i；条块底面的抗剪力（抗滑力）S_i；条块底面的法向力 N_i。由条块的垂直方向的平衡方程 $\sum Y = 0$，得：

$$W_i - N_i \cos\alpha_i + Y_i - Y_{i+1} - S_i \sin\alpha_i + Q_i = 0 \tag{10-33}$$

由库仑破坏准则得：

$$S_i = \frac{1}{F}\left[C_i l_i + (N_i - u_i l_i)\tan\varphi_i \right] \tag{10-34}$$

由式(10-33)和式(10-34)可得:

$$N_i = \frac{1}{m_i}\left(W_i + Q_i - \frac{1}{F}C_i l_i \sin\alpha_i + Y_i - Y_{i+1} + \frac{1}{F}u_i l_i \tan\varphi_i \sin\alpha_i \right) \tag{10-35}$$

式中, $m_i = \cos\alpha_i + \dfrac{1}{F}\sin\alpha_i \tan\varphi_i$。

由滑体绕圆弧中心 O 点的力矩平衡 $\sum M_0 = 0$,得:

$$\sum(W_i + Q_i)R\sin\alpha_i - \sum S_i R + \sum Q_{Ai}\cos\alpha_i R = 0 \tag{10-36}$$

联合公式且取 $b_i = l_i \cos\alpha_i$,可得稳定性系数:

$$F = \frac{\displaystyle\sum_{i=1}^{n}\frac{1}{m}\left[C_i b_i + (W_i + Q_i - u_i b_i)\tan\varphi_i + (Y_i - Y_{i+1})\tan\varphi_i \right]}{\displaystyle\sum_{i=1}^{n}(W_i + Q_i)\sin\alpha_i + \sum_{i=1}^{n}Q_{Ai}\cos\alpha_i} \tag{10-37}$$

用简化 Bishop 法时,令 $(Y_i - Y_{i+1})\tan\varphi_i = 0$,则

$$F = \frac{\displaystyle\sum_{i=1}^{n}\frac{1}{m}\left[C_i b_i + (W_i + Q_i - u_i b_i)\tan\varphi_i + (Y_i - Y_{i+1})\tan\varphi_i \right]}{\displaystyle\sum_{i=1}^{n}(W_i + Q_i)\sin\alpha_i + \sum_{i=1}^{n}Q_{Ai}\cos\alpha_i} \tag{10-38}$$

式中 　F——稳定系数;

　　　u_i——作用在分块滑面上的空隙水压力(应力);

　　　l_i——分块滑面长度, $l_i \approx b_i/\cos\alpha_i$;

　　　b_i——岩土条分块宽度;

　　　α_i——分块滑面相对于水平面的夹角;

　　　C_i——滑体分块滑动面上的黏结力;

　　　φ_i——滑面岩土的内摩擦角;

　　　R——圆弧形滑面的半径;

　　　i——分析条块序数为分块数 $(i = 1,2,\cdots,n)$ 。

c　主要特点及应用条件

Bishop 力学模型稳定性系数的计算考虑了条块间作用力,是对 Fellenius 法的改进,计算较准确,但要采用迭代法。分割条块时要求垂直条分。此方法适用于均质黏性及碎石堆土等斜坡形成的圆弧形或近似圆弧形滑动滑坡。此法当 $m_i \geq 0.2$ 时计算误差较小,当时 $m_i < 0.2$ 时,计算误差大。

C　Janbu 法力学模型

对于松散均质的边坡,由于受基岩面的限制而产生两端为圆弧、中间为平面或折线的复合滑动。分析具有这种复合破坏面的边坡稳定性可用 Janbu 法。Janbu 法的力学模型如图 10-6 所示。

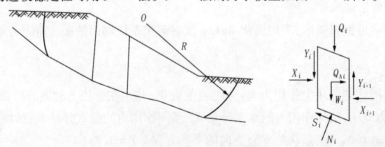

图 10-6　Janbu 法力学模型

a　假设条件

垂直条块侧面上的作用力位于滑面之上 1/3 条块高处;作用于条块上的重力、反力通过条块底面的中点。

b　力学分析

由图10-6可知,条块上作用力有:分块的重量W_i;作用在分块上的地面荷载Q_i;作用在分块上的水平作用力(如地震力)Q_{Ai};条间作用力的水平分力X_i;条间作用力的垂直分力Y_i;条块底面的抗剪力(抗滑力)S_i;条块底面的法向力N_i。

Janbu法满足平衡的条件有:(1)条块水平方向力平衡;(2)条块垂直方向力平衡;(3)条块绕分块底滑面点力矩平衡。因此,由垂直方向力平衡$\sum Y = 0$,得:

$$W_i + Q_i - N_i \cos\alpha_i - S_i \sin\alpha_i + Y_i - Y_{i+1} = 0 \tag{10-39}$$

由水平方向力平衡$\sum X = 0$,得:

$$X_i + Q_{Ai} + N_i \sin\alpha_i - S_i \cos\alpha_i - X_{i+1} = 0 \tag{10-40}$$

由库仑破坏准则可得:

$$S_i = \frac{1}{F} \left[C_i b_i + (N_i - u_i l_i) \tan\varphi_i \right] \tag{10-41}$$

由以上三式可得:

$$F = \frac{\sum \frac{1}{n_{\alpha i}} \{ C_i b_i + [(W_i + Q_i + u_i b_i) + (Y_i - Y_{i+1})] \tan\varphi_i \}}{\sum \{ [W_i + (Y_i - Y_{i+1}) + 1 + Q_i] \tan\alpha_i + Q_{Ai} \}} \tag{10-42}$$

$$n_{\alpha i} = \cos^2_{\alpha i} (1 + \tan_{\alpha i} \tan\varphi_i / F)$$

令$Y_i - Y_{i+1} = 0$,并引入修正系数f_0,则式(10-42)可改为:

$$F = f_0 \frac{\sum \{ C_i b_i + [(W_i + Q_i + u_i b_i) \tan\varphi_i] / n_{\alpha i} \}}{\sum [(W_i + Q_i) \tan\alpha_i + Q_{Ai}]} \tag{10-43}$$

式(10-43)为简化的Janbu法,其中符号意义同Bishop法,f_0在$C > 0$,$\varphi > 0$时可用下列公式求得:

$$f_0 \approx (50 d/L)^{1/33.6} \tag{10-44}$$

当$d/L \leqslant 0.02$时,$f_0 = 1.0$,f_0的图解法如图10-7所示。Janbu法的精确解要利用条块底面中点的力矩平衡条件、滑块条块间侧面力作用线倾角以及逐步递归法来求解。

c　主要特点及应用条件

Janbu力学模型计算稳定系数的特点是,计算准确但计算复杂,主要用于复合破坏面的边坡,既可用于圆弧滑动,也可用于非圆弧滑动,但条块分割时要求垂直条分。

D　Sarma法力学模型

Sarma法的力学基本原理是:边坡破坏的滑体除非是沿一个理想的平面或弧面滑动,才可能作一个完整的刚体运动,否则,滑体必须先破裂成多个可相对滑动的块体,才可能发生滑动。也就是说在滑体内部要发生剪切情况才可能滑动,其力学模型如图10-8所示。

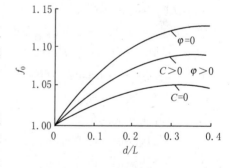

图10-7　Janbu力学模型中f_0与
d/L的关系曲线

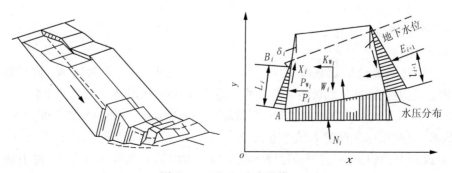

图10-8　Sarma法力学模型

a　力学分析

由图 10-8 可知,滑体分块上的作用力有:块体重量 W_i;构造水平力 KW_i;块体侧面上的孔隙水压力 P_{W_i}, $P_{W_{i+1}}$;块体底面上水压力 U_i;块体侧面上的总法向力 E_i, E_{i+1};块体侧面上的总剪力 X_i, X_{i+1};块体底面上法向力 N_i;块体底面上的剪力 S_i。

根据图 10-8 的力学模型可知:

由 X 方向力平衡条件 $\sum X = 0$,得:

$$S_i\cos\alpha_i - N_i\sin\alpha_i + X_i\sin\delta_i - X_{i+1}\sin\delta_{i+1} - KW_i + E_i\cos\delta_i - E_{i+1}\cos\delta_{i+1} = 0 \tag{10-45}$$

由 Y 方向力平衡条件 $\sum Y = 0$,得:

$$S_i\sin\alpha_i - N_i\cos\alpha_i = W_i + X_i\cos\delta_i - X_{i+1}\cos\delta_{i+1} + E_i\sin\delta_i - E_{i+1}\sin\delta_{i+1} = 0 \tag{10-46}$$

应用库仑破坏准则在分块滑面及分块侧面上分别可得:

$$S_i = \left[C_{b_i}l_i - (N_i - U_i)\tan\varphi_{b_i} \right]/F \tag{10-47}$$

$$X_i = \left[C_{S_i}d_i - (E_i - P_{w_i})\tan\varphi_{S_i} \right]/F \tag{10-48}$$

$$X_{i+1} = \left[C_{S_{i+1}}d_{i+1} - (E_{i+1} - P_{w_{i+1}})\tan\varphi_{S_{i+1}} \right]/F \tag{10-49}$$

根据式(10-45)~式(10-49),得:

$$E_{i+1} = a_i + E_i e_i - P_i K \tag{10-50}$$

由式(10-50)逐步递推可得:

$$E_{n+1} = (a_n + a_{n-1}e_n + a_{n-2}e_n e_{n-1} + \cdots + a_1 e_n e_{n-1}\cdots e_2) - K(P_n + P_{n-1}e_n +$$
$$P_{n-2}e_n e_{n-1} + \cdots + P_1 e_n e_{n-1}\cdots e_3 e_2) + E_1 e_n e_{n-1}\cdots e_1 \tag{10-51}$$

由边界条件 $E_{n+1} = E_1 = 0$,得

$$K = \frac{a_n + a_{n-1}e_n + a_{n-2}e_n e_{n-1} + \cdots + a_1 e_n e_{n-1}\cdots e_3 e_2}{P_n + P_{n-1}e_n + P_{n-2}e_n e_{n-1} + \cdots + P_1 e_n e_{n-1}\cdots e_3 e_2} \tag{10-52}$$

式中　$e_i = \theta_i\left[\sec\varphi_{S_i}\cos(\varphi_{b_i} - \alpha_i + \varphi_{S_i} - \delta_i) \right]$;

$\alpha_i = \theta_i\left[W_i\sin(\varphi_{b_i} - \alpha_i) + R_i\cos\varphi_{b_i} + S_{i+1}\sin(\varphi_{b_i} - \alpha_i - \delta_{i+1}) - S_i\sin(\varphi_{b_i} - \alpha_i - \delta_i) \right]$;

$P_i = \theta_i W_i\cos(\varphi_{b_i} - \alpha_i)$;

$\theta_i = \cos\varphi_{S_{i+1}}\sec(\varphi_{b_i} - \alpha_i + \varphi_{S_{i+1}} - \delta_{i+1})$;

$S_i = (C_{S_i}d_i - P_{w_i}\tan\varphi_{S_i})/F$;

$R_i = (C_{b_i}b_i\sec\alpha_i - U_i\tan\varphi_{b_i})/F$;

C_{b_i}——分块底面的黏结力;

C_{S_i}——分块侧面的黏结力;

φ_{b_i}——分块底面的内摩擦角;

φ_{S_i}——分块侧面的内摩擦角;

d_i——分块侧面长度;

l_i——分块滑面的长度;

α_i——滑面与水平面的夹角;

δ_i, δ_{i+1}——分别为分块侧面与垂直方向的夹角。

b　稳定系数的计算

计算稳定系数时,首先假设稳定系数 $F = 1$,由式(10-52)求解 K,此时为 K_c,即极限水平加速度,式(10-52)的物理意义为:使滑体达到极限平衡时的平衡状态,必须在滑体上施加一个临界水平加速度 K_c。K_c 为正时,方向向坡外,K_c 为负时,方向向坡内。但计算中一般假定有一个水平加速度为 K_c 的水平外力作用,求其稳定系数 F。此时要采用改变 F 值的方法,即初定一个 $F = F_0$,计算 K,比较 K 与 K_0 是否接近精度要求,若不满足,要改变 F 值的大小,直到满足 $|K - K_0| \leqslant \varepsilon$。此时的 F 值即为稳定系数。

c　主要特点及适用条件

Sarma 的特点是用极限加速度系数 K_c 来描述边坡的稳定程度,它可以用于评价各种破坏模式下边坡稳定性,诸如平面破坏、楔形体破坏,圆弧面破坏和非圆弧破坏等,而且条块的分条是任意的,无需条块边界垂直,从而可以对各种特殊的边坡破坏模式进行稳定性分析。Sarma 法计算比较复杂,要用迭代法计算。

10.2.4.2 露天边帮稳定的地质力学模型分析

可以用动力学强度理论来描述房间矿柱和顶板随时间破坏过程及露天边坡变形的发展。无论是露天矿坑底隆起,还是边帮向露天矿中部的移动,变形数据均与露天矿边界削减了压力后边界外岩体体积弹性恢复有关。

露天矿边帮的最大位移主要决定于露天矿开采深度和天然应力场的水平分量。一般地,边帮的最大位移发生在边帮的下部 1/3 高度处,并且向露天矿中心和上部移动。因此,由岩体体积弹性恢复引起的露天矿边帮的最大位移与垂直卸载应力 γh 和水平卸载应力 $\lambda \gamma h$ 成正比(γ 为上覆岩石的平均密度,h 为露天矿深度,λ 为天然应力场的侧压系数)。在具有显著的地球动力学特性的矿床中,由于露天坑和地下巷道周围应力场的相互制约,地质力学过程影响带涉及边界外岩体的一个很宽范围,在影响带以外,地下开采中地质力学过程的发展与露天开采作业关系可以忽略。

如图 10-9 所示,边坡下面的矿柱在加载条件下,受压缩产生移动,矿柱与围岩的接触带存在正应力 σ 和切向应力 τ,相当于施加主压应力和主拉应力,其值等于:

$$\sigma_1 = \sigma_3 = 0.5(\sigma \pm \sqrt{\sigma^3 + 4\tau^2}) \quad (10-53)$$

垂线方向扭转角 α:

$$\alpha = \frac{1}{2}\arctan\frac{2\tau}{\sigma} \quad (10-54)$$

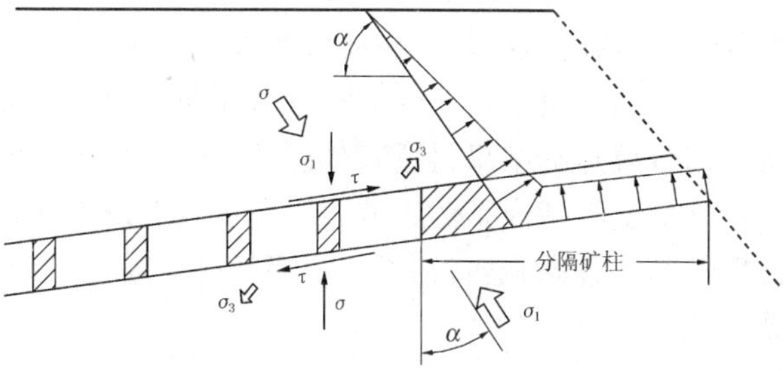

图 10-9 边坡稳定的地质力学模型

最后,通过数值计算和分析,可以判定边坡的受力和破坏。

10.2.4.3 露天转地下开采边坡岩体滑移机制

在露天与地下联合开采时,依据开采的空间对应关系,两种开采方法的采动影响区中的一部分相互重叠,致使采动效应相互作用和相互叠加,表现为一种采动效应对另一个平衡体系的干扰作用,使得两种开挖体系之间相互诱发或相互扰动,从而组成一个复合动态变化系统。因此,在该系统内的岩体应力状态与变化过程完全不同于单一露天开采条件下边坡岩体滑移机制与变形规律。复合采动影响下岩体变形与破坏机制更加复杂,变形范围和变形量远远超出原有的认识范畴;这主要是由于对复合开挖体系来说,一种开挖作用不仅影响到其自身影响域内的岩体应力场分布,而且对另一开挖体系中的平衡状态也起到了干扰和破坏作用,所以其变形机理更加复杂,变形范围、变形量之大及其持续时间之长与单一开挖相比均有较大的差异。本节将描述露天开采到一定深度之后,转入地下开采时边坡岩体的滑移规律和破坏模式。

A 边坡岩体变形模拟分析

依据底面摩擦实验原理,在单一露天边坡模型变形的基础上,开挖地下采区,此时在地下采动影响下,边坡岩体具有如下三个变形特点(图 10-10):

(1) 位于地下采区走向主断面与上山边界区域内边坡岩体的表层变形量较小,这主要是由于从地下采区下山边界至上山边界,两种采动所引起的位移矢量方向之间的夹角逐渐增大,经过走向主断面之后,在某一位置上其夹角大于 90° 后,两矢量开始相互抵消一部分:且随着夹角的递增,相互抵消也递增。因此,合成矢量逐渐减小。但位于地下采区周围一定范围内的岩体仍然表现出地下采动特征,因为从边坡地表向其内部,露天采动影响逐渐减小,并在某一深度以下不产生影响。因此,在某一空间区域表现何种变形特征,这与两种采动效应对该区域的影响大小有关,合成矢量一般更多地表现出影响较大矢量的变形属性,所以在不同空间位置上,其合成矢量方向与大小表现出不同的特性。

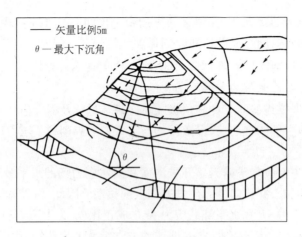

图 10-10   露天转地下开采边坡模型变形特点

（2）位于地下采区走向主断面与矿山边界之间的边坡岩体变形量大，这是由于两种采动影响方向在同一象限内，合成矢量叠加后移动量增大。

（3）最大下沉角增大或走向主断面向下山方向转动。这是由于地下开采引起上覆岩体的移动与边坡体的滑移综合叠加的结果，且随着坡角的增大，最大下沉角递增。

这三个变形特点是对边坡表层一定深度以上而言；但对于边坡体一定深度以下来说，随着深度的增加，露天采动影响逐渐减弱，并在一定深度以下露天采动不产生影响，所以，在这些区域岩体变形将表现为地下采动特性。

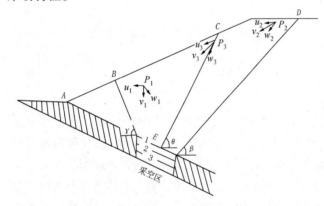

图 10-11   露天转地下开采边坡变形机制
β，γ—移动角；θ—最大下沉角

B   边坡岩体滑移机制

如图 10-11 所示，露天转地下开采边坡岩体变形特点可概括为：先进行露天开采条件下，边坡轮廓 AC 已形成，边坡体基本上处于稳定状态，并形成了新的应力分布场。如果假定原岩应力状态为 $\{\sigma_0\}$，由露天开采引起的应力变化为 $\{\Delta\sigma_L\}$，当岩体达到稳定后，应力场变为 $\{\Delta\sigma_1\} = \{\sigma_0\} + \{\Delta\sigma_L\}$。然而，由于地下开采，所引起的应力变化为 $\{\Delta\sigma_{D_1}\}$，由于两采动影响域相互重叠，那么，在两者共同作用下，边坡岩体内的应力场变为 $\{\Delta\sigma_2\} = \{\sigma_1\} + \{\Delta\sigma_{D_1}\}$。由于地下继续开采，其中由地下采动引起的应力变化依次为 $\{\Delta\sigma_{D_2}\}$、$\{\Delta\sigma_{D_3}\}$，$\{\Delta\sigma_{D_{i-1}}\}$，那么，边坡岩体内的应力场变化依次为 $\{\sigma_3\} = \{\sigma_2\} + \{\Delta\sigma_{D_2}\}$，$\{\sigma_4\} = \{\sigma_3\} + \{\Delta\sigma_{D_3}\}$，…，$\{\sigma_i\} = \{\sigma_{i-1}\} + \{\Delta\sigma_{D_{i-1}}\}$，从而构成了一个复合动态叠加体系。

从变形特征来看，边坡岩体因受风化、地下水及岩体流变性等因素的影响，将产生一定的变形量，其位移矢量方向为 u_i（图 10-11）。如果在此条件下进行地下开采，那么边坡岩体内部的应力平衡关系将受到破坏，应力场将产生变化，所以岩体再次产生移动与变形。其中由地下采动引起的矢量为 w_i，两者的合成矢量为 v_i，合成矢量的方向不一致。合成后的矢量方向要视各自的影响大小而定。随着地下开采量的增大，边坡岩体受破坏程度递增，边坡体的变形也愈加剧烈。但地下采动效应对边坡体的不同空间位置或不同区域的影响与边坡岩体本身变形所产生的叠加结果是不同的。

一般情况下，当地下采区开挖量达到一定强度时，在倾向主断面内 P_1、P_2 和 P_3 点的合成矢量方向是不一致的，这主要是由于两种采动影响大小和方向在空间位置上不同而引起的，其中从地下采区下山界至上山边界，两种采动影响方向之间的夹角逐渐增大，经过走向主断面之后，在某一位置上两矢量之间的夹角将大于90°,此时两矢量合成后开始相互抵消一部分,且随着其夹角的增大,相互抵消越多,合成矢量逐渐变小。一般情况下,合成矢量更多地表现出影响采动效应的属性。如P_1点合成后的矢量方向将指向地下采区,也就是该单元体将向地下采区方向移动。但与单一地下开采相比还是有一定的差别,主要表现在合成后的矢量方向一般将不再向采区几何中心或最大下沉点位置向上的一侧移动(在充分采动时)。从上山方向移动边界线至走向主断面EC之间下沉值呈递增规律,其变形结果使坡角减小。单从这方面来考虑,这对边坡稳定性是有利的一面。但对于地下采区下山边界与走向主断面之间的边坡体而言,两种采动影响方向在同一象限内,两矢量合成后增大,同时由地下采区走向主断面EC至下山移动边界线区域下沉值呈递减规律,因而移动与变形结果使得该区域坡角增大,如P_2点所处区域就是如此,这对边坡稳定是不利的。主断面上C点下沉值最大,又由于位于地下采区移动边界区域受拉伸变形(上山方向边界除外),尤其是地下采区的下山方向的最大拉裂缝,很容易构成滑坡体的后缘。同时沿地下采区倾向边界附近的拉裂缝,构成滑体的侧边缘,使滑体与滑床分离、减少侧阻力;特别是当地下采区沿走向长度不大时,如再有大气降雨等因素的诱发作用,将有可能导致滑坡,这是很危险的。如果走向长度很大,形成整体滑坡相对难度大一些。

一般位于地下采区不同空间位置上,矢量具有三维特性,所以,上山方向一侧边坡体的合成矢量方向要视地下开采量大小及该测点的空间位置而定,并不能肯定指向地下采区,也有可能指向坑内,这种变形机制是对边坡表层一定深度以上而言,但对于边坡体一定深度以下来说,由于露天采动影响逐渐减弱,并在某一深度以下露天采动没有影响,那么,在这些区域的岩体变形将表现为地下采动特性。

10.2.5 境界顶柱参数的计算

露天与地下联合开采时,为保证露天采场和地下采空区的稳定,必须根据其开采技术条件,矿岩性质及采用的采矿方法不同,在露天坑底与地下开采工作面之间留设必要的境界顶柱又称隔离矿柱。目前国内外确定采空区处理所需的境界顶柱(隔离矿柱)厚度的确定方法包括 K·B·鲁别涅依他等人的公式、B·波哥留波夫公式、平板梁理论推导、松散系数理论、经验类比法、数值模拟方法。综观上述的方法,前两种方法将问题进行了过大的简化,导致结果的偏差较大。而数值模拟方法采用离散化原则,即把大范围的复杂问题分解或离散化为较小的等价单体或组分进行分析,使得具有复杂工程特性的岩土体问题有了定量化的评价手段。然而,境界顶柱厚度的合理确定涉及很多的因素,采场间柱布置、境界顶柱厚度和开采顺序多个决策变量相互影响,组合产生大量备选方案,使优化具有相当的难度。采用数值模拟进行简单的方案对比,往往会遗漏更有价值的方案,影响优化的效果。本节主要介绍三维数值模拟方法和平板梁理论推导方法。

10.2.5.1 三维数字模拟法

A 境界顶柱参数优化的数学描述与评价方法

理论上,露天转地下的隔离矿柱优化问题可以简单描述为如下有约束的最优化问题:

$$\left.\begin{array}{l} \min f(x) \\ s.t.\ s_i(x) \geqslant 0,\ i=1,2,\cdots,m \\ h_j(x)=0,\ j=1,2,\cdots,l(l \leqslant n) \end{array}\right\} \tag{10-55}$$

式中　x——与境界顶柱(隔离矿柱)相关的变量;

　　　$f(x)$——目标函数;

$h_j(x)=0$为约束条件,表示满足的岩石力学数值模拟计算原理;

$s_i(x) \geqslant 0$表示满足的判别性安全准则,一般采用极限应变ε_0和最大收敛位移δ_{max}。

境界顶柱优化问题的目标是安全性与经济性达到最佳,采用多目标优化方法,多个目标函数描述如下:反映稳定性的属性指标:$Ob_1(x),Ob_2(x),\cdots,Ob_m(x)$。反映经济性的属性指标:$Ob_{m+1}(x),Ob_{m+2}(x),\cdots,Ob_n(x)$。可以计算各方案评价指标的归一化值:

$$\mu_i(x_s)=\frac{Ob_i-Ob_{min}}{Ob_{max}-Ob_{min}} \tag{10-56}$$

式中　Ob_i——第i个方案的实际评价指标;

Ob_{min}——最稳定参照方案的评价指标,采用优岩力学参数和有利方案;

Ob_{max}——最不稳定参照方案的评价指标,采用劣岩力学参数和不利方案。

采用安全率小于 1 的岩体体积、最大竖向位移、最大侧向位移、塑性区体积和矿石损失量 5 个指标作为境界顶柱优化问题的多个评价指标。其中的安全率是指由 Mohr-Coulomb 强度准则所决定的极限应力状态与实际应力状态的比值,矿石损失量是指与最小厚度顶柱无间柱空场法方案的相对矿石损失量。用式(10-57)将某方案各个目标函数值的归一化值进行综合,得到该方案综合评判值:

$$Z(x) = \sum_{i=1}^{n} \lambda_i \mu_i(x) \tag{10-57}$$

式中　$Z(x)$——式(10-55)中 $f(x)$ 的多目标表达形式;

$\quad\quad \lambda_i$——归一化的方案权系数,由德尔菲法确定。

B　境界顶柱参数优化的进化数值模拟步骤

通过遗传算法与有限元算法的集成,建立进化数值模拟方法。遗传算法是通过适应值来评价方案优劣的,因此在露天转地下的隔离矿柱优化问题中,需要通过三维数值模拟(本节采用有限元方法)对每个候选方案的安全率、最大竖向位移、最大侧向位移、塑性区体积指标进行计算,以得到适应值。所谓进化数值模拟方法就是将所有数值计算程序嵌入到遗传算法中,将综合评价指标目标函数作为适应值,优化中每计算一次适应值需调用数值模拟算法进行一次计算,达到全局优化的目的。其具体步骤是:

(1) 设置待搜索参数个数 N_p,最大进化代数 N_{gen},群体规模 P_{size},每个待搜索参数的二进制表示位数 N_{bit}、突变变异率 J_r,两点逆转变异率 C_r,随机数种子 I_{rand} 和待搜索参数的搜索区间范围。

(2) 建立 3D 数值计算模型,其单元划分要将间柱布置、顶柱厚度及开采间距所组合的所有可能方案包括在内。

(3) 置进化代数计数器 $i_{gen}=0$,由遗传算法随机产生一组初始可行方案作为父代群体,该组方案包含 P_{size} 个个体。

(4) 对每种方案进行建立 3D 数值计算,确定每种方案下硐室开挖引起的评价指标大小,作为适应值。

(5) 遗传操作。对父代群体中每个个体进行二进制编码,将每个个体用一条染色体来表示,其中重要的因素放在编码链的前端。从父代群体中随机选择两个个体 P_1 和 P_2,采用竞争选择方法。对 P_1 和 P_2 进行一致杂交和变异操作,最后生成一个新个体 H。对新个体 H 进行解码,得到对应的参数方案。

(6) 重复步骤(5),直到产生 P_{size} 个新个体,即生成子代群体。

(7) 最佳个体保留机制。将父代中的最佳个体(适应值最小的个体)随机置换子代中的一个个体。将子代群体转换为父代群体,即为新的父代群体。

(8) 置 $i_{gen}=i_{gen+1}$,判断 i_{gen} 是否等于 N_{gen},若等于,则进化搜索结束,最后一代中的最好个体所代表的方案即为所求得的最佳方案;若不等,则转到步骤(1),继续搜索。

隔离矿柱进化数值模拟算法流程如图 10-12 所示。

10.2.5.2　平板梁理论

平板梁理论推导法主要是依据地下开采矿房顶柱的计算公式或其演变而成。计算公式主要考虑了境界顶柱承受自重和可能承受最大物体重量,计算理论一般为支撑面积理论和工程计算的两端受力梁计算原理。

常用计算公式有以下四种:

公式 1　　　　　　　　　　　$$W = \frac{\gamma L^2}{2\sigma_b} \tag{10-58}$$

式中　W——顶柱厚度,m;

$\quad\quad \gamma$——矿石密度,t/m^3;

$\quad\quad L$——矿房宽度,m;

$\quad\quad \sigma_b$——爆破强度极限,t/m^2,$\sigma_b = \sigma_{max} n$,$\sigma_{max}$ 为顶柱中心的最大拉力,t/m^2,n 为安全系数,$n=1.1 \sim 2.5$。

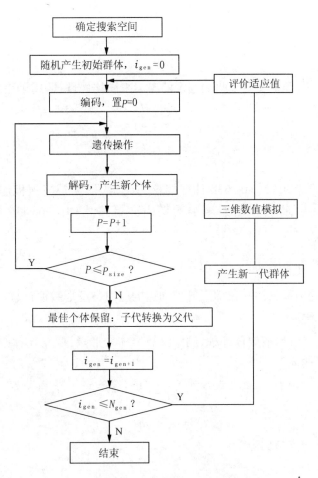

图 10-12 隔离矿柱进化数值模拟算法流程

公式 2

$$\sigma_p = 2.18\sigma_s W^{0.46} H^{-0.66} \tag{10-59}$$

式中　σ_p——矿柱强度，kPa；

　　　σ_s——矿柱单轴抗压强度，kPa；

　　　H——矿层高度，cm。

该方法要求的安全系数 n 为：

$$n = \sigma_p / \sigma \tag{10-60}$$

式中　σ——顶柱荷载，kPa；

　　　n——安全系数，取值 1.1 ~ 3。

公式 3

$$\sigma_p = \sigma_s \left(0.6 + 0.36\,\frac{W}{H}\right) \tag{10-61}$$

式中　σ_s——单轴抗压强度，kPa。

式(10-61)适合狭长的境界顶柱厚度计算。

公式 4

$$W = \frac{1}{4}\ln\frac{9.8gl + (9.8gl)^2 + 86q\sigma_n}{\sigma_n b} \tag{10-62}$$

式中　l——矿房中心线至间柱中心线距离，m；

　　　b——顶柱宽，m；

　　　q——柱单位荷载，Pa；

　　　σ_n——允许拉应力，Pa，$\sigma_n = \dfrac{\sigma_b}{nK_c}$；

σ_b——极限抗拉强度,Pa;

　n——安全系数,$n = 2 \sim 3$;

　K_c——结构削弱系数。

式(10-62)把境界顶柱看作是类似于两端固定的厚梁来简化处理,适用于狭长矿体,要求:

$$W > \frac{H}{k-1} \tag{10-63}$$

式中　H——矿房高度,m;

　　　k——岩石松散系数。

当矿房高度不大时,可采用式(10-63)计算校核,计算的依据是当顶板崩落充满矿房时,其上部还没有破坏的顶板不会再发生崩落;采用充填法的矿山亦可按式(10-63)验算,式中H取充填料的沉降值。

10.2.6　联合开采二维弹塑性有限元

有限元是解决露天开挖引起的边坡及地下开挖周边的应力与变形数值计算问题。

10.2.6.1　原岩应力数据

利用钻孔套孔钻进的办法,造成岩体卸载,测定恢复岩体变形量,从而计算原岩的受力状态。考虑构造应力作用,施加在某节点上的应力分量为:

$$\sigma_x = \sigma_x^0 + \frac{\mu}{1-\mu}\gamma h \tag{10-64}$$

$$\sigma_y = \sigma_y^0 + \gamma h \tag{10-65}$$

式中　σ_x^0, σ_y^0——测试的某节点应力分量;

　　　μ——岩石的泊松比;

　　　γ——岩体的密度,t/m^3;

　　　h——某节点所在的深度,m。

10.2.6.2　受力模型和破坏准则

有限元求解计算采用二维非线性各向同性受压弹塑性力学模型和关联流动法则,破坏准则一般采用 Drucker – Prager 公式:

$$f = \alpha J_1 + J_2^{0.5} - k = 0 \tag{10-66}$$

$$\alpha = \frac{\sin\varphi}{(9 + 3\sin^2\varphi)^{0.5}}$$

$$k = \frac{3c}{(9 + 3\sin^2\varphi)^{0.5}}$$

式中　c, φ——在 Mjr-Cpiopmb 准则中岩体的单位黏结力与内摩擦角;

　　　J_1——单元应力偏量的第一不变量,$J_1 = \sigma_1 + \sigma_2 + \sigma_3$;

　　　J_2——单元应力偏量的第二不变量:

$$J_2 = \frac{1}{6}\left[(\sigma_x - \sigma_y)^2 + (\sigma_y - \sigma_z)^2 + (\sigma_z - \sigma_x)^2\right] + \tau_{xy}^2 + \tau_{yz}^2 + \tau_{zx}^2 \tag{10-67}$$

所以,破坏系数f:

$$f = \frac{\alpha_1 J_1 + J_2^{0.5}}{k} \tag{10-68}$$

当$f < 1$时,说明单元应力未达到屈服面,是安全的,$f = 1$时,则单元应力落在屈服面上,处于临界状态,$f > 1$时,则单元应力落在屈服面以外,处于失稳的不安全状态。

边界约束条件及模型应力场计算模型的边界约束条件及构造应力场大小如图 10-13 所示。模型两垂直侧面上分别作用梯形荷载 $\tau_x^o,\tau_x+\mu\gamma h_2/(1-\mu)$ 和 $\tau_x^o,\tau_x^o+\gamma h_2/(1-\mu)$，模型底部的水平边界上段设铰链，使节点的水平位移 U 与垂直位移 V 均为零，亦即 $U=V=0$。

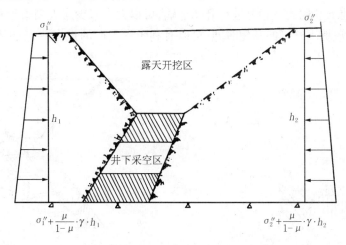

图 10-13　模型应力场计算模型的边界约束条件及构造应力场

10.3　露天地下联合开采方法

露天与地下联合开采方法是在开采范围内，一般是将矿床垂直划分为上、中、下三层，上层用露天开采，下层用地下开采，中间层也称过渡层或过渡带，既可用露天，也可用地下开采，或者两者兼而有之。采用何种联合开采方式，主要取决于矿床的地质条件、矿体的赋存特点、采矿装备技术、安全监控技术和开采状况及地形等。

10.3.1　露天地下联合开拓

露天开采多年，已形成了完整的露天开拓运输系统和相应的辅助系统。露天转地下矿山的开拓系统，实质上主要是指地下的开拓系统。露天地下联合开拓系统必须注意：（1）充分利用露天矿现有的开拓工程和生产工艺系统；（2）露天矿的开拓，特别是露天矿深部的开拓，应尽可能与地下的开拓互相利用。依据地下和露天生产工艺的联系程度不同，露天转地下矿山的开拓系统，可以归纳为露天地下各为独立开拓系统、局部联合开拓系统以及露天和地下为一套开拓系统三种类型。

（1）露天地下各为独立开拓系统。这类矿山的地下开拓工程一般都布置在露天采场之外，露天和地下都使用独立的开拓运输系统。主要适用于埋藏较深的水平和缓倾斜矿体，或者虽是急倾斜矿体，但因地质关系矿体上下部分错开分布。还有些矿山由于地质勘探原因（如矿床深部勘探不足），或设计的历史条件（如初期设计只要求作露天境界内的开拓系统），在设计时就没有考虑露天与地下联合开采。这类开拓方式的优点是露天与地下的生产互相干扰小。缺点是地下井巷工程量大，投资高，基建时间长；露天深部的剥离量大，运输和排水费高。

（2）局部联合开拓系统。露天的部分矿石利用地下开拓系统出矿，或者地下开拓系统局部利用露天矿的开拓工程。这类开拓方式在国内外矿山中均常见到。它的使用条件大体上可归纳为两种情况：1）对于倾斜和急倾斜矿床，当露天深度较大时，开采露天矿残留矿柱的矿石（包括露天底柱和边帮矿柱），通常都是从地下开拓巷道运到地面。2）当露天开采到设计境界后，转入地下开采的储量不多，服务年限不长，若露天边坡稳定，通常是从露天坑底的非工作帮开掘平硐、斜井（或竖井）开采地下矿体。这类开拓方式的优点是井巷工程量较少，基建投资少，投产快，并可利用露天矿现有的运输设备和设施。它的缺点是露天矿后期的生产与地下井巷施工互相干扰。某金矿和某铁矿露天转地下开拓系统如图 10-14、图 10-15 所示。

（3）露天和地下为一套开拓系统。这类开拓系统的实质是露天与地下采用统一的开拓系统。既可以从露天生产开始就与地下同一个开拓系统，也可以是露天矿的深部开采与地下共用开拓系统。对于急倾斜矿体,当露天开采年限短时,为了减少基建投资和露天剥离量,同时也为了向地下开采过渡有较充分的时间进行地下采矿法试验,可以用地下巷道同时开拓露天和地下。这类开拓方式,在国外使用很广泛,如瑞典基鲁纳瓦拉矿。由于露天和地下共用地下巷道进行开拓运输,可以大大减少露天剥离量和运输距离,可以缩减露天和地下的基建投资,缩短地下开采的基建时间,可以有利于露天矿的排水疏干,可使地下矿有较充分的时间作过渡的准备工作。

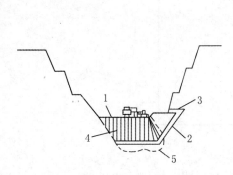

图 10-14 某金矿露天转地下开拓系统

1—露天坑底;2—斜井;3—平硐;4—钻孔;5—矿体边界

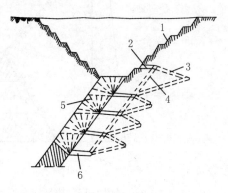

图 10-15 某铁矿露天转地下开拓系统

1—露天边帮;2—平硐;3—斜坡道;4—溜井;5—深孔;6—装矿横巷

露天转地下开采的矿山,应根据具体条件,利用露天和地下开采工艺特点,选用露天与地下联合开拓或局部联合开拓。根据露天转地下开采在时间和空间上的不同,主要的地下巷道类型和布置如图 10-16 所示。

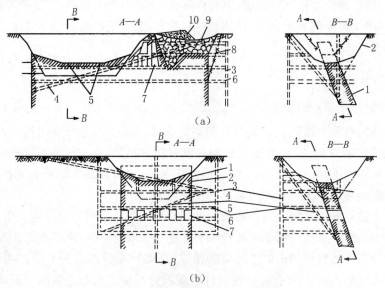

图 10-16 利用地下巷道联合开拓系统

(a) 在水平面上联合开拓;(b) 在垂直面上联合开拓

1—矿体;2—露天矿边界;3—竖井;4—斜井;5—矿石溜井;6—运输巷道;

7—地下回采区;8—崩落区边界;9—崩落漏斗;10—崩落区排石场

在选择地下工程位置时,应当考虑露天大爆破的地震作用对巷道的影响。这种影响可以按炸药同时爆破后岩面发生的位移幅度和速度来确定。当微差爆破的段药量不超过 10 t 时,从爆破地点至地下排水和运输巷道的地震安全距离约为 100 m。国外将此数值推荐为露天和地下同时开采的矿山利用地下巷道联合开拓的最小允许距离。当炸药量减少时,最小安全距离可减至 30 m。

地震区安全半径 r 大致按式(10-69)确定:

$$r = 5.7\sqrt[3]{Q} \tag{10-69}$$

式中 Q——炸药量,kg。

多数矿山采用振速来评价爆震对建筑物的危害程度：

$$v = K\left(\frac{Q^{1/3}}{R}\right)^{\alpha} \tag{10-70}$$

式中　v——质点的振动速度；

　　K,α——与岩石特性有关的常数；

　　R——从爆源到保护物的距离。

10.3.2　露天地下联合开采评价及实例

露天开采的合理深度是有限的，开采过深，其剥采比则超过经济极限值，不仅技术上困难，经济上也不合理，因此，必须转入地下开采。近些年来，国外部分深露天开采广泛使用地下开拓运输系统，既当露天开采到一定深度后，露天和地下采用统一的开拓运输系统。露天开采用的地下工程和设施，要考虑被地下开采所利用，以便保证露天向地下顺利地进行持续稳产过渡。

露天矿利用地下开拓工程，对矿床的疏干排水起着重要作用。矿山实际生产表明，挖掘机在有含水层的条件下作业，效率下降 20%～25%。凹山铁矿、凤凰山铁矿在地下掘进疏干巷道，使生产条件明显改善，穿孔效率约提高 40%，年下降速度由 10 m 提高到 12 m。因此，在评价开拓方案时，也必须考虑这个有利因素。

在大多数条件下，由于设计时已分别作了露天和地下开拓方案的比较与选择，因此，在论证联合开拓系统时，必须充分评价利用地下巷道开拓方案的经济效果。对采用地下巷道的联合开拓，与露天和地下独立开拓进行经济比较，最后通过综合评价，确定开拓方案。下面介绍两个实例。

（1）俄罗斯某多金属矿床。该矿为透镜状矿体，总厚度达 150 m。矿体埋深在 800 m 以上，倾角 85°，矿岩硬度 $f=6\sim10$，水文地质条件很复杂，露天开采深度 355 m 处的涌水量为 120000 m^3/h。

矿床先用露天开采，后转入地下开采（图 10-17）。这种开采初期基建投资大，但是单位投资小，综合指标高（表 10-1）。

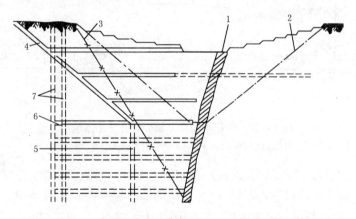

图 10-17　某多金属矿床露天和地下联合开拓系统

1—矿体；2—露天最终边界；3—岩石错动区；4—提升斜井；5—盲竖井；6—石门；7—竖井

表 10-1　某多金属矿床联合开采技术经济指标

指　标	联合开采法		
	先露天开采	后地下开采	联合开拓同时开采
矿山生产能力/%	100	50	150
每吨矿石采矿成本/%	100	170	123
企业盈利/%	310	198	274
基建总投资/%	100	57	131
年产每吨矿石的投资/%	100	114	87

该矿露天和地下共同利用地下巷道联合开拓，露天采用箕斗斜井提升，地下用盲竖井提升。露天的矿石用汽车沿石门运到斜井，然后用40 t的斜井箕斗提升至地面。由于采用了斜井开拓，运输线路的长度比用汽车往地面运输缩短了一倍（表10-2）。

表10-2　运距与露天矿深度的关系

| 露天深度/m | 汽车运输/km | | | | | | 联合开拓运输/km | | | | | |
| | 露天内部 | 沿边坡 | 地面 | | 合计 | | 露天内部 | 沿边坡 | 地面 | | 合计 | |
			矿石	岩石	矿石	岩石			矿石	岩石	矿石	岩石
240	0.80	3.5	1.0	2.7	5.3	7.0	1.10	0.44	0.35	2.4	1.89	3.94
300	0.57	4.3	1.0	3.0	5.87	7.87	0.90	0.53	0.35	2.7	1.78	4.13
360	0.32	5.2	1.0	3.3	6.52	8.82	0.60	0.62	0.35	3.0	2.57	4.22

这种联合开拓的优点：1）由于减少了两个深375 m的排水竖井，25000 m³左右的水平排水巷道和上部（400 m）的提升井，以及5500 m长的石门，缩减了地下巷道的工程量。2）在不改变提运计划的条件下，可以增大露天矿的深度和境界。3）保证了露天与地下生产的连续性和预防了露天边坡的滑落。4）降低了矿岩的运输距离和运输费用。主要缺点是需要同时掘进工程量大的地下巷道。因此，进行技术经济全面评价，利用地下巷道的联合开拓在该矿具有显著的优越性。

（2）俄罗斯新巴卡里斯基铁矿。该矿属于层状矿床，走向长3000 m，倾向长400 m，矿体厚20~90 m。矿层呈背斜褶皱状赋存于页岩和石灰岩中。矿床上部约100~120 m深处为氧化的褐铁矿，下部为菱铁矿。

该矿的上部和相邻另一铁矿的一部分用露天开采，下部用地下开采。露天和地下矿合计设计能力为2500 kt/a，露天开采占总储量的30%。在研究的基础上，决定用露天与地下联合开拓方案（图10-18）。露天矿石沿主溜井放到480 m水平，经过破碎，用胶带输送机运到斜井。地下矿石也同样运到斜井提运到地面选矿厂。

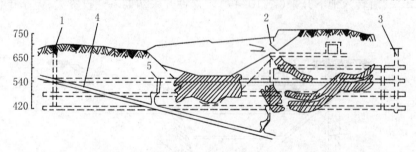

图10-18　新巴卡里斯基铁矿联合开拓系统
1—2号辅助井；2—通风井；3—1号辅助井；4—斜井；5—溜井

按开拓方案运输方式，矿石从露天运至选矿厂有两个方案，即铁路运输和联合开拓运输（汽车-斜井皮带运输机运输）。在计算露天矿的基建费用时，联合开拓的井巷掘进费和运输费用一半归露天矿，另一半划归地下井田。两个方案计算的结果见表10-3。从表10-3中可以看出，对于费用值影响最大的是运输距离和运输方式。由于地面是高山地形，以及铁路运输随着露天深度的增加而运距加大，因此，在该矿床条件下，从+610 m水平（表10-3）改用地下巷道联合开拓，在经济上是合理的。这时铁路运距为6900 m，地下巷道运距为1000~1200 m，而且随着露天深度的增加，联合开拓的效率会更加提高，经济效益更加显著。此外，还可以减少后期地下开采的基建投资和生产费用，对地下开采也是有利的。

表10-3　新巴卡里斯基铁矿联合开拓费用比较

| 联合开拓水平标高/m | 矿石运至选矿厂距离/km | | 铁路沿地面运输费用/万卢布 | | | 运输机沿地下巷道运输费用/万卢布 | | |
	铁路地面运输	运输机地下运输	生产费用	基建投资	换算后费用	生产费用	基建投资	换算后费用
+610	6.9	1.0~1.2	48.0	314.0	92.0	46.3	314	90.3
+590	8.3	1.0~1.2	55.5	349.0	104.5	46.3	314	90.3
+560	9.9	1.0~1.2	61.5	384.5	115.5	46.3	314	90.3
+520	10.3	1.0~1.2	66.5	420.0	125.5	46.3	314	90.3

露天与地下联合开采,利用地下巷道联合开拓的优点主要有:

(1)露天不设运输线路工程,可以将运输平台和安全平台合并,加大露天的最终边坡角,从而可以大大减少露天剥离量。露天和地下共用地下巷道开拓,可以缩减基建工程量,据统计可以使基建投资减少10%~15%。

(2)当露天开采达到一定深度后,利用地下巷道运输,可以缩短运输距离。据国外矿山的计算和统计,当露天开采深度超过150m时,利用地下巷道开拓,其运距仅为地面汽车运输的25%~43%(表10-4)。

表 10-4 竖(斜)井开拓运距与汽车运距的比较

矿山名称	规模/kt	提升高度/m	提升方式	倾角/(°)	运距/km 汽车	运距/km 井筒	井筒运距为汽车运距/%
基鲁纳瓦拉矿	5300	170	罐笼	90	3.7	0.9	25
因斯皮拉逊矿	3900	140	箕斗	90	4.0	1.3	31
尼克莱也夫斯基矿	5300	325	箕斗	90	11.0	2.7	25
尼克莱也夫斯基矿	1600	220	箕斗	90	6.7	1.7	26
尼克莱也夫斯基矿		196	箕斗	36	5.9	1.1	24
恩昌加矿	3800	240	箕斗	90	4.9	2.1	43
芒特·莫尔岗矿	2000	170	箕斗	90	3.3	1.2	38
芒特·莫尔岗矿	2000	170	箕斗	45	3.3	1.2	36
俄罗斯多金属矿		240	箕斗	45	7.0	3.94	56
巴格达矿	3400	90	皮带	17.5	1.8	0.7	39
卡兰特矿	3850	180	皮带	17	3.8	0.8	21

(3)露天矿的深部水平用地下巷道开拓,可以使地下矿的建设提前进行,同时还可以利用地下巷道排水、疏干,改善露天的生产条件,确保露天开采能顺利地、持续稳产地向地下开采过渡。

(4)实践和经济计算结果表明,当露天开采深度超过100~150m时,可采用地下巷道联合开拓。

10.4 露天转地下开采须采取的几项措施

10.4.1 通风、防寒及防洪技术措施

露天转入地下开采,上部形成露天坑,露天坑往往与地下井巷工程及采空区相通,尽管是进行了通口封闭和形成了覆盖岩(矿)层,也避免不了风流窜动和泥水下灌带来的安全隐患,甚至造成人员伤亡。因此,在这段开采时期,特别要注意安全,必须采取有针对性的措施,保证生产正常进行。

10.4.1.1 通风、防寒技术措施

(1)及时地密闭井巷和空区,保持垫层的密实性,隔绝井巷与露天坑的连通。

(2)过渡期必须调整通风系统。推荐选用抽压结合、中央对角式的分区通风系统,具有网路短、漏风少和负压低的特性,适于过渡期的通风要求。

(3)采用在风井井口附近专设锅炉房和热风机房等办法预热空气,将达到预定温度的热风送至主扇风机吸风口,与冷空气混合。例如,地处西北的矿山,冬季预热的空气温度应到2℃以上。

10.4.1.2 防洪技术措施

露天开采已经结束,凹陷的露天坑形成巨大的汇水面积,在暴雨季节,大量雨水有可能经由与露天坑相通的井巷和垫层空隙流入地下采场,酿成淹井事故。所以过渡期防洪工作是一个十分重要的问题。为了减少排水泵房掘进和装备费用,根据暴雨量大、时间短的特点,为杜绝暴雨淹井的事故,可以采取下述综合治理洪水的技术组织措施:

(1)在露天境界外挖掘截洪沟,将露天境界和地表错动界线以外的地表水引出。

（2）在露天坑的安全平台上设截流泵站，将露天坑内的汇水排送到露天坑和错动界限以外。

（3）在露天采矿场最终边坡下的塌陷区内，于每个开采阶段的进口处设闸板或简易水闸门以及砂袋材料等，准备必要时随时截堵水流。

（4）当排土场位置及标高有可能形成汇水倒灌露天坑时，需修筑永久性截水沟，随时引水至露天坑及错动区以外。

（5）当露天坑与地下开采第一阶段尚未贯通之前，可以预先在仅有的几个天井上浇灰锁口，并盖上严密盖板。同时，在井下应提前施工水仓、泵房并形成足够的排水能力。

（6）暴雨过大的地区，在井下适当的巷道中（一般利用下阶段开拓和采准巷道），装置带调节闸阀的防水闸门，以备储水。

（7）除了按照规范计算矿坑水排洪能力以外，还要考虑露天转地下开采时，涌入坑下的洪水夹带泥沙量大，需要对水泵选型及水仓体积、清理设施有足够的考虑。

（8）坑下泵房尽可能设置在易于集水的上部阶段。

10.4.2 安全技术措施

安全技术措施主要有：

（1）为避免或防止露天爆破对地下井巷和采场的破坏作用，在地下工程与露天采场底之间应保持足够的距离。临近露天底的穿爆作业不要超深，控制露天爆破的装药量，采用分段微差爆破，挤压爆破等减震措施，禁止使用硐室爆破。同时还要防止露天与地下爆破的相互影响。

（2）回采残矿时，地下工程作业应不影响露天作业的正常进行和安全生产，注意与露天采场作业的密切配合，安排合理的回采顺序。露天矿边坡下的回采，采用由两端向边坡推进的回采顺序，露天坑底与地下采场之间留有必要的境界顶柱和矿房间矿柱。

（3）建立必要的微震监测系统。微震监测技术是近几年来发展起来的一项高新技术，利用声发射学、地震学和地球物理学原理以及计算机强大的功能来实现微震事件的精确定位和级别大小的确定。该技术可以长期连续不间断地进行监测和数据分析，具有远距离、动态、实时的特点，是解决露天转地下开采安全监测与防治问题比较合适的技术，实现矿山的露天边坡、露天转地下开采过渡层在地下开采扰动下岩体破裂过程的实时监测，应力场分析进行岩体失稳预警、预报，为矿山安全生产提供技术支撑和决策支持。

（4）在地下开采岩体移动界线以外的来水方向上，采取措施或增设防洪堤、截水沟，拦截地表径流流入露天采场或涌入井下，在地下与露天相通的井巷或采场要采取防水措施，露天境界内也要设置防洪排水系统，在露天坑底设置储水池等，并配置防洪排水设施。经验证明，露天底回填废石或留境界顶柱，对减少雨季径流起到了良好作用。如铜官山铜矿上部有岩石垫层，一般降雨 4 h 后，坑水涌水量才有所增加。

10.5   露天转地下过渡期的回采方案

深凹露天矿转入地下开采，要结合矿床特点和矿山现状，选择和解决好过渡期［即过渡带（层）］的安全、工艺技术等问题，是顺利实施露天转地下开采的关键。一些矿山经验体会如下：

（1）露天转地下开采不单单是露天采矿技术和地下采矿技术的简单结合，而是一项复杂的系统工程，而过渡方案是最重要的环节，不仅涉及方案的技术、安全问题，而其对矿山开采经济效益与矿山可持续发展能力带来深远的影响。

（2）在露天转地下开采过渡过程中，如何合理确定过渡时期及地下开采时期矿山的生产规模，要充分考虑露天矿山的现状和地下开采的特点，把两者有机地结合起来，维持矿山持续的生产能力，顺利地由露天转入地下开采。

（3）露天转地下开采过渡方案的制定要重点研究过渡期遇到的技术、安全问题，并有针对性地采取措施加以解决。

（4）露天转地下开采的过渡期间，露天开采已属深部发展，地下已开始生产，形成一些开拓井巷和采空场,要充分利用这种条件,研究过渡期的矿石和废石运输系统以及采矿方法等方案。

10.5.1　分段空场法预留境界顶柱方案

采用分段空场法或留矿法在境界顶柱以下进行回采时,境界顶柱的回采是在露天开采结束后进行的。在露天坑底留设 7～10 m 厚境界顶柱,地下用深孔留矿法回采矿房,暂留矿柱。回采以后,放出 30% 左右的矿房矿量,待露天采矿作业结束后,再放出其余存窿矿量。放矿阶段,在拉底水平以上留 7～10 m 厚的矿石缓冲层以保护境界顶柱等矿柱回采的安全。然后用钻机从露天坑向下穿孔爆破境界矿柱,并在爆破矿柱的同时,崩落一定数量的顶盘围岩形成覆盖层,以后转而应用阶段崩落法回采(图 10-19)。

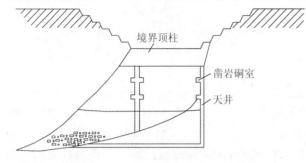

图 10-19　分段空场法预留境界顶柱方案

分段空场法预留境界顶柱方案的优点是在露天开采末期,地下与露天开采可同时进行,可弥补露天开采末期减少的产量。当露天开采结束后,再全部过渡到地下开采,可维持矿山持续均衡生产。同时,在境界顶柱回采之前,对露天采场内积水的渗透起缓冲作用,并可降低井下开采的漏风量。

10.5.2　分段空场法不留境界顶柱方案

分段空场法不留境界顶柱方案的特点是不专设境界顶柱而将分段空场法上部一个分段的高度适当加大。这种布置方式同样可以做到提前开拓采准和露天与地下同时开采出矿的目的。该方法适用于矿岩条件较好,地下开采的经验比较丰富,并较清楚地了解岩石移动规律的矿山。随着露天采场最末一个阶段推进的结束,采用分区逐段的由露天转入地下回采。

分段空场法不留境界顶柱方案实际上是将分段空场法预留境界顶柱方案预留的境界顶柱作为分段空场法的最上一个分段,且适当加大,见图 10-20。

分段空场法不留境界顶柱方案的优点是没有回采境界顶柱和爆破围岩的作业,可提高境界顶柱的矿石回收率,降低矿石的贫化率;其缺点是在露天开采末期,地下不能与露天在同一垂直面内同时回采,且在露天采场内的积水将直接灌入井下,增加地下排水设施及其工程量和排水费用,增加地下开采初期的漏水量,对于多雨和雨量较大气候条件的露天矿不宜应用。

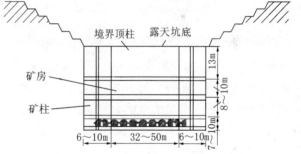

图 10-20　分段空场法不留境界顶柱方案

10.5.3　胶结充填法回采矿房暂留矿柱方案

胶结充填法回采矿房暂留矿柱方案是地下采场与露天坑底间留设一定厚度的境界顶柱暂不回采,矿房回采结束嗣后一次胶结充填形成人工隔离层,待露采结束后,从露天坑钻凿炮孔回收预留的境界顶柱。

该法主要用于开采价值较高的贵金属和多金属或其他富矿床。

其优点是地下与露天可长时间进行同时开采,生产相对安全可靠。在露天采场内,境界顶柱起阻隔露天坑内积水的渗透作用,并可降低地下采区的漏风量。

10.5.4　分段崩落法回采前形成覆盖层过渡方案

分段崩落法回采前形成覆盖层过渡方案的特点是在回采过程中,不需要将矿块划分成矿房和矿柱,而以整个矿块作为回采单元,按一定的回采顺序用崩落法进行连续回采,所以不必留设境界顶柱。为了安全生产和挤压爆破以及放矿的需要,应留有一定厚度的岩石(或矿石)作覆盖层(覆盖层厚度一般不小于 15 ~ 20 m)。

分段崩落法回采前形成覆盖层过渡方案的优点是不需要留境界顶柱,同时采用崩落法的回采效率高,成本低。其缺点是如果在同一矿区中没有其他矿段存在可以调节产量时,在形成覆盖岩层的短时期内,必将停止生产而影响矿山的持续生产,且形成覆盖层的工程也较其他方法大。另外,与预留顶柱的方法相比,该方案的渗水和漏风也较大。

10.6　联合开采实例

10.6.1　冶山铁矿

冶山铁矿属接触交代铁铜矿床,按矿体变化,以 −200 m 标高为界分上下两部分。上部矿体长 450 ~ 700 m,倾角 45°~80°,上缓下陡,平均厚 20 m。下部矿体长 420 m,倾角 35°~60°,厚 10 ~ 20 m。矿体以磁铁矿为主,$f = 8 ~ 12$,较稳固,地面东部为赤铁矿,不够稳固。上盘为白云岩 $f = 10 ~ 12$,较稳固;下盘为花岗闪长岩 $f = 8 ~ 10$,稳固。该矿区分两个区段用小型凹陷露天开采。全区长 500 m,宽 30 ~ 60 m,以东边三塘口为主,采用斜坡道开拓,小型机械化开采,台阶高 10 ~ 13 m,于 1973 年露天开采结束,最低开采境界为 +50 m。二塘口于 1959 年结束,坑底标高 +75 m,从坑底至 +50 m 改用地下留矿法、充填法开采(图 10−21)。

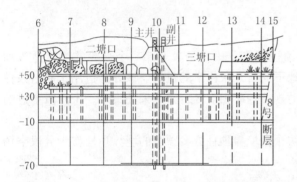

图 10−21　冶山铁矿北矿区露天转地下开采纵投影图

露天转地下整个地下开采工程于 1973 年基本建成。地下采用下盘竖井、−140 m 以下用盲竖井联合开拓。主、副井中央式布置,东西两翼各设斜风井,形成对角式双翼抽出通风系统。坑内用无底柱分段崩落法。鉴于二塘口已进行地下回采,采后的矿柱须先处理,而东部三塘口下降慢,造成了东西两翼高程相差较大,这就与露天作业与垫层的形成,以及露天与地下的同时生产均有矛盾。为了保证过渡时期的生产,该矿采取以下技术措施:(1)二塘口地下矿柱分段处理,矿柱处理与垫层的形成从西端开始,向东推进;(2)东部露天分段结束,地下分段投入生产。为了加快东翼的下降速度,决定三塘口 +50 m 台阶只推进到 13 线,其余往东至 8 号断层由地下开采,使露天东端先结束,随后即造垫层,使垫层工作和其他地段的生产同时进行;(3)采用露天硐室爆破造垫层,缩短了垫层形成的时间。由于采取以上技术措施,使该矿从 1971 年开始由露天向地下过渡,1973 年出矿量达 32 万吨,超过设计规模。

该矿山主要经验:

(1)当矿体走向较长时,为了保证露天转入地下开采能衔接紧凑,保证持续稳产,采用露天分段结束,地下分段投产的方法是可行的。

(2)当露天底需要缓冲垫层时,采用微差大爆破一次形成垫层的方法,可以保证爆破安全,爆堆均匀。

(3)据试验大爆破的计算与实践表明,当至保护点的最短距离 $R > 2\omega$ 时,可以确保井下坑道和采场不受破坏。

10.6.2　铜官山铜矿

铜官山铜矿包括老庙基山、小铜官山矿段,为接触变质的矽卡岩矿床,走向长 600 m。老庙基山矿体厚 26 ~ 125 m,倾角 26°~50°;小铜官山矿体厚 21 m,斜角 47°。上盘为闪长岩,$f = 6 ~ 12$,稳固;下盘为角页岩,$f = 6 ~ 8$,节理较发育。原设计露天底最终开采境界为 −20 m。1960 年对设计作了修改,将小铜官山矿段的大部分改为地下开采,老庙基山的最终开采深度改为东部 0 m,西部 20 m(图 10−22)。露天采场长 360 ~ 590 m,

上盘边坡角为47°,下盘边坡角为34°~35°。为了扩大规模,在露天开采的同时,在矿区两端上部(+35 m、+5 m 中段)采用地下充填法开采,用露天废石充填。

　　1963 年开始向地下过渡,竖井开拓,继续用充填法回采矿房。1966 年露天开采基本结束,只留部分设备回采边坡残柱。露天东部最后的延深(至 0 m)是留顶板三角矿柱不扩帮继续下采,三角矿柱在地下回采前用深孔一次爆破,矿石由井下运出(图10-23),其回收率达 70%。露天西部原用地下法回采,而留下的间柱,在放出少量的矿房充填料后,用有底柱分段崩落法回采。回收露天残柱工作由东向西进行,直到 1971 年才全部结束。

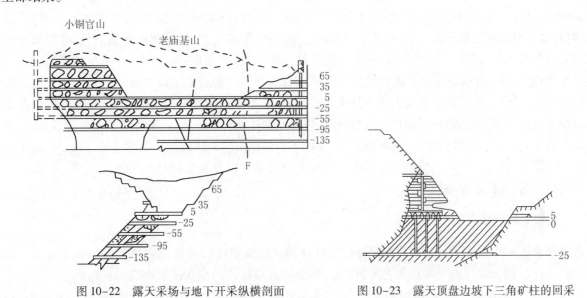

图 10-22　露天采场与地下开采纵横剖面　　　　图 10-23　露天顶盘边坡下三角矿柱的回采

　　露天转入地下后,露天顶板的边坡未处理。由于坑内的矿房间柱是用深孔崩落回采,故于 1973 年发生露天边坡陷落移动,造成坑内较大面积的矿柱错动,其范围长达 250 m,这是今后值得引以为戒的。

　　铜官山铜矿的实践中,可以得到以下认识:

　　(1)由露天转地下使用一般充填法开采的显著特点是产量急剧下降。该矿虽然已采取措施,保持两个中段同时生产,但产量仍然达不到露天开采的一半(露天为 1800 t/d,地下为 800 t/d)。特别是在露天转入地下的初期,下降幅度更大。

　　(2)铜官山铜矿不扩帮继续下采约 25 m,所留的三角矿柱,用深孔爆破一次崩落,由井下运出,其回采率能达到 70%。说明露天底不扩帮继续下采,不仅技术上可行,经济效益也是显著的。

　　(3)露天残柱的回采,是一项技术复杂、时间很长的工作。该矿 1966 年已开始回采残柱,直至 1971 年才结束,延续时间长达 5 年,这就势必影响露天迅速向地下过渡。因此,露天转地下的矿山,务必提前抓好露天残柱的回采工作。

　　(4)对于稳固的顶板边坡,也应先做好顶板管理,才能确保地下作业的安全。

10.7　露天开采境界外残留矿的回采

　　一些露天矿山逐渐步入开采晚期,其境界外残留大量矿产资源。据国内外矿山统计,露天开采结束,残留在露天境界周围的矿量占开采总储量的 5%~16%。如果扩大境界,可能造成矿山经济指标的恶化,并且征用大量土地,破坏生态环境。对全国 16 个大型露天铁矿不完全统计,露天境界外残留矿石资源达 12 亿吨之多。仅包钢、攀钢所属矿山境界外残留矿近 5 亿吨。包钢白云鄂博铁矿地质储量 12.3 亿吨,设计圈定储量 9.5 亿吨,露天采场境界外有 2.8 亿吨地质储量;攀钢兰尖铁矿和朱家包包铁矿也有近 2 亿吨境界外储量。这些储量已无法通过扩大露天境界回收。

　　露天矿境界外残留矿特点:

（1）储存量大。

（2）赋存条件复杂，不规整，开采困难。

（3）安全问题突出，露天采场与地下回采境界外残留矿同时作业，相互影响，由于开采残留矿井下爆破作业及形成的采空区破坏了露天矿边坡稳定环境。

（4）地表不允许塌陷，露天矿境界外均有一定的工业设施和工业场地，这些设施和场地仍在作业。

我国在露天矿境界外残留矿产资源开采技术研究方面，曾在10个矿山进行过专题研究，取得了阶段性成果。马鞍山矿山研究院针对境界外残留矿体开采的特点，专门开展了开采岩体稳定性分析方法及安全评价方法研究，初步掌握了该条件下矿岩体的变形破坏规律；在"河南银洞坡金矿境界外矿体开采研究"项目中，针对可能形成的对边坡危害，初步形成了兼容的开拓系统、配套工艺、矿柱留设评估、岩层变形监测方法及预报方法的技术措施；在"马钢南山矿业公司境界外开采研究"项目中，初步形成了减少相互爆破扰动的相关对策和措施；在"山东蚕庄金矿破碎蚀变岩金矿床采矿方法与岩石力学综合研究"项目中，通过对蚀变岩型矿岩特性的研究，采用灰色系统方法选择采矿方法，控制了复杂条件下的采场顶板；与有关院校合作对声发射技术进行了系统的研究，运用声发射与地压、位移监测相结合的方法，也取得了实质性的效果；还在众多矿山开展了矿岩石力学机理研究、现场量测等，掌握了非煤矿山矿岩体的地压活动特征。初步形成了残留矿体开采与原开采的耦合方法、矿山开采对矿岩层损伤的数值分析方法、顶板岩层变形监测措施、岩层变形监测及预报方法、低扰动爆破技术等。

10.7.1 残留矿的回采方法

露天开采境界外的残（驻）留矿按其赋存位置可分为三种类型：（1）露天边帮残留矿——在露天矿边坡附近的矿体；（2）露天底与地下采空区之间的矿柱，多为境界顶柱；（3）露天矿坑两端的三角矿柱。

这些残留矿，赋存条件各异，矿量多少不一，回采条件复杂，回采困难，往往是开采强度低，安全条件差，回采率不高。因此，要重视残留矿的开采技术。

10.7.1.1 露天边帮残留矿的回采

露天边帮的残留矿体，主要包括非工作帮附近和边坡以下的矿体。除了少量可由露天直接采出外，大部分采用地下开采，可采用充填法、崩落法以及空场法。

A 充填法

充填法是开采露天边坡残留矿体采用较多的一种方法，一般采用上向或下向水平分层充填采矿法，当露天边坡下的矿体延伸较长时，也可采用矿房充填法开采。其回采工艺与通用的充填法相同。该方法除应注意爆破作业的相互影响外，一般不存在露天边坡塌落等安全威胁，它能保持边坡稳定，允许在地下作业的同时，进行露天开采。但该方法的回采成本较高，劳动生产率低。因此主要适用于矿岩破碎、价值较高的矿床开采（图10-24、图10-25）。

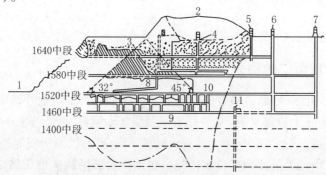

图 10-24 金川龙首矿区胶结充填法回采边坡下矿体纵投影

1—露天矿；2—小露天采区；3—原地下崩落法开采区；4—充填井；5—2 号井；6—老 1 号井；
7—新 1 号井；8—下向充填法采区；9—三角矿柱区；10—上向水平分层充填法采区；11—盲井

B　崩落法

采用崩落法回采露天边坡残留矿体,通常适用于矿岩不太稳固、矿石不太贵重的矿山。如冶山铁矿、司家营铁矿(图10-26)、海城滑石矿等,均采用分段崩落法回采边坡下的残留矿体。当露天底矿柱和地下的第一阶段是用崩落法回采时,通常均用崩落法回采边坡的矿体。采用这种方法回采时,地下开采对露天开采的安全是有影响的,一般情况下,地下开采沿走向的回采顺序应采用向边坡后退进行,使边坡附近的坍落漏斗逐渐发展,最终形成条带状的宽崩落区,以保护露天矿下部台阶不受坍落岩石的威胁。及时进行岩移观测并采取安全措施条件下露天矿的回采作业受影响很小。但在一般情况下,崩落区的露天矿下部,在地下开采影响到边坡安全时,应停止作业。

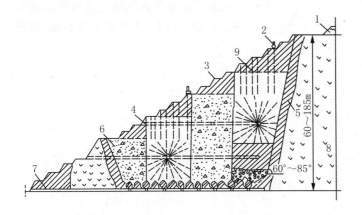 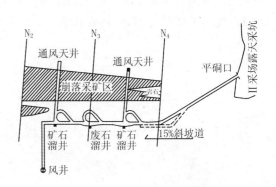

图10-25　矿房充填法回采边坡矿体方案
1—矸石场;2—露天钻机;3—露天台阶;4—凿岩平硐;5—矿体;
6—充填体;7—运输平硐;8—围岩;9—充填高度

图10-26　司家营铁矿露天边坡下
开采(-48m中段)

C　空场法

空场法回采边坡残留矿体,一般采用房柱法、浅孔留矿法等,适用于矿岩稳固性较好的矿床,其工艺与地下开采时相同。采用空场法回采边坡矿体时,在露天矿的边坡附近,往往堆积一定量的废石,对地下开采和边坡稳定产生一定影响。因此,在边坡下开采时,要求留设一定的境界矿柱。矿柱大小可按废石堆放位置和矿层至地表距离来确定。

10.7.1.2　露天底残留矿的回采

露天底残留矿是指露天坑底至地下采场之间的境界顶柱(隔离矿柱)。由于地下第一阶段水平所采用的采矿方法不同,矿柱的回采方案也不同。当坑内采用崩落采矿法时,露天坑底就不存在底柱的开采问题。若采用房柱式采矿法回采地下第一阶段水平的矿体时,根据选用的采矿方法不同,底柱的回采方式也不一样。有些采矿方法,在采完第一阶段矿房时就继续用该法回采露天底柱,最后与矿房的矿石一起从地下运出,如留矿法、VCR法、水平分层充填法。还有一类采矿方法在露天向地下开采过渡时期也不存在露天底柱,而是将露天底柱作为过渡阶段的矿房,用阶段矿房法开采(图10-27)。这种方法是从露天边帮开掘斜坡道作为凿岩和装载设备用的运输巷道(阶段高可选50~80m)。为了通风可开掘斜井或通风深孔与地面相通。然后作运输出矿水平的采准和拉底水平的漏斗及补偿空间。崩矿的深孔从露天底或在分段凿岩巷道中进行。矿房中的矿石放出后,用剥离废石或尾砂充填。矿房的间柱在矿房充填后用与矿房同样的方法回采,也可以用水平分层充填法回采。此法适用于较窄的急倾

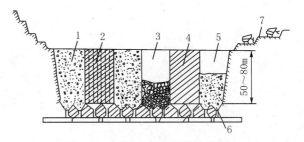

图10-27　露天底矿柱的开采方法
1—充填体;2—自露天底向矿体中钻深孔;3—放矿的矿房;
4—矿柱;5—充填的矿房;6—挡墙;7—露天工作帮

斜矿体和深露天水平的开采。该法的优点是:(1)可以不扩帮继续向下开采(50~80m)而不留三角矿柱,使剥离量减少,回采率提高;(2)生产能力大,且有利于保证边坡稳定;(3)为地下采用崩落采矿法提供了有利条件。

对于厚度大的急倾斜矿体,可用留横撑棱柱的露天-地下联合法开采露天底的矿柱(图10-28),使用该法也可以不扩帮向下开采(深度可达60~80m)。实质是在地下先开采矿房,矿房宽度15~25m,长度等于露天采场的宽度。矿房的回采是从分段平巷崩落矿石,或者用阶段强制崩落法崩矿。崩落的矿石从漏斗放出,经运输平巷运到井口提运至地面。放完矿石后用混合充填料充填,这样形成横撑棱柱体。横撑棱柱体之间为露天采场。这部分矿体在露天开采,靠近棱柱体留的边坡角为85°,棱柱体沿走向的距离可取300~500m,应依据露天开采的边坡稳定性来确定。露天采场的矿石通过采场的矿石溜井放到地下开采的运输水平运出。露天开采的采场空区用剥离废石充填。用露天-地下联合开采底柱,比用露天法开采更合理,其经济效益比后者优越得多,而且有利于地下采用崩落法进行开采。

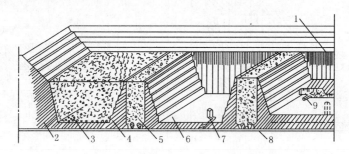

图10-28   留横撑棱柱开采露天底矿柱方案

1—露天底矿柱;2—矿体边界;3—剥离矿石;4—矿体;5—充填棱柱体;6—露天开采的采矿场;
7—放矿溜井;8—运输平巷;9—装载机

10.7.1.3 露天残留三角矿柱的回采

露天矿尤其是厚大的急倾斜矿体,在露天开采到最终境界后,不扩帮继续下延,在顶底盘留下边坡三角矿柱以及露天矿两端三角矿柱。根据矿体的长度和厚度,可沿走向布置矿房进行回采,其中靠近露天边上的第一个矿房,可直接从露天采出。

在地质条件很差的情况下,由于上盘三角矿柱暴露面积大,上盘岩石应力集中,如果露天矿延深很大,矿体很厚,倾角不陡,上盘岩石又不稳固,此时矿柱的回采困难,甚至只回采部分矿柱就可能引起上盘岩石的大量移动,而且矿柱回采率低,作业不安全。在这种条件下,矿柱的回采工作最好与地下第一阶段的矿体一起进行。如果条件允许,采用房柱法比较合理,因为此时不放顶也可以回收一半的矿石。

根据一些矿山的实践经验,对于上盘岩石不稳固的矿山,其边坡三角柱可采用充填法回采[图10-29(a)],上盘岩石稳固时可采用留矿法[图10-29(b)]或分段法回采[图10-29(c)]。由于三角矿柱一般均在露天开采结束后进行,对其回采,应视露天坑底有否堆废石的实际情况而定。当采场有废石覆盖层时,靠边坡一侧需留2~3m矿柱。反之,则不留。

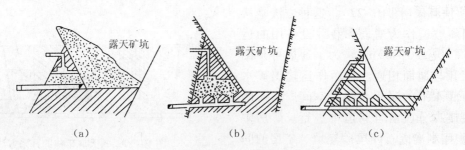

图10-29   露天坑底三角矿柱的回采

(a)充填法回采;(b)留矿法回采;(c)分段法回采

10.7.2　矿山实例

10.7.2.1　唐钢石人沟铁矿

唐钢石人沟露天铁矿于 1975 年 7 月建成投产,截至 1998 年 6 月,露天矿结存矿量 440 万吨,只能维持生产 5 年。而露天采场边帮内 +64 ~ +150 m 之间的残留矿有矿石量 78.58 万吨,需要在露天开采结束前回收利用,否则将影响露天转地下的开采。

露天生产至 1998 年 6 月,石人沟铁矿露天矿北部端帮形成上部标高 +220 m,下部标高 +64 m。端帮境界外 +64 ~ +150 m 之间结存矿石量 78.58 万吨,分布在 M_1、M_2、M_3 三条矿体中,又有 F_1(分为 F_{11}、F_{10} 两枝)、F_2、F_3 三条断层。F_{11} 断层出露于北端帮的外侧 150 m 水平,与 M_1 矿体垂直相交,断层倾角 81.7°,倾向北;F_{10} 断层倾角 80°,倾向北,临近 +110 m 水平的边坡处;这些断层是构成边帮不稳定的因素。矿石 $f = 10 \sim 20$,岩石 $f = 10 \sim 16$。

采用平硐开拓,充分利用露天边帮上安全平台做运输平台,+64 m、88 m、+110 m、+130 m 水平沿 M_1、M_2、M_3 分别自边帮平台向内掘进平硐,使 +64 ~ +150 m 水平之间的矿石通过以上 9 条平硐运出,如图 10-30 所示,在边帮境界外所圈定的开采矿体尽头掘一通风天井,配置 JK56 - 2N04 扇风机。矿石运输采用 5 t 自卸汽车,汽车可直接开到平硐深部。

采矿方法采用小矿房的浅孔留矿法回采 M_2 矿体沿走向布置矿房,矿房规格为 40 m × (5 ~ 20) m × 24 m,M_3 矿体沿走向布置矿房,矿房规格为 40 m × (4 ~ 13) m × 24 m;M_1 矿体垂直矿体走向布置矿房,矿房规格为 18 m × (15 ~ 20) m × 24 m。以上矿房高度是以阶段 +64 ~ +88 m 水平为例,对于三阶段 +88 ~ +110 m 矿房,高度为 22 m,对于二阶段 +110 ~ +130 m 水平和一阶段 +130 ~ +150 m 水平,阶段高度为 20 m。

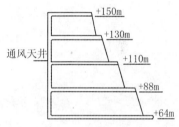

图 10-30　沿边帮平台的开拓布置

同一矿体的顺序应先回采上部阶段,而后回采下部阶段。从矿体走向上,以距离边坡的远近关系考虑开采顺序,采取后退式开采。在矿体开拓工作中,将各阶段运输平巷从边帮安全平台上沿矿脉打到矿脉的深部结束处,对于 M_1 矿体的运输平巷掘到 F_{11} 断层,对于 M_2 和 M_4 矿体的运输平巷掘到 F_{10} 和 F_1 断层处。矿房布置是从里往外,回采矿房也是先从内部的矿房而后到外部的矿房,直至采到临近露天采场边帮的矿房。

10.7.2.2　马钢南山铁矿凹山采场

凹山采场 2008 年闭坑。矿山生产勘探探明凹山采场开采境界外残留矿石量 2156 万吨,平均品位为 TFe 28.63%。凹山采场境界外残留矿体主要是 4 个部位分布在西北部、正北部、东南部及露天坑底下部。矿体具有分布集中、延伸较小及边帮出露等特点。根据凹山采场的开采现状及境界外遗留资源的分布情况,地下开采确定为北帮和东南帮挂帮矿体。

东南帮挂帮矿体赋存标高 -75 ~ -165 m 水平,长度约为 340 m,水平厚度为 20 ~ 50 m,倾角为 45° ~ 60°,矿量 297 万吨左右。

北帮挂帮矿体赋存标高 -45 ~ -135 m 水平,长度为 190 m,水平厚度为 40 ~ 100 m,倾角为 65° ~ 80°,矿量 287 万吨左右。

露天边坡挂帮矿体,采用有底柱分段崩落采矿法,东南采区和北采区均采用露天台阶平硐开拓。北采区在 -135 m 水平露天台阶上掘一平硐直至矿体,巷道布置在矿体上下盘,形成环形运输系统;东南采区在 -165 m 水平,在矿体两翼各掘一条平硐,沿矿体下盘相向贯通。

利用露天剥离废石,在采场堆铺一条斜坡,作为地下开采的提升斜坡道,设于凹山采场西南角,设计斜坡坡顶标高为 -60 m 水平,并设转载卸载工作平台,直线向下延伸至 -165 m 水平,与东南帮采区中段接轨,并在 -135 m 水平向北分岔与北采区中段平硐接轨。凹山采场扩界后开拓系统简图如图 10-31 所示。斜坡道斜长为 352 m,坡度为 17°。铺设单轨,采用 ZJK - 2/20 提升机,串车提升,每组 YQC - 112U 型矿车 4 辆。矿

石提升至 −60 m 水平,卸矿后采用前装机转载,再由 20 t 自卸式载重汽车运至 +45 m 水平矿山站转载机车运至选厂,废石采用坑内堆排方式排卸。各分段采准巷道布置在露天边坡台阶上,人员、材料和设备均可通过露天运输系统运输。

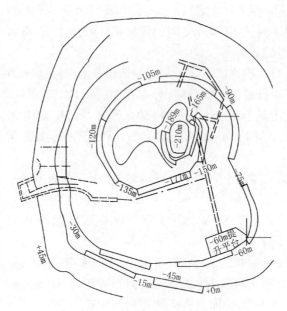

图 10-31　凹山采场扩界后开拓系统

参 考 文 献

[1] 采矿设计手册编写组. 采矿设计手册[M]. 北京:中国建筑工业出版社,1988.

[2] 王运敏. 露天转地下开采平稳过渡关键技术研究展望[J]. 金属矿山,2007(S).

[3] 章林,汪为平. 露天地下联合采矿技术发展现状综论[J]. 金属矿山,2008(S).

[4] 卢宏建,陈超,甘德清. 石人沟铁矿露天转地下开采南区房间矿柱稳定性[J]. 河北理工学院学报,2006(3).

[5] 甘德清,陈超. 程家沟铁矿露天转地下采场结构参数及回采顺序研究[J]. 有色金属,2005(6).

[6] 王艳辉. 石人沟露天转地下过渡 I 区采场结构参数研究[J]. 矿业研究与开发,2005(06).

[7] 崔少东. 唐钢石人沟铁矿岩体力学参数确定方法探讨[J]. 矿业快报,2006(06).

[8] 甘德清,郭志芳,赵广山. 露天 – 地下联合开采露天矿合理境界的确定[J]. 金属矿山,1999(10).

[9] 梅松华,盛谦,李文秀. 地表及岩体移动研究进展[J]. 岩石力学与工程学报,2004,23(7S).

[10] 黄乐亭. 开采沉陷力学的研究与发展[J]. 煤炭科学技术,2003, 31(2).

[11] 蔡美峰,何满潮,刘东燕. 岩石力学与工程[M]. 北京:科学出版社,2009.

[12] 孙世国,蔡美峰,思敬. 露天转地下开采边坡岩体滑移机制的探讨[J]. 岩石力学与工程学报, 2000, 19(4).

[13] Griffiths D V, Lane P A. Slope stability analysis by finite element[J]. Geotechnique, 1999,49(3):387 ~ 403.

[14] Dawson E M, Roth W H, Drescher A. Slope stability analysis by strength reduction [J]. Geotechnique,1999,49:835 ~ 840.

[15] 姜谙男,陈勇. 矿山露天转井下境界顶柱的数值模拟优化方法[J]. 岩土学,2007, 28(4).

[16] 潘荣森. 露天转地下开采矿山过渡期技术探索[J]. 金属矿山,2010(12):17 ~ 19.

特殊条件矿床开采

11.1 大水矿床开采

11.1.1 概述

大水矿床一般是指水文地质条件复杂,矿坑涌水量每日数万立方米或静水压力达 2~3MPa 以上的矿床。冶金系统矿山一般以万吨/日计,煤炭系统矿山一般以立方米/秒计。

我国大水矿床分布广泛,点多,储量大,有的矿石品位高。由于矿井涌水量大,因此疏干排水工程量大,施工困难,投资大。疏干排水经营费用高,矿石成本增加。开采难度大,安全事故多,甚至发生透水淹井事故,造成人员伤亡、财产损失。有的大水矿床,因条件复杂、水量大、效益差而被迫关闭或缓建,有的因防治水难度大而迟迟得不到开采,也有的矿山因采矿方法和防治措施不当导致淹井事故。更多的大水矿山因采取合适的开采方法和有效的防治水措施,使矿床得以顺利开采。我国部分大水矿床开采简况见表 11-1。

表 11-1 我国部分大水矿床地下开采简况

矿山名称	水文地质	采矿方法	防治水措施	备注
水口山铅锌矿	上部溪水,裂隙导水	上向分层充填采矿法	地面防洪,防渗,帷幕注浆	正常生产
张马屯铁矿	中下奥陶统灰岩及第四系松散层含水	空场嗣后全尾砂胶结充填采矿法	以堵为主,堵排结合	正常生产
西石门铁矿	奥陶灰岩含水层	有底柱和无底柱分段崩落法	超前疏干,马河铺底	正常生产
北洺河铁矿	季节性河流,奥陶灰岩含水层	无底柱分段崩落法	河流改道,超前疏干	正常生产
凡口铅锌矿	白云岩岩溶含水	机械化盘区上向分层充填采矿法	地下浅部截流和地表防渗相结合	正常生产
新桥硫铁矿	地表河床、水库,矿体顶板栖霞灰岩含水层	空场嗣后块石砂浆胶结充填采矿法	河流改道防渗,巷道加放水孔疏干	正常生产
铜绿山铜铁矿	矿区大理岩溶水为主	上向分层点条柱充填采矿法	帷幕注浆	正常生产
莱芜业庄铁矿	顶板奥陶灰岩为强含水层,最大放水量为 110 km^3/d	上向分层点柱充填采矿法	顶板注浆堵水,下部疏干	正常生产
谷家台铁矿	地表有河流,矿体顶板奥陶灰岩为强含水层,最大放水量为 75 km^3/d	崩落法	堵排结合,以排为主,辅之以搬迁、改河	曾发生透水、死亡事故
三山岛金矿	滨海矿床,裂隙充水矿床	上向分层点柱充填采矿法	平行疏干与注浆加固堵水	正常生产
程潮铁矿	岩溶裂隙水	无底柱分段崩落法	地下巷道疏干	正常生产
泗顶铅锌矿	岩溶含水为主,地下暗河、裂隙纵横交错,断层横切河床,地表水与地下水联系密切	切顶房柱法	导、疏、堵、排	正常生产
金岭铁矿召口矿区	奥陶石灰岩含水	分段凿岩阶段空场采矿法	疏、堵、截	正常生产
锡矿山南矿	矿体上面为河流	充填采矿法	河床加固防渗	已采完
油麻坡钼矿	矿体上面为河流	空场嗣后充填采矿法	河流改道,留隔水矿柱	正常生产
南洺河铁矿	季节性河流,奥陶灰岩含水层	空场嗣后胶结充填采矿法	超前疏干	正常生产
云驾岭铁矿	奥陶灰岩含水层	上向分层点柱充填采矿法	超前疏干	正常生产
白象山铁矿	上部为河流,第四系孔隙含水层和基岩裂隙含水层	上向分层点柱充填采矿法	局部疏干为主,注浆堵水为辅	建设中
草楼铁矿	矿体顶板风化带含水层、第四系底部碎石含水层	空场嗣后充填采矿法	保护顶板	正常生产

11.1.2   充水类型

大水矿床的充水类型与普通矿床相同,有地下水、地表水、老硐旧巷积水和大气降水,与普通矿床不同的是大水矿床涌水量大,有的水压高,水文地质和地下水赋存条件复杂,有突水的可能。

（1）地下水。地下水往往是矿井涌水的直接来源,造成矿井涌水的含水层称为充水含水层或充水围岩。

我国大水矿床主要充水含水层,北方是分布面积很广的中奥陶系灰岩,南方是分布面积很大的二叠系茅口灰岩和石炭系壶天灰岩,其共同特点是岩溶发育,含水层厚度大。我国约有 90% 的大水矿床属于这种条件。

这种以灰岩为主的矿床水量主要决定于充水含水层的孔隙及总的体积大小,可分三种充水岩层:

1）岩溶充水岩层。这类含水层孔隙大又多,充水性能最强,储水量大,矿井涌水量大,如岩溶溶洞水。

2）裂隙充水岩层。这类含水层孔隙很小,渗透系数也很小,水源补给又弱,矿井涌水量一般不大,可不作为大水矿床开采讨论。

3）孔隙充水岩层。这些含水层介于岩溶充水岩层与裂隙充水岩层之间。

大水矿床一般是指岩溶充水为主的矿床,其次是孔隙充水的矿床。我国以岩溶含水层充水为主的部分矿床特征见表11-2。

表 11-2   以岩溶含水层充水为主的矿床特征

充水岩层类型	矿床特征			矿山实例
	含水层	水文地质主要特征	矿坑涌水量特点	
裸露	无统一含水层和地下水位,含水性极不均	强度很大的大气降水形成的流量,大溶洞库存泥沙,威胁生产	以储存量为主,补给量变化范围大,由 $10 \, m^3/h$ 至数万立方米	香水岭铅锌矿、泗顶铅锌矿
覆盖	有统一含水层和地下水位	严重的地面塌陷,井下较大的地下水威胁生产	补给水量充沛,补给量较稳定,$10 \sim 50 \, km^3/d$	凡口铅锌矿、石录铜矿
埋藏	有统一含水层和地下水位	丰富高压岩溶水、矿层顶底板突水、部分地面塌陷及井下泥沙常威胁生产	补给水量充沛,储存量很大,补给量稳定,每日几万至几十万立方米	汪东铁矿、城门山铜矿

在我国南方这类大水矿床岩溶特别发育,岩溶形态以溶洞和暗河为主,矿坑涌水量直接受降水影响,滞后期短。而在北方这类大水矿床岩溶形态以裂隙和溶洞为主,矿坑涌水量相对较稳定,最大与正常矿坑涌水量相差不是很大,降水影响滞后期相对较长。

我国以孔隙含水层充水为主的矿床多分布在山前冲积平原、河流两岸、河床沉积地带,主要产于第三系和第四系岩层的矿床以及埋藏于富水孔隙含水层下的基岩中,如霍邱铁矿、姑山铁矿等。

（2）地表水。地表水如河流、湖泊、池塘、滨海和塌陷坑的积水等,我国较为多见。地表水补给矿井的矿山,如马河下的西石门铁矿、青山河下的姑山铁矿和白象山铁矿、水岩河下的冷水江锡矿山南矿、康家溪下的湖南康家湾铅锌银矿、圣冲河和新西河下的新桥硫铁矿、赛城湖下的江西城门山铜矿、海边的三山岛金矿及华铜铜矿等。

（3）老硐、旧巷积水。早期开采留下的老硐,乱采乱挖留下无序又无资料的空洞旧巷积水,往往会使后人开采发生透水事故。

（4）大气降水。大气降水（包括雨水和冰雪融化水）直接补给井下,如短历时暴雨强度很大,或长历时的降水,构成大水矿床。

11.1.3   大水矿床地下开采技术

11.1.3.1   合理布置井巷工程

矿坑水一般是指生产矿山的涌水,其水量包括井巷工程通过含水层的涌水、地表水流入或渗入井下的水、水砂充填及采矿活动的回水。矿坑水的防治是根据矿床水文地质条件和特点,合理布置井巷工程,采取综合防治水措施,以减少矿井排水量,消除其对矿山生产的危害,确保安全和取得好的效益。

矿坑水的防治工作,应本着"以防为主、防治结合"的原则,力争做到防患于未然。存在水害的矿山建设前应进行专门的勘察和防治水设计,并由具有相应资质的单位完成。防治水设计应为矿山总体设计的一部分,与矿山总体设计同时完成。水害严重的矿山应成立防治水专门机构,在基建、生产过程中持续开展有关防治水方面的调查、监测和预测预报工作。

所谓合理布置井巷,就是开采井巷的布局必须充分考虑矿床具体的水文地质条件,使得流入井巷和采区的水量尽可能小,否则将会使开采条件人为地复杂化。在布置开采井巷时应注意以下几点:

(1) 先简后繁,先易后难。在水文地质条件复杂的矿区,矿床的开采顺序和井巷布置,应先从水文地质条件简单的、涌水量小的地段开始,在取得治水经验之后,再在复杂的地段布置井巷。例如,在大水岩溶矿区,第一批井巷应尽可能布置在岩溶化程度轻微的地段,待建成了足够的排水能力和可靠的防水设施之后,再逐步向复杂地段扩展,这样既可利用开采简单地段的疏干排水工程预先疏排了复杂地段的地下水,又可进一步探明其水文地质条件。

(2) 井筒和井底车场选址。井筒和井底车场是矿井的主要工程,防排水及其重要设施布置在这里。开拓施工时,还不能形成强大的防排水能力。因此,它们的布置应避开构造破碎带、强富水岩层、岩溶发育带等危险地段,而应布置在岩石比较完整、稳定,不会发生突水的地段。当其附近存在强富水岩层或构造时,则必须使井筒和井底车场与该富水体之间有足够的安全厚度,以避免发生突水事故。

(3) 联合开采,整体疏干。对于共处于同一水文地质单元、彼此间有水力联系的大水矿区,应进行多井联合开采,整体疏干,使矿区形成统一的降落漏斗,减少各单井涌水量,从而提高各矿井的采矿效益和安全性。

(4) 多阶段开采。对于同一矿井,有条件时,多阶段开采优于单一阶段开采。因为加大开采强度后,矿坑总涌水量变化不大,但是分摊到各开采阶段后,其平均涌水量比单一阶段开采时大为减少,从而降低了开采成本,提高了采矿经济效益和安全性。

11.1.3.2 选用合理的采矿方法/方案

对于大水矿床,选择合理的采矿方法/方案是矿山安全开采的保障。即使前期地质和水文地质及工程地质工作非常健全,防治水工作也做得成功,如果没有一个合理的采矿方法来保证安全开采,巩固防治水成果,矿山安全开采仍无从谈起。

目前,我国大水矿床开采的采矿方法有崩落法和空场法,较多采用的是充填法。

A 崩落采矿法和空场采矿法

对于地表河流改道工程量少、矿体周围含水层能够轻易疏干、地表允许塌落的矿床,可以采用崩落法。对于隔水层很厚、隔水条件好、留适当矿柱就能保证安全生产的矿床,可以采用空场采矿法。如北洺河铁矿采用无底柱崩落法,西石门铁矿采用有底柱和无底柱崩落法,泗顶铅锌矿采用切顶房柱法,金岭铁矿召口矿区采用分段凿岩阶段空场采矿法等。

北洺河铁矿矿体埋藏在河床下,均为第四系黄土和河床卵石所覆盖,局部为中奥陶统马家沟组石灰岩。埋深为 134 ~ 679 m,矿体长 1620 m,宽 92 ~ 376 m,属大中型矿床。矿体大部分处在地下水位以下,矿体顶底板及其围岩为奥陶系中统石灰岩含水层,属于水文地质条件较复杂的容隙充水矿床。预计最大涌水量为 80 km³/d。采用地表河流改道,井下超前疏干,现正常涌水量为 30 ~ 40 km³/d。采矿方法为无底柱分段崩落法,采用 YGZ-90 凿岩机和 QZJ-80 钻机凿上向扇形中深孔,排间微差挤压爆破,铲运机出矿。回采作业工作面基本没有水。设计生产能力为 1800 kt/a,现实际生产能力达到 2000 kt/a。

B 充填采矿法

a 胶结充填采矿法

在充填法中,胶结充填能有效控制地压活动,控制顶板围岩沉降及陷落,从而保护、巩固防治水成果,防止突水事故发生,而且,充填法回采率高,贫化率低。在我国复杂大水矿山开采中,充填法应用较多,其中水平分层胶结充填法是常用的采矿方法,采场暴露空间小,采空区又能及时充填,能够有效地控制地压。

b 点柱充填采矿法

点柱充填采矿法是上向水平分层点柱充填采矿方法的简称,实质上是房柱采矿法和充填采矿法的组合,因而兼有房柱法生产能力大和充填法有效控制地压的优点。点柱充填采矿法是随着铲运机的广泛采用而发展起来的新型采矿方法,是大水矿山开采有发展前景的一种采矿方法。

点柱充填采矿法与其他充填法相比,其主要优点是:点柱受三维方向充填体的约束,受力状况大为改善,能够牢固、安全地支撑顶板围岩,稳固性好;可以采用无轨自行设备,机械化程度和劳动生产率高;可以采用全尾砂充填,又提高矿石回采率。缺点是需要留有一定数量的矿柱,用以支撑顶板围岩,这部分矿柱不能回收。

点柱充填采矿法主要适用于:

(1)倾斜厚矿体或厚度8 m以上的缓倾斜矿体;

(2)需保护地表,地面不允许陷落,可在江、河、湖、海滨等水体下、建(构)筑物和交通运输线路及风景名胜区下采矿;

(3)要求矿山生产能力较大;

(4)矿石价值较低或品位相对不高的矿石。

业庄铁矿是国内著名的大水矿床。在历年的生产过程中长期受到水害的困扰,曾发生过严重的突水事故。矿体上盘存在两大含水层:一个为中奥陶系灰岩,岩溶裂隙含水层,渗透系数 $k = 29.5$ m/d,含水丰富,为矿体的直接顶板;另一个为第四系砂砾石孔隙潜水含水层,渗透系数 $k = 100 \sim 300$ m/d,富水性强。据1975年疏干实测资料,业庄矿区井下涌水量达150000 ~ 170000 m^3/d。矿体水平厚度20 ~ 70 m,倾角20° ~ 55°,坚固性系数 $f = 8 \sim 10$,矿岩稳固性较好。该矿采矿方法历经演变,先后采用预留护顶矿层隔水进路采矿法、中深孔分段崩落阶段矿房嗣后充填采矿法、小分段充填法等。目前,结合注浆堵水的防治水方案,采矿方法采用浅孔凿岩、电动铲运机出矿的点柱式充填采矿法。自采用该采矿方法以来,矿山曾成功地防止了突发的上盘涌水事故,避免了大水淹井的灾害。

谷家台铁矿已探明地质储量79023.2 kt,平均矿石品位47.98%,该矿水文地质条件复杂,地表水系发育,嘶马河横贯矿体中部,方下河位于矿体西侧边缘,地表覆盖着厚10 ~ 15 m的第四系冲积、洪积砂砾岩含水层。两含水层间有第三系隔水层,但局部有缺失形成"天窗"。预计丰水期涌水量为75 kt/d。谷家台地处莱芜市区,在开采过程中要求最大限度地保护自然环境,不允许大面积地表塌陷和村庄搬迁,不允许影响城市生活用水和工业用水。该矿于1970年开工建设,1979年缓建,1992年按"五不"方针的要求展开东区试采工程,1998年按东区试采的治水采矿技术建设西区,1999年7月12日,－100m水平28A穿脉发生透水事故导致淹井,29人死亡。20世纪70年代设计确定的采矿方法为崩落法,治水方案是堵排结合,以排为主,辅之以搬迁、改河和还水。20世纪90年代,设计采用矿体近顶板灰岩注浆补漏治水方案和分段落矿嗣后胶结充填的采矿方案。谷家台铁矿恢复开采拟采用矿体近顶灰岩注浆堵水和上向水平分层点柱充填采矿法。

南京铅锌银矿位于南京市郊风景区栖霞山及九乡河下,地表为栖霞镇,北距长江仅1 km,是典型的风景区及水体下采矿。矿体走向长约800 m,矿体厚10 ~ 30 m,倾角60° ~ 80°。采用上向水平分层点柱充填采矿法,矿体沿走向长60 ~ 80 m,采场内留不规则点柱,点柱尺寸(4 ~ 6) m × (4 ~ 6) m,点柱中心距变化较大,一般为14 ~ 18 m。矿块间视顶板稳固情况留或不留间柱。不留间柱时,几个采场全面拉开,充填时用河沙构筑充填隔墙。该矿采用浅孔凿岩,电耙出矿。2001年采用全尾砂胶结充填获得成功,由于点柱、间柱、顶底柱及充填体的联合支撑作用,该矿已安全开采40年,有效地防止了矿山水害事故的发生和保护了矿区地表风景区及九乡河的环境。

11.1.4 防治水措施

大水矿床地下开采的防治水技术,要比露天开采复杂,影响因素和可能遇到的问题也多。除了合理布置井巷工程,选择合理的采矿方法/方案外,还必须针对不同条件采取防治水综合措施。

首先要做好矿床水文地质和工程地质工作,提供可靠防治水需要的基础资料,以便进行设计、施工建设。

大水矿床地下开采防治水措施简述如下:

(1) 排水疏干。采用疏干排水进行开采,是矿山应用最简单、作业安全、工作条件好的方法,在矿山设计时首先要考虑这种方式。由于大水矿山的涌水量大,疏干排水工程量大,基建时间长,投资多,疏干排水经营费用也高,单位矿石的排水成本增加,影响矿山整体经济效益。同时,大水矿床疏干往往改变了矿区原有水文地质状态,降落漏斗扩大,甚至会引起地表沉降、塌陷,建(构)筑物被毁,有的还得解决农村供水问题。如西石门铁矿、北洺河铁矿、水口山铅锌矿等大水矿山,因排水疏干造成的环境问题很突出。

井下主要排水设备,至少应由同类型的3台泵组成,其中任一台的排水能力,必须能在20h内排出一昼夜的正常涌水量;2台同时工作时,能在20h内排出一昼夜的最大涌水量。井筒内应装设两条相同的排水管,其中一条工作,一条备用。

最大涌水量超过正常涌水量一倍以上的矿井,除备用1台水泵外,其余水泵应能在20h内排出一昼夜最大涌水量。

有的大水矿床,条件复杂,采用单一的排水疏干方法,还不能达到完全疏干的效果,有的还有残余水头,此时还需采取其他措施配合。

(2) 留隔水岩柱(层)。如在富水体岩层上部或下部开采,不仅涌水量大,而且开采条件恶化,疏干排水的工程量大,投资多,排水经营费用也高,还有发生突然溃水的可能,严重威胁井下人员的生命安全和造成财产损失。

为了减少矿井涌水量,预防发生突然溃水及保护好矿区水体的自然状态,根据岩层水文地质、工程地质条件,若有渗透系数很小,又稳固的达到一定厚度的岩体,可在合适位置留作隔水岩柱(层),使其与富水岩层隔开。

(3) 帷幕注浆堵水。帷幕注浆堵水是用钻孔揭穿含水层的岩溶裂隙,通过钻孔将水泥浆或其他堵水浆液注入含水层的岩溶裂隙中,浆液凝固后将各注浆钻孔周围的裂隙等凝固封堵起来,形成一条带帷幕墙(层),其实质相当于人工形成隔水岩柱(层)。

这类幕墙具有较强防渗漏性,起到阻隔水源的作用,从而减少矿坑涌水。合理的帷幕堵水方案能够减少坑内涌水,保障矿山安全生产。如水口山铅锌矿、张马屯铁矿、黑旺铁矿、铜绿山铜矿等采用帷幕堵水,保证了矿山安全生产,取得了良好的经济效益。但帷幕堵水工艺复杂,成本高,使用范围受到制约。

(4) 避水。避水是使来源于矿体上部或周围岩体的"水源"避开补给矿体。如西石门铁矿、凡口铅锌矿均在河床下面,开采时采用河床铺底避水或将地表河流等水体改道措施,避开地表水对矿床开采带来的问题,保障井下正常开采。

(5) 疏、堵、避、封等综合措施。对于条件复杂的大水矿床开采,往往需要采用疏干、注浆堵水、避水、留矿(岩)柱封隔等多种技术措施或其中两种以上措施,才能保证矿山安全开采。如水口山铅锌矿、业庄铁矿、张马屯铁矿等,初期仅采用单一技术措施,没有达到要求,甚至发生事故,又引发突出的环境问题。以后,采用疏、堵等综合防治水技术措施,保证了井下安全开采,并取得了较好的技术经济效益。

(6) 基建时期要重视防止突水。据调查,部分大水矿山,往往会在基建时期发生突出淹井事故,因此,在基建井巷工程中除了要做好探水工作外,还要及时形成排水系统。如白象山铁矿深部(-390 m 阶段以下) F_4 等断层带的含水、导水性情况未能查清。在 -470 m 阶段,风井向北的石门掘进距风井中心84.30 m处,于2006年8月28日发生突水,瞬时最大水量为928 m^3/h,造成井巷被淹。突水是巷道已接近 F_4 导水断层所致,据铁矿详查地质报告, -390 m 、 -450 m 、 -470 m 等3个阶段的开拓巷道还将有多处通过 F_3 、 F_6 等断层和直接在含矿层中等富水带开拓掘进,故仍然有类似上述突水水害隐患的存在。为此,需进一步分析铁矿建设工程的水文地质条件,评价井巷工程充水因素和预测水害隐患,以便采取有针对性的防治水措施,确保矿山建设工程安全实施。

11.1.5　矿山实例

以高阳铁矿为例。

11.1.5.1　开采技术条件及事故分析

高阳铁矿为接触交代矽卡岩型磁铁矿床，矿体顶板主要为角岩，其次为矽卡岩和蚀变闪长岩，矿体底板为石灰岩。矿石地质品位 TFe 平均为 52.92%。硬度系数：矿石 $f = 7 \sim 8$；岩石、角岩 $f = 10$，闪长岩 $f = 7$，石灰岩 $f = 5 \sim 6$。矿体及顶底板围岩的稳固性较好。矿体走向长度 450 m，宽 200 m，矿体厚度 12 ~ 25 m，呈透镜状产出，倾角 20° ~ 40°，矿体埋深 240 ~ 310 m。

矿体一般为缓倾斜，厚度为薄至中厚，形态多变；矿区内第四系砂砾石含水层分布面积极大，水量丰富，对采矿造成巨大威胁；矿体底板奥陶灰岩含水层区域范围大，埋深大，水头高。矿体四周岩溶、构造裂隙发育，且地表有乌河通过，可谓"水中掏矿"；地面有建筑物和大片农田，不允许地表沉陷。矿山建设中，已经发生过 2 次涌水淹井事故。

1993 年开工建设，采用斜井开拓，掘进 70 m（垂直深度 35 m）左右时，遇第四系含水层，因水大采用多种强行通过施工无效而被迫停建。1998 年重新组织施工建设，设计采用主、副两条竖井开拓，并采用冻结法施工，1999 年副井井筒掘砌和井筒装备完工。2000 年 8 月，副井 -245 m 水平掘进 2 号 ~ 8 号穿运输巷时，由于未实施超前探水，发生突水，造成淹井事故。经过一段时间的强排观测，排水效果并不理想，于是决定采取地表注浆封堵方案。2001 年 9 月开始施工，2002 年 1 月钻孔注浆封堵完毕，顺利恢复基建生产。分析此次淹井事故的原因，主要是缺乏矿区水文地质资料，对地下水的认识建立在不合实际的基础上。对出水现象未引起高度重视，施工中未采取超前探水措施。井下排水能力低，防治水设施不健全。本次事故造成直接经济损失达 500 多万元，处理事故花费了 18 个月的时间。

2002 年 9 月主井破土施工，冷冻深度确定为 65 m（资料提供基岩深度为 138 m）。2003 年 2 月主井正式开始下掘，当掘至井深 64 m 时，发生突然涌水，造成淹井，被迫停建。分析淹井的原因：井筒的冻结深度不够（不符合国家强制性规范要求）；工程勘察提供资料不准确，75 m 以下有 1.6 m 厚的强含水砂层未编录出来。淹井后，积极采取补救措施，进行第二次补孔冷冻，冷冻深度 135 m，由于观测孔已被破坏，只能根据井筒水位变化判断是否交圈，冷冻两个多月后，井筒水位仍升降反复无常，于是采取单孔测温和井筒超静水位注水判断交圈的方法，经过反复测试研究判定，于 2004 年 2 月 12 日开始排水破冰，2 月 18 日开始下掘，这次冷冻效果较好，与判断相符，掘砌正常。这次主井淹井事故，补孔、二次冷冻、处理井筒及补偿施工单位损失共计 150 多万元，延误工期 11 个月。虽然井筒较顺利地穿过了第四系地层和基岩风化带，但是在风化带施工时依然有近 10 m³/h 的裂隙水，采取了强行通过措施，没有造成安全事故。

2004 年 8 月 26 日，在副井 -245 m 水平 -6 号矿房探矿巷道掘进中遇到矽卡岩接触带，因岩石破碎塌冒，即停止掘进准备支护。在巷道施工前已按技术要求进行了钻孔探水，在巷道施工中，也采用了 5 m 钎杆进行辅助探水，均未见异常。29 日发现该掌子面左前方上部有少量出水，当时涌水量在 20 m³/h 左右，并呈上涨趋势，于是矿启动了紧急预案，进行巷道封堵。同时，开动了井下的全部排水设备（总排量约 160 m³/h），在封堵过程中涌水量迅猛增大，最大涌水量达到 3000 m³/h 左右。水量之大，致使来不及采取任何措施，造成淹井事故。事故原因：（1）主要是由于高水位压力（0.78 ~ 0.8 MPa）作用，使破碎带充填物蚀变，强度降低，产生突水；（2） -245 m 水平排水系统能力低，无防水门，涌水增速迅猛，来不及采取抢救措施；（3）由于矿区水文地质条件相当复杂，对水的赋存状况认识不深刻，特别是对破碎带导水构造的认识不够，对破碎带的支护不及时，处理方法不当。这次淹井事故发生后，吸取第一次治水的经验和教训，在认真分析出水原因的基础上，制定了地表钻探注浆治水方案，堵水效果良好。

以上几次淹井事故和治水的教训经验表明，第四系流沙强含水层和矿体底板奥陶灰岩含水层复杂的水文地质条件与构造，是危及井下安全生产的主要因素，在安全生产技术措施上应重点解决好。

11.1.5.2　采矿方法

A　采矿方法选择

高阳铁矿采矿方法前期的研究结论是采用浅孔房柱嗣后充填采矿法和有底柱分段空场嗣后充填采矿法。在基建期间,对矿床进行了详细的钻探和坑探,并进行了采矿方法试验,发现矿体极不规整,分枝复合现象严重。浅孔房柱嗣后充填采矿法的矿房宽8m,矿柱宽6m,采用装岩机出矿,切割工程量大,贫化率、损失率高,成本较高。当采用有底柱分段空场嗣后充填采矿法时,贫化损失率比前者还高。在矿体形态复杂,涌水规律不清等情况下,进行了采矿方法深入地研究。

根据矿床开采技术条件和工程现状,供选择的采矿方法有:上向水平分层充填采矿法、点柱上向水平分层充填采矿法、多层位矿体盘区一体化分层回采胶结充填采矿法等。

上向水平分层充填采矿法,先将矿体按一定尺寸划分为盘区,盘区内分矿房、矿柱,先采矿房,再采矿柱,工作面向上分层推进,每层又以采、出、充形式循环作业。点柱上向水平分层充填采矿法在阶段上将矿体分成几个规则的盘区,以盘区为采矿单元。采矿工艺类似于房柱采矿法,自盘区巷道一侧开始垂直盘区巷道向另一侧全面回采,回采作业在暴露的顶板下进行,为了支撑回采空间的顶板,空场内按一定的间距留有不能回收的规则的点式矿柱。工作面向上分层推进,每层又以采、出、充形式循环作业。多层位矿体盘区一体化分层回采胶结充填采矿法在已划分的盘区内不再划分矿房、矿柱,而是总体考虑,一步骤回采,视矿体顶板暴露面积确定点柱的留设,分层回采,分段充填,充分利用已有的溜井、开段斜井等。对于边角矿体,可不留点柱,对于厚度较小的矿段,可不按分段高度直接采完后充填接顶。

上向水平分层充填采矿法的矿块布置与浅孔房柱嗣后充填采矿法一致,分层回采、分层充填,回采率高,贫化率低,但采切工程量大;点柱上向水平分层充填采矿法和多层位矿体盘区一体化分层回采胶结充填采矿法以盘区为单元,整体回采,采切工程量小,并且整个盘区一步骤回采,能利用无轨出矿设备,生产效率高,但点柱永久损失,损失率略高。点柱上向水平分层充填采矿法分层回采,分层充填,工序复杂,若利用矿山已有的脉外溜矿井,联络巷必须穿过坚韧角岩,施工困难;后者分层回采,分段集中出矿,分段充填,效率高,贫化率低,并且能充分利用已有的开段斜井和脉外溜井,针对矿体厚度与大小不一,能灵活开采,减少采切工程量和回采周期。因此,多层矿体盘区一体化分层回采胶结充填采矿法较适合于高阳铁矿。

B　采切工程布置

阶段高度40m,沿矿体走向划分为开采盘区,盘区长为矿体东西向宽度,盘区宽度为50m,盘区间留盘区矿柱16m,盘区矿房宽34m,顶柱高4m。

采用脉内外联合采准,采准工程有穿脉运输平巷、溜矿井、回风井、分层出矿巷道、分层回风联络巷、回风平巷等,需要增加的切割工程有切割平巷、切割天井。采用该采矿方法,矿山取得了较好的效果。

11.2　深海多金属结核矿床开采

11.2.1　深海多金属结核资源

浩瀚的海洋蕴藏着极其丰富的资源,如矿产、石油、天然气、生物、动力、化工原料和医药原料等。海洋是地球上尚未被人类充分认识和开发的潜在资源基地。随着陆地资源的日益减少,海洋资源已成为世界各国关注的目标。

海洋矿产资源分为深海、近海和海滨矿产资源,本手册仅介绍深海矿产资源。迄今为止,已发现的有经济价值的深海金属矿产资源有多金属结核、富钴结壳和多金属硫化物。按照"十二五"规划,已将深海资源勘查、开采纳入重要项目之一。

11.2.1.1　多金属结核的发现

英国"挑战者"号考察船于1873年2月18日最先在加那利群岛西南300km处发现海底锰结核。

第二次世界大战后,随着海洋地质研究的蓬勃兴起,多金属结核的调查研究工作进入了一个新的发展时期。Mero的文章引用54个站位的取样和分析资料,提出锰结核作为一种矿产资源可能有巨大的经济价值,引起人们的重视。

深海多金属结核俗称锰矿球、铁锰结核、锰结核和结核等,通常为黑色或褐黑色,形状千姿百态,粒径从几毫米到十几厘米(图 11-1)。以覆盖或浅埋的方式赋存于 4000～6000 m 海底沉积物上,结核中含有近 70

图 11-1　深海多金属结核

种金属元素,特别富含镍、钴、铜、锰等有价金属,其品位分别为:镍 1.30%、钴 0.22%、铜 1.00%、锰 25.00%。其总储量高出陆地相应金属储量的几十倍到几千倍,具有很高的经济价值。据测算,多金属结核资源总量达 3 万亿吨,其中太平洋的结核覆盖区面积近 2300 万平方公里,有商业开采潜力的资源总量达 700 亿吨(表 11-3)。不仅如此,深海结核还在不断生长,仅太平洋底的多金属结核每年就以 1000 万吨的速率生长。可见深海多金属结核是一种极具开发前景的深海金属矿产资源,只要开采得当,将是人类取之不尽、用之不竭的宝贵资源。

表 11-3　深海多金属结核中主要金属储量与陆地储量对比

	分 布 区	铜	镍	钴	锰
结核	太平洋结核/亿吨	113	147	30	33.25
	C-C 区/亿吨	1	1.3	0.22	37.5
	20% 可采率/亿吨	0.3	0.39	0.066	7.5
陆地	金属储量/亿吨	3.52	0.49	0.033	8.16
	保证年限/年	32	35～40	26～37	23～28

注:锰结核按工业可采储量 700 亿吨计算。

11.2.1.2　多金属结核的分布

世界大洋多金属结核总量估计约 5000 亿吨,主要分布在太平洋、大西洋和印度洋,且分布不均匀。大西洋的结核分布十分有限,主要分布在北大西洋的凯而文海山、布莱克海台、红黏土区和中央大西洋海岭。大西洋的结核主要特点是其分布水深较浅且金属元素含量较低,如布莱克海台的结核中的镍仅为 0.52%、铜仅为 0.08%。

印度洋的结核分布较大西洋广泛,主要有中印度洋海盆、沃顿海盆、南澳大利亚海盆、塞舌尔地区和厄加勒斯海台五个分布区。其中位于中印度洋海岭和东印度洋海岭之间的中印度洋海盆的结核无论其丰度还是结核中的 Cu、Co、Ni 含量均较高,印度申请的矿区位于该海盆。

太平洋是结核分布最广泛,经济价值最高的地区(表 11-4)。结核的分布呈带状分布,有东北太平洋海盆、中太平洋海盆、南太平洋、东南太平洋海盆等分布区。其中位于东北太平洋海盆内克拉里昂、克里帕顿两层断裂之间的地区(人们通常称之为 C-C 区)是结核经济价值最高的地区(图 11-2)。除印度外的所有先驱投资者的矿区均在 C-C 区域内(图 11-3)。表 11-5 为我国开辟区结核矿床特征。

图 11-2　中国开辟区锰结核分布情况

表 11-4　太平洋各海盆的结核分布

分 布 区	经 度	纬 度	丰度/(kg/m²)	Ni+Cu/%	面积/km²
C-C 区	7～15N	114～158W	11.9	>1.8	2.5×10⁶
中太平洋海盆	4～13N			>1.8	2.4×10⁶
南太平洋海盆	0～18S	124～160W	6～13	<1.5(Cu+Ni+Co)	
东南太平洋海盆	0～20S	80～110W		<1.8(Cu+Ni+Co)	8.15×10⁶

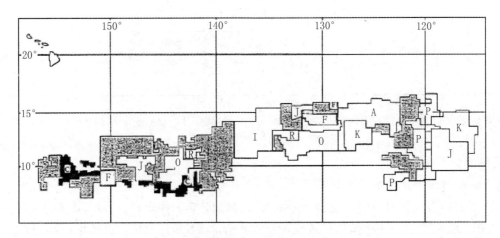

图11-3　各国在C-C区享有结核勘探开采权的分区

C—中国;J—日本;F—法国;R—俄罗斯;P—海金联;K—肯尼科特公司;

O—海洋矿物公司;I—海洋管理公司;A—海洋采矿公司

表11-5　我国多金属结核开辟区东、西区矿床特征

区　域	丰度/(kg/m²)	品位/%	粒径/cm	结核覆盖率/%	连续性	平均连续分布长度/m	核心物	结核主要类型
东区	3.73	2.94	5.6	11.4	较差	418	老结核为主	S+R、R
西区	10.16	2.17	4.2	41.6	较好	798	火山岩为主	S

11.2.2　深海多金属结核矿物及矿床特征

11.2.2.1　结核矿物特征

结核的物理力学性质平均值见表11-6,由表11-6可以看出,结核强度很低,极易破碎。

表11-6　结核矿石的物理性质

颜　色	湿密度/(g/cm³)	孔隙度/%	含水率/%	莫氏硬度	抗压强度/MPa
黑褐色	2~3.5	20	30	1~4	3~5

海底多金属结核是一种多矿物集合体,主要由水羟锰矿($\delta-MnO_2$)、钡镁锰矿(todorokite)、针铁矿、纤铁矿及铝硅酸盐(杂质)矿物。除碎屑矿物外,结晶程度都很差,多呈隐晶质、半晶质甚至非晶质。矿物颗粒十分细小,通常都是紧密随机地交织在一起。依据结核的表面形态和构造特征,结核大致分为三种类型:即光滑型(S型)、粗糙型(R型)及光滑+粗糙型(S+R型,亦称中间型)。光滑型结核或结核的光滑部分,物质直接来源于底层海水,粗糙型结核或结核的粗糙部分均埋藏于沉积物中,物质主要来源于沉积物中的间隙水。

11.2.2.2　结核矿床特征

结核的矿床由丰度、品位、粒径、覆盖率及分布连续性来描述。结核的丰度指单位面积结核的质量。先驱投资者开辟区结核的丰度变化较大,一般在5~30 kg/m²。

将结核中Cu+Ni+Co的重量百分总量称作结核的品位。结核化学成分不均一,视锰矿物的类型、尺寸和核心特性不同而变化,表11-7列举了有经济价值成分的平均值。目前被列为有工业价值的金属主要有镍、铜、钴、锰和铁,还含有微量钼、铂和其他贵金属。我国按资源最低平均湿丰度5 kg/m²、品位Cu+Ni+Co不小于1.8%圈定矿区。

表 11-7　结核有经济价值化学成分　　　　　　　　　　　　　（%）

化学元素	锰	铁	硅	铝	镍	铜	钴	氧
含量	29	6	5	3	1.4	1.3	0.25	1.5
化学元素	氢	钠	钙	镁	钾	钛	钡	
含量	1.5	1.5	1.5	0.5	0.5	0.2	0.2	

依据结核长轴的度量,可把结核分为大于 6 cm、3~6 cm 及小于 3 cm 三个粒级。

覆盖率指在海底表面单位面积内结核覆盖所占面积的百分比。结核在海底呈斑块状分布,块间多为突变过渡,没有渐变分布规律。

11.2.2.3　结核分布区海底地形及底质

结核赋存的海底地形宏观上为深海盆地、平原、丘陵,其间分布一些海脊—海谷、丘陵—丘间盆地,且有断裂带存在。沟槽丘陵宽度达 5~10 km,相对高差 200~300 m,低缓丘陵区起伏一般高差 100 m,坡度为 1°~3°。

矿区内部不同地段存在断层、悬崖、礁石(高 10 m)和坑穴(可陷入机器),以及新构造活动形成的断陷沟槽等地形。上述地形集矿机无法越过,必须避开。

海底沉积物表层主要为硅质黏土(约 70% 黏土矿物,20% 硅质生物壳)、硅质软泥(约 60% 黏土矿物,37% 硅质生物壳)和深海黏土(约 85% 黏土矿物,5%~10% 硅质生物壳)。平均粒度小于 9 μm(0.15~87 μm),摩擦角小于 5.5°。不同深度沉积物剪切强度测试统计结果表明,在 15 mm 深处剪切强度在 3~6 kPa,贯入阻力一般大于 10 kPa;20 cm 深处的无侧限抗压强度约为 5 kPa。三角齿履带板在实验室中所做静载承压强度试验表明,承压强度可达 8 kPa。且海底沉积物具有扰动流体化特性,扰动后强度可能降低 70% 以上。可见在这种底质上行走集矿机只能利用剪切力产生行驶牵引力。

11.2.3　深海多金属结核开采技术

11.2.3.1　海洋采矿的技术难度

A　矿区环境

太平洋 C-C 区结核区开采条件和环境参数如下:

(1)作业水深:6000 m。

(2)作业海况。

1)6 级海况。①平均风速 16 m/s,阵风 30 m/s(持续时间 60 s);②海浪:浪高 4 m,浪涌周期 10 s;③海流:海面洋流速度为 1.7 m/s,海底流速度为 0.15 m/s。

2)4 级海况。①平均风速 8 m/s(国外为 10 m/s);②海浪:浪高 2.5 m,浪涌周期为 10 s;③海流:海面洋流速度为 1.7 m/s,海底流速度为 0.15 m/s。

3)升沉补偿。高度 ±2.5~±4 mm,补偿周期 8~12 s。

(3)海水。海面水温为 22~30.2℃,平均为 28.2℃;海底水温为 1~2℃;海水密度:表层为 1.022 g/cm³,5000 m 深处为 1.052 g/cm³。

(4)海底地形。总体坡度不大于 5°,局部坡度不大于 15°,大于 10° 的只占 10%;相对高差为 100~300 m;绕行障碍:露头或礁石高度大于 0.5 m;堑沟宽度大于 1 m。

(5)海底沉积物。最小剪切强度不小于 3 kPa;湿密度 1.2~1.5 kg/m³。

(6)多金属结核赋存。1)采集深度 10 cm;2)结核粒径 2~10 cm;3)结核平均丰度 6 kg/m²(国外为 10~15 kg/m²)干重,最高达 20 kg/m²;4)湿密度 1.7~2.16 kg/m³,平均湿容重 2 kg/m³;5)含水率 30%;6)抗压强度 5 MPa。

(7)矿区尺寸。1)单个可采矿体宽度 3~8 km,长度 100~200 km;2)最小可采矿块 10 m×1 km。

世界上许多深海多金属结核研究开发部门通过技术经济分析和预测,认为年产干结核 300 万吨,由 2 套采矿系统完成,可供年连续开采,具有开采价值的富矿面积达 20000 km² 区域,才具有开采潜力。

考虑到采矿船进入船坞时间、驶往采区移动时间、转运、运矿船的更迭、计划维修时间、气候条件及不可预见的故障,每年损失工作日为115天,因此采矿系统的有效日为250天。

除去集矿机作业中转弯、避障、调头等时间损失,每天实际有效作业时间只有20h。因此采矿系统日额定产量6000t/d,小时额定产量300t/h。

受以下因素影响,地形因素某些地段采矿机无法进入(约损失30%)、无矿或丰度低(约损失35%)、采矿机采集率(损失30%)及采矿机机动(约损失30%)等,目前总回采率仅能达到24%左右。

B 深海多金属结核开采难度

大洋多金属结核的开采系统是一个庞大复杂的系统工程。它由集矿子系统、扬矿子系统、遥测遥控子系统和洋面保障子系统等组成。它的工艺过程是:集矿机将赋存在大面积洋底的结核采集起来,经过脱泥、破碎、经软管输送到水下中间平台的中继料仓内,再由给料机将结核送入扬矿主管道,由提升泵将其提升到洋面采矿船上。其主要技术难点表现在:

(1)结核赋存在4000~6000m深的洋底,人无法进入压力高达40~60MPa的洋底作业,开采过程必须全部实现遥测遥控。海底的地形地貌、环境参数和作业参数要通过各种传感器和光纤把信息传送到采矿船上的监控中心,经过处理后向水下作业系统的各执行机构发出指令,使整个系统按照预定的作业计划进行开采。

(2)洋底地形地貌相当复杂,有海山、海岭、丘陵、海沟、盆地和平原,洋底表层为剪切强度仅0~3kPa的软泥层,并有海底洋流的影响。研制适合在这样复杂条件下行走作业的集矿机具有很高的难度。

(3)整个采矿系统是在复杂的海洋气象和海洋环境下作业,必须准确进行系统的导航定位和保持整个系统的动态稳定。

(4)采集、扬送结核的动力设备、输配电设备、电气接头和测控本地站等均在数百个大气压条件下工作,它们在高压条件下的密封、绝缘技术难度很大。一些工作机构的运动件,如液压油缸与活塞的材料选择、公差配合,要求极为严格,如有不当,就会出现所谓"死焊"现象,即在常压下可以运动自如,在高压下就会卡死而不能动作。

(5)整个系统各组成单元的连接装置必须保证可靠而快速地连接和拆卸。特别是5000m长的开采系统全部吊挂在采矿船下,在船的颠簸和海流作用下受力状态极其复杂,因此,这些连接件的研制以及整个系统的下放与提起也是一个难题。

(6)集矿机和中间平台之间有一段数百米长的输送软管,它的空间形态是随时变化的,特别是当集矿机、中间平台和采矿船出现不协调运动时,它会出现一些畸形形态,因此,如何防止软管不利形态的出现,特别是不允许出现U形管形态,保证软管内矿石输送通畅是一个非常重要而复杂的问题。

(7)从海底到洋面采矿船的整个开采系统是一个统一完整的生产系统,这个系统只要某个环节出现故障,势必导致整个系统不能工作。因此,对整个系统的可靠性要求极高,某一零部件出现故障,能及时诊断和自处理。

(8)环境保护问题。集矿机在海底沉积物上作业,势必对沉积物产生扰动。被扰动起来的沉积物会形成深层羽状流,在一定范围内扩散,在扩散范围内的海洋生物将会受到危害;此外,采矿船排往海里的扬矿溢流水中含有泥和微粒结核,也会危害洋底生物群。因此,对深海采矿有极为严格的环保要求。

由此可见,海洋采矿是一项涉及深海勘探、采矿、机构、电子工程、海洋工程、金属材料等多种学科的高新技术。有人把海洋采矿的难度说成比宇航技术还要大,不是没有道理的。

11.2.3.2 多金属结核开采技术发展概况

A 国外开采技术发展概况

(1)20世纪60年代展开广泛研究。国外深海锰结核开采研究起步于20世纪50年代末,60年代进行了广泛研究。1960年美国Mero教授提出拖斗采矿法。1967年日本人孟田善雄提出了连续索斗法(CLB),并于1970年在南太平洋塔希里提岛海域(水深3760m)进行了1:10比例的开采试验,取得成功后随即成立了 CLB 采矿法国际协会,成员有日本、美国、澳大利亚、西德和法国等多家公司。

(2) 20 世纪 70 年代达到高潮。20 世纪 70 年代,全球经济增长刺激了深海矿产资源开发的研究,多金属结核开采研究达到高潮。以美国为首的国际财团进行了大量室内和海上试验研究。20 世纪 70 年代末,几个国际财团的中间试验获得初步成功,标志着深海锰结核开采的基本技术已初步具备,为向商业开采过渡打下了基础。

1970 年美国冒险公司在佛罗里达外大西洋布莱克海台 1000 m 水深进行了首次结核采矿系统原型试验。将 6500 t 货船改装成试验船,装备 25 t 起重机,设置 6 m×9 m 中央月池。试验系统为拖曳集矿机和气力提升系统。

1972 年 8 月,CLB 采矿法国际协会在夏威夷西南海域进行了日产百吨结核的采矿试验,但由于拖缆缠绕而被迫终止,仅从海底采集十余吨结核。随后法国提出双船作业系统,两船间距 1000~2000 m,形成相当于水深 3 倍的环行缆索,解决拖缆缠绕问题的同时提高作业效率。原计划 1975 年继续试验,由于经费等问题而放弃。

1974 年,以美国为首,加拿大、英国、西德、比利时、荷兰、意大利和日本数家公司参加的 4 大国际采矿财团(肯尼科特(KCON)、海洋采矿协会(OMA)、海洋管理公司(OMI)和海洋矿业公司(OMCO))相继成立,紧锣密鼓地进行深海锰结核采矿方法的研究。1977~1979 年,OMI、OMA 和 OMCO 分别在太平洋进行了半工业开采试验,证明了采矿系统的可行性。法国大洋研究开发协会(IFENOD)、日本深海矿物协会(DOMA)、前苏联南方地质勘探研究所和印度海洋开发部等机构在国家的支持下进行了大量的研究工作,为其矿区的申请提供支撑。

1977~1979 年,国际上共进行了 3 项半工业开采试验:

1) OMI 于 1978 年春季,利用"SEDCO445"号勘探船改装成采矿船,在夏威夷檀香山东南 800 海里海域,首次成功地进行了五分之一比例拖曳射流负压抽吸水力集矿机 - 水力和气力提升采矿系统试验,共进行三次深水试验,40h 从水深 5200 m 海底采集结核约 600 t,系统最大能力为 30 t/h。

2) OMA 利用 20000 t"WesserOre"运矿船改装成采矿船"R/V Deepsea Miner Ⅱ"号,于 1977 年,在加利福尼亚圣地亚哥西南 1900 km 海域进行了第一次试验,试验系统为拖曳式抽吸水力集矿机气力提升采矿系统。由于沿管线的电气接头漏水而停止。1978 年初进行第二次试验,遇到了新的困难,集矿机陷入沉积物中和出现飓风。最后,1978 年 10 月进行了第三次试验,18h 采出 500 t 结核,系统最大生产能力为 50 t/h。这次试验因抽吸泵叶片破断引起电动机损坏而停止。

3) OMCO 租用美国海军打捞俄罗斯核潜艇的"Glomar Explorer"号打捞船改装成采矿船。这艘长 188 m、排水量达 33000 t 的动力定位船,具有 61 m×22 m 月池用于下放集矿机。该公司研制出阿基米得螺旋自行式机械挖取集矿机 - 矿浆泵水力提升采矿系统,与众不同的还有集矿机采集的结核经软管输送到中继舱,再由矿浆泵通过硬管提升到海面。这套系统在远离加利福尼亚海岸的 1800 m 水深处经过几次试验后,于 1978 年末在夏威夷南深水海域首次进行正式试验,但由于月池底门打不开试验未果。最后,于 1979 年 3 月试验才获得成功,从 5000 m 海底采集结核约 1000 t。

这些海上试验充分证明了采矿系统的可行性,可以转入工业样机试制。日本于 20 世纪 70 年代末转向拖曳水力集矿机 - 水力提升采矿系统研制。

法国自 1972~1976 年间对流体提升系统进行了技术分析,提出水力提升比气力提升更可行。同时,于 1972 年开始提出一种集矿和提升为一体的无人往返潜水采运车新概念。

德国于 1972 年开始进行深海采矿技术研究,成立了以普鲁萨格公司(Preussag)为首的海洋矿物资源开发协会(ARM),参加了以美国公司为首的 OMI 财团(占 24% 股份)的试验研究工作,并为海试提供了扬矿管道、多级矿浆泵和拖曳式机械采集集矿机(海试下放时丢失)。随后,又在 2200 m 水深的红海进行了金属软泥的试采,取得了成功。

(3) 20 世纪 80 年代进入低谷。由于世界新经济危机特别是金属价格下跌,而且大洋采矿投资大、风险高以及锰采矿法律地位的不确定性,商业开采预计遥不可及,国际财团在 80 年代基本退出深海采矿活动,仅一些研究单位和大学在进行相关理论研究,以及大洋采矿对环境影响的研究。

法国于1980~1984年完成了无人往返潜水采运车模型机(1:10比例,PLA型)的试验研究,经可行性研究认为,每台8h只能采运250t矿石,电池重量大,控制难度大,造价和运营成本高,商业前景渺茫,于1984年将其放弃,又重新回到水力提升采矿系统研究上来,成立了DEMONOD组织,研究了水力、气力和浓矿浆三种提升系统。期间,德国开展了履带自行复合式集矿机的研制、流体提升系统以及设备有效遥控和可靠性的深入研究,取得了重大进展。

俄罗斯自1980年开始深海采矿技术研发,以海洋地质技术股份公司中央设计局为首的50多个单位参加,同时与芬兰合作研发结核采矿系统,于1991年完成了系统设计,并在黑海100~1000m水深进行了1:10模型样机试验,集矿机重15t,生产能力为20~30t/h,之后未再继续。与其他国家不同的是,除了进行水力管道提升试验,还提出了吊桶式提升系统。

日本20世纪80年代转入拖曳水力集矿机-矿浆泵水力提升采矿系统研究开发,进行大量实验室模拟试验和理论分析,研制出海上试验用的潜水矿浆泵。

(4) 20世纪90年代环境研究备受重视,亚洲新兴国家积极介入。鉴于20世纪80年代发达国家对深海富钴结壳进行了大量调查,到90年代已初步圈定了预期的矿区,同时鉴于多金属硫化物矿床调查取得很大进展,特别是专署经济区内低温热液富金银矿床的发现,刺激了人们转向其他大洋多种资源开发的研究。进行富钴结壳、多金属硫化物、海洋气体水合物开采方法的探索及其生物基因的研究开发。

这一时期,在多金属结核采矿系统技术方面没有更多的新进展,多数进展集中在提升管线动力学、控制仿真和整体系统虚拟等方面。亚洲新兴国家开始积极介入大洋采矿的研究,如韩国、印度利用商业开采前的有利契机,制订发展规划,以掌握发达国家先进技术为起点,通过试验研究逐步形成本国的采矿系统。1990年印度筹资开发结核集矿机,与德国济根大学合作,第二年在Tuticorn海滨水深410m海底进行了小比例抽吸头采集软管输送采矿系统采泥试验,该系统采用德国济根大学的履带车,试验中集矿机陷入软泥0.7m,无法行驶。

韩国自20世纪80年代开始深海资源调查,20世纪90年代着手资源开发研究,进行各子系统的理论分析和模拟试验。目前深海开采技术研究仍然处于实验室研究阶段。

此外,由于日本政府和工业界近期看不到深海采矿的前景,放弃了采矿系统试验。仅于1997年,在太平洋海域对20世纪80年代研制的拖曳式水力集矿机进行了试验。

B 国内开采技术发展概况

我国于1991年3月5日获得批准,成为第5位多金属结核资源"先驱投资者"。在太平洋C-C区获得75000km² 海域具有专属勘探权和优先商业开采权的多金属结核矿区。

我国的深海固体矿产资源开采技术研究在国务院大洋专项支持下于"八五"期间正式展开。"八五"期间在中国大洋协会的组织下对深海多金属结核水力式和复合式两种集矿方式和水气提升与气力提升两种扬矿方式进行了试验研究,取得了集矿与扬矿机理、工艺和参数方面的一系列研究成果与经验。"九五"期间,完成了部分子系统的设计与研制,研制了履带式行走、水力复合式集矿的海底集矿机,于2001年在云南抚仙湖进行了部分水下系统的135m水深湖试。试验内容包括模拟结核铺撒、航迹测量、集矿机及软管输送系统的下放与回收、集矿和扬矿联动作业、湖试采集系统运行的可控性等多项试验。试验成功地实现了预定的采矿系统工艺流程、考核成套设备运行状态等基本试验目标,最终成功地将铺撒在135m深的湖底的模拟结核采集输送到湖面的试验船上,收集到模拟结核900kg。湖试验证了我国确定的大洋多金属结核采矿系统技术的可行性。

"十五"期间,我国深海采矿技术研究以1000m海试为目标,完成了"1000m海试总体设计"和集矿、扬矿、水声、检测等水下部分的详细设计,研制了两级高比转速深潜模型泵、采用虚拟样机技术对1000m海试系统动力学特性进行了较为系统的分析。同期,结合国际海底区域活动发展趋势,中国大洋协会还组织开展了钴结壳采集模型机关键技术及装备研究,进行了截齿螺旋滚筒切削破碎、振动掘削破碎、机械水力复合式破碎3种采集方法实验研究和履带式、轮式、步行式、ROV式4种行走方式的仿真研究。

11.·2.3.3　深海多金属结核开采系统

深海锰结核的采矿方法按结核提升方式不同分为间断式采矿方法和连续式采矿方法；按集矿头与运输母体船的连接方式不同可分为有绳式采矿法与无绳式采矿法。深海锰结核采矿方法分类如图11-4所示。

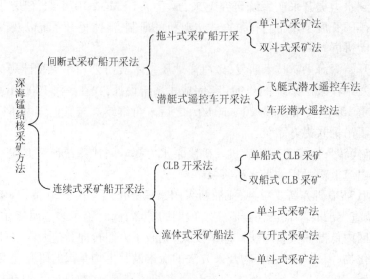

图11-4　深海锰结核采矿方法分类

A　拖斗采矿系统

拖斗式采矿船法由美国加利福尼亚大学 Mero 教授于1960年提出，是深海开采锰结核的最简单方法。

a　单斗式采矿法

单斗式采矿系统如图11-5所示，其原型来自于深海采样船的取样拖斗。由于锰结核矿层很薄，需另行设计拖斗以满足结核开采要求。

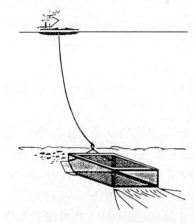

图11-5　单斗式采矿系统

拖斗式采矿系统由三部分组成，即采矿船、拖揽和铲斗。在采矿船上装有锰结核开采所需的绞车、发电装置、采矿拖斗系统、受矿装置及维修设施，此外有供作业人员生活所必需的设施。

拖斗既是结核的采集器，又是洋底结核的储运仓，为提高生产能力，拖斗尽可能设计得大些，前提是能满足海底的安全工作。

拖斗式采矿法的生产过程如下：

（1）下放拖斗。在海水中以3 m/s的速度下放拖斗，当拖斗临近海底时，拖斗上的声响计发出着地信号，停止下放拖斗。

（2）采集锰结核。操纵采矿船，牵引拖斗慢速前行，拖斗沿海底收集锰结核，通过电视摄像观察拖斗工作状态，直至结核装满拖斗。

（3）提升。确认拖斗装满后，开动采矿绞车，提升拖斗至海面，将其拖到采矿船后部的履带卸矿机上，结核经受矿漏斗，再由管道泵送至选矿船上。

（4）洗选。对采集到的锰结核进行洗选，将分离尾矿与废物直接倒入海中，对大块锰结核进行破碎，将合格产品输送到储存仓中，以便运至陆地处理。

拖斗式采矿法生产能力计算：

$$Q_t = \frac{3600EK_z\rho_{Mn}}{t} \tag{11-1}$$

式中　Q_t——拖斗采矿船生产能力，t/h；

　　　E——拖斗容积，m³；

K_z——拖斗装满系数,一般为 $0.65 \sim 0.8$;

ρ_{Mn}——锰结核的密度,t/m^3;

t——采挖周期,s:

$$t = t_1 + t_2 + t_3 + t_4$$

t_1——下放拖斗的时间,$t_1 = \dfrac{H}{v_1}$,s;

t_2——提升拖斗时间,$t_2 = \dfrac{H}{v_2}$,s;

t_3——拖斗沿海底收集锰结核的时间,s;

t_4——卸矿时间及休息时间,s;

H——海水深度,m;

v_1——拖斗下降速度,m/s;

v_2——拖斗提升速度,m/s。

由式(11-1)可知,影响拖斗式采矿法生产能力的主要因素是拖斗的容积、采挖周期、锰结核的丰度、工人的熟练程度等。拖斗的容积越大、采挖周期越短、操作人员熟练程度越高、锰结核丰度越大,生产能力就越大;反之亦然。

对于一艘 2000 t 级船,拖斗尺寸为 6 m × 3.7 m × 0.9 m,斗重约 3 t。一般装满系数 65%,物料密度按 $0.9 \, t/m^3$ 计,扣除 25% 废石,每斗可采集结核 10 t。拖斗升降速度较慢(下降 3 m/s,提升 3.8 m/s),若水深 1500 m,提升速度为 7.6 m/s,需功率 2900 kW,生产成本为每吨 18.4 美元。水深 3000 m 时,提升速度 3.8 m/s,生产成本达到每吨 30.6 ~ 41.2 美元。

拖斗式采矿法的优点是投资少,设备简单,技术可靠,操作简便,对采矿船的要求不高,旧船改造即可,节省大量的投资并可尽快投入生产。缺点是间断式工作,拖斗在海底无法控制,回采率低,生产效率低。随开采深度增加,提升周期延长,生产效率下降,作业成本提高。

b 双斗式采矿法

为提高生产效率,降低作业成本,在单斗采矿法基础上开发出双斗式采矿法。

由于单斗式采矿法仅采用一只拖斗,拖斗工作周期长,从生产效率与作业成本考虑均不利于深海锰结核的开采,为此一种新的构想即采用双拖斗取代单拖斗开采应运而生。

双拖斗采矿系统与单拖斗系统基本相同,由采矿船、拖缆和两只拖斗构成。采矿船上安装一个绞车或两个互联式绞车,绞车滚筒上缠绕着一根总长度大于海水深度的钢绳,钢绳的两端各悬挂一个拖斗。采矿时一个拖斗上升,另一个拖斗下降,部分抵消提升过程中拖斗的自质量,减少提升的动力损耗。与单拖斗系统相比生产能力与作业效率可提高一倍,且可节省投资,降低开采成本。

采用以下两种办法防止两拖斗在提升中相互缠绕:锰结核收集过程中采用 Z 形路线行走,绞车两端的钢绳分别联结在两个拖斗的上方和下方。

B 连续链斗采矿系统

连续绳斗式采矿系统(CLB)起源于日本,由日本益田善雄于 1967 年提出。

a 单船式 CLB 采矿法

单船式 CLB 采矿系统如图 11-6 所示,由采矿船、无级绳斗、绞车、万向支架及牵引机组成。万向支架是绳索与索斗的联结器,能有效防止索斗与绳索的缠绕。牵引机是提升无级绳的驱动机械。采矿船及其装置与拖斗式采矿法基本相同,绳索为一条首尾相接的无级绳缆,通常由合成纤维、尼龙或聚丙烯材料制成,抗拉强度要求大于 7500 MPa,其长度不能小于海水深度的 2.5 倍。绳索不能过长或过短,过长导致能耗大,过短则影响结核收集效率。在绳索上每隔 25 ~ 50 m 固结一个类似于拖斗的索斗。开采锰结核时,采矿船前行,置于大海中无极绳斗在牵引机的拖动下做下行、采集、上行运动,无级绳的循环运动使索斗不断达到船体,实现锰结核矿的连续采集和提升。

CLB 连续式索斗采矿船生产能力计算:

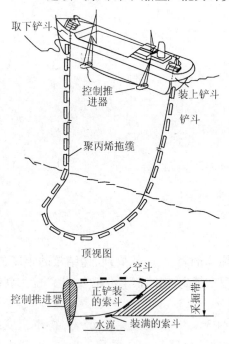

取下铲斗

控制推进器

装上铲斗

铲斗

聚丙烯拖缆

顶视图

空斗

控制推进器

正铲装的索斗

采掘带

水流

装满的索斗

图 11-6   单船式 CLB 采矿系统

$$Q_n = \frac{EK_2 T \eta V_L \gamma}{K_s L} \qquad (11-2)$$

式中 Q_n——CLB 采矿法采矿船生产能力,t/d;

E——索斗容积,m³;

K_2——索斗装满系数;

K_s——锰结核松散系数;

γ——锰结核松散密度,t/m³;

T——工作时间,$T = 86400$ s;

η——时间利用系数;

V_L——绳斗的运转速度,m/s;

L——索斗间距,m。

由式(11-2)可知,影响 CLB 采矿法生产能力的主要因素有索斗容积、索斗间距、绳斗运转速度。若要提高 CBL 采矿法生产能力,主要是加大索斗容积、增加索斗个数或缩短索斗之间的距离或提高绳缆的输送速度。

单船 CLB 采矿法时,索斗间容易相互缠绕,影响开采效率与生产能力。为此,日本海洋科学技术中心的益田善雄研制了流体动力分离器,可避免单船作业时的绳索缠绕。

CLB 采矿法具有设备简单,初期投资少,维护方便,对锰结核粒度要求不高,受海水深度及海床地形条件影响小等优点,且绳斗能稳定船体,减少波浪对作业的影响。缺点是绳斗全部为柔性,无法实现有效定位与远距离遥控,采集轨迹也难以控制,矿石的回收率低。另外,由于绳斗数量有限,绳速不能太快,亦影响 CLB 采矿法的生产能力。

由于单船 CLB 采矿法的收集效率与回采率问题,人们开始了双船 CLB 采矿法的研究。

b   双船式 CLB 采矿法

双船式 CLB 采矿系统如图 11-7 所示。采矿系统构成与单船基本相同。

双船作业时,绳索间距由两船的相对位置确定,两船间距一般以 1000 ~ 2000 m 为宜。双船开采时,船体的行走速度在 0.5 m/s 左右,绳斗的环行速度约 1 m/s,两船前后相距 200 m 左右,可增加绳斗着底时间,确保铲斗装满。双船开采对绳索的强度要求较大,以 4000 t/d 生产能力计算,若两船相距 1000 m,海水深度 5500 m,铲斗斗容长 × 宽 × 高为 2.6 m × 2.0 m × 0.8 m,自质量 1t 时,缆索长度 13000 m,则绳斗上提力为 3000kN,下拉力为 1500kN,缆索的抗断力 10000kN,绳索直径不小于 240 mm。

双船 CLB 采矿法虽然解决了绳斗缠绕问题,但需要两条船,一方面增加系统投资,另一方面操纵与管理复杂,协调与组织难度增大。同时需解决采集轨迹的控制、采掘带增大、铲斗装满系数等问题。

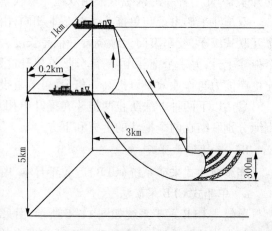

图 11-7   双船式 CLB 采矿系统

C   往返潜艇式采运车开采法

往返潜艇式采运车开采系统由一条海面工作母船,多台自动潜艇式采矿车,及半潜式的水下平台组成,完成进行多金属结核的采集和提升。采矿车按照工作母船的指令潜入海底采集锰结核,边采集边排放艇内压舱物,装满结核矿后上浮到半潜式水下平台,卸下结核,装满压舱物,重新潜入海底进行下一个工作循环。

采矿车主要由自行推进、浮力控制、压载三大系统组成,其主体由质量很轻但强度很大的浮力材料构成。艇内压舱物既可以是海水,也可以是废石、海砂等。目前开发出两种自动潜艇式采矿车,即飞艇式潜水遥控采矿车(图11-8)和自动穿梭式潜水遥控采矿车(图11-9)。

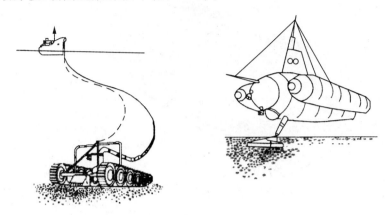

图11-8 飞艇式潜水遥控采矿车

飞艇式潜水遥控采矿车可利用廉价的压舱物,借助自质量沉入海底采集锰结核,装满结核后抛弃压舱物浮出海面。其采矿车上附着有两个浮力罐,车体下装有储矿舱,利用操纵视窗可直接观察到海底锰结核赋存与采集情况,待储矿舱装满结核后,利用浮力罐内的压缩空气的挤压排出压舱物产生浮力,使采矿车浮出水面。

法国Ventut等人于1980年前后研制成功非自行式海底自动穿梭采矿艇(图11-9)。该车以蓄电池为动力,靠自质量下沉。压舱物储存在结核仓内,当采矿艇快到达海底时,放出一部分压舱物以减小落地时的振动。采矿艇借助阿基米得螺旋推进器在海底行走,一边采集锰结核,一边排出压舱物。当所有压舱物排出时,结核仓装满,在阿基米得螺旋推进器作用下返回半潜式水下平台,采矿船通过声学系统控制采矿过程,该艇可潜深度在6000 m以上。

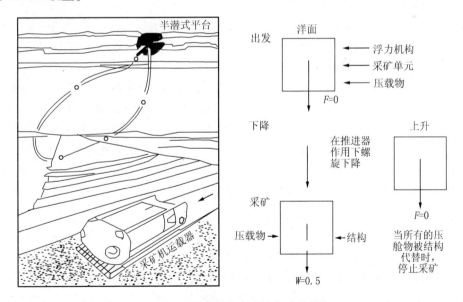

图11-9 自动穿梭式采矿车采矿系统

20世纪80年代,法国AFERNOD对自动穿梭式采矿艇采矿系统进行了研究,尝试使用一个大规模的100 m×100 m的半潜式海面平台,其处理容量可达140000 t,作业吃水深度56 m。采矿艇在位于水面以下40 m的四个平台上停泊与下潜。卸下结核,装上压载物和替换电池的过程都在水下进行。平台上应包括60000 t的结核或压载物容量,提供150～180人的服务设施。进行了自动穿梭式采矿艇小比例模型机实验室试验,其尺寸为24 m×12 m×7.5 m,自质量550 t。采矿艇由海面工作母船通过声学装置控制,每台艇每日完成3趟任务,每趟可采250 t结核。图11-10为AFERNOD设计的采矿艇,主要组成部分为:

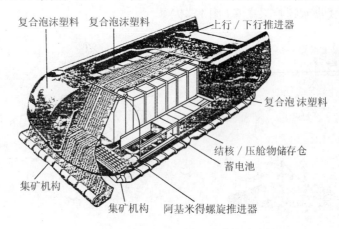

图11-10   AFERNOD设计的采矿艇

（1）结核/压舱物储存仓,存储结核或压载物。

（2）采矿时用的推进器,推进采矿车行进。为消除由于负载的变化与沉积物性质变化易在车上产生扭力矩,将4个阿基米得螺线式推进器独立安装。整个车体的质量必须保持在一定的范围之内,以便在其运动中切割最佳深度的沉积物而不遇到过大阻力。

（3）浮力材料,深水潜艇的标准浮力材料。

（4）上升/下降和停泊推进器。在上升和下降时的推动力主要由推进器提供,以控制集矿机的高度与轨迹;推进器主要控制车体的起伏、摇摆和旋转,也为在上升、下降和会合时的轨迹控制提供推动力。它也可以对由上升/下降过程中负载变化而产生的不平衡加以补偿。

（5）集矿机构。松动结核、集矿并将其通过纵向与横向传送带送至储存仓。

（6）电池。动力通过安装于艇侧面的可移动电池提供。

往返潜艇式采运车开采法优点是设备独立、灵活性好,采集效率较高,回采损失小,能大幅度提高结核产量。主要缺点是要求非常先进的设备制作技术和遥控技术,造价很高,开发难度较大,因而暂时被搁置下来,作为今后第二代深海采矿技术考虑。

鉴于目前国外试验研究的采矿系统沿"线"清扫的局限性（采矿船频繁移动、提升效率低、集矿机与提升装置配合差等）,我国科技人员构想了一种新型的采矿系统,由海面采矿船（装有提升管）、海底采矿平台、多台遥控自动集矿机组成。多台集矿机在采矿船上的遥控装置控制下,于海底一定区域内同时作业,分别将采集到的锰结核运送到采矿平台上,再通过提升装置将平台上的锰结核提升到采矿船上。当集矿机将一个区域的锰结核清扫过以后,再由采矿船把采矿平台牵引（通过钢缆）到另一区域继续开采。该系统具有如下优点:（1）采矿船移动少、能耗低;（2）提升效率高,且提升装置可以随时升起检修,而不影响集矿生产作业;（3）多台集矿机单独作业,互不干扰。

D   集矿机与扬矿管道结合的流体提升采矿系统

集矿机与扬矿管道结合的流体提升采矿系统由集矿机、输送软管、中间矿仓、刚性扬矿管及采矿船等组成。集矿机在海底采集结核（能自动行走或由采矿船经刚性管道拖拽行走）,采集的结核在集矿机内清洗脱泥和破碎后,经软管输送到连接于刚性扬矿管下端的中间矿仓,通过一根垂直提升管道借助流体上升动力将结核提升到海面采矿船上。

根据扬送（亦称提升）原理和方式的不同,又可分为水力提升、气力提升和轻介质提升三种。水力提升系统用串接于扬矿管道中间的潜水矿浆泵作为动力装置,将中间矿仓内的结核矿浆吸入管道并泵送到采矿船上。气力提升系统则以压缩空气作动力,在扬矿管道的一定深度处通入压缩空气,因混入压缩空气的矿浆比重小于管外海水比重,利用管内外的压力差,便能将结核扬送到海面。轻介质提升系统是以比重小于1的轻介质(固体或液体)代替压缩空气作为扬送结核矿浆的载体,其原理与气力提升相同。水力提升法和压气提升法被认为是当前最具有前途和切实可行的深海锰结核提升方法。深海探险公司、海洋管理公司、肯尼柯特集团及公害资源研究所等都曾进行过气升法或水力提升法提升锰结核的工业试验,并取得了较大进展。

a 集矿机

集矿机子系统最特殊、最复杂。集矿子系统的关键任务是将结核从海底收集起来,加以集中并送至垂直的扬矿装置中。为完成该任务,集矿机应能履行以下三种功能:集矿与物质处理、在海底行进、监测自己的位置与作业状态。作业过程中尽可能减少对海底环境的扰动和污染。

(1)集矿机的主要结构。集矿机由以下几个主要部分组成(图11-11):

1)行进装置。具有支持和行进功能,集矿机在海底的运动,必须考虑沉积物的承载力或剪切力。集矿机应能处理一定的斜坡以及小的障碍物。

2)集矿装置。在海底拾收锰结核或吸取锰结核-沉积物混合物,集矿装置是集矿机的核心。

3)分选装置。洗去沉积物和结核细小微粒,有的还可拒绝大颗粒结核或异物。

4)碎矿装置。将结核粉碎到适于提升的粒径。

5)稳定装置。又称稳定片,当集矿机受到翻转、颠簸等作用力时,起到稳定作用。

6)漂浮装置。调节对地比压,减小集矿机与海底之间的相互作用力,防止集矿机深陷入沉积物。

7)给料机构和收集仓。给料机构协助提升,收集仓暂存结核。

8)机架。一方面支承装在集矿机上的机器,同时缓和着底、离底时的冲击。另外当集矿机入库、操作和海底拖航时,机架具有承载这些负荷的能力。

9)电力、检测控制装置。电力装置由潜水马达、水中变压器、水中分电箱、电动机操作柜组成,体积小、重量轻并可靠。作业中同步完成采集控制、破碎控制、行驶控制,及导航定位,工况参数检测等。

10)液压装置。在集矿机内装有一阀门,当发生堵塞时以迅速排除堵塞,另外还有一阀门用于调整集矿量,液压装置主要控制这两个阀门工作。

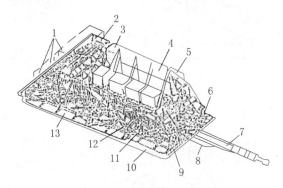

图11-11 实验用集矿机外观

1,3,5—浮体;2—分离/给矿器;4—稳定翼;6—机架;7—软管;8—测力传感器;
9—吸入喷嘴;10—辅助滑橇;11—旁通门用开闭器;12—集矿管;13—后部滑橇

(2)集矿机的集矿方式。深海锰结核的采集方式有四种:水力、机械、水力-机械复合和磁力(表11-8)。前三种集矿方式研究较多。水力集矿又可分为吸扬式和射流式。根据射流喷嘴的结构和布置的不同又可分为多种形式。机械型集矿机通常利用耙、刮、清扫等动作在海底收集锰结核。水力-机械混合型集矿机,在机械装置捞取锰结核的同时,辅以水力传输(或抽吸),一般利用射流,因为射流可以达到传输和冲洗的双重目的。我国主要进行以下两种采集方式的研究:

1)双排喷嘴冲采-附壁喷嘴负压输送水力采集机构。其结构如图11-12所示。工作原理是:利用离海底一定高度的前后两排斜向海底的喷嘴,产生射流将结核冲离沉积层,洗掉一部分沉积物,在形成的上升水流作用下将结核举起,在集矿装置向前移动和附壁喷嘴产生负压的作用下送入破碎机料口。水力集矿机构实际设计都是用半经验公式进行估算,然后通过模型试验进行修正加以确定。

2）双排喷嘴冲采机构 – 齿链输送机构相结合的机构。这种结构可以避免纯机械式挖齿容易损坏和负压输送能耗高的缺点。

表 11-8　主要集矿方式

类　型	原　理　图	类　型	原　理　图
机械式　链带耙齿式		水力式　轴流泵吸扬式	
滚筒耙齿式		附壁喷嘴吸入式	
链斗式		射流冲采 – 附壁喷嘴吸入式	
轮斗式		复合式　单排喷嘴射流冲采 – 齿链输送式	
滚筒耙齿 – 齿链输送式		双排喷嘴射流冲采 – 齿链输送式	

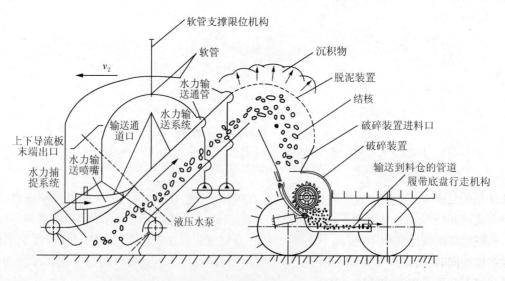

图 11-12　双排喷嘴冲采 – 附壁喷嘴负压输送水力采集机构

齿链输送机构主要有两种类型：刮板链（底板固定）和齿板链（底板与链齿一起运动）。

刮板链由刮板牵引链、驱动链轮、导向链轮、张紧链轮、输送台板、机架、侧挡板和驱动马达等组成，刮板链牵引计算如图 11-13 所示。

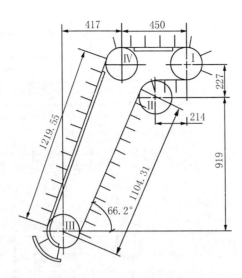

图 11-13　刮板链牵引计算

刮板由横板条和上下刮齿组成。多个上下齿间隔一定距离固定在横板条上，形成齿耙状。上齿为圆柱形，长度大于最大结核粒径，用于刮送结核，下齿较短，用于清理输送台筛条间隙，避免结核卡塞。多条刮板的两端安装在两条牵引链上。牵引链为耐磨环链，由液压马达驱动星轮带动。台板为筛条结构，便于输送过程中进一步清除掉黏附在结核上的沉积物。

（3）集矿机的行走方式。多金属结核赋存在稀软的沉积物表层，其承载力极低，摩擦系数接近于零，只能靠剪切力产生推进力。集矿机行进方式可以分为拖曳式和遥控自行式（表 11-9）。

表 11-9　行走方式

拖曳式	遥控自行式		
	螺旋桨推进式	阿基米得螺旋推进式	履带行走式

1）拖曳式行走方式在集矿机底部安装较宽的滑板，由海面采矿船借助于提升管道拖曳集矿机随船行进的一种方式。优点是结构简单，对海底扰动和破坏小。但其定位、行进轨迹、启停难以控制；可靠性低，适应底质能力差，采集速率波动；海底资源损失大。不适宜商业开采。

2）自行式机构是由采矿船通过电缆供电，操作者按自动、半自动和手动模式遥控行驶。这种机构可控制开采路线，越障或绕行，机动性好，采集覆盖面积大，资源回采率高，能根据结核丰度变化改变行驶速度，生产能力恒定。自行式机构是目前公认的集矿机承载行驶方式。研究较多的有以下几种：

① 螺旋桨推进式。机构的结构简单，但牵引力小，能耗大，精确定位困难，行驶速度低，对海底扰动严重，有可能将邻近采集路径内的结核吹走或埋入沉积层内，不能适应商业性深海采矿的需要。

② 阿基米得螺旋推进式。这种行驶方式最初是美国海军为沼泽地带车辆开发的。第一辆阿基米得螺旋行走车，为两条中心距 1.8 m 的螺旋，长 5.4 m、外径 0.98 m、螺旋叶片高 0.24 m，可载 2 人，载质量 980 kg。在软泥地、沼泽、雪地上行走性能良好，但在硬岩上几乎不可能行走。美国 OMCO 公司于 1979 年在太平洋海域结核矿区稀软沉积物底质进行了行驶试验，实验数据表明螺旋有钻入海底的趋势，破坏海底范围大。这些缺点抵毁了其结构简单的优点。随后，法国、德国、俄罗斯和中国对阿基米得螺旋行走方式进行了广泛的研究和比较试验，发现其静态压陷深度远大于履带式，即承载能力低（图 11-14）；单位车重的牵引力远小于履带式，行走功率远大于履带式，约为 40∶7.4；越障和转弯困难；与地面接触面小，承载能力低，对海底搅动大。螺旋凹槽易被沉积物敷住，易打滑，行走能力下降。

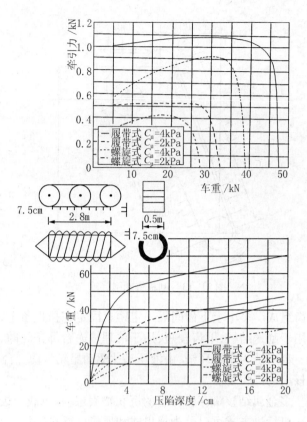

图 11-14   履带式与螺旋式行走机构对比试验结果

③ 履带行走式。履带是陆地车辆通用的行走方式,1972 年开始用于海底行驶试验。由于履带接地面积比其他行驶方式大得多,产生的牵引力大,底质承载能力越低优越性越明显,其可行驶性(包括越障或绕障)、操纵性、对环境影响程度均能很好地满足稀软海底行驶要求。

(4)集矿机的实验研究。国外集矿技术的试验研究主要包括如下几个阶段:

1)室内水槽试验,对所设计的集矿机进行广泛细致的可行性研究,通过试验研究,使其在模拟环境中达到所要求的工作特性和水动力特性;

2)浅海试验,检验集矿机的工作特性以及在下放、拖行和提起过程中的水动力特性,为深海试验做准备;

3)深海试验,是对集矿机的一次全面的现场检验,除检验其工作特性及水动力特性外,还要专门进行长距离牵引耐久试验和爬坡、下坡等试验,为中间试验提供可靠的集矿机;

4)中间试验,对包括集矿机和提升设备在内的整个系统进行现场试验,为向工业开采系统过渡提供依据。

上述各阶段中,室内水槽试验最为关键,满足主要工作要求的集矿机模型在此阶段产生,其他各阶段试验主要起到检验和修正的作用。在室内水槽试验阶段,各国采用了各自不同的方式。20 世纪 70 年代初,日本 DOMCO 财团在玻璃水槽内用相当于商业开采尺寸 1/20 的集矿机模型对各种各样的设计方案进行试验,将来用于中间试验和商业开采的集矿机系统将由模型装置直接放大。德国 AMR 财团利用相当于商业开采 1/5 的集矿机模型证明和研究各种方案。试验在西柏林的试验水槽内进行,试验用沉积物是根据深海沉积物专门研制的。加拿大 INCO 有限公司在俄勒冈州立大学的波浪试验水槽中进行了试验,主要对集矿机的关键部件进行了研究,试验的目的是研究水力和浮动齿耙式设计在模拟采矿条件下的效率。

1976 年,OMI 财团在 5 个星期内完成了水槽、浅海、深海的系列试验。首先在陆上水槽内对其成员国提供的 7 台集矿机进行试验,选出 5 台进入下一阶段试验。浅海试验进行了两次。第一次检验集矿机下放、拖行和提起时的动力特性,仅一台集矿机存在稳定性问题;第二次检验集矿机海底着陆程序和集矿机的工作特性。参加深海试验的有4台集矿机,第一次试验发现一台效率偏低;第二次试验对3台集矿机(包括2台水力型、1台机械型)在各种工作条件下的特性和限制进行了检验,例如长距离耐久、转弯、在小山丘上拖上或拖下等。试验期间所获得的资料为修正集矿机方案提供了依据,也为将来的中间试验打下了基础。

　　b　海上中间试验

　　20世纪70年代末,包括OMCO在内的四个国际财团都进行了海上中间试验,试验的结果为进一步改进开采系统的设计和工业开采系统的生产提供依据。集矿机一般需进行以下试验:

　　(1)集矿性能。

　　1)集矿性能。集矿性能实验就是把模拟的海底沉积物放在水槽底部,再撒些模拟的锰结核,将水槽装满水,一边牵引集矿机,一边集矿,从而确定其集矿性能。实验结果表明,锰结核的分布密度在$10\,kg/m^2$时,具有较好的集矿效率,即使拖航速度增加,效率下降也很少,分布密度在$20\,kg/m^2$时,其效率比$10\,kg/m^2$低,随着拖航速度增加,效率下降很大。

　　2)破碎、供给性能。为把锰结核稳定地供给扬矿管,在分离装置与扬矿管之间要设置控制供给量的装置。为了提高扬矿效率,防止堵塞,要破碎过大的颗粒,为此把破碎供给机安装在集矿机上,在设计实际集矿机前,用轻质水泥制的模拟锰结核做成试样,放水中进行试验,收集数据,来确定破碎供给机的破碎控制性能。

　　(2)运动性能。

　　1)水中稳定性能。集矿机从船上下放和回收时,通过软管并由扬矿管支承成为悬吊状态,其间集矿机所受主要外力为由于潮流引起的流体力和由于船体摇动引起扬矿管下端变化,这样就要求集矿机对于这些外力,不管在多深的水中都要有十分稳定的性能。需要进行水槽实验和风洞试验。

　　2)着底、离底性能。集矿机要能够正常着底和离底。为把实验结果反映到海洋综合试验集矿机的设计和操作作业上,需进行着底和离底性能实验。实验装置使用水槽,并要补充设计一些必要的设备(升降装置、模拟海底、检测装置等)。实验参数为拖航速度和升降速度。图11-15所示为由实验数据得到的着底图形的透视图。

　　3)海底拖航性能。要搞清集矿机在海底沉积物上的动态是开发集矿机的重要课题之一。在实际机器设计以前,要研究开发在海底的集矿机运动仿真分析模型,然后确定用于仿真的物理常量,收集验证仿真数学模型的稳妥性,从而进行集矿机运动性能实验。

　　负责OMI集矿机研制计划的美国人Brockett在总结集矿机设计经验时指出,锰结核集矿机应具有四大特点:简单、灵活、耐久、稳定,并建议在确定集矿机设计原理和发展规划时应充分重视上述特性对集矿机可靠性的影响。由此可以看出,用于第一代商业开采的集矿机系统应突出简单

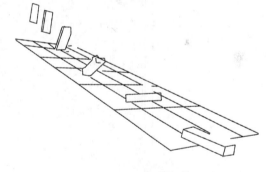

图11-15　着底图形

可靠的特点。集矿机的开发研究经历了概念设计、计划、主要参数实验、确定机能实验、性能分析、基本设计、海洋综合实验用的机器设计制造等阶段。目前主要研究开发电力、检测控制装置的设计与制造,及与其他系统协力制定海洋综合实验方案。

11.2.3.4　液体提升子系统

　　液体提升子系统的基本任务是将从集矿机送入扬矿管的结核送至海面船只。应具有以下能力:(1)泵升或抽吸矿浆;(2)控制矿浆的流动;(3)作为矿浆的导管,与其下的集矿机有机械的连接装置;(4)如果用的是拖拽集矿机,为集矿机提供前进力;(5)作为连接集矿子系统电缆和通信线的支撑物;(6)能抵抗由于船体摇摆,水柱运动产生的不稳定状态;(7)能抵抗由于集矿机遇到地形变化时对管道产生的影响;(8)能够支撑其自身及安装于其上的各种仪器设备的重量。

　　A　海底锰结核的提升方法

　　根据俄罗斯进行的采矿系统方案设计,扬矿系统的基建投资占采矿系统总投资(不包括采矿船)的

55%,生产费用约占50%,由此可见扬矿技术开发研究的重要性。各国学者提出了清水泵水力管道提升、矿浆泵水力管道提升、射流提升、气力管道提升、轻介质管道提升等方法。

a　清水泵水力管道提升

清水泵提升与矿浆泵提升法在提升管道中的流体是锰结核固液两相流,当固液两相流流速大于锰结核在静水中的沉降速度时,锰结核就可达到海面采矿船上,显然其水力提升问题属于垂直管道的固料水力输送问题,可借鉴固液两相流理论及其研究成果。

清水泵水力管道提升由设在水面下的潜水泵站完成锰结核提升,如图11-16所示。泵站由两台潜水泵和深水电动机组成,深水电动机位于两台潜水泵之间,两台泵的吸入口与出口成反向布置以平衡其轴向推力。潜水泵与提升管路之间用软管相连,以消除硬联结给设备与管道之间带来的碰撞、振动与磨损。深水电机与潜水泵采用刚性连接。锰结核提升时,启动潜水泵,锰结核与海水二相流通过其海底吸入端吸入管道,潜水泵联合工作,通过提升管不断排出海水,引起海水向上流动,当其流速超过锰结核沉降速度时,海底锰结核也向上运动,经提升管运至采矿船上。该方法的优点是结核不经过泵,不会被破碎粉化,提升效率高,同样提升能力下管道的管径较小,流态较稳定;缺点是给料机结构较复杂,易出故障。

b　矿浆泵水力管道提升法

矿浆泵提升(图11-17)工艺是将集矿机采集的结核经软管送至海底作业平台的中间矿仓,给料机将结核定量给入提升主管吸入段,通过串接在扬矿管约1000 m水深处的多级矿浆泵把结核提升至海面。矿浆泵提升的优点是工艺简单、提升能力大、效率高,被认为是最有应用前景的扬矿方法。该方法的关键是要研制出寿命长、符合扬程要求的高压矿浆泵。

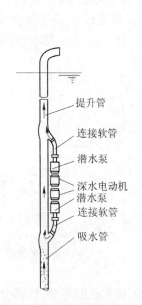

图11-16　潜水泵提升法

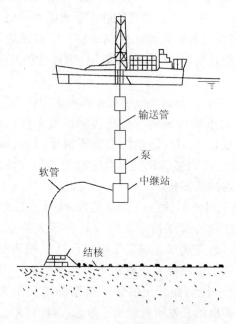

图11-17　矿浆泵提升系统

c　射流提升法

射流提升法如图11-18所示,安设在船上或海水中的水泵通过水管供水给射流泵,形成高压水射流,使吸管中产生负压,海水在静压作用下向上流动,当其流速超过锰结核沉降速度时,锰结核随上升水流运动,进入提升管中并提升至采矿船上。射流产生的提升力有限,难以满足深海多金属结核产量的要求。

水泵安装于船上时具有零部件更换和检修方便的特点,但水泵能耗增加,并增加高压水管。水泵安在水中时,虽降低能耗,但不便检修与更换零部件。

d　气力管道提升法

气力提升与水力提升采矿系统的区别是多设一条注气管道,用压力将空气注入提升管(图11-19)。压气由安装在船上的压缩空气机产生,通过供气管道注入充满海水的提升管道中,在注气口以上管段形成气水混合流,当空气量比较少时,压气产生小气泡,逐渐聚集成大气泡,最终充满管道整个断面,使海水只沿管道内壁形成一圈环状薄膜,从而使气体和流体形成断续状态,这种状态称为活塞流。气力提升就是借助这种活塞流进行提升。

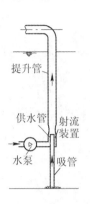

图 11-18　射流提升法

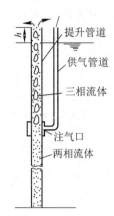

图 11-19　气力提升原理

由于气水混合流的密度小于管外海水密度,从而使管内外存在静压差,其静压差随空气注入量的增加而加大,当压力差大到足以克服提升管道阻力时,管中海水便会向上流动并排出海面。若继续增大注气量,则管内海水流速增加,当流速大于锰结核沉降速度时,就可将锰结核提升到采矿船上。但压气量不能无休止地增加,否则会使海水先变成薄膜状,然后逐渐形成水滴,浮在空气中,最后海水雾化,形成不利于锰结核提升的三相流型。决定提升能力的因素主要有:压缩空气供给量;空气注入口所处的深度;提升管管径、倾角及长度;固体的物理特性;输送流体的密度。该提升方法原理简单,但提升过程则比较复杂,最难控制的物理量是压缩空气供给量,它的大小是否恰当,对提升效率有直接影响。

近年来,世界各国对压气提升法进行了大量的试验研究,并设计出不同的压气提升系统。技术比较成熟的深海锰结核压气提升法有带缓冲装置和带有桁架装置的两种压气提升法。

(1) 带缓冲装置的气升法。带缓冲装置的气升法如图 11-20 所示。该提升系统的主要特点是在提矿管道与集矿机之间安设了一台水下缓冲装置,该装置距海底 18 m 左右。设置缓冲器的目的是提高采矿船、提升管道和集矿机的稳定性,减少集矿机行走时阻力,提高生产系统效率,并减少提升矿浆中的洋泥含量,从而提高输送浆体锰结核浓度,达到减少洋泥对海水表层的污染等。

(2) 带桁架装置的气升法。如图 11-21 所示,该气升法在提升管道与集矿机之间距海底 30 m 处安设了一桁架装置,以支撑提升管道。桁架、集矿机和提升管道之间都采用铰链连接,以便使集矿机适应海底地形的变化。桁架上装有重锤,保证提升管道垂直。该提升系统虽能适应海底地形的变化,但桁架装置笨重,轻便性和灵活性均不如挠性管道。

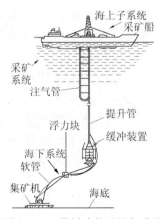

图 11-20　带缓冲装置的气升法

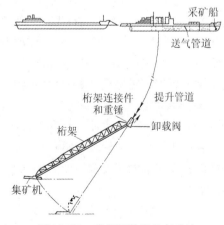

图 11-21　带桁架装置的气升法

e 轻介质管道提升法

1967 年 J. C. Ball 提出了轻介质提升式采矿法,其提升原理与气升法提升原理完全相同,用密度低于海水的轻介质,如煤油、塑料小球、氮气等,取代压缩空气。采矿船上装有轻介质与海水、锰结核的分离装置,船下有轻介质压送管及垂直运输管道,以及注入轻介质的混合管。海底集矿机以铰链接头与管道相连,以适应海底起伏地形。以煤油作轻介质的提升方法如图 11-22 所示。

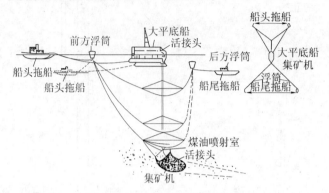

图 11-22 轻介质提升式采矿法

为克服煤油提升系统对海洋环境及结核可能产生的污染问题,提出了以轻塑料粒子或小球作轻介质的提升法,即所谓浮子提升法。该法的实质是将轻塑料粒子或小球以与压气注入提升管道同样的方式注入提升管道内,因浮子的密度小于海水,在管内外形成密度差(压差)而实现锰结核的提运。除了具有轻介质液体提升法的优点之外,它还不会污染海洋环境。提高浮子的承压能力和如何将浮子送入提升管道等技术难题尚待解决。

20 世纪 70 年代末,OMI、OMA 和 OMCO 三个财团分别进行了三次有影响的深海试采。用气举泵和矿浆泵提升顺利地采出了数以千吨的结核,证明了两种扬矿方法的技术可行性。其中矿浆泵水力管道提升具有工艺简单、工作可靠、提升能力大、效率高、可实现连续生产和污染小的优点,被认为是切实可行,在未来的深海采矿中最有现实意义的扬矿方法,为各国所重视。目前中国、韩国、国际海洋金属联合组织(IOM)、印度等均将矿浆泵水力管道提升作为采矿系统的扬矿方法。

B 矿浆泵水力管道提升系统

矿浆泵水力管道提升系统由输送软管、软管输送泵、中间舱、扬矿硬管、硬管扬矿泵等组成,集矿机采集的海底矿物由软管输送泵通过软管输送到中间矿仓,经中间矿仓的给料机给入提升硬管,通过多级潜水扬矿泵扬至洋面采矿船上,输往船舱并在船舱中沉降,海水初步脱泥后经溢流排放管排入海中。其工作原理是利用潜水扬矿泵的动力在管线内外产生压差,形成海水在管线内的上升流,把结核提升至洋面。深海提升与陆地提升的不同之处在于,矿浆泵只需克服浆体流动的摩阻和由于浆体密度增大形成的位能差,潜水扬矿泵安装位置以下管线内的压强低于管外压强,结核由海水的位能进行提升,潜水扬矿泵安装位置以上管线内压强高于管外压强,结核由多级潜水扬矿泵提供动力进行提升。因此在深海采矿整体系统研究开发中,扬矿子系统的关键是扬矿参数设计和设备的研制,其实质都是两相流体动力学的应用。图 11-23 所示为我国中试采矿系统组成。

自 20 世纪 60 年代,研究人员参照宏观连续介质理论形成的水平管道固－液两相流输送理论,在试验的基础上,利用量纲分析和逻辑推理,将数个变量组合在一起组成相似准则,提出了一些半经验性的计算模型。

a Worster 水力坡度公式

在泥沙输送的垂直管路中,水流运动和泥沙沉降的方向在同一轴线方向,不像水平输沙管道存在严重的推移运动,而仅存在固体粒子与液相的滑移。Worster 认为当泥沙的沉降速度 v_t 远小于水沙混合液的平均流速时,由于泥沙的密度比水的密度大所产生的固相与液相垂直方向的相对滑移一般可以忽略不计,并提出计算水力坡度 i_t 的公式:

$$i_t = i_w + c_V \frac{\rho_s - \rho_w}{\rho_w}$$

$$(11-3)$$

式中 i_w——清水的摩阻坡度；

　　c_V——泥沙的体积浓度；

　　ρ_w——水的密度；

　　ρ_s——固体物料密度。

式(11-3)右侧第一项表明了垂直两相管流和清水管流的摩阻损失相同,第二项反映了由于泥沙的存在所产生的位能坡降。

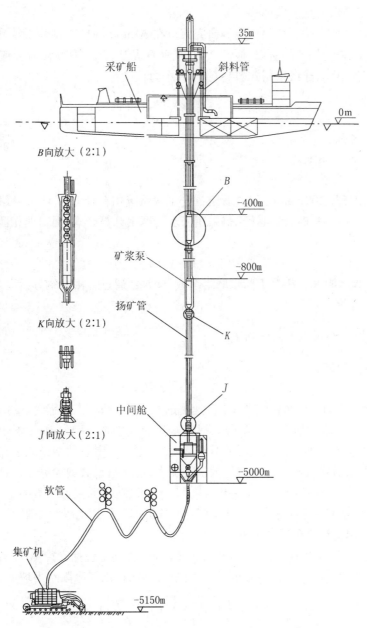

图 11-23　我国大洋多金属结核中试采矿系统

当沉降速度 v_t 与输送速度 v_w 的数量级相当时,Newitt 对公式(11-3)进行了修正。

$$i_t = i_w + c_V \frac{\rho_s - \rho_w}{\rho_w} \cdot \frac{v_t}{v_w} \qquad (11-4)$$

式中 v_w——液相部分的平均流速。

b　Newitt 的计算公式

D. M. Newitt 等人用多种粒径的细沙和二氧化锰矿石颗粒在 1 in 管径的提升系统中进行试验,整理试验获得了下列计算摩阻损失的公式：

$$\frac{i_m - i_w}{c_V i_w} = 0.0037 \left(\frac{gD}{v_w^2}\right)^{\frac{1}{2}} \left(\frac{D}{d}\right) \left(\frac{\rho_s}{\rho_w}\right)$$ (11-5)

式中 D——提升管径；

d——颗粒粒径。

从 Newitt 等人试验中使用的管径小，使用的物料粒径也小，获得的计算模型就有一定的局限性。

c   日本计算结核提升水力坡度的公式

日本公害资源研究所野田佳六、北原良哉等研究人员在 30 m 高的扬矿试验系统和 200 m 深矿井扬矿试验系统对水力提升进行了较为细致的研究，他们认为：在垂直提升管中，大颗粒与管壁摩擦及颗粒之间相互碰撞产生的附加压力损失很小，建议采用式(11-6)计算水力坡度：

$$i_t = \lambda_m \frac{v_w^2}{2gD} + c_V \left(\frac{\rho_s}{\rho_w} - 1\right)$$ (11-6)

式中 λ_m——清水阻力系数。

式(11-6)和式(11-3)较相近。

d   德国 Engelmann 的计算模型

Engelmann 等人采用直径 200 mm、高 30 m 管道提升试验系统用粒径 13～52 mm 模拟物料进行提升试验，他在处理两相流的沿程摩阻损失时，摩阻计算仍采用清水的摩阻计算公式，但对两相混合流的沿程阻力系数提出了自己的计算方法，即：

$$\lambda_m = (1 + \lambda_s)\lambda_w$$ (11-7)

式中 λ_s——混合流沿程摩阻系数相对于清水摩阻系数的增量，通过运用量纲分析以及试验数据处理，得到 λ_s 的以下计算式：

$$\frac{\lambda_s}{\lambda_w} = 48.9 \left(\frac{d}{D}\right) \left(\frac{v_w^2}{gD}\right)^{-1.6} \mu_z^{0.7} \left(\frac{\rho_s}{\rho_w}\right)^{2.0}$$ (11-8)

式中 λ_w——提升水流的速度；

μ_z——荷载率。

从式(11-8)可以看出，摩阻系数增量随着提升速度的加大而减小，随着荷载率的增加而增加，这可以从 Magnus 效应和颗粒与管壁的碰撞加以定性解释。提升水流速度增加，使颗粒向管中央运动的 Magnus 作用力加大，减少了颗粒与管壁接触的机会和颗粒的滑移速度，使管道摩阻系数增量减小，随着荷载率的增加，即固相所占比例加大，颗粒与管壁接触及相互碰撞的机会加大，使摩阻系数增加量加大。世界著名的德国 KSB 泵业公司就是采用 Engelmann 计算模型计算提升结核的水力坡度；北京科技大学在扬矿硬管系统工艺与参数计算机模拟分析研究中也采用了 Engelmann 计算模型，计算提升管道的沿程摩阻。

e   中国扬矿研究提出的计算公式

长沙矿冶研究院在"八五"期间进行了多种提升方案的研究，其中包括管径 100 mm、高 30 m 扬矿试验系统的矿浆泵水力提升试验研究。通过天然结核的水力提升试验，得出了摩阻水力坡度 i_m 的经验计算式：

$$i_m = \left[i_w + 94 \left(\frac{d}{D}\right)^{1.8} \left(\frac{v_{fg}}{v_m}\right)^{2.4} c_V \left(\frac{\rho_s - \rho_w}{\rho_w}\right)^2 \right] \frac{v_m^2}{2gD}$$ (11-9)

式中 v_{fg}——颗粒群的悬浮速度。

f   俄罗斯海洋地质技术中央设计局的研究结果

总水力坡度仍由两部分组成：

$$i_t = i_m + i_s$$

$$i_m = i_s \left[1 + 10 \frac{\rho_s - \rho_w}{\rho_w} c_V \left(\frac{\sqrt{gD}}{v_m - v_{sg}}\right)^2 \right]$$ (11-10)

式中 i_m——矿浆流摩阻损失；

　　i_s——位能(静压)损失;

　　v_{sg}——颗粒群的沉降速度。

式(11-10)中的颗粒群沉降速度综合反映了颗粒大小、形状和表面粗糙度等特征的参数,公式中通过引入沉降速度,较真实地反映了物料颗粒特性对摩阻的影响。

按式(11-10)计算得到的摩阻计算值与试验实测值吻合得比较好。但式(11-9)和式(11-10)中,过多考虑了结核粒径对附加摩阻的影响,且式(11-9)中没有完全反映颗粒特征,尚需进一步完善。

g　计算公式(模型)的分析与比较

比较式(11-3)~式(11-10)可以看出,推导这些公式的出发点不同。

(1)按照均一流流型,忽略固相的影响,根据流体力学管道摩阻计算理论,分析摩阻的构成,提出垂直管道总水力坡度的计算公式,如上述提到的 Worster 公式、日本计算结核提升水力坡度的公式。

(2)按照"沉降型"两相流处理。在固体颗粒比较粗的情况下,其沉降趋势明显,固-液之间存在一定的滑移,是典型的固-液两相混合流。上述提到的摩阻计算式,如修正后的 Worster 公式、长沙矿冶研究院的公式、俄罗斯公式属于按"沉降型"浆体处理,考虑了固体颗粒的滑移。

(3)对于管道摩阻损失的计算,上述公式都是以达西公式为基础,一种方法是直接用相同流速下的清水摩阻损失代替矿浆的摩阻损失,如 Worster 公式,日本公式;另一种是由清水的摩阻损失加上由于固体颗粒的存在而产生的附加摩阻损失之和作为矿浆的摩阻损失,如 Newitt 公式、Engelmann 模型、长沙矿冶研究院计算公式。两种方法都没有考虑细颗粒与水形成均质流载体的客观事实,事实上随着均质流载体中细颗粒数量的增加,提升粗颗粒的能力随之增加。

(4)建立摩阻损失的关系式时,先确定影响摩阻损失的主要因素,并将这些因素排列成若干个独立的无量纲量,然后再按照试验结果进行回归分析,求出计算关系式。如 Enelmann 公式、长沙矿冶研究院公式、俄罗斯公式。

C　扬矿泵的研究

在大洋多金属结核开采技术研究开发中各国都将扬矿泵的研制列为采矿技术关键设备之一,但至今为止研制加工出深海采矿扬矿泵的只有德国 KSB 公司和日本荏原公司。1978 年,OMI 财团在中太平洋进行的开采试验,使用了德国 KSB 研制的两台六级潜水扬矿泵,图 11-24 和图 11-25 分别是该泵的示意图和特性曲线。泵流量为 $500\ m^3/h$,泵压 30bar,电压 4000 V,功率 800 kW,转速 1726 r/min,质量 5.5 t,长 6.65 m,扬矿管内径 200 mm,提升体积浓度 5%。在试验中,KSB 公司研制的这两台泵成功地从海底向水面采矿船上提升了 1000 t 结核,创下历史性的记录,到目前为止,该泵一直是 KSB 公司引以为荣的核心技术。OMI 财团的海上成功试采充分证实了矿浆泵水力扬矿在技术上是切实可行的,而且可能是最好的扬矿方法之一。该泵流道的当量内径为 75 mm,通过结核最大粒径为 25 mm,停泵后结核能回流通过泵。在试采后发现泵存在一定的磨损问题,KSB 公司认为,如果对泵的结构进行某些合理的改进和采用抗磨材料,扬矿泵可达到较好的抗磨效果,满足泵寿命的要求。该泵泵型代表了海洋采矿扬矿泵研究发展的方向。

1988 年德国进行了结核工业生产能力为 500 t/h 的商业开采系统的设计。KSB 公司在其海上试采扬矿泵的基础上进行了采扬矿泵的设计:流量:$1667\ m^3/h$;扬程:11.33 MPa;提升体积浓度:15%;额定功率:2000 kW;泵型:半轴流式。

1986 年,日本为进行矿浆泵提升研究扩大试验,由荏原制作所加工了一台两级潜水电泵,泵流量为 $324\ m^3/h$,扬程 110 m,电动机功率 250 kW,转速 1450 r/min,该泵安装在日本资源环境研究所 200 m 深竖井的扬矿系统进行矿浆泵提升试验。日本还按海上设计生产能力(50 t 湿结核)研制了两台 8 级离心式矿浆泵,该泵由上部泵和下部泵组成,潜水电动机装在两个水泵中间,上下泵均为 4 级,下部泵的出口和上部泵的入口用短管连接(图 11-26)。泵流量 $450\ m^3/h$,总扬程 7.6 MPa,电动机功率 1700 kW,转速 1485 r/min,质量约 15 t,扬矿管直径 200 mm,但该泵尚未进行过海上试验。从泵型和结构分析,该泵可能存在停泵后结核矿浆回流不顺畅的问题。

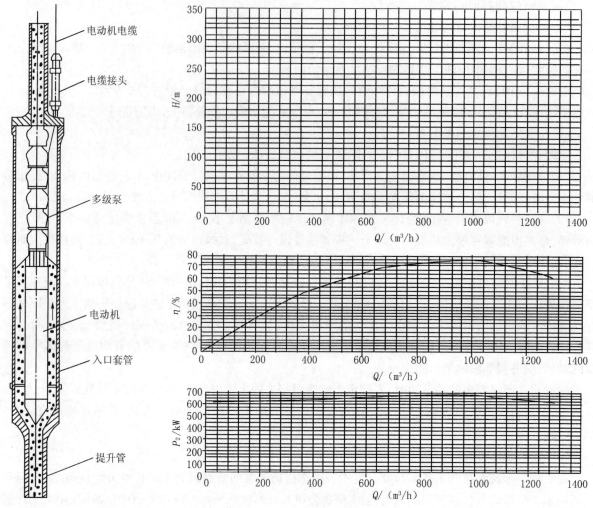

图 11-24 KSB 公司提升电泵　　　　图 11-25 KSB 公司扬矿泵特性曲线

D 软 管 系 统

软管系统是扬矿硬管与集矿机之间的挠性软管系统,从集矿机向中继舱输送多金属结核。为适应局部水深和海底地形的变化,保证集矿机有一定的自由活动区域,并有效隔离来自采矿船的扰动。在集矿机下放及回收过程中可充当起重缆索,在集矿机故障时可拖曳集矿机。其上悬挂向集矿机供电及传输信号的水下电缆。为消除扭矩用球铰接头与集矿集和中间舱连接。软管上用浮子平衡重量,控制在水中的空间形态。

软管输送锰结核的方式有吸送式和压送式。吸送式的输送泵安装在中间舱上,管内压力低于管外海水静压,它既要具有较高抗压和拉伸强度,又要具有较好的柔性;压送式的输送泵安装在集矿机上,管内压力高于管外海水静压,软管径向承受张力,软管受力状态对软管作业与前者相比相对有利。仅从软管输送作业来看,压送方式较好,如法国采矿系统软管采用此方法。但该方式的输送泵(质量约 2 t,功率 150 kW)安装在集矿机上,必然占用空间、增加机重,给集矿机的设计和作业带来难度;前者输送泵安装在中间舱可起到一定的配重作用,泵的选型也可不受限制,我国软管系统采用这种方式。软管输送泵一般趋向于采用高比转数离心泵或混流泵。

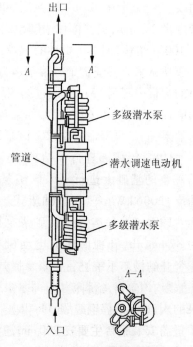

图 11-26 日本扬矿泵

软管材料应具有足够的抗拉能力(吊放或故障时拖曳集矿机)和抗管内外压差(1~1.5MPa)的能力,并具有良好的扭曲性能。目前,能同时满足这些条件的主要是法国生产的海底采油金属软管。软管的结构为:里层是密封输送管,外层是保护层,由耐磨橡胶或耐磨的高分子弹性材料制成。第二层为抗径向压力层,第三层为钢拉力层,由扁钢带绕制成类似蛇皮管的具有一定间隙的扣环状,以满足弯曲要求。软管可整根绕在卷筒上储存。

软管长度一般为400~600m,其空间形态设计应在不影响输送的前提下,减小软管对集矿机的作用力并满足集矿作业区地形变化的要求。水中运动的软管受到的水力动力主要表现为阻力形式,它的大小与软管各部分相对水的运动速率和迎水角有关,速率大、迎水角大,则水阻力大。这个力会传递到集矿机上,对集矿运动产生不利影响。因此应设计一个较好的软管空间构形,减小软管上部分管段与水的相对运动速率和局部的迎水角。使集矿机需要克服的软管水阻力尽可能的小。

为了满足集矿机与中继舱之间相对位置变化要求和有利于软管输送,利用在软管上合理布置浮力材料使软管空间几何形态保持上拱形态(法国系统)或驼峰形态(中国系统)。在集矿机以上几十米处布置一定数量浮力块,保持软管下端垂直,减小软管对集矿机行驶的影响。法国采用均匀分布浮力材料。中国采用易于伸展的双拱结构,在软管两处分布浮力元,分两处集中悬挂的驼峰形形态,靠近中间舱的为第1浮力元(离中间舱70m),靠近集矿机的为第2浮力元(离中间舱150m),如图11-27所示。这种驼峰形态下,集矿机无论是作横向开采或是纵向开采过程中避障绕障的横向运动,均可保证第2浮力元到中间舱管段不动或小速率运动,集矿机只需牵引由集矿机到第2浮力元软管行进。需要集矿机克服的水阻力便得以减小。同时这种布局对地形补偿也非常有利。

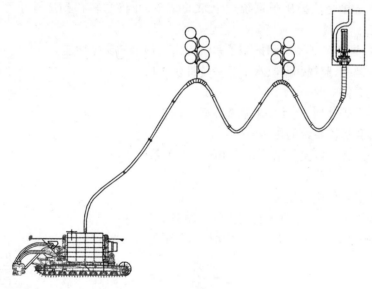

图11-27　软管吊挂形态

E　缓冲器(中继仓)

定量连续向提升管给料时,中间舱可避免因受结核丰度变化引起集矿量波动对提升系统的影响,以保证扬矿工艺参数的稳定,提高扬矿效率;并可作为采矿水下系统提供设备仪器安装平台;同时也起配重作用,有助于保持管线的垂直,改善管线的动态特性。

缓冲器主要由连接装置、框架、矿仓、给料机、设备安装平台等部件组成,如图11-28所示。矿仓容积依采集路径无结核不小于15min的供矿量确定。仓内设置料位计。给料机最好是弹性叶片轮式,可以解决卡堵现象,达到均匀给料,给料误差小于5%。在给料机与垂直提升管连接出下端安装紧急排放阀,为电液关闭弹簧重锤开启阀,当系统停电或故障时排出提升管内的结核,防止提升管被沉积结核堵死,不能再次启动运行。

设备安装平台主要安装软管输送系统中的矿浆泵,输配电系统中的变压器,水密电子舱,液压系统,以及定位声呐等。

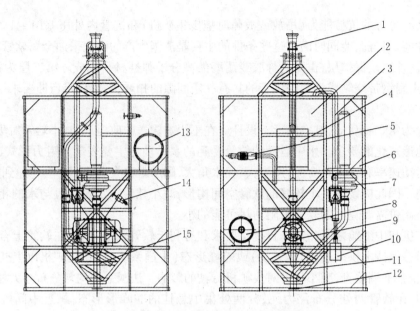

图 11-28 缓冲器的主要部件组成

1—摆动连接装置;2—料仓;3—扬矿泵出管;4—配电箱;5—水泵;6—框架;7—扬矿泵;8—液压系统;9—给料机;
10—紧急排矿阀;11—扬矿泵进料管;12—软管连接法兰;13—电子箱;14—料位计;15—混合器

F 采矿船

采矿船的主要功能是接受从扬矿子系统送上来的结核,并将之转移到运输子系统中,主要完成以下任务:

(1)为水下子系统,即集矿子系统和扬矿子系统提供结构上的支撑功能。

(2)为组装、存放、操纵、监视和回收水下子系统提供手段。

(3)为水下子系统提供电源。

(4)根据已制定的采矿计划,带动采矿系统在矿址内移动。

(5)带有将矿石转移运输系统的传送装置。

(6)提供缓冲储仓以存放收集的结核和不用的水下子系统。

(7)控制整个采矿与转移作业。

(8)为所有工作人员提供生活设施。

(9)存放采矿系统设备的备件,且为其提供修理服务。

采矿船上采矿系统专用结构和配套设备如图 11-29 所示。

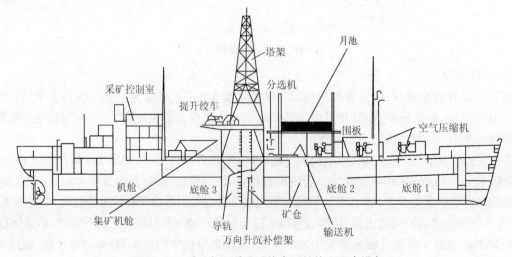

图 11-29 采矿船上采矿系统专用结构和配套设备

（1）大型月池。在船升沉摇摆运动最小的位置设置月池,用于集矿机、脐带缆、中间舱、提升钢管、扬矿泵等水下作业设备的布放和回收。月池的尺寸根据下放的设备大小决定,一般不小于 10 m × 15 m。在月池下船底板开口处设活动拉门,合上后既可承载设备又可作工作平台。

（2）重型吊运设施和工作平台。在月池上方设置类似于钻井设备的采矿系统安装、回收和维护的塔架与工作平台,塔架顶部配备提升机、动滑轮和吊钩。即使采用浮力块减轻扬矿钢管的重量,吊挂的载荷也会达 600 ~ 800 t。

（3）扬矿管悬吊、接卸和升沉摇摆补偿设备。通常采用万向悬架支承水下作业系统,接卸扬矿管的升降液压缸和两端部液压卡、降低船舶升沉产生的动载荷的液压缸升沉补偿装置。

（4）电缆吊放绞车。在塔架甲板附近设置滑环电缆绞车。用于布放 400 m、800 m 深处扬矿泵控制 – 动力缆,布放 5000 m 海底中间舱和集矿机控制 – 动力缆。

（5）管架。在塔架侧面设置扬矿钢管排放架,排放扬矿钢管和软管。

（6）结核脱水系统及输送设备。塔架附近配备来自扬矿管的结核矿浆脱水系统。矿浆流进格筛,大块结核从筛上滚到输送带上,被送往矿舱内,泥浆通过筛孔进入旋流器,粉矿由下口排入矿舱内,废水由上口用水泵排入水下。矿舱内积水适时用水泵排入水下。为减少对上层水体生态环境影响,排入深度应达到 600 ~ 1000 m。

（7）导航定位设备。船上配备的导航设备主要有:GPS 系统;陀螺;磁罗经;全自动劳兰 – C 导航仪;自动航迹计程仪;测深仪;风速风向仪;流速流向仪;自动航迹仪;导航雷达等。

（8）通信设备与计算机网络系统。

（9）甲板设备。包括各种锚泊设施、起重机、牵引绞车、A 型架、维修间等。

对于年生产能力 150 万吨的采矿系统,考虑其船载水下采矿系统的质量、储存湿结核矿石量、船上配套设备的质量,以及这些设备存放的面积和空间、作业时船体的稳定性等因素,采矿船的总载重量一般不小于 5 万吨,总长度 180 ~ 230 m,宽度达 30 m,吃水深度约 10 m,可储存湿结核量 4 万吨,用大直径软管将锰结核的矿浆以 0.5 t/s 的速率转运到运输船。

法国为深海采矿系统设计了动力定位采矿船,配备输出功率约为 3000 kW 的 2 个艉推进器和 3 个艏推进器,及输出功率为 5000 kW 的变螺距侧向推进器,航速达 12 节/h,推进和动力定位总功率达 25 MW。动力定位主要为 X/Y 模式。配备 30 MW 的柴油发电设备。海洋采矿设备需要的功率约为 12 MW。

11.2.4 国内外深海多金属结核采矿系统

11.2.4.1 多金属结核海上中试采矿活动

20 世纪 70 年代末,三家国际财团在太平洋和大西洋海域进行锰结核开采试验,德国 Preussag 公司在红海进行多金属软泥试采,世界发达国家十几年来深海采矿技术研究开发成果具有重要的现实意义。

A OMI 财团深海开采试验

OMI(Ocean Management Incorporated)财团成立于 1975 年 2 月,由加拿大、美国、德国和日本四国的公司组成。1978 年 2 月 ~ 1978 年 5 月,OMI 财团先在夏威夷完成了浅水试验,然后到夏威夷檀香山东南约 800 海里,水深 5000 m 的海域共进行了三次深水试验。采矿系统设计生产能力为 50 t/h(湿结核)。1978 年 3 月 28 日当地时间 6 点 26 分,成功地将多金属结核从深海海底采集和提升上来,这是人类有史以来的第一次!5 月 4 日结束。试采时间总计 76h,提升结核时间 65h,采出结核约 1000 t 湿结核,泵提约 800 t。

OMI 财团海上试采系统示意图 11-30 所示。该系统主要由 SEDCO445 采矿船、拖曳式水力集矿机、输送软管、扬矿硬管、两台扬矿泵(水力和气力提升)及测控系统等组成。

（1）采矿船。试采用的采矿船由美国 14000 t 级的"SEDCO445"钻进船改装而成。船长 135 m、宽 21 m、排水量 14000 t。特别加装新提升塔架,内有高精度重载荷升降机构,提升速度为 20 ~ 11 m/min,其载荷为 450 ~ 720 t。管线通过万向接头支承在低摩擦支承件上,支承件坐在起伏补偿器上,以减少船因海浪、海流作用产生的晃动(涌动、摆动、起伏、颠簸和旋转),进而降扬矿硬管管线内的弯曲和拉伸载荷。

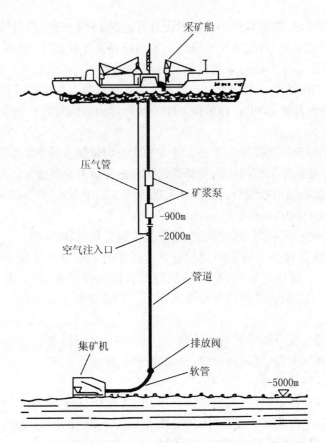

图 11-30   OMI 财团海上试采系统

（2）提升管线。提升系统也先后采用了水力提升和气力提升两种方式。分别用水力射流式集矿机与水力提升系统配套和机械式集矿机与气力提升系统配套，两种配套方式进行试采，都取得了成功。

（3）水力提升系统利用两台多级。矿浆泵：两台离心泵（德国提供），流量 500 m^3/h，扬程 265 m，每台泵 6 级，泵长 6.65 m，泵直径 0.534 m，泵质量 5.5 t。

（4）潜水电动机。功率 800 kW，电压 4000 V，额定电流 158 A，转速 1726 r/min。

（5）扬矿管。总长 5250 m，每节长 11 m，外径 245 mm，管壁厚度上部 17 mm，中部 14 mm，下部 10 mm，管与管之间为螺纹连接，管道材质为 S135（36$CrNiMo_4$）型高强度低合金钢，屈服强度为 930 MPa，采用改型的 BUTTRESS 螺纹连接，管段两端接头焊接到管体上。

气力提升系统在水深 2000 m 处的提升管道上串接一台空气泵，由采矿船上 3 台四级空气压缩机将高压空气通过沿提升管敷设的 2 in 输气管道送入空气泵，把锰结核提升到海面采矿船上，提升上来的固、液、气三相流进入分离装置进行分离，锰结核实际提升能力 5 t/h。

（6）空气压缩机。排气量 42.5 m^3/min，匹配功率 1491.4 kW，共 3 台。

（7）压气管道。总长 2000 m，管内径 50 mm。

（8）升沉补偿装置。承载能力 726 t，横摇角度小于 12°，纵摇角度小于 6°。

（9）集矿机。集矿机为拖曳式，由采矿船通过提升管牵引行走，先后试验了两种集矿方式：水力射流式（日本提供）和机械式（德国研制，机械式集矿机掉入海中未能进行试验），宽度都是 2 m。设计原始条件为：结核丰度 10 kg/m^2，采集结核粒径 20 ~ 50 mm，行走速度 0.51 m/s，生产能力 30 t/h。水力集矿机采用附壁喷嘴射流形成真空抽吸结核原理。机械式集矿机采用上部齿板链从海底耙取结核并沿有筛孔倾斜底板刮输到料仓的原理。

（10）测控系统。采矿船利用相对海底一定点的方位进行导航，即用千赫频段工作的海底固定声波应答器；沿提升管安装测量位置、运动和载荷等参数的大量仪表；集矿机上也装有检测位置、运动和集矿功能的仪表,如摄像机、高度计,特别值得借鉴的是有一只水流麦克风,利用矿浆流动产生的声音辨别采集结核情况。

B OMA 财团深海开采试验

OMA(Ocean Mining Associates)财团成立于 1975 年 2 月,由美国、比利时和意大利三国公司组成。OMA 财团在 1977 年春~1979 年初期间进行的海上试采和设计工作可划分为三个阶段:(1) 1977 年春~1977 年 11 月在加利福尼亚南海岸 12~15 海里和水深 915 m 的海域进行了三次浅海试验;(2) 1977 年 11 月~1978 年 11 月在加利福尼亚的圣地亚哥南约 1100 海里的海域进行了五次深海试验(其中四次水深 4570 m,一次水深 3660 m);(3) 1978 年末至 1979 年初用 1/5~1/4 规模的海上试采结果对商业开采系统进行了设计。

OMA 财团海上试采系统示意图如图 11-31 所示。该系统主要由 R/VDeepseaMiner Ⅱ 采矿船、提升系统、拖曳式集矿机(水力式)和测控系统等组成。提升系统采用了气力提升方式,试采中气力提升系统与集矿机连续工作了 22h,共采集锰结核约 500 t。

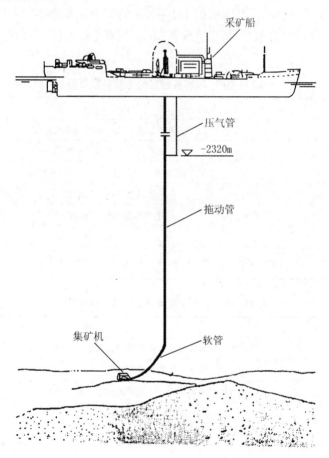

图 11-31　OMA 财团海上试采系统

(1) 采矿船。试采用的采矿船由一艘深海采矿考察船 R/VDeepseaMiner Ⅱ 改装而成,总载质量 20000 t。

(2) 升沉补偿装置。承载能力 680 t,升沉补偿幅度 ±2.3 m,横摇角度 15°,纵摇角度 10°。

(3) 提升管线。气力提升系统中,在水深 2320 m 处的提升管道上串接了一台双层管空气泵,由两台六级往复式空气压缩机将高压空气通过 2 in 输气管道送入该空气泵,提升管内水流速度大于 5.2 m/s,系统结核实际提升能力 25 t/h,(设计提升能力 45 t/h)。管线总质量 500 t。与集矿机连接的软管长 200 m,硬管系统设备包括:

1) 空气泵。由双层套管制成,内层管均匀布置了 300 个直径为 4.8 mm 的进气孔。

2) 扬矿管。总长 4422 m,每节长 11 m,管径尺寸成阶梯式,最大外径 11.75 in,最大内径 9.5 in,管道材质为 P110 型高强度钢,管道内部有一防磨蚀涂层,外部层为无机锌化合物。

3) 扬矿管接头。管夹式,接头总数 403 个,管与管连接形式为螺纹与夹持器相结合。

4）压气管道。总长 2370 m，每节长 10.4 m，管道内径 50 mm，管与管连接形式为螺纹联接，材质为无缝钢管。

5）空气压缩机。两台并联，总排气量为 118.9 m³/min，排气压力 20.7 MPa，每台空压机匹配功率 8820 kW。

6）集矿机。集矿机为拖曳式水力集矿机，工作原理为利用轴流叶片泵、管道和扁吸口抽吸结核。集矿机的设计使用条件为：作业水深 4876.8 m；采集结核丰度 0~20 kg/m²，平均 6.6 kg/m²；结核粒径不大于 140 mm；沉积物剪切强度 0.3~0.6 m 深处较高；越过台阶高度 1.8 m；回采能力可达 3 倍额定能力。集矿机的外形尺寸为 13.7 m×14.3 m×5.3 m（包括稳定翼 7.6 m），质量 15.6 t。

（4）测控系统。测控系统主要包括集矿机控制、气力提升、牵引扬矿管线特性、悬吊系统和采矿船运动参数监测。集矿机和扬矿系统配置的测量仪器见表 11-10 和表 11-11。

在成功地完成了海上试采后，OMA 财团根据 1/5~1/4 的海上试采结果，对年产 150~300 万吨结核的商业采矿系统进行了设计，设计内容包括：拖曳式集矿机、空气泵系统、升沉补偿装置、扬矿管、布放系统和采矿船等。

表 11-10　集矿机配置的主要测量仪器

名　　称	用　　途
高度声呐	精确测量集矿机着底时的离底高度
声发射器	测量集矿机对海底或船的相对位置
导航发射应答器	测定集矿机相对声学导航网络的位置
光学编码罗径	提供集矿机航向信息
角度传感器	测定拖缆对水平的倾斜角
测力传感器	测定拖曳力
摄像头	提供海底和拖曳状态图像，1 台由海面控制的云台，另 1 台包括 6 盏深水电视照明灯和配重

表 11-11　提升系统配置的主要测量仪器

测量参数	仪　器　配　置
牵引扬矿管线应力	在 9 个位置设置应力测量系统，监测轴向、圆周、弯曲、扭转应力
管端应力	管顶端弯曲应力连续监测
扬矿管内流量和压力	在应力计位置布置压力计。管底处和空气注入点各装 1 台多普勒流量计
管底位置	在管底端第一根管接头处安装 12 kHz 声发射器
牵引扬矿管线倾角	电位计倾角仪

C　OMCO 财团深海开采试验

OMCO（Ocean Minerals Company）财团成立于 1977 年 11 月，由美国、荷兰两国的公司组成。该财团于 1978 年秋~1979 年春，在距洛杉矶和长滩西南部约 1500 海里和水深 5000 m 处的海域进行了深海开采试验。首先在中等水深进行初期试验，然后进行深水试验，该公司对试验结果没有做详细报道，据说试验开采工作进行得很顺利。

OMCO 财团海上试采系统示意图如图 11-32 所示。该系统主要由 Glomar Explorer 号船、提升管道、水下中间平台（中继舱）和自行式集矿机等组成。扬矿采用气力提升方式与自行式集矿机配套进行锰结核的开采，集矿机采集的锰结核经过破碎后用软管输送到中间料仓，再经给料机输入提升管提升到海面采矿船上。据介绍，气力提升浓度为 8%~15%。系统配置为：

（1）采矿船。OMCO 将 Glomar Explorer 号打捞船改装成采矿船，美国海军曾用该船员打捞俄罗斯核潜艇，船长 188.6 m、宽 35.3 m、排水量 33000 t。采用动力定位，配有 5 台 16 缸 Hordberg 柴油机，驱动 4160 VAC

发电机组,6 台 1640.54 kW 直流电动机直接驱动推进器。满载航速 10 节/h,最大耐风速 100 节/h。船中部具有 61 m×22 m 月池用于下放集矿机,上方设有水下设备吊放和扬矿管接卸塔架与支撑设备。塔架下部设有扬矿管升沉摇摆补偿功能的支持系统,支撑力 840 t,升降能力 608 t。

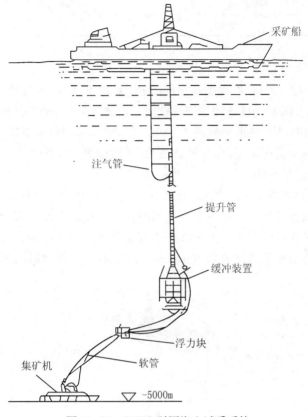

图 11-32 OMCO 财团海上试采系统

（2）船上除配备常规航海设备仪器外,还装备了吊放牵引绞车、复合缆与收放绞车、排管架、矿舱及气水分离设施、控制室等采矿专有设施。

（3）提升管线。提升管线采用气力提升系统。中间舱由储矿仓、可控速率叶片给料机、海水和液压泵站、电力与测控单元及其附件和机架等组成。硬管系统设备包括:

1）扬矿管。总长 5000 m,每节长 30 m,管道内径 150 mm,管壁厚度 150 mm。

2）中间仓。长 10 m,宽 5 m,高 20 m,储料能力 100 t。

软管系统主要由 2 条 127 mm 承载尼龙绳、浮力块、1 条脐带缆、1 条高压海水管、2 条液压油管及泄油管组成。结构特点:浮力块保持软管系成 S 形;用分离杆固定管线,并有多个扎带;靠近集矿机的管线包有浮力环,避免缠绕到集矿机上。

（4）集矿机。集矿机采用可控角度和挖取深度的无极链带耙齿采集方式。其行走机构为两个长阿基米得螺旋体行走机构。每个螺旋由 2 台液压马达驱动(后部的备用)。为了控制集矿机对地比压,浮力材料装在螺旋筒内。附加浮力块用于调节浮力和机器重心。集矿机的基本参数见表 11-12。

表 11-12 集矿机的基本参数

参 数		指 标	参 数	指 标
作业条件	作业水深	5500 m	行驶速度	1～1.5 m/s,无级调节
	生产能力	3000～4000 kt	轨迹误差	±0.5 m
	最低平均结核丰度	5 kg/m²,变化	阿基米得螺旋尺寸	长度 9.14 m,外径 1.52 m
	结核粒径		越障能力	长度 3 m,高度 1 m 大块

参　数	指　标	参　数	指　标
采集宽度	10 m	总功率	
采集方式	对船横向折反采集	外形尺寸	15.32 m×10.36 m×5.79 m
采集率	95%	质量	25 t

D　德国 Preussag 公司红海软泥试采

德国 Preussag 公司受"沙特－苏丹"红海委员会的委托,于 1979 年 3~6 月在红海的四个矿址水深 2200 m 海域进行了多金属软泥的海上试采,包括软泥提升、软泥选矿加工处理、尾矿排放和环境监测等海上试验研究工作,采矿系统累计作业 195.1 h,共采集软泥 15780 m³(其中多金属软泥 5250 m³),试采时还在采矿船上建立了选矿厂,同时进行了海上选矿试验、尾矿排放试验、环境检测和试验研究。达到了预定试验目的,从技术上证明了多金属软泥开采的可行性。

红海软泥试采系统示意图如图 11-33 所示,该系统主要由 SEDCO445 采矿船、VALDINIA 海洋勘探船、扬矿管道、吸泥头和尾矿排放管等组成。采用安装在扬矿管道下端的振动式吸泥头把海底软泥机械捣碎并进行稀释,经稀释的软泥通过扬矿管利用一台 6 级离心泵提升到海面采矿船上,经过选矿加工处理后,多金属软泥进入储存仓,尾矿通过尾矿管道排放到 400 m 水下,VALDINIA 勘探船用于环境与地质研究。

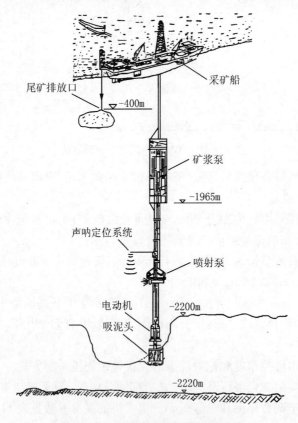

图 11-33　红海多金属软泥试采系统

系统设备参数:

(1) 矿浆泵:流量 30~50 m³/h,扬程 750 m;

(2) 潜水电动机:功率 535 kW,电压 3000 V;

(3) 扬矿管:总长 2200 m,5 in 地质钻杆,管接头为螺纹连接,接头部位经热处理加工;

(4) 尾矿管:总长 400 m,每节长 6 m,管径为 150 mm 钢管;

（5）升沉补偿装置：承载能力500 t，升沉补偿幅度±3 m。

11.2.4.2 各国开发的深海采矿系统

A 日本

1981年，日本政府把深海锰结核采矿系统研究开发列为国家大型项目，由国际贸易工业部工业科学技术厅和新能源工业技术开发机构负责组织实施。具体任务由资源环境研究所和锰结核采矿系统技术研究协会共同协作完成。

日本深海锰结核采矿系统研究与开发工作分为概念化设计、初步设计、施工设计三个阶段。（1）概念化设计。1981年，提出了包括采矿船、集矿机、提升、设备布放与测控各子系统组成的深海采矿系统。（2）初步设计。1981～1985年，对集矿和扬矿技术开展了大量的基础研究工作，对海上中试系统中的采矿船、集矿机、扬矿系统分别在模拟试验水槽进行了不同比例尺的模拟试验和计算。（3）施工设计。1986～1990年，在前期研究工作的基础上，通过各种方案比较，提出了锰结核采矿系统海上中试方案，同时进行设备的研究和加工制造。

a 系统组成

该系统由拖曳式水力集矿机、提升系统、设备布放装置和测控系统等组成。采矿系统锰结核设计生产能力50 t/h（湿结核）。

（1）海底集矿系统。可靠、易加工、安全与集矿效率高是海底集矿系统最重要的因素。采用拖曳式雪橇型集矿机，基于加压水射流的附壁效应来集矿。为便于矿石提升，较大的结核在集矿机中进行了破碎。集矿机将由软管和扬矿管组成的管线拖动，用水射流收集结核，分离海底沉积物、破碎结核至所需求的粒级分布并送至矿石提升系统。

（2）矿石提升系统。矿石提升系统采用矿浆泵水力提升和气力提升两种试验方案，即结核－水混合物泥浆由一台潜水泵或气举系统通过提升管输送。在水深1000 m和2000 m的扬矿管道上分别安装了一台8级离心式矿浆泵，提升流速4 m/s，流量312 m³/h，体积浓度8%，扬矿能力50 t/h（湿结核）。在实验室试验和200 m深槽试验的基础上研究了纵向结核－水二相流和结核－水－空气三相流。

（3）气力提升系统。气力提升系统由采矿船上的三台空气压缩机组成低压、中压和高压三段加压系统，最终出口压力14.7～17.7 MPa。排出的高压空气通过与扬矿管平行敷设的输气管道，将空气注入水深1800 m处扬矿管上的空气泵。为了降低提升管内三相流体的出口流速，扬矿管出口端施加背压，压力为0.294～0.49 MPa，锰结核生产能力为36 t/h（湿结核），提升浓度8%，锰结核速度（船上管道）20 m/s。提升系统设备包括：

1）矿浆泵。流量450 m³/h，总扬程760 m，每台泵为8级，泵出口直径200 mm，长2.8 m，直径1.3 m，共两台。

2）潜水电动机。一台功率1700 kW，电压6 kV，转速1485 r/min，外形尺寸ϕ1.6 m×L3 m，质量15 t；另一台功率1200 kW，电压6 kV，转速1450 r/min，外形尺寸ϕ1.6 m×L2.8 m，质量14.5 t。

3）扬矿管。总长5160 m，每节长12 m，管道外径298.5～168.3 mm，内径226.5～148.3 mm，管与管连接采用螺纹连接方式。扬矿管总重660 t/580 t（空气/水中），材质为高强度无缝钢管，屈服应力1030 MPa。

4）压气管道。内径76.2 mm。

5）空气压缩机。离心式，低压、中压和高压三台，排放压力14.7～17.7 MPa，匹配功率为5450 kW。

6）收放系统。管道和集矿系统的快速布放和回收，特别是在暴风雨前和暴风雨中至关重要。已开发出来的收放系统包括摇臂吊机、提升管的连接与拆分机、提升管把持器、电缆收放机构和其他支持设备。布放与回收速度主要决定于管道接收所用时间、气候、现场海底地形和其他条件。管道的着底和回收时其行为的精确仿真。

（4）测控系统。此系统用了电子学、声学和数据处理领域的先进技术。对于集矿机与管道船系统的集成控制，在各种气象条件下做了大量仿真实验。为采矿开发了声学测量仪表和传输数据的复合电缆。电线在恶劣的海洋条件下能承受剧烈的三维运动。

b 海上试验

日本原计划在多年研究开发的基础上先制作锰结核开采系统样机,然后对整套的锰结核系统进行综合海上采矿试验以验证采矿技术、研究整个采矿系统的动力学行为和性能,收集制造实用的锰结核开采装备所必需的资料。但经过 1995 年的评审后,考虑到以下原因改变了计划:(1) 冷战结束后,世界金属市场稳定、价低,锰结核的商业开采时间比预想的明显推迟;(2) 考虑到近期技术的发展,选择和论证对促进整个海洋开发有很强适应性的通用技术比进行局限于锰结核开采的大规模海洋试验更可取;(3) 锰结核的开采系统由互相关联又各自独立性很强的子系统组成,因而各子系统分开试验获取更精确的数据较为容易。选择四个单独实验:

(1) 锰结核海洋集矿试验。

1) 目的:检验集矿机的收集性能;研究集矿机在着底与回收及海底拖行时的运动学行为;研究包括深海复合电缆、数据传输系统和水下定位系统在内的辅助设备的性能;搜集对由集矿机引起的对环境影响作评价所需的数据。

2) 试验场地:位于北太平洋 Marcus – Wake 一个海山上的一块狭窄梯田状区域,长约 2 km,宽约 0.5 km,水深约 2200 m,坡度小于 4°,结核平均丰度 15.6 kg/m^2,结核粒径 15 mm,由于钙质沉积厚度从几厘米到数米不等,被锰结壳覆盖的基岩在一些地方又暴露在外;因而地质条件恶劣。该区域在试验前经详细勘探并绘有海底地形地貌详图。

3) 试验船:试验母船长 122 m、宽 32 m、排水量 16600 t,它有足够空间放置集矿机、电缆、钢丝绳和其他设施如研究人员用房和发电厂等,但该船无推进器,而用一艘总重 692 t 的船拖行导航。来自 TRAM 的试验人员约 50 人,包括拖船与其他辅助船的船员在内。

4) 集矿机:其外形尺寸和质量见表 11–13。它的设计和结构是按每小时采 125 t 结核进行的。但实际的试验做了一些改动:新装了进行一次集矿试验用的容量 5 t 的结核仓,撤去破碎机与进料机。从 4 套集矿装置中拆除 2 套并去掉部分的集矿机拖撬下的将结核吹起的喷嘴,使集矿宽度从 4.5 m 减至 1 m。日本中试系统试验装置如图 11–34 所示。

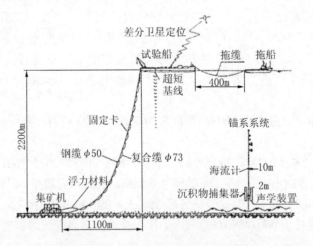

图 11–34 日本中试试验系统试验装置

为减小集矿机着底时对稀松沉积物的冲击,在集矿机尾部装有蜂窝(状)铝制的冲击吸收器。当集矿机带有下坠的钢缆时,为加大集矿机的仰角,在集矿机上装有浮力材料。

集矿机上安装的传感器和仪器有航向测定仪、斜角测定仪、三维加速测量仪、高度计、水速仪、牵引力测量仪、着底加速测量仪、结核计量器、浊度计和两架电视摄像机。它们的信号通过复合缆传输到母船实时监控。

集矿机理是:基于附壁效应,海底的结核被加压水射流掘起,大量的沉积物和结核一起被收集并经导管进结核仓,仓顶的算条筛将沉积物从结核分出,并排放至周围的水中,算子筛中装有测量结核数量的传感器。

表 11-13 集矿机参数明细

参 数	原计划	海洋试验
长×宽×高/m×m×m	12.9×4.6×5.0	13.2×4.6×5.0
空气中质量/t	32.4	26.8
水中质量/t	10.7	12.4
接地面积/m²	34.9	34.9
接地比压/(kg/m²)	307	355
施行速度/kN	1.2	1
结核按丰度/(kg/m²)	15	15.6
集矿宽度/m	4.5	1
集矿效率/%	80	80
最大集矿速率/(t/h)	125	21.2
喷射泵功率/kW	66	37
空载功率/kW	15	—
液压传动装置功率/kW	2.2	2.2

5）复合缆和钢丝缆：由 6.6 kV 供结核掘起泵、660 V 供液压泵、660 V 测量设备和 1.65 kV 辅助用的四根电缆及四根信号测控用光缆组成，总长 2825 mm，外径 73 mm。集矿机的下放、着底、拖行和回收都靠一根可自由旋转的接头与集矿机相连的 ϕ50 mm 的钢丝绳。复合缆每 50 m 用一个可转动的夹具同钢丝绳固定以支持其重量并避免绕钢丝绳扭曲。

6）导航和水下定位：试验母船和拖船上装有差分地球定位仪，现场定位精度 5 m。使用母船船上的超短基线系统对集矿机进行水下声学定位。

7）锚系系统：为了初步观测结核集矿试验期间接近海底的沉积物的羽状分布。在试验现场周围布放了 5 套带海流计和沉积物捕收器的锚系系统。海流计和沉积物捕收器离海底高度分别为 10 m 和 2 m。

试验期间将集矿机沿不同路线从西北向东南拖行两次。由于结核仓容量有限，在第一次拖行后立即把集矿机收回到母船上，然后把它下放作第二次拖行。根据导航与水下定位系统和结核计量器的数据确定集矿机运行的实际开采距离第一次是 215 m，第二次拖行包括断续的三次集矿总行程 320 m，两次集矿行程合计 535 m。第一次拖行和第二次拖行分别集矿 2.9 t 和 4.4 t，合计 7.3 t，根据现场结核丰度 15.6 kg/m²，集矿宽度 1 m，行程合计 535 m。计算出集矿效率为 87%，集矿机由长钢丝绳拖动，由于集矿机的质量与惯性及动、静摩擦系数之间的差别，在试验期间观察到集矿机时动时停的所谓"粘移"运动。第一次拖行时母船速度维持0.6～0.7 节/h，集矿机速度在 0～0.8 节/h 间波动；第二次被速度0.1～0.9 节/h 的母船牵引时，集矿机速度在 0～0.6 节/h。结核计量器的数据表明，其他条件相同时较慢的集矿机行进速度有较高的集矿效率。

在拖行中，集矿机的动力学行为稳定，如仰角、偏航角和转动在集矿期间均稳定，对集矿效率没有明显影响。拖行中集矿机对海底面形成的仰角约 0.7°。两套蜂窝状的冲击吸收器工作良好，电视摄像和着底加速测量仪证明集矿机着底时动作柔和。

从电视摄像和装在算子筛后的浊度计观测到沉积物的羽状物产生。它不仅来源于算子筛的排出也来自于底橇的拖动，但只要停止拖行几分钟后又可得到清晰的电视图像，回到浊度的本底值。羽状物的情况还受到底流的影响。

对试验后的结果用了三套设备观测：在测试一个月之后，用带电视机和照相机的商用 ROV 对二次集矿的路径进行了全程观测；在试验一年后用一个 59 kHz、幅宽 ±78° 的旁侧声呐在离海底 40～50 m 的高度拖行得到了详细的海底图像;用拖行式海底观测照相系统跟随在旁侧声呐后进行海底观察,得到非常重要的定量数据如集矿机橇的沉陷、所收锰结核和沉积物的数量和再沉积作用的范围等。

（2）在海上扬矿管的下放与回收。

1）目的:①检验用于高效安全可靠的着底和水下设备包括用于扬矿管回收的收放系统的可操作性与性能;②检测在拖曳条件下扬矿管上的应力,研究在扬矿管中避免因 Karman 旋涡引起管道振动装置的效果。

2）这次试验使用一艘靠压载水箱能纵向与横向平衡倾斜船身的拖船,船的甲板上装有摇臂吊、管道接分设备等收放设备,所用扬矿管每截长 12 m,内径 174 mm。通过控制船的倾斜角和速度,确定了收放试验设备的临界工作条件,证实设备具有预期的性能。继而检测了在扬矿管外做出螺旋形条纹以抑制抵消因 Karman 旋涡引起振动的效果。三截管子相连悬挂在摇臂吊上通过船的井孔伸到水中。在没有减振装置时,当船相对于水的速度分别为 3.11 节/h 和 4.45 节/h 的情况下出现一次振动和二次振动。当安有减振装置时,一次振动出现在船速 3.62 节/h 处,然而在 4.45 节/h 时没有二次振动。

（3）陆上软管弯曲试验。集矿机通过一根软管与扬矿管相连,为使集矿机在海底安全可靠地着地并保持适宜姿态,集矿机应以一定速度前移。在集矿机后端着底到滑移面着底期间,其前移速度与下放速度之间的关系是重要的。这次试验的集矿机在海底着地的条件是应使软管的曲率半径大于 3 m 这一许可值。陆上试验与海上试验使用同一集矿机。

从试验前后软管的刚度检测和试验后的拆分研究,证明弯曲软管没出现皱损。

（4）陆上空气压缩机运转试验。鉴于用于气力提升的空气压缩机是装在空间有限的试验船上而且其振动不应影响声学定位系统,研制了由低压、中压和高压三级组成的离心式空气机。在陆上作了没接扬矿管的空压机试验。设计了一根与空压机相连的水下供空气的高压软管,在尾部装有流速调节器与压水调节器。

在各种条件,例如启动、停机和因模拟结核的混合比例和运行条件迅速改变引起负载波动等条件下进行了试验。为测量空压机的运行性能和结核提升时空压机的控制方法对负载波动的影响,进行了为时三周的试验。此外,还测量了高压空气软管的特征和软管－扬矿管接头处的负荷,研究了空气静态输送与非静态输送特性的分析方法。

B　法国 GEMONOD 集团

法国 GEMONOD 公共利益集团成立于 1984 年,该集团成员包括 IFRMER、CEA 和 TECHMCATON 公司,各自所占股份分别为 50%、35% 和 15%。

1984～1988 年,GEMONOD 集团承担了法国深海锰结核商业采矿系统的开发研究。1985 年起,该集团与德国 PREUSSAG 公司合作,对采矿系统一些关键技术进行了研究,主要包括自行式集矿机的行走机构和锰结核提升方式等。进行了锰结核泵送系统技术经济可行性研究,并提出了气力提升,离心泵提升和浆体泵提升三种不同提升方式。浆体泵提升系统是将结核破碎成浆体,采用高浓度输送,可是在技术上难以实现。法国认为它是一种很有前途的提升方式,有可能成为第二代商业扬矿系统。气力提升和离心泵提升几乎相当。对于中间试验采用离心泵提升系统具有明显的优点。1988 年该集团提出了年产 1500 kt 干结核(2100 kt 湿结核)商业采矿系统方案。采矿系统设计生产能力 500 t/h(湿结核),平均开采深度 5000 m,采区面积为 225 km²。

法国商业采矿系统如图 11-35 所示。该系统主要由半潜式双船体作业平台、运输船、泵提升系统、缓冲装置、柔性软管和履带自行式复合集矿机等组成。在水深 900～1200 m 处的提升管道上串接了四台半轴流式泵。提升能力为 500 t/h 湿结核,提升浓度 12%,距海面以下 2000 m 的提升管道上包扎有浮力材料,以减轻扬矿管道的重量。提升系统设备包括:

（1）矿浆泵。流量 500 t/h,扬程 147 m,每台泵为 6 级,泵长度 15 m,直径 1.1 m,泵质量 27 t,共 4 台;

（2）扬矿管。总长 4800 m,每节长 27 m,管道外径 406 mm,内径 382 mm,材质为高强度钢,管接头为标准的石油钻井快速接头。

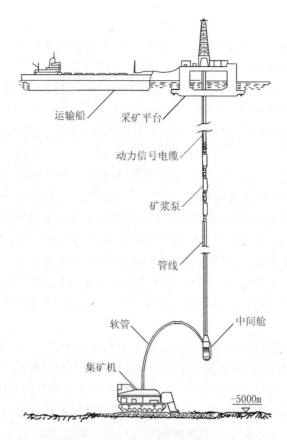

图 11-35　法国商业采矿系统

C　德国

1972 年,德国开始进行深海锰结核采矿技术的研究,研究工作主要包括三个阶段:(1)20 世纪 70 年代,由德国三家公司组成的海洋矿物资源开发协会(AMR)加入了 OMI 财团,与 OMI 财团合作成功地进行了深海锰结核开采的海上试验。此外,PREUSSAG 公司也成功地在红海进行了多金属软泥的海上试采。(2)1985 年,由德国政府技术研究部和 PREUSSAG 公司共同资助,PREUSSAG 公司负责与有关科研院所协作,并与法国 GEMONOD 集团合作,对采矿系统中的关键技术和设备进行了研究,完成了锰结核采矿系统的研究工作。同时提出了商业开采的采矿系统方案。90 年代,德国工业界认为近期内进行锰结核商业开采的可能性不大,德国政府和 PREUSSAG 公司停止了有关海洋采矿项目的经费资助。而泰蒂斯(THETIS)公司和锡根大学(University of Siegen)继续进行深海采矿及相关技术的研究,它们根据各自的经验提出各自的采矿系统方案。(3)由德国技术研究部支持,汉堡大学负责,开展了海洋采矿对环境影响研究课题(TUSH)。

a　德国 PREUSSAG 公司的商业采矿系统

德国 PREUSSAG 公司提出的商业采矿系统如图 11-36 所示。该系统主要由采矿船、提升系统、中间料仓、软管与集矿机等组成。采矿系统设计生产能力 500 t/h,工作水深 5000 m,结核粒径最大 50 mm。采用履带自行式复合集矿机,与法国 GEMON-OD 集团进行合作研究,提出了水力提升和气力提升两种提升方

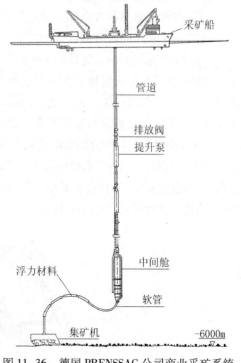

图 11-36　德国 PRENSSAG 公司商业采矿系统

案。提升系统设备包括：

(1) 矿浆泵。流量 $1667\,m^3/h$，扬程 $270\,m$，每台泵为 5 级，泵出口压力 $2.83\,MPa$，共 4 台。

(2) 潜水电动机。功率 $2000\,kW$，电动机转速 $1480\,r/min$。

(3) 空气压缩机。分低压、中压、高压共 3 台，进气量 $900\,m^3/min$，排放压力 $17.0\,MPa$，匹配总功率 $13100\,kW$。

(4) 水力提升管。总长 $4800\,m$，管道外径 $406\,mm$，内径 $382\,mm$。

(5) 气力提升管。总长 $5000\,m$，管道内径成阶梯状，上部管道长 $34\,m$，内径 $800\,mm$，下部管道内径 $400\,mm$。

b 锡根采矿系统

锡根大学 W. Schwarz 教授根据水力提升存在钢管重、泵磨损严重的问题，提出了软管提升的新方案。采矿系统主要包括：(1) 采矿船：普通船，不需要使用带有钻塔的船；(2) 扬矿管：整个扬矿管线均为软管，所以称为软管提升。采矿船后有卷盘，用来收放软管；(3) 集矿机：采用履带自行式复合集矿机。集矿机通过软管与海面采矿船连接。从采矿船上可放下几个这样的采矿系统，像卫星似的，所以称为卫星采矿系统。直到目前国际上还没有这样的采矿系统，具有独创性，如果试验成功，在水力提升技术研究方面是一个突破。

该系统具有以下特点：(1) 提升管采用柔性管，主要优点是重量轻，作用在采矿车和采矿船上的力很小。同时柔性管使车辆有更大的灵活性和更大的活动范围。(2) 利用清水泵提升结核，结核不通过提升泵，避免了结核对泵产生的磨损问题。

锡根大学提出的清水泵软管提升系统方案在理论上很有吸引力，是一种很有前途的方案。但存在两个关键技术需要解决：(1) 给矿机的研制，需要能承担 $8\sim10\,MPa$ 压力的供矿机；(2) 软管受力特性。给矿机是清水泵提升系统的关键设备。锡根大学设计了一种旋转给矿机。它像左轮手枪，有一个转桶，转桶中有 4 个储矿室。由其上面的矿仓向储矿室供矿，当一个储矿室转至有高压水柱的地方时，结核与水混合进入提升管道。给矿机的关键是转桶与上下盖板之间的大面积密封问题。该校提出了解决大面积密封的办法，即在有弹性变形的密封表面装嵌工业陶瓷板。这样即使陶瓷板有一定的磨损，也可由密封板表面本身的变形实现密封。该校设计了一个软管提升试验台。试验结果表明，数学模型计算结果与试验结果一致。

c 集矿机

德国的集矿机研究有近 30 年历史，1978 年参加深海采矿试验时研制了一台机械式集矿机，在下放作业时掉入海中而未能进行试验。至 20 世纪 90 年代初期，由德国的三个单位研制出 3 台集矿机。

(1) 柏林船舶与水力研究所经过各种不同条件的试验研究研制出的集矿机，采用前后两排射流，将沉积层上的结核冲起并冲向后部设置的链带式传输机，将结核运往后部的受矿装置。根据以上原理及试验结果，他们用不锈钢制作了一台宽度约 $1\,m$ 的集矿头模型机。从试验时的高速摄影显示，模拟结核能被较好地集起，并冲向后部的传输机构。集矿时前排射流将结核从沉积层上冲起，后排反向射流挡住冲起的结核往后的去路，并与前排射流产生一向上的合流将结核抬起，并冲向后部的输送机构。合理选择前后排射流角度、速度及流量，可达到较满意的集矿效果。试验表明，该集矿头可在集矿高度 $100\sim200\,mm$ 内工作。

(2) THETIS 公司研究的集矿机底盘为履带自行底盘，该履带底盘车长 $4.73\,m$，宽 $3.5\,m$，高 $1.97\,m$。履带宽度 $1.25\,m$，空气中质量 $4\,t$，水中质量 $3.5\,t$。该车采用刚性车架，需要时亦可摆动车架。其结构如图 11-37 所示。特点是采用刚性车架结构比较简单，但对洋底地形的适应能力较差；履带宽，接地面积大，自质量小，接地比压小，比较适应在很软的沉积层上行走。该车还配置了两台螺旋推进器。

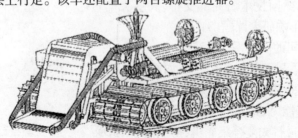

图 11-37 THETIS 公司研制的集矿机

（3）锡根大学研制的自行式履带自行集矿机（集矿头由 VWS 研制）。外形尺寸 3.1 m×3 m×2 m；空气中质量 4.7 t；水中质量 3 t；功率 2×27 kW；行走速度 0.5～1 m/s；履带宽度 1 m；履刺高度 135 mm；驱动轮直径 0.63 m；使用深度 6000 m；该车自质量较大，接地比压设计较大，适用于有较大承载能力的海底条件。已在卡尔斯鲁厄大学的水池进行过水池试验。

由于采用了特殊形式的摆动车架，支承轮也能摆动，因此该底盘车能较好地适应洋底复杂地形，具有较好的超越障碍的能力。履带采用了全橡胶形式，履齿采用渐开线齿形，无连接装置，履带结构简单，渐开线履齿对沉积层的作用如同齿轮与齿条啮合，对沉积层扰动较小。采用了油泵、油马达组成的全液压传动形式，布置容易，牵引特性好。电动机、油泵、液压阀及控制装置均安装在封闭的圆桶内，通过复合光缆对底盘车进行遥控。该集矿机曾在汉诺威国际博览会上展出。

D 中国中试采矿系统

中国"大洋多金属结核中试采矿系统"按商业系统生产能力 1：10 设计的，由集矿子系统、扬矿子系统、测控与动力子系统和水面支持子系统组成（图 11-38）。该中试采矿系统的主要技术性能见表 11-14。

图 11-38 中国大洋多金属结核中试采矿系统集矿机

表 11-14 中国大洋多金属中试采矿系统的主要技术性能

主要参数		指 标	主要参数		指 标
设计生产能力		150 kt/a	采矿船定位精度		±30 m
作业水深		6000 m	采矿船储矿量		3000 t
海况		4 级，短时 6 级	装备功率		2100 kW
海底地形	坡度	总体不大于 50°	系统功率	集矿机	350 kW
	相对高差	100～300 m		软管泵	140 kW
	绕行障碍	高度大于 0.5 m		硬管泵	2×800 kW
		沟宽大于 1 m		中间舱给料机	10 kW
海底沉积物剪切强度		≥3 kPa	外形尺寸	集矿机	8.4 m×5.2 m×3.3 m
采集结核粒径		2～10 cm		中间舱	4.5 m×4.5 m×10 m
采集深度		10 cm		软管	内径 150 mm 长度 10 m，30 根
采集结核的最大丰度		20 kg/m²			
采集覆盖率		75%		硬管	内径 206 m 总长 5000 m
集矿头采集率		86%			
矿区矿石总回收率		24%	部件质量	集矿机	30（水中 16）t
采集结核含泥率		≤15%		中间舱	30（水中 25）t
扬矿管矿浆浓度		7%～12%		软管	15（水中 12）t
集矿机行驶速度		0～1 m/s		硬管和泵	460 t
集矿机行驶轨迹偏差		±1 m	年作业时间		250 d/a，20 h/d

该系统于 2001 年 7～9 月在云南抚仙湖 130 m 水深、底质剪切强度不小于 1.8 kPa 区域进行了采集模拟结核试验，验证了技术可行、设备运行正常、达到设计技术指标。

（1）集矿子系统利用集矿宽度 2.4 m 的双排喷嘴低压大流量冲采结核、附壁喷嘴射流产生的负压输送到破碎机口的水力集矿头。配备4台15kW水泵,流量为960 m³/h时,压力0.05 MPa。结核通过10kW的单辊破碎机破碎到5cm排料。作业车采用尖三角金属高齿工程塑料履带板,2条履带分别采用液压马达链条驱动,由变量油泵调速。总牵引功率160 kW,接地比压用车载21 m³浮力材调节到5kPa。作业车上配备2台控制集矿机下水时方位角的1300 N推力螺旋桨。集矿头通过四连杆平行机构与作业车相连,用液压缸调节喷嘴离地高度和倾角。整机为液压驱动,由2台175 kW高压电动机带动2台主变量油泵和4台辅助定量油泵。行走和螺旋桨马达为闭式液压回路,电液比例阀控制,其余为开式回路。破碎机和水泵马达用调速阀改变转速,破碎机设有防卡回路。全部液压件装在压力补偿箱内。液压系统配有工作参数检测警报传感器。

(2)扬矿子系统包括软管输送段、中间舱、硬管输送段和船上脱水与储存四部分构成。

1)软管长300 m、内径15 cm,其上装有浮力件,使软管在水下呈驼峰形,对集矿机和硬管间起缓冲调节作用。140 kW软管输送泵安装在中间舱上,从集矿机破碎机出口抽吸结核矿浆送入中间舱矿仓,流量255 m³/h,扬程70 m,输送速度为3.5~4 m/s,体积浓度10%。

2)中间舱通过万向节连接到硬管下端,离海底约150 m,内设13 m³容积的上部开口矿仓,可存储15 t湿结核,矿仓下部连接额定给矿能力44 t/h的弹性叶轮给矿机,由10 kW液压马达驱动,电液比例阀无级调速,实现给料调节,保持扬矿系统运行稳定。矿仓内设有破拱和料位检测装置。

3)硬管扬矿段,全长5000 m。单根长12 m,内径为20.6 cm。2台800 kW硬管提升半轴流矿浆管道泵分别安装在水下400 m和800 m处的硬管中间,流量360 m³/h,扬程300 m;在软管输送泵出口和中间舱以上20 m处各安装1台紧急排放阀,当扬矿系统运行出现故障或突然停电时快速打开,将管道中的结核排入海中,防止管道和泵的堵塞。系统最小输送速度为2.3~2.7 m/s,体积浓度5%~10%。

(3)控制系统由设在集矿机、中间舱、扬矿泵的三个水下计算机控制站和船上控制中心的集散结构,光缆数字通信。水下控制站为一装在圆筒形压力舱内的具有数字量、模拟量和开关量处理能力及高速网络通信能力的微控制器系统,执行向控制装置提供低压交直流电、采集传感器信息、控制驱动装置、接受控制中心指令和上行传递信息数据。水面控制中心包括总控制台、集矿机与扬矿控制台、水面支持系统控制台。

11.3   高海拔矿床开采

11.3.1   概述

11.3.1.1   高海拔矿床及其特点

在有高山效应的地区采矿称为高海拔采矿。高山效应的特点是缺氧,气压、氧分压和水的沸点均低,人到了这样的环境,身体因不适应高海拔造成的气压差、含氧量少、空气干燥等变化,工作能力下降,重者甚至患高原病。设备在这种地区运转效率低,使用寿命短。例如:海拔高度在1000 m时,空气密度减少约10%,就会影响压气机的质量生产力、高压电器的外绝缘性能;在1500 m时影响坑内通风;在3000 m以上就会影响劳动者的身体健康。这就需要对人采取防护,对设备要合理选择,否则生产就不能正常进行。

高海拔矿山多数位于高山地形区,其特点是:山势陡峭险峻、岩石风化强烈,山谷比高大。山体滑坡、坍塌、泥石流时有发生。这样,给矿山工业场地、生活区以及道路的布置带来不少的困难。气候寒冷也是这些矿山的特点之一。据资料介绍,新疆可可托海稀有金属矿,年无霜期只有100 d左右,最低气温达-50.8℃;镜铁山矿最低气温为-24.3℃,坑内冰冻期长达7个月。另外在3200 m以上,山阴面存在永冻层,必须采取可靠措施,才能保证生产。

部分矿山气候十分干燥,山体植被极少、岩石裸露、风化严重。风多风大,空气含尘量很高。例如镜铁山矿区地处祁连山中段,年平均降雨量只有84 mm,而同期蒸发量高达3271.6 mm,每天尚有定时风,风速最大为12.6 m/s,一般也在5 m/s以上。造成严重的坑内入风污染,其含尘量高达17 mg/m³,一般也在2~4 mg/m³以上,影响坑内作业环境达不到国家规定的卫生标准,不得不净化风源。

11.3.1.2   高海拔矿床的主要分布

具有高山效应的海拔高度与地球纬度的关系如下:低纬度地区,海拔高度为3000~3500 m;中纬度地区,海拔高度为2500 m;高纬度地区,海拔高度为1500 m;南北极圈内,地平面上就有高山效应。海拔高度与气压、空气密度及水的沸点关系见表11-15。

表11-15　海拔高度、气压、空气密度、水沸点对照

海拔高度/m	大气压力/Pa	气压比例	空气密度/(kg/m^3)	水的沸点/℃
0	101325	1	1.225	100
2000	79486	0.784	1.006	93.3
3000	70101	0.692	0.909	90.0
4000	61635	0.608	0.819	86.8
5000	54009	0.533	0.736	83.8

我国幅员辽阔,地形复杂。新疆、西藏、青海、四川、宁夏、甘肃、云南、贵州、广西等九省(自治区)都有海拔3000 m以上高原地带。2500 m以上的高山高原地区占1/6,那里蕴藏着丰富的矿产资源,已开采建设了部分矿山,见表11-16。

表11-16　建设、生产的部分高山矿床

矿山名称	所在地区	海拔标高/m	开采方式	建设情况
东风铬铁矿	西藏	4770~4854	露天	生产
色兴黏土矿	西藏	4200~4321	露天	生产
布冷口铜矿	昆仑山	4200~4400	地下	生产
可可托海	阿尔泰山	3000	露天	生产
罗布莎铬铁矿	西藏	3926~4200	露天	建设
图门煤矿	青海	4980~5000	地下	生产
镜铁山矿	甘肃祁连山	3200~4200	地下	生产
鹤庆锰矿	云南省	小于3200	地下	生产

11.3.2　高海拔矿床开采影响因素

影响高海拔采矿生产的因素很多,主要是由于氧含量低、气压低及温度低而引起的作业人员安全问题、作业效率低的问题、设备受损问题及存窿矿石防结冻问题等。

11.3.2.1　氧含量的影响

人进入高海拔地区后,由于高度增加,空气的密度变小,空气中的含氧量也就越少。人虽然吸入同样的甚至更多体积的空气,却没有得到足够的氧,所以人体感到不适应。会出现头晕、恶心、反应迟钝、行动缓慢、呼吸加快、胃肠功能紊乱、夜间无法入睡等高山反应。此外,高海拔矿山的井下空气,由于在采掘过程中受释放有害气体或煤岩灰尘等污染,缺氧更甚,严重地影响矿工的身体健康和劳动生产效率。

11.3.2.2　气压影响

低气压对产品有很大影响。大气压降低使产品产生压差。在压差作用下,会使密封破坏。同时,也会使产品的性能受到影响。

(1)低气压对散热产品的影响。散热产品的温升随海拔高度的增加(大气压的降低)而增加。温升随海拔高度大致呈线性关系,其斜率取决于产品本身结构、散热情况、环境温度等因素。

(2)低气压对密封产品的影响。低气压对密封产品的影响主要是由于大气压的变化形成压差,在该压差力作用下,发生气体的流动以达到压力平衡,因此密封产品外壳将承受此力的作用而损坏。

(3)低气压对挥发性物质的影响。压力的降低会使液体的沸点降低,促使油类蒸发,如润滑油或润滑脂。有机材料中的增塑剂也会在低气压条件下加快挥发速度,增塑剂的挥发促使有机材料老化,使其机械性能或电气性能变坏。

（4）低气压对电性能的影响。由于大气压降低,在电场强度较强的电极附近会产生局部的放电现象,称之为电晕。更严重的是有时会发生空气间隙击穿,破坏设备正常工作,甚至损坏设备。

11.3.2.3 温度影响

由于高海拔地区温度很低,对矿床的开采也带来了一定的影响。表现在对永冻层矿床的开采。

正常的采矿方法在永冻层中的应用会受到一定程度的制约,主要原因是水的结冻和采下的矿石结冻,不但制约了生产的正常进行,而且由于存窿矿石结冻,采下的矿石损失较大。如:湿式充填采矿法应用困难较大;崩落采矿法在凿岩过程中会发生冻孔现象,即使完成凿岩工作,时间稍长,钻孔也会结霜,孔径变小,装药难度较大。

部分高海拔矿山海拔高度与气温的关系见表11–17。

表 11–17   部分高海拔矿山高度与气温关系

海拔高度/m	最热月平均气温/℃	最冷月平均气温/℃
1620	23.5	–8.7
2680	14.5	–8.2
3230	10.0	–11.0
3390	10.5	–14.8

11.3.3   高海拔矿床开采的特殊要求

11.3.3.1   对工业场地位置的要求

（1）当高海拔矿床处在山高、谷深、坡陡时,可供布置工业场地的地方少,因此布局要紧凑。

（2）有些高海拔矿床的矿山地区地震较多,特别是在山坡碎石多和土质中含水分大的地方,地震造成的危险性大,应避免在这样的地区布置工业场地。

（3）要找出高山碎石、浮石、山顶采空区覆盖岩石等滑落形成泥石流的发源地,避开有可能被它们埋没的地区,同时也要避开泥石流的影响地区。根据具体条件设置拦挡墙、隔离沟等防护设施。若无法避开,可采用混凝土结构,其上覆盖适当厚度的碎石,便可具有较好的防护效果。

（4）要避开终年积雪区。

（5）厚层的坡积、堆积物在地下水、季节溶水的渗透下,易沿斜坡滑下形成滑坡,如在其附近布置工业场地,不仅会受滑坡之害,而且由于加大重量而增加滑坡速度。

（6）地面建筑结构应考虑地震烈度、基础性质、服务年限和生产规模。小型矿山可采用临时建筑物或可拆卸的移动式结构,中型矿山需用抗震结构,选用整体钢筋混凝土框架结构。

（7）若有河流经过矿区,应筑防护堤。

（8）废石场场地选择、堆放的方案均应通过设计比较,达到安全、经济。如某矿因堆置废石不当,污染了通风风源,不得不采用湿式过滤风源,增加了通风费用;还会因几分钟的暴雨,使堆置废石形成强大的泥石流,冲毁压气管道,运输道路,堵塞河流,甚至造成冲走人员的严重事故。

（9）海拔高3000 m以上时,矿山道路的纵坡还应按规定折减,以保证汽油、柴油运输设备的正常工作。

（10）采用以桥代涵的措施,以减少泥土淤积和便于清理。

11.3.3.2   开拓运输及采矿方法

高山矿体多在山谷平地以上的高山之中,形成人员、设备、材料从下向上,矿石从上向下的运输流向。因此,不论是露采还是坑采,以平硐溜井联合运矿的方式为多。它具有建设速度快、运输环节少、生产能力大、投资省、成本低、管理方便等优点。采用重型板式给矿机或振动给矿机装矿后,有效地加大了溜井口有效断面,减少了大块堵塞,克服了处理溜井堵塞的困难,易于处理事故,也为使用大型装矿、运输设备及提高产量创造了条件。

矿体为急倾斜时,可采用辅助(副)中段,加大阶段高度。镜铁山矿将60 m阶段加高到120 m,节省了大量的工程量与投资。在山高坡陡、无法修筑公路的矿山,辅助运输采用坑内主斜坡道,较地面斜坡卷扬、竖井罐笼提升安全、可靠,还方便大型采掘设备下坑。

对采矿方法的要求:

(1) 材料消耗少。高海拔矿山离城市远,交通不便,运输费用高,材料供应困难,因而应选用材料消耗少的采矿方法,尽量选用当地能提供的材料。

(2) 高海拔地区人口少,外地人难以适应,有的甚至会患高原病,因此应尽量选用劳动力消耗少的采矿方法。

(3) 高海拔地区尽量采用机械化程度高、劳动强度小的采矿方法。

高海拔矿山常用的采矿方法有阶段矿房法、分段法和留矿法,矿岩不稳固采用分段崩落法和充填法。

11.3.3.3　矿井通风与排水

A　矿井通风

一般情况下,采取加大矿井风量的办法可改善井下通风状况,其实这种办法并没有解决大气压力低、氧分压不足的实质性问题;并且随着矿井风量的增加要相应加大巷道断面和扇风机的动力消耗。所以,解决高海拔矿井通风的途径,应是设法提高井下空气压力为主,使氧分压增加,以提高单位体积的含氧量。因此:

(1) 尽可能选择压入式通风。

(2) 井下应保持一定的温度,因为温度过低也会加剧矿工缺氧的程度,特别是采掘工作面要注意调整好温度、湿度与风速的关系。

(3) 井下要加强安全管理,采取有效措施杜绝火灾、煤层自燃、木材腐烂等剧烈耗氧的现象,以改善高海拔矿井的通风条件。

高山矿坑内通风还应注意的其他问题:

(1) 充分考虑通风系统进出口多的特点,合理地选择分区,实行低风压的通风方式,以减少投资,方便管理,提高通风效果。

(2) 冬季、夏季坑内外温差大,地形比高大,自然风负压大,应充分利用。

(3) 高海拔地区冬季时间长,气温低,易结冰,影响生产。因此,要采取可靠的空气预热与防寒措施,以保证矿山冬季生产。

(4) 高海拔地区气候干旱、植被少、风大风多、灰尘也多。如镜铁山矿风源含尘量一般在 $2 \sim 4 \, mg/m^3$,高时可达 $17 \, mg/m^3$。因此,应采取风源净化措施。

B　井下排水

随着海拔高度的增加,大气压力亦随之减低,水泵的吸水高度也随之降低。按常规设计水泵房吸水小井深度,达不到水泵吸水的目的,应按高海拔矿井水泵吸水高度设计水泵房吸水小井深度。达不到水仓充满水的目的时,为解决这个矛盾,将水泵置于水仓标高以下。

11.3.3.4　防寒

(1) 建筑物地基处理。在永冻层上建筑,当室温升高时,地基下沉,楼房等高大建筑物易破裂,特别当表土厚度不均匀,或基层是斜坡时,地基下沉不均匀,破坏性更大,可采取如下措施:

1) 表土层厚度在 2.5 m 左右时,最好建地下室。

2) 表土层厚度在5 m 以上或在永冻层上修建高大建筑物时,基础应深挖在基岩上,基础圈梁的纵向钢筋和基岩应锚固在一起。

3) 表土层厚度特别大时,可用高压注浆法处理基础。

(2) 各种管道要深埋在永冻层以下,不作业时,要将管道内的水放净。

（3）凿岩应使用高压开水。先将开水装入水包，再充入高压空气，形成高压开水送入地下使用。

（4）冰害处理。地下作业积水成冰，易造成矿石冻结，阻塞管路、漏斗，盖没轨面，如不及时处理，还可能把井巷、硐室堵满，埋没设备，影响日常排水、通风及运输系统。目前，为减少冰害，主要依靠人工及时掘冰。在永冻层内，巷道宽度要适当加大。

（5）地下采暖。除上述冰害外，冰冻将使设备配件物理性质变脆，使用寿命降低。在永冻层中采矿，凿岩工淋水后浑身结冰，行动不便，天井梯子滑，巷道内也难以行走，人的工作能力大大降低，故需进行采暖。主要有两种方式：

1）整体预热式：供热风增温，如利用锅炉供暖气。这种方式只能使地下温度短时局部上升，且投资大，运转费高，效果差，不太理想（详见第 12 章）。

2）工作面局部预热式：如利用电热或供暖气等，效果好（详见第 12 章）。

11.3.3.5　矿山设备

由于高海拔矿山的设备效率大大降低，需增加设备备用系数，有时甚至还要更换设备。设备效率降低，不仅和高海拔采矿的特殊条件有关，而且与其所用的动力方式也有关。

在高海拔矿山采矿中，运输设备所用的动力方式不同，其能力降低情况也不同，见表 11-18。

表 11-18　不同动力方式的高山运转设备能力降低情况

设备的动力类型	海拔高度范围/m	设备能力降低范围/%	设备能力降低原因
电力	3000~5000	25~40	高山日照长、紫外线强，降低绝缘性能、磁场强度降低，感应电流产生慢而滞后，使感应磁场强度降低，降低了轴功率
电工器材	3000~5000	（1）各种元件动作失灵使用寿命短，油漆粉化； （2）可控硅通态电流降低15%~25%； （3）易聚温； （4）避雷器耐压强度降低，变压器易漏油	（1）日照长，紫外线强，降低绝缘性能，降低磁场强度，从而降低了机械力； （2）空气稀薄，风冷效果差； （3）温差大，经常性的热胀冷缩使瓷元件易受冻坏； （4）高海拔低气压
压气动力	3000~5000	30~50	高海拔空气密度小，重量流减小，低温增加了风流阻力，从而降低了轴功率
柴油动力	3000~5000	40~60	高海拔缺氧，不能完全燃烧，起动困难，热能利用低，严重影响额定功率
蒸汽动力	3000~5000	50~70	热能利用低，严重影响额定功率

A　压气设备

随着海拔高度增加，由于空气密度、气温、气压等影响，引起压气设备工况的变化，使得压气设备体积生产能力、质量生产能力、排气压力、排气温度以及功率等参数的变化。

压气设备生产能力下降情况见表 11-19。

表 11-19　压气设备生产能力下降情况

压缩方式	体积生产能力	质量生产能力
单段压缩	下降	明显下降
双段压缩	不变	明显下降

为保证压气质量，一些矿山采取了如下措施：

（1）计算全矿最大耗气量时，用海拔高度系数（K_G）校正，换算公式为：

$$K_G = \frac{p_0 T_H}{T_0 p_H} K_0 \qquad (11-11)$$

$$K_0 = C \frac{H}{500}$$

式中 p_0——空压机标准工况的大气压力,0.1 MPa;

　　　T_0——空压机标准工况的大气温度,293.15 K;

　　　p_H——空压机安装地点大气压力,MPa;

　　　T_H——空压机安装地点气温最高月份的平均温度,K;

　　　H——海拔高度,m;

　　　C——标高每增加 1000 m 时,容积排气量的下降系数,其值为 1.021。

用式(11-11)计算,只能弥补空压机质量生产能力的不足。

(2)增加排气压力、降低排气温度,主要靠合理选择设备,即使用高原型空压机。如位于青海省海拔高3200 m 的锡铁山矿使用 4M12-173/8 高原型空压机。其特点是加大一级气缸的工作容积,增加升程;又如位于 2600~3640 m 标高的镜铁山矿使用 UR-9 型螺杆空压机,是加长螺杆长度以达到增压目的。最好是采用三级压缩的中压空气压缩机。在海拔 4000~5000 m 以上,用压缩空气机为动力是不经济的,建议用液压或电动的凿岩设备取代气动设备。

(3)在同样压力下,高海拔地区从管道缝隙中渗漏的压气也较海平面的多。为缩短管道,减少损耗,高海拔地区的压气设备最好安装在主要开拓巷道的出口附近或安装在地下硐室内。

(4)在选择压气设备能力时,应比正常条件需要的能力大 30% 左右,同时还应对压气机做一些改进,如增加气缸容积,提高升程,采用进气增压装置,增加吸气系统的压力,以提高压气机的工作能力。

(5)压气设备的选择除要考虑作业机台、备用机台、管线长度等因素外,更应考虑当地气压状况,确保作业有足够的动力。

(6)在管路上除加风包外,还应使用气水分离器,以防止停风时冻住风管;若上向送气,应在最低处安装放水阀门,及时将风管中的凝结水放出,保证供风管路不被冻住,确保管路畅通。

B　通风设备

高海拔地区,空气密度小,气压低,氧分压也低,地表温度低,所需风量较正常条件大。

高海拔地区风量修正公式:

$$Q_1 = \frac{101325}{p_1} Q \tag{11-12}$$

式中 Q_1——修正后的风量,m^3/s;

　　　Q——正常条件下计算的矿井风量,m^3/s;

　　　p_1——高海拔地区大气压的压力,Pa;

101325——海平面标准大气压力,Pa。

高海拔地区负压修正公式为:

$$h_1 = \frac{101325}{p_1} h \tag{11-13}$$

式中 h_1——修正后的负压值,Pa;

　　　h——正常条件下的负压值,Pa。

C　空压机

高海拔地区空压机风压随空气密度降低而降低,空压机效率也降低。

空压机风压修正公式:

$$H_j = h_{j0} \frac{\gamma}{\gamma_0} \tag{11-14}$$

式中 H_j——修正后的空压机风压;

　　　h_{j0}——海平面的空压机风压;

　　　γ——标高 H 上的大气密度;

　　　γ_0——海平面上的大气密度。

空压机效率修正公式：

$$\eta = \eta_0 \frac{\gamma}{\gamma_0} \qquad\qquad (11-15)$$

式中 η——修正后的空压机效率；

   η_0——海平面的空压机效率。

D   高压电器的选择

高山地区的特殊气候,对靠空气散热和以空气作为绝缘介质的高压电器的影响,主要表现在温升和外部绝缘强度。高压电器的温升随海拔高度上升而递增,递增率小于 $0.4℃/100\,m$,而环境温升随海拔高度上升而递减,递减率为 $0.5℃/100\,m$,两者可互补。一般高压电器用于海拔 $1000 \sim 4000\,m$ 地区时,其额定容量与电流值可保持不变。

为保证高压电器用于高原地区时的绝缘水平不变,在制造、试验用于 $1000\,m$ 以上高原的高压电器及电瓷产品时,对外绝缘的有关要求可用下式计算,并依此制造。

$$U = U_0 \left(0.01\, \frac{H-1000}{100} \right) \qquad\qquad (11-16)$$

式中 U——在海拔高度低于 $1000\,m$ 试验时,高压电器应能承受的试验电压校正值(冲击最大值),kV;

   U_0——标准条件下试验的合格电压(冲击最大值),kV;

   H——产品使用地点海拔高度,m。

E   供电设备

低气压对输配电设备有一定的影响,主要表现在对输配电设备的外绝缘性能下降和温升增加上,其他与正常供电系统没有太大区别。例如,萨日达拉金矿使用的是 NDK(BK)系列变压器和 JMB 系列行灯照明变压器,效果较好,且安装方便。

F   地面运输设备

a   汽车

(1)高海拔地区沸点低,影响电动机正常工作,使电动机过热,卡活塞和烧坏轴瓦。

(2)高海拔地区汽车的机械磨损大,有时会破坏发动机正常工作,降低机械效率。

(3)高海拔地区随高度增加,空气越来越稀薄,汽车油耗大,需使用高海拔汽化器。

(4)动力消耗大,运输效率低。

高海拔地区的高度与汽车功率及油耗的关系见表11-20。

表 11-20   高度与汽车功率、油耗的关系(车型为 CA-10B)

高度/m	功率		油耗占海拔 0 点的比例/%
	kW	占海拔 0 点的比例/%	
0	68.68	100	100
2000	54.21	79	107
3000	45.79	66.9	109.5
4000	36.61	53.3	114.3
5000	32.98	48	116

b   索道运输

高海拔地区视具体条件可采用移动式架空索道,其优点是：

(1)轻便、简单、便于运送不同的货载。

(2)适宜于复杂的地形条件。

(3)可随意安装、拆卸。

(4)生产能力大($0.3 \sim 25\,t/h$),也较经济。

移动式架空索道每段长 1000~2000 m,斜角 30°~70°,跨度 100~500 m,有效载重 50~300 kg,运行速度 0.5~8 m/s,电动机功率 3~30 kW,每 10 m 的质量 75~100 kg,总质量 2~50 t。

c　运输冻害的防治

(1) 汽车需用防冻油才能启动并正常运行。

(2) 索道经常因润滑油固化,抱索器动作失灵而掉斗,故需使用防冻润滑油。

(3) 由于雨雪作用,原矿、粉矿含水量过大,在运输过程中遇低温,会使矿石与装矿设备冻结在一起,可采取以下措施解决:1)降低原矿含水量;2)在矿石上喷洒饱和盐溶液;3)在矿石上喷洒焦化轻柴油加 5%~7% 的热裂化渣油混合物,每吨用 2~3 kg;4)在矿石上喷洒盐油溶液,在温度低于 −12℃时,效果很好,但下雪天气,不宜采用;5)热风解冻,用管子向解冻库房通蒸汽 4~6 h,可解 20~30 cm 冻层;6)煤气、石油气解冻:用煤气烧红镍铬丝或直接加热矿车 2~3 h,可解 20~30 cm 冻层;7)用振动机或凿岩机处理冻层较薄的矿石。

11.3.3.6　高原病和防护及环境保护

气体具有从其分压力值较大的空间传递到分压值较小的空间的性能。同样,氧从肺内输送到机体的过程,只有在肺胞内的氧分压大于流向肺胞内的血液中的氧分压,而且血液中的氧分压又大于机体组织内的氧分压时,才有可能。随着海拔高度的增加,大气压与氧分压随之降低。通常氧分压 p_1 与大气压力 p 的关系可用下式表示:

$$p_1 = V_1 p \tag{11-17}$$

式中　V_1——氧气在空气中所占体积,取 0.21。

当氧分压减少到一定程度时,就可引起头昏、心悸、喘息等缺氧症。但经过一段时间的锻炼适应后,这些症状会有改善。若长期生活劳动时,仍会产生易疲劳、睡不好、乏力、消瘦、指甲变形等症状。因此,高山矿山对职工应采取预防和保护措施。

A　高原病

(1) 缺氧致病。由于缺氧,人们会出现头痛、头昏、心悸、胸闷气短、乏力、记忆衰退、紫绀等症状,严重时会出现高山昏迷、高山肺水肿等病。如多次重返高山反应会一次比一次加重。在高山定居的外来人,当机体变异发生组织缺氧时,会发生慢性高山病,如多血症、血压异常、妇女生育时大出血等。

(2) 水质不纯致病。由于高山地形及气候等特征,使一些有益于人体的矿物流失,有害于人体的矿物富集,从而使人致病。如由于缺碘、缺氧、缺钙等引起的甲状腺肿大、克汀病及佝偻病等。

(3) 紫外线致病。高山地区紫外线强,常使人患克明性皮炎,太阳光眼炎,冰川灼伤和雪盲等病。

(4) 营养不良。高山地区人们常年吃脱水菜、罐头之类的食物,维生素少,造成营养不良。

由于以上原因,使人们工作效率大大降低,出勤率也低。脑力劳动者的效率降低更为明显。同时随着年龄增加,适应能力减弱,发病率增高。与海拔高度有关的工作能力降低曲线如图 11-39 所示。

B　防护

矿山应尽量聘用当地人员,宜采取以下防护和保养措施:

(1) 实行预服期。长期生活在高山区的人,其缺氧的耐力程度,明显高于生活在低海拔的人。这说明,对新来职工,先从较低海拔进行一定时期的锻炼适应,其工作能力、心率、劳动时的氧耗量均可提高。

(2) 制定新来人员体格检查标准(肺功能、血氧饱和度、运动负荷心电图、听力、色盲等),以鉴定能否适应在高山区工作,适应何种等级的劳动。

(3) 有计划地测定强劳动中的某些生理限制。如测定脉搏,健康人超过 180 次/min,即超过合理限制,应停止工作去休息。

(4) 加强营养。多吃高蛋白、高脂肪、高碳水化合物的食物,以增强人的抵抗能力。供应保健食品,不吃生冷食物,以保证身体能量的及时补充和肠胃健康。

(5) 佩戴特殊的劳保用品,以防止冻伤和紫外线的照射。

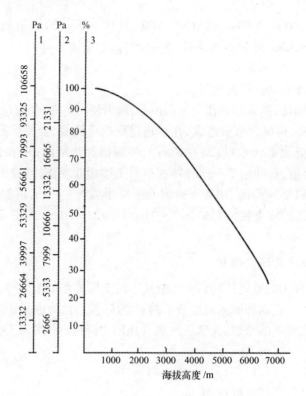

图 11-39   与海拔高度有关的工作能变化曲线
1—气压；2—氧分压；3—以海平面为准人的工作能力降低

（6）改善交通条件。上下班应采用运人索道或汽车等交通工具，以减少人的体力消耗。

（7）提高机械化装备水平。尽量选用先进轻型的、易拆卸的坚固耐用的设备，以减轻工人的劳动强度。

（8）增加地下通风量。

（9）采用合理的工作制度。缺氧会使人在劳动中易于疲劳，长期的疲劳就会影响人的健康。所以应缩短劳动时间。如五年轮换制，"四六"工作制与间断工作制等。气候好的季节进行强化开采，气候寒冷的季节，除留少数工人看管外，其他人离矿休息。最后，要配备救护车辆及相关设备器械，救护人员要掌握必要的救护知识，便于及时抢救伤员。

我国高海拔、永冻层矿山大多数为水源的源头，且与牧区相邻，搞好环保工作意义十分重大。除不能将选矿厂建在矿山外，还要不乱倾倒有毒有害物质，生活垃圾定点堆放，定期清除，运到垃圾场，切实做好环保工作。

11.3.4   矿山实例

11.3.4.1   忠曲金矿

矿区位于甘肃省甘南藏族自治州碌曲县境内，地处青藏高原东缘，海拔 3600 ~ 4800 m，年平均气温 1.2℃，最低气温 -27.3℃。矿体倾角 55°~65°，厚度变化范围为 2 ~ 45 m，平均厚度 20 m 左右，矿体沿走向及倾向方向品位变化十分剧烈，范围在 0.2 ~ 25.0 g/t，平均品位 5.0 g/t。

矿体顶板主要由闪长玢岩组成，厚度在 40 m 以上，极不稳固，易风化，有遇水潮解、砂化等现象，膨胀性软岩特征十分明显。矿体底板由灰岩、硅质岩组成，岩石坚硬具刚性，工程稳定性好。含矿岩体主要由花岗闪长岩、灰岩组成，矿石比较坚固，稳定性好。矿石密度 2.69 t/m³，孔隙度 0.63%，松散系数 1.90，安息角 41°。

该矿开采具有以下问题：（1）矿山地处高寒山区；（2）矿区地处青藏高原，交通不便，生产物资价格偏高；（3）矿山离选厂的距离在 10 km 以上，生产物资来源很难解决。

　　鉴于以上的问题,对忠曲金矿 Au-3 矿体采用沿顶板留薄矿层的浅孔房柱法进行开采。沿矿体走向划分矿房和矿柱,矿房长度 30 m,矿柱长度 10 m,矿房采用浅孔落矿,矿柱采用中深孔落矿。为降低采空区暴露面积和暴露时间,将阶段高度减小到 35 m。为防止顶板闪长玢岩大面积冒落,沿顶板留 1~2 m 倾斜矿层作为永久损失。靠近顶板附近的矿体采用控制爆破技术落矿,对顶板特别破碎的地段,采取锚网支护措施。

　　(1)采准切割。自阶段运输巷道掘进穿脉运输巷道,在矿柱内布置人行材料井,沿矿体走向向两侧在垂直方向上开凿人行联络道通往采场。沿探矿沿脉巷道及穿脉巷道进行拉底,拉底高度为 2~2.5 m。

　　(2)凿岩与爆破落矿。矿房内使用浅孔凿岩钻机打水平炮孔,为防止爆破对采场软弱顶板的进一步破坏,采用光面爆破技术。

　　(3)通风。新鲜风流从采场下部阶段脉外运输巷道经穿脉、一侧人行材料井进入采场,污风从另一侧人行材料井进入上阶段平巷,再经通风斜井排出地表。

　　(4)采场顶板管理。当矿体厚度大于 20 m 时,沿矿体顶板留下 2 m 厚的矿体作为保护层;若矿体厚度小于 20 m,留下 1~1.5 m 厚的矿体作为保护层;对局部破碎地段,采取锚网支护控制采场顶板。

　　(5)出矿。出矿在各阶段出矿穿脉内进行,使用的设备为 Z-20W 型电动装岩机,每次出矿时,应确保矿房内崩落矿石与采场顶板之间保留 2~2.5 m 的高度。在整个矿房回采结束后,进行集中大量出矿,对残留在矿房底部装岩机无法直接铲出的矿石,使用电耙配合出矿。

11.3.4.2　萨日达拉金矿

　　萨日达拉金矿位于天山中部,无电网动力电,距 216 国道 32 km,有简易公路与其相通,矿体赋存于海拔 3800~4200 m 的山谷中,矿体较直立,硐内原岩温度为 -2℃,恒温,年设计生产能力为 50 kt。平硐开拓,采用留矿法开采。由于露头于地表,上部有少量积雪,矿体完全处于永冻层中,为了防止夏季地表溶化的雪水流进采场,采矿时间必须进行计算,根据当地的具体情况,决定 9 月至第二年 5 月采透地表。采矿过程中要严格控制凿岩用水,防止采下的矿石结块,要强采强出。经实践证明此套开采办法较成功,实际采下矿石损失率不到 2%,取得良好效果。

　　萨日达拉金矿位于高原地区,且处于天山中部,昼夜气温变化大,一年中 90% 以上的时间气温低于 0℃,硐内原岩温度为 -2℃,生产能力小,作业地点少。因此,萨日达拉金矿采用自然通风与机械预热相结合的通风方式。在主巷道及工作面安装 PTC-13 kW 的热幕机进行预热。其优点为:设备运输方便,安装简单,硐内温度可调性强,热能利用率高。工作面温度可达到 5~7℃,基本满足作业需要。从而也达到了自然通风的效果,其自然压差保持在 100 Pa 以上。在东、西主风井井口各安装一台 13 kW 的辅扇(由于自然通风效果好,基本不开动),以平衡风量和控制系统的风流方向。局部通风仍采用 11 kW 局扇。

　　空压机组的选择除要考虑作业机台、备用机台、管线长度等因素外,更应考虑当地气压状况,确保作业有足够的动力。在管路上除加风包外,使用气水分离器,以防止停风时冻堵风管,若上向送气,应在最低处安装放水阀门,及时将风管中的结凝水放出,保证供风管路不被冻堵,确保管路畅通。

　　萨日达拉金矿使用 NDK(BK)系列变压器和 JMB 系列行灯照明变压器。效果较好,且安装方便。

11.3.4.3　西藏某铜矿

　　西藏某铜矿位于高寒缺氧地区,矿区海拔高度一般为 4000~5500 m,全年有 4~5 个月的积雪期,常年气温较低。矿区用水较为困难,特别是 11 月至次年 3 月,仅靠融雪、化冰解决饮水问题。一般初到矿区的人都不有同程度的高山反应,人的工作能力也随之下降;同时,设备运转效率降低,20 m³/min 空压机仅达 8~10 m³/min,使用寿命缩短。

　　该矿由 Ⅰ~Ⅳ 号矿体组成,其中 Ⅳ 号矿体规模最大,Ⅰ 号矿体次之。现主要开采 Ⅳ 号矿体。该矿属于矽卡岩型铜矿床,矿体大多数为不连续的小型孤立矿体。Ⅳ 号矿体平均走向为 110°~114°。走向长约 500 m,倾角一般为 86°~90°,矿体厚度一般为 0.8~6 m,个别达 10~18 m。沿倾向自下而上,矿体厚度逐渐变薄,矿石品位逐渐变高。

　　该矿选用无底柱浅孔留矿采矿法,该采矿方法结构简单,施工队伍易于掌握,采切工程量小,矿块回采率高,矿石贫化容易控制,对矿体的变化适应性强,但劳动强度大。

矿块沿矿体走向布置,矿块长度58m,中段高度43m,间柱宽6m,不留顶、底柱。在矿体的下盘距矿体5m处,沿矿体走向掘进脉外运输大巷,在运输大巷内,每隔58m掘进一个探矿穿脉,兼做行人、通风联络道,然后在探矿穿脉内沿矿体倾向向上掘进行人天井,沿天井整个高度方向每4m掘进联络道与矿房相通;在运输大巷内,沿矿体走向每隔6m掘进一个出矿进路与矿房相通,兼做探矿穿脉。

(1)落矿。在矿房内,用YT28型凿岩机向上掘凿平行炮孔,爆破落矿采用2号岩石铵梯炸药,雷管起爆。

(2)采场通风。新鲜风流经脉外运输大巷进入天井,再由天井联络道进入采场,新鲜风流清洗工作面炮烟后,污风由回风天井排至上中段回风巷,经总回风井排出地表。

(3)采场出矿。每次崩下的矿石,通过人工或装岩机出矿,出矿量为崩下矿量的30%,使采场回采作业空间保持在2m以内的高度。当整个矿块完全采完后,开始大量出矿。大块矿石的二次破碎在采场内进行,每次爆破后,由凿岩爆破工对采场内的矿石进行检查,对于块度大于0.125m³的矿石,在采场内就地破碎,块度小于0.125m³的矿石,由装矿工在出矿进路内破碎。

11.3.4.4　北极星铅锌矿

该矿位于加拿大的小孔沃利斯岛,北纬75°23′,西经96°55′。一年的无冰期仅六个星期,在此期间,矿山可利用海上交通与外界联系,运进所需的全部生产物资,运出铅锌精矿投放市场。

北极星矿体矿化带全部赋存在永冻层内,矿石空隙甚为发育,其空气被冰填塞。矿石储存量约2 Mt,Pb品位3.8%,Zn品位14.3%。尚有推断储量3000 kt,品位稍低。

永冻层很厚,最深处距地表500 m,靠近咸水地区,由于海洋的加温作用,永冻层厚度变小。近地表岩温为-12℃,在基尔区底部附近深部,岩温增至约-4℃。矿石含水达5%,水以冰的形态存在。矿石在冰冻状态下稳固性良好,但解冻后大部分矿石的稳固性降低。脉内巷道的稳固性取决于有无永冻层环境。

该矿采用双斜坡道开拓系统。一条为出矿斜坡道,另一条为运送人员、材料和设备的辅助斜坡道。

该矿采用嗣后充填法回采。采区沿矿体走向布置,标准长度100 m,分成矿房和矿柱进行回采,矿房宽10~13 m,矿柱宽10~15 m。

矿山设备有:两台双臂电动液压凿岩钻车,一台单臂钻车,一台电动液压锚杆安装台车,四辆6m³铲运机和四辆26 t汽车,149kW的AC型天井钻机。凿岩用干式凿岩,集尘器捕尘。

保持热平衡的意义和措施。由于整个矿体埋藏在永冻层内,矿体的稳固性取决于有无冻结环境。只要维持热平衡,永冻层就能保住,就可以实现冻结状态下的开采,从对矿井的输入热量和输出热量分析,该矿输入矿井的主要热源有:(1)夏季通风的风流;(2)大气中水分冷凝和冻结;(3)内燃机产生的热;(4)内燃机产生的水蒸气的冷凝和冻结;(5)用电设备产生的热;(6)送入矿井中的水可能结冰和充填体中水结冰放出的热。

输出的热源,是气温低于岩温时的冷通风风流。

该矿保持热平衡的措施是,对夏季通风风流加以调节,实行降温除湿。冬季的进风不加热。因此,保住永冻层,实现矿岩在冻结条件下开采,是高寒地区采矿的主要办法之一。

11.3.4.5　阿拉圭矿山公司铅锌银矿

该矿位于阿根廷西北部胡胡伊省阿拉圭山脉东坡。矿体埋藏海拔高度在4800 m以上。矿体形态受到各种褶皱和断层的严重影响,走向南北呈透镜状产出,矿体走向长度约2000 m,宽为200~300 m,垂直深至少为1000 m。

矿山地下开采范围从1~18阶段。阶段高度为40 m,1阶段的海拔标高为4800 m,从生产开始时起,已掘进水平巷道约65 km。使用的采矿方法有方框支架法、分层充填法、胶结充填法,并有露天开采。充填材料取自山上的冰碛层,用作水泥胶结充填材料时,需将其破碎筛分,要按1:30的灰砂比配料,经搅拌后,用压气经φ150 mm的钢管输送至采场。

目前矿石经中央矿石溜井下放至18阶段,然后经过3 km铁路运至粗碎站,经破碎后用汽车运输到选矿厂。由于矿山地势高,钻探用的气动钻机效率降低了40%,而电动金刚石钻机的效率则比气动金刚石钻机高得多,故地质部门正以电动钻机取代气动钻机。

该矿每周生产 6 天,采用三班制,爆破在交接班时进行。地下矿共有工人 720 名,日产矿石 2000 t,劳动生产率为 2.7 t/班。

11.3.4.6　卢平金矿

卢平(Lupin)金矿位于加拿大西北部北极圈以南约 80 km 处,属埃科贝矿山公司所有,是加拿大的第三大黄金生产企业。矿体由中、西、东三个矿带组成,走向长度约 762 m,厚度 0.9~23 m,倾向东,为极倾斜矿体,已探明深度为 650 m,且未尖灭。截至 1985 年 12 月 31 日,已探明和推断的储量为 2780 kt,金品位为 11.66 g/t,边界品位为 5.14 g/t,相应的含金量约为 3250 kg。其中,中矿带占总储量的 45%,走向长达 268 m,倾角为 70°~80°,平均厚度为 9~12 m;东矿带占总储量的 40%,走向长 198 m,倾角为 70°~90°,厚度 9~12 m。

卢平金矿是加拿大机械化程度最高的矿山之一,用无轨采矿设备回采,日产量为 1587 t。采矿方法主要为深孔阶段矿房法。

用一条宽 4.8 m、高 3.65 m、坡度 15% 的斜坡道通往地下各开采水平。斜坡道由地表开掘至下部水平,竖井延深至 705 m 水平。且斜坡道下掘到相邻矿体的 649 m 水平,用于向各水平运送材料、设备和人员。竖井用于提升矿石、废石和人员。井巷掘进速度,竖井 2.13 m/d,水平巷道 10 m/d。

回采用电动液压凿岩机钻凿下向深孔,炮孔的水平网度为 1.5 m×1.8 m,孔径 64 mm,平均孔深 18 m,每米炮孔崩矿量 5.95 t,爆破用 Am1×Ⅱ硝铵炸药、None1 非电雷管和 Cilgel 导爆索。在必须支撑的地方需留低品位矿石作矿柱外,其余应尽可能全部回收。矿石由 10 台铲运机和 4 台 11.79 t 的 Jarvis Clark 汽车组成的运矿队。

由于永冻层延深到 530 m 水平,所有凿岩设备必须使用氯化钠盐水溶液。盐水在竖井锁口处混合后,用管路送至各水平的水包内,供各工作面凿岩使用。然而,使用盐水加重了各种设备的腐蚀。为防腐蚀,凿岩机表面须涂漆。永冻层对炸药和通风系统的选择有影响,却有利于减少岩层支护工作量。

该矿还拥有为完成生产所必需的工业辅助设施和生活条件。

11.4　自燃性矿床开采

自燃性矿床是指含有硫、碳等可燃物,在开采过程中与空气、水接触后能发生化学反应,形成自燃发火条件的矿床。

硫化矿石、含碳质的矿岩在与空气接触过程中,不断发生氧化而产生热量,当产生热量的速度超过热量向外界散发的速度时,矿岩将不断积聚热量,使矿岩的温度上升,当温度达矿石或伴随物质的着火点时,就由热变为自燃,即首燃物先燃烧。这个过程概括为矿岩氧化—聚热升温—自燃发火,导致发生火灾,亦称内因火灾。

矿床自燃性火灾,使矿井温度升高,产生明火燃烧,散发大量有毒有害气体,发生火灾导致人员无法进入采场,恶化劳动条件,矿产资源大量损失,乃至被迫停产,甚至发生人员中毒事件。

11.4.1　自燃发火条件和原因

11.4.1.1　金属矿山发生内因火灾的条件

(1)氧化自热。有氧化自燃特性的矿(岩)石,堆积在采场、巷道内,特别是大爆破崩下的矿石,矿柱压裂崩坍的矿石,或冒落在采场、巷道的残留矿石,由于与空气中的氧接触面增加,从低温氧化发展到高温氧化,释放越来越多的热量。适当的水分更加速其反应速度,出现明显的自热现象。

(2)聚热。矿(岩)石氧化时产生的热量大于散发的热量时,使自热的矿(岩)石由低温氧化逐步发展到高温氧化阶段。

(3)首燃物。因燃点低而首先起火燃烧的自燃物质,这是金属矿与煤矿自燃的主要区别。

(4)足够的氧气供应。冒落拱冒通地表,采准揭开高温古峒,采空区密闭质量差和崩落区大量漏风等,都可能满足矿岩燃烧所需的供氧条件。但在自热阶段,如果有过量的通风或漏风,会引起自燃物冷却或起散热作用,往往不会形成发火条件。

国内外主要发火矿山的发火条件见表 11-21。

表 11-21 国内外主要发火矿山的发火条件

矿山名称	发火条件				
	自燃	首燃物	燃烧物	升温地点	供氧来源
冬瓜山铜矿	硫化矿石自燃	黄铁矿和含胶黄铁矿的磁黄铁矿	硫化矿石	采场、采空区残存的矿石	井下通风
新桥硫铁矿	硫化矿石自燃	磁黄铁矿和胶黄铁矿等	硫化矿石	较长时间暴露的三角矿带和采场出矿死角	井下通风
向山硫铁矿(已闭坑)	硫化矿石普遍发热	胶黄铁矿,酸化坑木	木材,硫化矿物	塌陷区,发火期1~2年	漏风
铜官山矿松树山区	硫化矿发热,空气中木材酸化	粉状胶黄铁矿;氧化磁黄铁矿,酸化木材,燃点138~147℃	硫化矿,木材	高温古硐揭开供氧自燃,崩落区,老硐,矿堆	坑内通风漏风
西林铅锌矿	倒塌矿柱,大爆破矿堆氧化自燃,爆热	氧化后的磁黄铁矿	硫化矿石	崩落区,爆堆	采矿区漏风
湘潭锰矿	顶板黑色页岩	劈裂木材,燃点150~200℃	坑木(损失60%~70%),黑色页岩	冒热区聚热	陷区漏风
大厂长坡细脉带矿体	局部自热区矿石发热		炭染页岩,硫化矿物	冒落拱,塌陷区升温	漏风
加拿大大沙利文铅锌矿	塌落矿柱大爆破矿堆发热	氧化的磁黄铁矿	硫化物	爆堆、塌陷区	漏风
日本下川铜矿	老采区残矿氧化发热	坑木	硫化物,坑木	老采空区	漏风
阿尔巴尼亚普雷亚尼斯镍铁矿	煤页岩,冒落区发热	煤页岩	煤页岩,硫化物,木材	落顶区	漏风

11.4.1.2 金属矿发生自燃火灾的机理

金属矿山内因火灾主要是指硫化矿石自燃造成的,能导致自燃的主要硫化矿物以黄铁矿、磁黄铁矿为主,伴有胶状黄铁矿、白铁矿,黄铁矿和顶板为炭质页岩等。

硫化矿石在物理吸附氧的过程中会放出微量的热,同时微生物的作用也会放出少量的热,但这两方面产生的热量都比较小,在通常的硫化矿石堆的散热条件下,不足以使硫化矿石聚热升温。硫化矿石自燃的内部热的主要来源是硫化矿石发生氧化反应过程中所放出的热。研究表明,硫铁矿石氧化反应过程十分复杂,各类矿物有代表性的反应模式分别见表 11-22 ~ 表 11-24。

表 11-22 黄铁矿(含胶黄铁矿、白铁矿)的氧化反应模式及热效应

矿物类型	反应条件	反应方程式	反应热/kJ	单位质量矿物(或中间产物)氧化的热效应/(kJ/kg)
原矿	干燥	$4FeS_2 + 11O_2 = 2Fe_2O_3 + 8SO_2$	3312.4	6902.6
		$FeS_2 + 3O_2 = FeSO_4 + SO_2$	1047.7	8733.0
		$FeS_2 + 2O_2 = FeSO_4 + S$	750.7	6257.3
		$12FeS_2 + 10O_2 = 5FeSO_4 + Fe_7S_3 + 11S$	3241.8	270.2
	潮湿	$2FeS_2 + 7O_2 + 2H_2O = 2FeSO_4 + 2H_2SO_4$	2558.4	10662.7
		$4FeS_2 + 15O_2 + 14H_2O = 4Fe(OH)_3 + 8H_2SO_4$	5092.8	10612.6
		$4FeS_2 + 15O_2 + 8H_2O = 2Fe_2O_3 + 5H_2SO_4$	5740.5	11961.3

续表 11-22

矿物类型	反应条件	反应方程式	反应热/kJ	单位质量矿物(或中间产物)氧化的热效应/(kJ/kg)
原矿氧化潮湿中间产物	潮湿	$12FeSO_4 + 6H_2O + 3O_2 = 4Fe_2(SO_4)_3 + 4Fe(OH)_3$	762.5	418.3
		$4FeSO_4 + O_2 + 2H_2SO_4 = 2Fe(SO_4)_3 + 2H_2O$	393.3	647.2
		$FeSO_4 + 7H_2O = FeSO_4 \cdot 7H_2O$	85.4	559.5
		$FeSO_4 + H_2O = FeSO_4 \cdot H_2O$	28.8	189.8
		$2FeSO_4 + O_2 + SO_2 = Fe_2(SO_4)_3$	428.1	1408.9
		$Fe_2(SO_4)_3 + FeS_2 = 3FeSO_4 + 2SO$	25.5	63.9
		$Fe_2(SO_4)_3 + FeS_2 + 2H_2O + 3O_2 = 3FeSO_4 + 2H_2SO_4$	1082.6	9023.9
		$Fe_2O_3 + 3H_2SO_4 = Fe_2(SO_4)_3 + 3H_2O$	172.9	1082.7
		$SO_2 + H_2O = H_2SO_3$	231.4	3612.2
		$2SO_2 + O_2 + H_2O = 2H_2SO_4$	462.9	3612.0

表 11-23 磁黄铁矿的氧化反应模式及热效应

矿物类型	反应条件	反应方程式	反应热/kJ	单位质量矿物(或中间产物)氧化的热效应/(kJ/kg)
原矿	干燥	$4FeS + 7O_2 = 2Fe_2O_3 + 4SO_2$	3219.9	9145.7
		$FeS + 2O_2 = FeSO_4$	829.0	9429.9
	潮湿	$FeS + H_2O + 2O_2 = FeSO_4 \cdot H_2O$	856.9	9747.7
		$FeS + 7H_2O + 2O_2 = FeSO_4 \cdot 7H_2O$	914.4	10401.3
原矿氧化中间产物	潮湿	$FeS + H_2SO_4 = FeSO_4 + H_2S$	34.6	393.9
		$FeS + Fe_2(SO_4)_3 = 3FeSO_4 + S$	103.8	1181.1
		$2H_2S + O_2 = 2SO + 2H_2O$	531.7	7805.1

表 11-24 富硫磁黄铁矿的氧化反应模式及热效应

矿物类型	反应条件	反应方程式	反应热/kJ	单位质量矿物(或中间产物)氧化的热效应/(kJ/kg)
原矿	干燥	$4Fe_7S_8 + S_3O_2 = 14Fe_2O_3 + 32SO_2$	18077.4	6980.4
		$Fe_7S_8 + 15O_2 = 7FeSO_4 + 5O_2$	489.3	755.8
	潮湿	$2Fe_7S_8 + 31O_2 + 2H_2O = 14FeSO_4 + 2H_2S$	12590.0	9723.0
原矿氧化中间产物	潮湿	$Fe_7S_8 + 7H_2SO_4 = 7FeSO_4 + 7H_2S + S$	205.9	318.1
		$Fe_7S_8 + 7Fe_2(SO_4)_3 = 21FeSO_4 + 8S$	690.4	1077.4

11.4.2 内因火灾矿山自燃发火的初步判定

新建矿山设计时,当遇到高硫矿床或矿岩含硫又含碳时,应分析地质资料中的矿岩物质组分和岩矿鉴定资料,研究地质构造破坏与矿石类型的空间关系等,用类比法初步判定。有自然发火可能的条件是:

(1) 矿床内既有成矿后的断层、破碎带、裂隙带,明显的流水带或硫化矿床有明显的分带现象,又有以下五项之一者:1)致密块状磁黄铁矿型矿石;2)致密块状黄铁矿型矿石;3)磁黄铁矿、黄铁矿都有且含量较高;4)矿石和围岩中既有黄铁矿又含碳;5)可能崩落的顶板为煤系地层或碳页岩,且其中有黄铁矿细脉及浸染。

(2) 发现有经预氧化的磁黄铁矿、胶黄铁矿、白铁矿、元素硫等可能为首燃物的矿物。

(3) 矿石有明显的氧化结块性,在坑探坑道、民窿、老采区内或生产区段有温度异常的自热区段存在,或发现一定量的硫酸盐、水绿矾等自热氧化产物。

（4）矿体出露或靠近地表的热液成矿矿床,如矿体明显被氧化成氧化带（铁帽）、次生带的硫化矿床的矿岩,大多具有自燃特性,如铜陵松树山矿、东乡铜矿、武山铜矿及向山铁矿等。

（5）有单质碳存在,黄铁矿含量在 2% 以上,一般有自然发火的危险。

11.4.3 硫化矿石自燃倾向性测试鉴定

矿岩中与自燃倾向性有关的主要特征是矿岩的物质组成、各组分的结构特征、氧化速度、自热特性、自燃温度等。硫化矿石的自燃倾向性是矿山防灭火等级划分的主要依据,并且所有防灭火技术和措施都是以硫化矿石的自燃倾向性为基础提出来的。

目前,国内外对硫铁矿石自燃倾向性的鉴定主要是通过测定矿石的某些氧化性能表征指标,然后根据这些指标对其自燃性进行相对的评判。所测定的指标或内容一般有:矿石中各种矿物的成分和含量,矿石的含硫量及其他有关成分的含量,矿石的吸氧速度,矿石中水溶性铁离子含量,矿石起始自热温度、自热幅度、矿石着火点等。硫化矿石自燃性强弱的测定方法主要有:水溶性离子与 pH 值测定、吸氧速度测定法、自热性的测定、自燃点的测定等。

11.4.3.1 氧化速度测定

矿岩的氧化速度系指矿岩在特定条件下被氧化的难易程度,是衡量矿岩自燃倾向性的主要参数之一。在矿井条件下作为氧化剂的有:$H_2O + O_2$、H_2SO_4、$Fe_2(SO_4)_3$、$CuSO_4$ 等。不同矿体或者同一矿体不同的矿物组分不同,其氧化速度有很大的差异,因此在评价矿岩的自燃特性时,必须测定矿岩（非单一矿物）的氧化速度。

测定矿岩氧化速度的方法有温度测定法、吸氧速度测定法及氧化产物产出量测定法。

（1）常温条件下氧化速度的测定 – 水溶性离子与 pH 值测定法。常温条件下,硫化矿物的氧化速度极为缓慢。其氧化产物是 Fe^{2+}、Fe^{3+} 的各种盐类及 SO_4^{2-} 离子。随着时间增长,这些物质增多,水溶液的 pH 值降低,酸度增高。矿岩愈易氧化,pH 值降低愈快。因此,定期测定试样中水溶液的水溶性离子与 pH 值,即能说明矿岩被氧化的难易程度。

（2）环境温度为 60℃ 的中温条件下矿岩氧化速度的测定。将试样置于空气温度为 60℃、相对湿度为 90% 以上的恒定环境内,定期测定试样中的 FeS_2 或 FeS 的减少量,以比较试样的氧化速度。

（3）环境温度为 100℃ 的条件下矿岩氧化速度的测定。将试样置于 100℃ 的条件下并连续供给空气,测定 SO_2 气体产出量及起始产出的时间来评价矿岩氧化速度的快慢。

11.4.3.2 着火温度测定

含有可燃物的矿岩在空气或者氧化剂中加热到开始燃烧或者有温度突变时的突变点温度称为矿岩的着火点温度或者着火点。着火点温度是矿岩的一种热特性,与矿岩中所含自燃物质的种类有关。

测定矿岩着火温度的方法很多,一般是将固体氧化剂加入试样中,或向试样供给定量空气,然后加热试样,直到试样出现温度突变为止。试样的温度突变点即为该物质的着火温度。非煤矿岩常采用对试样供给定量空气的测定方法。

11.4.3.3 热特性测定

矿岩的热特性是指矿岩（非单质）的燃烧热值及在供氧条件下加热时的放热或吸热的特性（包括物理和化学的吸热和放热过程）,是矿岩各组分的综合热效应,与矿岩的组分有关。测定矿岩综合热特性的目的是了解矿岩在氧化自燃的全过程中的放热或者吸热特点及发生火灾时的严重程度,以便为选择防灭火措施提供依据,主要包括燃烧热值测定（采用氧弹式热量计测定）和矿岩放热及吸热特性测定（采用差热天平仪测定）等方法。

11.4.3.4 自热倾向性测定

测定自热倾向性的目的是判断矿岩从开始自热至自燃的时间,为选择采矿方法、一次崩矿量及留矿时间提供依据。硫化矿物的自热特性与矿物经受的氧化时间及所处的环境有关。矿岩中的硫化物的含量和结构不同,自热温度亦有差异。测定矿岩自热倾向性常采用温度跟踪法和恒温增温测定法。

表 11-25 为 5 个矿山的硫化矿石自然倾向性测定的结果,所列指标可作为综合评价其他矿山硫化矿石自燃倾向性测定结果的参考评价准则。

表 11-25　硫化矿石自燃倾向性测定实例

矿山名称	新桥硫铁矿	松树山铜矿	武山铜矿	东乡铜矿	天马山硫金矿
矿石名称	致密胶黄铁矿、细颗粒黄铁矿	破碎胶黄铁矿、磁黄铁矿	黄铁矿、胶黄铁矿、白铁矿	胶黄铁矿	磁黄铁矿、胶黄铁矿
硫化矿物质量分数/%	80 ~ 95	70 ~ 90	60 ~ 90	80 ~ 90	80 ~ 95
化学硫质量分数/%	19 ~ 49	3 ~ 30	28 ~ 48	26 ~ 37	28 ~ 44
水溶性 $Fe^{2+} + Fe^{3+}$ 质量分数/%	0.1 ~ 1.5	0.1 ~ 0.8	0.8 ~ 1.4	1.86	0.1 ~ 0.8
吸氧速率/[mL/(kg·s)]	0.33 ~ 0.78	0.05 ~ 0.09	0.1 ~ 0.2	0.04 ~ 0.34	0.29 ~ 0.54
SO_4^{2-} 质量分数/%	1.1 ~ 4.7				3.0 ~ 3.35
初始自热温度/K	329 ~ 348	338	343	348	333 ~ 363
自热量/(kJ/kg)	149 ~ 793				447 ~ 757
着火点/K	543 ~ 573	418 ~ 573	433 ~ 553	483	488
采矿方法	分段空场嗣后充填	分段崩落法	分层崩落法	分段崩落法	分段空场法
发火周期/d	20 ~ 30	7 ~ 15	7 ~ 10	未知	未知
发火地点	死角矿堆	采场爆堆	采场爆堆	采场	未知

11.4.4　硫化矿石自燃的早期预测

11.4.4.1　硫化矿石自燃初期阶段的划分和征兆

当开采具有自燃倾向性的矿床时,均需要弄清哪些矿石具有自燃倾向性以及发火周期的长短。但是,发火周期的长短受其内因(自燃倾向性)和外因(开采技术条件、地质条件、环境的气象因素——温、湿度及风速)的制约,准确地确定某一采场或工作面的发火周期是相当困难的。因此,对于有内因火灾发生的矿山,不能单纯依赖发火周期来指导生产,必须尽早准确地识别内因火灾发生的初期征兆,这对防止火灾的发生发展和及时扑灭火灾,确保矿井安全持续的生产具有极其重要的意义。

内因火灾的发展过程,要经过氧化自热、着火、燃烧和熄灭阶段,在上述各阶段,矿石堆的温度、氧浓度和二氧化硫浓度不同会出现不同的变化规律。

(1) 温度的变化。温度的变化可从三个方面来分析:1)矿石堆本身温度的变化可用升温率来表示。由现场试验结果表明,矿石氧化自热阶段按升温率高低可分为三个时期:①当温度小于 30 ~ 32℃,为氧化自热的孕育期(或称萌芽期),升温率小于 0.5℃/d;②当温度为 32 ~ 60℃期间,为氧化自热发展期,升温率大于 1℃/d;③当温度大于 60℃以后,为临近自燃期,升温率大于 10℃/d。在氧化自热期间,升温率的大小,随矿堆温度的增加而增加。2)矿石堆表面附近温度的变化。在氧化自热的孕育期及发展期,温度变化不大,临近发火期时,温度不断增加。3)环境温度变化。在孕育期和发展期几乎没有变化,临近发火期变化也很小。

(2) 氧浓度的变化。氧化自热在孕育期、发展期和临近自燃期时都使氧浓度减少,说明矿石堆因氧化而消耗了氧,但矿石堆中的氧含量却不因温度增加氧化速度加大而减少,均保持在 17% ~ 18%。这是因为矿石堆并非密闭空间,随着矿石堆温度的增加,自然风压(在此可称为热风压)随之增加,空气向矿堆中的流速将随着温度的增加而增加,故仍能保证矿石堆中氧的供给,使矿石堆中的氧浓度保持相对稳定。上述情况说明,测定矿石堆中的氧浓度可以知道矿石有氧化迹象,但不能识别氧化处于什么时期。

(3) 二氧化硫的变化。氧化自热的孕育期和发展期均未测出 SO_2,只有临近自燃期才测出 SO_2,并随温度的增加而增加,这说明 SO_2 气体是临近自燃期和发火期的产物。从室内自热试验也可以证明这一事实,一般胶状黄铁矿温度在 70℃左右才大量产生 SO_2,黄铁矿在大于 120℃时才大量产生 SO_2。

从上述对氧化自热阶段的温度、氧气及二氧化硫浓度变化的分析结果可知:氧浓度的减少只能说明矿石有氧化现象,因它保持相对稳定,不能说明氧化所处的阶段;SO_2 是自热后期即临近自燃期和发火期的产物,不能作为划分发火初期阶段的依据;温度的变化既能表示氧化的现象,又能表示氧化的程度,它是一个既可定性又能定量的综合指标。因此可以按矿石堆升温率的大小来划分发火初期阶段。

根据前述划分自然发火初期阶段的原则和依据,硫化矿岩自然发火初期阶段指矿岩氧化自热阶段的孕育期,而不应包括氧化自热的全阶段。因为在氧化自热阶段的孕育期采取相应的措施,对防止氧化自热的发展,延长发火周期,将会收到显著的效果;若让其温度升高到发展期和临近自燃期才采取措施,则增加了难度;如果到了自燃阶段,则可能出现火灾无法控制的局面。

11.4.4.2 识别硫化矿岩自燃发火初期阶段的方法

硫化矿岩自燃发火所经历的各阶段,会呈现出各自的特征,其中某些特征是氧化自热、自燃阶段共同的,如氧含量、pH 值相对降低,氧化产物、温度相对增加,只不过是程度不同而已。在氧化自热孕育期,上述变化程度较小,在氧化自热发展期、临近自燃期及自燃阶段变化程度较大。某些特征是临近自燃期及自燃期固有的。如除上述变化程度较大外,还产生 SO_2,并随温度的增加而增加。因此,为了正确地指导现场生产,提出的征兆应能反映发火孕育期的征兆,要把各阶段共同的特征和固有的特征区别开来。

(1)孕育期的主要征兆是:当氧含量相对降低,矿石中有机物参与氧化时,CO 及 CO_2 相对增加,氧化产物水溶性 Fe^{2+}、Fe^{3+} 及 SO_4^{2-} 增加,pH 值降低,且矿岩中的温度由常温稳定上升到 30℃ 左右时,可认为是发火的初期征兆。

(2)由于 O_2 减少,CO、CO_2 增加及氧化产物(矾类物质)的产生在各阶段都存在,迄今为止其量与各阶段的关系尚未揭露,实践表明,在硫化矿石堆中,有矾类物质存在、氧含量减少或 CO、CO_2 增加,只能说明矿岩有氧化现象,但不能说明处于何阶段。因此,只能作为定性指标,不能单独作为判定发火初期阶段的依据。

(3)温度的变化反映了硫化矿岩氧化的本质和程度,又反映了外界诸如地质、采矿技术条件和气象因素等热交换条件,且温度的变化在量的关系上与各阶段的关系已有所揭露,因此,温度是既可定性又可定量的综合指标。在硫化矿井中,只要系统地测定矿岩中温度的变化,便可作为判定矿岩发火初期阶段的依据。必要时,也可测定 O_2 的含量或 Fe^{2+}、Fe^{3+} 的含量,以证实温度的变化是否由于氧化自热而形成,但不必系统地测定。由于矿岩表面附近温度或矿石堆表面附近温度及环境温度在氧化自热阶段的孕育期变化甚微,因此,需测定矿岩中的温度。这可通过在矿岩中钻孔或在矿石堆中预埋测温钢管,系统地在钻孔或测温管中测定温度,当温度稳定地从常温上升到 30℃ 左右时,则为发火孕育期的征兆。

(4)SO_2 是自热已发展到相当程度临近自燃期及自燃阶段的产物,不能作为发火孕育期的征兆。实践表明,SO_2 是不稳定的气体,它很易与空气中的氧化合,SO_2 又很快与空气中的水蒸气化合形成硫酸雾,即使在采场矿岩着火烟雾弥漫、浓烟滚滚的情况下用检知管也测不出 SO_2,只有在直接冒烟处才可测出。

(5)关于巷道壁"出汗"是氧化自热到了相当程度乃至自燃阶段的现象,且金属矿山一般用水较多,大部分井巷均很潮湿,常出现水珠现象,相反,在某些大量崩矿的采场,用水较少,矿石干燥,氧化自热时无水分产生,即使在发火情况下,并不出现"出汗"现象,而且还显得干燥,因此,不能作为孕育期的征兆。

11.4.5 内因火灾的预防措施

为避免内因火灾,必须在开拓、采准、采矿方法及其回采工艺、通风等各个工艺环节采取有针对性的措施。

11.4.5.1 开拓和采准

(1)在确定开拓方法、井筒数量和井巷工程布置时,应尽量采用多井筒分散布置,优先采用无轨斜坡道或斜井的联合开拓,尽可能实行分区通风,以减少矿井总负压和向采空区的漏风,如果一旦发生火灾,这种布置便于人员撤出和进行防灭火工作,也便于采用分区采矿以减少损失。

(2)每个阶段和每个采区都应有两个能随时通行的安全出口,阶段高度不宜过高,尽量避免采用坑木支护。

（3）开拓井巷和采准巷道应尽可能布置在不可燃的底或顶盘围岩内，可以减少矿体的暴露面积和时间，减少矿石氧化的机会，而且一旦发生火灾也便于封闭部分采区。厚大矿体最好布置成环形巷道，利于隔离某一采区，而相邻采区能正常生产。尽量避免在可能发火的矿体内布置脉内坑道，减少超前切割量和矿柱矿量，以减少氧化发火的机会。有些运输和采准巷道如果要布置在有发火倾向的矿体中，则应用不燃的材料作支护，巷道周围喷涂防火材料。进风巷道尽量布置在地温较低的脉外。

（4）根据矿区自燃发火情况，合理划分采区，各采区间尽量采用独立的通风系统和联络道，并快速回采，使每个采区的开采时间短于自燃发火期，采完后立即将其封闭。

11.4.5.2 采矿方法

选择采矿方法要考虑下述因素：（1）快速开采，确保回采和放矿工作在矿石发火期前结束；（2）矿石损失率小；（3）采空区内坑木少；（4）采场中要有贯穿风流，能防止热量集聚；（5）一旦发生火灾时能具有迅速灭火的可能性，并且便于密闭、隔离、灌浆或充填。

选择采矿方法应综合考虑矿体的赋存条件，矿石自燃发火的特点和发火期，矿床的地质构造，采取的开采技术手段和防灭火措施等因素来选择合适的采矿方法。国内外部分自燃矿山采矿方法见表11-26、表11-27。

表 11-26 国内部分自燃矿山采矿方法

矿山名称	矿床成因或地质特征	矿体产状	矿石	围岩	开拓方式	采矿方法	发火情况	防灭火措施
冬瓜山铜矿			磁黄铁矿、黄铁矿、磁铁矿等	顶板：大理岩；底板：粉砂岩和闪长岩		空场嗣后充填采矿法		（1）采用空场嗣后充填采矿法；（2）控制一次崩矿量和矿石暴露时间；（3）建立完善的矿井通风系统和采场通风网路；（4）喷洒阻化剂
大厂铜坑矿	热液交代多金属硫化矿床	急倾斜厚矿体	细脉带含硫平均10.7%	顶板：碳染页岩，C=2.2%，S=2.8%	竖井	无底柱分段崩落法	采区起火，地表塌陷区冒烟	（1）覆盖陷坑裂隙；（2）灌水；（3）使用阻化剂；（4）局部封闭
铜陵铜官山矿	热液接触变质矽卡岩型铜矿	倾斜中厚矿体	氧化的磁黄铁矿，胶状黄铁矿，S=13.46%	顶板：大理岩；底板：角页岩	竖井	分条带崩落法	采场发火达百余次	（1）快速开采；（2）灌浆封闭
向山硫铁矿	中温热液黄铁矿	缓倾斜厚矿体	粒状、粉状、浸染状黄铁矿，S=15%～18%	顶板：凝灰岩；底板：闪长岩	竖井	无底柱分段崩落法	采场巷道发火80余次	（1）快速开采；（2）灌浆封闭
西林铅锌矿	高温热液充填交代矿床	急倾斜扁豆状矿体	磁黄铁矿、黄铁矿，S>30%	顶板：白云岩；底板：辉绿玢岩、花岗岩	平硐	留矿采矿法，空场法	采场堆积存矿起火	使用充填采矿法
武山铜矿（北矿带）		急倾斜似层状矿体	含铜黄铁矿、黄铁矿，S>30%	顶板：高岭土、黏土；底板：石英砂岩	竖井	钢筋混凝土假顶分层崩落法	采场、采空区自燃发火	采用石灰水阻化剂喷洒采空区
湘潭锰矿	浅海相沉积原生碳酸锰矿床	缓倾斜薄矿体似层状	顶板：黑色页岩，含黄铁矿，C=5%～6%，S=3%～4%；底板：砂岩	斜井	短壁式崩落法，分层崩落法；水砂充填	采场崩落区多发火，顶板自燃	（1）快速开采；（2）分区通风，加强通风管理；（3）局部垒充填带；（4）充填采空区；（5）灌浆封闭

表 11-27   国外部分自燃矿山采矿方法

矿山名称	矿床成因或地质特征	矿体产状	矿石	围岩	开拓方式	采矿方法	发火情况	防灭火措施
加拿大沙利文矿		巨型倾斜厚矿体	磁黄铁矿、黄铁矿、方铅矿、闪锌矿		竖井	深孔崩落法、分段留矿崩落法	采场及放矿巷道高温着火	(1) 快速开采；(2) 崩落围岩，形成废石带起隔离作用
日本下川铜矿		急倾斜中厚矿体	含铜黄铁矿、磁黄铁矿，S = 17% ~40%	顶板：黑色黏板岩		水平分层充填法，下向尾砂充填法	采空区残柱残留矿石升温起火	(1) 密闭；(2) 注尾砂、泥浆充填

全面采矿法、房柱采矿法、阶段采矿法和 VCR 采矿法只要爆破参数合理、爆破工艺得当、崩落的矿石能从采场中及时运出，可以用于回采自燃性矿床。这几种采矿方法，由于回采空间较大，通风条件较好，采下的矿石不会长时间地堆积在工作面，不易发生火灾，但当某些具体问题处理不当，也会引起火灾。

崩落法由于矿石损失较多，顶板崩落冒通地表后漏风大，采场工作面通风条件差，采空区散热慢，氧化聚热条件好。特别是阶段崩落法，矿石在采场留存时间长，因此自燃性矿床一般不宜使用一次崩矿量大的阶段崩落法。

对于矿石松软破碎、围岩不稳固、顶板易崩落、矿石价值不高的矿床，为了降低成本，也可以使用分段崩落法。充填采矿法(水砂充填、尾砂充填或胶结充填)由于矿石损失少，坑木消耗低，顶板及围岩不崩落，采空区漏风少，充填的惰性材料包围了遗留的矿石，减少氧化自燃的机会，且部分热量可被充填时的排泄水带走，因而其防火性能好，是一种有效的预防、控制、隔离地下火灾的最佳采矿方法，特别适用于大范围或燃烧已久的火灾矿山。

回采工艺注意的几个问题：

(1) 开采有自燃发火倾向的矿床，要从回采工艺、采掘机械化等方面努力提高采矿强度，使矿石在氧化自热、自燃之前就结束回采工作，并立即封闭采空区。

(2) 在有自燃倾向的硫化矿床开采中，爆破安全是特别值得注意的问题，其中有高温采区的爆破问题，有防止炸药自爆的问题和防止硫化矿粉尘的爆炸问题。

(3) 减少和控制一次崩矿量，因一次崩矿量过大，易引起自热和自燃。矿石在坑内积存时间不得超过发火期的 1/4 ~ 1/3。

(4) 对于坑内积存的可以发火的矿石，应定期清理，避免矿石损失积存在采空区自热和自燃，工作面要禁止留存坑木及易燃物。

(5) 改进采场的底部结构和崩矿参数，严格设计、施工，减少或避免矿石积压，使落下的矿石及时运走，防止大块卡斗造成长时间聚积自热和自燃。

11.4.5.3   通风

矿井通风注意的几个问题：

(1) 合理选择通风方式，完善通风系统。自然发火的矿山应采用压入式或多级机站压抽混合的通风方式。因抽出式通风会使火区有毒气体和高温矿尘容易溢入工作面，严重恶化工作面的作业条件，并使主扇遭受酸雾快速腐蚀；通风机必须有反风装置，并有可靠的反风风路及相应的通风构筑物，以便火灾发生时能根据需要及时更换通风方式，以控制火势，进行灭火。

通风系统应采取大风量低负压的分区独立通风系统或分区并联通风系统。多巷道平行并联的通风网络结构对自燃性矿床较为合适，即使某一采区发生火灾，高温和有害气体不致窜入其他采区。全断面贯通风流的通风，可以达到散热降温，减少漏风的效果。

同时还应经常检查回风风路，尽量减少采空区的漏风；正确选定辅扇，调节风门、风墙和风桥等通风构筑物的设置地点，并加强日常维护管理，避免向采空区漏风。

（2）均压通风防灭火。均压（调压）法防灭火，是在保证回采工作面有足够风量的前提下，调整回采工作面与采空（崩落）区之间的压力，使其压差接近于零，减少或杜绝采空区的漏风，以抑制采空（崩落）区内矿（岩）石自热自燃的发展，达到防灭火的目的（《采矿设计手册》有详细的阐述）。常见的调压方法包括：1）利用局扇和调节风窗调节（均衡）压力；2）利用主扇的总风压和调节风窗来调节和均衡压力；3）利用风筒使压力均衡；4）利用巷道和调节风窗来调节压力；5）利用局扇，调节风窗，并联风路实现调节和均衡压力。

（3）工作面通风与管理。每个回采工作面，最好有较强有力的风流贯穿工作面，工作面应保证一定的风速。根据经验，风速以 0.8 m/s 为宜，当然风量和风速应根据工作面的温度进行调整，以保持工作面的舒适度。

要加强通风管理，及时调整风路和风量，减少漏风。及时将可能发生自燃的地区封闭，隔绝空气进入，以防止氧化。对于采空区，除了堵塞裂缝外，还要在通达采空区的巷道口建立防火墙。用防火墙封闭采区后，要经常进行检查和观测，若发现封闭区内有自燃征兆，应进行灌浆处理。因为硫化矿氧化产生 SO_2 气体，对抽出式风机腐蚀较严重，故应采取适当的防腐措施并定期进行检查。

11.4.5.4 灌浆防灭火

灌浆就是把黏土、粉碎的页岩、电厂飞灰等固体材料与水混合、搅拌，配制成一定浓度的浆液，借助输浆管路注入或喷洒在采空区里，达到防火和灭火的目的。

A 灌浆防灭火的机理

灌浆是阻止矿石氧化、自热、自燃的一种可靠手段，是大多具有自燃发火危险的硫化矿山广泛用来预防和消灭矿井火灾的一种有效方法。该法通常使用黄泥灌浆，即将水、黄土、沙子以适当比例混合制成泥浆，借助自然压差或泥浆泵的压力，通过输浆管道或炮孔灌注到火区或采空区，泥浆在脱水过程中，可以降低火区温度，使其逐渐冷却，最终熄灭火源。泥浆沉积覆盖矿石，隔绝空气，阻止矿石氧化，因而达到预防和消灭火灾的目的。东乡铜矿、武山铜矿、向山硫铁矿等高硫矿山均采用过黄泥灌浆灭火，效果较好。

B 灌浆防灭火工艺

灌浆系统由制浆、输浆和灌浆三部分组成。

a 浆液的制备

（1）对浆液性能的基本要求是，浓度适当，渗透能力强。在浆液中，固体浆材与水的（体积）比例称之为浆液的（体积）浓度。用黄土做浆材时也称土水比。

（2）浆材必须满足下列基本要求：不含或少含可燃和自燃物质。不含催化物质，粒度一般不大于 2 mm，而且细小颗粒应占大部分。对于黏土，$d \leqslant 0.005$ mm 的颗粒应占 60% ~ 70%；页岩，$d \leqslant 0.077$ mm 者应占 70% ~ 75%。密度一般要求为 2.5 ~ 2.6 g/cm^3。塑性指数 IP，根据前苏联经验 $IP = 9 \sim 11$ 最适宜用于灌浆。

（3）制备工艺。泥浆的制备工艺，随取土方式和制浆设备不同而异。

1）水力取土自然成浆。这种方法适用以山坡表土层或储土场的积土为浆材。制浆过程为：先用爆破使表土层变松，再直接用高压水枪（水力喷射器）冲刷。黄土随水而流，在流动的过程中混合均匀，形成泥浆，用筛板过滤除去颗粒较大的沙石后，流入输浆管。

这种制浆方法，设备简单，投资少，劳动强度低，效率高。缺点是水土比难以控制，不能保证浆液质量。窑街、大同、淮南、义马等矿区一些矿井，采用这种方法。

2）人工或机械取土机械制浆。泥浆搅拌池应分成两格，一池浸泡，一池搅拌，轮换使用。浆池的容积，一般按 2 h 灌浆量计算，其底部有向出口方向 2% ~ 5% 的坡度，在泥浆引灌浆管前应设两层过滤筛子（孔径分别为 15 mm 和 10 mm），在注浆时应及时清除筛前的渣料。

b 浆液的输送

（1）输浆压力与输浆倍线。输送浆液的压力有两种：一是利用浆液自质量及浆液在地面入口与井下出口之间高差形成的静压力进行输送，称为静压输送；二是当静压不能满足要求时，应采用加压输送。前者使用较多。输浆倍线表示输浆管路阻力与压力之间关系,用 N 表示。

静压输送时 $$N = L/H \qquad (11-18)$$

加压输送时 $$N = L/H + h \qquad (11-19)$$

式中　L——浆液自地面管路的入口至灌浆区管路的出口管线总长度,m;

　　　H——浆液入出口之间的高差,m;

　　　h——泥浆泵的压力,m。

倍线一般控制在 3~8。过大时,应加压。过小时,容易发生裂管跑浆事故,可在适当的位置安装闸阀进行增阻。

(2)灌浆管道的选择。当管道中浆液恰好处于无沉积的悬浮状态时的流速,称为临界流速(v_c)时,也称不淤流速。临界流速是一重要参数。与临界流速对应的管径叫临界管径 d_c,两者的关系为:

$$v_c = \frac{4Q_m}{3600\pi d_c^2} \quad \text{或} \quad d_c = \frac{1}{30}\sqrt{\frac{Q_m}{\pi v_c}} \qquad (11-20)$$

灌浆量 Q_m 值一定时,与 Q_m 对应的(d_i, v_i)有很多组,可采用试算法确定 d_c。

(3)利用钻孔代替矿井输浆干管具有选点灵活、节省干管、投资少、维护费用低等优点,在岩层条件好、埋藏较浅时,应优先考虑采用;在有裂隙的岩层时,应下套管。

c　灌浆防灭火方法

按与回采的关系分,预防性灌浆有采前预灌、随采随灌、采后封闭灌浆等三种。

(1)采前预灌,即是在工作面尚未回采前对其上部的采空区进行灌浆。这种灌浆方法适用于开采老窑多的易自燃、特厚矿床。

(2)随采随灌,灌浆作为回采工艺的一部分,随工作面回采向采空区灌浆。随采随灌又有埋管灌浆、插管灌浆、洒浆、打钻灌浆等多种方法。

(3)采后注浆,可以利用钻孔向工作面后部采空区内注浆。采空区封闭后,在密闭墙上插管灌浆,防止遗留矿岩自燃。

目前采用的灌浆方法主要有:

1)钻孔灌浆,在运输或回风巷道或专门开掘的灌浆巷道内,每隔一定距离(10~15m)向采空区打钻灌浆;

2)埋管灌浆,把灌浆管铺设在工作面的回风道内,在回风巷的灌浆支管上接一段预埋钢管(10~15m),预埋管和支管之间用高压胶管连接;

3)工作面洒浆,为了保证灌浆质量,自然发火危险性较大的工作面应在埋管灌浆的同时还向采空区喷洒灌浆。其方法是从回风巷灌浆管上接出一根预埋管,沿倾斜方向分段向冒落区里喷洒泥浆。

(4)灌浆管理。加强灌浆管理对保证灌浆质量、提高灌浆效果至关重要。随采随灌时注意观察灌入水量与排水量比例,如果排出水量过少,则说明灌浆区可能有泥积存,应停止灌浆。如果排出水里含泥量过大或过于集中,说明采空区已形成泥浆沟,灌浆不均匀,应移动管口位置。灌浆后应再灌几分钟清水,清洗管道,以免泥浆在管道内沉淀。

11.4.5.5　阻化剂防灭火

阻化剂是能抑制或延缓硫化矿石自然氧化的所有物质(包括无机物和有机物)的总称。但根据硫化矿石氧化自燃的特点,具有工业应用价值的硫化矿石自燃阻化剂应该是能溶于水,具有较好的流动性,能够较好地附着在硫化矿石表面,并能抑制或延缓硫化矿石自然氧化的化学药剂。

A　阻化剂防灭火作用机理

阻化剂防灭火作用机理是:(1)阻碍或延缓硫化矿石低温氧化产物的生成;(2)在矿石表面造成液膜,从而使矿石与空气隔绝,阻止空气中的氧气与矿石的接触氧化;(3)降低矿石的温度及其表面反应速度;(4)保持矿石的外在水分或一定湿度,将矿石的温度控制在较低状态,从而抑制矿石的氧化自燃。

　　能作为钝化型阻化剂的物质种类较多,如氧化镁、钙镁合剂、氧化镁和氯化镁废液、五氧化二磷、三氧化铝、碳酸钠、水玻璃、石灰等,且已被证明具有较好的阻化效果。

　　B　阻化剂防火工艺

　　常见传统阻化剂包括黄泥、水泥砂浆、硅酸钠和氯化钙等,但普遍存在阻化效果不稳定、寿命短等缺点。新型阻化剂包括复合阻化剂、高聚物乳液阻化剂、水溶性阻化剂、粉末状防热剂和能够捕捉氧化过程中产生的游离基(自由基)的阻化剂。

　　应用阻化剂防火的主要方法是:表面喷洒、用钻孔向煤体压注以及利用专用设备向采空区送入雾化阻化剂。压注和喷洒系统有移动式、半固定式和固定式三种。

　　根据经验,阻化剂在采场中应用的方式一般有移动式和固定式两种,移动式阻化剂制备系统成本低、机动灵活,但单位时间制液量比较小,因此比较适合于生产规模较小、采场比较分散、且发火危险点不多的矿山。固定式阻化剂制备系统要求在井下开掘硐室修筑阻化剂制备站,因此成本较高,但制液量大,稳定,适合生产规模较大、采场比较集中、发火危险点多的矿山。

　　11.4.5.6　洒水防灭火

　　A　水防灭火作用机理

　　水在硫化矿石自燃过程中所起到的催化和阻化两重作用:一方面,硫化矿石氧化过程中有水参与时会加速其氧化;另一方面,过量的水能起到隔氧降温的作用,有利于延缓硫化矿石的氧化并吸收其氧化放出的热。

　　(1)水在预防矿石氧化自燃中的积极作用包括:

　　1)水的热容很大,汽化温度较低,当矿石中含有大量水分时,其温度上升比水量少时要慢,有利于延缓硫化矿石聚热升温自燃。

　　2)水在硫化矿石表面形成一层水膜时,可使硫化矿石表面与空气隔绝,可造成硫化矿石表面因"缺氧"而使氧化速度减慢。

　　3)多孔介质岩石含水量与其导热系数之间存在正比关系,因此含水量丰富的矿石堆有利于散热。

　　4)当矿石堆温度较高时,水在汽化过程中形成的水蒸气将充满在矿石堆空隙中,则排除其中存在的部分空气,使空气中的氧浓度得到稀释,从而减缓矿石的氧化。

　　(2)水在预防矿石氧化自燃中的消极作用包括:

　　1)水能参与硫化矿石的氧化,因此矿石堆内适度的水是有利于氧化。

　　2)水是硫化矿石低温电化学过程的必备物质。水使矿石表面形成电解质溶液,是硫化矿石氧化的电化学过程得以持续进行的基础,因此水能起到促进电化学反应的作用。

　　3)水的流动能将某些覆盖于矿石表面的氧化产物如金属离子,起钝化作用的难溶性沉淀物运移,通过电化学机理的分析已知,这也是硫化矿石表面电化学过程持续进行的必要条件。这一点也说明水能起到促进电化学反应的作用。

　　4)水对矿石的湿润还有可能导致大块矿石的碎裂,从而增加矿石表面的氧化反应。

　　5)特殊的水,如矿坑的酸性水和热水还是矿石的强氧化剂。

　　水在防止硫化矿石氧化自燃过程中起到积极和消极两个方面的作用,与硫化矿石的含水率有直接的关系。因此为了充分发挥水的阻化作用,趋利避害,必须控制矿石中的水分含量,使之处于最佳的防火状态。

　　在现场应用一般采用的方式是将配好的阻化剂溶液用管道输送到采场,然后用人工方式在矿堆表面进行喷洒,使阻化液自然流动渗透进入矿堆内部。现场使用阻化剂时要根据火区的地点、规模、采场的构成要素、现有的管道输送系统以及水源等条件因地制宜,有的放矢地采取有效合理的喷洒方案。

　　B　洒水防灭火工艺

　　在用水进行防火时,应充分发挥其防火性能。在实际应用时,对矿石堆进行短时大量的喷水,以便使水不致在短时大量汽化并尽量减少其起到运移氧化产物,加速矿石的氧化,增加酸性蒸汽等副作用。还应避免使矿石发生频繁的干湿变化,因为这会促使矿石不断暴露新鲜表面,加速矿石的氧化,以及在浇喷水后应继续保持矿石有适宜的湿度,防止其氧化的重新加剧或复燃。

采场中的水的施加可以通过铺设管道或利用钻孔进行喷洒或浇灌。另外,在施加水时,还应做到使水较有效地渗入矿堆内部,只有这样才能使矿石堆内部矿石的氧化得到有效的抑制。要改善渗透效果,可采用加大水压或隔离矿堆周边使水较长时间地充分渗入到矿堆内部等方法解决。

水除了应用于防火外,在灭火方面应用也十分有效,这方面在国内外均有许多成功的案例。我国的大厂锡矿、向山硫铁矿、湘潭锰矿以及前苏联的捷克利铅锌矿等矿均采用过注水灭火的措施,均取得了较好的效果。

11.4.5.7　硫化矿石自燃火灾防治技术要点

A　预防硫化矿石自燃的有关问题

(1) 矿山必须详细进行地质调查,掌握各类硫化矿石的分布规律、地点及其特征,并结合对矿石自燃倾向性的测定结果,从而确定有可能发生矿石自燃的危险区。

(2) 测定矿石的自热特性及有关热物理参数,并结合崩矿与出矿的技术参数(如一次崩矿量、矿石块度、出矿时间等)和环境条件预测矿石发火周期。如果发火周期很短(小于出矿时间),则必须改变一次崩矿量或实行强化出矿或采取阻化技术措施。

(3) 选择矿石损失率小的采矿方法,保证损失在采场中的矿石量达不到氧化聚热的临界体积。

(4) 有底部结构的采矿方法,要考虑底部结构受破坏(如卡斗等)时出不了矿的情况及应急处理方法。

(5) 当采场矿石已经出现高温或自燃时,不允许继续崩矿。否则,由于环境温度很高和传热作用,新崩下的矿石很快就会进入高温快速氧化阶段,在很短时间内就可以发生自燃。再继续崩矿就会导致发火恶性循环,使火灾不断延续下去,最终无法采矿。

(6) 采场矿石处于自热阶段(矿堆中温度低于60℃),矿堆表面的温度及环境温度并不会明显升高,也基本无 SO_2 气体放出。当人感觉到矿石堆表面很热或灼手和看到冒烟时,此时矿堆已经发生自燃。因此,只有测定矿堆里面的温度才能达到早期预测火灾的目的。

(7) 矿石氧化一般都从表面开始,矿石的比表面积与矿石的块度成反比,块度越小,比表面积越大,因此,对于有自燃倾向性的粉状矿石,其比表面积很大,它们与湿空气的接触非常充分,此时单位体积矿石的吸氧量及放热量很大,导致矿石更容易自燃。

(8) 试验表明,对于同一类硫化矿石,其晶体颗粒越小,自燃危险性越大。例如,微细颗粒晶体的黄铁矿就比粗颗粒晶体黄铁矿更易自燃,胶状黄铁矿(晶体极微,似胶状)就比黄铁矿易发火。

(9) 由现场发火案例统计表明,胶状黄铁矿、磁黄铁矿的发火概率比其他硫化矿石高,因此,在生产中应加以足够的重视。

(10) 通风排热方法只适用于当风流能在矿石堆上流过的情况,对于无底柱分段崩落法进路的爆堆、有底柱分段崩落法的崩落矿堆,采用加强通风的方法只能改善有风流流过的风路的热环境,而对排除这类采矿方法的矿石堆中的氧化热作用甚微,即使是贯穿风流的采场,如果矿石的厚度很大(如留矿法),此时通风对矿堆深处也起不到排热的作用,在上述两种情况中,当然更谈不上有什么临界排热风速存在的事。

B　扑灭硫化矿石自燃火灾的有关问题

硫化矿石一旦发生自燃,就必须及时采取措施加以扑灭。灭火的方法有直接灭火法、隔绝灭火法和联合灭火法等,而对具体的火灾可以提出很多灭火措施,下面仅把采取有关灭火措施中应注意的关键问题简述如下:

(1) 用水灭火只能适合于小规模矿堆(如数百吨以下)。如果矿堆体积大,温度高,其热能巨大,要用水把巨大的热能带走,必须耗费大量的水和较长的时间,而且大量水蒸气与 SO_2 生成硫酸雾对全矿会带来许多不利的影响,用水灭火应根据发火矿堆的热焓计算用水量,从而确定其灭火方案是否可行。如果水不能均匀地喷洒到发火矿堆上,也不能用水灭火。

(2) 铺散矿堆灭火只适合于很小的发火矿堆,矿堆铺开后,由于矿石与环境的换热面积增大,从而散热传热加快直至冷却,但如果发火矿堆温度较高,当矿堆被耙散后高温矿石与氧气接触更加充分,则矿石在短时间燃烧会更猛烈,短时会产生更多的 SO_2 气体。

(3)强行挖除火源的方法危险性较大,这种灭火方法也只适应小范围火灾,而且人员可接近的情况,当人进入火区前,必须佩戴好防毒面具,在上风侧接近发火矿堆。

(4)隔绝灭火是比较安全有效的灭火方法,但许多采场、采空区往往不能做到完全密闭,而且密闭后要经过比较长时间后火灾才会冷却熄灭。当希望打开密闭恢复生产时,必须等火区的矿石完全处于冷却后才能进行,否则矿石会很快复燃。

(5)均压灭火方法对于硫化矿井内因火灾很难有效,因为即使采场没有风流流动,局部区域空气的自然扩散也可以为矿石氧化提供足够的氧气,而且在现场上几乎不可能做到完全均压。这种方法仅能与隔绝灭火法联合作用,以减少密闭墙的漏风等。

(6)判断火灾是否熄灭,必须以矿石堆里的最高温度为依据,当矿石堆里最高温度接近于正常环境温度时,才能认为火灾已经熄灭,火区矿石堆外的气温和 SO_2 浓度不能作为判定依据。

11.4.6 硫化矿石堆自燃预报方法

矿石自燃早期预报方法主要有标志气体分析法、测温法、示踪物质法等。预报的手段主要有人工取样监测分析预报和实时监测预报系统。

11.4.6.1 标志气体分析法

标志气体分析法预报技术主要利用硫矿石自燃时释放 SO_2 作为指标气体预报其自燃的发展过程。对于含有碳质页岩的硫矿,其标志气体成分较为复杂,需根据发展态势分别加以测定。标志气体指标分为两类:一类是利用某些标志气体的浓度直接进行预报;另一类是利用某些气体组分的变化率或某些气体组分间变化规律。

监测手段主要有检知管、气体传感器、便携仪表等。

硫化矿石在氧化自热阶段,会分解出反映自燃征兆的气体产物(如 SO_2)。当矿质一定时,该气体产物和温度之间存在一定的规律,由检测到的气体浓度可以判断硫矿自燃的危险性。标志气体分析法预报技术比较完善,相应的分析技术和监测系统都已配套,但由于指标气体(如 SO_2)是矿体自燃发展过程中温度升高产生的氧化气体,只能在矿体已经自热或自燃时才能检测到,而且气体产量较少,并随着风流流动。

该预报技术无法确定高温区域、自燃发展速度和趋势以及矿体可能达到的温度。可以建立研究采空区气体流动数学模型和采空区指标气体(如 SO_2)浓度分布数学模型,并联合求解,以判断气体涌出源位置即高温点位置,从而预报采空区自燃危险区域。但这些技术目前仍处于研究阶段,在实际应用中还有很大困难。

11.4.6.2 测温法

测温法就是测定井下矿体与周围介质的温度变化情况,因为松散矿体及周围介质温度的升高直接反映着硫矿石的氧化程度。测温法是发现矿石自热和探寻高温点及火源的最直接、可靠的方法。

目前,探测煤自燃发火的测温仪主要有红外线测温仪和温度传感器两种。

红外线测温仪对于测量煤堆的自燃十分有效,该仪器可以运用到硫矿堆自燃预报当中,但它只能探测出物体表面与仪器垂直部位的温度,而且要求中间无遮挡物,因此,不适应于松散矿体内部或相邻采空区内部的温度检测。

用温度传感器预测松散矿体可能发火区域和高温点的方法是在产生自燃发火几率较高的区域埋设测温热电偶探头,远距离连续检测矿体的温度,研究松散矿体的温度分布及温度变化的规律。该方法具有预测可靠、直观的优点,但其预测预报范围较小,安装、维护工作量大。温度传感器主要有热电偶、测温电阻、半导体测温元件、集成温度传感器等。

可以考虑将标志气体分析法与测温法结合起来使用。还可以使用示踪物质来预报硫矿自燃的特征参数和规律。

11.4.7　矿山实例

11.4.7.1　冬瓜山铜矿

冬瓜山铜矿是特大型铜硫矿床,矿石中金属矿物主要有磁黄铁矿、黄铁矿、磁铁矿等。脉石矿物主要有石榴石、透辉石、蛇纹石等。矿石工业类型主要分为铜硫矿石、单硫矿石。矿体顶板主要为大理岩,$f=5\sim8$;底板主要为粉砂岩和闪长岩,$f=13\sim15$;矿体 $f=12\sim15$。矿床水文地质条件中等,矿体位于地下水循环带内,顶、底板弱含水和弱渗水。

防灭火综合技术措施如下:

(1) 采用空场嗣后胶结充填采矿法(图11-40)。将矿块分成矿房、矿柱两步骤回采,矿房采用尾砂胶结充填,矿柱采用分级尾砂充填。

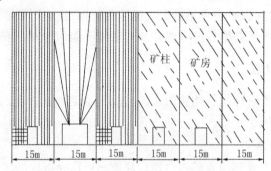

| | 15m | | 15m | | 15m | | 15m | | 15m | | 15m | |

图 11-40　空场嗣后胶结充填采矿法

(2) 优化崩矿工艺,控制一次崩矿量和矿石暴露时间。根据冬瓜山硫化矿石自燃倾向性测定结果和建立爆堆自燃预测模型计算出有自燃倾向性矿石的一次崩矿量与允许堆放时间的关系,见表11-28。

表 11-28　有自燃倾向性矿石的一次崩矿量与允许堆放时间的关系

矿石类型	含铜磁黄铁矿	含铜黄铁矿	胶黄铁矿	矿石类型	含铜磁黄铁矿	含铜黄铁矿	胶黄铁矿
一次崩矿量/t	2500	2500	2500	一次崩矿量/t	20000	20000	20000
安全堆放时间/d	78	80	86	安全堆放时间/d	62	62	63
一次崩矿量/t	5000	5000	5000	一次崩矿量/t	30000	30000	30000
安全堆放时间/d	75	76	74	安全堆放时间/d	58	57	59
一次崩矿量/t	10000	10000	10000				
安全堆放时间/d	70	69	69				

从表11-28可以看出,如果采场能保证每天1000t以上的连续出矿能力,则可保证采场不会发生矿石自燃火灾,对于采矿、出矿结束的采空区,应及时进行充填,以防止采空区残存的矿石,长期堆置氧化生热。

(3) 建立完善的矿井通风系统和采场通风网路,使其有足够的风量排热降温,尤其在矿石低温氧化阶段。在矿石进入高温氧化阶段,通风对控制矿堆自燃火灾不起作用。

(4) 在矿石崩落后缓慢升温阶段,可喷洒阻化剂(如氧化镁、氯化镁和氧化钙的混合液),来抑制矿石的自热,此时喷洒可起到事半功倍的作用。在矿石自燃后,也可喷洒阻化剂灭火,达到降温排热的效果。

(5) 隔绝灭火是比较安全有效的灭火方法,但许多采场、采空区不可能做到完全密闭,而且密闭后要经过较长时间火灾才会熄灭,因此,加速发火采空区的充填,用充填料覆盖自燃残矿是一种行之有效的方法。

11.4.7.2　铜山铜矿

铜山铜矿矿床成因为中低温热液交代型,矿体分布零散,产状复杂,形状不规则,围岩尤其是底板围岩很不固。矿体分布在3个区段。铜山区主要为1号矿体,前山区主要为84号矿体,前山南区为4号矿体和30号矿体。

铜山区1号矿体为矽卡岩型,倾角为 $20°\sim60°$;矿体底板为闪长岩,煤系,极不稳固;顶板为矽卡岩,不稳固。前山区84号矿体为黄铁矿型、黄铜矿型和辉铜矿型,属急倾斜矿体,底板为五通燧石石英岩及风化闪长岩,极不稳固。顶板为大理岩,节理发育,中等稳固。前山南区4号矿体为磁铁矿型和黄铁矿型,矿体倾角为30°~55°,底板为风化闪岩,极不稳固。顶板为大理岩,稳固。30号矿体为黄铁矿型和磁铁矿型,矿体倾角为30°~55°底板为风化闪长岩,极不稳固,顶板为燧石岩,稳固性一般。

防灭火综合技术措施如下:

(1)每一出矿采场在出矿时要有独立的分区回风系统。

(2)采场进行大爆破,装药结束后,要将未装入孔内的零散炸药运出采场,创造良好的散热条件,确保采场与上中段及本采场联络道畅通,使之缓慢氧化的热量能不断散发出去。

(3)选择合理的爆破参数。根据该矿的凿岩条件和矿石性质,将孔口药距控制为中孔(药径45 mm)0.8~1.0 m,深孔(药径80 mm)1.0~1.5 m,以控制矿石爆破过粉碎程度,从而减小气、固间接触面。

(4)在电耙道耙运过程中,必须遵循"均匀耙矿"的原则,减少单个漏斗控制范围内在单位时间内"搅动"次数,以降低矿石间摩擦生热和氧化速度。

(5)定期对电耙道进出风量进行测定,进风量不得低于90~120 m³/min,出风量要达到进风量95%~96%以上,从而控制漏斗中进风量。

(6)对电耙道中的风速进行定期测定,在电耙道尾部设置风扇,确保排尘风速不得低于0.5 m/s,从而防止硫尘过高而产生硫尘爆炸。

(7)确保采场各分层联络道与顶底板天井畅通,充填井、切割井与上中段必须沟通,增加散热点数。

(8)在电耙道与进风端天井处设置风帘,从而使电耙道与上部风流隔开,中段供风在出矿作业时尽量只供电耙道形成贯穿风流,满足排尘需要。

(9)尽量减少二次破碎次数,将炸药量控制在6 kg/次以内。

(10)定期测定采场总排风口的SO_2浓度,当SO_2浓度突然升高时就要引起重视,暂时切断电耙道进风口,停止出矿。

(11)定期测温。对散热口进行定期测定温度,当发生温度突然升高现象,这是将要发生燃烧的危害征兆,必须采取强制降温措施。

(12)采矿回采顺序由底板向顶板推进,以避免顶板地热过早暴露出来。

(13)采场出空后,立即封闭、充填,以缩短矿石氧化放出的SO_2气体危害时间。

(14)确保进、回风巷道的风量调节设施完善。

(15)经常观察出矿采场周围表象特征,及时掌握处于燃烧过程中的阶段。

(16)定期观察SO_2、CO、CO_2浓度,SO_4^{2-}浓度和水的pH值。

11.4.7.3　新桥硫铁矿

新桥硫铁矿是以硫为主,伴生铜、铁、铅、锌、金、银等多种金属的大型硫化矿床。该矿某中段矿石自然类型有黄铁矿型矿石、黄铁矿型铜矿石、浸染型铜矿石、铅锌矿石、磁铁矿矿石,均为原生矿。矿石构造以致密块状、角砾状、脉状为主。主要结构有自形半自形晶体结构,交代熔蚀结构和胶状结构等。矿石的矿物成分中,主要金属矿物有黄铁矿、黄铜矿、磁铁矿、闪锌矿、方铅矿等;次要金属矿物有赤铁矿、磁黄铁矿、斑铜矿、辉铜矿等;脉石矿物有方解石、石英、绿泥石、透辉石等。矿石的化学成分主要为硫和铁,以及少量的二氧化硅、氧化钙、氧化镁和水。

矿山防火主要技术措施如下:

(1)加强采场矿堆温度监测,准确把握矿石氧化自热的初期征兆。矿堆温度的变化是判断矿石氧化自热处于何阶段的关键指标,特别是初期征兆的识别,对矿石自燃发火的预防起着至关重要的作用。实践证明:当采场矿石出现升温趋势,且矿堆温度高出环境温度5~6℃时,则必须采取有效措施,加快出矿、铺散、浇水、覆盖等,绝不能继续崩矿,使矿石处于更有利的聚热环境和快速反应阶段,造成火灾扩展和蔓延。

(2)改进采场的底部结构,减少或避免矿石积压。对于有自燃危险的矿块,要严格设计、施工,改进其底部结构和崩矿参数及回采工艺,使落下的矿石全部或绝大部分能顺利进入电耙道及时耙出。

防止大块卡斗,防止矿石大量损失于采场中造成长时间聚积自热和自燃,特别是对已经拉底后由分层充填法改为分段空场嗣后充填法的采场的两条人工电耙道间的残留矿石要及时处理。

(3)缩短采矿周期,严格控制一次崩矿量。实践证明,任何矿石从氧化自热到自燃发火皆有一定的周期,其影响因素很多,但主要与矿石类型和一次性崩矿量有关,一次崩矿量越大,其自燃发火周期越短,因而严格控制一次崩矿量对预防自燃火灾有积极的意义。采用缩短采矿周期,不给矿堆聚热以足够的时间,这是预防矿石自燃,减少和避免火灾最为有效的方法。

(4)加强采场通风,改善矿堆环境条件。加强采场通风的实质是散热降温,有时也可适当对氧化自热的矿堆浇水,以进行"冷处理"。但须严格控制,因为通风、洒水会带来大量的氧气和水,从而加速矿堆氧化自热速度,用得不当,可能会适得其反。

11.5 放射性矿床开采

11.5.1 概述

放射性矿床主要是指含有天然放射性元素铀、镭、钍,在现代技术经济条件下,具有工业利用价值的矿床。放射性矿床主要是指辐射性能偏高的铀矿床,钍的原子能利用有潜在远景,但目前尚没有开发。钍矿床主要是砂矿型,热液钍矿也具有巨大的潜在价值。此外部分矿床因含有铀成因铅和钍成因铅等铅同位素而具有放射性,如在秦岭地区的含放射性成因铅 – 异常铅的铜矿床。

放射性矿床中的天然放射性核素 ^{238}U、^{235}U、^{226}Ra、^{228}Ra、^{232}Th,它们的半衰期都很长(^{238}U、^{235}U、^{232}Th 半衰期分别达到 4.49×10^9 年、7.13×10^8 年、1.39×10^{10} 年),在衰变过程中能产生一系列子体核素并放出 α、β、γ 射线。除此之外还有不成系列的钾、铷等放射性核素。

放射性矿床与普通矿床的开采方法基本相同,所不同的是前者因含放射性核素而具有较高的放射性,因而在矿床勘探、开采、辐射防护、通风环保等方面均有其本身的特点。

11.5.2 放射性及其危害

放射性矿床均有放射性危害,其危害程度随矿床中放射性核素的种类和含量高低而不同。氡是放射性镭的衰变产物,是一种惰性气体,而镭则是铀和钍的衰变产物。铀矿床中氡 ^{222}Rn 的半衰期为 3.82 天,氡气及其子体对铀矿工人的内照射,造成了铀矿的主要放射性危害。钍矿床中的钍射气氡的同位素 ^{220}Rn 半衰期为 55.6s,只有钍含量很高的矿床,钍射气及其子体才有一定的放射性危害。锕铀仅占天然铀的 0.72%,锕射气氡的同位素 ^{219}Rn 半衰期为 3.96s,其放射性危害较小。

此外,铀、钍衰变子体所放出的 β、γ 射线,对矿工形成全身外照射。当矿体含铀品位很高时(地下矿高于 1%),γ 外照射不容忽视。β 射线比 γ 射线的照射剂量小得多,一般不考虑。

目前资料显示,高浓度氡气吸入人体后形成照射,破坏细胞结构分子,将会造成上呼吸道和肺伤害,氡的 α 射线会致癌。WHO 认定的 19 种致癌因素中,氡为其中之一。铀矿山矿工吸入氡子体对肺造成的剂量比氡大 20 倍,氡子体是诱发矿工肺癌的主要原因;其次是矿尘和长寿命放射性气溶胶。国内外铀矿开采实践表明,矿工吸入矿尘和放射性核素,在其共同作用下引起的肺癌发病率比一般高 3 ~ 30 倍。氡及其子体致癌的潜伏期为 17 ~ 20 年。

我国矿山井下氡初步测量结果表明,相当一部分非铀矿山因为通风不足等原因致使井下工作人员暴露于高氡工作环境,这些矿山从业人员多,集体剂量大,也要做好对放射性危害的防治工作。

氡是镭的衰变子体,是自然界唯一一种天然放射性惰性气体,无色、无味、无臭、透明,密度 9.96 mg/m³,是空气的 7.7 倍。可溶于水、油、血液和脂肪,能被黏土、硅胶、活性炭等多孔材料吸附。在不同矿岩中的扩散系数为 $(0.05 \sim 10) \times 10^{-2}$ cm²/s,射气系数 $S_\alpha = 5\% \sim 40\%$,氡在矿岩孔隙中运移,进入矿井大气,并不断衰变生产 RaA、RaB、RaC、RaC′等子体。这些固体微粒一部分很快与矿尘结合形成放射性气溶胶。氡及其子体在矿井空气中,浓度随空气在井下经过的路程和停留时间而迅速增高。3.7 kBq/m³ 的氡处于放射性平衡

时的子体 α 潜能为 $1.278 \times 10^3 \text{MeV/L}$。

11.5.2.1 铀矿中氡的来源

氡是镭元素在其衰变过程中释放出 α 射线形成的。铀矿中的氡主要来自含铀矿岩石的暴露表面、地下堆积的铀矿石、采空区或冒落塌陷区、充填料、采场和矿井水。各种来源占的比例大小随采矿方法、开采深度、通风条件而不同。铀矿在开采中，若矿石含铀品位高，块度小，细矿多，氡析出量将随矿井或采场的存矿量增加而增多。几个铀矿山的实测数据见表 11-29。

表 11-29　矿井氡析出量和来源(1980~1985 年)

矿　山	716-2		711-1		771-1		712-2		743-301	
氡来源	氡析出量/(kBq/s)	%	氡析出量/(kBq/s)	%	氡析出量/(kBq/s)	%	氡析出量/(kBq/s)	%	氡析出量/(kBq/s)	%
矿井总排量	619.5	100	985.3	100	793.6	100	345	100	603.5	100
采空区、崩落区	545.4	88	351.5	35.7	232.3	29.3	150	43.5	240	39.7
顺路井充填体			222	22.5	168	21.2			130	21.5
矿岩石表面	64.8	10.5	334.6	34	358	45.1	181	52.5	187.2	31.1
崩落矿堆			70.5	7.2	35	4.4	14	4.0	48.6	7.7
矿井水	0.8	0.73	6.7	0.67						
其他	8.5	1.4								
采矿方法	分层崩落法		充填法		充填法		进路短壁法		充填法	
通风方式	对角两翼抽出式		对角单翼抽出式		对角两翼抽出式		对角两翼压入式		对角单翼压入式	

一般情况下，采空区、冒落塌陷区和采场是铀矿井氡析出的主要场所，也是高品位铀矿床矿井通风防护必须严加控制的主要场所。表 11-30 为某铀矿全矿井氡释放分布。另外，非铀放射性矿山井下氡主要来源于岩石裂隙和采空区。

表 11-30　某铀矿全矿井氡释放分布

场　　所	秒释放量/(Bq/s)	年释放量/(Bq/s)	占总排氡量的百分比/%
260~300m 采空塌陷区	2.53×10^5	1.11×10^{13}	60.9
235m 副中段冒落塌陷区	1.07×10^5	3.36×10^{12}	18.5
180~220m Ⅱ号采场	8.94×10^4	2.82×10^{12}	15.5
巷道壁、水仓等	2.95×10^4	9.28×10^{11}	5.1
全矿总排氡量	5.79×10^5	1.82×10^{13}	100

铀矿山通风设计所用的氡析出量一般要经过实际测量来确定。采场氡及其子体主要来自入风污染、围岩和尾矿堆析出。

11.5.2.2 氡析出率的测定

氡析出率测定通常是为铀矿部门通风设计提供可靠依据，以便达到坑道防氡降氡的目的。

氡析出率 δ 是从介质表面单位面积、单位时间析出的氡量。铀矿氡析出率大小主要取决于含铀品位的高低。所以，铀矿中矿体暴露表面析出氡为主要氡源，其主要影响因素是介质的性质、结构、铀含量及通风状况等。为了适合于工程使用，这里引入当量氡析出率 δ_e，即将铀品位(U%)折算到 1%，铀、镭平衡系数 K_p 折算到 1 时的氡析出量。一般情况下，对一定的介质和通风条件，δ 为常数。但实测数据波动较大。其主要影响因素是风量和风压及温度等。考虑到实测数据的统计误差，经回归分析提出建议值，供通风计算时参考。

$$\delta_e = \delta / (U K_p) \tag{11-21}$$

矿岩氡的析出能力主要取决于矿岩的粒度、厚度、密度和空气的渗流作用等,破碎矿岩氡析出能力较未破碎矿岩的大得多。尾砂射气能力实测见表11-31。氡析出率量计算公式见表11-32。破碎矿石和充填料氡析出能力实测数据见表11-33。测得氡析出率后,氡析出量按表11-34中公式计算。

表 11-31 尾砂射气能力

尾砂类型	未分级尾砂	分级尾砂	胶结尾砂
射气能力/$[Bq/(s \cdot m^3)]$	4.1~22.4	1.7~15.7	3.7~11.1

表 11-32 氡析出量计算公式

氡来源	氡析出量/(Bq/s)	公式符号注释
矿岩表面	$U = \dfrac{S}{HAK_i(1-S_e)} \times 0.01\%$	K_p——铀镭平衡系数; W——矿岩 α 重量,t;
崩落矿堆	$R_2 = \delta_k W = 259 W U K_p S_e \alpha$	S_e——射气系数; α——氡析出系数0.1~0.2;
地下水	$R_3 = Bcf$	B——矿井涌水量,m^3/s; c——矿井水氡浓度,Bq/m^3; f——水氡释放系数;
尾砂充填	$R_4 = \displaystyle\sum_{i=1}^n F_i L_m \beta$	F_i——充填体表面积,m^2; L_m——氡在充填体中扩散长度,1~2m; β——射气能力,$Bq/(s \cdot m^3)$

表 11-33 破碎矿岩氡析出能力

矿 山	品位/%	风速/(m/s)	千吨矿石氡析出能力/(kBq/s)	每米顺路井氡析出能力/(kBq/s)
711	1.1~1.2	0.5	1.76	0.12
712	0.08~0.1	0.5	16.87	
713	0.2~0.5	0.5	11.73	

表 11-34 氡析出率实测方法与计算公式

实测方法	氡析出率	备 注
全巷动态法	$\delta_e = \dfrac{Q(c_i - c_o)}{\displaystyle\sum_{i=1}^n S_i U_i K_p}$	Q——风量,m^3/s; c_i, c_o——入出风口氡浓度,Bq/m^3; δ_e——当量氡析出率,$Bq \cdot m^{-2} \cdot S^{-1}/(1\%)$;
局部动态法	$\delta_e = \dfrac{Q(c_i - c_o)}{S}$	S_i——第 i 块射气面积,m^2; U_i——被测区铀品位,%; S——被测面积,m^2;
全巷、局部静态法	$\delta_e = \dfrac{V(c'_i - c'_o)}{S_i}$	V——积累箱体积,m^3; c'_i, c'_o——密闭初、终氡浓度,Bq/m^3

11.5.2.3 氡析出率监测方法

由于氡析出率的确定受环境、气象等因素的影响,要求测量氡析出率的方法简单方便,并且抗干扰性强、稳定性能好。目前氡析出率测定方法有以下三种:

(1)自动连续测量,即连续记录测量结果,但测量费用较高、维护困难、不适宜大规模观测。

(2)瞬时测量方法,主要用于解决尾矿退役治理的问题,如局部静态法,在铀尾矿砂表面氡析出率测量时多采取这种方法,此外还有驻极体法。瞬时测量方法的特点是采样快,测量的重现性较差,测值波动大。

(3)累积测量方法,监测时间较长,可减少测量偏差。如活性炭吸附法,是利用活性炭的强吸附性能采集氡气,然后用 NaI(TL)探测晶体探测氡子体的伽马射线来确定氡的析出率,是累积测量方法中吸附效率较高的一种。

此外,γ能谱法是近年来新提出的一种氡析出率测定方法,即用镭比活度计算氡析出率代替实测氡析出率。氡是镭的衰变子体,理论上通过镭可以计算氡的析出率,但镭是固体核素,氡是气体核素,所以用镭比活度计算氡析出率变得复杂。故γ能谱测量镭比活度计算氡析出率的方法仍处于理论阶段。

11.5.3 放射性物理探矿

铀矿开采中,为快速区分矿,靠肉眼区分难以达到开采要求,单凭地质化学样品分析测定劳动量大、效率低、成本高、耗时间。根据铀原子具有放射性这一特殊物理性质,应用探测放射性仪器的方法来圈定矿体,确定品位,检查和分选矿石,这就是放射性物探方法。

若放射性物探工作质量不好,会导致矿体圈定和矿石品位确定的不准确,进而使得储量计算、开采贫化率和损失率不准确,从而影响整个矿山开采计划。所以放射性矿床从地质勘探到矿山开拓,从采准、回采到出窿矿石的检查都离不开放射性物理探矿工作。放射性物理探矿工作包括物探编录和物探取样。

11.5.3.1 物探取样及编录

放射性矿床开采中,进行井下物探取样和物探编录,主要目的是对采掘暴露矿岩表面进行放射性测量,依据测量结果来确定矿体厚度、铀矿品位,圈定矿体边界,指导采掘工作,计算储量和开采矿石损失率、贫化率。

根据所测量射线的种类和测量方法,辐射取样分为γ取样、β取样、γ能谱取样和γ-β综合取样,物探取样属于定量测量,物探编录只要作γ等值图或品位等值图,属于半定量测量。矿床放射性不平衡且偏铀或含铀、钍时,采用能谱测定。矿体的γ强度很低时采用γ+β综合取样和编录,采用两种方法:

(1)铅屏和不带铅屏二次测量差值法;

(2)定向测量法,自动消除干扰辐射对被测点影响,用一次测量代替二次测量避免位移误差。γ取样和编录为提高测量精度,先要洗壁除铀尘,尤其是低品位矿石。某铀矿平巷洗壁前后γ取样对照试验见表11-35。

表11-35 某铀矿平巷洗壁前后γ取样对照试验

壁 号	测距/cm	洗壁前品位/%	洗壁后品位/%	相对误差/%
右壁	2~12	0.026	0.013	100
右壁	12~22	0.085	0.087	1.1
左壁	4~14	0.028	0.012	133.3
左壁	14~24	0.073	0.064	14.1

矿体厚度的确定,采用1/2最大强度法(图11-41)和给定强度法(图11-42)。

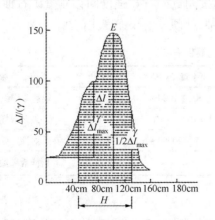

图11-41 1/2最大强度法解释矿体厚度

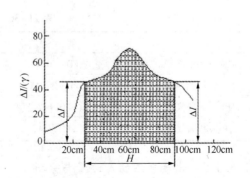

图11-42 给定强度法确定矿体边界

给定强度值 ΔI 按式(11-22)计算:

$$\Delta I = 100U_0AK_p(1-S_e) \tag{11-22}$$

式中　U_0——铀矿石边界品位;

　　A——换算系数,$\gamma/(0.01\%\,U)$。

求出异常曲线包围的面积 S 和矿体弧度 H 后,可按式(11-23)计算铀品位 U:

$$U = \frac{S}{HAK_i(1-S_e)} \times 0.01\% \tag{11-23}$$

这里,测线间距,在矿化地段为 $25\sim100$ cm,无矿段为 $100\sim200$ cm。测点间距一般为 20 cm。特殊情况加密到 10 cm。实际中,测线、测点距离可根据各矿山、各地段矿化条件做相应调整。

另外,确定矿体厚度还有 4/5 最大强度法。该方法适用于真厚度小于饱和厚度的薄矿体,用最大强度减去围岩正常强度的 4/5 的两点决定矿体厚度。

11.5.3.2　γ 测井及 γ 测孔

γ 测井及 γ 测孔的目的主要是,利用测井辐射仪器,测量矿井或钻孔岩石的 γ 射线强度,依此圈定矿体,确定矿体厚度和铀品位。另外,通过 γ 测孔和 γ 测井的资料还可以划分 γ 强度不同的岩层界限。

测井方法有点测井法和连续测井法。

γ 测孔可以替代岩芯取样。因此,铀矿山应尽量采用钻探代替坑探,勘探分枝矿体和盲矿体,钻孔深度可达 100 m,一般 $3\sim20$ m 工作面浅孔和采场围壁炮孔也需进行 γ 测量。进行 γ 测井及 γ 测孔时,为了保证测孔质量,必须:(1) 测孔前冲洗钻孔,将钻井或钻孔内的射气和碎石冲出,避免测井、测孔时矿粉或射气影响测量结果或碎石卡住探管;(2) 冲洗钻孔完毕,立即进行测量,防止钻井和钻孔围壁塌落和含矿地段氡气逸出;(3) 记录好所测点的深度和 γ 活度,为整理资料、计算储量做好基础工作。

钻孔和炮孔测量间距,矿化地段 $10\sim20$ cm,最大 40 cm,无矿地段 $0.5\sim1$ m。

11.5.3.3　回采过程物探跟班作业

采场物探跟班作业是铀矿开采主要工序之一,是使生产正常进行、降低损失贫化的关键。对工作面或采场顶板按一定网度进行 γ 取样,圈定矿体边界,标出采掘方向。对采场围壁进行炮孔 γ 测量,指导切割找边工作,必要时进行爆堆 γ 测量。矿量、矿石品位、损失贫化的计算以物探跟班取样资料为依据。

按工作面推进方式分类,分为上向推进、下向推进和横向推进三种。倾斜和急倾斜矿体一般采用向上推进的采矿方法,回采工作面在冲洗之后进行 γ 编录或取样。对于采场地质条件差的缓倾斜和倾斜矿体,为预防塌方等现象,适于采用向下推进。向下推进物探工作一定要做到炮孔探矿,防止丢矿。水平或缓倾斜的层状矿体不含或少含铀,物探跟班编录圈定矿体与向下推进相同。

11.5.3.4　γ 取样编录主要仪表

γ 取样编录主要仪表列入表 11-36。表 11-36 中仪器是按测量矿石 γ 强度间接测量矿石铀含量,目前国外正在试验直接测矿石中铀含量方法,如缓发中子直接测铀,软硬 γ 射线强度比值法。

表 11-36　γ 取样编录主要仪表

仪器名称	型　号	测量范围	用　途
定向 γ 辐射仪	FD-3025A	$200\sim1000\gamma$	γ 辐射取样编录等
β-γ 测量仪	FD-3010A	$0.01\%\sim5\%$	编录取样
闪烁 γ 测井仪	FD-3019 改进型	本底~20000-6	钻孔放射性 γ 强度测量
智能 γ 辐射仪	M11444		岩性取样编录

11.5.3.5　出窿矿石的 γ 测量与分析

为保证出窿矿石的质量,防止少部分矿石车辆因损失贫化等原因导致运出矿石品位达不到要求,各个矿山均设立矿石检查站。根据实际条件,每个矿山可以设置一个或多个矿石检查站,对运出产出矿石进行γ测量,分选并测定矿石品位,对矿石进行质量监督。

根据检查站设立地点和矿石运输工具,矿石检查站类型有:

(1)矿车检查站。一般设立在矿井出口处,井口和矿仓之间。主要任务是称重运出矿石,分选并测定矿石品位。

(2)汽车检查站。无论露天还是地下开采,经汽车外运的矿石都要在汽车检查站进行称重及测定γ强度。

(3)火车检查站。类似于汽车矿石检查站,设立于铁路矿仓。

(4)索道矿斗检查站。一般设置在索道起点或中转站,用固定容积容器对矿石称重,并对单斗进行γ值测定。此外还有胶带矿石检查站等。

为保证矿石γ测量与分析质量,辐射仪表安装位置、换算系数确定方法和仪器校准方法的选择十分关键。仪器每季校准一次,半年进行全车或拣块取样做理化分析,消除系统误差。矿石检查站常用γ强度测量仪表见表11-37。

表11-37　矿石检查站常用γ强度测量仪表

仪器名称	型　号	测　程	用　途
检查站晶体管辐射仪	FXY-217G	0~50 kHz	分析矿、汽车矿石品位
铀钍能谱检查站辐射仪	FXY-221	铀 0.01%~1.00%; 钍 0.03%~1.00%	分析矿、汽车矿石品位
索道检查站辐射仪	FXY-1901	0.01%~1.00%	分析索斗矿石品位
火车矿石品位分析仪	FXY-1904	0.03%~0.5%	分析火车矿石品位
矿床检查站辐射仪	FXY-1905	0.01%~1.00%	分析矿床矿石品位

11.5.4　放射性矿床开采技术和方法

放射性矿床开采与普通矿床开采基本类似,其突出特点是采出的矿石含有辐射较强的天然放射性核素而具有放射性。因此,放射性物探工作贯穿于放射性矿床开采的整个过程,矿井通风、辐射防护、三废处理、环境保护也是生产过程和退役治理的重要工作。

11.5.4.1　开拓应遵循的准则

(1)开拓巷道一般布置在脉外,必须穿过矿体的巷道数量尽可能少。图11-43所示为711-1矿130 m阶段平面图。

(2)采用后退式回采顺序,使采空区尽量保持在回风系统一侧,以免使采空区氡及子体污染新鲜风流。

(3)井田范围不宜过大,有良好的通风系统。

(4)主要行人、运输巷道、提升机房、机修室、矿石检查站等应布置于新鲜风流中,地下储矿仓、水仓应有单独回风道。

(5)坚持采探结合,并以钻探代替坑探,减少氡析出量。我国铀矿床开采的采掘比都较大,1965~1985年统计的数字见表11-38。

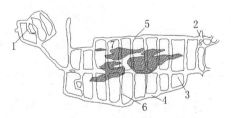

图11-43　711-1矿130 m阶段平面图
1—1号主井;2—1号副井;3—脉外回风道;
4—脉外运输巷道;5—脉内巷道;
6—穿脉;7—矿体

表11-38　我国铀矿开采的采掘比(1965~1985年)

矿床类型	砂　岩　型	碳硅泥型	花　岗　岩　型	火山岩型(脉状)	火山岩型(块状)
采掘比/(m/kt)	50~80	25~42	37~43	78	17

11.5.4.2　采矿方法选择

放射性矿床的采矿方法选择除应满足采矿方法一般要求外,还应符合以下条件:(1)采用具有最小射气表面的方法,保证氡析出量最小;(2)具有大的灵活性,能适应矿体探明后的变化;(3)贫化损失要小;(4)回采中有利于辐射取样和探矿;(5)易实现工作面贯穿通风。我国铀矿山采矿方法概况见表11-39。

表 11-39　我国铀矿山采矿方法概况

序　号	采 矿 方 法	采用矿山数	序　号	采 矿 方 法	采用矿山数
一	露天开采(中、小型矿山)	16~20	5	分层崩落法	4
二	地下开采		6	下向胶结充填法	2
1	上向水平分层干式充填法	36	7	长(短)壁式崩落法	3
2	留矿法	15	8	上向倾斜分层干式充填法	3
3	全面法(含房柱法)	6	9	方框支柱充填法	2
4	水力尾砂充填法	1			

注:此表摘自《中国铀矿开采》,概略性统计,覆盖矿山数不代表矿山总数,一个矿山可采用多种方法。

　　充填采矿法较适合上述要求,其中上向水平分层干式充填法防辐射效果较好,能有效降低工作面氡浓度。

　　当采用崩落法时,若通风系统不合理,崩落体会析出大量氡及氡子体造成严重污染。

　　当采用留矿法时,因在采场储存大量爆破矿石,氡析出量大,氡的密度较大,采用下行通风后,工作面氡浓度可大大降低。但应注意下行排风对新鲜风流的污染。

　　对高品位的铀矿还应采取其他专门措施,如采用遥控设备,用专用容器装运矿石,以及穿防护服等,加强个人剂量监测,使外照射不超过限值。几种采矿方法氡析出量对比见表11-40。

表 11-40　几种采矿方法氡析出量对比

矿床类型	采 矿 方 法	氡浓度变化范围 /(kBq/m³)	平均氡浓度 /(kBq/m³)	矿块氡析出平均增长量
层状矿床	分层崩落法	16.65~85.85	42.92	109.89
	下向胶结充填法	4.81~66.97	19.61	45.12
	采后充填矿房法	6.29~6.66	6.48	—
急倾斜矿脉	上向水平分层干式充填法	—	7.77	15.17
	混凝土垫板上向水平分层干式充填法	—	2.96~5.55	5.92~11.84

　　在巷道掘进和回采过程中,钻孔前应对工作面进行γ取样,确定矿体厚度、品位,圈定矿体边界。钻孔后,一般应进行γ测孔,区分矿石和废石,以便进行分采分爆。爆破后,也应进行爆堆γ测量,以便手选废石,或对特高品位矿石进行分装分运。采场围壁应打物探炮孔进行围壁探矿和切割找边。采场顶板和巷道围壁应进行取样和编录,为圈定矿体、计算储量提供基础资料。

　　从矿石中提取铀的湿法冶金(或化工冶金)过程,称为"铀冶水"。我国的铀矿石类型较多,所以采用多种工艺流程。

　　我国开采的铀矿床大部分属于花岗岩型和火成岩型,由于矿石品位较低,矿体薄,开采时贫化较大。应尽可能地在矿山选弃掉大量的废石和表外矿石,从而减少矿石加工时的能耗和物料消耗,降低矿石加工成本。表外矿可采用矿石堆浸回收铀。

　　部分矿山根据实际条件,选择不同类型的放射性选矿机(亦称放选机)进行选矿。其分选过程是,测量入选矿块的含铀量,按分界品位确定出矿石或废石并分别处理。近年来,我国研制使用了4种放选机,如江西抚州铀矿的5421-Ⅱ型放选机,包括一台处理25~60 mm粒级的四槽道选机和1台处理60~

150 mm粒级的两槽道选机,废石选出率在不同情况下一般能够达到10%～30%。表外矿可采用矿石堆浸回收铀。

11.5.4.3 铀矿开采方法

国内外铀矿开采方法有露天开采和地下开采、溶浸采矿和副产品回收。这四种方法的相对产量自20世纪80年代以来发生很大变化,地下矿山的产量从占总量的50%下降到不足30%;露天采矿占比例较大,接近50%;副产品产量大致保持10%左右;溶浸采矿大幅度增加,约为17%。目前国内外所采用的铀矿开采方法大体相同,但国外矿山开采的机械化水平都比较高,而我国铀矿床由于地质条件复杂,矿化不均匀,矿床规模偏小,难以实现大型机械化高效开采。

A 露天开采

我国露天开采的铀矿主要是山坡露天或浅部露天,其特点是:(1) 多数为中、小型矿山,年产量80～120 kt,开采深度一般小于100～150 m,阶段高度为5～10 m,边坡角40°～50°;(2) 以汽车运输为主,少数为平硐溜井开拓;(3) 境界剥采比不大,平均约为2～3m³/t;(4) 采用定向抛掷大爆破、多排微差和挤压爆破、预裂爆破、光面爆破技术。

与地下开采相比,露天开采优点:(1) 安全程度较好,可减少氡及氡子体的危害;(2) 探矿效果好,可有效探明矿体,同时利于勘探赋存条件复杂的铀矿床,最大限度回收矿石资源;(3) 效率高,成本低,便于分选矿石;(4) 基建时间短。

铀矿露天开采应注意的几个问题:(1) 开采过程中加强物探跟班和边采边探工作,降低矿石贫化率,提高矿石质量;(2) 减少对边坡的破坏,合理选择最终边坡角、台阶坡面角和平台宽度,做好保持边坡稳定工作。锚喷加固边坡方法及参数选取参考表11-41;(3) 合理采用深孔和中深孔等大爆破技术加速矿山建设、降低剥离成本;(4) 依据矿床赋存条件,合理采用采矿方法。如果矿岩岩性适宜化学开采,可以进行原地浸出方法。

表11-41 锚喷加固边坡面方法及参数

岩石坚固性系数	坡面岩石	加固方法	备注
$f < 2$	泥质砂岩、残积黏土	打金属楔缝式锚杆挂金属网,喷6 cm厚150号混凝土	分两次喷射,每次3 cm
$f = 2 \sim 4$	泥板岩煤、炭质页岩	喷6 cm厚100号混凝土,加金属楔缝式锚杆	分两次喷射,每次3 cm
$f = 5 \sim 8$	石灰岩、硅质页岩、白云岩、石英砂岩	喷射3 cm厚100号水泥混凝土,临时性支护用锚杆加固	
$f = 10 \sim 12$	石英砂岩、流纹岩、斑岩、蚀变花岗岩	喷射2 cm厚100号水泥砂浆	
$f > 13$	石英岩、黑云母花岗岩、花岗斑岩、玄武岩	无需加固,用水清除坡面浊物	

资料来源:《铀矿开采的技术特点》。

B 地下开采

铀矿地下开采主要采用水平分层干式充填法,约占井下总产量的60%,其次有分层崩落法、留矿法、空场法和进路法,开采煤型铀矿采用倾斜分层充填法。

水平分层干式充填法要比崩落、留矿等方法效率低、成本高。但在铀矿开采中仍广泛应用,其优点是:(1) 损失贫化控制较好。损失率为0.3%～8%,贫化率为5.0%～15%;(2) 能够灵活适应矿体变化;(3) 能够减小采空区暴露面积和采场矿石积存量,有效降低氡析出率;(4) 工人作业较安全。充填体能及时支撑采空区,减少地压,较好的保护矿井上、下设施。

各种采矿方法历年所占比重见表11-42,国外部分地下铀矿采矿方法及主要设备见表11-43。

表 11-42 国内地下采矿方法历年所占比重　　　　　　　　　　　　（%）

序号	采矿方法		1966 年	1967 年	1978 年	1979 年	1980 年
1	充填法	上向水平分层干式充填	58	58.5	54.1	57.3	50.9
		上向倾斜分层干式充填	—				3.3
		支柱干式充填	0.7	—	0.8	0.2	—
2	崩落法	壁式崩落	29.3	16.4	15.4	15.6	17.7
		分层崩落	—	7.6	9.7	8.4	13.2
3	空场法	留矿法	12	10.2	8.2	9.2	7.1
		全面法	—	7.1	11.8	9.3	4.4
		房柱法	—	—	—	—	2.8
4	其他	溶浸采矿	—	0.2	—	—	—

资料来源：《中国铀矿开采》，但做少量修订。

表 11-43 国外部分铀矿地下采矿方法及主要设备

矿山名称	矿石规模 /(kt/a)	矿石品位 /%	矿体厚度 /m	矿体产状 /(°)	采矿方法	采掘运输设备	人员数量 /人
美国海兰	1600	0~12	不规则		分层充填法及崩落法、房柱法	直径 30 m 护盾式联合掘进机，8 t 内燃机车 11 台，3 m³ 矿车 80 台，0.75~1.5 m³ Eimco 铲运车 30 台	全员 293
加拿大杜勃纳	300	脉矿		急倾斜	留矿法，阶段高度 30 m	手持式凿岩机，单机小钻车，13 t 卡车，1.5 m³ 铲运车	
法国夏尔东	500	0.2~1.2 3~5			上向分层充填法	凿岩钻车 6 台，电耙，Cavo310 装运车，Alimark 爬罐	全员 82 井下 75 采矿 36
法国潘纳兰	120	0.1~0.3	3	50~90	上向分层充填法，分层高 3 m	全液凿岩钻车 1 台，铲运机 6 台，卡车若干	全员 24 井下 21 采矿 16
加蓬奥克罗	2000	4	6~8	10~65	下向分层胶结充填法	凿岩钻车，平均斗容 2.9 m³ 铲运机，天井钻车，卡车	井下 127 采矿 74

C 溶浸采矿

所谓溶浸采矿是建立在化学反应基础上的采冶新工艺。它是利用某些能溶解浸出矿石中铀的溶浸剂，将其按一定比例配制成溶浸液注入矿层或喷洒向矿堆，溶浸液与矿石充分接触并发生化学反应，使矿石中的铀从固态矿物中转入到溶液中，再通过收集浸出液，提取浸出液中铀的集采（矿）、选（矿）、冶（金）于一体的新型金属矿床采冶工艺。溶浸采矿具有基建费用少、生产成本低、作业条件安全、对环境影响较小等优点。溶浸采矿按作业地点和开采工艺分为原地浸出采铀和原地破碎浸出采铀。

a 原地浸出采铀

原地浸出采铀是在矿床天然赋存条件下，通过钻孔工程将溶浸液注入矿体，使溶浸液与矿石发生化学反应，从矿石中选择性地浸出铀而不使矿石产生移动破碎的集采、选、冶于一体的新型采矿方法。与常规矿井开采和露天开采相比，没有昂贵而繁重的矿井开拓和露天剥离工程，省去了矿石开采、提升运输、矿石破碎、选矿和尾矿坝建设等工序，简化了采、选、冶工艺过程，被采的是天然赋存条件下的矿体，采出的是含铀的溶液。原地浸出采铀工艺流程如图 11-44 所示。

原地浸出采铀技术主要用于矿石疏松、孔隙发育、渗透性较好的砂岩型铀矿床。与原地浸出采铀技术有关的矿床地质和水文地质因素主要有矿石的渗透系数、孔隙率、顶底板岩层渗透系数、矿层地下水的水位埋深和水头值、矿石品位、埋藏深度、矿体产状和形态等多种因素，美国及前苏联等评价原地浸出采铀的地质和水文地质条件见表 11-44。

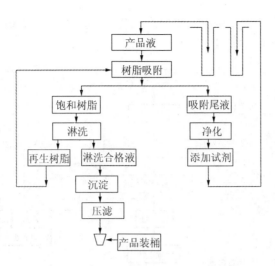

图 11-44　原地浸出采铀工艺流程

表 11-44　美国和前苏联评价原地浸出采铀的地质和水文地质条件

美　国	前　苏　联
(1) 铀沉积在渗透层中,并可被某种化学试剂溶解; (2) 铀应赋存于疏松砂岩中; (3) 地下水水位至少高于矿层 30 m; (4) 天然的地下水矿化度 TDS 小于 10 g/L; (5) 渗透系数一般应大于 0.414 m/d; (6) 一般认为矿层中含有不可渗透的方解石、黏土细脉及含碳的矿石是不可开采的; (7) 地下水天然流速小于 3 m/a; (8) 溶浸液能被限制在一定范围内; (9) 矿体埋深小于 360 m; (10) 矿体厚度为 0.6 m 时,矿石品位不小于 0.02%; (11) 矿床储量应达到经济开采规模	(1) 在厚度方向上划分矿层的边界品位,在可渗透层中为 0.01%,在不渗透层中为 0.03%; (2) 在矿体中,厚 1 m 以下铀含量小于 0.01% 的夹层可包含在贫化矿石中; (3) 在矿段范围内,允许铀含量小于 0.01% 的夹层的最大厚度为 5 m; (4) 在平面上圈定矿体(块)的最低铀量一般为 1 kg/m²; (5) 矿块中探矿钻孔的见矿率应大于 0.7; (6) 矿块中碳酸盐含量(以 CO_2 计)在酸法浸出时最大允许值为 2%; (7) 矿石中黏土(粒度小于 0.05 mm)最大允许含量为 30%; (8) 矿石的最小渗透系数一般为 0.3~0.5 m/d; (9) 工业块段最低铀量为 3~5 kg/m²

b　原地破碎浸出采铀

原地破碎浸出采铀是利用露天或井下切采形成碎胀补偿空间,采用爆破或挤压爆破技术,将矿石就地进行破碎,构筑矿石块度级配合理、矿石微细裂隙发育、孔隙度均匀适度、渗透性良好的采场矿堆,然后向矿堆布洒溶浸剂,有选择性地浸出矿石中的铀金属,浸出的含铀溶液被收集转输至地面加工回收金属,矿渣留采场就地处置。与铀矿常规采冶比较,原地破碎浸出采铀方法是先将矿体切采 20%~30% 左右的矿石出窿,形成原地挤压爆破的补偿空间,70%~80% 左右的矿体在原地进行挤压爆破,就地破碎构筑成利于浸出的地下矿堆进行布液浸出,出窿矿石在地面进行堆置浸出。该方法的特点是:采切工程量少,大大减少出窿矿量和矿石运输量,省去了采场顶板管理、采空区处理和矿石破磨、固液分离及尾渣排放等繁杂工序,采、选、冶综合成本降低 30%,基建投资减少 30%~40%,基建周期缩短 1/3。并有利于实现矿山机械化和自动化,有利于矿区环境保护和矿山退役后的环境复原治理。

原地破碎矿石浸出包括采准切割、爆破筑堆、布液浸出、浸出液收集、浸出液处理和贫液返回淋浸。其工艺流程如图 11-45 所示。

爆破筑堆是控制破碎矿石块度及粒度分布,保证溶浸剂在矿堆内正常、均匀地浸润矿石,有效浸出金属铀的关键。原地破碎浸出的布液方法与地表堆浸布液方法基本相同,但布液空间受到限制,布液巷道维护相对困难;布液均匀性受到矿体倾角限制。

出窿矿石地面堆置浸出(简称"堆浸")是将矿石先破碎、分级等预处理后进行筑堆,再从上往下布液浸出,然后从矿堆底部收集浸出液进行处理。堆浸提铀工艺自 20 世纪 80 年代进入工业规模生产后,现已在我国铀矿山得到推广应用,是目前中国铀矿冶主要生产工艺之一。表 11-45 是 719 铀矿的 5000 t 级的规模和 794 铀矿 2000 t 级的工业生产堆的主要技术指标。

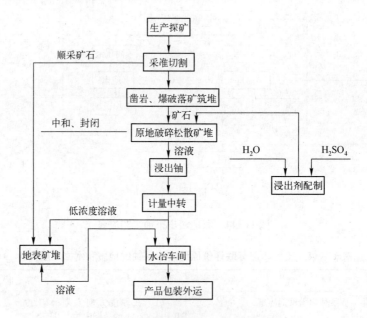

图 11-45   原地爆破浸出采铀工艺流程

表 11-45   堆浸提铀的主要技术指标

序　号	项目名称	719 铀矿		794 铀矿
1	堆场面积/m²	700	2400	—
2	堆矿量/t	4484	17750	1843
3	矿石品位/%	0.0446	0.096	0.396
4	单位耗量/(kg/t)	18.6	19.4	23.2
5	尾矿品位/%	0.0088	0.0069	0.013
6	浸出率/%	80.27	90.60	96.5
7	回收铀量/t	1.53	15.0	6.43
8	回收率/%	76.5	88.0	94.5

11.5.5   铀矿矿井通风

11.5.5.1   通风方式

压入式通风,井下空气处于正压状态,氡的渗流方向指向井外,有利于控制氡的析出量,入风风质好,但漏风率大,工作面供风不足,难以管理。压入式通风一般适用于矿岩裂隙发育,采空区多,容易造成污染的矿山。

抽出式通风,井下空气处于负压状态,氡的渗流方向指向井下,会导致氡析出量增加;但漏风小,管理简单。抽出式通风一般适用于矿岩致密,渗透性小,能建立良好的回风水平,采空区的氡不会污染新鲜风流的矿山。

抽-压混合式通风,兼有上述两种通风方式的优点,适用于通风线路长,阻力大,自然风压干扰较大的矿山。

伴随采矿工作的进行和矿山地质条件的变化,压力分布、通风网路结构、风量分配、氡的析出量和析出率在不断变化,因此,必须适时进行调整,消除循环风,控制氡的污染;防止漏风,保证压力和风量的合理分布。若井田范围较大,通风效果较差,采用必要的密闭和分区通风效果好。

11.5.5.2 通风系统与排氡

铀矿开采过程中为了控制氡的内部渗透,降低氡气的危害,建立一个完善的通风系统,合理调整压力分布是极为重要的。一个完善的排氡通风系统应满足以下要求:

(1) 入风风质好。入风口的氡浓度不应超过表11-46指标。

表11-46 入风口的氡浓度指标

入风位置	氡子体浓度/(μJ/m³)	氡浓度/(kBq/m³)	总粉尘浓度/(mg/m³)
总入风口	0.3	0.2	0.2
工作面入风口	2.0	1.0	0.5

(2) 通风体积小。可以减少氡析出量,缩短换气时间,降低氡和氡子体 α 潜能平衡因子 F。实测换气时间和 F 值见表11-47。

$$F = 0.180 c_p / c \tag{11-24}$$

式中 c_p——氡子体的 α 潜能浓度,μJ/m³;

  c——氡浓度,kBq/m³。

表11-47 实测换气时间和 F 值

矿山名称	换气时间	工作面氡浓度/(kBq/m³)	氡子体的 α 潜能 c_p/(μJ/m³)	氡和氡子体的 α 潜能平衡因子 F
711铀矿	20.36	3.26	1.57	0.087
赣州铀矿	13	2.04	1.63	0.14
彬州铀矿	22	2.92	2.56	0.159
南雄铀矿	6.8	3.18	5.57	0.264
宁乡铀矿	11.9	3.81	0.56	0.032

(3) 提高通风效率,减少漏风,控制氡的析出量和析出率。在多路进风条件下,风量分配要合理,尽量减少角联,减少独头通风和死角。

(4) 压力分布控制。压力分布有利于控制氡的渗流析出和防止入风污染,不受自然风压的干扰。在裂隙发育地带或采空区附近应保持正压,使渗流指向采空区。

(5) 在自然风压干扰的情况下,应尽量保持矿岩体氡的渗流方向不变。氡析出量和氡析出率最小。721-2矿分区通风系统如图11-46所示。

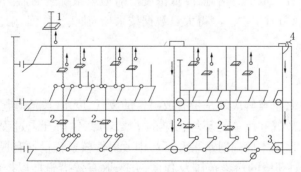

图11-46 721-2矿分区通风系统
1—采空区;2—生产采场;3—新增风机;4—原主扇

11.5.5.3 通风系统的调整与管理

A 通风系统的调整

随采矿工作面的推进,或通风网路结构,压力分布,风量分配等其他条件的变化,氡析出量和析出率在不断变化,通风系统必须适时进行调整,消除循环风污风串联,控制氡的污染,防止漏风,防止入风污染保证压力和风量的合理分布。调整的内容包括:调整网路结构,使主扇运转特性与矿井风阻特性相匹配,新风污风互不干扰;调整网路中的压力分布,提高风稳定性,控制氡的析出和污染;调整风量分配,使工作面氡及其子体浓度和有害物质含量能迅速降到国家允许标准。调整和管理好通风设施,采空区的密闭应使隔离区相对于作业区保持一定的负压,避免采空区渗流到作业区,采空区的氡也可用钻孔单独抽出。

通风系统方面,有的矿井由原来的集中供排风系统,改造成为多路进、回风的分区或半分区系统。在通风构筑物和通风设施方面也采取了许多改进措施。井田范围较大,通风效果差,采用分区通风和必要的密闭是有效的。如 721 – 2 矿,走向长 1500 m,急倾斜脉型矿体,多中段作业,改用分区通风后(图 11–46),取得良好效果,分区通风效果比较见表 11–48。

表 11–48   分区通风效果比较

通风方式	指标/%	粉尘/(mg/m³)	氡/(kBq/m³)	氡子体/(μJ/m³)	有效风量/%	实际功率/kW	年节电/kW·h
分区压入	平均合格率	0.81	2.06	4.10	67	76.9	37.4×10⁴
		98	86.7	85.8	67	76.9	37.4×10⁴
统一压入式	平均合格率	3.26	12.32	27.07	20	95	0
		55	25	31	20	96	0

B   综合通风管理措施

(1) 改进采矿工艺,提高采掘机械化水平,最大限度减少井下作业人数,降低井下作业人员的人均有效剂量当量和集体有效剂量当量。

(2) 控制氡源,减少氡的析出量,其主要措施有:1) 密闭氡源,废旧巷道和采空区的氡析出量约占矿井总氡析出量的 60% ~80% ;2) 尽可能采用矿岩暴露面积小、矿石存留量小且存留时间短的采矿方法;3) 在穿过矿体和岩体裂隙发育带,或与采空区相连的入风巷道和硐室等特殊地区,可在矿壁上喷涂防氡密封剂;4) 排除矿坑水,未经排氡处理的矿坑水不得在矿井内循环使用;5) 正压通风;6) 分区通风。

11.5.5.4   氡及其子体浓度监测

监测目的是检查工作场所氡及其子体浓度是否合乎国家允许标准(氡 2.7 kBq/m³,氡子体 5.4 μJ/m³),为通风系统调整提供依据;测量结果也用于估算工人的辐射剂量。监测工作由专门人员进行。在风路上布置测点,测点位置和监测范围根据工作地点和通风系统的变化确定。凡有人有作业的地点都应定期进行监测。采场、掘进工作面的监测周期,一般每月不少于两次,其他每月不少于一次。氡及子体浓度高、变化大的地点,每周三次,或一天一次,并采取应急措施,降低浓度。对通风系统全面监测一般每年一次,主扇工程每季一次,工作面风量,总入回风每月 1 次。测得大量数据按采场、独头工作面、硐室等分别进行数据处理。样品要有代表性。

11.5.6   铀矿环境保护

铀矿环境保护的内容很多,重点解决的是带有放射性的废气、废水、废渣和尾矿这三方面的问题。

含放射性核素的矿井水、废气和废渣是环境污染的主要来源,铀矿开采过程中产生的放射性"三废"辐射危害对环境造成污染,使矿区的本底辐射水平和环境中放射性核素含量均有提高,严重影响矿区周围工农业生产。监测和分析"三废"对环境的污染范围及程度,并采取有效措施加以控制和治理,是铀矿开采的一项十分重要的工作。此外,破碎矿石粉尘、运输中的撒落矿石也是矿区环境污染源。

11.5.6.1   废气对环境的污染

铀矿通风排除的空气含有氡气、氡子体、矿尘、放射性气溶胶以及其他气态污染物,会对地面大气造成污染。

氡是铀矿开采过程中大气的主要污染源,在自然条件下,以扩散和渗流两种形式迁移。矿山出风井或其他污染源对大气的影响范围为 100 ~200 m,实际影响将根据当地地形、常年风向及污染源浓度等因素变化。

按《铀矿冶辐射防护和环境保护规定》，污染源距各种生产、生活设施的防护距离，见表11-49。

表11-49　主要污染源距生产、生活设施的防护距离　　　　　　　　　　　（m）

设　施	露天水源地	居民区	进风井	选冶厂
出风井	500	800	100	300
露天采场	500	800		
废石场	500	300		
矿仓、成品库		300		
选冶厂		300		
尾矿库	500	800		

一个中型铀矿山，在正常通风状态下，每天析出的氡量为 $3.71 \times 10^9 \sim 1.79 \times 10^{11}$ Bq，矿井排放废气量可达 $1.54 \times 10^8 \sim 7.45 \times 10^9$ Bq/h，其氡浓度一般在 $1.1 \sim 69$ kBq/m^3，氡子体 α 潜能浓度在 $2.9 \sim 121.3$ μJ/m^3。在矿区周围 500 m 范围内室外环境氡浓度一般可增加 $1 \sim 10$ Bq/m^3。特别是露天开采爆破时，周围大气污染更为严重，氡浓度可达 0.5 kBq/m^3。图11-47所示为某矿大气中氡浓度与污染源距离的关系。

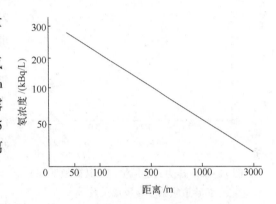

图11-47　某矿大气中氡浓度与污染源距离的关系

11.5.6.2　废水对环境的污染

在铀矿开采过程中，必然将铀系等放射性核素及其他重金属毒物带入矿坑水。多数情况下，废水中含铀量与矿石品位和矿坑水的酸度成正比。表11-50列出了几个铀矿山废水中放射性物质含量分析。

表11-50　几个铀矿山废水中放射性物质含量分析

矿山编号	废水量/(m³/d)	放射性物质		
		铀/(mg/L)	镭/(mg/L)	$\sum A$/(mg/L)
I	2500	1 ~ 30	约 4.2	40.7 ~ 384.1
II	8000	0.3 ~ 0.7	1.45 ~ 2.5	8.1 ~ 211.0
III	1600	10 ~ 18	3.3 ~ 7.3	6.5 ~ 251
IV	8300	1.1 ~ 3.8	0.3 ~ 1.1	约 95.5
V	1480	约 0.36	约 0.22	
VI	3000	0.4 ~ 20	2.5 ~ 22.6	

从表11-51中可以看出，坑道废水中放射性核素铀、镭的含量很高（分别超过国家规定的露天水源限制浓度的 $1 \sim 2$ 个数量级和 $3 \sim 7$ 倍）。矿井废水污染农田、农作物、水生物和水系，长度可达数千米，甚至数十千米。

11.5.6.3　废渣和尾矿对环境的污染

矿山开采过程中产生的废石，放射性选矿厂选弃的、水冶厂加工排出的及堆浸后的尾矿，都会给环境带来污染。一个年产 100 kt 的铀矿山，每年大约可产出 $100 \sim 600$ kt 废石。大量的废石和尾矿中含铀、镭等放射性核素及有害物质，由于风化、剥蚀等作用不断析出，污染范围不断扩大。由于矿石和废石在运输中撒漏，使两侧路基和农田土壤中铀含量高达 8.5×10^{-7} g/kg，另外，水冶厂尾矿中的镭占原矿石镭量的 95% 以上，所以尾矿仍具有原矿石放射性的 70% 以上，给矿区环境带来很大程度的污染。

11.5.6.4 "三废"治理及环境保护

A   废气的治理

加强通风,尽量缩短含氡及氡子体风流在井下停留时间,不要让它老化;尽量减小通风体积,增大换风次数;及时封闭暂不使用巷道和采空区以减少工作面数量;利用通风压力并借助通风机、风墙、风门等通风设施控制氡的析出;适当调整系统网路风压分布;合理改变矿井的通风方式,如改抽出式为压入或压 – 抽混合式来控制氡的析出。在压入通风情况下,也可采用增大风量来控制氡的析出(图11–48)。

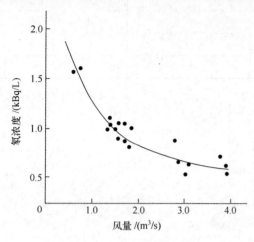

图 11–48   压力式通风情况下某矿地下
巷道氡浓度与风量关系

B   废水的治理

矿坑废水应做到清浊分流、分别处理。我国铀矿山废水处理主要采用稀释、化学沉淀、离子交换、电渗法等方法,均可以获得较好效果。某些矿山采用 201×1、201×214、201×717 强碱性阴离子交换树脂,分别处理铀浓度为 0.4 mg/L 的弱碱性矿坑水和 12~30 mg/L 的酸性矿坑水,铀回收率可达 95% 以上。另外对呈强酸性的铀矿废水,采用氯化钡 – 污渣循环 – 分步中和法处理酸性矿坑废水,效果明显,可使废水中的铀含量由每升几十毫克降到 0.1 mg/L 以下。矿山尽可能地建造废水处理闭路循环,提高水资源的利用率,降低废水排放量。

C   废渣和尾矿处理

尽可能利用废石及尾矿充填地下采空区,以减少地表的堆存量,这是铀矿山废石无害处理的重要途径;在无充填条件的矿山,建造废石场,其选址应根据风向和居民点的位置来确定,并应建有防洪设施;尽可能边堆放边覆土植被,以控制氡析出率、降低 γ 辐射,并进行同化处理以确保安全;覆盖封闭防氡,据调查,当覆盖层黄土厚 0.5~2.0 m 时,氡的析出率可降低 69%~99%,防 γ 辐射率可达 65%~95%。

11.5.7   矿山实例

11.5.7.1   701 露天铀矿

A   地质概况

矿床属于构造淋滤型铀矿。矿体的主要形态呈似层状产出,也有的呈透镜状、串珠状。矿床平均品位 0.172%。矿体走向长度最大达 320 m,水平厚度一般为 10~30 m,最大厚度 58.5 m,总趋势是沿倾向上厚下薄,沿走向中间厚,两端变薄。矿体倾角上陡下缓。露天矿石 $f=6~10$,围岩 $f=8~14$,围岩为粉砂岩、细砂岩、泥质板岩,该板岩遇水泥化和软化。矿体东西两端围岩破碎严重。

B   采矿方法

矿床采用露天开采方法,平均采剥比为 2.32 m^3/t,露天台阶高度 10 m;台阶坡面角 60°~65°,安全平台宽度 1~2 m;每三个台阶留一个清扫平台,宽度 4~5 m。采场尺寸:地表长 500 m,宽 400 m;底部:长 100 m,宽 30 m;采场地表最高标高 +470 m,采场底部标高 +305 m。

+325 m 标高以上台阶均采用直通式单沟开拓汽车运输。工作线均由上盘向下盘推进。

C   主要生产设备

(1)穿孔设备:YQ – 150 型潜孔钻机,孔深 12.5 m,孔径 150 mm,钻孔倾角 60°~75°,孔距 4~5 m,排距 4~5 m,底盘抵抗线 5~6 m;(2)单排或多排孔微差松动爆破;(3)采用 W1002 型 1 m^3 电铲装车,生产能力 120 km³/(台·a);(4)汽车运输。

D   主要经济指标

主要经济指标见表 11–51。

表 11-51　701 铀矿露天采场主要经济技术指标

指 标 名 称		数　值
全员劳动生产率	矿石/[t/(人·a)]	262
	矿岩量/[t/(人·a)]	646
采矿直接工效/[t/(工·班)]		17.88
剥离直接工效/[m³/(工·班)]		10.37
平均剥采比/(m³/t)		2.32
矿石损失率/%		3
矿石贫化率/%		8
主要材料消耗	炸药/(kg/m³)	0.36
	雷管/(个/m³)	0.08
设备效率	潜孔钻机/[m/(台·班)]	12.5
	电铲/[m³/(台·班)]	112.07
	汽车(运废石)/[t/(台·班)]	1.92
综合能耗(标煤/产值)/(t/万元)		5.15

11.5.7.2　711 矿

A　地质概况

郴县铀矿为热液沉积变质矿床,矿体赋存于二叠纪板状硅岩内。矿床长 4km,宽 20~300m;沿走向最小 5m,最大约 200m;矿体垂直厚度最小 1m,最大 60m;埋深达 710m。倾角 75°~80°。走向、倾角大致与硅质带一致,矿体含矿不均匀,平均品位 0.107%。矿石致密坚硬、稳固,$f = 17 ~ 19$。围岩由稳固到不稳固,矿体的上盘为硅化炭质页岩,其下盘为石英岩,岩石裂隙发育。矿床水文地质条件十分复杂,地下水源为底板灰岩的岩溶裂隙水,水温 45~58℃,涌水量最大为 4500~4900m³/h,水压高;水源深度达 380~550m。主矿带矿体特征见表 11-52。

表 11-52　主矿带矿体特征

矿 体 编 号	6/1	2	3
走向长/m	200	110	53
垂高/m	250	175	187
最厚/m	64	17	18
倾角/(°)	75~80	75~80	70~75
形态	扁豆状	柱状	扁豆状
赋存部位	+107~+300	+88~+197	+180~+330

B　采矿方法

该矿主要采用上向水平分层干式充填采矿方法,阶段高度 40~50m。该矿充填法特点使矿块由两步合并为一步回采。

a　两步骤回采的上向水平分层干式充填方案

(1) 在矿房之间留低品位矿石作自然矿柱,并在品位较高部位每隔 2~3m 开一条切采面,切通已采矿房。切采宽度根据已采矿房充填料垮落确定,其高为已采矿房的 1~2 个分层。该矿 +130m 阶段 6/1 矿体的中部厚度大于 80m 一段矿体采用本法回采。

(2) 分层建造人工间柱。间柱宽度减小至 5~6m(图 11-49)。先用水平分层胶结充填法回采间柱,每个分层的矿石出完后,分批进行充填,每次用粗骨料(粒度 50~200mm)充 0.7m 高,接着用水泥砂浆固结,直至整个分层充填为止。

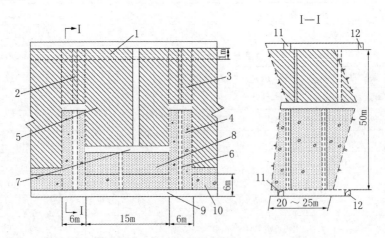

图 11-49　充填法分层建造人工间柱方案

1—顶柱；2—天井；3—矿柱；4—粗骨料混凝土；5—矿房；6—顺路天井；7—垫板；8—充填料；
9—穿脉巷道；10—混凝土底柱；11—脉内运输巷道；12—脉外运输巷道

（3）一次建造人工间柱，包括砂浆粗骨料间柱和低标号混凝土间柱方案。前者先用留矿法回采间柱（宽 4～5m），最终放矿以后进行粗骨料（废石）与水泥砂浆混合，形成人工矿柱。砂浆配比为：水:水泥:砂 = 0.9:1:3 或 0.9:1:3.25。矿石损失率为 1.7%，贫化率为 16.5%。后者间柱宽 1.5～2.0m，留矿法采完后，通过管道压气将低标号混凝土（质量比为水泥:砂:碎石 = 1:3.5:6）进行一次浇注，待形成人工混凝土间柱后再回采矿房。

b　一步骤梯段式回采混凝土隔离墙方案

为减小上述方案混凝土工程量，在矿岩较稳固的条件下，采用图 11-50 所示的方案。即沿矿体每隔 10～20m 布置一个矿块，相邻矿块以 8～12m 垂直距滞后，形成图 11-50 中 8、9、10 三个矿房组成的梯段。

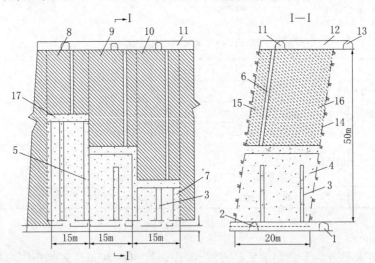

图 11-50　充填法一步阶梯阶段式回采混凝土隔离墙方案

1—脉外运输巷道；2—脉内运输巷道；3—放矿、人行天井；4—充填体；5—混凝土隔离墙；6—充填井；7—盘区间隔离墙；
8—1 号矿房；9—2 号矿房；10—3 号矿房；11—充填平巷；12—充填横巷；13—回风平巷；14—下盘接触线；
15—上盘接触线；16—矿体；17—回采工作面

c　人工假底假巷

从平巷切开到矿块边界，再从下向上打中深孔或浅孔以 1.5～2.0m 高的分层上采至 6m 高水平。在切割空间底板上铺设 0.3m 厚的钢筋混凝土假底，通过立模形成的混凝土人工假巷，同时立模形成顺路井下口,然后在假巷周围进行充填。充填后的空顶高保持1.8~2.0m,以保证回采作业空间。

　　d　充填浇灌系统

　　郴县铀矿采用干式充填料充填采空区,采用水泥砂浆及混凝土胶结料做采场垫板、矿块假底、假巷和隔离墙。沿矿体走向布置四个主要充填井,充填井间距80~100m,每个充填井设有储料仓。建有800L立式和400L立式机械搅拌浇灌站,搅拌站用GT-500/150型固定式混凝土浇灌机压气输送,间歇式作业制作水泥砂浆和混凝土。

　　C　主要经济技术指标

　　郴县铀矿主要经济技术指标见表11-53。

表11-53　郴县铀矿主要经济技术指标

指标名称	数值	
	范围	平均
矿块生产能力/(t/d)	50~60	55.0
充填能力/[m³/(台·班)]	25~110	67.5
采矿强度/[t/(m²·月)]	3~4.5	3.76
直接采矿工效/[t/(工·班)]	2~3.8	2.9
充填工效/[m³/(工·班)]	3~12	7.0
矿石损失率/%	2~8	5.0
矿石贫化率/%	15~23	19.0
材料消耗:炸药/(kg/kt)	550~750	650
雷管/(个/kt)	880~1100	890
钎头/(个/kt)	170~230	200
钎钢/(kg/kt)	130~170	150
木材/(m³/kt)	1.5~3.1	2.3
水泥/(t/kt)	6.3~15	10.7

11.6　金属矿床的溶浸采矿

　　金属矿床的溶浸采矿是建立在化学反应基础上的采冶新工艺。它是利用某些能溶解浸出矿石中有用成分的溶浸剂,将其按一定比例配制成溶浸液注入矿层或喷洒向矿堆,溶浸液与矿石充分接触并发生化学反应,使矿石中有用金属成分从固态矿物中转入到溶液中,再通过收集浸出液,提取浸出液有用金属成分的集采(矿)、选(矿)、冶(金)于一体的新型金属矿床采冶工艺。这种新型金属矿产资源采冶方法突破了传统意义的金属矿床的采矿、冶金方式;与常规开采方法相比,金属矿床的溶浸采矿具有以下优点:(1)基建费用少,建设周期短。(2)生产成本低,劳动条件好。(3)环境污染较轻,采矿作业安全。(4)资源利用率高。(5)易实现自动化。但是,金属矿床的溶浸采矿方法对矿床的地质、水文地质、工程地质条件以及有用组分的赋存状态和矿石可浸性等有一定的要求,而且浸出过程较慢,生产周期性相对较长,生产规模受到一定的限制。

　　金属矿床的溶浸采矿涉及的学科较多,包括地质、水文地质、采矿工程、化工、分析、冶金、机电、自动化等。

11.6.1　金属矿床的溶浸采矿发展概述

　　金属矿床的溶浸采矿最早用于开采回收铜,20世纪50年代以来逐步发展到开采回收铀、金、镍、钼、稀土等有色稀有金属矿种,但应用最成功、最广泛的是铜、铀矿床的开采。目前,美国、俄罗斯、加拿大、法国、南非、葡萄牙等国家都采用该技术来开采低品位铜、铀等原生矿和氧化矿石,尤其低品位砂岩型铀矿床。现在这些国家0.15% ~0.45%的低品位铜矿石、2%以上品位的氧化铜矿石和0.02% ~0.10%品位的铀矿石,基本上都采用原地破碎浸出和堆浸技术开采。美国采用原地破碎浸出开采回收低品位铜矿石和氧化铜矿石的矿点就有20多个,如内华达州的迈克矿、亚利桑那州的佐尼亚矿日产铜金属均在2.2 t以上,蒙大拿州的巴特矿和铜皇后矿日产铜金属为15.0 ~10.9t。据不完全统计,美国采用原地破碎浸出和堆浸技术开采的铜产量占总产量的20%以上,铀产量的绝大部分也来自原地浸出开采。俄罗斯乌拉尔矿区采用原地破碎浸出和堆浸技术开采的铀金属产量占总产量的18.5%,并在不少老矿山还采用原地破碎浸出和堆浸技术开采回收残矿、表外矿和废石中的铀矿产资源。前苏联时期就将原地破碎浸出采铀工艺列为从坚硬矿石中回收铀的原地浸出工艺流程,开设了专门课程,从铀矿石的性质、赋存特点、成矿和浸出机理、破矿筑堆和布液、集液方法等进行了系统的论述,并编写了原地破碎浸出采铀的设计规范。

我国金属矿床的溶浸采矿始于20世纪60年代,由于我国铀矿床规模小、矿石品位低、矿体分散等特点,为充分回收利用铀矿资源,缓解天然铀供应的矛盾,1969 ~1971年,核工业铀矿开采研究所在七七一矿某工区进行了3000 t级规模的原地破碎浸出采铀工业试验,试验获得成功,共回收铀金属1380 kg,回收率达到82.2%。此后,该所在七一五矿、七一一矿和七九四矿等进行了中深孔爆破筑堆、井下含细菌的废水淋浸、堰塘布液、预埋管网布液和井下钻孔注液等一系列原地破碎浸出采铀技术试验研究,使原地破碎浸出工艺得到进一步改进和完善,并于1994年在陕西建成了我国第一座全部采用原地破碎浸出采铀的矿山。我国有色系统20世纪80年代开始进行原地破碎浸出开采氧化铜矿试验,并在中条山铜矿峪铜矿建成我国第一家原地破碎浸出采铜的矿山,该矿山矿石浸出率达77.87%,吨铜金属生产成本仅8754.31元。1970 ~1973年,核工业铀矿开采研究所在广东河源开展了原地浸出采铀探索性试验,随后又在黑龙江501矿床和云南381矿床进行地浸采铀试验研究,1984年,该所在云南某砂岩型铀矿床进行原地浸出采铀试验取得成功,1990年建成我国第一座小型原地浸出采铀试验矿山。目前,已在新疆、内蒙古等地建成多座原地浸出采铀矿山,年生产量占全部总产量的1/4。

11.6.2 金属矿床溶浸采矿法的分类

金属矿床的溶浸采矿方法目前主要用于铀、铜、金及稀土等金属矿床,但应用最成功、最广泛的是铀矿床的开采。由于该采矿方法是20世纪50年代以后代发展起来的一种集采、选、冶于一体的新型采冶新工艺,世界各国对其称谓比较混乱,如:美国称之为"化学采矿"(chemical mining)或"溶浸采矿"(solution mining);前苏联将"原地浸出采矿"(in-situ leaching mining)称为"无井采矿"或"地质工艺采矿"(俄文为Подземного Выщелачивания);目前,世界各国对金属矿床的溶浸采矿法尚无统一的分类方法,但大都按采矿工程或矿石浸出方式进行分类。

从矿石浸出的角度,金属矿床溶浸采矿按溶浸剂的种类及浸出机理不同可分为酸性溶液浸出、碱性溶液浸出、中性溶液浸出、盐溶液浸出和细菌浸出。

从矿石开采的角度,金属矿床溶浸采矿按矿床开拓方式和开采方法不同可分为地表筑堆浸出、原地破碎浸出和原地钻孔浸出。

严格从采矿角度来说,金属矿床溶浸采矿应按矿床开拓方式和开采方法分为原地破碎浸出和原地钻孔浸出两大类。全部采用常规采矿方法采出矿石,在地表将矿石破碎后筑堆浸出的方法不能作为一种溶浸采矿方法;矿石浸出的溶浸剂种类及浸出机理只与矿石工艺矿物学等特征有关,也不是采矿方法分类的依据。

11.6.3 金属矿床溶浸采矿的矿石浸出

用溶浸液将矿石中有用组分选择性地溶解到溶液中的过程,称为浸出。矿石浸出是一个物理化学过程,即由物理扩散和化学反应两个过程所组成。对溶浸采矿而言,影响矿石浸出速度的主要是物理扩散速度。

矿石浸出按所采用溶浸剂的不同可分为:酸性溶液浸出、碱性溶液浸出、中性溶液浸出、盐溶液浸出和细菌浸出。在具体矿床的溶浸采矿工业生产中,矿石浸出选用哪种溶浸剂,要根据矿石的类型和矿石工艺矿物学特征,并进行必要的试验研究来确定。重点需考虑的是:(1) 矿石的物质组成;(2) 有用组分在矿石中的赋存状态;(3) 矿石的浸出率;(4) 溶浸剂的价格;(5) 浸出液后续工序处理及工艺溶液的循环使用;(6) 对环境的影响等。

11.6.3.1　酸性溶液浸出

多数金属矿的矿石浸出多采用酸性溶液浸出。硫酸、硝酸和盐酸都可以作为溶浸剂,但工业上绝大多数使用硫酸浸出,这是因为硫酸不仅有较强的浸出能力,与铀反应生成稳定的硫酸络离子,而且价格低、运输方便、腐蚀性较小、浸出液便于后续工序处理等优点,所以在工业上广泛应用。

稀硫酸是非氧化酸,腐蚀性不强,价格低廉,广泛用于处理金属氧化物、含氧酸盐和某些硫化物。浓硫酸是强氧化酸,可用于处理大多数硫化物和难处理的稀有金属。盐酸能与多种金属、金属氧化物和某些硫化物作用生成可溶性金属氯化物,但盐酸价格高,对设备、材料等腐蚀性很强,易挥发,因此应注意环境保护和设备防腐问题。硝酸是强氧化剂,对矿物的分解能力强于硫酸和盐酸,由于其价格昂贵,一般仅作催化氧化剂。在硫酸浸出过程中,影响矿石浸出率的主要因素包括:酸用量、氧化剂的种类和用量、浸出时间、浸出液固比和喷淋强度等。

11.6.3.2　碱性溶液浸出

对于富含碳酸盐(如方解石)或黏土矿物的碱性矿石,为避免矿石浸出时酸耗高,浸出过程中生成难溶矿物(如硫酸钙)造成矿堆(层)堵塞,影响矿石浸出,一般采用碱性溶液浸出。

碱性溶液浸出常用的溶浸剂为碳酸氢盐、碳酸盐和氢氧化钠等。由于溶液中的金属离子在较高 pH 值时发生水解,形成氢氧化物沉淀。因此,在碱性溶液条件下浸出矿石,必须选用可以与目的金属形成可溶性配合物的溶浸剂。碱法溶浸剂对矿石的侵蚀性不如酸法溶浸剂,与矿物的反应能力较弱,浸出速度慢。但是,碱法浸出选择性强,可得到比较纯净的浸出液,对设备材质要求较低,后续处理工艺简单。

11.6.3.3　中性溶液浸出

中性溶液浸出是针对富含碳酸盐(如方解石)矿物的碱性铀矿石,采用碳酸氢盐、碳酸盐等碱性溶液进行原地浸出采铀时,浸出过程中会造成地下水氨盐的污染,充分利用地下水中碳酸氢根较高的一种 $CO_2 + O_2$ 的浸出工艺,pH 值严格控制在 6.7 ~ 6.8。该工艺通过注入氧气氧化矿层,加入二氧化碳气体保持溶液中的 HCO_3^- 浓度而进行浸出。$CO_2 + O_2$ 的中性溶浸剂与矿物的反应能力较弱,浸出速度慢,浸出液中金属浓度较低。但是,中性浸出选择性强,可得到比较纯净的浸出液,对设备材质要求较低,后续处理工艺简单,生产成本低。

11.6.3.4　盐溶液浸出

用盐溶液从矿石中提取有用金属的浸出过程中有三种作用。一是作为离子交换剂,在浸出时与目的金属进行离子交换,使金属离子进入溶液。离子型稀土矿的溶浸剂 $NaCl$、KCl、NH_4Cl、$(NH_4)_2SO_4$、NH_4NO_3、Na_2CO_3、$(NH_4)_2CO_3$、K_2CO_3、柠檬酸三铵、酒石酸钾钠等盐中的阳离子在矿石浸出时,可置换出吸附在高岭石和云母上的稀土阳离子,使稀土金属进入浸出液中。二是作为添加剂或配合剂,在浸出时增强提供配位离子(或原子)的能力,降低介质溶液酸度。常用的添加剂或提供配位体的盐类有 $NaCl$、$CaCl_2$ 和 $MgCl_2$ 等。三是作为氧化剂,浸出时将目的金属矿物氧化溶解。常用的有氯化铁、硫酸铁、氯化铜等。氯化铁可用于处理黄铜矿、斑铜矿、铜蓝、辉铜矿及其混合矿,以及其他含铜、铁、硫的原料。硫酸铁用于低价氧化物(如铀矿)的浸出。用氯化铜浸出铜矿物可避免浸出过程中带入大量铁,从而简化提铜工艺。

11.6.3.5　细菌浸出

细菌浸出是用浸矿微生物将矿石中有用组分转化为可溶化合物,并有选择性地浸出来,得到含金属的溶液,实现有用组分与杂质组分的分离,最终达到回收有用金属的目的。细菌浸出技术在金属矿石的浸出中应用较多,目前仍是从矿石中提取铜、铀、金和银的浸出方式。

浸矿细菌是一种特殊性质的微生物,它生长在普通微生物不能存在的环境中—矿坑内强酸性甚至有重金属离子存在的水中。据报道它有数十种之多。目前已用人工培殖了许多种菌种,用于工业生产的主要有:

氧化硫硫杆菌、聚生硫杆菌、氧化铁硫杆菌、氧化铁铁杆菌和氧化硫杆菌等。它们是单细胞微生物,$\phi 0.25 \sim$ $0.6\,\mu m$,长 $1\sim 2\,\mu m$。一般 pH 值为 $2\sim 4$,温度为 $30\sim 35$℃ 条件下生长良好、繁殖速度快。60℃ 不能生长,低温条件下会死亡或活动能力差。

氧化铁硫杆菌,能氧化金属硫化物、硫酸亚铁、硫代硫酸盐及元素硫;氧化硫硫杆菌为化能自氧菌,能将元素硫氧化生成硫酸,并利用反应生成的能量作为其生活能源,以 CO_2 和氨为原料合成菌体进行繁殖;氧化铁硫杆菌和氧化铁铁杆菌,以 Fe^{3+} 作为能源在含有矿物盐类强酸性介质中生长。

细菌在浸矿过程中的作用机理有直接作用、间接作用与联合作用三种。

(1)直接作用。所谓细菌直接浸出是指不依赖于 Fe^{3+} 的触媒作用,细菌的细胞和金属硫化矿固体之间直接紧密接触,通过细菌细胞内特有的铁氧化酶和硫氧化酶直接氧化金属硫化物,使金属溶解出来。事实上,矿物中的还原态硫和铁化合物被细菌直接氧化是一个极复杂的多级过程。首先,细菌使硫化物或分子硫的晶格破裂,让氧化剂渗入晶格内,然后在各种酶系统的影响下进行氧化过程。这些酶系统参与了由基质传递电子给氧的过程。同时,细菌也是靠氧化 Fe^{2+}、硫和可溶性的硫化物来获得生命过程所需的能量。直接作用的特征是在嗜硫菌的作用下,矿石中的 S^{2-} 被氧化成 SO_4^{2-},金属呈可溶性离子形式由固相进入液相中。

(2)间接作用。由于氧化硫硫杆菌、氧化铁铁杆菌等浸矿细菌具有氧化低价铁和元素硫生成高价铁和硫酸的能力,利用细菌所生成的氧化产物硫酸高价铁和硫酸,使矿石中的金属矿物在氧化剂和酸性环境下发生化学溶解。细菌的间接作用依赖于 Fe^{3+} 来氧化硫化矿物,生成 Fe^{2+} 和单质 S,在细菌的作用下,两者被氧化成 Fe^{3+} 和 H_2SO_4,又可循环作为溶浸剂来浸出硫化矿物。间接作用的特征是依靠溶浸液中的游离菌将 Fe^{2+} 氧化成 Fe^{3+};Fe^{3+} 对金属硫化矿物起纯化学反应,把有用组分以硫酸盐的形式溶解出来,Fe^{3+} 被还原成 Fe^{2+}。

(3)联合作用。联合作用是指在细菌浸出过程中,既有细菌直接作用,又有通过 Fe^{3+} 氧化的间接作用。目前,细菌的间接作用与直接作用还不能量化,对于金属矿物,在自然条件下还不能断定究竟有多少矿物与氧起反应,有多少矿物与 Fe^{3+} 起反应。

11.6.4　金属矿床的溶浸采矿浸出液的处理

从浸出液中富集与回收有用金属的方法有化学沉淀法、离子交换法、溶剂萃取法、活性炭吸收法和电积法。

11.6.4.1　化学沉淀法

化学沉淀法对铜、金、银矿浸出液富集与回收铜、金、银是一种简便易行的处理方法,也称置换沉淀法。用铁置换铜,用锌置换金和银,分别获得铜、金与银的沉淀物,然后提纯,熔炼,铸锭,就是最早用来从富液中提取金属的方法。置换作业是在置换槽中进行的。置换槽主要有置换流槽和锥形置换塔两种形式,前者已逐渐被后者所取代。置换沉淀法具有设备简单,速度较快等优点,但成品中金属含量较低,且沉淀剂耗量较大。

化学沉淀法对铀矿浸出液富集与回收则存在生产工序多,工艺复杂,生产效率低,化学试剂和材料消耗量大,回收率低及化学浓缩物中铀含量不高(一般为 20% ~40%)等缺点。工业生产中一般不采用。

11.6.4.2　离子交换法

离子交换法又称树脂吸附法。在适宜的 pH 值范围内,一些合成树脂具有将自身的离子与浸出液中的同号电荷离子进行交换的能力。利用浸出液中某种离子与固体离子交换剂(树脂)的可交换离子之间的化学置换特性,有选择地吸附溶液中的金属离子,使之形成配合复盐或螯合物,从而达到回收金属的目的。离子交换法的操作分为两步骤:吸附和淋洗。这两个步骤操作之后,都要将交换床洗涤干净,以除去被松散地吸附着的离子,这样便得到含较纯金属离子的富集溶液。富集的溶液经进一步处理可回收金属;而树脂洗涤再生后,又可重新使用。离子交换法的优点:(1)选择性好,能获得纯度较高的化学浓缩物;(2)能够富集起始浓度低的浸出液;(3)离子交换树脂能反复使用;(4)化学试剂和材料消耗量少;(5)吸附尾液可返回使用。

11.6.4.3　溶剂萃取法

溶剂萃取实际上就是液体离子交换。用一种与水不相混溶的有机溶剂,从浸出液中提取金属离子,使该金属富集到有机溶剂中,与浸出液中的杂质分开,然后将分离后的有机相与某种水溶液混合,使金属重新转入水相中以达到富集和纯化目的。

溶剂萃取法与离子交换法一样,选择性能好,同时对金属离子的萃取速度、容量和纯度(一定条件下)方面超过树脂吸附法,但只适用于清液、富液和杂质含量低的浸出液。

11.6.4.4　活性炭吸附法

活性炭吸附法也有两个步骤,即吸附和解吸。吸附装置有固定床和流化床两种,前者炭量较省,但容易堵塞,故广泛采用流化床。活性炭吸附法的主要优点是能从含金银的悬浮液吸附金银而无需澄清和过滤,也不必真空除气,其含金浓度低至 0.0015g/L 还能吸附,对环境的影响也较其他方法小。

11.6.4.5　电积法

电积法主要用于经过离子交换,或溶剂萃取,或活性炭吸附得以富集和提纯的浸出富液,且溶液中的金属离子浓度和杂质含量已达到规定标准时,才可进行电积,以获取最终金属产品。电积是在电积槽内进行的。以铜为例,一般采用铅银合金、铅锑合金作不溶极,用紫铜作始极板。铜富液含铜 $30 \sim 60 \, g/L$,硫酸 $100 \sim 170 \, g/L$,输入直流电,电压 $50 \sim 100 \, V$,槽电压 $1.8 \sim 2.4 \, V$,电流密度 $80 \sim 200 \, A/m^2$,溶液循环流速 $5 \sim 10 \, L/min$,电流效率 $65\% \sim 85\%$,吨铜电能单耗 $2000 \sim 5000 \, kW \cdot h/t$。电积法的金属沉积速度仅与电流大小有关,与温度、压力、浓度无关。

11.6.5　原地破碎浸出采矿法

原地破碎浸出采矿是利用露天或井下切采形成碎胀补偿空间,采用爆破或挤压爆破技术,将矿石就地进行破碎,构筑矿石块度级配合理、矿石微细裂隙发育、孔隙度均匀适度、渗透性良好的采场矿堆,然后向矿堆布洒溶浸剂,有选择性地浸出矿石中的有用金属,浸出的含有用金属溶液被收集转输至地面加工回收金属,矿渣留采场就地处置。其工艺流程包括采准切割、爆破筑堆、布液浸出、浸出液收集、浸出液处理和贫液返回淋浸(图11-51)。

11.6.5.1　优缺点

与铀矿常规采冶比较,原地破碎浸出采矿方法的优点有:

(1)采切工程量少;

(2)由于 $70\% \sim 80\%$ 的崩落矿石留在采场中,大大减少出窿矿量和矿石运输量;

(3)省去了采场顶板管理和采空区处理;

(4)减少了地面废石场和堆浸场地;

(5)采、选、冶综合成本降低 30%,基建投资减少 $30\% \sim 40\%$,基建周期缩短 1/3;

(6)有利于实现矿山机械化和自动化;

(7)有利于矿区环境保护和矿山退役后的环境复原治理。

原地破碎浸出采矿法的缺点:

(1)对于缓倾斜矿体,或局部膨胀、收缩、分枝矿体,易出现溶浸死角;

(2)在采场中构筑矿堆,难以进行二次破碎,矿石平均块度较大,不利于提高浸出速度和浸出率;

(3)受井下条件限制,井下淋浸、集液、输送液管线布置制约程

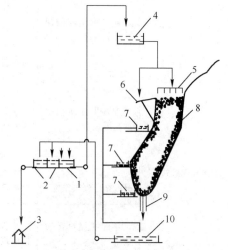

图 11-51　原地破碎浸出采矿工艺流程
1—浸出剂配制池;2—浸出液中转计量池;
3—水冶车间;4—高位池;5—布液管;
6—注液孔;7—分段集液池;8—地下矿堆;
9—导液井;10—总集液池

度较高,工作条件和环境较恶劣;

(4) 在浸出过程中对淋浸和集液工作面进行地压管理,工程维护量大。

原地破碎浸出采矿法的矿床开拓工作与常规矿山开采法基本相同。如果要设计单一的原地破碎浸出矿山,则要考虑以下几方面的因素:

(1) 井巷规格、运输提升设备规格都应较同规模的常规法减少,因为只有1/3 的矿石要运至地表,其余2/3 留在地下;

(2) 地表工业场地同样相应减少,只有1/3 的矿石在地表处理;

(3) 通风系统不但要考虑排氡排废气的要求,而且还需考虑排除溶浸剂气味(如酸、碱等);

(4) 井下所有设备包括水泵、风机及泵房设施均要考虑防腐问题;

(5) 要制订防止地下污染的措施方案;

(6) 运输巷道不但要考虑矿床开采所要求的坡度,还要考虑溶液输送的水力坡度要求等。

11.6.5.2　崩矿筑堆方法

原地破碎浸出采矿的筑堆方法按爆破落矿工艺可分为深孔爆破筑堆法、中深孔爆破筑堆法和浅孔爆破筑堆法三类(表11-54)。崩矿筑堆的矿石块度大小质量和几何形状是影响浸矿效果的重要因素。除浅孔留矿法可以在矿堆表面进行有限的人工二次破碎外,深孔、中深孔崩矿筑堆就无法进行二次破碎。因此,必须根据矿石的爆破性能和岩石的稳定性,认真选择爆破方法和爆破参数以确保崩矿筑堆的矿石块度大小和矿石微细裂隙的发育。图11-52 所示为中深孔分段挤压爆破筑堆法。图11-53 所示为无底柱分段爆破筑堆法。

表 11-54　原地破碎浸出筑堆分类

筑堆方法分类	筑堆方法分组	典型筑堆方案	适用条件	优点	缺点
深孔爆破筑堆	向松散矿堆挤压的深孔爆破筑堆	阶段强制崩落连续留矿筑堆法	矿体厚度大于10~15 m;矿体形态比较规整;矿石价值不大,围岩含有品位;围岩渗透性差	开采效率高、崩落成本低、大块率低、粉矿少	每次爆破后进行局部放矿,并易形成沟流
	均匀布置切割槽的深孔挤压爆破筑堆	阶段强制崩落留矿筑堆法		开采效率高、崩落成本低、大块率低、粉矿少,且爆破一次成堆、级配良好、作业安全	爆破块度较大,夹制性强
	向自由空间的深孔爆破筑堆	水平深孔爆破留矿筑堆法	矿岩较稳固、倾斜或急倾斜厚大矿体,以及极厚的水平和缓倾斜矿体	块度均匀、工效高、采切工程量小、安全性好	崩落效果受矿体赋存状况影响较大
		垂直后退式回采留矿筑堆法		结构简单、爆破效果好、堆形规整、安全性好	不能实现挤压爆破来改善爆破质量
中深孔爆破筑堆	向松散矿堆的中深孔爆破筑堆	无底柱崩落留矿筑堆法	急倾斜厚矿体或缓倾斜极厚矿体;矿岩稳固性好;节理裂隙不发育;围岩渗透系数小	简单灵活、安全性好、生产率高、矿石块度小	采场通风条件差
	带切割槽中深孔分段挤压爆破筑堆	中深孔分段落矿留矿筑堆法	产状要素不稳定和硫化不均匀的急倾斜矿体	工艺简单、安全性好、爆堆规整、块度均匀	
	中深孔抛掷爆破筑堆	中深孔抛掷爆破留矿筑堆法	倾斜的中厚或厚大矿体;矿体下盘透水性差,节理裂隙不发育		
浅孔爆破筑堆	留矿爆破筑堆法	浅孔留矿爆破筑堆法	矿体厚度0.5~5.0 m,倾角不小于60°的稳固岩石	对开采设备要求低、工艺简单	采掘比大、灵活性差、筑堆效率低
		浅孔全面留矿爆破筑堆法	矿体倾角小于65°		

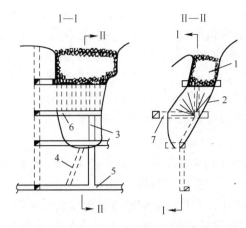

图 11-52　中深孔分段挤压爆破筑堆法
1—已破碎的矿石;2—扇形孔;3—脉内天井;4—集液天井;
5—集液水平;6—分段巷道;7—穿脉

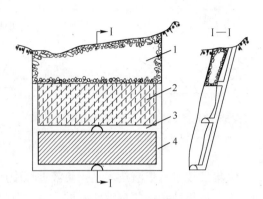

图 11-53　无底柱分段爆破筑堆法
1—崩落矿石;2—炮孔;3—观测巷道;4—脉内天井

11.6.5.3　淋浸和集液系统

原地破碎浸出采矿的淋浸和集液系统包括淋浸空间、淋浸钻孔、集液巷道、集液池、排液槽或排液沟、输排液工程、输排液设施设备等。由于受井下条件的限制,工作和环境条件都很恶劣。在浸矿过程中如想要增加导流、补充淋浸措施、改善浸矿条件、对淋浸和集液工作进行地压管理等特别困难,而且工作量大,效果不一定好。同时,还要对喷淋工作面和集液工作面布置通风系统,以排除氡、氡子体及酸雾等,以减轻对人的身体伤害。

A　淋浸布液方法及装置

原地破碎浸出采矿的淋浸布液方式可分三类:矿堆表面布液、矿堆内部预埋管网布液和钻孔布液。布液系统的主要设施包括配液池、高位池、输液管、布液支管与布液器等管线,以及泵、流量控制和计量装置。

a　矿堆表面布液

倾角大于75°的急倾斜矿体,矿石和围岩比较稳固,允许在堆表形成布液空间和条件下,可在堆表布液。该方法的优点是管线可在堆表移动,布液均匀;喷淋系统简单;工作量小、成本低。其缺点是适用范围小,尤其是当矿体倾角小于75°时,必须崩落上盘围岩,矿石贫化大。图11-54所示为倾斜矿体溶浸液分布法。

b　矿堆内部预埋管网布液

采用浅孔爆破筑堆时,可采用分段(或分层)预埋管网对矿堆进行布液。每采一(或几)分层,放出三分之一的矿石后,在矿堆面开挖沟渠,将事先加工好的多孔出流管用透水防护层包裹后,放入沟渠,并回填矿石,平整好矿堆表面后,继续进行上一分层的回采。该方法的优点是安装操作较为简单,布液均匀,可有效减少上盘浸出死角。缺点是管材消耗多,在爆破落矿和放矿的过程中,易造成预埋管网的破坏,且破坏后不易被发现。

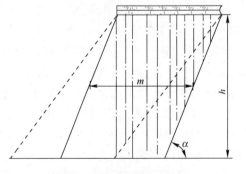

图 11-54　倾斜矿体溶浸液分布法
h—淋浸高度;m—矿体水平厚度;
α—矿体倾角

c　钻孔布液

采用中深孔分段爆破筑堆或深孔阶段爆破筑堆的矿体,若矿体倾角小于75°或矿体形态变化较大,则必须采用钻孔布液,或用钻孔补充布液(图11-55)。钻孔布液方法工程量最少,布液也较均匀,但对爆破筑堆设计要求较高,爆破后须使矿堆上盘边界较为规整。在矿体形态变化较大时,需爆破部分上盘岩石,这样会造成矿石贫化。破碎矿堆内钻孔深度较大,对布液孔施工技术要求较高。

钻孔布液是一种灵活的布液方法,但必须解决好溶液在钻孔中的均匀分配问题和松散矿堆的钻孔施工

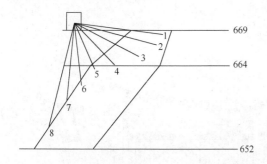

图 11-55　原地破碎浸出采矿钻孔布液示意图
1~8—布液钻孔

技术。溶液在矿堆中的均匀分配可通过安装在钻孔中的多孔出流管来实现。多孔出流是指沿布液管中液体流动方向,每隔一定距离,在其旁侧开设出流孔,其流量逐段减少,其水力梯度也随着流量的减少而逐渐递减。它在微灌滴浸时作为支管和毛管,其特点是运行压力低,灌液均匀。松散矿堆钻孔钻具是将布液管从钻杆中心孔送入钻孔内,设法使钻头与钻杆脱离,然后再拔出钻杆,将钻头、布液管留在矿堆内。

B　集液及防渗漏系统

集液是指浸出液经过一定的路径汇集到矿堆底部再流入集液池的全过程,包括集液与防渗漏技术。

(1) 集液技术。集液技术是指集液过程中所采取的技术手段和方法。集液方法根据底部结构构筑方式可划分为巷道集液和钻孔集液两种方式,根据矿体产状和矿堆高度可划分为阶段集中集液和分段集液两种。阶段集中集液适用于各种急倾斜矿体,分段集液适用于缓倾斜矿体和采用浅孔留矿法的矿体。

集液池按其用途分为沉淀池、采场集液池、中转池及计量池四种。集液池或集液巷道的底部结构一般采用混凝土、PVC 塑料板、沥青、环氧树脂、黄土等构筑,特殊情况下还要采取注浆措施。集液巷道底部结构如图 11-56 所示。集液坡度的大小有助于浸出液自矿堆底部向集液口汇集。根据实验室模型及工程实践经验,集液坡度一般在 0.5% ~ 1.0%,浸出液水平流动的路径越长坡度越大。在矿石含泥量高且要用挤压爆破落矿筑堆时,必须铺设渗漏层。渗漏层的材料一般采用卵石或砾石,厚度在 0.3 ~ 0.5 m。集液口或集液孔是浸出液从矿堆底部汇集后流出采场的出口。集液口常用于底柱稳固且无裂隙的条件下,将底柱上切割天井口或从集液巷道上掘漏斗作为集液口,集液口的间距在 5 ~ 20 m。

(2) 采场封堵。采场封堵按作用及用途分为防渗漏封堵和集液口封堵两种情况,前者又分为采切工程封堵和节理裂隙封堵。集液口封堵可直接在有底柱切割天井上口采用钢轨、工字钢、圆木等材料进行封堵即可。

(3) 集液中转系统。集液中转系统相当于常规开采的运输提升系统,主要由采场集液池、阀门、耐酸泵、耐压塑料管、集液中转池、集液计量池组成。

(4) 防渗漏技术。防渗漏技术按集液系统分为采场、底部结构、集液池及中转系统防渗漏四个部分。采场防渗漏最有效方法是采用帷幕注浆技术。浆液在注浆压力作用下渗透灌入岩石的孔隙或节理裂隙内,对岩

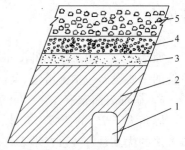

图 11-56　集液巷道底部结构
1—集液巷道;2—底部矿柱;3—防渗漏层;
4—渗漏层;5—采场矿堆

石的节理裂隙进行充填,排除原先存在于结构面之间的水和空气,浆液凝结后使破碎的岩石重新胶结为一体,起到防渗加固作用。在矿体比较稳固、节理裂隙不发育的地段,于爆破筑堆前对矿体底部实施切割拉底工程,然后在节理裂隙部位铺设混凝土假底,再铺设一层 PVC 塑料软板作防渗漏层。当无法进行切割拉底工作时,采用水平旋喷注浆技术。集液池防渗漏比较容易,根据选用的防渗材料主要有三种:沥青防渗漏法、环氧树脂与玻璃纤维布粘贴防渗漏法、PVC 防渗漏法,其中第三种方法具有快速、简捷、可靠等优点,但成本较高,目前国内多采用此方法对集液池进行防腐防渗处理。中转系统的防渗漏工作主要在安装与调试阶段进行的,包括阀门、中转泵、管路的安装与调试等。

C　矿堆浸出与集液工作

矿堆浸出与集液日常工作包括注水试验、喷淋浸出、取样与分析、浸出液浓度监测、浸出液中转、集液结果统计与分析等内容。

(1) 注水试验。注水试验是集液日常工作的第一道工序,其主要目的是调试布液喷淋系统、检查矿堆的渗漏情况、测定矿堆的吸水率与渗透率、冲洗矿堆中的矿物粉尘等。

(2) 取样与分析。取样与分析包括常规分析和全分析。常规分析包括金属质量浓度分析、余酸及 pH

值分析。全分析除常规分析项目外还包括铁、钙、镁、铝、锰及二氧化硅等元素及化合物的含量分析。

（3）浸出液浓度监测。浸出液浓度的监测手段是集液过程中的取样与分析工作,通过绘制浓度 - 时间特性曲线获取浸出峰值浓度。峰值浓度出现的早晚和其持续时间的长短反映了矿物浸出规律及浸出性能的好坏。这一过程经历的时间越长,说明矿石的浸出性能越好。

（4）集液中转。根据浸出液中的金属离子浓度把浸出液区分为合格液与非合格液。合格液直接转到计量池供地表萃取车间进行处理,非合格液中转到配液池重新加酸后进行布液浸出。

11.6.5.4　出窿矿石地表堆置浸出

原地破碎浸出采矿为形成井下碎胀补偿空间,必须先将矿体切采出窿20% ~30%左右的矿石到地表进行堆置浸出,与常规采矿方法采出矿石,在地表进行堆置浸出的方法一样,可分为非筑堆浸出和筑堆浸出。前者指进行堆浸之前没有矿石破碎筑堆工序,而是直接向矿石淋浸溶浸液进行浸出;后者是指堆浸之前矿石必须进行必要的破碎及堆浸场地修整等工序。其工艺流程包括堆场构建、矿石破碎、筑堆、布液浸出、浸出液收集、浸出液处理等。

A　堆浸场地构建

堆浸场地构建包括底垫、保护层、排液管、集液沟、储液池和矿堆周围的防洪沟。底垫是堆浸场地设施中的重要部分。其功能是保证溶液不泄漏,使浸出液经排液沟流入储液池。底垫需具有很低的渗透系数,一般要求其渗透系数小于 $5 \times 10^{-7} \mathrm{cm/s}$。底垫材料不与浸出液发生化学反应,在堆浸期间稳定。常用的底垫材料有混凝土、沥青、黏土、膨润土、塑料薄膜、橡胶板等。最常用的有黏土、膨润土、沥青、混凝土、高密度聚乙烯膜。底垫结构分为单层底垫、双层底垫及多层底垫。底垫铺设技术和质量严重影响底垫的功能。铺设黏土底垫应避开雨季或干旱季节,严防底垫失水干裂。在铺设合成材料(如 PVC)时,地基要平滑无尖锐物,以防刺破底垫层。堆浸场底垫面积应略大于矿堆的实际底面积。

B　矿石破碎

原地破碎浸出采矿方法切采出窿的矿石一般较井下原地破碎的矿石品位高,在地表进行堆置浸出时,往往不以原矿形式直接堆浸,而需将矿石破碎到一定的粒度进行堆置浸出。矿石破碎一般采用两段破碎或三段破碎。

C　筑堆方法与设备

筑堆方法直接影响到矿堆的渗透性和矿石浸出率,要采取合适的方法,最大限度地保证矿石的松散系数。目前采用的筑堆方法有:

（1）多堆筑堆法。先用皮带运输机(或自卸汽车)将矿石堆成许多堆,然后用推土机推平。该方法的缺点是矿石易产生偏析及矿堆表面易被压实。

（2）多层筑堆法。这种方法的实质是堆的形成是分层筑成的,每层1.5 m 高左右,筑堆过程中,颗粒较粗的矿石在堆的下部,较细的矿石在堆的上部,这样溶浸液分布较好,减少垂直沟流形成的可能性。

（3）斜坡道筑堆法。此法是先用废石筑一条与矿堆同一高度的斜坡道,专供运矿卡车行走。卡车把矿石卸至行车道两旁,再用推土机将矿石推向斜坡道两旁,推土机机座为履带,比卡车压实矿石的程度要低,推平矿石后,再将斜坡道顶层矿石疏松。

（4）移动桥式吊车。吊车的基座沿矿块长边的堆外专用线(铁轨或砂石路)移动,桥臂伸向矿堆上方,桥内安装了移动式装矿口,沿着矿堆横向移动。这样能减轻或避免筑堆设备对矿堆的压实程度,也减少了矿堆建造过程中的矿石离析现象。其缺点是设备比较笨重,换堆移动不便,一般适用于比较平坦的大型堆场。

矿堆的高度也是影响矿堆渗透性和金属浸出率的重要因素。矿堆高,堆浸场地的利用率也高,可以有效扩大堆浸的规模和降低生产成本。但是,矿堆越高,矿堆的渗透性越差,浸出周期越长。高矿堆可能带来矿块自动滑塌、矿石密实或堆表面陷落等问题。一般取矿堆高度不超过 3 ~6 m。

矿堆的形状可为棱台形、圆形或利用地形在山谷中筑堆。为了提高矿堆的渗透性,矿堆顶部尽可能有较大的表面积,矿堆形状为扁平状。为了畅通排液,在堆底部铺设大块矿石,并埋入带孔的塑料管。必要时,可通过管子压入空气以改善下部矿石的氧化及矿堆的渗透性能。

目前,国内外采用的筑堆设备有:(1)大型后卸式汽车与推土机或扒矿机、电耙等配套使用;(2)皮带运输机与推土机或扒矿机配套使用;(3)铲运机、弧形筑堆机或移动式运输机配套使用;(4)矿车运矿或矿车与电耙配套使用;(5)人工筑堆,多适用于小型堆。

D   布液浸出系统

布液浸出系统由配液池、泵、输液管、高位槽以及置于矿堆上的分支管和喷淋器组成(图11-57)。布液方式有池灌式、喷淋式和滴灌式。布液均匀、适当喷淋强度和喷淋制度是保证溶浸剂均匀喷淋矿堆和金属浸出率的重要方面。

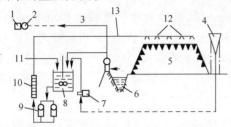

图 11-57 布液浸出系统
1—自动取样器;2,10—流量计;3—浸出液后处理;
4—硫酸储槽;5—矿堆;6—富液池;
7—酸泵;8—硫酸配制槽;9—喷淋液室;
11—尾液;12—喷淋器;13—输液管

(1)喷淋强度。适当增大喷淋强度,可以缩短浸出时间,提高浸出率,与此同时加强了溶浸液与矿石之间的相对运动,起到强化扩散作用。喷淋强度大,虽然具有一定的优点,但过大的喷淋强度会导致浸出液金属浓度明显下降,而使得杂质浓度升高,故喷淋强度过大对生产也是不利的。

(2)喷淋作业制度。为了提高金属浸出率,目前国内外许多矿山采用间歇喷淋作业制度。一是有利于空气进入矿堆,为细菌提供氧气;二是有利于矿石表面干燥、风化,使得矿堆的渗透性变强,有利于金属的浸出;三是减少溶浸剂的消耗,节省浸出成本。

E   集液系统

集液系统由堆底排液管、集液沟、集液总渠和集液池组成。浸出液自堆底排液管流入各矿堆下方的集液沟,汇入集液总渠后进入集液池,经澄清、净化,视浸出液中金属浓度的高低,或送往金属回收工序进一步处理,或转入配液池配制溶浸剂,然后用泵送往堆浸场,供反复浸出使用,直至其金属浓度达到规定要求。

11.6.5.5   原地破碎浸出矿山实例

A   铜矿峪铜矿

1998年铜矿峪铜矿在5号矿体实施了就地破碎浸出提铜技术,使该矿常规采选工艺无法经济开采的低品位氧化矿得以开发利用。1999年铜矿峪电铜生产规模为500 t/a,4年后生产规模已达1500 t/a,成为我国应用就地破碎浸出提铜技术最成功的示范企业之一。

(1)地质概况。5号矿体探明的氧化矿量为17 Mt以上,铜品位0.65%,氧化率大于50%,结合率为10%～40%。矿石内节理裂隙较为发育,以张裂隙为主,有利于矿石浸出。矿体内无大的断裂构造,有利于溶液的防渗漏。矿床水文地质条件简单,围岩中的地下水以构造裂隙水为主。大部分矿体位于侵蚀基准面以上,矿石浸出过程中大部分溶液将沿地下溶浸采场垂直下渗,侧向扩散率小于8%,有利于集液。

(2)原地爆破技术。现场工业试验主要采用自拉槽、小补偿空间、分段和两段微差一次挤压爆破技术。爆破参数为扇形炮孔按前后排交错布置,深孔直径60 mm,孔底距2.6～3.0 m,排距为1.0～1.2 m,补偿系数为15.08%,炸药单耗为0.441 kg/t,起爆间隔为50 ms,崩矿量为5.54 t/m,起爆网络方案为毫秒微差非电导爆管与导爆索复式网络起爆。采场爆破后,矿石块度小于196.3 mm占80.7%,达到了较理想的矿石粒度。

(3)地下溶液防渗漏技术。根据受浸矿块的工程布置特征及位置,采用注浆防渗和导流孔导流相结合的技术。注浆防渗是在受浸矿块的下部,即在集液巷道内钻凿上向倾斜的注浆孔。浆液注入岩层后,在其底部形成结石,一方面堵塞岩层中的裂隙和大的地质构造,同时又在底部形成锅底状的防渗层,增强受浸矿块底部岩层的隔水性能。导流孔导流是在受浸矿块边界设置集液导流孔,使浸出液沿集液导流孔进入集液巷道,以防流出试验采场边界进入采空区或外泄。溶浸采场经防渗处理后,采场底部的渗透系数由0.156～0.358 m/d降为0.026 m/d,溶液渗透率仅为7.82%,集液率达到92.18%,吨矿防渗成本为1.42元/t,其防渗效果非常理想。

（4）布液与集液系统布置。为了保证溶浸采场的均匀受浸和铜浸出液的充分收集,生产中采用钻孔注液与导流孔导流相结合的布液集液技术方案。

（5）萃取电积提铜工艺。萃取为二级逆流串联萃取,一级反萃,采用汉高公司生产的 Lix984N 作为萃取剂。进入萃取电积的合格液含铜浓度控制在 0.8 ~ 1.5 g/L。萃取后的萃余液含铜浓度为 0.02 ~ 0.08 g/L,将其适当补充硫酸和水后返回溶浸采场。萃取工艺参数:O/A = (1 ~ 1.1):1,萃取率大于 95%,pH 值约为 2,反萃硫酸浓度 160 ~ 180 g/L。电积富液铜浓度为 40 ~ 45 g/L,电流密度为 130 ~ 150 A/m^2,槽电压 1.8 ~ 2.2 V,电流效率大于 95%,电铜生产周期 7 ~ 8 天。

（6）技术经济指标。地下溶浸系统当年投产,当年达产,浸出液的含铜浓度最高达 5.78 g/L,平均 2.189 g/L,浸出率 77.87%,萃取率为 99.5%,电积率为 99.5%;吨铜生产成本为 8754.31 元,仅为传统采选冶方法成本的一半左右,取得了良好的技术经济指标。

B　陕西某铀矿

1993 年我国陕西某铀矿在该矿床 30 号矿体实施了原地破碎浸出采铀试验研究取得成功,使该矿因矿体破碎而不能常规开采的矿得以开发利用。1995 年该矿建成了我国第一座原地破碎浸出采铀的矿山。

（1）地质概况。我国陕西某铀矿床属低温热液裂隙充填单铀型矿床,矿床形成于燕山早期花岗岩浸入体中,矿体严格受断裂构造控制,均产于北北东向压扭破碎形成的破碎花岗岩中。矿石主要成分为沥青铀矿—硫化物—碳酸盐类型。该矿床矿体呈大小不等、形态复杂的透镜体赋存在破碎带中,产状与破碎带一致,矿体倾角为 50° ~ 90°。30 号矿体产于碎裂花岗岩破碎带中,矿体破碎、节理发育、含泥量较高,上下盘围岩为较稳固的块状花岗岩,矿体和围岩透水性均较差。

（2）原地爆破技术。采用自上而下中深孔分段挤压爆破留矿法落矿筑堆,形成一个矿石块度适宜、微裂隙发育、孔隙度较佳的地下矿堆。矿堆垂直高度 35.4 m,倾角 70°。

（3）布液与集液系统布置。采取堆表堰塘布液、上盘钻孔注液、预埋管网滴淋的联合布液方式,矿堆底部集中集液的浸出工艺流程。在矿堆周边围岩中布置了监测检漏钻孔,监测浸出期间溶液是否有跑漏现象,以便采取必要的防漏措施。为了获得高质量的浸出液和降低试剂消耗,提高采场矿堆的金属浸出率,在浸出操作期间随时调整浸出参数,控制浸出液 pH 值为 2 ± 0.5,控制浸出液中杂质离子的含量,增加浸出的选择性。采取矿堆底部扩漏、天井导流的集液方式,浸出液全部汇流到井下集液池,然后泵送至金属回收车间处理。

（4）技术经济指标。地下溶浸系统当年投产,当年达产,浸出液的含铜浓度最高达 3.51 g/L,平均 0.584 g/L,浸出率 84.9%,水冶回收率为 93.5%,吨金属铀生产成本仅为常规采冶工艺成本的 1/2 左右,主要工艺技术指标见表 11-55。

表 11-55　试验采场浸出工艺主要技术指标

序　号	项　　目	设计参数	实际参数	备　注
1	采场矿堆矿岩量/t	8120	8568	
2	平均品位/%		0.127	
3	铀金属量/t		10.877	
4	浸出周期/d	240	282	按实际浸出天数计
5	液固比	2	1.52	按布液量计
6	酸耗/%	3	3.08	按矿岩重量计
7	浸出液最高铀浓度/(g/L) 浸出液最低铀浓度/(g/L) 浸出液平均铀浓度/(g/L)	 0.500	3.510 0.180 0.584	
8	浸出液总量/m^3	16240	15819	
9	浸山铀金属/t	8.6	9.253	

续表 11-55

序　号	项　目		设计参数	实际参数	备　注
10	浸渣平均品位/%		0.03	0.015	
11	液计浸出率/%		80	84.9	
12	渣计浸出率/%		80	88.98	
13	布液强度	堰塘法/[L/(m²·h)]	15~25	15~35	
		钻孔注液法/[L/(m²·h)]	1.5	1.5~2.0	
		管网式/[L/(m²·h)]	20~25	30	

C　美国 Oldreli Able 铜矿

Oldreli Able 铜矿的矿体属垂直的角砾岩管状矿脉,地表露头约 92 m×180 m,向下延深 153 m,含有约 4 Mt、品位为 0.8% 的铜矿石。矿体的产状、矿石的可浸性以及上、下盘围岩均比较理想,非常适合原地破碎浸出。该矿在 Dapont 公司的协作下,在矿体垂直高度上掘进了三层药室巷道,装填 1816 t 硝铵炸药,采用毫秒微差延发爆破方法,共崩落矿石 4 Mt,废石 2.1 Mt,爆破效果良好,矿石平均块度在 228.6 mm 以下,基本满足浸出要求。头 10 个月共产铜 1816 t,日生产铜金属达到 9 t 以上。

D　法国埃卡尔皮尔铀矿

埃卡尔皮尔铀矿进行原地破碎浸出采铀试验,试验矿块的阶段高为 40 m,矿体倾角 70°,矿石平均品位为 0.102%。试验采用小中段法中深孔爆破落矿,在阶段的全高上,矿石分两次爆破处理,先爆破、淋浸下一半,再爆破、淋浸上一半,共回收铀金属 2.1 t,回收率为 82.5%。

11.6.6　原地浸出采矿法

原地浸出采矿(in-situ leaching mining,简称"地浸")是在矿床天然赋存条件下,将配制好的溶浸液经注液钻孔注入矿层,在地下水力梯度作用下沿矿层渗流,使溶浸液与矿石发生化学反应(对流和扩散作用),选择性地氧化和溶解有用金属组分,形成含金属离子的溶液,经抽液钻孔提升至地表,再进行水冶加工处理得到所需的化学浓缩物产品。这种从矿石中选择性地浸出有用金属组分而不使矿石产生移动破碎的集采、选、冶于一体的新型采矿方法,与常规矿井开采、露天开采和原地破碎浸出采矿相比,没有昂贵而繁重的矿井开拓和露天剥离工程,省去了矿石开采、提升运输、矿石破碎、选矿和尾矿坝建设等工序,简化了采、选、冶工艺过程,被采的是天然赋存条件下的矿体,采出的是含有用金属组分的溶液。因此,原地浸出采矿被认为是世界金属矿床采矿史上的一重大技术革命,受到了世界采矿业的普遍关注。

目前,原地浸出采矿已应用于铀、铜、稀土等金属矿床的开采,但应用最成功、最广泛的是砂岩型铀矿床的开采。原地浸出采矿法的工艺流程如图 11-58 所示。

11.6.6.1　适用条件及优缺点

A　适用条件

原地浸出采矿不是对任何金属矿床都可以采用的,它对矿床地质、水文地质条件的要求十分苛刻。只能用于矿石疏松、破碎、孔隙发育、渗透性好的矿床,其适用的基本条件有:(1)必须是疏松砂岩型金属矿床,矿石疏松,孔隙发育;(2)矿体须处于含水层中,含矿含水层上、下要有隔水顶、底板,即且有承压水;(3)矿石具有一定的渗透性,且矿层的渗透性要大于围岩的渗透性;(4)矿石矿物成分简单,容易被酸碱溶液浸出;(5)矿层厚度与含矿含水层厚度的比值小于 1:10;(6)矿体埋深小于 500 m。

B　优缺点

与常规采冶方法相比,原地浸出采矿的主要优点有:(1)地浸矿山基建投资少,约为常规法的 50%~60%;(2)建设周期短,较常规法缩短一半以上;(3)资源利用率高、生产成本低;(4)环境保护措施容易实现,基本上不破坏农田和森林;(5)无废石场和矿石场,不严重污染地面环境;(6)使复杂的采矿工作实现

"化学化"、"工厂化"、"管道化"、生产连续化;(7) 易于实现自动化,改善了劳动和卫生条件;(8) 安全和防护条件好。

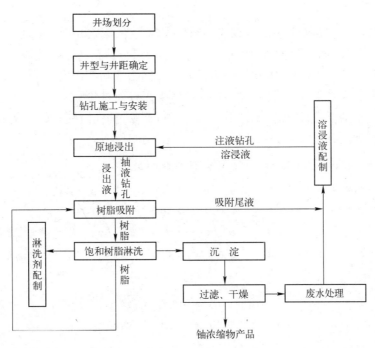

图 11-58　原地浸出采矿法工艺流程

与常规采治方法相比,原地浸出采矿的缺点:(1) 适用条件苛刻,受矿床地质、水文地质及矿石性质等条件限制;(2) 地表管线多,维护工作量大;(3) 地下浸出受到地球化学规律的制约比较明显,浸出速度可调节幅度较小。

11.6.6.2　钻孔工程

钻孔工程是原地浸出采矿的主要工程,其不仅是原地浸出采矿揭露矿层的唯一工程,而且也是开采过程中的主要技术手段,溶浸剂的注入和浸出液的抽出都是通过钻孔来实现的。地浸钻孔的作用主要有以下几点:(1) 探采结合,圈定采区;(2) 矿床开拓、采准;(3) 溶浸液的注入、浸出液的提升;(4) 监测溶液扩散情况,控制溶浸范围。

地浸钻孔按其功能可分为注液钻孔、抽液钻孔、观测钻孔或控制钻孔。(1) 注液钻孔:将配制好的溶浸液注入含矿层;(2) 抽液钻孔:将溶解的含有用金属溶液用潜水泵或气升泵提升至地表;(3) 观测钻孔:用于观测和检查溶浸液的扩散情况(范围),观测孔一般布置在采场四周外围(沿地下水流向)不同距离(20 m→50 m→100 m…)。

钻孔工程包括钻孔布置方式、钻孔结构和钻孔施工成井。

A　钻孔布置方式

原地浸出采矿钻孔布置方式是指抽、注液钻孔在平面上的排列形式和钻孔之间的距离,通常称为井型井距;就其作用来说,相当于常规采矿的开拓方式。原地浸出采矿的井型井距与矿床地质、水文地质条件和开采工艺等因素密切相关。

一般来说,井型井距的选择应遵循的基本原则有:

(1) 保持抽注平衡。按一定井型布置的抽、注孔数,在生产过程中,能满足抽注平衡、抽略大于注的要求。

(2) 保证溶浸剂的均匀分配。由井型所控制的溶浸液在矿层中流线分布均匀,使开采单元的溶浸液覆盖率最高,尽可能消除溶浸死角,提高资源回收率。

(3) 保证抽注钻孔数最少。井型布置应充分考虑矿体平面的几何形态,并保证在相同的面积内钻孔数量最少。

(4) 井型确定应考虑钻孔易于调整。当矿体实际形态与设计形态出现变化时,钻孔孔位和功能易于调整,以满足实际情况。

原地浸出采矿钻孔的井型布置可分为行列式和网格式两大类,影响井型布置的主要因素有:(1) 矿体平面上投影的几何形态;(2) 矿体(层)的渗透性;(3) 钻孔抽液量与钻孔注液量比值。一般来说,矿体宽度较大、形态较规则,矿层各部位渗透性较均匀时,采用行列式和网格式均能满足要求;但矿体宽度较小,呈条带状分布,或形态不规则,矿层各部位渗透性差异较大时,常采用行列式井型。

行列式井型布置比较灵活,可以根据矿体形态变化进行调整,抽注液钻孔的比例容易控制,抽注液管线布置也简单。常用的行列式井型如图 11-59 所示。

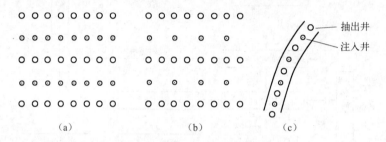

图 11-59　常用行列式井型
(a) 行列式 I;(b) 行列式 II;(c) 单行列式

网格式井型布置在生产实践中应用较广泛,可以保证溶浸剂覆盖范围大,运移均匀,能有效避免浸出液的稀释和溶浸剂的漏失,但抽注液管线布置比较复杂,当矿体宽度较窄时,抽注液钻孔的比例变化较大,难以保证与抽注液量的比例一致。网格式井型的布置方式有四点型、五点型及七点型(图 11-60)。

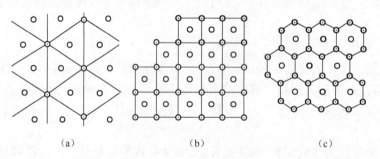

图 11-60　常用网格式井型
(a) 四点型;(b) 五点型;(c) 七点型

钻孔间距直接影响矿山投资、矿山产量、资源回收率、回采时间等。影响钻孔间距的因素有:矿体埋深、矿体厚度、矿体倾角、钻孔成本、浸出液浓度、回采时间、矿层渗透系数、井型等。一般情况下,钻孔间距越大,可能出现溶浸死角的面积越大,溶浸液覆盖率越小,浸出率越低,浸出周期越长,单位产能投资越少;钻孔间距越小,溶浸死角的面积越小,溶浸液覆盖率越大,浸出率越高,浸出周期越短,单位产能投资越大。

原地浸出采矿的观测孔平面上一般布置在采场外围 20~150 m 处和采场内适当位置,垂向上布置在含矿含水层和上、下含水层内,观测孔的数量一般按抽注孔 10% 左右考虑。

B　钻孔结构

钻孔由钻孔直径、钻孔深度和钻孔方向三要素构成。地浸钻孔结构包括钻孔开孔直径、终孔直径、钻孔深度、套管和过滤器直径、套管连接方式、过滤器类型、隔塞等。国内外普遍使用的地浸工艺钻孔可分为填砾结构、裸眼结构两大类(图 11-61)。(1) 填砾结构:过滤器部位充填砾石过滤层为主要特征;(2) 裸眼结构:过滤器周围不充填过滤物质,而靠矿层部位即孔壁四周细砂自然分选作过滤层。

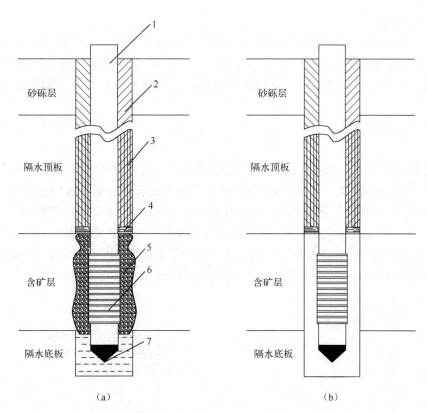

图 11-61 填砾式和裸眼式钻孔结构对比
(a) 填砾式钻孔结构;(b) 裸眼式钻孔结构
1—钻孔安装套管,PVC 管;2—充填封孔水泥;3—细砂、粗砂、黄泥;
4—人工隔塞;5—过滤层砾石;6—过滤器;7—沉砂管

C 钻孔施工与成井

地浸钻孔施工与成井质量的好坏是决定地浸生产成败的关键。它关系到溶浸液注入量大小、浸出液抽出量大小以及钻孔生产服务年限。虽然地浸钻孔分为注液孔、抽液孔和观测孔,不同功能的钻孔结构不同,但钻孔施工顺序与成井工艺的主要环节是一样的。

(1) 开孔。开孔所用的钻头直径要根据钻孔功能和安装套管的直径大小和表土层的稳定性而定。

(2) 钻进取芯。按设计要求的钻进到含矿层底板,或距含矿层顶板 2 ~ 5 m 处换较小直径的钻头钻到含矿层底板;或钻进到距矿层顶板 2 ~ 5 m 处停止钻进,安装套管和隔离塞,在套管与孔壁充满水泥砂浆,待其凝固后,更换较小直径的钻头继续钻进至矿体底板以下。

(3) 扩径、冲孔。采用填砾式钻孔结构,一般要利用扩孔器对含矿层部位扩大直径;终孔后,用泥浆泵向孔内压清水(10 ~ 20 min),或采用稀泥浆循环,以替出孔内的浓泥浆,便于下套管。

(4) 物探测井。钻孔打好后进行电测井,对铀矿还要进行 γ 测井。将测井资料进行岩芯编录,确定含矿层位置、矿石品位、矿体厚度和各种岩层的层位界线。

(5) 安装套管。根据物探资料计算确定托盘、过滤器、沉砂管的位置,在地表将各类套管配齐编号,依次下入沉砂管→过滤器管→托盘→套管。在整个套管上、中、下三处分别安装"中心定位器",以防套管偏向钻孔一边,影响投砾和封孔。

(6) 投砾。按计算好充填的砾石(砂)量(过滤器上部 0.5 m),依次投入 $\phi 2 ~ 4$ mm、$\phi 1.0$ mm、$\phi 0.5$ mm 三种粒径石英砂和泥球,要边投砾边测量。

(7) 注浆封孔。在靠近孔口(地表)10 m 处用水泥砂浆封孔。水泥浆不能太浓(下不去)也不能太稀(占体积)。如是酸法地浸,要在矿层上部 30 m 处用防酸水泥。否则,用普通硅酸盐水泥 325 号或 425 号即可,

12～24 h 后开始抽水洗孔。

（8）孔口安装。根据钻孔功能和浸出液提升方式的不同,安装不同的孔口装置。采用空气提升的抽液孔,孔口安装一个空气控制阀门、下风管的套口装置和气液分离器;采用潜水泵提升的抽液孔,安装控制潜水泵启、停的装置;注液孔均安装不锈钢压力表和防腐流量计(或防腐水表),用以观测该孔的注液压力和注量大小及累计注入量。

D　钻孔施工的关键技术

a　过滤器

过滤器是与地浸钻孔套管下部连接,安装在矿层段的具有一定孔隙率的液体进出通道。它是实现溶液注入和抽出的关键,是钻孔的咽喉。目前,我国地浸矿山采用的钻孔过滤器有裸眼包网式、外环形骨架式两种。（1）裸眼包网式:即在钻孔套管合适的位置上直接钻眼,眼的直径 $\phi 12\,mm$,行距 25 mm,眼距 60 mm,过滤器的孔隙度为 25% 。用尼龙纱网包两层,再用尼龙绳捆扎即可。（2）外环形骨架式:这种过滤器也是先在套管上打眼,再将聚丙烯骨架式过滤环套在套管上,然后两端用塑料焊牢构成的,骨架就是代替"尼龙纱网"的作用,不易损坏。这种过滤器分成固定式和可更换式两种(图 11-62、图 11-63)。

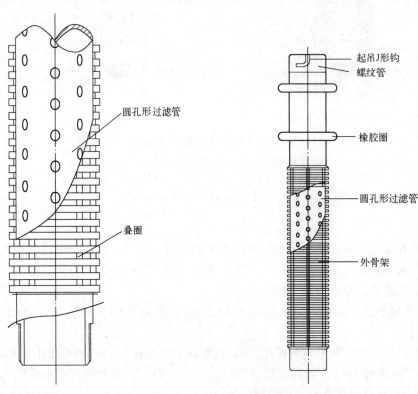

图 11-62　固定式外骨架过滤器　　　　图 11-63　可更换外骨架过滤管

b　扩孔技术

为了增加钻孔过滤面积,增大钻孔抽注液量,满足抽注液增量的要求,通常在使用较小直径的钻头穿过矿层以后,对含矿层部位局部进行扩径。扩孔方法有机械式、水力式和射弹式;采用的扩孔工具有水力喷射扩径器、偏心钻具扩径器等。

c　隔塞止水技术

地浸钻井仅作用于含矿含水层,无论是注液孔、抽液孔还是观测孔都要求与其他含水层隔离。各含水层之间的隔离止水方式主要有两种:一种是隔塞式,另一种是托盘式。隔塞式是在钻孔套管外与孔壁之间填充砾石后,注水泥浆构成;托盘是人工隔塞,它由上下两层厚约 10 mm 的塑料板中间夹橡胶构成。施工时将托盘焊在套管上,下入孔中,然后投入少量砾石、粗砂、细砂,最后注入水泥浆。托盘加工简单,现场施工方便,止水效果好。

d　封孔技术

在地浸钻孔中,采用合适的止水材料封闭套管与孔壁之间的环形空间的过程,称之为封孔。封孔的目的是隔离其他含水层与含矿含水层的水力联系,保护套管。封孔时,靠近矿层部位应采用防酸水泥,以防止酸溶液对水泥隔塞的腐蚀。根据水泥浆的注入方式,封孔方法分为正向注浆和逆向注浆。

e　洗井(孔)技术

洗井可清除井壁上的泥皮,并把渗入到含矿含水层中的泥浆抽吸出来,扩大含矿含水层的孔隙,形成一个人工过滤层。洗井的方法很多,如压缩空气洗井、活塞洗井、化学洗井、喷射洗井等。最常用的是空气机洗井和向井内注入 HCl、HNO_3、H_2SO_4、HF 的化学方法洗井。

11.6.6.3　浸出液的提升方式

浸出液的提升是地浸采矿技术中的一个重要环节。地浸井场浸出液的提升能力大小从某种程度上来说,它决定了该矿山的生产能力。目前,世界各国的地浸矿山浸出液的提升主要有气升泵提升和潜水泵提升两种方式。

A　气升泵提升

气升泵由空气压缩机和升液器组成,是一种抽水、抽液、排除泥砂和提升某些矿石的气举装置。气升泵提升是将压缩空气通过风管压入抽液孔,混合后的气液混合物比原孔内液体密度小,根据连通器原理,密度小的气液混合物上升。

要想使气液混合物上升至某一高度,必须将混合器下放到动水位以下某一深度,并供给一定的气量。混合液上升高度越大,气液混合物密度就越小,所消耗的空气就越多。当气液混合到一定的程度后再增加气体也无助于降低气液混合物密度,水位也不会上升,因此,气升泵提升受水位埋深的影响较大。

气升泵提升与沉没比、风量、风压等要素有关。

(1) 沉没比。气管末端的混合器沉入动水位以下的深度与混合器下入井内总深度之比值称为沉没比,可用式(11-25)表示:

$$k = h/H \qquad (11-25)$$

式中　k——沉没比,空压机正常抽液时,k 理想值为 0.4 ~ 0.5;

　　　h——风管末端距动水位距离,m;

　　　H——风管下入井中总深度,m。

(2) 风量。要使井内液体上升到地表必须要一定的风量。单位液体所需风量由式(11-26)计算:

$$Q = \frac{h_1}{c \lg \dfrac{(\alpha - 1)h_1 + 10}{10}} \qquad (11-26)$$

式中　Q——提升单位液体需风量;

　　　h_1——提升高度,m;

　　　c——经验系数,与 α 有关,见表11-56;

　　　α——沉没系数,指风管下入井中的总深度与提升高度之比,即 H/h_1。

表11-56　经验系数 c 与 α 的关系

α	4	3.35	2.85	2.2	2	1.8	1.7	1.55
c	14.3	13.9	13.1	12.4	11.5	10	9	8

(3) 风压。风压是选择空压机型号的主要参数之一。风压有两个,即启动风压和正常风压。有些设备通常在启动瞬间所需风压较大,是启动后正常工作的1.5倍。

经气升泵提升到孔口的气液混合物——浸出液中含有大量气体,若在浸出液输送至集液池之前不进行气液分离,会加大输送量,并给抽液量的计量带来困难,因此,提升到钻孔口的气液混合物必须要进行气液分离。分离气液混合物中气体和液体的装置称为气液分离器(图11-64)。气液分离器的工作原理是气液混合体通过时,气体向大气排放,液体向前流动,达到气液分离的目的。

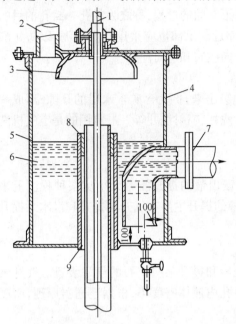

图 11-64 气液分离器

1—气管;2—排气管;3—反射器;4—集水桶;
5—最高水位;6—预计水位;7—出水管;
8—填料;9—外管

B 潜水泵提升

潜水泵由泵体和电动机组成,泵体中主要工作部分是叶轮。潜水泵提升是通过安装在抽液孔中的潜水泵将溶液抽至地表的提升方式。该方法已广泛用于原地浸出采矿生产中。

潜水泵提升与潜水泵下入深度、管路水力损失、提升高度等要素有关。

(1) 潜水泵下入深度。地浸用潜水泵是由耐酸碱的不锈钢制作而成的。潜水泵下入深度是值得认真研究的问题,潜水泵下入深度越深,提升扬程越大,抽液量越小,单位能耗越高。按照潜水泵安装要求,泵体只要下放至动水位以下 1 m 处即可。但在实际应用中,必须考虑钻孔内地下水动水位的正常波动,还要考虑动水位不同时的统一互换性及提升性能。因此,在实际生产中潜水泵的下入深度往往留有一定余地。

(2) 管路水力损失。提升管路水力损失包括潜水泵泵体上部逆止阀、孔内抽液管路和地表管路水力损失。在同一管径下,水力损失随抽液量的增加而增大;在相同抽液量的情况下,管径增大,水力损失减小。

(3) 提升高度。潜水泵稳定工作后,地下水动水位至地表出水口的高度称为提升高度。决定潜水泵稳定流量的因素是提升高度。

气升泵提升和潜水泵提升各有优点。气升泵提升的优点是构造简单,没有转动件,工作安全可靠,对钻孔深度的适用范围较小;缺点是能量利用率低,井场安装较为复杂,在进行深孔提升时,生产能力受到限制。潜水泵提升克服了气升泵提升的不足,抽液量大、液流稳定、易计量监测、运行费用低、在深孔提升中具有显著的优势;但这种泵对材质和制造工艺要求较高,特别是对密封质量要求高。

11.6.6.4 原地浸出矿山实例

A 新疆 512 矿床

新疆 512 矿床是我国第一座大型原地浸出采铀矿山,1993 年半工业试验取得成功,1995 年开始 50t/a 的工业试验,1998 年通过验收,投入生产。

512 矿床矿化带产于中下侏罗系第 Ⅴ、Ⅱ、Ⅰ 旋回中的砂岩中,矿带沿走向延伸超过 5000 m,沿倾向宽度 50~587 m。矿体分为卷头和翼部两个部分,卷头矿体稳定,各剖面均有发育,长度 45~205 m,平均 115 m;翼部矿体主要是上翼矿体,长度 50~587 m,平均 204 m。矿体埋深 110~240 m,产状与矿体产状基本一致,倾角 5°~15°。矿体厚度 0.5~12.3 m,平均 3.7 m,其中卷头矿体厚 1.1~12.3 m,平均 5.0 m,上翼矿厚度 0.5~5.5 m,平均 2.7 m。矿体品位 0.01%~1.52%,平均 0.084%。

矿床有 9 个含水层,其中与铀矿化有关的为 Ⅰ、Ⅱ、Ⅲ、Ⅶ含水层。地下水的矿化度为 0.15~0.748 g/L。地下水的水质类型为 HCO_3^-、$HCO_3^- \cdot SO_4^{2-}$ 或 $SO_4^{2-} \cdot HCO_3^- \cdot Cl^-$。水温为 11~18℃,水中 pH 值为 7.31~8.60。第 Ⅰ、Ⅱ 含水层的 $K_\Phi = 0.09~0.24$ m/d,第 Ⅲ 含水层的 $K_\Phi = 0.52~1.16$ m/d,第 Ⅶ 含水层的 $K_\Phi = 0.29$ m/d。

512 矿床早期钻孔布置形式为行列式,钻孔间距为 25 m×20 m。采用空气提升方式,抽液孔、注液孔均采用托盘结构为主。钻孔最大开孔直径为 300 mm,终孔直径 90~150 mm,钻孔套管材采用 75 mm×10 mm 的聚氯乙烯塑料管,套管连接形式采用梯形相连接;过滤器为包网式,过水孔直径为 10~12 mm,外部包两层尼龙纱网;在托盘和充填物之上用耐酸水泥封孔。

512 矿床后期采用潜水泵提升方式,抽液孔、注液孔采用填砾式结构,钻孔布置形式为五点型,钻孔间距为 25～30 m。钻孔最大开孔直径为 311 mm,终孔直径 90～150 mm,钻孔套管材采用 75 mm×10 mm 的聚氯乙烯塑料管,套管采用管箍连接;过滤器为外骨架式。

该矿床采用酸法浸出,浸出剂为 H_2SO_4,其浓度为 5～20 g/L,加 H_2O_2 或利用淋洗后残余的 NO_3^- 作氧化剂。浸出液中铀含量为 30～190 mg/L,吨金属铀耗酸量为 60～90 t。空气提升时,单孔抽液量为 3 m^3/h,潜水泵提升时,抽出量为 4～5 m^3/h;单孔注入量一般为 1.5～3.0 m^3/h,投产以来,总注入量和总抽注量基本上维持平衡,抽液量一直大于注液量 1% 左右。

该矿床酸法浸出一般分为 3 个阶段,在矿层酸化期,溶浸液中的溶浸剂(H_2SO_4)浓度为 15～20 g/L;在浸出期,溶浸液中的溶浸剂(H_2SO_4)浓度为 4～8 g/L,添加 0.4 g/L 的氧化剂(纯度为 30% 的 H_2O_2);在结束期,使用不添加 H_2SO_4 和 H_2O_2 的来自吸附塔的尾液。实际上在酸化和浸出过程中 H_2SO_4 和 H_2O_2 的具体用量,依浸出液的余酸、Eh 值和铀含量的变化而调节。

水冶工艺采用密实移动床离子交换吸附—吸附尾液配制成新的溶浸液再注入矿层;饱和树脂再吸附—固定床三塔串联逆流淋洗—流态化沉淀—压滤、干燥—"111"产品。

B 内蒙古钱家店铀矿床

内蒙古钱家店(钱 II 块)铀矿床的含矿地层为白垩系姚家组地层,含矿地层具有可地浸砂岩型铀矿特征的泥－砂－泥结构。2 号矿体,矿体埋深 251.8～298.31 m,矿体长 1100～1300 m,平均 1200 m,宽度 380～1000 m,平均 690 m,矿体厚 6.46～15.75 m,平均 9.01 m,平均品位 0.03%,平均每平方米铀量 4.95 kg/m^2。矿石占含矿含水层厚度的 14%～47%。矿层厚度与含矿含水层厚度比值为 0.14～0.47。

含矿含水层涌水量 27.20～108.86 m^3/d,单位涌水量 0.01～0.036 L/(s·m),水位埋深 5.39～7.06 m,承压水头高度 232.98～264.28 m,渗透系数 0.025～0.233 m/d。含矿层顶底板主要为泥岩,厚度较稳定,隔水性能较好。

矿石中铀的存在形式有铀矿物、吸附铀及含铀矿物,铀的主要存在形式为铀矿物及吸附铀,存在于含铀矿物中的铀很少。

采用七点型井型,井场抽孔与注孔之比为在 1:2.3 左右;抽液孔采用大口径填砾式结构,钻孔直径 295 mm,一径到底,套管 ϕ148×10 mmPVC 管。注液孔采用小口径填砾式结构,钻孔直径 215 mm,一径到底,套管 ϕ100×10 mmPVC 管。

浸出液采用潜水泵提升方式,潜水泵型号为格兰富(SP14A－25 N,7.5 kW)和施德耐(5L50P4KH),单孔注液量在 2～4 m^3/h 之间,单孔抽液量 6～8 m^3/h;提升单位浸出液的电耗为 0.7～1.0 kW·h;抽液孔的动水位在 80～120 m 之间;

浸出采用了 CO_2+O_2 的浸出工艺,浸出液铀浓度 20～35 mg/L。

水冶工艺采用密实固定床加二氧化碳吸附、氯化钠加碳酸氢钠淋洗、吸附尾液转型、合格液酸化后加碱老化沉淀、过滤得"111"产品的工艺流程。

C 哈萨克斯坦某铀矿床

哈萨克斯坦某铀矿床于 20 世纪 60 年代末发现,1983 年建成地浸矿山,分为 2 个地浸井场。

该矿床拥有 B+C 级储量 70 kt 铀,远景储量达 120 kt 铀。矿体平均埋藏深度为 550 m,矿石品位为 0.06%,矿体平均厚度为 6 m,每平方米铀量约为 5 kg/m^2。含矿含水层厚度约为 10 m,岩性为泥岩或粉砂质泥岩。矿体形态呈卷状、属典型的层间氧化带疏松砂岩型铀矿床,矿层渗透系数为 7～15 m/d,单孔抽液量为 10 m^3/h,地下水位埋深 3～10 m,矿石中,除了铀元素有工业意义外,还伴生有 Re、Se、Sc 等元素。

该矿井场钻孔布置形式为七点型,钻孔间距 40～50 m。钻孔套管及过滤管全采用不锈钢管,管径 91 mm。井场地面管线除风管支管外,全采用不锈钢管,其中,输液总管管径为 300 mm,输气总管管径为 ϕ150 mm。每个抽液钻孔都配备有气液分离器,气液分离器也采用 ϕ300 mm 高 3 m 的不锈钢管。地面管道悬空于地面之上约 2 m,每 10 m 用支架支撑。因抽取的地下水溶液的温度高达 30℃以上,所以井场未采取其他的防冻措施,仅在中心处理厂的输液管道用石棉包裹。

　　该矿床采用酸法浸出,浸出剂为 H_2SO_4,其浓度为 $8\sim10\,g/L$,未加 H_2O_2 等其他氧化剂,仅利用淋洗后残余的 NO_3^- 作氧化剂。浸出液中铀含量为 $80\sim90\,mg/L$,吨金属铀耗酸量为 $87\,t$,浸出液 pH 为 $2.1\sim2.3$,注液压力 $0.5\sim0.6\,MPa$。浸出液采用空气提升。

　　浸出液处理车间有 7 个 $\phi3\,m\times8\,m$(高)不锈钢制成的吸附塔。树脂饱和后,从底部放出,集中到淋洗塔淋洗。淋洗剂为 HNO_3,浓度为 $40\sim45\,g/L$,淋洗得合格液为 $30\,g/L$。用 2% NaOH 液沉淀,沉淀的 pH 值为 7.2。再经板框压滤后获得黄饼,黄饼中含铀 40%。

　　在回收铀的同时,该矿对 Re 和 Sc 进行了综合回收,其中 Re 在浸出液中的浓度为 $0.2\,mg/L$,Sc 为 0.3 mg/L 在中心处理厂,有电脑总控制系统,可以对井场总流量、配液浓度和中心处理厂的淋洗、沉淀等参数进行自动化控制,但井场各抽注液钻孔未见安装有自动化仪表和计量设备。

参 考 文 献

[1] 褚洪涛.我国金属矿山大水矿床地下开采采矿方法[J].矿山技术,2006,6(3).

[2] 辛小毛,王亮.大水金属矿山防治水综合技术方法的研究[J].矿业研究与开发,2009,29(2).

[3] 张勇.大水矿山倾斜帷幕下采矿方法实践[J].金属矿山,2009(7).

[4] 胡建东,朱兴明.冬瓜山出风井深井高压突水灾害治理[J].采矿技术,2007,7(3).

[5] 张化远.采用盘区和分区开采以提高矿山生产能力[J].中国矿业,1994(5):46~54.

[6] 邹淡秋,张化远.地下矿排水及排泥[M].采矿设计手册:矿床开采卷.北京:中国建筑工业出版社,1988:1636~1657.

[7] 张化远.西石门铁矿采矿设计[J].钢铁设计,1990(9):20~29.

[8] Heine O R,Suh S L. An experimental nodule collection vehicle design and testing [J]. OTC 3138,1978:123~134.

[9] Chung J S,Twsurusaki K. Advance in deep ocean mining systems research[J]. ISOPE,1994(1):18~31.

[10] Bernard J,Bath A R,Greger B. Analysis and comparison of nodule hydraulic transport systems[J]. OTC 5476,1987:156~167.

[11] Chung J S,Cheng B R. Effects of elasitc joints on the 3D nonlinear coupled responses of a deep ocean pipe:modelling and boundary conditions[J]. Int. J. Off. Polar Engg,1996(6):203~211.

[12] Li L,Jiang Z. The China's manganese nodules miner [C]//2nd Ocean Mining symp. ISOPE,1997:95~99.

[13] Ning Y,Minghe W. New era for China,manganese nodule mining,summary of last five year's research activities and prospective [C]//2nd Ocean Mining symp. ISOPE,1997:8~11.

[14] Sup Hong. 3-D Dynamic Analyses of Lifting Pipe Systems in Deep Sea Bed Mining[C]//ISOPE Ocean Mining Symposium,1997:75~81.

[15] 金建才,张杏林,等.海底矿物丛书[M].北京.中国大洋矿产资源研究开发协会,1995:63~105.

[16] [美]菲尔莫尔 C. F. 埃尔尼.海洋矿产资源[M].北京:海洋出版社,1991:71~73.

[17] 简曲,王明和,等.大洋多金属结核商业采矿系统的设计[J].国际海底开发动态,1998,47(3):8~12.

[18] 中国大洋协会,大洋协会办公室赴日美国技术考察代表团考察报告[R].北京:中国大洋协会,1998:1~10.

[19] 中国大洋协会,中国大洋协会有核算技术欧洲考察报告[R].北京:中国大洋协会,1998:1~41.

[20] 古德生,李夕兵,等.现代金属矿床开采科学技术[M].北京:冶金工业出版社,2006:204~223.

[21] 刘光汉.对高山矿床开采中若干问题的认识[J].冶金矿山设计与建设,1997,29(5):42~45.

[22] 袁顺才.对我国 ZK4P 高海拔气候环境条件理论的探讨[J].环境技术,1988,(S1):16~18.

[23] 汤守礼.论压气与通风设备在高海拔矿山的应用[J].中国矿业,1993,2(5):9~15.

[24] 于润沧.采矿工程师手册[M].北京:冶金工业出版社,2009.

[25] 何满潮,熊伟,贾志峰.高寒高海拔地区极不稳固覆岩下厚大矿体采矿方法试验研究[J].有色金属,2005,57(4):8~9.

[26] 吕波,高道平.如何安全进行高海拔、永冻层中矿体的开采[J].新疆有色金属,2006,13(3):13~14.

[27] 向太平.无底柱浅眼留矿采矿法在高山采矿的应用[J].有色金属,2004,56(1):10~11.

[28] 朱华平,高菊生,张德全.秦岭地区首次发现含放射性成因异常铅的铜矿床[J].矿山与地质,2006,20(4-5):460~462.

[29] 谭绩文.矿山环境学[M].北京:地震出版社,2008.

[30] 《采矿手册》编辑委员会.采矿手册第四卷[M].北京:冶金工业出版社,1990.

[31] 陈振时.铀矿工业中一些先进技术的应用[J].世界核地质科学,2004,21(2):87~90.

[32] 李秦,谢国森. 原地爆破浸出采铀安全与环境[J]. 采矿技术,2006,6(3):288~290,297~299.

[33] 阙为民,王海峰,牛玉清,等. 中国铀矿采冶技术发展与展望[J]. 中国工程科学,2008,10(3):45~49.

[34] 张新华,刘永. 铀矿"三废"的污染及治理[J]. 矿业安全与环保,2003,30(3):30~32.

[35] 全爱国,欧阳建功. 我国原地爆破浸出开采及其发展前景[J]. 铀矿冶,2001,20(1):1~4.

[36] 付锦,韩耀照,张彪. 活性炭吸附法测量铀尾矿氡析出率[J]. 辐射防护通讯,2000,23(2):130~131.

[37] 潘英杰. 铀矿通风防护现状及综合防护措施[J]. 辐射防护,1991(3):236~240.

[38] 程业勋. 环境中氡及其子体的危害与控制[J]. 现代地质,2008,22(5):858~862.

[39] 傅颖华,孙全富,杜维霞,等. 典型非铀矿山工人氡危险认知研究[J]. 中华放射医学与防护杂志,2008,28(6):565~567.

[40] 周星火,李先杰. 某矿氡污染分析和通风降氡效果[J]. 辐射防护通讯,2002,22(3):8~10

[41] 王鉴. 中国铀矿开采[M]. 北京:原子能出版社,1997.

[42] 王开华. 铀矿开采的技术特点[M]. 北京:原子能出版社,2003.

12 矿井通风

12.1 概述

12.1.1 矿井通风的任务

矿山生产过程中会产生大量的粉尘及有毒、有害气体,有的矿岩中还析出放射性和爆炸性气体。此外,矿内空气的温度、湿度也发生着变化。这些不利因素,对生产作业人员的安全和健康造成极大的威胁。矿山通风的基本任务是:不断地向作业地点供给足够数量的新鲜空气,稀释和排除各种有毒、有害气体、放射性和爆炸性气体以及粉尘,调节气候条件,确保作业地点良好的空气质量,形成一个安全、舒适的工作环境,保证矿山作业人员的安全和健康,提高劳动生产率。

为形成良好的矿山大气环境,必须正确解决下列通风技术问题:

(1) 研究矿山有毒、有害、放射性及爆炸性气体和粉尘的生成原因与分布规律,积极采取有效的排烟、排毒、降尘措施。

(2) 研究矿山气候条件的变化规律,正确解决冬季防冻和深热矿井的降温问题。

(3) 研究矿山自然条件的变化规律,充分利用自然风流的有效作用,控制自然风速的不利影响。

(4) 正确确定矿山的总供风量和各作业地点所需的风量。

(5) 正确选择矿井通风系统、通风网路结构和通风方法。

(6) 正确计算矿井通风阻力,合理进行矿井通风阻力的调整。

(7) 随着生产的发展变化,及时进行总风量及风量分配调节。

(8) 对矿山通风状况进行检查、测定,及时发现问题,解决问题。

(9) 研究多机站及多级机站通风系统远程监控及节能问题。

(10) 研究露天矿山大气污染特征及通风除尘方法。

12.1.2 矿井通风技术发展概况

12.1.2.1 我国矿山通风技术经验和发展趋势

(1) 选择合理通风系统类型及构成要素,充分发挥主要扇风机的通风作用。对于埋藏不深,而且比较分散的矿山,适合采用分区式通风系统。以西华山钨矿为代表的不少矿山,因地制宜地采用多种形式的分区通风系统,收到良好的技术经济效果。由于这种通风系统风路短,有效风量高,风压损失小,在许多开采浅部矿体的矿山得到广泛应用。

利用我国非煤矿山不同的开拓系统和生产方式,在通风系统中形成不同的压力分布状况,用以控制气流的渗漏方向和烟流速度,是我国矿井通风技术上的一个发展。有些矿山,由于开采向深部发展或通风巷道受地压破坏,外部漏风比较严重,将原来设置在地表的系统机站迁入地下,提高了有效风量,降低了通风阻力,降低了电能消耗。

1983 年由原冶金工业部马鞍山矿山研究院研制并首先在宝钢梅山铁矿试验成功的多级机站通风技术,是压抽混合式通风系统的新发展。这种通风系统由多个进、回风机站,多台扇风机串联、并联工作,对整个风路以扇风机风压严加控制,风压分布均衡,具有漏风少、有效风量率高、风量调节灵活,能保证作业面有足够的风量以及节省能耗等优点。从 1983 年开始,在梅山铁矿、大冶铁矿龙洞区和云南锡业公司老厂锡矿等矿山取得较好的试验结果。经过二十多年的应用与改进,多级机站通风技术得到不断完善,对于深部高温、大规模、复杂难采及大量使用无轨设备的矿体开采,有广泛的实用性。

（2）建立采区（盘区）通风网路,防止风流串联（循环）污染。我国非煤矿山经常是多阶段同时作业,采区（盘区）各阶段之间、采场之间污风串联现象严重。为解决该问题,提出了多种形式的通风网路结构。其中有代表性的是:棋盘式、上下行间隔式、梳式、平行双巷式和阶梯式等。这些通风网路的共同点是把专用排风道一直引伸到各作业面,每个作业面构成一个独立的排风风路,有效地控制风流串联（循环）污染。

（3）建立采场通风网路,改善采场通风方法。对于有电耙道底部结构采场的通风,关键在于建立合理的通风网路,使凿岩作业面与电耙道形成独立的通风网路。易门铜矿、中条山有色金属公司、杨家杖子钼矿和桃林铅锌矿在建立电耙道层通风网路结构上,积累了丰富的经验。

无底柱分段崩落法的回采进路,进行局部通风时,除合理地安设局部通风装置外,还要建立采场通风网路,保证联络道内形成较强的主风流。大冶铁矿尖林山采区的爆堆通风法,为解决无底柱分段崩落法回采进路通风,提供了新的途径。这一方法在崩落矿岩透气性较好的矿山可推广应用。

（4）防止矿井漏风,提高系统有效风量率。抽出式通风的矿井,采取留保护矿柱、封闭天井口、充填或密闭采空区等措施,在排风道与上部采空区之间建立隔离层,可提高有效通风量。

压入式通风的矿井,在进风石门与阶段沿脉巷道的交岔口处,安设引导风流的导风板,利用风流动压的方向性,使风流分配状况得到改善。

近年来研究并应用成功的宽口大风量矿用空气幕,比已有的空气幕隔断风流的效果提高两倍多,为主要运输巷道的风流控制,提供了新的有效工具。

有些矿山把单一压入式或单一抽出式通风改为压抽混合式通风或多级机站通风,减少了外部漏风,提高了有效风量。

（5）利用地温预热,防止井筒冰冻。利用已采的旧巷和采空区,必要时开凿少量专用巷道,构成入风预热系统,利用地层的调温作用,夏季蓄热,冬季放热,解决进风井防冻。这是一项经济、可靠的预热方法,在东北地区的金属矿山已广泛应用,并收到良好效果。

经过旧巷和采空区预热的风流,应不受到有害气体和粉尘的污染,质量达到国家卫生标准的要求。根据实践经验,预热 $1 m^3/s$ 冷空气所需的岩体暴露面积为 $300 \sim 500 m^2$。预热系统安设引送风流的扇风机。夏季利用巷道的调温作用,降低入风风流的气温,也收到良好的效果。

（6）净化风源,控制尘源,防止进风污染。有些矿山由于天然风沙或地面工业污染,进风含尘浓度超过国家卫生标准。镜铁山铁矿采用湿式化学纤维过滤除尘技术,试验成功进风源净化装置,使进风含尘量稳定并达到卫生标准。

（7）排氡通风取得试验结果。非铀金属矿山也存在放射性危害。云南锡业公司已查明,井下氡的污染源主要来自采空区,排氡通风的基本试验是采用均衡风压的通风方法,控制氡的渗流方向。通风方式以压入为主、压抽混合,使进风段及用风段均处于正压控制之下,抑制氡的析出。加强采空区的密闭和进风巷道壁面涂防护层也是防氡通风的重要措施。

（8）钨矿通风防尘取得重大成就。江西钨矿长期坚持以风水为主的综合防尘措施,有效地控制了硅尘危害。江西 11 座主要钨矿粉尘浓度平均降到 $1.8 mg/m^3$,硅肺发病率降到 5%。其中,下垄钨矿硅肺发病率和死亡率连续 26 年均为零。其主要措施是:因地制宜地建立分区系统;坚持湿式作业;加强局部通风;重视溜井综合防尘;健全通风防尘组织机构;坚持个体防护;认真执行通风防尘制度和卫生标准。

（9）通风节能收到经济效益。据江西矿山调查,通风费用约占采矿成本 8% ~ 10%,通风耗电量约占井下用电的 30%,在通风成本中电耗是主要因素。在通风节能方面,大风量、中低压 K 系列矿用节能风机得到迅速推广应用,这种扇风机的性能比较适合非煤矿山通风网路特性,有明显的节能效果。从 1983 年开始到 2008 年,全国冶金、有色、黄金、化工、建材和核工业等系统的 600 多家矿山应用了 K 系列矿用节能风机,累计节电数百亿千瓦时。

（10）矿井通风自动化远程监控技术进一步发展。对矿山通风系统自动控制与监测的研究工作,无论是国内还是国外,都进行了大量的工作。中国煤矿系统研制成适应小矿井的安全监测系统可监测井下甲烷、一氧化碳和风速。中国锡矿山矿务局的通风系统集中监控和风量自动调节系统,根据生产变化及时对矿井通风设备进行遥控,对矿井的主要参数进行遥测。

由中钢集团马鞍山矿山研究院有限公司于2001年研制完成并在梅山矿业公司投入运行的多级机站通风计算机远程集中监控系统,采用计算机网络与通讯技术对井下9个机站共30台风机进行远程集中监控,经过5年多的运行证明该系统技术先进,性能稳定可靠,布线及操作维护简单,适合在井下恶劣环境条件下长期工作。该系统也已推广应用于宝钢梅山铁矿、邯邢北洺河铁矿、南京栖霞山铅锌矿、铜陵冬瓜山铜矿等,矿井通风系统数字化管理水平进一步提高。

随着我国企业改革的深入进行和计算机技术突飞猛进的发展,高科技的应用已成为企业提高劳动生产率的重要途径,实现矿山通风系统,尤其是多级机站通风系统及井下大气环境的计算机网络化监测与控制,是今后矿山自动化的一个发展趋势。

(11)露天矿通风开始调查与研究。对白银露天矿空气污染和小气候特征进行调查结果表明:白银露天矿存在大气自然风与热力的联合作用。在冬季,采场上部易形成逆温层,矿内粉尘浓度较高。当地表自然风向沿矿区封闭圈的短轴方向时,矿内粉尘浓度较高。开掘堑沟具有引导风流的作用。白银露天矿及大冶露天矿先后建立了污染气象观测站,试行提前一昼夜采场污染气象预报。

大孤山露天矿及大冶露天矿进行了大气污染调查和道路防尘试验。

改革开放30多年来,我国矿山通风技术有了很大进展,对防止工伤事故和职业病,提高劳动生产率,节能降耗,起到积极的促进作用和很好的经济效益。

12.1.2.2　国外矿井通风技术发展概况

(1)矿井通风自动监控技术不断发展。在矿山通风系统自动控制及监测方面,国外已采用了许多自动控制装置。如主扇调速控制装置,可对风机转速直接遥控,同时还可监测转速、温度、功率因数、电流、电压等。还有自动风门、调节风窗等自动装置得到应用。

西班牙的SISCOMII型通用监测控制系统以设在井下遥控分站为基础,在地面安设一台主计算机,通过通信电缆将井下分站与地面计算机连接起来,井下遥控分站以微处理机为基础,执行数据采集、处理和传送,并按预先编入程序控制动作;英国采矿研究院研制的MINOS风机监测与控制系统能对地面主要扇风机、辅扇风机和局部风机的状态及周围环境进行连续的监测和控制;日本赤平矿有限公司的计算机集中监测系统对烷、一氧化碳、温度、湿度、压力等进行集中监测;德国豪斯·阿登矿用计算机对CH_4、CO进行监测;法国使用微型电子计算机和数字传输技术研制的矿山环境中监控(CGA)系统,对矿井大气进行监测。

矿井通风自动监控技术的应用不仅具有经济效益,更重要的方面在于安全,它可早期发展通风异常情况,发出危险信号和及时进行调整。在法国广泛应用CTT63/43型监控系统,最近又发展了一种CGA系统,包括地面微处理机和各种传感装置(最多可达1024个),并在屏幕上显示、记录和打印结果。

此外,在南非的深矿井制冷降温系统中也采用了自动控制系统。

(2)电子计算机的应用促进了通风计算技术的新发展。法国研制的微型机软件,可对400条分支、255个节点的网路进行快速解算,并可在对话式图形终端上将网路显示出来。德国研究了利用电子计算机自动绘制矿井通风平面图的EDP程序,它可自动绘出通风平面图,并将计算数据清楚地反映在图上。美国利用计算机解算多中段深井通风问题的电算程序,考虑到自然通风和机械通风两种情况,用来模拟矿井灾变时污浊空气的散布和矿井密闭区内瓦斯浓度的变化。

(3)大断面机械化掘进作业面的通风除尘方法有所改进。德国在机械化掘进作业面安设吸尘系统和除尘器,当掘进机进行截割时,主要靠吸尘系统将含尘气流排走,并经过除尘器处理。此时,对通常采用的压入式通风加以限制,使其出口射流不直接吹向作业面,而是通过"柯安达"(Coanda)式风管,从切向送出,以避免作业面粉尘被吹出。通常在靠近作业面的顶板下部安装扁平型喷嘴,造成局部气流,以提高吸尘效果。

(4)湿式除尘技术有新的进展。在南非金矿的空气冷却系统中,原有的直接喷雾空气冷却器对呼吸性粉尘没有除尘作用,后改为风水混合型雾化器,兼有冷却空气和除尘两种作用,除尘效率可达70%。

为了提高喷雾法的除尘效果,南非对水喷嘴的声波雾化特性进行了详细研究,可借助声波雾化喷嘴来产生大量微细水雾,这是一种利用声波振动使液体雾化的方法,其水雾直径小于 20 μm。

(5)柴油机尾气污染控制是个重要课题。美国矿业局匹兹堡研究中心提出了一种简便的空气质量监控方法,已在独头巷道作业中证实有效。它是用 CO_2 浓度作为整个空气质量的指示剂和控制参数。其依据:1)扣除空气中原有 CO_2 含量后,余下的 CO_2 浓度是柴油机排出物的直接测量量,而且在一定时间内 CO_2 浓度是引擎功率和通风比率的指示物;2)从平均值来看,每种柴油机尾气的成分浓度与 CO_2 浓度之比基本上是一常数。

前苏联科学院科拉分院通过对内燃机汽缸中发生的物理和化学变化过程的分析,探讨了最佳的燃料配比和降低尾气中有害成分的问题。加拿大对柴油机尾气净化方案的综合研究结论认为,当矿山可以利用低硫燃油时,采用装有小球型催化器的间接喷射型发动机的方案是最经济的。对于具备长时间连续通风的作业环境,选择油水乳化法比较适宜。

(6)矿山火灾时的风流控制向用电子计算机控制方向发展。发生火灾时,通风系统中风流的不稳定状态对火势的发展和人员的救护有直接影响。美国介绍火灾时非稳定瞬时通风状态的电模拟程序,考虑了矿工的移动与污染物流动之间的关系,可实时地计算烟火和其他污染物的分布。

波兰早年已研究了保持工作面上向风流稳定性的必要性。最近,在稳态与非稳态的流动条件下给出了保持上向风流稳定的条件式,并着重分析了有横向风流流入时的影响。

(7)受控再循环通风法用于生产。受控再循环通风法最早是由英国在 1933 年提出的,但一直没有应用。通过大规模试验,南非劳瑞因金矿(深井)的受控再循环通风法取得成功。在不增加矿井进风量的前提下,增大了作业区的风速,降低了作业区的温度,节省了用于空气冷却的能量。再循环通风必须对辅扇、除尘装置、空调装置和循环风道等做出合理安排,并应安设气体、粉尘、温度监测装置和紧急情况下的安全控制设施。

(8)深井开采面临高温威胁,纷纷建立地面或地下制冷站。南非于 1935~1949 年间就建立大量地面制冷站。第二次世界大战后又发展了地下制冷技术。联邦德国硬煤工业中,在 1984 年已有 200 套水冷和 255 套空冷设备,供 100 个矿内作业区和 160 条地下运输道使用。英国的深矿井也开始建立地面制冷站,向井下送冷却水。

(9)铀矿通风与净化技术日益提高。美国矿业局根据对铀矿山实测资料的分析认为,对铀矿山放射性危害的控制,单纯依靠通风方法还不够,仍需采用其他附加措施,如密闭、密封剂、回填采空区,以减少氡的析出量。在浅井中,压入式通风比抽出式通风的氡析出量少 20%。爆破作业和耙矿期间氡浓度急剧上升,应加强通风和注意对环境的检查。扇风机关闭 1h,至少要再通风 4h 才能恢复原状。

波兰研制出一种名为 IRCM 的粉尘与氡子体综合监控仪。它是由粉尘采样器和有致热发光效应的探测器所组成。

加拿大丹尼森(Denison)矿业公司对铀矿中的局部净化技术进行了广泛的研究。各种过滤装置中,纤维型过滤器优于其他类型,对氡子体的捕获效率可达 92%。在个体防护方面,研制了气流型动力供风呼吸器。

(10)露天矿通风防尘技术发展较快。从 1950 年开始,前苏联首先进行了露天矿通风防尘的研究。1968 年苏联颁发的露天矿开采安全规程中,增加了通风防尘的内容。例如,对露天矿内通风不良与风流停滞区应进行人工通风;在露天矿禁止使用未装备有效捕尘与降尘措施的钻机以及无尾气净化器的柴油动力设备;气温在 0℃ 以上时,必须在路面上洒水,必要时使用黏结剂;夏季要对爆堆洒水等。

近几年,提出了一些强化深凹露天矿自然通风的方法。其基本原理是利用气球或气艇或支架设置导风栅板与集风器,将地面风流引入坑内。为了控制露天矿道路二次扬尘,推广应用了一种复合的液态沥青类粘尘剂。喷洒后,路面粉尘浓度可达到卫生标准。并能保持 4~45 昼夜。美国威斯克公司(WESCO)研制了一种黏性聚合物,能有效地抑制路面粉尘飞扬,费用比洒水节省一半。在人工通风方面,最经济实用的方法是使用以飞机螺旋桨为叶片的自由紊流射流扇风机。前苏联的 УМ∏ 系列扇风机进行了工业试验,效果较好,有推广应用前途。

12.2 矿井通风防尘有关规定

12.2.1 《金属非金属矿山安全规程》的规定

12.2.1.1 井下空气

(1)井下采掘工作面进风流中的空气成分(按体积计算),氧气不得低于 20%,二氧化碳不得高于0.5%。

（2）入风井巷和采掘工作面的风源含尘量不得超过0.5 mg/m³。

（3）井下作业地点的空气中,有害物质的最高允许浓度不得超过表12-1的规定。

表12-1　井下作业地点有害物质最高允许浓度

物 质 名 称		最高允许浓度/(mg/m³)
1. 有毒物质	一氧化碳(CO)	30
	氮氧化物(换算为二氧化氮)(NO$_x$)	5
	二氧化硫(SO$_2$)	15
	硫化氢(H$_2$S)	10
2. 放射性物质	氡($^{222}_{86}$Rn)	3.7 kBq/m³
	氡子体 α 潜能	6.4 μJ/m³
3. 生产性粉尘	含游离二氧化硅10%以上的粉尘(石英、石英岩等)	2
	石棉粉尘及含石棉10%的粉尘	2
	含游离二氧化硅10%以下的滑石粉尘	4

（4）含铀、钍等放射性元素的矿山,井下空气中氡及其子体的浓度应符合GB18871—2002的规定。

（5）矿井所需风量,按下列要求分别计算,并取其中最大值:

1）按井下同时工作的最多人数计算,供风量不得少于4 m³/(min·人);

2）按排尘风速计算,硐室型采场最低风速应不小于0.15 m/s;巷道型采场和掘进巷道应不小于0.25 m/s;电耙道和二次破碎巷道应不小于0.5 m/s;箕斗硐室、破碎硐室等作业地点,可根据具体条件,在保证作业地点空气中有害物质的浓度符合TJ36规定的前提下,分别采用计算风量的排尘风速;

3）有柴油机设备运行的矿井,按同时作业机台数每千瓦每分钟供风量4 m³计算。

（6）采掘作业地点的气象条件应符合表12-2的规定,否则,应采取降温或其他防护措施。

表12-2　采掘作业地点气象条件规定

干球温度/℃	相对湿度/%	风速/(m/s)	备　注
≤28	不规定	0.5~1.0	上限
≤26	不规定	0.3~0.5	至适
≤18	不规定	≤0.3	增加工作服保暖量

（7）进风井巷冬季的空气温度,应高于2℃;低于2℃时,应有暖风设备。禁止用明火直接加热进入矿井的空气。有放射性的矿山,禁止用老窿(巷)预热和降温。

（8）井巷最高风速不得超过表12-3的规定。

表12-3　井巷最高风速规定　　　　　　　　　　　　　　(m/s)

井 巷 名 称	最高风速	井 巷 名 称	最高风速
专用风井、风硐	15	提升人员和物料的井筒,主要进、回风道,修理中的井筒	8
专用物料提升井	12	运输巷道,采区进风道	6
风桥	10	采场,采准巷道	4

12.2.1.2　通风系统

（1）所有矿井必须建立完善的机械通风系统。矿山应根据生产变化,及时调整通风系统,并绘制全矿通风系统图。

井下硐室爆破时,必须专门编制通风设计和安全措施,由主管矿长批准执行。

（2）矿井通风系统的有效风量率，不得低于60%。

（3）采场形成通风系统之前，不得投产回采。矿井主要进风风流不能通过采空区和陷落区，需要通过时，应砌筑严密的通风假巷引流。主要进风巷和回风巷，要经常维护，保持清洁和风流畅通，禁止堆放材料和设备。

（4）进入矿井的空气不得受有害物质的污染。放射性矿山出风井与入风井的间距，应大于300 m。从矿井排出的污风，不得对矿区环境造成危害。

（5）箕斗井不得兼作进风井。混合井作进风井时，必须采取有效的净化措施，保证风源质量。

主要回风井巷，禁止用作人行道。

（6）各采掘工作面之间不得采用不符合本标准卫生要求的风流进行串联通风。

井下破碎硐室、主溜井等处的污风，应引入回风道。

井下炸药库和充电硐室，必须有独立的回风道。充电硐室空气中氢气的含量，不得超过0.5%（按体积计算）。

井下所有机电硐室，都必须供给新鲜风流。

（7）采场、二次破碎巷道和电耙巷道，应利用贯穿风流通风。电耙司机应位于风流的上风侧。

（8）采空区必须及时密闭。采场开采结束后，应封闭所有与采空区相通的影响正常通风的巷道。

（9）通风构筑物（风门、风桥、风窗、挡风墙等）必须由专人负责检查、维修，保持完好严密状态。

主要运输巷道应设两道风门，其间距应大于一列车的长度。

手动风门应与风流方向成80°~85°的夹角，并逆风开启。

（10）风桥的构造和使用，必须符合下列规定：

1）风量超过20 m³/s时，应开绕道式风桥；风量为10~20 m³/s时，可用砖、石、混凝土砌筑；风量小于10 m³/s时，可用铁风筒；

2）木制风桥只准临时使用；

3）风桥与巷道的连接处应做成弧形。

12.2.1.3　主扇

（1）主扇必须连续运转，发生故障或需要停机检查时，应立即向调度室和主管矿长报告。

（2）每台主扇必须具有相同型号和规格的备用电动机，并有能迅速调换电动机的设施。

（3）主扇应有使矿井风流在10 min内反向的措施。每年至少进行一次反风试验，并测定主要风路反风后的风量。

主扇反风，应根据矿井救灾计划，由主管矿长下令执行。

（4）主扇风机房，应设有测量风压、风量、电流、电压和轴承温度等的仪表。每班都应对扇风机运转情况进行检查，并填写运转记录。有自动监控及测试的主扇，每两周应进行一次自控系统的检查。

12.2.1.4　局部通风

（1）掘进工作面和通风不良的采场，必须安装局部通风设备。局扇应有完善的保护装置。

（2）局部通风的风筒口与工作面的距离：压入式通风不得超过10 m；抽出式通风不得超过5 m；混合式通风，压入风筒的出口不得超过10 m，抽出风筒的入口应滞后压入风筒的出口5 m以上。

（3）人员进入独头工作面之前，必须开动局部通风设备通风并符合作业要求。独头工作面有人作业时，局扇必须连续运转。

（4）停止作业并已撤除通风设备而又无贯穿风流通过的采场、独头上山或较长的独头巷道，应设栅栏和标志，防止人员进入。如需要重新进入，必须进行通风和分析空气成分，确认安全后方准进入。

（5）风筒必须吊挂平直、牢固，接头严密，避免车碰和炮崩，并应经常维护，以减少漏风，降低阻力。

12.2.1.5　防尘措施

（1）凿岩必须采取湿式作业。缺水地区或湿式作业有困难的地点，应采取干式捕尘或其他有效防尘措施。

（2）湿式凿岩时，凿岩机的最小供水量，应满足凿岩除尘的要求。

（3）爆破后和装卸矿（岩）时，必须进行喷雾洒水。凿岩、出渣前，应清洗工作面 10 m 内的巷壁。进风道、人行道及运输巷道的岩壁，应每季至少清洗一次。

（4）防尘用水，应采用集中供水方式，水质应符合卫生标准要求，水中固体悬浮物应不大于 150 mg/L，pH 值应为 6.5～8.5。储水池容量，应不小于一个班的耗水量。

（5）接尘作业人员必须佩戴防尘口罩。防尘口罩的阻尘率应达到 I 级标准要求（即对粒径不大于 5 μm 的粉尘，阻尘率大于 99%）。

12.2.2 坑内通风采矿设计的有关规定

12.2.2.1 一般规定

（1）采掘作业面及人员通行巷道的进风流中，其粉尘和有毒、有害物质的浓度、温度、风速应符合现行《金属非金属矿山安全规程》的规定。

（2）坑内排出的污染空气和扇风机的噪声，不得对矿区环境造成公害。

（3）矿井通风的有效风量率，不应低于 60%。

（4）矿井通风的总阻力，应按通风最困难、最容易时期分别计算、选择主扇。矿山服务年限长、风量大、中后期阻力相差很大时，应通过技术经济比较，确定是否需要分期选择主扇。

（5）同一井筒，应选择单台风机工作。必要时，可采用双机并联运转，双机并联运转宜选择同规格型号的风机，并联运转应作稳定性校核。

（6）每台主通风机应备用一台相同规格型号的电动机，并应设有能迅速调换电动机的装置。对有多台主通风机工作的矿山，型号规格相同的备用电动机数量可适当减少。

（7）主通风机应在 10 min 内能使风流反向。离心式风机应采用反风道反风；轴流式风机反风量满足反风要求时，可采用反转反风。

（8）主通风机房应设有风量、风压、电流、电压和轴承温度等监测仪表。

12.2.2.2 通风系统的规定

（1）下列情况下，宜采用分区通风系统：

1）矿体走向长度大、产量大、漏风大的矿山；

2）天然形成几个区段的浅埋矿体，专用的通风井巷工程量小的矿山；

3）矿岩有自燃发火危险的矿山；

4）通风线路长或网路复杂的含铀矿山。

（2）分区通风系统的分区范围，应与矿山回采区段相一致，并以各区之间联系最少的部位为分界线，予以严密隔离。

（3）下列情况下，宜采用集中通风系统：

1）矿体埋藏较深，开采范围不大的矿山；

2）矿体走向较长，分布较散，各矿段便于分别掘回风井的矿山。

（4）采用多机在不同井筒并联运转的集中通风系统，应符合下列要求：

1）某台主扇运转时，其他主扇应启动自如，各主扇负担区域风流稳定；某台主扇停运时，其通风区污风不得倒流入其他主扇通风区中；

2）多井通风时，各井间的作业面不得形成风流停滞区；

3）各主扇通风区阻力宜相等。

（5）下列情况下，宜采用多级机站压抽式通风系统：

1）不能利用贯穿风流通风的进路式采矿方法的矿山，或同时作业阶段数少的矿山；

2）通风阻力大、漏风点多或生产作业范围在平面上分布广的矿山；

3）现有井巷可作为专用进风井巷,进风线路与运输线路干扰不大的矿山。

（6）采用多级机站通风系统,应符合下列要求:

1）级站要少,用风段宜为一级,进、回风段不应超过两级;

2）每分支的前后机站风机能力和台数应匹配一致;同一机站的风机,应为风一规格型号;机站风机台数宜为 2～3 台;

3）风机特性曲线宜为单调下降,没有明显马鞍形;

4）对于进路式工作面,应设管道通风;

5）复杂的多级机站系统,应采用集中遥控。

（7）下列情况下,宜采用对角式风井布置:

1）矿体走向较长,采用中央式开拓的矿山;

2）矿体走向较短,采用侧翼开拓的矿山;

3）矿体分布范围大、规模大的矿山。

（8）下列情况下,宜采用中央式风井布置:

1）矿体走向不长或矿体两翼未探清;

2）矿体埋藏较深,用中央式开拓的三类矿山;

3）采用侧翼开拓而矿体另一翼不便设立风井的矿山。

（9）下列情况下,宜采用压入式通风:

1）矿井回风网与地表沟通多,难以密闭维护时;

2）回采区有大量通地表的井巷或崩落区覆盖岩层较薄、透气性强的矿山;

3）矿岩裂隙发育的含铀矿山。

（10）下列情况下,宜采用抽出式通风:

1）矿井回风网与地表沟通少,易于维护密闭时;

2）矿体埋藏较深,空区易密闭或崩落覆盖层厚,透气性弱的矿山;

3）矿石和围岩有自燃发火危险的矿山。

（11）下列情况下,宜采用混合式通风:

1）需风网与地面沟通多,漏风量大而进、回风网易于密闭的矿山;

2）经崩落区漏风易引起自燃发火的矿山;

3）通风线路长、阻力大,采用分区通风和多井并联通风技术上不可能或不经济的矿山。

（12）下列情况下,宜将主扇安装在坑内:

1）地形限制,地表有滚石、滑坡,可能危及主扇;

2）采用压入式通风,井口密闭困难;

3）矿井进风网或回风网漏风大,且难密闭。

（13）当主扇设在坑内时,应确保机房供给新鲜风流,并应有防止爆破危害及火灾烟气侵入的设施,且能实现反风。

（14）井下需风量应包括回采工作面、备用工作面、掘进工作面、喷锚支护工作面、装卸矿点及需供风的各种硐室等的风量。

（15）采掘工作面的需风量计算,应从稀释爆破毒气所需风量和满足排尘风速所需风量中,取其大值。

（16）对于含铀、钍或用柴油无轨设备开采的矿山,除按(14)、(15)计算正常需风总量外,尚应做特殊需风量的校核。

（17）矿山主要进风井巷的海拔高度在 1000 m 以上时,应以海拔高度系数校正有关通风参数。

（18）矿山主要进、回风巷道,宜按经济断面设计,通风阻力较大的井巷应提高巷道周壁的光滑或与其他井巷并联、角联。

（19）通风构筑物宜设在回风网，在矿井风量较大的主要阶段巷道不应设置风窗，在高风压区不应设置自动风门。

（20）风门应设两道，并应坚固密封、开启灵活。

（21）采场进风天井顶部宜设井盖门。回风天井顶部宜设调节风窗，下部宜设井门。

（22）井下各主要进、回风道均应设测风站。测风站应设在直线巷道内，长度应大于 4 m，断面应大于 4 m²，周壁光滑；站前、站后的直线段巷道长度均应大于 10 m。

（23）下列情况下，宜采用局部通风：

1）不能利用矿井总风压通风或风量不足的地方；

2）需要调节风量或克服某些分支阻力的地方；

3）不能利用贯穿风流通风的进路式工作面。

12.3　矿井通风系统及构筑物

12.3.1　矿井通风系统

12.3.1.1　选择矿井通风系统的原则和须考虑的因素

在选择矿井通风系统时，应严格遵循安全可靠，通风基建费、经营费最低以及便于管理的原则，即：

（1）矿井通风网路结构合理，集中进、回风线路要短，通风总阻力小，多阶段同时作业时，相邻各分支风路的压差要小，主要人行运输巷道和工作点上的污风不串联。

（2）风量分配调节应易于满足生产需要，内外部漏风少。

（3）通风构筑物和风流调节设施、辅扇、局扇要少，并便于维护管理。

（4）充分利用一切可用的通风井巷，使专用通风井巷工程量最小。

（5）通风动力消耗少、通风费用低。

为使选择的矿井通风系统安全可靠和经济合理，必须研究和分析下列资料：

（1）矿体在平面上分布范围的大小，在垂直方向的延伸深度以及在空间上的集中与分散程度等。

（2）矿岩中含游离二氧化硅的高低、含硫量、自燃发火性、含铀高低和分布情况以及热水、地温异常等。

（3）矿区海拔高度、总图布置、地形地物条件、工业场地位置等。

（4）开拓方案、开拓井巷布置、地下炸药库、溜井位置、采准布置形式等。

（5）矿井设计规模、同时回采的区段或阶段的多少，阶段回采高峰期的生产能力等。

（6）矿井自然通风量的大小和有无利用的可能。

矿井通风方案与矿井开拓提升运输、采矿方法、开采顺序、采准布置方案关系密切，故方案比较时，一并进行考虑。亦可单独列出不同的通风方案进行比较。

技术比较的主要内容：

（1）通风系统的安全可靠性。

（2）通风网路的复杂程度，串联的可能性；风质的好坏；风流控制的难易。

（3）矿井风压太小及风压分布、高风压区通风构筑物的数量及其对矿井漏风量大小的影响。

（4）矿井主要风流控制设施的位置、对生产运输的影响和管理的难易程度。

（5）主通风机的位置，安装、供电、检修维护的方便程度。

（6）通风管理人员的数量。

上述各点可用各方案技术对比表形式进行对比。

经济比较的主要内容：

（1）通风井巷工程量、坑内主要通风构筑物的工程量、地面构筑物的工程量。

（2）矿井通风设备数量、装机容量。

（3）通风基建投资（井巷、设备、构筑物、建筑物，平基土石方等）。

（4）电力消耗。

（5）年经营费（电力、工资、材料、大修、折旧等）。

为了便于分析比较，可将矿井通风系统各方案技术经济指标汇总成表的形式。

在经济比较差值不很大的情况下，选定通风系统应着眼于通风系统的技术可靠性和控制管理的难易程度，因为这是保证通风系统今后能否有效工作，作业面能否获得必要风量的首要因素。

12.3.1.2　集中通风与分区通风

集中通风系统即全矿一个通风系统，其主要适用条件为：矿体埋藏较深，走向长度不太长，分布较集中，且连通地面的老硐、采空区、崩落区等漏风通道较少的矿山；或矿体走向较长，分布较为分散，但矿体各采区或矿段便于分别开掘回风井，安装扇风机，构成全矿并联回风系统的矿山，均可采用全矿集中通风系统。

分区通风系统即将全矿划分成几个独立的通风系统，其主要适用条件为：矿体走向很长或矿脉群用平硐溜井开拓的；矿床地质条件复杂，矿体分散零乱或矿体被构造破坏，天然划分为几个区段并和采空区、崩落区与地表连通处较多，漏风较严重，且各采区之间连接的主要运输井巷很少，易于严密隔离的；或矿井各采区、矿段有贯通地表的现成井巷可利用作为各分区通风系统的主进、回风井巷，且各分区之间易于严密隔离的矿山，以及矿石或围岩具有自燃危险需分区反风或需采取分区隔离救灾措施的矿山；通风线路长或网路复杂的含铀金属矿井，一般应采用分区通风系统。

某些矿井可根据其特定的条件，将矿井生产初期或上部阶段划为分区通风，生产后期或下部阶段划为集中通风两种不同的通风系统。

矿井通风系统还有多级机站压抽式通风系统。

12.3.1.3　进、回风井的布置形式

按照全矿统一通风与分区通风系统的进风井和回风井相对位置的不同布置形式，可分为对角式（对角单翼式与对角双翼式）、中央式（中央并列式、端部并列式和中央分列式）、混合式三种布置形式。

三种不同风井布置形式的优缺点是：对角式一般具有风路短，风压小且比较稳定，各分支风量自然分配较均匀，进风井、回风井相距较远，井底车场漏风小，污风和噪声污染工业场地较少等优点，其主要缺点是：基建井巷工程量大，投资多，基建时间长，通风网路中易产生角联，影响风流的稳定性，主扇的供电检修和管理不方便，当采用多台风机并联运转时不易实现反风。中央式的优缺点与对角式相反。混合式的优点是：当矿床走向特别长，矿床范围较大时，有利于分期建设，分期投产。其缺点是风量控制调节较复杂，投资大，管理不便。

12.3.1.4　通风方式

确定矿井通风方式的主要因素为：

（1）开采过程中产生漏风大小的条件和因素，如地表有无塌陷区或难以隔离的通道。

（2）安装主扇的地形条件。

（3）矿井总通风阻力的大小。

（4）漏风方向对风质的影响程度。

（5）需设置通风构筑物的多少及其可靠程度和维护管理的难易。

（6）内因发火矿井、高海拔矿井、含铀金属矿井和高温、热水、高硫矿井、放射性矿床等对通风方式的要求。

按矿井通风方式网路分主扇通风和多级机站通风。

（1）主扇通风指在回风段、进风段或进回风段设置一级或多级风机站，将作业面污风抽出或把新鲜风流压入井下的通风方式，分压入式、抽出式和压抽混合式。

1）压入式。压入式通风是使整个通风系统在压入式主扇作用下，形成高于当地大气压力的正压状态。压入式通风由于风流集中，风量大，在进风段造成较高的压力梯度，可使新鲜风流沿指定的通风路线迅速送

入井下,避免受其他作业所污染,风质好。

压入式通风的缺点是风门等风流控制设施需要进风设在进风段。由于运输、行人频繁,不易管理与控制,井底车场漏风大。在排风段主扇形成低压力梯度,不能迅速地将污风按指定路线排出风井,使井下风流紊乱,加入自然风流的干扰,甚至会发生风流反向,污染新风的现象。

2)抽出式。抽出式通风是使整个通风系统在抽出式主扇的作用下,形成低于当地大气压力的负压状态。抽出式通风由于排风集中,排风量大,在排风侧造成高压力梯度,使各作业面的污风迅速向排风道集中,排风系统的烟尘不易向其他巷道扩散,排烟速度快,这是抽出式通风的一大优点。此外,风流的调节控制设施均安设在排风道中,不妨碍行人运输,管理方便,控制可靠。

抽出式通风的缺点是当排风系统不严密时,容易造成短路吸风现象,特别是当采用崩落法开采,地表有塌陷区和采空区相连通的情况下,这种现象更为严重。此外,作业面和整个进风系统风压较低,各进风风路之间受自然风压影响,容易出现风流反向,造成井下风流紊乱。抽出式通风系统使主提升井处于进风地位,北方矿山还要考虑冬季提升井防冻。

我国金属矿山和其他非煤矿山大部分采用抽出式通风。

3)压抽混合式。压抽混合式通风是在进风侧和排风侧都利用主扇控制,使进、排风段在较高的风压和压力梯度作用下,风流可以按指定路线流动,排烟快、漏风减少,也不易受自然风流干扰而造成风流反向。这种通风方式兼压入式和抽出式两种通风方式的优点,是提高矿井通风效果的重要途径。它的缺点是所需通风设备较多,且不能控制需风段的风流,入风侧井底车场和排风侧塌陷区的漏风仍将存在,但程度上要小得多。

(2)多级机站通风指在矿井主通风风路的进风段、需风段和回风段内各设置若干级风机站,接力地将地表新鲜空气经进风井巷有效地送至需风区段或需风点,并将作业产生的污浊空气经回风井巷排出地表所构成的通风系统。

20世纪80年代以来,我国金属矿山采用"多级机站压抽式(又称可控式)通风系统"新技术。它是用几级扇风机站接力来代替主扇。在进风段、需风段和排风段均有扇风机控制,使风流能控制到需风段。由于全系统风压分布较为均匀,有利于在回采工作面附近形成零压区,使通过采空区的漏风及其他内部漏风减少。每级机站可由几台风机并联组成,能灵活地开闭部分风机来进行风量调节,而不采用人工加阻方法,从而可节约能耗。这种通风方式具有漏风少,有效风量率高,风量调节灵活可靠,能保证各需风巷有足够新鲜风量以及大幅度节省能耗等优点。它的缺点是所需通风设备多,管理水平要求高。

12.3.2　矿井通风网路及构筑物

12.3.2.1　阶段通风网路结构

阶段通风网路是由各阶段进、回风巷道和进、回风天井所构成的通风网路,它是连接进风井与回风井的通风干线。建立阶段通风网路主要是为了防止风流串联,同时也要阻力小,漏风少,风流稳定易于管理。

金属矿山通常是多阶段同时作业,阶段间容易造成风流污染。为使各阶段作业面都能从进风井得到新鲜风流,并将所排出的污风送入回风井,各作业面风流互不串联,就必须对各阶段的进风、回风巷道统一安排,构成一定形式的阶段通风网路结构。金属矿山推广使用以下五种阶段通风网路结构:

(1)阶梯式通风网路。当矿体由边界回风井向中央进风井方向后退回采时,利用上阶段巷道作下阶段的回风道,使各阶段的风流呈阶梯式互相错开,新废风流互不串联(图12-1)。

这种通风网路结构简单,工程量最少,风流稳定,适用于矿体规整的脉状矿床。其缺点是对开采顺序限制较大,常因不能维持正常的开采顺序,而造成风流串联。

(2)平行双巷式通风网路。在每个阶段矿体的上下盘开凿两条沿走向互相平行的巷道,其中一条作进风道,另一条作回风道,构成平行双巷通风网。各阶段采场均由本阶段进风道得到新鲜风流,其污风可经上阶段或本阶段的排风道排走(图12-2)。

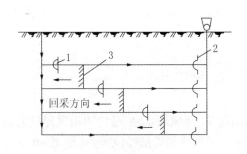

图 12-1　阶梯式通风网路

1—风门；2—风窗；3—工作面

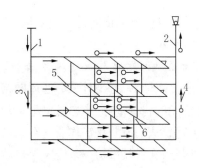

图 12-2　平行双巷式通风网路

1—进风井；2—回风井；3—新鲜风；4—污风；5—风门；6—密闭

　　平行双巷式通风网结构简单，能有效地解决风流串联。但是开凿工程量较大，适于在矿体较厚、较富、开采强度大、对通风要求较高的矿山。有的矿山结合探矿工程，只需开凿少量专用巷道即可形成平行双巷，也可使用这种通风网路。

　　(3)棋盘式通风网路。在上部已采阶段维护或开凿一条总回风道，然后沿矿体走向每隔一定距离(60～120m)，保留一条贯通上下各阶段的集中回风天井，各天井与阶段运输巷交岔处用风桥跨过，另有一联络巷道与采场回风道沟通，各排风天井均与上部总回风道相连。新风由各阶段运输平巷进入采场，污风通过采场回风道进入回风天井直接到总回风道(图 12-3)。棋盘式通风网能有效地消除阶段间回采工作面的风流串联，但需开凿一定数量的专用回风天井，通风构筑物也较多，通风成本高。

　　(4)上下行间隔式通风网路。每隔一个阶段建立一条脉外集中回风平巷，用来汇集上下两个阶段的污风，然后排入回风井。在回风水平上部阶段的作业面，由上阶段运输巷进风，采场风流下行；在回风水平下部阶段的作业面，由下阶段运输巷进风，采场风流上行，上下两阶段的污风均由集中回风平巷排走(图 12-4)。

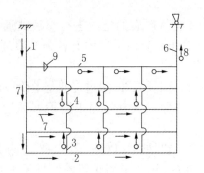

图 12-3　棋盘式通风网路

1—进风井；2—进风平巷；3—回风天井；4—风桥；5—总排风道；
6—回风井；7—新鲜风；8—污风；9—风门

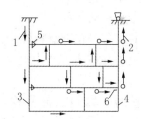

图 12-4　上下行间隔式通风网路

1—新鲜风；2—污风；3—进风井；
4—回风井；5—风门；6—风窗

　　上下行间隔式通风网路能有效地防止污风串流，开凿工程量比平行双巷式网路少，适于在开采强度较大的矿山使用。但应加强主扇对回风系统的控制能力和风流调节，防止采场风流反向。

　　(5)穿脉梳式通风网路。江西省一些钨矿在开采平行密集脉状矿床时，为了不使采场污风流入上部阶段沿脉运输巷，建立了一种命名为穿脉梳式的通风网路结构。这种通风网路是将穿脉巷道扩大，用风障隔成上下两路，一格运输及进风，另一格排风。排风格与阶段底盘脉外集中排风道相连。新风均由阶段底盘脉外运输巷道经穿脉、沿脉运输巷道进入采场，其污风则由通风孔进入本阶段或上阶段穿脉巷道的排风格再抽入脉外集中排风道(图 12-5)。各阶段的污风都经排风井由主扇排出地表，阶段的进风与排风如同两把重叠的梳子。

　　穿脉梳式通风网路能有效地解决风流串联，但扩大穿脉巷道断面

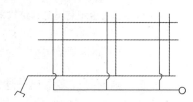

图 12-5　穿脉梳式通风网路

和修建风障的工程较大,进、排风格间易产生漏风,排风阻力较大,这种通风网路适于开采多层密集脉状矿体和对通风要求较高的矿井。

12.3.2.2　采场通风网路结构及通风方法

在进行采矿方法设计时,一定要对采场通风网路和通风方法做合理的安排。

A　无电耙道底部结构的巷道型或硐室型采场的通风

这类采场的特点是凿岩、充填、耙矿作业均在采场内进行,风路简单、通风较容易,通常采用贯穿风流通风。对于作业面较短的采场可在一端维护一条进风天井,另一端有贯通上阶段排风道的排风天井[图12-6(a)];对于作业面较长或开采强度较大的采场,可在两端各维护一条人行天井作进风井,在中央开凿贯通上阶段排风道的排风天井[图12-6(b)]。这类采场利用主扇的总风压通风可以满足通风要求,在边远地区,当总风压较弱,风量不足时,可利用辅扇加强通风。

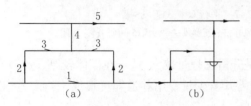

图12-6　无电耙巷道底部结构采场的通风网路
1—进风平巷;2—进风天井;3—作业面;
4—回风天井;5—排风道

B　有电耙道底部结构采场的通风

有电耙道底部结构时,采场作业面被分为两部分:一是电耙道作业面;一是凿岩作业面。这两部分均利用贯穿风流通风,并应各有独立的通风路线,风流互不串联。耙道巷道中的风流方向,应与耙矿方向相反,使电耙司机处于上风侧。各耙矿巷道间应构成并联风路,保持风流方向稳定,风量分配均匀,避免出现风流串联现象(图12-7)。

该通风网路的新风,由进风平巷经人行天井分别到电耙道及上部凿岩作业面,清洗作业面后的污风,由回风天井排至上阶段回风道。这种通风网路,使凿岩作业面与电耙道之间,风流互不串联,通风效果良好。

C　多级机站无底柱分段崩落采矿法的采场通风

无底柱分段崩落采矿法的进路可采取局部通风或通过崩落矿岩的空隙进行渗透式通风(简称爆堆通风)。除进路通风外,还要有一个合理的采区通风线路,以保证在分段平巷内有较强的贯通风流,为回采进路的局部通风创造有利条件。

各分段平巷可布置在下盘脉外,沿走向每隔一定距离设一回风天井,通过支巷与上阶段回风道相连。新风由运输巷和设备井或进风天井送入各分段平巷,污风由各回风天井排至上阶段回风道,构成采区通风网路。

在多级机站通风系统中,可采用沿走向压抽间隔式的多级机站通风网路(图12-8)。新风由阶段脉外运输巷道,经两级机站压入进风天井至各回采矿块的分段平巷内,污风由两级机站经排风天井抽排至集中排风道。

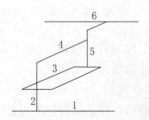

图12-7　有电耙巷道底部结构采场的通风网路
1—进风平巷;2—进风天井;3—耙矿巷道;
4—凿岩巷道;5—回风天井;6—回风巷道

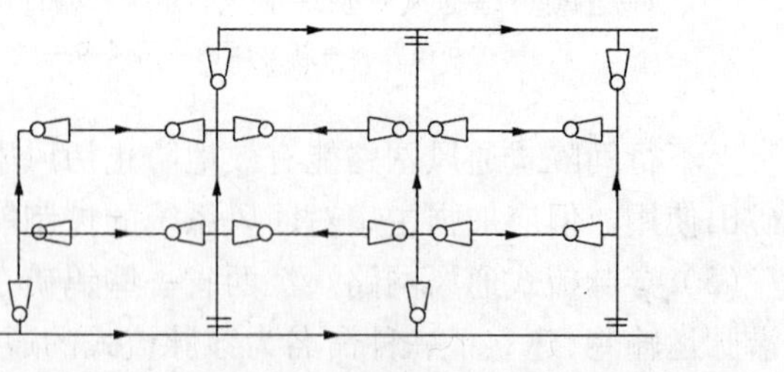

图12-8　采用沿走向压抽间隔式的多级机站通风网路

沿轴向压抽间隔式多级机站通风网路能有效地解决分段间和矿块间的风流串联。

12.3.2.3　通风构筑物

通风构筑物分为两大类:一类是通过风流的构筑物,包括风桥、导风板、风障和调节风窗;另一类是隔断风流的通风构筑物,包括空气幕、密闭墙和风门等。

A 风桥

当通风系统中的进风道与排风道交叉时,为使新风与污风互相隔开,需构筑风桥。对风桥的要求是坚固、严密、漏风少、风阻小,通过风桥的风速应小于10 m/s。

在巷道交岔处的上部矿岩中开凿的风桥称绕道式风桥,其漏风最少,能通过较大风量,适用于主要风路中。

在巷道交岔处挑顶,可砌筑比较坚固的混凝土风桥,也可架设简易的铁筒风桥,铁筒可制成圆形或矩形,铁板厚度不小于5 mm,适用于次要风路中。

B 导风板

在矿井通风中应用以下几种导风板:

(1) 引风导风板。压入式通风的矿井,为防止井底车场漏风,在入风石门与阶段运输巷道交岔处,安设引导风流的导风板,利用风流动压的方向性,以减少短路漏风。导风板可用木板、铁板或混凝土板制成。进风巷道与运输巷道的交岔角可取45°,巷道转角和导风板均应做成圆弧形,导风板长度应超过巷道交岔口一定距离(0.5~1 m)。

(2) 降阻导风板。在流过风量较大的巷道直角转弯处,为降低通风阻力,可用铁板制成机翼形或普通弧形导风板,减少风流冲击的能量损失,直角转弯处导风板的敞角可取100°,安装角可取45°~50°。安装导风板后,可使直角转弯的局部阻力系数降到原来的1/3~1/4。

(3) 汇流导风板。在井巷三岔口处,当两股风流对头相遇汇合在一起时,可安设人字形的导风板,减少风流对撞时的冲击能量损失。

C 纵向风障

纵向风障是沿巷道长度方向砌筑的风墙。它将巷道隔成两个格间,一格进风,另一格排风。纵向风障可在长独头巷道掘进通风时应用。盘古山钨矿利用纵向风障构成了梳式通风网路,消除了污风串联。纵向风障可用木板、砖石或混凝土构筑。

D 空气幕

矿用空气幕是矿井通风调节的设备,将其安装于矿井内可供隔断或调节矿井内的风流,在运输和行人频繁的井底车场、主要运输巷道和斜坡道联络巷等处安设空气幕,只要机号选择得当,就能够既隔断巷道中的风流,又不影响车辆和人员通行,在一定程度上它可以代替自动风门,并且其安全可靠性比自动风门要高得多,当需要用其调节矿井风流时,在需要增加风量的巷道中,空气幕顺着风流方向工作,即可增压引风,在需要减少风量的巷道中,空气幕逆着风流方向工作,便会因增阻作用而减少风量。

E 密闭墙

密闭墙又称挡风墙,是遮断风流的构筑物,通常砌筑在非生产的巷道里,可用砖石或混凝土砌筑,临时性密闭墙可用木柱、木板和废旧风筒布订成。

国外矿井用的快速拆卸式临时密闭有球囊型和降落伞型两种。球囊型临时密闭可由耐磨橡胶或塑料制成,有进、排气阀,安装时选用适合巷道断面的规格,充以压气即可。降落伞型临时密闭是由高强度的尼龙布制成,可利用密闭两侧的压差将伞面鼓起,堵满整个巷道,从而起到密闭墙的作用。

天井的密闭可在天井上口用木板,钢板或水泥板修筑。在受爆破冲击波影响较大的地点,可用悬吊式密闭。在天井口水平放置两根钢梁,用钢绳悬挂吊板,深入井口下1~1.5 m,在吊板上堆放数层沙袋,再用泥土、碎石填满缝隙,这种悬吊式密闭具有一定的抗震能力。

F 风门

在通风系统中,既需要隔断风流,又需要行人或通车的通路,要建立风门。在回风道中,只行人不通车或通车不多的地方,可构筑普通风门。在行人和通车比较频繁的主要运输道内应构筑自动风门。

矿山常用的自动风门有以下几种:

（1）碰撞式自动风门。这种风门是靠矿车碰撞门板上的推门弓或推门杠杆而自动打开,借风门自重关闭。其优点是结构简单,经济适用;其缺点是碰撞构件容易损坏,需经常维修。此种风门可用于行车不太频繁的巷道中。

（2）气动或水动风门。风门的动力来源是压缩空气或高压水。它是由电器触点控制汽缸或水缸的阀门,使汽缸或水缸中的活塞做往复运动,再通过联动机构控制风门开闭。这种风门简单可靠,但需有压气或高压水源,矿山严寒易冻地点不能用水作动力。

（3）电动风门。以电动机为动力,电动机经过减速,带动联动机构,使风门开闭。

风门的电气控制方式通常用辅助滑线(亦称复线),光电控制器或轨道节点。辅助滑线控制方式是在距风门一定距离的电动车架线旁约 10 cm 处,另架设一条长为 1.5~2.0 m 的滑线(铜线或铁线)。当电机车通过时,靠接电弓子将正线与复线接通,从而使相应的继电器带电,控制风门开闭。滑线控制方式简单实用,动作可靠,但只有电机车通过时才能发出信号,手推车及人员通过时需另设开关。光电控制方式是将光源和光敏元件分别布置在距风门一定距离的巷道两侧,当列车或行人通过时,光线受到阻挡,光敏元件电阻值发生变化,使光电控制器动作,再经其他电气控制装置使风门启闭。光电控制方式对任何通过物都能起到作用,动作比较可靠,但光电元件容易损坏,成本较高。轨道开关结构简单,但不是十分可靠,只有在巷道条件较好,行车不太频繁的巷道中方可使用。

G　测风站

为了准确地测定风量,在矿井各主要进风巷道和排风巷道内应设置测风站,对建立测风站有以下要求:

（1）测风站需选择在巷道的直线段,在测风站前后至少要有 10~15 m 长的巷道断面无变化。

（2）测风站的长度不小于 4 m,断面不小于 $4\,m^2$,测风站内应无任何障碍物。

（3）测风站的周壁应为光滑的平面,若用木材支护的巷道,巷道周壁和顶部需钉上木板,并铺设平整;若用预制混凝土支护时,应采用密集支护,并用水泥砂浆填缝或抹面;若测风站在不支护的巷道内,则巷道壁应用水泥砂浆抹面,使表面平整光滑。

12.4　主扇通风与多级机站通风

12.4.1　主扇通风

矿井通风系统又可归纳为主扇通风系统和多级机站通风系统。主扇通风系统具有风量集中,设备少,管理方便等优点。缺点是井下按需分风,漏风大,有效风量率较低,风机效率低。

12.4.1.1　主扇安装位置

主扇一般安装在地表,也可安装在井下。安装在地表的主要优点是:安装、检修、维护管理都比较方便;井下发生灾变事故时,地面扇风机比较安全可靠,不易受到损害;井下发生火灾时,便于采取停风、反风或控制风量等通风措施。其缺点是:井口密闭、反风装置和风硐的短路漏风较大;当矿井较深,工作面距主扇较远时,沿途漏风量大;在地形条件复杂的情况下,安装、建筑费用较高,并且安全上受到威胁。主扇安装在井下的优点是:主扇装置的漏风少;扇风机距工作面近,沿途漏风也少;可同时利用较多井巷入风或回风,可降低通风阻力;密闭工程量较少。其缺点是:安装检查、管理不方便,易遭受井下灾害破坏。

在下列情况下可考虑将主扇安装在井下:

（1）地形险峻,在地面无适当地点可供安装主扇,或地面有山崩、滚石、滑坡等不利因素,威胁主扇安全时。

（2）当矿井入风区段运输行人频繁,风流难以控制,而回风区段又与采空区及地表沟通不易堵塞时,可将主扇安在井下,避开上述漏风区段。

（3）矿井进入深部开采,工作面距地表主扇愈来愈远,沿途漏风增大时,可将主扇迁入井下。

（4）采用小型主扇通风时,体积小,安装方便,可安在井下巷道中。

主扇安装在井下时,应注意以下几个问题:

（1）主扇安装在不受地压及其他灾害威胁的安全的地方。

（2）做抽出式通风的地下主扇,主扇硐室和安全通道要供给新鲜风流。

（3）进风系统和回风系统之间一切漏风通路应严加密闭。

（4）要考虑主扇噪声对井下其他作业的影响,其安装地点距井底车场应在 50～100m 以外,否则应采取消声措施。

12.4.1.2　影响主扇运行效率的主要因素

（1）主扇选型不合理。一些新建矿山主扇选型明显偏大,矿井投产后,主扇长期在小角度或低转速情况下运行,造成风机与通风网路不匹配。因此,新设计矿井或老矿井通风改造在通风设备选型时,应尽量选用节能型效率高的 FBCDZ 系列或 K 系列风机。

（2）主扇加工质量问题。对于轴流式风机来说,叶片径向间隙过大,将产生泄漏损失,是影响风机运行效率的主要因素。加工质量好的风机叶片径向间隙一般为 2～5mm。对于离心式风机,风机入风口处的径向间隙过大,同样产生泄漏损失,其径向间隙应不超过风机动轮直径的 1%。

（3）主扇附属装置的合理配置。为了减小机站装置的通风阻力,风硐内的风速应低于 10m/s,风硐的断面现状尽量采用圆形或半圆形,其表面采用水泥砂浆抹面,风硐与风井连接处的连接角小于 60°,风硐的长度要适当,并保证机站风墙及风门密闭质量,避免机站漏风。

（4）主扇的管理维护。我国矿山管理体制一般是通风部门管理通风系统的运行状况,机电部门管理设备,两个部门之间应保证对通风系统及其主要设备的密切联系及协调配合工作,从而确保主扇的运行效率。

12.4.2　多级机站通风

多级机站通风系统是运用风压平衡原理对全系统实行均压通风,是在保持各风路所需风量的前提下,通过对扇风机的调控,使各分支风路的风压平衡,各漏风风路两个端点的风压相等,即外部漏风点保持零压,内部漏风点保持风压相等。

与大主扇通风系统相比,多级机站通风系统能使通风压力分布均匀、漏风量减少、有效风量率高、能耗低、风流易于控制、风量调节灵活,能根据生产对通风的需要开启或停止某些风机或某些机站,从而在满足生产需风的同时最大限度地节约通风能耗,降低通风费用。新建矿山多采用多级机站通风方式。

12.4.2.1　多级机站通风设计中的几个问题

A　机站的级数和位置的确定

设置风机站是为了控制分风和漏风,因此机站的级数与串联风路系统上存在的分风风路和漏风风路数有关。根据风压平衡原理,机站的级数应等于串联的风路系统分风风路与漏风风路数之和加 1,即:

$$M = m + n + 1 \tag{12-1}$$

式中　M——串联风路系统上的机站级数;

　　　m——漏风风路数;

　　　n——分风风路数。

机站位置的确定,一方面要考虑通风系统中压力分布状况有利于对矿井污染源的控制,同时也要考虑井下各系统间的互相影响和在生产管理上是否方便。

B　通风网路中的分风

多级机站系统中,存在按需分风、自然分风网和漏风风路。按需分风网各风路的风量应根据各作业点排烟、排尘的要求,通过风量的计算首先确定。漏风风路的漏风量可根据经验进行估算。自然通风网中各风路的风量则按巷道风阻进行自然分配解算求出。通风网中各巷道风量确定之后,各机站的风量随之确定。单井口排风的简单通风系统,可能全网中只构成一个按需分风网,其风量分配比较简单。多井口入风、多井口回风的复杂通风系统,各采掘作业区多属于按需分风网,而回进风系统多属于自然分风网。在自然分风网中风流按自然分配,各机站按自然分配的风量,确定其供风量,可使网路功耗最小。

C　通风阻力计算

多级机站系统的阻力计算量较大,需要计算最大阻力路线各风路的阻力,还需计算各级机站控制系统各风路的阻力。除计算摩擦阻力外,还要计算巷道拐弯、分流、汇合的局部阻力。根据马鞍山矿山研究院的经验,在安装扩散器的条件下,机站的局部阻力 h_{fs} 可按式(12-2)计算:

$$h_{fs} = \xi_{fs} \frac{u^2}{2g} \gamma \qquad\qquad (12-2)$$

式中　ξ_{fs}——机站局部阻力系数(对应机站出口巷道的风速);

　　　　u——机站出口端巷道的平均风速,m^3/s;

　　　　γ——空气重率,N/m^3;

　　　　g——重力加速度,m/s^2。

降低机站的通风阻力十分关键。在扇风机出口安装扩散器可使局部阻力降低50%。扩散器出口断面与后续巷道的断面越接近其局部阻力则越小。

D　扇风机选择

多级机站的扇风机所负担的控制区域较小,风压较低,但风量较大。多选用中低压轴流式扇风机。另外,对风机运转的稳定性要求较高,多选用扇风机的特性曲线比较平缓,没有明显驼峰区的扇风机。目前,国产扇风机中可供选用的有 K 和 FS 系列,其中 K 系列风机使用较多,在效率和稳定性上都能满足设计要求。

一个机站选用几台扇风机并联运转比较好,主要看生产上对该机站要求调节风量幅度的大小。并联风机数目越多,对保持运转的稳定性越不利。在满足风量调节要求的前提下,应尽量减少并联风机的台数。一般认为一个机站风机的台数以 2~4 台为宜,最多不超过 4 台。对于风量固定的机站使用单台风机最为简单。一个机站内用同型号、同尺寸、同转速的扇风机联合运转,有利于保持运转的稳定性。对于特定的矿井来说,在满足设计的条件下,尽量减少风机类型和型号,以利互换使用,方便维修。

E　多级机站的集中控制

由于多级机站通风系统的风机数量多,而且分布在井下的广大区域内,所以存在着风机控制和管理困难的问题。为了充分发挥多级机站通风系统的优越性,应建立多级机站通风计算机远程集中监控系统。

多级机站控制系统应考虑风量调节和发生事故时的反风要求。除电气控制系统外,还应完善风机闸门和反风门的自动控制。

12.4.2.2　多级机站通风系统的节能分析

A　加强风流控制减少漏风

多级机站系统采用几级机站,分段串联,进行压抽式通风,使每级机站的风压降低,使全矿的风压分布均衡,可以减少风机的外部漏风。

大主扇通风时,外部漏风包括风机装置的漏风及地表塌陷区到回风巷间的漏风。多级机站系统的机站大多数设于井下,其漏风量主要取决于机站密闭的好坏和压差,由于各级机站的风机压头小,可明显减少漏风。另外,由于各作业分层依靠各自的压入机站及抽出机站控制风流,可以有效地控制各分层之间的分风,减少不作业分层以及中间的天、溜井及电梯设备井、斜坡道的漏风量。

对于常见的单翼通风的多分层系统来说,由于分层之间互相连通的溜井、电梯设备井、斜坡道的风阻一般都比进风天井小,且这些巷道上又无法设置密闭,用主扇通风往往形成大量风流由溜井及电梯设备井等进入分层平巷,而进风天井附近的前端分层平巷风流极小的现象。采用调节风窗很难减少这些中间溜井的漏风量,但多级机站系统则可以改善这种状况。

多级机站通风系统,可使通风功率减少20%~48%。

B　用风机平衡各风路风压替代调节风窗

任一通风网路,当风流在网路中按井巷风阻大小自然分配时,其通风压力最小。美国的 Y. J. Wang 研究指出当矿井总风量一定时,风机以自然分配时的压力通风,能使通风功耗最省。

在实际矿井中,各并联风路的井巷风阻并不相等,各采区的需风量也有可能各异,而风流自然分配的风量往往不能符合作业地点的需风量要求。用大主扇通风的矿井常用的方法是在风量过大的巷道内安设调节风窗增加阻力,来使并联风路的风压趋于平衡,也就是向高压降的风路看齐。

设某矿共有三个并联分区,各分区的需风量都是 Q,而风阻 R_1 大于 R_2、R_3,假定矿井通风共同段的风阻是 R_0,且不考虑漏风量,则用主扇通风时,若不加以调节,1 分区的风量必然不能满足要求,若在 2、3 分区加调节风窗使 $h_1 = h_2 = h_3$,则矿井总通风功率为:

$$N = (27R_0Q_3 + 3R_1Q_3)/102 \qquad (12-3)$$

如果用多级机站通风系统,三个分区的机站风机可以克服各该巷道相应阻力,假定各机站风机的工作效率相同,则总功耗为:

$$N' = (27R_0Q_3 + R_1Q_3 + R_2Q_3 + R_2Q_3)/102 \qquad (12-4)$$

显然,$N > N'$。当矿井并联分区的阻力占全矿阻力的比重越大,而且各并联分区之间的压降越不平衡时,则采用多级机站通风系统节省的能耗越多,它与辅扇一样是一种降阻调节法。

C 加强了风量调节与控制的灵活性

金属矿山由于作业性质不同,以及日工作班及公休班日的不同,其需风量变化较大。近年来,由于井下实行作业承包制,这种不均衡性就更加严重。主扇由于功率较高,启动时对电网影响太大,不允许随便停机,即使在井下只有少量作业时,主扇也必须照常运转,大量浪费了电能。有些矿山在休息日或冬季自然风压较大时采取停止主扇运行的方法以节省能耗,但是,自然风压通风往往不能保证井下工作地点的需风量。

多级机站系统则由于每个机站可以由几台风机并联工作,就有可能根据生产作业要求,开动不同的风机数来调节供风量。

D 大量使用高效节能风机

在多级机站通风系统中,由于把风压分解成多级配置,各级机站分摊的负压相对较小,另外大多数金属矿山的通风网路又是属于低风阻大风量型的,因此,多级机站通风系统中的各级风机必须是按照低风压、大风量的低压节能风机。多级机站通风系统研究初期,首先遇到的就是风机问题,这包括节能风机性能问题、质量问题,以及多风机运行的稳定性问题等。在以后的数十年中,随着多级机站通风系统及其通风节能改造的大面积推广,矿用节能风机得到了长足的发展,形成了以 K 系列为主体,FS 系列、FZ 系列、SFF131 系列等组成的矿用节能风机群体。根据现场破坏性试验,K 系列风机具有性能优越、高效节能、运行平稳、产品覆盖面广等优点,更适合在矿山多级机站通风系统使用。

E 简化风机站的结构形式

在多级机站通风系统中,大都采用单轮级的节能风机,叶轮与电动机直接联结,并可反向运行。采用节能风机后,可简化机站结构,降低通风阻力。

由于机站局部阻力占有较大的比例,因此不少矿山在实施多级机站通风系统时,采取了许多行之有效的降阻措施,如大冶铁矿尖林山采区东斜井上口的 3 台 75 kW 风机站,采取了减缩结构;金厂峪金矿的井下风机站的进口、出口侧分别构筑过渡段以降低阻力;马鞍山矿山研究院在梅山铁矿进行了多级机站通风系统机站局部阻力的研究,通过实测,机站局阻比例达到 25% ~ 50%,机站风流出口断面与巷道断面越接近,机站局阻越小。梅山铁矿利用此研究成果对 -318 m 北风井和 -198 m 东南风井机站进行重新设计,取得较大的经济效益。

12.5 矿井总风量计算

根据矿井生产的特点,全矿所需总风量应为各工作面需要的最大风量与需要独立通风的硐室的风量之总和,同时还应考虑到矿井漏风、生产不均衡以及风量调节不及时等因素,给予一定的备用风。

全矿总风量可按式(12-5)计算:

$$Q_t = k(\sum Q_s + \sum Q_s' + \sum Q_d + \sum Q_r) \tag{12-5}$$

式中　Q_t——矿井总风量，m^3/s；

　　　Q_s——回采工作面所需的风量，m^3/s；

　　　Q_s'——备用回采工作面所需的风量，m^3/s，对于难以密闭的备用工作面，如电耙巷道群和凿岩天井群，其风量应与作业工作面相同；能够临时密闭的备用工作面，如采场的通风天井或平巷可用盖板、风门等临时关闭者，其风量可取作业工作面风量的一半，即：

$$Q_s' = 0.5Q_s \tag{12-6}$$

　　　Q_d——掘进工作面所需风量，m^3/s；

　　　Q_r——要求独立风流通风的硐室所需的风量，m^3/s；

　　　k——矿井风量备用系数，风量备用系数是考虑到矿井有难以避免的漏风，同时也包含风量调整不及时和生产不均衡等因素而设立的大于 1 的系数；如果地表没有崩落区 $k = 1.25 \sim 1.40$；地表有崩落区 $k = 1.35 \sim 1.5$。

在编制矿井远景规划时，可根据矿井年产量和万吨耗风量，估算矿井总风量，计算式如下：

$$Q = AY \tag{12-7}$$

式中　Q——矿井总风量，m^3/s；

　　　A——矿井年产量，万吨/a；

　　　Y——万吨耗风量，$m^3/(s \cdot 万吨)$，小型矿井取 $Y = 2.0 \sim 4.5$，中型矿井 $Y = 1.5 \sim 4.0$，大型矿井 $Y = 1.2 \sim 3.5$，特大型矿井(年产 250 万吨以上)$Y = 1.0 \sim 2.5$。

12.5.1　回采工作面风量计算

回采工作面的风量是根据不同的采矿方法，按爆破后排烟和凿岩出矿时排尘分别计算，然后取其较大值作为该回采工作面的风量。在回采过程中爆破工作又根据一次爆破用的炸药量的多少分为浅孔爆破和大爆破两种。因此，回采工作面所需风量也按两种情况分别计算。

A　浅孔爆破回采工作面所需风量的计算

a　巷道型回采工作面的风量计算

$$Q = \frac{25.5}{t}\sqrt{AL_0S} \tag{12-8}$$

式中　Q——巷道型回采工作面风量，m^3/s；

　　　A——一次爆破的炸药量，kg；

　　　L_0——采场长度的一半，m；

　　　S——回采工作面横断面面积，m^2；

　　　t——通风时间，s。

b　大爆破回采工作面的风量计算

$$Q = 2.3\frac{V}{kt}\lg\frac{500A}{V} \tag{12-9}$$

式中　Q——大爆破回采工作面风量，m^3/s；

　　　A——一次爆破的炸药量，kg；

　　　V——采场空间体积，m^3；

　　　t——爆破后排烟通风时间，s；

　　　k——风流紊乱扩散系数，其值可按表 12-4 选取，取决于硐室及其进风巷道的形状及位置关系，当硐室有多个进、排风口时，可取 k 值为 $0.8 \sim 1.0$。

表 12-4　紊流扩散系数取值

圆形射流		扁平形射流	
$\alpha L\sqrt{S}$	k	$\alpha L/b$	k
0.420	0.335	0.600	0.192
0.554	0.395	0.700	0.224
0.605	0.460	0.760	0.250
0.750	0.529	1.040	0.318
0.945	0.600	1.480	0.400
1.240	0.672	2.280	0.496
1.680	0.744	4.000	0.604
2.420	0.810	8.900	0.726
3.750	0.873		
6.600	0.925		

注：α—自由风流结构系数，圆形射流为 0.07，扁平形射流为 0.1；L—硐室长度，m；S—引导风流进入硐室的巷道断面积，m^2；b—进风巷道宽度的一半，m。

B　按排除粉尘计算风量

按排尘计算风量有两种方法，一是按作业地点产尘量计算风量；另一是按排尘风速计算风量。

a　按产尘量计算风量

回采工作面空气中的粉尘主要来源于产尘设备，其产尘量大小取决于设备的产尘强度和同时工作的设备的台数，对于不同的作业面和作业类别，可按表 12-5 确定排尘风量。

表 12-5　排尘风量取值　　　　　　　　　　　　　　　(m^3/s)

工　作　面	设备名称	设备数量	排尘风量
巷道型采场	轻型凿岩机	1	0.7~2.6
		2	1.1~1.3
		3	1.6~3.5
硐室型采场	轻型凿岩机	1	3.0
		2	4.0
		3	5.0
中深孔凿岩	重型凿岩机	1	2.5~3.5
		2	3.0~4.0
	轻型凿岩机	1	1.5
		2	2.0
装运机出矿电耙出矿	装运机、装岩机	1	3.5~4.0
放矿点、二次破碎		1	2.5~4.0
喷锚支护	电耙	1	1.5~2.0

b　按排尘风速计算风量

$$Q = vS \tag{12-10}$$

式中　v——作业工作面要求的排尘风速，m/s，对于巷道型作业工作面，可取 $v = 0.15 \sim 0.5\,m/s$（断面小且凿岩机多时取大值，反之取小值，但必须保证一个工作面的风量不能低于 $1\,m^3/s$），耙矿巷道可取 $v = 0.5\,m/s$，对于无底柱分段崩落采矿法的进路通风可取 $v = 0.3 \sim 0.4\,m/s$，其他巷道可取 $v = 0.25\,m/s$；

　　　　S——采场内作业地点的过风断面，m^2。

　　根据采掘计划的作业安排和布置以及所用的采矿方法分别计算各作业工作面的风量后,汇总便可获得作业工作面的总回风量。

12.5.2 掘进工作面风量计算

　　在初步设计和施工图设计阶段,掘进工作面的分布和数量一般根据采掘比大致确定,其风量值可依据巷道断面按表12-6选取。

表12-6 掘进工作面计算风量

序　号	掘进断面/m²	掘进工作面需风量/(m³/s)
1	<5.0	1.0~1.5
2	5.0~9.0	1.5~2.5
3	>9.0	2.5~3.5

　　注:1. 选用时,应使巷道平均风速大于0.25 m/s;2. 高海拔矿井取表中的大值。

　　表12-6中不同断面的计算风量已考虑了断面大、使用设备多的因素和局部通风的必备风量。

　　对于某一具体掘进工程的通风设计,可由生产部门按局部工作面需风量计算方法进行。

12.5.3 硐室风量计算

　　井下硐室有的要求独立风流通风,需要进行风量的计算,以便确定矿井总风量。井下炸药库、充电硐室、破碎硐室和主溜井卸矿硐室需单独给风,计入矿井总风量中。其他硐室虽分风,但回风可重新使用不计入矿井总风量中。

　　(1)井下炸药库要求独立的贯穿风流通风,其风量可取1~2 m³/s。

　　(2)电机车库需要时可取1~1.5 m³/s。

　　(3)充电硐室要求独立的贯穿风流通风,其目的是将充电过程中产生的氢气量冲淡到允许浓度(0.5%)以下。

　　氢气产生量q按式(12-11)计算:

$$q = 0.000627 \frac{101.3}{p_1} \times \frac{273+t}{273}(I_1 a_1 + I_2 a_2 + \cdots + I_n a_n) \tag{12-11}$$

式中　　　q——氢气产生量,m³/h;

　0.000627——1A电流通过一个电池每小时产生的氢气量,m³;

　　　　　p_1——充电硐室的气压,kPa;

　　　　　t——硐室内空气温度,℃;

　$I_1, I_2, \cdots, I_n$——分别为各电池的充电电流,A;

　$a_1, a_2, \cdots, a_n$——分别为蓄电瓶内的电池数。

　　充电硐室所需风量按式(12-12)计算:

$$Q = \frac{q}{0.005 \times 3600} \tag{12-12}$$

式中　Q——充电硐室所需风量,m³/s。

　　(4)压气机硐室的风量可按式(12-13)计算:

$$Q = 0.04 \sum N \tag{12-13}$$

式中　Q——压气机硐室风量,m³/s;

　$\sum N$——硐室内同时工作的电动机额定功率之总和,kW。

　　(5)水泵或卷扬机硐室所需风量,需要时可按式(12-14)计算:

$$Q = 0.008 \sum N \tag{12-14}$$

12.5.4 大爆破的通风计算

大爆破的采场是指采用深孔、中深孔爆破的大量落矿采场。大爆破后通风的首要任务就是将充满于巷道中的大量炮烟,在比较短的时间内,以较大的风量进行稀释并排出。在放矿时,存留于崩落矿岩中的炮烟随矿石的放出而涌出。在正常通风时,除正常作业所需要的风量外,考虑到排出这部分炮烟,还需适当加大一些风量。

大爆破后,大量炮烟涌出到巷道中,其通风过程与巷道型采场相似。大爆破通风的风量可按式(12-15)计算:

$$Q = \frac{40.3}{t} \sqrt{iAV} \tag{12-15}$$

式中 Q——大爆破通风风量,m^3/s;

t——通风时间,s,通常取 $7200 \sim 14400\,s$,炸药量大时,还可延长;

A——大爆破的炸药量,kg;

i——炮烟涌出系数,可由表12-7查得;

V——充满炮烟的巷道容积,m^3,$V = V_1 + iAb_a$,V_1 为排风侧巷道容积,m^3,b_a 为 1 kg 炸药所产生的全部气体量,b_a 大致等于 $0.9\,m^3/kg$。

大爆破采场放矿过程中的通风量,可比一般采场放矿时的通风量增加20%。

表 12-7   炮烟涌出系数

采矿方法	采落矿石与崩落区接触面的数量	i
"封闭扇形"分段崩落法	顶部和 1 个侧面 顶部和 2~3 个侧面	0.193 0.155
阶段强制崩落法	顶部 顶部和 1 个侧面 顶部和 2~3 个侧面	0.157 0.125 0.115
空场处理	表土下或表土下 1~2 个阶段 若干个阶段以下	0.095 0.124
房柱法深孔落矿	$V/A < 3$ $3 < V/A < 10$ $V/A > 10$	0.175 0.250 0.300

大爆破作业多安排在周末或节假日进行,通常采用适当延长通风时间和临时调节分流,加大爆破区通风量的方法。为了加速大爆破后的通风过程,在爆破前,对爆破区的通风路线要做适当调整,尽量缩小炮烟污染范围。

12.5.5 柴油设备的风量计算

使用柴油设备时,其风量应满足将柴油设备所排出的尾气全部稀释和带走,并降至允许浓度以下。

(1)按稀释有害成分的浓度计算风量:

$$Q = \frac{g}{60c_1} \times 1000 \tag{12-16}$$

式中 Q——稀释有害成分浓度所需的风量,m^3/min;

g——有害成分的平均排量,g/h;

c_1——有害成分的允许浓度,mg/m^3。

这一计算方法在国外有两种主张:一种是分别按稀释各种有害成分计算风量,选其最大值为需风量;另一种是按稀释各种有害成分分别计算风量后,取其叠加值为需风量。

（2）按单位功率计算风量：

$$Q = q_0 N \tag{12-17}$$

式中　　　Q——按单位功率计算的风量，m^3/min；

q_0——单位功率的风量指标，$q_0 = 3.6 \sim 4.0 m^3/(min \cdot kW)$；

N——各种柴油设备按作业时间比例的功率数，kW

$$N = N_1 k_1 + N_2 k_2 + \cdots + N_n k_n \tag{12-18}$$

$N_1, N_2, \cdots, N_n$——各柴油设备的功率数，kW；

$k_1, k_2, \cdots, k_n$——时间系数，作业时间所占的比例。

12.5.6　放射性矿山排氡及其子体所需风量计算

通风是保证矿井大气放射性污染（氡、氡子体、铀矿尘）不超过国家标准要求的主要措施，排除矿井大气中的氡和增长着的氡子体的矿井通风，同排除其他污染物的矿井通风相比，有一个特殊要求，即尽量缩短风流在井下停留的时间，防止风流被氡子体"老化"。

（1）按排氡风量计算：

$$Q = R/(c - c_0) \tag{12-19}$$

式中　Q——风量，m^3/s；

R——氡析出量，kBq/s；

c——国家标准的氡浓度限值，kBq/m^3；

c_0——进风流氡浓度，kBq/m^3。

根据我国《放射防护规定》（GBJ8—74）规定，$c \leqslant 3.7$ Bq/L，而《放射卫生防护基本标准》（GB4792—1984）取消了对氡的限值要求，只考虑对矿井空气中氡子体潜能值的限值，上述公式可作为通风量校核参考。

（2）按排氡子体风量计算：

1）进风未受到污染时。

$$Q = 1.10(RV/E)^{0.5} \tag{12-20}$$

2）进风受到污染时。

$$Q = 1.10(RV/E - E_0)^{0.5} \tag{12-21}$$

式中　Q——风量，m^3/s；

R——氡析出量，kBq/s；

V——通风体积，m^3；

E——氡子体潜能浓度限值，$8.3 \mu J/m^3$；

E_0——进风流氡子体浓度，$\mu J/m^3$。

12.5.7　深热矿井的风量计算

矿井热源可分为两类：一类热源的散热量与其周围气温的差值有关，称相对热源，如高温岩层和热水散热热源；另一类热源的散热量不受气温影响，称绝对热源，如机电设备、化学反应和空气压缩等热源。

高温岩层是最重要的矿井热源，井巷岩壁与矿井空气之间的热交换以导热、对流、辐射三种基本方式组成了复杂的关系，因与通风时间长短有关，属不稳定换热。

矿井通风降温是无空气冷却装置降温的主要方法，对高温矿井进行通风设计时，应考虑以下原则：

（1）建立合理的通风系统。尽可能采用多级机站和分区通风系统，缩短新鲜空气流程，使进入矿井的空气与诸热源的热交换限制在较低范围内，从而减少空气因吸热的温升。加上通风网路简化，减少风压和漏风损失，可提高有效风量。

深矿井应减少阶段数量和避免多阶段同时作业，取消迂回曲折的风路，以降低通风阻力和减少矿井空气的吸热量,按最短线路向工作面供风。若干阶段同时工作时,为防止污风与温度较低的新鲜风流混合,应设计专用回风巷道、集中回风天井。

(2)矿井降温风量计算。无空气冷却装置的矿井,局部地区降温风量按式(12-22)计算:

$$Q = \sum q / [c_p \rho (t_2 - t_1)] \tag{12-22}$$

式中　Q——风量,m^3/s;

$\sum q$——局部地区热源总散热量,kW;

c_p——空气定压比热容,$kJ/(kg \cdot ℃)$,除深矿井外,一般取 $c_p = 1.01$;

ρ——空气密度,随井深略有变化,一般取 $\rho = 1.2 kg/m^3$;

t_1, t_2——分别为进、排风端气温,℃。

高温矿井可适当加大高温工作面的通风量,随着风量的加大,单位风量的温升下降,风速提高可改善工人的舒适感。但是增大风量应有限度,因为最大通风量必将增加井巷工程量和通风成本。增加风量方案应与降低进风温度的方案相比较,以寻求最经济合理的降温效果。

(3)局部通风以压入式为主。局部通风降温效果压入式优于抽出式。因为抽出式通风,进入工作面的空气在到达工作面之前容易受到热源的预热。压入式通风,通过隔热性能较好的风筒,可将低温风流送入工作面。

(4)矿井总进风流的降温。我国某些地区夏季或全年平均气温较高,送入井下气温高达30℃以上。为了减少地面气象条件对矿井气象条件的影响,提高通风降温效果,可对矿井总进风流作如下降温处理:

1)冷水逆流喷淋降温。用冷水(天然冷水或制冷机的冷却水)对矿井总进风流降温去湿处理,其效果取决于风温(湿球温度)与冷水温差,温差越大越好,最好冷水温度低于进风露点温度。

2)利用废旧巷道降温。根据岩石调热圈原理,可以利用进风井附近的巷道调节进风流的温度、湿度。

3)井口建筑降温。利用进风井的井口建筑物降低进风空气温度,也是矿井总进风流降温的综合措施之一。

12.6　扇风机站设置与选型

12.6.1　扇风机站设置

矿井通风系统主要机站应特别注意降低机站局部阻力和减少机站漏风,在机站设计中应注意以下几个问题:

(1)机站前后巷道、装机硐室与风机过风断面差距尽量减小。

(2)通过机站巷道的风速一般取 8～10 m/s,最大不应超过 12 m/s。

(3)机站内巷道壁表面应平整光滑,尽量减少转弯,必须转弯时应做成圆弧形,机站的风压损失不应大于风机风压的 30%。

(4)机站风墙应用砖或混凝土砌筑,风墙及风门要严密,最好砌筑双道,机站的漏风量应不超过风机工作风量的 5%。

(5)为了满足测风的需要,机站应有长度不小于机站直径或高度 6～8 倍的平直段巷道。为避免积水流向机身,风道应具有 5% 的坡度或砌筑排水沟。

(6)机站控制硐室环境保持适宜的温度湿度和清洁条件,风机控制柜应具有启动、停止和反转按钮。

12.6.2　扇风机选型

12.6.2.1　扇风机的分类及特点

矿用扇风机按其用途可分为三种:用于全矿井或矿井某一区域的扇风机称为主要扇风机,简称主扇;用于矿井通风网路内某些分支风路中借以调节其风量、协助主扇工作的扇风机称为辅助扇风机,简称辅扇;借助风筒用于矿井中无贯穿风流的局部地点通风的扇风机称为局部扇风机,简称局扇。

矿用扇风机按其结构原理可分为离心式与轴流式两大类。

离心式与轴流式风机在矿井通风中均广泛使用,它们各有不同的特点:

(1)结构。轴流式结构紧凑,体积较小,质量较轻,可采用高转速电动机直接拖动,传动方式简单,但结构复杂,维修困难;离心式风机结构简单,维修方便,但结构尺寸较大,安装占地大,转速低,传动方式较轴流式复杂。目前新型的离心式风机由于采用机翼形叶片,提高了转速,使体积与轴流式接近。

(2)性能。一般来讲,轴流式风机的风压低,流量大,反风方法多;离心式风机则相反。在联合运行时,由于轴流式风机的特性曲线呈马鞍形,因此可能会出现不稳定的工况点,联合工作稳定性较差,而离心式风机联合运行则比较可靠。轴流式风机的噪声较离心式风机大,所以应采取消声措施。离心式风机的最高效率比轴流式风机要高一些,但离心机风机的平均效率不如轴流式高。

(3)启动、运转。离心式风机启动时,闸门必须关闭,以减小启动负荷;轴流式通风机启动时,闸门可半开或全开。在运转过程中,当风量突然增大时,轴流式风机的功率增加不大,不易过载,而离心式风机则相反。

(4)工况调节。轴流式风机可通过改变叶轮片或静导叶片的安装角度、改变叶轮的级数、叶片片数、前导器等多种方法调节风机工况,特别是叶轮叶片安装角的调节,既经济又方便可靠;离心式一般采用闸门调节、尾翼调节、前导器调节或改变风机转速等调节风机工况,其总的调节性能不如轴流式风机。

(5)适用范围。离心式风机适应于流量小、风压大、转速较低的情况,轴流式风机则相反。通常当风压在 3000 ~ 3200 Pa 以下时,应尽量选用轴流式通风机。另外,由于轴流式风机的特性曲线有效部分陡斜,适用于阻力变化大而风量变化不大的矿井;而离心式风机的特性曲线较平缓,适用风量变化大而阻力变化不大的矿井。一般来讲,大、中型矿井的通风应采用轴流式通风机;中、小型矿井应采用叶片前弯式叶轮的离心式风机,因为这种风机的风压大,但效率低;对于特大型矿井,应选用大型的叶片后弯式叶轮的离心式风机,主要因为这种风机的效率高。

12.6.2.2　选型计算

风机选型是根据设计和生产要求,在已有系列型号产品样本中,选用扇风机和电动机,购进安装调试后投入运行,而不再重新设计制造新产品。主扇风机是矿山主要耗能设备之一,选择的风机性能要与通风系统相匹配。

新型 K、DK 系列矿用节能轴流扇风机是在原 K 系列矿用节能风机的基础上,通过技术改进、完善结构、提高效率和扩大机号而设计成功的,该系列风机运转效率更高、噪声更低、性能范围更大,与我国目前矿山通风网路匹配效果更好,节电效果更为明显,同时主风筒设有稳流防喘振装置,特性曲线无驼峰,可保证多风机联合工作的稳定性,风机在任何阻力状态下都能稳定运转。JK 系列矿用局部扇风机,综合考虑了各类局部通风作业面所需的排尘排烟风量、风筒送风距离、常用风筒规格及其风阻值,以及矿井内的使用条件,适用于各种规格断面的井巷掘进局部通风、采场和电耙道引风、无底柱分段采矿法进路通风、其他局部通风以及某些辅助通风,也可用于隧道施工、地下工程施工等需用风筒通风的场合。

A　扇风机的性能参数

风量 Q 表示单位时间内通过扇风机的空气量,m^3/s、m^3/min 或 m^3/h。

风压 H_t 当空气通过扇风机时,扇风机给予每立方米空气的总能量,称为扇风机的全压 H_t(Pa),扇风机产生的全压不仅用于克服矿井通风阻力 h_t,同时还要克服反向的矿井自然风压 H_n、扇风机装置(机站)的局部通风阻力 h_r(即机站局阻,包括扇风机、风硐和扩散器的阻力)以及风流流到大气时的出口动压损失 h_v,即

$$H_t = h_t + H_n + h_r + h_v \tag{12-23}$$

功率 N_f 表示扇风机有效工作的总功率。扇风机的风量与全压的乘积,即扇风机在单位时间内输出的总能量,称为扇风机的全压功率 N_t(kW),$N_t = QH_t/1000$。

如果扇风机风压是用其有效静压 H_s' 表示,则扇风机的有效静压功率 $N_s = QH_s'/1000$。

效率 η 表示扇风机有效功率 N_f 与扇风机轴功率之比。当采用不同风压参数时,也有不同的效率:

全压效率 $\eta_t = QH_t/1000N_t$,静压效率 $\eta_s = QH_s'/1000N_s$。

B 扇风机的个体特性曲线

以风量 Q 为横坐标,风压 H 为纵坐标,将扇风机在不同网路风阻值条件下测得的 Q、H 值画在坐标图上,所得出的曲线称为扇风机的风压曲线 $H-Q$。以风量为横坐标,以功率或效率为纵坐标,按同样方法可绘出扇风机的功率曲线 $N-Q$ 和效率曲线 $\eta-Q$,这些曲线反映了在某一特定条件下(一定的转速、一定的叶片安装角度和一定的空气重率等),扇风机的性能和特点,称为扇风机的个体特性曲线。

扇风机的个体特性曲线与网路风阻特性曲线的交点称为该扇风机的工况点,工况点的坐标就是该扇风机的工作风量和工作风压。由该点再引垂线与扇风机的功率曲线和效率曲线分别相交,就可找到扇风机的功率和效率。

C 扇风机型号选择

当矿井通风系统比较简单,采用单台风机做抽出式运行时,根据通风容易时期与困难时期所算出的两组 Q_f 与 H_t 数据,在扇风机个体特性曲线上找出相应的工况点,并且要求这两个工况点均能在扇风机特性曲线的合理工作范围内,即效率在60%以上,风压在曲线驼峰点最高风压的90%以下。

根据扇风机工况点的 H_t 与 Q_f 以及在扇风机特性曲线上查出的相应的效率 η_t,计算扇风机的功率 N_f:

$$N_f = \frac{N_t Q_f}{1000 \eta_t} \tag{12-24}$$

当单台扇风机作业不能满足生产对通风的要求时,采用多台扇风机联合作业进行通风,各个扇风机的选型方法,仍然根据通风系统和扇风机在网路中的位置,分别计算出各扇风机所应负担的风量和阻力,再粗选扇风机型号。然后,需进一步分析扇风机联合作业时的实际工况和效果,包括通风网路中的风量分配、各扇风机的实际工况及其稳定可靠性、有效性和经济性等,进而对粗选的扇风机进行调整。

扇风机联合作业特别是多级机站通风的工况的分析由于工作量巨大,完全依靠人工根本无法完成,必须采用计算机进行网路解算。

12.7 盘区(采区)通风与局部通风

12.7.1 盘区(采区)通风

盘区或采区中各巷道的风量是根据工作面性质确定的,为使这些巷道获得所需的风量,必须通过调节某些巷道的风阻值、设置辅扇或改变主要扇风机工况等调节措施加以保证。

同一通风网路为满足某一固定需风量,可能存在多个调节方案,在确定调节措施时,要根据时间可能性,选择工程量少、耗能低、使用方便的调节方法。

盘区或采区中的风量调节计算,仍以阻力定律、风量平衡定律和风压平衡定律为基础,在需要进行调节的每一网孔中,选择一条巷道为调节巷道,需要调节的风压 Δh_i 可根据风压平衡定律计算。

(1) 在无扇风机工作的网路中:

$$\Delta h_i = \sum h_i \tag{12-25}$$

式中 h_i——网孔中任一巷道的风压,Pa。

(2) 在有扇风机和自然风压的网孔中:

$$\Delta h_i = \sum h_i - \sum h_f - \sum h_n \tag{12-26}$$

式中 h_f——扇风机风压,Pa;

h_n——自然风压,Pa。

被调巷道调节后的风压值为: $h_i' = h_i - \Delta h_i$

当被调对象不是巷道,而是扇风机时,扇风机被调的风压值仍等于该网孔不平衡的风压值 Δh_i。扇风机调节后的风压为:

$$h_f' = h_f + \Delta h_i \tag{12-27}$$

采用改变巷道风阻调节法时,被调巷道应调节的风阻值 ΔR_i 为:

$$\Delta R_i = |\Delta h_i|/Q_i^2 \tag{12-28}$$

采用辅扇调节时,辅扇的有效风压 H_f 和风量 Q_f 应为:

$$H_f = \Delta h_i \tag{12-29}$$

$$Q_f = Q_i \tag{12-30}$$

复杂通风网路中的风量调节计算是以网孔为计算单元,但各网孔之间互相影响。当被调巷道介于两网孔之间时,在第一网孔中先计算出应调节的风压值 Δh_i 和调节后的风压值 h'_i,然后再以该巷道调节后的风压 h'_i 参与第二个网孔的计算。

在增阻调节计算时,由进风井口到排风井口的诸多风路中,必有一条风路计算的阻力值最大,该风路称为最大阻力路线。只要在这条最大阻力路线的各巷道上,不设置增阻措施,就能使通风网路调节后的能耗最小。

选择调节巷道时,应注意以下几个问题:

(1)盘区或采区通风设计时,有些巷道还没有开凿,可通过扩大某些巷道断面,使其风阻降低,从而使整个网孔风压平衡,达到风量调节目的。在这种情况下,最好选择风阻较大、通过风量较多的主要风路作为被调节的巷道,使调节后的通风能耗有较大幅度的下降。

(2)盘区或采区通风网路风量调整过程中,由于大部分巷道是过去开凿的,能否采用扩大巷道断面的调节方法,要根据具体条件,通过技术经济比较才能确定。若采用辅扇或风窗调节,最好选在行人、行车较少的排风巷道,便于管理和维护。

(3)当网孔中不平衡的风压值较大,调节某一巷道的风阻不能达到要求时,可以选择两条巷道同时进行调节,其风压调节量仍应等于网孔的不平衡风压值 Δh_i。

12.7.2　局部通风方式及设计

局部通风是将新鲜风流引至工作面,排出工作面的炮烟、矿尘等污浊空气。

12.7.2.1　局部通风方式

井下局部通风方式有以下四种:

(1)总风压通风。它是利用矿井通风系统主要风机所形成的总风压,用风筒或纵向风障将新鲜风流引入工作面,稀释和排走污浊空气,如图12-9所示。利用全矿总风压通风,简单可靠、管理方便、无噪声。但通风距离较长,消耗主扇的风压较多。

(2)扩散通风。它主要是靠新鲜风流的紊流扩散作用来清洗工作面。该方法不需任何辅助设施,但只适用于短距离的独头工作面。适用的距离可按式(12-31)计算:

$$L \leqslant (2 \sim 3)\sqrt{S} \tag{12-31}$$

式中　L——适用距离,m;

　　　S——独头巷道断面积,m^2。

(3)引射器通风。利用高压水或压缩空气为动力,经过喷嘴高速喷出,在喷出射流周围造成负压区而吸入空气,并经混合管混合整流继续推动被吸入的空气,造成风筒内风流流动。以高压水为动力称水力引射器(水风扇),如图12-10所示。以压缩空气为动力的称作压气引射器。

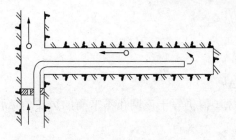

图12-9　利用风筒导风

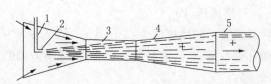

图12-10　水力引射器

1—动力管;2—喷嘴;3—混合管;4—扩散管;5—风筒

引射器的优点是装置简单紧凑,工作安全可靠,噪声小。缺点是风量小,风压低和效率低。只在无法安装风机而又有高压水或压缩空气供应的地点应用。在混合式通风时,可用来代替压入式扇风机使用。

(4) 局扇通风。这是目前矿山最常用的一种方法,按局扇通风方式又分为压入式、抽出式和混合式三种,如图12-11所示。

压入式通风方式工作面的通风时间短,全巷道的通风时间长,适用于较短巷道掘进时的通风。

抽出式通风方式巷道处于新鲜风流中,工作面的通风时间长,适用于较长巷道的掘进通风。

有爆炸性气体涌出的矿井禁止使用抽出式局部通风。

混合式通风是安装两台局扇,一台压入,一台抽出。这种通风方式具备了压入式和抽出式的优点,通风效果好,多用于大断面长距离巷道掘进时的通风。

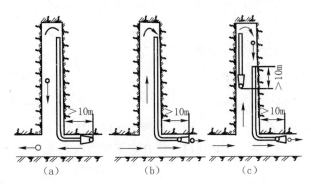

图 12-11　局扇通风的三种方式
(a) 压入式;(b) 抽出式;(c) 混合式

为了避免循环风,对上述三种通风方式有以下要求:

(1) 从贯穿巷道中吸取的风量不得超过该巷道风量的70%。

(2) 压入式通风时,吸风口应设在贯穿巷道距独头巷道口不小于10 m的上风侧;抽出式通风时,排风口应设在贯穿巷道距独头巷道口也不小于10 m的下风侧。

(3) 混合式通风时,抽出式风筒也要满足上述要求,同时要求吸入口处的风量比压入式局扇的风量大20%~25%;抽出式风筒吸风口的位置应比压入式风机吸风口的位置更靠近工作面,两吸风口之间的距离应大于10 m。

12.7.2.2　局部通风设计

A　工作面需风量的计算

非瓦斯和非放射性矿山,独头工作面污浊空气的成分主要是爆破后的炮烟及各种作业所产生的矿尘,故局部通风所需风量是按排出炮烟和矿尘进行计算。

a　按排出炮烟计算风量

(1) 压入式通风。风筒出口到工作面的距离小于风流有效射程 L_e 时,压入式通风的风量可按式(12-32)计算:

$$Q = \frac{19}{t} \sqrt{AL_a S} \tag{12-32}$$

式中　Q——压入式通风风量,m^3/s;

　　　t——通风时间,s;

　　　A——一次爆破炸药消耗量,kg;

　　　L_a——独头巷道长度,m;

　　　S——巷道断面积,m^2。

风筒出口的有效射程按式(12-33)计算:

$$L_e = (4 \sim 5)\sqrt{S} \tag{12-33}$$

式中　L_e——风筒出口有效射程,m。

(2) 抽出式通风。当风筒吸入口到工作面的距离在有效射程 L_e 内时,抽出式通风风量可按式(12-34)计算:

$$Q = \frac{18}{t} \sqrt{AL_0 S} \tag{12-34}$$

式中　Q——抽出式通风风量，m^3/s；

　　　L_0——炮烟抛掷长度，m。

电雷管起爆时：$L_0 = 15 + \dfrac{A}{5}$

风筒吸口的有效吸程 $L_c(m)$ 按式(12-35)计算：

$$L_c \leqslant 1.5\sqrt{S} \tag{12-35}$$

（3）混合式通风。

压入式风量：
$$Q_p = \dfrac{19}{t}\sqrt{AL_mS}$$

抽出式风量：
$$Q_e = (1.2 \sim 1.25)Q_p \tag{12-36}$$

式中　L_m——抽出式吸入口到工作面的距离，m。

（4）竖井掘进通风。浅井通常用压入式通风，深井则用混合式通风。压入式风量按式(12-37)计算：

$$Q = \dfrac{7.8}{t}\sqrt[3]{kAS^2z^2} \tag{12-37}$$

式中　k——井筒淋水系数，见表12-8；

　　　z——井筒深度，m。

表12-8　井筒淋水系数

井筒涌水特征	系数 k
井筒干燥或井筒有淋水，但 $z < 200\,m$	1
井筒淋水，$z > 200\,m$，涌水量小于 $6\,m^3/h$	0.6
井筒淋水如降雨，$z > 200\,m$，涌水量 $6 \sim 15\,m^3/h$	0.3
井筒淋水如暴雨，$z > 200\,m$，涌水量大于 $15\,m^3/h$	0.15

　b　按排尘风速计算风量

$$Q = vS \tag{12-38}$$

式中　v——排尘风速，按规定取 $0.15 \sim 0.5\,m/s$；

　　　S——巷道断面积，m^2。

　B　风筒的选择

风筒有铁皮风筒和柔性风筒（帆布、人造革、塑料及胶皮等材料）。铁皮风筒刚性好，但拆装、搬迁和存放困难，且易锈蚀。柔性风筒运搬、拆装和存放方便，每节长度长、漏风少。近年来国内试制生产的交叉复合高强度塑料薄膜风筒具有质轻、价廉、使用方便、摩阻系数小等优点。柔性风筒连接可用胶带粘贴封严，漏风极少，但存在易被尖锐物割破的缺点。这种塑料薄膜风筒更适用于长距离巷道通风。

我国煤矿试用一种弹性风筒，体轻、有一定的刚性，可用于抽出式通风。

风筒直径主要取决于送风量和送风距离。当送风量大或距离长时，风筒直径应选取大些；局部通风常用的风筒直径为 $300 \sim 600\,mm$。美国矿山在局部通风中应用了椭圆形断面的风筒，便于运输和行人。

　C　局扇的选择计算

　a　局扇供风量

由于风筒存在漏风，局扇供风量 Q_f 应按式(12-39)计算：

$$Q_f = \phi Q_0 \tag{12-39}$$

式中　Q_f——局扇供风量，m^3/s；

　　　Q_0——风筒末端风量，m^3/s；

　　　ϕ——风筒漏风风量备用系数，可用百米漏风率来表示，即：

$$\phi = \dfrac{100}{100 - L\Psi} \tag{12-40}$$

式中　L——风筒长度,m;

　　　ϕ——风筒百米漏风率,即百米长风筒的漏风量占局扇风量的比例。百米漏风率铁皮风筒一般为
0.11 ~ 0.27,柔性风筒为0.01 ~ 0.3。

　　b　局扇风压

局扇风压 h_f 要克服风筒的通风阻力 h_d 及风流出口动压损失 h_0,即:

$$h_f = h_d + h_0 = RQ_m^2 + \frac{Q_e^2}{2gS^2}\gamma \tag{12-41}$$

式中　h_f——局扇风压,Pa;

　　　R——风筒风阻,N·s²/m⁸;

　　　S——风筒或局扇出口的面积,m²;

　　　g——重力加速度,m/s²;

　　　γ——空气重率,N/m³;

　　　Q_m——流经风筒的平均风量,m³/s;

　　　Q_e——风机或风筒出口流出的风量,m³/s。

$$Q_m = \sqrt{Q_f Q_0} \tag{12-42}$$

压入式时,$Q_e = Q_0$,即:

$$h_f = \left(\phi R + \frac{\gamma}{2gS^2}\right)Q_0^2 \tag{12-43}$$

抽出式时,如由风机出口将风流排入井巷内,则 $Q_e = Q_f$,故:

$$h_f = \left(\phi R + \frac{\phi^2 \gamma}{2gS^2}\right)Q_0^2 \tag{12-44}$$

风筒风阻 R 可按式(12-45)计算:

$$R = R_1 + R_2 + R_3 = \zeta_1 \frac{6.5aL}{d^5} + n\zeta_2 \frac{\gamma}{2gS^2} + \sum \zeta_3 \frac{\gamma}{2gS^2} \tag{12-45}$$

式中　R——风筒风阻,N·s²/m⁸;

　　　R_1——风筒摩擦风阻,N·s²/m⁸;

　　　R_2——风筒接头局部风阻,N·s²/m⁸;

　　　R_3——风筒拐弯处局部风阻,N·s²/m⁸;

　　　L——风筒长度,m;

　　　d——风筒直径,m;

　　　n——风筒的接头数;

　　　S——风筒的断面积,m²;

　　　a——风筒摩擦阻力系数,N·s²/m⁸,铁皮风筒一般为0.0035 ~
0.0040,柔性风筒一般为0.00042 ~ 0.00048;

　　　ζ_1——风筒接头的局阻系数,无因次;

　　　ζ_2——风筒拐弯处的局阻系数,无因次;

　　　ζ_3——风筒拐弯处的局部阻力系数,可参考图12-12确定,图中 β
为风筒转弯的角度。

　　c　局扇选择

根据所需局扇风量和风压来选取局扇,矿用局扇多为轴流式。这
种局扇体积较小,效率较高,但噪声较大。

我国矿山普遍选用的轴流式局扇有防爆型 JBT 系列和非防爆型 JF
系列两种。近几年研制并生产了新的高效、节能局扇。有 JK58 系列、子

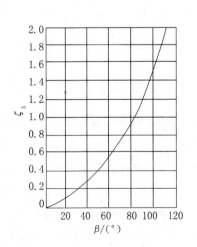

图12-12　风筒拐弯局阻系数 ζ_3

午加速型的 GKJ 型和 JKF-48 型等。

12.7.3 井巷掘进时的通风

12.7.3.1 长巷道掘进时的通风

掘进长距离巷道时,采用混合式通风,大直径风筒,风筒悬吊力求平直,以降低风筒阻力;增长每节风筒的长度,提高风筒接头质量,发挥单台局扇的效能。枣庄煤矿曾创造了一台 11 kW 局扇作压入式通风送风距离达 3795 m 的纪录,其漏风率仅为 3.99%。

12.7.3.2 天井掘进时的通风

由于天井断面较小,中间又布置放矿格间、梯子、风水管等,梯子上又有安全棚子,给通风带来困难。多年来,我国矿山对天井掘进通风采取了不少措施,取得一定成效。这些方法是:

(1) 将压入式风筒末端安上防护帽,引伸到安全棚之上,使风流能够直接清洗作业面,因而有效地排出炮烟。

(2) 在安全棚之上,辅助以高压水或压气冲刷工作面,从而加速排烟过程。

(3) 在掘进天井之前,先钻大直径钻孔,将上下阶段贯通(用吊罐法掘进天井时,可利用工作面上方贯通上一阶段的大直径钻孔)。掘进天井时,在上阶段巷道内安装局扇通过钻孔进行抽风。当钻孔直径较大时,也可利用矿井总风压通风。采用天井钻机钻凿天井,就彻底改变了天井掘进时的通风方法。

12.7.3.3 大断面巷道机械化掘进时的通风

大断面巷道掘进时,需要供给大风量,最好选用大直径风筒和混合式通风方式。德国在机械化掘进巷道

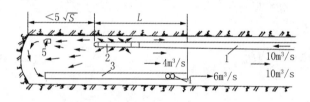

图 12-13 机械化掘进工作面的通风

1—压入式风筒;2—柯安达风筒;3—除尘系统;4—风机;5—压力喷嘴;
S—巷道断面;L—压入式通风系统与除尘系统重复段

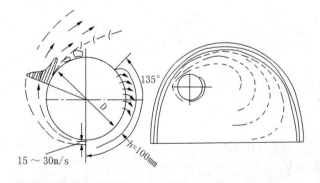

图 12-14 柯安达风筒结构原理和在巷道内产生旋绕风流

内是采用压入式局部通风装置系统和除尘装置系统相配套的通风方法(图 12-13)。为了解决压入式通风系统和除尘装置系统的巷道重复段内顶板附近空间停滞的有害物质,可在风筒末端连接几个柯安达(Coanda)涡流风筒,最近一个柯安达风筒的末端出口应关闭。柯安达风筒的结构如图 12-14 所示。在风筒的一段壁面上沿轴向开一排细长的缝隙或孔口,并在该壁面外部焊上一个外壁,形成一个弧形的通风道,两壁的间距为 100 mm,风道长度为圆心角 135° 的弧长,风道出口为一窄缝状的喷嘴,出口高度为风筒直径的 1/20。喷嘴的射流速度达 15~30 m/s。由于附壁效应,该股射流沿风筒外周壁射向巷道顶部,以较大流速排除顶板附近空间内停滞的有害物质,然后在巷道内形成两股旋绕风流,一股流向工作面,一股流向后侧巷道。柯安达风筒的数量可由它的尺寸和通风量来计算求得。

为了使掘进工作面附近区域获得良好通风,局部通风系统末端到工作面之间的距离应小于 $5\sqrt{S}$(S 为巷道断面,m^2)。但柯安达风筒射出的旋绕风流到达工作面附近时,旋绕速度已减弱。因此可在距工作面 $(1~1.5)\sqrt{S}$ 的顶板处安设以压风为动力的窄缝喷嘴,以加速停滞在工作面顶板空间内的有害物的扩散。

12.7.3.4 独头巷道循环净化通风

循环净化通风是贯穿风流通风的一种辅助通风方法。虽然近年来出现了一些高效率空气净化装置,但由于对有害气体的净化,尚未达到工程应用的实际要求,使循环净化通风方法受到一定局限。

在独头掘进工作面的凿岩和装岩工序中,所产生的污染物主要是粉尘。可采用除尘净化系统进行闭路

循环式通风如图 12-15 所示。

循环风量可按式(12-46)计算：

$$Q = \frac{G}{k\eta c} \qquad (12\text{-}46)$$

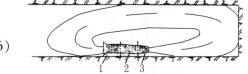

图 12-15　循环净化通风
1—扇风机；2—除尘器；3—集风器

式中　Q——循环风量，m^3/s；

　　　G——工作面粉尘生成量，mg/s；

　　　c——工作面粉尘浓度，mg/m^3；

　　　k——风流掺混系数；

　　　η——除尘器的效率。

G/kc 是贯穿风流正常通风时所需的风量，若以 Q_0 表示，则：

$$Q = Q_0/\eta \qquad (12\text{-}47)$$

式(12-47)表明，除尘的效率越高，循环风量越接近正常通风量。

当掘进工作面用贯穿风流通风而风量达不到要求时，也可同时在工作面采用高效除尘净化系统，构成开路循环式通风。

目前国内已研制出多种高效除尘装置，其中 SLC 型湿式过滤除尘器、KKJ 型湿式电除尘器和 RDC—1 型除尘、除氢子体复合式净化器的除尘效率达到99％以上，为循环净化通风提供了有效的工具。循环净化通风可节省矿井的供风量，有较好的经济效益。

12.8　通风系统方案网路解算

12.8.1　矿井通风网路中风流运动的基本规律

在任何矿井通风系统中，所有巷道的风流按其分岔与会合的结构可构成一个有向的连通体系。在这样的连通体内，空气遵循一定的自然规律流动。对任一矿井通风系统，如果不考虑各风路交会点和通风巷道的位置、长度、形状及断面大小等情况，仅以单线表示各交汇点与风路的连接关系，这种表示的通风系统图称为矿井通风网路图。

12.8.1.1　风量平衡定律(风量连续定律)

在通风网路中，流进节点或闭合回路的风量等于流出节点或闭合回路的风量，即任一节点或闭合回路的风量代数和为零(图 12-16、图 12-17)。

$$Q_1 + Q_2 = Q_3 + Q_4 + Q_5$$
$$Q_1 + Q_2 - Q_3 - Q_4 - Q_5 = 0$$
$$Q_{1\text{-}2} + Q_{3\text{-}4} - Q_{6\text{-}5} - Q_{8\text{-}7} = 0$$

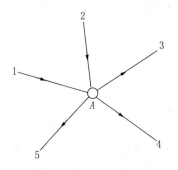

图 12-16　节点风流

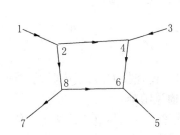

图 12-17　闭合回路风流

用通式表示：

$$\sum Q_i = 0 \qquad (12\text{-}48)$$

式中　Q_i——流入或流出某节点的风量，以流入者为正，流出者为负。

12.8.1.2　风压平衡定律

在任一闭合回路中,无扇风机工作时,各巷道风压降的代数和为零,即顺时针的风压降等于逆时针的风压降[图12-18(a)]则:

$$h_1 + h_2 + h_3 + h_4 + h_5 = h_3 + h_6 + h_7 \text{ 或 } h_1 + h_2 + h_3 + h_4 + h_5 - h_3 - h_6 - h_7 = 0$$

可用式(12-49)表示:

$$\sum h_i = 0 \qquad (12-49)$$

式中　h_i——闭合回路中任一巷道的风压损失,顺时针为正,逆时针为负。

有扇风机工作及存在自然风压时,各巷道风压降的代数和等于扇风机风压与自然风压之和[图12-18(b)]则:

$$h_3 + h_4 + h_5 - h_1 - h_2 = h_f \qquad (12-50)$$

既有扇风机,又有自然风压作用时,可用式(12-51)

计算:

$$\sum h_i = \sum h_f + \sum h_n \qquad (12-51)$$

式中　h_f, h_n——分别为扇风机风压和自然风压,顺时针为正,逆时针为负。

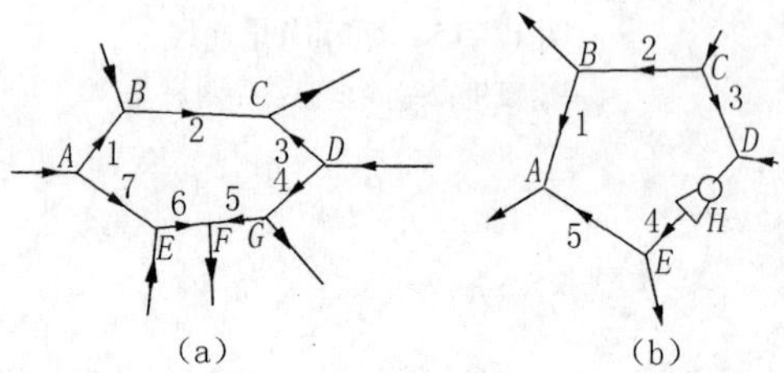

图12-18　闭合回路风压降

12.8.2　串联、并联通风网路的基本性质

通风网路连接形式很复杂,基本连接形式可分为:串联、并联、角联和复杂连接。

12.8.2.1　串联通风网路

一条巷道紧连接着另一条巷道,中间没有分岔,称为串联网路,如图12-19所示。

串联网路的基本性质如下:

(1)根据风量平衡定律,在串联网路中各条巷道的风量相等。

$$Q_0 = Q_1 = Q_2 = Q_3 = \cdots = Q_n \qquad (12-52)$$

(2)根据风压损失叠加原理,串联网路的总风压降为各条巷道风压降之和。

$$h_0 = h_1 + h_2 + h_3 + h_4 + \cdots + h_n \qquad (12-53)$$

(3)根据阻力定律,$h_1 = R_1 Q_1^2$,串联网路的总风阻为各条巷道风阻之和。

$$R_0 = R_1 + R_2 + R_3 + R_4 + \cdots + R_n \qquad (12-54)$$

(4)当井巷风阻用等积孔面积 A_1 表示时,串联网络的总等积孔面积 A 可按式(12-55)计算:

$$A = \cfrac{1}{\sqrt{\cfrac{1}{A_1} + \cfrac{1}{A_2} + \cfrac{1}{A_3} + \cfrac{1}{A_4} + \cdots + \cfrac{1}{A_n}}} \qquad (12-55)$$

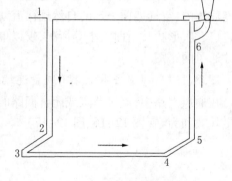

图12-19　串联网路

串联是一种最基本的连接方式,但串联通风网路有以下缺点:

(1)总风阻大,通风困难。

(2)串联通风网路中各条巷道的风量是不能调节的。而且,前面工作面中所产生的烟尘直接影响后边工作面,一旦某段巷道发生火灾就会影响其他巷道,且不易控制。因此,在进行通风设计时,或在通风管理中,应避免串联通风。

12.8.2.2　并联通风网路

如果一条巷道在某节点分为两条或两条以上分支巷道,而后又在另一点会合,在通风网路中称为并联网路。并联网路分为简单并联(图12-20)和复杂并联(图12-21)。

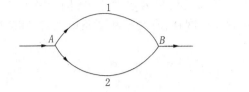

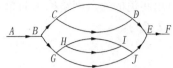

图 12-20　简单并联　　　　　　　　　图 12-21　复杂并联

A　并联通风网路的性质

（1）并联网路总风量 Q_0 为各分支风量之和。

$$Q_0 = Q_1 + Q_2 + Q_3 + Q_4 + \cdots + Q_n \tag{12-56}$$

（2）并联网路总风压降 h_0 等于各分支巷道的风压降。

$$h_0 = h_1 = h_2 = h_3 = \cdots = h_n \tag{12-57}$$

（3）并联网路总风阻 R_0 与各分支巷道的风阻存在如下关系：

$$\frac{1}{\sqrt{R_0}} = \frac{1}{\sqrt{R_1}} + \frac{1}{\sqrt{R_2}} + \frac{1}{\sqrt{R_3}} + \frac{1}{\sqrt{R_4}} + \cdots + \frac{1}{\sqrt{R_n}} \tag{12-58}$$

对于两条巷道组成的并联网路，则：

$$R_0 = \frac{R_1}{\left(\dfrac{\sqrt{R_1}}{\sqrt{R_2}} + 1\right)^2} \quad 或 \quad R_0 = \frac{R_2}{\left(\dfrac{\sqrt{R_2}}{\sqrt{R_1}} + 1\right)^2} \tag{12-59}$$

当 $R_1 = R_2$ 时，则：

$$R_0 = \frac{R_1}{4} \tag{12-60}$$

（4）以等积孔表示井巷风阻时，并联网路总等积孔面积 A 等于各分支巷道等积孔面积之和。

$$A_0 = A_1 + A_2 + A_3 + A_4 + \cdots + A_n \tag{12-61}$$

B　并联通风网路的风量自然分配

（1）两条并联通风网路的风量自然分配按式（12-62）计算：

$$Q_2 = \frac{Q_0}{1 + \sqrt{\dfrac{R_2}{R_1}}} ; \quad Q_1 = \frac{Q_0}{1 + \sqrt{\dfrac{R_1}{R_2}}} \tag{12-62}$$

（2）多条并联巷道的风量自然分配按式（12-63）计算：

$$\left.\begin{aligned} Q_1 &= \frac{Q_0}{1 + \sqrt{\dfrac{R_1}{R_2}} + \sqrt{\dfrac{R_1}{R_3}} + \cdots + \sqrt{\dfrac{R_1}{R_n}}} \\[2mm] Q_2 &= \frac{Q_0}{1 + \sqrt{\dfrac{R_2}{R_1}} + \sqrt{\dfrac{R_2}{R_3}} + \cdots + \sqrt{\dfrac{R_2}{R_n}}} \end{aligned}\right\} \tag{12-63}$$

C　并联通风网路优点

并联通风网路的总风阻，比任一分支巷道风阻要小。各分支巷道的风流是独立的，通风效果好，并能进行风量调节。当某一分支巷道发生火灾时，易于控制。在实际工作中，多采用并联通风网路。

12.8.3　角联通风网路的基本性质

角联通风网路是在两并联巷道中间有一条联络巷道，使两侧巷道相连，起连接作用的巷道称为对角巷道

（图 12-22 中的 BC 巷道）。构成角联通风网路的两支并联巷道称为边缘巷道（图 12-22 中的 AB、BD、AC、CD 巷道）。仅一条对角巷道的通风网路称为简单角联通风网路，有两条和两条以上对角巷道的通风网路则为复杂角联网路（图 12-23）。

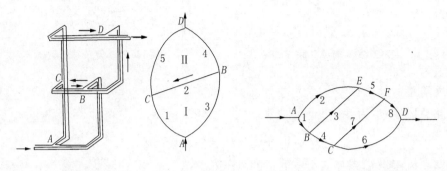

图 12-22　简单角联网路　　　　　图 12-23　复杂角联网路

边缘巷道风流方向是稳定的，而对角巷道风流方向不稳定，它随其两侧边缘巷道风阻的变化而变化，可能出现无风或反风现象，给通风管理工作带来麻烦。在通风网路设计中应设法避免出现角联，在日常通风管理中，对角联网路应注意控制。

判断对角巷道的风流方向是解算角联通风网路的重要一步。

对角巷道风流方向有以下三种情况：

（1）对角巷道中无风流动时：

$$\frac{R_1}{R_5} = \frac{R_3}{R_4}$$

即当角联通风网路中一侧边缘巷道在对角巷道前的风阻与对角巷道后的风阻之比等于另一侧边缘巷道相应巷道风阻之比时，则对角巷道中无风流动。

（2）对角巷道中，风流由 B 点流向 C 点时：

$$\frac{R_1}{R_5} > \frac{R_3}{R_4}$$

（3）对角巷道中，风流由 C 点流向 B 点时：

$$\frac{R_1}{R_5} < \frac{R_3}{R_4}$$

由此可得出结论，当角联通风网路的一侧分流中，对角巷道前的巷道风阻与对角巷道后巷道风阻之比大于另一侧分流相应巷道风阻之比，则对角巷道中的风流，流向该侧；反之，流向另一侧。

确定对角巷道的风流方向，主要取决于对角巷道前后各边缘巷道风阻的比值，而与对角巷道本身风阻大小无关。因此，要改变对角巷道的风流方向，应改变边缘巷道风阻的配比关系，才能达到目的。

12.8.4　复杂通风网路风流自然分配计算

由串联、并联、角联和更复杂的连接方式组成的通风网路，统称为复杂通风网路。复杂通风网路中，各巷道自然分配的风量和对角巷道的风流方向，用直观的方法很难判定，需要进行解算。复杂通风网路解算是在已知各巷道风阻及总风量（或扇风机特性曲线）的情况下，求算各巷道自然分配的风量，并确定对角巷道的风流方向。

任何复杂的通风网路均由 N 条分支、J 个节点和 M 个网孔所构成，它们之间存在如下关系：

$$M = N - J + 1$$

在网路解算中，应用阻力定律可列出 N 个方程式，用以求算 N 条巷道的风压未知数。应用风量平衡定律又可列出（J-1）个有效的节点方程式（在 J 个节点方程式中有一个是重复的），用以求算（J-1）条巷道的风量值。需要用风压平衡方程式求解的风量未知数就只剩下（N-J+1）个，由上列公式可知，它正好等于网

孔数 M。由此可见,每一个网孔列出一个风压平衡方程式,共列出 M 个方程式,就可以求算出各巷道自然分配的风量。

复杂网路自然分配风量的计算方法很多,归纳起来可分为:图解法、图解分析法、数学分析法、模拟计算法及电子计算机解算法。目前使用最普通的是改进后的斯考德－恒斯雷近似计算法(数学分析法中的一种)。

斯考德－恒斯雷近似计算法,其实质是利用方程式中的一个根的近似值为已知值时,用泰勒级数展开,略去高次项,逐次计算,求得近似的真实值。

在通风网路中,根据 $Q_i = 0$ 的原理,拟定出各巷道的近似风量。再根据 $\sum h_i = 0$ 的原则,列出各网孔的条件式。根据条件式的泰勒级数展示式,求风量校正值。然后逐步求出真实值。图 12-22 所示的通风网路 I、II 两网孔的风压平衡方程为:

$$\left. \begin{array}{l} F_{I} = R_1 Q_1^2 + R_2 Q_2^2 - R_3 Q_3^2 \\ F_{II} = R_5 Q_5^2 - R_2 Q_2^2 - R_4 Q_4^2 \end{array} \right\} \tag{12-64}$$

令 Q_1、Q_5 是两个风量未知数,由 $\sum Q_i = 0$,则:

$$Q_2 = Q_0 - Q_1; \quad Q_3 = Q_0 - Q_2; \quad Q_4 = Q_0 - Q_5$$

设 Q_1'、Q_5' 为风量未知数的初始值,Q_1、Q_5 为终值,ΔQ_I、ΔQ_{II} 为网孔 I、II 的风量校正值,则:

$$\left. \begin{array}{l} Q_1 = Q_1' + \Delta Q_I \\ Q_5 = Q_5' + \Delta Q_{II} \end{array} \right\}$$

上式中任一网孔的风量校正值 ΔQ_i,可按下式计算:

$$\Delta Q_i = -\frac{\sum R_j Q_j^2}{2 \sum |R_j Q_i|}$$

式中　$\sum R_j Q_j^2$——网孔中各巷道风压降的代数和;

　　　　j——巷道编号,当风流按顺时针方向流动,其风压为正;逆时针方向为负;

　　$\sum |R_j Q_i|$——网孔中各巷道风量和风阻之积的绝对值之和,该项不考虑风流方向,均为正值。

当网孔中有扇风机工作和自然风压作用时,可按式(12-65)求校正风量值:

$$\Delta Q_i = -\frac{\sum R_j Q_j^2 - \sum H_{fj} - \sum H_{nj}}{2 \sum |R_j Q_i| - \sum a_j} \tag{12-65}$$

式中　H_{fj}——第 j 条巷道中的扇风机风压,Pa;

　　　H_{nj}——第 j 条巷道中的自然风压,Pa;

　　　a_j——第 j 条巷道中的扇风机特性曲线的斜率。

计算步骤如下:

(1) 对巷道平面图或立体示意图的各条巷道连接处的节点进行编号,将全系统划分为进风段、需风段、排风段三部分。并分别作成通风网路示意图。作图时,凡与地表大气相通的进风口、排风口之间可用虚线连接,其风阻为零,作为一个节点考虑。

(2) 有的矿井通风网路较为复杂,巷道达数百条,应适当进行简化,简化原则为:

1) 巷道合并,凡是并联网路,均合并为一条巷道;

2) 节点合并,两节点靠近,节点间风阻很小,风压降也很小,可将节点合并为一个节点。

(3) 确定风流方向,可根据各巷道的性质(竖井、平巷)及其在通风系统中的位置和扇风机的位置以及它们之间相互间的关系,初步拟定风流方向(当计算结果风量为负,即与原来拟定风流方向相反)。

(4) 拟定各条巷道的初始风量,根据各巷道的风阻、风流方向,按风量平衡定律,从进风段逐段拟定各巷道的风量。

(5) 风量校正的网孔数。根据经验,在计算网孔风量校正值时网孔数为 $M = N - J + 2$。

(6) 各网孔风量校正。对 M 个网孔逐个按上式计算网孔的风量校正值 ΔQ_i,并用 ΔQ_i 对该网孔所有巷道进行风量校正。经校正后的巷道风量即作为以下网孔计算风量校正值时该巷道的风量。如此,对 M 个网孔反复进行几次风量校正,直到最后一次校正的 M 个网孔中的最大风量校正值 ΔQ_{imax} 小于规定的精度时为止。此时,各巷道经最后校正的风量即为该巷道自然分配的风量。

12.8.5　多级机站通风网路解算

多级机站通风系统中设置大量的风机站,设计时机站级数、位置、风机类型及每个机站的并联风机数都是特定的,可供选择的方案多,要判别其优劣,必须借助于计算机进行通风方案网路解算。马鞍山矿山研究院于 20 世纪 80 年代中期开发了多级机站通风系统网路解算软件。

12.8.5.1　通风网路解算的基本定理

对于一个 N 条分支,J 个节点的通风网路,基本方程组有:

(1) 节点风流连续定理:

$$\sum_{j=1}^{N} a_{ij}q_j = 0 \quad (i = 1,2,3,\cdots,J-1) \tag{12-66}$$

式中　a_{ij}——节点流向系数:

$$a_{ij} = \begin{cases} 1 & j \text{ 分支的末节点为 } i \\ -1 & j \text{ 分支的始节点为 } i \\ 0 & i \text{ 不是 } j \text{ 分支的端点} \end{cases} \tag{12-67}$$

　　q_j——第 j 分支的风量,$\mathrm{m^3/s}$;
　　J——网路内的巷道节点总数。

(2) 网孔风压平衡定理:

$$f_i = \sum_{j=1}^{N} b_{ij}h_j = 0 \quad (i = 1,2,3,\cdots,M) \tag{12-68}$$

即

$$f_i = \sum_{j=1}^{N} b_{ij}(R_j|q_j|q_j - H_{Nj}) - b_{ij}H_{Fj} = 0$$

式中　b_{ij}——网孔中分支的风向系数:

$$b_{ij} = \begin{cases} 1 & j \text{ 分支在网孔 } i \text{ 中,且风向与原设网孔风向相同} \\ -1 & j \text{ 分支在网孔 } i \text{ 中,且风向与原设网孔风向相反} \\ 0 & j \text{ 分支不在网孔 } i \text{ 中} \end{cases} \tag{12-69}$$

　　R_j——第 j 分支的风阻,$\mathrm{N \cdot s^2/m^8}$;
　　H_{Fj}——第 j 分支的风机风压,Pa;
　　H_{Nj}——第 j 分支的自然风压,Pa;
　　N——网路内的巷道分支总数;
　　M——网路内的独立网孔数。

因 $M = N - (J-1)$,可以写出 $J-1$ 个独立的节点连续方程,再列出 M 个独立的网孔风压平衡方程式,即可解 N 条分支中自然分配的风量。

由于 M 个网孔风压平衡式是非线性的,解算时多采用改进后的 Hardy Cross 迭代法,逐次逼近。迭代时每个网孔的风量校正式为:

$$\Delta q_i = \frac{f_i}{2\sum_{j=1}^{N} R_j|q_j| - \dfrac{\mathrm{d}H_{Fj}}{\mathrm{d}q_j}} \tag{12-70}$$

先假设各分支的初始风量 $q_j(0)$,按式(12-70)算出一个独立网孔的校正风量后,即对该网孔内所有分支的初始风量进行校正:

$$q_j^{(1)} = q_j(0) + bi_j\Delta q_i^{(1)} \tag{12-71}$$

然后,进行下一网孔的计算。所有网孔均校正过后,再进行第二轮迭代,如此逐网孔,逐轮次迭代计算,直到某一轮计算中所有的 Δq_i 值均小于规定误差为止。该次校正后的各分支风量即为解算结果。

12.8.5.2　解算软件对一些问题的处理

A　当一个网孔内出现多台风机时对网孔风量校正式的修正

国内一些文献上所列的网孔风量校正式,大同小异,其共同点是认为在一个网孔内最多出现一台风机,因此在网孔风量校正式的分子或分母上,凡是与风机风压 H_p 有关的项,均是单台的表示法。所不同的仅仅是对风压 H_N 的处理,有的以一个网孔的总自然风压 H_{Ni} 来表示,有的则以每个分支内的自然风压和 $\sum\limits_{j=1}^{N} b_{ij}H_{Nj}$ 来表示。这是由于在通常的统一大主扇通风系统中,风机数量不多,而且规定了风机巷必然选作基准巷,故在一个网孔中一般只存在一台风机。

但是,多级系统机站可多达6级,装机巷可有几十条,难免在一个网孔中出现两个以上机站的情况,此时网孔风压平衡式应写成:

$$f_i = \sum_{j=1}^{N} b_{ij}(R_j\,|\,q_j\,|\,q_j - H_{Nj} - H_{Fj}) = 0 \tag{12-72}$$

而不能再按网孔风量校正式求算校正风量。

参阅国外文献,在1967年Y. J. Wang的文章中,所列的 Δq_i 式与上述网孔风量校正式相同,由于在一个网孔中出现两台风机的情况在矿井通风中很少遇到,故程序中未予考虑。

在《南非金矿通风》一书中,列出的 Δq_i 计算式如下:

$$\Delta q_i = \frac{\sum\limits_{j=1}^{N} (R_j q_j^2 - H_{Fj}) - H_{Ni}}{\sum\limits_{j=1}^{N} 2(R_j\,|\,q_j\,| - H'_{Fj})} \tag{12-73}$$

在R. V. Ramani等人1977年的报告中,说明了 Δq_i 式的推导过程,其结果如下:

$$\Delta q_i = \frac{\sum\limits_{j=1}^{N} b_{ij} F_j(q_j)}{\sum\limits_{j=1}^{N} b_{ij}^2 \dfrac{\mathrm{d}F_j(q_j)}{\mathrm{d}q_j}} \tag{12-74}$$

式中　$F_j(q_j)$——每个分支的总风压,阻力计算式,即:

$$F_j(q_j) = H_j = R_j q_j^2 - H_{Fj} - H_{Nj}$$

可见,在以上两式中,已经用网孔中各分支的全部风机替代了网孔中仅有的一台风机。

马鞍山矿山研究院认为在解算多级系统时,网孔风量迭代式应按R. V. Ramani等人提出的公式修正,把 $F_j(q_j)$ 代入分子分母中,写成一般常见的形式应是:

$$\Delta q_i = \frac{\sum\limits_{j=1}^{L} b_{ij}(R_j q_j\,|\,q_j\,| - H_{Fj} - H_{Nj})}{\sum\limits_{j=1}^{L} b_{ij}^2 \left(2R_j\,|\,q_j\,| - \dfrac{\mathrm{d}H_{Fj}}{\mathrm{d}q_j}\right)} \tag{12-75}$$

因假设自然风压不随风量变化,故 $\mathrm{d}H_{Nj}/\mathrm{d}q_j = 0$。

在多级机站通风网路解算软件中,每个独立网孔均按其实际的分支数分别计算,故式(12-75)可写成:

$$\Delta q_i = \frac{\sum\limits_{j=1}^{L} b_{ij}(R_j q_j\,|\,q_j\,| - H_{Fj} - H_{Nj})}{\sum\limits_{j=1}^{L} \left(2R_j\,|\,q_j\,| - \dfrac{\mathrm{d}H_{Fj}}{\mathrm{d}q_j}\right)} \tag{12-76}$$

式中　L——该网孔的分支总数。

由于 j 分支在一定在 i 网孔中,不存在 $b_{ij}=0$ 的情况,故 b_{ij} 恒为 +1,可以略去。

B　风机特性曲线及其对迭代的影响

模拟风机的风量-风压特性的方程式为:

$$N_{\mathrm{F}} = B_1 + B_2 Q_{\mathrm{F}} + B_3 Q_{\mathrm{F}}^2 + B_4 Q_{\mathrm{F}}^3 + \cdots + B_n Q_{\mathrm{F}}^{n-1} \tag{12-77}$$

拟合风机曲线时,所选的风量、风压特性点数越多,则所拟合的曲线与实际曲线间的误差越小,另外还要求风机曲线的拟合阶数,最好远小于点数。因此,Y. J. Wang 文中提出应该根据输入的点数及要求的精度来确定风机曲线的阶数。他建议在输入点数 D 为 $2 \sim 6$ 时,阶数 $n = D - 1$,在输入点数为 $6 \sim 20$ 时,阶数 $n = 6$。

实践表明,应用二次或三次曲线来模拟风机曲线的有效工作段,即可满足方程式计算的精度要求。

只要输入足够的风量、风压参数,多级机站通风网路解算软件也可拟合六阶的风机曲线,但一般只要求输入有效工作段五个点的数据,拟合成四阶(三次)的多项式:

$$N_{\mathrm{F}} = B_1 + B_2 Q_{\mathrm{F}} + B_3 Q_{\mathrm{F}}^2 + B_4 Q_{\mathrm{F}}^3 = \sum_{K=1}^{4} B_K Q_{\mathrm{F}}^{K-1} \tag{12-78}$$

$\mathrm{d}H_{\mathrm{F}}/\mathrm{d}Q$ 实质上是风机曲线的斜率,可写成:

$$N'_{\mathrm{F}} = B_2 + 2B_3 Q_{\mathrm{F}} + B_4 Q_{\mathrm{F}}^2 + 3B_4 Q_{\mathrm{F}}^2 = \sum_{K=2}^{4} (K-1) B_K Q_{\mathrm{F}}^{K-2}$$

在任意风机的有效工作段,其风量 – 风压特性曲线总是随风量的增大而单调下降的,亦即其斜率 H'_{F} 在 $Q_{\mathrm{F}} > 0$ 时,恒为负值。但是就全曲线而言,因不同风机 B_K 值的不同,其斜率 H'_{F} 有可能为正值。这一般出现于有效工作段的左侧,亦即曲线出现了波峰和波谷,见图 12-24 中曲线 Ⅱ,图中 bc 表示有效工作段,其 H'_{F} 恒为负值。当曲线由 b 向 c 变化时,曲线向左下降,此段 H'_{F} 为正值。

分析上述 Δq_i 校正式可见,其分子部分表示该网孔的不平衡风压值,若为正值,说明阻力过大,则校正风量 ΔQ 应是负值,才能使网孔风压平衡。这就要求 Δq_i 校正式的分母部分恒为正值。由于分母的首项恒为正值,可见若 $\mathrm{d}H_{\mathrm{F}}/\mathrm{d}Q$(即 H'_{F})恒为负值,便能保证迭代过程不断收敛。

当风机的工作点处于有效工作段内时,能够满足上述要求。但是,多级系统在开始迭代时,有些风机往往会偏离有效工作段,此时如果风机模拟曲线具有图 12-24 中曲线 Ⅱ 的形状时,H'_{F} 可能为正,因而 Δq_i 校正式的分母有可能为正值,从未而使迭代过程发散。

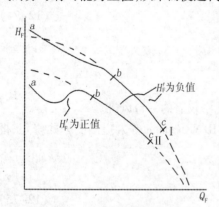

图 12-24　风机特性曲线形状

为解决此问题,可用二次抛物线来拟合风机特性曲线有效工作段以外的部分,亦即图 12-24 中 bc 段的左侧及右侧的虚线部分。

二次抛物线可写成:

$$H_{\mathrm{F}} = A_1 + A_3 Q_{\mathrm{F}}^2$$
$$\mathrm{d}H_{\mathrm{F}}/\mathrm{d}Q = H'_{\mathrm{F}} = 2A_3 Q_{\mathrm{F}}$$

由于 A_3 恒为负值,故 H'_{F} 永远小于 0,便可以保证风机工作点在全曲线的任意段时,迭代过程均能正常收敛。

软件迭代过程中,能自动检验风机工作的风量是否处于有效工作段,并且用不同的拟合曲线计算风压。由于用二次抛物线拟合风机曲线的非有效工作段,与实际的风机曲线偏离较大。因此,如果迭代结束时,风机工作点仍处在有效工作段外,软件会自动显示,说明该风机的工作点不合理,提醒设计人员更换合适的风机。

C　自圈网孔原则的确定

通风网路的解算软件,必须圈划独立网孔。而圈划独立网孔的技巧,直接影响网路迭代计算的收敛速度。所谓独立网孔是指该网孔中包含有一条在其他网孔中不重复出现的分支,该分支称为基准巷(或称作弦)。通风网路中除基准巷外的其他巷道分支,必须互相连通,包含全部节点,但不构成回路,称为树。树中的分支,可以在各独立网孔中重复出现。

国内外文献均指出,圈划网孔时应该固定风量巷、风机巷及高阻巷优先指定为基准巷,可以加速迭代的收敛速度。由于固定风量巷不参加迭代过程,其网孔的不平衡风压值最终采取在网孔内加调节口或辅扇来补偿,对迭代过程没有影响。其他两项当矿井中装机巷很少时,一般是容易做到的。因此,在解算软件自圈网孔时,一般均按照将装机巷或风阻最大巷作为基准巷的原则找出风阻最小的树,然后确定基准巷及圈划网孔。

　　当矿井采用主扇压抽混合式通风时，尤其是当采用多级系统时，往往不可能把所有的风机巷均作为基准巷。因为，如果不把某一风机巷作为树的一部分，就圈不成网孔。有时候，装机巷道数已大于需要确定的基准巷数。因此，就提出了一个在有风机分支中按照什么原则来确定基准巷的问题。

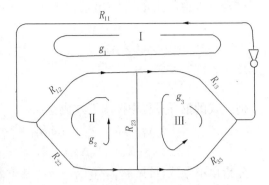

图 12-25　通风网路图例

　　自圈网孔时，选取风机巷及高风阻巷为基准的原则，可以用斯考德－恒斯雷试算法来说明，该方法的实质是用泰勒级数展开网孔的风压平衡式，并进行某些简化后，到处网孔校正风量的计算式。设有简单通风网路如图 12-25 所示。

　　独立网孔 Ⅰ、Ⅱ、Ⅲ，其基准巷为 11、22、33，风量为 q_1、q_2、q_3，其他所有风道的风量均可用基准巷风量来表示。

　　列出网孔 Ⅰ 的风压平衡式为：

$$F_1(q_1,q_2,q_3)=R_{11}q_1\mid q_1\mid -H_{F11}-H_{N12}+R_{12}(q_1-q_2)\mid q_1-q_2\mid$$
$$-H_{N12}+R_{13}(q_1-q_3)\mid q_1-q_3\mid -H_{N13}=0$$

　　上式用泰勒级数展开，并略去二次微分以上的各项，则：

$$F_1(q_1,q_2,q_3)=F_1(q_1',q_2',q_3')+\Delta q_1\frac{\partial F_1(q_1',q_2',q_3')}{\partial q_1}+$$
$$\Delta q_2\frac{\partial F_1(q_1',q_2',q_3')}{\partial q_2}+\Delta q_3\frac{\partial F_1(q_1',q_2',q_3')}{\partial q_3}=0$$

式中　q_1',q_2',q_3'——分别为假设的基准巷的初始风量或上次迭代后的风量。

　　上式可进一步展开为：

$$F_1(q_1',q_2',q_3')=R_{11}q_1'\mid q_1'\mid -H_{F11}-H_{N11}+R_{12}(q_1'-q_2')\mid q_1'-q_2'\mid -H_{N12}+$$
$$R_{13}(q_1'-q_3')\mid q_1'-q_3'\mid -H_{N13}F_1(q_1',q_2',q_3')+\Delta q_1[2R_{11}\mid q_1'\mid -$$
$$\partial H_{F11}/\partial q_1+2R_{12}(q_1'-q_2')+2R_{13}(q_1'-q_3')\mid]+$$
$$\Delta q_2(-2R_{12}\mid q_1'-q_2'\mid)+\Delta q_3(-2R_{13}\mid q_1'-q_3'\mid)=0$$

　　为简化上式，略去有 Δq_2、Δq_3 的项，便可导出网孔的迭代校正风量 Δq_1。

　　因此，只有在

$$\Delta q_1[2R_{11}\mid q_1'\mid -\partial H_{F11}/\partial q_1+2R_{12}(q_1'-q_2')\mid +2R_{13}(q_1'-q_3')\mid]\geqslant$$
$$\Delta q_2(-2R_{12}\mid q_1'-q_2'\mid)+\Delta q_3(-2R_{13}\mid q_1'-q_3'\mid)$$

成立时，上述简化计算的影响才小，迭代过程才容易收敛。

　　分析上式可见，Δq_1、Δq_2、Δq_3 在迭代过程中是变值，然而 $R_{12}\mid q_1'-q_2'\mid$ 及 $R_{13}\mid q_1'-q_3'\mid$ 在不等式前后均出现，故要使上述不等式成立，应该使基准巷的 $2R_{11}q_1'-\partial H_{F11}/\partial q_1$，越大越好。

　　如上所述，风机曲线有效工作段的 H_F' 恒为负值，因此，选取装机巷作为基准巷，或是在无风机的网孔内选取高风阻作为基准巷，都能加大不等式的左侧，即能使迭代收敛。

　　如果，在图 12-25 的网孔 Ⅰ 中，巷道 12 内也有一台风机 H_{F12}，则展开式应写成：

$$F_1(q_1',q_2',q_3')=R_{11}q_1'\mid q_1'\mid -H_{F11}-H_{N11}+R_{12}(q_1'-q_2')\mid q_1'-q_2'\mid -$$
$$H_{F12}-H_{N12}+R_{13}(q_1'-q_3')\mid q_1'-q_3'\mid -H_{N13}=0$$

$$F_1(q_1',q_2',q_3')+\Delta q_1[2R_{11}\mid q_1'\mid -\partial H_{F11}/\partial q_1+2R_{12}(q_1'-q_2')\mid -\partial H_{F12}/\partial(q_1-q_2)+$$
$$2R_{13}(q_1'-q_3')\mid]+\Delta q_2(-2R_{12}\mid q_1'-q_2'\mid -\partial H_{F12}/\partial q_2)+\Delta q_3(-2R_{13}\mid q_1'-q_3'\mid)=0$$

　　由于 $\partial H_{F11}/\partial q_1=\partial H_{F12}/\partial(q_1-q_2)$，$\partial H_{F12}/\partial q_2=\partial H_{F12}/\partial(q_1-q_2)$，代入上式，并略去 Δq_2、Δq_3 项，即可导出网孔的校正风量计算式：

$$\Delta q_1=\frac{F_1(q_1',q_2',q_3')}{2R_{11}\mid q_1'\mid -\partial H_{F11}/\partial q_1+2R_{12}\mid q_1'-q_2'\mid -\partial H_{F12}/\partial(q_1-q_2)+2R_{13}\mid q_1'-q_3'\mid}$$

同理可以由网孔 Ⅱ、Ⅲ 推出它的计算式,写成通式即是:

$$\Delta q_1 = -\dfrac{\sum\limits_{j=1}^{L} b_{ij}(R_j q_j \mid q_j \mid - H_{Fj} - H_{Nj})}{\sum\limits_{j=1}^{L}\left(2R_j \mid q_j \mid - \dfrac{dH_{Fj}}{dq_j}\right)}$$

但上式的推导过程中要求下式成立:

$$\Delta q_1 [2R_{11} \mid q_1' \mid - \partial H_{F11}/\partial q_1 + 2R_{12} \mid q_1' - q_2' \mid - \partial H_{F12}/\partial(q_1 - q_2) +$$
$$2R_{13} \mid q_1' - q_3' \mid] \geqslant \Delta q_2 (-2R_{12} \mid q_1' - q_2' \mid - \partial H_{F12}/\partial q_2) + \Delta q_3 (-2R_{13} \mid q_1' - q_3' \mid)$$

分析该不等式,可见 $\partial H_{F12}/\partial(q_1 - q_2)$ 也在不等式前后均出现。因此,当非基准巷中存在风机时,只要满足基准巷的 $2R_{11} \mid q_1' \mid - \partial H_{F12}/\partial q_1$ 比非基准巷的 $2R_{12} \mid q_1' - q_2' \mid - \partial H_{F12}/\partial(q_1 - q_2)$ 大很多的要求,则非基准巷中有风机也不会对迭代速度有较大影响。因此,对装机巷来说,应该比较 $2RQ - H_F/Q$ 值,取其大者为基准巷。

若风机曲线用二次抛物线拟合,由于 $dH_F/dQ = 2A_3Q$,而 A_3 为负值,故上述判别式可简化成:

$$2RQ - dH_F/dQ = 2(R - A_3)Q = 2(R + \mid A_3 \mid)Q \tag{12-79}$$

因此,多级机站通风网路解算软件规定的选取基准巷的原则是:

(1) 若网孔中有固定风量巷,必须定为基准巷,不必参加自圈网孔,固定风量巷的编号排在最后。

因此,软件自圈网孔确定的基准巷数应等于独立网孔数减去固定风量巷数。

(2) 装机巷按 $(R + \mid A_3 \mid)Q$ 的大小,由大到小排列。R 为该装机巷的风阻,A_3 为该巷风机特性抛物线拟合公式中 Q 二次项的系数,Q 为该风机高效点的风量。若装机巷的风机全停,则该巷的风阻增加风机出入口风阻,或增加风机闸门的风阻后,降为无风机巷。无风机巷按巷道风阻的大小排列,排在装机巷的后面。

(3) 按上述次序,根据最小树原则,由软件自动确定基准巷及圈划网孔。通常软件在能圈成足够数量的独立网孔的前提下,优先选取 $(R + \mid A_3 \mid)Q$ 最大的装机巷及 R 最大的无风机巷作为基准巷。

实践证明,为了连成最小树,圈成足够的独立网孔,并不是所有排在前面的装机均能选作基准巷。但是,运用上述的排列原则,能使迭代的收敛速度加快。

D　巷道初始风量的确定及漏风的考虑

软件自定巷道初始风量的方法,亦即使风机的基准巷的初始风量等于该机站风机高效点的风量。无风机的基准巷,初始风量可以为零。

而其他属于树中的分支巷的风量,则根据各基准巷的风量,按节点风量平衡来确定。

设基准巷的风量为 $q_i(i = 1 \sim M)$,若 j 分支为 i 网孔的基准巷 $Q_j = q_i$,则 j 分支为树中的分支:

$$Q_j = \sum_{i=1}^{M} b_{ij} q_i$$

上式可作为计算包括基准巷在内所有分支风量的通式,因基准巷只在一个网孔中出现,在其他网孔中 $b_{ij} \equiv 0, Q_1 = q_1$ 即 $Q_j = \sum\limits_{i=1}^{M} b_{ij} q_i$。

软件对网孔中的内部漏风,若风阻较小者,用漏风巷来表示。例如未装矿的溜井,与一般巷道一样,以其实际风阻参加迭代。

对于砌筑了密闭,漏风很小的巷道或存矿的溜井,则认为其风阻为无穷大,不予考虑。

对于机站本身的通风,则用漏风系数来表示。

E　风机风压与巷道阻力间的关系

网孔风压平衡式 $f_i = \sum\limits_{j=1}^{N} b_{ij}(R_j \mid q_j \mid q_j - H_{Nj}) - b_{ij}H_{Fj} = 0$ 中的 H_F,实际上是指风机能用于克服阻力的风压,软件称之为机站风压,用 H_S 表示。机站风量 Q_S 也就是装机巷的风量 Q_j。

对于井下机站来说,风机风量 Q_F 与机站风量 Q_S 间应存在下列关系:

$$Q_S = N_F Q_F / C_L \tag{12-80}$$

式中 N_F——机站运转的并联机站数；

C_L——机站的漏风系数。

机站风压应等于风机风压与风机出、入口局部阻力 h_{FS} 之差：

$$H_S = H_F - h_{FS} \tag{12-81}$$

$$h_{FS} = R_{FS} Q_S^2 = \frac{\gamma K C_L^2}{(N_F S_F)^2} \left[\xi_{F_i} \left(\frac{S_F}{S_{F_i}} \right)^2 + \xi_{F_0} \right] Q_S^2 \tag{12-82}$$

式中 ξ_{F_i}, ξ_{F_0}——分别为风机入口、出口的局阻系数,分别对应于风机出口侧巷道的流速；

K——校正系数；

S_F——风机出口侧断面,m^2；

S_{F_i}——风机入口侧断面,m^2。

ξ_{F_i}, ξ_{F_0} 的计算式如下：

$$\xi_{F_i} = 0.5 K_E \left(1 - \frac{S_{F_i}}{S_{FS}} \right)^2 \tag{12-83}$$

式中 S_{FS}——风机入口侧机站断面,m^2；

K_E——风机入口边缘形状系数,锐边入口 $K_E = 1$。

圆边入口,当圆边半径与入口直径之比为 0.15~0.1 时,$K_E = 0.1 \sim 0.24$。

当风机出口无扩散器时：

$$\xi_{F_0} = K_A \left(1 - \frac{S_F}{C_L S_d} \right)^2 \tag{12-84}$$

式中 S_d——装机巷风流出口混合面处断面,m^2；

K_A——风机出口侧机站巷道粗糙度的影响系数：

$$K_A = 1 + 0.5(0.5 - 1.05 \times 10^{-3} a + 10^{-3} a^2 - 0.2 \times 10^{-9} a^3) \tag{12-85}$$

a——风机出口侧机站巷的摩阻系数。

当风机出口有扩散器时：

$$\xi_{F_0} = \xi_{K_m} + \xi_{K_e} + \xi_{K_D} \left(\frac{S_F}{S_K} \right)^2 \tag{12-86}$$

式中 ξ_{K_m}——扩散器沿程阻力系数；

ξ_{K_e}——扩散器渐扩局阻系数；

ξ_{K_D}——扩散器出口突扩局阻系数；

S_K——扩散器出口处断面积,m^2。

$$\xi_{K_m} = \frac{0.014}{\sin\theta/2} \left(\frac{0.0003}{D_F + D_K} \right)^{0.25} \left(1 - \frac{S_F^2}{S_K^2} \right) \tag{12-87}$$

式中 θ——扩散器的扩散角；

D_F——风机出口直径,m^2；

D_K——扩散器出口直径,m^2。

$$\xi_{K_e} = 4.8 (\tan\theta/2)^{1.25} \left(1 - \frac{S_F}{S_K} \right)^2 \tag{12-88}$$

$$\xi_{K_D} = K_A \left(1 - \frac{S_K}{C_L S_d} \right)^2 \tag{12-89}$$

软件具有按以上公式计算风机入口、出口局部风阻 RFS 的功能。为了简化迭代计算,每个机站计算子机站的特性方程式为：

$$H_S = C_1 + C_2 Q_S + C_3 Q_S^2 + C_4 Q_S^3 \tag{12-90}$$

若单台风机的特性方程为：

$$H_F = B_1 + B_2 Q_F + B_3 Q_F^2 + B_4 Q_F^3 \tag{12-91}$$

则可以导出：

$$\begin{cases} C_1 = B_1 \\ C_2 = B_2 C_L / N_F \\ C_3 = B_3 (C/N_F)^2 - R_{FS} \\ C_4 = B_4 (C_L/N_F)^3 \end{cases}$$

F　自然风压的处理及其他参数的计算

软件中自然风压采取按巷道计算的原则。在已知巷道的自然风压可以直按输入，也可以打开独立计算各巷道的自然风压的数据文件来输入，软件可以求算各个网孔总自然风压。

自然风压的定义为静止的空气柱重量差，因此，巷道的自然风压计算式为：

$$H_{Nj} = D_j \gamma_j Z_j \tag{12-92}$$

式中　γ_j——巷道内空气的平均重率，N/m^3；

Z_j——巷道的高度，m；

D_j——风向系数，当风流沿巷道下行时为 $+1$，上行时为 -1。

$$\gamma_j = (\gamma_{jA} + \gamma_{jB})/2 \tag{12-93}$$

式中　γ_{jA}, γ_{jB}——分别为巷道始节点、末节点处的空气重率：

$$\gamma_{jA} = \frac{13.6 p_A}{R_A T_A} \tag{12-94}$$

$$\gamma_{jB} = \frac{13.6 p_B}{R_B T_B} \tag{12-95}$$

$$p_B = p_A + \gamma_j Z_j / 13.6$$

式中　p_A, p_B——分别为始、末节点的绝对气压，Pa；

T_A, T_B——分别为始、末节点的空气绝对温度，℃；

R_A, R_B——分别为始、末节点的空气气体常数，当节点处于地表时 $R = 29.27\,J/(mol \cdot K)$，在井下时 $R = 29.4\,J/(mol \cdot K)$。

由上述等式可得：

$$\gamma_j = \frac{13.6 p_A (R_B T_B + R_A T_A)}{R_A T_A (2 R_B T_B - Z_j)} \tag{12-96}$$

软件具有计算网路各节点的绝对气压及查对压力的功能，其计算公式如下：

$$H_{jB} = H_{jA} + (H_{Fj} + H_{Nj} - R_j Q_j^2) D_j \tag{12-97}$$

式中　H_{jA}, H_{jB}——分别为巷道分支始、末节点的相对压力，Pa；

$$p_J = p_0 + H_{J_0}/13.6 \tag{12-98}$$

式中　p_J——节点的绝对气压，Pa；

p_0——矿井地表最高标高节点的绝对气压，该点的相对气压 $H_{J_0} = 0$。

从矿井最高标高点开始，利用上述公式可计算网路各节点的压力。

每个机站单台风机的功率为：

$$N_e = \frac{H_F Q_F}{102 \eta_e \eta_F} \tag{12-99}$$

式中　H_F, Q_F——机站中单台风机的风压（Pa）、风量（m^3/s）；

η_e——电动机传动效率，%；

η_F——风机工作效率,%。

机站的工作效率可按式(12-100)计算:

$$\eta_e = E_H / C_L \qquad (12-100)$$

式中 E_H——机站的有效风压率,为机站风压与风机风压之比,即:

$$E_H = H_S / H_F \qquad (12-101)$$

一个机站的总功率为:

$$N_j = N_F N_e = \frac{H_S Q_S}{102 \eta_e \eta_F \eta_S} \qquad (12-102)$$

式中 H_S, Q_S——机站的风压(Pa)、风量(m^3/s);

η_S——机站的工作效率,%。

全矿的风机总功率为:

$$N = \sum_{j=1}^{M_s} N_j \qquad (12-103)$$

式中 M_s——全矿的总机站数。

12.8.5.3 多机系统的软件结构

为节省计算机内存,软件把风机曲线的拟合、巷道风阻的计算以及自然风压的计算均编写成独立的程序,并把计算结果输入数据文件供主程序运行时调用。

软件共有五个数据文件:

(1)风机参数数据文件:输入选用的各种类型风机的基本参数。计算风机的风压特性方程(三次曲线及抛物线)和风机的效率特性方程系数。

(2)机站参数数据文件:输入机站的基本参数。

(3)网路参数数据文件:输入有关网路结构的参数。

(4)巷道风阻数据文件:输入巷道特性参数。根据巷道的摩阻系数 a 及局阻系数 ξ,计算巷道的风阻。

(5)自然风压数据文件:计算巷道的自然风压。

以上各种数据文件,都具有储存、修改、增减、显示各种参数的多种功能。

有几个经常变化的参数,如机站的风机类型、风机并联数(运行时),以及风机闸门开闭状态直接在主程序运行时输入。在必要时,主程序还可以直接输入风机入、出口局部风阻,及改变迭代的精度。

12.8.6 风量调节方法

在生产中,由于多种原因,自然分配的风量往往不能满足生产上实际需要的风量,这就需要进行风量调节。调节风量有以下几种措施:

(1)增阻调节法。在需要减少风量的分支中,增加风阻,以增加另一风路的风量。

(2)降阻调节法。在需要增加风量的分支中,减少风阻,以增加本风路的风量。

(3)增压调节法。在需要增加风量的风路中,安设辅助扇风机,以增加该风路的风量。

(4)综合调节法。综合使用上述各调节方法,也可用空气幕调节风量。

12.8.6.1 增阻调节法

根据并联网路的特性,两并联风路的阻力必须相等。因此,应按需风量计算并联网路各条巷道的阻力,且以并联网路中阻力大的风路的阻力值为基础,在各阻力较小的风路中增加局部阻力,使各条风路的阻力达到平衡,以保证各风路的风量按需供给。

增加局部阻力的方法,通常是在风路里设置风窗(图12-26)。风窗就是在风门或风墙上开一个面积可调的窗口,风流流过窗口时,由于突然收缩后又突然扩大,产生局部阻力 h_w,调节窗口的面积,可使此项局部阻力 h_w 和该风路所需增加的局部阻力相等。要求增加的局部阻力越大,风窗的面积越小;反之越大。当求出 h_w 的数值后,风窗的面积 S_w 可按式(12-104)计算:

当 $S_w/S \leqslant 0.5$ 时：

$$S_w = \frac{QS}{0.65Q + 0.84S \sqrt{h_w}} \tag{12-104}$$

或

$$S_w = \frac{S}{0.65Q + 0.84S \sqrt{R_w}} \tag{12-105}$$

当 $S_w/S > 0.5$ 时：

$$S_w = \frac{QS}{Q + 0.76S \sqrt{h_w}} \tag{12-106}$$

或

$$S_w = \frac{S}{1 + 0.76S \sqrt{R_w}} \tag{12-107}$$

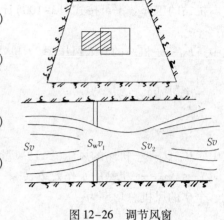

图 12-26   调节风窗

式中 S_w——调节风窗的面积，m^2；

   Q——安设风窗巷道的风量，m^3/s；

   S——安设调节风窗处的巷道断面积，m^2；

   h_w——调节风窗所造成的局部压降，Pa；

   R_w——调节风窗所造成的局部阻力，$N \cdot s^2/m^8$。

在求风窗面积之前，S_w/S 的比值是不知道的。计算时，可先用 $S_w/S < 0.5$ 时的计算公式，如果求得的面积值较大，符合 $S_w/S > 0.5$ 条件，再用 $S_w/S > 0.5$ 的公式计算。

增阻调节法的评价：

（1）增阻调节法会使通风网路的总风阻增大，如果主扇性能曲线不变，总风量就会减少。总风量减少的程度取决于该风路在整个通风系统中所处的地位。例如，风窗安设在主风流中，风窗增阻对通风系统总风阻影响较大，矿井总风量就减少较多。在这种情况下，就难以达到预计的要求，同时也不经济。

（2）总风量减少值 ΔQ 的大小与主扇性能曲线的陡缓程度有关。扇风机性能曲线愈陡（轴流式扇风机），总风量减少值愈小；反之则愈大。

（3）调节窗应尽量安设在排风巷道中，以免影响运输。

总之，增阻调节法具有简单易行，见效快的优点，我国矿山广泛用来进行并联网路的风路调节。其缺点是，增大了矿井总风阻，使总风量有所降低。

12.8.6.2   降阻调节法

降阻调节法与增阻调节法相反，它是以并联网路中阻力较小风路的阻力值为基础，使阻力较大的风路降低风阻，以达到并联网路各风路的阻力平衡。

巷道中的风阻包括摩擦风阻和局部风阻。当局部风阻较大时，应首先降低局部风阻。降低摩擦阻力的主要方法是扩大巷道断面或改变支架类型（即改变摩擦阻力系数）。

A   扩大巷道断面

根据巷道调节后所需要的风阻 R_1' 值，可按下式计算扩大后的巷道断面：

$$S_1' = \left(\frac{acL}{R_1'}\right)^{2/5} \tag{12-108}$$

$$S_1' = S_1 \left(\frac{R_1}{R_1'}\right)^{2/5} \tag{12-109}$$

式中 S_1'——扩大后的巷道 1 的断面，m^2；

   S_1——巷道 1 原来的断面，m^2；

   R_1——巷道 1 原来的风阻，$N \cdot s^2/m^8$；

   c——常数，梯形巷道 $c = 4.16$；

   L——巷道长度，m；

   a——巷道摩擦阻力系数。

B 降低巷道摩擦阻力系数

为满足并联网路中各分支风路的风量要求,还可以采用降低阻力大的巷道的摩擦阻力系数的方法。其具体做法是用摩擦阻力系数较低的支架来替换原来阻力大的支架。为保证调节后该巷道的风阻数值为 R_1',新支架的摩擦阻力系数 a' 可用下式求算:

$$a_1' = \frac{R_1' S_1^3}{P_1 L_1} \tag{12-110}$$

式中　P_1——巷道原来的断面周长,m。

降阻调节法优点能使矿井总风阻减少。若扇风机性能曲线不变,采用降阻调节法后,矿井总风量增加。其缺点是工程量大,花费时间长,投资大,有时需要停产施工。

12.8.6.3 辅扇调节法

当并联网路中,两并联网路的阻力相差悬殊,用增阻和降阻调节法都不合理或不经济时,可在风量不足的分支风路中安设辅扇,以提高克服该巷道阻力的通风压力,从而达到调节风量的目的。用辅扇调节时,应将辅扇设在阻力大的风路中。辅扇所应造成的有效压力应等于两并联风路中的阻力差值 Δh。

在生产中,辅扇调节的使用方法有两种:一种是有风墙的辅扇调节;另一种是无风墙的辅扇调节。

A 有风墙辅扇调节法

有风墙的辅扇调节是安设辅扇的巷道断面上,除辅扇外,其余断面均用风墙封闭,巷道的风流全部通过辅扇(图 12-27)。

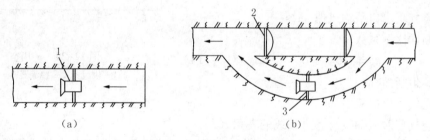

图 12-27　有风墙辅扇调节法
1—风机;2—风门;3—风墙

有风墙辅扇调节风量时,必须选择适当的辅扇才能达到预期的效果。倘若选择不当,有可能出现以下不合理的工作状况。

(1) 如果辅扇能力不足,则不能调节到所需要的风量值。

(2) 如果辅扇能力过大,可能造成与其并联的其他风路风量大量减少,甚至无风或反风,造成循环风流。

(3) 如果辅扇的风墙不严密,在辅扇周围能出现局部风流循环,降低辅扇的通风效果。有风墙辅扇是靠扇风机的全压作功,能造成较大的压差,可用于并联风路阻力差值较大的网路中调节风量。

B 无风墙辅扇调节法

无风墙辅扇(图 12-28)的作用是靠它的出口动压引射风流,它能使巷道的风量大于扇风机的风量。无风墙辅扇在巷道中工作时,其出口动压除去由辅扇出口到巷道全断面的突然扩大能量损失和风流绕过扇风机的能量损失外,所剩余的能量用于克服巷道阻力。单位体积流体的这部分能量称为无风墙辅扇的有效风压,以 ΔH_f 表示。无风墙辅扇在巷道中所造成的有效风压可按式(12-111)计算:

$$\Delta H_f = k_f \frac{H_v S_0}{S} \tag{12-111}$$

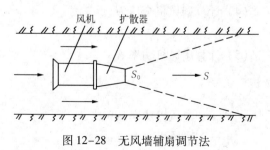

图 12-28　无风墙辅扇调节法

式中 ΔH_f——无风墙辅扇在巷道中造成的有效风压,Pa;

$\quad\quad k_f$——试验系数,与辅扇在巷道中的安装条件有关,k_f 值变化于 1.5~1.8,安装条件较好时取大值;

$\quad\quad H_v$——辅扇出口的动压,Pa:

$$H_v = \frac{v_0^2}{2g}v \tag{12-112}$$

$\quad\quad v_0$——辅扇出口的风速,m/s;

$\quad\quad S_0$——辅扇出口的断面,m^2。

辅扇调节法机动灵活,简单易行,并能降低矿井阻力,增大矿井总风量。在非煤矿山使用较多。它的缺点是增加了扇风机的购置费用和运转费,使用不当容易造成循环风流,在有爆炸性气体涌出的矿山不安全。

12.8.6.4 矿用空气幕调节法

矿用空气幕(图 12-29)由供风器 1、整流器 2 和扇风机 3 组成。空气幕在需要增加风量的巷道中,顺巷道风流方向工作,可起增压调节的作用;在需要减少风量的巷道中,逆风流方向工作,可起增阻调节的作用。

当采用宽口大风量循环型矿用空气幕时,其有效压力 ΔH_m 可按式(12-113)计算:

$$\Delta H_m = \frac{2\cos\theta}{k_S + 0.5\cos\theta} \times \frac{v_0^2}{2g}v \tag{12-113}$$

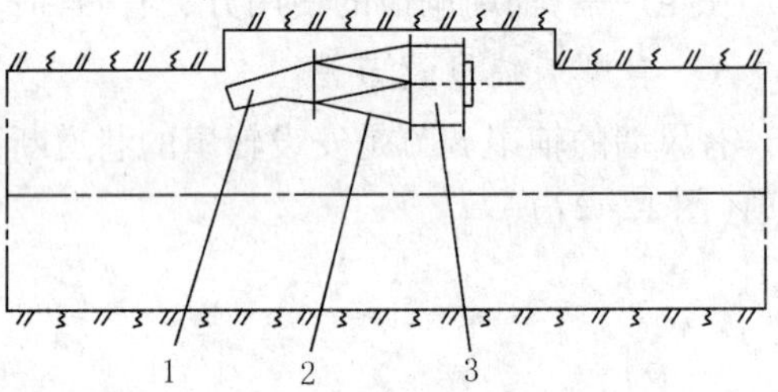

图 12-29 矿用空气幕
1—供风器;2—整流器;3—扇风机

式中 ΔH_m——有效风压,Pa;

$\quad\quad v_0$——空气幕出口平均风速,m/s;

$\quad\quad k_S$——断面比例系数:

$$k_S = S/S_0 \tag{12-114}$$

$\quad\quad S$——巷道断面,m^2;

$\quad\quad S_0$——空气幕出口断面,m^2;

$\quad\quad \theta$——空气幕射流轴线与巷道轴线的夹角,(°)。

试验证明,由于巷道壁凹凸不平,角取 30° 为好。空气幕的供风量受巷道允许风速的限制,不能过高,可取巷道风速不大于 4m/s。在此条件下,由空气幕有效压力公式可求出断面比例系数 k_S。

$$k_S \geqslant 0.03\left(\Delta H_m + \sqrt{\Delta H_m^2 + 28.8\Delta H_m}\right) \tag{12-115}$$

式中 ΔH_m——空气幕的有效风压,即为调节风量时所要求的调节风压,Pa。

在已知巷道的过风断面 S 和所需的调节风压值 ΔH_m 时,空气幕参数的设计步骤如下:

(1)由最小过风断面 S 和最大允许风速 v_{max} 确定空气幕的供风量 Q_c,即:

$$Q_c = v_{max}S \tag{12-116}$$

式中 Q_c——空气幕的供风量,m^3/s。

(2)按所需的调节风压 ΔH_m,根据式(12-114)确定断面比例系数 k_S。

(3)确定空气幕出口断面 S_0。

$$S_0 = S/k_S \tag{12-117}$$

(4)计算扇风机全压 H_f。

$$H_f = 12.5k_S^2 \tag{12-118}$$

(5)计算扇风机功率 N_f。

$$N_f = \frac{Q_c H_f}{1000\eta_f} \tag{12-119}$$

式中 N_f——扇风机功率,kW;

$\quad\quad \eta_f$——扇风机效率。

例：已知巷道的过风断面 $S = 4.6\,\text{m}^2$，所需调节风压 $\Delta H_\text{m} = 98\,\text{Pa}$，求空气幕参数并选择扇风机。

（1）空气幕供风量：　　　　$Q_\text{c} = v_\text{max}S = 4 \times 4.6 = 18.4\,\text{m}^3/\text{s}$

（2）按式（12-115）计算断面比例系数 k_S：

$$k_S \geqslant 0.03(98 + \sqrt{98^2 + 28.8 \times 98}) = 6.28$$

取 $k_S = 6.5$。

（3）空气幕出口断面：　　$S_0 = S/k_S = 4.6/6.5 = 0.71\,\text{m}^2$

（4）扇风机全压：　　　　$H_\text{f} = 12.5k_S^2 = 12.5 \times 6.5^2 = 528\,\text{Pa}$

（5）扇风机功率：　　　　$N_\text{f} = \dfrac{Q_\text{c}H_\text{f}}{1000\eta_\text{f}} = \dfrac{18.4 \times 528}{1000 \times 0.8} = 12.1\,\text{kW}$

选用 K45 – No.11 轴流式扇风机，功率 12 kW。

12.9　矿井防尘

12.9.1　矿尘的性质及危害

12.9.1.1　矿尘种类

矿尘也称为粉尘，悬浮于空气中的矿尘称为浮沉，已沉落的矿尘称为积尘。矿山防尘的主要对象是悬浮于空气中的矿尘，所以，一般说矿尘即指浮尘。

矿尘可依其产生的矿岩种类而定名，如硅尘、铁矿尘、铀矿尘、石棉尘、煤尘等。

粉尘根据它在人的呼吸系统中沉降的位置，可分为呼吸性粉尘和非呼吸性粉尘两类。呼吸性粉尘是指能被吸入沉降于肺泡中的粉尘；非呼吸性粉尘是指能被吸入沉降于上呼吸道的粉尘。

说明矿尘产生状况的指标主要有：

（1）矿尘浓度：悬浮于单位体积空气中的矿尘量（mg/m^3）。

（2）产尘强度：单位时间进入矿内空气中的矿尘量（mg/s）。

（3）相对产尘强度：每采掘一吨矿（岩）石进入空气中的矿尘量（mg/t）。

矿尘浓度可表明产尘与通风防尘的综合状况以及其危害程度，是普遍采用的指标，其值随通风量的大小而变化。产尘强度不受通风的影响，只是用于考察产尘条件，并作为防尘设计的依据。矿山各生产工序都产生矿尘，其中凿岩、爆破和装运三个基本生产工序是主要尘源产生工序。各工序的矿尘浓度，除与矿岩性质、采掘工艺和设备有关外，还与通风防尘措施有密切的关系。矿山应采取有效的防尘措施。

12.9.1.2　矿尘的物理化学性质

A　矿尘的粒径

矿尘的粒径是表示单一矿尘颗粒大小的尺度，单位为 μm。矿尘形状不一，需用代表粒径表示。由于我国矿山多用显微镜测定矿尘的粒径，所以采用定向粒径（图 12-30）为代表粒径。

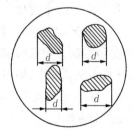

图 12-30　定向粒径示意图

矿尘按粒径可划分为：

（1）粗粒。粒径大于 $40\,\mu\text{m}$，在空气中极易沉降。

（2）细粒。粒径为 $10 \sim 40\,\mu\text{m}$，在明亮的光线下，肉眼可以区别，在静止空气中作加速沉降运动。

（3）微尘。粒径为 $0.25 \sim 10\,\mu\text{m}$，用光学显微镜可以观察到，在静止空气中作等速沉降运动。

（4）超微尘。粒径小于 $0.25\,\mu\text{m}$，要用电子显微镜才能观察到，在空气中作布朗运动。

矿尘粒径的大小，直接影响其物理、化学性质。矿山防尘的重点是微尘。

B　矿尘的分散度

矿尘是由粒径不同的颗粒组成的群体，为表明其颗粒组成分布状况，采用分散度表示。分散度有两种表示方法：

（1）数量分散度。它以某一粒级范围的颗粒数占所计测颗粒总数的百分数表示，即：

$$P_i = n_i \bigg/ \sum_{i=1}^{k} n_i \times 100\%$$

（12-120）

式中　P_i——某粒级颗粒数占总颗粒数的百分比，%；

　　　n_i——在 $1\ m^3$ 空气中某粒级的颗粒数。

（2）质量分散度。它以某一粒级范围的尘粒质量占所计测尘粒总质量的百分比表示，即：

$$P_i' = m_i \bigg/ \sum_{i=1}^{k} m_i \times 100\%$$

（12-121）

式中　P_i'——某粒级范围的尘粒质量占所计测尘粒总质量的百分数，%；

　　　m_i——某粒级的尘粒质量，mg/m^3。

对同一矿尘，其数量分散度与质量分散度相差很大，必须注明。我国《工作场所空气中粉尘测定》（GBZ/T192.3—2007）中规定采用数量分布百分比表示。

计测分散度粒级范围的划分，应根据矿尘的情况确定。我国矿山一般可划分为四个粒级范围，即小于 2 μm、2~5 μm、5~10 μm、大于 10 μm。

矿尘的分散度因生产工艺、设备及防尘措施不同而差别很大，数量分散度的一般范围为：

<2 μm	46.5%~65%
2~5 μm	25.5%~35%
5~10 μm	4%~11.5%
>10 μm	2.5%~7%

C　矿尘中游离二氧化硅（SiO_2）含量

游离二氧化硅普遍存在于矿岩中，其含量对硅肺病的发生和发展起着重要作用。一般来说，矿尘中游离二氧化硅的含量越高，危害性越大。

D　矿尘的密度

单位体积矿尘的质量称为矿尘密度，其单位为 kg/m^3 或 g/cm^3。用排除矿尘间空隙的纯矿尘体积计量的称为真密度，用包括矿尘间空隙在内的体积计量的称为假密度或堆积密度。真密度是一定的，假密度则与堆积状态有关。

矿尘密度对其在空气中的运动和沉降很有影响。

E　矿尘的湿润性

当水和矿尘接触时，如果水分子间的吸引力小于水与尘粒分子间的吸引力，则矿尘能被水所湿润；反之，则不易被湿润。根据湿润性可将粉尘分为亲水性粉尘和疏水性粉尘。湿润性强的粉尘易被水所湿润和捕集，有利于湿式除尘，但对物体表面的附着性亦增强。

F　矿尘的电性质

a　荷电性

悬浮于空气中的矿尘通常带有电荷。这是由于破碎时的摩擦，粒子间的撞击或放射性照射，电晕放电等原因而荷电的。尘粒荷电后，凝聚性有所增强，有利于沉降。电除尘器即利用尘粒的荷电性而设计的。

b　电阻率

表面积为 $1\ cm^2$，高为 1 cm 粉尘层的电阻，称为电阻率。它是评价粉尘导电性能的一个指标，粉尘的电阻率可按式（12-122）计算：

$$\rho = \frac{V}{I} \times \frac{A}{d}$$

（12-122）

式中　ρ——电阻率，$\Omega \cdot cm$；

　　　V——通过粉尘层的电压降，V；

I——通过粉尘层的电流，A；

A——粉尘层的横截面积，cm^2；

d——粉尘层厚。

粉尘电阻率在 $10^4 \sim 10^{11}$ $\Omega \cdot cm$ 范围内，电除尘的效果较好。

G　矿尘的爆炸性

有些矿尘（主要是煤尘和硫化矿尘）在空气中达到一定浓度时，外界明火、电火花、高温等作用，能引起矿尘爆炸。煤尘的爆炸下限约为 30 g/m^3；硫化矿尘的爆炸下限约为 250 g/m^3。爆炸是急剧的氧化燃烧现象，会产生高温、高压，同时生成大量的有毒有害气体，对安全生产有极大的危害。

12.9.1.3　矿尘的危害

矿尘的主要危害是对人体健康的损害，长期吸入大量微细粉尘，可能引起尘肺病。影响尘肺病发生和发展的主要因素是：矿尘的化学成分、粒径、分散度、浓度、接触时间等。

各种矿尘都可能引起尘肺病，如硅肺病、石棉肺病、铁硅肺病、煤肺病、煤硅肺病等等。由于95%的矿岩中含有数量不等的二氧化硅，人们在生产中接触二氧化硅粉尘的机会很多，所以硅肺病最为普遍，而且发病率高、病情也较为严重。

微尘，特别是粒径为 $0.2 \sim 5$ μm 的微尘，容易吸入肺内并储集，危害性最大。所以，微尘也称为呼吸性粉尘，对呼吸性粉尘的临界粒径各国尚未统一，如美国定为 10 μm，英、法、日定为 7.1 μm，我国规定为 7.07 μm。

作业场所矿尘浓度，对尘肺病的发生和发展起着决定性的作用，我国现行的《工业场所有害因素职业接触限值》（GBZ2.1—2007）规定了工作场所粉尘最高允许浓度值，见表 12-9。

表 12-9　工作场所空气中粉尘允许浓度

序号	物质名称	时间加权平均允许浓度①/(mg/m³)	短时间接触平均允许浓度/(mg/m³)
1	白云石粉尘		
	总尘	8	10
	呼尘	4	8
2	玻璃钢粉尘	3	6
3	茶尘（总尘）	2	3
4	沉淀 SiO_2（白炭黑）（112926－00－8）（总尘）	5	10
5	大理石粉尘		
	总尘	8	10
	呼尘	4	8
6	电焊烟尘（总尘）	4	
7	二氧化钛粉尘（13463－67－7）（总尘）	8	
8	沸石粉尘（总尘）	5	
9	酚醛树脂粉尘（总尘）	6	
10	谷物粉尘（游离 SiO_2 含量小于10%）（总尘）	4	
11	硅灰石粉尘（13983－17－0）（总尘）	5	
12	硅藻土粉尘 61790－53－2 游离 SiO_2 含量小于10%（总尘）	6	
13	滑石粉尘（游离 SiO_2 含量小于10%）14807－96－6		
	总尘	3	
	呼尘	1	
14	活性炭粉尘（64365－11－3）（总尘）	5	
15	聚丙烯粉尘（总尘）	5	

序号	物 质 名 称	时间加权平均允许浓度[①]/(mg/m³)	短时间接触平均允许浓度/(mg/m³)
16	聚丙烯腈纤维粉尘(总尘)	2	
17	聚氯乙烯粉尘(9002-86-2)(总尘)	5	
18	铝、氧化铝、铝合金粉尘7429-90-5		
	铝、铝合金(总尘)	3	
	氧化铝(总尘)	4	
19	麻尘(亚麻、黄麻和苎麻)(游离SiO₂含量小于10%)(总尘)		
	亚麻	1.5	
	黄麻	2	
	苎麻	3	
20	煤尘(游离SiO₂含量小于10%)		
	总尘	4	
	呼尘	2.5	
21	棉尘(总尘)	1	
22	木粉尘(总尘)	3	
23	凝聚SiO₂粉尘		
	总尘	1.5	
	呼尘	0.5	
24	膨润土粉尘(1302-78-9)(总尘)	6	
25	皮毛粉尘(总尘)	8	
26	人造玻璃质纤维		
	玻璃棉粉尘(总尘)	3	
	矿渣棉粉尘(总尘)	3	
	岩棉粉法(总尘)	3	
27	桑蚕丝尘(总尘)	8	
28	砂轮磨尘(总尘)	8	
29	石膏粉尘(10101-41-4)		
	总尘	8	
	呼尘	4	
30	石灰石粉尘(1317-65-3)		
	总尘	8	
	呼尘	4	
31	石棉纤维及含有10%以上石棉的粉尘(1332-21-4)		
	总尘	0.8	
	纤维	0.8 f/mL	
32	石墨粉尘(7782-42-5)		
	总尘	4	
	呼尘	2	
33	水泥粉尘(游离SiO₂含量小于10%)		
	总尘	4	
	呼尘	1.5	

序号	物 质 名 称	时间加权平均允许浓度①/(mg/m³)	短时间接触平均允许浓度/(mg/m³)
34	炭黑粉尘(1333-86-4)(总尘)	4	
35	碳化硅粉尘(409-21-2)		
	总尘	8	
	呼尘	4	
36	碳纤维粉尘(总尘)	3	
37	矽尘(14808-60-7)总尘		
	含10%~50%游离SiO₂粉尘	1	
	含10%~80%游离SiO₂粉尘	0.7	
	含80%以上游离SiO₂粉尘呼尘	0.5	
	含10%~50%游离SiO₂	0.7	
	含50%~80%游离SiO₂	0.3	
	含80%以上游离SiO₂	0.2	
38	稀土粉尘(游离SiO₂含量小于10%)(总尘)	2.5	
39	洗衣粉混合尘	1	
40	烟草尘(总尘)	2	
41	萤石混合性粉尘(总尘)	1	
42	云母粉尘(12001-26-2)		
	总尘	2	
	呼尘	1.5	
43	珍珠岩粉尘(93763-70-3)		
	总尘	8	
	呼尘	4	
44	蛭石粉尘(总尘)	3	
45	重晶石粉尘(7727-43-7)(总尘)	5	
46	其他粉尘②	8	

注:1. 总粉尘(total dust)简称总尘,指用直径为40mm滤膜,按标准粉尘测定方法采样所得到的粉尘。

　　2. 呼吸性粉尘(respirable dust)简称呼尘,指按呼吸性粉尘标准测定方法所采集的可进入肺泡的粉尘粒子,其空气动力学直径均在7.07μm以下,空气动力学直径5μm粉尘粒子的采样效率为50%。

① 该粉尘时间加权平均容许浓度的接触上限值。

② 不含有石棉且游离SiO₂含量低于10%,不含有毒物质,尚未制订专项卫生标准的粉尘。

《金属非金属矿山安全规程》(GB16423—2006)要求,入风井巷和采掘工作面的风源含尘量应不超过0.5 mg/m³。

12.9.2　综合防尘措施

矿井或个别尘源都不能靠单一的防尘措施达到合格的良好的劳动环境,我国《矿山安全条例》(1982年)要求:地面、井下所有产生粉尘的作业,都应当采取综合防尘措施。这是我国多年防尘工作经验总结。综合防尘措施包括以下技术、组织与环境保健措施:(1)通风除尘;(2)湿式作业;(3)密闭和抽尘、净化空气;(4)改革生产工艺;(5)个体防护;(6)科学管理;(7)经常测尘,定期体检;(8)宣传教育。

我国许多矿山,如梅山铁矿、冬瓜山铜矿、下垄钨矿、东风萤石矿、西华山钨矿、锡矿山等,采取综合防尘措施,在防止硅肺病的发生和发展方面,取得良好的效果。

12.9.2.1　通风除尘

用通风方法稀释和排出矿内产生的粉尘是矿井防尘的基本措施。我国《金属非金属矿山安全规程》（GB16423—2006）要求，矿井应建立机械通风系统。对于自然风压较大的矿井，当风量、风速和作业场所空气质量能够达到规程的规定时，允许暂时用自然通风替代机械通风。

12.9.2.2　密闭、抽尘、净化

矿井内许多产尘地点（采掘工作面、溜矿井等）和产尘设备（如破碎机、输送机、装运机、掘进机、锚喷机等）产尘量大而集中，采取密闭抽尘净化措施，就地控制矿尘，常是有效而经济的办法。密闭抽尘净化系统由密闭吸尘罩、排尘风扇、除尘器和风机等部分组成。

A　密闭吸尘罩

密闭吸尘罩是限制矿尘飞扬扩散于周围空间的设备。

a　密闭罩

密闭罩将尘源完全包围起来，只留必要的操作口与检查孔。它分为局部密闭、整体密闭和密闭室三种形式。

为控制矿尘从罩内外逸，须从罩内抽出一定量的空气。抽风量主要包括以下两部分：

（1）罩内形成负压的风量（Q_1）：

$$Q_1 = \sum Fu \tag{12-123}$$

式中　　Q_1——罩内形成负压的风量，m^3/s；

　　　　$\sum F$——密闭罩孔隙面积总和，m^2；

　　　　u——通过孔隙的气流速度，m/s，一般取 $1 \sim 3$，密闭容积小，产尘量大时，取最大值。

（2）诱导空气量（Q_2）。当物料由一定高度经溜槽下滑到密闭罩中时，将带动一定量空气进入罩中，称为诱导空气量。它与物料量、下落高度、粒度及溜槽的倾角、断面积、上下部密闭程度等因数有关。实用上，采用定型设备给出的设计参考数值，表12-10为带式输送机转载点密闭罩抽气量参考值，其中 Q_2 值对条件相近的溜槽（如破碎机），亦可参考应用。

表 12-10　带式输送转载点抽风量

溜槽角度 /(°)	高差 /m	物料末速 /(m/s)	不同胶带宽度下的抽风量/(m³/h)								
			500 mm			1000 mm			1400 mm		
			Q_1	Q_2	Q_1+Q_2	Q_1	Q_2	Q_1+Q_2	Q_1	Q_2	Q_1+Q_2
45	1.0	2.1	50	750	800	200	1100	1300	400	1300	1700
	2.0	2.9	100	1000	1100	400	1500	1900	750	1800	2550
	3.0	3.6	150	1300	1450	600	1800	2400	1100	2300	3400
	4.0	4.2	200	1500	1700	800	2100	2900	1500	2600	4100
	5.0	4.7	250	1700	1950	1000	2400	3400	1900	2900	4800
50	1.0	2.4	50	850	900	250	1200	1450	500	1500	2000
	2.0	3.3	150	1200	1350	500	1700	2200	1000	2100	3100
	3.0	4.1	200	1400	1600	700	2100	2800	1500	2600	4100
	4.0	4.7	250	1700	1950	1000	2400	3400	2000	2900	4800
	5.0	5.3	300	1900	2200	1300	2700	4000	2500	3300	5800
60	1.0	3.3	150	1200	1350	500	1700	2200	1000	2100	3100
	2.0	4.6	250	1600	1850	950	2300	3250	1900	2900	4800
	3.0	5.6	350	2000	2350	1400	2800	4200	2800	3500	6300
	4.0	6.5	500	2300	2800	1900	3300	5200	3700	4100	7800
	5.0	7.3	600	2600	3200	2400	3700	6100	4700	4600	9300

密闭罩总抽风量为：

$$Q = Q_1 + Q_2 \qquad (12-124)$$

b　外部吸尘罩

尘源位于吸尘罩口的外侧,靠吸入风速的作用吸捕矿尘。其抽风量 $Q(\text{m}^3/\text{s})$ 一般按下式计算：

$$Q = (10x^2 + A)v_a \qquad (12-125)$$

式中　x——尘源距罩口的距离,m；

　　A——吸尘罩口面积,m^2；

　　v_a——吸捕矿尘的风速,m/s,其值与产尘条件、环境风速有关,矿内可取 $1\sim2\text{m/s}$。

因罩口外的吸入风速随距离的平方而衰减,吸尘罩应尽量靠近尘源。

B　除尘器

从密闭罩中抽出的含尘空气,如不能经风筒将它直接排到回风道,则必须安设除尘器,将它净化到规定浓度,再排到巷道中。选择除尘器要考虑它的除尘效率、阻力、处理风量、占有空间和费用等。目前生产的除尘器类型、规格型号、性能等参见《除尘器选型设计手册》(产品包括七大类三百多个规格)。

矿内井巷空间有限,有些产尘设备经常移动,作业环境潮湿,净化后的空气要排到入风井巷,选用除尘器时要注意适应这些工作条件。干燥井巷可选用袋式过滤除尘器或电除尘器,潮湿井巷多选用湿式过滤除尘器或湿式旋流除尘器。大型产尘设备可选用标准产品,也可根据尘源条件设计制作非标准除尘器。

C　矿井风源净化

入风井巷和采掘工作面的风源含尘量不得超过 0.5mg/m^3,否则需要采取净化除尘措施。净化方法主要有喷雾水幕和湿式过滤除尘两种。

a　喷雾水幕(围幕喷雾降尘)

喷雾水幕设备简单方便,常被矿山采用。水幕一般设两道。根据巷道断面设置喷雾器,如采用武安 4 型喷雾器,水幕的净化效率较低,一般为 $50\%\sim60\%$,需进一步研究提高。数量与巷道断面关系如下：

巷道断面/m^2	$4\sim6$	$6\sim8$	$8\sim10$	$10\sim12$
喷雾器数量/个	$6\sim8$	$8\sim10$	$10\sim12$	$12\sim14$

b　湿式过滤除尘

湿式过滤除尘是在巷道中安设化学纤维过滤层或金属网过滤层,连续不断地向过滤层喷雾,在过滤层中形成水膜、水珠。当含尘气流通过过滤层时,粉尘被水膜、水珠所捕获,并被过滤层内的下降水流所清洗。为增加过滤面积,减小过滤风速,过滤层在巷道中可安装成 V 形。当过滤风速为 $0.7\sim1.0\text{m/s}$,阻力为 $300\sim500\text{Pa}$,喷水量为 $3\sim5\text{L/(m}^2\cdot\text{min)}$(按过滤面积计算)时,湿式过滤除尘的效率大于 90%。

湿式过滤除尘安装简便,净化效率较高,但在有车辆通行的巷道需另设净化绕道,一般还需要设置净化通风用辅扇。

c　新型不锈钢纤维毡过滤除尘器

新研制的不锈钢纤维毡过滤材料制作除尘器,当过滤风速为 $2\sim3\text{m/min}$,阻力为 $1200\sim1300\text{Pa}$,除尘效率大于 99%,过滤材料使用寿命 8 万小时以上,孔隙分布均匀,再生清灰效果好。

12.9.2.3　湿式作业

湿式作业是矿山的基本防尘措施之一。它的作用是湿润抑制尘源(湿式凿岩、水封爆破、作业点洗壁、喷雾洒水等)和捕集悬浮矿尘(巷道水幕等)。

A　喷雾器

喷雾器是把水雾化成微细水滴的工具,也称为喷嘴。矿山应用较多的是涡流冲击式喷雾器和风水喷雾器。

a　涡流冲击式喷雾器

压力水通过喷雾器时产生旋转和冲击等作用,形成雾状水滴喷射出去,适于向各尘源喷雾洒水和组成水幕。此种喷雾器类型很多,矿山常用的武安型、PZB 和 PAB 型喷雾器的水力性能见表 12-11 ~ 表 12-13。

表 12-11　武安型喷雾器水力性能

型　号	出水孔径/mm	水压/MPa	耗水量/(L/min)	作用长度/m	射程/m	扩张角/(°)	雾粒尺寸/μm	喷射体现状
2 型	3	0.5	3.71	2.3	1.35	90	250	空心锥体
	3.5	0.5	4.80	2.6	1.40	93	250	空心锥体
4 型	2.5	0.3	1.49	1.5	1.0	98	100 ~ 200	空心锥体
	2.5	0.5	1.95	1.7	1.2	108	100 ~ 200	空心锥体
	3.0	0.3	1.67	1.6	1.1	102	150 ~ 200	空心锥体
	3.0	0.5	2.11	1.8	1.3	110	150 ~ 200	空心锥体
	3.5	0.3	1.90	1.7	1.2	106	150 ~ 200	空心锥体
	3.5	0.5	2.43	1.8	1.3	114	150 ~ 200	空心锥体

表 12-12　PZB 型喷雾器水力性能

型　号	出水孔径/mm	不同水压下的耗水量/(L/min)				作用长度/m	射程/m	扩散角/(°)	喷射体现状
		0.5 MPa	1.0 MPa	1.2 MPa	1.5 MPa				
2.5/70	2.5	5.2	7.4	8.4	9.1	2	1	70 ± 5	空心锥体
3.2/70	3.2	9.1	12.8	14.0	15.7	2.8	1.6	70 ± 5	空心锥体
3.5/70	3.5	9.7	14.0	15.2	16.3	2.8	1.6	70 ± 5	空心锥体
4.0/70	4.0	14.1	20.0	21.9	24.5	2.8	1.6	70 ± 5	空心锥体

表 12-13　PAB 型喷雾器水力性能

型　号	出水孔径/mm	不同水压下的耗水量/(L/min)				作用长度/m	射程/m	扩散角/(°)	喷射体现状
		0.5 MPa	1.0 MPa	1.2 MPa	1.5 MPa				
3.2/75	3.2	5.10	7.4	8.1	8.9	1.00	0.70	75 ± 10	空心锥体
3.5/75	3.5	6.70	10.0	10.8	12.2	1.00	0.70	75 ± 10	空心锥体
4.0/76	4.0	9.40	13.3	14.6	16.3	1.00	0.70	75 ± 10	空心锥体

b　风水喷雾器

风水喷雾器是借压气的作用,使压力水分散成雾状水滴。其特点是射程远、水雾细、速度高、扩张角小,但消耗压气,且耗水量大。风水喷雾器多用于掘进巷道、电耙巷道爆破后降尘。风水喷雾器的水力性能见表 12-14。

表 12-14　风水喷雾器水力性能

出水环宽度/mm	压气压力/MPa	水压/MPa	耗水量/(L/min)	作用长度/m	扩张角/(°)
1	0.6	0.4	38	18.3	18
	0.6	0.5	41	18.3	18
	0.6	0.6	45	18.3	19.6
2	0.6	0.4	48	17.8	15
	0.6	0.5	53	17.8	16
	0.6	0.6	58	17.8	17
3	0.6	0.4	53	17.0	20
	0.6	0.5	58	17.0	20
	0.6	0.6	62	17.0	18

B 湿润剂

水的表面张力较大,矿尘又有一定的疏水性,影响水对矿尘的湿润。在水中加入表面活性物质构成的湿润剂,可降低水的表面张力,提高湿润作用。对湿式凿岩,喷雾洒水等湿式作业的除尘效果,都有较明显的提高。

马鞍山矿山研究院研究的 KY 型系列抑尘剂在矿山得到实际应用,降尘效果得到较大提高,我国还有 CHJ-1 型、HY 及 HB 型等湿润剂,使用浓度依湿润剂而定,约为万分之几。使用时采用定量、连续、自动添加方法,在单一工作面可用计量泵直接注入供水管。全矿使用时,可加入集中储水池中。

C 防尘供水

防尘供水应采用集中供水方式,储水池容量不应小于每班的耗水量,水质要符合要求,水中固体悬浮物不大于 $100\,\mu m$,pH 值为 $6.5 \sim 8.5$。对分散作业点和边远地段,当耗水量小于 $10\,m^3/h$ 时,可采用压气作动力的移动式水箱供水。

12.9.3 凿岩防尘

凿岩产尘的特点是长时间连续的,而且大部分尘粒的粒径小于 $5\,\mu m$,是矿内微细矿尘主要来源之一。凿岩产尘的来源有:(1)从钻孔逸出的矿尘;(2)从钻孔逸出的岩浆为压气所雾化形成的矿尘;(3)被压气吹扬起已沉降的矿尘。凿岩时影响微细粉尘产生量的因素有:岩石硬度、钻头构造及钎头尖锐程度、孔底岩渣排除速度、钻孔深度、压气压力、凿岩方式等。

12.9.3.1 湿式凿岩

矿山应采取湿式凿岩,并遵守湿式凿岩标准化的要求。

A 中心供水凿岩

中心供水对水针及钎尾的规格要求比较严格,但加工制造简单,不易断钎,故大部分矿山都使用中心供水凿岩机。中心供水凿岩可能出现下列问题而影响防尘效果:

(1)冲洗水倒灌机腔。如果水压高于压气压力或水针不严,清洗水会倒入机腔,破坏机器的正常润滑,影响凿岩机工作,并且使钻孔中供水量减少,降低防尘效果。为此,要求水压要小于风压 $0.05 \sim 0.1\,MPa$。

(2)冲洗水气化。由于水针不合规格,破损、断裂、或插入钎尾深度不够,接触不严,以及机件磨损等原因,使压气进入冲洗水中。一方面压气携带润滑油随冲洗水进入孔底,使矿尘吸附含油压气,表面形成气膜或油膜,不易被水湿润;另一方面压气在冲洗水中形成大量气泡,矿尘附着于气泡而排出孔外,防尘效果显著降低。因此必须严格要求水针和钎尾的质量,并在凿岩机机头开泄气孔,使压气在到达钎尾之前,由泄气孔排出。

B 旁侧供水凿岩

压力水从供水套与钎杆侧孔进入,经钎杆中心孔到达孔底。由于冲洗水不经机腔而避免了中心供水存在的问题,可提高除尘效率和凿岩速度。旁侧供水的缺点是容易断钎、胶圈容易磨损、漏水,换钎不方便等。

湿式凿岩的供水量对保证防尘效果是很重要的。水量不足则钻孔不能充满水,矿尘生成后可能接触空气而吸附气膜,或沿孔壁间空隙逸出。我国原冶金部规定最低供水量标准为:

手持式凿岩机	3 L/min
支架式及上向式凿岩机	5 L/min
深孔凿岩机	10 L/min

凿岩机废气排出方向对岩浆雾化及吹扬沉积粉尘很有影响,应将废气导向背离工作面的方向。

12.9.3.2 干式凿岩捕尘

在不能采用湿式凿岩时,干式凿岩必须配有捕尘装置。捕尘方式有孔口捕尘和孔底捕尘两种。

孔口捕尘是不改变凿岩机结构,利用孔口捕尘罩捕集由钻孔排出的矿尘。

孔底捕尘是采用专用干式捕尘凿岩机,从孔底经钎杆中心孔将矿尘抽出,抽尘方式有中心抽尘

（YT－25X 型）和旁侧抽尘（YT－25C 型）两种。

干式捕尘系统由吸尘器、除尘器和输尘管组成。吸尘器多用压气引射器，要求形成 30 ~ 50 kPa 的负压。除尘器多采用简易袋式除尘器。选用涤纶绒布或针刺滤气毡作过滤材料，除尘效率在 99% 以上。输尘管连接捕尘罩或钎杆，以及吸尘和除尘器，一般采用内径 20 mm 左右内壁光滑的软管。

12.9.3.3　防护罩

为防止凿岩，特别是上向凿岩时岩浆飞溅、雾化，可采用防护罩。图 12-31 所示为凿岩岩浆防护罩的一种结构，其岩浆防护率可达 70% ~ 90%，降尘效果为 15% ~ 45%。

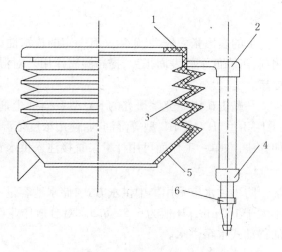

图 12-31　凿岩岩浆防护罩
1—顶盖；2—连接环；3—伸缩管；4—气动支架；
5—排浆斗；6—接头

12.9.4　爆破防尘

12.9.4.1　减少爆破产尘量

爆破前彻底清洗距工作面 10 m 内的巷道周壁，防止爆破波扬起积尘，并使部分新产生的矿尘粘在湿润面上。

水封爆破的防尘效果已为国内外大量实践所证明。用水袋装满水代替炮泥作填塞物，只在孔口用炮泥或木楔填塞，防止水袋滑出。水袋用无毒并具有一定强度的塑料制作，直径比钻孔直径小 1 ~ 4 mm，长度为 200 ~ 500 mm。简易的水袋注水后扎口即可，自动封口式的专用水袋，靠注水的压力将伸入到水袋内的注水管压紧自动封口。

根据实验资料，水封爆破较泥封爆破工作面的矿尘浓度可低 40% ~ 80%，对 5 μm 以下粉尘的降尘效果很好；同时，对抑制有毒气体也有一定的作用，可使二氧化氮降低 40% ~ 60%，一氧化碳降低 30% ~ 60%。

12.9.4.2　喷雾洒水与通风

在炮烟抛掷区内设置水幕，同时利用风水喷雾器迎着炮烟抛掷方向喷射，形成水雾带，能有效地降低和控制矿尘扩散，并能降低氮氧化物的浓度。利用 WA 型环隙式压气引射器，在其供风胶管上设风水混合器，使压气与水同时作用于引射器，既引射风流又形成水雾带，其作用范围为 20 ~ 40 m，可代替风水喷雾器，并能加强工作面通风。可利用爆破波、光电等作用自动启动喷雾装置，使爆破后立即喷雾。

爆破后的矿尘及炮烟的浓度都很高，必须立即通风排除烟尘。对于掘进巷道，多采用混合式局部通风系统，并保持规定的距离，增强对工作面的冲洗作用。矿尘和炮烟应直接排到回风道，如无条件，应安排好爆破时间，使炮烟通过的区域无人员工作，或采用局部净化措施。国外资料介绍，用碳酸钠和过锰酸钾溶液处理过的蛭石层和过滤除尘器组成净化器，前者除去氮氧化物，后者净化矿尘。

12.9.5　装岩及运输工作防尘

12.9.5.1　装岩防尘

向矿岩堆喷雾洒水是防止粉尘飞扬的有效措施，但需用喷雾器分散成水雾连续或多层次反复喷雾，才能取得好的防尘效果。

装岩机、装运机工作时，对铲装与卸载两个产尘点，都要进行喷雾。可将喷雾器悬挂在两帮。调整好喷雾方向与位置，固定喷雾；亦可将喷雾器安设在装岩机上，并使其开关阀门与铲臂运行联动，对准铲斗，自动控制喷雾。

大型铲运机可设置密封净化驾驶室。

12.9.5.2　带式输送机防尘

带式输送机装矿、卸矿和转载处，散发出大量粉尘，黏附在胶带上的粉尘在回程中受振动下落并飞散到空气中。

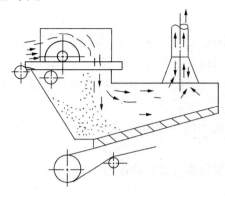

图 12-32　带式输送机密闭示意图

在装卸或转载处设置倾斜导向板或溜槽,减少矿石下落高度和降落速度,是减少产尘量的有效方法。

喷雾洒水是防止矿尘飞扬的有效措施,产尘量小的场所,可单独使用。但喷水量过多时,容易导致皮带打滑。自动喷雾装置可在皮带空载或停转时自动停止喷雾。

密闭抽尘净化是带式输送机普遍采用的防尘措施(图12-32)。在许多情况下密闭全部胶带是不切实际的,一般只对机头与机尾进行密闭。密闭罩应结合实际设计,既要坚固、严密,又要便于拆卸、安装,不妨碍生产。密闭罩体积应尽量大些,抽风口要避开冲击气流,使粗尘粒能在罩内沉降,不致被抽走。

为保证所有孔隙形成向内气流,要从罩内抽走一定量风量。

为防止黏附在胶带上的矿尘被带走并沿途飞扬,可在尾轮下部设刮片或刷子,将矿尘刷落于集尘箱中。

12.9.6　溜井防尘

12.9.6.1　溜井卸矿口防尘

向卸落矿石喷雾洒水,是简单经济的防尘措施,设计有车压、电动、气动等作用的自动喷雾装置可供选用。要注意,某些含泥量高、黏结性大的矿石,喷水后易造成溜井堵塞和黏结。对于干选、干磨的矿石,其含水量不宜超过5%。

溜井口密闭门配合喷雾洒水,适于卸矿量不大,卸矿次数不频繁的溜井。矿山设计有多种密闭形式(图12-33、图12-34)。

从溜井中抽出含尘空气,由井口向内漏风,以控制矿尘外逸的方法,适用于卸矿量大而频繁的溜井。一般设专用排尘巷道与溜井连通。吸风口多设在溜井上部,能减少粗粒矿尘吸入量。抽出的含尘气流,如不能直接排到回风道,则需设除尘器,净化后排到巷道中去。图12-35 为抽尘净化系统的示意图。

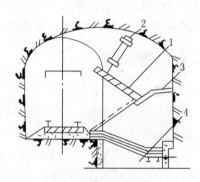

图 12-33　井盖密闭
1—井盖;2—汽缸;3—顶盖
(钢筋混凝土);4—溜井

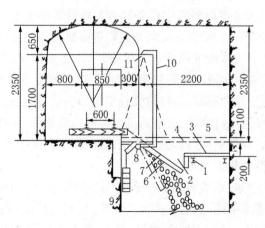

图 12-34　井盖密闭板
1,4—钢梁;2—侧面密闭板;3,5—木板;6—钢轨;
7—钢板;8—轴;9—配重;10—水管;11—喷雾器

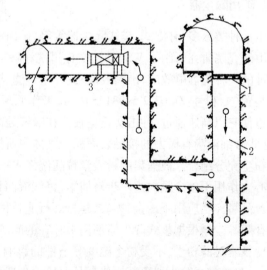

图 12-35　溜井抽风净化系统示意图
1—溜井格筛;2—溜井;3—除尘器;4—排风巷道

12.9.6.2 溜井下部卸矿口防尘

密闭溜井口,并为抽尘净化创造条件。

溜井抽尘是从溜井中抽出一定的空气量,使溜井处于负压状态,防止冲击风流外逸。溜井抽尘必须与井口密闭相配合,使抽出的风量大于冲击风量,才能取得良好效果。抽风口设于溜井上部,施工方便;设于溜井下部,有利于控制冲击风流,但容易抽出粗粒粉尘,磨损风机。抽出的含尘气流如不能直接排到回风道中,要安装除尘器。

红透山铜矿使主溜井上口与地表连通,在地表设排尘风机,直接抽出溜井的空气,并配合井口密闭和溜井绕道风门,对防止冲击风流取得较好的效果。

不能完全防止冲击风流时,在放矿硐室采取抽尘净化措施,对控制污染有良好的作用。

12.9.7 破碎硐室防尘

井下破碎硐室必须建立良好的通风换气系统,对破碎机系统要采取有效的密闭防尘措施。

井下多用颚式破碎机,要把溜槽、破碎机机体及矿石通道全部密闭起来,只留必要的观察和检修口。密闭抽风量可按所有孔隙吸入风速为 2 ~ 3 m/s 计算或参考表 12-10 所示的数值。含尘风流最好直接排至回风井巷或地表;如不能时,应采用除尘器净化。

12.9.8 锚喷防尘

锚喷防尘主要措施有:

(1) 改干料为潮料,采用湿喷机。要求含水率为 5% ~ 7%,可使备料、运料、卸料和上料各工序的粉尘浓度明显降低,喷射时的粉尘浓度和回弹率也降低。

(2) 改进喷嘴结构。采用双水环或三水环供水方式,使喷射物料充分湿润,能收到良好的防尘效果。

(3) 低风压近距离喷射。试验表明,产尘量及回弹率都随喷射气压和喷射距离的增加而增加,应采用低气压(118 ~ 147 kPa)和近距离(0.4 ~ 0.8 m)喷射。

(4) 局部除尘净比。对作业中的上料、拌料和喷射机的上料口与排气口都应采取局部密闭抽尘净化系统,控制粉尘飞扬扩散。

(5) 加强通风。对锚喷作业巷道或硐室,要加强通风,稀释和排出粉尘。

12.9.9 矿用除尘器

除尘器种类繁多,有湿式、袋式除尘器等等,矿山潮湿环境中应选用适宜的除尘器。近年来,中钢集团马鞍山矿山研究院研究研制了 WSC II 型文丘里洗涤除尘器,是参考国内外除尘设备和有关资料基础上进行研究和设计的一种集静电效应、声场效应、文丘里过滤、斯蒂芬流输送,动力学凝集与沉降等多机理于一体的高效除尘装置(专利号:ZL 03 2 59931.5)。其工作原理是:含尘气体由进风管进入收缩管后,逐步加速,在喉管口处迫使它以高速通过,冲击文丘里板。在喉管处高速气流把水液冲击粉碎为微细液滴,雾化成无数大小水滴,这些微细液滴有极大的接触表面积。气体中所挟带的尘粒和雾滴,再经过文丘里板的振动、惯性碰撞、水雾与粉尘充分结合。被捕集的粉尘颗粒随洗涤水一起直接进入沉降箱,过滤后的气体进入旋风筒,在惯性力和离心力作用下较少颗粒进一步被捕集,将气液两相分离,旋风筒同时起脱水作用,除尘器出口不带水。

该产品可广泛应用于冶金、煤矿、建材等行业各种亲水性的粉尘治理。

微孔膜除尘器根据袋式除尘器使用中存在的问题,消化引进、研究开发的一种新型过滤除尘器,采用微孔膜过滤技术过滤粉尘,不受粉尘湿度等条件的影响,即使潮湿的粉尘也可正常的工作,滤料使用寿命达 3 年以上,是目前袋式除尘器更新换代产品。该除尘器可广泛用于冶金、化工、建材、电力、煤炭等环境粉尘治理,特别在粉尘潮湿的条件下(如矿山选矿破碎筛分除尘),尤显优越。除尘器为干法除尘,在生产工艺收尘系统中,它能够改善工人的劳动条件,消除粉尘的二次污染。

12.10 矿井空气调节

12.10.1 矿井气象与人体热平衡

12.10.1.1 人体新陈代谢与热平衡

人类食物营养产生能量的30%用于各器官生理机能活动和肌肉做功,70%用于保持体温,同时向外界散发热量。按照能量守恒定律,人体热平衡数学模型如下:

$$S = M - W \pm C \pm R - E \tag{12-126}$$

式中 S——蓄热量;

      M——新陈代谢产热量;

      W——做功热量;

      C——对流散热(" + "为人体吸热," – "为人体散热);

      R——辐射散热;

      E——蒸发散热。

若 $S = 0$,表明人体达到热平衡,感觉良好;若 $S > 0$,表明环境高温、高湿、R、C、E 值下降,体温上升,感觉不好。在高温环境下,人体生理功能产生一系列变化,出现诸如体温升高、水盐代谢失调、造血系统负担加重、肾脏负荷增加,从而引起中暑,心脏、消化道、泌尿系统等疾病。

12.10.1.2 高温环境与劳动效率

人们在高温环境下从事较长时间的劳动,对热环境会有一定的适应性,因为人体器官有一定的调节功能。这种热适应性因民族、生活环境及健康状况等而异。随着气温的升高,劳动生产率将明显下降,如图12-36所示。

12.10.1.3 矿井气象标准

矿井气象标准是从体力劳动舒适程度出发,为保证人体的正常热平衡,根据人体生热条件、劳动强度和人体散热主要条件(气温、湿度和风速)而制定的有关标准。随着技术进步,矿井气象标准的内容逐渐丰富。干、湿球温度是应用最早、最普通的气象标准。此

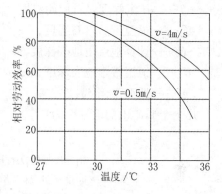

图 12-36 湿球温度与劳动效率关系

外,还有湿球 – 黑球温度指数(WBGB)、有效温度(ET)、反应指数(RI)、标准作用温度(SOT)、热强度指数(HST)等。为了划分高温作业的等级,我国制定了以温差为依据的《高温作业分级》(GB4200—1997)的标准。

12.10.2 影响矿井气象条件的主要因素

12.10.2.1 地面气象条件

地面大气的气象条件,尤其是气温变化具有地区性、季节性和昼夜型的特征。

以昼夜或一年为周期,接近似正弦曲线的规律变化。这种变化对矿井气温的影响随着通风距离的增加而衰减(图12-37)。大气的昼夜变化对矿井影响小,而以年为周期的变化则相反。大气的变化对浅井影响显著,对深井则相反。

我国北方冬季的地面冷空气在井口附近容易使井筒淋水结冰,而南方夏季的地面热空气则会使某些浅井气温升高。

12.10.2.2 矿井热源

矿井热源可分为两类:一类热源的散热量与其周围气温的差值有关,称为相对热源,如高温岩层和热源散热;另一类热源的散热量不受气温影响,称为绝对热源,如机电设备、化学反应和空气压缩等热源。

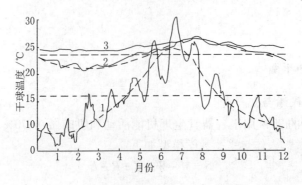

图 12-37　以 1 年为周期的地面与井下气温变化曲线
1—地面;2—井底车场;3—采区入口

（1）高温岩层放热。地球内部热量通过井巷壁以一定强度向矿井空气散热。在太阳辐射热与地热共同作用下,地壳从上至下形成如下温度带:

1）外热带（变温层）。由地面向下 20～30 m,随气温变化而变化。

2）过渡带（恒温带）。不受太阳辐射热和地热作用,为一薄层,其温度接近矿区平均气温值。

3）内热带（增温层）。岩温受地热影响,随矿井深度增加岩温递增,其关系为:

$$T = T_o + (H - H_o)/g_r \tag{12-127}$$

式中　T——H 米深度岩石原始温度,℃;

T_o——恒温带的岩石温度,℃;

H——计算地点距地表深度,m;

H_o——恒温带距地表深度,m;

g_r——地温率,m/℃。

几个金属矿山的地温率为:

矿山名称	地温率/(m/℃)
南非维斯特沃特斯兰金矿（Witwatersrand）	72.9
印度科拉金矿（Kolar）	64.1
美国马格马铜矿（Magma）	60.2～36.2
石嘴子铜矿	50

高温岩层是矿井主要热源之一。井巷岩壁与矿井空气之间的热交换以导热、对流、辐射三种基本方式组成了复杂的关系,因与通风时间长短有关,所以属不稳定换热。

矿区地温场既受深部地热背景和矿区地质构造的控制,又受矿区开采历史的影响。矿井的通风、排水过程,对地温场产生相当程度的扰动。通风井巷岩壁附近扰动的范围（调热圈）由几米至几十米。疏干对地温场的扰动远比通风强烈,往往超过开采深度的影响。

（2）高温热水散热。几个金属矿山的热水温度为:

矿山名称	水温/℃
辽宁岫岩铅锌矿一坑	48～53
湖南 711 矿	43～52
韦岗铁矿	43～47

（3）机电设备运行散热。

（4）空气压缩散热。矿井通风时,空气沿进风井下降和压入式通风空气通过风机而受到压缩转化的热量为空气压缩散热量。这个过程一般为多变过程,若简化为绝热过程,则井深增加 100 m,气温升高 1℃。

（5）其他热源。爆破、井巷岩壁、采掘工作面矿岩或木支架氧化放热等。

整体矿岩崩落时释放的能量转化为热量。

人体、热介质(压气、热水等)输送管道等放出的热量。

12.10.3 矿井降温与防冻

12.10.3.1 矿井降温方法分类及热工过程

矿井降温方法主要分为两类:一类为普通降温,以控制热源散热,加强通风为主要手段;另一类为人工制冷降温,以压缩制冷为主要手段。为提高降温效果,矿山应当采用综合降温措施。

矿井空气的各种状态下的热工过程见图 12-38 及表 12-15。

12.10.3.2 普通降温方法

A　矿井通风降温

通风降温是国内外深热矿井降温的主要措施,其优点是经济、有效,机械通风降温的有效深度可达 1700 ~ 2300 m。通风降温主要从以下两方面考虑:

(1)健全通风系统,提高工作面的有效风量。对于深热矿井,在开拓、采准系统布置上,应尽量使进风巷道选择在矿岩传热系数小、热源温度较低及进风风路短的地区。合理划分通风区域,缩短整个通风路线。对于多中段作业的深热矿井,各中段要有独立的进回风系统。

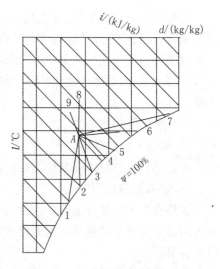

图 12-38　矿井空气各处理过程
在焓湿图过程

表 12-15　矿井空气各处理方法的热工过程

过程线	热工过程	处理方法	适用条件及特点
A-1	减焓减温降温	用温度低于 t_1 的水通过空气冷却器(喷淋式、表面式)冷却空气 用蒸发温度低于 t_1 的工质通过直接蒸发式空气冷却器冷却空气	效果最佳的矿井降温过程。实现本过程需要较为严格的制冷和隔热技术条件
A-2	减焓等湿降温	通过空气冷却器的水或通过直接蒸发式空气冷却器的温度稍低于 t_1 的工质	适用矿井降温,效果较佳
A-3	减焓加湿降温	温底称低于 t_w,高于 t_1 的水喷淋	适用矿井降温,效果较佳
A-4	等焓加湿降温	用矿井水喷淋	不适当的矿井降温过程,湿岩壁表面水分蒸发现象
A-5	增焓加湿降温	用温度低于矿井空气温度,大于 t_1 的水喷淋	不适当的矿井降温过程,应避免
A-6	增焓加湿等温	用温度等于矿井空气温度的水喷淋	不适当的矿井降温过程,应避免
A-7	增焓加湿升温	喷淋水的水温高于矿井气温	类似井巷中的热水对矿井空气加热加湿作用
A-8	增焓等湿升温	各种加热器对矿井空气的加热	矿井机电设备热管道散热,以及井筒暖气保湿
A-9	增焓降湿升温	用机械式固体吸湿剂降温	矿井综合降温措施中的压缩空气脱水

注: t_1 为空气露点温度, t_w 为空气湿球温度。

在设计进回风井的相对位置时,应考虑通风降温的效果,从降温效果来看混合式最优,对角式次之,中央式较差。局部通风方式对通风降温的效果也有不同的影响。抽出式通风时,进风流在沿途受热源预热,到达工作面的风流温度较高;而压入式通风,当风筒采用隔热措施后,送入工作面的空气温升较低,故宜采用压入式局部通风。

(2)适当加大通风量。

B　用低温冷水或低温巷道降低夏季进风流的温度

直接利用矿区附近的低温水资源降温,是一项成本低廉的措施。例如,位于前苏联高加索的沙东斯基(Canohcknn)矿附近的河流是高山雪水融化的低温冷水,常年保持在 5 ~ 7℃。利用这种天然冷水,该矿建立了矿井降温系统,使矿井气温由 25 ~ 30℃降至 13.8 ~ 19℃。

C　冰块降温

随着矿井温度的增加,安装在井下的制冷机,在排除冷凝热方面遇到巨大的困难,降温成本随之上升。近年来,冰块制冷在深井降温方面的作用又开始得到重视。例如,南非兰德(Rand)公司哈莫尼(Hamony)金矿在地面修建了一座日产1000 t的制冰厂,生产的7 cm×7 cm×1 cm的冰块沿着管道送至距地面1000 m深的井下蓄水池,然后将水池中的冷水输向高温工作面。此法由于不存在排热问题,因而比传统的制冷系统费用低。

D　热源散热控制

a　高温岩壁隔热

在井巷高温岩壁表面喷涂隔热材料,或者用"套巷"以空气作隔热层,可在短期内保持一定隔热效果。

b　热水散热控制

以热水为主要热源的浅矿井,可超前1～2个阶段疏干热水。疏放的热水要用隔热管道或加严密盖板的水沟向尽可能设于排风井附近的热水仓排放。若矿井热水量较大,可掘进与主要运输巷道平行的专用热水排水巷道。

韦岗铁矿热水温度为43～47℃,采用大降深疏干降温综合措施,尽管疏干巷道热水出露地点气温为32～34℃,但生产阶段(−100 m)气温正常(图12-39)。

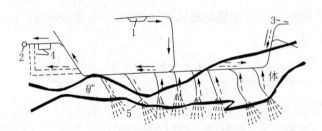

图12-39　韦岗铁矿热水疏干阶段平面
1—副井;2—西排风井;3—东回风井;4—热水泵房及水仓;5—放水硐室及钻孔

E　机电设备散热控制

机电设备硐室尽可能设于回风井附近,或者建立单独的通风系统,硐室回风直接引入矿井总回风道。

F　提高采掘强度

高温矿井应提高采掘机械化程度,采用高效采矿方法,缩短开采周期。

12.10.3.3　人工制冷降温

A　制冷机

矿井制冷机可分为:

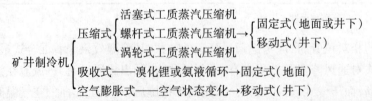

压缩制冷机通常由气体压缩机、冷凝器、蒸发器、动力机械、安全装置、管道系统组成。其制冷工质广泛使用氨和氟利昂。矿井制冷机若设于井下应采用氟利昂,不能用有毒、有刺激味和易爆的氨。冷媒是制冷系统用来传递冷效应的中间媒介,常用水或盐水。

B　空气冷却器

空气冷却器是一种热交换器。它将制冷机生产的冷量传给空气,并将空气的热量带给制冷机的换热装置。矿用空气冷却器有:

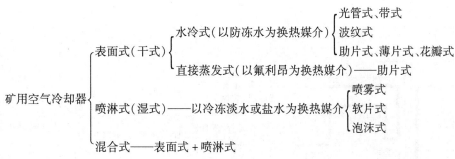

C 移动式空调机

根据掘进工作面不断移动的特点,通常采用小型移动式空调机(实质是直接蒸发式表面空气冷却器)(图12-40)或其他移动式空气冷却器,用局扇通过隔热风筒向工作面吹送冷风。这些设备与工作面的距离除考虑爆破、出渣等作业的影响外,还要考虑冷风输送过程中的冷量损失,一般取50~100m。表12-16列出了国产矿用移动式空调机。

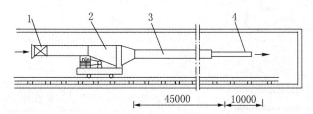

图 12-40 矿用移动空调风机

1—局扇;2—移动式空调机;3—隔热风筒;4—普通风筒

表 12-16 矿用移动空调机

型　　号	产冷量 W	压缩机	制冷工质	蒸发温度/℃	冷凝温度/℃	电动机功率/kW	冷却水量/(m³/h)	制冷水量/(m³/h)	外形尺寸(长×宽×高)/mm×mm×mm	质量/kg	制造厂
JKT－20	69780	4F－10	F－12	5	35	22	10	23.1	2150×980×1620	1650	武汉冷冻机厂
JKT－70LJ Z－KF125C	232600	KF125C	F－22	5	35	75	24~55	45~65	3420×1300×1620	5800	武汉冷冻机厂

D 矿井空气冷却系统

按照矿井空气冷却系统中的制冷机装置、冷凝热的排放和空气冷却点的不同,将矿井空气冷却系统分类、技术特点及适用条件列于表12-17。

表 12-17 矿用冷却系统分类技术特点

类　型	原 理 图	适用条件	系统布置	技 术 特 点
I	地面集中制冷并冷却矿井总进风流的冷却系统	矿井开采深度与通风距离不大,通风量较大	制冷设备全部置于地面,通过大型空气冷却器大幅度降低进风流温度	可采用大型、经济的氨压缩制冷机,也可以按矿山热源及二次能源情况采用吸收式制冷机。该系统安装、管理、维修方便,但冷损量大,可达总产冷量的36%以上。矿井进风降温幅度过大,不利于矿工健康
II	地面集中制冷,井下分散冷却的冷却系统	适用于一般矿井,但开采深度不能过大	制冷设备全部置于地面,冷媒通过管道输送到井下深部水平接近高温工作面的空气冷却器	冷媒(冷水)输送管道长,高差大,因此,对其耐压、消能降压和隔热技术有特殊要求

类　型	原　理　图	适用条件	系统布置	技术特点
Ⅲ 井下制冷,地面排热的冷却系统		矿山地面气温低,散热条件好,适用于一般矿井,但开采深度不能过大	制冷机和空气冷却器均设于井下深部水平。排除制冷机冷凝热的水冷却系统设于地面,冷凝热排入地面大气	冷媒(冷水)输送管道长,高差大,因此,对其耐压、消能降压和隔热技术有特殊要求
Ⅳ 井下制冷并排热的冷却系统		深井或超深井矿井	制冷和冷却系统全部设于井下深部水平	利用矿井回风流或矿井水吸收制冷机的冷凝热。但吸热能力有限,因此,但吸热能力有限,因此,必须提高冷却压力和温度(最高达60℃)。该系统冷媒输送距离短,冷损小。矿井回风冷却系统的井巷工程量较大
Ⅴ 联合制冷的冷却系统		深井或超深井矿井	地面及井下设有两级制冷机,冷凝热由设于地面一级制冷系统的水冷却装置向地面大气排放	可采用大型、经济的氨压缩制冷机,也可以按矿山热源及二次能源情况采用吸收式制冷机。井下二级制冷机可代替高压消能装置。该系统较复杂,管理及维修技术条件要求较严格

注:1—压缩机;2—冷凝器;3—蒸发器;4—泵;5—地面冷却塔;6—空气冷却器;7—中间换热器;8—井下回风流冷却系统。

E　矿井隔热技术

a　管道隔热

高温矿井输送热介质(压气、热水)和冷介质(制冷工质、冷媒)的管道均需进行隔热处理。

矿井隔热材料应有良好的防潮、防火、耐冲砸、无毒等性能。目前,国内采用聚苯乙烯泡沫管包扎管道的矿井较多。为防止隔热材料吸湿、降低隔热作用,通常在聚苯乙烯隔热材料之外,再缠包一层或数层聚氯乙烯带。还有用工程熟料管道代替钢管道,或采用双层钢管中间填塞隔热材料。

b　风筒隔热

(1)硬质风筒(铁皮风筒):风筒外包扎聚苯乙烯管壳或喷涂聚氯酯。

(2)软质风筒(胶带风筒):采用多层柔性隔热风筒(图12-41)。风筒分内、外两层、中间充以空气作为隔热层。

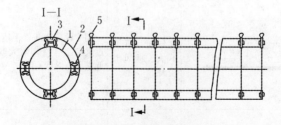

图12-41　双层隔热风筒

1—内风筒;2—外风筒;3—金属卡;4—尼龙绳;5—吊环

12.11　矿井通风系统检测

矿井通风系统检测包括:

（1）矿井内空气成分（包括各种有毒有害气体）与气候条件的检测。

（2）矿井内空气含尘量的检测。

（3）矿井风量、风速的检测。

（4）矿井通风阻力的检测。

（5）矿井主要扇风机工况、辅扇与局扇工作状况的检测。

（6）根据生产情况的发展和变化，计算确定各个时期内矿井与各分区所需风量，以便提出风量合理分配措施。

（7）主要通风巷道和通风构筑物的检查与维护。

（8）自燃发火矿井的火区密闭检查及全矿消防火的检查与管理。

各生产矿井都应设立专业性的通风安全管理机构来保证上述各项任务的完成。

矿井通风系统检测的主要作用是：

（1）全面掌握矿井通风系统状况。

（2）建立通风系统的资料档案，以便总结经验，对通风系统的变化进行比较。

（3）正确提出通风系统改进技术方案与调整措施。

（4）为通风设计提供准确的基础资料。

12.11.1　通风系统检测前的准备工作

通风系统检测前的准备工作主要包括：矿井通风系统资料的收集与分析、通风检测仪器仪表的准备及校正、测点布置及标记等。

（1）矿井通风系统资料的收集与分析包括收集与分析矿井通风系统各种技术资料、图件等，并对矿井通风系统井巷工程、通风构筑物、主要机站的实地调查。

（2）通风检测仪器仪表的准备及校正包括主要通风检测仪器仪表包括高速风表、中速风表、数字式风速仪（可测低速及中速、高速）、气压计、钳形表（或功率表）、干湿球温度计、激光测距仪或皮尺、测杆、电度表、测尘仪、记录笔和记录纸等。

通风检测前，应对所有的检测仪器仪表进行检查及校正，因检测仪器仪表产生的误差是导致通风检测失败的主要因素之一。

为了记录及数据整理方便，通风检测前应设计专用的记录表格。

（3）测点布置及标记。在矿井通风系统立体图及各中段平面图上同时进行测点预布置并编号，再到井下通风巷道壁上进行测点标记。对于使用时间较长的主要通风巷道，可布置并标记永久性测点。

12.11.2　矿井风量检测

12.11.2.1　检测目的

（1）计算矿井总风量及单位产量的耗风量。

（2）检查矿井通风系统的漏风情况，计算有效风量率或系统外部内部漏风率，并找出主要的漏风地点。

（3）检查工作面实际获得的风量是否满足需风要求。

（4）检查系统内风流的污染程度。

（5）检查通风系统风量分配是否合理。

（6）核算井巷风速是否符合矿山安全规程。

12.11.2.2　测点布置

测点的选择原则是能够控制各需风点风量、主要分风点和设置机站的巷道，尽量选择和建立永久性测点。测点布置的主要位置：系统各机站、各井筒阶段联络巷、各主要分支巷、各辅助机站、主要工作面、漏风串风或污风循环的地点等。

为了保证测点处的风流稳定，应使测点前后有一段断面变化比较均匀的平直巷道（长度约为巷道宽度的 5 倍,其距离为:在测点前约 3 倍巷道宽度,测点后约 2 倍巷道宽度)。井下所有作业场所都是需风点,独头工作面的测点选在靠近它的通风系统风路上,贯穿风流中的测点应布置在靠近作业场所。

12.11.2.3　巷道断面的测量与计算

巷道断面的测定可在测风前布置测点及标记时一次性完成,也可与测风同时进行。巷道断面分规则型和不规则型两种,因其测量方法不同计算方法也有所不同。

A　规则断面

规则断面尺寸测量和计算见表 12–18。

表 12–18　规则巷道断面计算

断面类型	形状与尺寸	面　积	周　长	断面类型	形状与尺寸	面　积	周　长
圆形		$0.785d^2$	$3.14d$	三心拱形 $h_0 = b/3$		$b(h + 0.266b)$	$2.33b + 2h$
矩形		bh	$2(b + h)$	三心拱形 $h_0 = b/4$		$b(h + 0.198b)$	$2.23b + 2h$
梯形		bh	$2(b + h_1)$	圆弧拱形 $h_0 = b/3$		$b(h + 0.241b)$	$2.27b + 2h$
半圆拱形 $h_0 = b/2$		$b(h + 0.39b)$	$2.57b + 2h$	圆弧拱形 $h_0 = b/4$		$b(h + 0.175b)$	$2.16b + 2h$

B　不规则断面

不规则断面的主要测点的断面应进行精确测量,有两种简便实用的测量方法:

(1) 小梯形测量法:将断面等分成若干个小梯形,然后将等分的各小梯形面积相加,如图 12–42 所示。计算公式:

$$S = [h_1 + h_n + 1 + 2(h_2 + h_3 + \cdots + h_n)]B/(2n) \tag{12–128}$$

式中　S——巷道断面积,m^2;

　　　B——巷道宽度,m;

　　　n——等分数;

　　　h_i——第 i 等分点处的巷道高度,m。

具体测量方法是先量出断面宽度,根据断面大小将其分为 6 ~ 12 个等分,量出各等分点的断面高度,计算巷道断面积。

测量根据比较简单,可用激光测距仪或软皮尺和可伸缩测杆。

(2) 放射状测量法(小三角形测量法):测量原理是将巷道划分成共顶点的若干个小三角形,计算各小三角形的面积之和,如图 12–43 所示。计算公式:

$$S = \frac{1}{2}Bh + \frac{1}{2}\sum_i^n l_{i1+1}l_{i1+1}\sin\varphi_i \tag{12–129}$$

$$P = B + \sum_i^n \sqrt{l_i + l_{i+1} - 2l_il_{i+1}\cos\varphi_i} \tag{12–130}$$

式中　S——巷道断面积,m^2;

　　　B——巷道宽度,m;

P——巷道周长,m;

h——中心点距巷道底边高度,m;

l_i——第 i 等分线长度,m。

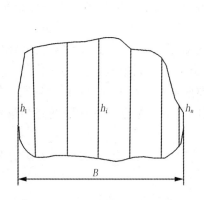

图 12-42   小梯形断面测量法

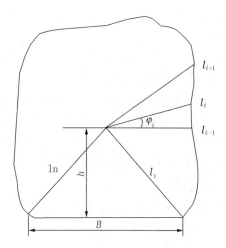

图 12-43   放射法断面测量法

具体方法:自制一个 1m 左右高的木支架和一根 2.5m 长的木条尺,支架板上每 15° 画一条线,每 15° 读一木尺数。

12.11.2.4 风速测量

测风时首先要选择测风仪表,按规定风速小于 1 m/s 为低速段,1~5 m/s 为中速段,大于 5 m/s 为高速段,主要机站风速都需采用高速风表。

测风时应保持"同时性"原则,因系统测风数据是按风量平衡定律来验证的。若因全矿同时检测规模太大,人力和物力受到限制,就应采取分期测定,即如果检测工作不能在一天内全部完成,则可由最高一级的并联分支开始,一级一级地分阶段进行,但每次必须把该级的各并联分支测完,而每次测定的总分(汇)风点应当是上一次检测点的重复点,以便对该点风量的变化进行校正。

为了检测数据整理计算的需要,在测风时应同时测定气压 P、温度 T 和相对湿度 ϕ。

对一个通风系统的检测,测定前应选择风速计的测量方法和持表方法,并在测量过程中保持一致,以减少系统误差。

(1)风速测量方法。

1)路线测量法:风速计在测量过程中沿一定路线均匀缓慢地移动,以检测全断面的平均风速。为了计算方便,每次检测做好在 100s 内走完全断面(可依靠计时人报时来掌握),然后以风表读数的百分之一作为读数,省去一道计算过程。每个检测点的风速测量次数应不少于三次,其读数误差不大于 5%。

2)分点测量法:将断面均分成若干相等面积,用风速计在每个小面积的中心部位测量风速,将各检测数据进行算术平均即得到该巷道检测点的平均风速。巷道断面在 10 m² 以内,一般布置 9 个检测点;巷道断面 10~15 m²,布置 12 个检测点;巷道断面大于 15 m²,应布置 15 个或 15 个以上检测点。

3)中心测量法:先求出各种类型断面的中心风速与平均风速的比值,以后只要将风速计置于该断面的中心位置测量风速,将其进行相应的比值换算即可得到平均风速。

4)皮托管微压计测量法:测量高风速时,采用皮托管配合微压计进行测量较为准确。例如,当 $v=20$ m/s 时,如读数误差 10 Pa,风速误差仅为 1.5% (0.3 m/s)。

(2)持表方法。

1)迎面法:测量人员面对风流进行测量,其结果应乘以校正系数 K(一般取 1.14)。由于该方法难以掌握,准确性较差,故较少采用。

2)侧面法:测量人员面对巷道壁进行测量,计算风量时,需将巷道断面减去测量人员的迎风断面(一般为 0.3~0.4 m^2），即校正面积 $S_{校} = S_{巷} - S_{人}$。

12.11.3 通风阻力检测

通风阻力也称为通风系统压力或系统风压损失、系统阻力检测，可分为专项检测和全面检测。专项检测主要是找出某些井巷风阻数据为设计提供依据，如检测井巷摩擦阻力系数和局部阻力系数、某些通风构筑物（如风桥、风窗等）的通风阻力和漏风系数等。而全面检测则是需要全面了解矿井风压损失分布和变化，为改进系统通风效果提供基础数据。

通风阻力专项检测和全面检测虽然基本原理和操作方法相同，但由于目的和要求不同，在具体做法上是不一样的。专项检测要求测定的内容多，精度高，现场记录详细，但不受时间限制，可以在同一点反复进行，也可在风流条件改变后再次进行。而全面检测要求各段的检测数据基本上在风流相对稳定的同一条件下得出，因此必须速度快，一般争取在一个工班内全部测完，全面检测的测段应根据矿井通风网路结构和改进通风系统的要求来选择。

矿井通风阻力分布的测定应包括矿井主要通风路线上的进风段、需风段、回风段的通风阻力及系统总阻力。

12.11.3.1 检测目的

（1）了解通风状况变化的原因，根据各个时期矿井风压损失的全面检测资料对照分析，从而提出改进通风系统的准确方案。

（2）找出降低风阻的重要区段。

（3）查明容易大量漏风和可能产生循环风的区段。

（4）确定系统主要机站联合运转的稳定性。

12.11.3.2 线路选择和测点布置

A 线路选择

（1）选线之前，应把通风网路的结构、工作面的分布及风流的来龙去脉完全弄清楚，并绘制出尽可能详细的通风系统示意图。

（2）对于每一个通风区域或每一台主要扇风机所负担的区域，都应选择一条负担作业量最大、风路最长的线路作为主要线路，并尽可能选择几条大的并联分支作为辅助风路，其目的是较全面掌握风压损失的分布情况和对主要风路的测定结果进行校核。

（3）选定的风路中各段的风流方向应当保持一致，这样线路中任意两点间的风压损失等于其间各段损失之和，数据整理也比较方便。如果测量路线必须通过风向不同的巷道，或该段巷道中风向在测定的当天发生改变，则需特别注明，以便在整理数据时按风压平衡定律进行计算。

（4）将选定的线路在通风系统示意图上标出，并进行现场标记。

B 测点布置

按以下测点布置原则进行布点：

（1）根据风量的变化划分测段原则，即凡是有分风的地方都要布置测点。

（2）根据风阻的变化划分测段原则。在巷道摩擦阻力有明显改变时（如支护形式、断面等发生变化），需布置测点。

（3）有严重局部损失（如风窗）和正面损失的地方（如在风速高的地方堆积大量废石），应在其前后布置测点。

（4）遇有辅扇时应在其前后布置测点。

（5）测点处的风流应是比较稳定的，在测点前后应各有一段断面变化比较均匀的直巷。

（6）测点的位置用明显的标志标出。

（7）在条件许可的情况下，尽量将测风点同时作为测压点。

12.11.3.3 测定原理与方法

测定原理为伯努利能量方程,即两点间的压力损失为两点间的能量差。

$$h_{1-2} = (p_1 - p_2) + (v_1^2 - v_2^2)\gamma / 2g + (Z_1 - Z_2)\gamma \tag{12-131}$$

根据该原理及所用的测定仪器的不同,测定通风阻力有不同的方法,包括压差计测定法、气压计测定法、恒温压差计测定法等,其中采用气压计测定法比较简单方便。气压计按基点法测定,两点之间总能量的通风阻力为:

$$h_{1-2} = (p_1 - p_2) + (p'_1 - p'_2) + (v_1^2 - v_2^2)\gamma / 2g + (Z_1 - Z_2)\gamma \tag{12-132}$$

式中　h_{1-2}——1、2 两点间的通风压差,Pa;

　　p_1, p_2——测点 1、2 上气压计的“气压差”读数,Pa;

　　p'_1, p'_2——测定 1、2 点时,基点上气压计的“气压差”读数,Pa;

　　　　γ——井下空气重度,kg/m^3;

　　v_1, v_2——1、2 测点的风速,m/s;

　　Z_1, Z_2——1、2 测点的标高,m。

测定时应注意事项:

(1) 各测点的标高应事先查明,以便进行高程校正。

(2) 在井下测定的同时,应在地面置一气压计,并每隔一定时间记下一次读数。

(3) 记下测定时间,以便查到该时候的地面大气压力,进行气压校正。

(4) 测定时还应对温度、风速进行测定。

(5) 计算时应进行气压校正、高程校正和速压校正。

12.11.4　扇风机工况测定

12.11.4.1　扇风机工况测定的主要任务和内容

测定的主要任务包括:

(1) 测定扇风机的风量和风压,分析扇风机风量是否满足生产实际的需要,是否需要调节和怎样调节;计算矿井通风阻力与矿井总风阻或矿井等积孔;了解风阻是否过大或是否与扇风机特性相匹配,工况点是否在扇风机特性的许可范围内。

(2) 测定扇风机电动机的输入功率,计算扇风机的运转效率和耗电指标,提出扇风机的节能措施。

测定内容包括:主扇装置即机站风量、机站风压、机站局阻、实耗功率。

12.11.4.2　扇风机风量的测定

主扇风量的测定通常在主扇风硐内的直风硐段进行。由于风硐内的风速较大,一般使用高速风表测定断面上的平均风速。还可将该断面划分成若干面积相等的方格,用皮托管逐一测定各方格中心点上风流的动压,再换算成相应的风速,然后求平均值。如果要在测风断面上设置固定测点,安装风速传感器测风,则应事先测得平均风速与该点处风速的比值,定位修正系数,然后根据该点的风速,再乘以修正系数,求得平均风速。平均风速与巷道断面之积,即为主扇风量。

12.11.4.3　扇风机风压的测定

主扇风压的测定通常是在风硐内测定主扇风量的断面上进行。如果扇风机安装在井下,其进、出风端都接有风道,则在进、出风端都要设置测点。

测定时,在测点的断面上安置皮托管,用胶皮管将其静压端与压差计相连,读取该断面的相对静压 h_s,再根据该断面的平均风速,算出该断面的动压 h_v,求得该断面的相对全压 h_t。最后,根据扇风机的全风压等于扇风机出口全压与进口全压之差的关系,计算扇风机的全风压。

12.11.4.4　扇风机电动机功率的测定

电动机功率的测定有三种方法:

（1）功率表法。采用两个功率表测三相功率。其中一个功率表测量 AC 线间电压和 A 相电流，另一个功率表测量 BC 线间电压和 B 相电流，两个功率表的读数之和即为电动机的输入功率。在高压或大电流线路上测量时，还需要通过电压互感器和电流互感器，将功率表接入线路，在此情况下两个功率表读数之和与电压互感系数、电流互感系数的乘积为电机的输入功率。

（2）电流、电压、功率因素表法。此法同时测定电机的电流 I、电压 U 及功率因素 $\cos\varphi$，可按式（12-133）计算电动机功率：

$$N = \sqrt{3}\,UI\cos\varphi \tag{12-133}$$

式中　N——电动机功率，kW。

（3）电度表法。当现场安有电度表时，可以读取在一段时间 T 内所消耗的电度（kW·h）数 W，并按式（12-134）计算电动机功率：

$$N = W/T \tag{12-134}$$

12.11.4.5　扇风机效率的计算

将有关的数据测定并计算出来后，按式（12-135）计算扇风机效率：

$$\eta = \frac{QH}{1000N\eta_e\eta_d} \times 100\% \tag{12-135}$$

式中　η——扇风机效率；

　　　Q——扇风机风量，m^3/s；

　　　H——扇风机风压，Pa；

　　　N——电动机的输入功率，kW；

　　　η_e——电机效率；

　　　η_d——电机与扇风机间的传动效率。

12.12　通风系统鉴定指标

12.12.1　基本指标

以下六项指标作为鉴定矿井通风系统的基本指标，用以评价矿井通风系统的基本状况：

（1）风量（风速）合格率 η_q。风量（风速）合格率为实测风量（风速）符合《金属非金属地下矿山通风系统技术规范》标准的需风点数与需风点总数的百分比。它反映需风点的风量或风速是否满足需要，以及风量的分配是否合理。$\eta_q \geq 65\%$ 为合格标准。

$$\eta_q = \frac{n}{z} \times 100\% \tag{12-136}$$

式中　n——风量或风速符合规范的需风点数；

　　　z——同时工作的需风点数，即在通风设计中进行风量计算及分配的各需风地点。

（2）风质合格率 η_z。风质合格率为风源质量符合《金属非金属地下矿山通风系统技术规范》标准的需风点数与需风点总数的百分比。它反映风源的质量及其污染情况。$\eta_z \geq 90\%$ 为合格标准。

$$\eta_z = \frac{m}{z} \times 100\% \tag{12-137}$$

式中　m——风源质量符合《金属非金属地下矿山通风系统技术规范》要求的需风点数。

（3）作业环境空气质量合格率 η_k。作业环境空气质量合格率为作业环境空气质量（粉尘、CO、NO_x 等）符合《金属非金属地下矿山通风系统技术规范》标准的需风点数与需风点总数的百分比。它反映井下作业环境的空气质量状况及通风效果。$\eta_k \geq 60\%$ 为合格标准。

$$\eta_k = \frac{e}{z} \times 100\% \tag{12-138}$$

式中　e——作业环境空气质量符合《金属非金属地下矿山通风系统技术规范》要求的需风点数。

(4) 有效风量率 η_u。有效风量率为矿井通风系统中的有效风量与主扇风量的百分比。它反映主扇风量的利用程度。$\eta_u \geqslant 60\%$ 为合格标准。

$$\eta_u = \frac{\sum Q_u}{\sum Q_f} \times 100\% \tag{12-139}$$

式中　$\sum Q_u$——各需风点实测的有效风量之和，m^3/s；

　　　$\sum Q_f$——主扇的实测风量，多台主扇并联，为其风量之和，压抽混合式通风时，取其风量值大者；多级机站通风时，取第一级进风机站或末级回风机站风机风量总和值之大者。

(5) 风机效率 η_f。风机效率，在主扇通风系统中为主扇的输出功率与输入功率的百分比，它反映主扇的工况、性能及其与矿井通风网路的匹配状况；当多台主扇并联时，取其风机效率的算术平均值；在多级机站通风系统中，风机效率为所有风机效率的算术平均值。$\eta_f \geqslant 70\%$（全压）为合格标准。

$$\eta_f = \frac{H_f Q_f}{1000 N \eta_d \eta_c} \times 100\% \tag{12-140}$$

式中　H_f——风机全压，Pa；

　　　Q_f——风机风量，m^3/s；

　　　N——风机电动机输入功率，kW；

　　　η_d——风机电机效率，%，应实测，如无条件实测，可参考表 12-19 或产品说明书取值；

　　　η_c——传动效率，直联传动 $\eta_c = 1.0$，皮带传动 $\eta_c = 0.95$。

表 12-19　电动机效率

电动机额定功率/kW	<50	50 ~ 100	>100
电动机效率/%	85	88	89

(6) 风量供需比 β。风量供需比为实测的主扇风量或一级机站风机总风量最大值与设计的矿井需风量的比值，它反映风量的供需关系。

$$\beta = \frac{\sum Q_f}{\sum Q_c} \tag{12-141}$$

式中　$\sum Q_f$——设计的矿井需风量，m^3/s。

如果 $\sum Q_f$ 与设计选取的风机风量相同，则 β 等于风量备用系数 K_b 和风机装置漏风系数 K_f 的乘积。风量供需比的合格标准为 $1.32 \leqslant \beta \leqslant 1.67$。

K_b 值为 $1.20 \sim 1.45$，可根据矿井开采范围的大小，所用的采矿方法，设计通风系统中风机的布局等具体条件进行选取。K_f 值为 $1.10 \sim 1.15$。

12.12.2　综合指标

通风系统综合指标 C，是以上六项指标的综合反映，用以直观衡量通风系统实施后的综合技术经济效果。

$$C = \sqrt[6]{\eta_q \eta_z \eta_k \eta_u \eta_f \beta'} \times 100\% \tag{12-142}$$

式中　β'——风量供需指数，%。

当 $1.32 \leqslant \beta \leqslant 1.67$ 时，取 $\beta' = 100\%$，为合格指标。

$\beta > 1.67$ 时，取 $\beta' = \dfrac{1.67}{\beta} \times 100\%$。

$\beta < 1.32$ 时，取 $\beta' = \dfrac{\beta}{1.32} \times 100\%$。

以上 6 项指标的合格值代入式（12-142），可求得综合指标的合格标准，$C \geqslant 72\%$。

12.12.3　辅助指标

以下三项作为鉴定矿井通风系统的辅助指标,主要用以衡量矿井通风系统的经济及能耗情况。它们受制于矿体赋存条件和所用采矿方法等因素的影响较大,所以只能用作对比参考。

(1) 单位有效风量所需功率 W_u。单位有效风量所需功率为每立方米有效风量通过单位长度的主风路的能耗,它反映获得单位有效风量的能耗状况。

$$W_u = \frac{\sum W_f}{\sum Q_u \cdot L} \tag{12-143}$$

式中　$\sum W_f$——矿井通风系统全部风机实耗功率之和,按实测的电动机输入功率计算,kW;

　　　L——以百米为单位长度的主风流线路的总长度,hm。

(2) 单位采掘矿石量的通风费用 J。单位采掘矿石量的通风费用,为矿井通风总费用与年采掘矿石量之比。

$$J = \frac{\sum F}{10000A} \tag{12-144}$$

式中　$\sum F$——每年用于矿井通风的总费用,包括电费、设备折旧费、工程摊提费、材料消耗费、维修费及工　　　资等,元/a;

　　　A——该通风系统内的年采掘矿石量,万吨/a。

(3) 年产万吨耗风量 q。年产万吨耗风量,为主扇风量或一级机站风机总风量最大值 Q_f 与年采掘矿石量的比值。用以直观地衡量万吨产量所需的风量。

$$q = \frac{\sum Q_f}{A} \tag{12-145}$$

12.13　减少矿井漏风的措施和通风监控

12.13.1　减少矿井漏风的措施

减少矿井漏风的措施包括:

(1) 矿山开拓系统、开采顺序等因素对矿井漏风有很大影响。中央并列式通风系统,由于进风井与回风井相距较近,通风构筑物较多,压差较大,比对角式通风漏风大。采用后退式开采顺序,采空区由两翼向中央发展,对于减少漏风和防止风流串联都有好处。采用充填采矿法比其他采矿法漏风少。在巷道布置上,主要运输道和通风巷道采用脉外布置,使其在开采过程中不致过早遭受破坏,对维持正常通风系统减少漏风有利。

(2) 采用抽出式通风的矿井,应特别注意地表塌陷区和采空区的漏风。从采矿设计和生产管理上,要尽量避免过早地形成地表塌陷区。采用压入式通风的矿井,应特别注意防止进风井井底车场或井口漏风。为此在进风井和提升井之间(或进风道与平硐口之间)至少要建立两道可靠的自动风门。有些矿井在各阶段进风穿脉巷道口试用空气幕或导风板引导风流,防止漏风,也收到了一定的效果。

(3) 加强通风构筑物的严密性是防止矿井漏风的基本措施。

(4) 降低风阻,平衡风压。漏风风路两端压差的大小,主要决定于并联的用风地点的通风阻力。降低用风地点风阻,使两端压差减少,能降低并联漏风风路的漏风量。根据同样的道理,通过在用风风路中安设辅助扇风机或采取多级机站的工作方式,降低漏风风路两端的压差或在生产区段造成零压区,也能有效起到减少漏风的作用。在选用调节风量方式时,从防止漏风的角度来看,采用降阻调节比采用增阻调节更为有利,因为降阻调节可使通风网路总风阻降低,从而降低了各风路的压差值。采用分区通风系统,可缩短风流路线,也可降低风路的压差,对减少漏风有利。在条件允许时,将主扇安装在井下,可减少主扇装置的漏风。由于扇风机距工作面近,可提高作业面风量。另外还可利用较多的井巷进风或排风,以降低通风阻力。

12.13.2　矿井通风监控

矿井通风系统自动化监控管理的目的,借助各种自动化手段(如计算机等),及时了解通风系统的状况,迅速做出反应,合理地调度风流,达到既能随时满足生产对通风的要求,又能减少风流浪费,节约电力消耗的目的。

在矿山通风系统自动控制及监测方面,国外已采用了许多自动控制装置。如主扇调速控制装置,可对风机转速直接遥控,还可监测转速、温度、功率因数、电流、电压等。还有自动风门、调节风窗等自动装置得到应用。

西班牙的 SISCOMII 型通用监测控制系统以设在井下遥控分站为基础,在地面安设一台主计算机,通过通信电缆将井下分站与地面计算机连接起来,井下遥控分站以微处理机为基础,执行数据采集、处理和传送,并按预先编入程序控制动作;英国采矿研究院研制的 MINOS 风机监测与控制系统能对地面主要扇风机、辅扇风机和局部风机的状态及周围环境进行连续的监测和控制;日本赤平矿有限公司的计算机集中监测系统对甲烷、一氧化碳、温度、湿度、压力等进行集中监测;德国豪斯·阿登矿用计算机对 CH_4、CO 进行监测;法国使用微型电子计算机和数字传输技术研制的 CGA 系统,对矿井大气进行监测。

中国煤矿系统研制成适应小矿井的安全监测系统可监测井下甲烷、一氧化碳和风速;中国锡矿山矿务局的通风系统集中监控和风量自动调节系统,根据生产变化及时对矿井通风设备进行遥控,对矿井的主要参数进行遥测。

由中钢集团马鞍山矿山研究院于 2001 年完成并在梅山铁矿投入运行的多级机站通风计算机远程集中监控系统,采用计算机网络与通信技术对井下 9 个机站共 30 台风机进行远程集中监控,经过 5 年多的运行证明该系统技术先进,性能稳定可靠,布线及操作维护简单,适合在井下恶劣环境条件下长期工作。

安徽铜陵冬瓜山铜矿新区现有的多级机站通风计算机远程集中监控系统于 2006 年完成并投入运行,该系统采用计算机网络与通信技术以及变频调速技术对井下 8 个机站 22 台风机进行远程集中监控,经过 3 年多的运行证明该系统适合在井下恶劣环境条件下长期工作,性能稳定可靠,布线及操作维护简单。该监控系统主要完成对第Ⅰ、第Ⅳ级机站的大功率风机进行远程集中启停控制、变频调速控制以及风流参数、风机运行状态、风机运行电流、运行频率进行实时监测,不仅提高了矿山通风管理水平,而且具有显著的节能效果。

总之,对矿井通风系统的监测与控制方面,国内外都是采用计算机技术的监控系统。由中钢集团马鞍山矿山研究研究开发的采用多级机站通风计算机远程集中监控系统无论是控制规模还是技术先进性以及可靠性方面都是领先的。

随着我国企业改革的深入进行和计算机技术突飞猛进的发展,高科技的应用已成为企业提高劳动生产率的重要途径,实现矿山通风系统,尤其是多级机站通风系统及井下大气环境的计算机网络化监测与控制,是今后矿山自动化的一个发展趋势。

12.13.2.1　系统结构

通风系统的自动化监控管理通常包括以下内容:(1)通风系统主要通风设备和通风构筑物的自动监控;(2)井下大气环境参数的自动监测;(3)按照通风系统管理要求(或最佳方案)自动调节和分配风量。

以冬瓜山铜矿为例,该通风监控系统采用计算机网络与通信以及变频驱动技术,对分布于井下各级机站的风机进行远程集中监控(包括风机开关控制、变频调速控制、运行状态及参数监视等),对主要通风巷道风流参数进行连续自动监测。该系统的关键技术及主要内容有:计算机通信接口技术、网络通信技术、网络拓扑结构、网络传输介质、变频驱动技术、传感器技术、计算机网络通信软件和监控系统软件的编制。

12.13.2.2　监控目标和系统功能

该计算机远程集中监控系统通过通信网络将位于地表调度室的主控计算机与置于井下的 Ethernet 通信控制柜、远程 I/O 控制柜以及变频器相连,形成计算机通信网络,从而通过主控计算机对每一台风机进行远程集中启停及调速控制,对风机运行状态和风机电流、主要巷道风量等参数进行监测。具体控制和监测功能如下:

（1）风机的远程启停控制和反转控制。在调度室主控计算机上可以随时操作、控制任意一台风机的启停。在应急状态下还可以使风机反转,实现井下风流反向。

（2）风机的远程调速控制。在调度室主控计算机上可以随时操作,通过变频器调节控制任意一台风机的转速,从而达到对风机运行工况的调整。

（3）风机的本地控制。在实现上述远程启停控制的同时,仍可通过变频器键盘在原机站控制硐室手动控制风机启停和调速,以便在维修、应急情况下,仍能人工现场启停风机。

（4）风机开停状态的监测显示。对每一台风机的开停状态进行监测,并将监测结果以动画方式直观地显示在主控机的屏幕上。

（5）风机运行电流的监测显示。对风机的运行电流进行连续监测,电流值以动画表头及数字两种方式显示在主控计算机屏幕上。

（6）主要进回风巷道风量监测显示。对各进回风机站的主要进回风巷道风量进行连续监测,监测结果显示在主控计算机的屏幕上。

（7）风机过载自动保护。当计算机检测到风机过载一定时间间隔时,自动关闭过载风机,以保护过载风机不被烧毁。

（8）风机启动前发出启动警告信号。在调度室主控机远程控制某机站风机启动前,系统能手动或自动发出风机启动警告信号,通知机站处人员注意安全。

（9）机站允许/禁止远程控制。在每一个机站控制柜设置两地控制开关,当机站进行维修作业或暂时不允许远程控制时,可关闭两地控制开关,这样调度室主控机对该机站风机的启停控制功能将被禁止,但其他监视功能不受影响。

（10）监测数据记录保存、统计及报表打印输出。计算机对操作员操作记录、风机运行记录、报警记录、风机运行实时电流、主要巷道风量、风机运行累计时间等数据进行保存、统计及报表打印输出。

（11）通风系统状态参数的网络发布。主控计算机可以把通风系统运行状态参数发布到企业内部局域网,相关人员可以通过企业内部局域网,浏览这些状态参数。

12.14 露天矿通风

12.14.1 露天矿的大气污染

露天矿通风是以新鲜空气稀释与置换露天采场中含生产性粉尘和有毒、有害气体的空气,使污染空气得以净化的技术,也可称为露天矿大气污染控制。

露天矿大气的主要污染物有粉尘、一氧化碳、氮氧化合物、二氧化硫、硫化氢、丙烯醛、甲醛。还可能存在放射性氡及其子体和致癌物质3,4苯并芘。

露天矿主要污染源及其产生的有害物对大气污染的程度可用有害物浓度倍数(即有害物浓度为卫生标准浓度的倍数)及污染范围来表示(表12-20)。

表 12-20 露天矿主要污染源及有害物大气污染程度

露天矿主要污染源	产生的有害物	有害物浓度（卫生标准的倍数）	污染范围
爆破工作	CO、NO_x	5～10	局部、全矿
潜孔钻机钻孔	粉尘	17～150	局部
牙轮钻机钻孔	粉尘	25～100	局部、全矿
火钻穿孔	醛类、粉尘	12～15、24	局部、全矿
风动凿岩机凿岩	粉尘	25～575	局部
推土机工作	醛类、粉尘	3～5、20	局部
电铲工作	粉尘	5～85	局部、全矿

续表 12-20

露天矿主要污染源	产生的有害物	有害物浓度(卫生标准的倍数)	污染范围
装载机工作	粉尘	5 ~ 15	局部
铁路运输	粉尘	3 ~ 5	局部
汽车运输	醛类、粉尘	5 ~ 25、1 ~ 100	局部、全矿
带式输送机	粉尘	100	局部
电耙运输	粉尘	4 ~ 25	局部
锯岩机、破碎机等	粉尘	25 ~ 100	局部、全矿
机械破大块	粉尘	130 ~ 160	局部
热力破大块	粉尘	4 ~ 31	局部
炸药破大块	粉尘	3 ~ 5	局部、全矿
采场内火区	CO、SO_2	10	局部、全矿
瓦斯从岩石及地下水中析出	H_2S、Rn、C_nH_m	3 ~ 5	局部、全矿
岩石风化	粉尘	5 ~ 7	局部
氧化过程(煤、硫化矿物等)	CO、粉尘	1 ~ 30	局部
上风端废石场、工厂、外部公路等处有害物送入露天矿	SO_2、瓦斯蒸气	2 ~ 4、10	局部、全矿

由表 12-20 可见,在自然通风条件下,各种作业的有害物浓度普遍超过卫生标准,少则几倍,多则几十倍,甚至百倍以上。除有害物浓度指标外,还有主要污染源的排放强度(表 12-21)。

表 12-21 白银露天矿粉尘污染源排放强度

装 备 名 称	粉尘排放强度/(mg/s)	备 注
潜孔钻机 73 - 200	290	有捕尘器
	770	未洒水
电铲 УВГМ - 4	230	爆堆预湿
自卸汽车 Велаз - 540	3100	未洒水
	1480	洒水

12.14.1.1 露天矿大气污染的影响因素

露天矿大气污染的影响因素包括:

(1)地区气象特征。年降水量与年平均风速均低的、年冰冻期较长而且又不干旱的、蒸发量较大的地区,大气污染程度一般较重。又如大气稳定层结概率高,逆温梯度大,则大气污染的危害程度较大,延续时间较长。

(2)矿床赋存条件往往会影响露天矿大气污染程度。例如矿床倾角陡、厚度大时,形成深凹露天矿,自然通风比较困难,空气污染物浓度将随采深的增加而增大。

坚硬的岩石进行凿岩爆破工作,会造成尘毒的严重污染。硫化矿、沥青矿、铀矿以及含有其他有毒成分的矿石,在开采时会形成污染源;植被差,可能形成二次扬尘;矿床赋存于山坡上,开采时不会形成封闭圈,即不会形成凹陷露天矿,自然通风条件好,大气污染程度相对较轻。

(3)矿石破碎、铲装及运输的方式对大气污染程度有很大影响。如用水力开采代替凿岩爆破,就有可能完全消除尘毒的产生。若用带式输送机代替自卸汽车,污染程度也会大大减轻。在干燥条件下,矿岩卸载高度的增高会使产尘强度成几何级数增加,湿式作业对减轻污染有很大作用。大爆破时,不仅会同时排放大量的尘毒,而且会污染全矿以及周围环境,并且会在爆堆中贮存有毒气体,在铲装过程中逸出,污染工作面。

（4）从露天矿自然通风条件看，露天矿平面尺寸与深度之比是决定性因素。顺风向的坑口宽度与地表封闭圈以下深度之比愈小，自然通风愈困难，坑内尘毒污染愈严重。因此当露天矿在平面图上的形状为椭圆形或长条形时，风向的改变会导致污染程度的显著变化。当风速增加到一定程度，粉尘浓度会由下降转变为上升。粉尘浓度由下降变为上升的转折点是地表风度为 $2 \sim 4 \text{m/s}$。

（5）露天矿设备生产能力。试验表明，在一定条件下，露天矿设备周围的粉尘浓度 n 与该设备生产能力有关。

$$n = n_e \exp\left(c_1 \frac{Q - Q_H}{Q_H}\right) \tag{12-146}$$

式中　n——粉尘浓度，mg/m^3；

　　　n_e——已知生产能力或运行速度的矿山设备工作时的粉尘浓度，mg/m^3；

　　　c_1——与设备类型、矿岩物理力学性质有关的实验系数；

　　Q_H, Q——分别为已知的和新的设备生产能力（或运行速度），m^3/h（或 km/h、m/s）。

由式（12-146）可见，随设备生产能力或运行速度的增加，设备周围粉尘浓度增加的速度越来越快。

（6）随着矿岩自然湿度的增加，或用人工方法增加矿岩湿度，如通过钻孔注水、爆堆洒水等方式，可使采掘机械工作面粉尘浓度急剧下降。因为粉尘浓度与湿度之间存在下列指数关系：

$$n = n_e \exp\left[-a(\phi - \phi_e)\right] \tag{12-147}$$

式中　n_e——开采自然湿度为 ϕ_e 的矿岩时的粉尘浓度，mg/m^3；

　　　ϕ——加湿后的矿岩湿度；

　　　a——与矿岩性质有关并能表明粉尘湿润能力的无因次系数。

矿岩湿度越大，粉尘浓度越低。各种矿岩都有它自己最佳的湿度值，超过该值后，粉尘浓度下降趋势将明显地减缓。此时如继续人工增加湿度，则是不经济的。

12.14.1.2　露天矿污染源强度测算

根据露天矿设备排放污染物的特征，可将污染源分为污染物经一定通道排放者及无固定通道排放者两类，属于前者的有：装有捕尘器罩的钻机、破碎机产尘及自卸汽车、推土机、装载机的尾气排放；属于后者的有：挖掘机铲装与自卸汽车运行时扬尘。现将前苏联的露天矿主要设备的污染源强度测算公式列举如下：

（1）有捕尘装置的钻机产尘与柴油机尾气排放强度。

$$g = \frac{\sum_{i=1}^{N} c_i Q}{N} \tag{12-148}$$

式中　g——产尘强度，mg/s；

　　　c_i——在通道中或排出口处尘、毒浓度，取样测定，mg/m^3；

　　　Q——在通道中或排出口处实测排风量，m^3/s；

　　　N——样品数。

（2）挖掘机作业产尘强度。

$$g = \frac{1}{k} x^2 \phi_s v (c_x - c_0) \tag{12-149}$$

式中　c_x——挖掘机作业点下风侧 $15 \sim 20 \text{m}$ 处采样点的平均粉尘浓度，mg/m^3；

　　　c_0——挖掘机作业点上风侧 $15 \sim 20 \text{m}$ 处采样点的平均粉尘浓度，mg/m^3；

　　　k——实验常数，与污染源类型和通风方式有关，可由表 12-22 查得；

　　　x——下风侧采样点距尘源的平均距离，m；

　　　ϕ_s——无因次系数，$\phi_s = k'v + b$；

　　　k', b——无因次实验系数，可按表 12-23 选取。

表12-22　计算挖掘机产尘强度的实验常数 k

污染源类型及排放点位置		k 值	
		复环流式	直流式
点　源	在台阶表面附近	5.6	5.6
	在台阶表面上部	3.6	3.0
线　源	在台阶表面附近	3.0	2.7
	在台阶表面上部	1.5	1.3

表12-23　计算挖掘机产尘强度的实验常数 k′、b

露天矿通风方式	污染物排放点位置	k′	b
复环流式	在台阶表面附近	0.122	0.22
	在台阶表面上部	0.07	0.05
直流式	在台阶表面附近	0.05	0.05
	在台阶表面上部	0.045	0.22
	露天矿外地面	0.42	0.05

（3）自卸汽车运行时扬尘强度。

$$g = \frac{k'' v_p v x_1^2 \phi_s^2 (P_x - P_0)}{N_a Q'(b_p + 2x_1 \phi_s)} \qquad (12\text{-}150)$$

式中　g——扬尘强度，mg/s；

k''——与采场通风方式有关的系数，复环流式 $k''=0.94$，直流式 $k''=1.44$；

v_p——自卸汽车(空、重车)的加权平均运行速度，m/s；

v——取样时，公路周围的平均风速，m/s；

x_1——从公路中心至下风向采样点的距离，m；

N_a——在取样时间内往返的车辆数，台；

b_p——沿公路行驶的不同类型汽车轴距的加权平均值，m；

ϕ_s——无因次系数；

P_x , P_0——在取样时间及采样器过滤流量均相等时，在公路下风侧及上风侧所测得的平均粉尘质量，mg；

Q'——采样时空气通过滤膜的流量，m^3/s。

12.14.2　露天矿自然通风

12.14.2.1　露天矿小气候与大气层结

露天矿小气候是矿区内气象要素变化规律的总和，是贴地气层与采场裸露岩层相互作用的结果。它与矿区地形、采场空间几何参数、岩层物理力学特征等因素有关。露天矿小气候特征主要表现在矿区贴地气层的温度场与风速场的结构和分布形式上。贴地气层温度场的变化，主要取决于露天矿内太阳辐射的分布及底板岩层的地热状态。露天矿风速场的形成与发展，则受地面风流及坑内局部风流的综合影响。

太阳辐射分布在坡面朝向、倾角、颜色、地理位置及季节和时间有关。露天矿底部与南帮常处于阴影之中，所得太阳辐射热量比北帮少得多，夏季时为北帮的 1/4，冬季时为北帮的 1/8。露天矿工作面的日照度随采深而减少。

岩层与空气接触，产生热量的交换。热交换量与底板和空气的温差成正比。当温差为正值时，空气从底板吸热；当温差为负值时，空气向底板放热。空气吸热后气温增加，有助于在坑内形成上向风流；空气放热后会产生制冷效应，使贴地气层密度增大，可能导致在坑底形成风流停滞区，即所谓的逆温层。由于采场各处热量分布不均，边帮受热随时间变化。露天矿具有各自独特的温度场结构，从而产生各种热力作用的局部风流。例如在深凹露天矿内经常存在由南帮至北帮的局部风流,就是由于南帮比北帮阴冷的原因。

露天矿大气层结就是指大气层的温度场结构。可用垂直和水平两个方向的气温梯度的变化来表示。根据大气层结可以确定大气状态。露天矿大气层结的基本类型有下列四种:

(1)气温随深度的增值大于绝热梯度,即 $\Delta t > 1℃/100\,m$。此时的大气状态是活跃的,能使气流做上升运动。

(2)气温随深度的增值小于绝热梯度,即 $\Delta t < 1℃/100\,m$,但 $\Delta t > 0$,此时的大气状态趋于停滞,不能保证空气做垂向移动。

(3)气温不随深度变化,即 $\Delta t = 0$,温度梯度为0,大气处于稳定状态。

(4)气温随深度下降,即 $\Delta t < 0$,温度梯度为负值时,形成大气逆温层结状态,这时沿垂直方向的气层极为稳定。

根据现场垂直空间大气探测的实际资料得知,垂向温度梯度值往往随高度(指地表坑口以上)和深度(指地表坑口以下)不断变化。逆温层结可能在任意高度和深度出现,并具有不同的厚度与强度。

12.14.2.2　露天矿风流结构

露天矿风流结构通常采用沿垂直方向的水平流速的变化来描述:

(1)露天矿地表以上风速变化规律。对于在各种状态下风速随高度的变化可用式(12-151)表示:

$$v_z = v_1 \left(\frac{z}{z_1}\right)^m \tag{12-151}$$

式中　v_z——高度为深度 z 处的风速,m/s;

　　　v_1——高度为 z_1 处的风速,m/s;

　　　m——大气状态系数,$m = 0.3 \sim 0.5$ 为稳定状态,$m = 0.2 \sim 0.3$ 为由稳定到不稳定的过渡状态,$m = 0.1 \sim 0.2$ 为不稳定状态。

(2)浅凹露天矿坑内风速变化规律。即坑内自然风流与地表风流方向一致。也就是后面将得到的直流通风方式。风速自上而下按指数规律递减:

$$v_z = \phi_1 v_0 \left(\frac{H-z}{H}\right)^m \tag{12-152}$$

式中　v_z——深度为 z 处的风速,m/s;

　　　v_0——地表风速,m/s;

　　　H——露天矿深度,m;

　　　ϕ_1——考虑 v_0 变化的系数,一般为 $0.6 \sim 0.67$;

　　　m——大气状态系数,一般为 $0.3 \sim 0.6$。

(3)深凹露天矿坑内风速变化规律。深凹露天矿坑底存在复环流区,在坑内整个垂向,自上而下地会出现风速值逐渐减小到零,而后形成反向气流的情况。在反向气流区,风速按抛物线规律变化,深凹露天矿采场复环流区风速最大值一般在 $0.35 v_0$ 以下。

(4)露天矿坑内"相对风速"的变化规律。采场坑内某点的风速绝对值 v_k 与地表风速 v_0 之比为"相对风速"Δv,即 $\Delta v = \dfrac{v_k}{v_0}$。露天矿采场坑内的相对风速是随时间而变化的,有一定规律。通常在白天可观察到最大值,而在傍晚、夜间和清晨较小。这就说标高处测得的相对风速的变化范围为 $0.07 \sim 5.6$,随着地表风速的增加,不同高度上的相对风速的最大值将较少。当地表风速大于 $5\,m/s$ 时,相对风速值均小于1。相对风速大于1时表明,坑内存在着热力作用的局部风流,形成了比地表风速大的合成气流。

(5)露天矿坑内风流方向的变化规律。露天矿坑内的风流受热力与动力的复合作用。除冬季外,露天矿内存在着南风为主的总趋势。露天矿的几何形状对气流方向也有一定影响。如狭长的露天矿采场,可能在坑内出现沿长轴方向的风流,而与地表风向无关。白银露天矿坑底也出现过与开掘堑沟方向一致的引导风流。

12.14.2.3 露天矿自然通风方式

露天矿自然通风的基本方式有对流式、逆增式、直流式、复环流式4种(图12-44、图12-45)。另有3种彼此组合的形式:逆增—对流式、复环流—直流式、直流—复环流式。分类的依据和特征见表12-24。

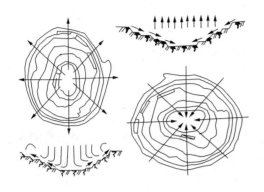
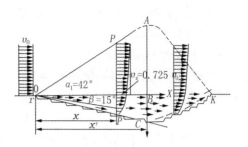

图12-44 露天矿对流式、逆增式通风　　　图12-45 直流式、复环流式通风

表12-24 露天矿自然通风分类

通风方式	大气物理条件	主要动力	决定性参数
对流式	$\Delta t > 1℃/100\,m,\ v_0 < 0.8 \sim 1.0\,m/s$	热力	与 L、H、β 无关
逆增式	$\Delta t < 1℃/100\,m,\ v_0 < 0.8 \sim 1.0\,m/s$	热力	与 L、H、β 无关
逆增—对流式	一帮 $\Delta t < 0$,另一帮 $\Delta t > 1℃/100\,m,\ v_0 < 1 \sim 1.5\,m/s$	热力	与 L、H、β 无关
直流式	$\Delta t = 1℃/100\,m,\ v_0 < 0.8 \sim 1.0\,m/s$	风力	L、H 可为任意值,但 $\beta \leqslant 15°$。背风的台阶均匀开采时
复环流式	$\Delta t = 1℃/100\,m,\ v_0 < 0.8 \sim 1.0\,m/s$	风力	当 $\dfrac{L}{H} < 5 \sim 6$,但 $\beta > 15°$
复环流—直流式	$\Delta t = 1℃/100\,m,\ v_0 < 0.8 \sim 1.0\,m/s$	风力	当 $\dfrac{L}{H} < 5 \sim 6$,但 $\beta > 15°$
直流式—复环流式	$\Delta t = 1℃/100\,m,\ v_0 < 0.8 \sim 1.0\,m/s$	风力	L、H 可为任意值,但 $\beta > 15°$、$\beta_1 \leqslant 15°$、$\beta_2 > 15°$

注:Δt—温度梯度;β—背风帮边坡角;L—沿风向的平均地表开口宽度;β_1—背风帮上部各台阶边坡角;β_2—背风帮下部各台阶边坡角;H—采场深度(封闭圈以下)。

12.14.2.4 深凹露天矿自然通风量

深凹露天矿自然通风风流结构的特点是:上风端地表平行平面风流进入采场后,按 $\alpha_2 = 15°$ 展开,形成与地表风向一致的直流区。在直流区的下部边界上的水平风速为0。在此边界线以下为回流区,该区内风流与地表风流的方向相反。深凹露天矿自然通风的是指就是靠复环流的紊流扩散作用,将有害物质传递到上部直流区,然后排出露天矿。在平行平面射流边界层的理论的基础上,推导出的自然通风量计算公式为:

$$Q = 0.077 x_c v_0 L \tag{12-153}$$

式中　Q——深凹露天矿自然通风量,m^3/s;

　　　x_c——深凹露天矿顺地表风向若干有代表性垂直剖面上横坐标的平均值,m;

　　　v_0——地表风速,m/s;

　　　L——垂直于风向的露天矿地表开口的最大宽度,m。

由式(12-153)可见,深凹露天矿自然通风量大小只与该矿的几何形状及地表风速有关。

12.14.2.5 深凹露天矿自然通风的净化能力

露天矿自净能力是指露天矿采场内部空间,在自然通风条件下按照卫生标准所能容纳的污染物排放强度(mg/s)。它是评价和设计露天矿通风的主要参数。为了充分利用自然风能,需要对露天矿本身固有的这种稀释与排除坑内大气污染物的能力进行分析与计算。由于自净能力的计算公式是在复环流通风方式的风流结构理论基础上推导出来的,因此,它只适用于深凹露天矿,即背风帮边坡角 $\alpha > 15°$、顺风向坑口宽度与地表封闭圈以下采深之比小于6、地表风速大于1 m/s的凹陷露天矿。假定地表风速相对稳定,污染源排放强度及复环流区污染物平均浓度基本不变的条件下,深凹露天矿自净能力为:

$$G = QK(c - c_0) \qquad (12\text{-}154)$$

式中　G——自净能力,mg/s;

　　　Q——自然通风量,m^3/s;

　　　K——大气污染物紊流扩散系数,内部源作用时,$K = 0.382$;外部源作用时,$K = 0.621$;内外部源共同作用时,$K = 0.5$;

　　　c——污染物允许浓度,mg/m^3;

　　　c_0——自然通风风源的污染物浓度,mg/m^3。

　　利用自净能力选择大气污染防止方案:在深凹露天矿选择大气污染防止方案时,可采用判别式:

$$\Delta_i = \sum g_{ij} N_j k_i - G_j \qquad (12\text{-}155)$$

式中　g_{ij}——j类型连续污染源的i种污染物的排放强度,mg/s;

　　　N_j——j类型连续污染源的每天平均使用量,如台数等;

　　　k_i——j类型连续污染源的同时工作系数,$0 < k_i < 1$;

　　　G_j——自然通风对j类型连续污染源的自净能力,mg/s。

　　当$\Delta_i > 0$时,表明污染源的i种污染物的排放强度已超过采场的自净能力,应对i种污染物采取全矿综合性防治措施;

　　当$\Delta_i < 0$时,表明污染源的i种污染物的排放强度低于采场的自净能力,仅需对i种污染物采取局部防治措施。

　　增加深凹露天矿自净能力的途径:

　　(1) 强化自然风力通风。尽可能减少矿区出入口的地面通风阻力,避免在风口布置建筑物、废石场、矿石建、矿石堆,以求增大自然风量。在高山地区的露天矿邻近若有低谷时,可设法使露天坑底与其沟通。尽可能沿主风向布置出入沟或使采场长轴与主风向一致或接近。在深凹露天矿继续延深而感到自然风量短缺时,可在坑口设置由支架或气艇悬挂的导风装置。挡风板高度与倾角可调。

　　(2) 利用自然热力通风。充分利用露天坑内南、北面的温差,使之产生较强的局部风流。利用矿山地热资源,可用原有的或新开挖的巷道,将地热输入坑底,预防出现逆温层。

　　(3) 净化入坑风源。对矿区地表及外部污染源进行综合治理。

　　根据白银深凹露天矿的实测资料,工作面粉尘浓度与采场小气候特征有如下关系:

　　(1) 最佳降尘风速为2 m/s。

　　(2) 南风时采场粉尘浓度为东北风的3.7倍。这是因为南北方向为矿区封闭圈的短轴方向,坑内自然通风困难。此外,矿区南端外部污染源较集中。

　　(3) 冬季采场上部易形成逆温层结,具有类似"锅盖"的稳定层效应,坑内污染物难以扩散出去,粉尘浓度较高。

　　(4) 采场粉尘浓度与坑口附近上、下两点气温差及平均风速与最佳降尘风速的方差有较好的相关性。

　　根据多年现场观测的资料得知:地表平均风速 $v_0 = 2.1$ m/s,采场几何参数 x_c 及 L 分别为592.5 m及1150 m,因此自然通风量 $Q = 0.077 \times 592.5 \times 2.1 \times 1150 = 110178$ m^3/s。表12-25是采场一年四季粉尘污染自净能力 G 与地表入风粉尘浓度 c_0 的关系。由表12-25可见,由于秋冬两季入风浓度相差较大,导致自净能力相差数倍。

表12-25　四季采场粉尘大气环境容量的计算

季 节	春	夏	秋	冬	平 均
$c_0/(mg/m^3)$	1.59	1.62	0.72	1.85	1.43
$G/(mg/s)$	21364.8	19891.5	43611.4	4509.1	23990.2

12.14.3　露天矿人工通风

露天矿人工通风是借助于机械的、热力的或联合的手段,使采场内的空气流动或输入新鲜空气,使污染物得以稀释或排除。

露天矿人工通风,按范围大小可分为全矿人工通风和局部人工通风,按风流输送方式又可分为利用坑道与风筒的通风和自由紊流射流通风,按通风动力类型分为机械式、热力式和组合式。

12.14.3.1　露天矿人工通风方法

露天矿曾试验过以下集中通风方法:

(1) 利用直升机进行采场通风。20 世纪 60 年代初苏联曾在现场进行直升机人工通风试验。

实践证明,直升机可以对局部风流停滞地区实行强制通风。但无法解决全矿性通风问题,而且在采场坑底飞行有较大的危险性,因此不宜采用。

(2) 利用专门开挖的巷道或沿边帮设置的风筒并配备扇风机进行抽出式或压入式通风。

这种通风方法需构筑专门的通风巷道或设置大直径的风筒,投资较大,维护费也高,而且往往需要配置多台大风量扇风机,耗电很多。

(3) 利用热力装置产生对流通风。根据前苏联的经验,这种通风方法燃料消耗大,通风效果差,还增添了一氧化碳的污染。

(4) 利用露天矿专用风机产生的自由紊流射流进行通风。因为自由射流具有沿其流动方向动量不变的特点,能将大量空气输送到较远的距离,而使终点风量比初始断面出口风量高几十倍以上。能产生自由紊流射流的扇风机类型有:涡轮螺旋桨、涡轮喷气式飞机发动机、由电力或内燃机驱动的飞机螺旋桨为主体的扇风机。还可以利用矿井扇风机或为提高射距专门设计的露天矿扇风机。

12.14.3.2　露天矿人工通风设备

前苏联体会有发展前途的露天矿通风扇风机是:以飞机螺旋桨为主体的移动式装置。表 12-26 列出了三种类型的 УМЛ 系列扇风机和早期研制成功并获推广的 OB-3 型扇风机。УМЛ 型扇风机本属露天矿局部通风用扇风机,但配套使用时可以完成全矿范围的通风任务。如 УМЛ-14 及 21 型扇风机能产生强大的上向自由射流,从坑底排出大量污染空气。但它们的吸风范围较小,通常只有 50～150 m。因此需要在坑内大气污染停滞区布置机动性强、能产生水平向射流的 УМЛ-1 型扇风机,予以配合。

表 12-26　露天矿用扇风机

风机型号	射流倾角/(°)	传动类型	传动功率/kW	初始直径/m	初始流量/(m³/s)	初速/(m/s)	射距(末速按0.25 m/s)/m	备　注
УМЛ-1	水平 ±45 垂直 ±15	Велаз-548柴油机	380	3.6	220	22	480	适用于 1.2×10^7 m³ 停滞区通风
УМЛ-14	垂直 ±30～60	电动机	320	14.5	1210	7.5	370	可供 200 m 采深通风
УМЛ-21	垂直 ±30～60	电动机	1200	21	3000	9.6	750	可供 400 m 采深通风
OB-3	水平 ±45	Велаз-540柴油机	320	3.6	210	21	310	

12.14.3.3　露天矿全矿范围的人工通风设计

A　必要性的判据

根据式(12-156)、式(12-157)来确定全矿人工通风的必要性:

$$c_H = \frac{J_{min}}{V} > c \tag{12-156}$$

$$t = \frac{cV}{G_{min}} < t_c \tag{12-157}$$

式中　c_H——全矿处于静风时,全矿污染物积聚后达到的最高平均浓度值,mg/m³;

　　　c——污染物最高允许浓度值,mg/m³;

　　　t——全矿平均浓度达到c的累计时间,s;

　　　t_c——连续生产时间,s;

　　　J_{min}——根据一次连续性静风统计或预计时间所估算的同类污染物的排放总量(按采取防治措施后的排放浓度下限计算),mg;

　　　G_{min}——全矿采用防治措施后同类污染物总排放强度的下限值,mg/s;

　　　V——全矿容量,m³。

满足以上两个不等式时,就有必要进行全矿人工通风。

B　全矿人工通风计算方法

(1)采用设置在坑底的上向自由射流扇风机时,每台扇风机的污风排出量按式(12-158)计算:

$$Q_1 = 218 q_0 \left(\frac{aH_3}{R_0} + 0.29 \right) \tag{12-158}$$

式中　Q_1——每台扇风机的污风排出量,m³/s;

　　　q_0——每台风机射流的初始风量,m³/s;

　　　a——风流结构系数;

　　　R_0——射流的初始半径,m;

　　　H_3——从坑底算起的污染区高度,m。

(2)采用设置在采场上部的下向自由射流扇风机时,采场所需总风量按式(12-159)计算:

$$Q_t = \frac{Vb \sqrt{\ln \frac{c_H}{c}}}{t} \tag{12-159}$$

式中　Q_t——采场所需总风量,m³/s;

　　　b——无量纲系数,为露天矿自由紊流通风指数,其值为0.087~0.13;

　　　t——通风时间,s。

为了使下向自由射流到达采场坑底处轴线风速不超过2.5m/s,以防二次扬尘,需根据给定的射程L、风流结构系数a以及射流初始半径R_0,射流初始速度v_0按式(12-160)计算:

$$v_0 = 2.6 \left(\frac{aL}{R_0} + 0.29 \right) \tag{12-160}$$

再按式(12-161)计算每台扇风机的生产能力q_0(m³/s):

$$q_0 = Sv_0 = \pi P_0^2 v_0 \tag{12-161}$$

最后按式(12-162)计算所需的扇风机台数:

$$n \geqslant \frac{Q_t}{q_0} \tag{12-162}$$

C　局部人工通风计算方法

为了确定局部人工通风的必要性,可按式(12-163)进行判断:

$$\frac{c_H}{c} \leqslant \frac{V}{V_3} \tag{12-163}$$

式中　V_3——局部污染地区的容积,m³;

　　　V——全矿容积,m³。

如果式(12-163)成立,则只需进行采场内的局部人工通风,对污染物进行稀释和排放,而无需从采场外引入新风。若$\frac{c_H}{c} > \frac{V}{V_3}$,则必须从地表向采场送入新风。

露天矿局部人工通风计算的主要参数是:确定扇风机自由射流在给定射程外的平均风速,以及在给定平均风速条件下的风流射程及其作用区直径。

(1) 自由射流的平均风速按式(12-164)确定:

$$v_p = \frac{0.095 v_0}{\frac{ax}{d_0} + 0.145}$$ (12-164)

式中 v_p——平均风速,m/s;

     v_0——扇风机出口处,即初始断面的风速,m/s;

     a——扇风机的紊流结构系数;

     x——从风机出口处到确定平均风速断面的距离,m;

     d_0——扇风机出风口直径,m。

计算断面中所要求的平均风速一般为 $0.6 \sim 1 \text{m/s}$。

(2) 在给定的平均风速(v_p)条件下,射流的射程

$$x = \frac{d_0 \left(0.095 \frac{v_0}{v_p} + 0.145\right)}{a}$$ (12-165)

式中 x——射流射程,m。

(3) 在距离为 x 处射流作用区直径 $d_x(\text{m})$ 按式(12-166)计算:

$$d_x = 6.8 d_0 \left(\frac{ax}{d_0} + 0.145\right)$$ (12-166)

由式(12-167)可求出扇风机 x 处断面风量 $Q_x(\text{m}^3/\text{s})$:

$$Q_x = \frac{\pi}{4} d^2 x v_p$$ (12-167)

12.14.4 露天矿大气污染综合防治

12.14.4.1 综合防治措施总效率 η_σ

$$\eta_\sigma = \left[1 - (1-\eta_1)(1-\eta_2)(1-\eta_3)\cdots(1-\eta_n)\right] \times 100\%$$ (12-168)

式中 $\eta_1, \eta_2, \eta_3, \cdots, \eta_n$——各类防治措施的效率。

污染综合防治效果,还可用尘毒浓度降低的倍数 N 表示。

$$N = \frac{c_H}{c_K}$$ (12-169)

式中 c_H——全矿平均初始浓度;

     c_K——最终浓度。

且

$$\eta_\sigma = \frac{c_H - c_K}{c_H} \times 100\%$$

故经换算后可得:

$$N = \frac{c_H}{c_K} = \frac{1}{(1-\eta_1)(1-\eta_2)\cdots(1-\eta_n)}$$ (12-170)

由此可见,综合防治措施的总效果比单项措施的效果明显得多。

12.14.4.2 综合防治措施

综合防治措施包括:

(1) 工艺措施。尽量选用无尘毒或少尘毒的开采工艺流程及设备,从根本上控制污染源,使其排放强度减少到最低限度。如用水力开采代替凿岩爆破,以带式输送机代替自卸汽车,或以低污染新型设备取代高污染的老设备,采用合理的孔网参数与药量,使用低污染的炸药及合理的起爆顺序等。

（2）技术措施。如采用水、各种溶液、泡沫、沥青、盐类、胶体、合成物质、植物或它们的组合来抑制粉尘。

（3）组织措施。强化露天矿自然通风及充分利用自然风流的生产管理措施。如合理布置排土场、地表建筑物、出入沟及开堑沟来增加地表的风量；尽可能使采场长轴方向与地表主风向接近；合理布置工作面及设备；安置风流导向设备；选择风速最大时进行爆破等。对夜间在坑内易产生逆温的露天矿，实行白天两班作业以避开大气污染最严重的夜间。

（4）使用以螺旋桨为主的局部或全露天矿通风的扇风机，利用它们产生的自由紊流射流进行人工通风。

（5）司机室空调与净化。当采用上述措施后，仍不能将大气尘毒含量降到最大允许值时，或采取上述措施在经济上不合理时，或在当地气候条件下，生产环境内气温与湿度超过了卫生标准时应采用司机室空调与净化装置。

（6）个体防护。在生产环境大气质量难以达标时，应使用防尘口罩或防毒面具。在工作环境极端恶劣、工作人员数量较少的情况下，采用个体防护措施在技术经济上是合理的。

根据前苏联的实践经验，单纯采用技术措施时，尘毒的平均防治效率 η_1 在有利条件下也不会超过 90%；若单独采用工艺措施，平均效率 η_2 可达 80%；若单独采用组织措施，平均效率 η_3 可达 60%；单独采用人工通风的平均效率 η_4 一般不超过 50%。若综合采用上述四类措施，平均总效率：

$$\eta_\sigma = 1 - (1 - 0.9)(1 - 0.8)(1 - 0.6)(1 - 0.5) = 99.6\%$$

尘毒降低倍数：

$$N = \frac{1}{(1 - 0.9)(1 - 0.8)(1 - 0.6)(1 - 0.5)} = 250$$

12.14.5　露天矿污染气象监测与预报

12.14.5.1　监测内容、方法与手段

按表 12-27 分类进行监测工作。

表 12-27　各类型露天矿污染气象监测内容与手段

矿山类型	监测内容与方法	监测手段
有地区代表性的大型露天矿	监测参数：风速、风向、气温、湿度、气压及粉尘、CO、CO_2、NO_x、SO_2、醛类、3,4 苯并芘浓度，自然降尘量，日照时间、地表温度、降水量、蒸发量、噪声、放射性等及污染源强度。 监测范围：矿区地表、坑底、边坡、台阶面、坑内空间，设立体观测网。 监测时间：固定地表台阶定期与自动连续观测和采样，按季节昼夜、典型天气进行临时观测	常规测试手段与准备，系留气体探测装置，包括气艇、空中采样器、无线电探测仪、多功能采样器。地表设置固定观测站，坑内设置半固定自动监测点
一般大中型露天矿	监测参数：基本同上。 监测范围：设高度为矿工呼吸带的平面观测网。 监测时间：昼夜少量测点定时或连续自动或人工观测和采样，一年分冷热两季进行，人工连续观测	常规测试手段与准备，设地表固定观测站，及坑内半固定自动监测点
小型露天矿	监测参数：风速、风向、气温、湿度、气压及粉尘、CO、CO_2 浓度。 监测范围：全矿各工作面附近设点。 监测时间：自记仪连续测定，人工测点每月一次	常规测试手段与准备

12.14.5.2　污染气象预报

白银露天矿污染气象站根据对一、二采场多年来进行的现场观测分析与预报试验结果，推导了下列提前一昼夜采样粉尘浓度预报的基本模式：

$$C = \beta(a + b\Delta t_1 + d\Delta t_2 + ev_{20} + f|\Delta\overline{P}|) \qquad (12-171)$$

式中　a, b, d, e, f——分别为实验系数，对白银二采场 $a = 5.15, b = -0.42, d = -0.26, e = -0.16, f = -2.6$；

　　　　β——源强系数，即某日采场内各类污染源的源强之和与某一开采时期采场内污染源的日平

均总源强之比值,白银露天矿长期观测统计 β 值波动范围在 $0.38 \sim 3.17$;当产量与控制管理水平稳定不变时 $\beta = 1$;

Δt_1 ——采场地表气温日差,℃;

Δt_2 ——采场坑口与坑底的气温差,℃;

v_{20} ——20 h 的地表风速,m/s;

$|\Delta \overline{P}|$ ——地表日平均气压差的绝对值,kPa。

试预报检验,平均预报准确率为 71%。

12.14.5.3　露天矿污染气象站实例

白银露天矿污染气象站在采场坑口与坑内分别设立观测场。坑口观测场位于南帮坑口附近,由一个 25 m×20 m 的标准气象观测场和一个位于气象站平房屋顶上的面积为 12 m×3.5 m 的污染观测场组成。坑内观测场由 1 个设置在雪橇式拖车上的自动记录观测点和在坑底设立的 4 个粉尘观测点以及在采场内设置的 8 个作业环境观测点所组成。固定观测点定期由专人按时采样。

观测仪装备情况:(1)坑口气象观测场内设有风向风速仪,装有毛发湿度自记钟和温度自记钟各一台的百叶箱一个,内有干球、湿球、最高、最低温度计各一支的百叶箱一个,另外还有蒸发器、雨量筒、虹吸自记雨量计等;(2)浅层地温和地表温度观测场内有最高、最低、地面温度计和曲管地温计各一支,还有日照计和冻土器。

平房内设观测室、污染试验室、气压室(内有动槽式水银气压表、空盒式气压自记钟)及库房。

平房屋顶污染观测场内设置:自然降尘筒、粉尘采样器、大气自动采样器、日照辐射测定器、飘尘采样器。

坑底雪橇式污染气象观测拖车上设置百叶箱两个,其内分别装毛发湿度自记钟、温度自记钟、空盒气压自记钟各一台以及干球、湿球、最高、最低温度计各一支(冬季装有毛发温度计)。在一个百叶箱上设置 DF-3B 型风向风速仪探头,另一百叶箱上设自然降尘筒。

观测与预报项目包括:

(1)每日定时观测:云状、云量、能见度、风速、风向、气温、地温、日照、降水量、蒸发量、冻土(冬季)和粉尘浓度。

(2)每季定时观测:降尘量、总悬浮物、粉尘的重金属含量、游离 SiO_2 含量、分散度、CO 及 NO_2 浓度。

(3)提前一日的预报项目:天气状况、最高最低气温、风速、风向和采场粉尘污染级。

12.15　矿山实例

12.15.1　梅山铁矿多级机站通风

梅山铁矿一期工程矿井通风为两翼对角抽出式大主扇通风系统,分别在两口回风井(东南风井和西风井)井口安装 70B2 大风机,装机功率分别为 1600 kW 和 1000 kW。大主扇通风系统虽有入排风集中、使用设备较少、管理方便等优点,但主扇对系统的控制能力差,不能按需分配风量,漏风大、有效风量率低,仅 40%,风机效率低,不到 50%。当一期延深到 -258 m 水平和 -330 m 水平后,大主扇通风系统的缺点更为突出,风流失控,深部各水平的风量不足,通风能耗高,约占井下能耗的 40%。

梅山铁矿在 1985 年与马鞍山矿山研究院合作在国内首先进行了北采区的多级机站通风系统,北采区多级机站通风系统建成后,系统风量分配合理、有效风量率高,节能效果显著。

梅山铁矿一期延深工程在全矿范围内建立了多级机站通风系统取代原来的大主扇通风系统,成为冶金系统第一家全面采用多级机站通风新技术的大型矿山。1994 年建成的多级机站通风系统分为四级,Ⅰ级机站设在 -198 m 水平的南风井和西南风井,Ⅳ级机站设在地表东南风井和西风井,Ⅱ、Ⅲ级机站分别设在 -186 m、-174 m、-162 m 水平的进、回风井处。

梅山铁矿在全矿采用多级机站通风系统后,极大地提高了通风系统的稳定性,保证了工作联络巷内具有稳定的主风流和足够的风量,解决了长期存在的副井冬季反风问题,并成功地解决了厚大矿体的井下通风问题。该系统有效风量率达 70.86%（原大主扇系统为 42.04%），风机平均效率达 69.12%（原大主扇系统小于 50%），井下粉尘合格率达标，显著地改善了井下工作环境，为提高矿山劳动生产率创造了有利的条件。

系统自 1994 年投入运行后，节电效果显著。系统节能率达 43.05%，年节电 527 万千瓦时，年经济效益 264 万元。随着产量的增加，吨矿通风电耗有望进一步下降。

梅山铁矿二期工程于 1994 年开始建设，采矿生产规模由一期延深工程的 200 万吨/年扩大到二期工程的 400 万吨/年。梅山铁矿在建设二期通风系统的过程中，在充分吸收一期延深工程通风系统的技术成果和经验的基础上，对多级机站通风技术进行了深入地研究，建立了双水平进回风系统。二期通风系统分两段建设，即 -198 ~ -258 m 阶段和 -258 ~ -318 m 阶段。在进入 -258 ~ -318 m 阶段生产期间，针对系统实际情况，矿方提出了"双水平进回风"方案，并和马矿院联合对通风系统进行测定和网路解算，证实了利用 -198 m 和 -258 m 水平的现有通风井巷，只要增加部分井巷、设备投资，就可满足 -258 ~ -318 m 水平的通风需求。

通过实施多级机站通风系统的集中控制，实现了以下功能：

（1）在地面控制室内控制Ⅰ~Ⅳ级机站风机的启动和停止。

（2）在控制室计算机上显示屏幕上监视所有风机的开、停状态和运行电流。

（3）当井下风机电流过载时自动停机。

（4）实时测定井下有关通风参数，如风量、风压、毒害气体等。

（5）记录、统计运行数据，可随时调出查看、打印。

通风监控系统自 2001 年 9 月正式运行以来，控制设备稳定可靠，适合井下特殊工作条件长期工作，实现对井下各机站风机的远程控制，极大地提高了通风管理水平，及时保证了通风系统的正常运转。根据井下采矿生产实际，在中、夜班作业人员少及停产检修期间，停开部分风机，月节电达 70000 kW·h。2005 年进行了通风系统集中控制功能升级，能实施风量、风压、粉尘、毒害气体等有关通风参数的检测。

12.15.2　冬瓜山铜矿多级机站通风

冬瓜山铜矿属于深井（开采深度接近 1000 m）、高硫（矿石平均含硫 17%，最高达 19%）、高温（矿体主要开拓阶段原岩温度高达 39.8℃，井巷空气温度 31℃）的特大型矿山（设计产量 10 kt/d），设计采用阶段空场嗣后充填的采矿方法，井筒有主井（ϕ5.6 m）、副井（ϕ6.5 m）、进风井（ϕ6.9 m）、辅助井（ϕ4.5 m）、大团山副井（ϕ5.6 m）及回风井（ϕ7.4 m）等六条竖井，首采区包括 -670 m、-730 m、-790 m、-850 m 阶段和 -875 m 运输水平，各阶段之间通过斜坡道联络。

原设计的多级机站方式为侧翼对角式通风系统，共三级机站，即进风段、采区（需风段）和回风段各设一级，为有风墙机站。新鲜风流主要由冬瓜山副井和进风井进入，回风井回风，同时冬瓜山主井和辅助井也承担少量回风。矿井总风量 596 m³/s，其中进风有进风井 468 m³/s、冬瓜山副井 128 m³/s；出风为回风井 528 m³/s、冬瓜山主井 38 m³/s、冬瓜山辅助井 30 m³/s。

通过对多级机站通风系统原设计方案及矿床条件进行分析和研究，在建立与完善冬瓜山铜矿深井通风系统过程中，对设计方案进行了优化：按照采矿方法和采准设计优化后冬瓜山矿床所采用的阶段空场嗣后充填采矿法需要的采准、凿岩、爆破出矿、充填等作业工序，取每个出矿采场需风量 25 m³/s，每个凿岩采场需风量 20 m³/s，每个充填采场需风量 12 m³/s，每个掘进工作面需风量 9 m³/s，计算采区同时作业各工作面所需总风量为 300 m³/s；加上 -875 m 运输水平所需风量 60 m³/s，井下各类硐室所需风量 98 m³/s，井下通风系统实际所需总风量为 458 m³/s，再加上由于风量分配不均及通风系统内、外部漏风原因的漏风量（取系统漏风系数 1.2），则矿井总风量为 550 m³/s。

从降温角度考虑，在一定范围内，通过提高风流速度，加大通风量，可以降低井下作业环境的温度，提高作业人员的劳动效率，确定冬瓜山多级机站通风系统总风量为 600 m³/s。

考虑到多级机站风机对风流的控制能力、对排除污风和热量的调节措施，采用零压平衡技术控制主要作业阶段的风量分配、减少内部漏风、完善风量与风压的合理匹配。研究了机站设置和风机选型问题，进风机站只克服进风井筒通风阻力，进风机站均采用两台风机并联方式运行。采区通过无风墙机站调节风量分配，系统优化了盘区风流调控技术,提出了以增压调节为主的深井盘区风量调节方案,并采用无风墙辅扇作为盘区风流调控的主要设备,将采区通风阻力交由回风段机站承担,较好地解决了多中段多盘区同时作业时污风串联的难题。回风机站均采用 4 台同型号风机两两串并联方式运行,原二级机站从采区移到 -790 m、-850 m 总回风巷,避免了采场爆破冲击波的破坏,方便维护和管理;同时采用远程集中监控技术、风机变频调速控制技术对多级机站通风系统进行节能控制。

优化后的冬瓜山回风井总回风量 604 m³/s,满足了通风降温需要,进风井各阶段石门设置进风机站主要进风,其余各井筒少量进风;污风全部由冬瓜山回风井排出。系统进风总量为 604 m³/s,各井筒进风量分别为进风井 473 m³/s、副井 31 m³/s、主井 32 m³/s、辅助井 47 m³/s、团山副井 21 m³/s。系统装机容量从 3743 kW 降为 3110 kW,实际运行功率 2424 kW;系统有效风量率 82%,风机平均效率 91%。 -790 m 和 -850 m 三条总回风巷所负担的通风阻力基本均衡,回风巷道断面优化设计为 25 m²,降低机站局阻 20%,进风机站减少掘进工程量 1152 m³。

12.15.3 大冶铁矿尖林山分区通风

大冶铁矿尖林山井下车间包括尖林山、龙洞、铁门坎和象鼻山四个采区,原有井下通风系统是为 -50 m 水平以上阶段采矿生产服务的,除龙洞采区为多级机站通风方式外,其余均为抽出式分区通风。2005 年,采矿生产作业下降到 -110 m 阶段,基本上沿用了原来的通风系统。新鲜风流分别从尖林山二期竖井、尖林山主副井、地表到井下采区的斜坡道、铁门坎主副井进入采区中段,经过采场的污风分别从尖林山东回风斜井、铁龙斜井、铁门坎北区回风斜井和南区回风斜井排出地表。

主要机站及风机:(1)尖林山东回风斜井地表回风机站,两台 K40-4-No.15(90 kW/台)风机并联运行;(2)龙洞 -50 m 进风机站,两台 K40-4-No.13(55 kW/台)并联,但未运行;(3)铁龙斜井地表回风机站,1 台 K40-4-No.14(90 kW)风机运行,备用 1 台同型号风机;(4)铁门坎北区 +48 m 回风机站,1 台 K55-4-No.13(55 kW)风机运行;(5)铁门坎 -45 m 溜破回风机站,1 台 K40-4-No.13(45 kW)风机运行。

该通风系统存在的问题:(1) -50 m 水平短路风量较大。随着主要生产阶段从 -50 m 下降到 -110 m,各作业分段供风严重不足,采场通风条件较差,大量新鲜风流从 -50 m 水平直接短路到各回风井;(2)龙洞采区未能形成有效的进风风路,-50 m 进风机站风机安装后从未运行使用,等同虚设;(3)铁门坎未能形成有效的通风系统,采区污风和炮烟不能及时排出并影响龙洞、尖林山采区;南区无回风机站,北区 +48 m 回风机站能力不足;(4)铁门坎 -50 m 以上风路受露天坑漏风影响严重,直接干扰了铁门坎通风系统;(5)通风构筑物严重缺乏;(6)通风管理工作及技术人员配置不足。

通过分析研究大冶铁矿尖林山大范围(走向长度超过 2300 m)、多采区(4 个采区以上)复杂铁矿分区通风系统特点,采用多机站通风技术并对系统进行了优化,将相互独立(回风系统)又相互关联(进风系统)的各分区整合为一个大系统,采用风压平衡原理对各分区风量进行合理分配,并通过各分区主回风机站风机和采区辅扇联合进行控制,解决了超大范围多分区复杂铁矿体开采多机站通风技术应用中存在的各机站风机压力和风量的不合理分配以及采区进风段和需风段新鲜风流短路、采区污风循环和各分区之间污风相互污染的问题,矿井总风量明显提高。通风系统改造前,尖林山井下通风系统的总风量为 211.70 m³/s,通风系统改造后的总风量达到 288.14 m³/s,总风量提高 36%。采区风量得到更有效的利用,系统有效风量率得到提高,达到 66.19%。

12.15.4 姑山和睦山铁矿单翼对角式通风

和睦山铁矿包括后和睦山采区和后观音山采区,已探明的矿石总储量为 3000 kt,以磁铁矿为主,地下开采,设计年开采能力 700 kt,服务年限 20 年。

和睦山铁矿通风系统采用单翼对角抽出式通风方式,新鲜风流由措施井、主井、副井分别进入后和睦山采区的 -100 m、-150 m、-200 m 水平和后观音山采区 -200 m 水平,通过采区斜坡道、各分段下盘联络巷进入作业采场,污风由后和睦山采区 -50 m、-150 m 大巷送到回风井最后排出地表。

后和睦山采区 -50m 大巷、-150m 大巷靠近回风井附近各设置一个扇风机站,采用有风墙形式,分别安装一台 K40 -6 -No. 14 风机、K40 -6 -No. 20 风机(叶片角度23°,当采掘总量达产到70万吨/年,可将该风机叶片角度从目前的23°调大到29°或32°以加大总回风量);后和睦山采区 -50m 西端回风井联巷设置一台 K40 -6 -No. 11 风机,采用无风墙形式。

通风系统于2008年初建成运行,测定结果:矿井总风量 96. 46 m³/s,通风系统阻力 432 Pa,通风能耗 98. 72 kW/h,通风系统总的进、回风量基本相符,并与通风系统调整方案解算结果(97 m³/s)一致,井下通风系统 -50m、-150m 回风机站风机均正常运行,-50m、-60m、-70m、-100m、-150m 等各作业分段风流按调整方向分配,各通风构筑物均按要求建立使用,井下各生产阶段作业环境较好。

参 考 文 献

[1] 《采矿手册》编委会. 采矿手册[M]. 北京:冶金工业出版社,1999.

[2] 王英敏. 矿井通风与防尘[M]. 北京:冶金工业出版社,1993.

[3] 程厉生. 矿井通风系统优化与节能技术[M]. 北京:冶金工业出版社,1997.

[4] 马鞍山矿山研究院. 梅山矿业公司多级机站通风计算机远程集中监控系统设计[R]. 马鞍山:中钢集团马鞍山矿山研究院有限公司,2001.

[5] 采矿设计手册编委会. 采矿设计手册:矿床开采卷[M]. 北京:中国建筑工业出版社,1988.

13 矿山压气

13.1 概述

矿山在凿岩钻孔、装、运、卸、喷锚支护、破碎筛分、过滤、气力运输和机修等作业中,有许多设备和工具是用压气驱动的,压气是矿山主要动力源之一,压气设备和工具在矿山广为使用。

我国矿山于 20 世纪 50 年代已使用空气压缩机。60 年代,自行设计制造了不同规格和用途的活塞式空气压缩机,如固定式空气压缩机,比功率为 5.17 kW/(m³/min),排气压力为 0.9 MPa,比质量为 119 kg/(m³/min)。同时还设计了排气量为 10 ~ 100 m³/min、压力为 0.9 MPa L 型空气压缩机系列。接着又开始发展对称平衡型压缩机,先后自行设计制造了排气量为 45 m³/min、排气压力为 21.1 MPa 的二氧化碳压缩机。排气量为 165 m³/min、排气压力为 32.1 MPa 的氮氢混合气体压缩机。排气量为 250 m³/min、排气压力为32.1 MPa、电动机功率为 4000 kW 的氮氢混合气体压缩机等具有一定水平的多种压缩机。

一般矿山常用的空气压缩机以活塞为主,其次为螺杆式和滑片式。活塞式空气压缩机由于其功率最小、当排气表压力为 0.7 ~ 0.8 MPa 时,其比功率一般 4.74 ~ 6.1 kW/(m³/min),所以耗电量少,且易于调节供气量。在我国活塞式空气压缩机的产量约占当时总台数的 90% 左右。但该类机组的质量大、外形尺寸大、易损件多、维修工作量大,近年来,其发展速度落后于螺杆式和离心式空气压缩机。空气压缩机又称空压机或压缩机。

20 世纪 70 年代以后,生产技术迅速发展,所用气动设备和工具越来越多,在冶金、煤炭、石油、化学等矿山开采和输送物料中需用大量压缩空气。大容量的离心式空气压缩机得到了广泛的使用。与活塞式压缩机相比,离心式压缩机具有气体不受润滑油污染、能长期连续运转、设备紧凑、占地面积小、质量轻、运转平稳、安全可靠、初期投资少等优点。因此在大型空气压缩机中,离心式压缩机已占绝对优势。国外自 20 世纪 30 年代开始研制离心式压缩机以来,其发展速度很快。在世界各主要工业国家中,离心式压缩机的产量比例逐年增加。近年来,在改进离心式压缩机的结构、降低比功率和减少噪声等方面取得了显著效果,其比功率在最高效率时为 5.25 kW/(m³/min),因此,离心式压缩机有向中小容量发展趋势。

螺杆式压缩机与活塞式相比,具有结构简单、零件少、外形紧凑,质量轻等优点,因而在移动式压缩机中更显示其优越性。在我国,螺杆式压缩机已与牙轮钻机、潜孔钻机配套应用。

13.2 空气压缩机的分类及其适用范围

13.2.1 空气压缩机的分类

按照空气压缩机结构特征分类见表 13-1。按照空气压缩机技术规格分类见表 13-2。各类空气压缩机的适用范围如图 13-1 所示。

13.2.2 矿山常用的空气压缩机

矿山使用的空气压缩机主要有活塞往复式、滑片回转式、螺杆式、罗茨式和离心式等几种。地下采矿工作面使用的气动设备,多数由活塞往复式空气压缩机供给压缩空气;露天采矿场使用的大型钻机等设备,多数配用螺杆式和罗茨式空气压缩机;选矿厂多配用滑片回转式和离心式空气压缩机。

表 13-1 空气压缩机的分类

型　式	分类名称		机型示意图
容积式 空气压缩机	往复式 空气压缩机	主轴驱动式	活塞式
			隔膜式
		自由活塞式	
	回转式 空气压缩机	单轴驱动式	滑片式
			单螺杆式
			液环式
			滚动活塞式
		双轴驱动式	罗茨式
			双螺杆式
动力式 空气压缩机	透平式 空气压缩机	离心式	
		轴流式	
	喷射式空气压缩机		

表 13-2 空气压缩机技术规格分类

分类主要依据		技术指标
按照排气压力 p 大小分类 ／MPa	超高压空气压缩机	$p > 100$
	高压空气压缩机	$10 < p \leqslant 100$
	中压空气压缩机	$1.0 < p \leqslant 10$
	低压空气压缩机	$0.25 < p \leqslant 1.0$
按照排气量 V 大小分类 ／(m³/min)	大型空气压缩机	$V > 100$
	中型空气压缩机	$10 < V \leqslant 100$
	小型空气压缩机	$1 < V \leqslant 10$
	微型空气压缩机	$V \leqslant 1$

分类主要依据		技术指标
按照匹配功率 N 大小分类 /kW	大型空气压缩机	$N > 500$
	中型空气压缩机	$100 < N \leqslant 500$
	小型空气压缩机	$10 < N \leqslant 100$
	微型空气压缩机	$N \leqslant 10$

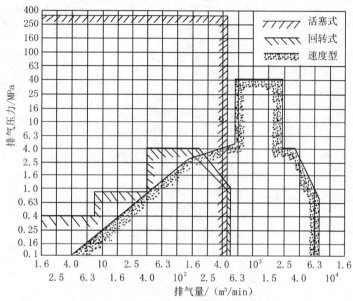

图 13-1 各类空气压缩机的适用范围

13.2.2.1 活塞往复式空气压缩机

活塞往复式空气压缩机常按作用模式和结构特征不同进行分类。

(1) 按压缩级数分为单级、双级、多级。

(2) 按主轴每转内吸气次数分为单作用、多作用。

(3) 按汽缸位置分卧式、立式、角度式(L 形、V 形、W 形)(图 13-2～图 13-7)。对于两缸或四缸空压机,还有对称布置和非对称布置之区别。

(4) 按冷却方式分为水冷、气冷。

(5) 按转速多少分为低转速、中转速、高转速。

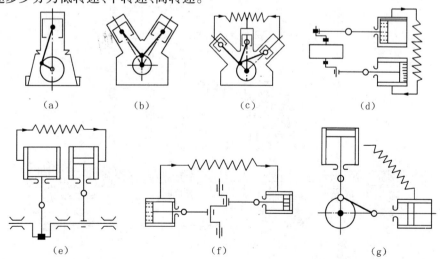

图 13-2 活塞往复式空气压缩机的型式

(a) 单缸立式;(b) V 形;(c) W 形;(d) 双缸卧式;(e) 双缸立式;(f) 对称卧式;(g) L 形

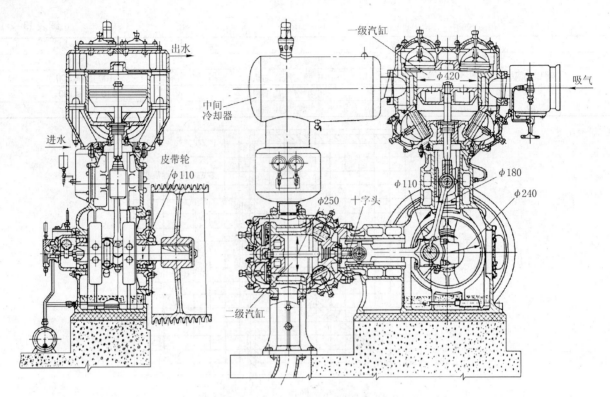

图 13-3　4L-20/8 型空气压缩机结构

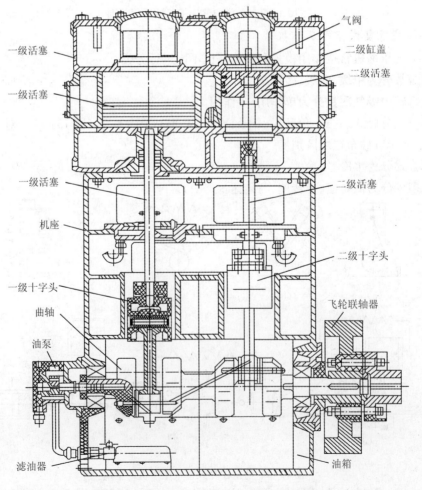

图 13-4　双级立式空气压缩机的主要结构

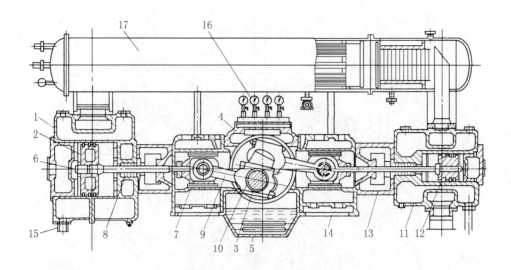

图 13-5   卧式对称平衡双级空气压缩机的结构

1—一级汽缸;2—一级活塞;3—曲轴;4—曲轴箱;5—油池;6—活塞杆;7—十字头;8—密封填料;9—连杆;10—轴瓦;
11—二级汽缸;12—二级活塞;13—联结箱;14—机架;15—冷却水管;16—气压表;17—中间冷却器

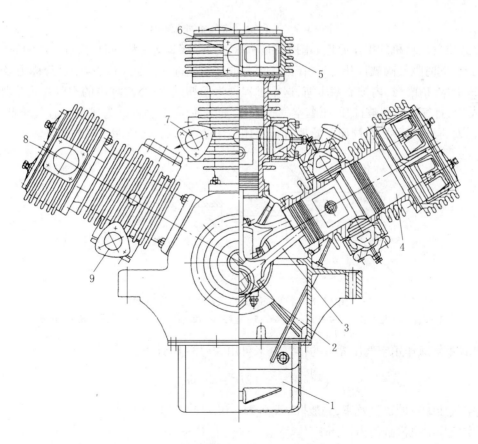

图 13-6   YW9/7-1 型移动式空气压缩机结构

1—油箱;2—曲轴;3—活塞杆;4—活塞;5—汽缸;6,8—一级吸气;7,9—二级吸气

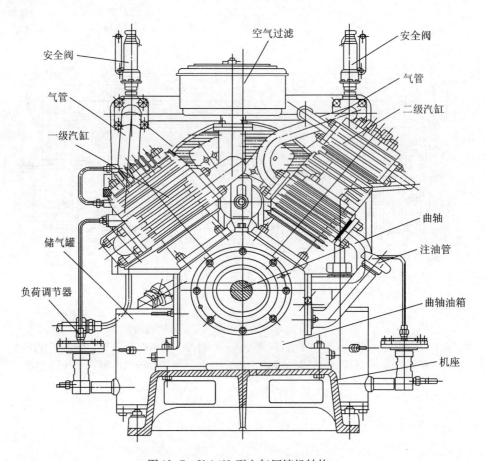

图 13-7　V-1/60 型空气压缩机结构

　　活塞往复式空气压缩机的工作原理如图 13-8 所示。当活塞 2 向右移动时,汽缸 1 左侧的压力略低于吸入空气的压力 p_1,此时吸气阀被打开,空气在大气压力的作用下进入汽缸 1 内,这个过程称为吸气过程;当活塞返行时,吸入的空气在汽缸内被活塞压缩,这个过程称为压缩过程;当汽缸内的空气压力增加到略高于排气管内压力 p_2 后,排气阀 8 即被打开,压缩空气排入排气管内,这个过程称为排气过程。至此,已完成了一个工作循环,活塞再继续运动,将周而复始地进行上述工作循环,以完成压缩空气的任务。

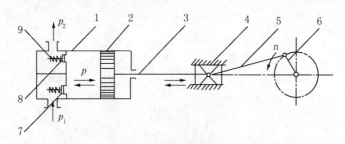

图 13-8　活塞往复式空气压缩机工作原理

1—汽缸;2—活塞;3—活塞杆;4—十字头;5—连杆;6—曲柄;7—吸气阀;8—排气阀;9—弹簧

　　活塞往复式单缸双作用空气压缩机的排气量 V 可用式(13-1)计算:

$$V = \frac{\pi\lambda}{2}(2D^2 - d^2)Sn \tag{13-1}$$

式中　λ——空气压缩机的供气效率,一般取 $\lambda = 0.75 \sim 0.90$;

　　　D——空气压缩机汽缸的内径,m;

　　　d——汽缸内活塞杆的直径,m;

　　　S——汽缸内活塞的行程,m;

　　n——空气压缩机的转速,r/min。

13.2.2.2　滑片回转式空气压缩机

　　滑片回转式空气压缩机的作用原理,基本上与活塞往复式空气压缩机相似,它们的区别是前者具有回转运动,后者则为往复运动。

　　图13-9所示为滑片回转式空气压缩机。1为吸气管,2为圆筒形铸铁外壳,3为安装在转子轴4上的铸铁转子。沿转子轴线方向排列着若干个槽,在槽中插入滑片5,滑片用钢片或塑料做成。转子在圆筒中的安装位置是偏心的,因此构成一个月牙形空间。转子转动时,滑片受离心力的作用自槽中伸出并将空间分成若干小室。为了减少摩擦,应使滑片不与圆筒壁接触(它们中间的间隙在1 mm以下),将滑片支持在两个圆环上,圆环放在圆筒内壁的环形槽中并可在槽中自由旋转。

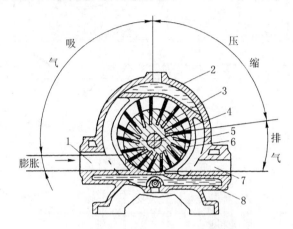

图13-9　滑片回转式空气压缩机简图
1—吸气管;2—外壳;3—转子;4—转子轴;5—滑片;6—空气压缩室;7—排气管;8—水套

　　转子沿箭头方向转动时,大气中的空气经吸气管进入空气压缩机,然后又进入小室A中。因为小室的容积在转子转动时逐渐减小,所以在B室与排气管联通之前,小室中的空气一直被压缩。排气接管上装有止逆阀。空气的冷却借水套8来进行。

　　滑片移动式空气压缩机设备如图13-10所示。

　　滑片回转式空气压缩机的排气量V可用式(13-2)计算:
$$V = 2mL(\pi D - Z\delta)n\lambda \tag{13-2}$$

式中　L——空气压缩机汽缸的长度,m;

　　　m——转子中心线与汽缸中心线的距离,m;

　　　D——汽缸内径,m;

　　　δ——汽缸内滑片的厚度,m;

　　　n——空气压缩机转子的转速,r/min;

　　　λ——空气压缩机的供气效率,一般取$\lambda = 0.9 \sim 0.95$。

13.2.2.3　离心式空气压缩机

　　离心式空气压缩机适用于大容量的压气站。图13-11所示为离心式空气压缩机的结构,它是由入口接管、渐缩管、入口导流器、工作轮、扩散器及出口接管等组成。各级工作轮和轴组装在一起,称为转子。扩散器、导流器等和机壳连在一起,称为定子。

　　空气由大气或吸气管经过入口接管进入环形的渐缩管,渐缩管用以使气流在入口导流器前增加速度,形成均匀的速度场和压力场。入口导流器使第一级前面的气流获得所要求的速度场。在各段腔道内空气受到压缩,压缩后的空气进入扩散器,失去一部分动能,继续提高压力。最后,空气由扩散器经过出口接管进入排气管道。图13-12所示为四段离心式空气压缩机。每个离心式工作轮及相应的扩散器、反向导流器固定部件,组成压缩机的"级"。

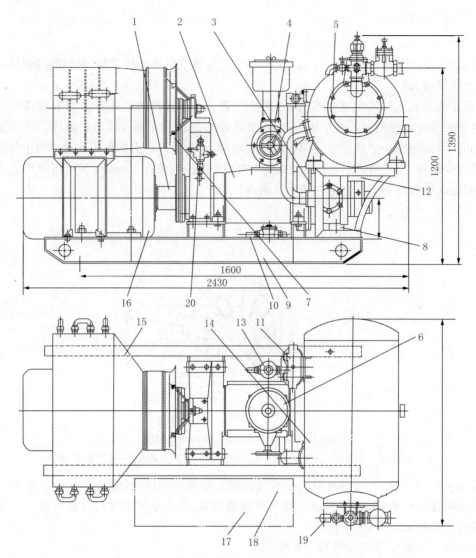

图 13-10　BYH-10/7 型滑片移动式空气压缩机设备

1——级汽缸;2—二级汽缸;3—联轴器;4—减荷阀;5—排气止回阀;6—空气过滤器;7—风扇;8—粗滤器;9—底座;
10—润滑油管路;11—油过滤器;12—油止回阀;13—恒温阀;14—储气罐;15—油冷却器;16—电动机;
17—仪表板;18—电控柜;19—输气管;20—压力调节器

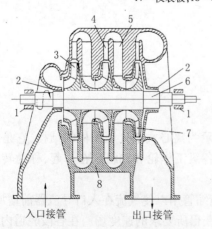

图 13-11　离心式空气压缩机结构

1—轴承;2—密封;3,7—工作轮;4—扩散器;
5—导流器;6—轴;8—蜗壳

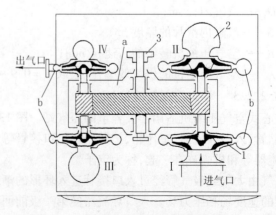

图 13-12　四段离心式空气压缩机

1—工作轮;2—气道;3—联轴器;
a—传动装置;b—蜗壳

离心式空气压缩机的排气量 V 可用式(13-3)计算：

$$\dot{V} = \frac{\pi\varphi}{4}D^3 n \qquad (13-3)$$

式中　φ——空气压缩机叶轮的流量系数,一般取 $\varphi = 0.04 \sim 0.08$；

　　　D——叶轮的外径,m；

　　　n——空气压缩机的转速,r/min。

13.2.2.4　罗茨式空气压缩机

罗茨式空气压缩机也称高压鼓风机,其主要结构如图 13-13 所示。它是靠两个转子的啮合推移汽缸容积内的气体,在排气腔内达到升压。

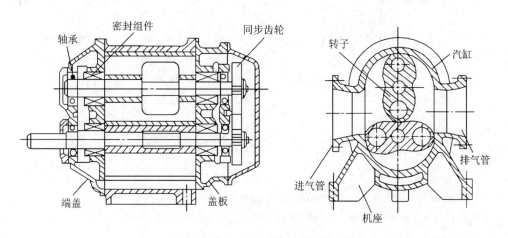

图 13-13　罗茨式鼓风机结构

转子的端面型线有渐开线形、圆弧形和摆线形等。渐开线形转子的面积利用系数较高,制造方便,应用广泛。转子的构造一般为二叶或三叶；二叶转子为直叶,三叶转子有直叶形和螺旋形两种(图 13-14)。增加转子叶数或采用螺旋形转子能够改善排气的不均匀性。

罗茨式空压机的压力可达 0.9MPa,排气量可达 1000 m³/min。它具有强制输气、介质不含油、结构简单、制造容易、维修方便等优点,其主要缺点是效率较低。

罗茨式空气压缩机的排气量 V 可用式(13-4)计算：

$$V = (F_1 - F_2)Ln\lambda \qquad (13-4)$$

式中　F_1——空气压缩机气缸的横断面积,m²；

　　　F_2——两个转子横断面积之和,m²；

　　　L——转子的长度,m；

　　　n——空气压缩机的转速,r/min；

　　　λ——空气压缩机的供气系数,一般取 $\lambda = 0.7 \sim 0.8$。

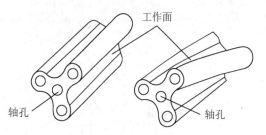

图 13-14　三叶转子结构

13.2.2.5　螺杆式空气压缩机

新型的回转式空气压缩机 – 螺杆式空气压缩机得到广泛应用。这种空气压缩机由齿轮啮合的一对转子组成(图 13-15)。它的公转子上制造有断面形状为半圆形的齿,母转子上制造有与齿相啮合的沟槽。轴端两齿轮的传速比与转子上齿数比相等,故可保持转子上的齿不相接触。当两齿分离时,齿与齿之间装满空气；当两齿重新啮合时,齿与齿间的空间变小,空气即被压缩。大型螺杆式空气压缩机常做成两级的,其压力为 0.7 ~ 1.1MPa,排气量最大可达 282 m³/min,绝热全效率为 80% 左右。这种空气压缩机的优点是无内部摩擦,压缩空气内无润滑油,转速高,机器重量轻,工作平稳可靠,其效率比滑片式略高；有灰尘时不致损伤机器,特别适用于井下作业。

LG25/16-40/7 型螺杆式空气压缩机成套设备如图 13-16 所示。

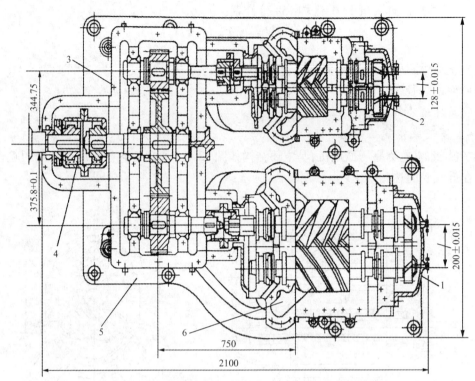

图 13-15　LG25/16-40/7 螺杆式空气压缩机主机组结构
1——级主机;2—二级主机;3—增速箱;4—联轴器;5—机壳;6—气道

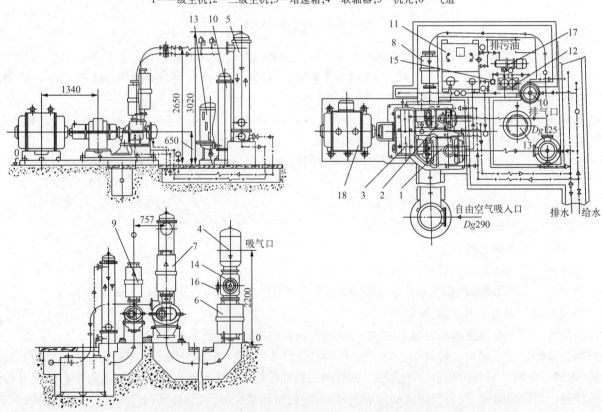

图 13-16　LG25/16-40/7 螺杆式空气压缩机设备总图
1——级主机;2—二级主机;3—增速箱;4—空气过滤器;5—中间冷却器;6——级进气消声器;7——级排气消声器;
8—二级进气消声器;9—二级排气消声器;10—油冷却器;11—油箱;12—油精滤器;13—压力油箱;
14—减荷阀;15—旁通阀;16—调节阀;17—油泵及电机;18—电动机

螺杆式空气压缩机的排气量 V 可用式(13-5)计算：

$$V = (F_1 Z_1 + F_2 Z_2) Ln\lambda \tag{13-5}$$

式中　F_1, F_2——分别为阳、阴两个齿面的面积，m^2；

　　　Z_1, Z_2——分别为阳、阴转子的齿数；

　　　L——转子的长度，m；

　　　n——空压机的转数，r/min；

　　　λ——空压机的供气系数，一般取 $\lambda = 0.85 \sim 0.92$。

矿山常用的几种国产空气压缩机的主要技术参数分别见表13-3~表13-7。

表13-3　矿山常用活塞往复式空气压缩机的主要技术参数

型　号	型　式	排气量/(m³/min)	排气压力/MPa	电动机功率/kW	电压/V	转速/(r/min)	整机质量/t	外形尺寸(长×宽×高)/mm×mm×mm	主要生产厂家
V-10/7	固定、水冷	10	0.7	55	380	980	2.1	1720×1960×1564	
VF-12/7	固定、风冷	12	0.7	75	380	980	2.5	2830×1200×1420	
VF-15/7	移动、风冷	15	0.7	90	380	980	3.4	2930×1280×1420	
VFY-10/7	移动、风冷	10	0.7	55	380	980	2.1	2880×1758×1907	
VFY-12/7	移动、风冷	12	0.7	75	380	980	2.5	3190×1818×1937	
VFY-12/7-KB	移动、风冷、防爆	12	0.7	75	380	980	2.7	2618×1322×1426	柳州环宇压缩机有限公司，蚌埠北方空气压缩机厂，济南压缩机有限公司，上海英格索兰压缩机有限公司，重庆气体压缩机厂，自贡空气压缩机厂，河北吴桥压缩机有限公司
V-22/7	固定、水冷	22	0.7	132	380	550	8.5	2860×1300×1840	
V-40/7	固定、水冷	40	0.8	250	380	590	15	3300×1700×2150	
VWWJ-10/7	移动、无油	10	0.7	65	980	380	1.75	1850×1630×1240	
VWWJ-18/7	移动、无油	18	0.7	110	380	980	2.7	2142×1850×1562	
VWWJ-20/7	移动、无油	20	0.7	132	380	980	2.5	2205×1850×1562	
W-20/7	固定、水冷	20	0.7	132	380	980	4.1	4000×1800×2120	
W-20/7	移动、风冷	20	0.7	132	380	980	3.5	3400×1400×2100	
WFY-15/7	移动、风冷	15	0.7	90	380	980	3.4	3190×1810×1900	
WFY-18/7	移动、风冷	18	0.7	125	柴油机	2200	3.4	4010×1810×2120	
WF-18/7	固定、风冷	18	0.7	125	380	980	3.4	3986×1280×1680	
MWF-15/7(煤矿)	移动、风冷、防爆	15	0.7	90	380	980	3.4	2930×1286×1562	
L-10/10	固定、水冷	10	1.0	75	380	980	3.4	1877×885×1595	
L-11/8	固定、水冷	11	0.7	65	380	490	5.0	2700×1000×2000	
L-20/10	固定、水冷	20	1.0	160	380	400	7.7	2103×1101×1936	沈阳气体压缩机厂，江西气体压缩机有限公司，蚌埠第三气体压缩机厂，太原气体压缩机厂，蚌埠安瑞科压缩机有限公司，西安压缩机厂，南京压缩机有限公司，济南压缩机有限公司，湖北空压机总厂，北京重型机器厂
L-22/8	固定、水冷	22	0.8	118	380	400	3.0	2260×1500×1935	
3L-10/8	固定、水冷	10	0.8	65	380	980	1.6	1858×910×1780	
3L-10/10	固定、水冷	10	1.0	75	380	980	1.6	1858×910×1780	
4L-20/8	固定、水冷	20	0.8	132	380	739	5.0	2260×1550×1935	
4L-20/10	固定、水冷	20	1.0	130	380	739	5.0	2260×1550×1935	
4L-22/7	固定、水冷	22	0.7	132	380	590	6.7	2790×1650×2800	
5L-40/8	固定、水冷	40	0.8	230	6000	428	9.1	2500×2100×2430	
5L-40/10	固定、水冷	40	1.0	250	380/6000	428	8.4	2000×1510×1880	
L5.5-40/8	固定、水冷	40	0.8	250	380/6000	580	8.1	2580×1600×1880	
L5.5-40/10	固定、水冷	40	1.0	260	6000	580	8.1	2580×1600×1880	
6L-45/8	固定、水冷	45	0.8	265	6000	360	10.5	2950×1900×2800	

型　号	型　式	排气量 /(m³/min)	排气压力 /MPa	电动机功率 /kW	电压 /V	转速 /(r/min)	整机质量 /t	外形尺寸 （长×宽×高） /mm×mm×mm	主要生产厂家
6L-50/8	固定、水冷	50	0.8	300	6000	375	12.2	3100×1900×2800	
L8-60/8	固定、水冷	60	0.8	350	6000	428	13.1	3950×2100×2900	
7L-100/8	固定、水冷	100	0.8	550	6000	375	14	4100×3200×3100	
L132/200A	固定、水冷	20	0.8	132	380	739	5.3	2200×1150×2130	
L132/200	固定、水冷	22	0.7	132	380	739	5.3	2200×1150×2130	
L160/200C	固定、水冷	22	1.0	160	380	739	5.3	2200×1150×2130	
L132/874C	固定、水冷	32	0.8	132	380	739	7.1	2550×1140×2540	
L250/202A	固定、水冷	40	0.8	250	380	428	10.1	3180×1720×2300	沈阳气体压缩机厂，江西气体压缩机有限公司，蚌埠第三气体压缩机厂，太原气体压缩机厂，蚌埠安瑞科压缩机有限公司，西安压缩机厂，南京压缩机有限公司，济南压缩机有限公司，湖北空压机总厂，北京重型机器厂
L250/202C	固定、水冷	40	1.0	250	380	428	10.1	3180×1720×2300	
L250/202	固定、水冷	42	0.7	250	380	428	10.1	3180×1720×2300	
LW-10/8	固定、水冷、无油	10	0.8	65	380	980	3.4	2320×910×2006	
LW-10/10	固定、水冷、无油	10	1.0	75	380	980	3.4	2320×910×2006	
LW-20/8	固定、水冷、无油	20	0.8	130	380	739	6.1	2632×1550×2330	
LW-20/10	固定、水冷、无油	20	1.0	130	380	739	6.1	2632×1550×2330	
LW132/204C	固定、水冷、无油	20	0.8	132	380	739	7.6	2280×1142×2350	
LW132/204	固定、水冷、无油	22	0.7	132	380	739	7.6	2280×1142×2350	
LW160/204F	固定、水冷、无油	22	1.0	160	380	739	7.6	2280×1142×2350	
LW185/206B	固定、水冷、无油	30	0.8	185	380	739	7.2	3630×1750×2570	
LW250/807B	固定、水冷	32	0.8	250	6000	490	8.5	2956×1750×2520	
LW-38/10	固定、水冷、无油	40	1.0	260	6000	590	8.4	2890×1600×2198	
LW-40/8	固定、水冷、无油	40	0.8	250	380/6000	580	8.2	2890×1600×2198	
LW-40/10	固定、水冷、无油	40	1.0	260	6000	580	8.3	2890×1600×2175	
LW-48/7	固定、水冷、无油	48	0.7	280	380	580	9.0	2890×1600×2198	
LW280/807D	固定、水冷	48	0.7	280	6000	428	13.1	3600×1830×2570	
2G12-80	固定、对称、水冷	100	0.8	550	6000	428	12.5	4600×4800×2120	
D-42/7(8)	固定、水冷	42	0.7/0.8	250	380/6000	490	11.5	3750×3385×2653	
D-42/10	固定、水冷	42	1.0	280	6000	490	12.1	4000×2500×2900	
D-63/7(8)	固定、水冷	63	0.7/0.8	350	6000	490	10.1	3830×2730×2900	
D-63/8A	固定、水冷	63	0.8	350	6000	490	12.3	3830×4200×2700	柳州压缩机总厂，江西气体压缩机有限公司，柳州二空机械股份有限公司，北京重型机器厂
D-63/10	固定、水冷	63	1.0	450	6000	390	13.1	3830×2730×2900	
D-85/8	固定、水冷	85	0.8	500	6000	428	16.3	4800×2130×3090	
D-100/8	固定、水冷	100	0.8	550	6000	375	16.5	4352×3156×3000	
2D12-100/8	固定、水冷	100	0.8	550	6000	375	12.1	4600×4800×2120	
2D12(Ⅲ)-100/8	固定、水冷	100	0.8	550	6000	325	14.5	4622×3353×2535	
2D12(Ⅲ)-100/10	固定、水冷	100	1.0	630	6000	325	14.5	4622×3353×2535	
DW-42/8	固定、水冷	42	0.8	250	6000	428	12.1	4480×2130×3090	
DW-63/8	固定、水冷	63	0.8	350	6000	490	15.8	4450×3455×2900	
DW-95/7	固定、水冷、无油	95	0.7	550	6000	375	16.1	5496×3558×2575	
DW-100/8	固定、水冷、无油	100	0.8	600	6000	375	15.4	5182×3353×2535	
DW-100/10	固定、水冷、无油	100	1.0	630	6000	375	15.4	5182×3353×2535	
DW-192/7	固定、水冷、无油	100	0.7	630	6000	375	17.1	5456×3518×2720	

型　号	型　式	排气量 /（m³/min）	排气压力 /MPa	电动机功率 /kW	电压 /V	转速 /（r/min）	整机质量 /t	外形尺寸（长×宽×高） /mm×mm×mm	主要生产厂家
ZL3.5-20/8	固定、水冷、无基础	20	0.8	112	380	590	8.1	2121×1731×2000	江西气体压缩机有限公司，自贡空压机厂，蚌埠中进空气压缩机厂
ZL5.5-20/8-A	固定、水冷、无基础	20	0.8	112	380	590	8.2	2121×1731×2500	
ZL5.5-40/7	固定、水冷、无基础	40	0.7	230	6000/3000	375	9.4	3280×2000×2367	
BZL3.5-20/7	固定、水冷、无基础	20	0.7	110	380/660	980	9.1	2440×2180×2100	

表13-4　矿山常用螺杆式空气压缩机的主要技术参数

型　号	型　式	排气量 /（m³/min）	排气压力 /MPa	电动机功率 /kW	电压 /V	转速 /（r/min）	整机质量 /t	外形尺寸（长×宽×高） /mm×mm×mm	主要生产厂家
LGFD-10/8	移动、风冷	10	0.8	55	380	2960	3.8	2000×1500×1600	南京压缩机股份有限公司，安瑞科(蚌埠)压缩机有限公司，济南压缩机有限公司，江西气体压缩机有限公司，柳州富达机械有限公司
LGFD-10/10	移动、风冷	10	1.0	75	380	2960	4.0	2000×1500×1600	
LGFD-11/7	移动、风冷	11	0.7	55	380	2960	3.8	2000×1500×1600	
LGFD-12/8	移动、风冷	12	0.8	75	380	2960	4.0	2000×1500×1600	
LGFD12.8/10	移动、风冷	12.8	1.0	90	380	2960	4.2	2400×1700×1600	
LGFD-13/7	移动、风冷	13	0.7	75	380	2960	4.0	2000×1500×1600	
LGFD-14.5/8	移动、风冷	14.5	0.8	90	380	2960	4.2	2400×1700×1600	
LGFD-14.8/7	移动、风冷	14.8	0.7	90	380	2960	4.2	2400×1700×1600	
LGFD-17/10	移动、风冷	17	1.0	110	380	2960	4.4	2400×1700×1600	
LGFD-19.5/8	移动、风冷	19.5	0.8	110	380	2960	4.4	2400×1700×1600	
LGFD-20.3/7	固定、水冷	20.3	0.7	110	380	1480	4.4	2400×1700×1600	
LGFD20.5/10	固定、水冷	20.5	1.0	132	380	1480	4.6	2400×1700×1600	
LGFD-22/8	固定、水冷	22	0.8	132	380	1480	4.6	2400×1700×1600	
LGFD-23/7	固定、水冷	23	0.7	132	380	1480	4.6	2400×1700×1600	
LGFD-24/10	固定、水冷	24	1.0	160	380	1480	4.8	2700×1900×1800	
LGFD-26/10	固定、水冷	26	1.0	185	380	1480	4.8	2700×1900×1800	
LGFD-28/8	固定、水冷	28	0.8	160	380	1480	4.8	2700×1900×1800	
LGFD-28/7	固定、水冷	28	0.7	160	380	1480	4.8	2700×1900×1800	
LGFD-28/10	固定、水冷	28	1.0	200	380	1480	4.8	2700×1900×1800	
LGFD-30/8	固定、水冷	30	0.8	185	380	1480	4.8	2700×1900×1800	
LGFD-30/7	固定、水冷	30	0.7	185	380	1480	4.8	2700×1900×1800	
LGFD-33/8	固定、水冷	33	0.8	200	380	1480	4.0	3800×1870×2120	
LGFD-33/7	固定、水冷	33	0.7	200	380	1480	4.0	3800×1870×2120	
LGFD-35/10	固定、水冷	35	1.0	220	380	1480	6.1	3800×1870×2120	
LGFD-37/8	固定、水冷	37	0.8	220	380	1480	6.1	3800×1870×2120	
LGFD-40/7	固定、水冷	40	0.7	220	380	1480	6.1	3800×1870×2120	
LGFD-40/10	固定、水冷	40	1.0	250	380	1480	6.2	3800×1870×2120	
LGFD-44/8	固定、水冷	44	0.8	250	380	1480	6.2	3800×1870×2120	
LGFD-46/7	固定、水冷	46	0.7	250	380	1480	6.2	3800×1870×2120	
LGFYD-10/7	移动、风冷	10	0.7	79	柴油机	2200	4.1	4590×1700×1800	
LGFYD-10/10	移动、风冷	10	1.0	83	柴油机	2200	4.1	4590×1700×1800	
LGFYD-12/7	移动、风冷	12	0.7	83	柴油机	2200	4.1	4590×1700×1800	
LGFYD-19/10	移动、风冷	19	1.0	176	柴油机	2200	6.1	4000×1900×2130	
LGFYD-22/7	移动、风冷	22	0.7	176	柴油机	2200	6.1	4000×1900×2130	
LGFYD-22/10	移动、风冷	22	1.0	200	柴油机	2200	6.1	4000×1900×2130	
LGFYD-10/10	移动、风冷	10	1.0	75	380	2980	4.1	4850×1700×1800	
LGFYD-12/7	移动、风冷	12	0.7	75	380	2980	4.1	4850×1700×1800	
LGFYD-19/10	移动、风冷	19	1.0	132	380	2980	6.1	4000×1900×2130	
LGFYD-22/7	移动、风冷	22	0.7	132	380	2980	6.1	4000×1900×2130	
LGD-10/8	移动、水冷	10	0.8	55	380	2980	3.8	2000×1500×1600	
LGD-10/10	移动、水冷	10	1.0	75	380	2980	3.8	2000×1500×1600	
LGD-11/7	移动、水冷	11	0.7	55	380	2980	3.8	2000×1500×1600	
LGD-12/8	移动、水冷	12	0.8	75	380	2980	3.8	2000×1500×1600	
LGD-13/7	移动、水冷	13	0.7	75	380	2980	3.8	2000×1500×1600	

续表13-4

型号	型式	排气量/(m³/min)	排气压力/MPa	电动机功率/kW	电压/V	转速/(r/min)	整机质量/t	外形尺寸（长×宽×高）/mm×mm×mm	主要生产厂家
LGD-14/8	移动、水冷	14	0.8	90	380	2980	4.1	2400×1700×1600	
LGD-17/10	移动、水冷	17	1.0	110	380	2980	4.1	2400×1700×1600	
LGD-20/8	移动、水冷	20	0.8	110	380	2980	4.1	2400×1700×1600	
LGD-20/10	移动、水冷	20	1.0	132	380	2980	4.1	2400×1700×1600	
LGD-22/8	固定、水冷	22	0.8	132	380	2980	4.5	2400×1700×1600	
LGD-23/7	固定、水冷	23	0.7	132	380	2980	4.2	2400×1700×1600	
LGD-24/10	固定、水冷	24	1.0	160	380	2980	4.6	2700×1900×1800	
LGD-28/8	固定、水冷	28	0.8	160	380	2980	4.6	2700×1900×1800	
LGD-28/7	固定、水冷	28	0.7	160	380	2980	4.6	2700×1900×1800	
LGD-30/8	固定、水冷	30	0.8	185	380	2980	4.6	2700×1900×1800	
LGD-30/7	固定、水冷	30	0.7	185	380	2980	4.6	2700×1900×1800	
LGD-28/10	固定、水冷	28	1.0	200	380	2980	4.6	2700×1900×1800	
LGD-33/8	固定、水冷	33	0.8	200	380	2980	5.5	3150×1870×2120	
LGD-33/7	固定、水冷	33	0.7	200	380	2980	5.5	3150×1870×2120	
LGD-35/10	固定、水冷	35	1.0	220	380	2980	5.5	3150×1870×2120	
LGD-37/8	固定、水冷	37	0.8	220	380	2980	5.5	3150×1870×2120	
LGD-40/7	固定、水冷	40	0.7	220	380	2980	5.5	3150×1870×2120	
LGD-44/8	固定、水冷	44	0.8	250	380	2980	5.5	3150×1870×2120	
LGD-46/7	固定、水冷	46	0.7	250	380	2980	5.5	3150×1870×2120	
LGWD132/935D	移动、水冷	18	0.8	132	380	2975	3.1	1950×1300×1540	
LGWD132/935	移动、水冷	20	0.7	132	380	2975	3.1	1950×1300×1540	
LGWD132/935B	移动、水冷	20	0.8	132	380	2975	3.1	1950×1300×1540	
LGWD132/935A	固定、水冷	22	0.7	132	380	2975	3.1	1950×1300×1540	南京压缩机股份有限公司，安瑞科（蚌埠）压缩机有限公司，济南压缩机有限公司，江西气体压缩机有限公司，柳州富达机械有限公司
LGWD180/937A	固定、水冷	29	0.7	180	380	2975	4.5	2470×1670×1850	
LGWD200/937D	固定、水冷	32.6	0.8	200	380	2975	4.5	2470×1670×1850	
LGWD200/937	固定、水冷	35	0.7	200	380	2975	4.5	2470×1670×1850	
LGWD220/937T4	固定、水冷	35	0.8	220	380	2975	5.1	2470×1670×1850	
LGWD220/937C	固定、水冷	40	0.8	250	380	2975	5.1	2470×1670×1850	
LGWD220/937F	固定、水冷	40	0.7	250	6000	2975	5.9	3270×1870×1890	
LGWD260/937L	固定、水冷	40	0.85	260	10000	2975	6.5	3270×1870×1890	
LGWD280/031	固定、水冷	40	0.85	280	6000	2975	6.5	3250×1650×2050	
LGWD220/937B	固定、水冷	43	0.7	250	380	2975	5.1	2470×1670×1850	
LGWD220/937E	固定、水冷	43	0.7	250	6000	2975	5.9	3270×1870×1890	
LGWD280/937T9	固定、水冷	43	0.75	280	6000	2975	5.9	3270×1870×1890	
LGWD280/937M	固定、水冷	43	0.8	280	6000	2975	6.5	3270×1870×1890	
LGW250/047	固定、水冷	40	0.7	250	380/6000	1470	11.1	3560×2200×2182	
LGW265/047C	固定、水冷	40	0.8	265	380/6000	1470	11.1	3560×2200×2182	
LGW265/047F	固定、水冷	42	0.7	265	380/6000	1470	11.1	3560×2200×2182	
LGW280/047P	固定、水冷	42	0.8	280	380/6000	1470	11.1	3560×2200×2182	
LGW280/047L	固定、水冷	45	0.7	260	380/6000	1470	12.1	3560×2200×2182	
LGW280/047L	固定、水冷	45	0.7	260	380/6000	1470	12.1	3560×2200×2182	
LGW300/001C	固定、水冷	53	0.7	300	380	1488	14.1	3816×2316×2350	
LGW315/001E	固定、水冷	53	0.8	315	6000	1488	14.8	3816×2316×2350	
LGW335/001F	固定、水冷	57	0.8	335	6000	1488	14.8	3816×2316×2350	
LGW335/001	固定、水冷	62	0.7	335	6000	1488	15.3	3816×2316×2350	
LGW335/001A	固定、水冷	62	0.7	335	10000	1488	15.3	4166×2316×2350	
LGW335/001B	固定、水冷	62	0.7	335	380	1488	14.1	3816×2316×2350	
LGW355/001G	固定、水冷	62	0.8	355	6000	1488	15.3	3816×2316×2350	
LGW400/001H	固定、水冷	67	0.8	400	6000	1488	15.3	3816×2316×2350	
LGW425/001I	固定、水冷	70	0.8	1488	6000	1488	15.3	3816×2316×2350	
LGW425/001J	固定、水冷	73	0.8	425	6000	1488	15.3	4166×2316×2350	
LGW630/033	固定、水冷	100	0.7	630	6000	1488	15.3	4278×2356×2530	

续表13-4

型　号	型　式	排气量 /(m³/min)	排气压力 /MPa	电动机功率 /kW	电压 /V	转速 /(r/min)	整机质量 /t	外形尺寸（长×宽×高） /mm×mm×mm	主要生产厂家
LGW630/033A	固定、水冷	100	0.7	630	10000	1488	15.3	4278×2356×2530	
LGY-10/7	移动、风冷	10	0.7	90	380	2960	1.75	2250×1250×1580	
LG-17/7	固定、水冷	17	0.7	140	380	2960	3.5	2600×1700×1950	南京压缩机股份有限公司，安瑞科（蚌埠）压缩机有限公司，济南压缩机有限公司，江西气体压缩机有限公司，柳州富达机械有限公司
LG-20/7	固定、水冷	20	0.7	185	380	2960	3.12	2600×1800×1850	
LGF-22/7	固定、风冷	22	0.7	132	380	2960	3.56	1600×1800×1860	
LGF(C)-12/7	固定、风冷、防爆	12	0.7	75	380	2960	1.85	2650×1350×1600	
LGF31-18/7-D	移动、风冷	18	0.7	132	380	1450	4.1	3245×1500×1500	
LGF31-12/7	移动、风冷	12	0.7	95	380	980	4.1	3245×1500×1500	
LGF31-25/7	移动、风冷	25	0.7	200	380	1450	4.5	2473×1584×1710	
LGF31-30/7	移动、风冷	30	0.7	220	380	1450	5.1	2830×1760×1780	
BLT-75A	移动、风冷	10	0.8	55	380	2980	2.5	1900×1615×1730	
BLT-100A	移动、风冷	13	0.7	75	380	2980	2.5	1900×1615×1730	
BLT-120A	移动、风冷	16	0.7	90	380	2980	2.8	2100×1585×1720	
BLT-150A	固定、风冷	21	0.7	110	380	2980	3.5	2800×1900×1830	
BLT-175A	固定、风冷	25	0.7	132	380	2980	4.5	2800×1900×1830	
BLT-200A	固定、风冷	28	0.7	160	380	2980	4.8	2800×1900×1830	
BLT-250A	固定、风冷	32	0.7	185	380	2980	5.1	3300×2000×2000	
BLT-300A	固定、风冷	36	0.7	220	380	2980	5.6	3550×2100×2200	
BLT-350A	固定、风冷	42	0.7	250	380	2980	6.1	3550×2100×2200	
BLT-400A	固定、风冷	52	0.7	300	380	2980	9.4	3720×2200×2360	上海博莱特空气压缩机有限公司，无锡空气压缩机股份有限公司
BLT-500A	固定、风冷	66	0.7	375	380	2980	9.4	3720×2200×2360	
BLT-75W	移动、水冷	10	0.8	55	380	2980	2.5	1900×1615×1730	
BLT-100W	移动、水冷	13	0.7	75	380	2980	2.5	1900×1615×1730	
BLT-120W	移动、水冷	16	0.7	90	380	2980	2.8	2100×1585×1720	
BLT-150W	固定、水冷	21	0.7	110	380	2980	3.5	2800×1900×1830	
BLT-175W	固定、水冷	25	0.7	132	380	2980	4.5	2800×1900×1830	
BLT-200W	固定、水冷	28	0.7	160	380	2980	4.8	2800×1900×1830	
BLT-250W	固定、水冷	32	0.7	185	380	2980	5.1	3300×2000×2000	
BLT-300W	固定、水冷	36	0.7	220	380	2980	5.6	3550×2100×2200	
BLT-350W	固定、水冷	42	0.7	250	380	2980	6.1	3550×2100×2200	
BLT-400W	固定、水冷	52	0.7	300	380	2980	9.4	3720×2200×2360	
BLT-500W	固定、水冷	66	0.7	375	380	2980	9.4	3720×2200×2360	
LUY139DA	移动、风冷	13	1.0	90	380	1480	3.1	4055×1880×2345	
LUY170DA	移动、风冷	13	1.0	90	380	1480	3.1	4055×1880×2345	
LUY170DB	移动、风冷	17	1.0	110	380	1480	3.5	4055×1880×2345	南京压缩机股份有限公司，安瑞科（蚌埠）压缩机有限公司，济南压缩机有限公司，江西气体压缩机有限公司，柳州富达机械有限公司
LUY208DA	移动、风冷	20	0.7	110	380	1480	3.8	4055×1880×2345	
LUY203DB	移动、风冷	20	1.0	132	380	1480	3.8	4055×1880×2345	
LUY240DA	移动、风冷	20	1.0	132	380	1480	3.8	4055×1880×2345	
LUY245DB	移动、风冷	24	1.0	160	380	1480	3.8	4055×1880×2345	
LUY280DA	移动、风冷	28	0.7	160	380	1480	3.8	4055×1880×2345	
LUY280DB	移动、风冷	28	1.0	180	380	1480	4.5	4055×1880×2345	

型　号	型　式	排气量/(m³/min)	排气压力/MPa	电动机功率/kW	电压/V	转速/(r/min)	整机质量/t	外形尺寸（长×宽×高）/mm×mm×mm	主要生产厂家
CS-75A	固定、风冷	13	0.7	75	380	1480	2.3	1750×1450×1740	
CS-132A	固定、风冷	24	0.7	132	380	2980	4.5	2540×1600×1860	
CS-160A	固定、风冷	28	0.7	160	380	2980	4.8	2540×1600×1860	
CS-132W	固定、水冷	24	0.7	132	380	2980	4.5	2540×1600×1860	南京压缩机股份有限公司，无锡压缩机股份有限公司
CS-160W	固定、水冷	28	0.7	160	380	2980	4.8	2540×1600×1860	
CS-185W	固定、水冷	32	0.7	185	380	2980	5.2	2800×1800×1900	
CS-220W	固定、水冷	40	0.7	220	380	2980	5.6	2850×1850×1950	
CS-250W	固定、水冷	43	0.7	250	380	2980	6.1	2850×1850×1950	
CS-300W	固定、水冷	50	0.7	300	380	2980	8.1	5010×2210×2130	
CS-350W	固定、水冷	60	0.7	350	380	2980	8.5	5200×2500×2130	
MLG-10/8-G	移动、水冷	10	0.8	70	380	2980	1.9	2600×1100×1620	
MLG-12.7/8-G	移动、水冷	12.7	0.8	90	380	2980	2.1	2600×1100×1620	
MLG-10/10-G	移动、水冷	12.7	0.8	90	380	2980	2.1	2600×1100×1620	
MLG-13/10-G	移动、水冷	13	1.0	110	380	2980	3.1	2900×1200×1750	
MLG-16/8-G	移动、水冷	16	0.8	110	380	2980	3.1	2900×1200×1750	
MLG-18/10-G	固定、水冷	18	1.0	132	380	2980	3.8	3050×1240×1805	
MLG-20/7-G	固定、水冷	20	0.7	132	380	2980	3.8	3050×1240×1805	上海空气压缩机厂，无锡压缩机股份有限公司
MLG-22/10-G	固定、水冷	22	1.0	160	380	2980	4.1	3400×1350×1900	
MLG-24/8-G	固定、水冷	24	0.8	160	380	2980	4.1	3400×1350×1900	
MLGF-10/8-G	移动、风冷	10	0.8	70	380	2980	1.9	2600×1100×1620	
MLGF-12.7/8-G	移动、风冷	12.7	0.8	90	380	2980	2.1	2600×1100×1620	
MLGF-10/10-G	移动、风冷	12.7	0.8	90	380	2980	2.1	2600×1100×1620	
MLGF-13/10-G	移动、风冷	13	1.0	110	380	2980	3.1	2900×1200×1750	
MLGF-16/8-G	移动、风冷	16	0.8	110	380	2980	3.1	2900×1200×1750	
MLGF-18/10-G	固定、风冷	18	1.0	132	380	2980	3.8	3050×1240×1805	
MLGF-20/7-G	固定、风冷	20	0.7	132	380	2980	3.8	3050×1240×1805	
MLGF-22/10-G	固定、风冷	22	1.0	160	380	2980	4.1	3400×1350×1900	
MLGF-24/8-G	固定、风冷	24	0.8	160	380	2980	4.1	3400×1350×1900	

表 13-5　国产离心式空气压缩机的主要技术参数

型　号	缸/段/级数	排气量/(m³/min)	排气压力/MPa	电动机功率/kW	电压/V	转速/(r/min)	叶轮外径/mm	增速机 功率/kW	增速机 速比	质量/t	外形尺寸（长×宽×高）/mm×mm×mm	主要生产厂家
DA120-61	1/2/6	125	0.7	800	3000/6000	2985	380/275	1500	4.66	15.6	2840×1523×1185	
DA120-121	2/4/12	125	0.7	1600	6000	2985	380/275	1500	4.66	18.6	2990×1523×1185	
DA150-61	1/2/6	150	0.7	800	3000/6000	2975	425/385	1500	4.25	9.5	3300×1815×1640	
DA200-61	1/3/6	209	0.7	1250	6000	2985	452/398	1250	3.866	7.0	2140×1760×1365	
DA250-61	1/3/6	250	0.8	2000	6000	2985	500/450	1500	3.74	15.0	3500×1000×1000	
DA350-6-1	1/3/6	367	0.7	2500	6000	3000	600/528	2000	2.9	18.5	2900×1710×1545	
DA350-41	1/2/4	370	0.7	1600	6000	2985	550/490	1500	2.92	15.0	4500×1710×1545	沈阳鼓风机厂，上海汽轮机厂，杭州汽轮机厂，开封空分设备厂
DA350-6-1	1/3/6	370	0.8	2500	6000	2985	600/528	2000	2.9	32.5	4200×1710×1545	
DA350-61	1/3/6	370	0.7	2500	6000	3000	600/528	2000	2.9	32.0	2200×1710×1545	
DA250-61-13	1/3/6	370	0.7	2500	6000	2985	600/528	2000	2.9	22.0	2200×1710×1545	
A415-9-1	1/5/9	415	0.7	2500	6000	1500	1000/800	2000	2.7	28.5	4200×1710×1545	
A550-3-1	1/～/3	550	0.8	2500	6000	2985	1000/800	2800	3.1	31.1	4200×1710×1545	
A1000-4-1	1/2/4	1000	0.8	5000	10000	2985	940/775	3500	3.5	36.8	4940×1750×1600	
DA1000-51	1/2/5	1000	0.7	3500	10000	5300	1000/825	4000	3.5	36.7	4940×1750×1600	
DA1000-52	1/2/5	1000	0.8	5000	10000	2985	1000/825	4500	3.8	37.0	4940×1750×1600	
DA1250-41	1/4/4	1250	0.7	6300	10000	1500	1000/900	5500	4.0	83.5	5100×1800×1700	
DA3500-41	1/2/4	3300	0.8	12000	10000	3000	1000/900	6500	4.0	95.4	5600×1850×1700	

表13-6 罗茨式空压机(高压鼓风机)的主要技术参数

型 号	型 式	排气量 /(m³/min)	排气压力 /MPa	电动机功率 /kW	电压 /V	转速 /(r/min)	整机质量 /t	外形尺寸(长×宽×高) /mm×mm×mm	主要生产厂家
NSR-100	移动、风冷	10	0.8	19	380	2960	1.8	2200×1300×1400	
NSR-125	移动、风冷	12	0.8	55	380	2960	1.9	2250×1320×1410	
NSR-150	固定、水冷	27	0.8	75	380	2960	3.2	2500×1700×1600	
NSR-150	固定、水冷	27	0.7	55	380	1480	3.2	2510×1700×1610	
NSR-250	固定、水冷	92	0.8	185	380	1480	6.5	4500×1900×1750	
NSR-250	固定、水冷	92	0.7	160	380	1480	6.5	4510×1920×1790	
NSR-300	固定、水冷	133	0.8	225	380	1480	7.2	4800×1950×1800	
NSR-300	固定、水冷	133	0.7	200	380	1480	7.2	4810×1950×1810	沈阳鼓风机厂,
3L33WC	固定、水冷	15	0.6	30	380	2960	1.9	2300×1350×1450	重庆通用机器厂,
3L42WC	固定、水冷	19	0.7	45	380	1480	2.3	2330×1390×1470	重庆气体压缩机厂,
3L43WC	固定、水冷	24	0.8	55	380	1480	2.5	2490×1650×1480	柳州二空机械
3L53WC	固定、水冷	30	0.8	75	380	1480	2.7	2510×1690×1490	股份有限公司
3L54WC	固定、水冷	40	0.8	90	380	1480	3.5	2610×1710×1510	
3L62WC	固定、水冷	48	0.8	110	380	1480	3.7	2630×1750×1560	
3L63WC	固定、水冷	62	0.8	132	380	1480	4.2	2750×1810×1660	
3L64WC	固定、水冷	75	0.8	160	380	1480	5.3	3800×2150×1850	
3L72WC	固定、水冷	92	0.8	200	380	1480	6.7	4520×1950×1860	
3L73WC	固定、水冷	110	0.8	220	380	1480	7.5	4690×1960×1890	

表13-7 滑片回转式空气压缩机的主要技术参数

型 号	型 式	排气量 /(m³/min)	排气压力 /MPa	电动机功率 /kW	电压 /V	转速 /(r/min)	整机质量 /t	外形尺寸(长×宽×高) /mm×mm×mm	主要生产厂家
YH-10/7	移动、油冷	10	0.7	70	380	1450	0.5	1510×1400×1300	
WHY-20/7	固定、油冷	20	0.7	90	380	1450	1.5	1850×1650×1550	
SMART-55	固定、水冷	12	0.7	55	380	1450	0.95	1800×1000×1500	南京压缩机厂,
SMART-75	固定、水冷	14	0.7	75	380	1450	1.5	1700×1600×1500	上海第二
SMART-90	固定、水冷	18	0.7	90	380	1450	1.7	1800×1600×1500	压缩机厂,
SMART-110	固定、水冷	24	0.7	110	380	1450	1.9	1800×1600×1500	开封空分设备厂
TIGER-45	固定、水冷	10	0.7	45	380	1450	0.9	1920×880×1210	

13.3 矿山耗气量计算

在矿山生产中,使用压缩空气的设备,大多数工作是不连续的,其负荷的波动性较大。全矿的压缩空气消耗总量应根据矿山生产复杂的实际情况、所用设备及设施的特点、设备运用维修水平以及不同的地理区域影响因素,综合分析后,采用适宜的计算方法。特别是新设计投产的矿山,还需参考附近或相同行业生产矿山的压缩空气站装备经验,取长补短,建立更完善合理的压气站及输气系统,有利生产并节约能源。

13.3.1 生产矿山耗气量统计计算

压缩空气消耗量是指在同一个压缩空气供应系统中,以在用设备耗气量总和为基础,引入所需的计算系数后算得的耗气数量。压气消耗量的计算方法有多种,依企业工作特点不同,常见的有"理论消耗量"、"最大消耗量"、"平均消耗量"等计算法。对于一般生产矿山,多用式(13-6)计算全矿最大耗气量 $Q_{\max}$:

$$Q_{\max} = 1.05 K_G K_L K_X K_T \sum_{i=1}^{n} K_m n_i q_i \tag{13-6}$$

式中 K_G——高原修正系数,可按表13-8查取或按式(13-7)计算:

$$K_G = \frac{p_0 T_H}{T_0 p_H} K_H \tag{13-7}$$

p_0——空压机标准工况的大气压力,0.1MPa;

T_0——空压机标准工况的大气温度,293.15K;

T_H、p_H——分别为空压机安装地点的历年气温最高月份的平均温度(K)和平均大气压力(MPa),若当地无实测资料,可按下列公式近似计算:

$$T_H = \begin{cases} 278.15 - 0.0065H(\text{在45N附近,若在我国西北地区,则加5K}) \\ 286.35 - 0.0063H(\text{在35N附近,若在我国西北地区,则加5K}) \\ 293.95 - 0.0065H(\text{在25N附近,若在我国西南地区,则加5K}) \end{cases} \tag{13-8}$$

$$p_H = \begin{cases} 0.10166\left(1 - \dfrac{H}{42792}\right) & (\text{在45N附近}) \\ 0.10171\left(1 - \dfrac{H}{45452}\right) & (\text{在35N附近}) \\ 0.10144\left(1 - \dfrac{H}{48992}\right) & (\text{在25N附近}) \end{cases} \tag{13-9}$$

H——海拔高度,m;

K_H——空压机与气动工具的容积排量和出力下降的系数,$K_H = C^{\frac{H}{500}}$;

C——标高每增加1000m时,容积排量与出力下降的系数,其值可取:中型风冷空压机1.021,大型水冷往复式空压机1.015,喷油螺杆空压机1.006,大型水冷螺杆空压机1.003;

K_L——管网漏气系数,参见表13-9。

K_X——考虑吸气管、过滤器、消声器等阻力引起的压缩机生产能力下降的系数,可取1.01;

K_m——气动设备磨损耗气量增加的系数,其值为:凿岩机:1.15,其他:1.10;

K_T——气动设备同时工作系数,可按表13-10查取或按式(13-10)计算:

$$K_T = K_Z + \frac{1 - K_Z}{\sqrt[3]{N}} \tag{13-10}$$

N——气动设备总计工作台数;

K_Z——气动设备时间利用系数的加权平均值,即:

$$K_Z = \frac{\sum\limits_{i=1}^{n} n_i q_i K_{zi}}{\sum\limits_{i=1}^{n} n_i q_i} \tag{13-11}$$

n_i——第 i 种气动设备的工作台数;

K_{zi}——第 i 种气动设备的时间利用系数,见表13-11;

q_i——第 i 种气动设备的耗气量,$m^3/\min$,见表13-12。

表13-8   高原修正系数(25N)K_G

海拔高度/m	中小型风冷空压机	大型水冷往复式空压机	喷油螺杆空压机	水冷螺杆空压机	离心式空压机
0	1.00	1.00	1.00	1.00	1.00
200	1.04	1.04	1.03	1.03	1.03
400	1.08	1.06	1.06	1.05	1.06

海拔高度/m	中小型风冷空压机	大型水冷往复式空压机	喷油螺杆空压机	水冷螺杆空压机	离心式空压机
600	1.10	1.09	1.08	1.07	1.07
800	1.13	1.12	1.10	1.10	1.11
1000	1.17	1.15	1.13	1.13	1.12
1200	1.20	1.18	1.16	1.15	1.15
1400	1.23	1.21	1.18	1.17	1.17
1600	1.26	1.24	1.20	1.19	1.19
1800	1.30	1.28	1.24	1.22	1.22
2000	1.35	1.32	1.27	1.24	1.26
2200	1.38	1.35	1.29	1.28	1.27
2400	1.43	1.39	1.33	1.31	1.31
2600	1.47	1.43	1.36	1.34	1.35
2800	1.50	1.46	1.39	1.36	1.38
3000	1.55	1.50	1.42	1.39	1.42
3200	1.60	1.54	1.45	1.43	1.45
3400	1.65	1.58	1.49	1.46	1.48
3600	1.70	1.62	1.52	1.49	1.51
3800	1.74	1.67	1.56	1.52	1.55
4000	1.80	1.71	1.59	1.56	1.58
4200	1.85	1.76	1.63	1.59	1.61
4400	1.90	1.80	1.67	1.62	1.65
4600	1.96	1.86	1.71	1.67	1.69

表 13-9　管网漏气系数

管网总长度/km	<1.0	1.0～2.0	>2.0
漏气系数 K_L	1.1	1.15	1.20

表 13-10　气动设备同时工作系数

风动设备台数	≤10 台	11～30 台	31～60 台	≥61 台
凿岩机	1～0.87	0.86～0.83	0.82～0.81	0.80
装岩机	1～0.65	0.64～0.56	0.55～0.52	0.51
装运机	1～0.84	0.83～0.80	0.69～0.78	0.77
气动绞车	1～0.60	0.59～0.49	0.48～0.44	0.43
气动闸门	1～0.60	0.59～0.49	0.48～0.44	0.43
锻钎机	1～0.76	0.75～0.69	0.68～0.66	0.65
淬火槽、石油炉	1.0	1.0	1.0	1.0

表 13-11　气动设备时间利用系数

气动设备	凿岩机	装岩机	装运机	气动绞车	气动闸门	锻钎机	淬火槽、石油炉
时间利用系数 K_{zi}	0.7～0.8	0.3～0.4	0.65～0.75	0.2～0.3	0.2～0.3	0.4～0.7	1.0

13.3.2　矿山气动设备的耗气指标

矿山企业一般包括采矿和选矿两个生产系统,采矿生产系统的钻孔、铲装、提运工艺环节使用的气动设备较多。此外,选矿系统和设备维修也使用部分气动设备。国内制造的多种气动设备已能满足各类矿山生产需要。国内常用气动设备耗气指标见表13-12。

表13-12　矿山常用气动设备的耗气量

气动设备或工具名称		使用压力/MPa	耗气量/(m³/min)	用水压力/MPa	气管直径/mm	水管直径/mm	气动设备或工具名称		使用压力/MPa	耗气量/(m³/min)	用水压力/MPa	气管直径/mm	水管直径/mm
风镐	G7	0.5	1~1.5	—	16	—	向上式凿岩机	YSP45	0.5	5	0.3~0.4	25	16
	GJ7	0.4	1~1.5	—	16	—		YS35	0.5	4	0.3~0.4	25	16
	03-7	0.5	0.9~1.0	—	16	—		YSP44	0.5	4.5	0.3~0.4	25	16
	03-11	0.4	0.9~1.0	—	16	—		9545	0.5	5	0.3~0.4	25	16
手持式、气腿式凿岩机	Y6	0.4	0.5~0.7	—	16	—	地下潜孔钻机	QZJ80	0.5~0.7	6	0.3~0.4	25	16
	Y18	0.5	1.5~2.0	0.2~0.3	19	13		QZJ100A	0.5~0.7	6	0.3~0.4	25	16
	Y19A	0.5	2.0~2.5	0.2~0.3	19	13		QZJ100B	0.5~0.7	10~12	0.3~0.4	38	—
	TA19	0.4	1.5~2.0	0.2~0.3	19	13		CTCQ500	0.4~0.7	14	0.3~0.4	38	—
	Y20	0.4	1.5~2.0	0.2~0.3	19	13		DQ150J	1.0~1.5	18.4	0.3~0.4	50	—
	Y20LY	0.4	1.5~2.0	0.2~0.3	19	13		KQG165	1.0~1.5	16.2	0.3~0.4	50	—
	ZY20	0.5	1.5~2.0	0.2~0.3	19	13		CS100	0.5~1.7	12.7	0.3~0.4	38	—
	YT23	0.6	4.0~4.5	0.3~0.4	19	13		KQJ80	0.5	8~9	0.5~0.6	38	19
	Y24	0.4	2.5~3.3	0.2~0.3	19	13		KQJ100	0.5~0.7	9~10	0.7~0.8	38	19
	YT24	0.5	2.5~3.0	0.3~0.4	19	13		KQJ120	0.5~0.7	10~11	0.7~0.8	38	19
	YH24	0.4	2.5~3.3	0.2~0.3	19	13		SKZ120A	0.5~0.7	8~9	0.5~0.6	38	19
	ZY24	0.5	2.3~3.0	0.2~0.3	19	13		KQD80/120	0.5~0.6	12~13	0.6~0.7	50	19
	YT25	0.6	2.3~3.0	0.3~0.4	19	13	地下凿岩钻车	CZ301	0.5	8~10	0.6~0.7	38	19
	TA25	0.6	4.7	0.2~0.3	19	13		CGZ700	0.6	9~10	0.6~0.7	50	19
	TA26	0.5	2.5~3.3	0.2~0.3	19	13		CTC214	0.6	9~10	0.6~0.7	50	19
	Y26	0.5	3.0~3.5	0.3~0.4	25	16		CTC140	0.6	10~12	0.6~0.7	50	19
	YT26	0.5	2.5~3.0	0.2~0.3	19	13		CTCQ500	0.6	12~15	0.6~0.7	50	19
	YT27	0.63	4.0~5.0	0.3~0.4	25	16		ZCG700	0.5~0.6	9~10	0.3~0.4	38	19
	YT28	0.63	4.0~5.0	0.3~0.4	25	16		CZZ700	0.5~0.6	9~10	0.3~0.4	38	19
	YT29	0.63	4.0~5.0	0.3~0.4	25	16		CLM1(锚杆)	0.5~0.7	5~6	0.4~0.5	25	16
	YT29A	0.63	4.0~5.0	0.3~0.4	25	16		FJZ25A(柱架)	0.5	1.2~1.5	0.4~0.5	25	16
	TY29A	0.5	3.5~4.0	0.3~0.4	25	16		FJY25B(盘架)	0.5	1.2~1.5	0.4~0.5	25	16
	Y30	0.5	3.5~4.0	0.3~0.4	25	16	露天钻车	CT400	0.5~0.6	8~10	—	50	
	YT30	0.63	4.0~5.0	0.3~0.4	25	16		CTQ80	0.5~0.6	19	—	50	
导轨式凿岩机	YGP28	0.5	0.5	0.3~0.4	25	19		CLQ10	0.5~0.7	9	—	50	
	YGP35	0.5	0.5	0.4~0.6	25	19		CLQ15	0.5~0.7	15~17	—	50	
	YGPS34	0.5	0.5	0.4~0.6	25	19		CLT10	0.5~0.7	15~17	—	50	
	YG40	0.6	0.6	0.4~0.6	25	19		CLG100H	1.05~2.46	17~21	—	50	
	YGZM40	0.5	0.5	0.4~0.6	32	19		CL1	0.5~0.6	5~10	—	50	
	YGZ40	0.5	0.5	0.4~0.6	32	19		CLQ80	0.5~0.6	5~10	—	50	
	YGPS42	0.5	0.5	0.4~0.6	32	19	露天潜孔钻机	KQGS150	1.05~2.5	18~26	—	80	
	YGZ50	0.6	0.5~0.65	0.4~0.6	32	19		KQGS150Y	1.05~2.5	18~26	—	80	
	YGZ70	0.63	0.63	0.4~0.6	32/25	19		KQGS150S	1.05~2.5	18~26	—	80	
	YG80	0.63	0.63	0.4~0.6	38	19		KQ150	0.5~0.7	17.5	—	80	
	YG90	0.6	0.5~0.6	0.4~0.6	38/25	19		KQ150A	0.5~0.7	17.5	—	80	
	YGZ90	0.63	0.63	0.4~0.6	38	19		KQ200	0.5~0.7	20	—	80	
	YGZ100	0.63	0.63	0.5~0.6	38/25	19		KQG150	1.05~2.5	16~26	—	80	
	YGZ170	0.63	0.63	0.4~0.6	38/25	19		KQG150Y	1.05~2.5	16~26	—	80	
	YZ200	0.6	10.5	0.7~0.8	38	19		KQG100	0.7~1.2	12	—	50	

气动设备或工具名称	使用压力/MPa	耗气量/(m³/min)	用水压力/MPa	气管直径/mm	水管直径/mm	气动设备或工具名称		使用压力/MPa	耗气量/(m³/min)	用水压力/MPa	气管直径/mm	水管直径/mm
	KQ100	0.5~0.7	5~10	—	50	—	气动装运机	CG12	0.5~0.8	12	—	25~38	—
	KQD80	0.5~0.7	9	—	50	—		C30	0.5~0.7	18	—	28~50	—
	KQ250	0.5~0.7	25~30	—	50	—		ZYQ12H	0.5~0.7	12	—	25~38	—
	100B(D)轻型	0.5~0.7	9~12	—	50	—		ZYQ14G	0.5~0.7	20	—	38~50	—
露天潜孔钻机	KQLG115	1.2	20.0	—	50	—		T2G	0.5~0.7	12	—	38~50	—
	KQLG165	1.0~2.0	23~34	—	80	—		T4G	0.5~0.7	20~30	—	80	—
	SWDX90	1.05~1.4	12	—	50	—	气动抓岩机	NZQ 0.11	0.4~0.5	4~5	—	38	—
	SWDX120	1.05~1.2	14	—	50	—		HZ4	0.5~0.7	6~8	—	50	—
	SWDX165	1.05~1.4	21	—	80	—		HZ6	0.5~0.7	8~10	—	50	—
	SWDX200	1.05~1.4	28	—	80	—		HZ8	0.5~0.7	10~12	—	50	—
	SWDA165	1.05~1.4	21.5	—	80	—		HZ10	0.5~0.7	12~14	—	50	—
	CS100L	1.0~1.2	10~12	—	50	—	气动绞车	JFH1	0.5~0.6	3~5	—	38	—
露天牙轮钻机	KY150A	0.4~0.5	18	—	80	—		JFH2	0.5~0.6	5~6	—	38	—
	KY150B	0.5~0.6	20	—	80	—		JFH0.5	0.5~0.6	5~6	—	38	—
	KY200	0.4~0.5	18~27	—	80	—		TG2	0.5~0.6	7~8	—	32	—
	KY250	0.4~0.5	30~40	—	80	—		PG2	0.5~0.6	5~6	—	32	—
	KY310	0.4~0.5	40~50	—	80	—	气动碎石机	FSX100	0.5~0.6	8~10	—	38	—
	KY380	0.4~0.5	30~40	—	80	—		FS300	0.5~0.6	15~17	—	50	—
	YZ12	0.3~0.4	18	—	80	—		F8-150	0.5~0.6	10~12	—	50	—
	YZ35	0.4~0.5	30~37	—	80	—		DST1	0.5~0.6	8~10	—	38	—
	YZ35A	0.4~0.5	30~37	—	80	—		FC325	0.5~0.6	15~17	—	50	—
	YZ55	0.4~0.5	40~42	—	80	—		FC420	0.5~0.7	20~22	—	80	—
	YZ55A	0.4~0.5	40~42	—	80	—	HPH5 混凝土喷射机		0.5~0.6	10~12	—	50	—
	45RⅢ	0.3~0.4	60~70	—	80	—	CHP250 混凝土喷射机		0.5~0.6	8~10	—	50	—
	60RⅢ	0.4~0.5	60~70	—	80	—	各种气动放矿闸门		0.4~0.5	2~3	—	32	—
气动装岩机	ZCQ1	0.4~0.5	10~15	—	38	—	IR-50 锻钎机		0.5~0.7	3~4	—	38	—
	ZCQ4	0.4~0.6	15~20	—	80	—	421-90 锻钎机		0.5~0.7	4~5	—	38	—
	FZH5	0.5	20	—	38	—	M-1 气动磨钎机		0.6	1.5~2	—	19	—
	ZCZ12	0.4~0.6	5~8	—	38	—	M-28 铆钉机		0.5~0.6	0.8~1	—	16	—
	ZCQ13	0.4~0.5	5~10	—	38	—	双动自由锻锤		0.7~0.8	9~10	—	38	—
	ZCQ17	0.4~0.5	10~12	—	38	—	吹嘴喷砂机		0.5~0.6	6~8	—	25	—
	ZCZ17	0.4~0.5	10~12	—	38	—	机修气动手铲		0.5	1~1.5	—	16	—
	ZCZ20	0.4~0.6	12~14	—	38	—	机修气动砂轮		0.5	1~2	—	19	—
	ZCZ26	0.5~0.7	10~15	—	50	—	气室跳汰设备		0.4~0.5	3~5	—	25	—
	ZQ26	0.5~0.7	12~15	—	50	—	筒式过滤机		0.3~0.4	3~4	—	25	—
	ZCQ30	0.4~0.6	15~20	—	80	—	充气浮选机		0.2~0.3	5~8	—	25	—
	ZCZ50	0.5~0.7	18~20	—	80	—	带式过滤机		0.3~0.5	2~3	—	25	—

13.4 空气压缩机设备选择

13.4.1 空气压缩机的特点比较

目前国内已能制造多种型式、多种规格的空气压缩机。矿山生产使用的气动设备多为低压型（0.5~0.8MPa），相应地选择低压型空气压缩机（0.5~0.8MPa）。空气压缩机的型式可分为活塞往复式、螺杆式、滑片回转式、离心式和罗茨式等。活塞往复式空气压缩机使用得最广泛，设备制造厂家也最多。

近年来，矿山企业多选用L形和对称平衡型活塞往复式空气压缩机。它的结构紧凑简约，动力平衡性比V形和W形优良，管道及后冷却器布置简便。但L形空压机的排气量在60m³/min以上时，垂直高度较大，维修拆装不便；运行时振动较强，对设备基础设计与构筑要求较高。所以，需单台排气量大于60m³/min

时,宜选用对称平衡型空压机。这种空压机的不平衡惯性力很小,机型较矮,便于拆装维修,可以减小设备基础尺寸,而相应转速较高,排气量较大,气压稳定。

近年出现的无油润滑活塞往复式空压机,其提供的压缩空气不含油分,有利于压气系统净化和井下作业生产安全,并可节油节电,已开始在矿山企业推广使用。

无基础活塞往复式空压机是近年的新产品,它是通过弹性支架将整机安装在底座上。其主要优点是振动冲击较轻,运转平稳,结构紧凑,安装方便,搬迁容易,便于井下分区供气,从而缩短输气管道,提高供气效率。

螺杆式与罗茨式空压机的结构,有很多相似之处。它们都是通过相啮合的阴阳转子的沟槽,将吸入的空气挤压出去而提高压力;主机与电动机直联,转速较高;结构简单,几乎没有不平衡惯性力,设备基础尺寸小,运转安全可靠,维修简便。但其运行噪声较大,效率比活塞往复式空压机低;但用于高原地区时,其容积效率下降幅度较小。这两种空压机多用于移动式供气系统。

滑片回转式空压机与活塞往复式空压机相比,具有下列优点:

(1) 结构简单,体积小,质量轻,易于制造和装配。

(2) 没有曲柄连杆机构和气阀,工作平衡均匀,设备基础很小。

(3)供气均匀,电动机负荷波动很小,转速较高,主机可与电动机直联。但滑片回转式空压机的润滑油消耗较大,其效率比螺杆式空压机约低 10%,比活塞往复式约低 20%。这种空压机多用于露天矿山。

离心式空压机与活塞往复式空压机相比,主要有以下优点:

(1) 体积较小,质量较轻,运转平衡性较好,设备基础较小。

(2) 转速很高,可与电动机直联,整机与冷却装置布置简单,维修简便。

(3) 电动机负荷平稳,供气均匀,而且压缩空气中不含油类及其他杂质。

但离心式空压机的叶轮及气道结构复杂,制造工艺技术要求较高;整机安装调试比较麻烦;特别是空压机并联时,容易产生短时振动和工作不稳定现象。这种空压机多用在大型企业的特大型空气压缩机站。

13.4.2　矿山常用活塞往复式空气压缩机的特性

在矿山生产中,使用最广泛的是固定安装的活塞往复式空气压缩机,而且以 L 形为最多;只有为移动工作面的少数小型气动设备提供压缩空气时,才采用移动式空气压缩机,而且多为 V 形或 W 形。

13.4.2.1　活塞往复式空气压缩机的技术条件

一般用固定安装的活塞往复式空气压缩机的技术要求如下:

(1) 空气压缩机的排气量、终了压力、轴功率、净重等参数指标,均应符合表 13-13～表 13-15 的要求。

表 13-13　动力用移动式风冷 V 形空气压缩机系列参数

空气压缩机型号		2VY-4.5/7 2V-4.5/7	2VY-6/7 2V-6/7	4VY-9/7 4V-9/7	4VY-12/7 4V-12/7
额定排气压力/MPa		0.7	0.7	0.7	0.7
额定排气量/(m³/min)		4.5	6	9	12
额定转速/(r/min)		1500	1500	1500	1500
活塞行程/mm		90	112	90	112
汽缸数×缸径(mm)	一级	1×240	1×240	2×240	2×240
	二级	1×140	1×140	2×140	2×140

表 13-14 固定安装的活塞往复式空气压缩机的基本参数

公称排气量 /(m³/min)	比功率/[kW/(m³/min)]		净重 /kg	传动部件和汽缸部分润滑油总消耗量 /(g/h)	冷却水消耗量 /(m³/h)	噪声声压级 /dB(A)
	水冷	风冷(包括风扇)				
3	≤5.80	≤6.30	≤420	≤40	≤0.72	≤90
6			≤620	≤70	≤1.44	
10	≤5.15	—	≤1350		≤2.40	
20			≤2200	≤105	≤4.80	
40	≤5.10		≤4200	≤150	≤9.60	
60			≤6300	≤195	≤14.40	
100	≤5.05		≤10500	≤225	≤24.00	

表 13-15 动力用固定式水冷 L 形空气压缩机系列参数

空气压缩机型号		L2-10/8	L3.5-20/8	L5.5-40/8	L8-60/8	L12-100/8
活塞力/t		2	3.5	5.5	8	12
额定排气压力/MPa		0.8	0.8	0.8	0.8	0.8
额定排气量/(m³/min)		10	20	40	60	100
额定转速/(r/min)		960	730	600	428	500
活塞行程/mm		100	140	180	240	240
汽缸数×缸径 (mm)	一级	1×300	1×420	1×560	1×690	1×820
	二级	1×180	1×250	1×340	1×400	1×500
轴功率/kW		55	118	230	321	530

（2）当一级吸气温度为40℃时，冷却水进水温度为30℃，终了压力为额定压力时，在每级压缩后排气接管处的排气温度，不超过160℃。

（3）当吸气温度为40℃时，有十字头的空气压缩机，曲轴箱或机身内的润滑油温度不得超过60℃；而无十字头的空气压缩机，不得超过70℃。

（4）空气压缩机使用的润滑油，应采取措施保证清洁，油过滤器应能清除摩擦表面划伤之夹杂物，油泵压力应不低于0.1MPa，并能适当调节，保证可靠供油。

（5）空气压缩机传动部件与汽缸部分，润滑油的总消耗量，不得超过如下规定：

1）有十字头空气压缩机耗油量如下：

排气量/(m³/min)	10	20	40	60	100
耗油量/(g/h)	70	105	150	195	255

2）无十字头空气压缩机耗油量如下：

排气量/(m³/min)	3	6	10	20
耗油量/(g/h)	40	70	90	130

空气压缩机常使用的润滑油见表13-16。

表 13-16 往复式空气压缩机油的技术参数

项 目		质量指标		实验方法
		HS-13	HS-19	
100℃运动黏度/(mm²/s)		11～14	17～21	GB 265
酸值(以KOH计)/(mg/g)		≤0.15	≤0.10	GB 264
抗氧化安定性(氧化后沉淀)/%		≤0.3	≤0.02	GB 2652
灰分(质量分数)/%	未加添加剂	≤0.15	≤0.010	GB 508
	加添加剂	—	≥0.08	
水溶性酸或碱		无	无	GB 259
机械杂质含量(质量分数)/%		≤0.007	≤0.007	GB 511
水分		无	无	GB 260
闪点(开式)/℃		≥215	≥240	GB 267
腐蚀度/(g/m²)		≤60	≤10	GB 391

(6) 空气压缩机冷却水消耗量,当进水温度不超过 30℃ 时,按所吸入空气为 $1m^3$ 计算,不得超过 4L。排水温度一般应不超过 40℃。

(7) 空气压缩机设备的配套供应范围包括:

1) 空气压缩机和所有包括在内的机构和设备;

2) 必需的附属设备和装置;

3) 驱动原动机、启动设备及附属装置;

4) 传动皮带或联轴器及其附件;

5) 压力表和安全阀,以及控制和监测仪表;

6) 拆卸和装配空气压缩机所必需的全套专用工具;

7) 必需的全套易损件及专用备品;

8) 地脚螺栓,如图样有规定时,还应有锚板及卡件等。

此外,还可附加供应油水分离器、油冷却器、空气管道止回阀、后冷却器、特制空气滤清器、释压阀和安全保护装置等。

13.4.2.2　活塞往复式空气压缩机的技术指标

空气压缩机的技术经济指标,通常用比功率和比重量来衡量。比功率是指在一定排气压力下,单位排气量所消耗的功率 $[\,kW/(\,m^3/min)\,]$,其值等于空气压缩机的轴功率与排气量之比。比质量是指空气压缩机单位排气量占有的机体质量 $[\,kg/(\,m^3/min)\,]$。

动力用移动式空气压缩机(指由空气压缩机、柴油机及车架构成的机组),经常改变使用地点,所以特别要求轻便,在操作现场坡度大时尤其如此。这样比质量就成为它的首要指标。

动力用固定式空气压缩机不仅使用单位对其排气量需要量大,而且单机匹配功率也比较大(耗电量多),设备均为连续运转操作,所以特别要求降低单机电耗,比功率就成为其首要指标。

国产 L 形空气压缩机新系列中的部分产品,经过测定,其比功率、比质量指标已接近或达到国际先进水平。这类产品中,其阀片寿命,国内产品一般可达 3000~4000h。

国内制造的动力用固定式空气压缩机的技术指标列于表 13-17。

表 13-17　动力用固定式空气压缩机技术指标比较

序号	型号	结构	排气量/(m^3/min)	排气压力/MPa	转速/(r/min)	行程/mm	比功率/[kW/(m^3/min)]	比质量/[kg/(m^3/min)]	备　　注
1	2V-6/8	V形,4缸	5.89	0.8	978	110	6.1	108.4	实测值,风冷
2	3L-10/8	L形,2缸	10.85	0.7	480	200	4.87	144	实测值
3	4L-20/8	L形,2缸	22.6/22.01	0.7/0.8	400	240	4.8/5.17	115/118	实测值,有皮带轮(未计入净重)
4	4L-20/8	L形,2缸	22.41	0.7	400	240	4.75	124.9	实测值
5	L3.5-20/8	L形,2缸	19.65	0.7/0.8	730	140	5.49	112	实测值,无皮带轮
6	ZL3.5-20/7	L形,2缸	20	0.7	980	120	4.87	106	
7	5L-40/8	L形,2缸	43/43.5	0.7/0.8	428	240	5.22/5.49	104.5	实测值:汽缸径580、340mm
8	L5.5-40/8	L形,2缸	43.15	0.7	600	180	4.74/5.3	90.2/90.7	实测值,L系列新产品
9	5L-40/8	L形,2缸	40	0.7/0.8	428	240	4.74/5.3	119	图样整顿后实测值
10	6L-60/8	L形,2缸	63.8	0.8	333	300	5.03	125	
11	L8-60/8	L形,2缸	58	0.7/0.8	428	240	5.22	129	比功率为实测值,比重量为样本值
12	7L-100/8	L形,2缸	97.6	0.8	300	370	5.3/5.1	123	实测值:汽缸径840、480mm
13	7L-100/8	L形,2缸	100	0.7/0.8	375	320	5.3/5.1	119	

13.4.3　空气压缩机的电力拖动与自动化

空气压缩机拖动装置的基本形式是电动机拖动。此外,离心式空气压缩机可采用汽轮机与燃气轮机来驱动。在电能供给不方便的情况下,移动式空气压缩机可用内燃机来驱动。

空气压缩机所用的电动机的容量在 100kW 以下时,都采用鼠笼式或绕线式异步电动机。当容量超过

100 kW 时可采用同步电动机。

鼠笼式异步电动机的优点是:管理简单,价格低,工作可靠,体积小,在额定负荷时的效率与功率因数都较高和便于自动化。但是,鼠笼式异步电动机的启动力矩较小,启动电流很大,在欠负荷时的功率因数甚低。由于空气压缩机都是空载启动,启动时所需的力矩只有全负荷的 20% ~ 30%,所以启动力矩不是一个主要问题。只要电动机的容量不大,启动电流稍大一些也不致引起很大困难。所以当变电所有足够大的容量时,可采用鼠笼式电动机并进行直接启动。为了减小启动电流,也可采用双鼠笼或深槽式鼠笼电动机。当变电所容量较小时,可采用绕线式异步电动机,因为这种电动机利用变阻器启动时的启动电流较小。

同步电动机的主要优点是功率因数高,但是它的构造较复杂,自动化也较困难。

为了减小鼠笼式异步电动机以及用异步启动法启动的同步电动机的启动电流,经计算,可在启动回路中使用自耦变压器或电抗器。

大型固定式空气压缩机的电动机大都采用 3000 V 或 6000 V 的电压。当功率在 100 kW 以下时,可用 220 V 或 380 V 的电压。各类驱动机的特点及应用范围见表 13-18。排气量与驱动电动机的匹配关系见表 13-19。空气压缩机在规定工况下的比功率见表 13-20。

表 13-18　各类驱动机的特点及应用范围

型　式	结构特点	有效转速/(r/min)	变速范围/%	过载力矩系数	启动力矩系数	启动电流/A	效率/%	适用范围
鼠笼式异步电动机	结构简单、紧凑,价格低廉,管理方便,工作可靠,但功率因数较低	3000 ~ 375	不变	1.6 ~ 3	0.8 ~ 2.2	4.7 ~ 7	7.5 kW:70 ~ 93 75 kW:94.5 750 kW:94 以上	2200 kW 以下, n = 600 ~ 1500 r/min
绕线转子异步电动机	起动装置复杂,价格较高,管理不方便	3000 ~ 375	不变	1.8 ~ 3	0.6 ~ 1.0	1.5 ~ 2.0		100 ~ 4000 kW
同步电动机	能改善电网的功率因数,成本高,管理水平要求较高	1500 ~ 150	不变	1.5	500 r/min 以下为 0.4,500 r/min 以上为 0.4 ~ 1.0	3.0 ~ 5.0	93 ~ 97	100 ~ 4000 kW 以上
柴油机	结构紧凑,但结构复杂,维修不方便	600 ~ 1500	100 ~ 60	1.2	0		32	适于不易获得电源的场合,功率小于 150 kW
煤气发动机	调节方便,动平衡好,经济,结构复杂,工作可靠性差	400 ~ 1000	100 ~ 60	1.2	0		40	适于不易获得电源的场合,但有大量煤气的场合
蒸汽机	调节方便,结构复杂,成本高,工作可靠性差,管理要求高	400 ~ 140	100 ~ 25	1.15	约 1.2		50 ~ 75	现代设备采用不多,功率为 40 ~ 3000 kW
汽轮机	调节方便,结构紧凑,但传动装置复杂	3400 ~ 1800	100 ~ 25	3.0 以上	1.75 ~ 3.0		35 ~ 82	4000 kW

表 13-19　排气量与驱动电动机的匹配关系

配用电动机额定功率/kW	额定排气压力			配用电动机额定功率/kW	额定排气压力		
	0.7 MPa	1.0 MPa	1.25 MPa		0.7 MPa	1.0 MPa	1.25 MPa
	公称体积流量(公称排气量)/(m³/min)				公称体积流量(公称排气量)/(m³/min)		
18.5	3.0　2.6*	2.5　2.2*	2.2　2.0*	132	22	18	16
22	3.6　3.2*	3.0　2.6*	2.6　2.4*	160	28	22	20
30	4.8　4.2*	4.0　3.6*	3.4　3.2*	200	35	28	25
37	6.0　5.3*	5.0　4.5*	4.2　4.0*	250	42	34	30
45	7.1　6.3*	6.0　5.3*	5.0　4.6*	315	56	46	40
55	9.5　8.5*	8.0　7.1*	6.7　6.0*	355	63	50	45
(63)	11　10*	9.0　8.0*	8.0　7.1*	400	71	56	50
75	13	10　10*	9.0　8.5*	450	80	63	56
90	16	13	11	500	90	71	63
110	19	15	13	560	100	80	71

注:带 * 号的值为风冷压缩机公称体积流量,括号内电动机功率值为非优先选用值。

表 13-20　空气压缩机在规定工况下的功率

驱动电动机功率/kW	公称排气压力								
	0.7 MPa			1.0 MPa			1.25 MPa		
	比功率/[kW/(m³/min)]								
	水冷有油	水冷无油	风冷有油	水冷有油	水冷无油	风冷有油	水冷有油	水冷无油	风冷有油
18.5 22 30 37	5.80	6.00	6.30	6.91	7.15	7.51	7.73	8.00	8.40
45 55*	5.40	5.75		6.43	6.85		7.20	7.67	
55			6.10			7.27			8.13
(63) 75	5.15	5.60		6.14	6.67		6.87	7.47	
90 110									
132 160	5.13	5.50	—	6.11	6.55	—	6.84	7.33	7.55
220 250	5.11	5.40							
315 355 400	5.09	5.35							
450 500 560	5.07	5.30							

注:1. 括号内电动机功率值为非优先选用值。

　　2. 对 55 kW 一档,带 * 号指单作用空气压缩机,不带 * 号指双作用空气压缩机。

　　3. 风冷空气压缩机比功率值计及冷却风扇功率。

为了保证压气设备合理地安全运转和减轻工人的紧张劳动,实现压气设备的自动化便具有十分重要的意义,对于大型的中心空气压缩机站更是如此。

空气压缩机设备起动过程的自动化包括自动供给冷却水、自动启动润滑油泵、使空气压缩机自动进入空转状态、自动启动电动机等动作。当前三项准备工作未完成时,电动机不能启动。当空气压缩机停车时,又自动恢复原状。

空气压缩机设备的自动保护装置有断水或冷却水量不足保护、油压不足或断油保护、轴承温度过高保护、排气压力过高保护、排气温度过高保护等装置。当呈现上述任何一种情况时,通过特有的机构装置和继电器的作用,能发出各种报警信号(声、色)或切断主电动机的供电回路,使空气压缩机自动停车,保证人员和设备安全。

13.5　矿山压气站的布置及其容量

13.5.1　地面压气站的布置

(1)矿山空压机站宜集中设于地表。站址选择应符合下列要求:

1)靠近负荷中心,供电、供水条件好,运搬方便。

2)站区空气新鲜,附近无可燃性、腐蚀性和有毒气体;距废石场、烟囱、排风井等场地的最小距离不应小于150m,并应位于上述场地全年风向最小风频的下风侧。

3)站房工程地质条件较好。

(2)必要时空压机站可设于井下,但单台空压机排气量不宜大于 20 m³/min,空压机数量不宜超过 3 台,储气罐与空压机应分别设置在两个硐室内。硐室应具备围岩稳固、设备运搬方便,空气新鲜流畅等条件。

（3）空压机噪声对周围环境有影响时,在空压机吸气管道上,应安设消声器或进气消声室,当机房内噪声值大于85db(A)时,应设隔声值班室。

根据全矿气动设备耗气总量确定站内空气压缩机台数。

单机容量为20m³/min及以上且总容量不小于60m³/min的压缩空气站,宜设2～5t手动单梁起重机;小于以上规模的压缩空气站,宜设起重梁。

压缩空气管道在井上和进风井筒部分,除与设备、阀门或附件的连接外,应尽量采用焊接连接。井上排气直管道,当直线长度超过100m时,应装曲管式伸缩器。

在井口、井下管道的最低部分、上山和厂房的入口处,均应设油水分离装置。

压缩空气供应方式应根据矿井的规模和使用单位的分布情况而定,一般有下列几种:

（1）集中压缩空气站,即全矿建立一个压缩空气站供给所有使用单位。

（2）分区压缩空气站,根据使用设备的分布情况,可在地面（或井下）分区建站分片供气。在各压气站之间的管道,如有条件可以连通起来,使站间负荷相互调剂,各站的备用设备统一考虑。分区压气站适用于范围较大的矿井。

（3）就地供气,适用于压气消耗量较小,而使用设备又较分散的情况。如小型移动式空气压缩机,可直接放在使用地点附近;这种分散就地供气的方案可节省部分压气管道设施。

13.5.2　地下压气站的布置

（1）地下空压机站应尽量靠近用气地点,并布置在设备搬运方便、新鲜风流畅通、室温不超过30℃,硐内不应有滴水,禁止设集油坑。

（2）地下空压机站由主硐室、附属硐室和通道组成。主硐室内设空气压缩机、电机、冷却装置、水泵、风机和钳工台等设备;附属硐室分别设储气罐、变配电柜和水池等。主硐室与各附属硐室之间均有通道相连。

设备主硐室通道应满足运输设备要求,一般宽为1.5～2.0m;空压机与硐室壁之间通道为1.0m;空压机之间的通道为1.5m;储气罐离硐壁不小于0.5m;储气罐之间的距离不小于1.0m;储气罐硐室主通道不小于1.5～2.0m。

硐室高度通常由计算确定,一般为3.5～4.5m。如有特殊设施,则附加所需高度。

空压机冷却用水,由高位水池供水时,水池应设在高出空压机硐室地坪15～20m的地方;若用水泵加压供水时,应设两个水池,各储存1～2h的用水量。

设备基础应高出硐室地坪200～300mm,以防巷道流水进入,且易排出清洗硐室地面的污水。

（3）临时性空压机站,要设在用气负荷中心,尽量靠近主要用气地点。尽可能利用采区变电所、候车室、皮带运输机房等有新鲜风流通过的永久硐室或不影响施工的已有巷道。

13.5.3　空气压缩机容量及机组选择

压缩空气站的设备安装容量,是安装在同一供气系统（即相同供气压力参数）中所有空气压缩机额定生产能力的总和,其中包括工作和备用的机组容量。

当在一个机器间内,同时安装有两种供气压力参数的设备时,例如有高压和低压供气系统同时服务于生产,则应分别按相同压力参数的机组统计设备安装容量。

13.5.3.1　压气站的设备容量

为了确定设备安装容量,引用一个保证系数η。保证系数是指在一个压缩空气站内所安装的相同压力参数的机组,当其中一台或者最大的一台机组因检修停止运行时,其余投入运行机组的设备容量与设计消耗量的百分比数值。这个数值在一般情况下,代表对各用户供气的可靠程度。保证系数η按式(13-12)计算:

$$\eta = \frac{Q_A - Q_D}{Q} \times 100\% \tag{13-12}$$

式中　Q_A——设备安装容量,m³/min;

Q_D——最大的一台机组容量，m^3/min；

Q——压气设计消耗量，m^3/min。

不同类型企业压缩空气的保证系数有不同的考虑。一般机械制造行业压缩空气保证系数不低于80%，矿山企业供气保证系数不低于75%。在考虑保证系数时，应对压缩空气负荷进行分析，并要保证不允许间断供气的用户。

空气压缩机的选择应考虑以下几点：

(1) 矿山空压机站应选用固定式空气压缩机。用气点比较分散的小型矿山，或经常移动的露天矿，可选用移动式空气压缩机。

(2) 全矿总供气量应按使用的气动设备计算，并应考虑设备同时工作系数、管网漏气系数、设备磨损系数以及吸气管路上的过滤器、消声器、减荷阀等附件的阻力引起空压机生产能力下降的系数。

(3) 空压机站内的空压机台数宜为3~6台。备用量应大于计算供气量的20%，但不应小于1台。移动式空压机备用量不应小于计算供气量的30%，亦不应小于1台。

(4) 单机排气量超过$20\,m^3/min$，总装机容量超过$60\,m^3/min$时，机房内宜装设检修用的单梁起重机。

图13-17~图13-24为几种典型压气站的安装布置方案。

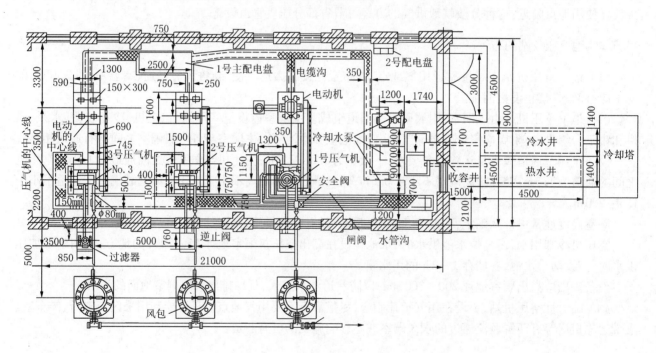

图13-17　设有3台立式空气压缩机的平面图

13.5.3.2　压气站设备的布设

根据空气压缩机及辅助设备的形式、数量及配置方法，空气压缩机站有各式各样的布置形式。例如，图13-17所示为设置3台立式空气压缩机的平面图。1号、2号及3号空气压缩机安装在独立的基础上，并用传动皮带与电动机相连。为了便于维护，空气压缩机之间应留出宽度不小于1.5 m的自由通道。厂房高度应不小于4 m。

空气过滤器及风包都安装在厂房外，并利用管道与空气压缩机接通。冷却塔也设置在厂房外。但应注意，这里将滤气器与风包布置在厂房同侧，并不是理想方案。

在厂房里面，每台空气压缩机的排气管上均装有逆止阀、安全阀和闸阀。在厂房外每个风包上安装有安全阀，在风包的后面又装有总闸阀。

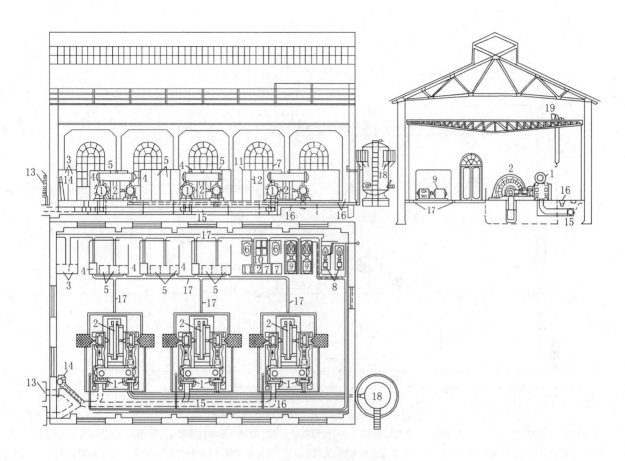

图 13-18　卧式空气压缩机的布置

1—空气压缩机；2—电动机；3—高压配电箱；4—启动箱；5—空气压缩机的电动机控制盘；6—变压器；7—变压器的开关箱；8—水泵；
9—变流器；10—水泵及变流器的开关箱；11—低压控制盘；12—直流控制盘；13—空气过滤器；14—压缩空气流量记录器；
15—吸气管道沟；16—管沟；17—电缆沟；18—风包；19—吊车

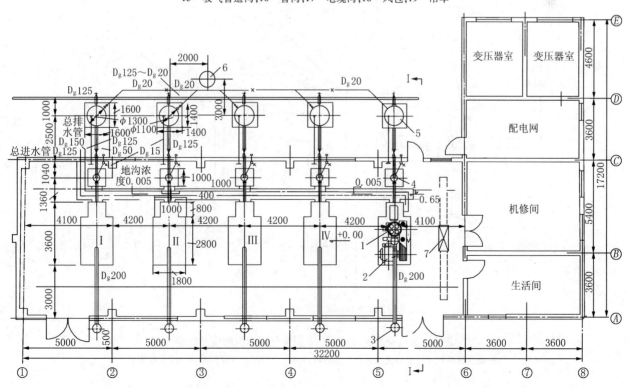

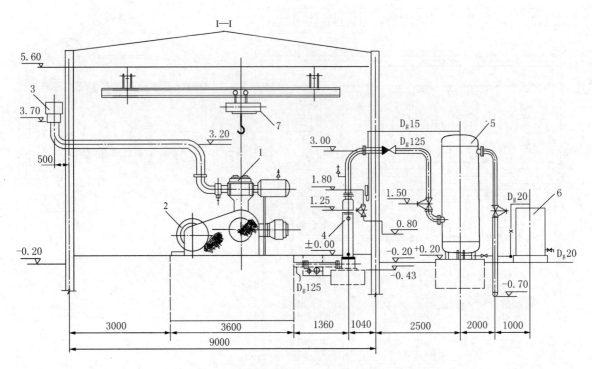

图 13-19 安装 5 台 4L-20/8 型空气压缩机

1—4L-20/8 型空气压缩机;2—电动机;3—空气过滤器;4—后冷却器;5—储气罐;6—废油收集器;7—悬挂吊车($Q=2t$, $L_k=5.5m$)

（本设计将废油收集器放于室外,可减少室内占地面积,又利于室内卫生;对于南方不结冻地区是较为适宜的布置方案）

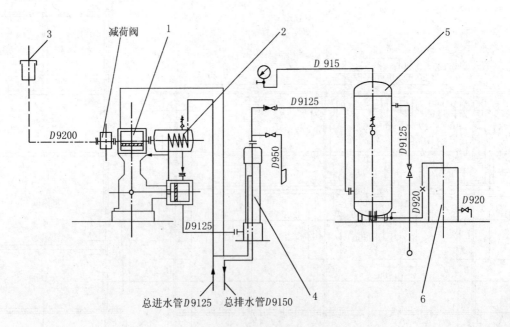

图 13-20 安装 5 台 4L-20/8 型空气压缩机的生产流程

1—空气压缩机;2—电动机;3—空气过滤器;4—后冷却器;5—储气罐;6—废油收集器

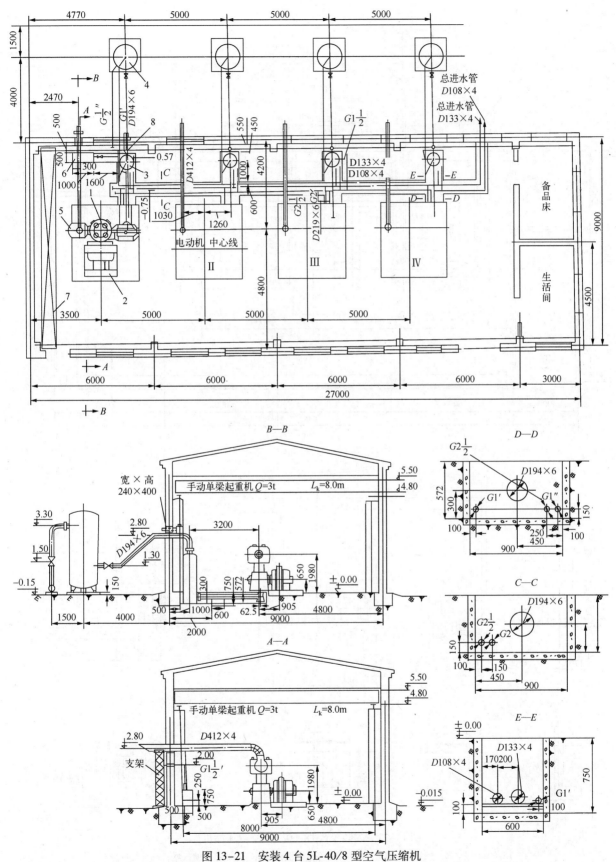

图 13-21　安装 4 台 5L-40/8 型空气压缩机

1—5L-40/8 型空气压缩机;2—TDK118/24-14 型电动机;3—后冷却器;4—储气罐;5—空气过滤器;

6—废油收集器;7—手动单梁起重机,$Q=3$t,$L_k=8.0$m;8—电磁阀

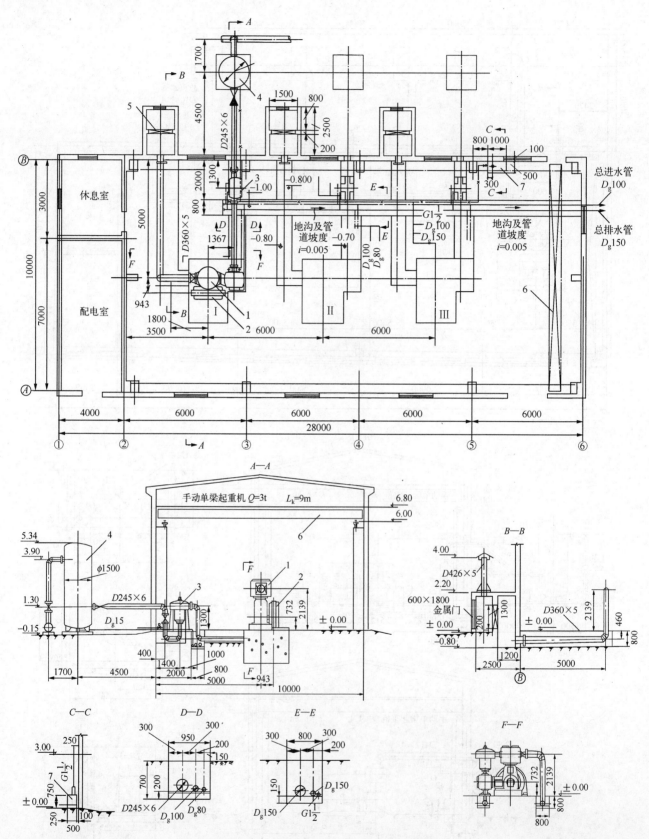

图 13-22　安装 3 台 L8-60/7 型空气压缩机

1—L8-60/7 型空气压缩机;2—TDK116/34-14 型电动机;3—后冷却器;4—储气罐;5—空气过滤器;

6—Q=5t,L_k=9m 手动单梁起重机;7—废油收集器

(本设计采用吸气室、吸气管道通过地沟接往设备,这样可大大减少噪声,又减少了厂房中的空中管道,使厂房更加美观,方便吊车通行)

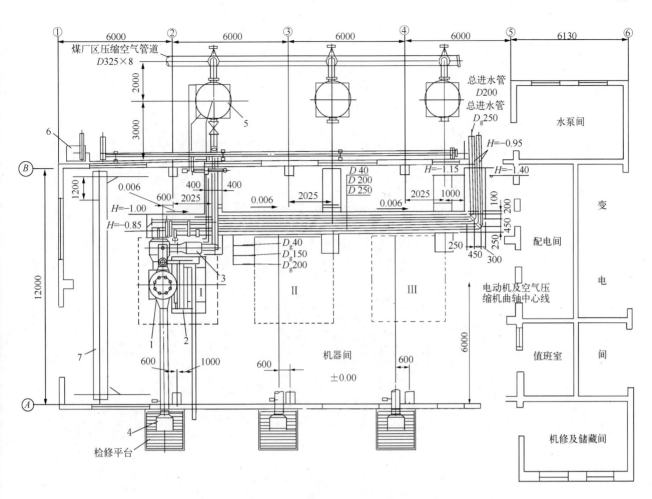

图 13-23　安装 3 台 7L-100/8 型空气压缩机的压气站平面

1—7L-100/8 型空气压缩机;2—TDK173/20-16 型同步电动机;3—后冷却器;4—空气过滤器;5—储气罐;
6—废油收集器;7—3t 手动单梁悬挂起重机

（厂房下弦标高为 7.50m）

　　冷却水管道铺设在沿厂房墙根的地沟内。在近处同样的另一地沟内架设由一号配电盘通至电动机处的电缆。

　　冷却水泵的电动机以及空气压缩机厂房的照明装置由二号配电盘馈电。水泵由厂房内的小水池内吸水,小水池与机房外冷水井和热水井相连通。厂房里面的墙上装设了事故水箱。

　　图 13-18 所示为卧式空气压缩机的布置图。它的过滤器与风包设在厂房的两侧,而且几台空气压缩机共用一个风包,并采用变流器系统。

　　空气压缩机站可以将压缩空气供给一个工作系统或彼此相距不远的几个工作系统。在后一种情况下,空气压缩机站称为中心空气压缩机站。

　　几个工作系统共用一个中心空气压缩机站时,压缩空气的成本往往小于每个工作系统分别设立空气压缩机站时的压缩空气成本。理由是,在大型中心空气压缩机站内所需管理人员较少,而且在设备、安装和运转方面的费用也较小。

13.6　压气站的辅助设备

　　矿山压气站的设备很多,一般除在室内安装数台空气压缩机主机外,于室外(或室内)还必须配装许多辅助设备或附属设施,如空气过滤器、冷却器、油水分离器、废气净化器、废油收集器、储气罐(风包)等。

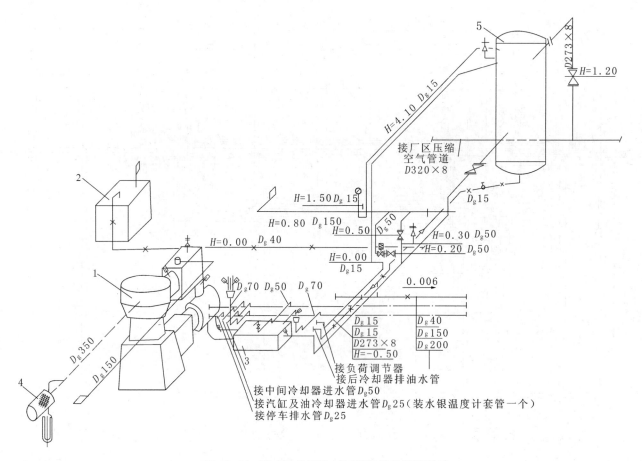

图 13-24　7L-100/8 型空气压缩机单机安装系统
1—空气压缩机;2—废油收集器;3—后冷却器;4—空气过滤器;5—储气罐

13.6.1　空气过滤器

自然界的空气在进入空气压缩机之前,必须经过空气过滤器以滤清其中所含的灰尘和其他杂质。一般要求通过过滤器之后的空气中所含的灰尘量小于 $1.0 \mathrm{mg/m^3}$,空气过滤器的终阻力不大于 $0.3 \mathrm{kPa}$。

室外空气含尘浓度,随地区和季节不同而差异很大。在一般情况下,如环境空气无污染,室外空气的含尘浓度在 $0.2 \sim 0.5 \mathrm{mg/m^3}$;在矿业和能源工业区,则随工业性质的不同而有很大差别,空气含尘浓度可达 $1 \sim 5 \mathrm{mg/m^3}$。

自然空气中的灰尘和其他杂质大量进入空气压缩机后,将使各机械运动表面磨损加快、密封不良、排气温度升高、功率消耗增大,因而压缩机的生产能力相应减少,压缩空气的质量也大大降低。

空气的含尘浓度,是指单位体积空气中所含的灰尘量,其表示方法有多种:

(1) 质量浓度。单位体积自然空气中所含的灰尘质量,称为质量浓度,其单位以 $\mathrm{mg/m^3}$ 表示。

(2) 颗粒浓度。单位体积空气中所含灰尘的各种粒径的颗粒总数,称为颗粒浓度,其单位以粒/$\mathrm{m^3}$ 或粒/L 表示。

(3) 粒径颗粒浓度。单位体积空气中所含某一粒径范围内灰尘颗粒数,称为某一粒径范围的颗粒浓度,其单位以粒/$\mathrm{m^3}$ 或粒/L 表示。

由于含尘浓度的表示方法不同,所以空气过滤器的过滤效率也分为计重效率 η_g、计数效率 η_c 和粒径计数效率 η_e,分别按式(13-13)~式(13-15)计算。

$$\eta_g = \left(1 - \frac{g_2}{g_1}\right) \times 100\% \tag{13-13}$$

式中　g_1,g_2——分别为过滤器前、后空气的质量浓度,$\mathrm{mg/m^3}$。

$$\eta_c = \left(1 - \frac{n_2}{n_1}\right) \times 100\% \tag{13-14}$$

式中 n_1, n_2——分别为过滤器前、后空气的颗粒浓度,粒/L。

$$\eta_e = \left(1 - \frac{n'_2}{n'_1}\right) \times 100\% \tag{13-15}$$

式中 n'_1, n'_2——分别为过滤器前、后空气中某一粒径范围的颗粒浓度,粒/L。

在计重效率中,由于试验时所采用的尘源和测试仪器的不同,又有许多不同名称之分。

测试过滤器的过滤效率的方法很多,同一个过滤器用不同的测试方法,由于所反映的物理特性不同,所得的测量结果就相差很大。因此,看一个过滤器的过滤效率,不能只看其数值的大小,一定还要注意其所用测试方法,否则就会产生极大的差错。

空气压缩机所使用的空气过滤器的过滤效率,常采用计重效率的表示方法。空气过滤器在构造上主要由壳体和滤芯组成。因滤芯材料的不同,如纸质、织物、泡沫塑料、玻璃纤维和金属网等,而引出了不同名称的过滤器。此外,还有按照滤芯涂油或不涂油,分别称为黏油过滤器或干式过滤器。

黏油过滤器是一种在滤芯表面上涂以薄层黏油以增加其除尘效果的过滤器。涂用的黏油可为国产 10 号或 20 号机油,或者用汽缸油(60%)和柴油(40%)混合而成,其物理化学性质是:相对密度为 0.887 (15℃)、闪电 190℃、燃点 228℃、黏度为 3.7E(50℃),在 150℃ 条件下 4h 内的挥发率为 0.35%,凝固温度为 −65℃。

空气过滤器使用一定时间后,由于尘埃和其他杂质的积累,过滤器的阻力将逐渐增大;如阻力超过规定值时,空气过滤器应加以清洗或更换。

黏油过滤器的清洗是将过滤层浸入温度为 70℃~80℃、浓度为 5%~10% 的碱水溶液中,以清除黏油和附着的污垢,再用热水或煤油冲洗,直到过滤层完全清洁为止。然后晾干再浸入温度为 60℃ 的黏油中,取出后放置干燥架上,以备使用。

干式过滤器的清洗,可用手抖动方法或者用压缩空气冲洗等方法,除掉尘埃和杂质。

确定过滤器的过滤层面积时,首先应选定空气通过过滤层的速度。过高的速度,会导致较大的阻力,因而影响空气压缩机的生产能力。在不同类型的空气过滤器中,空气通过的速度不相同。下面是几种不同滤芯的过滤器技术数据:

滤芯种类	空气量/[m³/(m²·h)]	空气速度/(m/s)
金属网	4000~6000	1.11~1.65
纤维	2000	0.55~0.60
织物	100~200	0.028~0.056
纸质	60~250	0.017~0.070

空气过滤器的过滤面积 F 按式(13-16)计算:

$$F = \frac{KQ}{60\omega} \tag{13-16}$$

式中 Q——通过空气量,m³/min;

ω——空气通过过滤层的速度,m/s;

K——经过过滤器的空气最大速度和平均速度的比值,单缸单动活塞式空气压缩机 $K = 3.14$,单缸双动活塞式空气压缩机 $K = 1.57$,双缸双动活塞式空气压缩机 $K = 1.15$。

空气压缩机上的空气过滤器,由压缩机制造厂随机配套供应。每台机组有单独的过滤器,在设计中无特殊要求时,可直接采用。

我国目前成批生产的空气过滤器品种如下:

(1)金属网空气过滤器。图 13-25 所示为金属网空气过滤器的外形。它是由钢制金属网箱和在其内填装的数排金属波状网构成,网上涂浸黏油。过滤后空气中含尘浓度平均低于 0.5mg/m³。其结构特征参数见

表 13-21。金属网空气过滤器的性能见表 13-22。

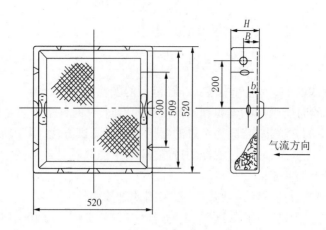

图 13-25　金属网空气过滤器的外形

表 13-21　金属网空气过滤器的结构特征

型号	网格层数	波纹/mm		网格规格/mm			外形尺寸/mm					质量/kg	备 注
		高	间距	前部	中部	后部	长	宽	H	B	b		
大型	18	5.5	14	7 $\frac{2.58}{0.54}$	5 $\frac{1.13}{0.28}$	6 $\frac{0.67}{0.25}$	520	520	105	55	30	10.5	片数$\frac{孔眼尺寸}{金属丝直径}$
小 型	12	5.5	14	5 $\frac{2.58}{0.51}$	5 $\frac{1.13}{0.28}$	6 $\frac{0.67}{0.25}$	520	520	60	33	25	6.5	

表 13-22　金属网空气过滤器性能

型号	风量/(m³/h)	初阻力/Pa	终阻力/Pa	容尘量/g	发尘量/g	耗油量/(g/块)	效率/%	备 注
大型	1500	54	110	450.46	604.38	18.7	75	均为试验数据
小型	1500	42	82	264.00	344.77	105.7	77	

注:1. 试验尘流由20%炭黑和80%无烟煤粉组成,均经球磨80h。粉尘实体密度为1.15g/cm³,分散度为2占7%,1.33占27%,小于1.33占66%;

　　2. 粉尘浓度为11mg/m³;

　　3. 试验在常用纯大气情况下测定。

金属网空气过滤器的阻力与流量关系特性曲线如图 13-26 所示。

金属网空气过滤器的优点是制造方便,可采取水平或垂直安装方式,并便于以不同块数相组合,通过的空气流速大。缺点是过滤效率较低,清洗比较麻烦。

（2）填充纤维空气过滤器。填充纤维空气过滤器过滤后的空气中,含尘浓度低于 0.2～0.5 mg/m³。填充纤维空气过滤器由钢制内外框金属箱并填充平均直径小于 25 μm 的玻璃纤维或聚苯乙烯纤维而构成,内框两侧装有细格金属网,使填装的纤维密度保持一致。图 13-27 所示为填充纤维空气过滤器的外形。表 13-23 中分别列有填充玻璃纤维过滤器的主要参数。

表 13-23　填充玻璃纤维空气过滤器结构特性

过滤器编号	纤维平均直径/μm	填充分量/g	填充厚度/mm	填充密度/(kg/m³)	前后铁丝网孔眼尺寸/铁丝直径/mm	总质量/kg	备 注
玻1	22.77	350	45.1	30.90	2.58/0.54	4.29	最大直径34.58,最小直径17.29
玻2	22.77	350	50.60	22.80	2.58/0.54	4.24	最大直径34.58,最小直径17.29
玻3	15.08	250	42.80	22.46	2.58/0.54	4.19	最大直径18.60,最小直径10.64

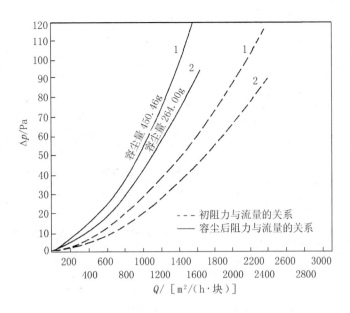

图 13-26 金属网空气过滤器的阻力与流量关系特性曲线

1—大型网格过滤器;2—小型网格过滤器

（3）自动浸油空气过滤器。自动浸油空气过滤器系利用电动机和变速机构使过滤网格缓慢地转动,过滤网格下部浸在油槽中,在移动的过程中洗掉了网格所附着的灰尘。油槽内的油应视污染程度定期更换。

图 13-28 所示为 LWZ-12 型自动浸油空气过滤器的外形,适用于空气的初含尘浓度低于 $40mg/m^3$ 的条件,常用在大容量的空气压缩机或压缩空气站的集中过滤室。自动浸油空气过滤器可根据需要,采用两台及两台以上组装在一起,但必须在订货时加以说明具体需要条件。

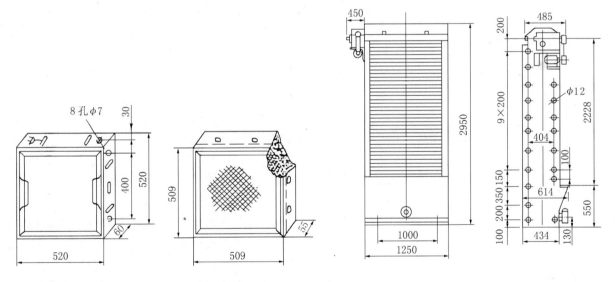

图 13-27 填充纤维空气过滤器的外形　　　　图 13-28 LWZ-12 型自动浸油空气过滤器外形

表13-24 中所列为自动浸油过滤器的主要技术参数。表13-25 中所列为 LWZ-12 型自动浸油空气过滤器的风量与阻力的对应关系。这与其他类型空气过滤器的规律相似,所需通过的风量越大,其产生的阻力也越大。

表 13-24　自动浸油过滤器的主要技术参数

产品名称	型 号	通气量/(m³/h)	阻力损失/Pa	过滤面积/m²	滤尘效率/%	质量/kg	电动机功率/kW	外形尺寸(长×宽×高)/mm×mm×mm
自动浸油过滤器	LWZ-12	27000	160	2.42	93～99	543	1.0	2950×1700×615

产品名称	型号	通气量 /(m³/h)	阻力损失 /Pa	过滤面积 /m²	滤尘效率 /%	质量 /kg	电动机功率 /kW	外形尺寸(长×宽×高) /mm×mm×mm
网式滤尘器(自动)	LWS-12	27000	140	2.52	96~98	528	0.6	1575×726×2652
网式滤尘器(自动)	LWS-10	10000	120	1.64	98	526	0.6	1172×580×2826
网式滤尘器(自动)	LWS-15	15000	120	2.16	98	589	0.6	1442×580×2826
网式滤尘器(自动)	LWS-20	20000	120	2.70	98	653	0.6	1732×580×2826
网式滤尘器(固定)	LWP-D	1500	100	0.22	93~98	13.6	—	520×120×520
网式滤尘器(固定)	LWP-X	1500	100	0.22	93~98	9.8	—	520×100×520

表13-25　LWZ-12型自动浸油空气过滤器的风量与阻力的关系

风量/(m³/h)	20000	22000	24000	26000	28000	30000
阻力/Pa	70	85	100	120	140	160

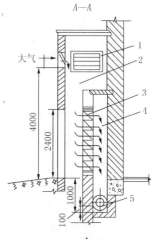

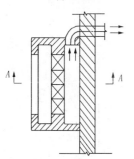

图13-29　过滤器组装形式
1—百叶窗;2—灰尘沉降室;
3—过滤器;4—过滤室;5—进气管

（4）集中过滤室。在装有多台空气压缩机的站房内,可根据具体情况,设置一个或两个集中过滤室。过滤室内所装设的空气过滤器,其过滤能力应根据机组台数和生产能力确定,一般可采用金属网过滤器或自动浸油过滤器。过滤室内过滤器的组装形式如图13-29所示。

13.6.2　冷却器分类

空气压缩机的排气温度高达140~170℃。在这样的温度下,压缩空气中所含的水蒸气及油均为气态,如带至储气罐和管网中,将发生下列影响:

（1）油蒸气聚集在储气罐中,形成易燃物,有时甚至是爆炸混合物。

（2）带走了润滑油,使机器润滑状况恶化并污染管道。

（3）由于渣子沉积于管道内而减小了管道截面积,并且聚集在个别管段内的凝结水在受到气流压力下有引起水击的危险。

（4）在冰冻地区的冬天,凝结水使管道和附件冻结。

（5）含有油和水分的压缩空气供给用户后会降低风动设备的生产效率,并有可能引起用气设备生锈和腐蚀。

为了防止油和水分进入储气罐和管网而带来上述不良影响,在压缩空气站中往往装设冷却器,以降低进入储气罐前压缩空气的温度,从而使之析出油和水。

冷却器的选择设计,应该在保证达到预定的冷却效果的前提下,力求结构紧凑,节省材料,制造工艺性能好,气流流动阻力损失小,运行可靠以及安装检修方便。

目前,我国压缩空气站中常采用多管式、散热片式、套管式和蛇管式等结构的冷却器,使用最多的是多管式冷却器。

13.6.2.1　多管式冷却器

多管式冷却器的结构形式如图13-30所示。它主要由筒体、封盖、芯子所组成。芯子由一束胀接或焊接在两头管板上的换热管以及折流板、旁路挡板、拉杆和定距管板所组成。

在多管式冷却器中,一般冷却水在管内流动,空气在管间流动。管内流动的冷却水可以是单程或双程流动,也可以是三程或四程流动。通过隔板的配置,管外的空气以垂直于管束的流向多程地曲折前进。

通常采用月牙形隔板和环盘形隔板(图13-31)。环盘形隔板必须配置侧板,因为脉动的气流经过将引起隔板的振动,并使导管因与隔板不断地摩擦而损坏。隔板有一定的刚性,并由撑杆固定之。实践证明,冷却器的使用期限,很大程度上决定于隔板在导管上摩擦所引起的磨蚀情况。

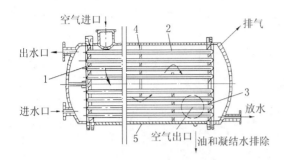

图 13-30　多管式冷却器的结构形式
1—固定管板;2—冷却水管;3—活动管板;
4—隔板;5—外壳

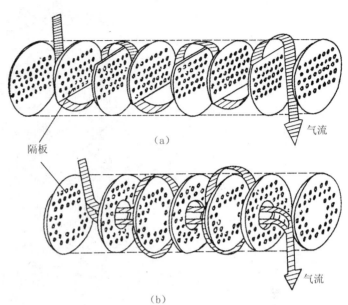

图 13-31　隔板形式
(a) 月牙形隔板;(b) 环盘形隔板

多管式冷却器运行时外壳和管束的温度是不同的,因而必须考虑热膨胀的补偿措施。

多管式冷却器的管束间相邻导管的中心矩,一般取导管外径 的 1.25~1.50 倍,但其最小值受导管在端板上胀接的影响,不得小于 5~6 mm。根据一般空气压缩机站的实际使用经验,导管内径均取 $d_1 = 12~20$ mm。

多管式冷却器一般使用的压力不大于 3~5 MPa。近年来,为了达到高压,采用空气在管内流动的设计,已得到广泛应用。

我国各设计院曾采用的几种多管式冷却器的耗水量见表 13-26。

表 13-26　几种多管式冷却器的耗水量(适用于湿空气)

冷却水进出口温度差/℃	空气压缩机排气量/(m³/min)	空气进出口温度差为下列值时冷却水消耗量/(m³/h)				冷却水进出口温度差/℃	空气压缩机排气量/(m³/min)	空气进出口温度差为下列值时冷却水消耗量/(m³/h)			
		60℃	80℃	100℃	120℃			60℃	80℃	100℃	120℃
5	3	0.71	0.95	1.18	1.52	15	3	0.24	0.32	0.39	0.51
	6	1.42	1.91	2.37	2.85		6	0.48	0.64	0.79	0.95
	10	2.37	3.18	4.00	4.76		10	0.80	1.60	1.33	1.59
	20	4.75	6.35	7.95	9.50		20	1.60	2.12	2.65	3.17
	40	9.50	12.70	15.90	19.00		40	3.20	4.20	5.30	6.33
	60	14.40	19.00	23.80	28.50		60	4.75	6.33	7.93	9.50
	100	23.80	31.80	40.00	47.50		100	8.00	10.60	13.33	15.60
10	3	0.35	0.48	0.59	0.76	20	3	0.18	0.24	0.30	0.38
	6	0.71	0.96	1.19	1.43		6	0.36	0.48	0.59	0.72
	10	1.91	1.59	2.00	2.38		10	0.59	0.79	1.00	1.19
	20	2.33	3.18	3.98	4.75		20	1.19	1.59	1.99	2.38
	40	4.75	6.35	7.95	9.50		40	2.38	3.18	3.98	4.75
	60	7.20	9.50	11.90	14.25		60	3.60	4.75	5.95	7.13
	100	11.90	15.90	20.00	23.75		100	5.95	7.95	10.00	11.88

图 13-32 和图 13-33 所示为两种常用的多管式冷却器。几种多管式冷却器的主要技术参数见表 13-27。

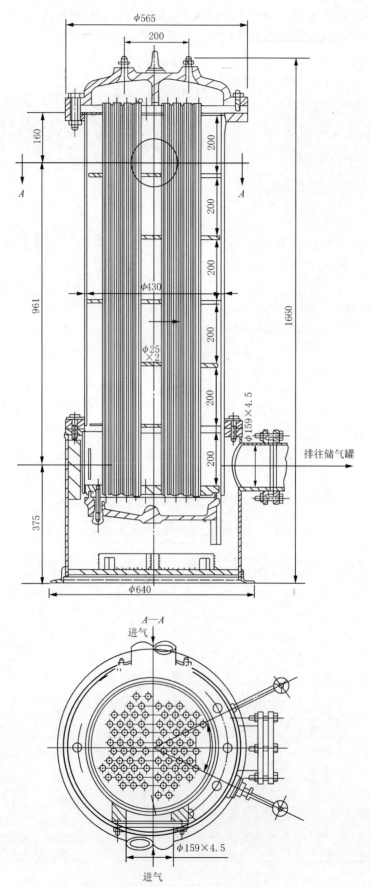

图 13-32　3L$_B$-15/3 型空气压缩机后冷却器

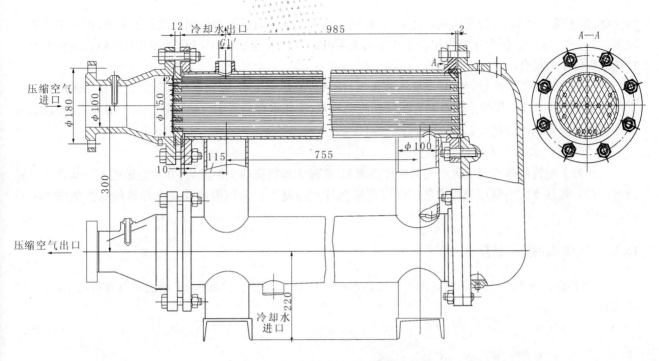

图 13-33 2Z-3/8 型、2Z-6/8 型空气压缩机中间及后冷却器

表 13-27 几种多管式冷却器的主要技术参数

冷却面积/m²	3.5	6	18	20
空气进口温度/℃	150	150	150	150
空气出口温度/℃	45	45	45	45
空气流量/(m³/min)	6	9~12	40	40
空气压力/MPa	0.8	0.8	0.8	0.8
冷却水进口温度/℃	30	30	30	30
冷却水出口温度/℃	40	40	40	40
冷却水消耗量/(m³/h)	1.5	2~2.5	10	10
冷却水压力/MPa	0.2~0.4	0.2~0.4	0.2~0.4	0.2~0.4
结构型式	立式	立式	卧式	立式

13.6.2.2 套管式冷却器

套管式冷却器(图13-34)通常是空气在管内流动,冷却水在外管内表面与内管外表面之间的环形通道

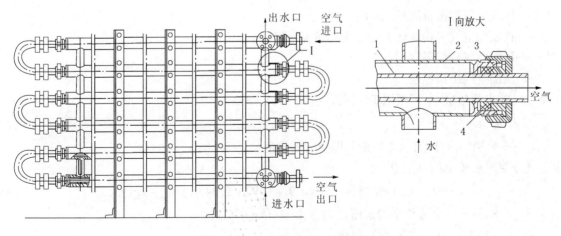

图 13-34 套管式冷却器结构
1—空气管;2—水管;3—堵头;4—填料

中流动,由于流通截面小,容易达到高速流动,有利于换热。这种换热器的管间清洗也较方便,但金属消耗量较多,结构较为笨重。因此主要应用在工作压力为4MPa以上,直至150MPa超高压范围,而体积流量不大且换热面积较小的场合。

冷却器内的冷却水沿导管的切向流入和流出,使其产生螺旋运动,能加强冷却效果并防止污泥沉淀。空气压力低于20MPa时,压缩空气可在管间顺畅流动放热,冷却水在内管中流动吸热。为了增加换热面积,内管外表面可装有纵向散热片。

13.6.2.3　散热片式冷却器

在导管上配置散热片能增大空气侧的传热面积,能较大地提高热交换能力,并相应地缩小冷却器尺寸和质量。在L形活塞式空气压缩机中已广泛应用散热片式冷却器。常用散热片式冷却器的结构如图13-35所示。

13.6.3　冷却器的热力计算

在冷却器中,压缩空气单位时间内传给冷却水的热量Q,取决于传热面积、平均温差以及传热系数,其计算式为:

$$Q = K\Delta t_m F \tag{13-17}$$

式中　K——传热系数,$W/(m^2 \cdot ℃)$;

　　Δt_m——压缩空气与冷却水的平均温差,$℃$;

　　F——传热面积,m^2。

冷却器热力计算的目的是根据所处理的压缩空气量和温度要求,确定所需的传热面积。这样,式(13-17)也可表示为:

$$F = \frac{Q}{K\Delta t_m} \tag{13-18}$$

13.6.3.1　冷却器的热负荷——传热量

冷却器内压缩空气传给冷却水的总热量Q应为:

$$Q = Q_1 + Q_2 \tag{13-19}$$

式中　Q_1——压缩空气放出的热量,kJ/h;

　　Q_2——水蒸气冷却时与部分冷凝时放出的热量,kJ/h。

压缩空气放出的热量Q_1为:

$$Q_1 = Gc_p(t_1 - t_2) \tag{13-20}$$

式中　G——压缩空气的重量流量,kg/h;

　　c_p——在压缩空气平均温度下的定压比热容,$kJ/(kg \cdot ℃)$;

　　t_1——压缩空气进口温度,$℃$;

　　t_2——压缩空气出口温度,$℃$。

压缩空气放出的热量Q_1可根据T-S图按式(13-21)求取:

$$Q_1 = G(i_1 - i_2) \tag{13-21}$$

式中　i_1, i_2——分别为冷却器进、出口处压缩空气的焓值。

水蒸气冷凝时所放出的热量Q_2为:

$$Q_2 = G[1.8828(x_1 t_1 - x_2 t_2) + (597 - 2.343 t_2)(x_1 - x_2)] \tag{13-22}$$

式中　　　1.8828——水蒸气平均定压比热容,$kcal/(kg \cdot ℃)$;

　　　　　597——0℃时汽化热,kJ/kg;

　　　　　2.343——汽化热在不同温度时的变化系数,$kJ/(kg \cdot ℃)$;

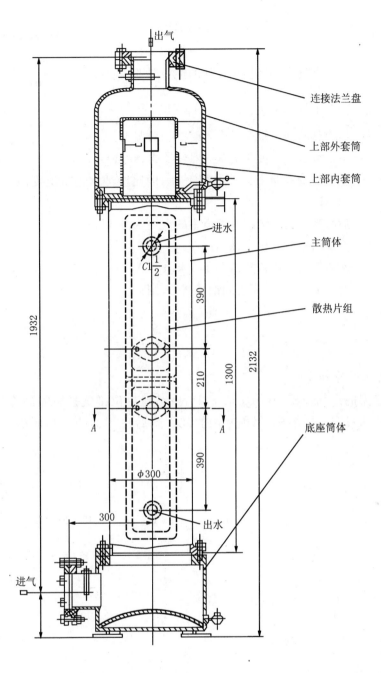

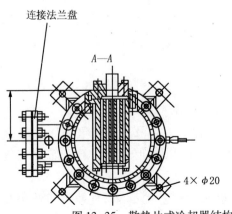

图 13-35　散热片式冷却器结构

x_1——压缩空气在冷却器入口处的绝对湿度，kg/kg，$x_1 = \dfrac{R_\mathrm{g}}{47.07} \dfrac{p_{\mathrm{s}_1}\varphi 10^{-2}}{p_1 - p_{\mathrm{s}_2}\varphi}$；

x_2——压缩空气在冷却器出口处的绝对湿度，kg/kg，$x_2 = \dfrac{R_\mathrm{g}}{47.07} \dfrac{p_{\mathrm{s}_1}\varphi 10^{-2}}{p_2 - p_{\mathrm{s}_2}\varphi}$；

$R_\mathrm{g} = 29.27$——空气的气体常数，$\mathrm{kg \cdot m/(kg \cdot ℃)}$；

φ——后冷却器前一级空气进入时的相对湿度；

p_{s_1}——前一级进气温度时的饱和蒸气压力，kPa；

p_{s_2}——空气在冷却器出口处温度下（一般比冷却水进口温度高 5~8℃）的饱和蒸气压力，kPa；

p_1——后冷却器前一级进气管道中的空气压力，kPa；

p_2——冷却器中空气压力，kPa；

47.04——水蒸气的气体常数，$\mathrm{kg \cdot m/(kg \cdot ℃)}$。

若冷却器中水蒸气没有冷凝，亦即是未达到饱和状态，则：

$$x_1 = x_2 = x_3$$

故可有表达式：

$$Q_2 = 0.45Gx(t_1 - t_2) \tag{13-23}$$

13.6.3.2 冷却器的冷却面积

压缩机冷却器所需的冷却面积，常用比值 F/V 表示，即单位排气量所需的冷却面积。对空气动力用（终压力 0.8 MPa）两级空气压缩机，目前常用的列管式后冷却器的冷却面积（冷却水温差为 10℃）如下：

压缩机排气量 $V/(\mathrm{m^3/min})$	6	10	20	40	60	100
后冷却器冷却面积 $F/\mathrm{m^2}$	3.5	6	12	18~20	25	30
$F/V/[\mathrm{m^2/(m^3/min)}]$	0.583	0.6	0.6	0.45~0.5	0.417	0.30

对于大散热片式后冷却器（冷却水温度差为 10℃）：

$$F/V = 0.265 \tag{13-24}$$

13.6.3.3 冷却器的冷却水消耗量

冷却器冷却水消耗量 $\overline{W}$ 可用下式求得：

$$\overline{W} = \frac{Q}{c_p(\tau_2 - \tau_1)} \tag{13-25}$$

式中　τ_1——冷却水进口温度，℃；

τ_2——冷却水出口温度，℃；

c_p——在平均温度下冷却水定压比热容，$\mathrm{kJ/(kg \cdot ℃)}$。

通常，依据压缩机排气量和冷却水进出口温差以及压缩空气在后冷却器中进出口的温差，而把冷却水消耗量按上式绘制成图表（图 13-36）形式，以利于工程计算。常见空气压缩机的冷却器水耗量见表 13-28。

例如，空气压缩机的排气量为 20m³/min，压缩空气进入冷却器时的温度为 160℃，出口温度为 40℃，由图 13-36 中查得当冷却水的温度差为 10℃时，冷却水消耗量为 4.15m³/h。

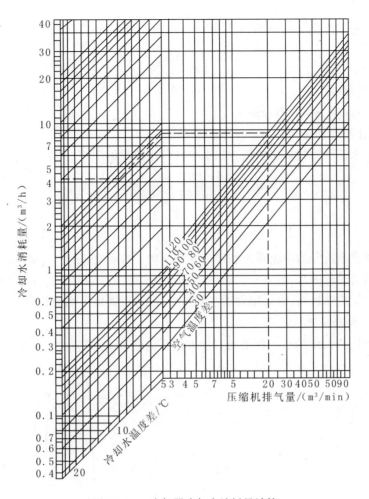

图 13-36　冷却器冷却水消耗量计算

表 13-28　冷却器的冷却水消耗量(适用于干空气)

冷却水进出口温度差/℃	空气压缩机排气量/(m³/min)	空气进出口温度差为下列值时冷却水消耗量/(m³/h)				冷却水进出口温度差/℃	空气压缩机排气量/(m³/min)	空气进出口温度差为下列值时冷却水消耗量/(m³/h)			
		60℃	80℃	100℃	120℃			60℃	80℃	100℃	120℃
5	3	0.62	0.83	1.03	1.24	15	3	0.21	0.42	0.34	0.42
	6	1.24	1.66	2.07	2.49		6	0.42	0.59	0.69	0.83
	10	2.07	2.77	3.46	4.15		10	0.89	0.98	1.15	1.36
	20	4.14	5.53	6.51	8.29		20	1.38	1.84	2.30	2.77
	40	8.29	11.06	13.82	16.59		40	2.77	3.69	4.61	5.53
	60	12.44	16.59	20.74	24.88		60	4.15	5.53	6.91	8.29
	100	20.74	27.65	34.56	41.47		100	6.91	9.22	11.52	13.82
10	3	0.31	0.42	0.52	0.62	20	3	0.16	0.21	0.26	0.31
	6	0.62	0.83	1.04	1.24		6	0.31	0.41	0.52	0.62
	10	1.04	1.38	1.73	2.07		10	0.52	0.65	0.86	1.04
	20	2.07	2.77	3.40	4.72		20	1.04	1.38	1.73	2.07
	40	4.15	5.53	6.91	8.29		40	2.07	2.78	3.46	4.15
	60	6.22	8.29	10.37	12.44		60	3.11	4.15	5.18	6.22
	100	10.37	15.82	17.28	20.74		100	5.18	6.91	8.64	10.37

若不考虑空气中水蒸气冷凝时放出的热量,则冷却水消耗量$\overline{W'}$为:

$$\overline{W'} = \frac{\gamma V c_p (t_1 - t_2)}{1000(\tau_2 - \tau_1)} \tag{13-26}$$

式中　V——压缩机排气量,m^3/h;

　　　γ——空气重度,kg/m^3,$\gamma = 1.2\text{kg/m}^3$;

　　　c_p——空气定压比热容,$\text{kJ/(kg} \cdot \text{℃)}$,$c_p = 1\text{kJ/(kg} \cdot \text{℃)}$。

若考虑压缩空气中水蒸气冷凝放出热量为压缩空气放出热量的15%,则:

$$\overline{W'} = \frac{\gamma V c_p (t_1 - t_2) \times 1.15}{1000(\tau_2 - \tau_1)} \tag{13-27}$$

13.6.4　水冷却系统

空气压缩机站的供水系统分为单流系统和循环系统两种。在循环系统中,水可多次用来冷却空气压缩机。把空气压缩机流出的受热的水,导入专设的冷却塔或喷水池冷却到原来的较低温度,再供空气压缩机使用。水消耗量不大的空气压缩机站,也可用普通水池进行冷却,但要保证水质符合要求。

13.6.4.1　冷却塔和冷却池

图13-37所示为采用冷却塔的水冷却系统。如果筑有高位水池,可省去2号水泵。

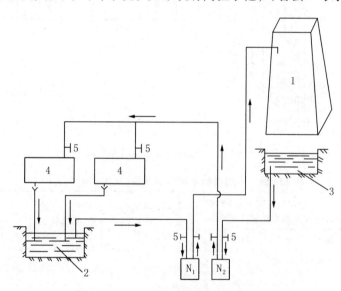

图13-37　采用冷却塔的水冷却系统

1—冷却塔;2—水井;3—水池;4—空气压缩机;5—闸阀

N_1—1号水泵;N_2—2号水泵

在喷水池内,装在地上面的专用喷射器和喷嘴将水喷成细滴,水滴由于和周围空气接触而得到冷却。热水约在0.1MPa的压力下送至喷水池,因而分成细微的喷流,冷却后的水落入池中,再用水泵将水供给空气压缩机使用。喷水池所占面积F_σ可按式(13-28)计算:

$$F_\sigma = \frac{Q}{q_\sigma} \tag{13-28}$$

式中　Q——水由空气压缩机流出时带走的热量,kJ/h;

　　　q_σ——喷水池单位时间单位面积散发的热量,其值一般为$31380 \sim 62760\text{kJ/(m}^2 \cdot \text{h)}$。

冷却塔所占面积约为喷水池面积的$1/4 \sim 1/3$。水塔高度一般为$10 \sim 15\text{m}$。

13.6.4.2　冷却水量

空压机冷却水消耗量包括主机冷却水消耗量和后冷却器冷却水消耗量。

小时冷却水消耗量 Q_i 可按式(13-29)计算:

$$Q_i = 60q_iQ \qquad (13-29)$$

式中　q_i——空压机单位冷却水消耗量,L/(m^3/min),包括主机单位冷却水消耗量 q'_i 和冷却器单位冷却水消耗量 q''_i,即:

$$q_i = q'_i + q''_i$$

　　Q——空压机排气量,m^3/min。

主机单位冷却水消耗量:$Q \leqslant 10m^3$/min 时,$q'_i = 4.5 \sim 5.0$L/($m^3 \cdot$ min);$Q > 10m^3$/min 时,$q'_i = 3.5 \sim 4.5$ L/($m^3 \cdot$ min)。

若有后冷却器时,主机和后冷却器的总的单位冷却水消耗量为 $q_i = 5.5 \sim 8.0$ L/($m^3 \cdot$ min)。

13.6.4.3　空压机冷却用水

(1) 空压机所需的冷却水量,可按产品样本中规定的指标计算,或按下列耗水指标计算:空压机的排气量小于或等于 $10m^3$/min 时,耗水量应取 $4.5 \sim 5$L/m^3;排气量大于 $10m^3$/min 时,耗水量取 $3.5 \sim 4.5$L/m^3;有后冷却器时,主机和冷却器总的耗水量取 $5.8 \sim 8$L/m^3。

(2) 在缺水或水质差的地区,应采用循环式供水,反之,可采用直流式供水,也可利用井下排出水直流供水。当采用循环式供水时,所需新水补给量应为冷却水量的 $5\% \sim 10\%$。

(3) 活塞式空压机冷却水入口处的给水压力,不应大于 0.2 MPa。

(4) 冷却水进水温度不应超过30℃,出水温度不超过40℃,进、出水温度差应为 $5 \sim 10$℃,最多不应超过15℃。

(5) 水流速度在主要进水管中应取 $1.2 \sim 1.5$m/s;在主排水管中应取 $0.8 \sim 1$m/s。空压机排水管,必须装设回水漏斗或断流报警器。

根据使用经验,L形空压机,给水压力一般可取 $0.12 \sim 0.15$ MPa。

水泵直接加压的开启式供水系统,热水泵的工作压头 H 为:

$$H = H_x + H_z + H_0 + \Delta H \qquad (13-30)$$

式中　H_x——水泵吸水高度,即水泵轴心至最低水位的高差,m;

　　H_z——水泵轴心与喷嘴间几何高差,m,当站房与冷却水池位于同一标高时,喷水池 H_z 取 $2 \sim 4$m,冷却塔 H_z 取 $5 \sim 7$m;

　　H_0——喷嘴剩余压头,m,取 $4 \sim 6$m;

　　ΔH——管路总阻力损失,m。

若采用水泵直接加压的闭合式循环供水系统时,水泵所需工作压头应考虑空压机供水压头不小于7m(空压机系统内部阻力损失,一般为 $1.5 \sim 3.0$m);再加上水泵轴心到空压机冷却系统入口的高差。

开启式供水时,若冷却水池与空压机站位于同一标高,则水泵工作压头约为20m。

13.6.4.4　冷却水的水质

冷却水的水质应符合下列要求:

(1) 悬浮物含量不超过100mg/L;

(2) pH 值应为 $6.5 \sim 9.5$;

(3) 所用水长时具有热稳定性。

当循环供水时,水质的热稳定性要求,按现行《室外给水设计范围》有关规定执行。

当直流供水时,根据冷却水的碳酸盐硬度,控制其排水温度不超过表13-29的规定。

表13-29　碳酸盐硬度与排水温度关系

碳酸盐硬度/($mg \cdot N$/L)	$\leqslant 5$	6	7	10
排水温度/℃	45	40	35	30

13.6.5　油水分离器

油水分离器(或称液气分离器)的作用是分离压缩空气中所含的油分和水分,使压缩空气得到初步净化,以减少污染、腐蚀管道和对用户的使用产生不利影响。

油水分离器的作用原理,根据不同的结构形式,是使进入油水分离器中的压缩空气气流产生方向和速度的改变,并依靠气流的惯性,分离出密度较大的油滴和水滴。压气输送管路上的油水分离器通常采用具有以下三种功能的基本结构形式:

(1) 使气流产生环形回转;

(2) 使气流产生撞击并折回;

(3) 使气流产生离心旋转。

在实际生产应用中,三种结构形式可同时综合采用,其分离油、水的效果则更加显著。

第一种是使气流产生环形回转的油水分离器,结构如图 13-38 所示。压缩空气进入分离器内,气流由于受隔板的阻挡,产生下降而后上升的环形回转,与此同时析出油和水。为了达到预期的油水分离效果,气流在回转后上升速度应缓慢,输送低压空气时不超过 1m/s;输送中压空气时不超过 0.5m/s;输送高压空气时不超过 0.3m/s。

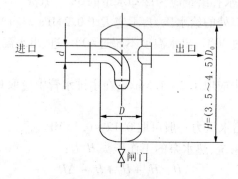

图 13-38　使气流产生环形回转的油水分离器

这种结构形式的油水分离器多用于低压空气。如分离器的进、出口空气流速为 w 时,则油水分离器的壳体横断面积应为进、出口管径 d 横断面积的 $\sqrt{w}$ 倍,即油水分离器壳体直径 D 为:

$$D = \sqrt{w}\, d \tag{13-31}$$

一般油水分离器高度 $H \approx 3.5 \sim 4.5 D_0$。

第二种是使气流产生撞击并折回的油水分离器,结构如图 13-39 所示,其具体结构尺寸列在表 13-30 中。

当进入分离器内的压缩空气气流撞击在波形板组时,气流折回,油滴和水滴附于波形板面上,所积累的油水便向下流动,并汇集在底部,通过油水吹除管排出。

表 13-30　使气流产生撞击并折回的油水分离器的结构尺寸

D_g/mm	150	125	100	L_2/mm	200	200	150
H/mm	502	502	363.5	L_3/mm	100	100	70
H_1/mm	170	170	135.5	ϕ/mm	273	273	219
H_2/mm	300	300	206	工作压力/MPa	0.8	0.8	0.8
L/mm	728	728	550	试验压力/MPa	1.2	1.2	1.2
L_1/mm	428	428	330	总重/kg	84.71	79.96	58.19

采用第一种和第二种结构形式相结合的油水分离器如图 13-40 所示,表 13-31 是其主要结构尺寸。当

气流进入分离器中,气流受内部装置的隔板阻挡后,即进行了二次环形回转,所以这种油水分离的效果比单纯利用某一结构形式好得多。

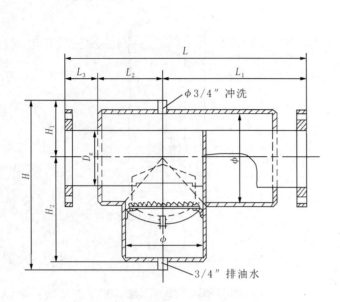 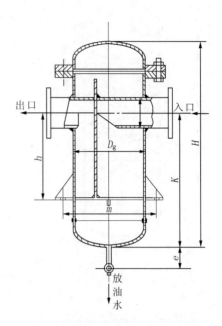

图 13-39　使气流产生撞击并折回的　　　　　图13-40　使气流产生环形回转和撞击的
　　　　　　油水分离器结构　　　　　　　　　　　　　　　油水分离器结构

表 13-31　两种结构型式相结合的油水分离器的结构尺寸

D_g/mm	125	100	80	m/mm	520	520	420
H/mm	975	975	781	工作压力/MPa	0.8	0.8	0.8
K/mm	632	632	510	试验压力/MPa	12	12	12
e/mm	100	100	100	总质量/kg	126	120	77.22
h/mm	400	400	250				

　　图 13-41 所示的螺旋式油水分离器,是使气流产生离心旋转结构形式的具体应用。气流进入分离器沿螺旋形导板旋转而产生离心作用,使油水从气流中析出,空气则从中部导管流出,导管位于旋转气流中心,且该处所含液体颗粒较少。螺旋式油水分离器的优点超过其他形式的油水分离器,主要在于当气流旋转运动时产生的惯性要比气流回转时所产生的惯性持久得多,油水分离器的容积得以充分利用。

13.6.6　储气罐

　　空气压缩机都设有储气罐(又称风包),装置在空气压缩机与输送压缩空气的管网之间,其作用如下:
　　(1)缓和由于往复式空气压缩机排送压缩空气的不连续性而引起的压力波动;
　　(2)除去压缩空气中所含的水分及润滑油,以免水和润滑油使压缩空气管道的断面缩小,因而增加阻力损失;避免水分使风动机械生锈并发生水力冲击;
　　(3)储存一定数量的压缩空气,供空气消耗量增大或空气压缩机停止运转时使用。
　　风包为一圆筒状的密闭容器,图 13-42 表示立式风包的结构。
　　储气罐的型式有立式和卧式两种,一般采用立式储气罐。立式储气罐的高度 H 为其直径 D 的 2～3 倍,同时应使其进气管在下,出气管在上,并尽可能加大两管的间距,以进一步分离空气中的油水。

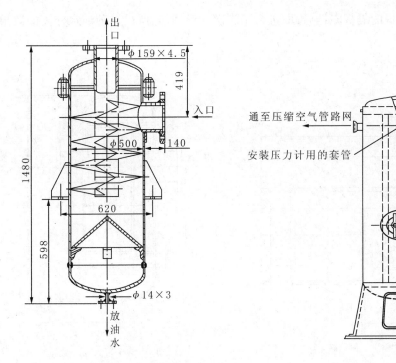

图 13-41　螺旋式油水分离器结构　　　　图 13-42　立式储气罐结构

在压力不超过 10 个大气压时,要对风包进行超过工作压力 1.5 倍的压力水力试验。风包需装设在地基上,并装在空气压缩机房外面靠近机房的阴凉地方,与空气压缩机房的距离应不超过 12 ~ 15m,应注意使排气管的振动频率避开共振频率。

在风包与空气压缩机之间的排气管道上,不应装设闸阀,因为在闸阀关闭的情况下启动往复式或回转式空气压缩机时,可能引起事故。如果必须装设闸阀,需在它的前面装置安全阀。

每台空气压缩机应各有自己的风包。风包和排气管道内部应坚持定期清洗。

空气压缩机所配用风包的容积 ,可用下面两种方法计算:

(1)用经验公式计算,即:
$$V = 1.6 \sqrt{V_Q} \tag{13-32}$$
式中　V_Q——空气压缩机的额定排气量,m³/min。

(2)用经验系数计算,即:
$$V = kV_Q \tag{13-33}$$
式中　k——经验计算系数,$V_Q < 6\text{m}^3/\text{min}$ 时,$k = 0.2$;$V_Q = 6 \sim 30\text{m}^3/\text{min}$ 时,$k = 0.15$;$V_Q > 30\text{m}^3/\text{min}$ 时,$k = 0.1$。

如果是多台空气压缩机共用一个储气罐时,上述各式中的 V_Q 为共用储气罐的各机组生产能力之和。

储存气体用储气罐的容积,是根据用户在一定时间内所需要的空气量和工作压力的需求决定的。这时储气罐的容积 V_e 为:
$$V_e = 1.15 \frac{q}{p - p_1} \tag{13-34}$$
式中　q——一定时间内空气消耗量,m³;

　　　p——储气罐内所充入空气的压力,MPa;

　　　p_1——用户需要的工作压力,MPa;

　　　1.15——计算系数。

由上面的计算式得知,储气罐容积 V_e 与空气耗量 q 成正比而与压力差 $p - p_1$ 成反比,所以较大的压力差是储存气体合适的条件。

活塞式空气压缩机所用的储气罐,一般是随空气压缩机一起配套供给。

矿山生产中一般使用的固定安装的活塞往复式空气压缩机,其配用储气罐的容积见表13-32。

表13-32　活塞式空气压缩机储气罐的基本参数

储气罐代号	公称容积/m³	内径/mm	质量/kg	适用的压缩机排气量/(m³/min)
C-0.5	0.5	600	210	3
C-1	1.0	800	290	6
C-1.5	1.5	1000	420	10
C-2.5	2.5	1000	630	20
C-4.5	4.5	1200	1000	40
C-7	7.0	1400	1450	60
C-10	10	1600	2050	100

表13-33 中所列为沈阳、蚌埠、北京、西安气体压缩机厂生产的储气罐系列尺寸。

表13-33　沈阳、蚌埠、北京、西安气体压缩机厂生产的储气罐系列尺寸

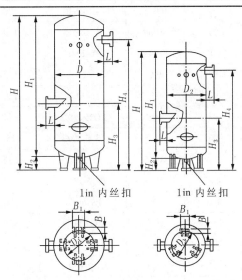

符　号	储气罐容积											
	0.7m³	1.2m³	1.6m³	2.1m³	2.5m³	3.7m³	4.6m³	5.6m³	7.0m³	8.5m³	10.0m³	12.7m³
D/mm	700	800	900	1000	1100	1200	1300	1400	1500	1600	1700	1800
D_1/mm	510	580	650	720	800	870	940	1020	1090	1160	1230	1300
D_2/mm	89	108	108	133	133	159	194	219	219	245	273	273
H/mm	2170	2420	2860	3110	3460	3860	4100	4340	4580	4930	5280	5620
H_1/mm	2020	2266	2710	2956	3302	3646	3892	4136	4382	4728	5072	5414
H_2/mm	150	150	150	150	150	150	200	200	200	200	200	200
H_3/mm	1000	1000	1200	1200	1300	1300	1300	1300	1300	1400	1400	1400
H_4/mm	1800	2000	2400	2500	2800	3000	3300	3500	3700	4000	4300	4600
B/mm	100	100	100	120	120	120	120	120	140	140	160	160
B_1/mm	125	125	125	145	145	145	145	145	175	175	195	195
L/mm	100	100	100	100	100	100	100	110	110	110	110	110
质量/kg	255	340	445	570	840	1010	1120	1360	1730	1000	2300	2760
地脚螺孔 ϕ/mm	17	17	17	20	20	20	20	20	22	22	26	26

　　油水分离器、冷却器、储气罐等,都属于受压容器,投入运行前应按有关行业安全规程进行水压试验。承压能力不达标,则不能使用。

　　为了简化压缩空气站的辅助设备,后冷却器、油水分离器和储气罐三者一体的结构形式已经出现,这是新的发展方向。

13.6.7　防噪消声设施

　　消声器是一种阻止声音传播而允许气流通过的装置。在气流进出口通道上,安装一个合适的消声器,可以使其噪声降低 20～50dB(A)。消声器分抗性、阻性和阻抗复合型三种。抗性消声器又分扩张型、共振型和干涉型三种。阻抗复合型由吸声材料、共振腔和扩张室等元件组成。

　　矿山压气站运行的空气压缩机,其噪声级较高(表13-34),需安装消声器降低噪声级,以保护设备运行人员。

表 13-34　几种国产空压机的噪声声级

空压机型号	功率/kW	转速/(r/min)	平均声压级/dB		空压机型号	功率/kW	转速/(r/min)	平均声压级/dB	
			A	C				A	C
2Z-3/8	22	730	88	100.5	4L-20/8	130	730	90	113
2WG-6/7	40	1470	95	100	4L-20/8	130	730	87	107
2WY-6/7	59.656	1470	101	104	4L-20/8	130	730	89	94
2Z-6/8	40	730	88	97	4L-20/8	132	730	89	92
W-6/7G	75	960	92	95	4L-20/8	130	730	84	87
BH-6/7	59.656	1450	83	91	LG25-20/7	150	2940	96.5	102.5
4V-9/7	89.484	1500	95	103.5	L3.5-20/8	75	980	87	94
VY-9/7	67.113	1500	104	110.5	2L3.5-20/8	130	724	90.5	110
LGY20-10/7	89.484	1500	99.5	103	L5.5-40/8	250	600	91.5	87
LGY20-10/7	75	3776	103	106	L8-60/8	350	428	89.5	94.5
L2-10/8	55	980	87.5	93.5	7L-100/8	550	375	90	95.5
3L-10/8	75	970	88.5	103.5	2D12-100/8	550	500	91.5	99.5
LGY20-10/7	75	1470	94	95.5	2D12-100/8	550	500	93.5	99.5
2VY-12/17	120	1500	100.5	104					

　　空气压缩机消声器多为抗性或以抗性为主的阻抗复合型。它具有消声能力大、耐高温、不怕水、不污染、易清洗、质量小、寿命长等特点。

　　部分国产消声器的主要技术参数见表13-35和表13-36。

表 13-35　几种消声器的主要技术参数

性　能	K 型(阻抗复合型)	WX-05 型(微孔板型)	KKX 型(抗性)	SKSG 型(油浴型)
适用排气量/(m³/min)	3～100	4.5～100	10～100	10～100
阻力损失/Pa	1000	400～1000	200	500
消声量/dB(A)	≥20	20～25	≥20	20～25

表 13-36　K 型和 WX-05 型消声器规格

型　号	适用压气量/(m³/min)	外形尺寸/mm		法兰口径/mm		质量/kg
		外径	安装长度	内径	外径	
K₁	3	250	800	100	200	32

型　号	适用压气量 /(m³/min)	外形尺寸/mm		法兰口径/mm		质量/kg
		外径	安装长度	内径	外径	
K₂	6	300	1030	100	200	47
K₃	10	400	1250	150	250	88
K₄	20	500	1540	200	320	165
K₅	40	700	1800	300	460	364
K₆	100	1000	2200	420	600	546
WX-05-4.5	4.5	300	1000	65	155	23
WX-05-6(8)	6(8)	350	1100	85	200	35
WX-05-10	10	400	1200	155	260	40
WX-05-20	20	500	1360	205	315	58
WX-05-40	40	550	1900	325	435	98
WX-05-60	60	700	1900	355	455	110
WX-05-80	80	800	2500	405	535	190
WX-05-100	100	804	2500	405	535	195

13.7　压缩空气管网及其计算

为了保证管网的损失最小,在设置压缩空气管网时,必须考虑下列基本要求:

(1) 管道应沿最短的路线设置而且有足够大的直径;空压机站至最远用气点的压力降,不应超过0.1MPa。

(2) 管道应尽量少拐弯,尤其要避免有急弯。

(3) 管道上应装设最少而必需的附件,如阀门、伸缩管、安全阀、油水分离器等。

(4) 管道由一直径变为另一直径时,断面不允许突然改变。

(5) 管道的结构要安全可靠,便于检查和维护管理。

(6) 不允许管道内有局部积水现象,管道不应受到机械创伤。

13.7.1　管材及附件选择

(1) 压缩空气管道应采用无缝钢管或焊接钢管,管中气体流速应取6～10m/s。管道的连接,宜采用焊接。焊接管段的长度视安装检修方便而定。

(2) 在温度变化较大的主压缩空气管上,每隔500～600m应装设油水分离器,支管上应设置油水清除装置。

(3) 在寒冷地区,室外管道应设有防冻措施。在温差变化较大的地区,地表管道应采取适当的热膨胀补偿措施。

矿山生产工作面的分支管道,常采用特殊的球状套筒来联结。这种套筒,除了便于安装和修理外,而且不用弯管便能拐弯,其密封性能也可满足工作要求。图13-43所示为这种球状套筒的联结结构。

为了补偿空气管道在受热后自由伸长,沿管道每隔150～250m处应设伸缩管。通常采用弯曲伸缩管(图13-44)及填料伸缩管。

为了防止管子生锈,必须在管子的外表面涂上柏油和油漆。当空气沿管路流动时,由于空气与管壁之间呈现摩擦阻力,因而产生压力损失。选用直径较小的管道,可减少投资费用,但使压力损失增大以致增加空气压缩机的电能消耗;反之,管道直径越大,投资费用越高,但压力损失减小,空气压缩机的电能消耗也减小。空气管网计算就是要确定比较合理的管道直径及其合适的管道附件。

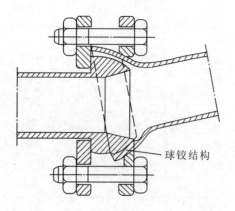

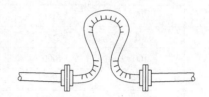

图 13-43   联结管道用的球状套筒   图 13-44   弯曲伸缩管

13.7.2 管道的压力损失计算

一般输气管道的压力损失 Δp 为：

$$\Delta p = 10^{-4} \lambda \frac{L}{d} \frac{w^2}{2g} \gamma = \beta \frac{L}{d} \gamma w^2 \tag{13-35}$$

式中 L——管子的实际长度，m；

d——管子的直径，m；

w——空气在管内的流动速度，m/s；

γ——管中流过的空气容重，kg/m^3；

β——与管壁粗糙度有关的系数。

对于中等粗糙度的管子，β 值可用下列经验公式决定：

$$\beta = \frac{9.1 \times 10^{-8}}{G^{0.148}} \tag{13-36}$$

式中 G——由管中流过的空气质量，kg/s。

将式(13-36)与关系式 $w = \dfrac{G}{\pi d^2 \gamma / 4}$ 代入式(13-35)，简化后得：

$$d^5 = 1.45 \times 10^{-7} \frac{LG^{1.85}}{\gamma \Delta p}$$

如果 G 以大气状态下的容积 $Q(m^3/min)$ 来表示，L 用计算长度 L' 代替，并以 $0.7 \sim 0.8\,MPa$ 时空气容重的大致数值代入，则得到下列近似公式：

$$d^5 = 10^{-11} \frac{L'}{\Delta p} Q^{1.85} \tag{13-37}$$

$$L' = \xi L$$

式中 ξ——考虑管路配件阻力损失的系数，其值一般为 $1.1 \sim 1.2$。

压力损失 Δp 的值可按 1km 长管子损失 $0.03 \sim 0.06\,MPa$ 来考虑。根据管子的计算长度与管中的空气流量 $Q(m^3/min)$，并预先指定 Δp 之值，即可由式(13-37)计算出管子的直径。然后选择管材并配置附件。

决定管道直径时，必须预先选定 1km 内压力降低的数值或百分数。选定的压力降低值不同，求出的管径也不一样。要保证选择的管径最合理，还要考虑折旧费、电费、安装费、维护费等诸多因素，由此确定出的管子直径称为最经济管径。

压气管道的直径也可大致按式(13-38)来估算：

$$d_k = 20 \sqrt{Q_k} \tag{13-38}$$

式中 Q_k——所设计的压气站必须向生产现场提供的排气总量，m^3/min。

13.7.3 压气站所需出口压力的确定

一般是根据设备系统所需要的工作压力,并考虑管路各部分的压力损失和压力增加值来确定压气站必需的出口压力。假定 $\lambda_1, \lambda_2, \cdots, \lambda_n$ 分别为所决定的各段管子的压力损失系数,p_n 为风动机械所需要的工作压力,则压气站必需的出口压力 p_N 为:

$$p_N = \frac{p_n}{(1 - \lambda_1)(1 - \lambda_2) \cdots (1 - \lambda_n)} \pm \Delta p_b + \Delta p_r + \Delta p_d \qquad (13-39)$$

式中 Δp_b——倾斜管道内空气柱的静压力,此静压力使沿管道的空气压力增加时采用负号,如使压力减小则取正号;

  Δp_r——用气设备软管内的压力损失;

  Δp_d——考虑管子连接不良及旧管子粗糙度增大的附加阻力损失。

Δp_b 的值按式(13-40)决定:

$$\Delta p_b = 10^{-5} \gamma H \qquad (13-40)$$

式中 γ——管道内平均空气密度,kg/m^3;

  H——倾斜管道的垂直高度,m。

13.8 矿山压气站的经济运行与节能减排

矿山使用压缩空气驱动的设备及装置很多,压气成为主要的动力源之一,其耗电量、耗水量和耗油量都很大。对国内外30多座不同类型矿山的压气站近十年的能耗统计数据见表13-37。

表13-37 不同类型矿山压气站的电、水、油消耗情况(占全矿总耗量的百分比)   (%)

项　　目	生产矿山类型			
	煤矿	金属矿山	建材矿山	化工矿山
耗电量比例	8 ~ 10	10 ~ 12	12 ~ 14	10 ~ 12
耗水量比例	6 ~ 8	8 ~ 10	6 ~ 8	8 ~ 10
耗油量比例	5 ~ 7	7 ~ 9	5 ~ 8	6 ~ 8

注:耗油量指润滑油、冷却油、检修洗油的消耗数量。

合理构建压气站,精心组装空气压缩机、供气管道及其附属设施,按照专业规程及时维护检修,科学地调节空气压缩机的排气量和功率,并把废油和废水处理好利用好,使压气站处于经济运转的最佳状态,是矿山企业节能增效和生态环保的重要措施之一。

13.8.1 矿山供气量指标

矿山需要的供气量指标可参考表13-38确定。

表13-38 矿山生产实际需要的供气量指标

矿山种类与开采方式		剥离矿岩及矿物采掘总量 /(kt/a)	生产实际需要的最大供气量 /[(m³/min)/(kt/a)]
煤矿	地下矿山	>1000	0.15 ~ 2.0
		500 ~ 1000	0.2 ~ 0.25
		<500	0.3 ~ 0.4
	露天矿山	>3000	0.02 ~ 0.03
		1000 ~ 3000	0.03 ~ 0.04
		<1000	0.06 ~ 0.08

矿山种类与开采方式		剥离矿岩及矿物采掘总量 /(kt/a)	生产实际需要的最大供气量 /[(m³/min)/(kt/a)]
非煤矿山	地下矿山	>1000	0.2~0.25
		500~1000	0.25~0.35
		<500	0.35~0.45
	露天矿山	>3000	0.03~0.05
		1000~3000	0.05~0.06
		<1000	0.06~0.09

13.8.2 压气站建筑面积及投资指标

压气站建筑面积及投资指标可参考表13-39确定。

表 13-39 空气压缩机站建筑面积及投资指标

压缩机站安装总容量 /(m³/min)	空气压缩机型号及台数	压缩机站建筑面积 /m³	估算投资	
			单位投资/[元/(m³/min)]	总投资/[元/(m³/min)]
20	3L-10/8,JR-115-6 2台	70	11.5	5480
30	3L-10/8,JR-115-6 3台	85	15.5	5110
40	3L-10/8,JR-115-6 4台	100	18.9	4725
50	3L-10/8,JR-115-6 5台	115	23.6	4910
40	4L-20/8,JR-127-8 2台	120	17.5	3875
60	4L-20/8,JR-127-8 3台	140	21.7	3610
80	4L-20/8,JR-127-8 4台	160	28.6	3575
100	4L-20/8,JR-127-8 5台	175	35.5	3510
120	4L-20/8,JR-127-8 6台	190	41.5	3450
80	5L-40/8,TDK-118/26-14 2台	150	35.5	4416
120	5L-40/8,TDK-118/26-14 3台	200	51.5	4270
160	5L-40/8,TDK-118/26-14 4台	270	67.9	4240
200	5L-40/8,TDK-118/26-14 5台	310	80.5	4016
240	5L-40/8,TDK-118/26-14 6台	340	95.9	3980
300	7L-100/8,TDK-173/34-20 3台	400	118.5	3610
400	7L-100/8,TDK-173/34-20 4台	430	145.6	3765
500	7L-100/8,TDK-173/34-20 5台	460	171.5	3412
600	7L-100/8,TDK-173/34-20 6台	490	193.8	3230

注:按照2006~2008年设备材料平均价格概算,仅供参考。

13.8.3 空气压缩机运行耗电量

在一般情况下,矿山压气站的总耗电量,可用单位压缩空气排量的耗电量作为基数进行概算。单位压气耗电量与空气压缩机类型、负载系数和设备新旧程度有关。一般矿山压气站,活塞往复式空气压缩机平均每供气 10m³ 耗电指标为 0.9~1.1kW·h,螺杆式或滑片回转式空气压缩机的耗电指标较高,可取 1.0~1.3 kW·h。在进行矿山压气站的初步规划时,也可根据下式计算全年运行的耗电量 W,即:

$$W = K_n \frac{ZN_0tb}{\eta_1\eta_2\eta_3} + (1-K_n)\frac{0.2N_0Ztb}{\eta_1\eta_2\eta_3}$$

(13-41)

式中 K_n——空气压缩机的负荷系数,是指空气压缩机组的实际排气量与额定排气量的比值,例如空气压缩机组的额定排气量为 $80\mathrm{m}^3/\mathrm{min}$,而实际供气量为 $64\mathrm{m}^3/\mathrm{min}$,则负荷系数 $K_n = \dfrac{64}{80} = 0.8$;

Z——同时工作的空气压缩机台数;

N_0——空气压缩机的轴功率,kW;

t——空气压缩机一昼夜工作的小时数;

b——一年内压气站的工作日数;

η_1——电动机的效率;

η_2——机械系统传动效率;

η_3——动力供电电网效率;

$0.2N_0$——空气压缩机的空载运转功率,kW。

13.8.4 空气压缩机润滑油消耗指标

矿山常用的排气压力为 $0.7 \sim 0.8\mathrm{MPa}$ 的空气压缩机,一般在产品说明书(或产品样本)中给出润滑油消耗指标,可依此概算压气站的耗油总量;也可按如下回归方程计算每台空气压缩机的油耗量 y,即:

$$y = 42 + 3.1x - 0.01x^2 \tag{13-42}$$

式中 y——单台压缩机耗油量,g/h;

x——单台压缩机额定排气量,$\mathrm{m}^3/\mathrm{min}$。

按上式计算的不同容量压缩机的油耗(取整数)如下:

$x/(\mathrm{m}^3/\mathrm{min})$	6	10	15	20	30	40	60	80	100
$y/(\mathrm{g/h})$	60	70	85	100	125	150	190	225	250

空气压缩机运动机构所需润滑循环油量 Q 可用式(13-43)计算:

$$Q = \frac{4.18 \times (0.2 \sim 0.3) \times 860N_s(1 - \eta_m)}{60\rho c\Delta T} \tag{13-43}$$

式中 N_s——空气压缩机曲轴转速,r/min;

η_m——空气压缩机的机械传动效率,取 $\eta_m = 0.85 \sim 0.90$;

ρ——润滑油的密度,kg/L,取 $\rho = 0.9\mathrm{kg/L}$;

c——润滑油的比热容,$c = 1.88\mathrm{kJ/(kg \cdot K)}$;

ΔT——润滑油的温升,取 $\Delta T = 15 \sim 20\mathrm{K}$。

13.8.5 提高排气量与减少漏损

由于制造、装配、安装以及运转机件磨损等环节留下的缺憾,致使空气压缩机的实际排气量 Q 并不等于理论排气量 Q_t,可表示为:

$$Q = \lambda_0 Q_t \tag{13-44}$$

λ_0 为排气系数,它反映排气量减少的百分比。λ_0 值越高,空气压缩机的实际排气量越大。应尽量增大运行空气压缩机的 λ_0 值。影响 λ_0 值的因素很多,一般可用式(13-45)表示:

$$\lambda_0 = \lambda_v\lambda_p\lambda_t\lambda_1 \tag{13-45}$$

式中 λ_v——容积系数;

λ_p——压力系数;

λ_t——温度系数;

λ_1——泄漏系数。

(1)容积系数 λ_v 值的调节。容积系数表示空气压缩机余隙容积内残存空气(包括气阀内和周围残存的空气)膨胀后,致使汽缸吸气量减少的程度。矿山使用的空气压缩机,一般可取 $\lambda_v = 0.83 \sim 0.94$。

在空气压缩机的实际工作过程中,由于曲轴、连杆机构受热膨胀,以及各传动部件有间隙存在,为避免活塞头与汽缸盖撞击,必须留有余隙;同时,由于有了余隙中空气的膨胀作用,能使吸气阀开启时较平稳,缓和了气阀的冲击作用;但余隙又不能过大,否则容积系数下降,影响排气量。为保持较高的容积系数,汽缸余隙不应超过原制造厂技术文件的规定或不大于表 13-40 的规定。在检修空气压缩机后要用铅块压测余隙,超过规定时应进行调整。

表 13-40　活塞与汽缸两端盖的余隙值

部　位	排　气　量				
	$\leq 10\text{m}^3/\text{min}$	$20\text{m}^3/\text{min}$	$40\text{m}^3/\text{min}$	$60\text{m}^3/\text{min}$	$100\text{m}^3/\text{min}$
曲轴端/mm	1.2~2.0	1.5~2.5	2.5~3.0	3.0~3.5	3.5~4.0
曲轴他端/mm	1.5~2.0	2~2.5	2.5~3.0	3.0~3.5	3.5~4.0

(2)压力系数 λ_p 值的调节。压力系数 λ_p,表示由于管道及气阀结构等而造成的压力损失 Δp_s,而使吸气压力 p_s 降低到汽缸内压力 p_1 的变化程度,即表示为:

$$\lambda_p = \frac{p_1}{p_s} = \frac{p_s - \Delta p_s}{p_s} \tag{13-46}$$

矿山使用的空气压缩机,当辅助设施完善而能正常吸气工作时,可取压力系数 $\lambda_p = 0.95 \sim 0.98$。

增大 $\dfrac{p_1}{p_s}$ 值可提高空气压缩机排气量,为此,要降低滤清器、吸气管和吸气阀等的阻力,定期清扫(一般三个月)滤清器及进气管,清扫后的滤清器阻力不得大于 200~250Pa,运行中不得大于 300~350Pa;吸气阀的弹簧刚度要均匀适宜,不能过大。进气管力求短而直,长度在一般情况下最好不大于 10~12m;进气管必须装设弯头时,弯头的曲率半径不得小于 2.5~3D(管径)。进气管空气流速不宜过高,一般不超过 10m/s,最好为 8m/s 左右。在进气管道上装设异径管时,要尽量加长异径管的长度,其长度至少要大于异径管大头直径,以减少阻力。

(3)温度系数 λ_t 值的调节。温度系数 λ_t,表示吸入汽缸内空气温度(T_1)比吸入前空气温度(T_s)增高的程度;一般可表示为 $\lambda_t = T_s / T_1$。λ_t 值减小,会使实际吸进汽缸的气体体积(V_1)小于吸气管自然吸入的气体体积,致使空气压缩机的排气量减小。影响 λ_t 值的主要因素如下:

1)压缩比。压缩比大的气缸排气量温度高,汽缸壁、阀组及活塞等部件的温度也就高,传给吸进空气的热量增多,因而使值下降。矿山动力用空气压缩机的额定压力为 0.7~0.8MPa,采用 1 级压缩时,压缩比达 8,在汽缸套冷却条件较好的情况下,按多变压缩指数 $m = 1.3$ 计算,排气温度将近 200℃,不仅影响进气温度,而且也不安全,所以矿用单级压缩老旧型空气压缩机,应尽快报废更新;

2)汽缸直径对 λ_t 的影响。在某些大型空气压缩机中,大直径汽缸的表面积与容积之比较小,致使热交换条件差,从而使 λ_t 增加;

3)汽缸冷却条件较好时,传入空气的热量小,会使 λ_t 增大;

4)余隙容积小时,汽缸中残存的高温空气少,吸气终了时汽缸内的空气温度较低,会使 λ_t 值增大;

5)空气压缩机转速高时,传热时间短,可使 λ_t 值增高。

精确计算 λ_t 值较困难,对矿山动力用空气压缩机,压缩比为 3 左右,取 $\lambda_t = 0.94 \sim 0.97$。

进气管外大气温度对空气压缩机排气量也有影响,空气温度每增加 1℃,其容积增加 0.37%,换算为标准状态下的空气,排气量减少 0.37%,所以要降低吸气温度,吸气管和滤清器尽量装在阴凉处,不要靠近储气罐。

(4)泄漏系数 λ_l 值的调节。泄漏系数 λ_l,表示由于气阀、活塞环、填料及附属设备等不够严密而造成泄漏,使得空气压缩机排气量比吸气量减小的程度。

影响泄漏系数的因素很多,它不仅取决于空气压缩机的结构形式、汽缸直径、压缩比以及转速等,而且与部件的加工质量及维修工作有很大关系。一般取 $\lambda_1 = 0.9 \sim 0.98$。

空气压缩机泄漏部位不同,对其工作所造成的影响也不同。填料、单作用活塞环密封不严密以及第一级吸气阀不严密或延迟关闭,所漏出的气体将分别漏入周围大气、曲轴箱以及空气压缩机的吸气管、机座腔等,这种泄漏称为外泄漏。外泄漏会使压缩机的排气量降低,同时对一、二级排气压力也会产生较大影响。

除一级气阀外的各级气阀,以及双作用压缩机活塞环等所漏出的空气,只是空气压缩机内部从高压部位返回低压部位,这种泄漏称为内泄漏。内泄漏只增大第二级的压缩气量,改变两级间的压力分配,增大空气压缩机的功率消耗,但对空气压缩机的排气量没有直接影响。在一般情况下,第一级排气阀和双作用汽缸的活塞环,将交替出现内泄漏和外泄漏。

为保证合理的泄漏系数,各主要部件加工维修必须符合以下规定:

1)吸、排气阀。阀片表面必须平整,不得有裂纹刻痕、凹坑等缺陷,工作表面粗糙度应达到要求,挠曲度不许大于 0.04 mm;阀片与阀座配合应严密,盛水试验 3 min 不得漏水;阀片弹簧压力必须均匀,高度一致,两端面应相互平行,并与中心线垂直;吸、排气阀的行程应符合厂家规定,一般为 2 ~ 3.5 mm;阀组必须定期清扫,不得有积炭和油垢。

应使气体通过气阀时的压力(能量)损失尽量小,以降低空气压缩机的功率消耗,阀片的开启和关闭动作应及时且迅速,同时开启要安全,若为环状阀时,各环应尽量达到同时开启与同时关闭,以提高空气压缩机效率,延长使用寿命。

通常,气阀关闭延迟会造成气体流向汽缸的反流,此时阀片在弹簧力和反向气体力的合力作用下快速打到阀座上,会造成损坏,为避免此现象,最简单的办法是增加弹簧力。如果阀片提前关闭,则阀片将发生颤动,从而减少气流的流通面积,增大阻力损失,降低使用寿命,为了避免这种情况,最简单的办法是减小弹簧力。

气阀弹簧是影响气阀使用寿命、也是保证机器长期正常运转的关键性零件。实践证明阀片的损坏往往是由气阀弹簧的损坏所致。因此,对于气阀弹簧的设计、制造、检修选件等都必须给予充分的重视。

2)活塞环。活塞环应在汽缸内作漏光检查,在整个圆周上漏光不应多于两处,每处弧长不得超过45°,不接触处的间隙不大于 0.04 mm;活塞环与活塞环槽的侧面间隙应符合厂家技术文件的规定,无规定时,一般取为 0.05 ~ 0.1 mm;活塞装入汽缸内,活塞环开口的位置应互相错开,并与阀孔位置错开;活塞环在汽缸内的间隙应符合厂家技术文件的规定,无规定时,一般为汽缸直径的 0.4% ~ 0.6%;活塞环有断裂或烧灼、磨损后侧面间隙比规定大 2 ~ 2.5 倍或开口间隙比规定大于 1.5 ~ 2 倍时,都必须更换。

3)活塞杆与汽缸盖填料箱孔径的间隙,应符合表 13-41 规定。

表 13-41 活塞杆与汽缸盖填料箱孔径的间隙值

活塞杆直径/mm	间隙/mm	填料箱盖形式
30 ~ 50	0.15 ~ 0.30	单侧有填料箱盖
50 ~ 80	0.30 ~ 0.40	两侧有填料箱盖
80 ~ 100	0.40 ~ 0.50	两侧有填料箱盖

活塞杆的弯曲度每 100 mm 不超过 0.03 mm,杆径的圆锥度每 100 mm 不得超过 0.015 mm。

13.8.6 增强冷却效果与减少阻力损失

13.8.6.1 搞好空气压缩机的冷却提高经济效益

空气压缩机的冷却对降低压缩机的功率损失、保证安全经济运转有重要作用。汽缸冷却条件好,冷却水由缸壁带走的热量大,不仅可以提高温度系数,更重要的是空气压缩机的压缩过程多变压缩指数低,每一工作循环所耗功率较小;中间冷却器冷却效果好,则由一级汽缸排入二级汽缸的空气体积缩小,可以降低二级压缩所消耗的功。

空气压缩机的冷却系统应具有向压缩机各个被冷却部分给水的可以看见的检查装置。为此,在通向空气压缩机每个被冷却部分的明显地点应设有向泄水漏斗放水的装置。当没有给水检查装置时,冷却系统应设有自动信号装置。

可直接在空气压缩机前面的冷却水水管上安设用来停止给水的截止阀。同样在给水与空气压缩机被冷却部分的水管上应安有截止阀，以便调整输往空气压缩机各个冷却部分的冷却水的消耗量。

为了自冷却系统内将水放出，以避免在冬季空气压缩机停运时冷却水的冻结，在输水管上安有放水旋塞。放水旋塞应保证自空气压缩机的每个被冷却部分和水管网路中将水放出。在大型空气压缩机的汽缸上应具有自汽缸水套中将水放出的放水螺塞。

空气压缩机冷却系统的冷水水泵和热水水泵在吸水管道上不应具有共同的底阀和任何管系配件。空气压缩机冷却系统水平铺设的管线向排水池方向应具有 0.003 ~ 0.05 的倾斜度。

泄水漏斗必须装设在高度 1m 或更高的地方。如果泄水漏斗装设在较低的高度上，则在强烈地冷却空气压缩机时，水将自泄水漏斗经过边缘溅出到空气压缩机房的地板上。冷却系统的管网（特别是出口管线）应具有可拆开的接头，以便于在检查和修理冷却系统时拆卸和装配管道。固定铺设的较长给水管道和出口管线也可以采用焊接结构，而仅具有个别的可拆开的接头。

冷却系统的各个部分（汽缸水套、汽缸盖、中间冷却器中心部位和热水管）不应积有恶化传热的沉淀物。

为了测量压缩空气和冷却水的温度，必须装设温度计或热电偶计温器；应在下列各点对空气的温度进行检查：在空气吸入处、低压汽缸后、中间冷却器后、高压汽缸后和后冷却器后。冷却水温度必须在空气压缩机的每个被冷却部分之前和之后进行测量，这样可以判断各个部分和整个空气压缩机的冷却规范是否正确。

13.8.6.2　空气压缩机汽缸水套及冷却器的清理

空气压缩机的正常运转在很大程度上决定于冷却状况，如果冷却水循环系统受阻，不仅是供水不足，往往由于冷却水质未经处理，造成缸套和冷却系统严重结垢，影响散热，将促使气缸温度升高，既降低空气压缩机效率，同时又影响安全运转，为此，必须定期对中间冷却器和缸套进行清理，以提高冷却效果。

中间冷却器用机械方法或盐酸溶液清洗的方法进行清理。冷却器管子用酸洗方法进行清理时，将冷却水放出后注入 5% 的盐酸溶液，根据水锈的厚度和硬度使盐酸溶液保持在管内 12 ~ 24h，然后将盐酸溶液放出，并用水清洗管子。用清水清洗前用碳酸钠溶液清洗管子，以清除残留的盐酸溶液。碳酸钠溶液浓度为：10L 水中溶有 0.3 ~ 0.5kg 碳酸钠。当冷却水比较洁净时，汽缸水套必须每年至少清除一次水垢，当冷却水比较脏污时，必须每年至少清洗两次水垢。清理的方法是用 5% 的盐酸溶液酸洗 12 ~ 24h，然后用 5% 的碳酸钠溶液清洗水套。

用盐酸溶液清洗缸套和中间冷却器，需遵循下列预防措施：在缸套或冷却器上应打开的排放气体（氢）的孔口，不许以明火接近；工作人员应戴胶皮手套，以防腐蚀。

酸洗虽能很好地疏松水垢和恢复表面的正常状态，但不应经常实施这种方案，酸洗时应在专业技术人员领导下进行。禁止用浓度大于 10% 的盐酸溶液清洗壁上有疏松水垢的缸套，以免损坏汽缸壁的金属结构。

在酸洗过程中必须经常地检查溶液的酸性和注意酸性的下降，酸性完全稳定时表明酸洗过程已结束。酸性下降到零表明酸量不足。如果清洗不足，则应重复清洗，或在溶液中添加新的清洗液，再使用循环方法进行清洗。

在酸洗结束后，将溶液去除，用水仔细地洗涤设备，并以 1% ~ 2% 的碱溶液（苛性钠或碳酸钠）进行彻底中和清洗。

13.8.7　压气站废油的再生利用

在生产矿山，正常运转的空气压缩机所产生的废油（包括润滑油、冷却油和检修用油等），其数量是很可观的。例如，轴径为 230 ~ 300mm 的滑动轴承，其油池容量为 8kg，每两个月需更换一次油，除摩擦消耗外，每年产生废油约 30kg。油池容量为 110 ~ 120kg 的齿轮传动装置，每年共产生废油约 750kg。7L-100/8 型空气压缩机，每台每年产生的废油约 300kg。收集废油，科学地再生利用废油，既可获得经济效益，又符合节能减排的环保要求。

13.8.7.1　压气站的废油收集

收集起来的废油，要妥加保管，防止二次污染，待积累到一定数量后，统一处理或再生利用。在一般压气站，可根据具体情况，参考表 13-42 中尺寸，自行制作废油箱。

表 13-42　自制废油箱的推荐尺寸

	外形尺寸/mm								质量	备　注
	D	D_0	ϕ	H	H_1	H_2	H_3	L	/kg	
	1200	600	1300	1600	900	200	1200	300	169	所选钢板材质
	1500	800	1600	2000	1000	300	1300	350	385	为 Q235,所需钢
方形废油箱($L \times B \times H$)1000 × 500 × 500									66.5	板厚度为 5 ~8mm

13.8.7.2　废油的再生利用

机械设备运行废油的再生利用,多采用"硫酸 - 白土法"、"溶剂萃取 - 白土精制法"和"有机絮凝法"。这几种方法各有利弊,但工艺流程均较简单,容易实现且效益较好。

A　"硫酸 - 白土法"废油再生工艺

这种方法的工艺流程主要是:闪蒸 - 热处理和减压蒸馏 - 酸洗 - 白土处理(图 13-45)。

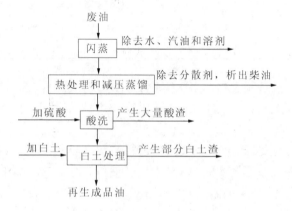

图 13-45　酸土法再生油工艺流程

废油经闪蒸后,除去废水 6% ,析出汽油 2.5% ;再经热处理和减压蒸馏,析出柴油约 8.2% ;再加硫酸(11%)进行酸洗,约产生酸渣 24.9% ;最后加白土(2.8%)进行处理,产生白土渣约 5.6% ,获得成品再生油最多约为 66% 。

这种废油再生工艺产生大量"三废产物"(酸渣、酸气、污水)。如一般机械废油料,每吨要生成150 ~250kg 酸渣,内燃机废油料生成酸渣更多,每吨可达 400 ~600kg。因而,该工艺再生油的成品率较低,油色深,质量差,易氧化变质,经济效益和社会效益较差。

B　"溶剂萃取 - 白土精制法"废油再生工艺

这种废油再生方法采用"无酸再生工艺",与"硫酸 - 白土法"相比,它设备投资较少,再生油成品率较高,油质较好。其主要工艺流程是:减压蒸馏 - 溶剂萃取 - 白土补充精制。这种方法的工艺特点如下:

(1)减压蒸馏时,使加热温度 $T \leqslant 385℃$,采用两段真空度。第一段残压为 4kPa,析出油品的温度 $T_1 \leqslant 470℃$;第二段残压为 1.33 ~2kPa,析出油品的温度 $T_2 \geqslant 470℃$ 。废油蒸馏前后的质量指标见表 13-43。

表 13-43　废油蒸馏前后的主要质量指标对比

项　　目	内 燃 机 油		机　械　油	
	蒸馏前	蒸馏后	蒸馏前	蒸馏后
残炭/%	3.54	0.081	2.83	0.038
戊烷不溶物/%	3.33	0.106	0.107	0.077
苯不溶物/%	2.79	0.08	0.08	0.03
灰分/%	1.41	0.009	0.22	0.005

项　目		内 燃 机 油		机 械 油	
		蒸馏前	蒸馏后	蒸馏前	蒸馏后
酸值/(mgKOH/g)		0.95	0.19	0.28	0.57
皂化值/(mgKOH/g)		10.24	4.60	7.94	4.30
硅胶胶质/%		5.96	2.99	5.06	3.88
水溶酸碱性		中性	中性	中性	中性
色度(号数)		>25	>25	>25	>25
开口闪点/℃		196	190	180	170
凝固点/℃		-6	0	-16	-2
金属含量/(mg/kg)	Cu	51	0.5	4.5	0.5
	Pb	33	0.5	4.5	0.5
	Mg	7	0.5	4.5	1
	Zn	1274	2	268	0.2
	Ca	184	4.3	277	0

（2）溶剂萃取实际是个溶剂精制过程。多次实验证明，A剂是较好的选择性溶剂，它与烃油不溶且易分离，通过抽提和萃取可以有效地析出油中的酸性氧化物。用A剂萃取时，内燃机油的精制回收率可达93.1%，机械油可达94.3%。

（3）白土补充精制时，白土用量为5%~10%，可进行一次性精制工艺，接触温度为150℃左右，时间为15~20min；对于内燃机油精制回收率为89.7%，对于机械油可达91.1%。用白土补充精制获得的油品，其质量显著优于传统的"酸-土工艺"再生油。

C　"有机絮凝法"废油再生工艺

这种工艺方法主要是有针对性地在废油中加入少量有机絮凝剂，使油中杂质在常温下进行"絮凝"并沉析出来，从而实现废油的再生利用。

絮凝剂的种类很多，依据它们的化学组合，主要分为四大类：（1）无机化合物，如氯化铝、磷酸氢二铵、过氯化氢，以及重铬酸钠、过硫酸铵、钠（钾）过硫酸盐等的氯化剂；（2）无机盐的有机复合物，如氯化铝、氯化锌或氯化锰与乙醇、乙醚、丙酮、醋酸酯或硝基苯等任一有机溶剂所形成的复合物；（3）有机酸盐类和烷基醚硫酸钠类等阴离子型表面活性剂，季铵盐等阳离子型表面活性剂；（4）含有氧、氮等元素的烃类有机化合物，如醇类、酸类、酯类、酮类、醚类和胺类等有机耦合剂。絮凝剂的主要成分和技术指标见表13-44。

表13-44　絮凝剂的主要成分和技术指标

絮凝剂名称（种类编号）	主要成分	40℃动力黏度/(MPa·s)	胺值	再生油回收率/%
OCA-1	桐油酸二聚体二乙撑三胺	1000~10000	200±20	90.38
OCA-2	桐油酸二聚体三乙撑四胺	200~1000	400±20	89.20
OCA-3	亚油酸二聚体二乙撑三胺	2000~10000	200±20	86.92
OCA-4	亚油酸二聚体三乙撑四胺	2000~10000	315±15	87.73
OCA-5	豆油酸二聚体乙二胺	软化点100~110℃	≤5	85.25

由于废油的种类很多，各自组成也很复杂，采用絮凝分离法对某种废油进行再生时，必须经过预先试验，根据有关数据和工艺反应状态，选择最有效和最经济的絮凝剂配方，并制定相应的再生工艺方案。在典型的试验操作中，应以10mL/min的速度将絮凝剂溶剂加入200mL的废油中，同时以60r/min的速度不断地混合搅拌，然后将混合液放入转速为4000r/min的离心机内进行分离。经过絮凝和离心分离的废油，在试管中可呈现截然分明的四个部分，即透明清油、黑色油膏、透明水层和棕色沉渣。絮凝分离前后油品的技术指标见

表13-45。

表13-45 絮凝分离前后油品的技术指标

项　　目	内燃机油		重质机械油	
	分离前	分离后	分离前	分离后
100℃运动黏度/(mm^2/s)	5.87	6.14	34.77	20.38
酸值/(mgKOH/g)	0.048	0.071	0.16	2.80
闪点/℃	226	226	236	206
水分/%	0.24	0	4	0
水溶酸碱性	中性	中性	中性	酸性
残炭/%	0.42	0.20	3.83	2.01
灰分/%	0.07	0.006	0.70	0.02

用"有机絮凝法"再生废油,工艺简单,操作安全,而且避免了"硫酸-白土法"再生工艺中的各种弊病;彻底消除了酸渣对环境的严重污染,再生油的产品质量符合国家标准规定的技术指标,经济效益和社会效益均很好。

13.8.8 压气站污染水的净化

正常运行的空气压缩机用水量很大,每台7L-100/8型空气压缩机每小时需要循环冷却水近20m^3,其中被污染水约占5%。所以,净化循环冷却水和被污染水,既利于空气压缩机运行,又可获得很好的经济效益。

13.8.8.1 常用污水过滤装置

矿山企业常用的污水过滤装置如图13-46所示。

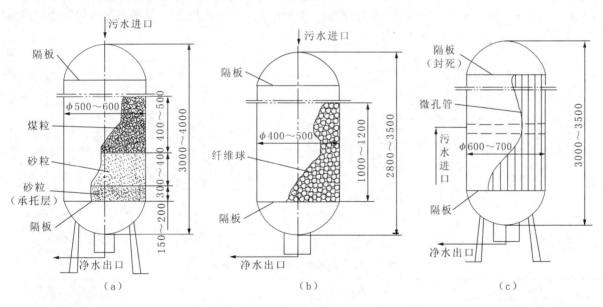

图13-46 污水处理装置结构
(a)砂煤粒过滤器;(b)纤维球过滤器;(c)微孔管过滤器

A 砂煤粒过滤器

这种过滤器的直径为500~600mm,高3000~4000mm,过滤面积为0.19~0.25m^2。一般采用由石英砂与无烟煤组成的双层滤料。无烟煤的粒径为0.8~1.8mm,装填高度为400~500mm。石英砂装填为两段:过滤层高为300~400mm,粒径为0.5~1.2mm;承托层高度为150~200mm,粒径为2~4mm[图13-46(a)]。

砂煤粒过滤器的过滤速度可达15~25m/h,在40~45h内产水量可达800~900m^3/m^2。当清理砂滤器时,采用净水反冲洗,充水量每分钟为 $0.95 \sim 1.0\,\mathrm{m^3/m^2}$;也可采取气水联合反冲洗,充气量每分钟为 $0.4 \sim 0.5\,\mathrm{m^3/m^2}$,充水量每分钟为 $0.3 \sim 0.4\,\mathrm{m^3/m^2}$,时间均为 $10 \sim 12\,\mathrm{min}$。

B 纤维球过滤器

这种过滤器的直径一般为 $400 \sim 500\,\mathrm{mm}$,高 $2800 \sim 3500\,\mathrm{mm}$,过滤面积为 $0.12 \sim 0.20\,\mathrm{m^2}$。采用的滤料是聚酯纤维制成的球粒,材质密度为 $1.35 \sim 1.40\,\mathrm{g/cm^3}$,球粒直径为 $10 \sim 30\,\mathrm{mm}$;滤料层的自然堆积高度为 $1000 \sim 1200\,\mathrm{mm}$[图13-46(b)]。

纤维球过滤器的过滤速度可达 $20 \sim 55\,\mathrm{m/h}$,在 $37 \sim 40\,\mathrm{h}$ 内产水量可达 $850 \sim 1000\,\mathrm{m^3/m^2}$。当清理过滤器时,多采用气水联合反冲洗,充气量每分钟为 $1.0 \sim 1.5\,\mathrm{m^3/m^2}$,充水量每分钟为 $1.5 \sim 2.0\,\mathrm{m^3/m^2}$;时间均为 $15 \sim 18\,\mathrm{min}$。

C 微孔管过滤器

这种过滤器的直径为 $600 \sim 700\,\mathrm{mm}$,高 $3000 \sim 3500\,\mathrm{mm}$,过滤面积为 $0.35 \sim 0.50\,\mathrm{m^2}$。它由一个密闭的筒体装入若干根微孔管组成。微孔管由颗粒状聚乙烯经高温烧结成型,用特殊的加工方法使管壁上布满一定规格的能够透气透水的微孔;微孔管的孔径为 $40 \sim 50\,\mu\mathrm{m}$,一端封闭一端开口。污水经管道由筒体腰部的圆周环管充入筒内,在一定压力下从微孔管外围经微孔过滤进入管内由开口端流出;被滤除的悬浮物积留在管壁外的圆筒空间内,定期由底部阀门排除[图13-46(c)]。

微孔管过滤器的过滤速度可达 $12 \sim 20\,\mathrm{m/h}$,在 $35 \sim 40\,\mathrm{h}$ 内产水量可达 $700 \sim 800\,\mathrm{m^3/m^2}$。当清洗过滤器时可以采用充气冲洗法(压缩空气由管内向管外吹洗);为了保证吹洗管壁微孔的再生质量,往往伴以化学溶液清洗,即用浓度为 $3\% \sim 5\%$ 的稀盐酸浸泡,使污物生成溶于水的盐类排除,这样效果更好。

13.8.8.2 几种污水过滤器的性能比较

不同的过滤器所适应的污水种类和排量也不同。在选型时首先要根据污水排量确定合理的产水量,要求过滤器有足够的过滤面积和过滤速度,同时应考虑过滤器对不同污水的适应性和运行参数变化规律有何特点。对于砂滤器、纤维球过滤器和微孔管过滤器已进行大量的工业实验,有关性能及运行参数变化规律见图13-47、图13-48及表13-46、表13-47。

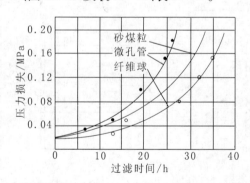
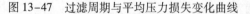
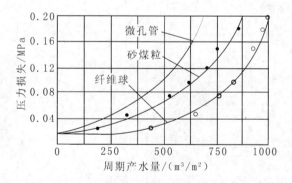

图 13-47 过滤周期与平均压力损失变化曲线   图 13-48 过滤器产水量与压力损失的关系

表 13-46 过滤器工业实验技术参数

项　目	砂煤粒过滤器	纤维球过滤器	微孔管过滤器
过滤速度/(m/h)	18 ~ 30	30 ~ 65	12 ~ 25
标定过滤周期/h	40 ~ 45	37 ~ 40	35 ~ 40
起始水头损失/MPa	0.018 ~ 0.020	0.019 ~ 0.020	0.015 ~ 0.020
终止水头损失/MPa	0.15 ~ 0.18	0.18 ~ 0.20	0.16 ~ 0.20
平均进水浊度/NTU	25.5	20.5	24.1
平均出水浊度/NTU	2.85	3.14	2.15S
平均去除率/%	84.7	81.3	92.5
周期平均产水量/(m³/m²)	850 ~ 900	850 ~ 1000	700 ~ 800

表 13-47 过滤器对不同污染物的去除率

项 目		原水浓度/(mg/L)	出水浓度/(mg/L)	去除率/%
砂煤粒过滤器	SS	31.42	6.88	75.94
	COD	27.59	16.21	46.63
	油垢	3.78	2.42	36.23
纤维球过滤器	SS	33.31	6.73	73.14
	COD	61.67	35.57	40.95
	油垢	1.96	1.28	39.58
微孔管过滤器	SS	32.3	4.68	83.59
	COD	28.1	13.2	51.61
	油垢	2.56	1.13	53.85

13.8.9 压气站的节电技术措施

矿山大中型压气站都设有独立的专用变压器,其容量确定主要依据所安装空气压缩机的统计负荷。但是,由于矿山生产中所用气动设备的负荷经常变化,所以压气站的总负荷具有很大的波动性。根据这种情况,通常按预计高峰负荷选择变压器,往往使变压器的容量匹配偏大,给全矿电力系统的运行带来不利影响。

13.8.9.1 合理选择变压器

实践证明,变压器的合理容量是:既满足压气站负荷变化的需要,又能使变压器长时间地经济运行。同时,要尽量选用节能型变压器新产品。

目前我国生产的容量为 1000 kV·A 以下的变压器,生产厂设计的经济运行负荷系数为 40% ~ 60%;即处于半载(或略大)运行时最经济。处于 1/3 额定容量以下的轻载(或空载)状态时经济性最差。在确定所选变压器的容量时,应该设法使变压器长时间处于经济运行状态,尽量缩短非经济运行时间,这是一种降低变压器运行损耗的科学有效的方法。

采用非晶合金铁芯的电力变压器,是当前运行损耗最少的节能型变压器。据测定,其空载损耗可比同容量的 S9 系列电力变压器下降 65% ~ 70%,比 S7 系列电力变压器降低 70% ~ 75%。虽然变压器价格高出 40% 左右,但在 5 ~ 6 年内,节约的电费即可抵偿变压器的差价。所以,有条件的地方应优先考虑选用非晶合金铁芯电力变压器。

没有条件更换变压器的矿山企业,可对在用的高耗能变压器进行技术改造,达到降耗目的;其主要方法如下:

(1)检查现役变压器的容重,合理地更换变压器铁芯,将热轧硅钢片更换为晶粒取向硅钢片,以降低变压器运行的铁芯损耗。

(2)降低变压器线圈的每匝电势,增加铁芯承载磁通的有效面积,降低铁芯的磁通密度,以降低磁滞损耗。

(3)改变线圈结构,更换为低压箔式线圈或高压多层筒式线圈,并改进线圈绕制工艺,以降低变压器负载损耗。

13.8.9.2 采用无功补偿装置降低配电系统损耗

A 补偿方式的选择

无功补偿通常是在电路中并联电容器,产生容性无功功率,减少电源端无功出力的占用比例,从而减少无功电流长途传送时在电阻上造成的电能损耗。

(1)集中补偿方式:将电容器组集中安装在变电所的一次或二次侧的母线上。此方法安装简便,运行可靠,利用率较高。但当电气设备不连续运行或轻负荷时,应安装自动控制装置,自动切除电容器组,否则会造成过补偿,使运行电压升高,电压质量变坏。当电容器组安装在变压器的一侧时,可使线路损耗降低,一次母线电压升高,但对变压器没有补偿作用;而且由于一次侧的电压等级较高,器件安装费用也较高。因此,尽量将电容器组安装在变压器的二次侧。

（2）个别补偿方式：将电容器直接接到单台用电设备（如空气压缩机的电机）的同一个电气回路，用同一台开关控制，同时投运或断开。此方法效果较好，其电容器靠近用电设备，就地平衡无功电流，可避免无负荷时的过补偿，使电压质量得到保证。个别补偿一般常用于容量较大的高、低压电动机等设备，但这种方法在用电设备非连续运转时，电容器利用率低，不能充分发挥其补偿效益。

B　补偿容量的确定

对于动力类负荷，特别是异步电动机的大量使用，配电变压器的功率因数很低，一般大约在 0.75 左右。假设配电变压器的容量为 S，补偿前有功功率、无功功率和功率因数分别为 P_1、Q_1 和 φ_1，补偿后有功功率、无功功率和功率因数分别为 P_2、Q_2 和 φ_2，需补偿的容量为 Q_b，若在满负荷状态下功率因数提高到 0.90（对于 10kV 的配电线路，电力部门要求功率因数需达到 0.90 以上），所需的补偿容量 Q_b 计算如下：

$$Q_b = Q_1 - Q_2 = S\sin\varphi_1 - S\sin\varphi_2 = 0.225S \tag{13-47}$$

补偿容量百分比为：

$$\eta = Q_b/s \times 100\% = 22.5\%$$

由电网的运行检验可知，补偿容量一般为变压器额定容量的 20%～30% 比较合适。

13.8.9.3　采用变频调速装置进行节能

电动机在我国矿山的实际应用中，机组效率仅为 75%～80%；它有很大的节能潜力，推行电动机节能措施势在必行。电动机的节能措施很多，而变频调速装置顺应了工业生产自动化发展的要求，开创了一个节能降耗的新时代，是目前电动机节能运行的首选。

变频调速系统是集自动控制、电力电子等技术于一体的高科技装置。采用变频驱动的电动机系统与传统调速设施相比，可节能 20%～25%，而且调控方便，维护简便。用户实践证明，100kW（380V）电动机的变频调速系统的初期投资，只需 11 个月即可收回。可见，这是一种节约电能和提高经济效益的较好的办法，值得推广。

空气压缩机是为各种气动设备提供动力的设备，由于气动设备效率低、能耗多，因此，如何管好、用好、修好空气压缩机，合理铺设管道，选择管径及其附件，以减小压气量和气压损失，提高空气压缩机和气动设备的效率，最大限度地减少气动设备的使用范围，是空气压缩机达到安全经济运行的重要途径。

为了实现空气压缩机安全经济运行，必须做到：一更新（及时更新效率低的老旧型空气压缩机）、三无（无漏水、无漏气、无漏油）、三合理（管道布局合理、管径及附件选择合理、用气合理）、三齐全（安全保护装置齐全、润滑保护装置齐全、管道附件装置齐全）、四及时（检修及时、堵塞漏气及时、调整负荷及时、随生产情况的变化调整管道及时）。

参 考 文 献

[1] 王荣祥,任效乾.矿山工程设备技术[M].北京:冶金工业出版社,2007.

[2] 王荣祥,任效乾.矿山机电设备运用管理[M].北京:冶金工业出版社,2000.

[3] 王运敏.中国采矿设备手册[M].北京:科学出版社,2007.

[4] 王荣祥,任效乾.露天采掘设备调试[M].北京:冶金工业出版社,1999.

[5] 采矿设计手册编写组.采矿设计手册矿山机械卷[M].北京:中国建筑工业出版社,1989.

[6] 王荣祥,钟良俊.露天矿设备选型配套计算[M].北京:冶金工业出版社,1998.

[7] 采矿手册编写组.采矿手册第5卷[M].北京:冶金工业出版社,1989.

[8] 采矿手册编写组.采矿手册第6卷[M].北京:冶金工业出版社,1989.

[9] 王荣祥,任效乾.施工设备故障分析及其排除[M].北京:冶金工业出版社,1999.

[10] 王荣祥,任效乾.流体输送设备[M].北京:冶金工业出版社,2002.

[11] 王荣祥,任效乾.设备系统技术[M].北京:冶金工业出版社,2004.

[12] 焦玉书.金属矿山露天开采[M].北京:冶金工业出版社,1995.

[13] 何正忠.装载机[M].北京:冶金工业出版社,1999.

[14] 王荣祥,任效乾.我国矿用挖掘机的发展趋势[J].矿业装备,2009(6).

14 矿山防排水

14.1 涌水量计算

14.1.1 巷道涌水量计算

不同水文地质条件下的巷道(隧道),其计算方法及计算式见表14-1和表14-2,相关参数选取见表14-3~表14-5。

表14-1 巷道(隧道)涌水量计算

层流运动条件下的水流状态		涌水量计算式	符号说明
潜水完整水平集水渠	两面进水	$Q = \dfrac{K(H^2 - h^2)}{R}$	Q—每米巷道涌水量,m³/d; K—渗透系数,m/d,见表14-3和表14-4; L,R—巷道中心距补给区的距离及影响半径,m,见表14-2和表14-5; i—含水层底的坡度; H—含水层的厚度,m; H_1—巷道底距稳定水面距离,m; H_0—落程,m; h_i—影响带边缘处含水层的厚度,m; h—巷道中水深,m; q_r—巷道底部参考涌水量,L/(s·m),可采用0.25~0.48; L—影响范围内倾斜距离,m
	单面进水	$Q = \dfrac{K(H^2 - h^2)}{2L}$	
承压水完整渠	两面进水	$Q = \dfrac{K(2H - M)M - h^2}{R}$	
潜水 单面进水	层底正坡	$Q = \dfrac{K(h_1^2 - h^2)}{2L} + \dfrac{Ki(h_1 + h)}{2}$	
	层底负坡		
潜水不完整集水渠两面进水		$Q = K\left(\dfrac{H_1^2 - h^2}{R} + 2H_0 q_r \right)$ 当 $H_0 \to H_1$, $h \to 0$ 时, $Q = KH_1 \left(\dfrac{H_1}{R} + 2q_r \right)$	

表14-2 水力影响半径 R 计算

公式名称	计算式	符号及其他说明
库萨金	$R = 575S\sqrt{HK}$	R—影响半径,m; S—水位降低值,m; K—渗透系数,m/s; H—含水层厚度,m; t—抽水时间,s; Q—涌水量,m³/d; M—给水度,一般采用以下数值: 砾石 0.30~0.35 细砂 0.15~0.20 粗砂 0.25~0.30 粉砂 0.10~0.15 中砂 0.20~0.25
集哈尔德特	$R = 3000S\sqrt{K}$	
库萨金	$R = 47\sqrt{\dfrac{6KHt}{M}}$	
科普	$R = \sqrt{\dfrac{12}{M}} \sqrt[4]{\dfrac{QK}{\pi}}$	
舒尔采	$R = 60\sqrt{\dfrac{6KHt}{M}}$	
特罗扬斯基	$R = \dfrac{1.5Q}{HKI}$	

表14-3 渗透系数 K 经验值

含水层的岩性	平均渗透系数/(m/d)	影响半径/m
岩石类型裂隙多的地层	>60	>500
碎石卵石类地层,纯净的没有其他细颗粒	>60	200~600
岩石类稍有裂缝地层	20~60	150~250

含水层的岩性	平均渗透系数/(m/d)	影响半径/m
碎石卵石类地层含有大量的细颗粒混合物	20~60	100~200
不均匀的粗粒、中粒、混粒和细粒砂	5~20	80~150

表 14-4　渗透系数 K 经验值计算

公式名称	计算式	
捷尔盖	$K = 3.76d_M^2$	K—渗透系数,m/d; d_M—平均粒径,mm; d_H—有效直径,占总试样 10% 的颗粒直径,mm;
卡金	$K = 11.56Cd_H^2$	C—经验系数;纯净均质砂 $C=1200$;均质致密中砂 $C=800$,不均质砂、致密砂 $C=400$

表 14-5　单位涌水量及水位降低与影响半径 R

单位涌水量/[L/(s·m)]	≥2	2~1	1~0.5	0.5~0.33	0.33~0.2	<0.2
单位水位降低/[L/(s·m)]	≤0.5	0.5~1	1~2	2~3	3~5	>5
影响半径/m	500~300	300~100	100~50	50~25	25~10	<10

14.1.2　竖井涌水量计算

14.1.2.1　地下水动力学计算法

矿山竖井附近无隔水或供水边界时,单个竖井涌水量的计算方法及计算公式见表 14-6;若竖井附近存在各种隔水或供水边界时,计算方法及计算公式见表 14-7。

表 14-6　竖井无隔水或供水边界时涌水量计算

应用条件		图示	计算公式	符号说明
无压井	完整		$Q = \dfrac{\pi K(2H-s)s}{\ln R - \ln r}$	Q—竖井涌水量,m³/d; K—渗透系数,m/d,见表 14-3 和表 14-4; H—潜水含水层厚度;承压含水层为从含水层底板算起的水头值,m;
	非完整		$Q = \dfrac{\pi K(2H-s)s}{\ln R - \ln r}$ $\times \sqrt{\dfrac{1+0.5r}{h}}\sqrt[4]{\dfrac{2h-1}{h}}$	s—水位降低值,m; R—影响半径,m; r—竖井半径,m; h—由含水层底板算起的井筒中水位高度,m
承压转无压井	完整		$Q = \dfrac{\pi K[(2H-M)M-b^2]}{\ln R - \ln r}$	R—影响半径,m,见表 14-2 和表 14-5; r—竖井半径,m; l—竖井井壁进水高度,m; M—承压含水层厚度,m
	非完整		$Q = \dfrac{\pi K[(2H-M)M-b^2]}{\ln R - \ln r}$ $\times \sqrt{\dfrac{l+0.5r}{M}}\sqrt[4]{\dfrac{2h-l}{M}}$	

表 14-7 竖井有隔水或供水边界时涌水量计算

边界图示	井的类型	计算公式	符号说明
隔水边界	无压井	$Q = \dfrac{\pi K(2H - s)s}{\ln \dfrac{R^2}{2ar}}$	Q—竖井涌水量,$\mathrm{m^3/d}$; K—渗透系数,$\mathrm{m/d}$,见表 14-3 和表 14-4; H—潜水含水层厚度,承压含水层为由含水层底板算起的水头值,m;
	承压井	$Q = \dfrac{2\pi KMs}{\ln \dfrac{R^2}{2ar}}$	
	承压转无压井	$Q = \dfrac{\pi K[(2H - M)M - b^2]}{\ln \dfrac{R^2}{2ar}}$	
供水边界	无压井	$Q = \dfrac{\pi K(2H - s)s}{\ln \dfrac{2a}{r}}$	s—水位降低值,m; R—影响半径,m,见表 14-2 和表 14-5; r—竖井井筒半径,m; a,b,σ—分别为竖井中心到隔水或供水边界距离,m;
	承压井	$Q = \dfrac{2\pi KMs}{\ln \dfrac{2a}{r}}$	
	承压转无压井	$Q = \dfrac{\pi K[(2H - M)M - b^2]}{\ln \dfrac{2a}{r}}$	
	无压井	$Q = \dfrac{\pi K(2H - s)s}{\ln \dfrac{[R^2 + 4b(\sqrt{R^2 - a^2} + b)]R^2}{8ab\sqrt{a^2 + b^2}\, r}}$	M—承压含水层厚度,m; h—由含水层底板算起的井筒中水位高度,m; X_0—竖井中心至两相交隔水边界交点的距离,m;表中所列的公式均为完整井涌水量计算式,不完整井的涌水量计算为:$Q_{Hec} = Q\beta$;
	承压井	$Q = \dfrac{2\pi Ks}{\ln \dfrac{[R^2 + 4b(\sqrt{R^2 - a^2} + b)]R^2}{8ab\sqrt{a^2 + b^2}\, r}}$	Q_{Hec}—不完整井的涌水量,$\mathrm{m^3/d}$; Q—完整井的涌水量,$\mathrm{m^3/d}$; β—不完整系数
	承压转无压井	$Q = \dfrac{\pi K[(2H - M)M - b^2]}{\ln \dfrac{[R^2 + 4b(\sqrt{R^2 - a^2} + b)]R^2}{8ab\sqrt{a^2 + b^2}\, r}}$	
	无压井	$Q = \dfrac{\pi K(2H - s)s}{\ln \dfrac{2b\sqrt{a^2 + b^2}}{ar}}$	无压井: $\beta = \dfrac{l}{H}\left[l - 7\left(\ln\dfrac{l}{H}\right)\sqrt{\dfrac{r}{H}}\right]$
	承压井	$Q = \dfrac{2\pi KMs}{\ln \dfrac{2b\sqrt{a^2 + b^2}}{ar}}$	承压井或承压转无压井: $\beta = \dfrac{l}{M}\left[l - 7\left(\ln\dfrac{l}{M}\right)\sqrt{\dfrac{r}{H}}\right]$
	承压转无压井	$Q = \dfrac{\pi K[(2H - M)M - b^2]}{\ln \dfrac{2b\sqrt{a^2 + b^2}}{ar}}$	l—竖井井壁进水高度,m
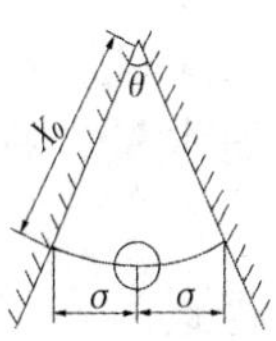	无压井	$Q = \dfrac{\pi K(2H - s)s}{\dfrac{\pi X_0}{\sigma}\ln\dfrac{R}{X_0} + \ln\dfrac{\sigma}{\pi r}}$	
	承压井	$Q = \dfrac{2\pi KMs}{\dfrac{\pi X_0}{\sigma}\ln\dfrac{R}{X_0} + \ln\dfrac{\sigma}{\pi r}}$	
	承压转无压井	$Q = \dfrac{\pi K[(2H - M)M - b^2]}{\dfrac{\pi X_0}{\sigma}\ln\dfrac{R}{X_0} + \ln\dfrac{\sigma}{\pi r}}$	应用条件: $R \geqslant (4 \sim 5)X_0$; $\dfrac{360°}{\theta} = n$,n 必须为整数; θ—两隔水边界交角
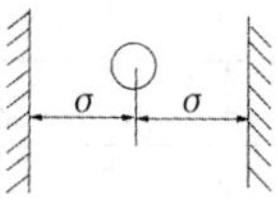	无压井	$Q = \dfrac{\pi K(2H - s)s}{\ln\dfrac{\sigma}{\pi r} + \dfrac{\pi R}{2\sigma}}$	
	承压井	$Q = \dfrac{2\pi KMs}{\ln\dfrac{\sigma}{\pi r} + \dfrac{\pi R}{2\sigma}}$	
	承压转无压井	$Q = \dfrac{\pi K[(2H - M)M - b^2]}{\ln\dfrac{\sigma}{\pi r} + \dfrac{\pi R}{2\sigma}}$	

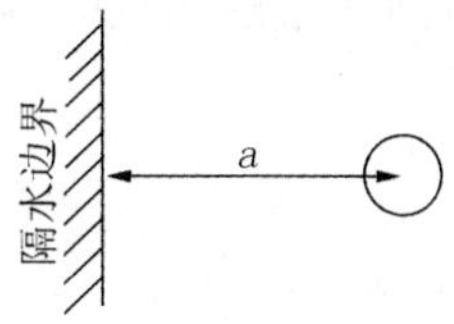

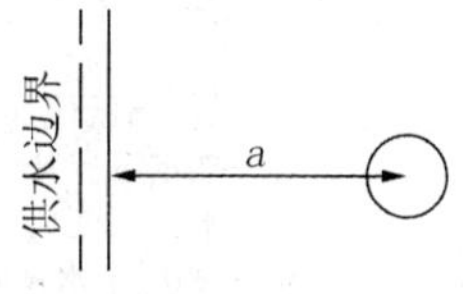

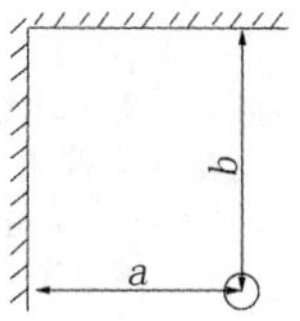

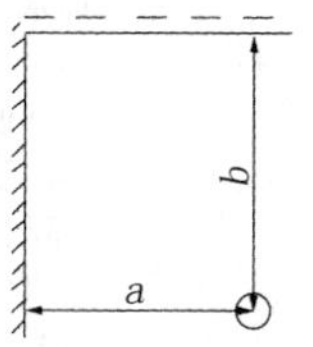

14.1.2.2　经验公式计算法

矿山的竖井位置有钻孔抽水试验资料,可用经验公式计算竖井的涌水量。

利用钻孔三次水位降深的抽水试验资料,推算降深等于竖井设计水位降深时的抽水孔涌水量 Q_i。其步骤如下:

（1）根据抽水试验资料,作涌水量曲线 $Q = f(s)$，见表14-8。

表14-8　竖井涌水量经验公式计算

涌水量方程式	涌水量曲线	改变后的涌水量方程式	改变后的涌水量曲线	计算公式	符号说明
$Q = Q_n \dfrac{(2H-s)s}{(2H-s_n)s_n}$ (1)	图1			$Q_i = Q_n \dfrac{(2H-s_i)s_i}{(2H-s_n)s_n}$ (6)	Q—涌水量,m^3/d; H—潜水含水层厚度,m; s—水位降低值,m; s_0—抽水试验中最大水位降低值,m; Q_n—相应于水位降低 s_n 时的抽水孔涌水量,m^3/d; q—抽水孔的单位涌水量,$m^3/(d \cdot m)$; a,b,q_0,m—决定于抽水试验的经验系数; s_0—单位水位降低值,m/m^3; s_i—相应于竖井的设计水位降低值,m; Q_i—相应于水位降低 s_i 时的抽水孔涌水量,m^3/d; s_1,s_2—抽水试验中第一、第二次水位降低值,m; Q_1,Q_2—相应于水位降低 $s_1 \setminus s_2$ 时的抽水孔涌水量,m^3/d
$Q = qs$ (2)	图2			$Q_i = qs_i$ (7)	
$s = sQ + bQ^2$ (3)	图3	方程两边除 Q $S_0 = a + bQ$ $s_0 = \dfrac{s}{Q}$	$s_0 = f(Q)$	$Q_i = \dfrac{\sqrt{a^2+4bs_i}-a}{2b}$ (8) $a = \dfrac{s_i Q_2^2 - s_2 Q_1^2}{Q_1 Q_2^2 - Q_2 Q_1^2}$ $b = \dfrac{s_1 Q_2 - s_2 Q_1}{Q_2^2 Q_1}$	
$Q = q_0 \sqrt[m]{s}$ (4)	图4	方程两边取对数 $\lg Q = \lg q_0 + \dfrac{1}{m}\lg s$	$\lg Q = f(\lg s)$	$Q_i = q_0 \sqrt[m]{s_i}$ (9) $m = \dfrac{\lg s_2 - \lg s_1}{\lg Q_2 - \lg Q_1}$ $\lg q_0 = \lg Q_1 - \dfrac{\lg s_i}{m}$	
$Q = a + b\lg s$ (5)	图5	仍用原式 $Q = a + b\lg s$	$Q = f(\lg s)$	$Q_i = a + b\lg s_i$ (10) $a = Q_i - b\lg s_i$ $b = \dfrac{Q_2 - Q_1}{\lg s_2 - \lg s_1}$	

（2）根据 $Q = f(s)$ 曲线形态,找出相应的涌水量方程式。

1）无压孔,地下水为层流运动时,$Q = f(s)$ 为向上凸的曲线,见表14-8中图1,其涌水量方程式为式（1）,可用计算公式（6）近似的计算 Q_i 值。

2）承压孔,地下水为层流运动时,$Q = f(s)$ 为一直线,见表14-8中图2,其涌水量方程式为式（2）,用公式（2）计算 Q_i 值。当孔内水位降深较大,在孔附近出现紊流运动时,$Q = f(s)$ 均为向上凸的曲线,见表14-8中图3、图4、图5。此时,涌水量方程式属于表中式（3）、式（4）、式（5）三种类型中的一种。为了判断 $Q = f(s)$ 曲线的方程式类型,可将抽水试验资料列于表14-9,并作改变坐标后的涌水量曲线。

表14-9　抽水试验资料

抽水次数	s	Q	$s_0 = \dfrac{s}{Q}$	$\lg s$	$\lg Q$
第一次	s_1	Q_1	s_{01}	$\lg s_1$	$\lg Q_1$
第二次	s_2	Q_2	s_{02}	$\lg s_2$	$\lg Q_2$
第三次	s_3	Q_3	s_{03}	$\lg s_3$	$\lg Q_3$

3）若 $s_0 = f(Q)$ 是直线,则涌水量方程式为表 14-8 中式(3)。

4）若 $\lg Q = f(\lg s)$ 是直线,则涌水量方程式为表 14-8 中式(4)。

5）若 $Q = f(\lg s)$ 是直线,则涌水量方程式为表 14-8 中式(5)。

（3）找出（确定）涌水量曲线方程式后,按表 14-8 中相应的计算式(8)、式(9)、式(10)求算涌水量 Q_i。

根据上述经验公式推算所得到的钻孔涌水量 Q_i,通过下面的方法可换算为无限平面上单个竖井的涌水量,其求法如下:

推算的钻孔涌水量 Q_i:

$$Q_i = \frac{2\pi KMS_i}{\ln R_i - \ln r_i} \tag{14-1}$$

相应的竖井涌水量 Q:

$$Q = \frac{2\pi KMS_i}{\ln R - \ln r} \tag{14-2}$$

上述两式右边分子相等,消去后即得竖井涌水量推算公式:

$$Q = Q_i \frac{\ln R_i - \ln r_i}{\ln R - \ln r} \tag{14-3}$$

式中　Q_i——水位降低与竖井相同时,抽水孔涌水量,m^3/d;

　　　R——竖井影响半径,m;

　　　R_i——水位降低与竖井相同时,抽水孔的影响半径,m;

　　　r——竖井半径,m;

　　　r_i——抽水孔半径,m。

其他有边界条件的竖井涌水量计算,可选择表 14-7 中公式,根据上面的方法进行推导。

14.1.3　斜井涌水量计算

斜井介于垂直竖井和水平巷道之间,影响涌水量计算的因素较多。一般情况下,当斜井角度大于 45°时按竖井计算,小于 45°时按水平巷道计算。但含水层厚度应取其厚度的平均值。坑道长度应取斜井长度的水平投影,按式(14-4)计算:

$$L = L'\cos\alpha \tag{14-4}$$

式中　L'——斜井长度,m;

　　　α——斜井角度,(°)。

14.1.4　矿山涌水量计算

14.1.4.1　涌水量基本参数的确定

A　静止水位

计算正常涌水量的静止水位,取矿区开采范围内所有钻孔静止水位的算术平均值;而计算最大涌水量的静止水位,应取矿区开采范围内地下水长期观测资料中的最高静止水位。

B　渗透系数

a　垂直方向上为单一含水层

当渗透系数在矿区范围内变化不大时,建议采用各钻孔试验点的算术平均值。对于岩溶或裂隙含水层,各试验点的渗透系数往往相差十分悬殊,这时,建议采用抽水量大、降深大、影响范围广的抽水孔资料;而抽水量大、降深很小时,建议采用各试验点的平均渗透系数计算正常涌水量,以试验点中的最大渗透系数计算最大涌水量。

b　垂直方向上有两个以上含水层

当含水层水力性质（潜水或承压水）不同时,应用两个含水层的渗透系数分别计算涌水量。当含水层水

力性质相同时,可以统一计算涌水量,但渗透系数应取其厚度的加权平均值,按式(14-5)计算:

$$K = \frac{K_1 m_1 + K_2 m_2 + \cdots + K_n m_n}{m_1 + m_2 + \cdots + m_n} \tag{14-5}$$

式中　$K_1, K_2, \cdots, K_n$——分别为各含水层的渗透系数,m/d;

　　　$m_1, m_2, \cdots, m_n$——分别为各含水层的厚度,m。

对于水文地质条件简单的小型地下矿或中小型露天矿,在缺少抽水试验资料情况下,为了估算涌水量,可采用经验计算值,见表14-10。

表14-10　渗透系数经验值

岩层种类	岩层颗粒		渗透系数 $K/(\mathrm{m/d})$
	粒径/mm	所占比重/%	
粉砂	0.05~0.1	<70	1~5
细砂	0.1~0.25	>70	5~10
中砂	0.25~0.5	>50	10~25
粗砂	0.5~1.0	>50	25~50
极粗的砂	1.0~2.0	>50	50~100
砾石夹砂	2.0~5.0	>50	75~150
带粗砂的砾石	2.0~10.0	>50	100~200
清洁的砾石	10.0~20.0	>50	>200

注:1. 含水层含泥量多时取小值;2. 含水层颗粒不均匀系数大于2~3时取小值;3. 表中的数值为实验室中理想条件下获得的,有时与实际出入较大。

C　引用半径

按阶段平面图上坑道系统所占范围加以圈定,并使其等于一假象圆面积,此圆的半径即为引用半径,也称“大井”半径。不同几何形态坑道系统引用半径的计算公式见表14-11。

表14-11　不同几何形态坑道系统引用半径的计算公式

阶段坑道系统形态	图　示	计算公式	符号说明
不规则圆形长宽之比大于2~3		$r_0 = \sqrt{\dfrac{F}{\pi}}$	r_0—引用半径,m; F—阶段坑道系统面积,m^2; P—阶段坑道系统周长,m; a—坑道系统长度,m; b—坑道系统宽度,m; η—与 $\dfrac{b}{a}$ 比值有关的系数如下:
不规则多边形长宽之比大于2~3		$r_0 = \dfrac{P}{2\pi}$	
方　形		$r_0 = 0.59a$	
矩　形		$r_0 = \eta\dfrac{a+b}{4}$	

符号说明栏内下部表格:

$\dfrac{b}{a}$	0	0.2	0.4	0.6	0.8	1.0
η	1.00	1.12	1.14	1.16	1.18	1.18

D　影响半径

确定影响半径 R 的公式很多,常用近似计算公式如下:

无压含水层:

$$R = 2s\sqrt{KH} \tag{14-6}$$

承压含水层:

$$R = 10s\sqrt{K} \tag{14-7}$$

式中 R——影响半径，m；

    s——水位降低值，m；

    K——渗透系数，m/d；

    H——潜水含水层厚度，m。

当设计的矿山进行了大降深群孔抽水或坑道放水试验时，影响半径可利用观测孔网实测资料为基础的图解法进行确定。

E 引用影响半径

在矿坑系统涌水量计算中，计算公式中的半径应该引用影响半径 R_0，如图 14-1 所示。计算式为：

$$R_0 = R + r_0 \tag{14-8}$$

式中 R——影响半径，m；

    r_0——引用半径，m。

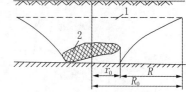

图 14-1 引用影响半径

1—地下水静止水位； 2—矿体

14.1.4.2 矿井系统涌水量计算

矿井系统涌水量一般是指流入矿井的总水量，还包括大气降水渗入量。

A 动流量计算

a 水文地质比拟法

这种方法是将类似水文地质条件的生产矿山地下水涌水量的实际资料，用来推求扩建或改建矿山涌水量的方法。对相似水文地质条件的生产矿山应作矿山地质、水文地质条件，坑道涌水特征，坑道涌水量与水位降深，开采面积的关系等方面的调查。

一般常用的比拟法计算式见表 14-12。

表 14-12 比拟法计算公式

适用条件	计算式	符号说明
当涌水量与水位降低、开采面积成正比时	$Q = Q_1 \dfrac{sF}{s_1 F_1}$	Q—设计矿井某阶段涌水量，m³/d； Q_1—相似矿井某阶段涌水量，m³/d； s—设计矿井水位降低值，m； s_1—相似矿井水位降低值，m； F—设计矿井某阶段开采面积，m²； F_1—相似矿井某阶段已开采面积，m²
当涌水量与水位降低平方成正比，与开采面积成正比时	$Q = Q_1 \dfrac{F}{F_1} \sqrt{\dfrac{s}{s_1}}$	
当涌水量与水位降低成正比，与开采面积平方根成正比时	$Q = Q_1 \dfrac{s}{s_1} \sqrt{\dfrac{F}{F_1}}$	
当涌水量与水位降低、开采面积平方根成正比时	$Q = Q_1 \sqrt{\dfrac{sF}{s_1 F_1}}$	
当涌水量与水位降低平方根成正比，而与开采面积的增加影响较小时	$Q = Q_1 \sqrt{\dfrac{s}{s_1}} \sqrt{\dfrac{F}{F_1}}$	

b 地下水动力学法

（1）"大井"法。将矿井复杂的进水形态近似地看成一个"大井"，用一般钻孔涌水量的计算公式来计算阶段涌水量，这种方法叫"大井"法。这种方法适用于坑道系数的长度与宽度之比小于 10 的矿区。无边界条件的"大井"法计算公式见表 14-13。

表 14-13 无边界条件的"大井"法计算公式

井的类型	计算公式	符号说明
无压完整井	$Q = \dfrac{\pi K(2H - s)s}{\ln R_0 - \ln r_0}$	Q—阶段涌水量，m³/d； K—渗透系数，m/d； H—潜水含水层厚度，承压含水层为由含水层底板算起的水头值，m； s—水位降低值，m； R_0—引用影响半径，m； r_0—引用半径，m； M—承压含水层厚度，m； h—由含水层底板算起的动水位高度，m
承压完整井	$Q = \dfrac{2\pi KMs}{\ln R_0 - \ln r_0}$	
承压转无压完整井	$Q = \dfrac{\pi K\left[(2h - M)M - b^2\right]}{\ln R_0 - \ln r_0}$	

当"大井"附近存在隔水或供水边界时，应选用表 14-14 中相应公式。

表14-14　有边界条件的"大井"法计算公式

边界图示	井的类型	计算公式	符号说明
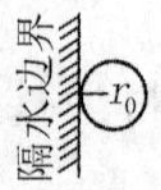	无压井	$Q = \dfrac{\pi K(2H-s)s}{2\ln\dfrac{R_0}{r_0}}$　(1)	
	承压井	$Q = \dfrac{\pi KMs}{\ln\dfrac{R_0}{r_0}}$　(2)	
	承压转无压井	$Q = \dfrac{\pi K[(2H-M)M-h^2]}{2\ln\dfrac{R_0}{r_0}}$　(3)	
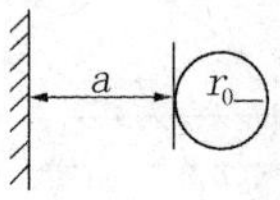	无压井	$Q = \dfrac{\pi K(2H-s)s}{\ln\dfrac{R_0^2}{(2a+r_0)r_0}}$　(4)	
	承压井	$Q = \dfrac{2\pi KMs}{\ln\dfrac{R_0^2}{(2a+r_0)r_0}}$　(5)	
	承压转无压井	$Q = \dfrac{\pi K[(2H-M)M-b^2]}{\ln\dfrac{R_0^2}{(2a+r_0)r_0}}$　(6)	
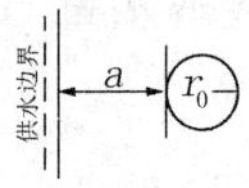	无压井	$Q = \dfrac{2\pi(2H-s)s}{\ln\dfrac{2a+r_0}{r_0}}$　(7)	Q—阶段涌水量，$\mathrm{m^3/d}$； K—渗透系数，$\mathrm{m/d}$； H—潜水含水层厚度，承压含水层为由含水层底板算起的水头值，m； s—水位降低值，m； R_0—引用影响半径，m； r_0—引用半径，m；
	承压井	$Q = 2\,\dfrac{2\pi KMs}{\ln\dfrac{2a+r_0}{r_0}}$　(8)	
	承压转无压井	$Q = \dfrac{\pi K[(2H-M)M-h^2]}{\ln\dfrac{2a+r_0}{r_0}}$　(9)	
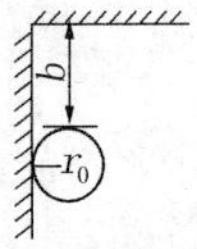	无压井	$Q = \dfrac{\pi K(2H-s)s}{\ln\dfrac{\alpha_1 R_0^2}{\beta_1 r_0^2}}$　(10)	M—承压含水层厚度，m； h—由含水层底板算起的动水位高度，m； a,b—分别为"大井"边缘到隔水或供水边界的距离，m； θ—两隔水边界的交角，$(°)$； X_0—"大井"边缘到两相交隔水边界交点的距离，m； X'_0—"大井"中心到两相交隔水边界交点的距离，m； $X'_0,X_0,r_0,\sigma,\sigma',\sigma''$—距离，$\mathrm{m}$，见图示
	承压井	$Q = \dfrac{2\pi KMs}{\ln\dfrac{\alpha_1 R_0^2}{\beta_1 r_0^2}}$　(11)	
	承压转无压井	$Q = \dfrac{\pi K[(2H-M)M-h^2]}{\ln\dfrac{\alpha_1 R_0^2}{\beta_1 r_0^2}}$　(12)	
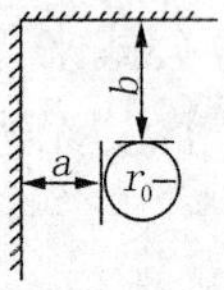	无压井	$Q = \dfrac{\pi K(2H-s)s}{\ln\dfrac{\alpha_2 R_0}{\beta_2 r_0}}$　(13)	
	承压井	$Q = \dfrac{2\pi KMs}{\ln\dfrac{\alpha_2 R_0}{\beta_2 r_0}}$　(14)	
	承压转无压井	$Q = \dfrac{\pi K[(2H-M)M-h^2]}{2\ln\dfrac{\alpha_2 R_0}{\beta_2 r_0}}$　(15)	
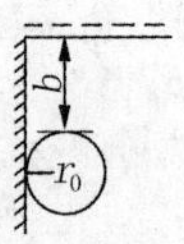	无压井	$Q = \dfrac{\pi K(2H-s)s}{\ln\dfrac{(2a+2r_0)^2+r_0^2}{r_0^2}}$　(16)	
	承压井	$Q = \dfrac{2\pi KMs}{\ln\dfrac{(2a+2r_0)^2+r_0^2}{r_0^2}}$　(17)	
	承压转无压井	$Q = \dfrac{\pi K[(2H-M)M-b^2]}{\ln\dfrac{(2a+2r_0)^2+r_0^2}{r_0^2}}$　(18)	

边界图示	井的类型	计算公式		符号及其他说明
	无压井	$Q = \dfrac{\pi K(2H-s)s}{\ln \dfrac{\alpha_3}{\beta_3 r_0}}$	(19)	
	承压井	$Q = \dfrac{2\pi KMs}{\ln \dfrac{\alpha_3 R_0}{\beta_3 r_0}}$	(20)	
	承压转无压井	$Q = \dfrac{\pi K\left[(2H-M)M - h^2\right]}{2\ln \dfrac{\alpha_3 R_0}{\beta_3 r_0}}$	(21)	
	无压井	$Q = \dfrac{\pi K(2H-s)s}{\dfrac{\pi X_0'}{\sigma'}\ln \dfrac{R_0}{X_0'} + \ln \dfrac{\sigma'}{\pi r_0}}$	(22)	
	承压井	$Q = \dfrac{2\pi KMs}{\dfrac{\pi X_0'}{\sigma'}\ln \dfrac{R_0}{X_0'} + \ln \dfrac{\sigma'}{\pi r_0}}$	(23)	
	承压转无压井	$Q = \dfrac{\pi K\left[(2H-M)M - b^2\right]}{\dfrac{\pi X_0'}{\sigma'}\ln \dfrac{R_0}{X_0'} + \ln \dfrac{\sigma'}{\pi r_0}}$	(24)	公式(22)~(24)、(31)~(33)$\sigma' = \sigma + r_0$
	无压井	$Q = \dfrac{\pi K(2H-s)s}{2\left(\dfrac{\pi X_0'}{\sigma''}\ln \dfrac{R_0}{X_0'} + \ln \dfrac{\sigma''}{\pi r_0}\right)}$	(25)	公式(25)~(27)、(34)~(36)$\sigma'' = \sigma + 2r_0$
	承压井	$Q = \dfrac{2\pi KMs}{\dfrac{\pi X_0'}{\sigma''}\ln \dfrac{R_0}{X_0'} + \ln \dfrac{\sigma''}{\pi r_0}}$	(26)	$\alpha_1 = (\sqrt{R_0^2 - (b+r_0)^2} + 2r_0) + (b+r_0)^2$ $\beta_1 = (2b+2r_0)^2 + r_0^2$
	承压转无压井	$Q = \dfrac{\pi K\left[(2H-M)M - b^2\right]}{2\left(\dfrac{\pi X_0'}{\sigma''}\ln \dfrac{R_0}{X_0'} + \ln \dfrac{\sigma''}{\pi r_0}\right)}$	(27)	$\alpha_2 = \left[(2b+2r_0) + \sqrt{R_0^2 - (a+r_0)^2}\right]^2 + (a+r_0)^2$ $\beta_2 = (2a+r_0)\sqrt{(2b+2r_0)^2 + r_0^2} \cdot$
	无压井	$Q = \dfrac{\pi K(2H-s)s}{\ln \dfrac{R_0}{r_0}} \times \dfrac{\theta}{360°}$	(28)	$\sqrt{(2b+2r_0)^2 + (2a+r_0)^2}$
	承压井	$Q = \dfrac{2\pi KMs}{\ln \dfrac{R_0}{r_0}} \times \dfrac{\theta}{360°}$	(29)	$\alpha_3 = \sqrt{(2b+2r_0)^2 + r_0^2} \times \sqrt{(2b+2r_0)^2 + (2a+r_0)^2}$ $\beta_3 = 2a + r_0$
	承压转无压井	$Q = \dfrac{\pi K\left[(2H-M)M - b^2\right]}{\ln \dfrac{R_0}{r_0}} \times \dfrac{\theta}{360°}$	(30)	公式(22)~(27)应用条件为:$R_0 \geqslant (4\sim5)X_0'$ $\dfrac{360°}{\theta} = n$ 必须为整数
	无压井	$Q = \dfrac{\pi K(2H-s)s}{\ln \dfrac{\sigma'}{\pi r_0} + \dfrac{\pi R_0}{2\sigma'}}$	(31)	
	承压井	$Q = \dfrac{2\pi KMs}{\ln \dfrac{\sigma'}{\pi r_0} + \dfrac{\pi R_0}{2\sigma'}}$	(32)	
	承压转无压井	$Q = \dfrac{\pi K\left[(2H-M)M - b^2\right]}{\ln \dfrac{\sigma'}{\pi r_0} + \dfrac{\pi R_0}{2\sigma'}}$	(33)	
	无压井	$Q = \dfrac{\pi K(2H-s)s}{2\left(\ln \dfrac{\sigma''}{\pi r_0} + \dfrac{\pi R_0}{2\sigma''}\right)}$	(34)	
	承压井	$Q = \dfrac{\pi KMs}{\ln \dfrac{\sigma''}{\pi r_0} + \dfrac{\pi R_0}{2\sigma''}}$	(35)	
	承压转无压井	$Q = \dfrac{\pi K\left[(2H-M)M - b^2\right]}{2\left(\ln \dfrac{\sigma''}{\pi r_0} + \dfrac{\pi R_0}{2\sigma''}\right)}$	(36)	

表 14-13、表 14-14 中公式均为完整井的涌水量计算式,不完整井的涌水量 Q_{Hec} 计算式为:

$$Q_{Hec} = Q\beta \tag{14-9}$$

式中　Q——完整井涌水量,m^3/d;

　　　　β——不完整系数。

无压井、承压井转无压井:

$$\beta = \sqrt{\frac{l}{4}}\sqrt[4]{\frac{2h-l}{h}} \tag{14-10}$$

承压井:

$$\beta = \sqrt{\frac{l}{M}}\sqrt[4]{\frac{2M-l}{M}} \tag{14-11}$$

式中　l——矿井系统进水高度,m;

　　　　h——由含水层底板算起的动水位高度,m;

　　　　M——承压含水层厚度,m。

(2)渠道法。适用条件:狭长的阶段坑道系统,其长与宽之比大于10。

B　塌陷区降雨渗入量计算

地下开采使采空区上方岩层塌落,引起地表发生错动、开裂和塌陷,矿井排水量应考虑大气降水渗入量,这种涌水量简称为"塌陷区降雨渗入量"。

一般具备下述条件之一时,设计中可不考虑塌陷区降雨渗入量:

(1)采用不破坏矿体顶板的采矿方法。

(2)采用破坏矿体顶板的采矿方法,在地表仅能形成缓慢的沉降带,没有破坏岩体的完整性。

(3)塌陷区虽已达到地表,但地表有较厚的可塑性覆盖层,如黏土、亚黏土等,能起隔水作用。

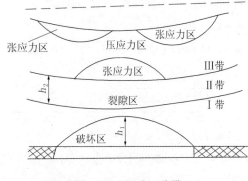

图 14-2　塌陷区分带

为了近似判断塌陷区形成状态,可把采空区上方分成三个带(图 14-2):

(1) Ⅰ带:不规则的塌陷带(剧烈破坏带),其高度 h_1 按式(14-12)计算:

$$h_1 = \frac{m}{(K-1)\cos\alpha} \tag{14-12}$$

式中　m——矿层开采厚度,m;

　　　　K——岩石松散系数,经验值可查有关手册;

　　　　α——矿层倾角,(°)。

(2) Ⅱ带:裂隙带,其高度 $h_2 = 2 \sim 3h_1$。

(3) Ⅲ带:缓慢沉降带。

当塌陷带(Ⅰ带)波及到地表时,设计中必须考虑塌陷区降雨渗入量。如裂隙带(Ⅱ带)达到地表时,需根据矿山具体情况深入研究确定。

塌陷区降雨渗入量估算:

正常渗入量

$$Q = FH\rho \tag{14-13}$$

暴雨渗入量

$$Q' = FH_p\rho' \tag{14-14}$$

式中　F——设计阶段塌陷区汇水面积,m^2;

　　　　H——雨季日平均降雨量,m;

　　　　H_p——设计频率的日暴雨量,m;

　　　　ρ,ρ'——正常降雨、暴雨时的渗入率,%。

C　用数值法预测矿坑涌水量

矿坑涌水量预测的数值法是近年发展起来的现代计算方法。它以电子计算机为工具,对描述疏干流场的数学模型求近似解的方法。数值法能有效地反映矿区复杂的水文地质条件和疏干排水条件,一般用于水文地质条件复杂或疏干排水工程布局复杂,且水文地质研究程度较高的矿区。常用的数值方法有有限单元法和有限差分法。目前数值法主要运用于解层流问题和二维流问题。解非层流问题尚处于研究探讨阶段，三维流的计算非常复杂，在一定条件下可按二维流或拟三维流处理。

a 二维流数学模型

二维流数学模型由描述地下水平面流的偏微分方程和渗流场边界条件、初始条件构成。按地下水运动状态区分为非稳定流模型（包含初始条件和时间变量）和稳定流模型（不包含初始条件和时间变量），按含水介质特征区分为各向异性模型（$K_x \neq K_y$）和各向同性模型（$K_x = K_y$）。

b 反求参数

反求参数应以较长时间、较大强度的抽（放、排）水资料为依据，应用较完善观测资料，反映了研究域内渗流场在抽（放、排）水激发下的变化过程。

反求参数一般采用曲线拟合法。拟合程度通常用评价函数 F 表示，即：

$$F(k_1 k_2 \cdots k_r) = \Sigma W_{m,n}(h_{m,n} - h'_{m,n}) \tag{14-15}$$

式中　k——待求的水文地质参数，包括各参数区的渗透系数、重力给水度或弹性释放系数；

$\quad\quad r$——待求参数的个数；

$\quad W_{m,n}$——权因子；

$\quad\quad m$——观测孔的序号；

$\quad\quad n$——比较时刻的序号；

$\quad h, h'$——分别为实测和计算的水位，m。

反求参数一般先取水位降深较大的范围（常在矿区中心部位，因地质、水文地质情况较清楚，给定参数值较有把握，而且观测系统控制较好）作为计算域，求取各项参数。以此为基础，再扩大到自然边界所控制的更大范围求参数。

相邻时间步长可按下面递增关系式确定：

$$\Delta t_{n+1} = 1.25 \Delta t_n \tag{14-16}$$

确认参数的标准是：

（1）观测孔水位拟合，拟合的相对误差最好不超过水位降深的5%，绝对误差视具体情况确定。

（2）计算的渗流场与水文地质模型吻合，不出现与水文地质条件不相吻合的异常。

（3）参数的分布与水文地质条件吻合，参数分布情况与过去的工作成果和对矿山水文地质条件的认识吻合。

D 预报

a 涌水量预测

根据需要和可能，按出现频率为10%、5%、2%、1%即重现期为10、20、50、100年的洪水年份的补给期和枯水年份的非补给期条件，并考虑到矿山疏干、排水可能引起的条件变化，分别给定外边界条件和垂向补给因素，将疏干阶段标定为定水头（Ⅰ类）边界，用稳定流模型分别计算相应出现频率的矿坑涌水量。

b 疏干排水量与疏干时间计算

按出现频率为50%左右的正常补给年份的条件并考虑到矿山疏干、排水可能引起的条件变化和外边界的垂向补给因素，将矿坑周边标定为定流量（Ⅱ类）边界，用非稳定流模型计算用某一排水量将矿坑周边地下水位降低至设计疏干阶段所需的疏干时间。对于该阶段给出一系列排水量，只要它们大于某一界限值，便可算出一系列相应的疏干时间。据此作出该阶段的疏干排水量与疏干时间关系曲线，作为根据经济技术条件选择疏干排水量的依据。

c 疏干流场预报

在前项所述条件下，根据设计排水量和相应疏干时间，用非稳定流模型预报矿山疏干流场内任一点任一时刻的水位。

目前有的生产矿山，使用的数值方法是有限单元法，解决矿坑涌水量、疏干流场和疏干时间等问题。

有限元法计算过程如图14-3所示。

预测矿坑涌水量，尚有网络模拟法，包括电阻网络模拟法、电阻－电容（$R-C$）模拟法和电阻－电阻（$R-R$）模拟法。前者用于稳定流问题，后两者用于非稳定流问题。用网络模拟法计算矿山疏干排水问题，无论在思路上，运用条件和功能上，与数值法是一致的。但网络模型缺少通用性，并难以处理潜水问题。

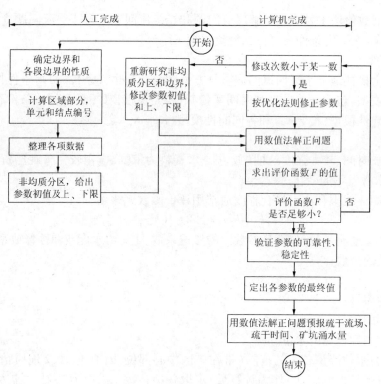

图 14-3   有限元法计算过程框图

14.1.5   露天采场涌水量计算

露天采场水量由地下水涌水量和降雨径流量两部分组成。地下水涌水量与矿坑系统涌水量计算方法基本相同。

露天采场降雨径流量,应根据排水方式所确定的泵站担负的最大汇水面积,按正常降雨径流量和设计暴雨径流量分别计算。

14.1.5.1   降雨径流量计算方法

正常降雨径流量 Q

$$Q = FH\psi \tag{14-17}$$

设计暴雨径流量 Q

$$Q = FH_p\psi \tag{14-18}$$

式中 F——汇水面积,m^2;

H——历年雨季日平均降雨量,m;

ψ——正常降雨或暴雨地表径流系数,无实测资料时,按表 14-15 查得;

H_p——设计频率的暴雨量,m。

表 14-15   地表径流系数

黏土类别	地表径流系数 ψ	黏土类别	地表径流系数 ψ
重黏土、页岩	0.9	细砂、中砂	0~0.2
轻黏土、凝灰岩、砂页岩、玄武岩、花岗岩	0.8~0.9	粗砂、砾石	0~0.4
表土、砂岩、石灰岩、黄土、亚黏土	0.6~0.8	坑内排土场,以土壤为主	0.2~0.4
亚黏土、大孔性黄土	0.6~0.7	坑内排土场,以岩石为主	0~0.2
粉砂	0.2~0.5		

注:1. 适用暴雨径流量计算,对正常降雨径流量计算应将表中数值减去 0.1~0.2;
2. 表土指腐殖土,表中未包括岩土,则按类似岩土性质采用;
3. 当岩石有少量裂隙时,表中数值减 0.1~0.2,中等裂隙时减 0.2,裂隙发育时减 0.3~0.4;
4. 当表土、黏性土壤中含砂时,按其含量适当将表中地表径流系数值减 0.1~0.2。

14.1.5.2 设计频率暴雨量计算

A 短历时暴雨量

一般采用日暴雨量利用式(14-19)进行推算:

$$H_p = St^{1-n} \qquad (14-19)$$

$$S = \frac{\overline{H}(1 + \varphi C_v)}{t^{1-n}} \qquad (14-20)$$

式中 H_p——一定频率的日暴雨量,m;

S——雨力,m/min,各地最大24h雨量比最大日雨量大10%左右,故采用1.1S;

t——降雨历时,min;

n——暴雨强度递减指数,由地区 n 值等值线图查得;

$\overline{H}$——历年日最大降雨量的平均值,m;

φ——皮尔逊Ⅲ型曲线的离均系数,是 P 与 C_s 的函数,由表14-16查得;

C_s——偏差系数,$C_s = 2\sim4C_v$,根据当地 C_s 与 C_v 关系确定,无该资料时,可按式(14-21)计算:

$$C_s = \frac{\sum(K-1)^2}{(N-1)C_v^3} \qquad (14-21)$$

C_v——变差系数,利用当地 C_{v24} 等值线图查得或利用式(14-22)计算:

$$C_v = \sqrt{\frac{\sum(K-1)^2}{N-1}} \qquad (14-22)$$

K——变率,$K = H/\overline{H}$,H 为统计系列中某年的日最大降雨量,m;

N——统计年份数。

表14-16 皮尔逊Ⅲ型曲线的离均系数 φ 值

C_s	概率 P/%														
	0.01	0.1	0.2	0.33	0.5	1	2	5	10	20	50	75	90	95	99
0.0	3.72	3.09	2.88	2.71	2.58	2.33	2.05	1.64	1.28	0.84	0.00	-0.67	-1.28	-1.64	-2.33
0.1	3.94	3.23	3.00	2.82	2.67	2.40	2.11	1.67	1.29	0.84	-0.02	-0.68	-1.27	-1.62	-2.25
0.2	4.16	3.38	3.12	2.92	2.76	2.47	2.16	1.70	1.30	0.83	-0.03	-0.69	-1.26	-1.59	-2.18
0.3	4.38	3.52	3.24	3.03	2.86	2.54	2.21	1.73	1.31	0.82	-0.05	-0.70	-1.24	-1.55	-2.10
0.4	4.61	3.67	3.36	3.14	2.95	2.62	2.26	1.75	1.32	0.82	-0.07	-0.71	-1.23	-1.52	-2.03
0.5	4.83	3.81	3.48	3.25	3.04	2.68	2.31	1.77	1.32	0.81	-0.08	-0.71	-1.22	-1.49	-1.96
0.6	5.05	3.96	3.60	3.35	3.13	2.75	2.35	1.80	1.33	0.80	-0.10	-0.72	-1.20	-1.45	-1.88
0.7	5.28	4.10	3.72	3.45	3.22	2.82	2.40	1.82	1.33	0.79	-0.12	-0.72	-1.18	-1.42	-1.81
0.8	5.50	4.24	3.85	3.55	3.31	2.89	2.45	1.84	1.34	0.78	-0.13	-0.73	-1.17	-1.38	-1.74
0.9	5.73	4.39	3.97	3.65	3.40	2.96	2.50	1.86	1.34	0.77	-0.15	-0.73	-1.15	-1.35	-1.66
1.0	5.96	4.53	4.09	3.76	3.49	3.02	2.54	1.88	1.34	0.76	-0.16	-0.73	-1.13	-1.32	-1.59
1.1	6.18	4.67	4.20	3.86	3.58	3.09	2.58	1.89	1.34	0.74	-0.18	-0.74	-1.10	-1.28	-1.52
1.2	6.41	4.81	4.32	3.95	3.66	3.15	2.62	1.91	1.34	0.73	-0.19	-0.74	-1.08	-1.24	-1.45
1.3	6.64	4.95	4.44	4.05	3.74	3.21	2.67	1.92	1.34	0.72	-0.21	-0.74	-1.06	-1.20	-1.38
1.4	6.87	5.09	4.56	4.15	3.83	3.27	2.71	1.94	1.33	0.71	-0.22	-0.73	-1.04	-1.17	-1.32
1.5	7.09	5.23	4.68	4.24	3.91	3.33	2.74	1.95	1.33	0.69	-0.24	-0.73	-1.02	-1.13	-1.26
1.6	7.31	5.37	4.80	4.34	3.99	3.39	2.78	1.96	1.33	0.68	-0.25	-0.73	-0.99	-1.10	-1.20
1.7	7.54	5.50	4.91	4.43	4.07	3.44	2.82	1.97	1.32	0.66	-0.27	-0.72	-0.97	-1.06	-1.14
1.8	7.76	5.64	5.01	4.52	4.15	3.50	2.85	1.98	1.32	0.64	-0.28	-0.72	-0.94	-1.02	-1.09
1.9	7.98	5.77	5.12	4.61	4.23	3.55	2.88	1.99	1.31	0.63	-0.29	-0.72	-0.92	-0.98	-1.04
2.0	8.21	5.91	5.22	4.70	4.30	3.61	2.91	2.00	1.30	0.61	-0.31	-0.71	-0.895	-0.946	-0.989
2.1	8.43	6.04	5.33	4.79	4.37	3.66	2.93	2.00	1.29	0.59	-0.32	-0.71	-0.869	-0.914	-0.945
2.2	8.65	6.17	5.43	4.88	4.44	3.71	2.96	2.00	1.28	0.57	-0.33	-0.70	-0.844	-0.879	-0.905
2.3	8.87	6.30	5.53	4.97	4.51	3.76	2.99	2.00	1.27	0.55	-0.34	-0.69	-0.820	-0.849	-0.867
2.4	9.08	6.42	5.63	5.05	4.58	3.81	3.02	2.01	1.26	0.54	-0.35	-0.68	-0.795	-0.820	-0.831
2.5	9.30	6.55	5.73	5.13	4.65	3.85	3.04	2.01	1.25	0.52	-0.36	-0.67	-0.772	-0.791	-0.800
2.6	9.51	6.67	5.82	5.20	4.72	3.89	3.06	2.01	1.23	0.50	-0.37	-0.66	-0.748	-0.764	-0.769
2.7	9.72	6.79	5.92	5.28	4.78	3.93	3.09	2.01	1.22	0.48	-0.37	-0.65	-0.726	-0.736	-0.740
2.8	9.93	6.91	6.01	5.36	4.84	3.97	3.11	2.01	1.21	0.46	-0.38	-0.64	-0.702	-0.710	-0.714
2.9	10.14	7.03	6.10	5.44	4.90	4.01	3.13	2.01	1.20	0.44	-0.39	-0.63	-0.680	-0.687	-0.690
3.0	10.35	7.15	6.20	5.51	4.96	4.05	3.15	2.00	1.18	0.42	-0.39	-0.62	-0.658	-0.665	-0.667
3.1	10.56	7.26	6.30	5.59	5.02	4.08	3.17	2.00	1.16	0.40	-0.40	-0.60	-0.638	-0.644	-0.645
3.2	10.77	7.38	6.39	5.66	5.08	4.12	3.19	2.00	1.14	0.38	-0.40	-0.59	-0.621	-0.624	-0.625
3.3	10.97	7.49	6.48	5.74	5.14	4.15	3.21	1.99	1.12	0.36	-0.40	-0.58	-0.604	-0.606	-0.606
3.4	11.17	7.60	6.56	5.80	5.20	4.18	3.22	1.98	1.11	0.34	-0.41	-0.57	-0.587	-0.588	-0.588
3.5	11.37	7.72	6.65	5.86	5.25	4.22	3.23	1.97	1.09	0.32	-0.41	-0.55	-0.570	-0.571	-0.571

C_s	概率 P/%														
	0.01	0.1	0.2	0.33	0.5	1	2	5	10	20	50	75	90	95	99
3.6	11.57	7.83	6.73	5.93	5.30	4.25	3.24	1.96	1.08	0.30	-0.41	-0.54	-0.555	-0.556	-0.556
3.7	11.77	7.94	6.81	5.99	5.35	4.28	3.25	1.95	1.06	0.28	-0.42	-0.53	-0.540	-0.541	-0.541
3.8	11.97	8.05	6.89	6.05	5.40	4.31	3.26	1.94	1.04	0.26	-0.42	-0.52	-0.526	-0.526	-0.526
3.9	12.16	8.15	6.97	6.11	5.45	4.34	3.27	1.93	1.02	0.24	-0.41	-0.506	-0.513	-0.513	-0.513
4.0	12.36	8.25	7.05	6.18	5.50	4.37	3.27	1.92	1.00	0.23	-0.41	-0.495	-0.500	-0.500	-0.500
4.1	12.55	8.35	7.13	6.24	5.54	4.39	3.28	1.91	0.98	0.21	-0.41	-0.484	-0.488	-0.488	-0.488
4.2	12.74	8.45	7.21	6.30	5.59	4.41	3.29	1.90	0.96	0.19	-0.41	-0.473	-0.476	-0.476	-0.476
4.3	12.93	8.55	7.29	6.36	5.63	4.44	3.29	1.88	0.94	0.17	-0.41	-0.462	-0.465	-0.465	-0.465
4.4	13.12	8.65	7.36	6.41	5.68	4.46	3.30	1.87	0.92	0.16	-0.40	-0.453	-0.455	-0.455	-0.455
4.5	13.30	8.75	7.43	6.46	5.72	4.48	3.30	1.85	0.90	0.14	-0.40	-0.444	-0.444	-0.444	-0.444
4.6	13.49	8.85	7.50	6.52	5.76	4.50	3.30	1.84	0.88	0.13	-0.40	-0.435	-0.435	-0.435	-0.435
4.7	13.67	8.95	7.57	6.57	5.80	4.52	3.30	1.82	0.86	0.11	-0.39	-0.426	-0.426	-0.426	-0.426
4.8	13.85	9.04	7.64	6.63	5.84	4.54	3.30	1.80	0.84	0.09	-0.39	-0.417	-0.417	-0.417	-0.417
4.9	14.04	9.13	7.70	6.68	5.88	4.55	3.30	1.78	0.82	0.08	-0.38	-0.408	-0.408	-0.408	-0.408
5.0	14.22	9.22	7.77	6.73	5.92	4.57	3.30	1.77	0.80	0.06	-0.379	-0.400	-0.400	-0.400	-0.400
5.1	14.40	9.31	7.84	6.78	5.95	4.58	3.30	1.75	0.78	0.05	-0.374	-0.392	-0.392	-0.392	-0.392
5.2	14.57	9.40	7.90	6.83	5.99	4.59	3.30	1.73	0.76	0.03	-0.369	-0.385	-0.385	-0.385	-0.385
5.3	14.75	9.49	7.96	6.87	6.02	4.60	3.30	1.72	0.74	0.02	-0.363	-0.377	-0.377	-0.377	-0.377
5.4	14.92	9.57	8.02	6.91	6.05	4.62	3.29	1.70	0.72	0.00	-0.358	-0.370	-0.370	-0.370	-0.370
5.5	15.10	9.66	8.08	6.96	6.08	4.63	3.28	1.68	0.70	-0.01	-0.353	-0.364	-0.364	-0.364	-0.364
5.6	15.27	9.74	8.14	7.00	6.11	4.64	3.28	1.66	0.67	-0.03	-0.349	-0.357	-0.357	-0.357	-0.357
5.7	15.45	9.82	8.21	7.04	6.14	4.65	3.27	1.65	0.65	-0.04	-0.344	-0.351	-0.351	-0.351	-0.351
5.8	15.60	9.91	8.27	7.08	6.17	4.67	3.27	1.63	0.63	-0.05	-0.339	-0.345	-0.345	-0.345	-0.345
5.9	15.78	9.99	8.32	7.12	6.20	4.68	3.26	1.61	0.61	-0.06	-0.334	-0.339	-0.339	-0.339	-0.339
6.0	15.94	10.07	8.38	7.15	6.23	4.68	3.25	1.59	0.59	-0.07	-0.329	-0.333	-0.333	-0.333	-0.333
6.1	16.11	10.15	8.43	7.19	6.26	4.69	3.24	1.57	0.57	-0.08	-0.325	-0.328	-0.328	-0.328	-0.328
6.2	16.28	10.22	8.49	7.23	6.28	4.70	3.23	1.55	0.55	-0.09	-0.320	-0.323	-0.323	-0.323	-0.323
6.3	16.45	10.30	8.54	7.26	6.30	4.70	3.22	1.53	0.53	-0.10	-0.315	-0.317	-0.317	-0.317	-0.317
6.4	16.61	10.38	8.60	7.30	6.32	4.71	3.21	1.51	0.51	-0.11	-0.311	-0.313	-0.313	-0.313	-0.313

B 长历时暴雨量

历时为 T 的降雨量 H_T 用式(14-23)计算：

$$H_T = H_{24p} T^{m_1} \tag{14-23}$$

式中 H_{24p}——一定频率24 h暴雨量，m；

T——暴雨历时，d，设计取与允许淹没日数相同的历时；

m_1——地区暴雨参数，由地区 m_1 等值线图查得。

如某深凹露天矿，采场汇水面积0.44 km²，已收集到23年日最大降雨量资料，求 $P=2\%$、$P=5\%$、$P=10\%$ 各频率的短历时不同时段的采场暴雨径流量。

将23年的资料，按日最大降雨量由大到小顺序排列成表14-17，并将求得的各年变率也列入表14-17中。

表14-17 所得资料的计算值

顺序	年份	日最大降雨量/m	K	K-1	(K-1)²	顺序	年份	日最大降雨量/m	K	K-1	(K-1)²
1	1996	208.6	2.1217	1.1217	1.2582	13	2008	89.8	0.9134	-0.0866	0.0075
2	1997	194.7	1.9803	0.9803	0.9610	14	2004	81.6	0.8300	-0.1700	0.0285
3	1995	137.8	1.4016	0.4016	0.1613	15	2006	81.1	0.8249	-0.1751	0.0307
4	1998	117.5	1.1951	0.1951	0.0381	16	2000	80.4	0.8178	-0.1822	0.0332
5	2007	116.1	1.1809	0.1809	0.0327	17	1991	76.7	0.7801	-0.2199	0.0484
6	2001	116.0	1.1799	0.1799	0.0324	18	2003	76.7	0.7801	-0.2199	0.0484
7	1979	112.0	1.1392	0.1392	0.0196	19	1999	73.0	0.7425	-0.2575	0.0663
8	2005	102.3	1.0405	0.0405	0.0016	20	2002	60.0	0.6103	-0.3897	0.1519
9	1994	100.2	1.0191	0.0191	0.00307	21	1978	50.0	0.5086	-0.4914	0.2415
10	1992	99.6	1.0130	0.0130	0.00017	22	1977	49.0	0.4984	-0.5016	0.2516
11	1993	97.9	0.9958	-0.0042	0.00018	23	1980	47.5	0.4831	-0.5169	0.2672
12	1990	92.8	0.9439	-0.0561	0.0032	Σ			2261.3	23.002	3.6943

求历年日最大降雨量的均值 $\overline{H}$：

$$\overline{H} = \frac{\sum H}{N} = \frac{2261.3}{23} = 98.3$$

则变差系数 C_v 应为：

$$C_v = \sqrt{\frac{\sum (K-1)^2}{N-1}} = \sqrt{\frac{3.6943}{22}} = 0.41$$

用地区暴雨参数检验 C_v 值取 0.45。

偏差系数参照矿山所在地区的 C_s 与 C_v 关系确定。

$$C_s = 3.5C_v = 3.5 \times 0.45 = 1.58$$

暴雨强度 n 值由地区 n 值等值线图查得为 0.65。同时求得不同频率的雨力 S 为：

$$S = \frac{\overline{H}(1 + \varphi C_v)}{t^{1-n}} = \frac{98.32(1 + 0.45\varphi)}{1440^{1-0.65}} = 7.71(1 + 0.45\varphi) \tag{14-24}$$

φ 值查表 14-16；求得雨力计算值见表 14-18。

各时段雨量的计算结果见表 14-19。

露天采场暴雨径流量计算结果见表 14-20。

表 14-18　φ 值和 S 值计算

频率/%	φ	$1 + 0.45\varphi$	雨力 S/(mm/min)	$1.1S$
2	2.78	2.25	17.36	19.10
5	1.96	1.88	14.51	15.96
10	1.33	1.60	12.33	13.56

表 14-19　各时段雨量　　　　　　　　　　　　　　（m³）

频率/%	雨力/(mm/min)	历　时						
		60 min	120 min	180 min	240 min	360 min	720 min	1440 min
2	19.10	80.0	102.0	117.7	130.1	169.9	191.0	243.5
5	15.96	66.9	85.2	98.3	108.7	125.3	159.6	203.5
10	11.08	56.8	72.4	83.5	92.3	106.5	135.6	172.9

表 14-20　露天采场暴雨径流量　　　　　　　　　　（m³）

频率/%	历　时						
	1 min	2 min	3 min	4 min	6 min	12 min	24 min
2	33440	42800	49900	54500	62800	79600	101800
5	28000	35600	41200	45500	52500	66500	84800
10	23800	30200	35000	38600	44600	56600	72000

14.1.5.3　排水设计暴雨频率标准

暴雨频率设计标准，一般条件下，大型冶金矿山取 5%，中型矿山取 10%，小型矿山取 20%。

《有色金属采矿设计规范》规定：计算陷落区的降雨渗入量和露天矿的暴雨径流量时，设计暴雨频率标准取值相同，一类矿山应取 5%，二、三类矿山取 10% ~ 20%。塌陷特别严重、雨量大的地区，可适当提高设计频率标准。

随着天气变暖，极端气候的出现，新建矿山可视具体情况提高一级暴雨频率标准并用高一级标准进行校核。

煤炭工业露天、矿井设计规范规定的防洪设计标准比非煤矿山高一个或两个等级。

14.1.5.4　露天采场允许淹没高度和时间

采场设计洪水的允许淹没高度可按以下原则确定：

(1) 井排方式新水平开沟前，水深不淹本水平挖掘机主电动机。

(2) 新水平开沟未完成之前，水深不淹上个平台的挖掘机主电动机（采场储水排水方式）。

(3) 对挖掘机可能被淹造成损失与不淹增加的排水设施费进行技术经济比较。

(4) 露排方式新水平开沟前，采场底仅一台挖掘机，水深不淹上个平台挖掘机主电动机。

（5）新水平准备时间充裕时，在每年最大雨量期（约半个月）停止开沟，开段沟和上个平台可以淹没。

（6）露天排水方式的坑底允许淹没时间可采用 1~7 天。井巷排水方式的坑底允许淹没时间可采用 3~5 天。

采场坑底允许的淹没时间需用淹没高度来校核。淹没高度 H 也可按受淹时间与排水量累计（储水量累计）关系曲线通过式（14-25）计算得出：

$$H = Q/F \tag{14-25}$$

式中　Q——储排不能平衡的多余水量，m^3/d；

　　　F——排水方式所保证的最不利的坑底汇水面积，m^2。

当计算出的采场最低工作水平可能受淹高度与采用的排水方式不相适应时，应适当缩短受淹时间，增加排水设备，以保证矿山生产正常进行和排水设施安全。

矿山设计中，一般采用储排平衡进行计算，最终确定淹没高度和水泵数量。

14.2　矿区地表水的治理

14.2.1　地表水治理原则

矿区地面防水工程设计，必须贯彻保护农田水利和生态平衡、有利于可持续发展的方针，尽量不占或少占农田及牧区草原；当农田水利有要求时，在保证矿山治水防洪工程实施的前提下，应予适当考虑，兼顾双赢。

矿区地面防水工程设计必须与矿山排水、矿床疏干统筹安排，并应贯彻以防为主、防排结合的原则。凡是能以防水工程拦截的地面水流，一般不允许流入露天采矿场或坑内开采塌陷区。地面水的具体处理原则如下：

（1）为防止坡面降雨汇水涌入采矿场，应修筑截水沟，将其水流导出矿区以外。

（2）当采掘工作遇到下列情况之一时，需要在开采设计中考虑移设措施：

1）河流直接在矿体上部流过，对地下开采的矿床，采用保留矿柱或充填法采矿仍不能保证采矿安全或技术经济上不合理时；

2）河流穿越露天境界或井下开采塌陷区范围以内时；

3）河流虽在上述范围以外，但由于河水大量渗入采区，对边坡或开采有严重不良影响，采用防渗措施不利时。

（3）露天采矿场或坑内开采塌陷区，在横断小型地表水流情况下，当地形条件不允许采用移设方案或者技术经济上不合理时，则应考虑水库拦洪。

（4）在设计矿井井口、井下开采塌陷区、露天采矿场位置在地表水体的最高历史洪水位或采用频率的最高洪水位以下时，应考虑修筑防洪堤；当有内涝水发生可能时，应设置排除内涝水的设施。

14.2.2　截水沟

14.2.2.1　截水沟布置

（1）截水沟设计应与采矿场排水设计统筹考虑，应最大限度地减少采矿场汇水面积；截水沟距露天采矿场或井下开采塌陷区的距离，依防渗防滑坡等因素确定。

（2）编制截水沟布置方案时，依采掘工程的发展要求，通过技术经济比较决定截水沟的性质及数量。在满足矿山生产要求的前提下，应遵循分期分批建设、近期与长远相结合的原则。

（3）设计中应充分利用各种自然有利条件，因地制宜的布置有关工程及构筑物；当截水沟需要改变自然水流方向时，应注意防止对其下游村庄、农田水利等方面产生的不良影响。

（4）水沟出口与河沟交汇时，其交汇角对下游方向应大于 90°并形成弧形；沟出口底部标高，最好在河沟相应频率的洪水位以上，一般应在常水位以上，尽量避免低于常水位。

（5）截水沟通过坡度较大地段并对下游建筑物或其他地面设施有不利影响时，应根据具体地形条件，设置跌水或陡槽等跌水消能设施，跌水和陡槽不设在沟的转弯处。

（6）为避免水沟淤塞和冲刷，水沟转弯时，其转角不宜大于 45°，其最小允许半径一般不应小于沟内水面宽度的 5 倍；当有加固措施者，也不应小于宽度的 2.5 倍。

14.2.2.2 截(防)水沟断面

A 一般要求

(1) 截水沟的水力计算按明渠均匀流计算，多采用梯形断面；当截水沟较长时，应按不同流量分段计算其断面。

(2) 截水沟的纵坡应根据工程所在位置的地形、岩土性质、冲刷等因素，进行综合分析经计算确定，但为了防止淤塞，其纵坡不应小于 0.3%。

(3) 截水沟最小底宽依施工条件要求而定；若沟底宽度有突变段时应设置渐变段，其长度一般为 5~20 倍的底宽差。

(4) 水沟的边坡坡度可参考表 14-21 确定。

表 14-21 水沟边坡坡度

岩石类别	边 坡	岩石类别	边 坡
粉砂	1:3~1:3.5	砾石、卵石	1:2.5~1:1.5
松散或普通密度的粗中细砂	1:2~1:2.5	半岩性耐水土	1:0.5~1:1
密实的粗中细砂	1:1.5~1:2	风化岩石	1:0.25~1:0.5
亚砂土	1:1.5~1:2	未分化岩石	1:0.1~1:0.25
亚黏土、黄土、黏土	1:2.5~1:1.5		

(5) 截水沟允许利用开挖堆弃物在采场一侧筑堤作为安全超高；堤顶应留有适当宽度，便于维护和保证安全。

B 截面计算

水力上最经济的梯形断面尺寸如图 14-4 所示，水沟边坡参数见表 14-22。

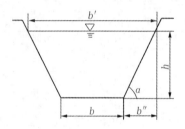

图 14-4 断面尺寸

表 14-22 水沟边坡参数

边坡与水平所成角 α	沟的边坡	水沟宽度 b	流水断面的上宽 b'	流水横断面面积 ω	流水周边长度 x	水力半径 R
63°26′	1:0.5	1.24h	2.24h	1.74h²	3.48h	0.5h
45°00′	1:1	0.82h	2.82h	1.82h²	3.64h	0.5h
33°41′	1:1.5	0.60h	3.60h	2.10h²	4.20h	0.5h
29°45′	1:1.75	0.54h	4.04h	2.29h²	4.58h	0.5h
26°34′	1:2	0.48h	4.48h	2.48h²	4.96h	0.5h
21°48′	1:2.5	0.38h	5.38h	2.88h²	5.76h	0.5h
18°26′	1:3	0.32h	6.32h	3.32h²	6.64h	0.5h

流水横断面面积 ω 计算式如下：

$$\omega = Q/v \tag{14-26}$$

梯形断面：

$$\omega = \frac{b+b'}{2}h \tag{14-27}$$

式中 Q——流量，$\mathrm{m^3/s}$；

v——平均流速，m/s，它不应大于允许冲刷流速(表 14-23)，$v = C\sqrt{Ri}$；

b——底宽，m；

b'——上宽，m，$b' = b + 2mh$；

h——水深，m；

C——流速系数，与水沟形状、大小和粗糙度有关，可查表 14-24，$C = R^y/n$，$y = 2.5\sqrt{n} - 0.13 - 0.75$
$\sqrt{R}(\sqrt{n} - 0.1)$；

R——水力半径，m，$R = \omega/x$；

i——水沟的纵向坡度，即计算段的起终点的高差与该段长度之比；

m——边坡系数，$m = b''/h$，$b'' = (b' - b)/2$；

n——粗糙系数，可查表 14-25；

x——湿润周长，m，$x = b + Kh$。

表 14-23　各类渠道最大允许平均流速

水质构造	最大允许流速/(m/s)	水质构造	最大允许流速/(m/s)
黏质砂土	0.4	沟底边坡草皮护面	1.6
砂质黏土	1.0	干砌块石	2.0
黏土	1.2	浆砌块石或浆砌砖	3.0
岩石	4.0	混凝土	4.0
沟底草皮护面	1.0		

注：当水深小于 0.4 或超过 1.0m 时，表中流速应乘以下列系数：当 $h < 0.4$m 时　0.85；当 $h > 1.0$m 时　1.25；当 $h \geq 2.0$m 时　1.4。

表 14-24　流速系数 C 值

序号	R	粗糙系数 n													
		0.011	0.012	0.013	0.014	0.015	0.017	0.018	0.02	0.0225	0.025	0.0275	0.03	0.035	0.04
1	0.01	49.55	43.09	37.86	32.51	29.85	24.11	21.82	18.11						
2	0.02	54.30	47.64	42.18	37.62	33.78	27.68	25.23	21.21						
3	0.03	57.19	50.53	44.96	40.17	36.31	30.01	27.45	23.26						
4	0.04	59.54	52.69	47.03	42.26	38.22	31.77	29.15	24.84						
5	0.05	61.17	54.41	48.69	43.87	39.77	33.21	30.54	26.13						
6	0.06	62.83	55.88	50.10	45.24	41.08	34.43	31.72	27.23						
7	0.07	64.14	57.13	51.31	46.41	42.25	35.51	32.75	28.22						
8	0.08	65.17	58.25	52.40	47.46	43.24	36.45	33.68	29.07						
9	0.09	66.30	59.24	53.37	48.40	44.16	37.31	34.51	29.85						
10	0.10	67.36	60.33	54.46	49.43	45.07	38.00	35.06	30.85	26.00	22.4	19.6	17.3	13.8	11.2
11	0.12	69.00	61.92	56.00	50.86	46.47	39.29	36.34	32.05	27.1	23.5	20.6	18.3	14.7	12.1
12	0.14	70.36	63.25	57.30	52.14	47.74	40.47	37.50	33.10	28.2	24.0	21.6	19.9	15.4	12.8
13	0.16	71.64	64.50	58.46	53.29	48.80	41.53	38.50	34.05	29.1	25.4	22.4	19.9	16.1	13.4
14	0.18	72.73	65.58	59.46	54.29	49.80	42.47	39.45	34.90	30.2	26.2	23.1	20.6	16.8	14.0
15	0.20	73.73	66.50	60.46	55.21	50.74	43.35	40.28	35.65	30.8	26.9	23.8	21.3	17.4	14.5
16	0.22	74.64	67.42	61.31	56.07	51.54	44.11	40.89	36.40	31.5	27.6	24.2	21.9	17.9	15.0
17	0.24	75.55	68.23	62.08	56.86	52.34	44.88	41.78	37.05	32.5	28.3	25.0	22.5	18.5	15.5
18	0.26	76.27	69.00	62.85	57.75	53.00	45.53	42.45	37.70	32.8	28.8	25.6	23.0	18.9	16.0
19	0.28	77.00	69.75	63.54	58.29	53.67	46.17	43.06	38.25	33.4	29.4	26.2	23.5	19.4	16.4
20	0.30	77.73	70.42	64.23	58.93	54.34	46.82	43.67	38.85	33.9	29.9	26.6	24.0	19.9	16.8
21	0.32	78.36	71.08	64.85	59.50	54.94	47.35	44.23	39.35						
22	0.34	79.00	71.67	65.46	60.07	55.47	47.94	44.78	39.85						
23	0.36	79.64	72.25	66.00	60.64	56.07	48.47	45.28	40.35						
24	0.38	80.18	72.75	66.54	61.22	56.54	48.94	45.78	40.85						
25	0.40	80.73	73.33	67.08	61.72	57.07	49.41	46.28	41.25	36.1	32.2	28.8	26.0	21.8	18.6
26	0.45	81.91	74.50	68.23	62.86	58.20	50.53	47.34	42.30	37.5	33.1	29.1	26.9	22.6	19.4
27	0.50	83.09	75.67	68.31	63.30	59.27	51.59	48.39	43.25	38.2	34.0	30.6	27.8	23.4	20.1
28	0.55	84.09	76.67	70.31	64.93	60.20	52.53	49.28	44.10	39.0	34.8	31.3	28.5	24.0	20.7
29	0.60	85.09	77.58	71.23	65.86	61.14	53.41	50.17	44.90	39.8	35.5	32.0	29.2	24.7	21.3
30	0.65	86.00	78.42	72.08	66.64	61.94	54.17	50.95	45.70	40.4	36.2	32.7	29.8	25.3	21.9
31	0.70	86.82	79.25	72.93	67.50	62.74	54.94	51.73	46.40	41.0	36.9	33.3	30.4	25.8	22.4
32	0.75	87.55	80.00	73.69	68.22	63.47	55.70	52.45	47.05	41.8	37.5	33.9	31.0	26.3	22.7
33	0.80	88.27	80.75	74.46	68.93	64.20	56.35	53.12	47.70	42.3	38.0	34.5	31.5	26.8	23.4
34	0.85	89.00	81.50	75.08	69.57	64.87	57.06	53.78	48.30	42.9	38.5	35.0	31.9	27.2	23.6
35	0.90	89.64	82.17	75.69	70.22	65.47	57.64	54.39	48.90	43.5	38.9	35.4	32.3	27.6	24.1
36	0.95	90.27	82.50	76.31	70.86	66.07	58.23	54.90	49.50	44.1	39.5	36.0	32.8	28.1	24.6
37	1.00	90.91	83.33	76.92	71.41	66.67	58.82	55.56	50.00	44.6	40.0	36.5	33.3	28.6	25.0

表 14-25　人工槽(渠)粗糙系数 n 值

壁面性质	壁面情况		壁面性质	壁面情况	
	良好	普通		良好	普通
混凝土渠	0.014	0.016	干砌块石砌体	0.030	0.033
抹水泥砂浆的砖砌体	0.013	0.015	形状规则的土渠	0.020	0.0225
水泥砂浆砌的普通块石砌体	0.02	0.025	缓流弯曲的土渠	0.025	0.0275
纯水泥抹面	0.011	0.012	挖沟机挖成的水渠	0.0275	0.030
水泥砂浆抹面	0.012	0.013	形状规则而清洁的凿石渠	0.030	0.033
木板渠(光木板)	0.012	0.013	土底石砌坡岸的渠	0.030	0.033
木板渠(毛木板)	0.013	0.014			

14.2.3　河流改道

河流改道工程量大,只有当河道直接通过露天开采境界而上游又无筑坝或难以筑坝时才采用。在地下采矿时,如河流底层有破碎带或透水层且留保护矿柱不合算时,才考虑河流改道。此外,也应考虑河道下游的工矿企业和农业、居民生活对该河道水源的依赖程度,经过技术经济比较之后确定,再例行有关手续方可。

14.2.3.1　河道断面形式

河道的断面均采用梯形断面设计。如果河床紧靠采矿场而地形地质条件允许时,为了减轻洪水对堤坝的威胁,河床断面形状可设计成梯形断面的复式河槽。几种稳定河床的断面形式如图 14-5 所示,供设计参考。在河湾段可设计成非对称的复式河槽,将平台置于被保护区的一侧,使水流离采场远些。

当确定最终流水断面尺寸时,必须参照原河上下游有相同地质条件的河床断面进行考虑。如果由于一些特殊条件的限制,必须压缩河床断面时,也不应小于河床极限断面。所谓极限断面是在河道上符合河床允许的最小断面。每条河在每一段的极限断面不尽相同,在断面设计时,可参考上下游地层类似的最小断面作为标准。

断面计算时,应考虑上下游或相邻两段之间不宜相差过大。

河床边坡坡度的选择,应根据岩石性质和结构特性、工程水文地质、河流性质、自然河槽坡度及边坡高度等条件综合分析确定。一般地质条件下,在边坡高度小于 5 m 时,可参照表 14-21 设计。当边坡高度较大时,则需通过稳定计算确定。

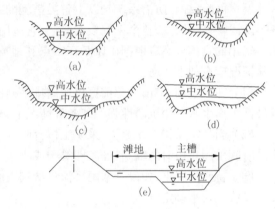

图 14-5　河床断面形式
(a),(b) 直段河槽的形状;(c),(d) 曲段河槽的形状;
(e) 非对称复式河槽形状

14.2.3.2　河流改道及河床防渗的原则要求

A　河流改道的原则要求

(1) 遇到下列情况之一者,应考虑河流改道:

1) 河流直接在矿体上方流过,对地下开采的矿床,不能保证安全或经济上不合理。

2) 河流穿过露天境界边缘或地下开采崩落区,以及因排水影响造成的塌陷区。

3) 因河水大量渗入采区,对边坡或开采有严重不良影响,采用防渗措施不利。

(2) 新河道线路选择:在满足对防洪要求的前提下,改河线路应是线路最短,避免走斜坡,尽量穿越洼地,尽可能避开滑坡、流沙等不稳定土层地段或渗漏严重的地层起终点。应力求顺应河势,交角不要过大。

B　河床防渗的原则要求

(1) 河流位于矿体上方或附近,河床渗漏致使矿坑涌水量增加,或降低露天矿边坡的稳定性,恶化开采技术条件,甚至河水直接灌入矿坑,将会造成突水淹井事故,严重影响矿山安全生产,应进行河床渗漏的防治工作。

（2）对于不宜进行河床改道的渗漏河床,应采用人工防渗河槽或渡槽,防治河水渗漏。

（3）防渗河槽的修建,应有专门设计,并经过上级有关部门审批后实施。

（4）防渗河槽工作期间,每年都要检查是否有槽底渗流、渗漏问题发生,进行水文观测;同时还要逐年测量河槽底板的冲刷腐蚀速度。

14.2.4   地表水治理的其他方法

14.2.4.1   采用钻孔泄水

一般情况下,钻孔泄水很少单独采用,只有当用凹陷露天开采且采场又位于低洼集水地区或位于沼泽、湖滩地带而开采深度又较浅时,才可单独采用周边布置或丛状布置垂直钻孔进行疏水。露天台阶坡面的水平或斜孔常与台阶上的截流明沟结合起来导水。

14.2.4.2   通过井巷引流暗排暗堵

此法主要通过平巷、竖井、斜井和不同角度的钻孔将水引入水仓和集水泵站,而后将水排出。此外,有时也用防水门、防水墙,各类防渗帷幕(注浆、混凝土及旋喷桩连续墙)将水隔于矿区之外的方法。

本系统特点是工程量和一次性投资大,但对凹陷露天矿、涌水量大的地下矿,或是位于江、河、湖、海、沼泽地带底部的特殊地下采矿,可在不留保安矿柱或顶柱的情况下,安全有效地进行开采。

14.2.4.3   综合防治系统与措施

不言而喻,综合防治系统是以上各类措施的组合或部分组合。它既有地面工程又有地下工程甚至兼有各类防渗帷幕。因此,整个系统较为复杂,它适用于地面水量大,积水多,地下涌水量大或岩溶水多的矿区开采。采用的具体方案应根据矿床赋存特点和地质、水文地质构造的具体情况通过技术经济分析比较而定。特殊情况应有如下考虑:

（1）在雨季前,矿山可超前掘出按储排平衡曲线要求的最小储水容积;在雨季最低工作水平可以停产,或最低工作水平采用机动性强的装备等情况下,允许淹没时间可取上限7天。

（2）当矿山采掘工作紧张,采矿工作台阶少,淹没损失较大,对安全持续生产有特殊要求的矿山,其允许淹没时间采用短历时的较高标准,即等于或小于1天。

（3）特殊情况下,如设计暴雨径流量特别大时,对是否允许淹没本水平或上水平挖掘机主电机,应通过技术经济比较来确定。

14.2.4.4   矿床疏干

矿床疏干见本手册2.9节矿山水文地质部分。

14.3   露天矿坑防排水

14.3.1   露天矿坑防排水的作用

露天矿坑防排水的作用主要有:

（1）水分能使矿岩的内摩擦角和凝聚力等物理力学性能指标降低,从而降低边坡岩体的抗剪强度,导致滑坡。大面积的滑坡会切断采矿场内的运输道路和排水管路,甚至掩埋作业区使矿山生产中断。

（2）不论是地下水还是降雨,都会降低掘沟速度,给新水平准备工作造成很大困难;特别是暴雨,往往会淹没采掘设备或造成采矿场的停产事故;大暴雨和雷电的袭击,常摧毁供电线路,致使采矿场作业全部陷于瘫痪;洪水的冲刷,可使大段运输线路被冲毁;暴雨期要出动大批人员防洪抢险,雨后则须对设备、线路组织进行大量的抢修工作才能尽快恢复正常生产,带来的经济损失严重。

（3）当所钻炮孔中的水柱超过一定高度时,钻孔机械的钻进效率明显降低;而且孔壁容易坍落,废孔率增高;往往炸药装不到底,爆破效果不好,大块较多,二次爆破量增加。由于炮孔中有水,需要选用价格较高的防水炸药,装药工时多,从而增加了矿岩爆破费用。

（4）当采掘工作面有水时,场面会凹凸不平,路基下沉,恶化工作环境,使铲装设备的工作效率降低,故障增多,而且维修不便。在严寒地区的矿山,由于地面积水结冰,会妨碍运输线路的铺设和拆迁,不但使生产设备工作困难,时间利用率降低,而且增加诸多不安全因素。

露天矿防治水的主要任务是:利用防治水的工程、设施,拦截、疏导地表水使之不能直接流入采区;把地下水隔离在采区之外,或及时把地下水水位降低到允许值,汇集并把它排出露天矿影响区界限之外。

各种类型的地下水,有多种补给来源,但主要与矿区水文地质条件、地表水体的分布以及降雨量密切相关。地下水流和地表径流之间常相互联系,在有些情况下,地表水可以直接渗入地下,补给地下水,特别是在孔隙或岩溶发育的强含水层区,地表水体很可能成为矿坑涌水的主要水源。

降水径流量的大小,与地区降水的性质、降水强度和连续时间有关。历时短、强度大的暴雨,形成的降雨径流量大,易造成淹没采场的事故。而降雨时间长,降水总量大、强度低,对渗入地下有利,使矿坑地下水涌水量增大。一般说来,我国南方矿区受降雨影响大于北方,而对沿海地区矿床的影响又大于内陆地区。开采位于海、湖泊、水库和河流等地表水体影响范围内的矿产时,既要对地表水体采取严密防范措施,防止其直接溃入采矿场,也要看到地表水体,在适当条件下,可能渗入矿坑成为主要涌水来源的危害。

露天矿防治水工程要依据矿区地形和矿区水文地质及工程地质条件,了解水对露天矿开采可能产生的影响。根据矿山自然因素、工艺因素和围岩必需的疏干程度,即根据矿山不同的具体条件,针对露天矿生产涌水来源及可能产生的危害,因地制宜地进行综合治理,方能在较少的投资和经营费用条件下,获得较好的技术安全效果。

14.3.2　露天矿排水方式分类与系统

露天矿排水方式分类及适用条件见表14-26。

表14-26　露天矿排水方式分类及适用条件

排水方式分类	适用条件	优点	缺点
(1) 自流排水方式	(1) 山坡型露天矿有自流排水条件,部分可适用排水平硐导通; (2) 有旧的井巷设施可利用; (3) 采场集水结冰,不适于露天排水	(1) 节省能源,基建投资少; (2) 井巷对边帮有疏干作用,有利于边帮稳定; (3) 排水经营费很低; (4) 管理简单	(1) 受地形条件限制; (2) 井巷自流排水布置较复杂,基建工程量大,投资高
(2) 露天排水方式:1) 采场底部集中排水系统;2) 采场分段接力排水系统	(1) 集中排水主要适用汇水面积小,水量小的中、小型露天矿; (2) 分段排水主要适用汇水面积大,水量大的露天矿; (3) 采场允许淹没高度大,采场不宜结冰; (4) 采场下降速度慢(分段排水下降速度快)	(1) 基建工程量小,投资少; (2) 施工简单; (3) 排水经营费低(与井巷排水比); (4) 分段截流时,采场底部集水少	(1) 泵站与管线移动频繁,分段排水泵站多,分散; (2) 开拓延深工程受影响; (3) 坑底泵站易淹没
(3) 井巷排水方式:1) 集中一段排水系统;2) 分段接力排水系统	(1) 采场小,排洪泵布设困难; (2) 水量大,新水平准备要求快; (3) 需井巷疏干的露天矿; (4) 深部有坑道可以利用; (5) 采场集水结冰,不适于露天排水	(1) 改善穿爆采装运等工艺作业条件; (2) 对边帮有疏干作用、有利于边帮稳定; (3) 不受淹没高度限制; (4) 泵站固定	(1) 井巷工程量多; (2) 投资高、基建时间长; (3) 设备多,能耗大,前期排水经营费高
(4) 联合排水方式	联合排水方式优于单一排水方式时	充分利用相关排水方式的优点	(1) 排水环节多; (2) 管理较复杂

14.3.2.1　自流排水方式

A　截水沟自流排水系统

山坡露天采场常在边帮平台上布置截水沟,将水导出采场,减小水对生产和边帮稳定的影响。凡有条件的露天矿应尽量采用这一排水方式。

B　井巷自流排水系统

当深凹露天矿采场附近有低于封闭圈一定高度的合适地形时,可采用井巷自流排水,如朱家包包铁矿。

朱家包包铁矿开采境界在 1270 m 水平封闭,采场底标高 1042 m。采场汇水面积 5.74 km²。东采场 1090 m 以上的采场汇水经进水巷和斜井,泄至深部排水平硐,自流入金沙江。西采场及兰尖铁矿的兰家火山采场,前期在 1326 m 以上地面设截水坝,将汇水截入中部排水平硐自流出采场;后期在边帮 1326 m 水平设截水沟,将部分水截入中部排水平硐,其他部分水流入朱家包包铁矿东采场排水系统。1090 m 以下不具备自流条件,故于 1090 m 设深部截水沟,将上部汇水截入深部排水平硐。1090 ~ 1042 m 采用移动泵将水排至深部截水沟。

C 截水沟自流井巷自流排水系统

该系统在采场封闭圈以上用截水沟自流排水,封闭圈以下用井巷自流排水,工作面汇水经进水巷、天井、斜井、排水平硐自流出采场。海南铁矿上部和中部采用这一排水系统。

14.3.2.2 露天采场底部排水系统

A 露天采场底部排水系统分类

按排水系统段数及与露天坑的关系分为:露天采场底部集中排水、分段接力排水、井巷排水。

按排水泵站固定与否分为:

(1)坑底移动泵站集中上排系统。采场坑底的移动泵站,随采场工作面的推进(或下降)而移动(或下降)。泵站可设在地坪上,也可设在泵船上(如茂名油页岩矿),或设在边帮斜坡卷扬道上。采用潜水泵,则可免遭淹没。该排水系统适用于水量小,采场浅和新水平准备时间充裕的采场。

(2)坑底移动泵站-边帮固定泵站排水系统。这种接力排水系统,适用于水量较大,采场较深的露天矿,如大孤山铁矿。

(3)截水沟自流-泵站上排排水系统。当采场的山坡部分具有一定汇水面积时,封闭圈以上设截水沟将水导出采场,封闭圈以下汇水用泵站上排。该系统可减轻水对采场的影响,降低经营费。

(4)分段截流-坑底移动泵站-边帮固定泵站接力排水系统。这种排水系统适用于水量大、下降速度快、新水平准备慢和采场深度大的矿山。黑旺铁矿采用这种排水系统。

B 排水系统分述

a 露天采场底部集中排水系统

这种排水系统是在露天采场底部设储水池和水泵房,使进入到采场的水流全部汇集到坑底储水池,再由水泵经排水管道排至地表。水泵站随露天矿延深而降段。根据泵站移动情况,又可分为半固定式和移动式两类。

(1)坑底储水固定泵站排水方式。坑内储水池设于坑底,水泵房随采掘降深而移动,而相对于储水池为固定的水泵站,即淹没深度不超过水泵之吸程时,水泵站可设在固定位置上,不需要随水池水位的涨落而移设的水泵站。这种排水方式具有泵站结构简单、基建工程量小、投资少等优点。此种排水方式适用涌水量不大和少雨地区的较浅的露天矿;对地下水大、多雨地区和开采深度大的露天矿只能配合疏干工程联合应用,但应尽量避免单独采用这种排水方式。

(2)坑底储水移动泵站排水方式。储水池设于露天矿最低工作水平,当淹没深度超过一般离心泵吸程时,水泵房设在浮船上或泵车上,随着坑内储水池水位的涨落而移动,以使暴雨和正常时期水泵均能工作。此种方式适用于多雨地区的露天矿排水。

1)浮船泵站排水(图 14-6)。浮船泵站排水优点:

① 生产安全可靠,水涨船高,不淹泵站。

② 采用套筒式联络管,在矿坑水位涨落幅度很大时也可不换管道接头,由套筒式联络管进行调节(上下左右的摇摆均能调节),生产管理方便。

③ 泵船可长期使用,投资较少。

④ 水泵吸程小,工作稳定,效率较高。

这种排水方式,在多雨地区长度较大的大型露天矿,矿体呈缓倾斜,矿体和围岩属于强度低的软岩,降深速度不大,有足够的地方作为泵船经常工作和浮动的水池,并有固定帮设置活动接头管道基础及铺设管子的条件时,适用浮动泵站排水。

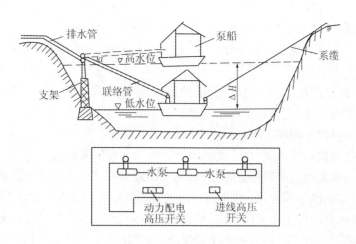

图 14-6　浮船泵站布置

2）台车泵站排水。将普通离心式水泵安设在可移动的水泵车上,利用绞车或其他动力牵引移位。当露天采场沟底水位淹深超过水泵吸程时,水泵可进行移位,避免受淹。其主要缺点是移动不方便,在坑内水位暴涨时,常常来不及移动,使水泵受淹,造成矿山停产。这种排水方式适用于少雨地区、汇水面积小的中小型露天矿。

（3）坑底储水潜水泵站排水方式。这种方式利用水泵和电动机均在水下作业的潜水泵排水,是露天矿采用明排坑底储水方式中较为理想的一种排水设备。

b　分段接力排水系统

降雨量大的露天矿,或者第四系孔隙含水层发育,地下涌水量大时,在有条件分段截流的情况下,经技术经济比较,可采用分段截流接力排水系统。此系统是由平台固定泵站与坑底泵站或井下泵站联合组成。

在露天边坡较缓的非工作帮,汇水面积较大或露天开采到较大的深度,在一定标高的平台上建立固定的接力泵站,并能通过开拓运输坑线的边沟或建某些引导水沟,将水流引导到泵站的可能工作条件下,采用这种露天边帮分段截流的排水系统是合适的。它可避免水流淌至坑底而增加电力消耗并能减少坑底的储水量。边帮固定泵站还可作为坑底泵站的接力泵站,从而使坑底泵站便于搬迁。

为拦截降雨径流而设置的分段截流泵站,在一般没有特大平台的露天矿,必须有足够大的截水沟和边帮储水池来保证,也就是说既有截流又有储排平衡问题。否则,由于暴雨集中,在水沟较小而且又没有大型储水池的情况下,设在边帮的固定泵站,只能拦截一小部分上部边帮下来的径流,而大部分水流,又会溢流到坑底。

露天矿底部集中排水和分段截流接力排水系统分别如图 14-7 和图 14-8 所示。

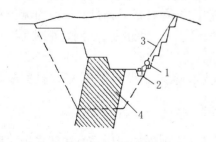

图 14-7　露天采矿场底部集中排水方式系统
1—水泵；2—水仓；3—排水管；4—矿体

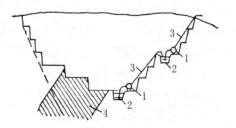

图 14-8　露天采场分段截流接力排水系统
1—水泵；2—水仓；3—排水管；4—矿体

14.3.2.3　井巷排水方式

井巷排水方式是由泄水系统、储水系统和排水系统组成。坑底径流,经由水沟、泄水系统流入地下集水巷道,积于坑内水仓,然后由水泵排至地面。与露天矿坑水明排方式相比,井巷排水优点如下：

（1）泵站管线均在地下,对采剥生产无干扰。

（2）井巷工程可起预先疏干地下水的作用,采场处于疏干状态,采掘作业条件好,设备效率高,降低开采成本。

（3）泵站集中,排水设施固定,安全、可靠、易维护保养,生产管理简单。

（4）深部排水降低了地下水位,有利于新水平开拓和边坡稳定。

（5）排除的矿坑水可供综合利用。

（6）水泵站如采用普通离心式水泵,也不受露天坑底淹没深度的限制。

井巷排水方式中的泄水系统的布置形式很多,国内金属露天矿多采用场外斜井泄水;而露天煤矿均采用场内斜井泄水;此外还有钻孔泄水等方式。采用钻孔泄水系统时,除需要有大口径高效率的钻机外,钻孔施工技术要求严格,而且泄水孔的施工和应用,与采掘作业有不同程度的干扰,还存在降段问题,管理复杂。因此,采用泄水钻孔泄水时,必须有严格的维护与防堵措施,且泄水孔不宜过深。采场内斜井泄水系统,可节省向每个水平的泄水联络平巷和天井等大量工程,但在经常爆破条件下维护工作困难,存在妨碍运输工作,与采剥作业有不同程度的干扰,并有降段管理复杂等问题;水流通过斜井把大量泥砂带入井巷系统,淤塞巷道,清理工作量大而且困难。国内金属露天矿多采用场外斜井泄水系统,露天坑底的水流经泄水联络平巷进入泄水斜井。这种泄水方式,技术上优点较多,不存在场内斜井和钻孔泄水方式的缺点,但开凿大量泄水联络平巷和天井的工程量较大,而且施工技术较为复杂。露天矿坑常采用的不同方式的巷道泄水系统分别如图14-9和图14-10所示。

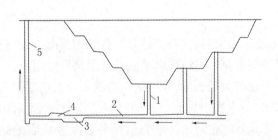

图14-9　露天矿垂直泄水的地下井巷排水系统
1—泄水井(或钻孔);2—集水巷道;3—水仓;4—水泵房;5—竖井

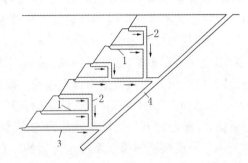

图14-10　露天矿水平、垂直、倾斜巷道排水系统
1—泄水平巷;2—泄水天井;3—集水平巷;4—泄水斜井

井巷断面应满足施工、泄水及检查维护的要求。泄水系统底部常处于高压水冲击之下,必须考虑消能设施,除井底设消能跌水井,加强下部支护结构及有一定长度的消能平巷外,最好以分段泄水来消能,防止泄水系统受堵和采场碎石随洪水冲入其间;此外,泄水口还应采取滤水措施。

国内外露天矿生产实践证明,深凹露天矿采用井巷排水,在技术上具有许多优点。凡是采用井巷排水方式的露天矿(包括煤矿在内),基本上保证了雨季和冬季正常生产;在日常采掘过程中坑内无积水;而采用坑底集中排水等明排方式的一些露天矿,不但地处多雨地区的和地下水大的露天矿问题很多,甚至在雨水和地下水都不大的生产矿山,也都存在一些必须解决的排水问题。

尽管井巷排水优点很多,但它存在基建工程量大、施工技术复杂、建设期限长、基建投资多等严重缺点。因此,在实际应用中受到一定限制。

井巷排水方式有以下几种系统:

（1）采场外井巷(含钻孔)泄水-地下泵站上排排水系统。南山铁矿凹山采场初期采用这种排水系统。凹山采场开采境界在45m水平封闭采场汇水面积0.6km²。地下泵站设于-60m。采场汇水经进水巷、天井、斜井泄入储水巷,由-60m泵站经排水斜井上排地表。现采场集水为酸性水,由设在采场的移动泵直接排到设有酸性水处理的地面池塘中,地下泵站只排井巷涌水。

（2）上部截水沟自流-深部采场外(内)井巷(井)泄水-地下泵站上排排水系统。大冶铁矿东露天采场分两期开采。地表至-50m为一期开采范围。封闭圈标高为72m。72m以上设截水沟自流排水;72m以下汇水面积为 0.64 km², 采场外设泄水平巷、天井、斜井, 将水泄入 −50 m 储水平巷, 然后由 −50 m 泵站经中央竖井上排地表。

(3) 深部截水沟 – 采场外井巷泄水排水系统。大冶铁矿东露天二期开采范围为 −50 ~ 180 m。二期排水系统: 由采场截水沟将水引入泄水平巷或天井, 泄入 −180 m 储水巷; 工作面汇水经采场外井巷泄水系统泄至 −180 m 储水巷。汇水由 −180 m 泵站经中央竖井排到 −50 m 泵站再转排地表。在象鼻山北帮设截水储水沟及固定泵站将水上排地表。

14.3.2.4　联合排水方式

为充分利用不同排水方式的优点, 一个采场常采用两种或两种以上的排水方式。其联合方式有:

(1) 井巷自流和露排的联合排水方式。如海南铁矿, 采场封闭圈以上用截水沟自流排水, 采场中部用井巷自流排水, 下部用露天排水方式。海南铁矿开采境界在 168 m 水平封闭。180 m 以下汇水面积为 0.46 km²。设计采用井巷自流及露排联合排水方式。在 180 m 及其上部设截水沟, 将上部水截住自流出采场。180 ~ 84 m 工作面汇水通过进水巷、天井、排水平硐自流排入石碌河, 并在 108 m、84 m 设截水沟将水导入井巷自流排水系统。84 ~ 0 m 的汇水通过移动泵站和 48 m 固定泵站接力送到 84 m 截水沟入井巷自流排水系统。

(2) 露排与井排的联合排水方式。如司家营铁矿采场上部采用露天排水方式, 中部用井巷排水方式, 下部用露天排水方式。司家营铁矿开采境界在 24 m 水平封闭。采场汇水面积 5.5 km²。设计采用露排及井排联合排水方式。−60 m 至地表采用露排设移动泵, 直接将水排到地面。−60 ~ −444 m 用井巷排水方式。为降低经营费, 一期地下泵站设在 −228 m, 把水直接送到地面; 二期井下泵站设在 −444 m, 把水扬到 −228 m 泵站转排至地面。

(3) 井巷自流与井排联合排水方式。

14.3.3　露天矿排水方案选择原则

露天矿排水方案选择原则为:

(1) 露天矿尽量采用自流排水方案, 必要时可以专门开凿部分疏干平硐以形成自流排水系统。

(2) 露天和井下排水方式的确定。对水文地质条件复杂和水量大的露天矿, 首要问题是确定用露天排水方式, 还是采用井巷排水方式。生产实践证明, 采用露天排水方式对矿山生产和各工艺过程生产设备效率的影响都很大。当不采用矿床预先疏干措施时, 应尽量考虑井下排水方式为宜。

一般水文地质条件简单和涌水量小的矿山, 以采用露天排水方式为宜, 但对雨多含泥多的矿山, 也可采用井下排水方式, 以减少对采、装、运、排 (土) 的影响。

(3) 露天采矿场是采用坑底集中排水还是分段截流永久泵站方式, 应经综合的技术经济比较后确定。

露天矿坑排水方案比较见表 14-27。

表 14-27　露天矿坑排水方式

坑底排水方式	优　点	缺　点	使用条件
自流排水方式	安全可靠; 基建投资少; 排水经营费低; 管理简单	受地形条件限制, 有时需做少量开拓工程	山坡型露天矿有自流排水条件, 部分可利用排水平硐导通
露天采矿场底部集中排水方式 半固定式泵站移动式泵站	基建工程量小, 投资少; 移动式泵站不受淹没高度限制; 施工较简单	泵站移动频繁, 露天矿底部作业条件差, 开拓延深工程受影响; 排水经营费高; 半固定式泵站受淹没高度限制	汇水面积小, 水量小的中、小型露天矿; 开采深度浅, 下降速度慢或干旱地区的大型露天矿也可采用
露天采矿场分段截流永久泵站排水方式	露天矿底部水平积水较少, 开采作业条件和开拓延深工程条件较好; 排水经营费低	泵站多、分散; 最低工作水平仍需有临时泵站配合; 需开挖大容积储水池、水沟等工程, 基建工程量较大	汇水面积大, 水量大的露天矿; 开采深度大, 下降速度快的露天矿
井巷排水方式	采场经常处于无水状态; 开采作业条件好; 为穿爆装运等工艺作业创造良好条件; 不受淹没高度限制; 泵站固定	井巷工程量多, 基建投资多; 基建时间长; 前期排水经营费高	地下水量大的露天矿; 深部有坑道可以利用; 需预先疏干的露天矿; 深部用坑内开采、排水巷道后期可供开采利用

14.3.4　排水工程构筑物

14.3.4.1　排水沟

露天采矿场的排水沟按服务时间长短分为永久排水沟和临时排水沟。

A　排水沟的布置

a　永久排水沟

永久排水沟是为永久固定泵站服务的排水沟,是保证储排平衡的重要组成部分。它的作用不仅将泵站担负的汇水面积上的水流集中引导到储水池或水仓中去,而且也起到露天采矿场内截水沟的作用。一般情况下,在非工作帮的下列位置应考虑设沟:

(1) 在主要含水层的底板所在的水平设沟。

(2) 每个永久固定泵站所在水平要设沟。至于两个固定泵站之间的各阶段平台是否都需要设沟,要根据边坡稳定情况,汇水量大小以及采掘运输工作要求而定。

b　临时排水沟

临时排水沟是为疏导采矿场工作帮水流和新水平准备时为最大限度的减少开沟时水量而在上一水平沿沟边设置。

B　排水沟流量计算及断面设计

排水沟流量计算应包括地下水流量和降雨径流量,其计算方法和参数标准与14.2.2 截水沟相同。

排水沟断面设计原则:

(1) 水沟坡度,一般不小于3‰。

(2) 水沟的充满度采用0.75。

(3) 护砌的水沟建议采用矩形断面;不护砌的水沟一般采用梯形断面。

(4) 水沟设计流速不应超过土壤最大允许流速数值。

14.3.4.2　储水池或水仓

按工作状态可分为起调蓄作用和不起调蓄作用两种储水池。前者应用在永久固定泵站,后者适用于坑底最低工作水平的临时泵站。

A　起调蓄作用的储水池

这种储水池的作用是集中排水沟引导来的水流,供水泵排除,当流量超过设备能力时,储水池有一定储水能力可起调节作用。

储水池设在露天端帮或非工作帮的与采矿无干扰的适宜地方。一般情况下只考虑在平台上开挖露天储水池,当无适宜地点布置时,如开挖水池可能引起大量土方工程或者储水池维护在技术上不可能或存在其他困难时,才考虑硐室储水方式。

储水池的容积,应根据排水设备能力,矿坑涌水量的大小,以储排平衡观点,进行经济技术分析后合理地确定。

储、排的合理容积,取决于设计暴雨频率和水泵排除采矿场涌水所需的时间。

储水池的调节容积,一般可用图解法确定,如图 14-11 所示。

以横坐标代表时间 t,纵坐标代表水量 Q,在图上绘制水泵排水量曲线(直线)和径流量(降雨径流量和地下涌水量之和)累积

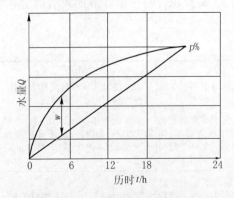

图 14-11　调节容积图解法

曲线(抛物线),两线交点所对应的时间就是水泵将全部径流量排除所需的时间。在此以前两曲线间在纵坐标上的差值,就是在不同的时间内径流量超过排水量的部分,也就是需要由储水池调节平衡的水量。在矿坑水排除时间确定之后,两曲线间在纵坐标的最大差值,就是储水池的调节容积。

从图14-11中可以看出，排水设备所不能担负的水量的最大差值不是固定不变的常数，对同一径流量曲线，当选择的水泵能力不同时，即排除径流量所需的时间变化时，其值也随之变化。由于排水设备与储水池工程的造价各不相同，这就形成了经济上有可比因素。但是合理的储排容量，单纯的经济比较，并不是在所有的情况下都是合理的，设计中必需考虑到电源，设备来源，储水池工程布置的条件和施工难易程度，矿坑水的来源及特点，设备利用率等因素，综合分析确定。

对于地下井巷排水方式，储水池由地下水仓巷道代替（暴雨时期巷道也允许储水），其容积同储水池一样，用合理的储排平衡确定。但当坑底允许短时间内受淹，则设计可以利用坑底容积作部分储水池，从而节省大量巷道工程量。

B　不起调蓄作用的储水池

储水池仅起集水井的作用，而对排水量不起调节作用。一般取半小时涌水量的容积即可。

这种储水池适用于坑底集中排水方式和临时泵站或者倒段泵站。

14.3.4.3　井巷排水方式的泄水构筑物

A　泄水构筑物类型

井巷排水方式的泄水构筑物，是将露天采场水流引入坑内排水巷道中的构筑物。

国内深部露天矿现有两种形式，其一为在非工作帮围岩中打泄水天井（场外泄水方式），泄水天井与露天采场各水平有引水平硐与之沟通；另外一种形式是场内泄水方式，利用在采场中间开凿的斜井或天井直接将采场内的矿坑水放入地下排水巷道，可以节省引水平硐，但维护工作条件较差，有时妨碍运输工作。所开凿的井巷，其断面应满足施工、泄水及工程的检查维护的要求。

B　泄水方式的选择

泄水方式的选择，应根据排水和采矿工程的具体布置情况，仔细进行技术经济比较之后确定。一般来说，当开采深度较大和水量较大的矿山，井巷泄水系统安全可靠，排泄涌水的效率较高，应优先考虑选择。

泄水系统底部处于高压水冲击之下时，需根据围岩地质条件，考虑消能措施，一般可采用跌水井、消能平巷或分段泄水消能。

14.3.4.4　新水平过渡排水设施

露天矿深部排水不论采用任何方式，都不能满足新水平准备阶段的排水要求。因此设计中需要单独考虑开斜沟、堑沟和局部扩帮阶段的排水问题。降雨径流量计算与露天采矿场降雨径流量的计算方法相同。但其中的汇水面积应采用露天坑底最低工作水平泵站投入运转前的最不利时期的汇水面积（包括上一水平的临时排水沟圈定的面积）；而设计暴雨量选择为1 h 的暴雨量，当设计采用避开雨季开沟时，则可按多年1天最大降雨量的平均值计算。

根据露天采场新水平准备的工程特点，应采用能适应排水设施移动频繁的低扬程轻便的排水设备。

如果采用入车沟全长一次爆破分层铲装开沟法，可在沟头或其他适宜地点设置集水井，使沟内水流全部流于井中，泵体固定在集水井上而不必多次移设。而对地下井巷排水方式，一次长区段爆破可能很快使新水平与泄水系统联系起来，则降雨径流和地下水可通过爆堆渗透到泄水系统中去。

14.4　地下矿防排水

14.4.1　地下矿排水方式及系统

14.4.1.1　排水方式

地下矿排水，在有条件的地方应尽可能采用自流排水。自流排水有投资省，经营费少，管理简单和生产可靠等明显优点，因而在地形条件允许的情况下，即使在自流排水的投资明显高于机械排水时，但考虑到常年经营费的节省和生产的方便可靠，也应优先采用自流排水。故有的生产矿山在已有机械排水的情况下仍不惜投资开掘专门的放水长平硐。

一般地下矿由于条件所限,均采用机械排水方式。

14.4.1.2　排水系统

A　直接排水和接力排水

直接排水系统如图14-12(a)、图14-12(b)、图14-12(e)所示,接力排水系统见图14-12(c)、图14-12(d)所示。

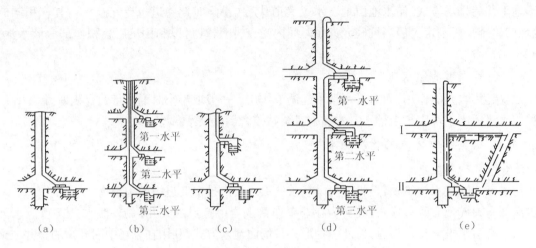

图14-12　直接排水和接力排水系统

(a)单个水平直接排水系统;(b)多个水平直接排水系统;(c)设有辅助排水设施的接力排水系统;
(d)接力排水系统;(e)有泄水管(孔)的直接排水系统

直接排水又分单水平直接排水和多水平直接排水系统。

设计中排水系统的方式,可通过技术经济比较确定。单个和两个水平直接排水系统比较内容,见表14-28。

表14-28　排水系统比较内容

排水系统	基建投资/万元			年经营费/万元	两方案费用差额/万元	
	设备及材料	井巷工程	合计		基建投资Ⅱ-Ⅰ	年经营费Ⅱ-Ⅰ
Ⅰ.两个水平直接排水方案。两个水平均设排水泵站,将水直接排至地表						
Ⅱ.单个水平直接排水方案。一个水平设排水泵站,将水直接排至地表						

在一般涌水量及各阶段水量较均衡的情况下,设计在开采初期因同时工作阶段数不多,通常采用下部水平一段直接排水的方案,而将上部阶段的涌水引入该水平。当开采日久,阶段向下延深,排水水平下降时,才考虑分段接力排水与一般直接排水的方案比较。

直接排水和接力排水系统的优缺点及适用条件见表14-29。

表14-29　直接排水和接力排水系统比较

排水系统	优　点	缺　点	适　用　条　件
直接排水	(1)不受其他泵站影响,运行管理简单; (2)基建投资少	上部水量流入下部阶段排出,增加了排水电耗	(1)涌水量不大,尤其适于上部涌水量小、下部阶段涌水量大的矿井; (2)矿井深度不太大,开采水平不多
接力排水	(1)排水设施布置灵活性大; (2)排水电耗少	(1)基建投资大; (2)增加了排水系统环节; (3)泵站间有制约干扰	(1)矿井深度大; (2)涌水量大,尤其是上部涌水量大,或各阶段开采时间短的矿山

B　集中排水和分区排水

集中排水系统如图14-13所示。分区排水系统是在矿井(区)内的各个分区由几个排水系统分别排出涌水。集中排水和分区排水系统比较见表14-30。

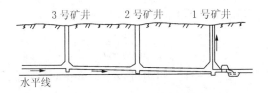

图 14-13 集中排水系统

表 14-30 集中排水和分区排水系统比较

排水系统	优 点	缺 点	适 用 条 件
集中排水	(1) 基建投资少； (2) 经营费用较低； (3) 管理较简单	对水量大，矿床规模大的矿山要预先开掘较大的巷道及水沟	涌水量不大矿区范围小的矿井
分区排水	(1) 排水独立性强； (2) 疏干排水效果好	(1) 分散，管理不便； (2) 工程量有时较大	矿床规模大，水量大，走向长，井筒个数多，或矿区内水文地质、水质变化大的矿山

个别情况下,如涌水量小的浅部矿体,距井底车场较远,设计可以采用小井或大钻孔作排水管将水直接排至地表,钻孔作排水管(图 14-14)。

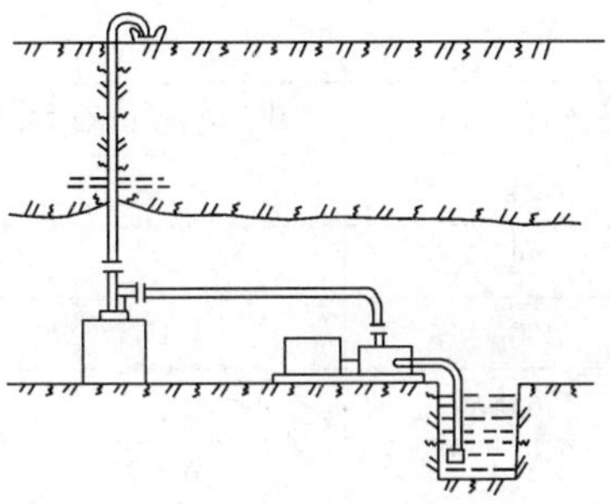

分区或集中排水方案应根据矿山具体地质、水文地质条件、开拓和开采顺序等,通过多方案比较后确定。

一般情况下都采用集中排水,矿井较深、水量较大时,采用接力排水。矿井水文地质复杂、涌水量大时,初期的主排水泵站不宜设在最低水平。

地下排水设施包括泵房、水仓、沉淀池、清仓排泥等工程。

按水泵的进水方式不同,泵房布置型式分吸入式和压入式两种,另外,还有潜水泵排水方式。

图 14-14 钻孔排水

14.4.2 排水设备的选择计算

(1) 按正常涌水量计算排水设备的排水能力 Q_1。

$$Q_1 = Q_r/20 \tag{14-28}$$

$$H_1 = K(H_h + 5.5) \tag{14-29}$$

式中　Q_r——矿井正常涌水量,m^3/d;

　　　K——扬程损失系数,对于竖井,$K = 1.1$;对于斜井,$K = 1.20 \sim 1.35$,倾角大时取小值;

　　　H_h——井筒深度,m。

根据 Q_1 和 H_1 初选水泵型号,确定其流量 $Q(m^3/h)$ 和扬程 $H(m)$。

(2) 所需水泵台数。正常涌水量期间所需水泵的工作台数 n_r 用式(14-30)计算:

$$n_r = Q_1/Q \tag{14-30}$$

式中　Q——一台水泵的排水能力,m^3/h。

(3) 水泵工作时间。正常涌水量期间一昼夜内水泵工作时间 T_r 用式(14-31)计算:

$$T_r = Q_r/(n_r Q) \tag{14-31}$$

式中　n_r——正常涌水量时的水泵工作台数。

(4) 排水管直径。按式(14-32)计算值选取标准管径(公称直径)D_g:

$$D_g = \sqrt{\frac{4Q}{3600\pi v_d}} \tag{14-32}$$

式中　v_d——排水管中水流速度,m/s,取:$v_d = 1.5 \sim 2.2\ m/s$。

（5）水流速度。排水管中的实际水流速度 v_d 用式（14-33）计算：

$$v_d = \frac{4Q}{3600\pi D_g^2}$$ (14-33)

常用管径、流速与流量的关系见表14-31。如超过表中最大值，将使管路损失显著增加。

表14-31　常用管径 D_g、流速 v_d 与流量 Q 的关系

流速 v_d	管径 D_g							
	75 mm	100 mm	125 mm	150 mm	200 mm	225 mm	250 mm	300 mm
	流量 $Q/(\text{m}^3/\text{h})$							
1.5 m/s	24	43	67	95	170	216	265	383
1.75 m/s	28	50	78	110	198	252	310	446
2 m/s	32	57	89	128	227	288	364	510
2.2 m/s	35	63	98	140	249	317	390	562

管路最大的流量及流速限制见表14-32。

表14-32　管路最大的流量及流速限制

管路直径/mm	最大流量/(L/s)	最大流速/(m/s)	管路直径/mm	最大流量/(L/s)	最大流速/(m/s)
25	1	2.04	125	30.0	2.44
38	2.5	2.21	150	43.0	2.45
50	4.17	2.12	175	60.0	2.49
65	6.67	2.01	200	83.3	2.69
75	10.00	2.26	250	133.3	2.72
100	18.4	2.33	300	192.0	2.71

（6）吸水管直径。吸水管直径 d_s 一般比排水管直径 D_g 大一级，即：

$$d_s = D_g + 25$$ (14-34)

根据计算值 d_s，从管材产品明细表中选取标准管径。

（7）吸水管流速。水泵吸水管的实际流速 v_s 用式（14-35）计算：

$$v_s = \frac{4Q}{3600\pi d_s^2}$$ (14-35)

吸水管中实际流速一般取 0.8~1.5 m/s。

（8）扬程损失。管路系统的总扬程损失用式（14-36）计算：

$$H_{at} + H_{st} = \lambda \frac{L_j}{D_g} \frac{v_d^2}{2g}$$ (14-36)

式中　H_{at}——排水管路扬程损失，m；

　　　H_{st}——吸水管路吸程损失，m；

　　　L_j——管路计算长度，等于实际长度加上底阀、异形管、逆止阀、闸阀及其他部分补充损失的等值长度，m，管件折合成直线管路的等值长度，见表14-33；

　　　λ——水与管壁摩擦的阻力系数，查表14-34或由式（14-37）计算：

$$\lambda = \frac{1}{\left(1.74 + 2\lg\dfrac{D_g}{2K_1}\right)^2}$$ (14-37)

　　　K_1——管材影响系数，mm，焊接管，取 $K_1 = 1.1~1.3$ mm；无缝钢管，取 $K_1 = 1.01~1.07$ mm。

管路总损失计算如下：

表 14-33　管件等值长度　　　　　　　　　　　　　　　　　　　　（m）

管件名称	管件内径										
	75 mm	100 mm	125 mm	150 mm	200 mm	250 mm	300 mm	350 mm	400 mm	450 mm	500 mm
	管件的等值长度 L_s										
带滤网的底阀	15	18	23	27	34	39	41	45	50	52	53
闸阀	0.45	0.66	0.87	1.31	1.64	2.20	2.78	3.40	4.00	4.67	5.34
逆止阀（开启40°）	25	31	36	43	48	52	56	60	64	68	72
逆止阀（开启50°）	20	21	24	29	36	39	41	45	50	54	58
弯头	0.45	0.66	0.89	1.31	1.64	2.20	2.78	3.40	4.00	4.67	5.34
异径管	1.79	2.63	3.55	4.52	6.58	8.80	11.10	13.60	16.00	18.70	21.40
合流三通	5.38	7.89	10.65	13.55	19.73	26.41	33.30	40.70	48.00	56.00	64.10
单流三通	3.59	5.26	7.10	9.04	13.16	17.61	22.20	27.10	32.00	37.30	42.30
分流三通	2.69	3.95	5.33	6.78	9.83	13.20	16.70	20.40	24.00	28.00	32.00
直流三通	1.79	2.63	3.55	4.52	6.58	8.80	11.10	13.60	16.00	18.70	—

注：$L_s = \dfrac{\psi D_g}{\lambda}$。

表 14-34　水和管壁摩擦的阻力系数 λ 值

管路直径/mm	50	75	100	125	150	175	200	225
λ	0.0455	0.0418	0.0380	0.0352	0.0332	0.0316	0.0304	0.0293
管路直径/mm	250	275	300	325	350	400	450	500
λ	0.0284	0.0276	0.0270	0.0263	0.0258	0.025	0.0241	0.0234

1）排水管中扬程损失 H_{at} 为：

$$H_{at} = \left(\psi_1 + \psi_2 + n_3\psi_3 + n_4\psi_4 + \psi_5 \right)\frac{v_d^2}{2g} \qquad (14\text{-}38)$$

式中　ψ_1——速度压头系数，取 $\psi_1 = 1$；

　　　ψ_2——直管阻力系数，$\psi_2 = \lambda L_d / D_g$；

　　　ψ_3——弯管阻力系数，见表 14-35；

　　　n_3——弯管数量，个；

　　　ψ_4——闸阀阻力系数，见表 14-35；

　　　n_4——闸阀数量，个；

　　　ψ_5——逆止阀阻力系数，见表 14-35。

表14-35　局部阻力系数

异形管件与零件名称	图 例	阻力系数	异形管件与零件名称	图 例	阻力系数
单流三通管		2.0	弯管		0.76 ~ 1.0
合流三通管		3.0	弯头		0.88 ~ 1.22
分流三通管		1.5	急胀		0 ~ 0.81
直流三通管		0.05 ~ 0.1	急缩		0 ~ 0.5
斜下支流三通管		0.5	闸阀		0.25 ~ 0.5
斜上支流三通管		1.0	旋转阀		1.0
斜下锐角支流三通管		3.0	逆止阀		5 ~ 14
斜直流三通管		0.05 ~ 0.1	底阀(带格阀)		5 ~ 10
锐边进入管		0.5	球形阀		3.9
圆滑锐边进入管		0.25	弯角阀		2.5
扩张异径管		0.22 ~ 0.91	直角阀		0.5 ~ 1.6
收缩异径管		0.16 ~ 0.36	伸缩节		0.21
锐边突出进入管		0.25	管子的焊缝		0.03
进入水槽管		1.0	无底阀的滤水网		2 ~ 3

排水直管总长 L_d :

$$L_d = H_h + L_1 + L_2 + L_3 + h_1 + h_2 \tag{14-39}$$

式中　H_h——井筒深度或斜井长度,m;

　　　L_1——水泵房长度,m;

　　　L_2——地面上的排水管长,m;

　　　L_3——斜巷道长度,m;

　　　h_1——从井底车场至支承弯管间的高度,m;

　　　h_2——管子超出井口水平高度,m。

2) 吸水管中吸程损失 H_{st} 为:

$$H_{st} = (\psi_2' + n_3' \psi_3' + \psi_4') \frac{v_d^2}{2g} \tag{14-40}$$

式中　ψ_2'——吸水管直管阻力系数,$\psi_2' = \lambda L_s / d_s$;

　　　L_s——吸水管长度,m;

　　　ψ_3'——吸水管弯管阻力系数,见表14-35;

　　　n_3'——吸水管上的弯管数量,个;

　　　ψ_4'——逆止阀和滤网的阻力系数,见表14-35。

　　为了计算的简便,可以按表14-33和表14-36估算为每100 m直管摩擦损失值,也可以利用绘成的图线计算图(图14-15)确定扬程的损失。

表 14-36　100m 长度的直管摩擦损失估算　　　　　　　　(mm)

流量	1L/s	2L/s	4L/s	6L/s	8L/s	10L/s	15L/s	20L/s	25L/s	30L/s	40L/s	50L/s	60L/s	70L/s	80L/s	90L/s	100L/s	110L/s	120L/s	130L/s	140L/s	160L/s	180L/s	200L/s
25mm	32.7	130																						
38mm	3.5	14	55																					
50mm	0.8	3.1	13	29																				
65mm		0.8	3.2	7.1	13	20																		
75mm		0.4	1.6	3.3	5.9	9.6	21.6																	
100mm			0.4	0.8	1.3	2.1	6.8	8.6	13	19.4														
125mm				0.23	0.4	0.63	1.3	2.7	4.1	5.9	10.7													
150mm					0.16	0.26	0.58	1.1	1.6	2.3	4.2	6.4	9.4											
175mm						0.11	0.27	0.5	0.74	1.05	1.9	2.9	4.3	5.8	7.7	9.6								
200mm						0.13	0.26	0.37	0.53	0.95	1.5	2.1	2.9	3.7	4.7	6.1	7.2	8.5						
250mm							0.07	0.12	0.18	0.30	0.48	0.68	0.93	1.2	1.5	1.9	2.3	2.8	3.3	3.7	4.9	6.3		
300mm								0.07	0.12	0.19	0.27	0.37	0.49	0.61	0.76	0.9	1.1	1.3	1.5	2.0	2.4	3.0		

注:此表磨损值以新钢管为标准,旧管加倍。

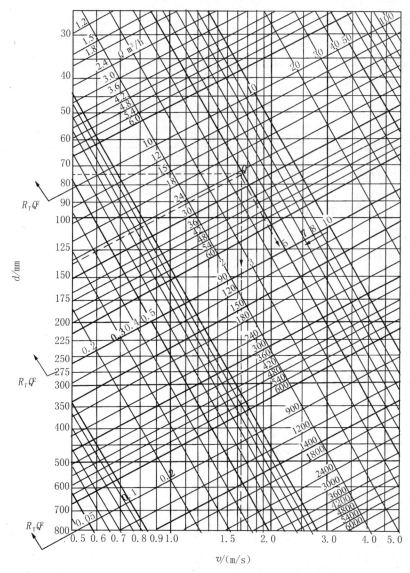

图 14-15　管道扬程损失计算(每 100m 长管的损失)

注:图中水平线为管中流速 v(m/s),垂直线为管径 d(mm),左斜线为泵扬量 Q(m³/h),右斜线为每 100m 管道的扬程损失 $R_T Q^2$(kPa)。

求法:已知 d 点沿水平线与左斜线上的 Q 点(已知)相交,画垂直线求得 v,再由 d 与 Q 的交点沿右斜线与标有 $R_T Q^2$ 数值的左斜线相交求 $R_T Q^2$ 值(每 100m 长管道的损失)

若矿井水质易使排水管产生淤泥而增加排水阻力时,应将计算管路损失乘以适当的系数。

(9) 吸水高度。受海拔高度影响,海拔高度越高,吸水高度越小。地处高山地区,应按式(14-41)求出水泵的几何吸水高度 H_s:

$$H_s = H_{st} - (10 - H_w) - H'_{sf} - \frac{v_s^2}{2g} + (0.24 - H_0)　　　　(14-41)$$

式中　H_{st}——水泵样本中的最大允许吸上真空高度,m;

　　　　H_w——水泵安装地点的大气压力水头,m,见表14-37;

　　　　H_0——饱和蒸气压力水头,m,其值与水温有关,见表14-38;

　　　　H'_{sf}——吸水管路及局部水头损失之和,m;

　　　　0.24——水温为20℃时的饱和蒸气压力水头,m。

表 14-37　按海拔高度而定的大气压力

海拔高度/m	-600	0	100	200	300	400	500	600	700
大气压力/kPa	11.3	10.3	10.2	10.1	10.0	9.8	9.7	9.6	9.5
海拔高度/m	800	900	1000	1500	2000	3000	4000	5000	—
大气压力/kPa	9.4	9.3	9.2	8.6	8.4	7.3	6.3	5.5	—

表 14-38　按水温而定的饱和水蒸气压力

水温/℃	0	5	10	15	20	30	40	50	60	70	80	90	100
饱和水蒸气压力/kPa	0.06	0.09	0.12	0.17	0.24	0.43	0.75	1.25	2.0	3.17	4.8	7.1	10.33

(10) 水泵总扬程。运行水泵的总扬程 H 可用式(14-42)计算:

$$H = H_a + H_s + H_{af} + H_{st}　　　　(14-42)$$

式中　H_a——水泵轴中心至排水管地面出水口的高差,m。

(11) 选择水泵。选择水泵的扬程应比计算值大5%~8%,这是考虑水泵经过磨损使扬程降低、管壁积垢、阻力增加时所需的余量扬程。新泵的工作工况点最好在水泵最高效率点的右侧。工况点效率不应低于最高效率的0.85倍。

水泵工况点的确定顺序如下:

1) 确定水泵级数。水泵级数 n_a 为:

$$n_a = H/H_e(取整数)　　　　(14-43)$$

式中　H_e——所选水泵一级的额定扬程,m,一般水泵每级扬程为20~40m。

2) 确定水泵工况点。管路阻力 R 为:

$$R = \frac{H - H_t}{Q^2 n_a}　　　　(14-44)$$

式中　H_t——吸水面至排水口几何高差,m,$H_t = H_a + H_s$;

　　　　n_a——所选水泵级数。

按 $H = H_t + RQ^2$,在水泵特性曲线上绘出管路特性曲线,如图14-16所示。两条曲线的交点 M 为水泵的工况点。该点对应的 Q_1、H_1 和 η_1 即为水泵工作时的流量、扬程和效率。

(12) 水泵轴功率。运行水泵的轴功率 N_ϕ (kW)用式(14-45)计算:

$$N_\phi = \frac{Q_1 H_1 \gamma_0}{3600 \times 102 \eta_1}　　　　(14-45)$$

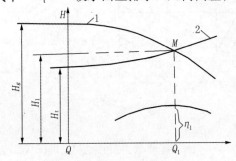

图 14-16　水泵工作时特性曲线

1—Q-H特性曲线;2—管路特性曲线

式中　γ_0——矿井水的容重,一般取 1050 kg/m³。

（13）电动机容量。电动机容量 N_c(kW)可用式(14-46)计算：

$$N_c = kN_{\phi}/\eta_c \tag{14-46}$$

式中　η_c——传动效率，对于直联取1，用联轴节取 0.95～0.98；

　　　k——储备系数。当 $Q < 20\,m^3/h$，$k = 1.5$；$Q = 25～80\,m^3/h$，$k = 1.3～1.2$；$Q = 80～300\,m^3/h$，$k = 1.2～$
　　　　1.15；$Q > 300\,m^3/h$，$k = 1.1$。

按 N_c 和水泵转速选择标准电动机。

（14）年耗电量。运行水泵全年耗电量 E(kW·h/a)用式(14-47)计算：

$$E = \frac{Q_1 H_1 \times 365 t \gamma_0}{3600 \times 102 \eta_1 \eta_d \eta_x} \tag{14-47}$$

式中　η_d——电动机效率，对于大电动机取 0.9～0.94；小电动机取 0.82～0.9；

　　　η_x——电网效率，取 0.95；

　　　t——平均每天运转小时数。

（15）单位耗电量。每吨矿物所耗电量 E_T(kW·h/t)用式(14-48)计算：

$$E_T = E/A \tag{14-48}$$

式中　A——年产量，t/a。

14.4.3　排水管路

14.4.3.1　管壁厚度计算及管材选择

管壁厚度 δ(cm)用式(14-49)计算：

$$\delta = 0.5 d_N \left(\sqrt{\frac{R_x + 0.4 p_Y}{R_x - 1.3 p_Y}} - 1 \right) + a_F \tag{14-49}$$

式中　R_x——许用应力，MPa，铸铁管取 20 MPa，焊接钢管取 60 MPa，无缝钢管 80 MPa；

　　　p_Y——管道最低点的压力，MPa；

　　　a_F——考虑管道受腐蚀及管道制造有误差的附加厚度，cm，铸铁管取 0.7～0.9 cm，钢管取 0.1～
　　　　0.2 cm；

　　　d_N——管子内径，cm。

在选择排水系统的管材时，应注意以下两方面：

（1）排水管沿竖井铺设时，选用焊接钢管或无缝钢管，其强度应经校核合格。

（2）排水管沿斜井铺设时，根据其压力大小选择管材，一般情况下，压力小于 1 MPa 可用铸铁管，压力大于 1 MPa 时应选用焊接钢管和无缝钢管。

14.4.3.2　井下排水管路

（1）井筒内应装设两条排水管，其中一条工作，一条备用。排水管全部投入工作时，应能在 20 h 内排出 24 h 的最大涌水量。

（2）排水管应选用无缝钢管或焊接钢管。管壁厚度应根据压力大小来选择。排水管中水流速度可按 1.2～2.2 m/s 选取，但不应超过 3 m/s。

（3）在竖井中，管道应敷设在管道间内，并应按法兰尺寸留有检修及更换管子的空间。

（4）在管子斜道与竖井相连的拐弯处，排水管应设支承弯管。竖井中的排水管长度超过 200 m 时，每隔 150～200 m 应加支承直管。

（5）对于 pH 值小于 5 的酸性水，应采取在排水管道内衬塑料管、涂衬水泥浆或其他防腐涂料等防酸措施，也可采用耐酸材料制成的管道。

（6）管道沿斜井敷设，管径小于 200 mm 时，可用支架固定于巷道壁上。当架设在人行道一侧时，净空高度不应小于 1.8 m；管径大于 200 m 时，宜安装在巷道底板专用的管墩上。

（7）每台水泵应能分别向两条或两条以上排水管输水。排水管最低点至泵房地面净空高度不应小于

1.8 m,并应在管道最低点设放水阀。

铺设好管道投入使用之后,由于某些环境因素变化,可能发生伸长现象,其伸长量 ΔL 可用式(14-50)计算:

$$\Delta L = \alpha_x L_D \Delta t \tag{14-50}$$

式中 L_D——管段长度,m;

α_x——管线膨胀系数,钢取 0.012,铸铁取 0.009;

Δt——水与井筒中空气的最大温差,℃,一般矿井水温为 16.5~19℃。

14.4.4 水泵房设置

14.4.4.1 一般规定

(1)水泵房宜设在井筒附近,并应与井下主变电所联合布置。井底主要泵房的通道不应少于两个,其中一个通往井底车场,通道断面应能满足泵房内最大设备的运搬,出口处应装设密闭防水门;另一个应用斜巷与井筒连通,斜巷上口应高出泵房地面 7 m 以上,泵房地面应高出井底车场轨面 0.5 m。

(2)水泵宜顺轴向单列布置;当水泵台数 6 台,泵房围岩条件较好时,也可采用双排布置。

(3)水泵电动机容量超过 100 kW 时,泵房内应设起重梁或手动单梁起重机,并应铺设轨道与井底车场连通。

(4)水泵机组之间的净距离应取 1.5~2 m,并应能顺利抽出水泵主轴和电动机转子。基础边缘距离墙壁的净距离,吸水井侧宜为 0.8~1 m,另一侧宜为 1.5~2 m。

(5)泵房地面应向吸水井或排污井有 0.3% 的排水坡度。潜没式泵房内应设排污井和排污泵,并考虑泵房内的排水管破裂时的事故排水。

(6)水仓应由两条独立的巷道组成,涌水量较大、水中含泥量多的矿井,可设置多条水仓。每条水仓的断面和长度,应能满足最小泥砂颗粒在进入吸水井前达到沉淀的要求。多条水仓组成 2~3 组,每组应能独立工作。每条(组)水仓容积应能容纳 2~4 h 正常涌水量。井下主要水仓的总容积应能容纳 6~8 h 正常涌水量。

14.4.4.2 潜没式水泵房

潜没式水泵房优点是压力进水,提高了水泵工作的可靠性,可以采用效率高吸水高度低的水泵;因无底阀,阻力小,电耗较少;自动灌水,自动控制简单,没有汽蚀现象。但通风条件较一般水泵房要差,同时需增加设备搬运的斜道、辅助卷扬硐室和水量分配阀的通道等工程量,故开凿费用较高。

潜没式水泵房在矿山水文地质条件和岩石条件较好的情况下可采用。若矿井有突然涌水时,泵房就有淹没的危险,故泵房前必须设置密闭防水门。

14.4.4.3 水泵房布置

水泵应顺着泵房的长度轴向排列,泵房轮廓尺寸应根据安装设备的最大外形尺寸、通道宽度和安装检修条件等确定。

在水泵房内应设有搬运设备的专用轨道。

A   水泵房的长度 L_B

$$L_B = n_T L_J + A_J(n_T + 1) \tag{14-51}$$

式中 n_T——水泵台数,台;

L_J——水泵机组(水泵和电动机)的总长度,m;

A_J——水泵机组的净空距离,m,一般为 1.5~2.0 m。

B   水泵房的宽度 B_B

$$B_B = b_J + b_G + b_j \tag{14-52}$$

式中 b_J——水泵基础宽度,m;

b_G——水泵基础边到有轨道一侧墙壁的距离,m,以通过泵房内最大设备为原则,一般为 1.5~2.0 m;

b_j——水泵基础边到吸水井一侧墙壁的距离,m,一般为 0.8~1.0 m。

C 水泵房的高度

水泵房高度应满足检修时起重的要求,根据具体情况确定,一般为 3.0~4.5m;根据水泵叶轮直径 D 决定:$D \geqslant 350mm$ 时,取 4.5m,并应设有能承受起重量为 3~5t 的工字梁;$D \leqslant 350mm$ 时,取 3m,可不设起重梁。

某矿潜没式泵房布置如图 14-17 所示,一般的泵房布置如图 14-18 所示。

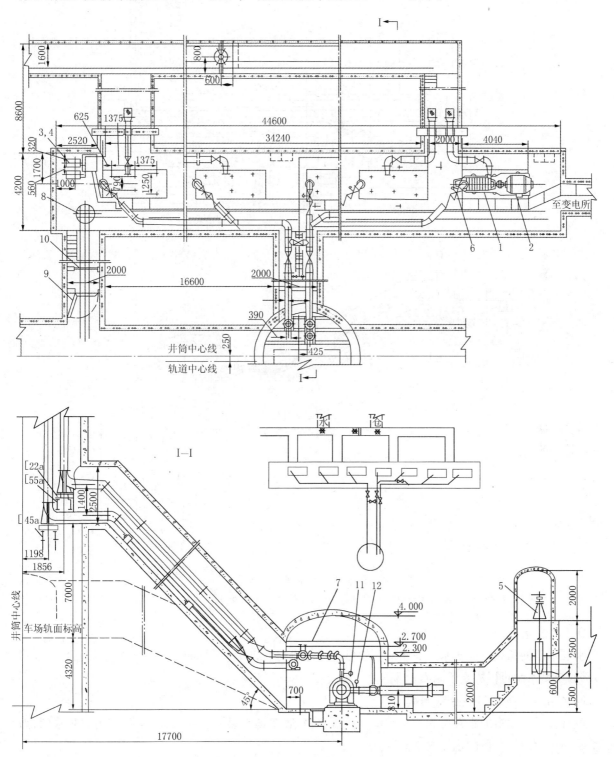

图 14-17 某矿潜没式水泵房布置及剖面图

1—水泵;2—电动机;3,4—水泵及电动机;5—φ750分水阀;6—电动闸门;7—手动葫芦;8—转盘;9—防水门;10—栅门;11,12—电力表

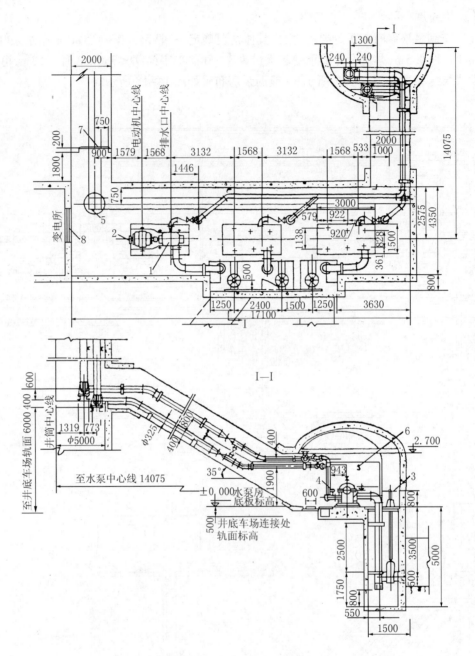

图 14-18　某矿水泵房布置

1—水泵；2—电动机；3—φ500 分水闸阀；4—压力表；5—转盘；6—手动葫芦；7—栅门；8—防火门

D　水泵基础

水泵基础的长和宽应比水泵底座最大外形尺寸每边约大 200～300 mm。大型水泵基础应高于泵房地板 200 mm，小型水泵可以固定于岩石上。

14.4.4.4　防水门和分水闸阀

设有管子斜通道的水泵房和潜没式水泵房，在与井底车场连通的出入口，应设置密闭的防水门，防水门所承受的压力以该阶段的水压大小而定。

防水门应能在发生突然涌水时迅速地关闭，如需拆轨道时，通过防水门段的钢轨联结采用活动接头为宜。

在一般情况下，设有斜通道的水泵房和潜没式水泵房，在水仓和泵房内分配水井之间应设分配闸阀，以控制水的流量和便于清理水仓和分水井。

分配阀直径 d_F 可用式(14-53)计算:

$$d_F = 26.8\sqrt{Q_F} \qquad (14-53)$$

式中 Q_F——通过分配阀的流量,m^3/h。

常用分水闸阀的规格见表14-39。

表14-39   分水闸阀规格

名 称	压力/MPa		法兰盘外径 /mm	连接孔中心距 /mm	螺钉孔直径 /mm	螺钉孔数	闸阀长度 /mm	总高 /mm	质量 /kg
	试验	工作							
ϕ500 分水闸阀	0.4	0.2	730	660	20	8	1150	5261	992
ϕ450 分水闸阀	2.5	1.6	640	585	29	20	500	2097	619
ϕ350 分水闸阀	2.5	1.6	520	470	24	16	500	1928	537
ϕ300 分水闸阀	2.0	1.2	440	400	22	12	505	4684	215

14.4.4.5   水泵自动化控制

水泵自动化控制已在我国矿山排水设备中得到广泛的应用,矿山排水设备自动控制应能完成下列工作过程:

(1)水泵的启动和停车由水仓中的水位继电器自动控制。水位应设最低水位、正常水位和最大水位三级。

(2)在正常工作中,各台水泵能够自动地依次轮换地进行工作,使水泵的使用情况均等,以保证可靠的备用量,并且当水仓中水位达到最大水位时,自动接入几台水泵同时运转。

(3)设监视水泵工作的仪表装置,当流量、压力、水泵和电动机的轴承温度等不正常时,及时发出信号并自动停车。

水泵自动控制对中小型排水设备,运行简单,容易实现。对于大型水泵(流量大于300 m^3/h,扬程为250~300 m)必须关闭闸阀启动,而后慢慢打开,停车前也须慢慢关闸门,以免水力冲击,这将使水泵自动控制比较复杂。

(4)水泵在启动前必须充满水,常用自动控制充水的方式如下:

1)自动打开排水管上的逆止阀的旁通管开关自动灌水。使用经验证明,其运转情况良好。

2)利用真空泵抽出水泵和吸水管中的空气自动灌水。

3)采用潜没式水泵房,即靠水的压力自动灌水。

14.4.5   水泵的经济运行

矿井排水设备消耗的电量,一般占矿井总用电量的20%~30%。改善矿井排水工作,合理选择水泵的工况点,实现经济运行,多方面提高排水系统的效能,有利于矿井的安全生产和节约用电。

14.4.5.1   合理选择水泵的工况点

水泵的运行工况,在整条特性曲线上,只有最佳效率的一段才符合要求,如图14-19所示。水泵的正常运行区域,最好选在最佳效率点 M 的右侧($M-M_2$)。如选在最佳效率点,在运行过程中,由于水泵叶轮等部件的磨损,以及管路积垢等原因,工况点会左移(M'点),这时效率将明显下降;如选在右侧,工况点左移后,接近最佳效率点,而在 $M-M_2$ 区域,水泵效率虽然低于最佳效率,但系统效率较高,每排1 m^3 水的电耗仍然较低。

管路阻力越小,工况点也越向右移,电耗也就越低。但不能超

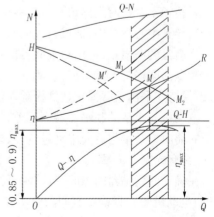

图14-19   水泵正常工作区域

过水泵合理工作区域,否则电动机可能过载或产生汽蚀现象。水泵运行时出现汽蚀,会使效率明显下降,并损坏叶轮,甚至不能正常运行。

对运行中的水泵,由于部件磨损,管路积垢等,工况点将会偏离,效率下降,因此应定期对水泵进行技术测定,以考核其工作状态。

14.4.5.2 保证各部配合间隙

水泵工作过程中会产生容积损失、水力损失和机械损失。容积损失包括密封缝隙循环流损、填料和平衡盘的泄漏损失等。叶轮大小口径的配合间隙对水泵特性和效率的影响较大。当口环间隙增大后,泄漏损失增大,而叶轮流量仍保持不变,则吸水量减少。如果运行过程中不能保持允许的间隙值,则吸水量减少,将使水泵特性恶化,效率下降。如大口环间隙由 0.3mm 增加到 0.5mm,效率约下降 4%;小口径间隙由 0.25mm 增加到 0.7mm 后,效率下降 5% 左右(表 14-40)。

口环是易损件,应按检修周期,定期更换,以保持原来的水泵效率和特性曲线,从今后发展方向看,应尽量改善口环材质,延长使用周期。大小口环配合间隙见表 14-40。

表 14-40   大小口环配合间隙   (mm)

口环内径	半径间隙	最大磨损半径间隙
80 ~ 120	0.15 ~ 0.22	0.44
120 ~ 150	0.175 ~ 0.225	0.51
150 ~ 180	0.20 ~ 0.28	0.56
180 ~ 220	0.225 ~ 0.315	0.63
220 ~ 260	0.25 ~ 0.34	0.68
260 ~ 290	0.25 ~ 0.35	0.70
290 ~ 320	0.275 ~ 0.375	0.75
320 ~ 360	0.30 ~ 0.40	0.80

通过密封填料和平衡盘外泄的水量属于泄漏损失。吸水量 Q_1 与排水量 Q 之间的差别,主要是平衡盘的漏损。控制平衡盘各部配合间隙,可以减少泄漏损失。平衡盘尾套外径和串水套内径的间隙,对清水泵一般采用 0.2 ~ 0.4mm。对矿用泵,当水中含有微量泥砂时,应适当加大间隙,可采用 0.4 ~ 0.5mm。最大间隙达 0.75mm 时应进行更换。平衡盘与平衡环进行研磨,接触面积应达到 70% 以上。平衡盘端面跳动允差见表 14-41。

表 14-41   平衡盘端面跳动允差   (mm)

名义尺寸	50 ~ 120	120 ~ 260	260 ~ 500
平衡盘端面跳动允差	0.04	0.05	0.06

多级泵单吸叶轮,因两侧压力不等而产生轴向力,使泵的转子发生串动。串动量是泵的转子沿轴向的移动量,也是泵在运行过程中应有的轴向间隙。轴向串动量过大,会造成壳体与转子的碰磨,使泵不能正常工作。因转子不会长时间停留在一定的位置上,而是缓慢地向前移动,使叶轮出口与导翼入口中心偏离。这时叶轮与导翼中心不对中,造成较大的水力损失,对泵的效率和特性影响较大。

平衡盘的磨损量,可用检查联轴器端面间隙的方法测量出来。因为叶轮离开与导翼轮的中心线距离,就是平衡盘的磨损量,也就是水泵侧的半联轴器端面的前向串动量。在组装时,可使叶轮的中心线向排水侧偏离,以保持当平衡盘磨损量达到极限时仍有较好的对中性。

电动机与水泵的联轴器端面间隙,一般规定为水泵最大串动量加 2 ~ 3mm。水泵的最大串动量是水泵转子的前向串动量与后向串动量之和,外加 2 ~ 3mm 的数值,是水泵的前向串动量(向联轴器侧)已达极限时,应具有的安全余量。

在确定两联轴器间隙时,可将水泵侧半联轴器拨远到极限位置(向平衡盘侧),或将水泵侧半联轴器拨近(向电动机侧),以确定其间隙值。表 14-42 是三种情况的联轴器间隙与串动量变化关系。

由表 14-42 可见,在前后串动量达到磨损极限时,电动机与水泵联轴器仍不会相碰。

表 14-42　水泵轴的联轴器间隙与串动量变化关系

方　法	串动量变化		联轴器间隙	备　注
以电动机侧半联轴器端面为基面,拨动水泵侧半联轴器	示意图	变化	E 值	
水泵半联轴器拨近		$S_1 = 0, S_2 = $最大	$E = 2 \sim 3$	前向串动量达极限位置
水泵半联轴器拨中		S_1、S_2 标准间隙	$E = (2 \sim 3) + S_1$	叶轮与导翼对中
水泵半联轴器拨远		$S_1 = $最大$, S_2 = 0$	$E = (2 \sim 3) + S_1 + S_2$	后向串动量达极限位置

14.4.5.3　调整水泵的扬程

当水泵选择不当,扬程过高时,为防止过负荷或汽蚀现象的发生,有的采取关小闸阀的方法来控制流量,这是非常不经济的。此时应调整水泵扬程,使之与实际需要扬程相适应。调整方法主要有两种:

(1) 减少叶轮数目降低水泵的扬程。当水泵的正常工作扬程大于矿井需要的扬程时,如超过一个以上叶轮所产生的扬程时,应考虑减少叶轮数目,以调节水泵的工作扬程。

减少叶轮时应注意以下两点:

1) 水泵剩余扬程的计算,不能简单地以额定扬程与矿井实际需要扬程的差数为依据,还要考虑到水泵部件磨损,管路积垢等运行条件,以及电力网频率变化等情况,否则可能出现排不出水的现象。

2) 应在排水侧拆除叶轮,不能拆除吸水侧的叶轮,以免吸水侧阻力增大,发生汽蚀现象。叶轮拆除后,在该处安装一个与叶轮宽度相等的过流套筒,用来流通水量。

(2) 切削叶轮外径降低水泵的扬程。当水泵产生的扬程大于矿井需要的扬程,但又不足一个叶轮产生的扬程时,也可以利用切削叶轮外径的方法调节扬程。

当叶轮外径 D_2 切削后,其圆周速度变小,流量、扬程、功率也随之改变,其关系如下:

$$Q' = Q\frac{D_2'}{D_2}, H' = H\frac{D_2'}{D_2}, N' = N\left(\frac{D_2'}{D_2}\right)^3 \tag{14-54}$$

式中　Q——切削叶轮前的流量;

$\quad\quad Q'$——切削叶轮后的流量;

$\quad\quad D_2$——切削叶轮前的叶轮直径;

$\quad\quad D_2'$——切削叶轮后的叶轮直径;

$\quad\quad H$——切削叶轮前的扬程;

$\quad\quad H'$——切削叶轮后的扬程;

$\quad\quad N$——切削叶轮前的功率;

$\quad\quad N'$——切削叶轮后的功率。

切削叶轮外径,可以扩大水泵的工作区域,这就给用户提供更加广泛的使用范围。但是,如果叶轮外径切削过多,效率降低得也多。切削量的大小,与比转数有关。一般 $n_s = 60 \sim 80$ 的水泵,切削量不应超过 $D_2' = 0.8D_2$;$n_s = 200 \sim 300$ 的叶轮外径,切削量不超过 $D_2' = (0.85 \sim 0.9)D_2$ 为宜。

叶轮外径的切削,指两壁间的叶翅,不能同时切掉两侧壁板。

14.4.5.4　降低排水管路阻力改善网路特性

降低管路阻力,主要有如下方法:

(1) 清扫排水管路积垢。排水管路积垢会使管路阻力增加,管路特性曲线变陡,工况点左移,排水单耗显著增加,这时要清扫管路,改善工况。

(2)实行多管排水。矿井排水设备一般都配有备用管路。为降低管路阻力,在排水时,应充分利用备用管路,将其投入运行。实行多管排水,必须注意单管排水时,水泵的实际工况点。如果工况点在最佳效率点的左侧,实行多管排水效率显著;若单管排水工况点已经在最佳效率点的右侧,多管排水后的工况点继续右移,流量增大,若不出现汽蚀,电动机也不过负荷,多管排水仍是经济的。如超出最大流量点,出现汽蚀现象,则效率显著下降。

(3)斜井采用钻孔垂直管路排水。在相应井下泵房位置的地表面,选择最近垂直距离进行钻孔,在孔内安设排水管直通泵房,这种排水方式,比斜井排水优越得多。

采用钻孔垂直管路排水,有如下优点:提高排水系统效率,节约电能,同时可节约大量钢材。钻孔排水应注意以下几个问题:

1)钻孔尽量布置在岩石相对稳定地段,以防止岩石移动而破坏钻孔;

2)钻孔不应直接设在水泵房或运输大巷正上方,这样会破坏顶板。应布置在水泵房两端附近;

3)需要布置两个或两个以上钻孔,孔的间距不少于10 m,以免钻孔偏斜引起相互干扰;

4)原有斜井水泵房水泵改为钻孔排水时,应考虑泵原来工作工况点,如改为垂直钻孔排水,管路阻力降低,扬程富余量大时,应调整扬程。

14.4.5.5　降低系统吸上真空高度减少吸程阻力

水泵的总扬程包括吸水和排水几何高度和管路阻力损失。但吸上真空高度对排水系统效率的影响不仅是几何吸水高度和阻力损失,而且与水泵结构、吸水特性有关。水泵工作工况必须与吸上真空高度相适应,保持必需的汽蚀余量,才能充分发挥排水效率。

汽蚀现象是排水系统设计和运行中应充分注意的一个问题。离心水泵第一级叶轮的水流进口处通常为压力最低区,加上水进入叶轮时的压降和损失,使该区最容易发生汽蚀。当进口处的最低压头低于饱和蒸汽压力时,就开始汽蚀。为保证水泵不产生汽蚀,必须有一定的汽蚀余量。

为降低系统吸上真空高度,有以下几种方法:

(1)采用无底阀排水。无底阀排水就是取消水泵底阀,利用真空泵或射流泵,抽出吸水管和泵内空气,而使泵体内充水,然后开动水泵。这种排水方式操作简单,便于实现自动化,并减少了由于底阀而产生的各种故障。

无底阀排水,因取消底阀,吸水阻力减少,降低吸上真空高度可提高排水效率。根据底阀阻力的等值长度计算,当吸水管内流速为1～1.5 m/s时,底阀阻力为0.3～1 m。单纯计算阻力损失,无底阀泵排水效率并不显著。无底阀排水主要作用是降低吸上真空高度,增大了汽蚀余量。对汽蚀余量较小的排水系统,采用无底阀排水后效率显著。根据测定,效率可提高1%～3%。

(2)采用正压排水。将水仓布置在泵房水平以上,利用位置静压向水泵内注水,可显著提高排水系统效率,减少吸水故障。如漏气、灌不满水等。正压排水启动时不需灌水,操作简单,便于实现自动化,特别是对高转速、高效能水泵,吸上真空高度很低,甚至是负值。此时必须考虑采用正压排水。

当然,正压排水有一个安全问题,即泵房与附近大巷的标高问题。所以必须有可靠的安全措施,如泵房的防水闸门应安全可靠,最好有双道闸门,泵房内要有通至大巷的安全出口以及泵房内设有安全泵等。此外,正压排水水仓,硐室不得有裂隙漏水。

集中在下水平排水的矿井,当上水平向下水平放水时,应利用管子将水引到水泵进水管,利用自然压头,节约排水用电。

(3)及时清理吸水小井和水仓。如果吸水井内含有泥砂等杂物,不仅增加吸水阻力,泥砂吸入水泵体内还会加速叶轮、平衡盘等部件的磨损,使水泵的运行尚未达到规定的检修周期时,效率就会下降。所以应根据具体情况,制定小井的清扫周期,并坚持执行。对水仓也应定期清理,特别是水砂充填矿井,有的水仓含泥量高达20%～30%以上,水泵检修周期还要适当缩短。

14.5　矿山常用水泵类型及其适用范围

根据泵的工作原理和结构特性,泵的类型可分为如图14-20所示的几种。

泵的特性和适用范围见表14-43、图14-21(根据国外工业实验和生产统计资料绘制)。

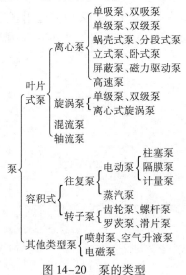

图14-20 泵的类型

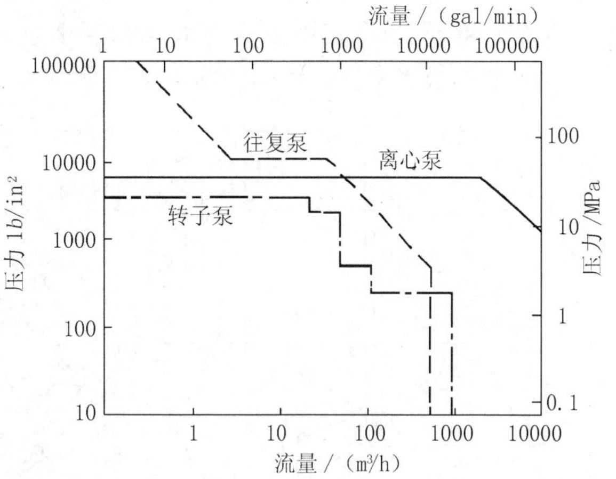

图14-21 泵的适用范围

表14-43 泵的特性

指 标		叶片式泵			容积式泵	
		离心泵	轴流泵	旋涡泵	往复泵	转子泵
流量	均匀性	均匀			不均匀	比较均匀
	稳定性	不恒定,随管路情况变化而变化			恒定	
	范围/(m^3/h)	1.6 ~ 30000	150 ~ 245000	0.4 ~ 10	0 ~ 600	1 ~ 600
扬程	特点	对应一定流量,只能达到一定的扬程			对应一定流量可达到不同扬程,由管路系统确定	
	范围/m	10 ~ 2600	2 ~ 20	8 ~ 150	20 ~ 1000	20 ~ 600
效率	特点	在设计点最高,偏离愈远,效率愈低			扬程高时,效率降低较小	扬程高时,效率降低较大
	范围(最高点)/%	0.5 ~ 0.8	0.7 ~ 0.9	0.25 ~ 0.5	0.7 ~ 0.85	0.6 ~ 0.8
结构特点		结构简单,造价低,体积小,质量轻,安装检修方便			结构复杂,振动大,体积大,造价高	结构简单,造价低,体积小,质量轻,安装检修方便
操作与维修	流量调节方法	出口节流或改变转速	出口节流或改变叶片安装角度	不能用出口阀调节,只能用旁路调节	结构简单,造价低,体积小,质量轻,安装检修方便,另外还可调节转速和行程	结构简单,造价低,体积小,质量轻,安装检修方便
	自吸作用	一般没有	没有	部分型号有	有	有
	启动	出口阀关闭	出口阀全开		出口阀全开	
	维修	简便			复杂	简便
适用范围		黏度较低的各种介质	特别适用于大流量、低扬程、黏度较低的介质	特别适用于各种小流量、较高压力的低黏度清洁介质	适用于高压力、小流量的清洁介质(含悬浮液或要求完全无泄漏可用隔膜泵)	适用于中低压力、中小流量尤其适用于黏性高的介质
性能曲线形状 (H—扬程; Q—流量; η—效率; N—轴功率)		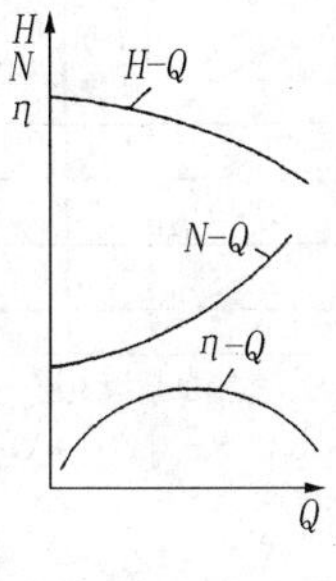	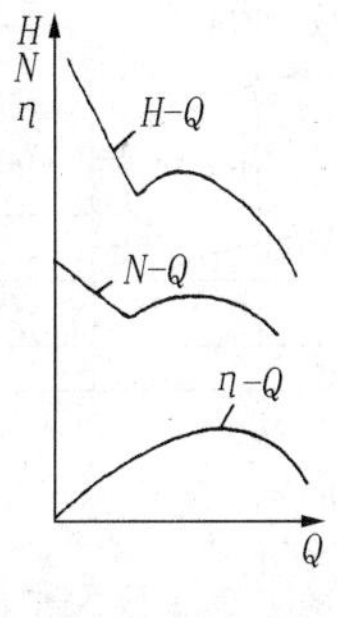	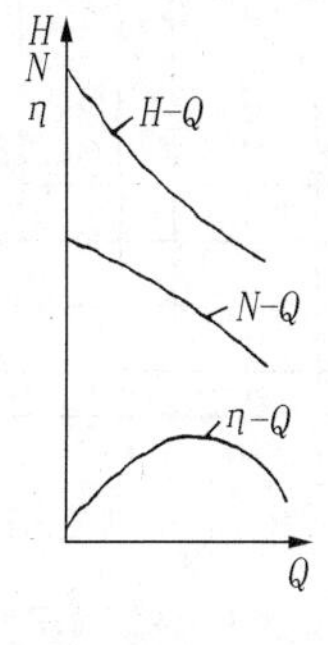	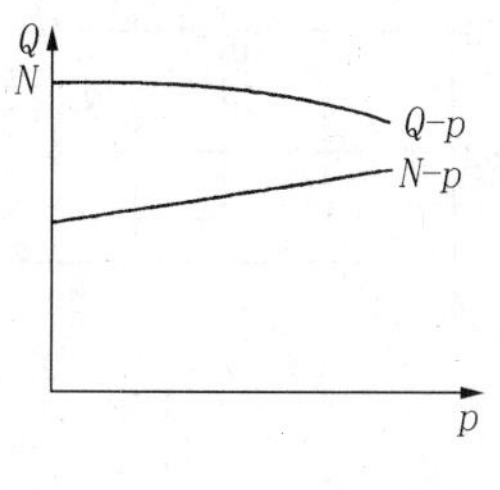	

矿山防排水应用最多的是单级和多级离心式水泵。当排水量和扬程都较小时,宜选用单级单吸离心式水泵;当排水量较大、扬程较小时,宜选用单级双吸离心式水泵;如果所需扬程较大,则应选用多级离心式水泵。在个别场所,也有使用轴流式水泵和潜水泵的。Sh 型双吸离心泵性能范围如图 14-22 所示,GD、D、DⅡ、DF 型多级水泵性能范围如图 14-23 所示。

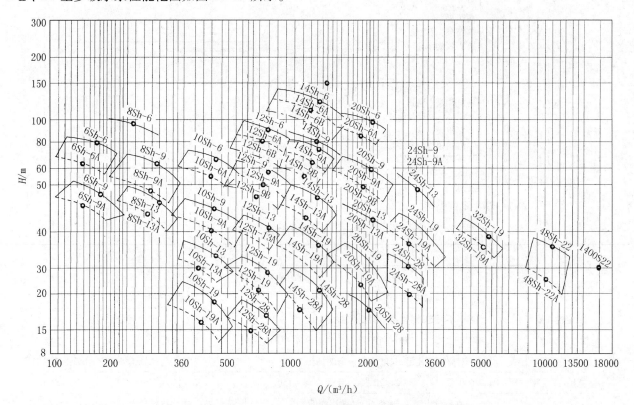

图 14-22   Sh 型双吸离心泵性能范围

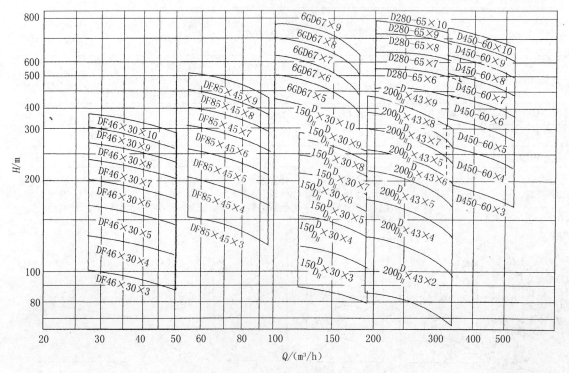

图 14-23   GD、D、DⅡ、DF 型多级水泵性能范围

14.6 矿井突然涌水的预测与防治

14.6.1 矿井突然涌水的预测

矿井淹没事故类型及产生原因见表 14 −44。

表 14 −44 矿井淹没事故类型及产生原因

类 型	产 生 原 因	特 点
地表水大量渗入矿坑、矿井	矿区附近有水库、河流、尾砂池等水体,且有地质构造破碎带与井巷连通;防洪、排水措施不力,地形有助于暴雨、洪水向塌陷区、崩落区、岩溶漏斗汇流	溃入速度快、流量大,容易淹没矿井,若为覆盖型岩溶导水,则可能伴有涌泥
井巷与积水老巷贯通	水文地质工作不当,未执行探放水制度而盲目施工;测量错误	视积水情况可造成局部淹井或全矿淹没
矿井、矿坑遇含水层	矿井、矿坑附近有泥砂层,施工措施不当	涌水量不大,但伴随有泥砂涌出,危险性大,处理较困难
井筒与断层、裂隙、构造破碎带、溶洞等强含水层相遇	水文地质情况不清,对水害认识不足而盲目施工	水量大,来势猛,易淹没井巷,有时伴有泥砂
排水设备不足或机电事故	水仓容量不足;排水设备欠维修;供电受雷击或其他事故而中断;没设防水闸门,或闸门无法使用;隔离岩柱破坏	造成局部或全矿淹没

矿井突然涌水的主要预测方法有:

(1)动态分析:根据地下水动态观测资料,预测突水的可能性。

(2)现场调查:根据采掘工程的现场水文地质测量,研究构造、岩性岩相和地下水活动迹象等方面的变化情况,预测突水的可能性。

(3)物探探测:根据工作温度场测量、无线电波透视、岩石声波探测等物探资料,预测突水的可能性。

(4)超前孔探测:利用超前孔探测手段,对可能产生突水的地段进行探测预报。

(5)计算预测:根据有关经验公式来计算预测间接地下水源突水的可能性,包括间接顶板、底板及侧向含水层安全水头压力的计算来预测突水的可能性。

14.6.2 矿井突然涌水的防治措施

防治矿井突然涌水事故的原则:

(1)处理突水水源,包括对含水层的疏干、降压、放空老窿积水、河流改道、防渗等措施,做到防患于未然。

(2)处理突水通道,包括构筑防渗帷幕、防渗墙、留隔水矿柱、用局部注浆处理突水点、填堵塌陷等措施。

(3)在有突水威胁地段采用超前探水指导施工和构筑防水门,挡水墙等措施。

(4)加强安全生产技术管理。

14.6.2.1 超前探水、及时放水

A 超前探水

矿山采掘施工,必须坚持"有疑必探,先探后掘"的施工管理原则。凡遇到下列情况应考虑采取超前探水:

(1)采掘地区及其附近的地下水位尚未下降至安全水位,在接近含水层、导水构造带、含水裂隙发育带。

(2)工作面接近预测积水老窿或老采空区。

(3)工作面接近流沙层、淹没井、规模大的岩溶裂隙、陷落柱、地下暗河等部位。

(4)巷道接近或穿越含水性分布状况不明的各种接触带或预测有涌水异常的地段。

（5）工作面出现滴水、淋水、涌水、射流、挂红、冒"汗"、发雾、水响、底鼓、温度变化等异常水文地质现象。

（6）经主管部门批准需要掘开隔离矿柱放水，当放水巷道接近这些矿（岩）柱。

（7）工作面接近用物探预测的涌水异常地段。

（8）工作面接近灌过泥浆或充填尾砂尚未固结的采空区。

B　超前探水孔布置的原则及探水孔孔径和超前距离要求

（1）布置原则应视探测的对象、控制程度要求、水文地质条件、水位的空间形态及水量水压等因素，进行综合研究后再布置。根据不同的作用与要求，可按以下要求布置：

1）深超前孔，主要为探查地下水体的分布规律，控制工作区段内各种水文地质边界实际位置，确定突水的安全隐患危险程度。在未经疏干、穿越静水压力较高以及控制不足的构造、岩溶、老窿分布区内施工井巷时，都应布置深超前孔。一般布设 1~2 个，其方向是沿巷道轴线或巷道转弯的方向布置。

2）中深超前孔，主要为控制采掘工作面的安全边界范围，对工作面进行降压或疏干放水。凡实施超前探水的巷道均应布设这种探水孔，一般布设 3~5 个，顺巷道中心前进方向布 1 个，其他可视具体情况布置在顶、底板，或在两侧帮向外斜打，与巷道轴线成30°~40°夹角。

3）浅超前孔，是当井巷通过含水性极不均匀的含水层时，为防止在超前范围内仍有突水可能而布设的探水孔。浅超前孔只适用于水压在 0.2 MPa 以下的灰岩地层和水压在 0.1 MPa 以下的完整砂页岩地层，在岩性破碎较软的地层中，不宜使用。其孔数及位置视实际需要布置，孔深为 5~15 m。

（2）探水孔的孔径及超前距离。

1）孔径，一般口径不宜过大，最大不超过91 mm，在浅超前孔中可用凿岩机钻孔探水。

2）超前距，可根据岩石稳定程度、水压大小、突水源规模等因素确定。掘进作业循环前要钻凿浅超前孔。

14.6.2.2　防水门和挡水墙的设置

（1）水文地质条件复杂或有突水危险的矿井，为了防止突水量超过矿井排水能力造成淹井事故，把水害控制在一定范围，应在阶段井巷系统适当位置设置防水门或挡水墙。

（2）防水门类型。防水门分临时性的简易防水门、低压防水门和高压防水门三种。

（3）防水门和挡水墙位置的选择。

1）应设在对水害具有控制性的部位或重要设施入口的部位。

2）所设位置应保证防水门、挡水墙使用期间的稳定性和隔水性不受邻近部位及下部阶段采掘的影响。

3）应设在岩石完整、岩性坚硬、岩体稳定的不透水岩层中。

4）防水门应尽量设在较小断面巷道内，以减少防水门基础的掘凿工程量和缩小防水门的尺寸。

5）防水门位置的选择还应尽量兼顾抢险时对闸门关启、操作和故障处理的安全方便。

（4）防水门与挡水墙的差异。

1）防水门应在矿井整体设计中做好安排，并在矿井突水前修建。挡水墙是在建井和生产中因出现某些新情况后而补设的。

2）防水门是可以开启的，它一般是建筑在承担运输、通风、行人的巷道中。挡水墙构筑后，即切断通道，故不应建筑在上述巷道中。

14.6.2.3　防水闸门安装使用管理

防水闸门建成后，应对闸门进行升压试验。升压时应详细检查闸门、闸体变形情况、变形量以及闸体和四周围岩的渗漏等情况，闸门及其围岩接缝，包括附近岩体都不应有严重射流漏失现象，只有升压达到设计压力且稳压72h而闸门（闸体）无明显变形，方可结束试验。随后，要提出试验报告，验收后才能使用。

防水闸门是矿山预防突水淹井的重要设施，矿山应将它纳入主要设备的维护保养范畴，建立档案并由专人管理，使其经常处于良好状态。当闸门完成其预定防水任务失去继续保存必要时，应呈报上级主管部门备案。

对于已经关闸起压的防水闸门,应把闸门渗漏、压力和变形情况纳入矿山水文地质动态长期观测内容。通往闸门的通道,应保证照明和道路畅通,以便于维护和抢修。

14.6.3 淹没矿井的处理和恢复

一般矿山恢复淹没矿井的方法:一是强行排水,二是先堵后排。

14.6.3.1 强行排水法

采用各种排水方式将矿井积水强行排出,以便恢复矿井的方法。

A 适用条件

(1)突水水源以静储量为主时;

(2)突水水源虽以动储量为主,一般其值不大;井巷断面应能容纳在所需期限内确定的排水设施,而且电源有充分保障时;

(3)岩溶矿区强行排水不会导致新水源大量溃入矿井和引起塌陷等严重危害时。

B 排水方式

排水方式主要有卧泵排水、潜水泵或深井泵排水、空气升液器排水 3 种方式。

14.6.3.2 先堵后排法

在排水恢复矿井前,先封堵出水点或突水巷道的方法。

A 适用条件

(1)突水水源以动流量为主且其值较大(特别是在突水通道与规模较大的水源沟通的情况下);

(2)井筒断面不能容纳在要求期限内排出矿井积水所确定的排水设施;

(3)采用强行排水会激化地面塌陷,导致新水源的大量溃入或引起地面塌陷等其他严重危害。

B 排水方式

先堵后排的堵水方式有封堵突水巷道外的通道和封堵突水巷道两种。通常是从地表在相应的位置打钻孔到预定的位置,然后实施注浆堵水,或是构筑水下隔水墙隔绝涌水来完成。

14.6.3.3 采用机械钻孔泄水

利用相邻未淹巷道或另建与被淹井巷有一定隔水岩柱的排水井巷,建立排水系统及安全设施后,钻孔放水、疏干,或从地面施工与透水巷道连通的大直径钻孔,安装潜水泵或深井泵抽水降低水位。

14.6.3.4 井下筑墙隔离被淹巷道

矿井局部被淹,在未淹巷道中构筑一至数个隔水墙将透水地点从巷道网路中隔离出去。利用隔水墙上的导水管的闸阀控制放水量,从容排出涌水。若突出泥砂无法排水,则废弃被淹巷道,重掘绕道。

14.6.3.5 自地面打钻注浆堵水

从地面向透水点打钻,进行注浆堵水后排水恢复,也可以从地面打钻沟通被淹巷道,用浇灌混凝土或抛石注浆法构筑水下隔水墙封堵巷道,排水恢复,掘进时再进行工作面预注浆。

14.7 地下矿清仓排泥

采用水砂充填采矿法或矿石含泥多的矿山,矿井水中含有大量的泥砂,会逐渐沉积在水沟、沉淀池及水仓内,会使水流途径和运输系统不畅通,加剧排水设备的磨损,并使排水效率显著降低。

14.7.1 矿井泥砂的沉淀系统

地下矿井的清仓排泥工作,主要包括沉淀池和水仓系统的清理及排除泥砂两部分。

对于涌水中泥砂含量较大的矿井,可以同时设置采区沉淀池和主沉淀池;对于涌水中泥砂含量较少的矿井,可以不设主沉淀池,将水仓作为储水、沉淀两用,其目的都是将水中的泥砂尽快地沉淀下来,减少水泵排水中的泥砂量。

水流中泥砂的沉淀速度,与泥砂颗粒形状、密度大小和水流速度等因素有关。不同的矿井水中的泥砂在沉淀池和水仓中的沉淀状况见表14-45。

表14-45   不同矿井的泥砂在水仓中的沉淀状况

序　　号	开 采 条 件	泥砂沉淀时间/h	沉淀速度/(mm/min)	
			沉淀池前	沉淀池后
1	水砂、尾砂充填法开采矿山	4~6	6.21	2.38
2	矿岩含泥最大的崩落法开采矿山	4	6.19	2.25
3	露天转井下开采矿山	2~4	4.91	1.98
4	一般开采条件矿山	2	4.15	1.61
5	水质清的矿山	<2	3.21	1.23

注:设计矿山水仓的沉淀时间可根据类似矿山选取,准确数字由试验确定。

沉淀池分为采区沉淀池和主沉淀池。采区沉淀池一般为一段式,主沉淀池分为一段式和二段式。

14.7.1.1   采区沉淀池

这种沉淀池是根据采区的具体划分情况而设置的,特别是在某些泥砂量少的非煤矿山,当矿体走向长度较小,开采深度较深,为减少多段排泥的现象,一般较少设置专用的采区沉淀池。有的矿山利用装矿穿脉或探矿旧巷道设置一个采区(阶段)沉淀池;有的矿山则利用巷道水沟作沉淀池,在水沟中每隔150~200 m设一个较大的沉淀窝以助沉淀。

采区沉淀池布置如图14-24所示。

矿体走向长度较大、泥砂量又大,如采用水砂充填法的大中型矿山应考虑设置采区(阶段)沉淀池。按泥砂量和水沟坡度的要求,一般1~3个采区设两个采区沉淀池,一个使用,一个备用(或清理)。沉淀池的清理,一般用泥浆泵、喷射泵、压气罐、铲运机等。采用机械清理时,所选用的排泥机械要与排泥地点或再一次运转的容器相适应。

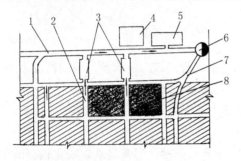

图14-24   采区沉淀池布置

1—运输主巷道;2—穿脉巷道;3—采区沉淀池;4—变电所;
5—主泵房水池;6—竖井;7—通风或服务巷道;8—采区

14.7.1.2   主沉淀池

主沉淀池是矿山沉淀量最多的地方,其沉淀池的个数、段数和大小应与矿山的开拓系统、排泥方式和排水与排泥系统等统一考虑,其位置应尽量选择在便于施工和条件较好的岩层中,保证清池机械设备有良好的工作条件,能缩短排泥排水管路和减少局部阻力损失,并应有良好的通风和安全条件。

主沉淀池可分为一段式和二段式两类。

(1)一段式主沉淀池。这种沉淀池与水仓联在一起,它既有沉淀作用,又有储水作用,如图14-25所示。这种形式的沉淀池开拓工程量小,结构简单,减少了清泥的段数,使基建施工、生产、清仓合为一条运输系统,管理方便,对于泥砂量不大的矿山是一种较好的形式。但此种形式的沉淀池对泥砂的控制较困难,沉淀效果较差,人工清仓困难,又不利于采用机械清仓,水仓容积也不能充分发挥,同时泥砂容易进入吸入井,从而加剧水泵的磨损。因此,一般要求每条水仓在进水、进泥、排水和清理作业中协调地进行。一般水仓或沉淀池皆分为两条,一条使用,一条备用或清理。

(2)二段式主沉淀池。它是指在排水水仓之前设置的专用沉淀池。污水首先流入沉淀池,大量泥砂在沉淀池沉淀;清水经溢流或用放水阀门放入水仓,如图14-26所示。这种沉淀池中沉淀的泥砂可单独处理,便于清仓机械化,同时使进入水仓和吸水井的水质变清,提高了沉淀除泥的效果,从而延长清仓时间,水仓容积得以充分利用。设置这种专用沉淀池的缺点是井巷开凿工程量大。一般煤矿由于充填量大,夹带泥分多,而且泥分的密度较小不易沉淀,故采用较多。

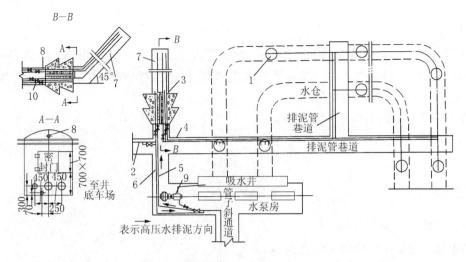

图 14-25　压气排泥罐清水仓、高压水排泥配置

1—压气排泥罐;2—压气管;3—检查孔;4—压气罐排泥管;5—高压进水管;6—高压排泥管;

7—密闭仓;8—放气管;9—水泵;10—放水管

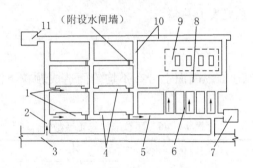

图 14-26　二段式沉淀池布置方案

1—沉淀池;2—进水巷道;3—运输主巷;4—净水池;5—集水巷道;

6—入池水道;7,11—绞车硐室;8—泵房水池;9—水泵房;10—排泥巷道

14.7.1.3　竖流式沉淀池

竖流式沉淀池可作采区(阶段)或主沉淀池用。这种沉淀池沉淀效果较好、操作简单、管理方便、系统也简单可靠,但开凿较难,工程量稍大。竖流式沉淀池的底部结构可为半球形底,也可为锥形底(图 14-27);其锥角应大于沉淀泥砂的安息角,一般为60°左右。底部有 1~2 个排泥砂口,在其底部均布4~6 个喷嘴,以便必要时用压气或高压水喷射,压力一般控制在 0.2~0.4 MPa。这种沉淀池高度根据开拓系统和容积大小来确定,一般高度与直径之比最低限度为 1.5:1。

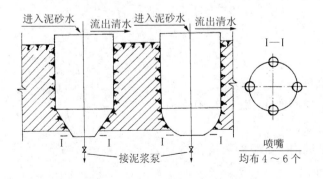

图 14-27　竖流式沉淀池结构

14.7.2　沉淀池设计计算

含有泥砂的矿井涌水在流经排水沟和到达沉淀池后,其泥砂沉淀速度和沉积厚度与诸多因素相关。对于均匀混相流体,可根据牛顿流体水力原理计算其有关参数;但是,含泥砂的矿井水流并非"牛顿流体",只能借鉴其分析方法,对某些参数作近似计算。

(1) 沉淀池的长度 L_0 可用式(14-55)计算:

$$L_0 = \alpha \frac{v_s h_1}{v_w} \tag{14-55}$$

$$v_w = 5.45 \frac{K}{\gamma} \left(\frac{\rho_g - \rho_s}{\rho_s} \right) d \tag{14-56}$$

式中　v_s——沉淀池内水流速度,m/s;

v_w——要求沉淀的最小颗粒的沉降速度,m/s;

h_1——水流层高度(按沉淀池要求确定),m;

K——颗粒形状修正系数,当无实测资料时,可参考表14-46,当颗粒为球体时,$K=1$,一般自然泥砂 $K=0.75$;

γ——水的运动黏滞系数,参见表14-47;

ρ_g,ρ_s——固体和水的密度,kg/m³;

d——颗粒直径,m;

α——考虑由于受紊流及流速在纵断面上分布不均匀而造成颗粒下沉速度发生变化的系数,一般取 1.5~3.5。

表14-46　颗粒形状修正系数

椭圆形	0.8~0.9	平均0.85
多角形	0.7~0.8	平均0.75
长方形	0.6~0.7	平均0.65
菱形	0.4~0.6	平均0.50

表14-47　不同温度下水的运动黏滞系数

t/℃	0	5	10	15	20	30	40	50
γ	0.0178	0.0152	0.0131	0.0114	0.0101	0.0081	0.0066	0.0055

利用水仓进行沉淀的矿山,可根据地下涌水量、充填回水量、泥砂量以及清仓设备的技术性能参数确定水仓的容积和长度。

(2) 沉淀池高度 h 可用式(14-57)计算:

$$h \geq h_1 + h_2 + h_3 \tag{14-57}$$

$$h_3 = \frac{W}{L_0 B}$$

式中　h_1——沉淀池有效高度,m;

h_2——沉淀物的游离层厚度,m,取0.2~0.8m;

h_3——沉淀物沉淀厚度,m;

W——排泥一个周期间内沉淀物的数量,m³;

L_0——沉淀池长度,m;

B——沉淀池宽度,m。

根据不同的清理方式,h_3 值应控制在一定的范围内。如果超过此范围,则要增加同时工作沉淀池条数。

对压气罐清仓取 $h_3 = 0.6 \sim 0.8\,m$;喷射泵清仓取 $h_3 \leqslant 1.5\,m$;电耙清仓取 $h_3 = 0.4 \sim 0.6\,m$。

(3) 沉淀池的容积。

1) 设专用沉淀池时,沉淀池的有效容积 V_0 为:

$$V_0 = L_0 B h \tag{14-58}$$

2) 沉淀池和水仓合在一起时,沉淀池的有效容积 V_0 为:

$$V_0 = (V_1 + V_2 + V_3) n \tag{14-59}$$

式中　V_1——水中泥砂沉淀层体积,m^3/h;

　　　V_2——地下正常涌水量,m^3/h;

　　　V_3——采场充填回水量,m^3/h;

　　　n——计算小时数,h,一般取 $4 \sim 6\,h$。

此时沉淀池容积即为水仓容积。

(4) 沉淀池条数的确定。水仓前设置专用沉淀池时一般为两条,工作一条,备用和清理一条。不设专用沉淀池时,即沉淀池与水仓合二为一,水仓应由两个以上断面相同而又互相隔开的独立系统组成。

14.7.3　清仓排泥设施

随着矿山生产专用设备的发展,清仓排泥,已基本实现机械化。各种清仓排泥方式各有其特点,选用时除应根据矿山开采的技术条件、排泥量大小、泥砂的物理机械性质、矿山规模及服务年限等因素外,还应通过技术经济比较综合考虑。

14.7.3.1　喷射泵清仓排泥

A　喷射泵的特点及技术参数

喷射泵清仓方式适用于泥砂清理量小、水仓使用时间短、泥砂颗粒较软的矿山。一般情况下,喷射泵配合泥浆泵和密闭泥仓高压水排泥,少数矿山由于排泥地点距沉淀池或水仓不远,高差又不大,采用喷射泵清仓直接将泥砂排到采空区等排泥地点。

这种清仓方式,设备体积小,构造简单,安装移动方便,操作简单,工作可靠,投资少,但高压水消耗量大,排泥效率低(一般不大于30%),喷射及混合室磨损严重,工作时还需操作人员进入水仓进行人工喂泥。

喷射泵(也称射流泵)本身是一个特制的三通管,由高压水管、喷嘴、混合室和扩散管四部分组成(图14-28)。它是利用流体流动时静压能与动压能相互转换的原理来输送液体的一种特殊作用的泵。工作流体在高压下经喷嘴以高速射出时产生低压将被输送流体吸入,与工作液体相混合后进入扩散管,经扩散管时,混合流体的压力逐渐上升并排出管外。

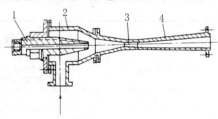

图14-28　喷射泵(射流泵)结构
1—喷嘴;2—吸入室;3—混合室;4—扩散管

喷射泵工作前需将水仓或沉淀池的清水放空。清泥质量浓度一般为20%～40%。使用时一般高压水管直径为 $75 \sim 100\,mm$,供水压力在 $3\,MPa$ 以上(最小不低于 $1.5\,MPa$),这样可以保证吸泥距离在 $60\,m$ 左右,扬程在 $30\,m$ 左右,否则排泥效率降低。吸泥高度越低越有利,一般不大于 $5\,m$。

喷射泵(射流泵)的结构比较简单,生产单位可以自己制作。工业实验和清仓工作实践证明,某些技术参数之间的关系见表14-48～表14-54。

影响喷射泵扬程的主要因素是扩散器的角度,一般扩散器的理想角度为 $6° \sim 10°$,$8°$ 为最好。当水压及扬程已定,而吸泥高度又不变时,决定喷射泵排泥量大小的主要因素是喷射泵口径的尺寸(表14-48)。试验证明,当口径在 $13 \sim 15\,mm$ 内变化时,排水量逐渐增加,当超过 $15\,mm$ 时则耗水量增加,吸水量和排水量则显著下降,即喷射泵吸泥效率显著降低。因此,矿山采用喷射泵的理想喷嘴口径为 $13 \sim 15\,mm$,使用磨损后,口径超过 $15\,mm$ 时应更换。

表 14-48 喷嘴口径与排泥量关系

喷嘴口径/mm	耗水量/(m³/h)	吸水量/(m³/h)	排水量/(m³/h)	工作压力/MPa	扬程/m	吸水高度/m
13	22.91	20.91	43.82	2.5	3	8
14	29.14	25.20	64.34	2.5	3	8
15	33.60	31.90	65.50	2.5	3	8
17	36.00	28.46	44.60	2.5	3	8

表 14-49 供水量与喷嘴直径的关系

喷嘴直径/mm	供水量/(m³/h)	备　注
7	8.5	供给压力 2.9 MPa
10	13.5	供给压力 2.9 MPa
12.4	26.9	供给压力 2.9 MPa
14	33.8	供给压力 2.9 MPa

表 14-50 喷嘴长度与供水量、吸水量的关系

喷嘴长度/mm	喷嘴口到喉管的距离/mm	供水量/(m³/h)	吸水量/(m³/h)	备　注
90	170	19.7	5.5	供给压力 2.86 MPa
120	140	17.6	9.3	吸水高度 0.5 m
150	110	16.6	11.1	扬程 1 m
170	90	15.3	10.1	喉管直径 18 mm

表 14-51 喉管直径与吸水量的关系

喉管直径/mm	吸水量/(m³/h)	备　注
18	11.1	
21	17.3	
23	20.4	供水压力 2.5 MPa
25	21.7	扬程 1 m
27	20.4	吸水高度 0.5 m
29	16.6	

表 14-52 扬水高度与吸水量的关系

扬程/m	吸水量/(m³/h)		备　注
	喷嘴长度为 150 mm	喷嘴长度为 170 mm	
1	17.4	16	
30	16.4	15.7	喉管直径 21 mm
45	9.7	15.7	供水压力 3.1 MPa
55	2.9	14.7	吸水高度 0.5 m
65	1.5	9.2	

表 14-53 供水压力对吸水量的影响

供水压力/MPa	供水量/(m³/h)	吸水量/(m³/h)	备　注
0.5	7.6	11.6	
1.0	10.5	12.4	喷嘴 $\phi 10\,mm \times 17\,mm$
1.5	13.3	12.7	喷嘴 $\phi 21\,mm$
2.0	15.3	12.8	吸水高度 0.5 m
2.5	17	14	扬程 1 m

表 14 -54　吸水高度对吸水量的影响

吸水高/m	吸水量/(m³/h)	备　　注
0. 5	15. 5	供水压力 2. 8 MPa
4. 22	12	喉管直径 21 mm
8. 58	5. 2	喷嘴长度 170 mm
9. 15	3. 5	扬程 3 m 水温 23℃

从表 14 -51 看出,吸水量随喉管直径的增加而增加,在直径大于 27 mm 时,吸水量下降。当喉管直径为 25 mm 时吸水量最大,喉管直径为 27 mm 时,吸水量仍可达 20. 4 m³/h;因而可先制成直径为 23 mm 的喉管,待磨损到 27 mm 时再更换。

喷嘴长度和喷嘴到喉管的距离对吸水量影响很大,从表 14 -50 可知,喷嘴长度以 150 ~170 mm 较好。

从表 14 -52 可以看出,当扬水高度增加时,两种长度的喷嘴吸水量变化情况表明,长度为 170 mm 的喷嘴适于高扬程,长度为 150 mm 的喷嘴适于低扬程。

B　供水泵扬程

喷射泵的全扬程 H_1 为:

$$H_1 = H\frac{\rho_k}{\rho_0} + h_2 + h_3 \tag{14-60}$$

式中　H——排水高度(包括吸水高度),m;

ρ_k——排水管路输送泥砂水密度,kg/m³,$\rho_k = 1100 \sim 1300$kg/m³;

ρ_0——供给水的密度,kg/m³;

h_2——喷射泵扩散器扬程损失,mH₂O,取 $h_2 = (0. 2 \sim 0. 3)H$;

h_3——排出管路扬程损失,mH₂O,每 100 m 长度取 $(0. 06 \sim 0. 1)H$。

喷嘴前高压水压头 H_p 为:

$$H_p = \alpha(H_1 - h_2) \tag{14-61}$$

式中　α——压力系数,取 $\alpha = 3 \sim 3. 5$。

供水泵扬程 H_H 为:

$$H_H = H_p + h_1 \tag{14-62}$$

式中　h_1——供水管路扬程损失,每 100 m 长取 $0. 1H_p$,mH₂O。

C　供水量 Q_p

$$Q_p = \beta Q_z \tag{14-63}$$

式中　β——流量系数,取 $\beta = 1. 7 \sim 2$;

Q_z——吸泥量,m³/h。

D　喷射泵主要结构尺寸计算

喷射直径 d_5 为:

$$d_5 = 0. 019\sqrt{\frac{Q_p}{v_1}} \tag{14-64}$$

式中　Q_p——供水量,m³/h;

v_1——喷射速度,m/s,一般为 25 ~30 m/s。

喷嘴锥角 θ 为:

$$\theta = 12° \sim 13°$$

喉管直径 d_2 为:

$$d_2 = 0. 019\sqrt{\frac{Q_3}{v_3}} \tag{14-65}$$

$$Q_3 = Q_p + Q_z \tag{14-66}$$

式中　Q_3——排出量，m^3/h；

　　　v_3——喉管流速，m/s，一般为 $2 \sim 3\,\text{m/s}$，或取 $d_2 = (1.5 \sim 2.5)d_5$。

喉管长度 l_3 为：

$$l_3 = (2 \sim 3)d_2 \tag{14-67}$$

喷嘴出口到喉管入口的距离 Z 为：

$$Z = 2d_5 \tag{14-68}$$

混合室大端直径 d_1 为：

$$d_1 = 1.13\sqrt{F_1 + F_2} \tag{14-69}$$

式中　F_1——喷嘴口面积，mm^2，$F_1 = \pi d_5^2/4$；

　　　F_2——吸水所需的环形空隙面积，mm^2，$F_2 = Q_z 10^6/3600 v_2$；

　　　v_2——吸水速度，m/s，一般取 $v_2 = 2.5 \sim 3\,\text{m/s}$。

混合室长度 l_1 和吸缩角 θ_1 分别为：

$$l_1 = 4.75(d_1 - d_2) \tag{14-70}$$

$$\theta_1 = 12°$$

扩散器尺寸：

大端直径 d_3 等于排出管内径。

扩散器长度 l_2 为：

$$l_2 = \frac{d_3 - d_2}{2\tan\dfrac{\theta_2}{2}} \tag{14-71}$$

扩张角 $\theta_2 = 6° \sim 10°$，以 $\theta_2 = 8°$ 较好；当 $\theta_2 = 8°$，$l_2 = 7.1(d_3 - d_2)$。

压入水管直径 d_4 为：

$$d_4 = \sqrt{\frac{7Q_p}{3600\pi v_p}} \tag{14-72}$$

式中　v_p——压入管路流速，m/s，取 $v_p = 1.5 \sim 2.5\,\text{m/s}$。

吸水管直径 D_1 为：

$$D_1 = \sqrt{\frac{7Q_z}{3600\pi v_2}} \tag{14-73}$$

式中　v_2——吸水管流速，m/s，取 $v_2 = 2.5 \sim 3\,\text{m/s}$。

E　吸水高度的确定

吸水管压力要保证在 $0.05 \sim 0.06\,\text{MPa}$ 范围内，吸入高度以小于 $5\,\text{m}$ 为宜。当超过 $5\,\text{m}$ 时，其吸水量显著减少；吸入高度为 $8\,\text{m}$ 时，其吸水量就降到正常吸入高度时吸水量的 $30\% \sim 40\%$。如吸水高度为 0 或压入式时，其吸水量比正常吸高时有很大增加。

F　泵的效率

喷射泵设备效率为：

$$\eta_1 = \frac{\rho_k(H_1 - b_2)Q_z}{\rho_0 H_p Q_p} \times 100\% \text{（一般 η_1 为 $25\% \sim 30\%$）} \tag{14-74}$$

井下排水排泥系统效率为：

$$\eta_2 = \frac{\rho_k(H_1 - b_2)Q_3}{\rho_0 H_p Q_p} \times 100\% \text{（一般 η_2 为 $45\% \sim 50\%$）} \tag{14-75}$$

14.7.3.2　喷射泵和泥浆泵联合清仓排泥

这种清仓排泥方式是利用喷射泵向泥浆池输送泥浆，然后用泥浆泵将泥浆排至采空区或地表。喷射泵与泥浆泵联合排泥系统如图 14 -29 所示。

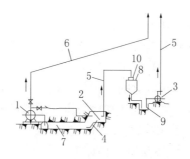

图 14 -29　喷射泵和泥浆泵联合排泥系统
1—高压水泵;2—喷射泵;3—泥浆泵;4—吸泥软管;5—排泥管;6—排水管;
7—水仓(沉淀池);8—筛子桶;9—转运沉淀池;10—减压装置

　　这种清仓排泥方式、工艺简单、动力消耗少,但是喷射泵喷嘴的消耗量大,如使用活塞式泥浆泵输送泥浆,检修工作量大,备品备件消耗多。

　　喷射泵和泥浆泵联合清仓排泥主要指标见表 14 -55。

表 14 -55　喷射泵和泥浆泵联合排泥主要指标

清泥能力/(m³/h)	清泥质量浓度/%	高压水用量/(m³/h)	供水压力/MPa	班清理人数/(人/班)	班清理时间/h	清泥工效/m³
25	20 ~ 25	20 ~ 24	3 ~ 5	3 ~ 4	3 ~ 5	20 ~ 30

14.7.3.3　压气罐清仓排泥

A　压气罐清仓排泥系统

　　压气罐清仓排泥,适用于质量浓度为 20% ~ 40% 的泥砂浆流。这种方法是将特制的压气罐埋设在沉淀池或水仓底板以下,靠压缩空气把罐内的泥浆挤出去,继而通过排泥管道将泥浆排出沉淀池或水仓。其排泥系统的工作原理如图 14 -30 所示。

　　压气罐清仓方式效率高,能力大,使用时间长,对泥砂颗粒硬度适应性强,清仓时工作人员一般不进入水仓,容易实现机械化和自动化,清仓时水仓仍可使用。在与密闭泥仓或 U 形管配合高压水排泥时,泥浆不进入水泵,对水泵无磨损。但这种清仓排泥方式,基建工程量大,投资高,系统及操作较复杂。一般开采深度较大,泥砂清理量较大(1000 ~ 3000 m³/a),矿用服务年限长的大中型矿山可采用。有条件的矿山,也可采用压气罐直接清仓排泥或用压气罐串联排泥。

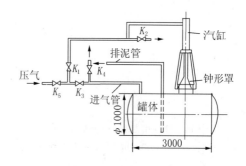

图 14 -30　压气罐工作原理
K_1—汽缸进气管闸阀;K_2—汽缸排气管闸阀;K_3—压气罐进气管闸阀;K_4—压气罐排气管闸阀;K_5—压气管路总进气管闸阀

　　压气罐串联排泥,即将 2 ~ 3 个压气罐串联,每个罐扬高为 30 m 左右,3 个罐串联则可达 80 m 左右。若在排泥管中间进行加压气,则每个罐扬高可达 120 m 左右,3 个罐串联则可达 400 m 左右,有的矿山曾用这种方法将 -280 m 的泥浆排至 +130 m 的地面。这种方法虽增加了扬程,简化了排出管理,但耗气量较多,效率较低。

　　压气罐清理水仓或沉淀池时应考虑以下几点:

　　(1)在水仓或沉淀池底板下每隔 15 ~ 20 m 安装一个压气罐,其底板纵向有 10° ~ 15° 的下坡倾向压气罐,底板横向两侧做成 30° 左右的坡度;中间留 1 m 左右宽的平底流泥槽;水仓或沉淀池底板最低点应高于压气罐进泥口 100 ~ 200 mm。这样泥浆大部分可以靠自流入罐,减少人工清理的工作量。

（2）压气罐布置在水仓或沉淀池底板的小井内，而又采用钢制罐体时，则罐体与小井四周用经过防腐处理的木楔或其他措施固定。

（3）压气罐与水仓壁的间距以 20～30mm 为宜。

（4）为使水仓或沉淀池内的泥浆能够尽多的由压气罐排出，便于水仓或沉淀池清扫，设计时还应增设一条 $\phi 50mm$ 左右的冲洗水胶管，出口压力为 0.1～0.2MPa。

（5）水仓的大小和布置形式，要便于压气罐的运搬与安装。为了减少水仓掘进量，可在水仓水面以上架设有一定高度的操作平台，作为管子进出以及操作和检修压气罐的场地。

（6）使用中会出现压气罐的操作汽缸被水淹没，汽缸被腐蚀，有的密封不好而导致泥水进入汽缸，增加操作阻力，因此需要提高汽缸的安装高度，安装在水面以上。

（7）清理间隔时间不宜过长，以防泥砂凝结和压气罐被泥浆埋住。一般要求一周以内轮流清理一次。

B　压气罐的结构及参数计算

压气罐的结构比较简单，生产单位可以自己制作，但必须经过规定的压力试验。

压气罐由汽缸、进气管、锥形阀、罐体和排泥管等部分组成。压气罐设在水仓或沉淀池底部，按安放形式可分为立式和卧式两种。立式有效容积较大；卧式底部排泥死角较大，故有效容积较小。立式压气罐用得较多，其结构多用钢制罐体（图 14-31）。有的矿山采用钢筋混凝土罐体带铁帽的混合结构（图 14-32）。钢制罐体牢固可靠，制造方便，但消耗钢材较多，其容积不宜过大。钢筋混凝土罐体容积较大，成本较低，节省钢材，但要求岩石条件好，施工质量要求严格，否则易产生漏气现象。为提高钢筋混凝土压气罐有效利用系数，罐底应做成斜面。一般压气罐使用寿命可达 10 年左右。

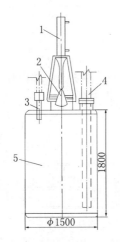

图 14-31　钢制压气罐结构示意图
1—汽缸；2—钟型罩；3—进气管；4—排泥管；5—罐体

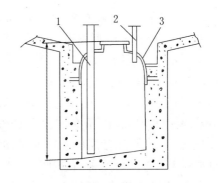

图 14-32　钢板和混凝土混合结构排泥罐结构示意图
1—$\phi 125mm$ 排泥管；2—$\phi 50mm$ 压气管；3—上部钢结构

a　压气罐容积有效利用系数的确定

排泥管与罐体底板要有一定的距离，当罐内泥浆低于排泥管下口时，压气便从排泥管跑出，罐内泥浆排不净，因此每次实际排泥量不等于罐体体积，设计时要考虑罐体容积有效利用系数 η_g，即：

$$\eta_g = \frac{V_n}{V_g} \times 100\% \qquad (14-76)$$

$$V_g = \frac{1}{4}\pi D^2 L \qquad (14-77)$$

式中　V_g——压气罐容积，m^3；

　　　V_n——压气罐一次实际排泥量，m^3。

立式罐：

$$V_n = \frac{1}{4}\pi D^2 L(L-h) \tag{14-78}$$

卧式罐:

$$V_n \approx \frac{\pi}{4}D^2 L \tag{14-79}$$

式中 D——罐体净直径, m;

L——罐体净长度, m;

h——排泥管进口至罐体底板的距离, m, 一般 $h=0.1\sim0.15$ m。

η_g 一般为 $80\%\sim90\%$。为增大 η_g, 罐底呈倾斜状。

b 压气罐排出单位体积泥浆的耗气量 q

如果气体与泥浆只作简单的置换时, 则:

$$q = \frac{Q_z}{V_n} \tag{14-80}$$

$$Q_z = Q_1 + Q_2 + Q_3 \tag{14-81}$$

式中 Q_z——每排一罐泥所消耗的总压气量, m³;

Q_1——罐内所需的压气量, m³, $Q_1 = 6V_n$;

Q_2——罐内及气管剩余压气量, m³, $Q_2 = 2V_n$;

Q_3——漏气损失, m³, 一般为 $1\sim2$ m³。

所以有:

$$Q_z = 8V_n + (1\sim2) \tag{14-82}$$

$$q = 8 + \frac{(1\sim2)}{V_n} \tag{14-83}$$

q 一般取 $7\sim13$。

c 压气罐循环工作时间 T

$$T = t_1 + t_2 + t_3 + t_4 + t_5 \tag{14-84}$$

式中 t_1——进气时间, min, 一般为 2 min;

t_2——膨胀时间, min, 一般为 $1\sim2$ min;

t_3——放气时间, min, 一般为 $1\sim2$ min;

t_4——进泥时间, min, 一般为 $1\sim2$ min;

t_5——考虑联系停歇时间, min, 一般为 $2\sim3$ min。

压气罐排泥循环工作时间一般为 $7\sim11$ min。若采用多罐连续排泥和一定的自动控制措施, 则可相应缩短循环工作时间。

d 压气罐的排泥能力 A

压气罐排泥能力的大小与气压、管路长度、管径大小、排泥高度、压气罐大小、泥浆密度、泥砂粒度以及压气罐在水仓或沉淀池中的布置等多种因素有关。

$$A = V_n \frac{60}{T} \tag{14-85}$$

计算时可参考实际矿山指标选取。一般情况下, 当罐体容积为 $1.55\sim3.5$ m³ 时, 排泥能力 A 为 $18\sim36$ m³/h; 每立方米压气罐排泥量为 $10\sim15$ m³/h。

e 压气罐所需气压

压气罐的气压, 一般为地下压气管网的压力, 其大小直接影响排泥效果和经济指标。它与管路长短、排泥高度、泥浆密度、罐体结构等因素有关。根据矿山使用经验, 最小压力为 $0.4\sim0.6$ MPa, 正常压力为 $0.55\sim0.63$ MPa。

压气罐罐体钢板厚度 e 为：

$$e = \frac{PR}{\varphi[\sigma]} + \Delta L \qquad (14-86)$$

式中　P——罐内承受最大压力，MPa，按 0.8 MPa 计算；

　　　R——罐体半径，cm；

　　　φ——焊缝系数，电焊制作时取 0.8 ~ 0.9；

　　$[\sigma]$——材料许用抗拉应力，MPa，普通结构钢板 $[\sigma] = 110 \sim 120$ MPa；

　　ΔL——加工、运搬、水蚀等因素影响的附加厚度，cm，取 0.4 ~ 0.6 cm。

压气罐罐体钢板厚度一般为 8 ~ 10 mm。因上下顶盖最易变形，厚度应适当加大。压气罐出厂前应进行耐压试验，试验压力应按压力容器技术规范进行。

14.7.3.4　压气罐配合密闭泥仓高压水排泥

A　排泥系统组成

压气罐配合密闭泥仓高压水排泥方式是利用压气罐将泥浆送入密闭泥仓储存，密闭泥仓储满后利用高压水泵的压力水冲挤稀释密闭泥仓中的泥浆，而且迫使泥浆通过排水管道（或排泥管道）排至地表或其他地方。这种清仓排泥方式，其泥浆不经过水泵而达到排泥和排水的目的，既保护了水泵又减轻了清理水仓的繁重劳动。典型清仓排泥系统布置如图 14-33 和图 14-34 所示，其技术经济指标见表 14-56。

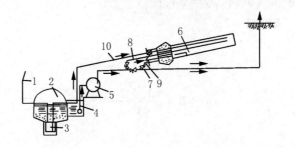

图 14-33　压气罐清仓配合密闭泥仓高压水排泥系统之一

1—地下压气管；2—水仓；3—压气罐；4—水泵进水管；5—高压水泵；6—密闭泥仓；7—主排水管；
8—泥仓进水管；9—排泥管；10—压气罐送泥管

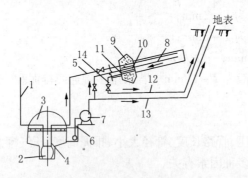

图 14-34　压气罐清仓配合密闭泥仓高压水排泥系统之二

1—地下压气管；2—压气罐；3—水仓；4—排泥管；5—泥仓送泥管；6—吸水管；7—水泵；8—密闭泥仓；9—密闭墙；
10—密闭门；11—密闭门操作手柄；12—主排泥管；13—高压水管；14—泥仓排泥管

表 14-56　压气罐、密闭泥仓高压水排泥技术经济指标

压气罐容积/m³	泥仓容积/m³	清泥能力/(m³/h)	耗气量/(m³/m³)	班清理人数/(人/班)	班清理时间/h	清泥工效/[m³/(人·班)]
3	140	21	5	3	3 ~ 4	20 ~ 25

矿山水泵主排水管一般为双管,在管路上布置换向闸阀组,可实现单管排水、排泥或双管排水、排泥。在系统中设置专用的排泥管道,并通过操作换向闸阀组,也可实现同时排水和排泥(图 14-34)。

密闭泥仓的进泥多数采用压气罐经管路直接喂泥的形式,加速向仓内进泥,以利于密闭泥仓的周转。

B 密闭泥仓的结构形式

密闭泥仓有岩石巷道泥仓和钢制泥仓(罐)两种。围岩坚硬、稳固性好的矿山使用巷道泥仓较为有利。岩石巷道泥仓为防止排泥时产生高压漏水,往往采用混凝土支护或衬钢板,支护施工质量要求严格。钢制泥仓(罐)钢材消耗量大,应用较少。

密闭泥仓是采用密闭泥仓系统的最关键构筑物之一,故对其形式、支护方法和支护质量等要给予足够的重视。密闭泥仓应做成 45°的斜坡,其容积根据具体要求决定。密闭泥仓的结构如图 14-35 所示。

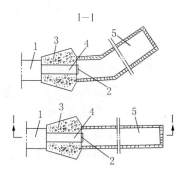

图 14-35 密闭泥仓的结构示意图
1—闸阀操作联络硐室;2—密闭门;
3—密闭墙;4—通道;5—泥仓

C 密闭泥仓参数计算

a 最小容积的确定

密闭泥仓容积与要求的生产能力和泥仓的工作周期有关。一般按式(14-87)确定密闭泥仓的最小容积 V_{min}:

$$V_{min} = \frac{A'T}{60K} \tag{14-87}$$

$$A' = \frac{Q}{NT_1} \tag{14-88}$$

$$T = t_1 + t_2 + t_3 + t_4 + t_5 \tag{14-89}$$

式中 A'——要求的生产能力,m^3/h;

T——泥仓排泥一个循环工作时间,h;

K——泥仓装满系数,一般取 0.9~0.95;

Q——每日排泥量,m^3/d;

N——排泥日工作班数,班,一般为 1~2 班;

T_1——每班排泥工作时间,h,一般为 6 h;

t_1——向密闭泥仓送泥时间,min;

t_2——泥仓排泥时间,min;

t_3——泥仓放出清水时间,min;

t_4——水泵送水时间,min;

t_5——开关闸门时间,min。

15 m^3 钢制泥仓,一个循环工作时间 T 约为 12 min,250 m^3 混凝土支护的巷道泥仓,一个循环工作时间约为 184 min。有的矿山为了缩短循环周期,提高效率,设置两个泥仓平行作业,平均排泥时间可缩短三分之一以上。

b 密闭泥仓的生产能力

密闭泥仓的生产能力 A 按式(14-90)计算:

$$A = \frac{Q_1}{T} \tag{14-90}$$

$$Q_1 = V_{min}K \tag{14-91}$$

式中 Q_1——泥仓一次排泥量,m^3;

V_{min}——密闭泥仓最小容积,m^3;

K——泥仓装满系数,一般取 $0.9 \sim 0.95$。

D　高压水排泥水泵的选择计算

喷射泵和压气罐配合密闭泥仓高压水排泥时,水泵的选择除考虑正常排水外,还应考虑排泥的需要。

a　水泵扬程的确定

(1)用式(14-92)初步计算水泵扬程 H_0:

$$H_0 = KH_{cb}\frac{\rho_n}{1000} \tag{14-92}$$

式中　K——扬程损失系数,对于竖井 $K = 1.1$,对于斜井 $K = 1.2 \sim 1.35$(倾角大取小值);

ρ_n——泥浆密度,kg/m^3,通常为 $1150 \sim 1300\, kg/m^3$;

H_{cb}——垂直高度,m。

根据 H_0 和所需求的排水能力初选水泵,确定其扬程和流量。

(2)用式(14-93)计算所需扬程 H:

$$H = H_1 + H_2 + H_3 + H_4 + H_5 \tag{14-93}$$

$$H_1 = h_1 + h_2 + h_3 + h_4 \tag{14-94}$$

式中　H_1——管路中的扬程损失,m;

h_1——直管中的阻力损失,m,$h_1 = \lambda L_1 v^2/(d_1 \cdot 2g)$;

h_2——弯头局部阻力损失,m,$h_2 = \varepsilon_2 n_2 v^2/(2g)$;

h_3——闸阀局部阻力损失,m,$h_3 = \varepsilon_3 n_3 v^2/(2g)$;

h_4——逆止阀局部阻力损失,m,$h_4 = \varepsilon_4 n_4 v^2/(2g)$;

λ——水与管道的摩擦阻力系数;

L_1——直管长度,m;

v——流速,m/s,一般为 $1.5 \sim 2.5\, m/s$;

g——重力加速度,m/s^2,一般取 $9.81\, m/s^2$;

d_1——管径,m;

n_2,n_3,n_4——分别为弯头、闸阀、逆止阀的数量;

$\varepsilon_2,\varepsilon_3,\varepsilon_4$——分别为弯头、闸阀、逆止阀的局部阻力系数;

H_2——排泥总高度,m,$H_2 = H_g\rho_n/\rho_0$;

H_g——水泵中心至地面扬送最高点之差,m;

ρ_n——泥浆密度,kg/m^3;

ρ_0——水的密度,kg/m^3;

H_3——密闭泥仓中的压头损失,m,当流量在 $3.9 \sim 7.2\, m^3/min$ 范围内时,计算压头损失可取 $10 \sim 15\, m$;

H_4——吸水管压头损失,m,一般取 $2 \sim 3\, m$;

H_5——水泵剩余压头,m,一般取 $3 \sim 5\, m$。

b　水泵电动机功率

(1)用式(14-95)计算水泵轴功率 N_2:

$$N_2 = \frac{\rho_0 g Q H}{3600 \times 1000 \eta} \tag{14-95}$$

式中　ρ_0——水的密度,kg/m^3;

Q——流量,m^3/h;

H——扬程,m;

η——水泵效率,一般为 $0.6 \sim 0.8$(可查水泵样本)。

(2)用式(14-96)确定电动机容量 N_d:

$$N_d = K \frac{N_2}{\eta_0} \tag{14-96}$$

式中　K——备用系数,一般取 1.1 ~ 1.2;

　　　η_0——传动效率,一般取 0.95 ~ 0.98。

14.7.3.5　泥浆泵清仓排泥

泥浆泵清仓排泥方式系统布置比较简单,设备操作方便,但备品备件用量较多,维护检修量较大。随着泥浆泵和砂泵制造技术的进步,产品质量提高,对于开采深度较浅、泥砂量不大的矿山,应首选泥浆泵清仓排泥。

油隔离泥浆泵已在许多矿山使用,国产油隔离泥浆泵已系列化和标准化,为矿山使用泥浆泵清仓排泥创造了有利条件。

泥浆泵安设在专门的硐室内,并设 0.5 ~ 1 h 排泥量的泥浆池。泥浆池应有机械搅拌或高压水或高压风吹冲,以防泥浆沉淀。

典型泥浆泵配置如图 14-36 所示。国内外有些矿山选用适用的泥浆泵直接将主沉淀池或竖流式沉淀池的泥浆排至采场或地表,井巷开拓工作量小,设备效率高,清仓排泥效果很好。

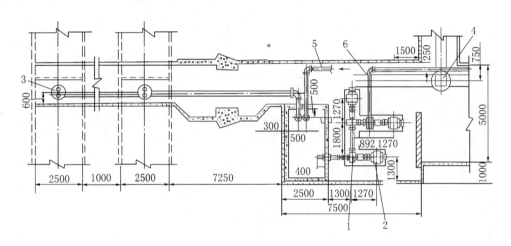

图 14-36　矿井泥浆泵站配置

1—渣浆泵;2—电动机;3—潜没污泥泵;4—转盘;5—注水管;6—排泥管

14.7.3.6　铲运机清仓排泥

铲运机清仓排泥方式系统布置简单,设备机动灵活。用铲运机(或装运机)把沉淀池或水仓内经过一定时间沉淀略干的泥砂,挖掘运送至采矿场中,或者堆放于废巷道内,经进一步干燥后再运至采空区或地表。

此外,还有泥砂车配合竖流式沉淀池排泥(运至充填采场),或用装在箕斗内的橡皮袋配合泥浆泵排泥提升至地表等方式。国外还出现一种用胶管吸入泥砂的沉淀池专用清理车。

14.7.4　排泥砂常用的泵类

由于矿井水沟、沉淀池及水仓内,沉积有大量泥砂和其他杂质,清理排泥所形成的混相流体时,必须选择专用的流体输送设备,如污水泵、泥浆泵、砂泵和渣浆泵等。

矿山常选用单级单吸离心式污水泵、泥浆泵、砂泵、耐磨渣浆泵等;有些矿山也选用油隔离泥浆泵和轴流式泥浆泵;在一些特殊场合则选用液下式污水泵和潜没式泥浆泵。

矿山常用的排除污水泥砂的几种泵的特性曲线分别如图 14-37 ~ 图 14-39 所示。

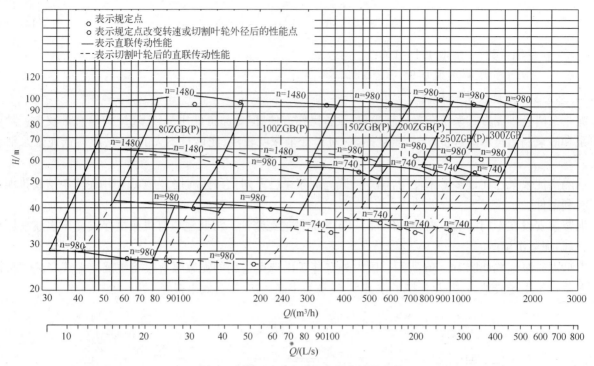

图 14-37 ZGB(P)型渣浆泵的特性曲线

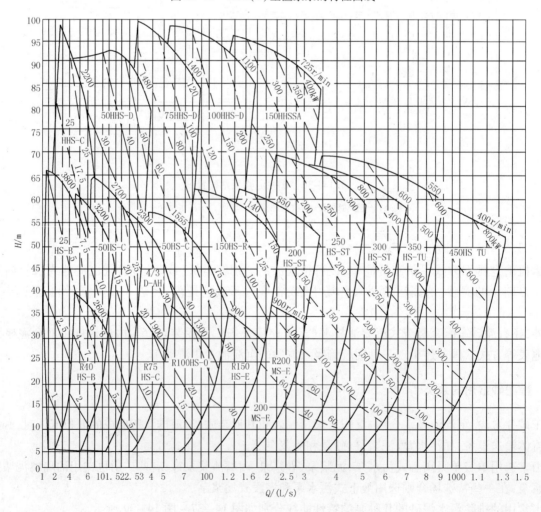

图 14-38 MS、HS、HHS 型渣浆泵的特性曲线

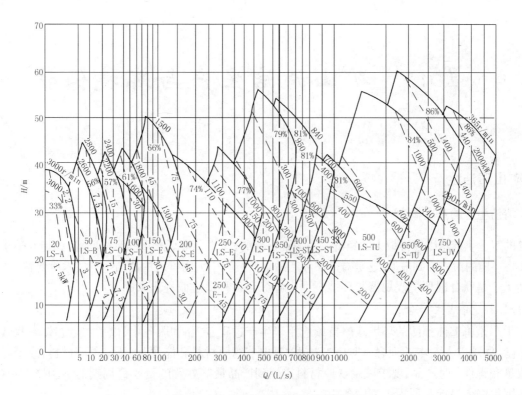

图 14-39   LS 型渣浆泵的特性曲线

参考文献

[1] 王荣祥,任效乾. 矿山工程设备技术[M]. 北京:冶金工业出版社,2007.

[2] 王荣祥,任效乾. 矿山机电设备运用管理[M]. 北京:冶金工业出版社,2000.

[3] 王运敏. 中国采矿设备手册[M]. 北京:科学出版社,2007.

[4] 王荣祥,任效乾. 露天采掘设备调试[M]. 北京:冶金工业出版社,1999.

[5] 采矿设计手册编写组. 采矿设计手册:矿山机械卷[M]. 北京:中国建筑工业出版社,1989.

[6] 王荣祥,钟良俊. 露天矿设备选型配套计算[M]. 北京:冶金工业出版社,1998.

[7] 采矿设计手册编写组. 采矿手册(第5卷)[M]. 北京:冶金工业出版社,1989.

[8] 采矿设计手册编写组. 采矿手册(第6卷)[M]. 北京:冶金工业出版社,1989.

[9] 王荣祥,任效乾. 施工设备故障分析及其排除[M]. 北京:冶金工业出版社,1999.

[10] 王荣祥,任效乾. 流体输送设备[M]. 北京:冶金工业出版社,2002.

[11] 王荣祥,任效乾. 设备系统技术[M]. 北京:冶金工业出版社,2004.

[12] 焦玉书. 金属矿山露天开采[M]. 北京:冶金工业出版社,1995.

[13] 何正忠. 装载机[M]. 北京:冶金工业出版社,1999.

[14] 王荣祥,任效乾. 我国矿用挖掘机的发展趋势[J]. 矿业装备,2009(6).

[15] 张化远. 坑内水仓清理机械化[J]. 矿山技术,1978(4):1~23.

[16] 采矿设计手册编写组. 采矿设计手册矿床开采卷[M]. 北京:中国建筑工业出版社,1988.

15 矿山清洁生产与环境保护

15.1 矿山清洁生产

15.1.1 清洁生产的基本概念

传统的工业生产是以获得最大的经济效益为唯一目的的,往往会带来严重的污染问题,如何在追求经济效益的同时又将环境的污染降到最低,这是对产品和产品生产过程中大力推进的清洁生产技术所要解决的问题。

清洁生产是联合国环境规划署与环境规划中心综合各种提法而提出来的。

15.1.1.1 清洁生产含义

清洁生产是将整体预防的环境战略持续应用于生产过程、产品和服务中,以增加生态效率和减少人类及环境的风险,体现以人为本的理念。对生产过程,要求节约原材料和能源,淘汰有毒原材料,减少降低所有废弃物的数量和毒性;对产品,要求减少从原材料提炼到产品最终处置的全生命周期的不利影响;对服务,要求将环境因素纳入设计和所提供的服务中。

清洁生产包含的主要内容:(1)清洁生产的目标是节省能源、降低原材料消耗、减少污染物的产生量和排放量;(2)清洁生产的基本手段是改进工艺技术、强化企业管理,最大限度地提高资源、能源的利用水平和改变产品体系,更新设计观念,争取废物最少排放及将环境因素纳入服务中去;(3)清洁生产的方法是排污审计,即通过审计发现排污部位、排污原因,并筛选消除或减少污染物的措施及产品生命周期分析;(4)清洁生产的终极目标是保护人类与环境,提高企业自身的经济效益。

世界可持续发展商业理事会把清洁生产定义为:"清洁生产是在流程、产品和服务中,为了提高生态效率和减少人类和环境风险,连续应用预防性综合环境策略的过程。"该策略应用于:

(1)生产流程节约原材料和能源,消除有毒原材料,减少所有废气和废物的数量和毒性。

(2)减少每一件产品从原料提取到最终处理的整个生命周期内的不利影响。

(3)服务在设计和交付服务中考虑环境因素。

清洁生产的实现需要转变态度,进行负责的环境管理,创建可行的国家政策环境,同时评估技术选择。

2002年6月29日,第九届全国人民代表大会常务委员会第二十八次会议通过并正式颁布了《中华人民共和国清洁生产促进法》(以下简称《清洁生产促进法》)。该法的第一章第二条指出:"本法所称清洁生产,是指不断采取改进设计、使用清洁的能源和原料、采用先进的工艺技术与设备、改善管理、综合利用等措施,从源头削减污染,提高资源利用效率,减少或者避免生产、服务和产品使用过程中污染物的产生和排放,以减轻或者消除对人类健康和环境的危害。"这一定义概述了清洁生产的内涵、主要实施途径和最终目的。

15.1.1.2 清洁生产的内容

清洁生产使自然资源和能源利用合理化、经济效益最大化、对人类和环境的危害最小化。通过不断提高生产效益,以最小的原材料和能源消耗,生产尽可能多的产品,提供尽可能多的服务,降低成本,增加产品和服务的附加值,以获得尽可能大的经济效益,把生产活动和预期的产品消费活动对环境的负面影响减至最小。

清洁生产主要包括三方面内容:

(1)清洁的能源。1)常规能源的清洁利用,如采用洁净煤技术,逐步提高液体燃料、天然气的使用比例等;2)可再生能源的利用,如对沼气、水力资源的充分开发和利用;3)新能源的开发,如太阳能、生物质能、风能、潮汐能、地热能的开发和利用;4）各种节能技术和措施,如在能耗大的化工行业采用热电联产技术,提高能源利用率。

（2）清洁的生产过程。1）尽量少用、不用有毒有害的原料,这就需要在工艺设计中充分考虑;2）采用无毒、无害的中间产品;3）选用少废、无废工艺;4）选用高效的设备;5）尽量减少生产过程中的各种危险性因素,如高温、高压、低温、低压、易燃、易爆、强噪声、强振动等;6）采用可靠和简单的生产操作和控制方法;7）对物料进行内部循环利用;8）完善生产管理,不断提高科学管理水平。

（3）清洁的产品。1）产品设计应考虑节约原材料和能源,少用昂贵和稀缺的原料,利用二次资源作原料;2）产品在使用过程中以及使用后不含危害人体健康和破坏生态环境的因素;3）产品的包装合理;4）产品使用后易于回收、重复使用和再生;5）合理的使用寿命和使用功能(具有节能、节水、降低噪声的功能);6）产品报废后易于处理、易降解等。

矿山清洁生产中包括的矿井通风和矿山排水已在专门章节中介绍,本章不再赘述。

15.1.1.3 清洁生产的特点

清洁生产的特点:(1)战略性。清洁生产是污染预防战略,是实现可持续发展的环境战略。它有理论基础、技术内涵、实施工具、实施目标和行动计划;(2)预防性。传统的末端治理与生产过程相脱节,即"先污染、后治理";清洁生产从源头抓起,实行生产全过程控制,尽最大可能减少乃至消除污染物的产生,其实质是预防污染。(3)综合性。实施清洁生产的措施是综合性的预防措施,包括结构调整、技术进步和完善管理。(4)统一性。传统的末端治理投入多、治理难度大、运行成本高,经济效益与环境效益不能有机结合,清洁生产最大限度地利用资源,将污染物消除在生产过程中,不仅环境状况从根本上得到改善,而且能源、原材料和生产成本降低,经济效益提高,竞争力增强,能够实现经济效益与环境效益相统一。(5)持续性。清洁生产是个相对的概念,是个持续不断的过程,没有终极目标。随着技术和管理水平的不断创新,清洁生产应当有更高的目标。清洁生产是一个相对的概念,是个持续不断的过程、创新的过程。

推行清洁生产的特点在于揭示传统生产技术与管理的缺陷和不足,针对生产全过程,不断提高资源、能源利用效率,采取改造、替代、淘汰和科学管理等方法,谋求实现以最小的资源环境代价,获取最大的社会经济效益。

15.1.1.4 实施清洁生产的途径

实施清洁生产的途径主要包括五个方面:(1)改进设计,在工艺和产品设计时,要充分考虑资源的有效利用和环境保护,生产的产品不危害人体健康,不对环境造成危害,能够回收的产品要易于回收;(2)使用清洁的能源,并尽可能采用无毒、无害或低毒、低害原料替代毒性大、危害严重的原料;(3)采用资源利用率高、污染物排放量少的工艺技术与设备;(4)综合利用,包括废物综合利用、余热余能回收利用、水循环利用和多级利用等;(5)改善管理,包括原料管理、设备管理、生产过程管理、产品质量管理、现场环境管理等。从宏观层面看还应包括合理布局、结构调整。

15.1.1.5 开展清洁生产的重要性

（1）开展清洁生产是可持续发展战略的要求(需要)。1992年在巴西里约热内卢召开的联合国环境与发展大会是世界各国对环境和发展问题的一次联合行动。会议通过的《21世纪议程》制定了可持续发展的重大行动计划,可持续发展已取得各国的共识。

《21世纪议程》将清洁生产看作是实现持续发展的关键因素,号召工业提高能效,开发更清洁的技术,更新、替代对环境有害的产品和原材料,实现环境和资源的保护和有效管理。清洁生产是可持续发展的最有意义的行动,是工业生产实现可持续发展的必要途径。

（2）开展清洁生产是控制环境污染的有效手段。清洁生产彻底改变了过去被动的、滞后的污染控制手段,强调在污染产生之前就予以削减,即在产品及其生产过程并在服务中减少污染物的产生和对环境的不利影响。这一主动行动,经近几年国内外的许多实践证明具有效率高、可带来经济效益、容易为企业接受等特点,因而实行清洁生产将是控制环境污染的一项有效手段。

（3）开展清洁生产可降低末端处理的负担。末端处理是目前国内外控制污染的最重要手段,为保护环境起着极为重要的作用,如果没有它,今天的地球可能早已面目全非,但人们也因此付出了高昂的代价。随着工业化发展速度的加快,末端治理这一污染控制模式的种种弊端逐渐显露出来。首先,末端治理设施投资大、运行费用高,造成成本上升,经济效益下降;第二,末端治理存在污染物转移问题,不能彻底解决环境污染;第三,末端治理未涉及资源的有效利用,不能制止自然资源的浪费。我国"七五"、"八五"期间环保投资(主要是污染治理投资)占 GNP 的比例分别为 0.69% 和 0.73%,"九五"期间其比例也仅接近 1%,但已使大部分城市和企业承受较大的经济压力。

清洁生产从根本上扬弃了末端治理的弊端,它通过生产全过程控制,减少甚至消除污染物的产生和排放。这样,不仅可以减少末端处理设施的建设投资,而且可以减少日常运转费用,减轻了企业的负担。

(4) 开展清洁生产是提高企业的市场竞争力的最佳途径。开展清洁生产的本质在于实行污染预防和全过程控制,它将给企业带来不可估量的经济、社会和环境效益。

清洁生产是一个系统工程,它一方面提倡通过工艺改造、设备更新、废物回收利用等途径,实现"节能、降耗、减污",从而降低生产成本,提高企业经济效益;另一方面它强调提高企业的管理水平,提高包括管理人员、工程技术人员、操作工人在内的所有员工的经济观念、环境意识、参与管理意识、技术水平、职业道德等方面的素质。同时,清洁生产还可以有效改善操作工人的劳动环境和操作条件,减轻生产过程对员工健康的影响,为企业树立良好的社会形象,促使公众对其产品的支持,提高企业的市场竞争力。

(5) 预防优于治理。根据日本环境厅 1991 年的报告,从经济上计算,在污染前采取防治对策比在污染后采取措施治理更为节省。就整个日本的硫氧化物造成的大气污染而言,排放后不采取对策所产生的受害金额是现在预防这种危害所需费用的 10 倍。以水俣病而言,其推算结果则为 100 倍。可见两者之差极其悬殊。

随着全球性环境污染问题的日益加剧和能源、资源急剧耗竭对可持续发展的威胁以及公众环境意识的提高,一些发达国家和国际组织认识到进一步预防和控制污染的有效途径是加强产品及其生产过程以及服务的环境管理。

(6) 降低运营成本。污染预防与清洁生产项目能够通过采用消耗少的资源的生产和包装工艺而减少材料成本。废弃物管理和处置成本也可通过污染预防而得到明显和迅速的降低。节约下的成本反过来可用于抵消项目的开发及实施成本。例如,许多政府制度规定在处置某些废物时采用成本高昂的工艺,通过一个污染预防与清洁生产项目,这部分成本可得到免除。例如,做好生产日程安排和设备维护,能够降低总生产成本。能源成本以及设施清洁成本也可通过污染预防与清洁生产项目而得到降低。

(7) 减少生态破坏。污染预防与清洁生产项目为自然环境的改善带来明显的效益。因污染预防与清洁生产降低了原材料开采和提炼,以及生产、循环利用处理和处理过程中造成的生态破坏。通过减少空气污染,空气质量可以得到改善。与之类似,通过减少废物的产生、运输、储藏和处置,污染预防与清洁生产将减少对土壤和水的潜在污染。

(8) 减少民事及刑事责任。当业主在生产中产生大量废物时,特别是含有毒或危险废物时,按有关法规处以高额罚款,甚至刑事拘留。如果废物威胁了公众健康生产商同时还面临潜在性民事诉讼。同时,工人赔偿和风险也与废物生成量直接相关。污染预防与清洁生产项目能够通过减少废物产生量而降低公司民事和刑事责任风险,当废物具有危险性或毒性时,这一点尤为重要。污染预防与清洁生产使其达到国家、行业标准更加容易。一个污染预防与清洁生产项目同时能够减少员工暴露于有害物质下的风险,进而节约资金,保护健康,构建和谐社会。

15.1.2 清洁生产审核及矿山实例

15.1.2.1 概述

A 清洁生产审核概念

清洁生产审核是对组织现在的和计划进行的生产和服务实行预防污染的分析和评估程序,是组织实行清洁生产的重要前提,在实施预防污染分析和评估的过程中,制定并实施减少能源、水和原材料使用消除或减少产品、生产和服务过程中有毒物质的使用减少各种废物排放及其毒性的方案。

清洁生产审核是一种对污染来源、废物产生原因及其整体解决方案的系统化的分析和实施过程,其目的旨在通过实行预防污染分析和评估,寻找尽可能高效率利用资源(如原辅材料、能源、水等),减少或消除废物的产生和排放的方法,是组织实行清洁生产的重要前提,也是组织实施清洁生产的关键和核心。持续的清洁生产审核活动会不断产生各种的清洁生产方案,有利于组织在生产和服务过程中逐步的实施,从而使其环境绩效实现持续改进。

通过清洁生产审核,达到:(1)核对有关单元操作、原材料、产品、用水、能源和废物的资料;(2)确定废物的来源、数量以及类型,确定废物削减的目标,制定经济有效的削减废物产生的对策;(3)提高组织对由削减废弃物获得效益的认识和知识;(4)判定组织效率低的瓶颈部位和管理不善的地方;(5)提高组织经济效益、产品和服务质量。

B 清洁生产审核的主要内容

(1)产品在使用过程中或废弃的处置中是否有毒、有污染,对有毒、有污染的产品尽可能选择替代品,尽可能使产品及其生产过程无毒、无污染。

(2)使用的原辅料是否有毒、有害,是否难于转化为产品。产品产生的"三废"是否难于回收利用,能否选用无毒、无害、无污染或少污染的原辅料等。

(3)产品的生产过程、工艺设备是否陈旧落后,工艺技术水平、过程控制自动化程度、生产效率的高低以及与国内外先进水平的差距,找出主要原因进行工艺技术改造,优化工艺操作。

(4)组织管理情况,对组织的工艺、设备、材料消耗、生产调度、环境管理等方面进行分析,找出因管理不善而造成的物耗高、能耗高、排污多的原因与责任,从而拟定加强管理的措施与制度,提出解决办法。

(5)对需投资改造的清洁生产方案进行技术、环境、经济的可行性分析,以选择技术可行、环境与经济效益最佳的方案予以实施。

C 清洁生产审核原则

清洁生产审核是指对组织产品生产或提供服务全过程的重点或优先环节、工序产生的污染进行定量监测,找出高物耗、高能耗、高污染的原因,然后有的放矢地提出对策、制订方案,减少和防止污染物的产生。清洁生产审核首先是对组织现在的和计划进行的产品生产和服务实行预防污染的分析和评估。在实行预防污染分析和评估的过程中,制订并实施减少能源、资源和原材料使用,消除或减少产品和生产过程中有毒物质的使用,减少各种废弃物排放的数量及其毒性的方案。清洁生产审核的总体思路是:判明废物的产生部位、分析废物的产生原因、提出方案减少或消除废物。

废弃物在哪里产生?通过现场调查和物料平衡找出废弃物的产生部位并确定产生量。

为什么会产生废弃物?这要求分析产品生产过程(图15-1)的每个环节。

如何消除这些废弃物?针对每一个废弃物产生原因,设计相应的清洁生产方案,包括无/低费方案和中/高费方案,方案可以是一个、几个甚至几十个,通过实验这些清洁生产方案来消除这些废弃物产生原因,从而达到减少废弃物产生的目的。

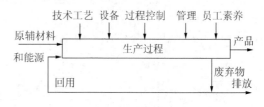

图15-1 生产过程框图

根据图15-1,对废弃物的产生原因分析要针对八个方面进行:(1)原辅材料和能源;(2)技术工艺;(3)设备;(4)过程控制;(5)产品;(6)管理;(7)员工;(8)废物。

清洁生产审核的一个重要内容就是通过提高能源、资源利用效率,减少废物产生量,达到环境与经济"双赢"目的。

D 清洁生产审核对象

组织实施清洁生产审核的最终目的是减少污染,保护环境、节约资源、降低费用、增强组织和全社会的福利。清洁生产审核对象是组织(一切使用自然资源和能源的组织,无论是生产型组织、服务型组织,还是政府部门、事业单位、研究机构,都可以进行各种形式的清洁生产审核),其目的有两个:一是判定出组织中不符合清洁生产的方面和做法;二是提出方案并解决这些问题,从而实现清洁生产。清洁生产审核适用于第一、二、三产业和所有类型组织。

E 清洁生产审核程序

组织实施清洁生产审核是推行清洁生产的重要组成和有效途径。根据我国清洁生产审核示范项目的经验,并结合国外有关废物最小化评价和废物排放审核方法与实施的经验,国家清洁生产中心开发了我国的清洁生产审核程序,包括 7 个阶段,35 个步骤,如图 15-2 所示。

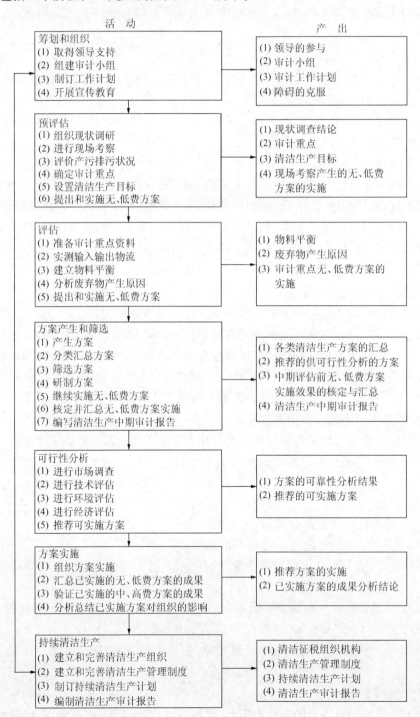

图 15-2   组织清洁生产审核工作程序

15.1.2.2 某矿业公司清洁生产审核实例

A 筹划和组织

策划组织阶段的主要任务是通过宣传教育,使全体职工了解清洁生产的内涵,充分认识实施清洁生产的意义和作用,克服思想障碍,获得高层领导和职工群众的积极支持与参与。

该阶段的主要工作内容为:(1) 宣传教育、动员和培训;(2) 组建领导小组和技术小组;(3) 制订清洁生产审核工作计划。

为使清洁生产工作按照一定程序和步骤顺利进行,使领导小组监督检查工作有据可依,公司清洁生产审核技术小组编制了清洁生产审核工作计划,并得到了审核领导小组的批准,按照计划要求予以实施。清洁生产审核工作计划实例见表15-1。

表 15-1 清洁生产审核工作计划

步　骤	主要内容	天　数	启动时间	完成时间
准备阶段				
一	领导决策			
二	组建工作小组			
三	制订工作计划	5	3月19日	3月23日
四	宣传、动员和培训	10	3月26日	4月6日
五	物质准备			
审计阶段				
一	姑山公司现状分析	10	4月9日	4月20日
二	确定审计对象	2	4月23日	4月24日
三	设置清洁生产目标	4	4月25日	4月30日
四	编制审计对象工艺流程图	5	5月7日	5月11日
五	测算物料和能量平衡	5	5月21日	5月25日
六	分析物料和能量损失原因	4	5月28日	5月31日
制订方案阶段				
一	介绍物料和能量平衡	2	6月1日	6月4日
二	提出方案	4	6月5日	6月8日
三	分类方案	4	6月11日	6月14日
四	优选方案	5	6月15日	6月21日
五	可行性分析	5	6月22日	6月28日
六	选定方案	1	6月29日	6月29日
实施方案阶段				
一	制订实施计划	7	7月2日	7月10日
二	组织实施			
三	评估实施效果			
四	制订后续工作计划			
五	清洁生产报告的编写、印刷	25	7月11日	8月14日

B 预评估

预评估是对矿山的生产现状进行全面的调研和考察及分析,在全面调查、分析、研究的基础上,确定开展清洁生产审核的对象(审核重点)。弄清审核对象的物料和能源消耗量及污染物的产生和排放量,为寻找清洁生产机会和制订清洁生产方案奠定基础。

C 审核与评估

实施审核是对已确定的审核重点进行物料、能量、废物等的输入、输出定量测算。对生产全过程从原材料投入到产品产出全面进行评估。寻找原材料、产品、生产工艺、生产设备及其运行与维护管理等方面存在的问题,分析物料、能源损失和污染排放的原因。

a 审核重点的工艺流程

本次清洁生产审核在收集审核对象工艺资料、调查掌握工艺情况的基础上,编制了审核对象的工艺流程(图15-3~图15-6),同时还编制了审核对象单元操作功能说明,其结果见表15-2。

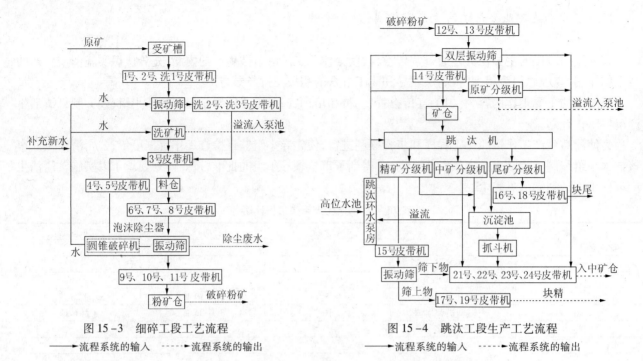

图 15-3　细碎工段工艺流程
——→流程系统的输入　------→流程系统的输出

图 15-4　跳汰工段生产工艺流程
——→流程系统的输入　------→流程系统的输出

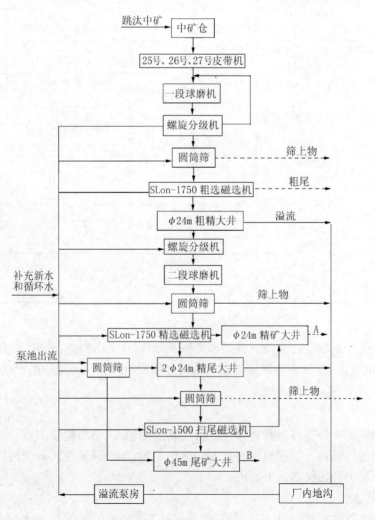

图 15-5　球磨工段工艺流程
——→流程系统的输入　------→流程系统的输出

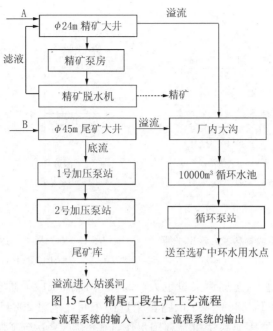

图 15-6　精尾工段生产工艺流程

———→流程系统的输入　-----→流程系统的输出

表 15-2　选矿车间各操作工段单元功能说明

工段编号	操作单元	功　能　说　明
1	细碎工段	将粗中碎后原矿进行脱泥处理,再进行细碎,用皮带输送到下一道工序
2	跳汰工段	采用跳汰机这一重力选矿设备,根据矿石在水介质中运动速度和轨迹不同,达到分选的目的
3	球磨工段	利用球磨机将矿石磨至一定的粒度,再利用矿石的磁性用 SLon 高梯度磁选机进行选别,以获得精矿的初级产品
4	精尾工段	对精矿初级产品进行沉淀分离、过滤脱水,最终的滤饼即为精矿产品;尾矿经沉淀、多级泵站提升送至尾矿库

b　输入输出物流测算

根据矿山选矿车间生产报表的统计资料及对审核对象选矿车间各个生产工段(破碎工段、跳汰工段、球磨工段及精尾工段)输入、输出物流数据的跟班调查与部分测试,现将结果见表 15-3。

表 15-3　选矿车间各工段输入、输出物流汇总(年用量)

操作单元	矿物原料输入量/t	矿物物料输出量/t	
		产品	尾矿
细碎工段	928200	928200	—
跳汰工段	928200	跳汰小块:208927 中矿:485311	233962
球磨工段	485311	粉精矿:312376	172935
精尾工段	精矿 521303	精矿:521303	406897

从表 15-3 可以看出矿山选矿车间主要物流输出的废物为尾矿,其中跳汰工段产出的块尾外销,球磨产生的细粒尾矿送至尾矿库贮存处理,尾矿中含有大量的尾矿水,经尾矿库沉淀处理后溢流外排至姑溪河。

根据上述数据可编出选矿车间的输出和输入的物料平衡图(图 15-7~图 15-9)。矿山行业,选矿耗水量大,节约水资源更为重要。

c　审核对象选矿车间存在的问题

通过上述分析,矿山在废物产生和产品方面均存在一些问题,归纳如下:

图 15-7　细碎工段物料输入输出平衡

注:干矿量(t/h);水量(m³/h)

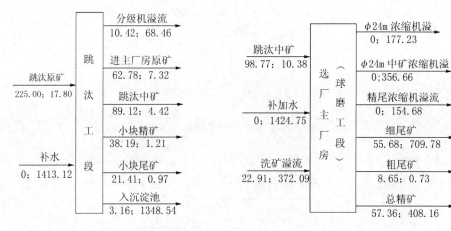

图 15-8 跳汰工段物料输入输出平衡   图 15-9 球磨工段物料输入输出平衡
注:干矿量(t/h);水量(m³/h)   注:干矿量(t/h);水量(m³/h)

（1）跳汰工段水耗、电耗过大,金属流失量也大。2000 年跳汰工段处理矿石量为 928200 t,跳汰小块产量为 208927 t,跳汰总耗电量为 3828368 kW·h,占整个选矿车间耗电量 28845420 kW·h 的 13.27%,是选矿车间的耗电大户。耗电量大的原因是跳汰机是利用水作选矿介质,来达到矿物的分选目的,平均处理每吨矿需耗水 20 t 左右。为满足 8 台 1200 mm×2000 mm×3600 mm 跳汰机对选矿用水的需求,选矿车间特设了跳汰用水循环泵站,以满足生产的需要。

同时,跳汰循环泵站的沉淀池,其主要进水为分级机的溢流。由于水量大,沉淀面积不足,水质差,固体物浓度达 1% 左右。其物料中除粗粒级部分由抓斗机取出、自然晾干脱水后,运至主厂房回收外,细泥部分无法脱水,只好在跳汰循环水系统内部循环,使细粒级金属难以回收。

（2）粉尾矿(扫尾、粗尾)铁品位高,回收率低。在选矿车间的球磨工段,通过 SLon-1750 粗选磁选机和 SLon-1500 精选磁选机排出的尾矿总量为 172935 t,其中粗尾和扫尾的比例约为 2:1 左右。粗尾的铁品位约为 24%,扫尾约为 26%~27%,尾矿的铁品位均偏高,影响了铁回收率的提高。2000 年选矿车间的铁总回收率为 76.34%。

（3）球磨工段噪声不符合卫生标准。据对选矿车间主厂房球磨机噪声的初步监测,MQG2700×3600 和 MQG2700×2100 球磨机的噪声值分别为 99.8 dB(A) 和 96.3 dB(A),噪声值为所测设备噪声的最大值,且超过岗位噪声 85 dB(A) 标准值的要求。应采取必要的降噪措施,以保证操作工人身体健康。

（4）尾矿库扬尘量大,影响周围的生态环境。尾矿库干坡段和坝体外坡在干燥大风天气时会产生大量扬尘,必须采取治理措施。在坝体外坡可采用覆土植被、铺覆块石等方法控制扬尘。目前坝体外坡的扬尘已得到初步控制,而干坡段的扬尘问题一直没有得到很好的解决。由于尾矿浆不断地向库内输送,干坡段表面不断被覆盖而更新,因此,难以用固定的覆盖层来控制扬尘。

建议采用以下方法控制干坡段扬尘:1) 采用多管放矿,以减少干坡段面积;2) 安装洒水装置,经常向干坡段洒水,使其表面保持湿润状态,以减少扬尘量;3) 选用合适的扬尘抑制剂,来控制扬尘对周围生态环境的影响。

（5）尾矿库溢流水悬浮物偶有超标问题。在矿山清洁生产的审核过程中,审核小组曾对尾矿库溢流水进行了监测,监测结果表明,溢流水悬浮物指标偶有超标现象。

建议矿山对尾矿库溢流水的水质加强管理,杜绝外排水水质指标悬浮物偶有超标现象发生,以避免对下游河流的污染现象的发生。

D 清洁生产方案
该阶段的工作内容包括:（1）提出清洁生产方案;（2）筛选方案;（3）重点方案可行性分析;（4）选定方案。

清洁生产共征集到 48 个方案,根据方案的类型、名称及可实施性分类进行了汇总,结果见表 15-4。

表15-4　清洁生产方案汇总

方案类型	编号	方案名称	可实施性
加强管理	1	采场流砂架头的维护	A
	2	钓鱼山生活区锅炉房卫生条件差急需整改	A
	3	细碎厂房内设有六台泡沫除尘器,但2号、3号、4号除尘器不能正常工作,建议查清原因,使之恢复正常运行	A
	4	洗矿厂房用水应设置计量设施,以节约用水	A
	5	皮带廊道内冲洗水管因疏于管理,长流水现象比较严重,应加强管理,以节约水资源	A
	6	跳汰工段螺旋分级机旁新水阀严重漏水,建议更换阀门	A
	7	原矿分级机小叶片易被矿石卡死,更换时间较长,影响生产	A
	8	工人技术水平参差不齐,对工艺操作参数调整不太熟练,建议对操作工人进行必要的培训	A
废物回收利用	9	回收利用废机械润滑油,减少污染	A
	10	液压油及润滑油分类回收利用	A
	11	采场排土用来修筑高速公路	D
	12	废旧钢丝绳的回收利用	A
	13	废旧钢铁及有色金属回收利用	A
	14	细碎、跳汰流失粉矿的综合回收利用	C
	15	降低尾矿品位,提高金属回收率	C
改进工艺	16	中深孔爆破的孔底起爆技术	B
	17	洗矿和原分级溢流改进粗选作业	C
	18	3号泵站增设水封水	A
	19	SZ-4真空泵一泵两用	A
	20	细碎工段原矿放矿闸门为手工操作,因原矿含泥量大,致使闸门易卡,影响生产,建议改手动为电动或气动	A
	21	选矿车间2号皮带辊在原矿含泥量大时易打滑,建议尽快解决这一问题	A
	22	选矿车间原矿放料仓下集水池内含有工段打扫卫生的矿浆等由清水泵排出时易堵,建议改清水泵为渣浆泵	A
	23	细碎厂房内三台圆锥破碎机密封圈易损(有时一周要更换2~3次),更换耗时较长,影响生产,建议将破碎机密封圈由单密封改为双密封,或其他更有效的办法	A
	24	细碎厂房现有三台PYDφ1750圆锥破碎机,因破碎能力有限,难以满足现有生产能力的要求,建议扩容	D
	25	因矿业公司矿石硬度大,含泥量大,破碎机主要部件更换周期短,寻求性能更好、经济可行性较好的破碎设备	D
	26	跳汰工段属高水耗(电耗)工序,建议在改成干式磁选机时,进行必要的技术经济分析,先对部分跳汰机进行试验改造,成功后再全面铺开	C
	27	原矿分级机脱水效果不佳,造成22号、23号皮带机易打滑,建议找出其中的因果关系,以利改进	A
	28	12号皮带机头(上部为放料仓),易被矿料堵塞,清理费时费力,建议查明原因,予以改进	A
	29	跳汰工段双层筛筛分效率低,影响跳汰精矿品位,建议予以改进	B
	30	球磨车间磨矿分级机(一段、二段)处理能力小,分级效率低,建议应立项研究,以解决这一问题	B
	31	球磨车间扫尾精矿品位低,约为55%左右,与公司总精矿品位要求59%较远,建议采用可行的技术,以提高精矿品位	C
	32	粗尾铁品位(约为24%)和扫尾铁品位(26%~27%)均偏高,影响选厂铁回收率的提高,应设专项研究,以提高铁回收率	C
	33	选矿车间每年排放尾矿总量约2Mt,建议进行必要的技术论证,实现无尾或少尾排放	C
安全环境保护	34	钟山排土场后期整治,固沙防水土流失	A
	35	排土固堤,减少排土场排土量,既增加青山河两岸的河堤安全,又延长排土场使用期	B
	36	采场边坡绿化,防水土流失,同时净化空气	B
	37	钟山排土场部分台阶复垦利用	C
	38	空心砖厂道路灰尘消除方案	B
	39	空心砖厂生产用水水质差,须进行净化处理	B
	40	空心砖厂厂房内有害废气排放方案	B
	41	关于尾矿库植被复垦、干坡段扬尘抑制的治理方案	C
	42	矿山生活饮用水深度处理,保障职工饮用合格水	B
	43	选矿车间原矿放矿口(1号皮带上方)下方湿度大,通风效果差,建议设置通风设备	A
	44	洗矿振动筛正常生产时筛面噪声较大,能否将筛面改成橡胶衬里或其他可行材料,以降低噪声	B
	45	4号皮带机头目前设有除尘口,但不能正常运转,致使4号皮带通廊内粉尘浓度高,难以达标	A
	46	跳汰机上方电动葫芦在维修更换8号跳汰机部分设备时,难以把设备调装到位,存在事故隐患	A
	47	球磨机噪声大,影响操作工人身体健康,建议设置隔声操作室	B
原材料改进	48	因原矿含泥量大,影响选矿车间正常生产,能否从采场或粗中碎工序阶段洗掉部分原矿中的泥分	D

对征集到的48种方案,按可实施性分类:

(1)A类:无费用方案,可立即实施。

(2)B类:低费用方案,也可立即实施。

(3)C类:需要投资,属基本可行或可行的方案,但要分析研究,确定实施的优先顺序。

(4)D类:由于技术、经济原因,确定为暂不考虑的方案。

根据方案分类,汇总结果,A、B方案具有较高的优先顺序,可直接采纳、实施,D类暂不考虑。因此优选是对C类方案进行分析研究,确定实施的优先顺序。优选方法采用权重加和排序法。由清洁生产技术小组全体成员对C类的9个方案,经充分讨论确定了影响方案实施的权重因素及权重值。然后分别对各个方案进行独立打分。通过汇总、分析计算,按总得分排定次序。结果见表15-5。

表15-5　清洁生产方案优选评估

权重因素	权重(1~10)	方案序号及得分(1~10)								
		14	15	17	26	31	32	33	37	41
减少环境危害	10	80	50	60	90	40	50	90	60	60
经济可行	8	64	64	56	64	48	72	32	64	72
技术可行	8	72	72	64	72	48	80	48	72	72
易于实施	6	42	30	24	42	42	36	30	36	48
节约能源	5	25	10	10	30	10	50	35	5	30
发展前景	4	36	40	32	36	28	36	32	36	32
总　分		319	266	246	334	216	324	267	273	314
排　序		3	7	8	1	9	2	6	5	4

E　可行性分析及选定方案

可行性分析是对方案进行技术、环境、经济方面的综合分析,以确定可以实施的清洁生产方案。

(1)干式磁选机替代跳汰机(26号方案)。方案内容:选矿车间跳汰工段现有8台跳汰机,由于耗水量大,跳汰循环水系统需采用4台电动机功率为375 kW的水泵(一台备用)送水,才能满足生产的需要。年耗电量约3800000 kW·h,属高耗能工序。将跳汰机改成干式磁选机,在不改变原有生产指标和产品质量的条件下,年可节约电耗及其他费用约200万元。

(2)降低尾矿品位、提高金属回收率(32号方案)。方案内容:选矿车间主厂房粗尾铁品位(约为24%左右)和扫尾铁品位(26%~27%)呈逐年上升的趋势,且矿山资源有限,需把有限的资源利用起来。利用总尾矿筛子的筛下物,进入旋流器进行分级后,旋流器溢流进入大井,经过二次选别,可降低尾矿品位。

(3)细碎、跳汰流失粉矿的综合回收利用(14号方案)。方案内容:细碎和跳汰工段各生产环节的打扫卫生的冲洗水,带出的粉矿量每月近3000 t,绝大部分进入地沟和10000 m³的循环水池,浪费严重,同时也加重了循环水系统的负荷。方案建议对细碎和跳汰工段的3号、4号、9号、10号、20号、21号、22号、23号的皮带尾轮旁修建水沟,分几点集中后,再收集、脱水后进入流程系统。本方案年可回收品位为42%的粉矿约36 kt,可得到20 kt左右的粉精矿。

技术可行性分析:技术可行性分析是对重点方案技术的先进性、实用性、可操作性和可实施性进行系统的研究和分析。技术可行性分析结果见表15-6。

表15-6　清洁生产方案技术可行性分析

项　目	分析内容		
	干式磁选机替代跳汰机	降低尾矿品位,提高金属回收率	细碎、跳汰流失粉矿的综合回收利用
技术先进性	先进	较为先进	一般
成熟程度	十分成熟	有可研报告	一般

项 目	分析内容		
	干式磁选机替代跳汰机	降低尾矿品位,提高金属回收率	细碎、跳汰流失粉矿的综合回收利用
安全可靠性	安全可靠	安全可靠	安全可靠
应用实例	已用于跳汰机改造	已有应用	已有应用
产品质量影响	无影响	无影响	无影响
生产能力影响	对生产能力无影响,节约了水资源和能源	提高产品生产能力	提高产品生产能力
生产管理影响	无影响	无影响	无影响
安装设备的空间要求	无影响	无影响	无影响
运行操作及培训要求	无特殊要求	无特殊要求	无特殊要求

环境可行性分析:环境可行性分析是对清洁生产重点方案在污染物排放、能源消耗和环境影响等方面进行研究、讨论和分析,其目的是预测和评价某项清洁生产方案实施后污染物排放、能源消耗和对环境影响的变化情况。

企业清洁生产目标是使污染物产生量最小,消除生产过程和产品对环境的影响。这就要求所有的清洁生产方案都必须有良好的环境效益,即实施后有利于减少污染物的排放、能源消耗及其对环境的影响,同时也要防止某些方案实施后对环境产生新的影响。因此,对方案有可能引起设备变更、生产工艺变化及原辅材料改变的清洁生产方案,必须进行环境可行性分析。

清洁生产的环境可行性分析的重点主要有:(1) 方案对污染物排放的影响;(2) 方案对能源、资源消耗的影响;(3) 方案对环境的影响。根据上述重点对 3 个重点清洁生产方案的环境可行性分析结果见表 15 -7。

表 15 -7　清洁生产方案的环境可行性分析情况

方案	参数类型	目前情况	方案实施后情况	变化情况
26	废水	处理每吨矿石耗水约 20 t	基本上不用水	处理每吨矿石节水 20 t
	电能	环水泵年耗电约 3800000 kW·h	年减少电耗约 3800000 kW·h	年减少电耗约 3800000 kW·h
32	尾矿排放	年排放尾矿量约 170 kt	减少尾矿排放量 10000 t	回收利用铁精矿约 10000 t
	电力	无	增加电耗 100000 kW·h	增加电耗约 100000 kW·h
14	尾矿排放	年流失粉矿量约 36 kt	年回收粉矿量约 36 kt	回收利用铁精粉约 20000 t
	电力	无	增加电耗约 150000 kW·h	增加电耗约 150000 kW·h

经济可行性分析:经济可行性分析是从企业角度,分析方案的经济收益,即将拟选方案的实施成本与可能取得的各种经济收益进行比较,确定方案实施后的赢利能力,并从中选出投入最少、经济效益最佳的方案,为投资决策提供依据。方案的经济可行性分析结果见表 15 -8。

表 15 -8　清洁生产经济评估

方 案	总投资(I)/万元	年运行费用节省额(P)/万元	年增加净现金流量(F)/万元	投资回收期(N)/年	净现值(NPV)/万元
26	200	200	160	1.25	492.64
32	30	10	150	0.2	619.35
14	10	20	300	0.03	1288.7

选定清洁生产方案:根据方案的技术、环境和经济可行性分析,可选定最终的清洁生产方案。为此,需要将技术可靠、经济效益明显和有益于环境的清洁生产方案进行综合列表(表 15 -9)。

表 15 -9　选定清洁生产方案

方 案	方案名称	预期经济效益/万元	预期环境效益
26	干式磁选机替代跳汰机	160	减少车间水耗约 8%
32	降低尾矿品位,提高金属回收率	150	少排尾矿 10000 t
14	细碎、跳汰流失粉矿的综合回收利用	300	回收利用流失粉矿量约 36 kt

F   方案实施

方案实施是企业清洁生产审计的第六个阶段。目的是通过推荐方案(经分析可行的中/高费最佳可行方案)的实施,使企业实现技术进步,获得显著的经济和环境效益;通过评估已实施的清洁生产方案成果,激励企业推选清洁生产。

G   持续清洁生产

(1)对于矿山来说,实施一项清洁生产方案不可能解决所有问题,也不能彻底挖掘出企业的全部潜力。必须不断地开展清洁生产审核,寻求清洁生产的新机会。通常每两、三年要按审核步骤重复进行一次清洁生产。清洁生产方案实施后,不是清洁生产工作的结束,而是更加深入、更大范围的清洁生产工作的开始。必须周密制订继续开展清洁生产的工作计划,使清洁生产持续不断地进行。在后续计划中应明确下批参加清洁生产的单位、起止时间、人员的责任、宣传培训措施等。

(2)进一步完善清洁生产组织。矿山公司要在以开展清洁生产工作的基础上,及时总结经验和教训,根据后续开展清洁生产工作的重点,调整充实清洁生产小组的工作人员,进一步完善清洁生产组织,明确职责和任务。根据工作重点的调整,补充调整人员时,要注意保留原有人员和启用经过培训有实践经验的专业人员。

15.2   矿山环境保护

15.2.1   环境保护的基本内容及要求

15.2.1.1   环境保护的基本内容

(1)环境保护是防治由生产和生活活动引起的环境污染,包括防治矿山生产排放的"三废"(废水、废气、废渣)、粉尘、放射性物质以及产生的噪声、振动、恶臭和电磁微波辐射,交通运输活动产生的有害气体、废渣、噪声,生产和生活使用的有毒有害化学品,城镇生活排放的烟尘、污水和垃圾等造成的污染。

(2)环境保护是防止由建设和开发活动引起的环境破坏,如矿产资源的开发对环境的破坏和影响,新工业区、新城镇的设置和建设等环境的破坏、污染和影响。

(3)保护有特殊价值的自然环境,包括对珍稀物种及其生活环境、特殊的自然发展史遗迹、地质现象、地貌景观等提供有效的保护。另外,控制水土流失和沙漠化、植树造林也都属于环境保护的内容。

环境保护已成为当今世界各国政府和人民的共同行动和主要任务之一。我国则把环境保护宣布为我国的一项基本国策,并制定和颁布了一系列环境保护的法律、法规,以保证这一基本国策的贯彻执行。

矿山排放的废气防治见12章矿井通风内容。

15.2.1.2   矿山清洁生产与环境保护的基本要求

实现矿山的清洁生产与生态环境保护基本目标是针对我国矿山现状及经济技术水准,在矿山的规划、建设、生产以及在关闭等各个阶段,最大可能地贯彻无害化、资源化以及减量的原则,基本要求如下:

(1)矿产资源的开发必须注重综合效益。既要强调矿业经济本身的发展,又必须综合评价其社会效益以及良好的生态效益,注重所有自然资源的合理配置与利用。只有建立在良性的生态平衡基础上,矿业才能实现健康、可持续的发展。

(2)做好资源综合利用、不断提高资源的利用率,才能维持矿业的持续发展。我国目前新资源含量补偿速度低于消耗速度、人均资源占有量太低的情况下,做到资源开发既满足社会、经济发展的需要,又尽量延缓资源耗竭的速度,显得更为重要。

(3)要求废料产出最小化。采用先进技术、工艺、设备,使废料的排放量达到最低程度。既要加强资源的综合回收,又要求尽量采用少废或无废的工艺技术,使矿山开采对环境的负效应极大地降低。

(4)废料资源化。矿山产生的废料——废石、尾矿会带来很多问题,废料实现资源化不仅能改善矿山的经济效益,而且会对矿山开采带来的负效应起到极大的抑制作用。如废石、尾矿用作充填材料,不仅会减少尾矿、废石自身带来的负面影响,而且对于提高矿山开采的回采率、防止地表塌陷、保证矿山安全生产等起到很好的作用。

(5)改善与提高矿山生产环境。从设计、建设以及生产的全过程都应该贯彻持续改进生产环境与条件的原则,提高自动化水平、减轻劳动强度、提高劳动安全标准等方面开展工作。

矿山的清洁生产与生态环境保护必须坚持统筹规划、总体调控、注重内涵、节约资源、适度开发、保护环境、建设生态矿山的总体方针,走集约型的可持续发展模式。

15.2.2 矿山废水的处理

15.2.2.1 矿山废水的形成及危害

矿山水量大,重金属离子的浓度低,可回收利用的可能性小,处理的难度大。同时,含有的重金属成分具有不可降解性、生物累积性等特点,废水外排对周围生态环境会造成严重的危害。

矿山清水应回收利用,对于酸性废水必须采取措施处理。

A 矿山开采酸性水的形成

露采矿坑水、坑采井下涌水、排土场淋溶废水等的产生机理比较复杂,主要是含硫化物矿物、废石在空气、水及微生物的作用下,发生风化、溶浸、氧化和水解等一系列的物理化学及生化等反应,逐步形成含硫酸的酸性废水,pH 值一般为 2 ~ 4,由于这些酸性废水的存在,矿物中的重金属元素逐渐溶解,形成重金属废水。其具体的形成机理由于废石的矿物类型、矿物结构构造、堆存方式、环境条件等影响因素较多,使形成过程变化十分复杂,很难定量说明。一些研究资料表明,黄铁矿(FeS_2)是通过如下反应过程被氧化的:

$$FeS_2 + 2O_2 \longrightarrow FeS_2(O_2)_2 \tag{15-1}$$

$$FeS_2(O_2)_2 \longrightarrow FeSO_4 + S^0 \tag{15-2}$$

$$2S^0 + 3O_2 + 2H_2O \longrightarrow 2H_2SO_4 \tag{15-3}$$

这表明元素硫是黄铁矿氧化过程中的中间产物。另有研究则认为其氧化反应过程是通过以下过程进行的,即:

(1)在干燥环境下,硫化物与空气中的氧气起反应生成硫酸亚铁盐和二氧化硫,在此过程中氧化硫铁杆菌及其他氧化菌起到了催化作用,加快了氧化反应速度。

$$FeS_2 + 3O_2 \longrightarrow FeSO_4 + SO_2 \tag{15-4}$$

(2)在潮湿的环境中,硫化物与空气中的氧气、空气土壤中的水分共同作用成硫酸亚铁盐和硫酸。

$$2FeS_2 + 7O_2 + 2H_2O \longrightarrow 2FeSO_4 + 2H_2SO_4 \tag{15-5}$$

(3)矿物中的硫元素在初始氧化过程以四价态为主,反应过程可以表示为:

$$2FeS_2 + 5O_2 + 2H_2O \longrightarrow 2FeSO_3 + 2H_2SO_3 \tag{15-6}$$

$$2FeSO_3 + O_2 \longrightarrow 2FeSO_4 \tag{15-7}$$

$$2H_2SO_3 + O_2 \longrightarrow 2H_2SO_4 \tag{15-8}$$

(4)硫酸亚铁盐在酸性条件下,在空气及废水中含氧的氧化作用下,生成硫酸铁,在此过程中氧化铁铁杆菌及其他氧化菌起到了催化作用,加快了氧化反应过程:

$$4FeSO_4 + 2H_2SO_4 + O_2 \longrightarrow 2Fe_2(SO_4)_3 + 2H_2O \tag{15-9}$$

反应式(15-9)是决定整个氧化过程反应速率的关键步骤。

(5)硫酸铁盐同时还可以与 FeS_2 及其他金属硫化矿物发生氧化反应过程,形成重金属硫酸盐和硫酸,促进了矿物中其他重金属的溶解及酸性废水的形成。

$$7Fe_2(SO_4)_3 + FeS_2 + 8H_2O \longrightarrow 15FeSO_4 + 8H_2SO_4 \tag{15-10}$$

$$2Fe_2(SO_4)_3 + MS + 2H_2O + 3O_2 \longrightarrow 2MSO_4 + 4FeSO_4 + 2H_2SO_4 \tag{15-11}$$

式中,M 表示各种重金属离子。

式(15-11)反应速度最快,取决于亚铁离子的氧化反应速率。

(6)硫酸亚铁盐中的 Fe^{3+},同时会发生水解作用(具体水解程度与废水的 pH 值的大小有关),一部分会形成较难沉降的氢氧化铁胶体,一部分形成 $Fe(OH)_3$ 沉淀,其反应方程式如下:

$$Fe_2(SO_4)_3 + 6H_2O \longrightarrow 2Fe(OH)_3(胶体) + 3H_2SO_4 \tag{15-12}$$

$$Fe_2(SO_4)_3 + 6H_2O \longrightarrow 2Fe(OH)_3\downarrow + 3H_2SO_4 \tag{15-13}$$

B   酸性废水的危害

矿山开采酸性废水含有毒害作用的重金属元素,由于重金属在环境中难以降解,且能在动物、植物体内积累富集,最终通过食物链危害人体健康,是危害人类最大的污染物之一。其对环境的破坏具有危害面大、隐蔽性、滞后性和累积性等特点。

(1) 危害面大。例如浙江遂昌金矿曾作为黄铁矿矿床开采,1976 年转为金矿,在几十年的开采过程中,弃置在山坡上的数百万吨贫硫铁矿、含硫废石产生的酸性滤沥水长期污染环境,致使矿区周围寸草不生。这些酸性水连同矿井排出的"黄水"(硫黄水),造成河中鱼死、虾亡、草木枯萎,人畜不能直接饮用。

又如江西铜矿山废水年排放量为 204960000 m^3(包括降水对废石堆淋漓废水),其中某铜矿废水直接排入大坞河,废水流量占河水流量的 10% 以上,河水 pH 值仅 2.77,总 Cu 为 14.65 mg/L,全河长 14 km 的水生生物绝迹。大坞河与另一条纳污河水在戴村附近汇入乐安河,出口处河水 pH 值 4.13、Cu 7.75 mg/L、Fe 72.52 mg/L,至使乐安河大部分河段受到污染,入口处下游 2 km 水中 Cu 为 0.6 mg/L,20 km 后 pH 值才上升至 6.2。加之沿河采金活动,造成乐安河全长 239 km 河水 pH 值一直低于国标规定的 6.5 标准,大坞河及乐安河两岸稻田土壤及稻米都不同程度地受到酸及铜污染。其中大坞河沿岸土壤 pH 值为 3.59 ~ 6.24,乐安河(太白、凤州二乡全长 15 km)沿岸土壤中 pH 值为 3.37 ~ 6.83,总 Cu 分别为 21.99 ~ 1665 mg/L,34.7 ~ 1437 mg/L。实验表明,土壤 pH 值低于 4.1,水稻绝收;pH 值小于 5,水稻生长受影响。❶

含铁酸性水成为一大污染源,它腐蚀管道、水泵、钢轨及混凝土结构,外排后作农业灌溉用水,会使土壤板结,农作物枯黄;排入水系因含有 Fe^{2+} 离子在氧化时会消耗水中的溶解氧,妨碍水生生物生长,降低水的自净能力,当水质 pH 值小于 4 时,会使鱼类死亡;职工若长期接触此类水,可使手脚破裂,眼睛疼痒。随着酸度的升高,含铁酸性矿井水中其他重金属离子可由不溶性化合物变为可溶性离子状态,毒性增长。

(2) 隐蔽性。酸性废水除具有一点色度和浊度外,通过感官很难发现多种重金属的有毒、有害废水,加上人们环保意识淡薄,在一些产生重金属废水的矿区,很多农民甚至用这些废水进行农田灌溉,农田污染,最终是对人们的身体健康构成了潜在的危害。

(3) 滞后性。酸性废水从产生污染到出现问题通常会滞后一段时间,有时需几十年才能显现出来。1955 ~ 1970 年初,在日本富山市神通川流域曾出现过一种称为"痛痛病"的怪病。其症状表现为周身剧烈疼痛,甚至连呼吸都要忍受巨大的痛苦,腰关节受损关节变形,有的还伴有心血管病。经过 10 ~ 20 年之后才被研究证实,这种所谓的"痛痛病",实际上是由于重金属镉污染所引起的。其主要原因是由于当地居民长期食用被镉污染的大米——"镉米"。到 1979 年为止,这一公害事件先后导致 80 多人死亡,直接受害者的人数则更多,赔偿的经济损失也超过 20 多亿日元(1989 年的价格)。至今,还有人不断提出起诉和索赔要求。

(4) 累积性。如果矿山酸性废水流入农田时,除流失一部分外,另一部分被植物吸收,剩余的大部分在泥土中聚积,当达到一定数量时,农作物就会出现病害。土壤中含铜达 20 mg/kg 时,麦会枯死。这些重金属废水进入周围水体,其中含有的重金属能被水生生物富积于体内,如淡水鱼能将汞的浓度富集 1000 倍、镉 300 倍。

随着农田植物及水生生物体内重金属的不断累积,不但危害其自身个体,而且会通过食物链最终危害人体。对黄铁矿废水污染区和对照居民区进行全死因和肾功能调查,结果表明污染区居民总死亡率为 0.814%,特别是婴儿和 50 岁以上年龄人群,在疾病上,以肾脏病和脑血管疾病的差别最为明显。

矿山开采废水对人类及环境的危害具有危害面大、隐蔽性、滞后性和累积性等特点,如不对其有效的治理将对人类环境造成极大的破坏。

由于历史和现实两方面的原因,我国的环境保护落后于生产发展,一些矿山对废水未得到有效的治理,为此,为了取得较好地处理效果,需要加大力度对现行的处理工艺进行分析研究加以改进。

---

❶ 江西省铜矿开发环境地质研究报告[R]. 江西省地质环境监测总站,1991。

15.2.2.2 矿山废水处理方法

金属矿山酸性废水的处理可分为如下三种:(1)使废水中的呈溶解状态的重金属离子转变为溶度积较小的相应的氢氧化物或硫化物沉淀,使重金属离子从废水中转移到污泥中,再进一步的处理,主要的处理方法有碱性中和剂中和化学沉淀法、碳酸盐沉淀法、硫化沉淀法、氧化还原法等物理化学方法。(2)通过离子交换、吸附、蒸发浓缩等方法对矿山废水进行浓缩处理利用的方法,主要包括离子交换法、电渗析、反渗透、蒸发浓缩等。(3)利用微生物生物化学作用的微生物处理技术及利用土壤-微生物-植物之间物理、化学、生化作用的人工湿地处理技术。

在矿山废水处理过程中,为满足日益严格的环保要求,实际废水处理方法需要根据待处理废水的水量、水质情况,选用一种或几种处理方法进行组合使用,构成组合处理工艺。对于矿山废水的处理常用的处理工艺有一段中和沉淀处理工艺、分段中和沉淀处理工艺、中和-硫化分段沉淀处理工艺、生物堆浸-萃取-电解组合处理工艺、离子交换、吸附-电化学组合处理工艺等。

A 一段中和沉淀处理工艺

一段中和沉淀处理工艺是处理矿山废水的最常用的处理方法,该方法主要是通过投加碱性中和剂,提高待处理废水的 pH 值,并使废水中的重金属离子形成溶度积较小的氢氧化物或碳酸盐沉淀。常用的碱性中和剂有生石灰(CaO)、石灰乳($Ca(OH)_2$)、电石渣(主要成分 $Ca(OH)_2$)、$NaOH$、$Mg(OH)_2$ 等,此类方法可在一定 pH 值条件下去除多种重金属离子,具有工艺简单、可靠、处理成本低等优点。

由于待处理废水的数量、水质,周围环境状况不同,一段中和处理工艺通常具有不同的形式,可根据当地地形特点设计成基坑处理工艺,简单可靠的传统处理工艺,有融入晶种循环处理技术的简易底泥回流工艺、HDS 处理工艺及改进的 Geco 处理工艺。

a 工艺流程

(1)水塘处理工艺。水塘处理工艺(pond treatment)是将矿山废水与中和药剂混合进入设计的水塘,即反应沉淀池,进行中和反应,泥渣沉降,上层澄清水外排。水塘一般考虑两段,第一段水面较深,主要用作反应沉降;第二段水面较浅,主要用作进一步沉降,增强出水水质,处理出水经溢流外排。工艺流程如图 15-10 所示。

为提高中和药剂的利用率,在水塘处理工艺的基础上加设泵入、泵出设备,矿山废水在中和反应器中与中和药剂混合,发生中和反应,同时可以添加絮凝剂。中和出水自流进入水塘,进行絮凝沉降,水塘上层清液通过浮动泵泵出,在 2 号中和反应器中,通过加入酸调节 pH 值,使其达到出水限制要求,最终达标排放。工艺流程如图 15-11 所示。

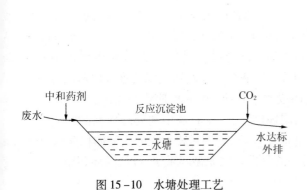

图 15-10 水塘处理工艺   图 15-11 某水塘连续/批处理工艺

水塘连续或分批处理工艺运作的关键是保证浮动泵泵出的是基坑内表面澄清液。泵入泵出基坑的水量是变化的,基坑内的水面高度同时也是波动的,整个处理过程可以连续进行也可以进行批处理操作。虽然基坑连续/批处理工艺系统相比水塘处理工艺能较好地提高中和药剂石灰的利用率,但是同样面临着中和 pH 值不易控制、中和污泥沉降效果不佳等问题,主要表现在以下几个方面:

1)中和药剂的利用率比较低,如用生石灰作为中和药剂处理酸性废水时的利用率低于50%。

2）由于处理过程中没有混合反应设备，反应时间不一致及混合不均匀影响出水水质。

3）水塘一般地势低洼，处理出水及底泥到排放需要添加动力提升设备，将会加大能耗，增加处理成本。

4）在处理过程中天气对处理出水水质有重要影响，水塘的塘面比较大，较大的风力会引起搅动，影响出水水质。

5）中和污泥沉降性能差，污泥浓度低，中和污泥固体体积含量仅1%左右。

（2）传统处理工艺。传统处理工艺（conventional treatment）的流程是矿山废水进入中和反应池，通过调节废水 pH 值，使废水中的重金属元素以氢氧化物沉淀的形式从废水中脱除。处理出水经投加絮凝剂后进入澄清池，进行泥水分离，上层清液达标外排，底泥从澄清池底部泵入污泥池或者压滤机进行进一步的处理。但是通常要添加砂滤池或者其他过滤澄清设备，对溢流出水进行进一步处理，除去剩余的悬浮物、杂质，以提高出水水质，工艺流程如图 15-12 所示。

相比水塘处理工艺，传统处理工艺在中和药剂的利用率及污泥固含量等方面都有了很大的提高，其污泥的固体体积含量在 1%～5%。

（3）简易底泥回流工艺。简易底泥回流工艺（simple sludge recycle）是在传统处理工艺的基础上融入了晶种循环处理技术，即增加了底泥回流系统。工艺流程如图 15-13 所示。

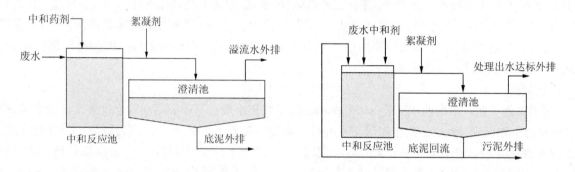

图 15-12   传统处理工艺系统   图 15-13   简易底泥处理工艺

这种处理工艺与传统处理工艺相比，其优点：1）缩小了反应池容积；2）与水塘处理工艺及传统处理工艺相比，简易底泥回流工艺，提高了污泥的沉降性能，增加了底泥浓度，底泥固体体积含量可达 15%；3）提高了中和药剂的利用率，降低药剂用量。

（4）HDS 处理工艺。HDS 与简易低泥回流工艺一样，其处理工艺在矿山废水处理中的主要特点是降低污泥浓度和提高污泥的稳定性，但与简易底泥回流系统不同，HDS 处理方法（the high density sludge process），增加了药剂/底泥混合系统，澄清池回流底泥与中和药剂在混合池中混合，此过程可以促进中和药剂颗粒在回流沉淀物上的凝结，从而增加沉淀颗粒粒径和污泥密度，混合后废水通过溢流进入快速反应池与矿山废水发生中和反应，中和污泥溢流进入中和反应池，提高废水 pH 值。中和反应池溢流水进入絮凝池，通过絮凝剂的投加，提高中和废水沉降性能，提高处理污泥的固体体积含量，石灰中和处理药剂的利用率可超过 95%，处理酸度（以碳酸钙计）10 g/L，污泥固体体积含量超过 25%，处理过程污泥的固体体积含量 10%～40%。澄清池沉降污泥一部分外排进行进一步的处理，另一部分进入底泥循环系统，进行循环利用。工艺流程如图 15-14 所示。

在污水处理控制系统很完善条件下，主要用于便于控制反应 pH 值的快速混合池，可以省去，同时，絮凝剂可以考虑通过管道添加，这样絮凝池完全可以取消，工艺流程如图 15-15 所示。这样可以大大地降低工程基建投资及废水处理运行费用。

（5）Geco 处理工艺。Geco 处理工艺是循环底泥直接循环进入 1 号反应池，与废水进行进一步的混合反应，混合反应废水进入 2 号反应池再进行进一步的反应，后进入澄清池进行澄清分离（图 15-16）。

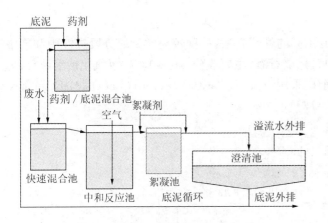

图 15-14　HDS 处理工艺系统

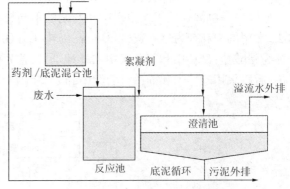

图 15-15　The Heath Steele 工艺系统

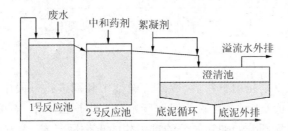

图 15-16　Geco 处理工艺系统

与 HDS 处理工艺相比,Geco 是循环底泥首先与废水混合,使底泥中未被反应完全的药剂得到充分的利用,同时反应过程中形成的沉淀物聚集吸附在循环底泥上,增大污泥颗粒粒径,同时压缩了污泥,提高了污泥的浓度,通过 Geco 方法,污水处理设备、设施运行第一年,其产生污泥中固体体积含量超过 30%。

b　工艺优缺点及应用

一段中和沉淀工艺优点:流程简单可靠、操作简便,处理成本低。缺点如下:

(1) 由于国内自动化控制水平的限制,一段中和处理工艺的中和 pH 点较难控制,处理出水水质有不稳定现象。

(2) 由于各重金属离子溶度积的不同,以及部分重金属离子易形成羟基配合物,参与沉淀-溶解平衡,所以一段中和处理法对复杂矿山废水的处理效果不佳。

(3) 处理出水 pH 值发生变化时,由于其中含有的微细氢氧化物固体物质存在返溶现象,使部分重金属离子浓度超过相应的排放标准。

(4) 中和泥渣产量大、含水率高、脱水困难,此缺点在 SO_4^{2-} 浓度较高的酸性矿山废水治理过程中尤为突出。

江西德兴铜矿、永平铜矿均采用过传统处理工艺,处理出水均可达到相应的国家排放标准。

HDS 处理工艺在世界多数矿山的废水处理中得到广泛的应用,国内德兴铜矿为解决传统处理工艺在实际应用过程中,出现的管道结垢、底泥固体体积含量低等问题,通过国际招标,选择与加拿大 PRA 公司合作,开展了利用 HDS 技术处理矿山酸性废水的现场试验研究,已经取得了较好的效果,底泥浓度可控制在 25% ~30%,当 SO_4^{2-} 离子浓度大于 25g/L 时,整个试验工艺流程不存在结垢现象,在实践中可有效延长设备的使用周期。

B　分段中和沉淀处理工艺

分段中和沉淀处理工艺处理矿山废水是通过调整、控制 pH 值的方法,使废水中的重金属元素通过分段沉淀或共沉淀的形式从废水中分离出去。由于废水中含有重金属种类的不同,生成的相应沉淀的最佳 pH 值也不同,分段中和沉淀处理工艺可根据不同重金属离子溶度积的不同使废水中重金属离子实现分步沉淀,利于废水中重金属元素的回收利用,提高中和药剂的利用率,为此,分段中和沉淀处理工艺在含多重金属元素废水处理中具有广泛的应用。

分段中和沉淀处理工艺根据中和药剂的不同又有不同的处理方法:一种较为常见的分段碱性中和剂中和法,常用的中和剂为生石灰(CaO)、石灰乳(Ca(OH)$_2$)、电石渣(主要成分 Ca(OH)$_2$)、氢氧化钠溶液等;另一种为碳酸盐-碱性中和剂分段中和处理工艺,首先前段采用石灰石(CaCO$_3$)、白云石(CaCO$_3$、MgCO$_3$)等碳酸盐,后段采用碱性中和剂进行后续中和处理(图15-17)。

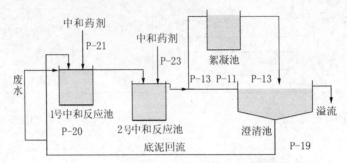

图 15-17　碱性中和剂两段中和处理工艺

a　工艺流程

分段中和沉淀处理工艺主要是先用石灰乳、废碱等碱性中和剂进行一段中和,对废水 pH 值进行粗调,除去大部分的重金属离子及形成石膏(在含氟的铅锌废水处理中形成 CaF$_2$ 石膏),提高溶液的 pH 值,然后用中和药剂进行二次中和除去大部分的砷和部分的难去除的重金属元素,含有砷等其他重金属的废水可用三段采用中和铁盐氧化法除去残余重金属元素,实现废水的达标排放,工艺流程如图 15-18 所示。碳酸盐-碱性中和剂分段中和处理法主要工艺流程为,第一段采用白云石、石灰石等作为滤料,采用升流膨胀过滤中和,二段采用石灰乳、废碱等碱性中和剂进行中和处理,最终实现废水的达标排放。

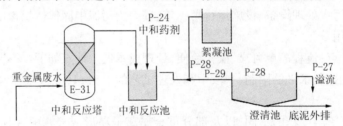

图 15-18　碳酸盐-碱性中和剂中和沉淀处理工艺

b　工艺优缺点及应用

与一段中和沉淀处理工艺相比,分段中和沉淀处理工艺具有中和药剂利用率高,中和污泥产生量少,污泥含水率低、易于脱水、易于控制等优点。

但相较一段中和处理工艺,分段中和处理工艺中碳酸盐-碱性中和剂分段中和处理工具有中和反应速度慢,中和药剂利用率低,在第一段碳酸盐中和过程中,其表面易形成 CaSO$_4$ 膜,阻挡反应的进一步进行,降低中和药剂的利用率。

分段中和处理工艺由于工艺的复杂性加大了操作、管理的难度,同时增加了基建投资,提高处理成本。

江西永平铜矿 2003 年以前采用分段中和处理工艺处理铜矿酸性矿山废水,第一段中和反应槽反应 pH 值控制在 4.5 左右,废水中的 Fe^{3+}、部分的 Fe^{2+}、Cr^{6+} 形成氢氧化物沉淀,通过斜板沉淀池沉淀去除,澄清液进入第二段中和反应槽,反应终点 pH 值控制在 7.5,沉淀铜离子,生成氢氧化铜沉淀,送铜回收车间通过压滤、干燥、煅烧回收铜(图 15-19)。由于随矿山开采时间的延长,酸性废水中铜离子浓度的含量逐年下降,第二段沉淀池污泥中的品位达不到设计时的要求,通过污泥回收铜的运行成本高于其价值,因此永平铜矿放弃使用从污泥中回收铜的工艺,由两段中和工艺改为一次中和两次沉淀的处理方案。

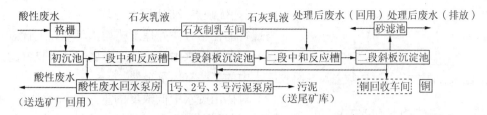

图 15-19　永平铜矿分段中和处理回收重金属工艺流程

碱性中和-硫化分段沉淀工艺是分别利用中和药剂、硫化剂将废水中重金属离子转化为不溶或者难溶的氢氧化物、硫化物沉淀的方法。常用的硫化剂有 Na_2S、$NaHS$、H_2S、CaS 和 FeS 等,该法的优点是硫化物的溶度积小、渣含水率低,不易因返溶而造成二次污染,同时产渣量相较石灰中和沉淀法少,而且当用中和沉淀法处理酸性矿山废水不能达到相应的限制要求时可采用硫化沉淀法,同时可以与浮选法组合成沉淀浮选工艺,对废水中的重金属进行选择性沉淀回收。

C　中和-硫化分段沉淀处理工艺

中和-硫化分段沉淀处理工艺在铜冶炼、采选废水及含汞废水处理中有广泛应用。

a　工艺流程

中和-硫化分段沉淀处理工艺在矿山酸性废水治理中,一般工艺流程为第一段通过添加碱性中和药剂控制 pH 值为 4.0 左右,主要去除酸性矿山废水中含有的三价铁,溢流出水添加硫化剂,使含有的其他重金属转化为金属硫化物沉淀,所得硫化渣通过浮选工艺进一步回收重金属,处理后水进一步用碱性中和药剂进行处理使之达标排放。

b　工艺优缺点及应用

由于中和-硫化沉淀工艺结合了中和处理工艺简单、可靠,具有污水处理成本低及硫化沉淀法重金属离子去除率高,处理废水适应性强,沉淀物的可浮性好,利于回收利用的优点,因此在一些矿山废水处理过程中得到了广泛的应用。

中和-硫化沉淀工艺在应用中出现了一些问题:

(1) 硫化剂本身有毒,在处理过程中易形成有毒的 H_2S 气体造成空气污染。

(2) 与其他处理药剂相比,硫化剂价格高,增加了污水处理运行成本,但其具体经济可行性要综合考虑重金属回收获得的收益。

(3) 处理过程中不易控制药剂添加用量,过量不但增加污水处理成本而且也会造成环境污染。

(4) 生成的硫化沉淀污泥,在外界空气的氧化作用下,可被重新氧化为酸性物质,生成 H_2SO_4,使重金属离子返溶,造成二次污染。

德兴铜矿 1985 年设计废水石灰乳-硫化剂分段处理工艺,通过石灰乳的投加,去除矿山废水中大量的 Fe^{2+}、Fe^{3+} 及 SO_4^{2-},降低后续硫化沉淀污泥中杂质的含量,提高 CuS 的品位,便于回收利用。当时处理矿山酸性废水 12370 t/d,二段硫化沉淀法回收铜,铜的回收率可达到 99%,铜渣含铜品位大于 30%,自建立到 1999 年底,共处理酸性水 1600 万吨,回收金属铜 304 t,处理水达标率达到 87.5%,产生较好的经济效益和环境效益。

D　生物堆浸-萃取-电积组合工艺

现阶段采用的细菌堆浸-萃取-电积工艺主要是利用细菌浸出技术,其工艺主要是采用酸性水循环喷淋和细菌氧化技术,加速低品位矿石、废石中重金属离子的溶出,通过循环喷淋提高废水中重金属离子浓度,使其具有回收价值,进行下一步的萃取、电积,进行回收。此工艺可以去除废水中的重金属离子还可获得一定的经济效益。

a　工艺流程

生物堆浸-萃取-电解组合处理工艺流程如图 15-20 所示。

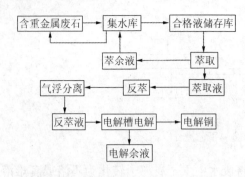

图 15-20　生物堆浸 - 萃取 - 电积组合
处理工艺流程

b　工艺优缺点及应用

与现行的化学方法处理工艺相比具有以下优点：

（1）对矿山废水中某一特定金属离子有良好的选择性,可以回收废水中的某些有用重金属。

（2）对矿山废水中低浓度的重金属离子具有一定的累计作用,使其达到回收价值。

（3）对于水量大、金属浓度低的酸性废水的处理成本低。

微生物处理技术的低成本、不产生二次污染等优越性决定了其在矿山酸性废水治理过程将具有广阔的应用前景,但也有一定的局限性：(1)微生物一般具有一定的适应性,处理废水中 pH 值、温度的高低等均可影响微生物的活性,进而影响处理效果;(2)微生物一般都具有选择性,只吸取或吸附一种或几种金属,针对多金属废水的处理不具有优势;(3)微生物具有一定的耐受性,有的在重金属浓度较高时会导致中毒,限制其广泛的应用。

随着矿产资源的日渐贫乏,细菌堆浸 - 萃取 - 电解组合回收重金属工艺逐渐受到人们的重视,特别是在矿产资源利用中已发展成为生产铜的一个重要方法。

美国电积铜产量居世界第一位,1997 年占其总产量的 40%。我国从 20 世纪 60 年代中后期开始这方面的研究,一直到 80 年代末才实现工业化。目前,仅占全国总产量的 2% 左右。江西德兴铜矿 1994 年开始细菌堆浸 - 萃取 - 电积工程建设,工程概算投资为 4761 万元,实际完成投资为 4900 万元;整个流程实现闭路循环。堆浸厂从 1997 年开始生产,至 2001 年年末已从酸性废水、废石中回收了 A 级电铜 2476 t,2004 年产值 4000 多万元,利润达 3000 多万元(图 15-21)。

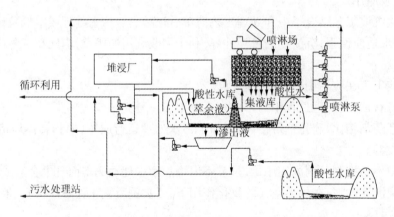

图 15-21　德兴铜矿生物堆浸 - 萃取 - 电解组合处理工艺

生物堆浸 - 萃取 - 电解工艺具有投资少、见效快、成本低的优点,一方面可以降低废水中重金属离子的浓度,另一方面可以实现废水中重金属元素回收,获取经济效益,在我国矿山废水治理特别是矿山酸性废水的治理中具有广阔的应用前景。

E　离子交换、吸附 - 电化学组合处理工艺

离子交换、吸附技术是指用离子交换、吸附材料离子交换、吸附矿山酸性废水中的重金属离子,以达到富集,消除或降低其浓度的目的。

电化学处理技术在废水处理中的应用从原理和方法上可以分为直接氧化、间接氧化、光电化学氧化、电还原、电吸附以及电浮离/电凝聚等。其中在矿山废水处理中的应用从本质上讲主要是一种还原反应,利用废水中不同金属组分的电位差,将自由态或是组合态的金属在阴极上析出,去除或回收废水中重金属元素。

现阶段离子交换吸附、材料的研究主要是无机离子交换剂改性沸石、膨润土、分子筛等,并取得了一定的研究成果,但是改性沸石、膨润土材料的应用仅局限于实验室规模,且大多用来处理实验配置水溶液,对于实际废水中污染物的吸附处理研究还较少,实际废水由于水源不同、成分复杂,用沸石、膨润土材料进行处理不具有针对性,而且在处理实际污水时具有操作复杂性,成本高,其工程应用的技术、经济可行性还要进一步分析、研究。

离子交换树脂法处理矿山废水相对技术比较成熟,在技术上是可行的,通过其进行离子交换、吸附后,重金属离子的浓度可以从几个 mg/L 上升到 30000mg/L,但是由于部分矿山废水具有重金属离子浓度低,直接回收不具有经济可行性,如对酸性矿山废水进行处理不具有经济可行性,矿山酸性废水水量大、离子浓度低,用离子交换树脂进行处理具有高成本性,同时,离子交换法处理重金属比较单一,限制了其在低浓度矿山废水处理中的应用。

但可针对不同矿山废水的特点,离子交换法可与电化学法组成组合处理工艺,利用离子交换法富集特性,富集回收废水中重金属元素,通过电化学工艺进行回收重金属元素,不但可以实现对废水的达标处理,而且通过废水中重金属离子的回收可以产生较好的经济效益。

F 微生物处理技术

矿山废水传统化学沉淀处理工艺难以处置大量的固体废弃物,仍会造成产生严重的二次污染,对于废水水量大、重金属浓度低的矿山废水的处理具有较高处理成本。氧化还原工艺只能处理一部分重金属离子,单一处理不能使废水达标排放。由于传统化学沉淀处理工艺和氧化还原技术的缺陷和局限性,利用微生物技术处理金属矿山废水将成为研究的前沿课题。

根据微生物处理矿山废水作用机理的不同,微生物处理技术主要分为生物吸附技术、生物累积技术、生物浸出技术三大类。

(1) 生物吸附技术。生物吸附技术是指废水中的有毒有害的重金属离子与微生物细菌细胞表面的多种化学基团如胺基、酰基、羟基、羧基、磷酸基和巯基等发生物理化学作用,结合在细菌的细胞表面,然后被输送至细胞内部并被还原成低毒物质。微生物可以从极稀的溶液中吸收金属离子,在一定条件下,微生物细胞能够富集几倍于自身质量的金属离子;富集后的金属可以通过有机物回收的途径再转变为有用的产品。

(2) 生物累积技术。生物累积技术是指细菌依靠生物体的代谢作用而在细胞体内累积金属离子。通过生物累积作用清除矿山废水中的重金属离子。

(3) 生物浸出技术。生物浸出技术是指利用特定微生物细菌对某些金属硫化物矿物的氧化作用,使金属离子进入液相并实现对金属离子的富集作用。关于生物浸出的作用机理,一般有两种观点,即直接浸出机理和间接浸出机理。直接浸出是指细菌吸附于矿物颗粒表面,利用微生物自身的氧化或还原特性,使物质中有用组分氧化或还原,从而以可溶态或沉淀的形式与原物质分离的过程;间接浸出是指依靠微生物的代谢作用(有机酸、无机酸和 Fe^{3+} 等)与矿物质发生化学反应,而得到有用组分的过程。

生物处理技术中的硫酸盐生物还原法(SRB 微生物处理技术)是一种典型生物浸出技术,在矿山酸性废水治理过程中有重要的作用。该法是在厌氧条件下硫酸盐还原菌通过异化的硫酸盐还原作用,使矿山酸性废水中的硫酸盐转化为硫化物,而这些硫化物可以和废水中的重金属离子生成溶解积较小的金属硫化物沉淀,从而使重金属离子得以去除,同时由于还原生成的 S^{2-} 的水解及硫酸盐还原菌可以用矿山废水中添加的有机物或其他电子受体作为能量来源,产生 CO_2,由化学平衡可知,整个的还原过程中,废水的 pH 值会有所升高,一部分重金属离子将因形成碳酸盐或氢氧化物沉淀而得以去除。

微生物处理技术中的生物累积技术、生物吸附技术在一些矿山废水处理中都有一定的应用,主要是利用处理有机废水的活性污泥中微生物进行吸附累积废水中的重金属元素,达到除去的目的。生物浸出技术应用主要是组合形成生物堆浸 - 萃取 - 电解组合工艺进行矿山废水的处理。

G 人工湿地处理工艺

人工湿地(constructed wetland)处理工艺是为污水处理人为模拟"自然湿地",根据自然湿地生态系统中物理、化学、生化反应协同作用处理原理发展起来的新型废水处理系统,其构成的是一个独特的土壤 - 植物 - 微生物生态系统,可以促进废水的循环、再生、使废水中所含污染物以作物生产的形式再利用或直接去除。人工湿地处理工艺在处理废水的过程中由于出水水质稳定、基建和运行成本低、维护管理方便、抗冲击力强等多项优点受到了广泛关注。

人工湿地系统一般工艺流程为待处理污水经过隔栅、沉砂池、沉淀池、氧化塘等预处理系统预处理后,进入湿地处理系统进行处理。其工艺流程如图15-22所示。

废水→ 隔栅 → 沉淀池 → 人工湿地 →出水

图15-22　人工湿地处理工艺流程

螯合沉淀法是往矿山废水中添加重金属离子捕集剂,通过螯合反应生成难溶的螯合盐,而使重金属离子沉降去除的方法。由于不同的重金属离子生成相应的氢氧化物沉淀时最佳pH值不同,传统的化学沉淀法去除往往不能兼顾,处理出水水质往往不能达到较好的效果,而螯合沉淀法可以很好地解决这个问题,该处理方法已在多家电镀废水处理项目中得到了成功的应用。

15.2.2.3　废水综合处理及实例

矿山废水的处理工艺多种多样,各有不同的适用条件及优缺点,但都不能分解破坏其中的重金属元素,只能转移其存在的位置和改变其物理和化学形态。因此治理矿山废水最理想的措施是通过清洁生产工艺,进行科学的管理与操作,从源头上控制矿山废水的产生。在一些矿区,为了降低矿山废水的产生,采取完善露天采场、排土场截排水系统,实现清污分流,减少污水处理量的措施,取得了较好的效果。德兴铜矿采矿场根据地形特点,采取分区截流方式,经清污分流进入封闭圈的水量可减少60%以上。

我国现阶段对于矿山废水的处理主要依靠末端治理工艺。为合理利用自然资源,降低污染治理成本,杜绝矿山废水污染,一方面应加强对矿山废水处理新技术进行开发研究;另一方面是对较为成熟的处理工艺进行系统优化设计,降低重金属污染治理损失,同时回收利用废水中的重金属。

例如,广东云浮硫铁矿,从1983年到1993年共投资935万元,建立了4个酸性水处理站,采用石灰中和法处理酸性废水,日处理量为6000m^3,处理水达到国家三级排放标准。德兴铜矿,用中和法和硫化法处理酸性废水的研究成果已在二期工程废水处理中得到了应用,现准备用尾矿碱度直接中和矿山酸性废水,以实现三期工程的酸性废水处理。1997年11月,在日本金属矿业事业团的支持下,江西武山铜矿建起我国第一座利用铁细菌氧化技术处理有色多金属矿山酸性废水的实验工厂。试验表明,Fe^{2+}的氧化率达到98%左右。浙江遂昌金矿为了保护环境,造福百姓,1983年投资127万元建立酸性污水处理车间和尾矿沉淀净化库,从而锁住了上百年任意肆虐百姓的"黄龙",但是由于处理能力有限,每当汛期总因水量大超过治理能力,而导致部分超标的废水流入下游。为此,1995年浙江省环保局将"浙江省遂昌金矿含硫废石渣场治理研究"列入科研计划,经过3年努力,在查明污染机理之后,提出"排水隔气"的治理对策,通过渣场平整、截排地表径流,选择覆盖物封闭,最后覆土植被,达到永久性排水隔气的目的。浙江长广集团六矿采用两级综合法处理煤矿含铁酸性矿井水,使水质达到污水综合排放标准中的一级标准,从而实现达标排放。

15.2.3　矿井水的利用

矿山用水主要包括生活用水、工业用水。矿山各种用水的水质应当以国家已颁发的各种用水标准为依据。

矿山生活饮用水水质标准,应遵照国标《生活饮用水卫生标准》(GB5479)。

矿山工业用水:采矿作业用水的水质应遵照《金属非金属矿山安全规程》的要求。一般要求水中固体悬浮物应不大于150mg/L,pH值应为6.5~8.5。选矿用水的水质要求,随采用不同选矿工艺来确定。一般井下排水经过沉淀之后,可以供选矿用水。其他用水,如矿山压缩空气站冷却用水、锅炉用水的水质要求应遵照或满足相关行业标准。

15.2.3.1　矿井水利用的一般原则

矿山规划、设计和在生产过程中,矿井水利用原则如下:

(1)首先做好利用矿井水的水量、水质预测和评价。

(2)对开展矿坑水利用的矿山,必须按照国家颁发的各种用水的水质标准,详细研究矿坑水的水质和水量是否具备可供利用的条件,并确定可供利用的程度。

（3）在保证可供利用质和量的条件下,本着优质优用的原则,首先满足生活饮用水的供水要求,水质不宜饮用者,应最大限度地满足采、选等工业用水要求。

（4）大水矿床的排供结合,必须从矿山安全生产和企业经济效益、社会效益等方面进行全面评价和论证,以做出合理决策。大水矿床除本矿区利用地下水外,还必须对矿山附近地区各用水部门进行调查,协调供排关系,必要时开展排供结合的可行性研究,以期最大限度地利用矿床地下水。大水矿床疏干方法的选择应尽可能地和供水方案相结合,把获取优质地下水作为疏干方法选择的因素之一加以考虑。

（5）利用矿坑水作为各种供水水源时,必须从供水角度预测矿坑长期排水过程中,矿坑水水质及水量的变化,以保证满足供水的要求。

（6）当矿区有几个可供利用的供水水源时,如何合理利用,应通过详细的技术经济比较确定。

（7）对可供利用的矿坑水,必须采取保护性措施,防止水源的进一步污染。

15.2.3.2　做好矿井水源的保护

利用矿床地下水作为矿山的各种供水水源,特别是作为生活饮用水时,必须注意水源的卫生防护要求。这些要求应在矿山设计中提出并在矿山基建时,就应采取如下的保护措施:

（1）防止井下采矿作业污染。矿坑水作为矿山各种供水水源,特别是用于矿山生活饮用水时,应尽量避免或减少井下采矿作业的污染。实施这一要求的主要技术措施包括:

1）矿区采用放水孔疏干时,应尽量采用在矿带外围布置放水孔的方案;

2）采用巷道疏干时,应尽量采用在矿带外围布置专用截水巷道;

3）疏、供结合的疏干井及降压孔,应布置在专用的疏干巷道里;

4）为疏干露天矿边坡使用降水孔、水平孔或疏干巷道;

5）在具备条件时,采用带压开采,保护上部供水水源并使原有供水系统正常工作。

（2）清污分流、分储、分排。为了防止井下清水的污染,必须在井下采用清水和污水的分流、分储和分排措施。实施该措施,不仅可以提供直接被利用的清水,同时也可以减少污水的处理量,以节省处理费用。

在开采滨海型矿床时,海水常常是从靠近海岸一侧沿岩溶、裂隙或构造断裂带侵入开采区,使矿坑水受污染,而且随着开采浓度的增加,海水侵入量逐渐增加。在这种条件下,为了利用淡水,在井下应设置两套排水系统,使咸、淡水分流、分储和分排。

当存在不受污染的地下水和在开采过程中形成的酸性水时,也应采取酸、淡水分流、分储和分排措施,以求最大限度地利用净水或减少处理酸性矿坑水的水量。

（3）建立卫生防护带。当矿床地下水被利用作为生活饮用水的供水水源时,应在含水层补给区建立卫生防护带,避免将尾矿、废渣、污物排放至含水层的补给区,注意防止工业场地各种污水管路、矿浆输送管路和储水设施的漏失,以保护水源不受污染。

15.3　采矿环境噪声及其控制

15.3.1　噪声及其危害

15.3.1.1　噪声分类及其卫生标准

现代矿山机械化程度高,机械设备多,高速运转,功率大,生产集中,同时矿山开采一般要采用凿岩爆破方法,造成矿山严重噪声污染。

噪声的种类很多,可概括为自然界的噪声和人为活动产生的噪声。我们所关注的是人为活动产生的噪声——工业噪声。

噪声分类:

（1）按声源特征,一般可分为空气动力性噪声、机械噪声和电磁噪声三大类。

（2）按声波传播介质的不同,噪声又可分为空气噪声、水噪声和固体噪声。

（3）按噪声频谱的性质，噪声又可分为有调噪声和无调噪声。有调噪声就是含有非常明显的基频和伴随着基频的谐波，这种噪声大部分是由旋转机械（如风机、空压机）产生的。无调噪声是没有明显的基频和谐波的噪声，如排气放空、脉冲爆破声等。

矿山噪声标准卫生部和原国家劳动总局于 1979 年颁发的《工业企业噪声卫生标准》（表 15-10）中规定，工业企业的生产车间和作业场所工作地点的噪声标准为 85 dB(A)，现有工业企业经过努力暂时达不到噪声控制标准时，可适当放宽，但不得超过 90 dB(A)。原冶金部《冶金矿山安全规程》规定，井下和地表各作业点的噪声水平，不得超过 90 dB(A)。

表 15-10 中国工业企业噪声卫生标准

每个工作日接触噪声时间/h	新建、扩建、改建企业/dB(A)	现有企业/dB(A)
8	85	90
4	88	93
2	91	96
1	94	99

15.3.1.2 矿山噪声的来源及其特点

矿山噪声源可分为地面噪声源和井下噪声源。矿山地面噪声源又可分为露天采场噪声源、选矿厂噪声源和机修厂、空压机站等噪声源。矿山声源中，以井下噪声最强，这是由于井下机械设备本身的噪声强度大，声级高，井下工作空间的局限，采掘场所狭窄，四周为较坚硬的岩体，造成声波反射强，衰减弱，噪声经过巷道反射叠加而使噪声放大，形成工作面的混响效果，使井下环境的声污染更加突出。采矿生产工序如凿岩、爆破、运搬、装载、运输、碎矿、选矿、通风、排水、压气、机修等，伴有严重噪声。实测表明，大部分噪声源的 A 声级都超过工业企业噪声卫生标准的上限值 90 dB(A)，有的达到让人难以忍受的 110 dB(A) 以上（如井下凿岩机、大功率轴流式局扇等）。表 15-11 列出了矿山一些主要设备的噪声级。

表 15-11 矿山设备的噪声级

设备名称	规　　格	数量/台	声级/dB	
			A	C
凿岩机	YT 系列	1	101~113	100~116
凿岩台车	YQ-100	1	107	109
凿岩台车	YT-90	1	105	116
风动装运机	ZYQ-14	1	100~105	110
风动装运机	ZYQ-12	1	105	110
轴流式局扇	28 kW	1	110	112
轴流式局扇	11 kW	1	102~108	102~108
轴流式局扇	5.5 kW	1	95	97
对旋轴流局扇	2×15 kW	1	112	115
对旋轴流局扇	2×5.5 kW	1	99	99
水　泵	SSM125×5, DAI-150×5	各 1	95	100
空压机	B-300-2K 40 m³/min	2	90	94
国产改装潜孔钻		1	96~100	
国产 73-200 潜孔钻	73-200 型	1	65~85	
国产电铲	C-3 型	1	91~95	
苏制电铲	3KT-44 m³	1	96~100	
铲运汽车	上海产 32 t	1	86~90	
铲运汽车	美制 120 t	1	91~95	
颚式破碎机	900×1200	1	95	105
圆锥破碎机	φ1650	1	92	97

设备名称	规　格	数量/台	声级/dB	
			A	C
圆锥破碎机	φ900	1	91	95
球磨机	1500 × 3000	1	95	104
球磨机	3600 × 4000	1	101 ~ 105	
单层振动筛		1	101 ~ 105	
皮带运输机		1	91 ~ 95	
摇床		1	65 ~ 85	

由表 15-11 可以看到前面所列多为井下设备,其噪声级大都在 100 ~ 105 dB(A)以上(主要是凿岩机、轴流式局扇等),它们不仅声级高,而且持续时间长,噪声源多,其噪声频谱呈现高、中频特性,井下噪声源是矿山噪声的主要部分。地面噪声源如露天采场的穿孔设备、铲运机、装载机等产生的噪声也多在 95 dB(A)左右。选矿厂的破碎机、球磨机、振动筛、空压机等主要设备产生的噪声级绝大部分超过国家规定的允许标准。这些地表噪声源同样也具有声级高,强度大,干扰时间长,噪声源多,频谱比较复杂,频带宽等特点。

15.3.1.3　矿山噪声的危害

(1) 影响正常生活,使人们没有一个安宁的工作和休息环境,妨碍睡眠,干扰谈话。连续噪声可加快人由深睡到轻睡的回转,使人多梦,降低睡眠的质量和数量,突发噪声则能使人惊醒,长期受这种干扰,可能因睡眠不足引起头昏、头痛、神经衰弱等症状。

(2) 噪声最直接的危害是对人听觉器官的损伤。工人在噪声环境中工作,会感到刺耳难受,耳朵疼痛,持续一定时间听力即下降。离开工作面后,耳朵还会嗡嗡作响,经过相当长一段时间后,听力才会恢复到正常,这是暂时性听觉疲劳。如果长期处在强噪声环境下,听力便不能恢复,成为永久性听阈迁移,甚至会使内耳感觉器官产生器质性病变,这就是听力损伤或噪声性耳聋,即职业性听力损失。当人耳突然暴露在极强烈的噪声[超过 140 dB(A)]环境下,可使听阈迁移不能恢复,甚至耳膜被击穿出血或剧烈耳鸣使双耳突然失听,严重时可发生脑震荡。

职业性噪声性耳聋的发病率与噪声级的关系。国际标准化组织(ISO)给出一个统计资料,见表 15-12 (附美国统计资料相比较)。

表 15-12　工作 40 年后噪声性耳聋发病率

噪声级/dB(A)	ISO 统计发病率/%	美国统计发病率/%
80	0	0
85	10	8
90	21	18
95	29	28
100	41	40

从表 15-12 可以看到,ISO 与美国的统计数据是非常接近的,该数据可作分析依据。即噪声级在 80 dB(A)以下,才能保证长期工作不至于发生耳聋。按我国冶金矿山安全规程规定的工作面噪声标准为 90 dB(A),在这样的声学环境下工作,只能保证 80%的人不至于耳聋。而且工龄愈长,噪声性耳聋的发病率就愈高。美国在 20 世纪曾有过一个调查:60 岁以上的矿工,100%有耳聋病,我国有关统计资料:井下工龄 10 年以上的凿岩工,发现有 20%左右的人为职业性耳聋患者。

(3) 引起其他疾病。噪声除对听觉的器官引起损伤外,还会对人体其他系统发生影响,诱发多种疾病。噪声作用于中枢神经系统,会使大脑皮层的兴奋与抑制失调,产生不同程度的功能改变。从临床观察看,长期在高噪声环境下工作的矿工大多数主观感觉有头痛、头晕、记忆力减退、乏力、心悸等症状。噪声作用于人体的中枢神经系统,还会引起消化不良、胃病、胃溃疡以及血管方面的疾病,如高血压、冠心病、动脉硬化等。据调查,长期接触高噪声的矿工,其血液循环系统的发病率比在安静环境下工作者的发病率要高。溃疡症的发病率比安静条件下要高出5倍。

长期在高噪声环境下工作者,身体健康水平下降,抵抗力减弱,容易引起其他病患。对内分泌系统、免疫系统、脑血流系统以及生殖细胞的影响也是值得注意的。

(4) 影响安全生产,降低劳动生产率。在噪声的刺激下,人们心情烦躁,精神不易集中,反应迟钝,容易疲劳,从而使劳动生产率降低。据国外有关资料介绍,噪声的长期作用,能使劳动生产率降低3%~5%,此外,噪声分散了人的注意力,容易引起工伤事故,特别是强噪声可能掩盖危险警报信号和行车信号,更容易发生事故。在金属矿山,井下工人由于不堪忍受局扇的刺耳噪声,除在爆破后排除炮烟外,他们常常关闭局扇,宁肯在没有机械通风的污浊环境下坚持作业,这也使通风防尘工作不能正常进行。

15.3.2 噪声的控制

15.3.2.1 噪声控制机理

噪声控制的基本方法,一是管理控制法,二是工程技术控制法。

A　管理控制法

(1) 完善管理制度,加强矿山职工职业卫生教育,必须真正从思想上高度重视矿山安全与职业卫生工作。

(2) 设置矿山职业卫生专业部门,积极执行国家职业卫生相关法规,搞好相关工作监督监测及健康监护工作,建立职业卫生档案。

(3) 逐步在非煤固体矿山企业推行职业安全卫生管理体系认证制度,促进矿山企业提高安全与卫生的管理质量和水平。

(4) 对于矿山地面可能产生高噪声的厂房进行科学规划和设计,合理布置建筑物内部房间,减少噪声的影响范围。

(5) 减少作业人员的接噪时间。根据噪声对人体的危害与接触噪声的持续时间有关这一特性,合理安排工作时间,建立隔声休息室,实行工间休息制度,休息时暂离强噪声点,以恢复听觉疲劳。或对接噪声人员实行定期轮换。

(6) 加强个人防护,佩戴耳塞、耳罩。

(7) 加强对设备的维护保养。机械设备的严重磨损、带病运转会加大噪声源的声级,管道和漏风使噪声污染加剧。故加强设备维护十分重要。

(8) 更新机械设备。在可能条件下利用设备更新的机会换用新型低噪声设备。

15.3.2.2 工程技术控制法

根据噪声传播的具体情况,在噪声传播的三个阶段(即噪声源→传播途径→接收者)分别采取措施,寻求既满足降噪量,又符合技术经济指标的方案。主要是降低声源的噪声级,封锁噪声传播途径,降低混响噪声级。如果条件允许,降低声源的噪声级是解决噪声最根本的方法。当无法在声源上控制噪声时,就得在噪声传播途径中采取措施。这些措施主要是吸声、消声、隔声、隔振、阻尼等。根据具体情况有时需要采取综合措施才能达到预期效果。

A　吸声

声波通过介质或入射到介质分界面上时声能的减少过程,称为吸声或声吸收。

任何材料(结构),由于它的多孔性,落膜作用或共振作用,对入射声能或多或少都有吸声能力,具有较大吸声能力的材料,称为吸声材料。通常,平均吸声系数超过0.2的材料才称为吸声材料。

利用吸声材料和吸声结构来吸收声能而达到控制噪声强度的目的。如在矿山地表强噪声厂房内墙面和天花板、井下硐室内壁装饰吸声材料或吸声结构、空间悬挂吸声体或设备吸声屏障等,设备运转产生的噪声碰到吸声材料,部分声能即被吸收,反射声能也得以减弱。操作者感受到的只是从声源发出经过最短距离到达的直达声和被减弱的反射声。这即是通常所谓的降低噪声技术措施之一的吸声处理。在工业厂房和井下硐室中,吸声处理都得到广泛的应用。再如,在各类阻性消声器、阻挠复合式消声器中,使用吸声材料或吸声结构构成消声通道以吸收声能等,也都是吸声处理。

吸声材料经由不同的物理过程进行能量转换,因而具有不同的吸声机理。根据不同的吸声机理,吸声材料可分为以下几类:

(1) 多孔材料。多孔材料的构造特征是有许多微小的间隙和连续的孔洞,具有一定的通气性能。当声波经过材料表面入射到内部时,就会引起孔隙中的空气运动,由于空气的黏滞性以及孔隙中的空气和孔壁与纤维之间的热传导而产生的热损失,就使相当一部分声能转变为热能而被消耗掉。这就是多孔材料的吸声机理。常用的多孔材料有玻璃棉、矿渣棉、岩棉、木丝板和吸声砖等。

(2) 柔性材料。柔性材料是指内部具有许多微小的独立气孔的材料以及泡沫塑料。柔性材料基本上没有通气性能,在一定程度上具有弹性。它的吸声机理是:当声波入射到材料表面时,很难透入到材料的内部,只是在材料件整体振动,声能为了克服材料内部的摩擦而消耗,引起声波的衰减。柔性材料的高频吸声系数很低,中低频吸声性能类似于共振吸收。

(3) 板状(或膜状)材料。膜状材料是指聚乙烯薄膜等几乎没有通气性能的帆布等类材料。此种材料的刚度很小,在受拉处于紧张状态时具有一定的弹性。板状材料是指胶合板、石棉水泥板等板材。此种板材的周边要固定在框架上,而在背后设有空气层。在一定范围内,膜状材料和板状材料的吸声机理是一样的,即当入射声波的频率和材料的固有频率一致时,这两种材料都会发生共振,由于内部摩擦而消耗声能。

用吸声材料制成的吸声构件可以有不同的结构,一般可分为以下三种结构:

(1) 共振吸声结构。共振吸声结构主要有薄板共振吸声结构、单腔吸声结构及穿孔板共振吸声结构等。薄板共振吸声结构由薄板和板后空气层组成。单腔共振吸声结构是由腔体与颈口组成的结构(亥姆霍兹共振腔)。穿孔板共振结构由穿孔板和板后空气层组成,其吸声机理实际上具有薄板和单腔共振吸声结构两个方面的特点。

(2) 微穿孔板吸声结构。微穿孔板吸声结构是在板厚不大于1mm的薄板上,每平方米穿上几万个直径小于1mm的孔,并与板后一定厚度的空气层组成的结构。它主要是利用声波在小孔中来回摩擦以消耗声能。

(3) 吸声体。吸声体是一种悬吊于房间天花板下部或挂于墙面的高效吸声结构。用它对室内进行吸声降噪处理时,声波不仅可以被向着声源一面的吸声材料吸收,而且由于绕射现象,有一部分声波还可以通过吸声结构之间的空隙绕射或反射到结构背面,使材料的另一面也可吸收部分声能。吸声体可用于声源多而分散的大车间的减噪处理,它的减噪效果可达 6 ~ 8 dB。

吸声体可做成板状、柱状、球状、楔状及多面体状等多种形状,其中以板状吸声体构造最为简单,应用也最多。

B 隔声

隔声就是把发声的物体,或把需要安静的场所封闭在一个小的空间(如隔声罩或隔声间)中,使其同周围环境隔绝起来。隔声技术是噪声控制工程中最为直接有效的措施之一。

用材料、构件或结构来隔绝空气中传播的噪声,从而获得较安静的环境称为隔声。一般工程上依据噪声源的特点及控制的具体要求,选用材料和设计实用的隔声结构。

(1) 隔声罩(间)。一般是用来阻隔机械设备向外辐射噪声或防止外界噪声透入的罩子(间)称为隔声罩(间)。隔声罩(间)可以是完全封闭的,也可以设置必要的观察窗和隔声门。隔声罩(间)通常兼有隔声、吸声、隔振、阻尼以及通风换气、消声等多种综合功能。

(2) 声屏障。声屏障可分为室内隔声屏与露天隔声屏。它是在噪声源与接收者之间插入一个设施,使声波的传播有一个显著的附加衰减,从而减弱接收者所在的一定区域内的噪声影响,这就是"声屏障"。其隔声效果一般用减噪量来表示。

C　消声器

消声器是一种允许气流通过而使声能衰减的装置。如把消声器安装在空气动力设备的气流通道上,即可降低该设备的气动噪声。消声器的性能主要从以下三个方面来评价:(1)好的消声器应在足够宽的频率范围内有足够大的消声量——即消声性能要好;(2)必须具有良好的空气动力性能,因为消声器安装在气流通道上,故其压力损失越小越好,即功率损耗要小;(3)结构性能要好,即具有结构简单,便于加工安装,以及具有足够的强度、刚度、比例尺寸小,价格适宜和较长的使用寿命。

消声器的种类很多,从其消声机理来看,可分成以下几种:

(1)阻性消声器。阻性消声器主要是利用多孔吸声材料来降低噪声的。把吸声材料固定在气流通道内壁上,或按照一定的方式在管道中排列,即构成阻性消声器。它的特点是在较宽的中高频范围内消声,特别是对刺耳的高频声有较好的消声效果。其缺点是在高温、高速、含蒸汽、含尘、含油雾、有腐蚀性的气体中使用寿命短,消声效果差。

(2)抗性消声器。它不敷设吸声材料,因而不能直接吸收声能,它是由突变界面的管和室组合而成的,类似声学滤波器。抗性消声器适用于消除中、低频噪声,主要有扩张室式和共振式两种类型。

(3)阻抗复合式消声器。把阻性结构和抗性结构按照一定的方式组合起来,即构成阻抗复合式消声器。该种消声器具有频带宽、高吸收的消声效果,主要用于消除各种风机和空压机的噪声。

(4)微穿孔板消声器。它是阻抗复合式消声器的一种特殊形式。它本身就是一个既有阻性又有抗性的吸声元件,把它们进行适当的组合,就构成微穿孔板消声器。这种消声器的消声效果一般在 10 ~ 20 dB。

(5)小孔消声器。小孔消声器的结构是一根直径与排气管直径相等的末端封闭的管子,管壁上钻有很多小孔。其消声原理是气流经过小孔时,喷气噪声的频谱就会移向高频或超高频,使频谱中的可听声成分显著降低。从而减少了噪声对人的干扰和危害。

D　隔振与阻尼

许多噪声是由于机械或板的振动而产生的。因此,为了降低噪声,必须控制振动,最常采用的方法有隔振和阻尼。隔振技术,即是目前工程上经常采用的方法,它不但能有效地控制振动,而且还能有效地阻止固体声的传播。

(1)振动的隔绝。减弱设备传给基础的振动是用消除它们之间的刚性连接来达到的。在振动源与其基础之间,或在怕振的仪器与其基础之间安装弹簧减振器或垫以橡胶、软木、沥青矿棉毡、玻璃纤维毡等。可以使振动得到减弱,从而降低其产生的噪声。这种噪声控制技术称为振动的隔绝。

(2)阻尼减振。在金属结构上涂敷一层阻尼材料,用加大阻尼的办法抑制结构振动,从而减少噪声辐射,这就是阻尼减振。

在抑制振动的过程中,阻尼的主要作用是:衰减沿结构传递的振动能量;减弱共振频率附近的振动;降低结构自由振动或由冲击引起的振动。

E　个体防护

个体防护是减少噪声对听觉及人体危害的有效措施之一。当工人必须处于高噪声环境中工作,而由于技术或经济上的原因,有效的噪声控制又暂时不能实施时,就必须采取必要的个体防护措施。

个体防护设施,主要有耳塞、耳罩、防声棉、防声头盔等。对这些护耳器材的主要技术要求是:要有足够的隔声值、佩戴较舒适、对健康无损害,经济耐用。更进一步的耳塞应具有所谓"噪声识别性",即只阻隔人们厌烦的噪声,而语言声和信号声照常可以听到。

此外,国内外对"无声材料"的研制和使用都有很大进展。即所谓"无声金属"、"哑金属"材料、"吸声玻璃"等。用这些材料加工的设备或制作隔声窗等,使噪声大大减轻。

15.3.2.3 矿山噪声源的控制

A 矿山噪声控制工作的一般程序

一般应遵循如下程序:(1)首先应进行噪声源的测试,测定 A、C 声级和频谱分析;(2)根据测试结果和容许标准对比确定降噪量;(3)按技术——经济的可行性选定噪声控制方案;(4)工程施工(制作、加工、安装等);(5)降噪效果的测定、评价;(6)必要的改进、修正;(7)验收。

B 矿山主要噪声源的噪声控制措施

在非煤固体矿山(特别是地下开采的金属矿山),较为严重的噪声源主要是风动凿岩机和局部扇风机的噪声,噪声强烈、尖刻刺耳,作用时间持续不断。在这种强噪声环境中作业的工人也较多。有资料介绍,井下工龄 10 年以上的凿岩工 80% 听力衰退(主要是语言听力障碍),20% 为职业性耳聋。所以国内外在矿山噪声控制工作中,大多在这方面较早地开展了较为深入地研究和实践。

a 局扇噪声的控制

我国矿山噪声控制领域中,局扇噪声控制的研究与实践是开展较早的,也取得了比较大的进展。局扇噪声主要是空气动力性噪声为主体。其次是机械噪声和更次要的由电机驱动运转形成的电磁噪声。由于空气动力性噪声声级高(比其他两个噪声高出 20 dB),频谱宽,危害最大,所以成为人们治理控制的重点。20 世纪 70 年代,在我国发展了微穿孔板消声的理论与技术,将微穿孔板吸声结构引用到矿井局扇的噪声控制中,制成不同穿孔率的双层微穿孔板消声器,并取得了显著成效:将矿用轴流式 11kW 和 5.5kW 局扇噪声降到了卫生标准。这种微穿孔消声器与以前矿山曾试验过的阻性消声器比较,使用时间要长得多,不必经常更换吸声材料。矿山的实际应用证明,只要每隔三、五个月(视微孔堵塞情况而定)洗刷一次,即可继续正常使用,而对消声效果没有影响。另外,这种消声器的结构简单,使用维护都较方便。其空气动力性能较好,所造成的压损和对风量的影响都在 3% 以下。实际应用表明,这种微穿孔板消声器是简便易行而又行之有效的。

我国在研制低噪声局扇和其他低噪声通风机方面也取得了一些成果,并已广泛推广应用。

国外对局扇的噪声控制进行了不少研究。有的取得了相当理想的效果,他们的作法是:首先安装消声器,以控制空气动力性噪声这个主要噪声,再者对风机本体加以改造:(1)配装流线型的电动机;(2)增大电动机定子和风机叶轮之间的距离;(3)增大风机转动装置和导流器之间的距离。这样,通过加装消声器和风机上采取措施的综合作用,使风机噪声由 110 dB(A)降至入风端为 80 dB(A)、出风端为 84 dB(A),是比较理想的效果。

b 凿岩机噪声控制

风动凿岩机作业时间长,噪声级最高。一般在 105 ~ 120 dB(A),是矿山主要噪声源之一。

风动凿岩机产生的噪声中排气产生的空气动力性噪声是主要部分,约占 80% 以上;其他如冲击噪声(活塞对钎杆的冲击等)、机械噪声(凿岩机体和零件振动等)以及钎头和所凿岩体振动的反射噪声等仅占少部分。在矿山井下环境中,由于工作面狭窄,岩壁坚硬,声波反射作用强烈,形成混响场。比露天采掘工作面的噪声要高出 5 ~ 6 dB。针对这些特点,控制凿岩机噪声的措施,国内外进行了以下几个方面的研究和实践:

(1)对凿岩机排气口产生的空气动力性噪声,多半是设计各种形式的消声装置。一种是在排气口安装一定长度的排气软管(或在排气通道内填塞柔软或纤维性吸声材料),将排气引向远处,并降低排气噪声;另一种是对凿岩机排气口设置外置消声器,通过分散排气,减速降压后再排入大气,以降低排气噪声;再者,在排气口直接设适宜的消声器,如国外研制一种肾形钻机消声器可使噪声从 113 dB(A)降到 79 ~ 84 dB(A),是比较成功的。这里应注意到的是:排气口安装消声装置时,设计时应注意到它有可能引起"反压力"使凿岩钻速降低的问题。再有,必须使凿岩机容易操作,不能由于装置消声器而使工人感到操作起来很不方便。否则,消声效果再好,也难以得到推广应用。

(2)对于冲击和机械噪声以及凿岩机的强烈振动(特别是对手持式凿岩机)首先加装减振手柄,直接减轻对凿岩工的振动危害。国外有采用超高分子聚乙烯材料制作色封套,单此就使凿岩机噪声由 115 dB 降到 100 dB。另有报道,采用吸声复合材料为钢——合成物质——钢的夹心材料,其厚度为 2.5 mm/0.4 mm/2.5 mm,全部吸声层厚度为 5.4 mm,用该材料包封可以降低 21 dB。

(3) 对于井下巷道强烈的反射声波形成混响场。国外曾在巷道岩面喷敷高膨胀泡沫稳定层,因为含水泡沫又软又多孔,可以有效地降低凿岩机大量反射噪声。其吸声效果随离开凿岩机距离的加大而增加。频率越高(大于 1000 Hz)效果就越好。当泡沫层厚度为 51 mm 时,可使总的岩塑反射噪声大约降低 40%,较好地改善了听觉环境。这种泡沫是一种烷基稳定泡沫,膨胀比为 25:1,用装在一个简单的泡沫发生器接出软管的端部上的小型喷撒器喷撒。喷撒后的泡沫稳定层可以保持几小时而不会脱落。

c　主扇风机噪声控制

地下开采矿山的大功率、高转速的主扇风机,其噪声大都在 110 dB(A) 以上,其噪声频谱较宽,高、中、低各频程噪声级都较高。噪声传播距离较远,影响范围大,易引发扰民问题。

控制主扇噪声效果较好的措施是在主扇排风道中设置消声结构,有的用木丝板作吸声材料,有的用膨胀珍珠岩吸声砖做成片式阻性消声结构以降低空气动力性噪声;对主扇风机房进行吸声和隔声处理。通过综合性声学处理,都取得了较好的降噪效果。这里要强调的是,由于主扇风道是井下总的机械通风风道,风量最大,所以主扇消声装置的阻损(压力损失)一定要严格控制,务求在阻力小的前提下消声效果良好。

d　振动筛的噪声控制

矿山企业广泛使用着各式振动筛。它也是一种高噪声机械。根据冶金矿山测试统计振动筛筛分时的噪声级高达 105～115 dB(A),大大超出《工业企业噪声卫生标准》。从声级频谱分析来看,高、中、低各频程声压级均较高。

由于振动筛操作,维修上的限制,一些有效的、从声传播途径上控制噪声的措施,如隔声处理等,在振动筛的噪声控制中往往无法实施。我国冶金系统某科研单位与矿山合作曾进行了振动筛噪声控制的试验研究,并将研究成果成功地应用于生产实践中,其中有些措施一直在生产中得到采用至今,不仅取得了较好的环境效益,还具有一定的经济效益。这些措施的切入点都是从控制声源本身着手的,它并不影响筛分操作和检修。

振动筛产生的噪声主要有以下三个部分:(1)物料(矿石)在筛分过程中不断撞击金属筛面与筛框产生筛分噪声;(2)筛出的大块矿石下落中连续撞击金属溜槽及其前端的挡板产生落料噪声;(3)筛子运转中轴承部分及筛箱体辐射出较强的机械噪声。以上噪声源为一般振动筛所共有。

振动筛的噪声控制措施:

(1) 筛分噪声的控制。针对筛分噪声系矿石撞击金属筛所产生,采取用高分子弹性材质的筛板替代金属筛的方法加以控制。根据撞击噪声理论,物体撞击时产生两个最主要的声源:撞击到非弹性体上时,撞击物体受到阻力突然停止运动产生的所谓"加速度噪声";被撞击的物体由于受击而发生振动,产生的所谓"自鸣噪声"。采用适宜的弹性橡胶筛板后较之钢质筛板单筛分噪声降低 10 dB(A)。

(2) 落料噪声的控制。矿石从筛端落入溜槽,在槽底、槽壁两个区域产生撞击。同样,根据撞击噪声理论,控制落料噪声的办法仍采取在撞击部位安装具有适当性能的弹性撞击板。但是,由于下落矿石的撞击速度较大,若安装不当,板会过快的破损,使企业难以接受。为此,曾有学者专门进行过这方面的试验,得出结论:撞击板的使用寿命取决于下落物料的撞击角度、板的最佳厚度以及安装方式。按这样的思路,科研组根据矿石下落角度设计了几种形式的撞击板分别进行试验,并对板厚和安装方式做了探索。确定了撞击板采用锯齿形结构,其安装为自由悬挂,以缓和冲击力。这些措施都使撞击板的使用寿命得到延长。

溜槽底板撞击噪声的控制,一是可选用适宜的弹性板,另外也试验了一种较简便可行的办法——在槽底适当"拦坝"形成矿石垫层,它不仅降低了落料噪声,而且也减弱了对溜槽底板的磨损。

对落料噪声的控制,在试验工况下实际效果降低 3 dB(A) 以上。

（3）机械噪声控制。采取以上措施控制筛分噪声和落料噪声,实测表明这时筛分作业与空运转对比,声级已无差别,机械本身的噪声就突现出来。

机械噪声主要有轴承噪声与箱体辐射噪声。轴承在磨损严重时,由于径向间隙的存在,滚珠转动时发生跳动,发出强烈噪声;同时整个机械震颤加剧,也使噪声加大。这时应更换轴承,进行检修。

筛箱体的辐射噪声取决于旋转部件产生的非平衡离心力、轴承部件的振动以及箱体本身的刚度等。振动筛的振幅大小是由筛分作业的要求确定的,可由调节振动圆盘上的偏心质量块的质量大小来调节。而企业（使用单位）一般都采用最大振幅,不予调节。科研组通过多次实验,减小偏心质量块并用哑金属材质制作,以寻求最佳振幅来减小非平衡离心力,进而降低振动圆盘的振动噪声。

降低机械噪声的另一个措施是,改原来的金属弹簧为特种橡胶隔振弹簧,以减弱筛体的振动噪声。该种弹簧不仅起到了适当减振降噪的作用,而且由于其使用寿命远大于金属弹簧（约为后者的 5～6 倍）,这又给用户带来了经济效益。同时,由于减少了更换弹簧的次数,从而减轻了工人的劳动强度,节省了劳动力。因更换弹簧造成的生产损失也减少了。所以,此项措施深受现场欢迎。从实验成功至今,一直在生产中采用着。

采用上述几项措施控制机械噪声,实际降噪达到 3～5 dB(A)。

对振动筛三部分噪声实施控制的效果:使其总噪声级由治理前的 106～106 dB(A)降至 88～90 dB(A),取得了明显的治理效果。

15.4 矿山废弃地复垦

矿山在建设和生产过程中,产生大量废弃物,主要是废石（土）、尾砂,其次是建筑垃圾、生活垃圾。据统计,全世界每年采掘的金属、非金属、煤炭、黏土、石材、砂砾等矿产约 90 亿吨。矿产资源的开发利用对人类社会的发展与进步发挥了重大作用,同时也给生态系统带来了相当大的危害。随着全球性的环境、土地、人口矛盾的日益尖锐,土地复垦越来越受到重视,矿区废弃土地的复垦已成为改善环境、缓解土地压力的重要手段,对维持区域社会经济的可持续发展具有重要意义。

15.4.1 矿山开采对生态环境的影响

15.4.1.1 对土地资源的影响

矿山开采与环境密切相关,矿山开采时剥离岩土直接破坏原地地表植被产生水土流失,矿区扬尘影响空气质量,露天采坑和排土场占用大量土地、破坏区域水文地质、易形成泥石流灾害,地下开采易产生塌陷、山体滑坡等地质灾害。

矿山开采对土地的破坏主要包括地表塌陷、土地挖损和压占土地三个方面。我国工矿业发展导致的土地与生态退化的面积达 70000 km²,目前每年仍以 400 km² 的速度增加,严重影响了我国的土地资源和经济发展。

（1）地面塌陷。塌陷是由于地下采矿形成的,据统计全国因采矿塌陷毁地的面积达 20000 km²,现仍以每年 250 km² 的速度发展。塌陷对土地破坏主要有水渍化、盐渍化、裂缝和地表倾斜。塌陷后地表潜水位相对上升,当其上升到作物根系所及的深度时,产生水渍化,其多发生于我国东部地下潜水位相对较低的地区。盐渍化是由于地下潜水位上升导致蒸发量增加引起的。塌陷区外围地表被拉伸变形产生裂缝,此种情况在丘陵山区表现较严重。地表倾斜改变了原有地形,易增加水土流失。

（2）土地挖损。挖损是露天矿开采破坏土地最主要、最直接的形式,开采前表土层剥离使原地表植被被破坏,土地生产力下降。采矿后的采掘场地形成坑洼、岩石裸露等,更易产生水土流失,对环境影响严重。

（3）土地压占。矿山生产过程中,剥离表土、废石和尾矿等压占大量土地,破坏了原有地貌和地表植被。金属矿山采矿废弃地主要有两类:采场和排土场。采场易地表塌陷或地表大坑,损坏面积较大。排土场主要是排弃废土废渣,通常是石多土少,其随意堆砌使得结构松散,在雨水冲刷下易形成水土流失。

15.4.1.2　对环境的影响

（1）地表水污染。矿山开采对矿区地表水环境的影响主要来自于采矿、选矿的废水。采矿生产过程中，疏干排水和废石淋溶水都含有较高的悬浮物及重金属等。废水排入地表水体后造成了水体污染。所采用的采选手段不同，其污染程度及方式也不同，通常铁矿中以酸性水污染为主。此外矿山的疏干排水，会使地下水位下降，破坏区域水平衡。

（2）土壤污染。土壤污染主要是由灌溉和废石场淋溶水的漫渗造成的。据调查，国内矿区土壤重金属含量均高于所在区土壤背景值。同时酸性废水也造成了矿区土壤的盐渍化，降低了土地生产力。

（3）大气污染。矿山生产中产生的粉尘严重影响了矿区及周边环境。粉尘主要来自于矿山开采，对周围区域的植被和农业生产造成破坏。此外其排放会影响到人体健康及正常的生产、生活。

15.4.1.3　引发次生地质灾害

矿山开采过程中的表土剥离、植被破坏及弃石弃渣等，在雨水作用下直接形成水土流失，极易产生泥石流、崩塌、滑坡等灾害。据有关统计，国有中型以上矿山企业次生灾害破坏土地总面积为 $192\,km^2$。矿山开采造成的河道淤积等问题，严重影响生活、生产。

15.4.2　国内外复垦现状

15.4.2.1　国外土地复垦现状

国外矿山开采后形成的废弃地均进行复垦，以改善周边环境。最早开始复垦的国家是美国和德国。美国在土地复垦法颁布后新破坏土地复垦率为100%，前苏联黑色冶金矿山复垦率为50%，英国露天煤矿总复垦率达76%。澳大利亚、加拿大等国的土地复垦率达到了50%以上。

发达国家土地复垦的成功关键在于他们建立了一套较为完善的土地复垦制度。在美国，矿区复垦的管理工作主要由内政部牵头，内政部露天采矿与复垦办公室负责实施，矿业局、土地局和环境保护署等部门协助对与本部门有关的土地复垦工作进行管理，各州资源部负责辖区内矿区的复垦工作，美国的矿区土地复垦率已达到100%。澳大利亚矿区土地复垦管理工作主要由环境局负责。他们认为采矿是一种暂时性的土地利用方式，土地复垦就是要将干扰过的土地恢复到稳定和有生产能力，且适合社区或社区能够接受的状态。澳大利亚的土地复垦一般要经历初期规划、审批通过、清理植被、土壤转移、存放和替代、生物链重组、养护恢复、检查验收。同时他们也执行复垦保证金制度，对于复垦工作做得最好的几家矿业公司可只缴纳25%的复垦保证金，而其他的公司则必须全额缴纳。英国在1951年复田法颁布之后，矿区复垦后大多为农林业用地，均采用边采排边回填边复垦的方式，使地形地貌与周围形成一体。法国通常复垦为农业和林业用地，其通常分为试验阶段、综合种植阶段、分期种植三个阶段。德国较为注重矿区的景观重建，其土地复垦经历了试验性植树造林、生态环境重建、多种用途兼顾、混合型土地复垦四个阶段，目前已形成包括法律手段、规划手段、应用技术和景观生态重建理论等构成要素的完整体系。其他国家也有较为完善的复垦制度，如巴西的"退化土地复垦计划"、西班牙的"采矿破坏区复垦计划"、加拿大安大略省的"闭坑计划"等，复垦制度在有关的法律、法规中都有明确的说明。总体看来，复垦制度及复垦技术在国外的研究模式多样，并在实践中发挥了显著作用。

国外土地复垦工作开展较好的国家都具有以下的特点：（1）有健全的复垦法规；（2）有专门的土地复垦管理机构；（3）有明确的复垦基金渠道和建立了复垦基金；（4）将复垦纳入采矿许可证制度之中；（5）实行复垦保证金制度；（6）建立严格的土地复垦标准；（7）重视土地复垦的研究和多学科专家的参与合作；（8）有土地复垦的学术团体和研究机构，而且学术活动频繁。

国外矿区土地复垦的重点研究领域主要集中在：（1）矿山待复垦土地的侵蚀控制研究。通常复垦区原土壤结构被破坏，新形成的土壤结构松散，极易产生风蚀和水蚀，控制复垦区土壤侵蚀是复垦的关键之一。目前国外研究的成果主要是控侵蚀产品，如侵蚀被、过滤墙等。（2）矿山复垦土壤的熟化培肥研究。复垦土地多缺富含营养的表土，土地生产力低。在缺少表土的地区，采用人造土或人工加快土地风化、熟化的方式进行土地复垦。常用材料有城市污泥、河泥、湖泥、生活垃圾、锯木屑等各种有机物质,同时也有采用固氮植物进行改良,国外研究推出的生物土和无毒土就是人造土的典型。(3)矿山复垦土地的重新植被技术。国外大多数土地复垦都要求环境复原,多采用水力喷播与覆盖进行植被恢复。其相关研究主要是保水剂、抗性植物、抗侵蚀材料和微地形的改变等。

15.4.2.2　国内土地复垦现状

我国矿区土地复垦工作开展于20世纪50~60年代,一些矿山自发开展了不同规模、技术粗放的土地复垦工作。1988年底我国颁布了《土地复垦规定》,以法规的形式对复垦的实施原则、责权关系、组织形式、规划、资金来源及复垦土地使用等做了规定,使土地复垦工作有了进一步的发展。1990~1995年全国累计恢复各类废弃土地约5330 km²,以长江中下游区和内蒙古自治区恢复率最高。但由于经济和技术等原因,我国矿区土地复垦率仍较低。

国内矿区土地复垦中存在的问题有:(1)对限制矿区复垦成功的生态因子认识不足;(2)土地复垦模式单调;(3)土地复垦技术单一,且技术体系不完善;(4)环境污染严重,生态问题突出。

国内矿区土地复垦的研究领域主要有:(1)露天矿排土场稳定性技术研究。矿区土地满足稳定性要求后,针对排土场地表径流观测、排土场地基承载力计算、排土场堆置合理参数确定等进行研究。(2)矿区塌陷区土地复垦研究。根据实际情况改变微地形,同时结合疏排充填等方式进行治理,该研究在煤矿区较多。(3)排土场植被重建,其研究重点为地形重塑、品种优选及配置、土壤改良等方面。(4)土壤侵蚀控制,其研究重点为水土流失规划、流失控制技术等。

因此,我国在矿区废弃地复垦过程中应多借鉴国外经验,同时综合考虑,多学科交叉,使土地复垦质量尽可能达到自然状态。

15.4.3　矿山废弃地复垦理论及技术体系

15.4.3.1　理论基础

矿山土地复垦是矿区生态重建的核心问题,涉及土壤学、岩土学、地质学、生态学、植物学等多个学科。矿区土地复垦是矿区生态重建的一部分,因此生态学的相关原理都可作为其理论基础。

(1)限制因子理论。限制因子理论即李比希定律,生物生长和发育受各种因子的综合作用,但关键的是对其生存起限制作用的因子。限制因子理论主要有最小因子定律、耐性定律、生态幅和内稳态机制等原理。根据矿区建设对环境的影响,其土地复垦主要的限制因子是营养元素和土壤结构。

(2)生态位理论。生态位通常是指生物种群中所占据的基本生活单元,是其生存所必需的或可被其利用的各种生态因子关系的集合。在矿区生态系统中,生物配置时应利用生态位原理,进行物种合理配置,构建完善的生物结构,加速植被恢复,改善生态环境。

(3)食物链原理。生态系统中物质流、能量流、信息流和基因流都是通过食物链及食物网来进行传递的,食物链上的生物存在严格的量比关系,因此矿区复垦时应合理配置各营养级生物比例,并尽可能多建立食物链,使其形成稳定的食物网,从而实现能量的多级利用与物质的再生循环。

(4)生物多样性原理。生物多样性是指各种生命形式之间及其与环境之间的多种相互作用,以及各种生物群落、生态系统及其生境与生态过程的复杂性。一般来讲,生物多样性包括遗传多样性、物种多样性、生态系统与景观多样性。在土地复垦过程中应考虑恢复乡土种的生物多样性,选择适应强的多个物种,同时结合其自身的更新或繁殖能力,为其提供足够的生境范围,以实现生态系统水平上的结构和功能合理。

(5)生态系统演替理论。土地复垦是生态恢复的核心内容,生态演替理论是矿区生态恢复的理论基础。理论上只要不是在极端条件下,没有人为破坏,经过一定时间被破坏的区域的植被可按照自然演替的规律而慢慢恢复,但这个过程至少要经历50~100年。生态演替理论认为植被恢复是重建任何生物群落的第一步,按照演替规律以人工手段促进植被在短期内得以恢复,可迅速实现环境的改善及生态系统的重建。

(6)效益协调统一原理。矿区土地复垦是社会-经济-自然相协调的系统,在恢复过程中应充分考虑各部分的结构、功能的最优组合和效益最佳,保证生态效益的同时得到较高的经济效益。

15.4.3.2　复垦技术体系

矿区土地复垦与生态重建技术主要有生态工程规划技术、微地形改造工程技术、土壤改良技术、植被恢复技术、土地利用与管理技术等。

A　矿区土地复垦生态工程规划技术

矿山土地复垦规划是指矿区开发时期内对土地复垦工程的总体安排,复垦规划包括总体规划、小区规划和工程设计三方面。总体规划其范围涉及整个矿区,是对复垦土地的利用方向及所采取的复垦措施等问题做决策分析。小区规划是在总体规划的基础上对小区内的废弃地提出整治利用措施,它是复垦工程实施的前提。工程设计是在前两者的基础上对主体工程及配套工程的详细规划和说明。通常是以土地适宜性评价结果对矿区进行规划设计和后期施工的。

B　矿区土地复垦生态工程微地形改造技术

矿区微地形主要有挖损地貌、塌陷地貌和堆垫地貌三类。根据其类型所用技术如下:

(1)挖损地貌。挖损地貌是将地面或地层在垂直方向上连续挖出具有一定水平投影面积和一定深度的部分岩石和土体,使地面变成凹形或坑状的再塑地貌类型,可分为有专门用途的挖损地貌和无专门用途的挖损地貌(矿坑、取土场等),土地复垦主要是针对无专门用途的挖损地貌。根据地形将复垦的挖损区域整理为台阶式土地,表层铺设一定厚度表土后进行制备恢复,一般要求 50 cm 以上。对于长期有积水的挖损地貌可依据其用途进行微地形改造。

(2)塌陷地貌。塌陷地貌是因采矿破坏了原地质的平衡,使地面下凹而形成的再塑地貌。与挖损地貌不同的是地表物质组成不变,只是地面下沉呈坑状、凹形盆地,四周出现裂隙。根据恢复用途及适宜性进行复垦,工程技术要点与挖损地貌相同。

(3)堆垫地貌。堆垫地貌是指矿山生产中产生的有用的或废弃的固体物质,人为有意堆存于地面形成的标高高于地面的地貌类型,其分为专门设计的堆垫地貌(水库、排土场等)和无设计的堆垫地貌,矿山废弃地复垦中主要关注排土场等堆垫地貌。有设计的堆垫地貌已按要求堆垫,只需进行简单的平整等措施即可。对于无规划、无设计的堆垫地貌重塑就需重新整理,以便利用。堆垫地貌要注意其稳定、地表物料的选择和铺设厚度的确定。

对于矿区微地形的改造主要是根据实际条件进行地形修整,以备后期植被恢复。通常采用的有废弃物充填技术、挖深垫浅法、梯田式复垦法等,堆垫地貌多采用梯田式复垦法。

C　土壤改良技术

矿区废弃地土壤通常比较贫瘠且物理结构较差,复垦时必须进行土壤改良。矿区废弃地受温度和降水影响较大,易发生侵蚀和重金属污染,且其作为土壤的功能已经衰退,未经改良不能满足植被生长。土壤改良分为物理性改良、化学性改良和生物改良。

a　物理性改良

矿区废弃地复垦物理性改良包括客土、换土和翻土。客土改良是向污染土壤内加入干净土壤,覆盖表层或混匀,以减少污染物危害,改善土壤特性的方法,多用于复垦要求较高的区域。已证明沙质岩土保证乔木和灌木正常发育的临界黏粒含量应不小于 4%,用于林业复垦的岩土黏粒成分不应小于 15%。换土是以干净土壤取代污染土壤的方法,适用于小面积严重污染土壤的治理。翻土就是通过翻耕把表层污染物分散到土壤深层,达到稀释污染物的目的。土壤物理性修复关键是覆盖与维持表土,改善土壤结构,具有彻底稳定的特点,但是施工量大,费用高。

b　化学性改良

通过加入的化学药剂与土壤中污染物之间活化、螯合等反应,来去除或降低土壤污染,达到改良的目的。常用的表面活性剂有非离子表面活性剂、阴离子表面活性剂、阳离子表面活性剂、生物表面活性剂及阴非离子混合表面活性剂,其中生物表面活性剂在污染土壤中应用前景较好。矿区土壤多数缺乏有机质及营养元素,若要将其复垦为农业用地,则要恢复土壤肥力,可通过添加有机肥料进行改良,同时对土壤污染也有一定的改善。该法比较经济,但要注意避免二次污染。

c 生物改良

生物改良是利用生物技术治理矿区废弃土壤的一种方法,主要包括绿肥法、植物修复法和微生物法,利用生物削减、净化土壤中的重金属或污染物,操作较为简便且效果良好。

(1)绿肥法。该法是改良土壤、增加土壤营养成分最有效的方法。凡以植物的绿色部分当作肥料的都称为绿肥,绿肥以豆科植物为主。绿肥在自然条件差的土地上能正常生长,而且根系发达,能吸收深层土壤的养分,绿肥翻压腐烂后有胶结和团聚土粒的作用,可改善土壤的理化性质。此法在缺水和贫瘠废弃地复垦中最为有效。

(2)植物修复法。植物修复是指用绿色植物及其相关的土壤添加剂和农艺技术来去除土壤中的污染物或使污染物无害化的过程。通常利用对重金属有较高的耐受性、富集性或超富集性的植物来修复矿区重金属污染土壤。目前主要植物富集原理有植物提取、植物恢复和植物稳定三类。

植物提取又称为植物积累,包括超累积植物根部对重金属的吸收以及重金属向地上部分的转移和分配。超富集植物可以富集大量重金属,矿区通常是超积累植物的栖息地,它们对土壤有一定的净化作用,经收割可以减少重金属的危害。现有研究证明,酸模、印度芥菜、雀稗、银合欢等植物对铅有富集作用,龙葵、球果焊菜、印度芥菜等对镉有富集作用,商陆、马唐、加拿大飞篷等对锰有富集作用,蜈蚣草、大叶井口边草对砷有富集作用,东南景天、大叶相思、印度芥菜对锌有富集作用,鸭跖草、密毛蕨、海州香薷对铜有富集作用。目前我国对重金属污染的植物修复研究较多,但在应用上仍不能满足实践需要,同时大部分的超富集植物都是野生的,因此在改良时物种的选择尤为重要。

植物稳定修复是利用耐重金属植物或超富集植物降低重金属的活性,从而减少重金属被淋洗到地下水或通过空气扩散进一步污染环境的可能性。耐性植物种植将重金属固定在土壤中或通过植物根系分泌物改变土壤根际环境,使重金属价态改变降低其毒性。对香根草的研究表明,其抗盐度、酸性和重金属的耐受性很高,适合于金属污染土壤的复垦和土地填埋区渗出液的处理。

(3)土壤动物改良。矿山废弃地中排土场形成过程中受到严重压实,若引入如蚯蚓等土壤动物可大大改善土壤结构,加快废弃地的生态恢复。在矿山生态恢复中 Vimmersted 和 Finney 率先将蚯蚓引入到煤矿的土地复垦中,并取得了满意的效果。另外,在德兴铜矿的土地复垦中也引入了蚯蚓,其对土壤改良和促进作物生长发育具有明显的作用。

(4)微生物法。微生物可以降低土壤中重金属的毒性、吸附积累重金属、改变根际环境,从而提高植物对重金属的吸收、挥发或固定能力。其中对豆科植物的根瘤菌研究较多,其可固氮和促进氮素循环与积累,因此豆科植物在我国矿山土地复垦中应用较多。我国微生物改良土壤多用于煤炭矿区,金属矿区应用较少。

D 植被恢复技术

植被恢复是矿区土地复垦的重要环节,在对矿区废弃地进行适宜性评价和复垦目标确定后,应采取整地、物种选择、播种栽植、施肥管理等措施,进行植被恢复。

(1)整地措施。整地包括场地平整、覆盖表土、穴状整地等,通常根据立地条件、复垦目标和植物的习性,并结合经济和技术条件,采用无覆盖、薄覆盖和后覆盖三种覆盖方式。另外还有土壤改良和林业复垦中的坑穴准备等措施。

(2)植被恢复中的植物材料选择。采矿废弃地的植被恢复主要包括植物品种筛选和植被恢复工艺两部分。土地复垦过程中,按照复垦目标及规划对作物、牧草、林木品种进行选择,这是矿区植被恢复的关键因素之一。通过对矿区未受破坏的自然环境中生长的植被和受破坏的自然环境中的植被进行调查,以确定植被恢复中先锋物种和后期物种。物种选择应遵循生长快、适应性强、抗逆性好、栽植容易、成活率高、抗性强、经济效益或生态效益明显等。初选出来的物种应通过实验模拟、现场试种、经验类比等过程进行确定。在植被种植工艺方面则包括植被种植顺序、植被结构、植被密度和植被格局的确定等内容。

　　根据有关研究资料,矿区生态恢复较适宜的树种在东北地区有:小叶杨、旱柳、大黄柳、家榆、草木樨等;华北地区有:臭椿、柳、侧柏、丁香、苹果、山楂、桃等;西北地区有:家榆、榆叶梅、桃叶卫茅、小叶丁香、银杏、臭椿等;华中、华东地区有:构树、马尾松、加拿大杨、泡桐、旱柳、毛白杨、火炬树、臭椿、白榆等;华南地区有:圆柏、藏柏、华东松、栎树、圣诞树、黑荆、蓝桉等。另外,不同植物对污染物有一定的适应性,因此矿区复垦时应考虑污染物、矿区地域、植物耐性等有关因素,选择出既具备良好的生态适应性,又具有较好适宜。

　　(3)植物栽植。通常根据筛选物种的特性来确定其种植形式。草本植物常采取播种方式,播种技术主要包括播种量、播种时间和播种方式的确定。木本植物,通常采用穴植法。栽前挖穴,并在底部施肥后栽植,或者直接栽植带土球的苗木,也有用蘸浆或菌剂进行苗木处理的,均有助于提高苗木成活率。

　　(4)植被施肥管理。矿区土地复垦后期应进行施肥管理。施肥可以改善土壤养分,促进养分循环。人工施肥和种植绿肥作物可提高土壤氮素含量,提高复垦效率。另外还有灌溉、覆盖、补苗等管护措施。

　　E　矿区复垦土地利用与管理技术

　　矿区废弃地适宜性评价完成后,结合自然条件和经济条件确定矿区土地的复垦目标,以实现社会－经济－环境最佳组合。根据土地利用目标可分为农业利用、林业利用、渔业利用、休闲娱乐和建筑用地等方面。

　　(1)农业利用。根据土地复垦标准,农业用地要求覆土厚度在0.5m以上,耕作层不少于0.3m,覆土层内不含有障碍层,pH值在5.5~8.5,土壤环境质量要达标,坡度在5°以下。农业利用以建设高效复合生态系统,充分合理利用自然资源与结构合理、整体循环再生及人工合理调控为目标的,通过技术集成,优化系统内部结构和功能,以提高综合效益。

　　(2)林业利用。林业利用在矿区土地复垦中应用较多。按照要求,作为林业用地的废弃地在复垦时要求覆盖厚度为1m以上,坡度在35°以下。林业用地的复垦技术分为土壤评价、土壤改良、植被筛选和植被构建等工艺。林业开发中废弃地稳定技术、物种选择与配置等技术都是关键,抚育管理技术是保障。

　　(3)牧业利用。作为牧业用地的土地坡度要求在30°以下,覆土厚度在0.3~0.5m。矿区牧业利用是以人工构建的以畜牧业为中心的草地生态系统,它是多种产业的优化组合与综合。土地复垦为牧业用地时应关注废弃地污染和牧草品种选择。

　　(4)渔业利用。渔业利用主要集中在矿区废弃地的低洼地形区,要求边坡稳定、水深和水质满足渔业卫生要求。依据地形进行挖深垫浅,并按生态学原理构建综合利用的复垦模式。该模式多用于高潜水位矿区。

　　(5)建筑、休闲利用。矿区废弃地作为建筑或休闲用地的区域要首先考虑地质条件是否满足要求,通常要符合区域及矿区规划,依需求进行开发利用。

15.4.4　采矿废弃地复垦技术

　　金属矿生产过程固体废弃物产量大,破坏和压占了大量土地。多年的废弃造成历史"欠账"极深,面临的土地复垦与生态恢复问题也极为严重。因此加强矿山废弃地的土地复垦,已成为金属矿山可持续发展的重要问题。

　　露天开采形成的废弃地主要有采坑、排土场,地下开采所形成的废弃地主要有塌陷区、排土场。其中露天开采对土地扰动最大、对生态系统也破坏得最彻底,是土地复垦的难点,地下开采引发的地表塌陷是我国矿区土地复垦的重点。矿区废弃地由于所采用的采排方式和后期处理工艺的不同,其复垦类型也不同,但都应因地制宜地进行土地复垦。

15.4.4.1　露天采坑的复垦

　　露天开采产生两类废弃地即采坑和排土场。采坑的复垦主要是利用物料进行充填后,恢复植被或作为其他用地。由于其面积和深度均较大,结合土地复垦的原则,其复垦模式主要有农林地利用、蓄水利用和挖深垫浅利用。

　　A　农林利用复垦模式

　　对于较平缓或非积水的露天采坑,通常以农林用地为主进行复垦。具体步骤为充填－覆土－平整,进行农林种植。根据充填物料的特性,又可分为剥离物充填、泥浆充填和人造土层充填。

(1)剥离物充填。剥离物充填通常是将剥离物充填至采坑,并按一定的要求进行平地,以满足农林利用。其方法是将矿层表面所覆盖的土层和岩石剥离后分别存放,采掘结束后将剥离物按照先岩石后表土的顺序填入采坑并平整,然后进行农林种植。充填时可全部填平或修成台地。表土覆盖时应减少压实,避免土壤板结。该方法必须对整个矿区做好规划,做到采排一体。

(2)泥浆充填。泥浆运输是通过管道输送泥浆到采坑,待泥浆沉淀干涸后,平整并铺表土以备农林利用。可根据实际情况一次或多次进行泥浆输送,然后覆盖表土。该方法要求泥浆无有害物质。泥浆充填对运输距离较远的采坑充填非常合适,所造土地质量较高且经济快捷,适合于大范围造田。广西荔浦采用泥浆充填的方法进行土地复垦,现已获得较好的生态效益。

(3)人造土层充填。缺少土壤的矿区可采用破碎岩石、垃圾、污泥、秸秆等进行填充或作为表土覆盖。充填时应分层进行,上轻下重,同时应按照一定的重填料配比平整,以备后期农林利用。

B 渔业或蓄水利用模式

采完后形成的大坑,可以作为发展渔业、储存水源及污水处理的场所。通常渔业利用多用于坑深在 2 ~ 3 m、水资源较充足的矿区。广西荔浦有一锰矿将其采空区作为当地的水源地。东胜矿区将矿坑作为废水处理氧化塘,使矿区污水得以处理。

15.4.4.2 露天采坑边坡土地复垦

目前对于采坑边坡的生态恢复主要是植被恢复,复垦过程中先进行边坡稳定性处理,然后人工种植植被,以促进其恢复。通常的水土保持护坡措施在采坑边坡处理中均可以应用。在边坡复垦中应多采用藤本和当地的草本植物进行植被恢复。

15.4.4.3 排土场边坡土地复垦

A 排土场边坡稳定技术

排土场边坡土地复垦前应先进行稳定性处理。排土场边坡的稳定化处理包括放坡、整理平台、排水沟、表土覆盖等。结合复垦目标进行边坡处理,坡度为 4° ~ 5°的边坡营造乔灌草防护措施;坡度在 6° ~ 10°的边坡设置拦挡排水设施,同时进行植被绿化;坡度在 11° ~ 20°的斜坡,应对平台进行放坡、设地埂和排水设施,并进行绿化;对于坡度 20° ~ 40°的陡坡,采用放坡、设置地埂和排水设施、边坡加固措施、平整后植草绿化。

边坡防护的整地技术有鱼鳞坑、水平阶、反坡梯田、隔坡梯田等,在较陡坡面通常还采用喷浆护坡、框格植草护坡、挂网喷播等。目前,我国多数矿山采用土石混排坡面,后期多为覆土整理后种植。排土边坡的稳定处理是通过坡顶到坡脚构建立体防护体系来实现的,边坡稳定后就可以在排土场边坡及平台进行植物种植。

B 排土场土壤改良

(1)覆盖表土层。排土场排土结束后对其先进行边坡稳定性处理,然后在其上按复垦目标的要求覆盖表土,通常厚度在 0.3 ~ 0.6 m,选取适宜的乔灌草品种进行种植。在复垦初期不宜深翻深耕,以免影响覆盖表土的质量。

(2)生物改良。由于我国多采用土岩混排的方式进行排弃,未对表土资源进行储存,因此对缺乏表土资源的排土场复垦时,应选择耐性较强的植物,或通过施肥等措施进行改良后种植植被。通常豆科类植物草木樨、胡枝子等多用作矿区土壤改良的绿肥植物。此外,人工培育的微生物菌剂也可提高土壤肥力。

(3)化学改良。金属矿山排土场土壤特性多呈酸性,复垦时需对其进行改良。通常采用加入石灰来减弱土壤酸性,此法在硫铁矿区应用较多。另外也有采用表面活性剂等方法进行改良的。

C 排土场植被恢复

(1)植物品种选择。植物品种选择是矿区植被恢复的关键技术之一,通常多选择生长快、产量高、适应性强、抗性强、对矿区土壤有改良能力的本地物种或先锋物种。

（2）植被配置。矿区植被恢复是人工可控的生态系统，在恢复过程中应考虑物种的配置和量比关系，防止外来物种入侵。复垦中采用的模式有乔灌草配置模式、灌草配置模式、草地配置模式等。选择时应考虑物种之间的相互关系，避免物种间的生长抑制，如选用豆科物种应注意香豆素对其他物种生长的抑制作用。

（3）植被种植。植被种植通常采用穴植和播种的方法。通常造林采用穴植法，种草选择播种法，另外还有水力播种、铺设草皮、植被毯等植草方法。排土场的植被种植多在平台上进行，而对于面积占到一半以上的边坡由于作业困难，目前多数矿山均未对其进行植被恢复。植物种植的时间通常在春季进行，整地可在秋冬季节进行，或者在春季同时进行整地或栽植。

15.4.4.4　地下开采塌陷地土地复垦

地下开采矿山闭坑且塌陷稳定后针对塌陷地类型主要有以下几种复垦模式：

（1）非积水塌陷旱地。此类塌陷地土层未发生较大改变，土壤养分变化不大，修复平整、改善水利条件即可恢复原有使用价值。通常此类塌陷地多采用表土剥离—物料充填—表土覆盖—植被种植的模式进行土地复垦，其复垦物料有尾矿、粉煤灰、淤泥等。表土覆盖厚度在 0.5 m 以上。

（2）塌陷区沼泽地。对于塌陷区沼泽地可将其作为污水处理氧化塘，由于其排水不畅，避免了污水对周边区域水系的污染。另外也可作为人工湿地，以改善景观。

（3）季节性积水塌陷地。季节性积水塌陷地由于土壤结构发生了变化，所以复垦难度增大。这类塌陷地多采取挖深垫浅的方法进行复垦，较深的区域进行渔业或蓄水，填平后的下沉区域进行种植。挖深垫浅后的塌陷地，可进行桑基鱼塘的生态农业发展模式。

（4）常年浅积水塌陷地。地下水位较高的塌陷区，沉陷量不大也会有常年积水的状况，而周围土地则雨季涝，旱季盐碱化。通过挖深垫浅及积水外排的方式，使其条件改善后进行养殖，同时将挖出的泥土垫到浅塌陷区，使其形成农地，发展农林业。

（5）常年深积水塌陷地土地复垦。常年深积水塌陷地不适宜于发展农业，但可用于发展渔业、休闲、自来水净化等综合开发，多应用于煤矿塌陷区。对于深积水区来说，可进行渔业立体养殖，并在周边进行植被恢复，提高当地土地利用效率。

15.4.5　矿山复垦实例

15.4.5.1　德兴铜矿土地复垦

A　自然概况

矿区面积 100 km²。大坞河自南向北流贯矿区腹地。该矿区为低山丘陵地貌，地势起伏，海拔 65～500 m。岩层多为千枚岩，土壤为第四系亚黏土，沟谷为冲积土。该区属亚热带常绿阔叶林区域，植被类型多样。气候温暖湿润，多年平均降雨量 1882 mm，雨量充沛。

B　采矿场边坡土地复垦

采矿场地表以石砾为主，细颗粒成分较少。植被恢复时选取 2～3 年生带土球马尾松实生苗进行种植，株行距为 1.5 m×2.0 m。土质少的地段适当客土。栽植后进行水肥管理。在土质较好的地段，幼苗成活后生长较快。通过 1999～2000 年的观测结果表明，当年种植苗木的成活率在 80% 以上。同时采用马尾松直播技术，在当地效果也非常好。

C　排土场土地复垦

在以石砾为主、细粒较少的排土场边坡以株行距 20 cm×60 cm 栽种香根草、百喜草和弯叶画眉草，从生长状况来看，都能在贫瘠的土壤上生长良好，具有较好的水土保持效果。种植的马尾松、湿地松、紫穗槐、百喜草直播种植结果表明，在未进行边坡处理的情况下难以成活生长，因此播种前必须进行边坡处理。

通过比较发现，边坡处理后的排土场植被恢复效果较好。栽种前进行土地平整和疏导积水，是酸性排土场植被恢复的重要保证。幼苗栽种比直播的恢复效果要好。为保证苗木正常生长,应加强植被后期管理。

15.4.5.2　迁安包官营铁矿土地复垦

A　自然概况

包官营铁矿区为暖温带半湿润季风型大陆性气候,四季分明,气候温和,冬季多为西北风,寒冷干燥,夏季多东南风,炎热潮湿。该地区年平均气温 10.1℃,年平均降水量为 735.15mm,降水集中在夏季,平均风速 2.5m/s,年平均无霜期为 172 天,生长期 270 天。区域性土壤为褐土性土、中层淋溶性褐土,土层厚为 30~80cm。植被以人工落叶林为主。

B　排土场土地复垦

根据地形山、丘、沟较多的条件,采用围山转高标准水平梯田式,梯田水平宽度 4.2m,挖高填洼,水平延伸,由上往下逐条施工。同时修建了输水管道、泄水槽等水利灌排设施,使当地形成了旱能浇、涝能排的果园,并采用果农间作的模式上层果园,下层农作物,经济效益良好。

通过区域土地资源的分析,采取因地制宜的方式,将废石场和尾矿场复垦为高效的人工生态系统。排土场主要发展种植业,平整土地后种植大豆、花生、高粱和白薯,同时结合养殖业进行生态农业模式的复垦。另外,该矿排土场部分采用林业复垦的模式,栽植沙棘、紫穗槐、桑树等灌木树种,以及种植藤本植物绿化硬岩排土场,在斜坡上形成综合防护体系,其同时兼有具有水土保持和改良土壤的作用,增加了矿山的经济效益。

15.4.5.3　阳泉铝矿土地复垦

A　自然概况

山西阳泉露天铝矿地处太行山中段西麓的中低山丘陵区,海拔 800m 左右。该区为温带大陆性季风气候,年均温度为 10.9℃,年平均降水量为 597.0mm,降水集中在夏季,年均蒸发量为 1901.19mm,为半干旱暖温区。全年无霜期 171 天。此区地层有石灰岩、黏土岩、铝土矿、黏土质砂岩、页岩、石英岩和各色砂页岩,上覆第三系上新统保德红土和第四系离石午城红黄土以及马兰黄土,黄土占丘岗区的 60%~70%,厚约 10~20m,为该区造地复垦提供了优越条件。当地自然植被主要有油松、山杨、荆条、狼牙刺、狗尾、白茅、青蒿等,属半干旱暖温带疏林草灌。当地农作物以玉米、谷子为主。

B　排土场复垦

a　人工造地

矿山废弃地复垦过程中应尽可能利用周边条件,有计划、有组织、有次序的进行覆土造地。首先对排土场边坡及坡脚进行基础稳定,然后将稳定的边坡分梯段进行平整造地,平整后覆盖表土,以备耕作。排土与土地平整应同时安排,汽车运输废弃土石,用推土机将其推平,在填方段用废石,好土用于表层覆土造地。覆土时应对岩土进行分选排弃,好土集中排列在覆土区域,然后对局部区域人工精细平整。覆土时可根据复垦目标来确定覆土厚度。

b　土壤改良

矿山排土场是人工形成的堆垫地貌,其土壤下层有深厚的块石和土块,表层覆盖细粒土。此类人造土壤比一般的人造土壤堆垫更深厚。

通过施用有机肥和无机肥,能够合理补充植物所需养分,即使无灌溉条件植被也能生长良好。种植的绿肥牧草多变小冠花、紫花苜蓿、红豆草、扁茎黄芪、山野豌豆及无芒雀麦等均表现良好,在覆土后当年均能成活,生长发育正常,且能安全过冬比当地野生植被返青早、生长期长。通过对种植绿肥植物 3 年的土壤的分析,其有机质和氮素含量提高一倍,而未进行培肥直接种植农作物的地区,土壤熟化需要 10~20 年才能达到当地中等生产力水平。

通过种植绿肥和施肥的改良比较,发现种植绿肥在改良土壤结构、提高土壤肥力方面比施肥效果更好,且无二次污染问题,同时可减少水土流失。因此在矿区应尽可能地利用绿肥植物进行土壤改良和植被恢复。

15.4.5.4 姑山铁矿土地复垦

A 概况

目前矿山以露天开采为主,姑山矿属深凹露天采场,采场上口面积达 1003000m² 范围内几乎没有树木。排土场占地 423500m²,矿山主要的废弃地为采场、排土场和尾矿库。

该矿排土场是由大量采矿剥离物及上层地表土堆积而形成的。在形成过程中,应按国家规定按原岩图组合顺序,先堆岩石,再堆土状岩石,最上层是原表土,构成排土场复垦种植层。

B 排土场复垦

该矿遵循自然规律和生态经济学的基本原理,以排土场为基础,环境特征、立地类型、树种选择及配套造林技术措施为关键,通过人工造林及植被恢复以及植被自然恢复生态学过程监测,应用和推广矿区排土场植被复垦及生态恢复措施。

复垦过程中,依据设计在各分区进行乔灌草优化配置,使排土场植被得以恢复,控制试验区的水土流失,改善试验区生态环境,并通过木材、林副产品和经济林产品收入产生一定的经济效益,为矿区生态恢复提供科学依据和技术储备。该矿区通过实地调查矿区气候、植被、排土场基本情况,对排土场重构材料进行了分析,确定了重构材料的配比结构,同时通过植物筛选确定了用于复垦的植被类型,其复垦技术主要采用了无土复垦和有土复垦的对比、排土场台阶土壤重构及物种优化选择等技术。

a 土壤重构

依据排土场土壤重构应有利于边坡稳定、有利于植被快速重建、有利于重构土壤的熟化和现场施工方便经济实惠的原则,分别采用了无覆盖材料、覆盖采场剥离流沙、穴状整地后内覆流沙的三种方法进行土壤重构。

结果表明覆盖流沙和穴状整地区域的植被长势好于无覆盖区的植被。采用剥离流沙做客土时应注意预防当地野生杂草,同时由于废石堆积时受到机械碾压,泥、沙、石混堆,岩石风化等作用,表层虽有已风化层 3~5cm,但下层基本为岩石,且部分风化板结,透水能力很差,基本不透水。因此土壤重构时,最好做成垄状,沟垄相间,以利于排水透气。在进行经济作物种植时,应采用客土种植,并施适量基肥。

b 植被选择

在排土场土地复垦中优先考虑生态公益林,以改善生态环境和发挥森林的防护效益,同时也要考虑经济效益。在造林时尽可能选择生态效益好、经济价值大的树种。

结合矿区排土场立地条件,共选择了 10 个树种、2 个藤本和 2 个草本。其中乔木以香椿、杜仲、青檀、绒毛白蜡、杨树、香樟、构树、桃树,灌木树种以紫穗槐和黑莓为主,藤本以金银花和葡萄为主,草本以三叶草和金针菜为主。

以香樟和杨树作为造林树种,株行距为 4m×4m。在平台及边角地栽植,增加植被覆盖,以减少生态流失(图 15-23)。

图 15-23 平台香樟栽植 + 斜坡杨树

以杨树及香樟为主要造林树种,撒播三叶草籽实施植被覆盖(图 15-24)。

葡萄园模式、油桃栽植模式分别如图 15-25 和图 15-26 所示。

图 15-24   平台香樟 + 斜坡杨树 + 三叶草撒播

图 15-25   葡萄园模式   图 15-26   油桃栽植模式

c   配套技术

（1）整地技术。树木栽植前进行穴状整地,乔木树种整地规格不低于 60 cm×60 cm×60 cm,灌木和藤本整地规格不低于 40 cm×40 cm×40 cm,草本整地规格不低于 30 cm×30 cm×30 cm。对于经济效益较高的树种或草本应尽量采取客土,客土为采场剥离的流沙,施饼肥做基肥,每穴 1.5 kg,以促进苗木生长,及时产生效益。

（2）苗木规格。香椿要求选择椿芽品质好、木材生长快的优良品种。黑莓品种选择江苏植物研究所从美国引进的品种。其余树种或草种均选用当地适生的常规品种。一般采用容器苗或裸根苗造林,必须是良种壮苗,外调苗木应尽量缩短运输时间,防止苗木失水。

通过土地复垦,当地的环境得到了改善,同时提高了土地的利用能力。从复垦结果来看,所选树种成活率最高的是杨树、香樟、杜仲、青檀,基本达到95%以上。香椿基本未能成活,主要是香椿苗在取苗的前年冬天被冻伤。金针菜的成活率也较高,基本达到 90% 以上,但由于栽在流沙上,在后期受野生杂草的影响较大。金银花栽植于斜坡上,受土生杂草的影响也较大,成活率很低,基本上看不到。青檀成活率很低,因其不耐涝,而排土场由于已被压实,渗透排水不畅,使水积在坑穴中,因此部分生长在地势高的苗木成活,而地势低的区域基本未成活。

15.4.6   矿山废弃地复垦应用的新材料新技术

随着人们对自然恢复、景观效果的逐渐被重视,近自然的恢复理念被应用于生态环境整治,同时越来越多的新工艺和新材料也被应用于水土保持和生态恢复的实践活动中。1938 年,德国的 Seifert 首先提出近自然河溪整治的概念,能够以接近自然、廉价并保持景观的治理方法,来完成传统河川治理的任务。20 世纪 50年代德国正式创立了"近自然河道治理工程",提出河道的整治要符合植物化和生命化的原理。1989 年生态学家 Mitsch 提出生态工程(Ecological Engineering)观念,强调通过人为环境与自然环境之间互动达到互利共生的目的。近年,日本也效仿德国、瑞士等国,提出应用"生态工法",对过于人工化的河道、水系进行"多自然型"改造和治理。

早在 20 世纪 70 年代,日本就开始了植被材料的研究与应用。随着社会发展和人们美学要求的提高,生态恢复的手段也从刚开始应用工业材料逐渐转变为以天然材料为主的恢复模式。现今为了使受损的生态系统达到近自然的恢复效果,复合植被材料的出现无疑对生态恢复有所促进。

自然界中土壤是一个提供生长基质的系统,而植被生长基质是一种人工创造的生长环境,具有改良植物生长条件、快速恢复生态环境的作用。植被恢复材料具有适应性强、施工方便、景观效果良好的特点,其组成材料主要有黏结剂、保水剂、土壤改良剂、类土壤材料和肥料等,其主要是实现恶劣环境的生态恢复。植被材料的类土壤物质其就是通过人工方法,使材料中的固相、液相和气相之间保持适当的比例,从而提供植物生长的适宜条件,以利于其快速恢复。

15.4.6.1 生态恢复新材料

A 黏结剂

生态恢复过程中,基质材料的基础是胶结物质,多采用具有较强抗压抗冲刷能力的有机高分子材料和无机材料等。岩石边坡生态防护中最常用的黏结剂是运用水泥和高分子材料。高分子材料不会对土壤 pH 值产生影响,因其成本高、难降解、易收缩,因而不能被广泛利用。无机材料中的硅酸盐水泥是工程建设中操作简单、成本低,但其水化后不利于植物生长。因此在使用黏结剂时应根据工程特点和当地条件确定合适的黏结剂材料和配比。

B 土壤改良剂

土壤改良剂是改良土壤物理、化学、生物特性的材料。物理改良方法主要是通过黏土掺沙或沙土掺黏等方式,改善其通透性或保水性。化学改良主要是加入物质,改良其 pH 值、减少土壤中某些有毒有害物质的量或降低其活性,常用的有电解解析等。生物改良主要是通过动物、植物和微生物等作用,来改良土壤特性。

土壤改良剂根据土壤特性可以分为物理改良剂、化学改良剂和生物改良剂,物理改良剂主要通过其物理特性来改变土壤的特性,以利于植被恢复,主要有河沙、黏土、粉煤灰等。化学改良剂主要通过其使用改变土壤的酸碱度,以利于植被恢复,主要是各类有机肥料、无机肥料、粉煤灰等。生物改良剂主要是各类菌剂。通常土壤改良剂并非只具有一种特点,施工中可选择综合作用较好和适用的改良剂。

生物改良剂因其具有施工方便、效果明显,已被广泛应用于农业、林业生产。2005 年四川大学提供一种边坡人工土壤改良剂的生产方法,原料组分由藻渣、蚯蚓粪、橡椀栲胶、腐殖酸、草木灰进行混制。具有使用简便、用量少、成本低、针对性强等特点,在促进土壤微生态的修复、改善土壤理化特性、培肥地力方面有显著效果。

C 保水剂

保水剂是一种人工合成的具有超强吸水、保水能力的高分子聚合物,该物质对土壤无害且能起到改良土壤的作用,在工农业生产上得到广泛应用,也是恢复岩石边坡植被与生态环境的重要材料之一。保水剂的作用原理主要是通过高分子聚合材料将水分快速吸收保存,然后缓释,此种方法能够有效缓解旱情,提高植物成长成活率。

保水剂首先由美国农业部北方研究所于 1974 年 7 月制取淀粉 - 丙烯腈接枝聚合得到吸自重约 1000 倍水的聚合物而令世人注目。实际上,在这之前为抗旱的需要,美国科学家已相继开发了聚乙烯醇、聚甲基丙烯酸羟乙酯等土壤保水剂。由于只能吸自重的 20~30 倍水,售价又高,只是在园林方面有少量应用。

常用的有泥炭土、蓄水渗膜和地膜覆盖等,最新的研究材料为日本研发的纳豆树脂材料、日本九州大学研究生院副教授原敏夫最近研究开发出纳豆树脂。这种树脂可自然降解,同时还可吸收相当于自重 5000 倍的水。

保水剂能够提高相关物质的利用率,由于保水剂有活化磷的功能和缓释生根剂,更可促根,故使用保水剂后,根系尤为发达,特别是须根。另外,保水剂吸存大量水,减少了土壤环境温度的变化,还具一定的保温作用,即夏日降温,冬季保温。

D　人工土壤

该类土壤物质主要是指在结构和功能上类似于土壤,能为植物的生长提供必要条件的物质组成,包括各种粗纤维物质、秸秆、糠皮、泥炭、河沙等。现以被广泛应用的有生活垃圾、河流底泥、食用菌栽培后的废料、秸秆等,通过人工改良可将其作为植被生长的基质。2003年山西省率先研制成功了人工土壤,该项成果是根据植物生长习性配制的固体物质,具有最佳养分组合、合理物理结构、不含病原体的特点,能为植物生长提供最佳生长环境,利用相应的生长介质可生产无污染、品质优的无公害蔬菜、精品花卉及高附加值的园艺产品。

E　菌剂

生根粉是一种能增强植物根系生长的生物类药剂,它能促进植物不定根的生长,补充外源激素、促进植物体内内源激素合成,因而能促进不定根形成,缩短生根时间,并能促使不定根原基形成簇状根系,呈暴发性生根。现已广泛应用于农作物、珍贵苗木花卉及造林的育苗、扦插、移植等阶段,并已取得了很好的经济效益。在造林方面的应用表明,该产品可被用于恶劣环境的生态恢复。

15.4.6.2　复垦综合技术

A　基材喷播

土地复垦中,对于采坑边坡等可采用基材喷播技术。该方法主要应用于高陡边坡,常规作业比较困难的区域。通过将黏结剂、土壤改良剂、植物种子、保水剂、有机质等材料,按比例混合后采用高压喷射系统,将其喷射到需恢复的区域,使该区域迅速形成植被覆盖。该技术的优点是基质材料能够具有较强的抗侵蚀能力、保水能力、较好的土壤结构、并且能够为植物的生长提供持续的养分条件,对生态修复具有较强适用性。

B　植被毯

植被毯是利用粗纤维物质为原料生产出来的,在载体中添加营养土、草种、保水剂等。根据草种的有无,可分为有草种型植被毯和无草种型植被毯。该技术依靠天然降水和无人工养护条件下,仍具有较好的效果,是国际公认的水土保持效果较好的技术。土地复垦中可应用于地形平缓、土壤颗粒较细的废弃地复垦,兼具抑尘和植被恢复的作用。

C　生态袋

此方法是将选定的种子附着在纤维材料编织袋内侧,施工时在袋内装入营养土,封口按要求码放,之后回填素土并喷播草种。该方法需要人工浇水管护,且不宜过长,施工量相对较大。该方法可用于排土场最下层边坡的稳定和植被恢复,但工程量相对较大。

D　喷浆

针对恢复地段空隙大、生长条件差、缺少植被等原因,将种子、黏结物质、水等按一定比例配成浆状,然后将混合浆附着在需恢复地段,通过灌浆起到稳定、防渗,并且给植物的生长提供了土壤和肥力条件,使植被恢复成为可能,是对类似的地表物质组成区域实现生态修复的有效途径。该方法可用于缺乏表土、恢复空间大的排土场、采坑边坡区域。

E　六棱砖网格客土植草

该方法是一种植物措施和工程措施相结合的综合措施,主要是在以稳定的边坡或平地上,按要求布设六棱砖,然后在网格内放置客土,并撒播草籽或栽植草本。这种方法施工简单,外观齐整,具有防护和绿化双重效果,多用于道路边坡绿化,也可应用于堆垫地貌的植被复垦。

15.4.6.3　无废开采技术

A　无废开采重要性

无废开采与可持续发展有着密不可分的关系。一方面,在矿区开发和发展过程中往往聚集和形成了相当数量人口的社区,或一定规模的城市,其环境保护有着重要的意义;另一方面,如果忽视无废开采,不注重环境与资源的利用和保护,过早地开采完资源,势必会对矿山与国民经济造成很大的损失。所以,必须从长远的眼光来规划矿山的开采,确保矿山长期可持续发展。

在世界范围内,无废生产工艺已受到极大的重视。1984年联合国欧洲经济委员会在塔什干召开了无废工艺国际会议,专门研究了有关无废工艺方面一系列问题。在此次会议上,讨论通过了关于无废工艺的定义:无废工艺是一种生产产品的方法(流程、企业、区域生产联合体)。用这种方法,在原料资源—生产—消费—二次原料资源的循环中,原料和能源能得到最合量的综合利用,从而对环境的任何作用都不会破坏环境的正常功能。

我国在1996~2000年期间投资1888亿元人民币,落实进行1591个环境综合治理项目。这不仅是建国以来最大的环境投资,也是发展中国家最大的环保投资。这是一个目标明确、项目落实、资金有保障的环境计划,无疑会对无废开采的发展起到巨大的推动作用。可以肯定地讲,无废开采的发展前景非常广阔。

B　无废开采要点

(1)加强资源综合利用,减少尾矿量。有色金属矿产大多是金属矿床,共生和伴生着许多种有用矿物,对其综合回收问题愈来愈受到人们的重视。美国、日本的铜、铅、镍等多金属矿山综合利用率为76%~90%。美国杜拉铝等7座铜选厂分别综合回收了铜、金、铝、钼中的部分元素,综合利用率为88%~91%;日本的金属矿综合利用率在85%以上(回收了铅、铜、锌、硫、金、银、重晶石等);前苏联的胡杰斯克矿回收了铜、锌、镉、钴、铁、硫、碲、硒等8种有用成分,利用率在87%以上;加拿大从曼托巴伟晶岩矿石中综合回收了锂、铯、铍、镓。这些国家的综合利用程度均达到了相当高的水平。

我国对金属矿床的综合利用水平目前还很低。据对1845个重要的矿山的调查统计,综合利用有用组分在70%以上的矿山仅占2%,综合利用有用组分在50%以上的矿山不到15%,综合利用有用组分低于25%的矿山占75%。在246个共生、伴生大中型矿山中,有32.1%的矿山未综合利用有用组分。这些未被利用的有用组分都被带入尾矿中排走,造成资源的极大浪费,增加了对环境的负面影响。

与发达国家相比,目前我国的综合利用技术及水平还有很大的差距,资源综合利用尚有许多工作要做。

(2)废石和尾矿用做充填材料。在地下开采矿山,废石和尾矿用做井下充填材料是最为广泛的做法。传统的分级尾砂充填未能从根本上解决环境污染的问题,常常引起细砂堆积尾矿坝困难、充填料浆低、充填质量受影响、充填体脱水造成坑内污染等问题。全尾砂充填新工艺的产生,不仅为解决充填本身存在的一些问题提供了有效的途径,而且为实现无废开采开辟了广阔的前景。以全尾砂或全尾砂为主制成的各类充填材料用于矿山充填,既可减小或取消尾矿库、降低水泥消耗及充填成本,又可大大改善坑内外的环境,彻底解决了尾矿这一废料的处理问题。

废石全部回窿充填也是目前解决废石排放的主要途径,而且废石胶结充填可有效地提高充填体的质量,在深井开采中更为实用。

目前,国内外使用块石胶结充填的矿山也逐步增多,如我国的大厂铜坑矿、加拿大的基德·克里克矿以及南非的许多深部开采金矿。全尾砂与块石胶结充填为无废开采开辟了更为广阔的前景。

尾矿和废石用于回窿充填,以减少废石场占用土地量。尾砂充填采矿法在有色金属矿山及贵金属矿山已广泛应用,表15-13列出几座废石回窿充填的矿山。料不足、细砂筑坝困难、充填料浆浓度低、充填质量受影响、充填体在采场脱水造成坑内污染等,有待从根本上解决环境污染的问题。

表15-13　将废石回窿充填的矿山

矿山名称	废石产量/(kt/a)	处理方法
黄砂坪铅锌矿	662	全部回窿充填采空区
凡口铅锌矿	220	大部分回窿充填,少量用于建材
牟定铜矿	—	全部用于铺路或充填采空区
东乡铜矿	160	充填地表陷落区
铜官山铜矿	110	排入露天坑,以备复垦
小寺沟铜矿	580	填沟造地,建材

全尾砂充填新工艺的产生,不仅为解决充填本身存在的一些问题提供了有效的途径,而且为实现无废开采开辟了广阔的前景。以全尾砂或全尾砂为主制成的各类膏体充填料或高浓度充填料用于矿山充填,既可减少或取消尾矿库建设、降低水泥消耗及充填成本,又可大大改善坑内外的环境,彻底解决了尾矿这一废料的处理问题。

金川公司二矿区试验成功了全尾砂膏体充填新工艺,尾矿可全部用于井下充填,并大大减少了对成本较高的戈壁积料的需求量。

凡口铅锌矿在分级尾砂用于充填料时期,充填消耗的尾砂量占产出总量的70%。而全尾砂高浓度胶结充填料浆自流输送新工艺获得成功后,尾砂产出总量的90%可用于井下充填,辅以尾砂用作生产水泥的原料,基本上消除了尾砂的地表堆放。

露天开采中,采用就地排废工艺,剥离废石及尾砂堆放于已采露天坑内,最后复垦,也是解决矿山废料行之有效的方法。

(3) 尾矿和废石用做建筑材料。金属矿山的许多尾矿中都含有石英,因而比较适宜于用做玻璃原料,而且其粒度较细,与某些添加剂一起制作瓷砖及建筑用砖等建筑材料,工艺简单,投资较低,在这个方面,国内外许多矿山进行了大量工作,取得了明显的效果。矿山掘进、剥离的废石用于铺路、建房等。

(4) 其他。

1) 尾矿及废石用于填沟造地,或者矿山生产一定时间后对尾矿库或废石场进行复垦。

2) 浸出采矿。在有条件的矿山采用就地浸出的方法,用生物或化学的方法将有用矿物或元素提取出来,但该方法一般回收率较低,而且综合回收率较差。

3) 尾矿用作肥料或填充原料。有些尾矿中往往含有一些微量元素,可用于生产微肥或混合肥。另外,有些尾矿中含有某些具有特种性能的非金属矿物,经一定处理后,可作为塑料、橡胶、涂料等产品的填充料,能大大改善其强度、电性等。

C 冬瓜山铜矿无废开采实例

a 矿区概况及开采技术条件

(1) 矿区概况。冬瓜山铜矿床位于安徽省铜陵市狮子山矿区,属铜陵有色金属(集团)公司的主要矿山——狮子山铜矿的深部矿体。交通十分便利。

冬瓜山矿床是正在生产的狮子山铜矿的深部矿床,最上部为东、西狮子山矿床,中部为大团山矿床,下部为冬瓜山矿床。东、西狮子山已基本采完,尚留有近2000000 m³的采空区未进行处理。狮子山铜矿是一座1966年建成投产的老矿山,现有采选生产能力为2000 t/d,目前开采东、西狮子山,老鸦岭,大团山等4个矿床,尚有桦树坡、胡村两矿床正通过技改工程项目进行开发,以接续并扩大采矿生产能力。而该矿现有的选矿厂,只要稍加改造,就可使其生产能力提高到3000 t/d。

老矿山多年生产已在矿区地表形成了大于1000000 m³的空区。

(2) 矿床开采技术条件。冬瓜山铜矿床为沉积 - 改造、叠加层控矽卡岩型多金属矿床。主矿体位于青山背斜轴部,其形态与背斜轴部相吻合,沿倾斜和走向呈似层状展布。倾角10°~35°,走向长1810m,水平投影宽300~800m,中间最厚,超过100m,两翼变薄。矿体向北侧伏,主矿体赋存标高 -680 ~ -980m,最上部距地表约800m。该矿床矿石和围岩都比较稳固。

矿石为硫化矿,主要自然类型有含铜磁铁矿,占29.5%;含铜磁铁矿滑石蛇纹石,占24.1%;含铜黄铁矿,占20.9%;含铜矽卡岩,占13.2%。含铜磁铁矿滑石蛇纹石类型的矿石赋存在矿床底部,属难选矿石。矿石储量近1亿吨。平均品位:铜1.01%、硫16.75%、铁29.64%、金0.29 g/t、银5.25 g/t。

b 设计原则

冬瓜山铜矿床开发条件的深入研究表明,它有以下特点:

(1) 矿区具备良好的总体建设条件。铜陵有色金属公司是我国有色金属行业的骨干企业之一,而狮子山铜矿又是铜陵公司的骨干矿山之一。矿区交通发达,基础设施齐全,矿区已有完整的生产与生活设施,为新矿床的开发奠定了良好基础。

（2）资源具有综合回收前景。冬瓜山铜矿床的资源再评价表明，冬瓜山铜矿床不仅可回收铜资源，还可回收其中的伴生金与伴生银，更值得一提的是，矿石中的硫元素可以硫精矿作为矿山的最终产品外销，矿石中的石膏、滑石粉与铁都有回收前景，这些都为减少废料的产生提供了良好的条件。

（3）矿床开采技术条件特殊。冬瓜山铜矿床为一深埋大型矿床，其开采技术条件具有深井开采的一些特征。由于埋藏深、地压大以及岩石坚硬，在开采过程中有发生岩爆的倾向；原岩温度高，使得坑内空气温度较高，开采过程中需采取降温措施；矿石中含硫较高，且含有胶状黄铁矿，加之受坑内温度高等的影响，有氧化自燃的可能；深部开采无疑会增加矿岩提升费用等。

（4）矿床具有实现无废开采的前景。首先，矿区有大量空区存在，为废石的堆放提供了场所；其次，矿床开采的特殊技术条件要求使用充填采矿方法，从而为废石处理创造了条件，更重要的是解决了尾砂的处理问题，同时，采用充填法可很好地处理无废开采与充填的关系；再次，矿石具备综合回收的条件，可减少尾砂的产出。所有这些，都展现了实现无废开采的前景。

c 设计原则的确立

鉴于冬瓜山矿床的开采技术条件及内外部建设条件，经过综合分析各方面因素，设计确立了以下原则：

（1）统筹兼顾的原则。设计时，要充分考虑到狮子山铜矿的现有工程设施、在建的大团山矿段工程、正在施工的冬瓜山矿床探采结合工程与桦树坡、胡村等矿段的综合开发和大规模建设冬瓜山铜矿之间的关系，加快工程建设不能影响现有正常生产。

（2）实现无固体废料的无废开采的原则。实现冬瓜山铜矿床无固体废料开采的原则，可采用减量化原则、综合利用原则、就地处理与利用原则、经济效益与社会效益相结合的原则、依靠先进的科学技术促进无废开采的原则。

冬瓜山基建时期的废石可充填到狮子山矿区现有的采空区中，生产期间的废石可在井下直接回窿，而尾砂可全部用于井下充填。体现了就地处理的原则。

在采矿方案的选择方面，以掘采比小且高效的采矿方法为主，体现了减量化原则。

尽量多地回收矿石中的有用成分，使矿山的尾矿排放量减少到最低程度。既体现了综合利用的原则，也达到了废料减量化的目的。在这样大且深的矿山实现无废开采，采用先进的科学技术无疑是非常必要的。同时，该矿实现无废开采，必须以经济效益与社会效益的全面提高为原则。

d 设计方案简述

采用竖井及辅助斜坡道开拓，主运输中段设在 -875 m 水平，为有轨运输，采用 20 t 电机车双机牵引 10 m³ 底侧卸式矿车。生产水平采用全无轨设备，包括 8 m³ 电动铲运机及 18 t 坑内卡车等。

选用的采矿方法为阶段落矿嗣后充填采矿法，矿体厚度大于 30 m 的矿块采用大直径垂直深孔落矿的阶段空场嗣后充填采矿法；矿体厚度小于 30 m 的矿块采用扇形中深孔落矿的阶段空场嗣后充填采矿法。将矿体划分为 150 m×150 m 的盘区，盘区内布置 20 个 75 m×15 m 的采场。每个盘区可同时工作的采场数为 4～5 个。首先回采矿房，充填后再采矿柱，然后充填。

矿山投产初期的产品是铜精矿与硫精矿，但在选矿厂的设计中充分预留了将来回收铁精矿、石膏与滑石粉的余地。这是因为，目前铁精矿的脱硫工艺及成本需进一步研究，以使其获得良好的经济效益；而石膏与滑石粉在回收价值上是有利可图的，但需要进一步开展实验研究，因为矿床的地质评价中未对这两种物质进行更深入的研究，只是在本设计过程中对资源的再次评价中才提出回收这两种矿物的问题。

该矿正常生产期每天产出废石 1500 t 左右，产出尾矿 6000 t 左右。

e 实现无废开采程度评述

（1）设计采取的主要措施。在这样大的矿山按无废开采的标准进行设计，在国内，还是第一次。为了实现无废开采，在冬瓜山的设计中着重采取了以下的做法：

1）尽量回收矿石中的伴生有用组分，减少尾矿产出率，在选矿过程中，除回收铜、硫，产出铜精矿、硫精矿外，还积极探索综合回收铁和滑石。在选矿厂的总体布置中，对滑石粉与铁的回收预留了场地并初步考虑了配置，只是有待于进一步的试验。对于铁精矿，主要是要降低其中的硫含量，使其成为合格产品。而滑石回收后,进一步深加工,产出超细粉。显然,既减少了尾矿含量,又增加了企业的综合效益。

2) 在生产探矿、开拓工程与采切工程的布置方面,充分考虑废料减量化的原则。首先,生产探矿尽量采用坑内钻探,减少巷道探矿的工程量;其次,在开拓工程的布置上,多次优化,仅仅将主运输水平从 - 850m 水平降低到 - 875m 水平,就使得在同样的开拓工程量的前提下,开拓矿量增加了近20%;再次,在采准工程的布置上也采取类似的措施,尽量减少废石的产出量。

3) 采用全尾砂、块石胶结充填工艺,废石不出窿。一旦矿山发生采充不平衡,便可将废石与尾砂充入上部其他矿段的采空区。

4) 在矿山进行建设的时候,按1500t/d能力选择开采两个采场,矿石送往老选厂处理,尾矿送往狮子山矿的现有尾矿库或充入上部采空区。这样,待新选厂投产时,尾矿便可用于冬瓜山本身的空区充填。提前进行小规模开采,为进一步的无废开采实践积累了经验,同时也提高了矿山的经济效益。

5) 冬瓜山总排水量为2980m³/d,其中生产排水1340m³/d,生活排水1640m³/d,全矿水重复利用率为77.2%。排水为分流制,生活污水经化粪池处理后排至生活排水管道。选矿厂和充填搅拌站跑、漏及冲洗、卫生用水均集中到选矿厂容积为2500m³的污水池,进行沉淀处理后加以利用。井下排水经狮子山铜矿已有的1000m³沉淀池后经加压泵站扬送至选矿厂高位水池供磨浮车间用水。显然,矿山涌水基本上未造成对环境的损害。

6) 全矿排往大气环境中的废气为通风收尘排气和锅炉烟气,经收尘后其含尘浓度均达到了国家排放标准。环保评价认为本矿区的外排废气不会对周围大气环境产生影响,能够使周围大气环境满足《环境空气质量标准》(GB3095—1996)中的二级标准要求。

(2) 设计的技术经济结果。在各方工程技术人员的共同努力下,设计取得了良好的技术经济结果。

冬瓜山铜矿床的开发有着非常好的社会效益。铜陵有色金属公司1996年所属矿山生产的精矿含铜量为2.526万吨,占该公司所产粗铜的33.8%,1997年11月,改扩建后年产铜10万吨的第一冶炼厂(金隆公司)投产后,公司自产铜精矿的比例更进一步缩小,现有的6个矿山中,铜官山铜矿和金口岭铜矿因资源枯竭已闭坑转产,铜山铜矿和凤凰山铜矿也因储量减少而逐年减产,如果不新建矿山,目前的自产铜精矿产量水平也难以维持,冬瓜山铜矿的建设显然可为该公司的发展注入活力。同时,该矿的建设必然对当地相关产业的发展及社会经济的发展起到良好的推动作用。

该设计是将矿山建成既无尾矿库又无废石场的无废开采矿山,废石与尾矿全部用于井下充填,既保证了矿山生产的安全,不会引起地表的塌陷和裂缝,又做到了尾矿不入库、废石不出坑,消除了一般矿山企业的最大污染源——尾矿库和废石场,实现了矿山开发与环境保护相统一的目标,为矿业可持续发展开辟了一条崭新的途径,展现了无废开采的良好前景。

15.5 固体废料的资源化

15.5.1 概述

矿产资源是人类生存和社会发展不可缺少的物质基础,是不能恢复、不可再生的自然资源。我国90%～95%的能源、80%～85%的工业原材料、70%以上的农业生产资料都取自矿产资源。因此,矿业开发和矿产利用,对促进国家或地区的经济发展、人民生活的改善提高,起到了非常重要且无可替代的作用。

我国是矿产资源大国,也是矿业生产和矿产品消费大国。长期来的粗放经营、相关法规缺位和管理不力,矿产资源遭破坏,损失浪费很大。开采中往往出现"采富弃贫"、"采易弃难"、"采主弃副",甚至有法不依、乱采滥挖等严重破坏浪费资源现象。多年来,如此大规模粗放开发,不仅使我国矿产资源储量消耗超量过大,致使一些用量较多较重要的矿产资源日渐紧缺或枯竭,而且排出大量的采矿废石和选矿尾矿。据统计,截至2000年以前,仅金属矿山累积废石量已达数百亿吨以上,尾矿已过50亿吨。2006年产出量分别为6亿吨、5亿吨。

粗放式开发使我国矿产资源利用率普遍很低,总利用率仅 30% ~35% ,比世界平均水平低 15% ~20% 。就采选综合回收率而言,我国铁、锰等黑色金属矿为 60% ~67% ,有色金属矿为 60% ~65% ,非金属矿为 20% ~60% ,铝土矿为 20% ~35% 。我国共生伴生矿种类很多,但对其综合回收的矿山不足 1/3,回收率仅 20% 左右,而 2/3 的矿山回收率不足 2.5% ,大量民采小矿山根本不进行综合回收。

上述有关数据表明,我国矿山固体废料(下称固废),数量特别巨大,可回收的有用组分存留较多,尤其很多共伴生矿物绝大部分都被遗留其中,具有很大的回收价值。应视其为二次资源,有待开发利用。

15.5.1.1 固体废料的危害

固体废料的危害主要是侵占大量土地、污染周边空气、水源和环境,破坏植被生态。甚至多次出现因暴雨或管理问题引发重大的地质灾害,危及人民生命财产安全。据统计,截至 2000 年以前,堆积的废石和尾矿已直接占地达 18700000 ~24700000 m^2 ,且每年以 300000 ~400000 m^2 的速度增加,间接污染土地达 670000 km^2 ,大量农田、山林受污染。以鞍钢矿山为例,在鞍山周边形成了 30 多平方千米的排土场和尾矿库(6 个),实为人造的巨大戈壁、沙漠,几乎寸草不生。同时,也是鞍山地区最大的粉尘污染源,特别是旱季风大时,粉尘四处飞扬,污染数千米,严重影响居民生活和身体健康。尾矿也是沙尘暴产生的重点尘源之一。

除粉尘污染以外,废石尾矿中常有重金属硫化物和某些有毒的选矿药剂,经长期风化雨淋,会产生污染空气的 SO_2 、H_2S 、CO_2 、NO_x 等有毒气体和污染水体的重金属离子及硫酸根离子,最终都使农、林、牧、渔和人身受危害,引发一些社会问题。

15.5.1.2 固废综合治理和利用

治理的原则是"减量化、资源化、无害化"。减量化要从源头抓起,一方面要求采矿提高回采率,降低贫化率,尽量减少送入选厂的废石量。另一方面选矿在尽量提高降杂的同时,要重视资源综合回收利用,不要"单收一"。除回收金属矿物外,对共生伴生有用组分要尽量回收,国内"废石不出境"的矿山不少,如金岭铁矿、云铜集团矿山,废零排放的典型代表为南京栖霞山铅锌矿。

废石尾矿资源化、无害化更是长期艰巨的任务。应在不断完善相关法规、加强行政执法监管力度的同时。大力促进废石尾矿资源化综合利用,这是治理固废污染、保护环境生态最有效、最根本的措施。

近年来,节约资源、保护环境、减排和治理污染,已成为各级政府各行各业持久性的当务之急。对矿山企业来说,就是要高度重视、大力开展废石尾矿的综合利用力度,变废为宝、化害为利。这也是发展资源循环经济、缓解资源短缺,实现矿山可持续发展的必然选择,是贯彻落实科学发展观的必然要求。

15.5.2 矿山固废资源化利用及实例

矿山固废资源化利用途径有两个方面:

(1)从中提取主要金属(或非金属)矿物,即根据处理的固废性质进行再选。如提取铁、铜、金、锡、钛等或硫、黄石、长石、石英等。首先把最有回收价值又比较易回收的金属矿物提取出来,余下的再处理待用(尽量无废或少废)。

(2)不经再选,全部直接利用,即把某些矿山固废作为一种复合的非金属矿物材料直接用于制造多种建材、土壤改良制、微量元素肥料、地下充填料等。

15.5.2.1 废石资源化利用

矿山开采过程剥离及掘进的围岩和夹石,堆存场地称排土场。废石是数量最大的矿山固废,也是矿山企业最沉重的环境包袱。

随着技术进步,以前堆弃的废石有可能成为当今选矿的原料。通过一定的工艺技术加工,不但可以连续回收主金属成分,还可以综合回收重要的共伴生矿物,甚至回收尾矿为建材。

A 攀钢矿山排土场废石综合利用

攀枝花鑫帝矿业有限公司是一家民营企业。在有关方面大力支持帮助下,通过前期大量的试验研究、技术攻关和可行性论证,于 2006 年 6 月投资 3000 万元建成一座年处理 80 万吨废石选矿厂。所处理的废石是朱家包包铁矿太阳湾排土场废石,平均含全铁16%~17%,含二氧化钛约7%。2006年7月,经过半个月的主要试运行和连续生产,获得全铁大于55%合格钒钛铁精矿300t和二氧化钛品位达47%以上合格钛精矿40t,一期工程试车成功。全年可产含钒铁精矿10万吨,钛精矿1.5万吨,尾砂送入库容1400000 m³尾矿库。

该公司从成本控制入手,严格科学管理,在必须创造巨大环境、社会效益的同时,确保获取一定的经济效益,以支持产业发展。厂区安全、环保设施齐全、管理比较精准高效。2006年8月,该公司被评为攀枝花市循环经济示范型企业。

随着企业不断发展,该公司扩建二期工程。2008年二期工程建成后,选厂将日处理废石原料4000t,日产含钒铁精矿600t以上,钛精矿80~100t,还产规格碎石将达100t以上。企业年产值将达6000~7000万元,经济效益将突破1000万元。

该公司综合利用尾矿砂,拟建无污染制砖厂,规模生产免烧路面砖、草坪砖、砌塔用砖等系列建材;还拟建还原铁厂生产海绵铁,对钛精矿进行深加工等。

据介绍,攀矿每年排放的废石达1300万吨,如全部回收利用,每年可得铁精矿160万吨、钛精矿20万吨,直接经济效益可达6~7亿元,同时将产生巨大的环境效益和社会效益。

B 首钢大石河铁矿排土场废石干式磁选回收铁矿

大石河铁矿对排土场废石进行干磁选回收铁矿石生产。2004年送废石试样到设备制造厂家进行大块磁选条件试验,效果良好。根据试验结果和大块干选机在国内磁铁矿利用实践情况,2005年,该矿在裴庄排土场建成3条磁滑轮大块干选回收铁矿石生产线。经运行考查,发现废石经一段干选所回收的矿石铁品位偏低,仅13%~17%。为提高回收矿石品位,又对一段回收产品进行分级再选试验。最终可得到铁品位约22%的回收矿石。与选矿厂入选的原矿基本接近。

通过生产实践考查,全流程运行正常。日处理废石1.6万吨,可回收含铁22%的矿石800t。全年可回收矿石30万吨,可供一台$\phi2700 \times 3600$型磨选系列生产6.5个月。

C 德兴铜矿从废岩土中堆浸提铜

德兴铜矿是我国目前最大的露采斑岩铜矿。开采过程中,含铜小于0.25%的岩土将作为废石送至排土场。总量约9.7亿吨,其中含铜金属量约80万吨。这些废石中的铜一般无法用常规的选、冶方法进行回收,采用堆浸-萃取-电积工艺进行回收。由于该类废石中含有多种金属硫化物,在氯气、雨水和细菌(氧化铁硫杆菌)作用下,会产生大量含铜离子的酸性废水。为了尽量回收废石中的铜,该矿建成含铜废石堆浸厂,年处理含铜小于0.25%的废石800万吨,年产电铜2000t。

D 废石用于建材

这是用量最大、投资少、见效快、环境和社会效益显著的利用方式。多年来,这方面的试验研究成果很多,已广泛推广应用。

a 首钢矿山固废用于建材及产业化实践

首钢现有水厂铁矿和大石河铁矿两座磁铁矿采选矿山。据统计,开发40多年来,已累积采矿废石量100000000 m³、尾矿量约200000000 m³。现每年新排废石量约5500万吨、尾矿量700万吨,还有生产过程磁滑轮干选抛尾碎石134万吨。大量废石、尾矿堆存和管理,每年要投入不少资金和人力物力,仅1990~2003年,就投入达1亿元。

长期以来,首钢矿业公司一直在努力开展矿山固废综合利用,如借鉴相关经验及与科研部门合作,探索开发了陶瓷、微晶玻璃花岗岩、铁路道渣、建筑石渣、细砂、建筑砌块、彩色地坪砖等多种产品,进入了北京、天津及周边市场,取得了一定的效果。1992~2003年近10年间,但由于产品附加值不高和用户对矿山固废开发的建材产品观念上的局限,虽然各产品技术质量可行,但不能形成规模,影响开发利用进程。

绿色奥运给首钢矿山固废开发带来了难得的机遇。在充分调研市场需求的基础上,他们及时调整开发思路,将矿山固废资源综合利用提升到发展建材产业的高度,并通过强化市场销售推广,取得了较好的效果。

与科研院所开展技术交流和专项研究,取得技术可行的资质证明,为进入市场创造条件。根据用户要求,他们开展用矿山砂石配制商品混凝土技术研究,获得成功。主要成果有:(1)利用磁滑轮抛尾碎石加尾矿砂配制混凝土和易性良好,可配制 C50 以下泵送混凝土和普通混凝土;(2)用尾砂配制的混凝土平均抗压强度比用天然砂的高 12%,还可以节约水泥,降低成本;(3)利用磁滑轮抛尾碎石和尾砂,按低水泥配比混凝土建筑大型矿石破碎站挡墙(11 m×12 m×3 m,建筑投资 500 万元以上)于 2002 年 11 月 2 日完成的工程性工业试验表明,现场和易性和坍落度情况良好,检测强度均超过设计要求。

首钢矿业公司完善加工生产工艺设备,形成产品系列化、规模化。例如,1990 年矿业公司投资 300 万元以上在水厂铁矿建成年产 400000 m³ 铁路道渣生产线;2002 年度又在大石河铁矿建成年产 90000 m³ 粒度在 40 mm 以下的铁路道渣生产线。

投资 200 万元建成彩色地坪砖、建筑砌块生产线及各类建材生产线 10 条,生产 4 大类几十种规格的建材产品,均以废石、尾砂为原料,免烧结。经鉴定,符合 GB15229—1994 和 JC/T641—1996 标准,已被河北省认定为资源综合利用产品。最近几年,又根据国家最新的建材碎石标准,在原有生产线基础上进行改建扩建,增加分级筛,使道渣生产线在生产铁路道渣的同时,产出 5~16 mm、5~20 mm、5~25 mm 的标准建筑碎石。根据破碎、筛分、水洗工艺,对原有磁滑轮抛尾碎石生产线和道渣生产线进行改建扩建,提交产量,加快规模化进程。

现在首钢矿业公司已拥有 3 家建材加工生产厂,形成 12 条能加工铁路道渣、建筑用砂和碎石及尾砂建材产品,共 4 个系列 18 个品种。年产铁路一级道渣 49 m³、建筑机碎石(抛尾碎石)85 m³、建筑中砂(尾矿砂)106 m³、彩色地坪砖 200000 m³、砌块砖(免烧空心砖)70 万块、水磨石 70000 m³,初步形成了规模化发展条件。部分产品已有了稳定的市场。

目前,首钢矿业公司具有年生产砂石尾矿建材 300 万吨的能力,若全部达产,合计经济效益约达 3000 万元,而堆积的老废石场和尾矿也有待开发之中。

b 姑山铁矿利用矿山排土场废岩土生产内燃空心砖

马钢姑山铁矿年剥离岩土 440 万吨。多年生产堆存,排土场日渐堆满。不但占用大量农田、扬尘污染、滑坡,危害周边环境,而且维护费用高,严重影响矿山发展。

1998 年与东北大学合作开展用废岩土烧结空心砖研究,并于 1999 年在黑龙江双鸭山空心砖生产线进行了工业试验并获得成功。于 2000 年投资 2000 万元建厂,年消耗废岩土 20 万吨,生产空心砖 6000 万块。成为目前国内规模最大、自动化程度最高的二次码烧空心砖生产线。投产两年中,又完成了原料供给系统、工艺操作标准和燃料替代等重大技术改造,使产品质量逐渐提高并趋稳定,成品率达 95% 以上。

每年可节约排土费 200 万元以上,安排就业 100 多人,成为矿山采矿废石产业化整体利用的新亮点,社会和环境效益显著。

c 江苏省丹徒白云石总厂综合利用废石渣

该厂过去只生产建筑用白云石块矿,其尾渣废石已堆成占地几十亩的废渣山,企业经济效益差。近年来开展资源综合利用,生产中除将优质石料作工艺品原料外,余下的所有碎石均制成各种规格的石子、石屑,可用于混凝土、水泥构件、砌墙浆料、内墙粉料等。全厂年创收总计 900 多万元,使企业摆脱了困境。

d 南京栖霞山铅锌矿采矿废石作建材原料

该矿山所处位置的特殊,决定其不可能建排土场的尾矿库。通过多年的深入调研和不断实践,真正解决了废石尾矿的有效利用,实现矿山固废"零"排放。环境、社会、经济效益显著。

矿山生产每天产出废石 100 t,尾矿 300 t,除大部分用于井下充填外,剩余的废石和尾矿经必要的处理后,售给周边的水泥、建材厂作原料之一。因为废石的矿物成分大多属于栖霞山灰岩的一部,含钙约 52%,含 SiO_2 适中,含泥量较少。尾矿成分与废石有差别,经与水泥企业共同进行利用尾矿作水泥辅料试验研究,并经江苏省质监站检验,尾矿质量、内、外照射指数,符合 GB6656—2001 标准。

尾矿外销前的脱水处理,系采用陶瓷过滤机进行脱水,使水分降到 14%,完全呈粉粒状,能满足运输要求。

废石尾矿外销作水泥原辅料,不但解决了矿山占地和环境污染问题,还有助于降低水泥生产成本并使水泥质量有所提高。

e 废石尾矿作充填材料

废石尾矿作充填材料用于露天采坑回填和地下采空区充填,实例很多,效果很好。回填采坑并覆土,可种植多种农作物。我国矿山采用充填法日益增多。随着采矿向深部发展,地温地压的增加和环保要求更严格,充填采矿法将得到更大的发展。对废石尾矿需求量将会更多,带来的环境和经济效益更可观。

另外,若废石尾矿中含有植物生长所需要的微量元素,如钾、磷、锰、锌、钼、硼等可加工成长效肥或用作土壤改良剂;含方解石、长石的、可生产工业污水絮凝剂;开采膨润土产生的废石,可作砂土壤的改良剂,低品位硼镁铁矿废石可生产硼镁肥等。

15.5.2.2 尾矿资源化利用

尾矿是选矿厂最主要的固废之一。据推算,现有尾矿总量达 80 亿吨左右,已成为侵占土地、污染环境,甚至引发重大地质灾害的"祸首"之一。但又是开发潜力巨大的二次资源。据专家估计,金矿尾矿含金 $0.2 \sim 0.6 \, g/t$,铁尾矿全铁量 $8\% \sim 12\%$,铜尾矿含铜约 $0.02\% \sim 0.1\%$,铅锌尾矿含铅锌量 $0.2\% \sim 0.5\%$,均可回收利用,另外,还有大量可利用的非金属矿物。

随着经济快速发展、技术进步和国际市场矿产品价格大幅上涨以及环境形势越来越严峻,对尾矿的处理利用迫在眉睫。十多年来虽然取得了一定的进展和成绩,但规模小、数量少。总利用率仅 $8\% \sim 10\%$,尾矿利用比较好的是一些黄金矿山和一些大型黑色金属、有色金属矿山,仅有少数矿山接近国际先进水平。

尾矿资源化利用大体包括两个方面:一是再选,提取各种有用金属或非金属矿物;二是不经再选直接利用,或称整体利用(实际也包括再选后的尾矿)。

A 尾矿再选提取有用组分

铁尾矿再选提铁开展得比较早,再选厂比较多,一般主要回收新产生尾矿中的铁。

我国铁矿尾矿数量大、粒度细、类型多、性质复杂。据 1996 年黑色冶金矿山统计年报,全国铁矿选厂入选原矿量 2.15 亿吨,排出尾矿量 5802.6 万吨,占入选矿量 52.75%。当前,全国堆存的铁尾矿量高达十几亿吨,占全国尾矿堆存总量近 1/3。因此,铁尾矿再选利用已引起钢铁矿山企业普遍重视。

a 铁矿尾矿再选

(1)鞍本地区属高硅单金属铁矿,尾矿组成较简单。现有六家大型铁矿均建了尾矿再选二段或车间,如南京、歪头山、齐大山、弓长岭、大孤山、鞍钢东鞍山。尾矿经细磨多段分选,可收得含铁 $54\% \sim 65\%$ 的铁精矿和含铁 $35\% \sim 40\%$ 铁中矿。铁精矿一般并入主流程继续提铁降杂处理,中矿作水泥铁质添加剂利用。原尾矿再选可降低品位 1%,并获得较大的经济效益和社会效益。

属单金属铁矿的还有首钢大石河、水厂、密云、太钢峨口、尖山、唐钢石人沟。

(2)首钢矿山选厂尾矿再造新工艺,从 1996 年开始采用盘式磁选机和 BKW - 1030 磁选机对尾矿进行多次选别,经几年生产实践证明,尾矿品位从 9.50% 降至 7.14%,金属回收率提高 7.79%,年产含铁 67% 的铁精矿 20 万吨,年获经济效益 3200 万元,还可减少尾矿排放量 $210 \, kt/a$,节约库容又节省尾矿输送费用。效益显著。

(3)多金属类铁矿尾矿回收铁,如武钢程潮铁矿,尾矿再造工程于 1997 年 2 月投入生产。选厂全部尾矿经再选后,可使最终尾矿品位降低 1%,金属铁理论回收率可达 20.23%,每月可创经济效益 10.8 万元,年创效益 124.22 万元。所用主要设备 JHC120 - 40 - 12 型矩环式永磁磁选机,具有处理能力大、磁性铁回收率高、结构简单、运行可靠、造价低、使用寿命长等优点。

(4)昆钢上厂铁矿已堆存尾矿千万吨,含铁大于 20%。经分析有用矿物主要为赤铁矿、褐铁矿、少量磁铁矿、碳酸铁、硫化铁、硅酸铁,尾矿含泥量很大。为回收尾矿中铁矿物,1999 年 5 月,在其洗矿车间安装 3 台 Shon - 1500 立环脉动高梯度磁选机,用于尾矿再选。当年 7 月投入试产。生产流程中在 Shon 磁选机前设置浓密机、圆筒筛、矿浆搅拌筒。操作条件:磁选机脉动冲程:粗选 16 mm,精选 20 mm,脉动冲次:粗选

220 次/min,精选 270 次/min;背景场强:粗选 0.94T、精选 0.74T。

生产试验结果表明,入选给矿(尾矿)含 TFe22% 左右,经 Shon – 1500 磁选机一次粗选、一次精选,可获得精矿产率大于 13%。粗矿含 TFe 大于 55%,精矿铁回收率大于 34% 的良好效果。经济效益和环境效益较好。

(5)梅山铁矿尾矿再选。梅山尾矿主要包括重选作业振动溜槽和跳汰机尾矿,还包括 0 ~ 2mm 粒级原矿经跳汰、永磁机和相关浓缩作业溢流等,含铁 20% ~ 23%。主要成分为磁铁矿、菱铁矿、黄铁矿、石英、方解石、高岭土等,粒度 – 0.074mm 占 80% 左右。

1991 年 8 月选厂建立了尾矿再选系统,利用弱磁选机回收细粒磁铁矿,用强磁选机进行再选,强磁选机场强 191 kA/m。经生产运行,可获得含铁 57.8%、含硫 0.4% 的合格铁精矿。最终尾矿降至 19.39% 以下。按选厂年处理原矿 180 万吨计,每年可从排放的尾矿中回收 9000t 铁精矿,年增经济效益 150 万元以上。

(6)马钢南山矿采用马鞍山矿山研究院研制的圆盘磁选机对尾矿再选,可获得产率 5% ~ 6% 含铁 29% ~ 31% 的粗精矿,经再磨再选,可得到产率 2% 含铁 60% ~ 63% 的合格铁精矿,年增收铁精矿 4 万吨。

b　有色金属矿尾矿再选

(1)铜尾矿回收铜、铁。安庆铜矿为从选厂尾矿中回收铜、铁资源,利用闲置设备建起尾矿再选厂。经检测,铜矿物主要富集于粗粒尾砂中,铁矿物多集中在细粒尾砂中。首先浮选出铜粗精矿,经再磨再选,获得含铜 16.94% 合格铜精矿。日产量 2.56t,年产铜 130t。选铜尾矿用磁选机回收铁矿物,获得含铁 63% 的铁精矿,年产铁精矿 4.35 万吨。合计年获利 2300 万元。经济效益显著。

(2)铅锌尾矿回收银。八家子铅锌矿堆存尾矿 300 万吨以上,其中含银达 69.94 g/t,经再磨至 – 0.053mm 占 91.6%,浮选得含银 1193.85g/t 银精矿,银回收率 63.74%。按日处理尾矿 800t 计,年生产 250 天,则年可回收银 8.92t,产值约 223 万元。

(3)铜尾矿回收钨矿和硫。江西永平铜矿浮选尾矿中主要有用矿物为白钨矿和黄铁矿、黄铜矿。其中 WO₃ 含量 0.061%,S1.14%。尾矿经重选抛除 91% 的脉石、细泥石,经强磁、摇床得粗精矿,又经浮选脱硫(得硫精矿),再经摇床精选,得含 WO₃ 66.83% 白钨精矿(钨回收率 18.01%)和硫精矿,以及石榴石、重精石等产品。按日处理尾矿 7000t,按年生产 330 天计,年获利可达 170 万元。

(4)从锡尾矿中回收锡和伴生组分。云锡公司有 28 个尾矿库、35 个尾矿坝,累计尾矿 1 亿多吨,含锡达 20 多万吨,还有伴生的铅、锌、钴、铋、铜、铁、砷等。1971 ~ 1985 年,公司利用一个 50 t/d 试验厂和两个 100 t/d 选矿工段专门再选老尾矿,共处理老尾矿 112 万吨,回收锡 1286t、铜 443t。

1994 年将原 100 t/d 老选厂改扩建为 200 t/d 尾矿再选厂。

另有一座 300 t/d 规模的重选车间,从尾矿中回收锡。尾矿含 Sn 0.2% ~ 0.25%,可获得精矿含 Sn 42.93%,回收率 18.66%,年回收锡 40 ~ 50t。

还有一座 1982 年建成的日处理 70 ~ 100t 尾矿再选厂,处理含 Sn 0.297%,年处理 3.3 万吨,可回收含 Sn 55% ~ 61% 精矿 31t,锡回收率 34% ~ 35%。

(5)从钨尾矿中回收钨、铋。棉土富钨矿是以钨石为主的含钨、铜、铋、钼多金属矿床。每年选钨后所得的尾矿仍含 WO₃ 10% ~ 20%、Bi 20%、Mo 1.45%、SiO₂ 30% ~ 40%,铋矿物以自然铋、氯化铋、辉铋矿及少量的硫铋铜矿、杂硫铋铜矿存在,其中氯化铋占 70%;钨矿物主要是黑钨矿和白钨矿,其他还有黄铜矿、黄铁矿、辉钼矿等。镜下鉴定,钨铋矿物连生较多。钨矿物还与黄铜矿、褐铁矿及脉石连生,很难单体解离,而且尾矿含硅高达 30% ~ 40%,必须先用摇床重选脱硅。再进行磨矿浮选钼和硫化铋,再浮选氯化铋。为进一步回收浮选尾矿中的微细粒铋矿物及铋连生体,在常温下对该浮选尾矿进行浸出,再通过置换得到合格的铋产品和剩下的钨精矿产品。生产实践表明,当入选尾矿含 WO₃ 21.02%、含 Bi 22.96%、含 Mo 1.33% 情况下,通过该工艺再选处理,可得到含 Bi 分别为 36% 和 71% 的硫化铋精矿和氯化铋、铋总回收率高达 95%,还得到含钨 36%、回收率 90% 的钨粗精矿,使钨厂总回收率提高 2%。

c 回收非金属矿物

(1) 江西银山矿从铅锌尾矿和铜硫尾矿中回收绢云母。两种绢云母精矿品位分别达96%和63%以上，回收率达58%～63%。

(2) 高桥铅锌矿年产尾矿60kt，从铅锌尾矿中回收重晶石，采用重-浮工艺，可回收含 $BaSO_4$ 97.8%的重晶石精矿3000 t/a，年利润30万元。

(3) 河南栾川钼矿，浮钼后尾矿用磁-重流程再选，可得到品位71.25%、回收率98.4%的钨精矿。选钨后尾矿经脱泥和磁性介质中分离浮选，可得到产率45%的长石精矿和产率33%的石英精矿。

(4) 广东粤西、粤北多处铅锌浮选尾矿，可采用螺旋溜槽回收尾矿中的黄铁矿，可获得含硫39.75%～44.08%、回收率58%～74%硫精矿。

(5) 武山铜矿从尾矿中回收硫，获得含硫36.83%的硫精矿，回收率89.42%。年处理尾矿350万吨，年利润达283万元。

d 黄金尾矿再选

(1) 黄金尾矿回收金银。黄金矿山年排尾矿约24500kt，黄金矿山建国后主要采用浮选氰化工艺，尾矿含金较高。技术水平低的矿山及小金矿的尾矿含量高。随着选冶技术提高，尤其近年特别提倡推广的金泥氰化-炭浆提金工艺，使含金尾矿再次回收成为可能。

河南银洞坡金矿1996年开始用金泥氰化新工艺回收老尾矿中的金。老尾矿含金大于2.5g/t，库存量大于380kt，可供连续处理4～5年。金浸出率达86.5%，银浸出率48%，按此工业生产指标进行技术经济计算，可回收黄金760kg，白银5t，按2005年价格创值7000多万元，按目前价计算，创产值1亿元以上。

(2) 黑龙江老柞山金矿氰化尾泥含铜0.305%、含砷2.08%。通过采用浮选工艺直接从氰化尾浆中留砷浮铜，获得含铜18.32%、含金9.69g/t、银99.2g/t、砷0.07%的合格铜精矿，铜回收率89%。

(3) 湖北三鑫金铜矿一直很重视矿产资源综合回收利用。2000年专门成立了尾矿回收车间，从浮选尾矿中再回收金、铁、硫。采用磁重工艺，即浮选尾矿先磁选回收铁，磁选后尾矿用螺旋溜槽粗选回收金，再经摇床精选得金精矿（含金50g/t），硫的回收工艺几经改进，也能很好地回收。几年生产实践表明，尾矿综合回收项目工艺合理、运行稳定，每年可回收黄金14kg，合格铁精矿（含铁大于60%）60kt，硫精矿5万多吨，经济效益显著。还减少尾矿排放量（每年少排尾矿十几万吨），延长尾矿库使用年限，社会效益显著。

(4) 七宝山矿为金铜硫共生矿床。金属硫化物以黄铁矿为主，另有少量黄铜矿、斑铜矿，含金矿物主要为自然金、少量银金矿。工艺流程为一段磨矿、优先浮选金铜。1995年从浮选尾矿中回收硫，最初用硫酸冶化法回收硫，但成本太高。经检测，发现浮尾中有许多石灰细小颗粒，同时黄铁矿粒度较粗，密度比脉石矿物大，故采用旋流器对浮尾矿浆进行脱泥，沉砂加水搅拌擦洗，可恢复黄铁矿可浮性，再对其进行浮选（一粗、一精），可获得硫精矿。改用旋流器脱泥后浮硫，可降低成本45%，而且硫精矿含泥少，含硫7.6%，回收率82.46%，年增效益120万元。

B 尾矿直接利用

尾矿直接利用（包括再选后的尾矿）是其资源化最主要的途径之一，也是治理矿山固废污染最有效的措施。其利用方向与采矿废石相似。尾矿粒度细，便于替代天然黄砂用于各种建筑工程；其次可用于井下充填、生产各种建材，如砖、瓦、水泥砌块、作水泥生产配料、陶瓷材料、生产玻璃、制造建筑微晶玻璃等；还可以用作填坑覆土，作农肥配料可改良土壤等。

(1) 金岭铁矿为高温热液接触交代矽卡岩矿床。矿石组成以磁铁矿为主，含铜、钴、金等多种金属有用组分。采用浮选回收铜钴、磁选回收铁。该矿已实现固废零排放，具体做法是：1) 采矿废石尽量不出境；2) 出境矿石进行预选粗粒抛尾，抛尾的废石年约200kt，经简单破碎可作建筑碎石、水泥砌块骨料，年创效益近百万元；3) 选矿尾矿一部分用于井下充填；一部分加工成井下充填用水泥替代品，实现尾砂胶结充填；还有一部分尾矿制成灰砂砖，其强度比传统的黏土砖高，外观质量好，市场前景广阔，属新型建筑材料。

(2) 金川有色金属公司年产尾矿砂2830kt。为减轻对环境的不利影响，1997年投资1.18亿元建成二矿区尾砂膏体充填系统。这是国家"八五"重点科技攻关专题项目,是一项新兴的高科技充填工艺。其中包括微细粒尾矿浓缩脱水、水泥高速乳化工艺与设备及计算机集散控制等技术。具有充填成本低,不易堵管,采场充填后无渗溢水流出,膏体固化速度快,填体强度高等优点。

该公司利用尾砂和废旧农用地膜,经活化处理,进行硅酸盐固化反应,将松散的尾砂固化成坚实的整体。可制作复合模板和井盖、井圈,不但机械强度高、表面平整光滑、不吸水、不粘泥土、耐酸碱、耐冷热、可取代钢模板、铸铁井盖,而且避免了钢铁井盖丢失问题。已投资建成的尾砂复合材料生产线,可年产1万套井盖井圈,还计划最终扩大到4万套的生产能力。

(3) 马鞍山市黄梅山矿利用尾矿制造棕色墙地砖,年处理尾矿4 kt,获利27.55万元。广东凡口铅锌矿用尾矿充填井下采空区,尾矿利用率达95%以上。江西宜春铌钽矿尾矿用作玻璃原料,基本实现了无尾矿工艺。

参 考 文 献

[1] 国家环境保护总局. 企业清洁生产审计手册[M]. 北京:中国环境科学出版社,1996.

[2] 国家环境保护总局科技标准司. 清洁生产审计培训教材[M]. 北京:中国环境科学出版社,2001.

[3] 环境保护部清洁生产中心. 最新清洁生产审核技术与验收标准及典型案例实用手册[M]. 北京:中国环境科学出版社,2008.

[4] 中钢集团马鞍山矿山研究院有限公司. 马钢集团姑山矿业有限责任公司清洁生产审核报告[R]. 马鞍山:马钢集团姑山矿业有限责任公司,2002.

[5] 刘成. 德兴铜矿酸性废水成因的研究[J]. 有色矿山,2001,30(4).

[6] Mckay D R,Halpern F Trans. Met. Soc. AIME,1959:212,301.

[7] 于润沧. 采矿工程师手册[M]. 北京:冶金工业出版社,2009.

[8] 廖国礼,吴超. 资源开发环境重金属污染与控制[M]. 长沙:中南大学出版社,2005:1~32,254~317.

[9] Bernard Aubé P. Eng. ,M. A. Sc. EnvirAubé. The Science of Treating Acid Mine Drainage and Smelter Effluents[R].

[10] Neutralization of Acid Mine Water and Sludge Disposal Report No. 1057/1/04,Nov 2004.

[11] Tremblay G A,Hogan C M. 2000 Mine Environmental Neutral Drainage (MEND) Manual,Volume 5 Treatment,MEND 5. 4. 2e:Canada,Energy,Mines,and Resources Canada.

[12] 罗良德. 利用HDS技术处理铜矿山废水的试验研究[J]. 铜业工程. 2004(2).

[13] 毛银海,徐怡珊. 铜矿酸性废水氧化钙中和处置装置的改造[J]. 化工环保,2003,23(5).

[14] 任万古. 德兴铜矿酸性废水处理实践[J]. 采矿技术,2002,2(2).

[15] 邹元龙,梁文艳. 堆浸技术回收铜资源中的污染防止技术[J]. 工程与技术.

[16] 冯玉杰,李晓岩,尤宏,等. 电化学技术在环境工程中的应用[M]. 北京:化学工业出版社,2002:96~125.

[17] 陶红,徐国勋,马鸿文. 13X分子筛处理重金属废水的试验研究[J]. 中国给水排水,2000,16(5).

[18] 赵由才,牛冬杰. 湿法冶金污染控制技术[M]. 北京:冶金工业出版社,2003.

[19] 戴兴春,徐亚同,谢冰. 浅谈人工湿地法在水污染控制中的应用[J]. 环境保护,2004(10).

[20] 周奔. 人工湿地系统在我国污水处理中的应用以及发展前景[J]. 资源与环境,2006,22.

[21] 王月娟,侯爱东,孙涛. 综合电镀废水处理技术及应用[J]. 污染防治技术,2005,18(5).

[22] 德兴铜矿. 江西铜业股份有限公司德兴铜矿环境保护社会基本情况汇编[R],2000.

[23] 马大猷. 噪声与振动控制工程手册[M]. 北京:机械工业出版社,2002.

[24] 李家瑞,李文林,朱宝珂. 钢铁工业环境保护[M]. 北京:科学出版社. 1990.

[25] 张福有,李建勋. 矿山环境工程学[M]. 西安:陕西科学技术出版社,1986.

[26] 戴耀南,张希衡. 环保工作者实用手册[M]. 北京:冶金工业出版社,1984.

[27] 阴嗣同. 金属矿山井下噪声的危害及其治理[J]. 金属矿山,1981(5).

[28] 阴嗣同. 矿山环保技术研讨班教材:第二篇. 冶金工业部矿山信息网,1994.

[29] 李富平,杨福海. 迁安市地方铁矿土地复垦规划[J]. 煤矿环境保护,2000,14(6):36~38.

[30] 李富平,杨福海,张文华. 地方矿山生态可持续发展模式研究——以迁安包官营铁矿为例[J]. 化工矿物与加工,2001(9):17~20.

［31］ 宋殿林,张锦瑞. 迁安磨盘山铁矿资源综合利用［J］. 矿业快报,2006(7):69~70.

［32］ 白中科,等. 工矿区土地复垦与生态重建［M］. 北京:中国农业科技出版社,2000:15~40,61~75,93~103,131~139.

［33］ 沈渭寿,曹学章,金燕. 矿区生态破坏与生态重建［M］. 北京:中国环境科学出版社,2004:1~23,34~58.

［34］ 范志平,曾德慧,余新晓. 生态工程理论基础与构建技术［M］. 北京:化学工业出版社,2006:151~183.

［35］ 刘黎明,等,土地资源学［M］. 北京:中国农业大学出版社,2002:110~126.

［36］ 牛海亮,王强,姜艳丰,等. 国内外采矿废弃地生态恢复研究进展［J］. 内蒙古环境科学,2007,19(3):62~64.

［37］ 包志毅,陈波. 工业废弃地生态恢复中的植被重建技术［J］. 水土保持学报. 2004:18(3):160~164.

［38］ 王英辉,陈学军. 金属矿山废弃地生态恢复技术［J］. 金属矿山,2007(3):4~8.

16 矿山地质灾害及治理

矿山地质灾害是指由于人类采矿活动而引起或诱发的一种破坏地质环境、危及生命财产安全,并带来重大经济损失的矿山灾害。它是地质灾害的一个分支。矿山开采可对生态环境和自然资源造成严重危害和破坏,导致水土流失,引发地表塌陷、山体滑坡;矿山排水造成地下水位下降、矿区周围地下水资源枯竭;地下开采诱发地震、岩爆、冒顶片帮、突水、瓦斯爆炸、地面开裂及沉陷等;矿山剥离堆土、尾矿废渣堆积引起地表环境污染;露天尾矿库漏塌、排土场失稳滑移造成严重的泥石流灾害等。凡此种种,均是矿山地质灾害的具体表现。

我国是个矿业大国,矿产资源的年消耗量很大。多年粗放式的矿业开发,导致大部分矿山地质环境形势严峻,部分矿区呈现加速恶化势态。改革开放以来,社会经济的快速增长对资源的需求剧增。市场经济对现有矿山企业带来很大冲击,部分矿山注重追求经济效益,安全和环保意识淡化,加之开采技术及生产设备的相对落后,以及矿区周边大量无序的民采等多重因素的干扰,导致矿山多年开采积聚的灾害隐患爆发,开采环境明显恶化,矿山地质灾害问题日趋严重,潜在的致灾隐患不断增多。近几年,非煤矿山的灾害事故不断,严重威胁着人民群众的生命财产安全,频发的矿山地质灾害又给矿山企业造成巨大的经济损失,严重制约着可持续发展。

矿山地质灾害常常发生在矿区内及其附近地区,范围有限。随着科学技术的发展,人类对矿山地质灾害已能进行科学、准确的预测、预报和有效的防治。

16.1 矿山地质灾害的分类

矿山地质灾害种类繁多。按成灾与时间的关系,可分为突发性矿山地质灾害(如矿坑突水、瓦斯爆炸、地震、泥石流、崩塌、滑坡、水土流失、岩爆等)和缓发性矿山地质灾害(如沙漠化、荒漠化、地表沉降、采空区的地表变形、环境污染等)。按灾害的空间分布和成因关系分类,可分为岩土体变形引起的灾害、地下水位改变引起的灾害和矿体内因引起的灾害等。

16.1.1 岩土体变形灾害

矿山由于岩土体变形所引起的灾害主要有地表沉降和塌陷,采场边坡失稳、滑坡与岩崩,采矿诱发地震以及场库失稳。

16.1.1.1 地表沉降和塌陷

地表沉降和塌陷主要发生在地下开采的矿山。当地下开采后,采空区的顶板岩层在自身重力及上覆岩层的压力作用下,产生向下的弯曲和移动。当顶板岩层内部所形成的拉张应力超过抗拉强度极限时,直接顶板首先发生断裂和破碎并相继冒落。接着,上覆岩层相继向下弯曲、移动,进而发生断裂和离层。随着采矿工作面的推进,受到采动影响的岩层范围不断扩大。当矿层开采的范围扩大到一定条件时,在地表就会形成塌陷盆地,从而危及地表的各种建筑物和农田等。近年来,金属矿山地表塌陷急剧上升,造成塌陷的原因是采空区不充填,或在岩溶区因矿山排水疏干而导致溶洞上方地表塌陷。地表沉降和塌陷不仅破坏可耕地资源、建筑物,毁坏道路、水库,还可直接导致矿山某些地下巷道的塌毁,或使大气降水和地表水沿塌陷裂缝灌入坑内,造成淹井事故。

金属矿山采矿引起的地表沉降和塌陷规律及沉降预测,一般都采用煤炭矿山的研究成果和经验。但由于金属矿山矿体开采多属于非充分采动,应用的可信度和精确程度不高。近20年来,随着科学技术的发展,一些新的研究方法引入该领域。长沙矿冶研究院的刘宝琛院士采用随机介质理论预测地表沉降,还有人用分形方法研究地表沉降随采动而增长的规律,并对其在实践中应用推广的可能性和实用性进行了探索。

国内外对金属矿山引起的地表沉降和塌陷的研究,将着重对采空区冒落发生、发展规律及预测地表沉降和塌陷的方法开展研究;完善现有方法在此类矿山的应用;特别是不规则突然垮冒的发生机理和发展规律,以及对突然垮冒的预测,将会采取多种方法、手段进行研究。随机介质方法与地质力学、地质探测技术相结合的研究方法,以及人工智能方法、不确定性和模糊分析方法在该领域的应用,是具有发展前途的。

16.1.1.2 采矿场边坡失稳、滑坡与岩崩

采场边坡失稳受多种因素影响,主要发生在雨季。软硬相间的岩层,由于差异风化,坚硬岩体突出,由结构面切割或重力蠕变,坚硬岩体就会产生崩塌、落石。地质构造发育使完整岩石被分割成割裂体,割裂体在诱发因素下失稳而形成崩塌,构造越发育,岩体越破碎,越易产生崩塌、落石。开采中开挖坡脚、改变应力场,使坡体内积存的弹性应变能释放而造成应力重新分布,岩体产生卸荷裂隙,并使原有裂隙扩展和张开,由其所切割的岩体,可能失稳而形成崩塌滑坡。目前,露天煤矿、铁矿、采石场所发生的滑坡,大多数是由于违反开采顺序、乱采滥挖而造成的。为了使露天采掘、剥离作业正常进行,采场边坡岩体应该具有一定的稳定性。当工作台阶采掘到最终边界时,形成最终边坡。当最终边坡角过陡时,稳定性差,易滑坡,危及人员和设备的安全,导致停产闭坑;当其过缓时,又会影响经济效益。

必须对露天矿边坡进行经常性的检查和维护,用以保证边坡稳定,防止灾害发生。必要时进行人工放坡,铺上草皮,植上灌木,砌筑局部挡土墙或者预埋防滑坡的木桩。防止地表水流入矿坑冲刷边坡,深凹露天矿要在封闭圈外周围设置防洪、防泥石流的沟堤或者疏导的设施。在临近边坡进行爆破时,宜采用预裂和减震爆破法,减少单段装药量,减少每次延时爆破的炮孔数,以防止因露天爆破作业而破坏边坡的稳定性。设置边坡防滑设施,如抗滑挡墙、加筋挡墙、锚固板挡墙、预应力锚索挡墙、锚杆挡墙,以及抗滑单桩、抗滑链、钢管桩、承台式抗滑桩、抗洪桩、桩基挡墙、椅式挡墙、排架式抗滑桩、抗滑刚架桩、板桩抗滑桩和锚固桩等。

16.1.1.3 采矿诱发地震

采矿诱发地震是因为矿山开采到深部,矿坑周边和顶底板围岩受到强大的地壳应力作用而被强烈压缩,一旦因采掘挖空出现自由面,即有可能产生岩石地应力的骤然释放,导致岩石大量破裂成碎块,并向坑内大量喷射、爆散,给矿山带来危害和灾难。在煤炭系统通常将这种类型的地震称为"冲击地压"、"煤爆"、"煤炮",金属矿山称为"岩爆"。

近年来,国内开采深度已经达到或接近600 m的矿山有金川二矿区、会泽铅锌矿、张家洼铁矿、程潮铁矿、湘东钨矿等;开采深度接近1000 m的矿山有红透山铜矿、大红山铜铁矿、凡口铅锌矿等;开采深度超过1000 m的矿山有冬瓜山铜矿等;安徽龙桥铁矿开采深度达 −600 ~ −1000 m。由于采深加大,地层压力随之增大,由此引发的岩爆(矿震)逐渐增多。由采矿诱发的地震,在我国许多矿山出现过,如红透山铜矿目前开采已进入900 ~ 1100 m深度,在1999年发生的一次中等程度的岩爆,导致近100 m长的斜坡道一次崩塌报废和部分采场停产;大同煤矿自1956年以来出现顶板塌落而引起的较大地震有41次,最高震级3.4级,震中裂度达Ⅶ度。21世纪前20年,我国将有多个金属矿山进入深部开采,开采深度不断增大,岩爆危害必将凸现出来,成为深井开采必须解决的课题。

在岩爆发生机理研究方面,国内外着重对岩石的岩爆特性和产生岩爆的应力条件进行了较多的研究,并取得了一系列成果。通过实验室试验,从微观结构上和声发射特征等方面可以判定岩石是否具有岩爆性质,并划定岩爆可能性等级。结合所处的应力状态,判定岩石是否会发生岩爆。在岩爆防治工程应用方面,主要对采矿引起的应力集中和能量聚积原因,以及如何防止应力在局部高度集中和阻止岩爆发生,开展了初步的探索和实践。如优化开采顺序和采场结构形式,防止围岩岩体和待采矿体中出现大的应力集中;采用充填方法充填采空区以缓和应力集中程度和岩爆造成人员伤害。在美国、印度、南非、前苏联、加拿大和澳大利亚等国家,一些矿床开采深度达到3000 m,最深超过4000 m以上,原岩应力超过100 MPa。这些矿山解决高地应力及岩爆问题的主要途径是:研究合理的开采顺序及回采单元结构;预留区域性支撑矿柱以实现分区开采;采用应力释放技术使回采工作面处于低应力带。美国爱德华州利纳银铅矿目前开采深度已超过2800 m,采

用充填法回采,在采深达到650 m时出现岩爆。该矿研究了岩石的力学性质,并应用有限元法计算了采场顶柱及其周围岩体中的应力分布,确定了矿柱高度与矿柱内应力值、岩爆发生的关系图,并通过调整矿柱规格尺寸等措施预防和削弱岩爆强度。印度科拉尔金矿开采深度超过3260 m,该矿自开采以来发生岩爆59次,从1953年开始,通过对历史岩爆记录分析、岩石力学性能和弹性性能测试、现场岩石力学监测等方面的研究,弄清产生岩爆的规律,重新调整采矿方法的布置形式,使岩爆发生频度由4.6次/年降低到0.42次/年。目前,对采矿引起的岩爆发生机理,或者说采矿引起的能量集聚或消散过程、规律,人们还未掌握,尤其是在工程应用中如何防止岩体中能量在局部高度聚集,如何平稳地释放聚集在岩体中的巨大能量,并最终阻止灾难性岩爆的发生,以及如何监测岩爆的发生、预测岩爆发生的部位和程度,需要有严格的理论指导,更需要有效的技术手段的实施。

16.1.1.4　场库失稳

场库失稳主要是由于尾矿坝溃决崩塌继而形成泥石流造成的危害。此灾害发生的类型有:

(1)库区的渗漏、坍岸和泥石流;

(2)坝基、坝肩失稳和渗漏;

(3)尾矿堆积坝的浸润线溢出,坝面裂缝、滑塌、塌陷、冲刷等;

(4)土坝类的初期坝坝体浸润线高或溢出,坝面裂缝、滑塌、冲刷成沟;

(5)透水堆石类初期坝出现渗漏浑水及渗漏稳定现象;

(6)浆砌石类坝体裂缝、坝基渗漏和抗滑稳定问题;

(7)排水构筑物的断裂、渗漏、跑浑水及下游消能防冲、排水能力不够等;

(8)回水澄清距离不够,回水水质不符合要求;

(9)尾矿库的抗洪能力和调洪库容不够,干滩距离太短等;

(10)尾矿库没有足够的抗震能力;

(11)尾矿库尘害及排水污染环境。

上述灾害和险情,就某一座库而言,不是同时都存在,而只是其中的一种或几种。此外,由于坝体无正规设计、施工而失事也频有发生。如广西南丹县鸿图选矿厂在2000年因坝体稳定性差发生垮坝事故;广西凌云县逻楼金矿因设计施工不善而在1992年发生堆浸场尾矿坝崩坝;广西某锰矿尾矿库坝体中曾出现"管涌"17处而导致溃坝危机。尾矿坝崩坝事故给矿区居民生命财产带来巨大危害,同时也给环境造成巨大破坏和污染。

16.1.2　地下水系破坏引起的灾害

矿山地下水系破坏是由于地下水在大量抽排条件下,造成的地下水体系破坏,其主要表现形式为突水淹井、海水入侵、地下水位下降、产生井下泥石流、引起地面塌陷等。我国有许多矿山地质和水文地质条件很复杂,开采时进行疏干排水,甚至要深降强排,由此引起一系列的问题,给矿山生产带来许多灾害。首先,矿井突水事故不断发生,我国许多矿床的上覆和下伏地层为含水丰富的石灰岩,这些矿床随着开采的延深,地下水经深降强排,产生了巨大的水头差,在一些构造破碎带和隔水薄层的地段易发生突水事故,严重地威胁着矿井安全和职工的生命安全。其次,由于疏干排水,在许多岩溶充水矿区,引起地面塌陷,严重地影响地面建筑、交通运输以及农田耕作与灌溉。如广东凡口矿发现塌陷1600多个,范围5 km²;湖南恩口矿塌陷5800多个,范围20 km²;安徽淮南、山东莱芜及长江中下游两侧的有色金属矿山,也都出现了地面塌陷。在我国沿海有些矿区(如复州湾黏土矿、金州湾石棉矿等),因疏干排水造成海水入侵,破坏了当地淡水资源,影响了植物生长。某些矿山由于排水,疏干了附近的地表水,浅层地下水长期得不到补充恢复,影响植物生长。有的矿区甚至形成土地石化和沙化,生态环境遭到破坏。因采矿造成缺水的地区也在不断地增加。

目前,国内外在地下水灾害领域的研究工作主要有:采矿过程中地下水的运移规律研究,突水机理研究,工作面及矿井涌水量预测,老窿与岩溶水探测设备与技术,裂隙或构造带涌水通道堵截技术及材料等。在突水机理的研究上,曾先后提出了"突水系数"、"等效隔水层"和底板隔水层中存在"原始导高"等概念。对突水分析采用了统计学方法及力学平衡、能量平衡方法。同时,开始应用井下物探技术,如坑道透视法、井下电法、氢气测定法等来探测充水水源和充水通道,并在研究、验证预测突水量的数学模型方面有较大进展。疏干降压、堵水截流是我国矿井防治水害的主要技术措施和重要方法,在静水与动水条件下注浆封堵突水点、矿区外围注浆帷幕截流等都有比较成熟的方法和经验。从20世纪60年代起,在徐州、枣庄、新汶等煤矿和张马屯铁矿、水口山铅锌矿等不同水文地质条件下的灰岩地层中成功地建造了大型堵水截流帷幕,取得了良好的堵水效果。

16.1.3 矿体内因引起的灾害

16.1.3.1 瓦斯爆炸和矿坑火灾

瓦斯爆炸常见于煤矿,由于通风不良,使瓦斯积聚而发生爆炸,瓦斯爆炸时反应速度极快,瞬间放出大量热量,使气体的温度和压力骤然升高。试验表明,空气中瓦斯浓度为9.5%时,在自由空间内爆炸后,气体温度可达1875℃;在密闭的空间可达2150~2650℃。爆炸压力是由于爆炸时产生的高温引起的。根据计算,当温度为2150~2650℃时,相应的爆炸压力为700~1000kPa。发生连续爆炸后的压力可能会更高。爆炸时产生的高温、高压,促使爆源附近的气体以极大的速度向外传播,形成冲击波,它能造成人员的伤亡,破坏巷道和器材设施,扬起大量煤尘使之参与爆炸,还可能引燃坑木等可燃物而引起火灾。伴随冲击波产生的另一种危害是火焰锋面。火焰锋面是瓦斯爆炸时沿巷道运动的化学反应带和烧热气体的总称。其传播速度可在宽阔的范围内变化,从每秒数米达到最大的爆炸传播速度(可达2500m/s)。火焰锋面好像沿巷道运动的活塞一样,把含瓦斯气体收集起来并点燃。这种活塞的长度从火焰锋面最慢传播时的几十厘米到爆轰时的几十米。瓦斯爆炸后生成大量有害的气体,实验中对某些煤矿爆炸后的气体成分进行分析,结果为O_2 6%~10%;N_2 82%~88%;CO_2 4%~8%;CO 2%~4%。如果有煤尘参与爆炸,CO的生成量将更大,往往成为人员大量伤亡的主要原因。例如,日本三池煤矿在1963年发生特大瓦斯煤尘爆炸,死亡1200余人,其中90%以上为中毒致死。

矿坑火灾除见于煤矿外,还见于一些硫化矿床。因硫化物氧化生热,在热量聚积到一定程度时则发生自燃,引发矿山火灾。矿山火灾的危害极大,而且还严重损耗地下矿产资源,如有的煤矿在地下已燃烧上百年,其资源损耗量十分巨大。此外,矿山火灾对周围环境的危害也令人触目惊心,如一些久烧不熄的矿山,常使当地气候发生改变,农作物和树木大量死亡,田地荒芜,环境严重恶化。

16.1.3.2 地热

随着矿井开采深度增加,地温也随之升高,加上其他热源的放热作用,使得高温矿井日益增多。

地热是深井的主要热源,有的深井岩层放热占井下热量的48%。地面以下岩层温度变化规律是:自上而下,岩层划分为变温带、恒温带和增温带。恒温带以下的岩石温度随深度增加而升高,当采掘作业将岩石暴露出来以后,地热便从岩石中释放出来。原岩放热是深井矿山的主要热源之一,当井下空气流经围岩时,两者发生热交换,使井下空气温度升高。围岩与井巷空气热交换的主要形式是传导和对流,即借助热传导自岩体深处向井巷传热,或经裂隙水借助对流将热传给井下空气。在大多数情况下,围岩主要以热传导方式将热传给岩壁,并通过岩壁传给井下空气使井下气温升高。如凡口铅锌矿的深井,实测岩石温度达41℃;冬瓜山铜矿深部实测岩石温度达36~37℃;广西高峰锡矿深部岩石温度达38℃以上。矿山地热灾害导致劳动环境恶劣,严重威胁井下安全,并易引发灾害和事故。《金属非金属矿山安全规程》规定,金属矿山井下作业地点的空气温度不大于26℃。凡超过此上限值的矿井,必须采取降温措施。

目前,井下降温的手段主要有矿井制冷空调降温和矿井非空调降温。矿井非空调降温主要包括加强通风降温、控制热源降温以及特殊方法降温。详细内容见本手册12.10节。

利用矿井通风方法,优化矿井通风系统和通风网路,加强矿井通风管理,是减少或消除井下热害的有效办法。据测算,风量由990m³/min增加到1280m³/min,气温平均降低2.5℃。风量的增加不是无限制的,它受规定的风速标准和降温成本的制约,当风量加大到一定程度后不仅主扇动力消耗增加很大,而且其降温作用反而消失。因此,在利用矿井通风方法减少甚至防止井下通风热害时,应根据《金属非金属矿山安全规程》规定,处理好风量与风速的关系,还可取得合理的通风运营经济效益。

控制热源还可采用某些隔热材料喷涂岩壁,以减少围岩放热。前苏联曾采用锅炉渣,有些国家采用聚乙烯泡沫、硬质氨基甲酸泡沫、膨胀珍珠岩以及其他防水性能较好的隔热材料喷涂岩壁。一层 10 mm 厚的聚氨酯泡沫塑料,就能产生较好的隔热效果。岩壁隔热仅用在热害严重的局部地段,它作为一种辅助手段与其他降温措施配合使用。岩壁隔热的费用较高,限制了这种方法的应用范围。

特殊方法降温还有采用压气动力、减少巷道中的湿源等。采掘机械用压气来代替电力。压缩空气排出的膨胀冷却效应,对降低风温无疑是有利的。但由于这种方法效率低、费用高,只有在个别情况下才有意义。研究资料表明,在高温矿井中,空气中的相对湿度降低 1.7%,等于风温降低 0.7℃。因此,不要让热水漫流,而要把水集中起来,用管道或加盖水沟排走。

16.2 矿山地质灾害的勘查方法

16.2.1 地球信息技术综合方法

地球信息技术综合方法主要是指"3S"技术的应用,"3S"是遥感(RS)、地理信息系统(GIS)及全球定位系统(GPS)的简称。

(1)遥感技术(RS)。遥感技术是太空时代的一项高新技术。遥感影像可以全面、客观地记录地表综合景观的几何特征,遥感图像不仅可以获得地表景观的形态、分布特征组合,而且还可以获得物质的成分和结构等,进而实现地物识别的目的。遥感技术在地质勘查中的应用包括直接应用和间接应用。直接应用是指遥感蚀变信息的提取,间接应用则包括地质构造信息、植被的光谱特征及矿床改造信息等方面。

(2)全球定位系统(GPS)。全球定位系统是由美国国防部主持研制,以空中卫星为基础的无线导航系统。该系统能为全球提供全天候、连续、实时、高精度的三维位置、三维速度和时间信息。利用 GPS 进行静态定位或运动定位,能够满足多方面的需要,由此使得 GPS 用户遍布世界各地。GPS 具有全天候、全球覆盖和高精度的优良性能,而且其用户设备无源工作、体积小、质量轻、耗电少、使用方便和价格低廉。因此,GPS 的应用越来越广泛。在矿山环境野外调查中,可采用 GPS 定位仪进行矿山环境三维坐标数据的现场采集工作以及对露天矿高陡边坡的位移监测。

(3)地理信息系统(GIS)。GIS 是一种基于计算机的工具,它可以对存在的东西和发生的事件进行成图和分析。它是将计算机硬件、软件、地理数据以及系统管理人员组织而成的,对任一形式的地理信息进行高效获取、存储、更新、操作、分析及显示的集成。矿山地质灾害的许多问题都是由多种空间域因子共同作用的结果,而 GIS 本身又具有强大的空间分析操作功能和多源、多因素信息复合叠加技术。因此,GIS 完全可以实现对矿山环境和灾害问题进行动态模拟与评价的目的。其评价思路首先是在对矿山环境的具体实际地质条件分析基础上,建立影响矿山环境和地质灾害的各主控因素的子专题层图(如水土流失、土地沙漠化、地下水环境、矿山泥石流等),然后通过对这些子专题层进行空间分析与操作,从而对相关矿山地质灾害问题做出定量评价。

总之,"3S"技术的应用可以从宏观上掌握地质灾害的分布、发生、发展规律。如 GPS 可以对灾害发生地进行精确定位;RS 技术可以利用矿区的多时相遥感图像进行叠加分析,获取矿区不同时期的地貌破坏程度,塌陷区的形态、面积,矿业废弃物的类型及分布状况,环境污染状况及生态环境状况;GIS 技术可以对矿山灾害信息数据进行空间有效分析,方便管理人员迅速掌握灾情,有效进行防灾减灾工作。"3S"技术的应用弥补了以前常规的技术手段(如地形测量等)难以胜任的空白,特别是对危险地带矿山灾害的调查,如矿山积水塌陷区等。

16.2.2 地球物理勘查方法

常规的地球物理勘查方法主要有电磁法、地震法、常规电法、微重力法和射气法。

16.2.2.1 电磁法

电磁法包括瞬变电磁法、探地雷达法和井间电磁波透视法等。

A 瞬变电磁法

瞬变电磁法是一种脉冲感应类电法勘探,属于时间域电磁法。它通过不接地回线向勘探目标发送一次磁场,测量一次磁场激励电源关断后一段时间内的二次磁场变化,通过二次磁场衰减变化的信号特征来解释和反演地下介质结构的性状。当地下存在良导体时,良导体在一次磁场的激励下产生感应涡流,在脉冲磁场断掉后涡流磁场不立即消失,而是大致按照指数规律衰减;反之,若地下存在隐伏高阻介质,由于没有相当的感应涡流,其二次感应场的幅度很小,二次磁场很快衰减。

图 16-1 和图 16-2 所示为两个 TEM 信号记录示意图。从记录信号看,图 16-1 记录表明地下可能存在隐伏采空区,图 16-2 记录表明正常的响应记录。

实测 TEM 数据可以进行定性和定量解释。定性解释可以直接依据图 16-1 和图 16-2 所示的二次场衰减特性来判断隐伏空洞的存在,或者依据测线数据构成的剖面等值线来对存在的异常进行定性推断;定量解释主要依据全区视电阻率转换公式,将多道 TEM 二次场衰减数据转换成视电阻率,并依据各个测量点位上的视电阻率结果进行一维电阻率时－深反演,反演结果结合地质资料或钻孔资料对比,最后形成地质解释成果剖面图。

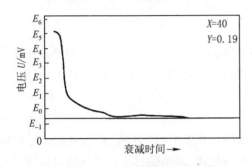

图 16-1　实测采空区上方典型二次衰减信号

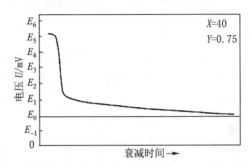

图 16-2　实测无采空区上方典型二次衰减信号

TEM 法对地下采空区大面积普查可取得良好的效果。它在一定程度上确定空区的特征,并可反映较深的空区。

B　探地雷达法

探地雷达法是一种用于确定地下介质分布的广谱(1 MHz ~ 1 GHz)电磁技术。探地雷达利用一个天线发射高频宽带电磁波,另一个天线接收来自地下介质界面的反射波。电磁波在介质中传播时,其路径、电磁场强度与波形将随所通过介质的电性质及几何形态而变化。因此,根据接收波的旅行时间(又称双程走时)、幅度与波形资料,可推断介质的结构,其原理如图 16-3 所示。

探地雷达的地质解释是在数据处理后所得的探地雷达图像剖面中,根据反射波组的波形与强度特征,通过同相轴的追踪,确定反射波组的地质含义。当岩层中有空区时,岩层与空区的界面两侧电性差异较大,容易形成强烈的反射波。同时,这一界面也是岩性的特变点,常常产生绕射波,而绕射波在时间剖面上为双曲线反映。因此,通过时间剖面上的特征图像就能确定空区的位置和深度。

探地雷达的应用增强了电磁波对下伏空洞的探测能力,它作为电磁法的一种新的勘查技术近年来在地下采空区探测中取得了令人满意的效果。探地雷达可以比较准确地确定空洞的平面位置和埋设深度,具有较高的分辨能力。其缺点是易受电线、地下水管、铁管、游散电流、电磁的干扰。

C　井间电磁波透视法

井间电磁波透视法是通过观测钻孔附近或钻孔之间电磁波的传播特征来确定异常体产状及空间形态的一种方法。其地球物理前提是异常体和围岩之间的高频电性差异,其原理如图 16-4 所示。

电磁波在地下岩层中传播时,由于各种矿岩电性(电阻率、介电常数)等参数的不同,它们对电磁波能量的吸收具有一定的差异,电阻率较低的矿岩具有较大的吸收作用。另外,伴随着断裂构造或空洞所出现的界面,能够对电磁波产生折射、反射等作用,也会造成电磁波能量的损耗。因此,如果在巷道之间、钻孔与地面之间或钻孔之间电磁波穿越矿岩层的途径中,存在着含水地段、陷落柱、断层、空洞或其他不均匀地质构造,电磁波能量就会被其吸收或完全屏蔽,信号显著减弱,形成透视异常。交换发射机与接收机的位置,测得同一异常,这些交会的地方,就是地质异常体的位置。

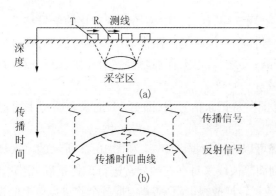

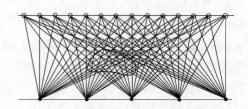

图 16-3　探地雷达探测工作原理
(a)测量位置;(b)雷达波传播时间曲线

图 16-4　井间电磁波透视法探测原理
○—接收探头;●—发射探头

16.2.2.2　地震法

地震勘探是根据人工激发的地震波对地壳浅层介质的物性特征进行勘查的方法。一般勘查深度在数百米以内,20 m 深度以内称为超浅层,10 m 以内称为极浅层。地震勘探的具体方法有折射波法、反射波法、地震层析法和瑞利波法。

A　地震层析法(CT)勘探技术

地震层析法(CT)是井中地震勘探向高频方向发展而形成的一种新的地下勘查方法,其原理是依据地震波在不同介质中传播速度的差异,将接收到的信号进行层析成像处理,来精确描述井间地质目标体的几何形态和物理特征。声波走时与介质速度的关系,可用式(16-1)表示:

$$t_i = \int_{R(v)} \frac{\mathrm{d}x}{V(x)} \qquad (i = 1,2,3,\cdots,N) \tag{16-1}$$

式中　t_i——走时(声波由发射到接收所需的时间);

$V(x)$——介质的速度分布;

$R(v)$——射线的路径;

$\mathrm{d}x$——射线穿越子区域的长度。

由式(16-1)可以看出,当介质中的声波速度发生变化时,其走时也随着发生改变。将多条通过介质的声波射线走时提取出来,反算出介质的速度空间分布图像,其工作原理如图 16-5 所示。

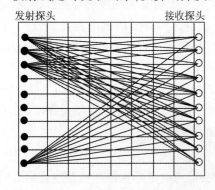

图 16-5　地震层析法工作原理

地震层析法按工作方式分为井—井方式和井—地方式两种:井—井方式是在一个钻孔中发射声波信号,在另一个钻孔中接收,了解两个钻孔构成的剖面内地质异常体分布;井—地方式是在一个钻孔中发射(或接收)声波信号,在地表沿测线进行接收(或发射),通过敷设不同方向的测线,可以了解以钻孔为中心的倒圆锥体范围内地质异常体的分布状况。

地震波在钻孔间介质(岩石)中传播,其速度变化与许多因素有关,当钻孔间存在有一定规模的空区异常体时,由于波的透射和绕射,会使得声波的旅行时间(即走时)相对于围岩出现增加或减少。绕射波和透射波在一定条件下往往同时存在,只是到达接收点的时间有先后,有时绕射波先到达,透射波成为续至波;有时透射波先到达,绕射波成为续至波。地震层析法中是以首波起跳为获取到达走时的特征点,因此分析绕射波和透射波是十分重要的。

与其他方法相比,地震层析法具有如下特点:

(1)工作频率高(数百赫兹到数千赫兹),分辨能力强,当精细测量时,其空间分辨可在 2 m 之内;

(2)抗低频干扰能力强,可用于外界干扰较大的空区;

(3)具有记录直达波的观测系统,能利用波动力学特征进行解释,比运动学特征能更灵敏地反映出地质

异常体;

(4) 采用透射波传播特征,波形单纯,初至清晰,易于波形识别。

B 瑞利波法

对于弹性半空间介质,其表面受到振动冲击时,在介质中将产生纵波、横波和表面波,在表面波中存在有两种不同类型的波,一种是拉夫波,另一种是英国物理学者瑞利于 1887 年在理论上证明的,称为瑞利波。瑞利波的质点在包含传播方向的铅垂平面内振动,质点的运动轨迹为逆时针方向转动的椭圆,且振幅随深度呈指数函数衰减,传播速度略小于横波。瑞利波在弹性波中振动能量最强,传播速度最低,能量的衰减率低,因而容易检波且具有较高的分辨率。

瑞利波勘查是利用弹性应力波中占主要成分的瑞利波在介质中传播时具有均匀介质不具备的频散效应这一特点,借助于数字信号分析技术求算出测点处瑞利波速度随深度变化曲线来求出地下空区的位置和大小。众所周知,介质的强度与介质的速度有着良好的相关关系,在同一区域的一定物理条件下,一定强度的岩土介质,其瑞利波的速度是确定的,因此可以根据所求得岩土层速度值来反演岩土层的物理状态和物理特征。设介质表面上沿波的传播方向 x_1、x_2 处的信号分别为 $u_1(t)$ 和 $u_2(t)$。通过积分可求得 $u_1(t)$ 和 $u_2(t)$ 的互相关函数 $\gamma_{21}(\tau)$,进一步对 $\gamma_{21}(\tau)$ 进行 Fourier 变换,得到互相关谱 $R_{21}(f)$ 为:

$$R_{21}(f) = |R_{21}(f)| e^{i\Delta\varphi(f)} \tag{16-2}$$

式中 $\Delta\varphi(f)$——x_1、x_2 处的信号的相位差。

将式(16-2)代入 $v = 360 f\Delta x / \Delta\varphi(f)$,求得不同频率($f$)谐波的瑞利波传播速度 v_R。这里,Δx 为 x_1 与 x_2 之间的间距。基于波长 λ_R 与 v_R 和 f 间存在的关系,可求得空区异常的探测结果。瑞利波法原理如图 16-6 所示。

地下存在的采空区可以看做是一种特殊的介质体,瑞利波在其上有着特有的传播规律,主要表现在采空区存在的深度范围内,频散曲线上出现断点,而且频散点分布非常散乱,如图 16-7 所示。因此在实际工作中,就可以根据瑞利波频散曲线出现异常的位置来确定所在测点处地下洞穴存在与否以及其埋藏深度及发育状况等。

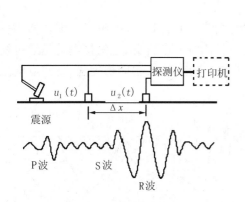

图 16-6 瑞利波法原理

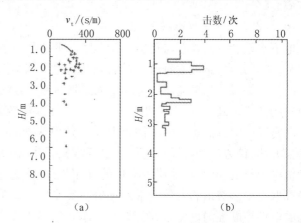

图 16-7 某空区瑞利波速度频散曲线

从方法上讲,瑞利波勘探有频率域观测的稳态法和时间域观测的瞬态法两种。相比较而言,稳态法的发展史和应用时间要长一些,方法和技术也较为成熟,其缺点是激振设备笨重,不利于提高效率;而瞬态法具有快捷、高效的特点。和其他方法相比,瑞利波法有以下特点:(1) 分辨率高;(2) 不受各层介质速度关系的影响;(3) 基本不受测量场地周围金属物体以及电磁干扰的影响;(4) 勘探所需场地小;(5) 效率高。

C 浅层地震法

浅层地震法是由人工手段激发地震波,再通过研究地震波在地层中的传播规律,以查明地下地质小构造及获取地层岩性信息的一种物探方法。其中的浅层地震反射波法,不仅能直观地反映地层界面的起伏变化,而且还能探测地下隐伏断层、空洞、陷落柱以及各种异常物体,是滑坡、断裂面、采空区等潜在地质灾害的有效勘查方法之一。

浅层地震反射波法勘探同常规反射波地震勘探原理相同,只是前者的勘探目的层相对较浅,所采用的观

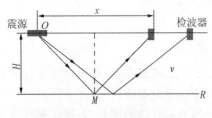

图16-8　浅层地震勘查原理

测系统、工作方式及数据处理手段有些不同,对仪器分辨率要求更高。如图16-8所示,设地下有一水平反射界面R,深度为H,反射面的上覆介质是均匀各向同性弹性介质,地震波在其中传播速度为v,在地面O点激发地震波,过O点布置一条观测线,埋置检测器,由震源激发产生纵波经由反射界面到达检波器的传播时间为t,则可得反射波时距曲线方程:

$$t = \frac{1}{v} \sqrt{4H^2 + x^2} \qquad (16-3)$$

式中　x——震源到接收检波器的距离。

反射界面的深度可以表示为:

$$H = \frac{1}{2} \sqrt{v^2 t^2 - x^2} \qquad (16-4)$$

通常,如果存在一个连续反射界面,地震时间剖面上出现一组连续强反射波,反射界面中断,反射波也将中断。在矿床开采中,采矿将引起顶板岩层破坏,在破坏带范围内,岩层内存在大量破碎岩石、裂缝和裂隙,从而使地震波的速度、岩石密度与未破坏围岩相比存在很大差异,地下空区在地震时间剖面上表现的特征为:

(1) 反射波中断,地下空区造成地下反射层中断,反射波同相轴不可连续追踪,跨越空区后,反射波恢复。地震时间剖面上反射波不连续追踪是识别采空区的重要标志。

(2) 反射波波形及频率变化,采矿引起的上覆岩层破坏对地震波有很强的吸收频散及衰减作用,使反射波频率降低。破碎围岩及裂隙、裂缝对地震波衰减还表现为反射波波形变得不规则、紊乱甚至产生畸变,而空区下方则由于岩层相对完整而变化不明显,这也是在地震时间剖面上识别采空区的另一个重要标志。

16.2.2.3　电法勘探技术

地下水系、空洞、岩石风化层与围岩存在明显电性差异。如为充气空洞,则其视电阻率与围岩相比呈高阻异常;如为充水(或充水冒落)空洞,则其视电阻率与围岩相比呈低阻异常。因此,电法探测就是通过视电阻率的异常去寻找隐患地质灾害。电法探测的主要方法有电测深法、电剖面法、中间梯度法、高密度电法和电阻率测井等。其中,以高密度电阻率法和电测深法较为常用。

高密度电阻率法是以岩土体导电性差异为基础的一类物探方法,该方法一次即可进行多装置数据采集,研究在稳恒电流场的作用下,地层中电位的分布规律,通过参数换算取得更多突出的有效异常的比值参数来实现地质结构的电性拟断面的重建,如图16-9所示。它对不太深的采空区、地下水系、岩石风化层等的勘查十分有效。例如,山西平定矾土矿采空区,通过采用高密度电阻率法进行测量,获得深部的闭合圈异常,结合钻探资料,圈定了该区采空区的平面分布范围。

电剖面法和电测深法是比较传统的电法勘查手段,其勘查效果不如地震勘查、电磁勘查。高密度电法结合电剖面法和电测深法的优点,成为高信息量的工程勘查方法,已成功地应用在各种地质灾害勘查中。其缺点是易受电线、地下水管、铁管、游散电流、电磁的干扰。

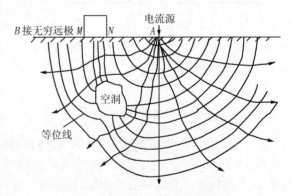

图16-9　高密度电阻率探测原理

16.2.2.4　微重力法勘查技术

地面上重力值的空间分布主要取决于测点的纬度、高度、测点周围地形的起伏、地球的潮汐、地球内部各种岩石密度的差异等因素。而岩石密度的差异又包含横向密度的不均匀性、密度界面的局部起伏和局部地质体。由于空区的存在必然与围岩存在密度差及剩余质量,从而在地面上产生重力异常。但是由于受空区的几何尺寸、充填物及埋藏深度的制约,重力异常的量值一般在几十微伽($1Gal = 0.01 \, m/s^2$)以内。因此,微重力法是以地下介质间的密度值差异作为理论基础,通过局部密度不均匀引起的重力加速度变化的数值、范围及规律来解决地质问题。地面微重力法可分为地面微重力测量、重力水平梯度测量和重力垂直梯度测量。

地面微重力法不受电磁场等人为干扰和接地条件影响及工作场地大小等因素的限制,对于埋藏浅的微小勘查对象及其低缓微弱异常具有较高的分辨能力,并且野外工作方法简单、成本低、效率高,从而弥补某些勘查方法的不足。但它的准确率因勘查区的实际情况不同而差异较大。

16.2.2.5 测氡法

地层中含有放射性元素铀、钋、钍等,这些元素在衰变过程中产生氡气。测氡仪就是利用氡气产生的镭来勘查地下空区。射气的运移主要是通过扩散、对流和渗透等各种作用。在岩石中迁移的氡极易溶于水,并可从发源地被带到很远的地方,地下空区及裂隙带有利于氡气的运移和聚积,因此充水空区是氡的聚积场所。氡气异常通常有两种形式:一种为线状异常,一种为环状异常。线状异常通常指示地下空洞、巷道、断层、裂缝等的展布方向;环状异常指示地下空洞的范围。

测氡法不受电、磁、声的干扰,利用 α 高异常段圈定充水采空区有较高的可信度。但氡运移受断裂、裂隙控制,随断裂及裂隙的变化而变化。因此,其异常不能准确反映空区的平面位置,只能概略地反映异常轮廓。另外,测氡作业受降水、季节等因素的影响。

16.2.3 水文地质与岩土力学试验方法

水文地质与岩土力学试验是矿山地质灾害调查的重要内容之一,许多调查成果的基础数据和资料均需通过水文地质与岩土力学试验而获得。在矿山地质灾害调查工作中,水文地质试验主要包括水质测试、淋滤试验、浸泡试验、含水层吸附试验、含水层顶板渗透性试验、采矿引起周围地层渗透性变化试验、矿石及固体废弃物中有毒有害元素测试试验、土壤污染试验、溶质迁移与富集规律试验等;岩土力学试验主要包括室外原位力学试验和室内岩土物理力学性质试验等。

另外,在矿山地质灾害的勘查中,地球化学勘查方法也可发挥重要作用,特别是对矿区环境污染的勘查,化探方法可以充分发挥其优势,在污染因素查定、探测污染源、污染机制(过程)研究、圈定污染异常区,以及提出污染治理方案等方面将起决定性作用。

16.3 矿山地质灾害勘查

矿山地质灾害种类及其表现形式很多,最常见的主要有滑坡、崩塌、泥石流等。矿山地质灾害勘查包括勘察工作布置、勘察工作量的确定、勘查施工工艺、野外编录要求、资料的最佳整理方法,以及地质灾害体运动学与动力学模式、灾害发生机制和监测方法等。

16.3.1 勘查目的、方法及特点

16.3.1.1 勘查目的

地质灾害勘查的目的是为了科学地确定地质体的特征、稳定状态和发展趋势,为分析地质灾害发生的危险性,论证地质灾害防治的可行性和比选防治工程方案,最终确定是否需要治理、采取躲避方案或实施防治工程等提供依据。

勘查的基本任务是查明地质灾害体的特征及其形成的地质环境、自然演化过程或人为诱发因素;分析研究地质灾害体的成因机制,建立其地质概念模型和地质力学模型;预测地质灾害体的发展趋势,评价其对人类社会生存与发展的危险性。

16.3.1.2 勘查方法

选择勘查方法主要考虑以下几个方面:

（1）针对性。根据现场踏勘和前人资料,初步判定地质灾害的性质,有针对性地选用适宜的勘探方法,避免盲目地上手,取得大批无用资料,而需要的资料却很缺乏。

（2）实用性。力求以最简单的方法去解决最复杂的问题,避免刻意追求新奇的技术。

（3）经济合理。在能够满足勘查质量要求的前提下,尽可能降低勘探工作量。

优先选用基本的、简便易行的覆盖面大的和经济的勘查方法,以求对勘查对象逐步深入地认识,并据此推测地下和露天矿山内部的情况,用以指导钻探和山地工程布置。

不同的勘查阶段决定了不同的勘查任务和选择不同的勘查方法。初勘应以地面测绘、物(化)探等轻型勘查手段为主,配置少量剥土、槽探及钻探。详勘应加大钻探工作量,以求得到详细的地质资料。可行性研究及设计阶段勘查,需要大比例尺的(1:2000~1:100)、定量的资料,应考虑投入重型山地工程。

钻探应尽量投入到关键部位。每个孔都应综合测井,力求每个孔都具备较多的功能。

试验工作应结合勘查工作统一部署。试验用于查明灾害体的地质材料特性和赋存环境,提供岩土体物理力学参数和水文地质参数。对于复杂的地质问题,在暂时不能从理论上解决的情况下,试验工作就成了解决这些问题的有效途径。

应充分考虑勘查供应条件及经济因素,选择适当的勘查方法。应考虑地质灾害体的稳定储备,选择扰动较小的勘查方法,尽量减少爆破施工。

16.3.1.3 勘查特点

地质灾害勘查不同于一般建筑地基的岩土工程勘察,其特点如下:

（1）重视区域地质环境条件的调查,并从区域因素中寻找地质灾害体的形成演化过程和主要作用因素。

（2）充分认识灾害体的地质结构,从其结构出发研究其稳定性。

（3）重视变形原因的分析,并把它与外界诱发因素相联系。

（4）勘查阶段结束不等于勘查工作结束,后续的工作如监测或施工开挖常常能补充、修改勘查阶段的认识,甚至完全改变以前的结论。因此,地质灾害的勘查有着延续性特点。

（5）勘查工作量确定的基本原则是能够查明地质体的形态结构特征和变形破坏的作用因素,满足稳定性评价对有关参数的需求。勘查工作量依据灾害体的规模、复杂程度和勘查技术方法的效果综合确定。

16.3.2 滑坡灾害勘查

根据滑坡体的物质组成和结构形式等主要因素,滑坡按表16-1进行分类。

表 16-1 滑坡按物质组成和结构形式因素分类

类　型	亚　类	特　征　描　述
堆积层(土质)滑坡	滑坡堆积体滑坡	由前期滑坡形成的块碎石堆积体,沿下伏基岩或体内滑动
	崩塌堆积体滑坡	由前期崩滑等形成的块碎石堆积体,沿下伏基岩或体内滑动
	黄土滑坡	由黄土构成,大多发生在黄土体中,或沿下伏基岩面滑动
	黏土滑坡	由具有特殊性质的黏土构成。如普格达组、成都黏土等
	残坡积层滑坡	由基岩风化壳、残坡积土等构成,通常为浅表层滑动
	人工填土滑坡	由人工开挖堆弃渣构成,次生滑坡
岩质滑坡	近水平层状滑坡	由基岩构成,沿缓倾岩层或裂隙滑动,滑动面倾角不大于10°
	顺层滑坡	由基岩构成,沿顺坡岩层滑动
	切层滑坡	由基岩构成,常沿倾向山外的软弱面滑动。滑动面与岩层层面相切,且滑动面倾角大于岩层倾角
	逆层滑坡	由基岩构成,沿倾向坡外的软弱面滑动,岩层倾向山内,滑动面与岩层层面相反
	楔体滑坡	在花岗岩、厚层灰岩等整体结构岩体中,沿多组弱面切割成的楔形体滑动
变形体	危岩体	由基岩构成,受多组软弱面控制,存在潜在崩滑面,已发生在局部变形破坏
	堆积层变形体	由堆积体构成,以蠕滑变形为主,滑动面不明显

根据滑体厚度、运移形式、成因、稳定程度、形成年代和规模等因素,滑坡按表16-2进行分类。

表16-2　滑坡其他因素分类

有关因素	名称类别	特　征　说　明
滑体厚度 /m	浅层滑坡	< 10
	中层滑坡	10 ~ 25
	深层滑坡	25 ~ 50
	超深层滑坡	≥50
运动形式	推移式滑坡	上部岩层滑动,挤压下部产生变形,滑动速度较快,滑体表面波状起伏,多见于有堆积物分布的斜坡地段
	牵引式滑坡	下部先滑,使上部推动支撑面变形滑动。一般速度较慢,多具上小、下大的塔式外貌,横向张性裂隙发育,表面多呈阶梯状或陡坎状
发生原因	工程滑坡	由于施工或加载等人类工程活动引起滑坡。还可细分为: (1)工程新滑坡。由于开挖坡体或建筑物加载所形成的滑坡; (2)工程复活古滑坡。原已存在的滑坡,由于工程扰动引起复活的滑坡
	自然滑坡	由于自然地质作用产生的滑坡,按其发生的相对时代可分为古滑板、老滑坡、新滑坡
现今稳定程度	活动滑坡	发生后仍继续活动的滑坡。后壁及两侧有新鲜擦痕,滑体内有开裂、鼓起或前缘有挤出等变形迹象
	不活动滑坡	发生后已停止发展,一般情况下不可能重新活动,坡体上植被较盛,常有老建筑
发生年代	新滑坡	现今正在发生滑动的滑坡
	老滑坡	全新世以来发生滑动,现今整体稳定的滑坡
	古滑板	全新世以前发生滑动,现今整体稳定的滑坡
滑体体积 /m³	小型滑坡	$< 10 \times 10^4$
	中型滑坡	$(10 ~ 100) \times 10^4$
	大型滑坡	$(100 ~ 1000) \times 10^4$
	特大型滑坡	$(1000 ~ 10000) \times 10^4$
	巨型滑坡	$> 10000 \times 10^4$

16.3.2.1　滑坡调查

滑坡调查是滑坡勘查的前期准备阶段,是滑坡防治工程项目的立项依据。滑坡调查应以资料收集、地面调查为主,适当结合测绘与勘查手段,初步查明滑坡的分布范围、规模、结构特征、影响及诱发因素等,并对其稳定性和危险性进行初步评估。

区域环境地质调查以资料收集为手段,初步了解滑坡区的地形地貌条件、地质构造条件、岩(土)体工程地质条件、水文地质条件、环境地质条件与人类工程经济活动。

地面调查:

(1)初步查清滑坡区地形地貌特征、地质构造特征。

(2)查清滑坡边界特征、表部特征、内部特征与变形活动特征。

(3)查清滑坡周边地区人类工程经济活动。

(4)基本了解滑坡类型、形态与规模、运动形式、形成年代与稳定程度。

(5)基本了解地下水性质和入渗情况。

16.3.2.2　滑坡勘查

滑坡勘查可分为可行性论证阶段勘查、设计阶段勘查和施工阶段勘查。

A　可行性论证阶段勘查

可行性论证阶段勘查是滑坡防治工程勘查的首要阶段,应提交含对滑坡机理及防治方案的勘查报告。基本了解滑坡所处地质环境条件,初步查明滑坡的岩(土)体结构、空间几何特征和体积、水文地质条件,提供滑坡基本物理力学参数,分析滑坡成因,进行稳定性评价,满足制定防治工程方案的地质要求。

可行性论证阶段勘查报告。内容包括:序言、地质环境条件、滑坡区工程地质和水文地质条件、滑坡体结构特征、滑带特征、滑坡变形破坏特征及稳定性评价、滑坡防治工程方案建议等。

B　设计阶段勘查

设计阶段包括初步设计和施工图设计两阶段,合称为设计阶段勘查。设计阶段勘查应结合防治工程布置,重点查明滑坡岩(土)体结构、空间几何特征和体积、水文地质条件,提供工程设计需用的岩(土)体物理力学参数,进行稳定性评价和推力计算,满足工程设计的地质要求。

设计阶段勘查报告内容包括:序言、滑坡区工程地质和水文地质条件、滑坡体结构特征、滑带特征、滑坡变形破坏及稳定性评价、推力分析等,并提供岩(土)体物理力学测试、原位岩土力学试验、设计参数试验、地下水动态监测、滑坡变形监测等原始报告和附件。

C　施工阶段勘查

施工阶段勘查包括防治工程实施期间,开挖和钻探所揭示的地质露头的地质编录、重大地质结论变化的补充勘探和竣工后的地形地质状况测绘、编制施工前后地质变化对比图,并对其做出评价结论。

施工阶段勘查应采用信息反馈法,结合防治工程实施,及时编录分析地质资料,将重大地质结论变化及时通知业主,情况紧急时应及时通知施工和设计单位,采取必要的防范措施。施工阶段勘查应针对现场地质情况,及时提出改进施工方法的意见及处理措施,保障防治工程的施工适应实际工程地质条件。

a　测绘与钻孔勘探

施工地质工作方法应采用观察、素描、实测、摄影、录像等手段编录和测绘施工揭露的地质现象,对滑体、滑床、滑带、软弱岩层、破碎带及软弱结构面宜进行复核性岩土物理力学性质测试,可进行必要的变形监测或地下水观测。

根据施工设计图开挖最终形成的地质露头,应在工程实施前进行工程地质测绘,提交平面图、剖面图、断面图或展示图,并进行照(摄)像。开挖过程中揭露的滑带土、擦痕等典型滑坡地质形迹应及时加以编录、照(摄)像、留样。

抗滑桩开挖的探井,在开挖中应及时进行工程地质编录、照(摄)像,特别注意主滑带和滑坡体内各种软弱带。在主剖面线的探井内采取主滑带和软弱带原状样,进行抗剪强度试验,复核或校正原地质报告的结论。

锚杆(索)钻孔和抗滑桩竖井等探测的滑带位置与原地质资料误差较大时,应及时修正滑坡地质剖面图和工程布置图,并指导工程设计变更。

在实施喷锚网工程和砌石工程前,应进行地质露头工程地质测绘,并进行照(摄)像。

采用注浆等方法改性加固滑坡体后,应沿主勘探线进行钻探取样,提供改性后的滑坡体物理力学参数。

对于回填形成的堆积体,应沿主勘探线进行钻探取样,提供物理力学参数。

b　监测

在设计阶段监测基础上,针对防治工程,增设监测网点,掌握滑坡体变形破坏过程和施工效果。

c　补充工程地质勘查

施工期间发现滑坡重大地质结论变化,应进行补充工程地质勘查,提交补充工程地质勘查报告。重大地质结论变化包括:局部滑体变形加剧或滑动;滑坡岩(土)体结构与原报告差异大;滑动面埋深与原报告相差20%。

补充工程地质勘查主要针对变化区进行,采用工程地质测绘、物探、山地工程等查明地质体的空间形态、物质组成、结构特征、成因和稳定性、地下水存在状态与运动形式、岩(土)体的物理力学性质;应评估由于变化对滑坡整体稳定和局部稳定的影响。

勘查方法、工作量和进度应根据地质问题的复杂性、施工图设计阶段查明深度和场地条件等因素确定。应利用各种施工开挖工作面观察和搜集地质情况。当滑坡出现重大地质结论变化,应进行弱面抗剪强度校核,重新进行整体稳定性评价和推力计算。对工程的设计方案和施工方案的变更提出建议。

补充工程地质勘查报告应根据工程实际存在的地质问题有针对性地确定。

D 滑坡勘查方法、内容

滑坡勘查充分利用前期已有勘查资料,加强地质综合分析,合理使用勘探工作量。勘查方法的选用须论证对滑坡和崩塌的扰动程度。采用井探、硐探、槽探等开挖量大的山地工程时,应进行专门的工程影响评估,并提出紧急情况处理预案。

可行性论证阶段以地表工程地质测绘为主要勘查方法。应充分利用天然和人工地质露头进行地质测绘,可布置适宜的勘探线,采取钻探、物探、槽井探等勘查手段查明滑坡形态和地质条件。

设计阶段应在可行性论证阶段勘查成果上,针对需要进一步查明具体工程设计部位的地质情况,以补充钻探、物探、井硐探等勘查方法为主,以工程地质修测为辅。

施工阶段勘查方法以工程揭露地质验证、编录、修测为主。局部需要工程变更设计的部位可补充钻探、井探。

a 工程地质测绘

充分收集已有地形图、遥感影像、水文气象、地质地貌等资料,了解滑坡的历史及前人工程程度,并访问调查和线路踏勘,对滑坡区地质背景、构造轮廓、变形范围等有一个基本认识。

地形图上需表示的内容除按《工程测量规范》中的相应规定及《1∶500、1∶1000、1∶2000 地形图图式》执行外,还应将滑坡区及周边影响区主要的水沟、水坑、水塘、泉水、裂缝、塌陷坑、鼓丘、开裂房屋等与滑坡有关的水文点、微地貌、地形变点等表达在地形图上。重要地质现象不受比例尺限制,可用符号夸大表示。

工程地质测绘须采用定点法进行测绘,对于滑坡边界、裂缝、软弱层(带)、剪出口等重要地质现象,应进行追索并沿线合理定点测绘。根据观测点之间的联系,在野外实地勾绘连接观测点之间的地质界线草图,接图部分的地质界线必须衔接吻合。

对于与滑坡有关的重要地质现象,应有足够的调查点控制,如滑坡边界点、软弱层(带)点、地面形变点、泉水等。

工程地质观测点可分为:地质点(包括构成滑坡地质体的地层岩性、地貌、地质构造、斜坡结构、裂隙统计等调查点);水文点(包括溪沟、井泉等调查点);地形变点(包括滑坡后壁、侧界、剪出口的边界点)。

在受表土覆盖影响的地段,如滑坡边界等地质界线和剪出口等滑坡形迹被覆盖,或露头不清时,可采用剥土、槽探等手段进行人工揭露,以保证测绘精度和查明主要地质问题。

工程地质调查与测绘成果应包括:野外测绘实际材料图、野外地质草图、实测地质剖面图、各类观测点的记录卡片、槽探素描图、地质照片集、工程地质调查与测绘工作总结。

b 勘探线(剖面)布设

主勘探线应布设在主要变形(或潜在变形)的块体上,纵贯整个滑坡体,宜与初步认定的滑动方向平行,其起点(滑坡后缘以上)应在稳定岩(土)体范围内 20~50m。主勘探线上所投入的工程量及点位布设,应满足主剖面图绘制、试验及稳定性评价的要求,宜投入适当的钻探、井探、槽探、硐探。大型以上规模的滑坡应保证控制性井探、硐探工程的数量。主勘探剖面上投入的工程量和点位布设,应兼顾到地下水观测和变形长期监测的需要,以充分利用勘探工程进行监测。对于主要变形块体在两个以上、面积较大的滑坡或后缘出现两个弧顶的滑坡,主勘探线不可少于两条。

主勘探线上不宜少于 3 个勘探点。作稳定性分析的块体内至少有 3 个勘探点,后缘边界以外稳定岩(土)体上至少有 1 个勘探点。对于大型规模以上的滑坡,纵勘探剖面上应反映每一个滑坡地貌要素,如后缘陷落带、横向滑坡梁、纵向滑坡梁、滑坡平台、滑坡隆起带、次一级滑坡等。滑坡横向勘查钻孔布设宜控制滑面横断面形态,可依据地质、地貌或物探资料从滑坡中轴线向两侧进行布设。

辅助勘探线分布在主勘探线两侧,线间距据勘查阶段要求而定。在主勘探线以外有次级滑坡时,辅助勘探线应沿其中心布设。辅助勘探线上的勘探点一般应与主勘探线上的勘探点位置相对应(或隔 1 个勘探点相对应),使横向上构成垂直于勘探线的横勘探剖面,形成控制整个滑坡体的勘探网。

工程轴线勘探剖面布设应按防治工程方案,有针对性地进行布设。对于实行一次勘查的情况,应及时与设计方沟通配合,其点线应服从设计工程布置要求。

c 钻探

钻探孔位的布置应在工程地质调查或测绘的基础上,沿确定的纵向或横向勘探线布置。针对要查明的滑坡地质结构或问题确定具体孔位。勘探孔可分为地质孔(控制孔和一般孔)和水文试验孔(抽水孔和观测孔)。应编制典型钻孔设计书以指导钻探施工。

勘探孔在滑带及其上下 5 m 范围内,回次进尺不得大于 0.3 m,应及时编录岩芯,确定滑动面位置。

钻孔验收后对不需保留的钻孔应进行封孔处理。土体中的钻孔一般用黏土封孔,岩体中的钻孔宜用水泥砂浆封孔。

勘查报告验收前,各孔全部岩芯均要妥善保留。勘查报告验收后按业主要求,对代表性钻孔及重要钻孔,应全孔保留岩芯,其他钻孔岩芯可分层缩样存留,对有意义的岩芯,应切片留样。

d 井探、硐探和槽探

沿滑坡主剖面采用钻探与井探相结合的方法进行勘探。大型规模以上的滑坡井探数量不得少于 2 个,中型规模滑坡井探数量不得少于 1 个。

探井位置确定后,应编制典型探井设计书以指导挖掘施工,设计书内容包括目的、类型、深度、结构、施工流程、地质要求、封井要求。

根据地质测绘和露头剖面,合理推测探井地质柱状图,建立探井结构理想柱状图,包括探井断面形状、井径、深度、井壁支护方式。标识挖掘过程中可能遇到的重要层位深度、岩性、断层、裂隙、裂缝破碎带、岩溶洞穴带、滑带、软弱夹层、可能的地下水位、含水层、隔水层和可能的漏水部位。探井开挖应避免诱发滑坡滑动。勘探完成后的探井不得裸露或直接废弃,可作为滑坡监测井或浇筑钢筋混凝土形成抗滑桩。

硐探在滑坡勘查中属于大型勘探工程,由于施工相对复杂、工期较长、风险大、造价高,应慎重使用。硐探工程轴线上应布置一定数量的钻孔或探井并安排先施工,取得的地质资料用于指导探硐施工。硐壁应进行临时支护或永久性支护以确保施工安全。硐探工程应综合利用,如竣工后可作为滑坡排水隧洞、深部监测隧洞等。硐探工程应编制专门的设计书或在滑坡总体勘查设计中编写专门章节论证其必要性和可行性。开挖掘进过程中及时记录掘进中遇到的现象,尤其是裂缝、滑带、出水点、水量、顶底板变形情况(底鼓、片帮、下沉等)。对于围岩失稳而必须支护的地段,应及早进行素描、拍照、录像、采样及埋设监测仪器,必要时在支护段应预留窗口。

探井、探硐的安全施工与支护可按照 SL166—2010《水利水电工程坑探规程》施行。

在滑坡体前缘、后缘、侧缘部位及勘探线上地质露头不清时,应布置必要的槽探。及时进行探井、探硐或探槽展示图和工程地质编录,特别注意软弱夹层、破裂结构面、岩(土)体结构面和滑动面(带)的位置和特征的编录,并进行照(录)像。按要求配合进行滑动面(带)力学抗剪强度的原位试验。同时在预定层位按要求采取岩、土、水样。

e 地球物理勘探

地球物理勘探可作为辅助勘查手段,不宜单独以物探结果直接作为防治工程的设计依据,需与钻孔、探井、探硐和探槽相结合,合理推断勘探点之间的地质界线及异常。

地球物理勘探线的布设应与滑坡主要勘探线相叠合。当物探区反映有重大异常时,应补充钻探、井探、硐探和槽探等予以验证。地球物理勘探方法可用于探测滑坡范围、结构、形态变化和滑面埋深;判断介质异常体的存在,提供地球物理参数,并进行物理力学参数经验分析。

f 监测

滑坡监测包括施工安全监测、工程效果监测、长期监测三部分。

施工安全监测对滑坡体进行实时监控,以了解由于工程扰动等因素对滑坡体的影响,并及时地指导工程实施、调整工程部署、安排施工进度等。施工安全监测点应布置在滑坡体稳定性差,或工程扰动大的部位,力求形成完整的剖面,采用多种手段互相验证和补充。

工程效果监测将结合施工安全监测和长期监测进行,以了解工程实施后,滑坡体的变化特征,为工程的竣工验收提供科学依据。防治效果监测时间长度不应小于 1 个水文年,数据采集时间间隔宜为 7～10 天,在边界扰动较大时,如暴雨期间,应加密观测次数。

长期监测是在防治工程竣工后对滑坡体的动态跟踪,了解滑坡体稳定性变化特征。长期监测宜沿滑坡主剖面进行,监测点的布置少于施工安全监测和防治效果监测。监测内容主要包括滑带深部位移监测、地下水位监测和地面变形监测。数据采集时间间隔宜为 10~15 天。动态变化较大时,可适当加密观测次数。

监测内容一般包括:地表大地变形监测、地表裂缝位错监测、地面倾斜监测、建筑物变形监测、滑坡裂缝多点位移监测、滑坡深部位移监测、地下水监测、孔隙水压力监测、滑坡地应力监测等。监测报告以时报、天报、旬报、月报、季报或年报等形式提交。

16.3.2.3　滑坡物理力学试验

滑坡物理力学试验应在详细了解滑坡地质特征和变形演化过程的基础上进行,应充分参考同类滑坡的物理力学试验结果。

滑带土抗剪强度指标的确定应依据试验成果,结合经验反演综合和类比法,推荐合理的设计参数。

滑坡物理力学试验应提供基本指标包括:天然重度和饱和重度、密度、土石比、孔隙比,天然含水量、饱和含水量、塑限、液限、颗粒成分、矿物成分及微观结构。中型规模以上的滑坡宜进行滑坡体各岩土层的大型重度试验。

采用井探、硐探、槽探揭露的滑带应取原状土样进行试验,土样不应少于 6 件。

岩(土)体抗剪强度指标标准值取值时应根据滑坡所处变形滑动阶段及含水状态分别选用峰值强度指标、残余强度指标(或两者之间的强度指标)以及天然强度指标、饱和强度指标(或两者之间的强度指标)。

当滑带土中粗颗粒含量较高时,其抗剪强度指标宜以现场大剪试验测试值为主,并参考室内试验值确定。若未进行现场大剪试验,其综合取值时应将室内快剪试验得出的内摩擦角乘以 1.15~1.25 的增大系数。

对滑坡体宜分类进行不同岩(土)体的室内常规三轴压缩试验、直剪试验与压缩试验,确定 C、φ 值,压缩模量及其他强度与变形指标。每项岩(土)体室内物理力学试验不得少于 6 组。对有易溶或膨胀岩(土)分布的滑坡,应进行不少于 3 组的滑带土易溶盐及膨胀性试验。

当采用抗滑桩、锚索等依靠滑床进行滑坡防治时,应在支挡工程布置部位对滑床基岩不同岩组取样进行常规物理力学试验。

采用井探、硐探、坑槽探揭露的滑带宜进行原位大面积直剪试验,可在天然含水状态和人工浸水状态下进行剪切,并应对现场开挖及制样过程、滑带形状、滑带土成分、力学性质进行详细测绘描述并照(摄)像。

原位大面积直剪试验的推力方向应与滑体的滑动方向一致。中型规模以上的滑坡应进行抽水试验,以获得滑坡体渗透系数。当无法抽取地下水时,在控制滑坡稳定的条件下,可采用注水试验方法。抽(注)水试验一般不得少于 2 组。

岩(土)体物理力学试验应符合 JGJ89—1992《原状样取样技术标准》的要求,岩土试验应符合 GB/T50266—1999《工程岩体试验方法标准》及 GB/T50123—1999《土工试验方法标准》的要求。

16.3.2.4　滑坡稳定状态分析

滑坡稳定状态的分析及稳定性评价应采用定性为基础,并与定量相结合的方式进行。对于小型滑坡,可采用定性评价方法。滑坡稳定系数计算应考虑滑坡变形历程、参数的试验方法和所采用的计算模型间的关联性,并据此计算相应的推力。

A　滑坡滑带参数反演

滑带抗剪强度参数的反演宜限于中、小型规模,且结构简单的滑坡。滑带抗剪强度参数可采用试验、经验数据类比与反演相结合的方法确定。可给定黏聚力 C 或内摩擦角 φ,反求另一值。可采用式(16-5)和式(16-6)进行反演:

$$C = \frac{F \sum W_i \sin\alpha_i - \tan\varphi \sum W_i \cos\alpha_i}{L} \tag{16-5}$$

$$\varphi = \arctan \frac{F \sum W_i \sin\alpha_i - CL}{\sum W_i \cos\alpha_i} \tag{16-6}$$

一般情况下,稳定系数 F 可根据下列情况确定:

（1）滑坡处于整体暂时稳定-变形状态时，$F = 1.05 \sim 1.00$；

（2）滑坡处于整体变形-滑动状态时，$F = 1.00 \sim 0.95$。

B　滑坡稳定性评价

勘查报告提供的滑坡稳定系数 F 和滑坡推力可作为防治工程设计的参考，不可作为设计采用的依据。滑坡稳定性评价应根据滑坡滑动面类型和物质成分选用恰当的方法，并可参考有限元法、有限差分法、离散元法等方法进行综合考虑。

滑坡稳定性分析除应考虑沿已查明的滑面滑动外，还应分析沿其他可能的滑面滑动，应分析从新的剪出口剪出的可能性。

a　堆积层（包括土质）滑坡稳定性评价及推力计算

（1）滑动面为单一平面或圆弧形。用瑞典条分法进行稳定性评价和推力计算，用毕肖普法（Bishop）等方法进行校核（图 16–10）。

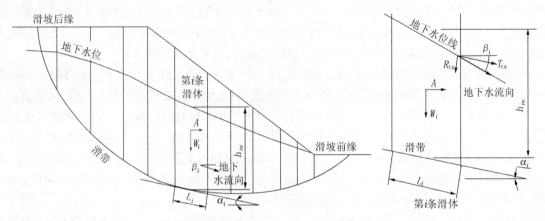

图 16–10　堆积层滑坡计算模型:瑞典条分法（圆弧形滑动面）

1）滑坡稳定性计算。

$$K_i = \frac{\sum [W_i(\cos\alpha_i - A\sin\alpha_i) - N_{wi} - R_{tx}\tan\varphi_i + C_iL_i]}{\sum [W_i(\sin\alpha_i + A\cos\alpha_i) + T_{tx}]} \tag{16-7}$$

孔隙水压力：

$$N_{wi} = \gamma_w h_{iw} L_i \cos\alpha_i \tag{16-8}$$

渗透压力产生的平行滑面分力：

$$T_{tx} = \gamma_w h_{iw} L_i \sin\beta_i \cos(\alpha_i - \beta_i) \tag{16-9}$$

渗透压力产生的垂直滑面分力：

$$R_{tx} = \gamma_w h_{iw} L_i \sin\beta_i \sin(\alpha_i - \beta_i) \tag{16-10}$$

式中　W_i——第 i 条块的质量，kN/m；

　　　C_i——第 i 条块内聚力，kPa；

　　　φ_i——第 i 条块内摩擦角，(°)；

　　　L_i——第 i 条块滑面长度，m；

　　　α_i——第 i 条块滑面倾角，(°)；

　　　β_i——第 i 条块地下水流向，(°)；

　　　A——地震加速度，单位为重力加速度 g；

　　　K_i——稳定系数。

若假定有效应力：

$$\overline{N}_i = (1 - r_v) W_i \cos\alpha_i \tag{16-11}$$

式中　r_v——孔隙压力比，可表示为：

$$r_v = \frac{滑体水下体积 \times 水的密度}{滑体总体积 \times 滑体密度} \approx \frac{滑坡水下面积}{滑坡总面积 \times 2}$$

简化为：

$$K_f = \frac{\sum \{[W_i(\cos\alpha_i - r_v\cos\alpha_i - A\sin\alpha_i) - R_{tx}]\tan\varphi_i + C_iL_i\}}{\sum [W_i(\sin\alpha_i + A\cos\alpha_i) + T_{tx}]} \tag{16-12}$$

2）滑坡推力计算公式。

对剪切而言：

$$H_s = (K_s - K_i) \times \sum (T_i\cos\alpha_i) \tag{16-13}$$

对弯矩而言：

$$H_m = (K_s - K_i) / K_s \times \sum (T_i\cos\alpha_i) \tag{16-14}$$

式中　H_s, H_m——推力，kN；

　　　　K_s——设计的安全系数；

　　　　T_i——条块质量在滑面切线方向的分力，kN。

（2）滑动面为折线形。用传递系数法进行稳定性评价和推力计算，用詹布法(Janbu)等方法进行校核（图16-11）。

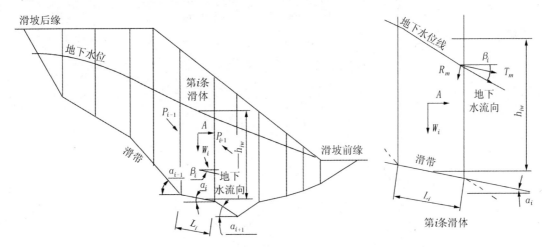

图16-11　堆积层滑坡计算模型：传递系数法（折线形滑动面）

1）滑坡稳定性计算。

$$K_i = \frac{\sum\limits_{i=1}^{n-1} \{[W_i(\cos\alpha_i - r_v\cos\alpha_i - A\sin\alpha_i) - R_{Di}]\tan\varphi_i + C_iL_i\} \prod\limits_{j=1}^{n-1}\varphi_j + R_n}{\sum\limits_{i=1}^{n-1}[W_i(\sin\alpha_i + A\cos\alpha_i) + T_{tx}]\prod\limits_{j=1}^{n-1}\varphi_j + T_n} \tag{16-15}$$

式中　$R_n = [W_n(\cos\alpha_n - r_v\cos\alpha_n - A\sin\alpha_n) - R_{Di}]\tan\varphi_n + C_nL_n$；

　　　$T_n = W_n(\sin\alpha_n + A\cos\alpha_n) + T_{Di}$；

　　　$\prod\limits_{j=1}^{n-1}\varphi_j = \varphi_i\varphi_{i+1}\varphi_{i+2}\cdots\varphi_{n-1}$；

　　　φ_j——第 i 块段的剩余下滑力传递至第 $i+1$ 块段时的传递系数$(j=i)$，即：

$$\varphi_j = \cos(\alpha_i - \alpha_{i+1}) - \sin(\alpha_i - \alpha_{i+1})\tan\varphi_{i+1}$$

2）滑坡推力。应按传递系数法计算，计算公式见式(16-16)：

$$P_i = P_{i-1}\varphi + K_sT_i - R_i \tag{16-16}$$

下滑力：

$$T_i = W_i(\sin\alpha_i + A\cos\alpha_i) + \gamma_w h_{iw}L_i\cos\alpha_i\sin\beta_i\cos(\alpha_i - \beta_i) \tag{16-17}$$

抗滑力：

$$R_i = \left[W_i(\cos\alpha_i - A\sin\alpha_i) - N_{wi} - \gamma_w h_{iw} L_i \cos\alpha_i \sin\beta_i \sin(\alpha_i - \beta_i) \right] \tan\varphi_i + C_i L_i \tag{16-18}$$

传递系数:

$$\varphi = \cos(\alpha_{i-1} - \alpha_i) - \sin(\alpha_{i-1} - \alpha_i)\tan\varphi_i \tag{16-19}$$

孔隙水压力(近似等于浸润面以下土体的面积 $h_{iw}L_i$ 乘以水的密度 γ_w):

$$N_{wi} = \gamma_w h_{iw} L_i \tag{16-20}$$

渗透压力平行滑面的分力:

$$T_{Di} = \gamma_w h_{iw} L_i \cos\alpha_i \sin\beta_i \cos(\alpha_i - \beta_i) \tag{16-21}$$

渗透压力垂直滑面的分力:

$$R_{Di} = \gamma_w h_{iw} L_i \cos\alpha_i \sin\beta_i \sin(\alpha_i - \beta_i) \tag{16-22}$$

当采用孔隙压力比时,抗滑力 R_i 可采用式(16-23)表示:

$$R_i = \left[W_i(\cos\alpha_i - r_v\cos\alpha_i - A\sin\alpha_i) - \gamma_w h_{iw} L_i \right] \tan\varphi_i + C_i L_i \tag{16-23}$$

式中　r_v——孔隙压力比。

b　岩质滑坡稳定性评价及锚固力计算

(1)稳定性评价(图16-12)。

$$K_i = \frac{\left[W(\cos\alpha - A\sin\alpha) - V\sin\alpha - U \right]\tan\varphi + CL}{W(\sin\alpha + A\cos\alpha) + V\cos\alpha} \tag{16-24}$$

后缘裂缝静水压力:

$$V = \frac{1}{2}\gamma_w H^2 \tag{16-25}$$

沿滑面扬压力:

$$U = \frac{1}{2}\gamma_w LH \tag{16-26}$$

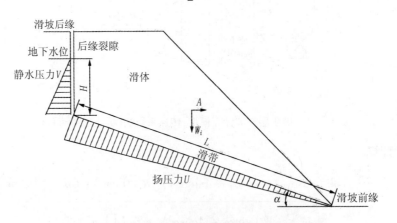

图16-12　岩质滑坡计算模型:极限平衡法

(2)岩质滑坡。用平面极限平衡法进行稳定性评价和推力计算(图16-13)。

根据极限平衡法进行计算,须考虑预应力沿滑面施加的抗滑力和垂直滑面施加的法向阻滑力,稳定系数计算公式见式(16-27):

$$K_i = \frac{\left[W(\cos\alpha - A\sin\alpha) - V\sin\alpha - U + T\sin\beta \right]\tan\varphi + CL}{W(\sin\alpha + A\cos\alpha) + V\cos\alpha - T\cos\beta} \tag{16-27}$$

式中　β——锚索(杆)与滑坡面的夹角,(°),与滑面倾角(α)和锚索(杆)倾角(θ)之间的关系为 $\beta = \alpha + \theta$;

　　　T——预应力锚索锚固力,kN。

相应地,预应力锚固力为:

$$T = \frac{K_s W_a - W_b - CL}{\sin\beta\tan\varphi + K_s\cos\beta} \tag{16-28}$$

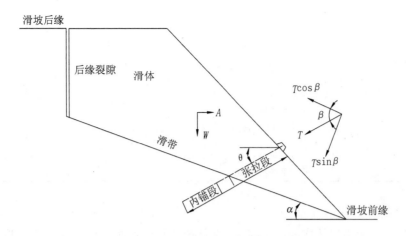

图 16-13　预应力锚索对滑坡的作用

其中

$$W_a = W(\sin\alpha + A\cos\alpha) + V\cos\alpha \qquad (16-29)$$

$$W_b = \left[W(\cos\alpha - A\sin\alpha) - V\sin\alpha - U \right]\tan\varphi \qquad (16-30)$$

如果锁定锚固力低于设计锚固力的 50% 时,可不考虑预应力锚索产生的法向阻滑力,稳定系数计算公式简化如下:

$$K_i = \frac{\left[W(\cos\alpha - A\sin\alpha) - V\sin\alpha - U \right]\tan\varphi + CL}{W(\sin\alpha + A\cos\alpha) + V\cos\alpha - T\cos\beta} \qquad (16-31)$$

相应地,预应力锚固力为:

$$T = \frac{K_s W_a - W_b - CL}{K_s \cos\beta} \qquad (16-32)$$

（3）滑坡稳定状态应根据滑坡稳定系数按表 16-3 确定。

表 16-3　滑坡稳定状态划分

滑坡稳定系数 F	$F < 1.00$	$1.00 \leqslant F < 1.05$	$1.05 \leqslant F < 1.15$	$F \geqslant 1.15$
滑坡稳定状态	不稳定	欠稳定	基本稳定	稳定

16.3.3　崩塌灾害勘查

由于采矿、爆破等因素在陡坡山体上形成大小不等的危岩体,危岩体被多组不连续结构面切割分离,稳定性差,可能以倾倒、坠落或塌滑等形式崩塌。在重力作用下,从高陡坡突然加速崩落或滚落。

16.3.3.1　崩塌规模划分

崩塌规模等级划分见表 16-4。

表 16-4　崩塌规模等级

灾害等级	特大型	大型	中型	小型
体积 V/m^3	$\geqslant 10^6$	$10^6 \sim 10^5$	$10^5 \sim 10^4$	$> 10^4$

崩塌类型划分见表 16-5。

表 16-5　崩塌类型及特征

类型	岩性	结构面	地形	受力状态	起始运动形式
倾倒式崩塌	黄土、直立或陡倾坡内的岩层	多为垂直节理、陡倾坡内-直立层面	峡谷、直立岩坡、悬崖	主要受倾覆力矩作用	倾倒

续表 16-5

类 型	岩 性	结 构 面	地 形	受力状态	起始运动形式
滑移式崩塌	多为软硬相间的岩层	有倾向临空面的结构面	陡坡通常大于55°	滑移面主要受剪切力	滑移、坠落
鼓胀式崩塌	黄土、黏土、坚硬岩层下伏软弱岩层	上部垂直节理,下部为近水平的结构面	陡坡	下部软岩受垂直挤压	滑移、倾倒
拉裂式崩塌	多见于软硬相间的岩层	多为风化裂隙和重力拉张裂隙	上部突出的悬崖	拉张	坠落
错断式崩塌	坚硬岩层、黄土	垂直裂隙发育,通常无倾向临空面的结构面	大于45°的陡坡	自重引起的剪切力	下错、坠落

16.3.3.2　崩塌勘查方法及要求

崩塌勘查的目的是查明崩塌造成的灾害损失,预测崩塌可能造成灾害的影响范围,圈定危险区,确定受威胁对象,预测损失程度。

崩塌灾害勘查包括危岩体调查和已有崩塌堆积体调查。它主要侧重于工程地质测绘,测绘的内容包括崩塌区地形测绘和地质测绘两方面。勘探方法以物探、剥土、探槽、探井等山地工程为主,可辅以适量的钻探验证,勘探内容及方式方法可参照16.3.2节。

危岩体和崩塌体勘查应有实测剖面,每个勘查剖面的勘探点不少于3个。勘探孔的深度应穿过堆积体或探至拉裂缝尖灭处。勘查成果包括危岩体和崩塌区的范围、类型、稳定性与危险程度,以及防治措施的建议。

崩塌测绘内容应包括崩塌区地形测绘和地质测绘两个方面。

测绘平面图比例尺为1:500或1:2000。测绘剖面图比例尺为1:100或1:1000。对主要裂缝应专门进行更大比例尺测绘和绘制素描图。崩塌测绘内容见表16-6。

表 16-6　崩塌工程地质测绘主要内容

调查对象	调查要点
危岩体	(1) 危岩体位置、形态、分布高程、规模。 (2) 危岩体及周边的地质构造、地层岩性、地形地貌、岩(土)体结构类型、斜坡结构类型。岩(土)体结构应初步查明软弱(夹)层、断层、褶曲、裂隙、裂缝、临空面、侧边界、底界(崩滑带)以及它们对危岩体的控制和影响。 (3) 危岩体及周边的水文地质条件和地下水赋存特征。 (4) 危岩体周边及底界以下地质体的工程地质特征。 (5) 危岩体形成的时间,危岩体发生崩塌的次数、发生时间,崩塌前兆特征方向、运动距离、堆积场所、规模、诱发因素、变形发育史、崩塌发育史、灾情等。 (6) 危岩体成因的诱发因素。包括降雨、河流冲刷、地面及地下开挖、采掘等因素的强度、周期以及它们对危岩体变形破坏的作用和影响。在高陡临空地形条件下,由崖下采矿引起山体开裂形成的危岩体,应详细调查采空区的面积、采高、分布范围、顶底板岩性结构、开采时间、开采工艺、矿柱和保留条带的分布、地压现象(底鼓、冒顶、片帮、鼓帮、开裂、压碎、支架位移破坏等)、地压显示与变形时间、地压监测数据和地压控制与管理方法,研究采矿对危岩体形成与发展的作用和影响。 (7) 分析危岩体崩塌的可能性,初步划定危岩体崩塌可能造成的灾害范围,进行灾情的分析与预测。 (8) 危岩体崩塌后可能的运动方式和轨迹,在不同崩塌体积条件下崩塌运动的最大距离。在峡谷区,要重视气垫浮托区效应和折射回弹效应的可能性及由此造成的特殊运动特征与危害。 (9) 危岩体崩塌可能到达并堆积的场地的形态、坡度、分布、高程、地层岩性与产状及该场地的最大堆积容量。在不同体积条件下,崩塌块石有越过该堆积场地向下迁移的可能性,最终堆积场地。 (10) 可能引起的其他次生灾害类型(如涌浪、堰塞湖等)和规模,确定其成灾范围,进行灾情的分析与预测
崩塌堆积体	(1) 崩塌源的位置、高程、规模、地层岩性、岩(土)体结构特征及崩塌产生的时间。 (2) 崩塌体运移斜坡的形态、地形坡度、粗糙度、岩性、起伏差、崩塌方式、崩塌块体的运动路线和运动距离。 (3) 崩塌堆积体的分布范围、高程、形态、规模、物质组成、分选情况、植被生成情况,特别是组成物质的块度(必要时需进行块度统计和分区)、结构、架空情况和密实度。 (4) 崩塌堆积床形态、坡度、岩性、物质组成和结构面产状。 (5) 崩塌堆积体内地下水的分布和运移条件。 (6) 评价崩塌堆积体自身的稳定性和在上方崩塌体冲击荷载作用下的稳定性,分析在暴雨等条件下向泥石流、滑坡转化的条件和可能性

崩塌勘查报告主要包括区域自然地理、崩塌(危岩)体结构特征、变形特征、周围地质环境体特征、力学试验结果、稳定性评价、崩塌灾情预评估、崩塌灾害防治工程可行性论证等。

16.3.4　泥石流灾害勘查

16.3.4.1　泥石流分类

（1）按泥石流规模分类。泥石流规模大小在一定程度上决定了灾害程度的轻重和防治的难易程度,将泥石流的一次冲出物的最大方量或泥石流流域面积作为泥石流规模分类指标,见表16-7。

表16-7　泥石流暴发规模的分类

项　　目	特 大 级	大 级	中 级	小 级
泥石流一次排出的总量/m³	>100×10⁴	(10~100)×10⁴	(1~10)×10⁴	<10⁴
泥石流洪峰量/(m³/s)	>2000	200~2000	50~200	<50
泥石流的破坏能力	特大	大	中	小
减灾要点	防害避灾	以避为主	防治结合	宜治则治

注:泥石流流量和输沙量按1%频率下泥石流的暴发规模计。

泥石流是指由于降水(暴雨、冰川、积雪融化水)产生在沟谷或山坡上的一种挟带大量泥沙、石块和巨砾等固体物质的特殊洪流。它是各种自然因素或人为因素综合作用的结果,也是矿山地质灾害的一种重要类型。

（2）按泥石流暴发频率分类。泥石流暴发频率与降雨量、暴雨次数和坡面稳定性等因素有关,它是表征泥石流发育程度和灾害严重性的主要指标,见表16-8。

表16-8　泥石流暴发频率的分类

项　目	高频泥石流	低频泥石流
泥石流活动与堆积特征	泥石流发生从几年一次到一年几十次,规模大小不一。泥石流冲床上涨明显。老泥石流堆积扇可明显辨认,沟内台地延伸不远。形成区崩塌滑坡发育,活动强烈,植被较差,侵蚀模数大于2000 t/(km²·a)	泥石流发生从数十年一次到上百年一次,暴发规模巨大,沟床稍有上涨,泥石流往往强烈溯深沟槽,老泥石流堆积扇一般发育较好,但被开垦利用,沟内老台地保存较好,延伸较远。流域内滑坡不活跃,植被好,侵蚀模数多在2000 t/(km²·a)以下
泥石流作用	泥石流经常性地冲毁和淤埋,使得危险区内土地难以利用,向主河输送大量泥沙	由于扇形地被充分利用,泥石流活动迹象不明显,而一旦暴发则来势凶猛,规模大,往往造成巨大灾害
减灾要点	尽量避绕泥石流危险区,若无法避开,采取综合减灾措施,上游控制侵蚀,稳定滑坡,中下游采取防护和拦排措施,减免灾害,建立预警报系统	注重泥石流沟的判定,防止老滑坡复活,稳定沟床,改变沟床物质的起动条件

（3）按泥石流流体性质分类。根据泥石流流体动、静力学的基本特征,辅以容重指标,将泥石流分为黏性泥石流和稀性泥石流(表16-9)。

表16-9　泥石流流体性质分类

项　目	稀性泥石流	黏性泥石流
固体物质体积含量/%	<50	>50
容重/(t/m³)	1.30~1.80	1.80~2.30
黏度/Pa·s	<0.3	>0.3
静切力/Pa	0.05~5	0.5~20.0
形成特点	土体源自沟蚀、崩塌、滑坡,由小石块、砾石、粗砂及少量粉砂黏土组成,多在水力作用下形成	主要物质由滑坡、沟蚀提供,以黏土、粉砂、砾石、块石等固体物质在土力或水力作用下形成
流动状态	紊动强烈,固液两相做不等速运动,有垂直交换,石块流速慢于浆体,呈滚动岩层易离析漏失	呈伪液相层状流或强烈紊动流,直进呈整体运动,无垂直交换,浆体浓稠,浮托力大,流体具有明显的辅床减阻作用和阵性运动,流体直进性强,弯道爬高明显,浆体与石块掺混好,岩层基本不离析,流程上有残留物
堆积特征	堆积物有一定分选性,平面上呈垄岗状堆积,沉积物以粗粒物质为主,内部无气泡,也少有泥球。大石块有一定磨圆度	呈无分选泥砾混杂堆积,平面上呈舌状,起伏不平,沉积物内部无明显层理,但剖面上可明显分辨不同场次泥石流的沉积层面,沉积物内部有气泡和泥球,大石块磨圆度极差

项　目	稀性泥石流	黏性泥石流
特性危害作用	流通区多侧蚀、磨蚀、冲击破坏作用,堆积区扩散漫流造成淤埋危害	泥石流来势猛,冲击大,直进性强,弯道超高大,对建筑物的破坏作用大,堆积区漫流堆积淤埋危害
减灾要点	沟道侧重防侧蚀与冲击冲刷;堆积扇防止漫流,并尽可能安全排泄	流通区侧重防冲击和爬高,堆积区防淤埋

（4）按泥石流成因类型分类。泥石流发生的核心就是水体和土体的供给,按水体供给和土体供给方式,两者组合即为一种成因。如冰雪消融形成冰碛型泥石流,降雨形成弃渣型泥石流等。泥石流成因类型分类见表16-10。

表16-10　泥石流成因类型分类

水体供给			土体供给		
方式	特征	减灾要点	方式	特征	减灾要点
降雨	泥石流一般在充分的前期降雨和当场暴雨激发作用下形成,激发雨量和雨强因不同沟谷而异	根据雨情进行预测、预报,控制坡面汇水过程	坡面侵蚀	坡面侵蚀和冲沟侵蚀提供泥石流形成的主要土体。固体物质多集中于沟道中,在一定水分条件下形成泥石流	主要采取工程和生物措施控制坡面侵蚀,稳定沟床
冰雪消融	冰雪融水冲蚀沟床,侵蚀岸坡而引发泥石流。有时也有降雨和冰雪融水共同作用的情形,这将根据两种水体对泥石流形成贡献的大小分别归入降雨类或冰雪消融类	根据温度变化预测、预报泥石流	滑坡崩塌	固体物质主要由滑坡崩塌等重力侵蚀提供,也有滑坡直接转化为泥石流者	稳定滑坡崩塌
			冰碛物	形成泥石流的固体物质主要是冰碛物	以保护对象的被动防护或避绕为主
			碎屑火山	形成泥石流的固体物质主要是火山碎屑堆积物	
堤坝溃决	由于小流冲刷、地震、工程质量和自身的稳定性引起的水库、池塘、水渠、河道、堤坝和由泥石流、滑坡、冰川等形成的堰塞湖坝体的溃决造成突发性高强度洪水冲蚀而引发泥石流	泥石流频率低,暴发突然,来势猛,规模大,破坏性强。减灾途径是控制水源	工程弃渣	形成泥石流的松散固体物质主要由开渠、筑路、矿山开挖和排渣提供,是一种典型的人为泥石流	控制弃土,改善排土条件,工程建设应有相应的环境规划和措施

16.3.4.2　泥石流调查

泥石流调查工作内容包括:

（1）资料收集。在现场调查之前,尽量收集调查区的地形图件、航片卫片、地貌资料、地层岩性、地质构造和地震等地质图件和资料,降水、气温和径流等气象、水文资料,发生泥石流的历史记录,前人调查研究成果,已有勘查资料和已有泥石流防治工程文件,与泥石流有关的人为活动资料。

（2）自然地理条件调查。围绕形成泥石流的地形、降水等自然地理要素展开,分析泥石流形成、活动的关系。

1）地形。在地形图上测量流域面积、流域形状、主沟长度、沟床纵比降、流域高差、谷坡坡度、沟谷纵横断面形状、水系结构和沟谷密度等地形要素。

2）气候。收集、查取或观测各种降水资料及气温、蒸发、湿度资料。降水资料主要包括多年平均降水量、降水年际变率、年内降水量的分配（各月、半年）、年降水日数、降水地区变异系数和最大降水强度,尤其是与暴发泥石流密切相关的暴雨日数及其出现频率、各种时段（24 h、60 min、10 min）的最大降水量。

3）水文。圈定流域汇水面积,收集或推算各种流量、径流特性及主河水文特性等数据。

4）植被与土壤。调查流域植被类型与覆盖度、植被破坏情况、土地利用类型和侵蚀程度等。

（3）地质调查。围绕为形成泥石流提供松散固体物质的地质要素展开,分析其与泥石流形成的关系。

1）地层岩性。查阅区域地质图或现场调查流域内分布的地层及其岩性,尤其是易形成松散固体物质的第四纪地层和软质岩层的分布与性质。

2）地质构造。查阅区域构造图或现场调查流域内断层的展布与性质、断层破碎带的性质与宽度、褶曲的分布及岩层产状,统计各种结构面的方位与频度。

3）不良地质体与松散固体物质。调查流域内可形成松散固体物质的崩塌、滑坡等不良地质体,以及可起动的沟床松散堆积物和可易动但难侵蚀的坡面松散物质。

4）水文地质:调查地下水尤其是第四系潜水及其出露的井泉、岩溶负地形及其消水能力。

（4）人为活动调查。围绕为形成泥石流提供水动力条件和松散固体物质的人为活动展开。

1）水土流失。主要调查破坏植被、毁林开荒、陡坡垦殖、过度放牧等造成的水土流失状况。

2）弃土弃渣。主要调查筑路弃土及其挡土措施、矿山弃渣及其挡渣措施。

3）水利工程。主要调查输水线路及其渗漏状况、小水库土坝及其安全性。

（5）泥石流险情、灾情调查。

1）泥石流特征与引发因素。查阅历史资料和通过现场访问,调查暴发泥石流的时间、次数、持续过程、有无阵性、龙头高度、流体组成、石块大小、泥痕位置、响声大小等泥石流特征,发生泥石流前的降雨时间、雨量大小、冰雪崩滑、地震、崩塌滑坡、水渠渗水、冰湖和水库溃决等引发因素。

2）堆积扇。调查泥石流堆积扇的分布、形态、规模、地面坡度、物质组成、植被、新老扇的组合及与主河（主沟）的关系,堆积扇体的变化,扇上沟道排泄能力及沟道变迁,主河堵溃后下游的水毁灾害。

3）有防治工程。调查已有泥石流防治工程的类型、布置、规模、结构、使用效果、损毁情况及损毁原因。

4）危害性。① 危害方式与范围。调查泥石流侵蚀（冲击、冲刷）的部位、方式、范围和强度,泥石流淤埋的部位、规模、范围和速率,泥石流淤堵主沟的原因、部位、断流和溃决情况,泥石流完全堵塞或部分堵塞主河的原因、现状、历史情况及溃决洪水对下游的水毁灾害。确定泥石流危险区范围。② 灾害损失。调查每次泥石流危害的对象,造成的人员伤亡、财产损失和直接经济损失,估算间接经济损失并评估对当地社会、经济的影响,预测今后可能造成的危害。估计受潜在泥石流威胁的对象、范围和强度。

（6）调查报告。除汇集调查资料和相关图件外,报告调查结论如下:

1）泥石流沟判别结果。根据调查资料,从陡峻而易于集土、集水的地形,丰富的、可起动的松散固体物质,充足的降水（前期降水和当场暴雨）等方面归纳泥石流的形成要素,进行泥石流类型划分。并对调查沟谷进行评判,区分出泥石流沟、潜在泥石流沟和非泥石流沟。

2）泥石流特征。对泥石流沟,判定泥石流的性质、类型、规模、发生频率和活动规律,根据泥石流选择性判断其所处的发育阶段,再根据中长期气候变化趋势和流域人为活动影响预测泥石流的发展趋势和区域泥石流活动性。

3）泥石流灾害。灾害历史与现状及未来趋势,近 10 年来各次泥石流的冲淤范围及变化规律。

4）防治方案建议。建议采用避让、监测及群测群防或治理的防治方案。

16.3.4.3　泥石流勘查

在泥石流调查的基础上,采用遥感判释、地质地貌测绘、水文勘测、地质勘探、实验测试和分析计算等方法对泥石流形成要素、泥石流特性及主要参数、场地工程地质进一步进行定量化勘查。泥石流勘查可分为可行性认证阶段勘查、设计阶段勘查和施工阶段勘查三个阶段。

A　可行性论证阶段勘查

可行性论证阶段勘查是泥石流防治工程勘查的关键阶段,通过该阶段工作,初步查明泥石流形成的地质环境条件,泥石流类型、规模、活动特征及危害程度,形成区、流通区和堆积区的一般特征,确定泥石流流速、流量、重度及动力学特征值参数,为泥石流防治工程设计提供依据。

可行性论证阶段勘查报告内容包括泥石流形成的地质环境条件,泥石流形成区、流通区、堆积区的工程地质和水文地质特征,泥石流的成因、类型、规模、活动特征、危害程度及发展趋势,泥石流特征值的确定方法和计算结果,泥石流防治工程方案比选及建议。并提供相应的平面图、剖面图、钻孔柱状图、坑槽探展示图、岩土物理力学测试报告和泥石流监测成果等附图和附件。

B 设计阶段勘查

设计阶段的勘查是对选定的防治工程进行的工程地质勘查。应充分利用可行性论证阶段的勘查成果,结合防治工程方案,有针对性地进行定点勘查或补充勘查,提供工程设计所需的排水、放坡和岩(土)体物理力学参数。

a 工程地质测绘

根据选定的防治工程方案,开展工程部署区大比例尺测绘。

拦挡工程及堤、渠、槽等线性排导工程测绘应沿轴线进行。拦挡工程的测绘比例尺为1:100或1:200,排导工程的比例尺为1:500或1:1000。为满足库容计算的需要,拦挡工程需测制1:1000的地形图。

测绘内容主要是防治工程区域及其外围的地形地貌、岩性结构、松散堆积层成因类型、厚度及斜坡稳定性等,同时结合钻探、物探和坑槽探成果,沿工程轴线实测并绘制大比例尺工程地质剖面,对于较长的排导工程,还应提供不同地段的横剖面图。

停淤场的测绘以面上控制为主,测绘内容主要包括地形起伏、岩(土)体类型及分布状况、停淤场面积及最大可能停淤量、地表水发育及地下水出露等。此外,应结合勘探资料实测纵横剖面。测绘比例尺以1:200或1:500为宜。

b 勘探

对高坝(格栅坝10~15m,拦沙坝15~30m),勘查范围以坝轴线为中线,上下游各100m;对低坝(格栅坝小于10m,拦沙坝小于15m)及丁字坝,上游50~100m,下游20~50m。

堤、渠、槽等线性排导工程,勘查范围为轴线两侧各10m。

勘探线沿防治工程主轴线布置,孔距20~30m,每条勘探线的钻孔数一般不低于2个。

钻孔岩芯编录,查清工程布置区地层岩性、地质构造、岩(土)体结构类型、松散堆积层厚度及基岩埋深与起伏状况。地质条件复杂时可适当加密钻孔或沿勘探线布置物探面对地质情况进行辅助判断。

采取岩土试样测定物理、力学性质指标。施工钻孔应进行注(抽)水试验,提供相关水文地质参数,并布设为水位动态观测孔,并延续至工程竣工后。

c 监测

进一步加强对可行性论证阶段布设的监测站点的监测。结合防治工程和长期监测需要,对监测点和监测内容做适当补充与调整。开展地下水的监测工作。

d 编制勘查报告

泥石流勘查报告内容包括序言、泥石流工程地质和水文地质条件、泥石流活动特征、危害程度及发展趋势、泥石流防治工程区工程地质和水文地质条件、防治工程基础及边坡的稳定性、泥石流特征值的确定及确定方法等,并提供岩(土)体物理力学测试、原位测试、设计参数试验和各种监测资料和附件。结合泥石流防治工程,以纸介质和电子文档形式提交供设计图使用的工程地质图册,内容包括各防治单元的平面图、剖面图、钻孔柱状图及坑槽探展示图等图件。

C 施工阶段勘查

施工阶段勘查包括防治工程实施期间,对开挖和钻孔揭露的地质露头的地质编录,重大地质问题变更的补充勘查和竣工后的地形、地质状况测绘,并编制与原地质报告相应的对比变化图,检验、修正前期地质资料及评价结论。

施工阶段勘查应采用信息反馈法,结合防治工程实施,及时分析编录地质资料,将重大地质变更及时通知业主,情况紧急时应及时通知施工单位和设计单位及监理单位,采取必要的防范措施。勘查中应针对现场地质情况,及时提出改进施工方法的意见及处理措施,保证防治工程施工符合实际工程地质条件。

a 开挖露头测绘与补充勘探

开挖露头的测绘主要采用观察、素描、实测、照相、摄影等方法对施工揭露的地质现象进行编录和记录,同时对防治工程基础持力层岩(土)体物理力学性质进行复核性测试。

开挖过程中的编录内容主要包括松散堆积层的岩性、结构、物质组成、分层厚度、分层界线;基岩的岩性、结构、揭露厚度、风化程度；基岩面起伏和节理裂隙发育状况。同时应测定地下水位。对施工开挖形成的最终地质露头，应在工程实施前采用以上方法进行编录测绘，制作平面图、剖面图、断面图或展示图，并进行照相和摄像。

施工期间发现地质条件有重大差异时，应进行补充勘查，提交补充勘查报告。重大差异包括防治工程基础发现有较厚的软弱夹层、沟谷侵蚀深槽或持力层深度与原报告相差较大等。

补充工程地质勘查主要针对变化较大的区域进行，采用地面测绘、物探和山地工程等查明地质体的空间形态、物质组成、结构特征、成因类型、岩（土）体的物理力学性质；评估由于变化差异对防治工程实施的影响。补充勘查工作方法和工作量应根据地质问题的复杂性、施工图阶段查明情况和场地条件等因素确定。应充分利用各种施工开挖工作面进行地质现象的观测和地质资料的收集。当地质条件的差异可能给防治工程造成较大影响时，应对设计方案和施工方案变更提出建议。

b　监测

继续开展已有监测点和地下水的监测工作。选择具有代表性的监测站点作为竣工后的长期监测点，并提出监测要求。

c　补充工程地质勘查报告

补充工程地质勘查报告应根据工程实际存在的问题有针对性地编制，其主要内容包括施工情况及问题、地质条件变化情况及对防治工程的影响、岩（土）体物理力学性质、防治工程变更或补充设计建议等。附图附件包括平面图、剖面图、钻孔柱状土、施工开挖和山地工程展示图、地球物理勘探报告、岩（土）体物理力学测试报告以及各监测站点的监测资料等。

16.3.4.4　泥石流灾害危险性评估

A　泥石流发展趋势分析

（1）泥石流发生的准周期性。泥石流发生具有突然性，两次泥石流之间具有一定的间歇期。泥石流活动的准周期性是泥石流防治工程设计的依据，目前是按触发因素的大小和频率（如暴雨量和频率）计算泥石流发生的规模和频率。

（2）控制泥石流发展趋势的因素。

1）气候。研究分析泥石流沟域气候变化的周期性，重点分析温度和降水的变化。温度的高低和降水的丰、枯变化在时间上是同步进行的。水热组合呈现湿热、湿冷、干热和干凉的不同气候特征，对泥石流沟域固体物质的储集有不同的影响。

2）地震。地震对于泥石流活动的明显作用是因为地震三要素（震中、震时、震级）对应着泥石流形成的三个基本条件（地形、水分、松散固体物质）。地震时（特别是雨季中）可以触发沟域发生滑坡、崩塌并形成泥石流。汶川5.12大地震造成泥石流活动，危害巨大。

3）松散固体物质积累速率。松散固体物质积累速率控制着泥石流活动及其规模，积累方式有长期积累、一次输走的特点，如风化剥蚀聚集于斜坡上的松散物质经一次暴雨过程大部分带入沟中；还有一种方式是一次积累、多次输走，如滑坡阻塞后经多次洪水带走。2010年8月7日在舟曲发生的特大泥石流主要是由于一次大暴雨造成的。

4）森林植被。森林植被覆盖率的不断降低预示着沟域荒坡增多，松散物源量扩大，斜坡径流增加，更有利于泥石流的产生。

5）人类工程活动。矿山开发形成的尾矿库、排土场等一旦超过容量，就会造成环境恶化，极易发生泥石流。

（3）泥石流发展趋势评估。根据控制泥石流发展趋势的气候、地震、松散固体物质积累速率、森林植被增减和人类工程活动等因素，经综合比较分析，确定未来泥石流的发展阶段、泥石流暴发频率、泥石流规模。

B　泥石流危害程度评估

（1）危害范围和危害对象确定。根据泥石流发展趋势分析，实地圈划出未来泥石流（50年或100年重现期)可能淹没范围。该范围内的居住人群及工农业、交通、电力、城市等设施及文化景观均定为可能危害对象。

（2）经济评估。对危害范围内各企事业单位、各经济实体所属的资产（土地、设备、产品等）进行统计并列出清单,综合评估其资产总值及经济效益指标。

（3）社会评估。对危害范围内居住人口现状进行调查统计,了解人口分布、劳动力素质等指标;了解该区社会发展规划(近期 10 年为主)。

（4）人口财产可能损失评估。根据泥石流历次危害损失,结合可能危害区的经济、社会现状及发展规划,估算出泥石流可能造成的直接经济损失。

（5）人文景观可能损失评估。综合评估泥石流对危害区自然风景（地质景观、地貌景观、植被景观）、文化名胜(遗址、古建筑)的危害,如侵蚀、冲刷、淹没等的范围和程度。估算泥石流对人文景观点的可能毁坏程度。

（6）堵江断道可能损失评估。分析泥石流活动堵塞或滑崩堵断河道的可能性及堵塞规模(物质方量、堵塞坝高等)。

最终确定是否需要治理、采取治理方案及其实施防治工程等。

16.4 矿山主要地质灾害及其治理

16.4.1 概述

矿山开采破坏了原岩应力的固有平衡状态,岩体中的应力将重新分布,产生了次生应力场,使巷道或采场周围的岩体发生变形、移动和破坏,当这种变形、移动和破坏波及地表后,地表将会产生裂缝、沉降、塌陷等地质灾害。

16.4.1.1 地表裂缝

地表裂缝是在内外力作用下岩层发生变形,当力的作用与积累超过岩土层内部的结合力时,岩土层发生破裂,其连续性遭到破坏,形成裂隙。它直接或间接地恶化环境,危害人类和生物圈,不仅造成各类工程建筑,如城市建筑、生命线工程、交通、农田和水利设施等的直接破坏,也引起了一系列的地质环境问题。

裂缝的深度和宽度,与有无第四纪松散层及其厚度、性质和变形值大小密切相关。若第四纪松散层为塑性大的黏性土,一般是地表拉伸变形值超过 6～10 mm/m 时,地表才发生裂缝。塑性小的沙质黏土、黏土质砂等,地表拉伸变形值达到 2～3 mm/m 时,地表即可发生裂缝,地表裂缝一般平行于采空区边界发展。根据非煤矿山开采的实际经验,裂缝的深度一般不大于4 m,但在基岩直接出露地表的情况下,裂缝深度可达数十米。当采深很小、采厚较大时,地表裂缝有可能和采空区相连通。

16.4.1.2 沉降

矿山开采影响波及地表以后,受采动影响的地表从原有标高向下沉降,从而在采空区上方地表形成一个比采空区面积大得多的沉降区域。地表的沉降改变了地表原有的形态,引起了高低、坡度及水平位置的变化。因此,对位于影响范围内的道路、管路、河渠、建(构)筑物、生态环境等,都带来不同程度的影响。沉降值的大小与采空区到地表的岩土层的地质类型、厚度、物理力学指标(如压缩性指标)密切相关。

16.4.1.3 地表塌陷

矿区地表塌陷主要有两个方面的原因:一是地下水位升降波动引发的地表塌陷;二是采空区坍塌引发的地表塌陷。地下水位变化引发的地表塌陷主要是指矿坑疏干排水和人为抽水引起的塌陷区。采空区坍塌引发的地表塌陷主要是地下矿层大面积采空后岩体原有平衡状态被破坏,岩体将产生移动变形,随之产生弯曲、塌落,波及地表产生下沉变形。通常在采动影响范围内没有大地质构造的条件下,地表变形在工作面的推进过程中逐渐形成动态移动盆地,当停止开采经过较长时间后,最终形成静态地表移动盆地,移动盆地的面积一般比采空区面积大,其位置和形状与岩层的倾角大小有关,变形逐渐增大从而形成地表塌陷区。

16.4.2 地表裂缝治理

对于一些老矿区,特别是已闭坑的矿区,对已发育的地表裂缝进行治理是非常必要的。治理前,应先调查其几何特征、成因。对于生产矿山,在矿山现有开采条件下应尽可能最大限度地减少地表裂缝产生的机会。地表裂缝治理方法有:

(1) 灌浆法治理。对于沉降盆地边缘的地裂缝,可采用灌浆法治理。

(2) 封堵法治理。采用废石土对裂缝直接进行封堵。

(3) 采用充填采矿法。用废石、尾矿充填采空区,保证采空区围岩的稳定,可避免产生地表裂缝。

(4) 采取避让和适当结构措施。矿区建筑物首先可以采取避让措施;在无法避让的条件下,采取适当的结构措施,如采用规则、整体性好的建筑结构,设置钢筋混凝土基础圈梁,设置变形缝等,避免或降低地面裂缝对建(构)筑物的不利影响。

16.4.3 地面沉降治理

矿山地面沉降与疏干排水紧密相关,只要地下水位以下存在可压缩地层就会因过量开采地下水而出现地面沉降,而地面沉降一旦出现很难治理,因此地面沉降主要在于预防。

地面沉降的主要公害特点有:一般发生得比较缓慢而难以明显感知,已经发生沉降的地面几乎无法复原。

地面沉降的工程危害主要有:对环境的危害,如破坏地表作物生长、地面产生积水等;对建筑物的危害,如地基沉降、建筑物发生倾斜、结构体产生裂缝等,影响其安全性和适用性。

针对地面沉降的特点及其危害,可按已发生地面沉降和可能发生地面沉降两种情况,分别提出治理措施。

16.4.3.1 已发生地面沉降地区的治理

采用疏干排水有可能导致地面沉降,其基本措施是进行地下水资源管理。防治方法主要有:

(1) 对地面沉降的发展趋势做出预测和评价,如沉降范围内有建(构)筑物,应提出控制措施和治理对策。

(2) 减少水位降深幅度。

(3) 掌握地下水动态和地面沉降规律,向含水层进行人工回灌。

16.4.3.2 可能发生地面沉降地区的治理

采用疏干排水,但是还未导致地面沉降,其基本措施是减小地面沉降发生,或者降低其危害程度。防治方法主要有:

(1) 建立地面沉降监测网络,加强地下水动态和地面沉降监测工作。

(2) 对可能发生的沉降量进行估算,预测其发展趋势。

(3) 制定合理的地下疏干排水方案。

(4) 采取适当的建筑措施,如采用规则、形状简单的建筑结构,设置钢筋混凝土基础圈梁,设置变形缝等,避免或降低地面沉降对建(构)筑物的不利影响。

16.4.4 地表塌陷治理

地表塌陷治理应遵循的基本原则:

(1) 对塌陷坑进行勘察,调查清楚地表塌陷的类型、规模、发展变化趋势、危害大小等特征。

(2) 治理措施应针对"病根",因地制宜。如由于地下水位升降波动引起的塌陷,一般应阻截地下水流通道;对于采空区塌落引起的地表塌陷,应充填采空区等。

(3) 在治理阶段应结合进行监测工作,以验证治理措施的效果,以便发现问题并及时补救。

矿区地表塌陷的治理措施主要有造地复田治理、平整土地造林治理、挖深垫浅治理、改造水塘治理等。

16.4.4.1 塌陷区造地复田治理

塌陷区造地复田治理的方法有:

（1）利用废石土造地复田。矿山排土复田可分为三种情况，即新排土复田、推平老排土场复田和预排土复田：

1）新排土复田。新排土复田是将矿山开采的废石直接排入塌陷坑，推平覆土造田。

2）推平老排土场复田。推平老排土场复田是将排土场堆放的废石土做复田的充填料，推平排土场，在其上复土绿化或处理排土场作为他用。

3）预排土复田。预排土复田是在建过程和生产初期，在采区上方地表预计要发生塌陷的地区，将表土取出堆放其四周，按预计的下沉等值线图，预先排放废石土，待到下沉停止、废石充填到预期水平后，再将堆放四周的表土平推在废石层上覆土成田。

（2）利用湖泥、河泥造地复田。靠近湖、河的矿山，可以利用湖泥、河泥充填塌陷区造地复田。其方法是先将矿山开采的废石排入塌陷区坑底，湖泥堆在废石上，待泥干后用推土机推平，然后改良土壤，完善排灌系统，绿化和再种植，最后还田。

16.4.4.2　塌陷区平整土地造林治理

矿山实际塌陷坑的深浅不同，采取不同的治理措施。根据矿山塌陷区治理的实际经验，通常以 0.5 m 为分界线，来划分治理的措施。

A　采空塌陷值大于 0.5 m 区域的治理

采空塌陷值大于 0.5 m 区域，由于塌陷值较大，先利用采矿废石对塌陷坑进行填补，然后进行表面覆土，覆土厚度约 0.5 m，采用矿山备有土源或从外采购，最后栽植树木（图 16-14）。

塌陷区位于山坡上时，整治恢复成林地后采用自然排水；塌陷区位于山凹时，需修建截水沟、排水沟。

B　采空塌陷值小于 0.5 m 区域的治理

对于塌陷较浅的坑（小于 0.5 m），直接覆土，厚度约 0.5 m，复垦为林地（图 16-15）。

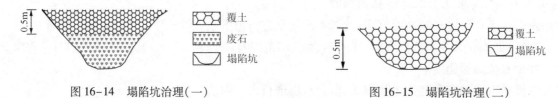

图 16-14　塌陷坑治理（一）　　　　　　图 16-15　塌陷坑治理（二）

采空塌陷极其轻微的区域，可挖取塌陷坑周边的土壤略做整平或者基本维持原貌即可。

16.4.4.3　塌陷区挖深垫浅治理

挖深垫浅法是在下沉较大的区域取土，填在下沉较小的区域，使前者成水塘或者鱼塘，使后者成田（图 16-16）。

在塌陷坑的基础上采用挖深垫浅法，将局部积水或季节性积水沉陷区下沉较大区域挖深，修建为坑塘水面；挖出的泥土充填开采沉陷较小的地区，使其成为可种植的耕地及林地。

16.4.4.4　塌陷区改造水塘治理

对于高潜水位塌陷区域，也可根据矿山工程实际，将其改造为蓄水水塘，发展水产、养殖业和调节工农业用水。

（1）水塘开挖。根据塌陷区最大下沉深度，利用原有地形在塌陷坑的基础上进行机械、人工开挖，形成水塘，开挖产生的废土用于周边浅层塌陷区复垦用土（图 16-17）。

图 16-16　挖深垫浅法治理塌陷区示意图　　　　图 16-17　塌陷区改造水塘示意图

1—"垫浅"覆土区；2—"挖深"取土区；3—蓄水区；4—复垦后的土地；

5—原下沉的地表；6—治理后的地表

（2）边坡修整。水塘边坡按1:1.5~1:2坡度进行修整,以控制水塘边坡的稳定。

（3）排水沟修筑。在水塘周边修建排水沟,有利于水塘积水与外界的流通。

16.4.4.5　地表塌陷地质灾害预防措施

地表塌陷地质灾害预防措施主要包括:

（1）对采空区进行处理。

1）充填法。充填法是采用充填材料对采空区进行充填,达到有效控制地压和防止地表塌陷的目的。

2）加固法。留永久矿柱或构筑人工石柱支护空区。

（2）地面裂缝灌注尾矿砂浆。为制止地面塌陷形成,可通过地面已经形成的裂缝灌注尾矿砂浆（或水泥砂浆）,加快充填废渣的固化。

（3）将建筑物位于采动影响区之外。进行岩层移动机理和预测方法的研究,提高岩层移动规律的预测精度,避免建筑物建在采动影响范围内。

16.4.5　边坡崩塌防治

16.4.5.1　概述

边坡崩塌是矿山常见的一种地质灾害,边坡上的陡崖或陡壁的崩塌是岩（土）体在重力作用下,突然脱离母体,发生崩落、滚动的现象。崩塌灾害对崩塌体之上以及崩塌体所及范围内的人员、设备、构筑物等具有严重的危害,但很多矿山往往把崩塌与滑坡归并为一类灾害进行防治处理。边坡崩塌与普通滑坡相比,其特点是:（1）发生在高陡边坡的坡肩部位;（2）以垂直方向运动为主,质点位移 $S_y > S_x$;（3）崩塌体无依附面;（4）爆发突然。边坡崩塌从规模上可分为坠石和山崩,从物质成分上可分为土崩和岩崩。地形因素对边坡崩塌的影响不像滑坡那样明显,并不是越陡的边坡就越容易发生崩塌。从发生崩塌的边坡体物质特性调查来看,砂的崩塌最多,砂同砂砾石混合的占53%。高陡边坡地形,节理裂隙的发育程度及产状特征是岩质边坡崩塌的最大影响因素。边坡崩塌与滑坡相比,雨水更大程度上是降低了边坡岩体结构面软弱夹层或者是边坡土体的强度。地震和爆破震动影响下,边坡体内容易产生局部的瞬时的应力集中,特别是反复的爆破震动,可加速边坡岩体松散化。

露天矿山边坡与一般建筑边坡和自然山坡相比,具有边坡高度大、护坡措施少、开挖爆破影响深度大等特点。露天矿山边坡往往布置运输线路,边坡底部为工作平台,工作平台上有工人和设备及设施。因此,露天矿山边坡崩塌危害极大,严重影响矿山的安全生产,必须高度重视,并采取防治措施。

16.4.5.2　崩塌防治措施

边坡崩塌防治措施可分为抑制工程和支撑工程,崩塌防治措施分类见表16-11。抑制工程的目的是事先把雨水及其他引发崩塌的因素除掉,以达到边坡稳定的目的。支撑工程的目的是采用构筑物防止崩塌体滑落。防治措施的选择需要了解引发崩塌的原因和崩塌形态,同时还要考虑危岩体性质及保护对象的分布、距离,然后根据施工条件和周围环境确定具体防治措施。

表16-11　边坡崩塌防治措施分类

分　类	防治工程名称	具　体　措　施	适　用　条　件	防　治　功　效
抑制工程	排水工程	地表排水	雨量丰沛地区的砂、土崩塌	
		地下排水	地下水丰富的岩土边坡	
	护面工程	喷射混凝土护坡	松散土质及岩质边坡	使坡面及危岩体不受雨水冲刷和侵蚀
		预制块（石块）铺砌		
		土工膜防渗	陡坡	
		现浇混凝土面板	其他	
		其他护坡	支撑工程防治效果不佳	清除可能产生崩塌的危岩体
	刷方工程	清除危岩体		

分 类	防治工程名称	具 体 措 施	适 用 条 件	防 治 功 效
支撑工程	挡墙工程	挡土墙	边坡高度不大	增加平衡力,使外因作用下,危岩体也不会崩塌
	插桩工程	钢轨桩及混凝土桩	基础条件好	
	锚固工程	锚杆及锚索	能够大致判断所需平衡力	
	柔性网工程	挂柔性网	滚石及落块类崩塌	
	混凝土格网工程	钢筋混凝土格网	松散体边坡,配合锚固工程	
	反压工程	崩塌体下部填土	坡脚场地大	
其 他	挡墙工程	崩塌体以外拦挡崩塌体	崩塌体体积不大	拦截崩塌体或滚石
	拦石网工程	崩塌体以外拦挡滚石	滚石崩落高度不大	
	桩林工程	梅花桩林	滚石块度大、崩落高度大	

16.4.5.3 崩塌防治工程

A 排水工程

排水工程的目的是为了防止地表水造成的坡面侵蚀,或地下水使土中空隙水压力上升,导致地基强度降低和含水,以至地基重量增加而造成坡面崩塌。排水工程是把雨水或地下水排出坡面之外,分为地表水排导工程和地下水排导工程,包括截洪沟、排水沟、泄水孔、排水洞等,其布置形式与滑坡治理基本相似。

选择排水设施需要了解气象、水文及地质特性,同时还应结合地形、地貌条件。对雨量丰沛的地区,特别是治理区域汇水面积较大时,地表截、排水设施是必不可少的。危岩体内部存在含水层,则宜采取合适的地下排水设施,浅层地下水采取泄水孔比较合理,深部地下水往往需要排水洞才能解决问题。

B 护面工程

边坡护面的目的是防止坡面发生风化、侵蚀、剥落,防止危岩体软化、崩落。护面工程包括喷射混凝土、铺砌预制块(石块)、铺设土工膜、浇筑混凝土面板等。

a 喷射混凝土护面

喷射混凝土覆盖危岩体,使之与地表水、外界空气、雨水不接触,防止风化和侵蚀。喷射混凝土具有技术成熟可靠、适应各种地形条件、经济合理等特点,对坡面松散块石起到很好的固结作用。适用于无涌水现象、容易风化的岩质边坡。

喷射混凝土分为素喷和网喷。素喷直接将素混凝土喷射到治理区坡面,而网喷是在喷射混凝土之前在坡面上挂钢筋网。素喷一般用于变形较小的岩质边坡,而且不要求承担支撑力。对于变形较大的土质边坡,或者结合支撑工程防护边坡时,往往采取挂网喷混凝土。

混凝土喷射厚度一般取 100~250mm,在冻结、化冻频繁的地方,最好大于 100mm。一般来说,岩体越软弱、温差越大的地方,混凝土喷射厚度越大。喷射混凝土标号一般采用 C15~C30,根据工程环境确定。

为了确保混凝土的耐久性,提高其变形能力,采用挂网喷混凝土形式。钢筋网直径一般为 6~12mm,间距 100~250mm。钢筋网采用锚杆固定在边坡面上,锚杆间距 2m 左右,梅花形布置,地形突变部位应加密布置。挂网锚杆一般采用直径 16~22mm 的 Ⅱ 级螺纹钢筋,长度 1.5~2m。挂网喷混凝土结构如图 16–18 所示。

喷射混凝土护坡,沿边坡走向每 10~20m 应设置伸缩缝,防止气温或水热化引起变形裂缝。为提高喷射作业的效果,每 2~4m² 应设置一个排水孔,排水孔孔径 50mm 以上。护面边缘应开挖沟槽,将混凝土深入边坡内,防止地表径流渗入危岩体内。坡脚部位应设置排水沟排水。

b 铺砌预制混凝土块护面

铺砌预制混凝土块护面措施主要用于坡度缓于 1:1,垂直高度在 10m 的坡面。一般采用预制混凝土块铺砌,也可用块石代替预制混凝土块。原则上采用水泥砂浆砌筑,要求下垫碎石或砂砾卵石层,表面应进行勾缝处理。

c 土工膜护面

当崩塌土体松散、变形量大时，采取铺设土工膜防渗，比其他护面措施经济，而且效果好。常用的土工膜有聚氯乙烯（PVC）膜、低密度聚乙烯（LDPE）膜、高密度聚乙烯（HDPE）膜和氯化聚乙烯（CPE）膜。

土工膜护面结构包括土工膜，土工膜上、下的垫层以及上垫层之上的防护层，如图 16-19 所示。

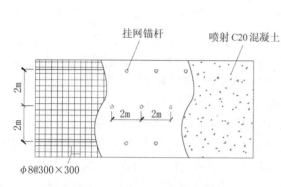

图 16-18 挂网喷混凝土结构

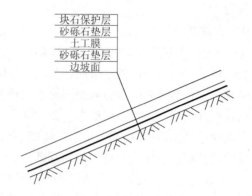

图 16-19 土工膜护面结构

d 混凝土护面

较陡的岩质边坡常采用混凝土护面，防止风化引起的剥落崩塌。当垂直高差超过 20 m 时，应采用多级阶梯式，每一级段高为 10 ~ 15 m 为宜，平台宽度要求超过 1 m。一般来说，超过 1:0.5 的陡坡，要求采用钢筋混凝土或钢骨混凝土，厚度为 0.2 ~ 0.8 m 为宜。为了和山体形成整体，要求每 1 ~ 4 m² 打一根锚桩，锚桩入岩深度取混凝土厚度的 1.5 ~ 3 倍。浇筑接缝面要求与边坡面垂直，并埋设接缝钢筋。沿边坡走向每 10 ~ 20 m 设置一道伸缩缝。边坡上下端混凝土应嵌入山体足够深度，使地面径流不绕流至护坡面之下的危岩体内。

C 刷方工程

刷方的目的是将危岩体削除，从根源上解决崩塌危害。要确保安全地实施刷方工程，应采取以下措施：

（1）查清危岩体范围、深度、岩土性质以及地下水状况。

（2）要采取可靠的安全措施，确保设备及人员的安全。

（3）边坡下部滚石可能到达范围内要求采取封闭措施，严禁人员、牲畜等进入。

矿山终了边坡面上的危岩体刷方应在生产过程中进行，电铲臂长一般能够满足台阶坡面的刷方要求。一旦形成两个以上台阶的终了边坡后，要再进行刷方就非常困难。矿山边坡刷方对边坡形态应有要求，严禁形成高陡光面边坡。一般来说，刷方后还应保证安全平台的宽度。安全平台之间应有一个清扫平台，清扫平台宽度应满足清扫堆渣的设备安全通行。边坡岩（土）体受到暴雨或洪水冲刷容易侵蚀时，特别是排土场边坡和尾矿堆积坝，平台横向坡度应与坡面反向，坡度为 5% ~ 10%，如图 16-20（a）所示。边坡岩体受到暴雨或洪水冲刷难以侵蚀时，平台横向坡度宜与坡面同向，坡度为 5% ~ 10%，如图 16-20（b）所示。边坡体后缘以及边坡与自然地形相交的坡肩位置，应切去棱角，如图 16-20（c）所示。特别是这些部位的树木应挖除，电桩之类的设施也应与坡肩保持足够的安全距离，还应在安全边界处设置栅栏。

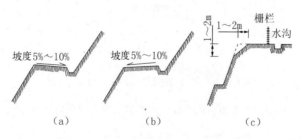

图 16-20 边坡平台形态

刷方过程中,如果有裂缝发生,岩土性质发生变化,出现涌水等现象时,应立即进行处理。人工刷方时,应自上而下进行,严禁上、下同时进行,避免同时开挖面过长。刷方实施过程中,为防止雨水从开挖面入渗到危岩体内,用薄膜或薄板加以覆盖。

刷方工程治理崩塌灾害的效果是有限的,但往往通过刷方能够减小支撑、防护工程量,有效地缩减崩塌防治费用。

D　支撑工程

支撑工程是将危岩体与边坡基础体和支撑体固结为一个整体的治理措施。常见的支撑工程措施包括挡墙、插桩、锚固、柔性网、混凝土格网以及反压坡脚等,在实际应用过程中,往往结合起来用,形成综合治理措施。攀钢朱家包铁矿南帮边坡加固治理工程就是一个很好的实例,该工程采用了挡墙、插桩、锚固、混凝土格网以及挂网喷混凝土等多项措施。图16-21所示为该工程全貌。

在崩塌治理工程中,挡墙适用于急倾斜、直立边坡,主要形式有重力式、悬臂式和扶壁式三类。重力式挡墙和悬臂式挡墙一般作为护坡工程的基础,支挡回填土。重力式挡墙和悬臂式挡墙壁厚往往较大,适用于边坡高度不大的工程,当边坡高度超过8 m就很不经济。扶壁式挡墙采用钢筋混凝土结构,常与桩、锚结合使用,不仅对危岩体起到支撑作用,同时还起到护面的作用。当危岩体基础牢固,且坡脚比较平缓时,采用插桩的方式效果最为明显,且非常经济。当危岩体位于边坡中部时,特别是边坡为急倾斜甚至直立时,锚固工程的优势就特别明显。由于矿山边坡暴露时间较长、生产爆破频繁,柔性网以及混凝土格网对掉块的治理是非常合适的。

以攀钢朱家包包铁矿南帮1285~1330段边坡加固治理工程为例,其扶壁式挡墙支撑工程如图16-22所示。

图16-21　朱家包包铁矿南帮边坡加固工程全貌

图16-22　朱家包包铁矿边坡扶壁式挡墙支撑工程

朱家包包铁矿南帮1285~1330段边坡在2007年初出现连续三个台阶的楔形滑坡后,滑坡体后缘拉裂缝已超过1330平台中部,致使1330平台运输道路被迫中断。为了保证1330平台运输道路的宽度,最终采用钢筋混凝土直墙、钢筋混凝土框格梁、预应力锚索以及钢轨桩共同组成的扶壁式挡墙支撑工程,其平面展布如图16-23所示。

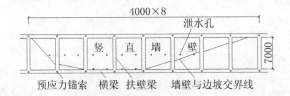

图16-23　朱家包包铁矿扶壁式挡墙支撑工程平面展布示意图

朱家包包铁矿南帮的这次扶壁式挡墙支撑工程结构如图16-24所示。挡墙主要是支撑回填体,以确保1330运输道路的宽度。为了尽可能地减小挡墙的支撑力,回填体为毛石混凝土。图16-24中,预应力锚索是为了提高该区段(1285～1330)边坡的稳定性,同时将锚固力加载到扶壁梁上,对挡墙起到紧固作用。垂直边坡设置了两排钢轨桩,交错布置,桩端深入挡墙内,其主要作用也是支撑回填体,同时也起到紧固挡墙的作用。上面一排锚索设置内锚墩,是避免锚索预应力直接加载到挡墙顶部,导致挡墙被拉斜,因为此时挡墙内还没有充填毛石混凝土。回填体及挡墙内设置了两排泄水孔,分别位于挡墙中部和底部,泄水孔深入边坡体内,防止边坡体内水压力对回填体及挡墙的不利作用。挡墙以下的边坡采用混凝土格梁、锚索、锚杆以及挂网喷混凝土进行加固和护面,以确保整体边坡稳定性,同时防止挡墙底部岩块塌落。

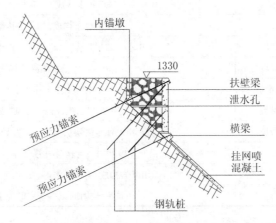

图 16-24　朱家包包铁矿扶壁式挡墙支撑工程结构示意图

通过加固、支撑工程,边坡已处于稳定状态,1330 运输公路畅通。

16.4.6　滑坡灾害与防治

16.4.6.1　概述

滑坡作为一种地质灾害,不同行业有不同的理解,从滑坡学角度来说一般把坡体的岩土沿坡内一定的带(面)整体向前(下)移动的现象称为滑坡;坡体可以是天然坡体,也可以是人工开挖形成的坡体;滑带(面)可以是自然形成的,也可以是由于开挖或填筑而在坡体中新形成的。而矿山滑坡是指由于工程行为而人工开挖或填筑的边坡变形滑动现象,坡体中滑面是新形成的,开挖与填筑前没有变形与滑动迹象。矿山滑坡可以处在潜在滑动状态,也可以处在滑动状态,可以说矿山滑坡只是矿山边坡工程的一个特例。

矿山滑坡构成如图 16-25 所示。

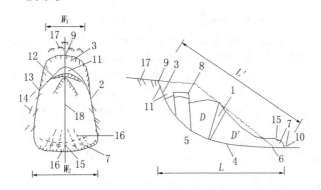

图 16-25　矿山滑坡构成

W_1—滑坡后缘宽度;W_2—滑坡前缘宽度;L'—滑坡长度;L—滑坡水平长度

1—滑坡体;2—滑坡周界;3—滑坡壁;4—滑动面;5—滑坡床;6—滑坡剪出口;7—滑坡舌与滑坡鼓丘;8—滑坡台阶;
9—滑坡后缘;10—滑坡前缘;11—滑坡洼地(滑坡湖);12—拉张裂缝;13—剪切裂缝;
14—羽状裂缝;15—鼓胀裂缝;16—扇形裂缝;17—牵引性裂缝;18—主滑线

根据滑坡体的物质组成和结构形式等因素,滑坡可按表 16-12 进行分类。

表 16-12　滑坡主要类型分类

类　型	亚　类	特征描述
堆积层(土质)滑坡	滑坡堆积体滑坡	由滑坡等形成的块碎石堆积体,沿下伏基岩或体内滑动
	崩塌堆积体滑坡	由崩塌等形成的块碎石堆积体,沿下伏基岩或体内滑动
	崩滑堆积体滑坡	由崩滑等形成的块碎石堆积体,沿下伏基岩或体内滑动
	黄土滑坡	由黄土构成,大多发生在黄土体中
	黏土滑坡	由黏土构成,如昔格达组、黏土等
	残坡积层滑坡	由花岗岩风化壳、沉积岩残坡积等构成,浅表层滑动
	人工弃土滑坡	由人工开挖堆填弃渣构成,次生滑坡
岩质滑坡	近水平层状滑坡	由基岩构成,沿缓倾岩层或裂隙滑动,滑动面倾角不大于10°
	顺层切层滑坡	由基岩构成,沿顺坡岩层或裂隙面滑动
	半层切层滑坡	由基岩构成,滑动面与岩层层面相切,常沿倾向坡山外的一组软弱面滑动
	逆层滑坡	由基岩构成,沿倾向坡外的一组软弱面滑动,岩层倾向山内,滑动面与岩层层面相切
变形体	危岩体	由基岩构成,岩体受多组软弱面控制,存在潜在滑动面
	堆积层变形体	由堆积体构成,以蠕滑变形为主,滑动面不明显

矿山边坡坡体结构与滑坡的破坏模式如图 16-26 所示。

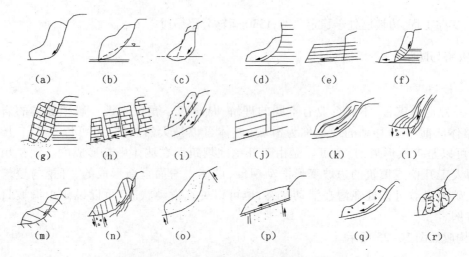

图 16-26　矿山边坡坡体结构与滑坡的破坏模式

(a) 黏性土弧形旋转滑动;(b) 黄土弧形旋转滑动;(c) 填土弧形滑动;(d) 土层顺层滑动;(e) 半成岩地层顺层滑动;
(f) 岩层顺层 - 切层滑动;(g) 软岩挤出型(错落型)滑动;(h) 挤出型平移滑动;(i) 堆积层顺层滑动;
(j) 岩层顺层平面型滑动;(k) 岩层顺曲面滑动;(l) 陡倾岩层顺层 - 切层滑动;(m) 反倾岩层切层滑动;
(n) 反倾岩层倾倒 - 切层滑动;(o) 破碎岩层旋转滑动;(p) 破碎岩层顺构造面滑动;
(q) 块状岩体顺构造面(似层面)滑动;(r) 构造核沿构造破碎带滑动

16.4.6.2　矿山滑坡防治原则及措施

A　矿山滑坡防治原则

矿山滑坡防治原则如下:

(1) 进行滑坡调查,开展专项工程地质勘察工作。

(2) 滑坡治理工程应与企业安全生产、环境保护相结合。

(3) 矿山滑坡治理工程须进行技术经济论证,使工程达到安全可靠、经济合理。

(4) 在一般条件下,防治工程应控制滑坡体变形不超过设计允许范围,不产生危及人民生命财产安全及矿山企业生产安全的地质灾害。

（5）矿山滑坡防治工程设计标准,应与矿山企业服务年限相结合,特殊工程应进行专门论证。

（6）一般可划分为可行性方案设计、初步设计和施工图设计三个阶段。对于规模小、地质条件清楚的滑坡,可简化设计阶段。

（7）应急治理工程设计是滑坡灾害防治工程设计中的特殊内容,可简化上述设计阶段。但应急治理须与后续的正常治理相适应,并为正常治理提供基础。

矿山滑坡治理工程应根据滑坡类型、规模、稳定性,并结合滑坡区工程地质条件、施工设备、施工季节和矿山安全生产等条件,有针对性选用截排水、抗滑桩、预应力锚索、锚杆、格构锚固、挡土墙、注浆、削坡减载等一种或多种措施综合治理。

B 矿山滑坡防治措施

矿山滑坡防治措施多采用挡、支、排、减、压的综合整治措施,即用抗滑桩、抗滑挡墙、预应力锚索、格构锚固等工程措施阻挡滑坡的滑动;用地表排水系统如截水沟、排水沟等截排滑坡地表水,用地下排水系统,如疏干巷道、水平孔、集水井、垂直钻孔等排除滑坡地下水,提高滑带土力学指标;在一定条件下,也采取削坡减载和在滑坡出口处采用填方反压的措施。

国际岩土学会推荐的滑坡治理措施见表 16-13。

表 16-13 国际岩土学会推荐的滑坡防治措施

防治措施类型	主要工程措施
改变边坡的几何形态	（1）从滑坡的滑动区搬出物质; （2）在滑坡抗滑区增加物质; （3）减缓边坡坡度
排　水	（1）地表排水,把水排到滑坡区外(集水沟或管); （2）充填渗水材料(粗卵砾石或土工合成纤维)的浅沟或深沟排水; （3）粗粒材料的支撑盲沟排水; （4）用泵抽水或自流排水的垂直孔群(小直径)排水; （5）重力排水的垂直井群(大直径)排水; （6）地下水平孔群或垂直孔群排水; （7）隧洞、廊道或坑道排水; （8）真空排水; （9）虹吸排水; （10）电渗排水; （11）种植植物(水文作用)
支挡结构	（1）重力式挡土墙; （2）框架式挡土墙; （3）笼式挡墙; （4）被动式桩、墩和沉井; （5）现浇的钢筋混凝土挡墙; （6）聚合物或金属的条或片的加筋挡土结构; （7）粗粒材料的支撑扶壁(盲沟)(力学作用); （8）岩石边坡的固定网; （9）岩石崩塌的减缓和阻止系统(拦石的沟、平台、栅栏和墙); （10）抗冲刷的保护性岩石或混凝土块
边坡内部加固	（1）岩石锚栓; （2）微型桩群; （3）土钉; （4）锚杆(预应力的或非预应力的); （5）注浆; （6）石头的或石灰/水泥柱; （7）热处理; （8）冻结; （9）电渗锚杆; （10）种植植物(根系的力学作用)

我国矿山滑坡防治措施见表16-14。

表16-14 我国矿山滑坡防治措施

防治措施类型	主要工程措施
边坡参数优化	(1) 削坡减载； (2) 坡脚反压
排 水	(1) 地表排水,把水排到滑坡区外； (2) 粗粒材料的盲沟排水； (3) 垂直孔排水； (4) 水平孔排水； (5) 疏干巷道排水； (6) 真空排水； (7) 虹吸排水； (8) 电渗排水
支挡结构	(1) 重力式挡土墙； (2) 框架式挡土墙； (3) 笼式挡墙； (4) 锚索抗滑桩； (5) 钻孔或挖孔抗滑桩； (6) 现浇的钢筋混凝土挡墙； (7) 聚合物或金属的条或片的加筋挡土结构； (8) 岩石边坡的固定网
边坡内部加固	(1) 岩石锚栓； (2) 微型桩群； (3) 土钉； (4) 格构锚固； (5) 锚杆(预应力的或非预应力的)； (6) 注浆； (7) 焙烧

16.4.6.3 矿山滑坡防治工程勘察

(1) 滑坡治理工程实施前,须进行专门的工程地质勘察。可采用主-辅剖面相结合的方法,随着工程的实施,不断提高勘察精度,并进行反馈设计和信息化施工。

(2) 滑坡勘察可采用主-辅剖面法进行,沿滑坡主滑方向,详细查明滑坡体的结构,根据滑坡复杂程度和工程重要性,确定一至数条主剖面,并布置辅助剖面。滑坡两主剖面之间的间距不宜大于200m,辅助剖面之间及辅助剖面与主剖面之间的间距一般为40~100m。

(3) 滑坡勘察,主要用地面测绘与钻探、井探、槽探等方法结合进行,必要时,可采用硐探。需重点查明滑坡体、滑带和滑床的结构特征,特别应了解滑带的基本形状和物理力学特征。

(4) 滑坡区及邻区工程地质调查与测绘,采用的比例尺为1:200或1:2000,需提供滑坡工程地质剖面图、沿主滑方向的主剖面及相关剖面图及横断面图等。

(5) 在进行滑坡勘察中,应因地制宜地进行相应的滑坡地面变形、深部位移、地下水动态等监测,为防治工程设计、施工和效果评估提供充分依据。

(6) 根据滑坡的变形破坏过程和地质环境,进行相应的物理力学试验,提供滑体天然容重、饱和容重、滑带土的峰值和残余抗剪强度、滑床地基承载参数、地下水位以及孔隙水压力等参数,并结合反演法和内比法,推荐出合理的设计参数。

(7) 滑坡区的地貌形态、地表裂缝、构筑物和树木变形、地下水动态、人工扰动等特征,结合地表变形和深部位移监测结果,对滑坡体稳定现状和蓄水后可能的变化进行科学评价,并做出滑坡防治工程的经济、社会和环境效益评估。

(8) 在施工过程中,应实时对滑坡进行跟踪测绘、编录,检验、补充及修正勘察结论,并进行反馈设计。

16.4.6.4　滑坡防治常用方法

A　排水

排水工程设计应在滑坡防治总体方案基础上,结合工程地质条件、水文地质条件及降雨条件,制定地表排水、地下排水或两者相结合的方案。地表排水工程的设计标准,应根据防护对象等级所确定的防洪标准予以确定,并依此确定排水工程构筑物的级别。当滑坡体上存在地表水体,且必须保留时,应进行防渗处理,并与拟建排水系统相接。地下排水工程,应视滑动面状况、滑坡所在山坡汇水范围内的含水层与隔水层水文地质结构及地下水动态特征,选用排水隧洞、水平孔或排水盲沟等方案。

a　地表排水

排水沟断面形状可为矩形、梯形等。梯形、矩形断面排水沟易于施工,维修清理方便,具有较大的水力半径和输移力,在滑坡防治排水工程设计时应优先考虑。

地表排水工程水力设计应首先对排水系统各主、支沟段控制的汇流面积进行分割计算,并根据设计降雨强度和校核标准分别计算各主、支沟段汇流量和输水量;在此基础上,确定排水沟断面或校核已有排水沟过流能力。

外围截水沟应设置在滑坡体或老滑坡后缘,远离裂缝5m以外的稳定斜坡面上。依地形而定,平面上多呈“人”字形展布。根据外围坡体结构,截水沟迎水面需设置泄水孔,尺寸一般为(100～300)mm×300mm。

当排水沟通过裂缝时,应设置成叠瓦式的沟槽,可用土工合成材料或钢筋混凝土预制板制成。有明显开裂变形的坡体,应及时用黏土或水泥浆填实裂缝,整平积水坑、洼地,使降雨能迅速沿排水沟汇集、排走。

排水沟宜采用浆砌片石或块石砌成。地质条件较差,如坡体松软段,可用毛石混凝土或素混凝土修建。砌筑排水沟砂浆的标号宜用M7.5～M10。对坚硬块片石砌筑的排水沟,可用比砌筑砂浆高一级标号的砂浆进行勾缝,且以勾缝为主。毛石混凝土或素混凝土的标号宜采用C10～C15。

b　地下排水

当滑坡体表层有积水湿地和泉水露头时,可将排水沟上端做成渗水盲沟,伸进湿地内,达到疏干湿地内上层滞水的目的。渗水盲沟须采用不含泥的块石、碎石填实,两侧和顶部做反滤层。为拦截滑坡体山后和滑坡体后部深层地下水及降低滑坡体内地下水位,须将横向拦截排水隧洞修建于滑坡体后缘滑动面以下,与地下水流向基本垂直;纵向排水疏干隧洞可建在滑坡体内,两侧设置与地下水流向基本垂直的分支截排水隧洞和仰斜排水孔。对于规模小、滑面埋深较浅的滑坡,采用支撑盲沟排除滑坡体地下水,具有施工简便、效果明显的优点,并可起到抗滑支撑的作用。

图16-27所示为某铁矿边坡的排水系统。

B　抗滑桩

抗滑桩是常用的一种抗滑措施。采用抗滑桩对滑坡体进行分段阻滑时,每段宜以单排布置为主,若弯矩过大,应采用预应力锚拉桩。抗滑桩桩长宜小于35m。对于滑动带埋深大于25m的滑坡,采用抗滑桩阻滑时,应充分论证其可行性。抗滑桩间距为5～10m。抗滑桩嵌固段须嵌入滑床中,约为桩长的1/3～2/5。为了防止滑体从桩间挤出,应在桩间设钢筋混凝土或浆砌块石拱形挡板,在重要区域,抗滑桩之间应用钢筋混凝土联系梁连接,以增强整体稳定性。抗滑桩截面形状以矩形为主,截面宽度一般为1.5～2.5m,截面长度一般为2.0～4.0m。当滑坡推力方向难以确定时,应采用圆形桩。

抗滑桩所受推力可根据滑坡的物质结构和变形滑移特性,分别按三角形、矩形或梯形分布考虑。

抗滑桩设计荷载包括滑坡体自重及下滑力、孔隙水压力、渗透压力、地震力等。对于跨越库水位线的滑坡,需考虑每年库水位变动时对滑坡体产生的渗透压力。

抗滑桩桩前需进行土压力计算。若被动土压力小于滑坡剩余抗滑力时,桩的阻滑力按被动土力考虑。被动土压力计算公式见式(16-33):

$$E_p = \frac{1}{2}\gamma_1 h_1^2 \tan^2(45° + \varphi_1/2) \tag{16-33}$$

式中 E_p——被动土压力,kN/m;

γ_1,φ_1——分别为桩前岩(土)体的容重(kN/m^3)和内摩擦角(°);

h_1——抗滑桩受荷段长度,m。

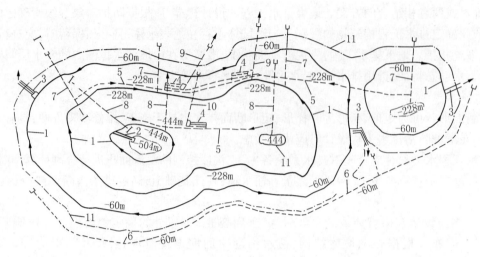

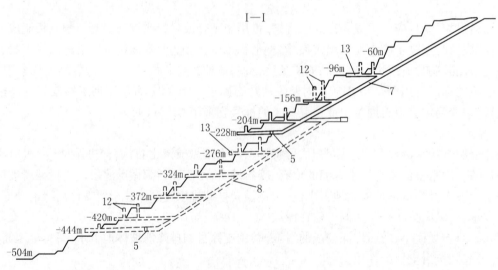

图16-27 某铁矿边坡的排水系统

1—截水沟;2—储水池、移动泵站及管线;3—储水池固定泵站及管线;4—水仓及泵站;5—储水巷;6—第四系疏干巷;

7—一期泄水系统;8—二期泄水系统;9—一期排水斜井;10—二期排水斜井;11—开采境界;12—泄水钻孔;13—泄水巷

抗滑桩受荷段桩身内力应根据滑坡推力和阻力计算,嵌固段桩身内力根据滑面处的弯矩和剪力按地基弹性的抗力地基系数(K)概念计算,简化式为:

$$K = m(y + y_0)^n \tag{16-34}$$

式中 m——地基系数随深度变化的比例系数;

n——随岩土类别变化的常数,如0、0.5、1、…;

y——嵌固段距滑带深度,m;

y_0——与岩土类别有关的常数,m。

地基系数与滑床岩体性质相关,可概括为下列三种情况:

(1) K法。地基系数为常数K,即$n=0$。滑床为较完整的岩质和硬黏土层。

(2) m法。地基系数随深度呈线性增加,即$n=1$。一般地,简化为$K=my$。滑床为硬塑-半坚硬的砂黏土、碎石土或风化破碎成土状的软质岩层。

(3) C法。当$0<n<1$时,K值随深度为外凸的抛物线,按这种规律变化的计算方法通常称为C法;当

$n > 1$ 时，K 值随深度为内凸的抛物线变化，应通过现场试验确定。抗滑桩地基系数的确定可简化为 K 法和 m 法两种情况。

抗滑桩嵌固段桩底支承根据滑床岩（土）体结构及强度，可采用自由端、铰支端或固定端。抗滑桩的稳定性与嵌固段长度、桩间距、桩截面宽度，以及滑床岩（土）体强度有关，可用围岩允许侧压力公式判定：

（1）较完整岩体、硬质黏土岩等。

$$\sigma_{max} \leqslant \rho_1 R \qquad (16-35)$$

式中　σ_{max}——嵌固段围岩最大侧向压力值，kPa；

　　　ρ_1——折减系数，取决于岩（土）体裂隙、风化及软化程度，以及沿水平方向的差异性等，一般为 0.1~0.5；

　　　R——岩石单轴抗压极限强度，kPa。

（2）一般土体或严重风化破碎岩层。

$$\sigma_{max} \leqslant \rho_2 (\sigma_p - \sigma_a) \qquad (16-36)$$

式中　ρ_2——折减系数，取决于土体结构特征和力学强度参数，宜取值为 0.5~1.0；

　　　σ_p——桩前岩（土）体作用于桩身的被动土压应力，kPa；

　　　σ_a——桩后岩（土）体作用于桩身的主动土压应力，kPa。

抗滑桩嵌固段的极限承载能力与桩的弹性模量、截面惯性矩和地基系数相关。在进行内力计算时，须判定抗滑桩属刚性桩还是弹性桩，以选取适当的内力计算公式。判定式如下：

（1）按 K 法计算，即地基系数为常数时，$\beta h_2 \leqslant 1.0$，属刚性桩；$\beta h_2 > 1.0$，属弹性桩。

其中，β 为桩的变形系数，m^{-1}，其值为：

$$\beta = (KB_p/4EI)^{1/4} \qquad (16-37)$$

式中　K——地基系数，kN/m^3；

　　　B_p——桩正面计算宽度，m，矩形桩 $B_p = B + 1$，圆形桩 $B_p = 0.9(B + 1)$；

　　　E——桩弹模，kPa；

　　　I——桩截面惯性矩，m^4。

（2）按 m 法计算，即地基系数为三角形分布时，$ah_2 \leqslant 2.5$，属刚性桩；$ah_2 > 2.5$，属弹性桩。

其中，a 为桩的变形系数，m^{-1}，其值为：

$$a = (mB_p/EI)^{1/5} \qquad (16-38)$$

式中　m——地基系数随深度变化的比例系数，kN/m^3。

C　预应力锚索

预应力锚索是对滑坡体进行主动抗滑的加固治理措施，通过预应力的施加，增强滑带的法向应力和减少滑体下滑力，有效地增强滑坡体的稳定性。预应力锚索主要由内锚固段、张拉段和外锚固段三部分构成。

预应力锚索长度一般不超过 50m，单束锚索设计锚固力宜为 500~2500kN 级，不超过 3000kN 级，预应力锚索布置间距宜为 4~10m，当滑坡体为堆积层或土质滑坡，预应力锚索应与钢筋混凝土梁、格构或抗滑桩组合作用。

计算滑坡预应力锚固力前，应根据前面章节内容对未施加预应力的滑坡稳定系数、剩余下滑力进行计算，作为设计的依据。滑坡设计荷载包括滑坡体自重、静水压力、渗透压力、孔隙水压力、地震力等。

预应力锚索的极限锚固力通常由破坏性拉拔试验确定。极限拉拔力指锚索沿握裹砂浆或砂浆固体沿孔壁滑移破坏的临界拉拔力；容许锚固力指极限锚固力除以适当的安全系数（通常为 2.0~2.5），它将为设计锚固力提供依据，通常容许锚固力为设计锚固力的 1.2~1.5 倍；设计锚固力可依据滑坡体推力和安全系数确定。

预应力锚索将根据滑坡体结构和变形状况确定锁定值，即：

（1）当滑坡体结构完整性较好时，锁定锚固力可达设计锚固力的 100%。

（2）当滑坡体蠕滑明显，预应力锚索与抗滑桩相结合时，锁定锚固力应为设计锚固力的 50%~80%。

（3）当滑坡体具崩滑性时,锁定锚固力应为设计锚固力的30%～70%。

预应力锚索设计锚固力的确定可分为两种情况：

（1）岩质滑坡。根据极限平衡法进行计算,须考虑预应力沿滑面施加的抗滑力和沿垂直滑面施加的法向阻滑力。

（2）堆积层（包括土质）滑坡。根据传递系数法进行计算,考虑预应力锚索沿滑面施加的抗滑力,可不考虑沿垂直滑面产生的法向阻滑力,即：

$$T = p/\cos\theta \tag{16-39}$$

式中　T——设计锚固力,kN/m；

　　　　p——滑坡推力,kN/m；

　　　　θ——锚索倾角,（°）。

内锚固段长度不宜大于10m,可根据下列两种方法综合确定：

（1）理论计算。

1）按锚索体从胶结体中拔出时,计算锚固长度（m）：

$$L_{m_1} = KT/(\pi d C_1) \tag{16-40}$$

2）按胶结体与锚索体一起沿孔壁滑移,计算锚固长度（m）：

$$L_{m_2} = KT/(\pi D C_2) \tag{16-41}$$

式中　T——设计锚固力,kN；

　　　　K——安全系数,取值2.0～4.0；

　　　　d——钢绞线直径,mm；

　　　　D——孔径,mm；

　　　　C_1——砂浆与钢绞线允许黏结强度,MPa；

　　　　C_2——砂浆与岩石的胶结系数,MPa,为砂浆强度的1/10除以安全系数,一般为1.75～3.0。

（2）拉拔试验。当滑体地质条件复杂,或防治工程重要时,可结合上述方法,并对锚索进行破坏性试验,以确定内锚固段的合理长度。拉拔试验可分为7天、14天、28天三种情况进行,水灰比按0.38～0.45调配。

　　D　重力挡墙

重力挡墙适用于规模小、厚度薄、下滑力小的矿山滑坡治理工程。挡土墙应与其他治理工程措施相配合,根据地形、地质条件,通过技术经济分析对比后,确定最优方案。挡土墙工程应布置在滑坡主滑地段的下部区域。当滑体长度大而厚度小时宜沿滑坡倾向设置多级挡土墙。

挡土墙墙高不宜超过8m,否则应采用特殊形式挡土墙,或每隔4～5m设置厚度不小于0.5m、配比适量构造钢筋的混凝土构造层。墙后填料应选透水性较强的填料,当采用黏土作为填料时,宜掺入适量的石块且夯实,密实度不小于85%。

作用在挡土墙上的荷载力系及其组合,视挡土墙形式的不同分别考虑。基本荷载应考虑墙背承受由填料自重产生的侧压力、墙身自重的重力、墙顶上的有效荷载、基底法向反力、摩擦力及常水位时静水压力和浮力,特殊荷载应考虑地震力及临时荷载。

墙身所受的浮力应根据地基渗水情况,按下列原则确定：位于砂类土、碎石类土和节理很发育的岩石地基,按计算水位的100%计算；位于完整岩石地基,其基础与岩石间灌注混凝土,按计算水位的50%计算；不能肯定地基土是否透水时,宜按计算水位的100%计算。

　　a　土压力的计算方法及有关规定

（1）作用在墙背上的主动土压力,可按库仑理论计算。

（2）挡土墙前部的被动土压力,一般不予考虑。但当基础埋置较深且地层稳定,不受水流冲刷和扰动破坏时,结合墙身位移条件,可采用1/3～1/2被动土压力值或静止土压力。被动土压力可按库仑公式计算。

（3）衡重式挡土墙上墙土压力,当出现第二破裂面时,用第二破裂面公式计算；不出现第二破裂面时,以边缘点连线作为假想墙背按库仑公式计算,下墙土压力采用力多边形法计算,不计入墙前土的被动土压力。

墙背后填料的内摩擦角,应根据试验资料确定。当无试验资料时,可参照有关规范所给出的数值选用。

（4）基底压力计算方法

$$p_{\max} = (F + G)/A + (M/W) \tag{16-42}$$

$$p_{\min} = (F + G)/A - (M/W) \tag{16-43}$$

式中 $p_{\max}$——基础底面边缘的最大压力设计值,kPa;

$p_{\min}$——基础底面边缘的最小压力设计值,kPa;

F——上部结构传至基础顶面的竖向力设计值,kN;

G——基础自重设计值和基础上的土重标准值,kN;

A——基础底面面积,m²;

M——作用于基础底面的力矩设计值,kN·m;

W——基础底面的抵抗矩,kN·m。

当偏心距 $e > b/6$ 时,$p_{\max}$ 按式（16-44）计算:

$$p_{\max} = 2(F + G)/(3Ia) \tag{16-44}$$

式中 I——垂直于力矩作用方向的基础底面边长,m;

a——合力作用点至基础底面最大压力边缘的距离,m,当地基受力层范围内有软弱下卧层时,应验算其顶面压力。

挡土墙偏心压缩承载力计算:

$$N \leqslant kfA \tag{16-45}$$

式中 N——荷载设计值产生的轴向力,kN;

A——截面积,m²;

f——砌体抗压强度设计值,kPa;

k——高厚比 β 和轴向力的偏心距 e 对受压构件承载力的影响系数。

b 重力挡墙构造

挡土墙墙型的选择宜根据滑坡稳定状态、施工条件和经济性等因素确定。重力式挡墙断面一般形式如图16-28所示。在地形地质条件允许情况下,宜采用仰斜式挡土墙;施工期间滑坡稳定性较好时,宜采用直立式挡土墙或俯斜式挡土墙。在设计中可根据地质条件采用特殊形式挡土墙,如减压平台挡土墙、锚定板挡土墙及加筋土挡土墙等。

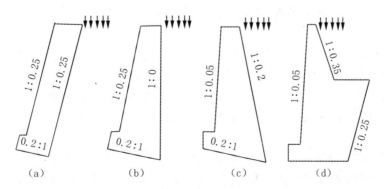

图16-28 重力式挡墙断面一般形式

（a）俯斜式挡土墙;（b）直立式挡土墙;（c）仰斜式挡土墙;（d）衡重式挡土墙

挡土墙基础埋置深度必须根据地基变形、地基承载力、地基抗滑稳定性、挡土墙抗倾覆稳定性、岩石风化程度以及流水冲刷计算确定。土质滑坡挡土墙埋置深度必须置于滑动面以下且不小于 1～2m。

重力式挡土墙采用毛石混凝土或素混凝土现浇时,毛石混凝土或素混凝土墙顶宽不宜小于 0.6m,毛石含量为 15%～30%。

挡土墙墙胸宜采用1:0.5~1:0.3坡度,墙高小于4.0m。可采用直立墙胸,地面较陡时,墙面坡度可采用1:0.2~1:0.3。

挡土墙墙背可设计为倾斜的、垂直的台阶形的,整体倾斜度不宜小于1:0.25。

挡土墙基础宽度与墙高之比宜为0.5~0.7,基底宜设计为0.1:1~0.2:1的反坡,土质地基取小值,岩质地基取大值。

墙基沿纵向有斜坡时,基底纵坡不陡于5%,当纵坡陡于5%时,应将基底做成台阶式。

当基础砌筑在坚硬完整的基岩斜坡上而不产生侧压力时,可将下部墙身切割成台阶式,切割后应进行全墙稳定性验算。

在挡土墙背侧应设置200~400mm的反滤层,孔洞附近1m范围内应加厚至400~600mm。回填土为砂性土时,挡土墙背侧最下一排泄水孔下侧应设倾向坡外、厚度不小于300mm的防水层。

挡土墙后回填表面设置为倾坡外的缓坡,坡度取1:20~1:30,或墙顶内侧设置排水沟,可通过挡土墙顶引出,但注意墙前坡体冲刷。为排出墙后积水,须设置泄水孔。根据水量大小,泄水孔孔眼尺寸宜为50mm×100mm、100mm×100mm、100mm×150mm方孔,或ϕ50~200mm圆孔。孔眼间距2~3m,倾角不小于5%。上下左右交错设置,最下一排泄水孔的出水口应高出地面200mm以上。

在泄水孔进口处应设置反滤层,且必须用透水性材料(如卵石、砂砾石等)。为防止积水渗入基础,须在最低排泄水孔下部,夯填至少300mm厚的黏土隔水层。

挡墙沉降缝每5~20m设置一道,缝宽20~30mm,缝中填沥青麻筋、沥青木板或其他有弹性的防水材料,沿内、外、顶三方填塞,深度不小于150mm。

E　爆破减震

露天开采过程中边坡的中小型滑坡60%是由于露天开采的靠帮爆破工艺不当所造成,靠帮的控制爆破是维护边坡稳定的重要措施。同时,大区域的爆破还可诱发边坡深层大型滑坡,如攀钢石灰石矿、武钢大冶铁矿等。

炸药在岩石中爆破产生冲击波,冲击波衰减后形成应力波。岩石在爆破冲击荷载作用下的力学响应,往往与静荷载作用下的力学响应有很大的差异,其动力强度往往比静力荷载强度高5~10倍,这种差异与冲击荷载的两个特点有关:

(1)瞬时性。冲击荷载作用时间一般以毫秒、微秒至毫微秒量级计算;

(2)高强度。炸药在岩石中爆炸,作用在岩石表面的单位压力达20~50GPa。

岩石在爆炸后出现压缩粉碎区、破裂区和地震区,大量研究表明压缩区半径为药包半径的2~7倍,破裂区半径可达10~15倍。就永久性边坡而言,处于前两个区域将被破坏,而处于地震区的破坏情况由爆破规律确定。

控制爆破包括减震爆破、缓冲爆破、预裂爆破、线排孔等工艺环节或单项技术。减震爆破主要是通过有限制单段药量值来实现的,单段靠帮药量应限制为2t。预裂爆破就是在设计的靠帮边界上打一排密间距炮孔,装入少量适宜炸药,于主冲击波抵达之前起爆,在特定的孔网参数、装药结构条件下,使爆炸形成孔壁压力能爆裂岩石,但不超过它们原位动态抗压强度,形成一条1~2cm宽的裂缝,对主冲击波及爆炸气体压力起到消减作用。

临近边帮爆破可概括为:微差减震爆破是基础,临近爆破宜"缓冲",重要地段要"预裂",特殊情况下加"线状排孔"。选择合理的爆破靠帮工艺可改善边坡稳定状态,保障安全生产,节省加固工程费用。图16-29所示为预裂爆破示意图。

F　其他治理措施

根据滑坡体具体环境,其他治理措施也可选用注浆加固、刷方减载、前缘回填压脚以及植物防护等工程措施。注浆加固适用于以岩石为主的滑坡、崩塌堆积体、岩溶角砾岩堆积体以及松动岩体。注浆加固目的在于通过对崩滑堆积体、岩溶角砾岩堆积体以及松动岩体注入水泥砂浆,以固结围岩或堆积体,从而提高其地基承载力,避免不均匀沉降。

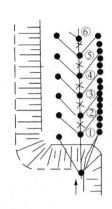

图 16-29 预裂爆破示意图

1,3—炸药;2—填土;①~⑥—爆破顺序

刷方减载是滑坡防治工程中最为有效的工程措施,目的在于通过减少后缘滑体的体积来降低滑坡下滑力,或通过清除滑坡体表层不稳定滑体,或通过改变坡体形态降低坡角等措施来增强滑坡稳定性。

前缘回填压脚是滑坡防治工程中最为有效的工程措施,目的在于通过增加前缘滑体的体积来增大滑坡抗滑力,但容易受到前缘已有建筑物或地形等条件的限制。植物防护主要指利用植草、植树等来防护滑坡表层并起到美化环境的目的。乔木对滑坡体积的保护作用效果不明显,往往还会起不良作用。

a 注浆加固工程

注浆加固可作为滑坡体滑带改良的一种技术。通过对滑带压力注浆,从而提高其抗剪强度及滑体稳定性。滑带改良后,滑坡的安全系数评价应采用抗剪断标准。注浆前必须进行注浆试验和效果评价,注浆后必须进行开挖或钻孔取样检验。

b 回填压脚工程

回填压脚采用土石等矿山就近材料堆填滑坡体前缘,以增加滑坡抗滑能力,提高其稳定性。

回填体应经过专门设计,其对于滑坡稳定系数的提高值可作为工程设计依据;未经专门设计的回填体,其对于安全系数的提高值不得作为设计依据,但可作为安全储备加以考虑。

回填压脚填料宜采用碎石土,碎石土碎石粒径小于 8 cm,碎石土中碎石含量 30% ~ 80%。碎石土的最优含水量需做现场碾压试验,含水量与最优含水量误差小于 3%。

碎石土应碾压,无法碾压时必须夯实,距表层 0 ~ 80 cm 填料压实度不小于 93,距表层 80 cm 以下填料压实度大于 90。

c 植物防护工程

植物防护工程通过种植草、灌木、树或铺设工厂生产的绿化植生带等对滑坡表层进行防护,以防治表层溜塌,减少地表水入渗和冲刷等。宜与格构、格栅等防护工程结合使用。

植物防护工程可作为美化滑坡防治工程及环境的一种工程措施加以采用。

在顺层滑坡、残积土滑坡中,采用植树等植物防护措施,需论证由于植物根系与水的作用加剧顺层或沿基岩顺坡滑动的可能性。

植物防护一般不作为滑坡稳定性计算因素参与设计,仅在表层土体坍塌和美化环境中加以考虑。

16.4.7 泥石流危害与防治

16.4.7.1 泥石流成因

采矿和矿山建设中开挖边坡、采空区塌陷、抽排地下水、废石土及尾矿堆排不当、砍伐树木植被等,诱发多种地质灾害。矿山挖出的大量废石土及尾矿堆排除占用大量土地、严重污染水资源和土地资源之外,还经常导致泥石流发生。矿山泥石流不仅危害到矿山自身,对周边环境及设施也构成严重威胁,已经在当代矿山建设与运行中留下了无数惨痛的教训。

矿山泥石流的形成和自然泥石流一样,必须具备三个基本条件:(1) 丰富的松散固体物质能以有利的方式直接补给泥石流;(2) 有陡峻的地形条件和较大的沟床纵坡;(3) 汇聚于沟底或者坡脚的充沛水源。

泥石流形成的物质基础是丰富的松散土石体,褶皱断裂复杂、挤压扭动性质以及构造节理发育交叉地区,岩石较破碎、易风化,有利于松散堆积物产生和储备。矿山的排土、排尾作业是泥石流物质基础的人为因素,将废石土以及尾矿得以集中。崩塌体和滑坡体也是泥石流很重要的一个物质来源。松散土石体的岩土性质也是一个很重要的因素,土石体内的含土量大,石料多为软岩或者风化程度高,特别是砂性黄土往往容易发生泥石流。

一般而言,大于30°的沟谷不利于松散物质的积累,在暴雨径流的冲刷下,以泥沙形式挟到谷外;小于10°的沟谷虽有利于松散堆积物的积累,但暴雨径流的能量不足,也不易发生泥石流。矿山的乱采、乱控,废石土与尾矿的任意堆排,往往为泥石流的发生起到了推动作用。高台阶排土场或单台阶排土以及尾矿的随意排放都是矿山泥石流的成因。

暴雨、洪水是形成泥石流的触发条件,是泥石流形成的直接水源。泥石流往往发生在降雨集中的季节和地区。水库及尾矿库溃坝往往同时伴随泥石流灾害。不透水或弱透水的基础地层的区域,地表径流不能垂直下渗变成地下水,为泥石流体间接地提供了水源。

16.4.7.2　泥石流的危害

泥石流常常具有暴发突然、来势凶猛、运动急速的特点,并兼有崩塌、滑坡和洪水破坏的多重作用,其危害程度往往比单一的滑坡、崩塌和洪水的危害更为广泛和严重。矿山泥石流一方面危害矿山自身,另一方面对周边环境也存在很大威胁。

对矿山自身来说,泥石流危害主要表现为摧毁矿山及其设施、淤埋矿山坑道和设备、伤害矿山人员,造成停工停产,甚至使矿山报废。如攀钢新白马铁矿Ⅳ号排土场每年暴雨季节都有大量的泥石流进入下游河道,直接威胁到其下游尾矿库2号排水井的安全。

泥石流最常见的危害是冲进乡村、城镇,摧毁房屋、工厂、企事业单位及其他场所、设施,淹没人畜,毁坏土地,甚至造成村毁人亡的灾难。2008 年 9 月 8 日,山西省襄汾县塔儿山铁矿尾矿库溃坝事故,3×10^5 km^3 的尾砂和水形成的泥石流一瞬间吞噬了长达 2km,面积达 0.302km^2 的土地,最终夺去 277 条鲜活的生命。矿山泥石流的危害必须引起高度重视。公路、铁路、桥涵等设施如果位于矿山泥石流的危害范围内,会致使交通中断,还可引起正在运行的火车、汽车倾覆,造成重大的人身伤亡事故。如果这些泥石流体汇入河流,轻则引起河道大幅度变迁,重则堵塞河道,形成堰塞湖;涌入水库,轻则淤积水库,重则导致洪水漫坝,甚至磨蚀坝体。

矿山泥石流的物质基础是废石土和尾矿,这些松散固体物质富含各种化学物质,特别是尾矿中往往含有选矿药剂。因此,矿山泥石流不仅具有一般泥石流的危害特征,还对矿区周边环境造成污染。比如原云南东川矿务局落雪矿尾矿砂曾沿排放渠道漫溢,污染大水沟一带的水源,人们饮用污染水后,腹疼、牙齿变黑、指甲下陷;此水用于灌溉,庄稼凋萎,颗粒无收。这些带有污染物质的泥石流,一旦涌入江河,恶化水生环境,破坏生态平衡。

16.4.7.3　矿山泥石流的特点

矿山泥石流是人们开发矿山生产活动的产物,是无计划、不合适、无措施地排弃所导致。与自然泥石流相比,矿山泥石流具有人为性、可预防性、短暂性、阶段性等特性,具体表现为以下四个方面:

(1) 矿山泥石流多发生在废石土或尾矿堆排期间,堆排物风化程度高,堆排工艺不按规范实施。随着剥离深度加大,排出的废渣强度提高,矿山泥石流也逐渐减弱。

(2) 矿山泥石流发生的地点、性质、大致规模以及可能危害的区域是能事先估计到的,并在相当程度上可以采取一些措施加以控制。

(3) 矿山泥石流固体物质补给区通常是一处或几处比较集中的地区,分布面积一般较小。

(4) 矿山泥石流的规模一般由大到小,发生频率由多到少;性质上,由黏性到稀性,最后接近清水流。

以上特点给矿山泥石流防治工作带来很大的有利条件。

16.4.7.4 泥石流预防措施

A 合理选择废渣堆排场地

矿山需要堆排的废渣包括废石土和尾矿,合理的堆排场地要注意以下三点:

(1) 场地地形应当平缓,四周汇水面积不大,废渣堆积体坡脚无河流经过。

(2) 场地内地表覆盖层与下伏基岩之间无地下水和软弱层,场内不应有较大滑坡、崩塌、自然泥石流等不良工程地质现象。

(3) 要注意废渣堆排场地下游农田水利、城镇居民、交通运输、建(构)筑物、江河等分布情况,还应注意场地下游要求适宜的地形、位置及良好的工程地质条件,以防出现泥石流险情时,有布置拦挡设施的条件。

B 规范堆排方法

无论堆排的废渣物理力学性质好坏,慎重采用高台阶的堆排方法。高台阶堆排容易导致边坡失稳、坡面冲刷,以至于形成泥石流。

C 截排水措施

水是泥石流形成的条件之一,对泥石流的形成起着主导作用,截断水源成为泥石流防治中的关键环节。常用的截排水措施有截洪坝、截洪沟、排水沟、排洪洞等。

(1) 截洪坝一般用在截河型尾矿库、排土场的上游。当河道上游为狭长的沟谷,则暴雨季节将汇集大量的洪水。为了防止洪水入侵尾矿库、排土场,河道上游布置截洪坝,并采用排洪隧洞将上游河道洪水排泄至下游河道,或者改排至邻沟中。截洪坝的设计应根据场地周边的岩土工程条件,选择合适的坝形和筑坝材料。

(2) 矿山采场边坡、排土场、尾矿坝的最终境界附近均应布置截洪沟,用于暴雨季节截排山坡汇集的洪水,防止洪水冲蚀边坡、排土场坡脚、尾矿坝坝肩。

(3) 排水沟内有相对稳定的水源,比如与坡面泄水孔配套的台阶排水沟,矿山生产、生活污水排水沟等。

(4) 排水洞一般作为矿山集中排水的设施,包括截洪坝截住的洪水都采用排水洞进行排泄。排水洞根据基础条件、覆盖层厚度等因素,综合考虑技术可行性和经济合理性,选择隧洞形式或者涵洞形式。

D 堆排规划与计划

矿山从建设期开始,要定期进行规划,定期进行一次废渣堆积体的稳定性分析安全评价。每年的废渣堆排应有计划,并按照计划堆排。

16.4.7.5 泥石流拦挡措施

由于很多复杂的因素,不少矿山还是无法避免地存在泥石流的威胁,而拦挡措施往往是最直接、最有效的防治措施。拦挡措施在泥石流防治中起到的作用归纳起来,有以下三方面:

(1) 拦截、储存砂石,防止泥石流对下游构成危害;

(2) 泥石流淤积在拦挡坝形成的库内,对泥石流具有一定的调节作用;

(3) 坝前回淤泥石流体后,上游坡度将变缓,降低泥石流速度,甚至使泥石流体停止于坝前。

拦挡措施包含实体拦挡坝和格栏坝两种,实体拦挡坝将全部泥石流体拦截,而格栏坝会让部分洪水和泥土通过。在治理过程,应根据具体防治要求,选择合适的拦挡坝。

A 实体拦挡坝

实体拦挡坝是国内矿山主要采用的泥石流拦挡措施,尾矿坝就是有稳定泥石流源的实体拦挡坝。因此,实体拦挡坝可参照尾矿库相关规范、规程以及手册进行设计。

实体拦挡坝的布置形式如图 16-30 所示,图 16-30(a)为单级形式,图 16-30(b)为多级形式。

如果泥石流每年增加的量不大,而周期较长,为节省投资,可采取分期加高坝体的方式进行筑坝,如图 16-31 所示。

实体拦挡坝按照筑坝材料可分为均质土坝、混合料坝和堆石坝。均质土坝是全部采用均质土料分层碾压堆筑而成,一般属于不透水坝体。混合料坝可由新鲜岩石、风化岩石、废石及 10% 以下的土料等组成,对岩石不进行限制,新鲜的、半风化的、强风化的都可以使用。堆石坝是一种由天然或人工破碎石块组成的无凝聚性的集合材料分层碾压堆筑而成的坝体,具有良好的透水性。当矿山有足够的满足要求的废石,且运距较近时,应优先选用堆石坝;而均质土坝一般用于一次性建坝的尾矿库工程,而且场地内土料丰富。

（a）   （b）

图 16-30　实体拦挡坝布置形式　　　　图 16-31　实体拦挡坝分期筑坝
（a）单级形式;（b）多级形式

为了防止洪水漫坝,实体拦挡坝还应在坝肩或坝体上设置溢洪道。溢洪道出口部位应设置消力池,避免高流速洪水冲蚀坝脚及下游河道。

B　格栏坝

格栏坝作为一种新的泥石流拦挡结构,是将坝体做成格栏状,具有拦截粗大颗粒,而让较细颗粒由格栏孔隙下排的拦、排兼有的建筑物,在国外已广泛采用。我国从 1937 年石太铁路线上娘子关车站西端 72km 处首次采用钢轨桩林拦挡巨石的第一座格栏坝以来,发展速度并不快。因铁路每年都要更换一批受损钢轨,正好可将其用于格栏坝。1981 年以后才在铁路系统建造了 60 余座钢轨路格栏坝,收到了较好的效果。

格栏坝的格栏有竖直、水平、格子状以及立体等多种形式,如图 16-32 所示。

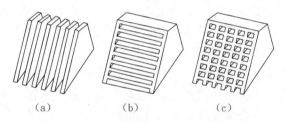

（a）　　　　　　　（b）　　　　　　　（c）

图 16-32　格栏坝结构
（a）竖直格栏坝;（b）水平格栏坝;（c）格子状格栏坝

设计格栏坝是以提高拦沙率为基本原则,对削减下游泥石流规模有利,同时要求使用寿命也长,这显然是一对矛盾。因为拦沙率高,一定库容的使用寿命便短。在一定的泥石流浓度级配及流量条件下,选择坝高与格坝间隙距离、参数以及格栏坝的结构形式,必须结合具体条件进行分析比较。由于格栏坝在国内应用这方面还没有系统的参考资料,下面介绍有关专家的试验与建议。

以格栏间隙净距 b 与泥石流最大粒径 d_{max} 为参数试验了格栏间隙阻塞条件与 b/d_{max} 的关系,将阻塞条件分为全堵、临堵或半堵、未堵三类。全部闭塞情况下,整个坝体迎水面的全部格栏间隙均被泥沙物质堵塞,直至放水过程结束仍保持全部阻塞状态。试验过程中,整个坝体迎水面格栏间隙仅有 1/2 左右被堵塞,称为半堵;临堵是指坝体迎水面虽全部格栏间隙变堵,但当水力条件随机变化又将堵塞的泥沙侵蚀掉 1/3 以上;试验过程中整个坝体迎水面的全部格栏间隙始终有 1/2 以上未被泥沙堵塞属于未堵情况。根据不同格栏坝结构及泥石流浓度（$S_v = 0.15 \sim 0.5$）进行的几十次试验,得到的结果见表 16-15。

表 16-15　各种格栏坝间隙的堵塞条件（b/d_{max}）

堵塞效果	竖直格栏	水平格栏	格子状格栏	桩林格栏	立体格栏
全堵	1.2	1.3	1.5	1.6	1.8
临堵或半堵	1.2~1.8	1.3~1.9	1.5~2.1	1.6~2.2	1.8~2.5
未堵	1.8	1.9	2.1	2.2	2.5

16.4.7.6　泥石流疏导措施

泥石流疏导措施的目的是引导泥石流顺利通过或绕过保护对象。常见的疏导措施有疏导槽、急流槽、导流堤,其防治基本原理相同,只是形式上略有差别。

泥石流疏导槽和急流槽基本相似,是通过人工渠槽控制泥石流路径,并将其引离被保护的地区或构筑物。疏导槽一般布置在泥石流的流通区或堆积区。要确保保护区的安全,疏导槽的过流能力要能够满足要求。影响疏导槽过流能力的重要因素是沟槽的纵坡和沟槽断面形态。提高纵坡往往受地形条件的限制,因此,需要通过优化设计疏导槽的断面形状和尺寸。在一定流量下,断面应有一个水力最佳的形状与尺寸,除以上两因素外,沟槽阻力(床面糙率)也是影响疏导能力的重要因素。泥石流排导槽设计原则除确保结构安全可靠外,还应根据所在泥石流沟的具体条件,在平面布置上应使纵坡较大(汇入主河距离短),出口与主河正交或成锐角,使泥石流排泄畅,易被主河水流带走。

实践表明,以宽、浅、平为特征的平底疏导槽阻力大,容易造成溯源堆积的危害。而V形断面疏导槽更有利于泥石流固体物质输移,因为具有尖底的V形断面能使粗颗粒沿着横坡向中间水深较大、输砂能力较大处集中,被水带走。疏导槽横断面形状如图16-33所示,图中(a)属于以宽、浅、平为特征的平底疏导槽,(b)属于V形断面疏导槽。

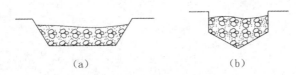

(a)   (b)

图16-33 疏导槽横断面形状
(a)平底疏导槽;(b)V形断面疏导槽

导流堤是充分利用河道一侧岸坡、堤坝与岸坡共同形成导流槽。泥石流导流堤坝要求坝体强度高,能抵抗泥石流流动过程的强大推力。

参 考 文 献

[1] 费祥俊,舒安平. 泥石流运动机理与灾害防治[M]. 北京:清华大学出版社,2004.

[2] 非煤矿山安全评价导则. 安监管技装字[2003]93号.

[3] 董智杭. 排土场泥石流治理措施分析[J]. 中国矿山工程,2006(4).

[4] 张军. 盐井沟泥石流治理与格栅坝的应用[C]//泥石流及洪水灾害防御国际学术讨论会论文集:A集. 峨眉山,1991:272~275.

[5] 谭炳炎. 泥石流地区格拦坝的试验研究[C]//泥石流防治理论与实践. 铁道部科学研究院西南研究所论文集:第2集. 成都:西南交通大学出版社,1991:120~125.

[6] 刘有录,张红武. 网格型防沙坝拦沙特性的试验研究[C]//泥石流及洪水灾害防御国际学术讨论会论文集:A卷. 峨眉山,1991:133~137.

[7] 孟河清,王文俊,郝平. 格拦坝水力机能的试验研究[C]//泥石流防治理论与实践. 铁道部科学研究院西南研究所论文集:第2集,成都:西南交通大学出版社,1991:136~140.

[8] 王继康,何克振,黄荣鉴. V型排导槽防治泥石流[C]//泥石流及洪水灾害防御国际学术讨论会论文集:A卷,峨眉山,1991:118~122.

[9] 周必凡,李德基,等. 泥石流防治指南[M]. 北京:科学出版社,1991.

[10] 古德生,李夕兵. 现代金属矿床开采科学技术[M]. 北京:冶金工业出版社,2006.

[11] 邓学军. 矿山地质灾害及防治[J]. 中国地质,1999(9).

[12] 岳境,邹继兴. 露天矿山地质灾害治理方案[J]. 河北理工大学学报,2007(1).

[13] 闫国杰. 矿山地质灾害研究与防治探讨[J]. 中国矿业,2004(3).

[14] 李艺,李明顺,等. 矿山地质灾害类型及勘查方法[J]. 矿业安全与环保,2007(5).

[15] 李毅,李蘅,张静. 我国矿山地质灾害类型及勘查防治方法[J]. 矿产与地质,2004(1).

[16] 赵永久. 矿山环境地质灾害问题及其勘查方法[J]. 地质灾害与环境保护,2008(2).

[17] 闫长斌,徐国元,中国生. 复杂地下空区综合探测技术研究及其应用[J]. 辽宁工程技术大学学报,2005(4).

[18] 国土资源部. 滑坡防治工程勘查规范(DZ/T0218—2006)[S]. 中华人民共和国国土资源部,2006.

［19］国土资源部．泥石流灾害防治工程勘查规范(DZ/T0220—2006)［S］．中华人民共和国国土资源部,2006.

［20］国土资源部．滑坡崩塌泥石流灾害详细调查规范［S］．中华人民共和国国土资源部,2006.

［21］刘传正．地质灾害勘查指南［M］．北京:地质出版社,2000.

［22］山田刚二,等．滑坡和斜坡崩坍及其防治［M］．北京:科学出版社,1980.

［23］失野义男,等．泥石流、滑坡、陡坡崩塌防治工程手册［M］．南京:河海大学出版社,1992.

［24］林在贯,等．岩土工程手册［M］．北京:中国建筑工业出版社,1994.

［25］《采矿手册》编辑委员会编写组．采矿手册［M］．北京:冶金工业出版社,1988.

17 数字化矿山

17.1 概述

矿山企业是国家的基础产业之一,在经济发展中具有重要作用,应针对矿山企业的特点,按照系统工程的观点,科学地进行决策、设计、施工建设、安全生产、经营、生产计划和调度及过程控制,才能发挥整个系统的良好性能。

建立数字矿山的目的是改变国内矿业传统的经营管理观念、经营方式,积极应用信息技术和世界先进技术来改造并提升我国的矿业装备、工艺技术、经营管理方式和手段,使企业决策、生产、经营、管理水平大幅提升,经济效益更好,从而增强矿山企业的创新能力和竞争力。

17.1.1 数字化矿山概念

17.1.1.1 数字矿山的内涵

A 数字矿山与矿业系统工程的关系

数字矿山(digital mine)具有信息、系统属性,是一种信息系统(information system)。与其他领域一样经历着一个发展过程,是系统思想和信息技术发展的必然结果,是其在矿业工程领域中的应用与集成,可以看做矿业系统工程的一部分。

矿业系统工程的构成及内涵如下:

(1)矿业系统由与矿产资源开发有关的实体要素及其间的逻辑关系构成,矿业系统工程则是应用系统理论、思想及方法来分析、设计和控制矿业系统的工程技术。

(2)系统理论。客观世界的基础包括物质、能量和信息。物质构成世界;能量是物质的属性、运动动力;信息是客观事物和主观认识相结合的产物,人们通过信息认识物质和能量的运动规律,通过信息,认识世界。任何一个系统在其内部各个要素之间以及与外部环境之间,都在不断地进行着物质、能量和信息的交换,在时间和空间上形成物质流、能量流和信息流。通过"流"来连接要素,构成具有一定结构、实现一定功能、达成一定目标的系统。

(3)系统思想特征。系统思想特征包括系统因其要素、环境相互作用而具整体性;系统结构与功能对环境变化的自适应性;系统状态随时间的变动性即动态性;系统行为的不确知性含随机性与模糊性;系统目标的多重性;系统方法的定性定量、结构功能的综合性。

(4)系统方法。系统方法包括运筹学、信息论、控制论、模糊系统理论、系统动力学理论、大系统理论、分形理论、人工智能、IT与计算机技术等的发展,正在为矿业系统工程提供越来越多的、有效的系统方法与手段。数字矿山即是矿业系统工程的一种手段。

B 矿业系统工程研究范畴

(1)矿床勘查中的深井或者钻孔布局优化的随机模拟模型。

(2)矿床产状、品位分布和储量评估的计算机图形学、地质统计学、人工神经网络和常规数学及几何模型。

(3)矿山 CAD/CAM/CAP、矿山开采计划、配矿和露天矿境界圈定的优化模型(如图论、动态规划、线性规划、控制论)和启发式模型(如浮动锥、参数化、模拟)。

（4）矿山开拓运输方式、采矿方法和爆破参数选择专家系统、人工神经网络和模糊数学模型。

（5）矿岩工程特性分级的专家系统、人工神经网络和模糊数学模型。

（6）矿岩破碎、岩体节理及稳定性分析和粉尘防治的随机模型和分形几何模型。

（7）矿山岩体工程应力场分析的有限元、边界元、离散元、有限差分模型及其耦合模型。

（8）矿山生产系统特别是矿岩采装运系统及设备选型、匹配和调度的计算机模拟模型，排队论模型和可靠性模型。

（9）矿区规划与矿山计划的系统动力学模型。

（10）能源规划和矿山企业生产结构分析的工程过程模型（如线性规划）和投入产出模型。

（11）矿山管理信息系统 MIS/CIMS/ERP/MES。

（12）矿业系统工程新兴研究领域。

（13）矿业可持续发展（SD）。

（14）无人矿山（矿山自动化及无人采矿）。

（15）数字矿山（矿山可视化;3S:RS、GPS、GIS）。

C   数字矿山的含义

（1）数字矿山是矿山的一种计算机化表征系统，广义地讲，是无人矿山的一部分。

（2）数字矿山包括实现矿山数字化的各种技术手段，广义地讲，包括自动控制技术。

（3）数字矿山作为一个信息系统，具有依赖于矿山特征的系统逻辑结构和服务于矿山目标的决策支持功能。

（4）数字矿山建设是一个应用数字矿山技术实现矿山数字化的过程，广义地讲，是发展无人矿山的一个阶段。

D   数字化矿山的基本概念

数字化矿山目前尚无准确、公认的定义。综合不同学者对数字矿山概念的表达，所谓数字化矿山是指人类在开采矿产资源的工程活动中所涉及的各种动态、静态信息的全部数字化，并由计算机网络管理，又可运用空间技术与实时自动定位、导航技术对矿山生产工序实施远程操作和自动化采矿的综合体系。

17.1.1.2   数字矿山的意义

（1）数字矿山是国家矿产资源安全保障体系的一部分。数字矿山可以为我国全面分析、掌握及预测矿产资源分布利用情况、市场行情和保障程度提供手段，是建立有效的战略资源供给及保障机制的重要内容。

（2）数字矿山是国内矿产资源开发管理的需要。提高资源利用效率;开发和节约并举是我国矿产资源开发的基本方针。建设数字矿山可以全面、动态、准确地掌握我国矿产资源的存量及变化，进而科学合理地开发利用和保护资源，为实现矿产资源可持续发展提供技术手段。

（3）数字矿山是矿产资源开发领域的研究前沿。数字矿山研究应用高新技术改造传统矿业开发技术的前沿领域，通过数字矿山建设，可以促进实时过程控制、资源实时管理、矿山信息网建设、新技术装备应用、自动及智能控制技术的发展与应用、提升矿山技术与管理水平。

（4）数字矿山解决矿产资源开发实际问题。一些比较成熟的数字矿山系统及技术是解决矿山实际问题的重要手段，如3S系统及技术、Surpac 系统及矿床建模技术、Ansys 或 FLAC 数字模拟技术等。掌握这些手段，不仅是研究数字矿山的需要，也是解决矿业工程实际问题的需要。

17.1.2   数字矿山的发展趋势

随着运筹学、计算机和信息等技术的进展，数字矿山在矿业中的应用越来越广泛，矿业工程从传统的工艺技术向现代的科学技术方面发展。

数字矿山的建设是一个庞大的系统工程，其长期目标是实现资源与开采环境数字化、技术装备智能化、生产过程控制可视化、信息传输网络化、生产管理与决策科学化。其发展趋势主要有以下几点：

（1）矿山数据仓库建设研究。矿山企业的对象是资源,快速、准确地掌握资源及其周围岩层的空间分布情况是最关键、最基本的建设内容,这项工作是后续设计、计划以及提高决策性的基础。同时,生产过程中各个系统产生的数据对过程控制、整体系统优化、决策制定均具有非常重要的作用。这些信息必须以数据库的形式予以管理,通过先进的软件进行快速的分析,才能有效地实现信息共享,发挥切实有效的效益。针对矿山信息的"五性四多"（复杂性、海量性、异质性、不确定性和动态性,多源、多精度、多时相和多尺度）特点,研究新型的数据仓库技术,包括矿山数据分类组织、分类编码、元数据标准、高效检索、快速更新与分布式管理等。其中,适合多源异质矿山数据集成且独立于应用软件与数据模型的数据组织结构,是数字矿山的发展方向之一。

（2）真3DGM（三维地质建模）与可视化技术研究。针对矿山数据的特点,研究高效、智能,符合矿山思维、专家知识的数据挖掘技术,并以这些技术为基础,从海量的矿山数据中挖掘、发现矿山系统中内在的、有价值的信息、规律。通过真3D地学模拟技术与矿山3D拓扑建模与分析技术,对钻孔、物探、测量、传感、设计等地层空间数据信息、规律以及知识进行过滤和集成,并实现动态维护（局部更新、细化、修改、补充等）,才能对地层环境、矿山实体、采矿活动、采矿影响等进行真实、实时的3D可视化再现、模拟与分析。

（3）地下定位、自动导航与井下通信技术的发展与应用。由于GPS的地面快速定位与自动导航问题已基本解决,而在卫星信号不能到达的地下矿井,除传统的陀螺定向与初露端倪的影像匹配定位技术之外,尚没有满足矿山工程精度与作业速度要求的地下快速定位与自动导航的理论、技术与仪器。在矿井通信方面,除宽带网络之外,如何快速、准确、完整、清晰、实时地采集与传输矿山井下各类环境指标、设备工况、人员信息、作业参数与调度指令等数据,并以多媒体的形式进行地面与井下双向、无线传输,也是数字矿山的研究方向之一。

（4）无人采矿技术研究。矿山生产过程中的人员和设备多处于移动状态,位置不断变化,但这并不意味着其过程不可控,只是控制方式、控制精度与普通的生产企业有所区别。在矿山自动化方面,要突破过去关于采矿机器人的个体行为方式,就要从群体协同的角度,从采矿设备整体与整个作业流程中的自动控制,去理解、研究和设计新一代智能化采矿机器人"班组"及其作业模式。采矿是劳动密集型、资本密集型的工业,利用信息技术对其进行改造和提升,提高生产过程的控制和自动化水平,是采矿工业发展的一大趋势。在工业发达国家,正在利用电子技术与机械技术的结合把工业机器人用于生产,使机械化转向自动化,从而提高生产率、降低成本、增强竞争能力,自动化成为改造传统工业和发展新产业的基本目标。井下无人采矿工艺装备控制技术是建立在控制理论、相似理论、系统运筹学、信息处理技术和采矿相关理论等理论与技术基础之上,利用计算机技术实现无人采矿生产过程的计算机模拟和分析;并通过研究采矿工艺行为,揭示无人采矿过程中各工况参数的动态变化过程,为无人采矿工艺的设计和实施提供数据和决策支持。信息及通信技术的进步必将推动无人采矿技术从以传统采矿工艺自动化为核心的自动采矿,向着以先进传感器及检测监控系统、智能采矿设备、高速数字通信网络、新型采矿工艺过程等集成化为特征的"无人矿山"发展,成为数字矿山的一个重要发展方向。

（5）矿山3S、OA、CDS五位一体技术。为实现全矿山、全过程、全周期的数字化管理、作业、指挥与调度,必须基于矿山GIS对矿山信息的统一管理与可视化表达、无缝集成自动化办公（OA）与指挥调度系统（CDS）,并集成RS和GPS技术,真正做到从数据采集、处理、融合、设备跟踪、动态定位、过程管理、流程优化到调度指挥的全过程一体化。

（6）矿山安全监测与预警系统研究。矿山安全监测与预警系统是一种集科学计算可视化、资源信息与开采信息互相融合、实时自动检测、网络远程监控为一体的综合管理信息系统。它以矿床资源信息、开采工程信息、微震检测信息等数据共享为核心,以实体数字地质模型为基础,通过可视化、网络化以及实时动态监测等技术手段来实现对矿床开采的安全监测与安全预警。建立矿山工程自动监测与预警系统是避免矿床开采造成环境破坏、预测与预防地质灾害的发生以及维持矿山的正常生产秩序并确保人员设备安全的重要措施之一。

数字矿山还应在以下领域开展交叉研究,即现代矿山测绘理论、智能采矿与高效安全保障技术、数字环境中采动影响分析与模拟、采矿动态模拟与非线性分析算法、矿山系统工程与多目标决策理论与技术、数字环境中现代矿山管理模式与机制等。

17.2　数字矿山体系架构

数字矿山作为一个信息系统,具有依赖于矿山特征的系统逻辑结构和服务于矿山目标的决策支持功能。

17.2.1　矿山的信息需求

(1)矿床地质及信息需求:地质勘探数据,生产勘探数据,分析矿岩属性及其空间分布(品位、选冶特征、力学性质、水文、地质构造),需要分析方法及表征方法(deposit modeling and visualization)等。

(2)规划设计及信息需求:技术经济评价及决策、开拓方案与采矿方法选择及设计、采矿计划及优化、开采工艺分析、设备选型及匹配;需要 CAD、工程图件及决策支持模型等。

(3)地表环境及信息需求。地表地形、工业场地布置(plant layout)、固体废弃物排放、采前环境分析及采后环境重建、需要地理信息系统等。

(4)井下环境及信息需求:地压及岩爆监测,矿井通风系统状态及参数,井下有害气体、水及火灾监测,移动目标监测;需要监控系统(monitoring system)等。

(5)工艺过程及信息需求:穿孔(钻机位置、状态、孔位、岩性、水),爆破(优化设计及烟尘监测),装载(挖掘机/铲运机运行参数及控制),运输(卡车运行参数、调度、控制及匹配),选矿(过程控制、产品混配(blending));需要仿真、GPS 监控、调度(dispatching)等。

(6)支撑系统及信息需求:维护(设备预测性、预防性维修维护管理),物资(采购与存储管理),销售(订单、发货与凭证管理),人力资源(招聘、培训、劳资、安全);需要各种统计分析方法及决策支持模型等。

(7)服务层次及信息需求:作业(状态、传感与自控信息,supervisory control and data aquisition,SCADA),车间/生产控制层(MES-SCADA 与 ERP 的桥梁,生产过程、工艺参数、产品规格、质量检测信息),企业/计划管理层(ERP 资源整合、计划编制信息),集团/战略决策层(市场、投资 DSS)等。

17.2.2　数字矿山系统架构

数字矿山系统架构包括硬件、软件结构划分,其中硬件部分包括计算机网络系统和弱电基础设施,软件部分包括应用系统平台和业务系统。

17.2.2.1　计算机网络系统

计算机网络系统不仅是数字矿山上层应用系统的数据传输高速通道,也是矿山弱电系统的主要传输通道之一。目前,矿山弱电系统的传输方式正逐渐从模拟方式向数字化方式发展,其主要技术依托就是高速、可靠的网络平台。因此,计算机网络系统是数字矿山系统的基础物理平台,其物理结构如图 17-1 所示,包括以宽带网为基础的数字矿山主干网络、以无线通信技术为核心的地面无线网络、以总线结构或泄漏通信为主的井下通信系统和以宽带接入方式进行的 Internet 接入等四个部分。

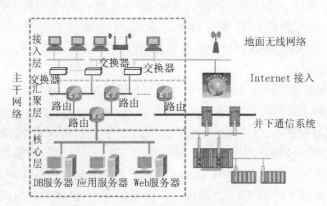

图 17-1　矿山计算机网络系统物理架构

（1）主干网络。主干网络采用核心、汇聚、接入等三层网络进行构建：

1）核心层,在网络中心放置数据库服务器、应用服务器、网络服务器、大型交换机等核心设备,通过光纤、宽带等方式与各汇聚节点相连接。

2）汇聚层,在各组团设置汇聚节点,通过千/万兆带宽连接到相应的汇聚中心设备。

3）接入层,在各楼宇设置配线间,将楼内的信息点全部集中到各配线间,采用百/千兆带宽接入交换机。

（2）地面无线网络。目前无线网络设备支持的协议有 802.11b 和 802.11a,带宽分别为 11M 和 54M。它作为地面有线网络的补充,满足矿山地面随时、随地接入的需要,克服布线系统距离限制而扩展网络的使用范围。

（3）井下通信系统。井下通信系统包括通信主干系统和移动目标位置监测系统等。泄漏通信系统是应用较为广泛的井下通信系统,此类系统的功能包括双向语音通信,工作人员位置跟踪,紧急信号发送,图像监控,交通控制及车辆调度,排水、通风系统监控等。

（4）Internet 接入。接入网络以当前 IPV4 网络通信协议为基础,兼顾未来 IPV6 网络通信协议。技术要求应满足先进性、高性能、高可靠性、可扩展性、安全性、多业务支持(支持多媒体应用,包括视频点播、视频会议等的组播支持,并可以对各种业务数据流进行差别服务,提供端到端的 QoS 保障)。

17.2.2.2　弱电基础设施

弱电基础设施包括地面综合布线系统、有线电和无线电生产调度系统、模拟和数字电话通信系统、弱电系统机房工程。

（1）综合布线系统。遵循统一标准,使用标准的双绞线和光纤,采用星形拓扑结构,对其他各系统进行集中管理。

（2）有线电和无线电生产调度系统。以有线电调度系统为主体,配合以无线电调度系统。

（3）电话通信系统。采用模拟调度通讯和数字调度通信结合方式进行。

（4）弱电系统机房。弱电系统机房包括网络中心机房、数据中心机房等。

17.2.2.3　应用系统平台

在数字矿山的总体结构中,应用平台包括统一用户认证平台、数据管理平台、业务构造平台、综合信息门户平台等四个部分。

（1）统一用户认证平台。提供统一的用户管理、身份认证、安全保障服务。通过建立独立的、高安全性和可靠性的身份认证及用户权限管理系统,实现对数字矿山网络用户的身份认证和权限管理,改变传统分散的用户管理模式,规范用户操作行为,提高工作效率,降低操作成本,并有助于推进矿山企业流程再造。

（2）数据管理平台。它是数字矿山信息服务的核心,实现对各类数据的集中存储,集中管理,为全矿范围内的各种应用提供共享的、权威的中心数据库,实现各种应用系统的数据与信息共享。

（3）业务构造平台。为数字矿山的各个应用子系统提供快速的开发环境和集成统一的运行支撑环境,提升业务系统的开发、发布和维护效率,实现开发过程中的用户参与、快速开发、快速应用和灵活调整。

（4）综合信息门户平台。作为信息服务的窗口,为矿山企业用户提供信息查询、汇总、分类、搜索、发布等方面的及时、有效的个性化服务。

17.2.2.4　业务系统

业务系统建立在应用系统平台基础上,包括办公自动化系统,人力资源、财务、物资、设备等管理系统,安全监测与预警系统,井下人员位置管理系统,工程设计系统与生产计划系统等业务系统。

上述的系统结构,其数字矿山逻辑层次结构如图 17-2 所示。

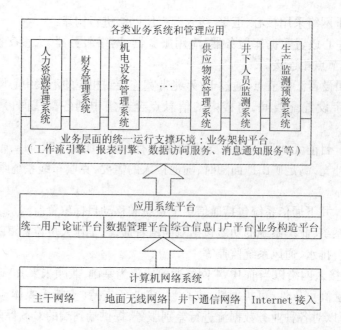

图 17-2   数字矿山逻辑层次结构

17.2.3   数字矿山决策支持功能

数字矿山的功能内涵在短期内是相对稳定的,从长远看是动态的。随着科学技术的发展,数字矿山的功能将向更广、更深延展。现有科技水平可实现的数字矿山的主要功能从软件系统的角度自上而下可分为三大功能层次,如图 17-3 所示。

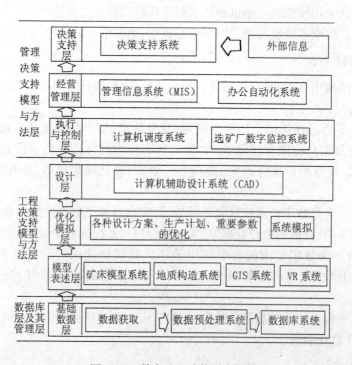

图 17-3   数字矿山功能层次结构

17.2.3.1   数据库及其管理层

数据库层即数据获取与存储层。数据获取包括利用各种技术手段获取各种形式的数据及其预处理,数据存储包括各类数据库、数据文件、图形文件库等。该层为后续各层提供部分或全部输入数据。

17.2.3.2　工程决策支持模型与方法层

工程决策支持模型与方法层可细分为表征模型、决策模型与规划设计等三个小层次。其中,表征模型包括用于表达矿岩空间和属性的三维和二维块状模型、矿区地质模型、采场模型、地理信息系统模型、虚拟现实动画模型等,其作用是将数据加工为直观、形象的表述形式,为优化、模拟与设计提供输入;决策模型主要是用于工艺流程模拟、参数优化、设计与计划方案优化等;规划设计即计算机辅助设计,该层为把优化解转化为可执行方案或直接进行方案设计提供手段。

17.2.3.3　管理决策支持模型与方法层

管理决策支持模型与方法层可细分为执行与控制层、经营管理层、决策支持层等三个小层次。其中,执行与控制层包括 MES 自动调度、流程参数自动监测与控制、远程操作等;经营管理层包括 MIS 与办公自动化;决策支持层包括 DSS 依据各种信息和数据加工成果,进行相关分析与预测,为决策者提供各种决策支持手段。

17.2.4　数字矿山关键技术

17.2.4.1　先进传感及检测监控技术

先进传感及检测监控技术包括以下内容:

(1) 井下环境要素,如温度、湿度、空气组分、采场地压、巷道围岩变形等变量的检测监控技术及仪器。

(2) 矿岩爆堆的块度及其分布、有用矿物品位及其分布等参数的即时分析技术及方法。

(3) 井下环境的空间距离识别、定位及导航技术,如埋线导航(buried wire)、无源光导(reflective tape 或 painted strip)、有源光导(light rope)、墙壁跟踪(wall following)、惯性导航(inertial navigation)技术及装备,是智能采矿设备运行及工艺过程控制的前提。

17.2.4.2　采矿设备遥控及智能化技术

采矿设备遥控及智能化技术包括井下主体设备的位置监测、定位和在穿孔、爆破、铲装、运输、卸载等生产工艺环节中的作业遥控与智能控制技术;井下主体设备工况的智能监测技术、故障预防技术、失效安全技术。该技术可以减少人员、消除无效工时、避免职业危害。

17.2.4.3　高速数字通信网络技术

井下通信条件与地面通信条件差异很大,主要问题有:井下物理环境恶劣,黑暗、潮湿、腐蚀性强,自然破坏因素多、概率大;井下通信设施布设空间有限;普遍存在无线通信屏障。

(1) 要能够同时满足井下与地面通信的需要和井下采区之间通信的需求,要考虑带宽的自动调节以适应井下采区、采场或作业场所数量经常增减对带宽再分配的需求,要在考虑井下应用环境的同时采纳工业标准或地面标准以降低井下通信设施成本。

(2) 要能够实现 PLC 间的通信、PLC 与自动设备间的通信、视频图像的通信、局域网通信、有线电话通信以及无线语音、视频及自动设备控制信号通信。

(3) 要便于井下通信网络随着开采进行而物理延伸的需要,考虑即插即用。

(4) 井下通信技术规范化及标准化,利于推广应用。

(5) 通信物理设施及通信效果对井下环境的敏感度低。

17.2.4.4　矿床开采规划设计技术

矿床开采规划设计技术主要有:

(1) 矿床建模及可视化技术。

(2) 规划和设计 CAD。

(3) 矿岩场数值分析及可视化技术。

(4) 传统运筹学方法。

(5) 安全培训的虚拟现实技术。

（6）水、火等灾害的仿真技术。

（7）应急救援的 GIS 技术。

17.3 信息采集、处理与传输

数字矿山是对矿山的空间数据与属性数据的一种数字化表征,包括技术、方法和应用。

数字矿山建设是数字化、信息化、计算机化的过程,将数据转换为计算机能够识别、存储、传输和加工处理的形式,以计算机技术为手段,通过数据加工和处理,形成决策支持信息。

17.3.1 数据与信息

17.3.1.1 数据

数据（data）是对客观实体或客观事物的属性的描述,是反映客观事物的性质、形态、结构和特征等属性的符号,形式上可以是数字、文字或图形,如矿床/矿体、巷道、LHD。

17.3.1.2 信息

信息（information）是通过记录、分类、组织、连接或诠释等处理后得到的数据内涵或意义,其系统状态丰富,是关于事物属性、变化或规律的知识。如矿床/矿体钻孔数据→地质统计学、距离幂次反比法、ANN 法、SV 法→空间分布规律及变化趋势。

17.3.1.3 知识

知识（knowledge）是通过实践、研究、联系或调查获得的关于事物的事实和状态的认识,是人类关于自然和社会的认识和经验的总和。

17.3.1.4 数据、信息与知识的关系

数据是信息的载体;信息是数据加工的结果;知识是通过数据和信息等对客观事物的认识总和。如矿床:铁、硫;钻探、槽探;3D 模型。

17.3.1.5 信息与消息

信息是对消息（message）的认识和理解;消息是信息的载体、符号或物化;消息承载信息的数据,用于通信工程中。

17.3.1.6 信号

信号（signal）是数据、消息或信息的符号化、物理量化;信号是数据、消息或信息的载体;信号也可以说是一种数据、消息、信息。信号分为模拟信号和数字信号。

17.3.1.7 信息性质

信息具有的性质有:普遍性、无限性（物质资源有限性）;可共享性;可存储性、可压缩性;可传输性、可扩散性;可转换性。

17.3.1.8 信息技术

信息技术（information technology）是开发、控制和利用信息资源的手段的总和。

（1）形式。数值、文字、声音、图像、视频。

（2）来源。实体属性、生产控制、资源计划。

（3）手段。采集（collection）/获取（acquisition）、加工（processing）/变换（transformation）、传输（transmission）/交换（exchange）、存储（storage）/压缩（compression）、表示（presentation）。

17.3.1.9 信息技术核心基础

（1）传感技术。采集/获取技术。

（2）计算机技术。加工/转换/识别。

（3）通信技术。传输/交换技术。

（4）微电子技术。存储/显示/表示;IC（integrated circuit）/SoC（system on chip）。

17.3.2 信息采集与转换

17.3.2.1 信息源与信息分类

(1) 信息源。分为口头信息、语言、录音和文字记录。

(2) 实物信息。由商品或其他物品承载的信息,如人员、设备、甲骨、竹简、互联网。

(3) 环境信息。井下瓦斯、氡气、辐射、微震。

(4) 文献信息。辞典、论著、专利、索引。

17.3.2.2 信息采集

(1) 狭义。企业或机构在 DM、MIS 建设中,获取和汇总各种信息以供使用的过程。如矿床建模、地质钻探与生产勘探。

(2) 广义。信息采集是知识获取形式之一。"知识的一半就是知道到哪里去寻求它",学习如何学习或如何获取知识。

17.3.2.3 人工采集方法

(1) 直接观察。在信息源现场视听和记录。

(2) 普遍调查。在一定范围内调查全部对象,如全国人口普查,具有全面性。

(3) 典型调查。在一定范围内调查重点的、代表性的典型对象,具有主观性。

(4) 抽样调查。在一定范围内调查随机抽取的部分样本,具有科学性。

(5) 个别访谈。个别访谈是建设数字矿山或信息系统过程中常用的信息采集方式之一,效果好,但成本高、效率低。

(6) 查阅资料。文献检索,搜索引擎。

17.3.2.4 自动采集方法

现实世界中的许多量都是物理量(如声音、湿度、温度、风压、流量、尘毒含量)需要应用传感器采集。采集方法包括利用可见光、红外线、紫外线等光敏元件;声波、超声波、次声波等声敏元件;嗅敏、味敏、热敏、压敏、磁敏、湿敏以及综合敏感元件;遥感技术(RS)。

17.3.2.5 信息转换

传感器采集的信号为模拟信号,其时间/幅度连续,可以用时间连续的波形来表示。

将模拟信号离散化,形成数字信号以便计算机处理,称为信号转换;模数转换(A/D)或数模转换(D/A),器件有 A/D、ADC;D/A、DAC。

17.3.3 音频、图像、视频处理

17.3.3.1 音频(audio)处理

(1) 输入。麦克/受声→声波/振动→电波/电压。

(2) 输出。电波/电压→声波/振动→音箱/扬声。

(3) 处理器。声卡,A/D(或 ADC)和 D/A(或 DAC)及电路、DSP、混合信号处理器(MIDI、CD)、音乐合成器、总线接口与控制器。

17.3.3.2 色彩(color)

(1) 色度。色调和饱和度的统称。

(2) 色调/色相。物体反射不同波长的光而产生的感觉,光谱作用的综合效果,色彩的基本性质;色彩类别,如红、绿、蓝等。

(3) 饱和度。色彩的纯度、深浅度、白光程度。

(4) 亮度。物体发光强度,明亮程度的感觉。

17.3.3.3   色彩模式

表现色彩的数学算法或模型,决定图像的输出(显示或打印)方式。包括位图、双色、灰度、RGB、CMYK、Lab、HSB、多通道、8位、16位、混合等模式。其中,计算机是 RGB 模式,打印机是 CMYK 模式。

17.3.3.4   RGB

(1) 三基色。每种包括 0 ~ 255 共 256 个亮度或色阶,通过叠加组合可以形成 16777216 种色彩,所谓的真色彩。

(2) 黑/白/灰。三基色阶为零/255/相同。

(3) 加色模式。合成亮度增加。

17.3.3.5   CMYK

(1) 四颜料。青(cyan)、洋红(magenta)、黄色和黑色吸收光谱形成的颜色。

(2) 减色模式。合成亮度降低。

(3) Lab。三通道模式,表达色彩范围最广。

(4) HSB。色相(hue)、饱和度(saturation)、亮度(brightness)。

17.3.3.6   图像处理(image processing)

(1) 输入。摄像机、数码相机、扫描仪、图像采集卡等。

(2) 输出。显示器、打印机。

(3) 处理器。图形卡、图形工作站等。

(4) 处理过程。与语音处理类似,经过采样、量化和编码等三个步骤。

17.3.3.7   图像与图形

(1) 图像(image)。光栅图(raster graphics)或位图(bitmap),由有限个像素(pixel)构成。

(2) 图形。向量图(vector graphics),根据数学公式来决定图元的大小和方向。

(3) 区别。数据量;结构;3D 及视图;计算量;自然景物;标准:OpenGL + VRML/JPEG + TIFF;AutoCAD/Photoshop。

17.3.3.8   视频(video)

动态图像或者以一定频率显示/播放的离散图像/帧(frame);模拟视频和数字视频。

(1) 输入。摄像机、录像机。

(2) 处理器。视频采集卡,捕捉模拟信号、A/D 转换、存储、D/A 转换。

(3) 输出。VGA、电视机、播放机。

17.3.4   存储与压缩

17.3.4.1   存储

存储(storage)包括介质和信息处理环节,主要分类有:

(1) 按照与处理器的关系分为内存储、RAM (random access memory);联机存储或在线存储,如软盘、硬盘、光盘;脱机存储或离线存储,如磁带机、磁带库。

(2) 按照存储介质分为内存储、电路、SDRAM (synchronous dynamic);软磁盘、塑基磁介质(floppy disk)、ZIP 等;闪存盘、电晶体、CF(compact flash)、MMC Multi(media card 、SD secure digital)、MS(memory stick);硬磁盘、铝基磁介质、移动硬盘;光磁盘、CD-ROM、CD-R、CD-RW。

17.3.4.2   数据压缩(compression)

存储和处理过程中,压缩信息量、消除冗余(redundancy),仍然能够复原出必要的信息。

(1) 空间冗余。同一图像/帧中的重复像素。

(2) 时间冗余。不同图像/帧中的重复背景。

(3) 视觉冗余。视听不敏感信息,灰度等级 26、帧频 10fps。

17.3.4.3 数据压缩种类

(1) 无损。解压缩后，数据完整复原，没有失真，用于数字、文本等数据；ZIP（一种存储格式）、PKZIP（Phil Katz）、WinZip、WinRAR；N 算法：Deflate。

(2) 有损。去掉冗余，部分失真，音频和视频。

(3) 评价。压缩比、压缩/解压速度、失真度。

17.3.4.4 数据压缩方法

(1) 预测编码。根据离散信号间的相关性预测下一个信号，利用当前值和预测值之差编码，称为差分脉冲调制编码 DPCM（delta pulse code modulation）。

(2) 帧内编码。JPEG，用于静态图像。

(3) 帧间编码。MPEG，用于动态图像。

(4) 变换编码。运用变换函数将信号由一种表示空间变化为另一种表示空间，产生一组变换系数，然后对变换系数进行编码、传输和解码。傅里叶变换、离散余弦变换（DCT）、KL 变换（KLT）、小波变换（WT）。压缩比大，易于失真。

(5) 统计编码。信源冗余度取决于信源相关性和概率分布的不均匀性；通过统计去除相关性和不均匀性，降低冗余度。Huffman、算术编码、行程编码（RLE—Run—length encoding，一串连续的相同数据转化为特定的格式）。效率较低，失真度小。

(6) 混合编码。小波（wavelet）变换，将图像进行多分辨率分解，分成不同空间和频率的子图像，然后对子图像进行小波变换编码；分形（fractals）压缩，将图像进行分块，利用分形原理找出块间相似性，进行仿射变换，再对变换系数进行处理。

17.3.5 数据结构、组织与管理

17.3.5.1 数据结构

数据结构是数据在计算机内的组织和存储形式，目标是提高数据处理效率。数据结构通常与算法相对应。

(1) 线性结构。堆栈 LIFO，前进后退、撤销恢复；列队 FIFO，打印排队，作业排队。

(2) 树形结构。二叉树，对应的算法是遍历算法（Traversing），先序 NLR、后序 LRN、中序 LNR；应用：产品数据管理，分类、存储与检索。

(3) 图状结构。对应的算法是遍历算法，深度优先、广度优先。

17.3.5.2 关系模型

关系模型是一种以二维表为特征的描述研究对象的数据模型，是一种集合结构。

(1) 研究对象。矿床可以看做是若干空间点的集合；职工队伍是若干职工的集合；班级是若干名同学的集合（集体）。

(2) 应用。数据库处理基本模型。

17.3.5.3 研究对象术语

(1) 实体（entity）。研究对象的个体，如矿床某一空间点、某矿一职工。

(2) 属性（attribute）。实体的特征，如矿床某点品位、岩性等；职工姓名、性别等。

(3) 标识（ID）。唯一标识实体的属性，如点的序号、职工的姓名/编码。

17.3.5.4 数据处理术语

(1) 记录（record）。对应实体，如矿床某一空间点、某矿一职工。

(2) 字段（field）。对应属性，如矿床某点品位、岩性等；职工姓名、性别等。

(3) 键（key）。对应标识，如点的序号、职工的姓名/编码。

17.3.5.5　数据库(dataaose)及其管理系统(DBMS)

(1)数据库。若干研究对象集合的记录、字段、键及其间的关系和形成的文件。

(2)数据库管理系统。对数据库进行添加、删减、修改、检索、查询等一系列操作,以实现决策支持目的软件(硬件)系统。数据库及其管理系统是数字矿山及 MIS 的基础。

17.3.6　信息传输、检索与利用

17.3.6.1　通信技术

(1)传统通信系统。烽火台、驿站。

(2)现代通信系统。电报、电话、网络等。

(3)现代通信模式。发送器→编码与调制→信道/干扰→解码与解调→接收器。

17.3.6.2　传输介质

(1)铜缆及电信号。双绞线、同轴电缆。

(2)光纤及光信号。无干扰、传输远、容量大。

(3)无线电。广播(AM/FM)、电视(VHF 30～300MHz、UHF 300～3000MHz)、RF、蓝牙(Bluetooth)、迅驰。

(4)微波/激光。定向好、容量大、受障碍。

(5)红外。短距离。

17.3.6.3　检索

检索是从大量事物中寻找符合要求的事物的行为。

信息检索是将信息收集、整理和储存起来,并按照条件、查找所需信息的过程。信息检索不仅是信息系统的基本功能,也是人们学习和研究的一种基本能力。

17.3.6.4　检索方法

(1)手工检索。读书、看报、翻阅报刊杂志、借助图书资料目录等。

(2)计算机检索。脱机(委托)联机、光盘、多媒体、网络等检索。

17.3.6.5　文献检索工具

(1)美国《工程索引》(EI)。世界著名工程技术方面的科技文献和综合检索工具。

(2)美国《科学引文索引》(SCI)。根据文献间的引用关系检索文献,重要的科学文献检索工具。

(3)英国《科学文摘》(SA/SPEC)、ISTP。

17.3.6.6　网络检索工具

(1)搜索引擎。关键词的索引引擎和主题的目录引擎。

(2)典型引擎。google、yahoo、sohu、baidu。

(3)信息挖掘。数据挖掘、知识发现、信息融合,各种智能检索算法的统称。

17.3.6.7　网络信息挖掘类型

(1)内容挖掘。从网络的内容、数据和文档中发现有用信息。

(2)结构挖掘。挖掘 web 的链接结构模式,找出相关主题的权威站点。

(3)用法挖掘。挖掘服务器访问目录和浏览器日志记录以及注册、对话和交易信息,找出用户网络行为数据的规律性和意义。

17.3.7　矿山遥感(RS)技术

17.3.7.1　遥感的定义

广义上,遥感泛指各种非接触的、远距离的探测技术。

狭义上,遥感是一门新兴的现代化技术系统,主要指从高空以至外层空间的平台上,利用可见光、红外

线、微波等探测仪器,通过摄影或扫描方式获取地面目标物的图像或数据,并对这些图像或数据进行传输和处理,从而识别地面目标的特征、性质和状态。

遥感是以电磁波与地球表面物质相互作用为基础,探测、分析和研究地球资源、环境,揭示地球表面各要素的空间分布特征与时空变化规律的一门科学技术。

17.3.7.2 遥感系统

遥感的实现既需要一整套技术装备,又需要多种学科参与配合,实施遥感是一项复杂的系统工程。根据遥感的定义,遥感系统主要由四部分组成:

(1) 信息源。任何目标物都具有反射、吸收、透射及辐射电磁波的特性,当目标物与电磁波发生相互作用时会形成有特征的电磁波,这就是遥感信息源。

(2) 信息获取。信息获取指运用遥感技术装备接受、记录来自目标物的电磁波的过程。遥感信息获取的技术装备主要包括遥感平台和传感器。其中,遥感平台是用来搭载传感器的运载工具,常用的有气球、飞机和人造卫星等;传感器是用来探测目标物电磁波特性的仪器设备,常用的有照相机、扫描仪和成像雷达等。

(3) 信息处理。信息处理指运用光学仪器和计算机设备对所获取的遥感信息进行校正、分析和解译处理的技术过程。信息处理的作用是通过对遥感信息的校正、分析和解译处理,掌握或清除遥感原始信息的误差,梳理、归纳出被探测目标物的影像特征,然后依据特征从遥感信息中识别并提取所需的有用信息。

(4) 信息应用。信息应用指专业人员按不同目的将遥感信息应用于各业务领域的使用过程。

17.3.7.3 遥感的分类

为便于研究和应用遥感技术,可从不同角度对遥感进行分类:

(1) 按搭载传感器的遥感平台分类。根据遥感平台的不同可将遥感分为:地面遥感(0~50m 范围),即把传感器设置在地面平台上,如车载、船载、手提、固定或活动高架平台等;航空遥感(百米至十余千米不等),即把传感器设置在航空器上,如气球、航模、飞机及其他航空器等;航天遥感(高度在 150km 以上),即把传感器设置在航天器上,如人造卫星、宇宙飞船、空间实验室等。

(2) 按遥感探测的工作方式分类。根据工作方式的不同可将遥感分为:主动式遥感,即由传感器主动向目标物发射一定波长的电磁波,然后接收并记录从目标物反射回来的电磁波;被动式遥感,即传感器不向被探测的目标物发射电磁波,而是直接接收并记录目标物反射太阳辐射或目标物自身发射的电磁波。

(3) 按遥感探测的工作波段分类。根据工作波段的不同可将遥感分为:1) 紫外遥感,其探测波段在 0.001~0.38μm; 2) 可见光遥感,其探测波段在 0.38~0.74μm; 3) 红外遥感,其探测波段在 0.74~15μm; 微波遥感,其探测波段在 1mm~1m; 4) 多光谱遥感,其探测波段在可见光与红外波段范围之内,但又将这一波段范围划分成若干个窄波段来进行探测。高光谱遥感是在紫外到红外波段范围内,将这一波段范围划分成许多非常窄且光谱连续的波段来进行探测。

(4) 按遥感探测的应用领域分类。根据应用领域,从宏观研究的角度将遥感分为:外层空间遥感、大气层遥感、陆地遥感、海洋遥感等;从微观应用角度可以将遥感分为:军事遥感、地质遥感、资源遥感、环境遥感、测绘遥感、气象遥感、水文遥感、农业遥感、林业遥感、渔业遥感、灾害遥感及城市遥感等。

17.3.7.4 遥感数据源

一般应用遥感图像可获取三方面的信息,即目标地物的大小、形状及空间分布特点,属性特点及变化特点。相应将遥感图像归纳为三方面的特征,即几何特征、物理特征和时间特征。这三方面特征的表现参数为空间分辨率、光谱分辨率、时间分辨率和辐射分辨率。

A 空间分辨率

空间分辨率(spatial resolution)反映对两个非常靠近的目标物的识别、区分能力,有时也称分辨力或解像力。一般有三种表示方法:

(1) 像元(素)。像元(素)是扫描影像的基本单元,由亮度值来表示。对应空间分辨率指单个像元(素)所代表的地面范围的大小,即地面物体能分辨的最小单元,单位为 m 或 km,如美国 QuickBird 卫星空间分辨率为 0.61 m。

(2) 线对数。对于摄影系统而言,影像最小单元常通过1mm 间隔内包含的线对数确定,单位为线对/mm。所谓线对指一对同等大小的明暗条纹或规则间隔的明暗条对。

(3) 瞬时视场。瞬时视场指遥感器内单个探测元件的受光角度或观测视野,单位为毫弧度。瞬时视场越小,最小可分辨单元(可分像素)越小,空间分辨率越高。

一般来说,遥感器系统空间分辨率越高,其识别物体的能力越强。但实际上每一目标在图像上的可分辨程度,不仅取决于空间分辨率,而且和它的形状、大小以及它与周围物体亮度、结构的相对差异有关。

经验证明,遥感器系统空间分辨率的选择,一般应选择小于被探测目标最小直径的1/2。

B　光谱分辨率

遥感信息的多波段特性,多用光谱分辨率表示。光谱分辨率(spectral resolution)指传感器在接收目标辐射的波谱时能分辨的最小波长间隔。间隔越小,分辨率越高。

不同波长的电磁波与物质的相互作用有很大差异,即物体在不同波段的光谱特征差异很大。故针对特定遥感任务选择传感器时必须考虑传感器的光谱范围与光谱分辨率。一般而言,光谱分辨率越高,专题研究的针对性越强,捕捉各种物质特征波长的微小差异的能力也越强,对物体的识别精度就越高,遥感应用分析的效果也就越好。但波段分得越细,对传感器的分光性能和光点转换性能要求越高,极易降低图像信噪比(图像信噪比指信号的有用成分与杂音的强弱对比,信噪比越高,表明传输图像信号质量越高,杂音越少),各波段图像的相关性可能越大,增加数据的冗余度,给数据的传输、处理带来困难。因此在选择传感器时,光谱分辨率能满足遥感任务需求即可。

C　时间分辨率

时间分辨率(temporal resolution)指对同一地点进行遥感采样的最小时间间隔,即采样的时间频率,又称重访周期。根据遥感系统探测周期的长短可将时间分辨率分为三种类型:

(1) 超短或短周期时间分辨率,主要指气象卫星系列,以小时为单位,反映一天内的变化。

(2) 中周期时间分辨率,主要指对地观测的资源、环境卫星系列,以天为单位,反映旬、月、年内的变化。

(3) 长周期时间分辨率,主要指较长时间间隔的各类遥感信息,反映年为单位的变化。

D　辐射分辨率

辐射分辨率(radiant resolution)指传感器接收波谱信号时,能分辨的最小辐射度差。一般用灰度的分级数来表示,即最暗至最亮灰度值(亮度值)间分级的数目——量化级数,在遥感图像上表现为每一像元的辐射量化级。

17.3.7.5　遥感影像记录方式

遥感过程是一个信息传递的过程,是从地表信息(多维、无限的真实体)到遥感信息(二维、有限、离散化的模拟信息)的遥感数据获取及成像过程。遥感成像是将地物的电磁波谱特征,用不同的探测方式——摄影或电子扫描方式,分别生成各种模拟的或数字的影像,再以不同的记录方式获得模拟图像和数字图像。模拟图像以感光材料作为探测元件,运用光敏胶片表面的化学反应来直接探测地物能量变化,并记录下来。数字图像主要指扫描磁带、磁盘等的电子记录方式,以光电二极管等作为探测元件,将地物的反射或发射能量,经光电转换过程,将光的辐射能量差转换为模拟的电压差或电位差(模拟电信号),再经过模数变换,将模拟量变换为数值(亮度值),存储于数字磁带、磁盘、光盘等介质上。扫描成像的电磁波谱段可包括从紫外到远红外整个光学波段。

17.3.7.6　数字图像的数据格式

遥感数字图像数据常以不同的格式存储于介质上。目前,图像的数据格式有数十种,最常见的有5种:

(1) BSQ(band sequential format)格式。按波段顺序记录各个波段的图像数据,便于用户使用。

(2) BIL(band interleaved by line)格式。按扫描行顺序记录图像数据,即先记录第一波段第一行、第二波段第一行……再记录各波段第二行……各波段数据间按行交叉记录,必须把一个图像的所有波段数据读完后才生成图像。

（3）BIP（band interleaved by pixel）格式。按像元顺序记录图像数据，即在第一行中，按每个像元的波段顺序排列，各波段数据间按像元交叉记录。

（4）行程编码（run-length encoding）格式。为压缩数据，采用行程编码形式，属波段连续方式，即对每条扫描线仅存储亮度值以及该亮度值出现的次数。如一条扫描线上有 60 个亮度值为 10 的水体，它在计算机内以 060010 整数格式存储。其涵义为 60 个像元，每个像元的亮度值为 10。

（5）HDF（hierarchy data format）格式。HDF 格式是一种不必转换格式就可以在不同平台间传递的数据格式，由美国国家高级计算应用中心研制，已被应用于 MODIS、MISR 等数据中。

17.3.7.7　遥感数据类型

遥感可以根据探测能量的波长、探测方式和应用目的分为可见光-反射红外遥感、热红外遥感、微波遥感三种基本形式。其中，前两者统称光学遥感，属于被动遥感。

（1）可见光-反射红外遥感。记录的是地球表面对太阳辐射能的反射辐射能。按采集数据的方式，一般可分为摄影系统与扫描系统。

（2）热红外遥感。记录的是地球表面的发射辐射能。地表发射的能量主要来自吸收太阳短波辐射能，并转换为热能，然后再辐射较长波长能量。

（3）微波遥感，有主动和被动之分。记录地球表面对人为微波辐射能的反射辐射能的属于主动遥感，其主动在于人工提供能源而不依赖太阳和地球辐射，最有代表性的主动遥感器为成像雷达，而记录地球表面发射的微波辐射能的属于被动遥感。微波遥感用的是无线电技术，可见光用的是光学技术，通过摄影或扫描来获取信息。

17.3.7.8　主要遥感数据源

A　航空相片

航空相片通常简称为航片，通过摄影系统成像，即在紫外——近红外（0.31 ~ 0.9 μm）谱段，主要以飞机为平台，通过照相机（摄影机）直接成像。

从几何性质上看，航空相片分倾斜和垂直两种，遥感应用中一般用垂直摄影的相片，即垂直摄影是相机主光轴指向地心，并非绝对垂直。

从光学性质上看，根据胶片的结构可将航空相片分为多种：

（1）黑白全色片与黑白红外片。前者的特点是整个可见光波段的各感光乳胶层均具有均匀的响应；后者则仅红外波段的感光乳胶层有响应。

（2）天然彩色片与彩色红外片。前者的感光膜由三层乳胶层组成，片基以上依次为感红层、感绿层、感蓝层，胶片对整个可见光波段的光线敏感，所得彩色图像近于人的视觉效果；后者的三层感光乳胶层中，以感红外光层替代天然彩色胶片的感蓝光层，片基以上依次为感红层、感绿层、感红外光层，该片较一般彩色相片色彩鲜艳、层次丰富、地物对比更清晰、有较强透雾能力、利于图像判读，另一突出特点是信息量丰富，感光范围从可见光扩展到近红外光，增加了地物在近红外波段的信息特征。地表的几个基本覆盖类型——植被、土壤、岩石、水体等的反射波谱特性均在近红外波段表现出较大的差异，故彩色红外相片在资源、环境遥感调查中应用广泛。

B　航天图像

航天图像通常简称卫片，代表性的卫片有 CBERS、Landsat TM/ETM +、ASTER、SPOT、IRS – P6、ALOS、IKONOS、Quick Bird 等。

（1）中巴资源卫星（CBERS – 1、2、2B）。中巴资源卫星是中国与巴西合作研制的数据传输型遥感卫星，属于推扫式扫描系统成像。01 星于 1999 年 10 月发射升空，在轨运行 3 年 10 个月，于 2003 年 8 月 13 日停止工作。与太阳同步，轨道高度 778km，重复覆盖周期 26 天。卫星上载有 3 种遥感器，分别为高分辨率 CCD 相机、红外多光谱扫描仪（IRMSS）、宽视成像仪。

中巴地球资源一号02星是01星的接替星,其功能、组成、平台、有效载荷和性能指标的标称参数等与01星相同。02星于2003年10月21日发射升空,目前02星在轨道上超期"服役"运行。中巴地球资源一号02B星于2007年9月19日发射升空,较02星增加了分辨率为2.4m的HR相机。

(2) Landsat TM/ETM +。美国的陆地卫星计划(Landsat)从1972年至今共发射7颗,属于光学机械扫描系统成像,目前除Landsat 5仍在超期运行外,其余均相继失效。Landsat系列卫星从20世纪70年代以来,反复扫描拍摄了全球大量陆地面积,积累了丰富的中等分辨率卫星图像数据,可广泛应用于资源勘查、土地调查、生态环境监测、灾害调查与监测等领域。

TM传感器选用可见光-热红外(0.45 ~ 12.5μm)谱段,共分7个波段:

1) TM1。0.45 ~ 0.52μm,蓝波段,用于判别水深、浅海水下地形、水体浑浊度等,进行水系及浅海水域制图。

2) TM2。0.52 ~ 0.60μm,绿波段,用于识别植物类别和评价植物生产力。

3) TM3。0.63 ~ 0.69μm,红波段,用来区分植物类型、覆盖度、泥沙流范围及迁移规律。

4) TM4。0.76 ~ 0.90μm,近红外波段,用于植物识别、生物量调查及作物长势测定,区分土壤湿度及寻找地下水。

5) TM5。1.55 ~ 1.75μm,短波红外波段,反映植物和土壤水分含量,也易于区分云和雪。

6) TM6。2.08 ~ 2.35μm,短波红外波段,对植物水分敏感,对岩石、特定矿物反应灵敏,在地质探矿方面得到广泛应用。

7) TM7。10.4 ~ 12.5μm,热红外波段,可监测与人类活动有关的热特征,进行热测定与热制图。

(3) ASTER数据。ASTER是美国NASA(宇航局)与日本METI(经贸及工业部)合作研制,安装在TERRA卫星上的一种高级光学传感器,于1999年12月18日发射上天。TERRA卫星是美国等国为期18年的对地观测计划EOS的第一颗星,EOS计划发射17颗星。TERRA卫星与太阳同步,从北向南每天上午飞经赤道上空,重复观测周期为16天,具有从可见光到热红外共14个光谱通道,可为多个相关的地球环境资源领域提供科学、实用的卫星数据。

(4) SPOT卫星。法国SPOT地球观测卫星系统由法国国家空间研究中心设计制造,从1986年至今已发射5颗(计划发射5颗),属推扫式扫描系统成像。目前除SPOT-3停运外,其他SPOT卫星均在运行。

(5) ALOS卫星。ALOS卫星是日本2006年1月24日发射的陆地观测卫星,能够获取全球高分辨率陆地观测数据,主要应用领域为资源调查、测绘、区域环境观测和灾害监测等领域。

(6) QuickBird和IKONOS卫星。QuickBird卫星和IKONOS是世界上目前在轨的主要高分辨率商业卫星,均属于推扫式扫描系统成像。QuickBird-2(快鸟-2)由美国数字全球公司(Digital Globe)于2001年10月18日成功发射;IKONOS-2由美国空间成像公司于1999年发射,用于制图(如编制1:10000以下比例尺地形图,甚至可更新1:5000地形图)及虚拟现实等领域,在交通、规划等领域也得到广泛的应用。

(7) 雷达图像。雷达系统属主动遥感,不依赖太阳光,利用传感器自身发射的微波探测物体,故可以昼夜全天时工作。雷达图像的主要特点包括高空间分辨率、强穿透能力和立体效应。

17.3.7.9 数据源处理技术

A 遥感图像预处理

由于遥感系统空间、波谱、时间及辐射分辨率的限制,误差不可避免地存在于数据获取中。故在应用遥感图像之前,需对遥感原始图像进行预处理(又称图像纠正和重建),纠正原始图像的几何与辐射变形。

B 辐射校正

利用遥感器观测目标物辐射或反射的电磁能量时,其测量值与目标物的光谱反射率或光谱辐射亮度等物理量是不一致的,遥感器本身的光电系统特征、太阳高度、地形以及大气条件等均会引起光谱亮度的失真。消除图像数据中依附在辐射亮度中的各种失真的过程称为辐射校正。

C 几何校正

几何校正是要纠正原始遥感图像的几何变形,使之与标准图像或地图的几何匹配。

卫星图像的校正通常是根据卫星轨道公式将卫星的位置、姿态、轨道及扫描特征作为时间函数加以计算,来确定每条扫描线上的像元坐标。但常由于遥感器的位置及姿态的测量精度值不高,其校正图像仍存在几何变形,故利用地面控制点和多项式纠正模型进一步校正,以达到要求的精度。

D 图形镶嵌

当研究区超出单幅遥感图像覆盖的范围时,通常需将两幅或多幅图像拼接起来形成一幅或一系列覆盖全区的较大图像,该过程就是图像镶嵌。图像镶嵌时,需先指定一幅参照图像,作为镶嵌过程中匹配对比及镶嵌后输出图像的地理投影、像元大小、数据类型的基准。一般相邻图幅间要有一定的重复覆盖区,在重复区各图像之间应有较高的配准精度,必要时在图像之间需利用控制点进行配准。

E 图像解译

遥感图像的解译是通过遥感图像所提供的各种识别目标的特征信息进行分析、推理与判断,最终达到识别目的。

遥感图像的解译从遥感影像特征入手,包括色、形两个方面,通过解译要素和具体解译标志来完成。

F 解译要素

遥感影像的色与形可具体划分为 8 个基本要素:色调或颜色、阴影、大小、形状、纹理、图案、位置和组合。

(1)色调或颜色,指图像的相对明暗程度(相对亮度),彩色图像上色调表现为颜色。地物的属性、几何形状、分布范围和规律均通过色调差异反映在图像上,因而可通过色调差异来识别目标。色调的差异多用灰阶表示,即以白→黑不同灰度表示,一般分为 10~15 级。

(2)阴影,指因倾斜照射,地物自身遮挡光源而造成影像上的暗色调,反映了地物的空间结构特征。

(3)大小,指地物尺寸、面积、体积在图像上的记录,直观反映地物目标相对于其他目标的大小。

(4)形状,指地物目标的外形、轮廓,是识别地物的重要且明显的标志。

(5)纹理,是图像的细部结构,指图像上色调变化的频率。纹理不仅依赖于地物表面特征,且与光照角度有关,是一个变化值。

(6)图案,即图形结构,指个体目标重复排列的空间形式,反映地物的空间分布特征。

(7)位置,指地理位置,反映地物所处的地点与环境。

(8)组合,指某些目标的特殊表现和空间组合关系。

G 解译标志

解译标志指在遥感图像上能具体反映和判别地物或现象的影像特征,分为直接解译标志和间接解译标志。直接解译标志指图像上可直接反映目标物的影像标志;间接解译标志指运用某些直接解译标志,根据地物的相关属性等地学知识,间接推断出目标物的影像标志。

H 遥感图像处理

(1)图像增强和变换。图像增强和变换是为了突出相关的专题信息,从图像中提取更有用的定量化信息,按其作用的空间一般分为光谱增强和空间增强两类。光谱增强和变换是对目标物的像元亮度、色彩和对比度进行增强和转换。空间增强侧重于图像的空间特征或频率。空间频率指图像的平滑或粗糙程度,一般高空间频率区域称为"粗糙",即图像的亮度值在小范围内变化很大,"平滑"区图像的亮度值变化相对较小。

(2)图像分类。图像分类将图像中每个像元根据其在不同波段的光谱亮度、空间结构特征或者其他信息,按照某种规则或算法划分为不同的类别。根据分类过程中人工参与的程度分为监督分类、非监督分类及两者相结合的混合分类等。

监督分类指在先验知识参与下进行的分类方法。非监督分类指人们事先对分类过程不施加任何的先验知识,仅凭数据(遥感影像地物的光谱特征的分布规律),即自然聚类的特性进行分类,其分类结果只能把样本区分为若干类别,而不能给出样本的描述,其类别的属性是通过分类结束后实地调查等手段确定的。

I 地面遥感仪器

(1)光谱仪。光谱仪是测量辐射率、发光率、反射率或透射率的仪器,也是获取野外地物光谱数据对航空、航天传感器进行校正和定标的基础设备。目前常用的是细分光谱仪,也称分光计,它是常规遥感和高光谱遥感地面定标和光谱测试的必要设备。

(2)便携式反射光度计(土壤养分、水质测定仪)。用于多种有机物质和无机离子的测定,适用于小环境定量遥感监测。

(3)便携式非接触测温仪(红外测温仪)。用途广泛,是探测地面热异常、跟踪热污染源、寻找污水排放口、监测地面温度的最有效工具和必备工具。

J　遥感技术在矿山中的应用

(1)矿产资源管理。以高分辨率遥感影像为基础,提供准确、客观、实时的矿产资源信息,进而对资源利用、损耗等问题进行研究,根据区域发展规划、资源利用规划,对资源开采与利用中存在的问题进行分析,通过宏观动态监测、实时综合分析、全面有效调控,实现资源的集约综合利用,为矿山可持续发展创造良好的基础。

(2)矿岩预测。量化遥感异常在区域找矿预测、矿产资源潜力评价中的应用越来越广泛,利用人机交互解译手段和遥感图像处理方法,从遥感数据中提取遥感地质构造信息、侵入体信息以及蚀变遥感异常等找矿信息,进行遥感地质解译和判别,建立遥感找矿地质标志、遥感蚀变信息标志和矿床改造信息标志。通过遥感图像处理,可以对各种与成矿有关的矿化蚀变岩石或矿化带进行计算机识别判读,并通过对遥感图像上呈现的色、线、环等要素组合的形形色色的线性构造和环形构造的解译和研究,结合地质、物化探资料综合分析,有利于查明地表地质构造、地质体分布规律及其与金属矿化蚀变的空间关系,进而在成矿理论的指导下达到找矿预测的目的。

(3)地质灾害体识别。遥感信息的获取技术、专题信息的提取技术以及对专题信息的科学解释是遥感在地质灾害识别领域应用的关键。采用遥感客观、动态、综合、快速、多层次、多时像的技术优势,通过计算机数据处理提取矿山地质环境信息,辅以野外验证,结合已有资料进行综合解译,查明矿山地质环境条件、矿业活动及其痕迹,从而预测矿山环境地质问题和矿山灾害等是遥感技术在地质灾害环境识别领域的一个重要应用。高分辨率的遥感数据可以发现灾害体的详细结构和分布部位,为灾害的治理和危险性评价提供依据。

(4)矿山环境调查。传统的矿山环境污染监测采用直接采样进行化学分析、物理方法以及生物指示诊断等方法,这些方法无法提供适用于大范围污染地区制图的区域信息。遥感技术能迅速、动态地获取大量环境信息,卫星遥感的发展使得高分辨率卫星遥感影像的矿山生态环境监测可以满足实际要求。米级空间分辨率使各种生态环境要素均可在遥感图像上得到充分的反映,根据各种生态环境要素在不同条件下的光谱特性、成像特性进行数字图像处理,在信息提取、分类的基础上进行污染现状调查与环境要素分析,从而获得每一种环境要素的污染、破坏情况及区域生态环境的整体状况,并结合遥感影像上各种信息对主要污染源及其分布、污染扩散路径等进行分析。在遥感图像处理的基础上可获得矿山生态环境全面、实时、丰富的信息源,进而可为环境治理决策提供支持,对治理效果进行评价。

(5)矿山地理信息系统建设。矿山地理信息系统的关键问题之一是数据源。矿山数据来源广泛,覆盖面广,涉及领域多,具有不确定性、动态性等特性。数据量大是建立矿山地理信息系统(MGIS)的瓶颈。利用遥感影像来获取、更新地理信息系统的基本信息已在实践中成为共识。随着高分辨率遥感卫星的发展,将为建立矿山地理信息系统提供多源、多平台、多时相、多层次、多领域的实时、丰富、准确、可靠的信息。

17.4　决策支持模型及系统

17.4.1　工程决策支持模型

工程决策支持模型种类如下:

(1)工程表征模型。矿岩空间和属性的三维和二维块状模型、矿区地质模型、采场模型、地理信息系统模型、虚拟现实模型等;其技术支撑包括矿床建模技术、地矿工程三维可视化及虚拟现实技术等。

（2）工程仿真模型。工艺流程模拟、围岩力场计算、水文地质仿真、井下气流分析等;其技术支撑为井下围岩力场仿真及可视化技术与系统(FLAC、ANSYS)等。

（3）规划设计模型。计算机辅助设计 CAD,把优化解决方案转化为工程实施依据;其软件支撑为 AutoCAD、SURPAC、Datamine 等。

17.4.2 管理决策支持模型

执行与控制:监测与控制、定位、远程操作、自动调度、MES。

经营管理:MIS + ERP(人财物)、调度。

战略决策:运用 DSS,通过信息加工,进行分析、预测与辅助决策。

方法:运筹学、统计学、人工智能等。

17.4.3 决策支持系统

17.4.3.1 决策支持系统(DSS)概念

决策(decision making)就是一个通过运用领域知识,控制某些可变量以达到特定目标,从而实现最大效用的方案选择的过程。决策基于信息、知识,凭借各种手段。

早期决策支持系统通过建立定量数学模型来辅助决策者解决半结构化和结构化的问题。

先进决策支持系统利用专家系统或人工智能技术的智能决策方法和智能决策支持系统来帮助解决非结构化问题。

17.4.3.2 两类信息/知识

能够用数据或符号结构予以表示的称为结构(structured)数据。

无法用数字或统一结构予以表示的称为非结构(non-structured/unstructured)、半结构(semi-structured)或不良结构(ill-structured)数据,如文本、图像等。

17.4.3.3 决策支持系统架构演化

1980 年,R. H. Sprague 提出了两库的 DSS 框架,包括数据库和模型库管理系统及用户接口,后来有人提出了三库(数据库、模型库、方法库)结构。

（1）智能决策支持系统。在 DSS 三库结构的基础上增加了知识库,形成了四库结构。在这种结构中,传统的决策支持模块提供定量分析,而知识库模块则采用符号推理和模式识别等知识处理技术处理非定量问题。

（2）先进智能决策支持系统。则在 DSS 四库结构的基础上,融入了决策树、粗糙集、定性推理、证据理论、数据挖掘(data mining)、多智能体系统(multi-agent system)等方法和技术,增加了机器学习(machine learning)组成部分。

（3）智能决策支持系统框架,如图 17-4 所示。

（4）数字矿山决策支持技术。

1）网络优化(CPM)。井巷掘进工程进度与资源优化。

2）离散事件模拟(DES)。井下或露天矿运输工艺系统、设备选型与匹配优化。

3）概率及随机过程理论。地质勘查及找矿钻孔布局优化模型。

4）地质统计学、人工神经网络(ANN)和支持向量机(SVM)。品位及储量评估。

5）图论、动态规划、线性规划。矿山开采计划、

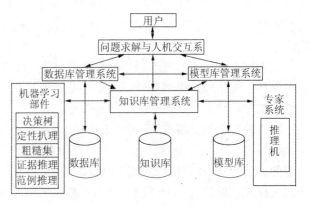

图 17-4　智能决策支持系统框架

配矿和露天矿境界优化模型。

6）专家系统、人工神经网络。矿山开拓运输方式选择、采矿方法选择、爆破参数选择、矿岩工程特性分级。

7）分形几何（fractal geometry）模型。矿岩破碎、岩体节理及稳定性分析和粉尘运动规律模拟。

8）有限元（FE）、边界元（BE）、离散元（DE）、有限差分（FD/FLAC）模型及其耦合模型。矿山岩体工程（巷道围岩和露天边坡）力场分析。

9）系统动力学（SD）。矿区可持续发展。

10）投入产出（input-output）。能源规划和矿山企业生产结构分析。

11）经济计量（econometrics）。矿产市场及价格分析。

12）能值分析（emergy analysis ）。矿区循环经济。

17.4.4　工程决策支持

17.4.4.1　设计优化

A　生产计划编制

近年来，人们引入人工智能技术，试图综合应用人工智能优化法和模拟法来有效地解决矿山生产计划的优化编制问题。

a　优化法

优化法是通过构建抽象的数学规划模型，用优先关系集合函数表示矿山生产计划涉及的工序的操作过程，根据优先关系和约束条件，采用数学规划方法实现目标函数最佳化。应用于编制矿山生产计划的数学规划方法主要有线性规划、非线性规划、混合整数规划、目标规划和动态规划。其中，前四种采用的是单阶段决策模式，最后一种采用的是多阶段决策模式；线性规划、非线性规划、混合整数规划和动态规划进行的是单目标规划，目标规划进行的是多目标规划。线性规划是最常用的编制矿山生产计划的优化算法。在应用线性规划法的过程中对计划问题的分析、抽象和简化是关键步骤，分析人员通过对计划问题空间进行分析，确定目标和约束条件。为满足线性规划算法的要求，分析人员一方面要对计划问题空间进行抽象和简化，构建抽象解空间；另一方面，还需对目标和约束条件的表达式进一步简化，使其具备线性性质。为弥补线性规划模型对计划问题空间的过分简化，有人引入非线性规划、混合整数规划、目标规划和动态规划编制矿山生产计划。为缓减应用线性规划、非线性规划、混合整数规划和动态规划编制计划的单目标与现实计划系统的多目标要求的矛盾，有人引入目标规划编制矿山生产计划。目标规划是一种特殊类型的线性规划，在目标规划中，所有的目标都结合到目标函数中，只有实际的环境条件作为约束条件。

b　模拟法

模拟法属于描述型技术，虽不能像优化方法那样，可对任何预定系统的目标进行优化及使参数具体化，但却具有强有力的表达过程约束、处理随机因素和考虑大量因素的能力。确定矿山生产计划常用的两种模拟模型是模拟模型和交互式模型。前者的模拟方法简称为模拟法，而后者的模拟方法简称为交互式模拟法。模拟法往往强调设备和物料的移动，而交互式模拟法则多注重详细的成本估算或实际的回采顺序。

根据模型所采用的"状态转移规则"的不同，可将其细分为网络模拟模型、普通模拟模型和系统动力学模拟模型。网络模拟模型和普通模拟模型的常规做法可描述为以模拟模型为主，局部（状态转移规则集中的回采工序接替部分）辅以0—1规划模型或线性规划模型。

网络模拟模型是根据"原始的采矿计划"中的工序顺序规定，采用网络分析方法确认各个工序并以优先关系描述它们的内在联系，进而用网络表示的工序顺序代替"原始的采矿计划"中的工序顺序规定，结合由一定的计划原则、计划指标和施工原则构成的"状态转移规则集"，在基本数据的支持下，进行采掘工序的生产情况模拟。模拟过程中，根据"状态转移规则集"，在工序逻辑顺序允许的前提下，调整工序的生产时间和顺序（即对"系统松弛"进行调节），得出实际允许并较优的计划方案。普通模拟模型往往是排队论模型构建,直接根据"原始的采矿计划"中的工序顺序规定,结合"状态转移规则集"(排队规则集),对采矿工艺过程进行模拟,目的是检验原定矿山生产计划的可操作性并对其进行完善和补充,同时,指导和控制矿山生产的进行。

交互式模拟法是近年来随着计算机交互技术及交互式图形技术的产生而出现的一种模拟方法,它将计算机当做处理信息和图形的工具,充分利用用户的直觉和经验(这些直觉和经验是难以用数学知识表达的),通过交互的方式来编制矿山生产计划。交互式模型与模拟模型的根本不同点在于前者不包含"状态转移函数",其"状态转移函数"的操作由用户进行。近年来,人们采用该模型开发了许多编制矿山生产计划的软件。

c　综合法

综合法是指综合应用优化、模拟及交互式等模型,编制矿山生产计划的方法。根据模型的组合特点,可将综合法细分为结构化模型综合法(由结构化模型组合构成的综合模型)、半结构化模型综合法(由结构化模型与交互式模型组合构成的综合模型)、智能综合法(采用专家系统技术与现有模型组合构成的综合模型)。

(1) 结构化模型综合法。优化模型仅涉及"计划问题空间"的部分领域,即确定采掘工程顺序及各时段的采掘工程量,而剩余部分为模拟模型的涉及领域。鉴于这种情况,有人进行了综合应用优化模型与模拟模型编制矿山生产计划的研究,试图使软件系统具有覆盖"计划问题空间"的能力。由于这种方式采用的仍是结构化模型,计算结果与实际的差距较大,使它的实际应用受到限制。

(2) 半结构化模型综合法。"计划问题空间"是一个半结构化空间,单独采用交互式模型编制的矿山生产计划,虽比较实用,但所编计划的质量取决于构建的交互式模型质量和用户的能力,且得到的只是众多的可行方案中的一种,往往不是最佳方案。综合应用结构化模型与交互式模型来解决具有半结构性质的矿山生产计划编制问题,自然就成了研究的热门课题。综合应用优化模型与交互式模型的通常做法为:在编制露天矿的短期生产计划中,先用交互式模型确定工作单元,再用优化模型确定工作单元的工程量,然后用交互式模型平滑结果。德国的 F. L. Wilke 和葡萄牙的 Muge 等人在这方面做了许多研究工作。F. L. Wilke 等人的做法是:用交互式模型,在 Lynx 图形软件包的支持下,确定生产单元、挖掘机布置等,而每个生产单元的采出量和每台挖掘机的装载速度,由线性规划根据质量要求求出;最后,由设计人员考虑其他因素对方案做适当修改,以此完成短期计划的编制工作。Muge 等人在进行了单独应用动态规划编制分段法矿山和充填法矿山的短期生产计划之后,近年来,开始进行综合应用动态规划模型与交互式模型编制矿山生产计划的研究。其做法是:应用交互式模型编制中期计划,在此基础上,仍用交互式模型确定待采矿块及顺序;再采用动态规划模型,考虑吨位、品位、偏差的约束,确定采掘工程量。

(3) 智能综合法。专家系统(ES)技术易于考虑系统特殊的本质特征。应用"If-Then 规则",一方面可把传统的和用数学知识表达的采矿规律汇集在一起,另一方面可以把采矿者的开采经验引进到开采更复杂矿体的计划和模拟过程中。20 世纪 80 年代中期,人们开始应用 ES 与现有模型的结合方法,进行编制矿山生产计划的尝试,主要是采用 ES 与模拟模型的结合方法。这种智能综合法的实质是采用 ES 的搜索技术代替模拟模型中的"状态转移函数",其具体做法为:将采矿约束用规则的形式表达并以此构成知识库,这样的知识库,ES 搜索技术根据表征生产计划目标的评价函数确定采掘工程顺序。施莱弗于 1986 年应用这种方法确定露天矿的开采顺序,并备用 MIVANO 专家系统,该系统简单,且能运用采矿过程的资料。N. 谢曼纳夫等人采用这种方法确定充填法矿山的开采顺序。K. 菲塔斯等人先采用这种方法确定露天矿的开采顺序,再用交互式方法平衡所得顺序,进行长期计划的编制,然后采用优化模型(线性规划模型)与交互式模型的结合方法,编制短期计划。

B　地下矿采掘计划编制

地下矿采掘计划编制可以采用三库(数据库、模型库、知识库)一体化的结构。其中,数据库用来存放采矿的工作面、采矿班组、掘进班组、评价指标、评价专家等信息;模型库用来存放采掘计划的一些技术经济模型及计划方案的评价模型;而知识库则用来存放采掘编制计划时所考虑的一些技术规则和约束条件。

a　采掘计划编制的技术经济模型

采掘计划编制主要涉及的技术经济模型有回采工作面接替模型、掘进工作面接替模型、产量统计模型、掘进进尺统计模型等。

(1)回采工作面接替模型。按照人工排队法所考虑的因素,遵循一定的方法和步骤来建立采掘接替计算机模拟模型,对矿井采掘过程进行模拟,是编制采掘接替的一种适应性很强的方法。回采工作面接替模型的特点是以新工作面接替已采完的工作面,且接替应满足地质条件、产量计划、品位指标、通风安全等条件的需要。编制采矿接替的过程为:将未采状态的采场放入一个集合 G 中,选取某一个采矿班组,对该采矿班组选择合适的接替回采工作面,选择的依据有采矿的技术因素、合理分配采区、采区产量的原则等,这样可得到该采矿班组的一个接替面。重复这个过程,直到回采工作面集合 G 中没有合适的工作面或计划期结束,就得到回采工作面接替序列。同时,由于选择接替面的过程中,接替面的采矿工艺与前序工作面的工艺规则一致,因此能够很容易地统计出按采矿班组为单位的计划工作面接替。

(2)掘进工作面接替模型。在回采接替方案制订后,需要生成与它相适应的巷道掘进接替方案。即依据已经制定的回采接替计划,考虑各回采工作面的开工时间以及有关安装时间,确定与它相关的掘进工作面、开拓巷道的掘进时间和掘进的先后顺序。编制掘进工程接替的基本步骤如下:

1)根据开拓、采区准备以及采矿方法,确定出在编制采掘计划时间范围内所需要开掘的所有巷道的名称、长度、断面及支护方式等。若已有相关设计,则应根据该设计确定这些参数。

2)确定出各类巷道的掘进方法、机械化程度和掘进队数目等,有条件的应将掘进队划分成用于开拓、采切两部分。

3)确定掘进方法及掘进速度。

4)按照要求投产时间安排施工顺序,分区、分队、分工作面地安排工程进度,注明所有巷道应该开工或完工的时间。

5)编制开拓巷道和生产准备巷道的接替计划表,应注明巷道的施工时间、进尺数、巷道的性质、支护形式和劳动力配备等数据。

6)将以上安排情况结合矿山水平、采区和工作面三大接替需要,检查是否满足接替要求,另外还要进行地质、设计、劳动力、施工及材料等方面的配合和平衡。

b　编制采掘计划的约束

矿山生产是个庞大的系统工程。因此,采掘计划的编制过程要考虑到许多因素的影响,要严格遵守相关安全规程的有关规定,以保证产量指标、提高经济效益和集中生产的原则确定开采顺序。对采掘计划的影响通常有以下几个方面:

(1)掘进对回采的约束。回采工作面只有在把有关巷道掘进结束后才能进行回采,这是最基本的约束条件。这一约束直接反映在回采速度和掘进速度的匹配上。在编制回采工作面的接替计划时,需要综合考虑采掘工作面的推进速度,比较准确地确定回采工作面开始准备日期、准备完工日期、开始回采日期和回采结束日期,并要以回采工作为主。回采工作面接替计划编制的计划时间一般来说都比较长,因此可以采用天作为编制计划的最小单位。

(2)采矿方法的约束。每一种采矿方法都有不同的回采工艺和设备条件。

(3)采区内同时生产的工作面数目和采区产量的约束。当计划安排的实际产量稍高于设计产量时,就满足生产要求。当计划安排的实际产量低于设计产量时,应根据具体情况增加采区内回采工作面数目。接替工作面应首先在本采区中寻找,当本采区找不到接替工作面时,说明本采区的产量已经开始递减。

(4)地质条件的约束。地质条件约束包括地质构造、地压、涌水等约束因素。

17.4.4.2　采矿 CAD

A　采矿 CAD 现状

CAD 技术在开采设计中的应用日益广泛和深入,它作为一种高速、精确的新型设计手段和工具,已广泛地为工程技术人员所接受,并对传统的设计手段和方法提出了挑战。目前,CAD 已广泛应用于矿床开采设计的各个分支和方面,如绘制通风辅助设计及绘制通风系统立体图和开拓系统图、各种井巷工程设计及绘图、巷道交岔点设计、提升系统设计、采矿方法设计、爆破设计、回采设计、排水系统设计与绘图、露天采剥计划辅助编制、露天矿境界圈定、露天汽车运输线路辅助布置、露天和井下运输系统的辅助调度、排土场规划与设计、地形图辅助绘制、各种地质平面图、剖面图的辅助绘制、地下采区布置图绘制等。

B 采矿 CAD 问题

(1) 采矿辅助设计的专业特点不明显。对计算机辅助开采设计理解片面,常用 CAD 来进行一些采矿专业方面的图纸绘制工作,没有真正发挥它的作用和潜力。

(2) 系统性和集成性不强。目前采矿 CAD 技术的应用还停留在较低层次上,研制和开发的软件只针对某个方面的具体问题,一般只解决局部问题,很少出现以地质、测量、采矿、选矿为大系统来开发辅助设计软件。

(3) 对适合于计算机图形处理特点的采矿专业基本图元集和基本图形集研究不够,其重要性未受到应有的重视。

(4) 软件的商品化思想不够重视。要将计算机应用研究成果最终转化为生产力,则商品化软件是其唯一形式,但目前可直接用于矿床开采辅助设计的软件却不多。

(5) 国内采矿 CAD 软件的自主知识产权意识不够。目前,国内开发的绝大多数开采辅助设计方面的应用软件,其图形与数据处理都建立在通用应用软件之上,如 AutoCAD、Graph、PHIGS 等,使应用软件的维护和发展造成困难,往往因通用平台软件的升级而无法适应用户的需求。

C 采矿 CAD 研究方法

随着计算机硬件技术的发展,研究 CAD 的方法出现了几次革命性的发展。从 CAD 方法与典型设计过程层次的联系来分,目前研究 CAD 技术的方法主要有以下 5 种:

(1) 面向画面的 CAD 方法(picture oriented,PO)。这是最传统的 CAD 研究方法。使用该方法的 CAD 系统所提供的操作,主要用于编辑各种工程图纸或艺术效果图,进行图形变换、拷贝、着色、修改及图像处理等图形编辑。该方法的主要对象是画面上的各部分,表达的对象主要是二维,因此没有完整的设计对象数据结构,只有设计图面的数据结构。尽管该方法只使用交互图形学的功能,但当它和数据库技术巧妙配合时,可以发展出一种相当实用的 CAD 方法——范例修改法,即把优秀的设计范例图形存储起来,形成范例数据库,设计时调出合适的范例加以修改,形成新的设计图纸。

(2) 面向计算的 CAD 方法(computation oriented,CO)。该方法主要作为设计工程中的计算步骤,如边坡分析、土建结构力学分析等。该方法的应用前提是设计对象所含各物理量之间的关系和约束可用数学方法描述和计算,如有限元、线性规划等。纯 CO 方法一般认为仅是 CAD 的一种局部手段,但当 CO 法与 PO 法相结合时,可构成基于计算和绘图的 CAD 系统。

(3) 面向模型造型方法(model oriented,MO)。该方法主要用于设计过程中的对象模型表达、修改和定型。MO 方法的 CAD 系统以设计对象模型为操作对象,一般表达为三维实体,其设计结果是由很多子实体构成,故数据结构需要较多层次。其主要操作是实体的几何变换和交、并、差等集合运算,用于实体的描述和修改。MO 方法在系统内保存设计对象的完整描述,这种描述可供计算步骤作分析校验的数据源,也能通过投影或其他变换而生成工程制图所需要的形状信息。该方法的优点体现在:能自动保持不同设计文件之间的一致性;可以用三维真实感方式显示对象。

(4) 面向综合的方法(synthesis oriented,SO)。该方法的操作对象是设计条件和设计领域知识(domain knowledge),操作的结果是产生一个或若干个符合条件的设计对象,实现一个从设计要求到设计对象的映射。一个符合条件的几何实体是 SO 方法的生成结果。由于方案综合是设计过程中思维最活跃、最复杂的阶段,SO 方法经常需要采用人工智能中的搜索、推理、约束满足等技术。

(5) 面向实体的可视化方法(visualization oriented,VO)。该方法面向实体世界,强调人体视觉和交互,从方案的构思、原理和最终结果都以实体图形或图像为基础。VO 方法和 SO 方法是目前 CAD 研究的一个前沿和热点。

D　采矿 CAD 系统结构

a　AutoCAD 的采矿 CAD 系统结构

目前,国内大多数涉及图形处理的工程软件为了缩短软件开发周期,都采用 AutoCAD 作为图形处理核心。这种系统的基本结构如图 17-5 所示,其主要特点如下:

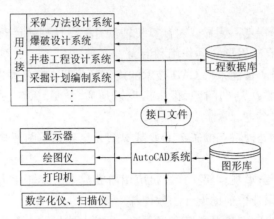

图 17-5　AutoCAD 采矿 CAD 系统结构

(1) 开发者可以在不考虑图形外设驱动、不考虑交互式 CAD 绘图软件包的情况下设计自己的应用系统,开发周期短。

(2) 许多图形功能可以利用 AutoCAD 的图形核心处理功能,不需另外开发。

(3) AutoCAD 不能直接为应用系统提供图形资源,只能通过图形数据文件接口方式。在 AutoCAD 中形成设计图后,AutoCAD 中修改的图形无法返回到后续设计过程中去。

(4) 集成化程度低,软件升级受制于 AutoCAD。

(5) 缺乏软件独立版权。

b　集成化的采矿 CAD 系统结构

采矿设计是非常复杂的,无论是开拓系统设计、井巷设计、矿块设计、炮孔设计、境界圈定,还是计划编制都需要图形环境的支持,包括图形交互、运算等。这种图形资源的支持不是单纯的图形生成过程,还需要考虑设计对象随设计变化的过程,包括与图形相关的结构计算、矿岩量统计、材料消耗计算等。因此,AutoCAD 的采矿 CAD 系统结构很难满足矿山地、测、采数据高度共享和集成的需要。而集成化 CAD 系统结构可解决上述问题。集成化的采矿 CAD 系统的基本结构如图 17-6 所示。

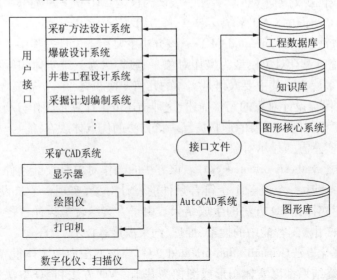

图 17-6　集成化的采矿 CAD 系统结构

集成化的采矿 CAD 系统结构与 AutoCAD 的采矿 CAD 系统结构的区别是:这一结构的全部设计过程均得到图形核心系统提供的资源支持。它与 AutoCAD 之间的关系变成为一种并联关系,即系统设计图可转化为 AutoCAD 默认的图形数据文件,与 AutoCAD 兼容。但整个应用系统是自成一体的,系统设计过程与 Auto-CAD 没有直接的关系,不受 AutoCAD 的影响,软件具有自主知识产权。

各采矿设计应用系统之间的数据通信及管理均由工程数据库完成,工程数据库及图形核心系统构成了采矿 CAD 系统的核心。图 17-6 中的知识库是开发智能采矿 CAD 系统的基础,它和工程数据库一起,支持整个系统的采矿设计过程;用户接口既协调集成系统内部模块之间的关系,也负责为用户提供一个统一的界面;接口文件是用于采矿 CAD 系统与 AutoCAD 进行数据交换,方便用户将设计成果与其他软件系统共享。

c　面向对象的采矿 CAD 系统结构

实际上,图 17-6 将系统结构划分为 3 个层次,即物理层、逻辑层和应用层。物理层主要指工程数据库和知识库;逻辑层是指以图形输入、输出和处理为基础的中间层;应用层是指各类专业模块,并提供开放式用户接口。矿山绘制的基本图形对象大部分为平面图形,包括曲线、多连线、圆、椭圆、圆弧、文本、填充、尺寸标注等。通过这些底层图元对象构造次高层图形对象,如矿体、钻孔、柱状图、巷道、井筒以及其他采矿符号。然后再根据次高层对象构造高层系统对象,如开拓系统、出矿系统、通风系统、供电系统和排水系统等。底层对象组成高层对象的方法有很多种,如框架的设计方法、约束满足法、综合推理法、原型法、信息流法等。框架的设计方法比较适合矿山图形处理和采矿工艺特点,在系统核心模块基础之上开发应用程序模块,以后在软件商品化时可以根据用户的不同需要以模块的方式提供,如开拓系统设计、采准设计、炮孔设计、采掘工程平面图管理、巷道断面图设计、井底车场等。这种思想被很多国外矿业软件提供商所采用,如 Datamine、Mine-Sight 等。采用这样一种面向对象的系统结构,有利于系统初期的需求分析,对应用面向对象技术进行系统开发也有很大的指导作用。

下面以井巷系统为例说明其面向对象的设计思想。

井巷系统可以看成是一棵复杂的对象树,它以矿井系统为根,叶子结点(溜井、采场、硐室等)为对象的属性,其中复合对象具有许多属性域或拥有多个复合对象和简单对象。由于不同的系统可能包含同一个对象,为了避免数据冗余和数据处理异常,分配给所有的简单和复合对象唯一的标识符。

E　采矿 CAD 图形核心系统

a　集成化采矿 CAD 图形系统结构

通用 CAD 系统软件通常是一个封闭或半封闭的系统,需要占用很大一部分计算机系统资源,以它为基础开发的应用系统很难与之连成一个整体。因此,这种方式开发的图形系统一般都是被动显示图形,无法主动地用图形方式来设计方案。采用集成化图形核心系统则可以很好地避免这种缺陷,使方案设计的全过程都能利用图形核心系统提供的图形资源支持,如图 17-7 所示。

从图 17-7 中可见,整个 CAD 系统的图形资源全部由图形核心系统所提供, CAD 应用系统与 AutoCAD 不发生直接联系,而仅仅通过图形核心系统来实现图形资源的共享,这种结构组成的图形系统的特点如下:

(1) 图形核心系统支持整个 CAD 系统,与各种外设、其他 CAD 软件间的联系均通过核心系统实现,使应用系统的设计不必考虑各种约束。

(2) 各种应用子系统(如矿块设计、爆破设计、开拓设计等)均可和图形核心系统构成一个整体。

(3) 制图子系统构成一个层次结构,设计图样由图块组成,图块又可以由下一层的图块或图元组成,这种结构比较适合矿山图形和采矿工艺特点。

(4) 通过核心图形系统实现与通用 CAD 系统的图形资源共享,从而可以利用 AutoCAD 等系统丰富的图形处理功能来管理施工设计图样。

b　图形核心系统基本功能

由于采矿设计的典型工作是对各种线框形状的构造与显示,因此图形软件系统在 CAD 支撑系统中占有重要的地位,通常图形核心系统需具有如下功能:

(1) 提供构成图形的基本元素,如点、线、面、文字、符号、光标等,它们是组成各种工程图纸的标准构件。

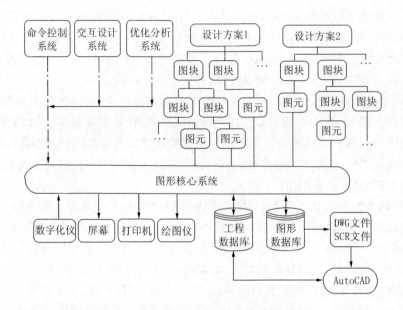

图 17-7　采矿 CAD 图形核心系统结构

（2）提供采矿设计常用的基本图元库,如多边形图元、参数图元、尺寸标注图元、井巷图元等,允许用户自定义图元。

（3）提供图形元素变换的功能,如移动、旋转、比例、拷贝、裁剪、透视等。

（4）提供图形元素的多种方法,如线框图、真实感图、纹理、阴影等。

（5）提供图形组成的结构层次,如基元、图块、层、画面等。

（6）提供人机交互的基本功能,如选择集、批处理、定位、笔画等。

（7）提供各种图形外设的选择功能,如图形显示器、绘图仪、数字化仪等。

（8）提供各种基本图形的运算功能,如多边形交、并、差运算等。

（9）提供反映上述功能的可视化操作界面。

F　采矿 CAD 系统基本图元集

a　采矿 CAD 基本图元的选择

图元又称输出基元(output primitive),它是 CAD 系统进行操作和组成画面(或图样)的最基本的素材。一幅画面由图元组成,图元是一组最简单、最通用的几何图形和文字。图元集是完成工程图设计所需图元的最小集合。通常认为,采矿工程设计图是一种矢量图,可以看成由矢量最小组成单位——线段构成。由此而产生了一种观点:认为矢量线段是构造采矿工程设计图的基本图元,根据这一观点来研制软件,虽然也能绘制一些采矿工程设计图,但其图形生成与存储效率很低,无法达到全交互式设计的目的。在工程图设计中,常用图元通常包括点、直线段、曲线、圆、圆弧、椭圆、椭弧、文字、参数图元、尺寸标注、自定义图元。

根据采矿制图标准及有关采矿设计习惯,对常用的采矿设计图形进行分析和归类。点图元可归入直线段图元中,即用具有两个重合点的直线段来描述几;椭圆和椭弧图元在采矿设计图中几乎不会用到,即使用到可用多个圆弧来逼近;圆图元可以归入圆弧图元中。故采矿 CAD 基本图元集由 7 种图元组成,即直线段图元、圆弧图元、曲线图元、符号图元、参数图元、尺寸标注图元、自定义图元。无论采矿专业图中的图形多么复杂,都可以用这 7 种基本图元构成。

b　矿山图元的分类

根据计算机图形学理论,从图形处理与运算的角度出发,可将上述 7 种基本图元分为三类,即矢量图元、标量图元、混合图元。

（1）矢量图元。矢量图元是指有方向的图元。这类图元具有方向性,可参与图形的运算,如图形的交、并、差运算,图形自动连接与追踪,计算图形几何长度及面积等,而且图形的精度是有实际意义的。这类图元包括直线段图元、曲线图元、圆弧图元。这些图元是构成矿山设计图的主要手段,因此称为主图元。

(2)标量图元。标量图元是指没有方向的图形。这类图元没有方向性,也不能参与图元运算。其图形的追踪、周长和面积的计算以及图元的定位精度等都是没有工程意义的。这类图元包括符号图元、尺寸标注图元。这些图元常用于描述矢量图元的特征等信息,辅助矢量图元来表达完整的工程含义,因此称为辅助图元。

(3)混合图元。混合图元兼有上述两类图元的特点,包括参数图元和自定义图元。这两种图元实际上是用户自定义图素的两种表现形式,真正具有哪种图形特征只有在用户定义了相应的图元后才确定。

　　c　矿山图元描述

直线图元和圆弧图元的表示方法比较简单,不需另加介绍。下面主要介绍另外 4 种图元的描述方法。

(1)曲线图元。在地质和采矿制图中,地质界线或工程界线多以"曲线"的形式存在,故曲线图元是采矿 CAD 系统最重要的一种图元。曲线图元有以下几种表示方法:

1)多项式拟合法,即用一个有限次多项式来描述任意几何曲线。该表示方法可输出光滑连续的曲线,但存在对散点适应程度差,且对多项式系数求取、图形运算中的交点求取、存储组织等都很困难等缺点。因此,该表示方法不适合采矿 CAD 系统。

2)双圆弧逼近法,该方法是将一系列由散点组成的曲线用函数来表示。描述的曲线由一系列的双圆弧来逼近,即任何相邻两已知点间可用两个圆弧段连接起来。它可使曲线达到二次光滑,常用于表示样条曲线或函数曲线。该方法在模具、机械、建筑、汽车、造船等行业的 CAD 系统中用得较多,主要是用于外形造型和曲线放样。但在采矿设计中所用曲线常存在一些转折点(一次导数不连续),曲线的随意性大,用该方法很难描述所有曲线,不适合在采矿 CAD 系统中使用。

3)多边形逼近法。该方法是将目标曲线离散化为首尾相接的有限个直线段来逼近目标曲线。图形输出时,可将这一系列直线视为一整体,将其施加各种光滑方法、区域填充或线边填充等;在图形运算中也可将它视为一整体进行图形的并、交、差运算。曲线的存储很简单,只需存储一系列首尾相接的散点坐标。

曲线图元在图形处理中与直线图元相比具有两个重要特点:曲线图元是采矿 CAD 系统中描述几何形体、界线及进行图形运算的基础,曲线的多边形逼近表示法非常适合采矿 CAD 系统;另外,采矿设计是在地质工程图上进行的,而地形图、地质图是通过数字化仪输入的,数字化仪输入的图形是以首尾相连的坐标点存放的,其实质就是多边形。可见,在采矿 CAD 系统中多边形逼近法非常适合。

(2)符号图元。在采矿 CAD 系统中,经常用符号来表示一定的工程意义,这即是符号图元。符号图元是一个形状相对固定、具有一定的长度和宽度、表示一定几何意义或工程意义的图形块。符号图元具有以下特性:

1)图形块形状相对固定,是一个整体,不可分割。

2)允许在二维平面上产生形变。

3)符号图的绘制依赖于符号库的支持。

4)由简单的数据模型和很少的数据存储来实现复杂的符号。

5)对于各种形状完全不同的符号,其处理过程是不变的。

依据符号图元的特征,采矿设计图中所用到的文字、工程符号、设备标记符均可视为一般意义上的符号图元,但它们所表达的意义是有差别的。因此,可将符号图元分为如下类型:

1)本文符号,常用于尺寸标注、文字注解、图名、标题栏填写及图形制表等。它主要包括英文字母、希腊字母、阿拉伯数字、汉字、标点、罗马数字、数学符号、ASCII 码中的符号等。

2)设备象形符号,用于在图中表示设备的位置、工作状态以及与工程实体之间的相互关系等,如汽车、挖掘机、列车、钻机、风机、破碎机等。

3)示意符号,有时单独使用,有时和其他工程实体结合起来表示某种意义,如指北方向、污风和风流方向、水流方向、图例、断层产状等。

4)工程符号,常用于表示某项工程及其范围,一般是指工程空间上的结构物、建筑物,如房屋、陡坎、井巷断面、炸药库、停车场、破碎站、机房等。

（3）尺寸标注图元。采矿设计中的尺寸标注和机械设计中的尺寸标注相比,具有以下一些特点:

1）对尺寸标注的要求不高。

2）图纸中的尺寸标注量较小。

3）尺寸标注的类型较少。

4）尺寸标注方式的限制较少。

根据尺寸标注对象的不同,可将尺寸标注的类型归纳为以下几种:

1）直线尺寸,包括点与点、点与直线、直线与直线、直线与圆心、两圆心之间、直线到圆的切点处、两圆切点之间的距离尺寸。

2）角度尺寸,即两直线之间的夹角。

3）圆弧尺寸,包括圆的半径、直径。

（4）参数图元和自定义图元。为了提高采矿 CAD 系统的运行效率,为用户提供更多的图形扩展手段,使采矿 CAD 系统更有效地为专业图形处理服务,需引入两种新的图元——参数图元和自定义图元。

参数图元是以基本矢量图元为构造工具,以参数化的形式来构造图形的一种图元;自定义图元是用户根据需要,将一些大量使用的固定图形和图形块作为一个整体进行调用的图元。

下面通过一个实际例子来说明参数图元存在的必要性。例如,要绘制一半圆拱巷道,完全可以通过分别绘制三根直线段,然后在两直墙的上部绘制一半圆弧来完成,期间要保证巷道底板线和两根直墙线垂直,半圆弧和两直墙相切,可见效率是很低的,同时失去了巷道断面图原本的整体性。若通过参数图元来实现,效果大不一样,通过参数图元定义机制,先定义一带有参数的半圆拱巷道图元,将其编号加入到参数图库中。当用户绘制半圆拱巷道时,只需给定图元编号、巷道宽度、巷道墙高,即可准确无误地绘制出该巷道断面图。

在采矿 CAD 的图形环境中,对已经形成的由以上 6 种基本图元构成的图形通过目标选择方式,将一些具有一定联系的图元构造在一起,作为一个整体来看待,从而构成自定义图元。从原理上看,自定义图元属于参数图元的一种,是参数图元的简化或特殊表现形式,但与参数图元相比也存在较大的区别:

1）不存在规范化问题。

2）无参数。

3）不存在图段间的连接问题。

4）定义方式灵活。

5）自定义图元库组织简单。

17.4.4.3　开采工艺仿真

以地下开采为例,金属矿山开采分为开拓方法和采矿方法。采矿方法又包括采准、切割、回采及空区处理。采矿方法分类见表 9-156。

矿山开采是一个涉及多因素、多方案选择的复杂系统。传统的定性和定量优化方法难以对开采工艺进行最优选择。计算机仿真技术,利用系统优化理论,以开采流程为结点,对开采过程进行仿真优化设计,辅以计算机可视化技术,对矿山开采进行最优化的"预开采",为矿山在实际开采时提供参考,为实现矿山开采利益最大化提供了一条新途径。

矿山开采的每一个工艺流程环节的优化,都将影响到整个开采工艺的优化设计。不同的开拓方法所构成的生产规模和所需的生产费用不同,如何在保证安全生产的前提下,选择一种能满足技术可行、基建费用较低的开拓方案,是开拓的原则问题。通过利用各种可选择方案进行设计方案的经济指标比较,从中选择最优开拓方案。

在保证安全可靠的条件下,充分利用计算机优化技术,以地质条件和开采技术等为约束,进行采准工程的设计优化。

回采工作包括落矿、采场运输和地压管理等。落矿与采用的采矿方法和凿岩设备等相关。井下矿石流移动的路线,应在充分利用已有运输巷道的基础上,利用系统优化技术,对井下矿石流进行最佳路线移动选择,以最低费用将矿石运至地面。

矿山开采工艺的选择是一个复杂的系统问题,国内不同学者对此进行了大量的相关研究。陈孝华、徐云龙、黄德镛、马利军等人利用系统工程排队论,以 CAD 为载体,运用计算机模拟编制地下矿山采掘计划;贾明涛、潘长良、王李管等人运用计算机模拟技术,开发设计了一个完整的回采过程动态模拟系统;冯锡文利用系统动力学理论,对影响综采工作面的主要因素进行分析,建立了综采工作面的"SD"仿真模型,对生产系统进行模拟;屠世浩、张先尘、徐永圻、张东升等人利用系统分析方法和随机服务系统理论,进行了矿井煤流采运系统分析;韩可琦、苌道方运用计算机模拟技术,结合 Multigen Vega 和 VC,建立了综采工作面仿真模型;B. Nieno、A. D. T. Dronkers、K. Hanjali 等人运用交互式的面向对象的设计理论,对大型露天采矿系统进行仿真,构建了露天采矿系统模型,该模型主要包括实时分派系统、多服务装卸系统、有约束的拖运系统、连续和混合操作系统、物料平衡和流动系统,实现了 3D 的交互功能,综合运用了运筹学、计算机仿真等相关理论,在运输系统模拟中,对铲车、卡车效率进行了分析,对此提出了改进的建议;史先焘提出了利用虚拟仿真技术,建立煤矿安全培训系统;张建桃、伏永明提出了建立虚拟现实技术的矿井规划与设计,利用虚拟建模软件 MultiGen Creator 和仿真软件 Vega 对平顶山大庄矿进行了矿井设计实验,取得了良好的效果;肖人彬、费奇、魏祥云建立了煤矿生产仿真模型体系,详细叙述了该模型体系的工作流程,介绍了系统软件开发的若干关键技术和实际应用情况;刘谊、王东瑞利用 GIS 管理系统理论,给出了一个 MapX 的生产管理系统运输方向动态演示方案;刘仁义、甘德清、杨福海等人分析了露天-地下联合采矿法的工艺流程,对系统的功能、结构、模块组成等进行了研究,建立了露天-地下联合采矿法模拟系统。

从国内外研究来看,露天矿的仿真居多,在运输方面的仿真较多,仿真的技术较为单一,可视化的仿真较少,仿真结果的显示比较单调。随着计算机仿真方法、可视化技术、虚拟现实技术以及系统优化方法的进一步发展,为矿山开采工艺仿真提供了更为有效而便捷的方式,开发可视化并融入系统优化技术的矿山开采工艺仿真系统的条件已经具备,必将为矿区生产提供更为有力的技术支持。

17.4.4.4 围岩力场分析

由于矿床埋深、构造应力、裂隙发育情况等地质条件的不同以及开挖扰动的影响,巷道围岩常处于高地应力之中,从而使得深部地下巷道维护极具困难,甚至产生岩爆,严重影响矿山的正常生产与安全。同时,井下围岩的稳定性问题关系到开采方案的可行性、工程施工的安全与投资。因而需要根据围岩的岩性、断层节理走向进行应力分析,提取分析结果,为矿山的安全生产提供保障。但围岩的应力、应变不是一成不变的,而是随着时间和空间动态变化的。在井下巷道开挖与回采过程中对围岩应力、变形进行实时跟踪,及时了解围岩的稳定状态,以便及时采取支护措施,不仅可以保证施工的安全,而且还可以减少工程量、加快施工进度,使施工组织设计更加科学化、合理化。

围岩力学状态仿真的目的是通过对围岩开挖过程位移、应力、屈服域及衬砌支护等的可视化分析,从而为开挖方案的优化提供依据。理想的仿真分析是与施工系统仿真的有效结合,利用计算机程序建立动态链接,实时演示施工过程围岩的力学状态变化情况,对围岩异常现象采取有效措施,从而达到优化设计、施工的目的。但因各方面条件的限制,目前的围岩力学状态分析局限是在所选区域范围内,分析结果不能满足全过程施工动态仿真分析的需要。区域围岩力学状态仿真是以开挖工序为控制条件,通过计算机程序从仿真数据库中读取信息,生成一系列反映当前面貌状态的画面,提高画面的显示速度即达到可视化动态演示的效果。

围岩的应力、应变计算是通过有限元程序实现的。近年来,随着计算机的飞速发展和广泛应用以及有限元理论的日益完善,出现了许多通用和专业的有限元软件,并在各个领域得到了广泛的应用。这些软件的出现方便了计算,大大提高了计算精度同时又缩短了设计周期,产生了良好的经济效益。但是,这些通用软件并不是无所不能的,也是随着数学和力学理论的发展而不断完善和发展的。它们在很多方面仍然有着不同的缺陷,对一些特殊的分析仍是爱莫能助,这使得人们不得不又要借助于编程计算。在进行科学研究时,人们总是需要将所得出的结论应用于实际工程中并与实测结果进行比较,同时与使用成熟的理论计算结果进行分析对比,以检验研究得出的结论的优越性和仍然存在的不足。

A　围岩应力数值模拟技术

由于围岩应力具有非均质、非线性、不连续及复杂的加卸载条件和边界条件复杂等特征,这使其无法用解析方法简单地求解。各方法的应用表明,数值法具有较广泛的适用性。它不仅能模拟岩体的复杂力学与结构特性,也可很方便地分析各种边值问题和施工过程,并对工程进行预测和预报。因此,数值分析方法成为解决这一类问题的有效工具之一,可对岩体的稳定性做出定量的评价。目前,主要常用的数值分析方法包括有限元法、边界元法、有限差分法、加权余量法、离散元法、刚体元法、不连续变形分析法、流形方法等。其中,前四种方法是连续介质力学的方法,后三种方法则是非连续介质力学的方法,而最后一种方法具有这两大类方法的共性。有限元法最小总势能变分原理能方便地处理各种非线性问题,能灵活地模拟岩土工程中复杂的施工过程,因而成为岩石力学领域中应用最广泛的数值分析方法。

地下工程数值计算中,数值模拟的初始地应力场是否与实际地应力场吻合较好,是决定地下工程数值模拟是否成功的基本条件。通常认为,初始应力场主要由岩体自重和地质构造力产生。其他一些影响因素如温度等,在埋藏较浅、不会受到地热影响的地下硐室工程中往往忽略不计。数值模拟一般均采用有限的地应力观测值和地形、地貌资料,并参考地应力场分布的一般规律,进行回归拟合,以获得较为合理的初始地应力场,作为进一步分析地下工程施工过程围岩稳定性的基础。给计算区域模型赋地应力值的方法通常有以下几种:

(1)已知模型内部某些点的地应力(通常为测点值),给定位移边界条件,按一定的规律将该点的应力插值分布到整个模型内,对分布的应力场进行计算反演,获得最终的初始地应力场。

(2)计算范围内按照某种回归方程直接计算每个计算单元的初始应力,然后转化为单元的节点力,结合位移边界条件(如假定固定模型底面竖直方向位移为零)和力边界条件(如自由边界,$F = 0$),平衡模型系统内的应力场。

(3)给定模型的位移边界条件和力边界(面力或节点力)条件,生成初始应力场;然后,利用测量点的应力值对力边界条件进行计算调整;最后,拟合得到新的初始应力场,使它与观测点的地应力吻合,从而实现围岩应力数值模拟。

有限元法和一般力学求解方法一样分为位移法(刚度法)、应力法(柔度法)以及处于两者之间的混合法。位移法是先假定满足应变相容条件的单元内位移模式,求出应变分量,接着代入物理方程求出应力分量,然后把这些力学分量代入虚功原理,得到以位移分量为未知量的联立代数方程组。应力法为首先假定单元内应力分布函数,并根据平衡条件求出内力和外部荷载的关系,然后由物理方程求出应力分量,把这些力学分量代入虚功原理,组成以应力分量为未知数的代数方程组。应力法和位移法各有优缺点,位移法较应力法未知数目多,但其适用范围广,而且具有解法较为固定的优点,故而广泛应用于结构分析中。

B　有限元可视化技术

有限元分析过程中既有大量的初始信息需要加工,同时也产生相当数量的结果信息。这些信息要被分析者理解,并加以利用,可视化是非常重要的。可视化技术利用人的视觉和计算机,根据数据产生的图像,利用颜色、密度、透明度、文字等技术,将不可见变为可见,在短时间内通过图形传递大量信息,使研究人员能够直观、迅速地观察到计算模拟的结果。

有限元可视化按功能可分为三个主要层次:

(1)有限元计算结果数据的后处理。将有限元计算过程和可视化过程分开,对计算的结果数据或测量数据实现可视化,能全面掌握模型中物理量的客观分布,如极值大小及位置、幅值集中的位置及区域大小等,为进一步工程设计提供可靠的数值分析依据。

(2)有限元计算过程的实时跟踪及显示。在进行科学计算的同时,实时地对计算过程的中间数据或测量数据实现可视化,以了解计算状态和物理量的变化。

(3)有限元计算过程的交互处理。这一层次的功能不仅要求能对过程数据进行实时地处理与显示,而且还可以通过交互方式修改原始数据、边界条件或其他参数,使结果更精确,其表现形式更加丰富,实现用户对科学计算过程的交互控制和引导。可见,它对可视化软件的交互能力要求很高。有限元后计算结果数据处理的基本数据有网格数据,如单元信息节点信息等;应力数据,如各单元应力节点应力以及它们的方向;位移数据,如节点各个方向的位移值,单元的破坏形态。有限元后处理还需要形成网格面、网格线等数据,上述数据的基本结构如图 17-8 所示。

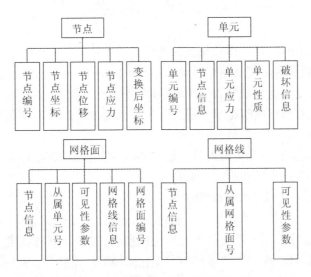

图 17-8 有限元可视化基本数据结构

在地下结构有限元分析和后处理过程中,要涉及不同类型的单元,如岩体单元、节理单元和锚杆单元。利用面向对象的思想可以利用基本单元类,派生出岩体单元类、节理单元类和锚杆单元类,最后还必须定义一个图形处理类来统筹和组织上述各类的相互关系,实现有限元后处理的各个功能。这个类的数据成员是上述一些类的对象或对象数组,成员函数描述了上述各类之间的相互关系和本身的一些操作。

有限元分析中的可视化技术包括标量场的可视化技术和矢量场的可视化技术两大类:标量场的可视化方法主要有等值线图、彩色云图、线架曲面图和等值面及切片图,其中以等值线图和彩色云图最为常用;矢量场的可视化方法主要是箭头线段表示法。彩色云图以其更加直观,能够反映更多的信息量等优越性越来越多地用于有限元系统计算结果的处理中。

17.4.4.5 制造执行管理系统

20 世纪 90 年代初,美国先进制造研究机构 AMR(advanced manufacturing research)提出了制造执行管理系统(MES)这个概念。目前,较为认同的定义是国际制造执行系统协会 MESA(MES Association)对 MES 的理解,即 MES 能通过信息传递对从订单下达到产品完成的整个生产过程进行优化管理。当工厂发生实时事件时,MES 能对此及时做出反应、报告,并用当前的准确数据对它们进行指导和处理。这种对状态变化的迅速响应使 MES 能够减少企业内部没有附加值的活动,有效地指导工厂的生产运作过程,从而使其既能提高工厂及时交货能力,改善物料的流通性能,又能提高生产回报率。MES 还通过双向的直接通讯在企业内部和整个产品供应链中提供有关产品行为的关键任务信息。

MES 本身是各种生产管理功能的软件集合,MESA International 归纳了 11 个主要的 MES 功能模块,即工序详细调度、资源分配和状态管理、生产单元分配、文档控制、产品跟踪和产品清单管理、性能分析、人力资源管理、维护管理、过程管理、质量管理、数据采集。但是实际的产品可能是包含其中一个或几个功能模块。

(1) 工序详细调度:通过有限资源能力的作业排序和调度来优化车间性能。

(2) 资源分配和状态管理:指导劳动者、机器、工具和物料如何协调生产,并实时跟踪工作状态和刚刚完工情况。

(3) 生产单元分配:通过生产指令将物料或加工命令送到某一加工单元开始工序或工步的操作。

(4) 文档控制:管理和分发与产品、工艺规程、设计或工作令有关的信息,同时也收集与工作和环境有关的标准信息。

（5）产品跟踪和产品清单管理：通过监视工作在任意时刻的位置和状态来获取每一个产品的历史记录。

（6）性能分析：将实际制造过程测定的结果与过去的历史记录和企业制定的目标及客户的要求进行比较，其输出报告或在线显示用以辅助性能的改进和提高。

（7）人力资源管理：提供按分钟级更新的员工状态信息数据（工时、出勤等），人员资历，工作模式，业务需求的变化来指导人员的工作。

（8）维护管理：通过活动监控，指导保证机器与其他资产设备的正常运转以实现采矿的执行目标。

（9）过程管理：基于计划和实际产品制造活动来指导矿山的工作流程，这一模块功能实际上也可由生产单元分配和质量管理模块实现。这里是作为一个单独的系统来实现。

（10）质量管理：根据工程目标实时记录、跟踪、分析产品与加工过程的质量，以保证产品的质量控制和确定生产中需要注意的问题。

（11）数据采集：监视、收集和组织来自人员、机器和底层控制操作数据以及工序、物料信息。这些数据可由车间手工录入或由各种自动方式获取。

MES 作为一种以时间为关键因素的企业管理软件，弥补了企业计划层和底层车间控制层之间的间隔，是制造过程信息集成的纽带。MES 对企业实施完整的、闭环的生产是非常必要的。

在国外，煤炭企业的信息化实施与发展已伴随着现代控制技术、计算机技术、网络技术及通信技术的发展而发展。国际先进的产煤国家，煤炭生产呈现出重型化、自动化、集约化、绿色环保的特点。国外先进的采煤设备向大功率、重型化发展，设备储备系数大、运行可靠性高。DBT（德国德伯特）、JOY（美国久谊）和 Eickhoof（德国艾克夫）等采矿设备公司都制造出具有高度自动化功能的产品。信息技术在煤矿生产中得到广泛应用，先进煤矿广泛采集工作面设备运行参数和环境安全检测信息，在工作面集中显现并通过以太网传输到地面计算机，实现远程传输和故障诊断。运输系统、供电系统和通风系统均无人值守。集中远程操作、视频监视、辅助有专人巡视，井巷布置集约化，生产系统和环节少，实现了生产高度集中。

在国内，由于基础较差，煤矿信息管理早期由于各方面技术水平的限制，多采用传统离散的自动化控制，各环节相互独立，利用效率低下，可靠性也较低。由于生产规模发展以及管理的需要，简单的自动化系统已经不能满足生产的需求，各煤矿需对相关的自动化系统进行集成，形成集中控制系统，直至对全矿井所有生产及相关的系统进行整合，如国内较为先进的煤炭科学研究院重庆分院的 KJ90 型煤矿综合监测监控系统、北京长安矿山监控技术公司的 KJ4 型矿井安全生产监测监控系统、常州自动化研究所的 KJ95 型煤矿综合监测监控系统等均为这样的系统。这些系统最初都是面向某一方面的，经过发展逐渐扩大其功能，如 KJ4 系统最初是面向安全监测的系统，随后生产环节各子系统分别挂接于其上，形成全矿井的安全生产监测监控系统。2003 年 2 月，由山西晋城市阳城县安全生产监督管理局与沈阳新元信息工程软件有限公司、煤炭科学研究总院抚顺分院软件中心合作开发的煤矿安全生产实时监测与监管系统数字煤矿科技成果通过国家级鉴定。该系统通过网络对煤矿井下瓦斯浓度、风机开停状况、设备故障和断电状况可进行全天候的高效、快捷、实时监控，在瓦斯管理等方面发挥了千里眼的作用，该项成果的主要分项研究内容和总体技术达到国际领先水平。2006 年 6 月，黑龙江煤矿安全监察局与黑龙江移动联合开发的黑龙江省煤矿安全数字化监控网络平台投入使用。该平台由小煤矿主扇运行监控系统、高瓦斯矿井瓦斯监控系统、煤矿瓦检员远程定位监控系统、煤矿超层越界预警系统、低瓦斯矿井无线终端监控系统等五个监控子系统组成。该监控网络平台由 Web 服务器和 Internet 互联网构建，利用移动无线数据传输网络 GPRS 和全球移动通信系统 GSM 网络覆盖面广的特点，可通过手机短信，将各大矿井的断电告警、处理时限、电压告警、瓦斯浓度等数据，以无线电的方式传送到省煤矿监控中心，实现了煤矿安全监控工作的自动化。该系统覆盖面广、采集点全、数据丰富、成本低廉，基本解决了人工无法时时监控、监控结果不准确等问题，能够及时排除矿井的事故隐患，把事故发生率控制在最低点。随着各项技术特别是网络技术的发展，煤炭企业对信息化建设提出了更高的要求，普遍的做法是在矿区建立煤矿局域网络，将矿建（包括综合监测监控系统）、销售、财务、设备管理、档案、人事、通讯以及电视系统等进行全方位的信息集成到煤矿信息化平台之下，实现数据共享、资源共享。煤矿做到生产自动化、办公自动化、管理自动化、决策自动化，是现代化煤矿的重要标志。

在我国,煤炭企业信息化建设模式一般有两种情况:一种是传统以实时监控为核心的生产监控系统(DCS);另一种是现代以ERP为代表的管理信息系统。然而,在过程自动化与管理信息化之间存在数字鸿沟,导致无法将管理同生产紧密结合,ERP等管理系统的应用效果大打折扣,甚至导致ERP系统实施失败。生产制造执行系统(MES)正是打通这一瓶颈不可或缺的手段。MES系统在矿一级的生产单位,比ERP、DCS系统更适合其管理重点,这是因为:

(1) ERP系统的概念来源于制造企业,关键在于订单拉动生产,全面配置资源,使得高效生产、成本最低,特别适合于复杂的离散生产作业,通过物料编码(POM)系统,将订单分解成若干个零件,进行采购或生产计划。但是,煤炭采掘完全不同于离散制造,不存在订单分解问题,也不同于流程制造业的配方分解。这样,整个ERP系统的强项所发挥的作用会有所减弱。

(2) DCS系统也不能充分地解决煤炭企业生产的问题。DCS系统全称为离散控制系统。从字面意思来理解,就是将各种单独的控制单元集成在一起进行控制,例如电厂的总控。DCS系统的缺陷是仅仅将各种设备的控制集成在一起,与生产作业计划本身缺乏联系,需要人工来将生产作业计划分解成调控指令,在DCS系统中实现控制作业。

MES在矿业综合自动化系统中起着中间层的作用。在长期计划的指导下,MES根据底层控制系统(DCS)采集的与生产有关的实时数据,对短期生产作业的计划调度、监控、资源配置和生产过程进行优化。此外,MES可以为企业中其他管理信息系统提供实时数据。例如,企业资源计划(ERP)系统需要MES提供的成本、制造周期和预计产出时间等实时生产数据;供应链管理(SCM)系统从MES中获取当前的订单状态、当前的生产能力以及企业中生产换班的相互约束关系;客户关系管理(CRM)的成功报价与准时交货,则取决于MES所提供的有关生产的实时数据;产品数据管理(PDM)中的产品设计信息,可以基于MES的产品产出和生产质量数据进行优化;控制模块则需要时刻从MES中获取生产配方和操作技术资料来指导人员和设备进行正确地生产,对已经实施了信息化的煤炭企业也是极好的补充和完善。

目前,我国矿业行业的运行管理方式还比较落后。虽然经过长期的发展,矿业生产的综采机械化程度和自动化程度有了很大的提高,如采掘工作面以计算机为核心的电牵引采煤机、电液控制的液压支架和掘进机、井下设备监控系统、井下人员监测系统、井下安全与生产监测系统、地面设备监控系统、选矿厂全厂自动化系统等。这些系统独立运行,在调度室集中监视,在矿业全生产中发挥了一定的作用。我国矿业单位需要建立一个计算机技术的综合集成系统,将各种应用系统通过计算机网络和数据库技术连成一个有机的整体,共享企业的各种信息资源,实现优化调度和决策支持,实现矿井生产、安全、地理、管理信息共享和生产安全自动化。

17.4.4.6 监控系统

A 系统结构

(1) 单元层:基础数据采集。

(2) 网络层:物理网络。

(3) 传输层:数据交换共享。

(4) 平台层:应用系统平台。

(5) 应用层:业务应用/业务功能。

B 单元层

(1) 功能:实现基础数据采集与监测。

(2) 构件(测控单元):各类传感器,包括环境因素,如甲烷、一氧化碳、温度、风速、风压;设备开停、风门开闭、馈电状态;断电仪和开关控制器;现场总线网关、路由器、中继器;以太网网关、交换机。

C 网络层

(1) 功能:实现系统传输的物理通道。

(2) 构件(物理网络):井下测控网、地面局域网(LAN)、地面广域网(WAN)。

（3）井下测控网：包括现场总线与工业以太网。

（4）现场总线(Fieldbus)：工作面、单体设备、采区（LonWorks 或 CAN）。

（5）工业以太网(Ethernet)：大巷。

井下测控网结构如图 17-9 所示。地面局域网结构如图 17-10 所示。地面广域网结构如图 17-11 所示。

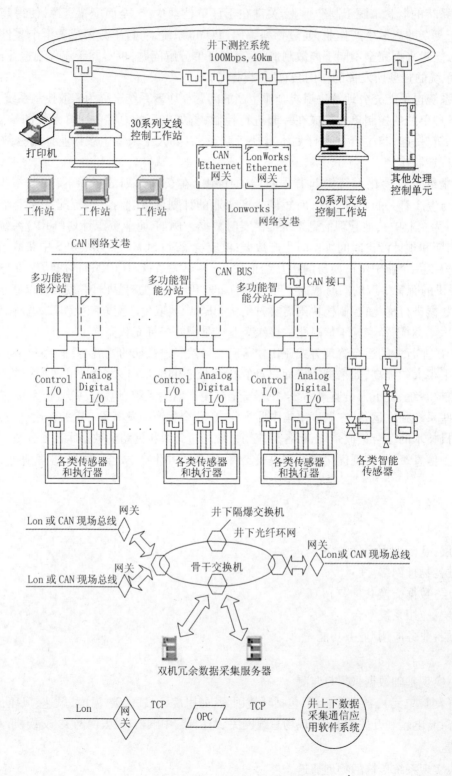

图 17-9　井下测控网结构

图 17-10　地面局域网结构　　　　图 17-11　地面广域网结构

D　传输层

(1)功能:通过网络协议,实现数据交换和测控,包括传感器—现场总线—工业以太网—OPC(OLE for process control,OLE——object linking and embedding)接口—地面局域网—地面广域网的数据交换和共享。

(2)构件(通信协议)。

1)井下测控网:LonTalk、CAN、TCP/IP、RS232、RS485 等协议。

2)地面局域网:TCP/IP、OPC、XML(可扩展标记语言)、FTP 等协议。

3)地面广域网:VPN 等协议。

E　平台层

(1)功能:实现现场总线、OPC 接口、数据库管理、业务系统构建/开发等平台支持。

(2)构件:井下测控网、地面局域网、地面广域网。

(3)井下测控网:LonWorks 神经元芯片、CAN 控制器、单片机嵌入式系统等。

(4)地面 LAN/WAN。

(5)数据采集:FTP、OPC、XML 等组件。

(6)操作系统:Windows 2003 网络服务器。

(7)数据库管理系统:SQL2000。

(8)地理信息系统(GIS):Web GIS。

(9)业务系统构建/开发:VStudio. NET、Java。

F　应用层

(1)功能:实现系统的业务功能。

(2)井下测控网:数据采集、通信、网络节点关联控制、产品互联、组态等应用。

(3)地面局域网/广域网:Web GIS。

(4)井上下实时数据采集与通信系统:采用 OPC,实现 Web GIS 数据采集服务器与煤矿井下工业以太网测控系统的集成。

(5)多现场总线网络节点互控关联组态系统:通过 Web GIS 地图可视化组态,实现井下测控单元的关联定义和区域断电控制。

(6)安全隐患智能化关联自动测控系统:实现传感器、监测分站与控制设备的关联监测与控制,能够对重大事故隐患进行自动跟踪、自动监测、自动报警、事故隐患超限、断电、撤人一体化联合监测监控调度,避免伤亡事故发生。

（7）地面实时监测、远程监控、监管系统：实现监测分站、传感器及控制设备位置、监测数据与设备运行状态及控制状态的可视化；采用局域网、广域网、宽带、电话线、GPRS、CDMA 等多种方式访问网络进行监管。

（8）自动化实时监测、监控、监管信息管理系统：实时动态监测、监测日报、汇总、模拟量与开关量历史数据查询与分析；一通三防综合信息调度管理、查询、分析、统计、报表功能；深度信息挖掘功能、空间地理分析功能，提供决策支持。

（9）三维地质测量系统：地质测量信息管理、各种数字矿图动态生成、编辑与输出、三维数字矿图建立与显示、煤炭储量计算等。

（10）瓦斯灾害综合预测预警系统：数字地质和瓦斯地质的煤层瓦斯综合预测、分源预测技术，提供直观的区域分析、专题分析、等值线绘制分析等专题预测结果。

（11）自燃发火综合预测预警系统：自燃发火预测分析、火区分布、状态实时监测、采场渗流模拟解算、启封火区灾害气体爆炸危险性判定等功能特点。

（12）通风网络解算与测控系统：通风网络解算、优选风机、按需分风、阻力测定计算、主扇性能计算等全部内容。

（13）监测联网远程实时数据采集与通讯系统：实现煤矿监测系统大批量实时数据采集和处理，包括通风瓦斯监测监控、瓦斯抽放监测监控、火灾监测监控、供电监测监控和其他生产监测监控数据处理。

（14）分级实时监测、远程监控、监管系统：提供权限管理，实现省/市/县/煤矿/监察办事处等分级访问，能够跟踪监测系统超限、报警与断电过程，跟踪隐患调度处理过程。

（15）无线手机短信实时报警系统：能够通过手机短信方式将瓦斯超限和主扇停风等重大隐患及时发送给煤矿领导和有关监管人员；能够自定义报警内容、接收人员、报警间隔时间；可以灵活设置动态跟踪报警方式、接收权限。

（16）煤矿安全采掘跟踪防止越界开采监管系统。

（17）煤矿安全抢险救灾指挥决策支持系统。

（18）井下移动目标位置可视化系统。

17.4.4.7 井下移动目标定位

国外井下设备自动控制技术比较成熟，国内目前局限于井下人员定位。

A 射频识别技术

射频识别（Radio Frequency Identification, RFID）技术是一种非接触式的自动识别技术，是井下人员定位系统的代表性技术。

射频识别技术系统包括电子标签、读写器、数据处理设备（远端计算机）。

（1）电子标签/跟踪器/射频卡：读写和加密通信。电子标签存有约定格式的电子数据，附着于待识别物体/人员。

（2）读写器/监测站：收发、控制和接口电路。井下读写器按照一定间隔（100 m）设置，通过天线发送出信号，当移动目标/标签进入该信号范围时回答识别信息，读写器读取信息并解码后传送至数据处理设备（远端计算机）。

（3）数据处理设备（远端计算机）储存跟踪器的最新列表；通过使用者发出的指令，列表可以被看到、查询和编辑；系统数据库比较跟踪器和监测站的数据，可以核对移动目标的位置和移动状况等信息。

（4）跟踪器记录包括跟踪器 ID、员工号/车辆号/设备 ID 号、姓名、最新经过的监测站编号、最新阅读的时间，员工的岗位/职责等。

B RFID 频率

低频系统工作为 100～500 kHz；中频系统工作在 1000～1500 kHz，主要适用于识别距离短、成本低的应用。高频系统工作频率为 850～950 mHz 及 2.4～6 GHz 的微波段，适用于识别距离长，读写数据速率高的场合。

17.4.4.8 调度系统

A 地下矿调度系统

（略）。

B 信集闭（信号集中闭塞）系统

通过调度室内的信号测控设备,实时监视列车运行现状,操纵道岔,开放信号机,自动实现敌对进路的锁闭,不允许敌对信号同时开放,保证列车安全运行,减少分岔点及搬道岔的人员,提高机车运输效率。

C 室内设备

(1) 控制台:控制列车、道岔、信号机显示。

(2) 表示屏:监视进路的开通与解锁、区段的占用与解锁。

(3) 主机柜:可编程序控制器(PLC)。

(4) 接口柜:室外设备信号与 PLC 接口。

(5) 电源柜:提供系统所需的各等级电压。

D 室外设备

(1) 信号机:指示司机行车方向或停车等待。

(2) 电动转辙机:操纵道岔。

(3) 列车传感器:采集列车运动位置及列车编号等信息。

E 露天矿调度系统

(1) 调度室及中央计算机系统:通过无线通信系统,收发、储存、处理各种数据。

(2) 车载计算机系统:安装在挖掘机、卡车、钻机等设备上,实时采集设备运行及监控信息,传递给中央计算机和设备司机,包括显示屏、触摸屏、调制解调器等。

(3) GPS 定位或者信标定位系统:跟踪卡车、钻机、挖掘机等设备。

(4) 软件系统:调度(派车)优化、配矿、钻孔数据处理、设备工况监测与预警、生产统计。

17.4.4.9 管理信息系统与企业资源计划

A 管理信息系统

管理信息系统(MIS)经历了一个不断发展和完善的过程。自 20 世纪 80 年代以来,随着各种技术特别是信息技术的迅速发展,MIS 得以进一步发展,MIS 的概念也逐步地充实和完善。

MIS 是信息系统在管理领域的具体应用,具有信息系统的一般属性。从 MIS 的环境、目标、功能等方面来分析,MIS 可以定义为:管理信息系统是一个以人为主导,利用计算机硬件、软件、网络通信设备以及其他办公设备,进行管理信息的收集、传输、存储、加工、更新和维护,以企业战略竞优、提高效益和效率为目的,支持企业高层决策、中层控制、基层运作的集成化的人机系统。这个定义说明 MIS 不仅仅是一个技术系统,而且还是把人包括在内的人机系统,因而它是一个管理系统,也是一个社会技术系统。

a 管理信息系统的要素

管理、信息和系统是管理信息系统的三要素。

(1) 管理要素。要设计出成功的管理信息系统,必须深入研究不同管理级别活动的性质、内容及联系。一般用横向结构与纵向结构的管理模型来描述其管理功能。

横向结构是对同一管理层次的有关职能部门的数据综合。如企业组织可分为基层、中层和高层三个管理层次,根据各管理层次所需的信息不同,把有关职能所需的数据进行综合。通过数据的综合,设置公用数据库及各子系统用的数据文件,以满足某一层次管理职能的信息需求。

纵向结构对不同管理层次的数据进行综合。这种结构通过对基层作业管理的数据进行分析、综合及处理出中层战术管理所需的信息,再进一步从中层战术管理数据中综合和处理出高层战略管理所需信息,从而使各级管理层之间信息畅通。

（2）信息要素。信息是一种被加工成特定形式的数据，数据与信息的关系是原料和成品之间的关系。信息的价值只有在决策过程中才能体现出来。信息资源（各种形式的存储数据）是可以重复使用的。信息资源管理（information resource management，IRM）是信息的一种组织资源的方法。管理人员管理信息资源，强调的是信息资源的组织效能。在设计管理信息系统的总体框架时，要从 IRM 观点出发，优化信息流的总体，组织信息系统内部的功能，考虑信息资源的综合管理与应用。

（3）系统要素。系统为描述和理解管理信息系统特性在内的各种组织现象提供了一个框架。一个系统就是一类为达到某种目的而相互联系着的事物的整体，是由相互联系、相互作用的事物或过程组成的具有整体功能和综合行为的统一体。在这个统一体中，对各事物加以深入的研究，再从整体出发分析各事物的相互联系、相互作用，这就是物质世界普遍联系且具有整体性的思想，即"系统"思想。

一个系统必须置于具体环境之中。系统的环境是指与系统的资源输入和资源输出有关联的外部世界。系统的概念是相对的，有大有小。一个大系统是由若干个小系统组成的，每一个小系统又可以包括若干个更小的系统。从高层分析可以了解一个系统的全貌，而从低层分析，则可以深入到一个系统每一部分的细节。合理地、正确地划分系统层次，在每一层次上集中力量解决该层次中的问题，而不考虑低层次的细节，是系统分析的一个重要方法。在设计管理信息系统时，要首先抓住系统的输出、处理和输入。在管理信息系统运行时，反馈控制是非常重要的，应充分考虑反馈控制环节中人的作用。

b　管理信息系统的特点

由管理信息系统的定义，可以看出管理信息系统具有如下特点：

（1）面向管理决策管理信息系统是继承管理学的思想方法、管理与决策的行为理论之后的一个重要发展，它是一个为管理决策服务的信息系统，它必须能够根据管理的需要，及时提供所需要的信息，帮助决策者做出决策。

（2）从广义上说，管理信息系统是一个对组织进行全面管理的综合系统。一个组织在建设管理信息系统时，可根据需要逐步应用个别领域的子系统，然后进行综合，最终达到应用管理信息系统进行综合管理的目标。管理信息系统综合的意义在于产生更高层次的管理信息，为管理决策服务。

（3）人机系统管理信息系统的目的在于辅助决策，而决策只能由人来做，因而管理信息系统必然是一个人机结合的系统。在管理信息系统中，各级管理人员既是系统的使用者，又是系统的组成部分。在管理信息系统开发过程中，要根据这一特点，正确界定人和计算机在系统中的地位和作用，充分发挥人和计算机各自的长处，使系统整体性能达到最优。

（4）现代管理方法和手段相结合的系统是在管理信息系统应用的实践中发现的，只简单地采用计算机技术提高处理速度，而不采用先进的管理方法，管理信息系统的应用仅仅是用计算机系统仿真原手工管理系统，充其量只是减轻了管理人员的劳动，其作用的发挥十分有限。管理信息系统要发挥其在管理中的作用，就必须与先进的管理手段和方法结合起来，在开发管理信息系统时，融进现代化的管理思想和方法。

（5）多学科交叉的边缘科学管理信息系统作为一门新的学科，产生较晚，其理论体系尚处于发展和完善的过程中。研究者从计算机科学与技术、应用数学、管理理论、决策理论、运筹学等相关学科中抽取相应的理论，构成管理信息系统的理论基础，从而形成一个有着鲜明特色的边缘科学。

在地矿工作中，需要使用 5 种基本的信息：测绘信息、地质信息、水文信息、物探信息、综合信息，所涉及的图纸成百上千张，相关的数据资料则更为庞大。因此，对地矿信息中图纸和数据进行及时更新和处理的要求也显得更为迫切。目前，一般管理信息系统是由两个子系统组成，一个是图形管理系统，一个是属性管理系统。

近年来，随着计算机技术的发展和矿业企业对信息处理量的增加，管理信息系统在矿山的应用急速发展。目前，管理信息系统在矿山已应用于调度系统、人力资源管理系统、矿用设备管理系统、通风安全、采场设备管理、矿区地理信息以及矿山综合信息管理等多个方面。

c　应用实例

以国内某矿为例，在横向上，向各车间、采场、科室辐射而组建横向的网络管理体系；在纵向上，分为财务管理模块、人力资源管理模块、设备点检管理模块、仓库管理模块、矿产资源地质管理模块、报表系统模块等六大模块,组成了纵向管理体系。

(1) 财务管理模块。在现有的财务软件的基础上,增加其网络功能,在一定的范围内增加其透明度,便于有关领导随时随地地了解财务状况。

(2) 人力资源管理模块。在现有的人力资源管理软件的基础上,增加其网络功能,可以让员工通过企业内部网访问企业的信息系统。人们可以自由讨论、交流工作进程,而不论是在办公室内部还是外部的环境,通过内部网都很容易找到企业特定员工的信息,当然需要得到相应的权限允许。

(3) 设备点检管理模块。由于矿山的机械设备数量巨大、种类繁多,管理、检查和维修比较复杂。这一部分可以按照设备点检的管理办法建立设备数据库,非常方便地了解每一台设备的性质、使用状况、维修周期、润滑状态以及相关的点检制度及其相应的库存状况。

(4) 仓库管理模块。由于矿山各个车间与采场比较分散,生产工艺较为复杂,设备库存种类、数量比较多,管理起来非常不方便。建立库存数据库,可以非常方便地了解备品备件的进出数量、库存数量、库存位置及各个车间的库存情况。

(5) 矿产资源地质管理模块。采场矿石分布比较复杂,各种储量及相关的剥采比计算起来比较麻烦。利用专业的三维立体软件,将矿山的矿产地质的矿脉分布情况制作成三维立体图,利用计算机来进行各种数据的计算,并根据具体的计算结果来作为采场的生产计划。

(6) 报表系统模块。每个月的月末各个管理模块的数据库都会自动汇总生成各自相关的报表,并及时、自动地通过网络上传给各自的相关部门和领导的计算机中。每一个模块都有其对应的服务器和相对独立的局域网络,并且通过网络把各个服务器连接起来建成相对比较大的局域网络。

纵向管理信息系统的形成已经为该矿带来了巨大的效益:

(1) 非生产人员减少三分之一。

(2) 办公的无纸化作业。公文、报表、计划、财务结算都实现了网络办公,既提高了办公效率,又节约了大量成本。

(3) 仓库管理模块平衡了各个车间的备品、备件,做到统一化管理,节约了大量的流动资金。

(4) 专业化的矿产资源地质模块已经在质量管理和生产管理、生产计划中起到了至关重要的作用。提供的数据准确,生产配比合理,提高了矿产资源的回采率。

B 企业资源计划

企业资源计划(enterprise resource planning,ERP)是建立在信息技术基础上,以系统化的管理思想,为企业决策层及员工提供决策运行手段的管理平台。ERP集信息技术与先进的管理思想于一身,成为现代企业的运行模式,反映时代对企业合理调配资源,最大化地创造社会财富的要求,成为企业在信息时代生存、发展的基石。

a ERP的发展阶段

ERP的形成大致经历了4个阶段,即基本MRP阶段、闭环MRP阶段、MRP-II阶段和ERP的形成阶段。ERP理论的形成是随着产品复杂性的增加、市场竞争的加剧及信息全球化而产生的。

(1) 基本MRP阶段。基本MRP阶段即物料需求计划阶段。此阶段中,企业的管理信息系统对产品构成进行管理,系统依据客户订单,按照产品结构清单计算物料需求计划,以达到减少库存、优化库存的管理目标。

(2) 闭环MRP阶段。闭环MRP理论认为主生产计划与物料需求计划(MRP)应该是可行的,即考虑能力的约束,或者对能力提出需求计划,在满足能力需求的前提下,才能保证物料需求按计划执行和实现。在这种思想要求下,企业必须对投入与产出进行控制,也就是对企业的能力进行校验和执行。

(3) 制造资源计划(MRP-II)阶段。从闭环MRP的管理思想来看,它在生产计划领域中确实比较先进和实用,生产计划的控制也比较完善,主要反映了物流过程,但没有反映整个生产过程的资金流,如果采购计划制定后,由于企业的资金短缺而无法按时完成,这样就影响到整个生产计划的执行。1977年9月,美国著名生产管理专家 Oliver W·Wight 提出了一个新概念——制造资源计划（manufacturing resource planning，MRP-II）。MRP-II 对于制造业企业资源进行有效计划具有一整套方法，它是一个围绕企业的基本经营目标，以生产计划为主线，对企业制造的各种资源进行统一计划和控制的有效系统。

（4）企业资源计划（ERP）阶段。MRP-II 系统已比较完善，应用也相当普及，但其资源的概念始终局限于企业内部，在决策支持上主要集中在机构化决策问题。随着计算机网络技术的迅猛发展，20 世纪 80 年代以来，统一的国际市场逐渐形成，面对国际化的市场环境，包括供应商在内的供需链管理已经成为企业生产经营管理的重要部分，MRP-II 系统已无法满足企业对资源全面管理的要求。MRP-II 逐渐成为新一代的企业资源规划（enterprise resource planning，ERP）。

企业的资源一般包括物流、资金流和信息流三大资源。ERP 就是对这三种资源进行全面集成管理的管理信息系统。概括来讲，ERP 是建立在信息技术基础上，利用现代企业的先进管理思想，全面地集成企业的所有资源信息，并为企业提供决策、计划、控制与经营业绩评估的全方位和系统化的管理平台。ERP 系统是一种管理理论和管理思想，不仅仅是信息系统。它利用企业所有资源，包括内部资源与外部市场资源，为企业制造产品或提供服务创造最优解决方案，最终达到企业的经营目标。

b　ERP 功能

ERP 管理体系作为支持企业谋求新形势下竞争优势的手段，其涉及面很广，包含了企业的所有资源，同时，其应用又起到了"管理驱动"的作用。总的来说，ERP 在 MRP-II 原有功能的基础上，使 MRP-II 向内外两个方向延伸，向内主张以精益生产方式改造企业生产管理系统，向外则增加战略决策功能和供需链管理功能。这样，ERP 管理系统主要由以下六大功能目标组成：

（1）支持企业整体发展战略的战略经营系统。该系统的目标是在多变的市场环境中建立与企业整体发展战略相适应的战略经营系统。具体地说，就是实现 Intranet 与 Internet 相连接的战略信息系统；完善决策支持服务体系，为决策者提供企业全方位的信息支持；完善人力资源开发与管理系统，做到既面向市场又注重培训企业内部的现有人员。

（2）实现全球大市场营销战略与集成化市场营销。这是对市场营销战略的一个扩展，其目标是实现在市场规划、广告策略、价格策略、服务、销售、分销、预测等方面进行信息集成和管理集成，以顺利突显基于"顾客永远满意"的营销方阵；建立和完善企业商业风险预警机制和风险管理系统；进行经常性的市场营销与产品开发、生产集成性评价工作；优化企业的物流系统，实现集成化的销售链管理。

（3）完善企业成本管理机制，建立全面成本管理系统。目前，我国企业所处的环境可以说是一个不完全竞争的市场环境，价格在竞争中仍旧占据着重要地位。ERP 中这部分的作用和目标就是建立和保持企业的成本优势，并由企业成本领先战略体系和全面成本管理系统予以保障。

（4）应用新的开发技术和工程设计管理模式。ERP 的一个重要目标就是通过对系统各部门支持不断的改进，最终提供给顾客满意的产品和服务。从这个角度出发，ERP 致力于构筑企业核心技术体系；建立和完善开发与控制系统之间的递阶控制机制；实现从顶向下和从底至上的技术协调机制；利用 Internet 实现企业与外界的良好的信息沟通。

（5）建立敏捷后勤管理系统。ERP 的核心是 MRP-II，而 MRP-II 的核心是 MRP。很多企业存在着供应链影响企业生产柔性的情况。ERP 的一个重要目标就是在 MRP 的基础上建立敏捷后勤管理系统（agile logistics），以缩短生产准备周期；增加与外部协作单位技术和生产信息的技术交互；改进现场管理方法，缩短关键物料供应周期。

（6）实施精益生产方式。由于制造业企业的核心仍是生产，应用精益生产方式对生产系统进行改造不仅是制造业的发展趋势，而且也将使 ERP 的管理体系更加坚固。因此，ERP 主张将精益生产方式的哲理引进企业的生产管理系统，其目标是通过精益生产方式的实施使管理体系的运行更加顺畅。作为企业谋求 21 世纪竞争优势的先进管理手段，ERP 系统所涉及的方面和应当实现的目标是不断扩展的，还会有更新的管理方法和管理模式产生。在日趋激烈的市场竞争中，任何管理方法和手段的目标只有一个，即开发、保持和发展企业的竞争优势，使企业在竞争中永远处于不败之地。

ERP 是对企业的所有资源进行全面集成管理的管理信息系统。简要地说,企业的所有资源包括三大流:物流、资金流和信息流。ERP 的任务就是对这三大流进行集成管理,它的管理范围涉及企业的所有供需过程,是对供应链的全面管理和企业运作的供需链结构。

ERP 是对 MRP - II 的继承与发展,它极大地扩展了管理的模块,如多工厂管理、质量管理、设备管理、运输管理、分销资源管理、过程控制接口、数据采集接口等模块。一般 ERP 系统包含的模块有:销售管理、采购管理、库存管理、制造标准、主生产计划、物料需求计划、能力需求计划、车间管理、质量管理、财务管理、成本管理、应收、付账管理等。

C 矿山 ERP 系统

矿山管理不仅具有其他行业所具有的质量、计划、生产、物资供应、劳资、统计与财务等,其作业地点分散、设备众多、工艺流程复杂、生产条件不断变化,更是具有地质、采矿、测量、选矿、机电等多种矿山主体专业及其管理的复杂性。面对这种动态的复杂过程,传统的经验式管理和机械式组织结构显得极不适应,距离管理现代化的要求也就更远。矿山管理信息化必须从根本上变革这种传统的僵化管理方式,实现有机的系统管理。

a 矿山企业的供应链表现

矿山企业在资源、生产以及销售上具有特殊性,在构建 ERP 时需认真考虑行业特点和企业的个性化需求。矿山企业的供应链表现在以下几个方面:

(1) 供应链中的物流是以矿产资源为始端,地质资源相当于供应链中的"原材料",而此"原材料"的复杂性、多变性和不确定性是任何采购市场所无法相比的。做好地质勘探工作就是做好了原材料市场的调研工作,是整个生产得以持续稳定的基础。

(2) 供应链中的信息流从地质资源方向和市场方向同时相对流动,供应链上任何一个节点的优化过程都是两者共同作用的结果。

(3) 地质资源的开采进程和消耗计划是总的生产计划前提,在此基础上可以根据矿产品市场的波动情况科学调配企业的各项资源,以期在有限的地质资源约束下获得最大的收益。

(4) 地质资源决定了矿山企业的产品,因此矿山企业不存在制造业中视为核心竞争力的新产品开发环节。但是对潜在地质资源的获取、对新增地质资源的投资开发则是矿山企业具备长久竞争优势的重要保证。

b 矿山 ERP 系统组成

矿山是一个极其复杂的信息系统,在开发矿山 ERP 软件时必须采取总体设计、分段实施的原则。矿山 ERP 系统体系结构如图 17-12 所示。根据目前国内外通常采用的垂直加水平划分(纵横交错)方法来划分子系统,将矿山 ERP 系统划分为以下几个子系统:

(1) 地测子系统。该子系统的主要功能是建立地质数据库,实现对地质测量等原始数据的建立和管理,以及采场生产、地质储量和三级矿量的计算与管理。向计划子系统等提供采场开采矿岩分布形态和可采的矿岩量。

(2) 生产经营计划子系统。该子系统以地测子系统提供的地质信息为基础,制定长远规划并结合公司下达的年计划指标,核定企业经济指标,编制年、季生产经营计划。

(3) 生产管理子系统。生产管理子系统主要是进行生产统计和生产监督,生产统计将汇集各生产车间上报产量、产值等生产进度情况,采掘进度情况,并根据要求产生生产日、月、年报告。生产监督控制主要功能是为生产调度人员提供各种动态信息,支持调度人员进行决算。

(4) 物资管理子系统。物资管理子系统主要实现矿山物资采购管理,矿山企业物资出、入库的管理,库存预警管理等,使矿山管理人员能及时查询材料、备件的库存数量及使用情况,制定合理的备件、材料定额,控制备件的库存及消耗,减少备件流动资金占用,降低能耗。

(5) 财务(成本)管理子系统。矿山财务管理子系统对全矿生产经营管理的各项活动和业务分别建立财务科目和各类分类明细、记账,并自动进行核对和批处理账。及时核算、统计全矿生产成本完成情况,并向领导、各业务科室、生产单位提供成本计划及成本增减信息,使领导掌握成本动态。

(6)设备管理子系统。露天矿生产中,设备是主要的、最积极的因素,设备管理与维修管理都是使设备处于良好状态,提高设备完好率和作业率的保证。

(7)人力资源管理子系统。人力资源管理子系统包括人事计划和劳动管理两部分,同时还向上提供有关人事活动的信息。

(8)生产调度子系统。生产调度子系统是保证日计划的实现,从而确保周、月、年计划的实现,其任务是辅助调度人员实施数据收集,及时提供必须生产数据,贯彻调整日计划实施,同时提供生产日报表和计划完成情况。

(9)决策支持系统。决策支持管理模块用于从源系统提取数据,进行数据转移、清理并装载到数据仓库中,然后再利用OLAP、数据挖掘等技术对各个主题域进行分析处理,以揭示企业已有数据间的关系和隐藏着的规律性,或者预测它的发展趋势。决策支持的内容包括:供应商的综合评价分析;供应商的采购优化组合分析;供应商质量走势分析;供应商准时交货走势分析;供应商价格走势分析;库存资金占用趋势分析;计划完成率走势分析;计划完成的因素分析;费用趋势分析;费用结构分析;成本趋势分析;成本与利润的相关分析;成本预测;成本结构分析;设备寿命的分析;设备故障分析等。

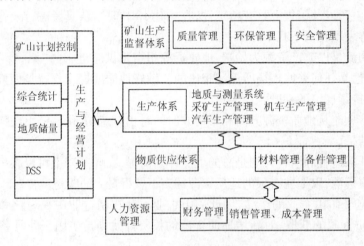

图17-12　矿山ERP系统体系结构

矿山ERP系统是建立在信息技术基础上,利用现代企业的先进管理思想,全面地集成矿山企业的所有资源信息,并为矿山企业提供决策、计划、控制与经营业绩评估的全方位和系统化的管理平台。成功实施代表先进管理理念和IT技术的ERP系统可以使矿山企业内外各有关部门快捷、方便地进行沟通,极大地提高经营管理的工作效率,而且在优化矿山企业整个管理系统的基础上,有助于实现矿山企业的整体化管理。

17.4.4.10　企业内部网

企业内部网(Intranet)是Internet技术在企业内部的应用。实际上是采用Internet技术建立的企业内部网络,它的核心技术是Web的计算机技术。Intranet的基本思想是:在内部网络上采用TCP/IP作为通信协议,利用Internet的Web模型作为标准信息平台,同时建立防火墙把内部网和Internet分开。当然,Intranet并非一定要和Internet连接在一起,它完全可以自成一体作为一个独立的网络。

Intranet是Internet的延伸和发展,正是由于利用了Internet的先进技术,特别是TCP/IP协议,保留了Internet允许不同计算平台互通及易于上网的特性,使Intranet得以迅速发展。但Intranet在网络组织和管理上更胜一筹,它有效地避免了Internet所固有的可靠性差、无整体设计、网络结构不清晰以及缺乏统一管理和维护等缺点,使企业内部的机密或敏感信息受到网络防火墙的安全保护。因此,同Internet相比,Intranet更安全、更可靠,更适合企业或组织机构加强信息管理与提高工作效率,被形象地称为"建在企业防火墙里面的Internet"。

Intranet所提供的是一个相对封闭的网络环境。这个网络在企业内部是分层次开放的,内部有使用权限的人员访问 Intranet 可以不加限制,但对于外来人员进入网络,则有着严格的授权。因此,网络完全是根据企业的需要来控制的。

与 Internet 相比,Intranet 不仅是内部信息发布系统,而且是该机构内部业务运转系统。Intranet 的解决方案应当具有严格的网络资源管理机制、网络安全保障机制,同时具有良好的开放性;它和数据库技术、多媒体技术以及开放式的群件系统相互融合连接,形成一个能有效地解决信息系统内部信息的采集、共享、发布、交流及沟通,易于维护管理的信息运作平台。

Intranet 网络模式最大特征之一就是含有 Web 等服务器。Intranet 网络模式最普遍采用的逻辑结构是"Web 中心制",如图 17-13 所示。

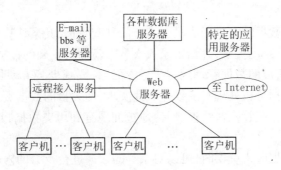

图 17-13 "Web 中心制"示意图

"Web 中心制"具有两重含义:

一个含义是:在系统逻辑设计上要以 Web 服务器为中心,所有的服务器/客户机逻辑上互相不直接连接,都只跟 Web 服务器连接,且都通过 Web 服务器启动和调用。

另一个含义是:客户机的所有应用,都首先进入 Web 服务器的界面,然后再链接到其他服务器上,这样可以大大方便用户的使用。在大的企业网中通常要含多个 Web 服务器,它们之间可以是互相调用的关系,但在系统设计上,经常分成多个层次,如图 17-14 所示。

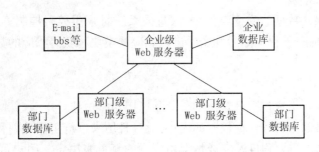

图 17-14 多层次的"Web 中心制"示意图

多个层次、多个 Web 服务器的逻辑结构,有利于实现企业数据的分布式管理。

Intranet 作为新的工具大大影响企业的经营管理,如 Intranet 的工作流工具能大幅提高企业的工作效率,节省时间。Intranet 可使各个部门能相互共享信息、共享知识,进而有更多创新。它使企业组织重构时可省去很多中间管理层,加快经营速度,降低成本。通过 Intranet 强有力的通信功能,实现虚拟办公室,使销售人员可花更多的时间去和客户接触。也可实现远程办公、在家办公,以节省经营开销。还可通过 Intranet 实现每天不同地域之间交班工作,达到每天 24h 工作。

Intranet 带来了企业信息化新的发展契机。它革命性地解决了传统企业信息网络开发中所不可避免的缺陷,打破了信息共享的障碍,实现了大范围的协作。同时以其易开发、省投资、图文并茂、应用简便、安全开放的特点,形成了新一代企业信息化的基本模式。

进入 20 世纪 90 年代以后,网络环境下的管理信息系统(MIS)的建设开始在国内一些矿山企业形成热潮。使我国矿山企业信息系统的发展迈上了一个新的台阶,所开发的 MIS 的具体内容因各个单位的不同需求而异,但主要是围绕数据库技术和计算机网络技术进行开发和建设的,一定程度上满足了企业信息管理网络化需求,但还存在一些不足,如标准性差,系统质量难以保障,培训工作复杂,软件开发周期长、维护困难。

通常,Intranet 系统可实现如下主要功能:信息发布、信息管理和业务处理、用户和安全性管理、收发电子邮件、开展网上讨论以及获得 Internet 服务等。Intranet 的矿山企业网络管理信息系统是集生产报表、网络办公为一体的网络管理信息系统。在对矿山生产报表进行详细分析的基础上,并结合矿山办公的特点,采用先进的 Web 技术,实现生产数据的全程计算机化、可视化,使矿山管理工作自动化,减轻了矿山管理人员的工作强度。系统主要功能分析如下。

A 生产管理信息系统

(1)报表基础数据录入。数据统计员只需录入简单的基础数据,其余计算数据由计算机自动计算完成。当录入的数据有错误时,系统会自动提示,并请求录入人员重新输入正确的数据。该部分解决了由于报表种类繁多、数据量大、计算复杂,造成的数据管理困难。一方面,大大减少了劳动量和数据遗漏现象,避免了数据重复录入;另一方面,促使数据分析处理与反馈能快速实现,使大量的数据资源得到充分利用。

(2)报表查询。能够使数据统计人员快速、便捷地查询现有和历史数据报表,及时发现错误数据,了解生产动向。

(3)报表修改。当发现数据录入有误时,可以对录入的数据进行及时的修改。针对不同的数据报表,系统采取了程序优化的方法,共提供了删除记录和修改数据两种修改方式。

(4)相关查询。各科室、车间的报表不是孤立存在的,为了进一步增强信息共享功能,不同的科室、车间可以相互查询、浏览与自己相关的生产报表。

(5)为了保证数据录入的准确性,统计员录入数据后,只有经过审核、批示后才能进入数据库,此时,表中的数据只能进行查阅浏览,不能再进行修改。

(6)综合查询。为了便于矿山领导及时了解企业各方面的信息,掌握企业经济技术指标情况,有效地组织生产、经营活动,网络管理信息系统提供管理信息的综合查询系统,以辅助决策。综合查询系统提供查询生产信息系统中的所有生产报表。

(7)密码修改。为了保证数据的安全与保密性,进入系统时采用权限控制方法,每个部门(科室)的每个用户都拥有自己的账号和密码,根据账号和密码进入相应的模块和获得相应的数据权限,包括用户修改自己密码的权限。

B 办公系统

办公系统包括通用功能和用户权限设置两部分。其通用功能包括:

(1)工作计划管理。该部分管理根据权限的大小,通过日历来进行工作计划管理,包括员工工作计划和本人工作计划两部分。计划的重要程度及完成情况由标题的颜色来决定。用户可以根据实际情况来增加、修改和删除工作计划。同时,上级可以对下级分配工作,为其制订计划,并可检查完成情况。

(2)通告信息管理。根据用户的权限,该部分内容包括发布通告、管理通告、浏览通告三部分内容。发布通告后,凡是使用本系统的用户都可以接收到通告,并以新窗口的形式进行提示。

(3)公文信息管理。根据权限的大小,该部分内容包括公文管理、发送公文、已发公文、已收公文四部分内容。公文的发布与通告的发布不同,公文的发布具有针对性,因此,发布公文可以选择发布的对象,同时可以粘贴附件,对已发和接收的公文具有管理功能。

(4)人力资源管理。根据权限大小,人力资源管理包括个人基本档案、员工基本档案、员工职位变动、员工奖惩情况、员工考核情况五个功能。

(5)通信资料管理。通信资料管理包括员工资料管理和客户资料管理。

(6)资源预约管理。为了充分合理地利用资源,在办公系统中开发了资源预约管理。可以根据实际情况增加资源,通过网络,可以了解掌握资源的预约及使用情况。

不同的用户具有不同的使用权限,权限最高的使用者可以设置下属用户的使用功能,包括用户账号设置和用户权限设置两个主要部分。其中,用户账号设置包括增加下属用户、管理下属用户、增加用户、管理用户和个人资料维护五部分内容;用户权限设置包括工作计划权限、通告公文权限、基本档案权限、职务变动权限、奖惩编辑权限、考核编辑权限、通讯资料权限和用户管理权限八部分内容。另外,系统还提供了较为详细的帮助文件和注销功能。

C 矿山企业内外主页

(1)外部主页。外部主页主要包括企业相关新闻、企业简介、领导介绍、组织机构、主要产品、人才需求等。

(2)内部主页。内部主页主要包括企业内部新闻、生产日报的公布、各部门(科室)相关介绍及办公电话、企业制度、软件下载、视频在线、留言板等功能。

D 网络管理平台

为了保证网页及时、快捷地更新,易于管理,针对矿山企业的实际情况应开发自己的网络管理平台。该部分包括外部新闻、内部新闻、视频信息的发布与管理、软件的上传与管理等功能。为了保证系统的安全运行,网络管理平台也设置自己独立的管理权限和密码。

E 其他功能

其他功能包括电子邮件系统和建立 FTP 服务器,可方便相关文件的上传和下载等。

Intranet 是我国矿山企业网络信息系统发展的必然趋势。建立 Intranet 是一个庞大的网络信息系统工程。应用 Intranet 为矿山企业快速构建一个开放的、具有综合性功能的管理信息系统,面向矿山管理层和决策层,提供方便、灵活的信息查询和分析手段,从而提高矿山企业的生产效率和生产管理水平。

17.5 矿山可视化技术

17.5.1 地表和矿床三维可视化技术

17.5.1.1 地表地形建模技术及可视化技术

矿山工程三维可视化技术中,地表地形可视化是基础,主要表达覆盖矿体的地表、露天矿的矿坑、山脉及河流、道路、矿区布置和工业场地等。地表地形三维可视化基于遥感技术、数字摄影测量技术、三维图形绘制技术、计算机仿真与虚拟现实技术,主要涉及数字地形模型建立、三维真实感地形生成、网络的三维地形生成等。数字地形模型建立是以利用工程测量数据为基础建立地形表面形态属性信息的数字表达;三维真实感地形的生成是利用计算机的实时绘制技术将地形模型在计算机屏幕上逼真地显示;网络三维地形仿真技术是在网络上实现三维地形的多角度、多层次、实时的生成、显示、分析和漫游,使用户沉浸在虚拟地形环境中。受网络传输速度、图形技术和虚拟现实技术等因素的限制,网络的三维地形仿真尚处在起步阶段。

A 地表地形建模技术

a 模型概述

地表地形模型主要包括数字地形模型(DTM,digital terrain model)和数字高程模型(DEM,digital elevation model)两种。DTM 和 DEM 主要用于描述地面起伏状况,提取各种地形参数,如坡度、坡向、粗糙度等,并进行通视分析、流域结构生成等应用分析。

(1)数字地形模型。DTM 最初是为高速公路的自动设计提出来的。此后,被用于各种线路选线(铁路、公路、输电线)的设计及各种工程的面积、体积、坡度计算,任意两点间的通视判断及任意断面图绘制。在测绘中被用于绘制等高线、坡度坡向图、立体透视图,制作正射影像图及地图的修测。在遥感应用中可作为分类的辅助数据。DTM 还是地理信息系统的基础数据,可用于土地利用现状的分析、合理规划及洪水险情预报等。在军事上可用于导航及导弹制导、作战电子沙盘等。

(2)数字高程模型。DEM 是地形表面形态属性信息的数字表达,是带有空间位置特征和地形属性特征的数字描述。DEM 中地形属性为高程(地理空间中的第三维坐标)时称为数字高程模型。从数学角度来看,高程模型是高程 Z 关于平面坐标 X、Y 两个自变量的连续函数,DEM 只是它的一个有限的离散表示。DEM

最常见的表达是相对于海平面的海拔高度,或某个参考平面的相对高度。实际上地形模型不仅包含高程属性,还包含其他的地表形态属性,如坡度、坡向等。

b 表示方法

(1)数学方法。数学方法表达可采用整体拟合法,根据区域所有的高程点数据,采用傅里叶级数和高次多项式拟合统一的地面高程曲面;也可采用局部拟合法,将地表复杂表面分成正方形规则区域或面积大致相等的不规则区域进行分块搜索,根据有限点进行拟合形成高程曲面。

(2)图形方法。图形方法主要包括点、线、面、体等四种模式。

1)点模式。用离散采样数据点建立 DEM 是常用方法之一。数据采样可按规则格网采样,也可不规则采样,如不规则三角网、邻近网模型等,还可选择性采样,如采集山峰、洼坑、隘口、边界等重要特征点。

2)线模式。等高线是表示地形最常见的形式,山脊线、谷底线、海岸线、坡度变换线等是表达地面高程的重要信息源。

3)面模式。将反映地表地形的各特征点以规则网格、不规则网格、三角网等形式连接,采用面片绘制技术建立 DEM 模型。

4)体模式。用高程作为体素的属性,以体素集合方式建立 DEM 模型。

c 数据获取

建立数字地形模型所需的原始数据点,源于摄影测量的立体模型、地面测量结果数据或已有的地形图。

使用立体测图仪测取数据点是普遍采用的数据获取方式,通常是在正射像片断面扫描晒像的同时,取得数字地形模型所需要的数据,为提高质量,也可在此基础上补充额外测得的地貌特征线或代表地貌特征的一些独立高程点。另一种方法是在立体测图仪上记录用数字表示的等高线,然后计算取得数据点规则分布的数字地形模型。

实测的数据点即使达到相当的密度,一般也不足以表示复杂的地面形态。故常需通过内插方法增补数字地形模型所需要的点、周围点的数据和某一函数关系式,求取待定点的高程。其内插函数有整体函数和局部函数,因数字地形模型中所用的数据点较多,一般使用局部函数内插,即把参考空间划分为若干分块,对各分块使用不同的函数,故又称分块内插。典型的局部内插有线性内插、局部多项式内插、双线性内插或样条函数、拟合推估(配置法)、多层二次曲面法、逐点内插法和有限元法等。具体内插方法的选用需考虑数据点的结构、要求精度、计算速度和内存需求等因素。

d 典型模型

在三维地表地形模型中,主要包括规则格网模型、等高线模型、不规则三角网模型和层次模型。

(1)规则格网模型。该模型利用规则网格将区域空间切分为规则的格网单元,每个格网单元对应一数值。从而该模型从数学上可表示为一矩阵,计算机中可用二维数组实现。其规则网格可是正方形,也可是矩形、三角形等。

对于每个格网的数值有两种理解。一是格网栅格观点,认为格网单元的数值是该单元所有点的高程值,即格网单元对应范围内高程是均一高度,该模型是不连续的函数。二是点栅格观点,认为格网单元的数值是网格中心点的高程或该网格单元的平均高程值。

规则格网模型的优点是易于计算机处理,易于计算等高线、坡度坡向、山坡阴影及自动提取流域地形等,故其成为 DEM 最广泛使用的格式。目前,许多国家提供的 DEM 数据都是规则格网的数据矩阵形式。该模型的一个缺点是不能准确表示地形的结构和细部,为避免这些问题,可采用附加地形特征数据,如地形特征点、山脊线、谷底线、断裂线,以描述地形结构;另一缺点是数据量过大,需压缩存储,但由于 DEM 数据反映地形的连续起伏变化,普通压缩方法难以达到很好的效果,需无损压缩。

(2)等高线模型。等高线模型表示高程,高程值的集合是已知的,每一条等高线对应一已知的高程值,这样一系列等高线集合和它们的高程值共同构成了地面高程模型。

由于等高线模型只表达了区域的部分高程值,常常需要插值来计算落在等高线外的其他点的高程,又因这些点是落在两条等高线包围的区域内,故通常只使用这两条等高线的高程进行插值。

　　通常用二维链表存储等高线,也可采用图来表示等高线的拓扑关系,将等高线之间的区域表示成图的节点,用边表示等高线本身,此方法满足等高线闭合或与边界闭合、等高线互不相交两条拓扑约束。

　　(3) 不规则三角网模型。尽管规则格网 DEM 在计算和应用方面有许多优势,但存在难以克服的缺陷:对于平坦地形的处理存在大量的数据冗余;格网大小不变时难以表达复杂地形的突变现象;对于某些计算,如通视问题,过分强调网格的轴方向。而采用不规则三角网(TIN, triangulated irregular network)表示数字高程,克服了规则格网模型的不足。

　　TIN 模型根据区域有限点集将区域划分为相连的三角面网络,区域中任意点落在三角面的顶点、边上或三角形内。若点不在顶点上,该点的高程值通常需线性插值得到(在边上时用边的两个顶点的高程插值,在三角形内的用三个顶点的高程插值)。故 TIN 模型是三维空间的分段线性模型,在整个区域内连续。

　　TIN 数字高程由连续的三角面组成,三角面的形状和大小取决于不规则分布的测点或节点的位置和密度。不规则三角网与高程矩阵方法的不同在于随地形起伏变化的复杂性而改变采样点的密度和决定采样点的位置,因而能避免地形平坦时的数据冗余,又能按地形特征点,如山脊线、山谷线、地形变化线等表示数字高程特征。

　　TIN 的数据存储方式比格网 DEM 复杂,不仅要存储各个点的高程,还需存储其平面坐标、节点连接的拓扑关系、三角形及邻接三角形等关系。TIN 模型在概念上类似于多边形网络的矢量拓扑结构,只是 TIN 模型不需要定义“岛”和“洞”的拓扑关系。

　　有多种表达 TIN 拓扑结构的存储方式,其简单方式为对于每一三角形、边和节点都对应一记录。三角形的记录包括三个指向其三个边的记录指针。边的记录有四个指针字段,包括两个指向相邻三角形记录的指针和其两个顶点记录的指针;也可直接对每个三角形记录其顶点和相邻三角形。每个节点包括三个坐标值的字段,分别存储 X、Y、Z 坐标。该方式的特点是对于给定一三角形查询其三顶点高程和相邻三角形所用的时间是定长的,在沿直线计算地形剖面线时具有较高的效率。

　　(4) 层次模型。层次地形模型(LOD, layer of details)是一种表达多种不同精度水平的数字高程模型。大多数层次模型是不规则三角网模型,通常不规则三角网的数据点越多精度越高,反之越低,但数据点多则需更多的计算资源。在精度满足要求的前提下,使用尽可能少的数据点。层次地形模型允许根据不同需求选择不同精度的地形模型。但在实际运用中需考虑如下问题:存储中存在数据冗余问题;自动搜索的效率问题;三角网形状的优化问题;模型可允许根据地形的复杂程度采用不同详细层次的混合模型;在表达地貌特征方面的一致问题。这些问题还没有公认的解决方案,仍需进一步深入研究。

　　B　地表地形可视化技术

　　a　DEM 可视化手段

　　随着计算机图形、图像软硬件技术的发展,开始构建三维的、实时交互的、可“进入”的虚拟地理环境,相继提出 3DGIS、VRGIS 以及相关三维 GIS 的概念。在这些三维的虚拟环境中,真实地形的生成有着非常广泛的应用,同时也是虚拟环境的基础。

　　目前,DEM 三维仿真手段主要包括两种:一种是借助于第三方仿真平台或仿真软件生成地表地形;另一种是利用 OpenGL 和 Direct3D 等图形库直接生成地表地形。

　　(1) 第三方平台或仿真软件。

　　1) 3D Max 软件。可利用等高线或高程数据直接生成地形的实体模型。

　　2) MultiGen Creator 软件。可利用 DEM 数据生成地形,实现对战场仿真的视景数据库的生成、编辑和查看。

　　3) RTG 三维引擎软件。将等高线地形图经扫描为电子图像,再经断点续连、去除污点等图像处理后,生成三维的数字地图。

　　4) Matlab 等仿真软件。可以通过对离散数据按照空间估值算法进行高程的插值,在平滑处理后生成含有等高线的地表地形模型。

　　另外,Google Earth 软件、各种 3D 游戏引擎也可通过遥感、实测、虚拟等数据生成 DEM,进而可以生成具有高度逼真的地形表面。

（2）OpenGL 和 DirectX 等图形库直接生成。

1）OpenGL 是跨编程语言、跨平台的编程接口的规范,用于生成二维、三维图像。该接口由近 350 个不同的函数调用组成,用来从简单的图元绘制复杂的三维景象。OpenGL 常用于 CAD、虚拟实境、科学视觉化程式和电子游戏开发。这些实现一般由显示设备厂商提供,而且非常依赖于该厂商提供的硬件。

2）DirectX 是图形应用程序接口,是提高系统性能的加速软件,是由微软公司开发的用途广泛的 API,包含有 Direct Graphics、Direct Input、Direct Play、Direct Sound、Direct Show、Direct Setup、Direct Media Objects 等多个组件。DirectX 由显示、声音、输入和网络等四个部分组成。显示部分又分为 Direct Draw 和 Direct 3D,前者负责 2D 加速,后者负责 3D 加速。

3）开放源代码库 Mesa、JOGL、Java3D 等也是软件的图形 API。

利用 OpenGL、DirectX 等图形库,编写计算机应用程序,可直接进行地表地形中关键点、特征线、曲面和地表实体的绘制。

另外,网络技术的 VRML、Google Earth 等也在地表地形建模及可视化中得到了应用。

b　DEM 与 GIS 技术

随着数字地形资料、数字地质资料、高空间分辨率的遥感资料的不断涌现和全球定位系统、地理信息系统等空间技术的发展,可利用 DEM 数据进行大量地形和地形演化数据的提取,使研究由定性进入半定量和定量化阶段。在此过程中,地理信息系统（GIS）的发展起到了至关重要的作用。

GIS 是专门用于采集、存储、管理、分析和表达空间数据的信息系统,是集地球科学、空间科学、环境科学、地理学、信息学和自动制图技术等的新兴边缘学科。成熟的地理信息系统有 SGI 公司的 Inventor 和 performer、Paradiam 的 Vaga、ERDAS 公司的 Image Virtual GIS、MapInfo 公司的桌面地图信息系统、ESRI 公司的 ArcGIS 软件、国内的超图公司的 SuperMap 系统和中地数码集团的 MAPGIS 软件等。在此之上,国内外研制了很多组件式地理信息系统平台,大多具备三维真实感地形生成的功能模块。

但由于 GIS 是从早期的计算机地图绘制演进而来,决定了其系统多采用二维数据描述空间对象,导致其在描述三维空间信息上的不足,限制了其系统在三维空间上的应用。三维地理信息系统是指能对空间地理现象进行真三维描述和分析的 GIS 系统。其研究对象是通过对空间 X、Y、Z 轴进行定义,每一组 (x,y,z) 值表示一个空间位置,而非二维 GIS 中的每一组 (x,y) 值表示一个空间位置。从二维 GIS 到三维 GIS,虽然只增加了一个空间维数,但可包容几乎所有的空间信息,突破常规二维表达的约束。其特点表现在:

（1）通过三维坐标定义空间对象。

（2）借助专门的三维可视化理论、算法来表达三维的空间对象。

（3）空间信息的数据库管理、空间分析的功能。

（4）多数据源采集与集成的功能。

目前,三维可视化软件主要集中在两个方面:一是三维地形与三维城市可视化软件;二是三维地学模拟软件。

（1）在三维地形与城市可视化软件方面,国外有 ESRI 公司的 Are View 3D Analyst 系统、MultiGen 公司的 Site Build 3D 系统、GEONOVA 公司的 DILAS 系统、ERDAS 公司的 IMAGING Virtual GIS 软件、瑞士 ETH Zurich 大学开发的 Cyber-City GIS 软件等。国内有适普软件公司的三维可视软件 IMAGIS、吉奥信息工程技术有限公司研制的数码城市地理信息系统、北京灵图软件技术有限公司开发的三维地理信息系统软件系列产品等。

（2）在三维地学模拟软件方面,较有影响的有加拿大 Kirkham Geosystems 公司的 MicroLYNX + 、美国 CTech 开发公司的 EVS、法国 Nancy 大学的 GoCAD、Geo Visual System Limited 的 GEOCard、GeoQuest 公司的地质模型可视化软件 Framework3D、Property3D 和 FioGridSAND、澳大利亚 MICROMINE 的 MicroMine、美国地质调查局的 Modflow 建模软件、澳大利亚 Encom 公司的 ModelVision、澳大利亚 Maptek 公司的 Vulcan、中国地质大学的 Geo View、中国矿业大学的 GeoMo3D、北京理正设计研究所理正地质软件、东方泰坦科技有限公司研制的 Titan T3M 三维建模软件等。但大多数软件仅在二维空间信息的基础上,直接、简单地加入了三维信息,很难进行真三维数据的表达,难以实现三维信息的分析功能。

C 矿山地表地形可视化技术

a 矿山 DEM 仿真对象

地表地形三维可视化建模在军事、架线工程、运输、游戏等领域已有较好应用,其仿真技术也较为成熟,但对于仿真矿山地表地形来说,既有地表地形的一般性,更有其独特性。矿山地表地形仿真对象主要包括以下三个方面:

(1)采矿活动一般会导致两类非天然景观(地貌)出现:一类是正地形,主要包括排土场、废石堆场(包括煤矸石、尾矿等)、粉煤灰堆等各类高出地面的人为堆积物;另一类是负地形,包括露天采矿场、取土场、采煤塌陷、沉砂池等低洼沉陷地。

(2)矿山地表地形的仿真不仅要对矿区地表地形的起伏进行表达,还需对矿区内许多非常特殊的地物进行表示,如井架、储煤仓、洗煤建筑等,其仿真是通过对测量、遥感等地表地形数据的处理,建立相应的地表地形模型,并通过可视化技术进行表达和绘制。

(3)矿山地表地形仿真模型不是静态的模型,而是动态变化的模型,其可视化仿真技术的运用不仅要实现地形原始数据,还要实现矿区地形伴随开采过程所发生的变化及最后形态。

b 矿山 DEM 建模过程

矿山地表地形模型的建立包括数据预处理、高程估值、TIN 构模、等高线模型生成以及模型优化等五步。

(1)数据预处理。地表数据信息除包括河流、湖泊、道路、田野、山脉、厂房等地表地物信息,还包括矿区相关测量信息、钻孔开孔位置信息、地上地下对照信息等。虽然地表信息种类繁多,但最重要的是各类信息中的空间位置信息,该信息可用三元组(x, y, z)表示,其中 x, y 为大地坐标,z 为高程值。数据预处理需围绕该空间信息对各类信息进行分类、提取、处理和分析。

(2)高程估值。地表地形的空间信息可构成众多的具有高程信息的二维平面的离散点,实际上这些离散点就是地表地形的三维形态控制点。虽然通过采用三角剖分等方法对这些空间离散点进行连接即可建立地表地形模型,但因采集到的高程数据疏密程度不同,其建立的地表地形连续性及光滑度难以保证,导致对实际地表地形模拟失真。为此,需采用空间插值技术对原始高程数据进行补充。通过空间映射技术将三维地表地形视作具有不同高程属性值的二维光滑、连续曲面,即将地表地形的三维空间插值视为在二维平面上点的加密和对各加密点高程属性的赋值。

(3)TIN 构模。TIN 模型进行地表地形仿真的方法有多种,其中较为常用的是 Delaunay 三角剖分算法。该算法根据区域的有限点集将区域划分为三角面,三角面的形状和大小取决于不规则分布的测点的密度和位置。该方法既能避免地形平坦时的数据冗余,又能按地形特征点表示数字高程特征,故常用来拟合连续分布的覆盖表面。

(4)等高线模型建立。地表地形的等高线模型建立方法主要包括两种:一种是地表特征点形成方法;另一种是三角形或四边形等网格生成方法。对于前者,需要有各条等高线的基础信息、图形数据等,采用曲线或折线直接连接各点即可形成地表地形的等高线模型,该方法简单,但对数据量要求较大,需人为进行图形数据的提取;对于后者,通过建立各种用以描绘地表地形的网格模型,求出网格各点的高程数据值,并以相关算法进行等高线的求取,该算法包括二维平面的 MC 法和等值线追踪算法,该建模方法对原始数据依赖性不强,易于计算机实现,但需要先行建立网格模型和相应的等高线生成算法。在网格的等高线生成算法中,二维平面的 MC 算法针对四边形网格进行等高线的生成,等值线追踪算法则是针对三角网格进行等高线的生成。

(5)模型优化。为使建立的模型更好地满足矿山地表地形仿真的需要,需对其进行优化,包括以下几个部分:

1)加入地形特征点、线;

2)剔出尖锐点,并以光滑曲面拟合地形;

3) 采用 LOD 技术,压缩 DEM 数据。

17.5.1.2　矿床可视化技术

A　矿床建模技术

矿床模型是借助于计算机、地质统计学等技术建立起来的关于矿体的分布、空间形态、构造以及矿山地质属性(如品位、岩性等)的数字化矿化模型,它是实现储量计算、计算机辅助采矿设计、计划编制、生产管理以及采矿仿真的基础。矿山工程是一项不断获取数据、分析数据和处理数据的过程,具有工程隐蔽性、地质条件复杂多变性等特点,需要在工程的勘察、设计和施工过程中获取各种数据和信息,并对这些数量大、种类多的数据进行快速处理,及时反馈,从而指导工程施工和生产。可视化技术在数据的处理和信息的综合表示方面,具有高效、直观等特点,在矿山工程施工和生产中得到广泛的应用。特别是在矿体三维可视化构模方面,传统的构模技术不断完善,新的构模技术不断涌现。

a　数值构模技术

数值模型包括块段模型、网格模型以及断面模型等。之所以称其为数值模型,是因为研究这些模型的出发点在于使其作为载体,用于地质统计方法中的品位估值,故有人也称它们为地质统计学模型。

(1) 块段模型。块段模型实质是用一系列大小相同的正方体(或长方体)来表示矿体,假定各块段在各方向上都是相互毗邻的,即模型中无间隙。每一块段的品位通过克立格法、距离反比法或其他估值方法确定,并认为其品位为一常数值。块段模型主要用于描述浸染状金属矿床,多用于露天大型矿山。它的特点是形态简单,规律性强,编程容易,特别利于品位和储量的估算。但明显的缺点是描述矿体形态的能力差,矿体边界误差大,尤其对于复杂矿体的描述,其误差很大。为了减小块段模型在边界处的误差,就要减小块段尺寸。当样品稀疏时,描述的矿体边界十分粗糙。为此,A. H. Axelson 等人提出了一个可变尺寸三维块段模型,或称为变块模型。

所谓变块模型,是指在某一方向上块段的尺寸可以变化。这样在构模时,可使模型中部块段尺寸较大,边部块段尺寸较小,从而增加了边界模拟精度。20 世纪 70 年代,变块模型技术有了新的进展,研制了 SEAMSYS 控制数据软件包和 OBMRYZ 咨询系统,使变块模型更加灵活实用。到 80 年代末,英国 Datamine 公司推出了更高级的系统 Datamine 核心数据库。该系统的特点是可以在矿体的各部分随意变换块段大小,能表示品位的细致变化,可以处理较复杂的地质结构。为了精确地模拟边界,就必须把边界部分的块段划得更小。但对于这些小块的估值不一定十分可靠,而且计算机容量有限,故此模型的发展受到一定的限制。

(2) 网格模型。国际计算机协会首创了网格模型,用于描述比较平缓的层状矿体。网格模型是在矿层面上(或投影面上)划分二维平面网格,网格形态为正方形或矩形,对每一网格进行估值计算,在网格的垂直柱体方向记录矿体厚度的模型技术。后来 Charlesworth 等人应用这种技术构造了具有严重褶皱和断层的矿化模型。目前,这种技术已被广泛应用于 GIS 的地形数据和地层可视化中,并且网格的形态也得到了发展,常使用三角形网格。该模型的特点是将三维问题简化成二维问题,从而提高了模型效率。其缺点也是边界确定不准,而且其适用范围较窄。

(3) 断面模型。断面模型是通过平面图和剖面图上的地质信息来描绘矿体形状。其具体实现方法有两种:一种是在显示器上显示出具有钻孔和沿钻孔信息的断面,然后通过光标圈定各种岩石类型边界,以人机交互的方式确定地质边界;另一种是通过人工或计算机将钻孔断面标绘在图纸上,人工圈定地质边界,之后将最终边界进行数值化。加拿大铁矿公司通过分析地质平面上网格块段的矿石信息,利用计算机二维图形技术,开发了一个能不断利用生产反馈信息、反复更新矿体轮廓线及其矿石品位的断面模型,用于露天矿规划和设计。断面模型适用于急倾斜矿体,其优点是将三维问题平面化,简化了模型的设计和程序编制,但对复杂矿体,其效果不理想。

以上三种模型只适用于形状简单、开采规模较大的矿体。由于它们主要用于解决品位估值问题,故在表示地质构造和矿体边界方面存在着明显误差。尤其是用于复杂的矿床,其误差更大。在这种情况下,迫切需要一种精确的构模技术。随着计算机几何造型技术的发展,出现了几何模型。

b 几何构模技术

几何模型主要用于描述矿体的空间几何形态,品位估值可利用数值模型来实现。20 世纪 80 年代末,相继出现了各种各样以图形系统为基础的矿业计算机辅助设计及计划系统。将它们统称为几何模型,根据计算机图形学中的定义及分类方法,将它们划分为线框模型、表面模型和实体模型三类。

(1)线框模型(wireframe model)。线框模型是将面上的点用线段连接起来,形成一系列多边形,然后把这些多边形面拼接起来构成多边形网格来模拟地质边界或开采边界。这些多边形在许多系统里可呈任意多边形状,但在某些系统中,如 Datamine 系统,则被限制为三角形(也称为"三角网模型")以避免面定义的模糊性,并可简化模型的管理。线框模型输出的图形是"线条图",符合工程图习惯,它完全满足于从任何方向得到三视图、透视图的要求,但由于线框模型是用棱边来代表物体的形状,只包含了物体的一部分信息,因而利用它输出剖面图、消隐图以及进行其他一些较深入的图形分析时会遇到障碍。

(2)表面模型(surface model)。表面模型是在线框模型的基础上,增加了面的信息,用面的集合来表示物体。表面模型又称为曲面建模,是由若干块小曲面(曲面元素)拼接而成的,它通过建立点、线、面的信息表,达到建模的目的。这种方法克服了线框建模法的许多缺点,能够满足面面求交、线面消隐、明暗色彩图等需要,能较精确地定义矿体的外部几何形态,使三维表示具有一定的严密性和完整性。表面建模法因其需要的数据量少,运算时间短,适合于矿体形态的建模。然而,由于表面模型只具有物体的各个面的信息,物体的实心部分存在于表面的哪一侧是不明确的,因而无法计算和分析物体的整体性质,如物体的表面积、体积、重心等,也不能将这个物体作为一个整体去考察它与其他物体相互关联的性质,如是否相交等。

(3)实体模型(solid model)。实体建模是在表面模型的基础上,增加了实体存在于面的哪一侧的信息。具体做法是确定各个面的方向,面的正向为物体内部指向外部的方向。依照右手法则,各线段按逆时针方向排列,大拇指所指方向即为面的正向。实体模型具有关于物体的全部信息,因而易于实现物体空间结构分析、体积运算、立体显示等,适合于对矿体进行结构分析和经济评价。

根据实体数据结构的不同,可将实体模型分为边界表示法、构造实体几何法、半空间表示法、八叉树表示法等。经过十几年的发展,实体构模技术已日臻成熟,其中,以加拿大 Lynx 系统中提供的实体构模技术——三维元件构模(3D component modeling)技术最具代表性。这种构模方法在计算机中以用户熟悉的和真实的地质或开采形体的几何形态为基础,以交互的方式模拟生成由地质表面和开采边界面构成的三维形体(元件)。元件不仅表示一个形体,也表示封闭的体积以及形体中的地质特征(品位或质量等)的分布。元件的尺寸和形状及其中的详尽程度由用户指定,以符合应用的需求,同样,精度水平也由用户提供。三维元件构模技术的整体思路是"所见即所得",所得到的计算机模型可以从任意点或任意平面按各种不同的方式在屏幕上观察。

c 体视化构模技术

矿化模型一是要实现矿体空间几何形态的描述,二是要解决矿体品位、储量的估值问题。为了完整地描述矿体形状,更好地把握矿体的空间结构,常常需要几何模型与数值模型的混合实现,即用几何模型描述矿体形态,用数值模型计算矿石品位。这必须解决模型之间的转换问题,因而降低了系统的效率。体视化技术的发展,为解决前述问题提供了技术手段。

(1)体视化。体视化是科学可视化中的一个重要分支,目前,它已成为一个相对独立的研究领域。

体视化技术将图形生成技术、图像处理技术和人机交互技术结合在一起,是在计算机图形学、图像处理、计算机视觉及人机交互技术等学科的基础上发展起来的。体视化的目的是从复杂的体数据中产生图形,进而表现物体内部的信息,使人们能够看到通常看不到的物体内部结构,帮助人们分析和理解体数据。体视化与传统的计算机图形学的区别在于:传统的计算机图形学只能用于物体表面的几何表示、变换和显示,因为它采用连续的几何模型描述,是以边和面等基元来描述物体;而体视化用于研究包含物体内部信息的体数据的表示、操作和显示,因为它采用有限的离散采样,是以三维基元(体素)来描述整个物体,包含了物体内外的全部信息。可见,两者的根本差别在于模型表示的不同,由此导致对物体的处理、操作、变换、分析和显示的方法截然不同。

目前,国际上对体视化的研究与应用方兴未艾,从理论、技术、系统实现方法到体视化的专用硬件设计都在以惊人的速度向前发展。体视化的发展是科学可视化发展的主流,因为可视化目前主要集中在体视化、流场可视化(flow visualization)及可视化的人机交互研究等三个方向。流场可视化实质是体视化在流体力学中的应用,人机交互研究是体视化的一种处理方式。体视化的应用已深入到医学、地质学、显微摄影学、工业检测、物理学、化学、航空航天和科学计算等许多领域。

(2)体视化的过程。体视化从原始数据的采集到最终的图像显示,需经过三个处理阶段,即原始数据的采集和体数据的生成阶段;体数据的处理阶段;图像的显示阶段。体数据的生成阶段是要从数据源中提取信息,生成三维体数据,体数据来源于真实物体、模拟或计算数据以及几何模型三部分;体数据的处理阶段,要进行三维图像的增强处理、三维图像的转换以及数据的分类处理,将体数据表达的三维图形处理成可供显示的图像;最后为显示阶段。

实现体数据可视化一般有两个途径,一个途径是进行物体三维重建,然后用传统计算机图形学的显示算法对重建出的物体表面进行显示;另一个途径是直接对体数据进行显示,即直接体视。所以体视化的显示算法一般可分为几何方法和体绘制方法。

几何方法在几何元素连接关系清楚的情况下,虽给人以鲜明、准确的感受,缺点是整体信息丢失太多,无法表现几何内部或外部所包含的信息。

体绘制方法的优点在于:(1)不需要构造场的曲面表示这一中间环节,所处理的对象为整体的场;(2)不会丢失体数据的整体信息,图像质量高,并且便于并行处理。其缺点是计算量大,占用内存多,难于利用传统的图形硬件实现绘制,因而计算时间较长。

(3)体矿化模型(volume model)。体矿化模型就是利用体视化技术表示的矿化模型,它有别于几何模型中的实体模型。虽说后者称为实体模型,但并没有刻画物体的真正结构,构模过程中只能用于三维物体表面的几何表示,不能表示物体内部的结构与属性。而体模型则能实现对物体的内部结构与各种属性的显示与描述。体矿化模型的任务就是要揭示矿体内部复杂的结构,使人们能够看到通常情况下看不到的矿体的内部组成。

体矿化模型的基本思想是:首先根据钻孔数据和其他地质数据进行插值处理,生成结构化规则体数据;然后将得到的体数据依据其品位属性进行分类,并根据分类结果计算其颜色和不透明度值;最后利用体绘制算法,将整个三维空间体数据场显示在二维屏幕上。由此可见,体矿化模型不需要构造中间几何图元,而是直接从三维体数据场生成具有三维或深度效果的二维图像,它与传统的几何模型的主要差异体现在对象的表示模型不同,前者是有限的离散采样,后者是连续的几何描述,由此导致对矿体的处理、操作、变换、分析和显示方法的截然不同。

B　地质构造建模技术

地质构造三维建模的方法包括三维规则网格法、不规则三角网表面法、四面体法、综合法及用于断层处理的 TIN 表面法和局部法。国内外对地质结构三维可视化的研究主要集中在三维数据模型、可视化处理、三维拓扑关系研究等方面。

地质构造建模系统的运行环境已从早期的 UNIX 操作系统和工作站环境发展到 Windows 操作系统和微机环境,并出现了 NT 环境和支持网络共享的系统。如 N. M. Sirakov 等开发的三维地下目标重构与可视化系统;Alan Witten 利用 Matlab 开发的用于地质数据显示的三维浏览器;美国阿拉巴马州大学信息技术和系统中心 XML 语言开发的地球科学标识语言 ESML,可提供便捷的数据分析和可视化工具;Masahiro Takatsuka 等提出的可视化的编程环境 GeoVISTA Studio;R. Marschallinger 利用 IDL 开发的地质数据三维重构和可视化程序等。

断层三维可视化模型构建的常用方法有三维规则网格法、TIN 表面法、四面体法等。

(1)三维规则网格法是将研究空间剖分为多个规则网格,是二维规则网格法在三维空间中的拓展,其最大特点是简单,不足在于数据集和计算工作量巨大。

(2)TIN 表面法是利用不规则三角形面片建立地质构造模型的方法,常采用 Delaunay 三角剖分。TIN

表面法的特点是将随机分布的控制点联系起来,建立形态上较为完美的三角形网络。该方法属于面描述方法,其数据量和运算量远远小于体描述方法。通过添加适量的控制点,可在不同程度上改善地质体表面的空间形态,使其更接近真实的自然状态;也可通过减少控制点来减少局部工作量而不影响整体空间形态。Delaunay 三角剖分是在二维空间中建立,即仅是在 X 和 Y 空间中进行,只在最终形成三角形时才使用 Z 坐标,故 TIN 表面法不能直接描述复杂的地质构造,其应用受到一定的限制。

(3) 四面体法是二维 TIN 表面法向三维空间的拓展。在三维空间中,三点可形成一三角平面,多个三角平面可构成地质体的表面;同理,四点可形成一四面体,多个四面体可构成地质构造实体。四面体法是体描述方法,四面体是体元素的最小单元,任意形式的地质构造总可以划分为一定数量的不规则四面体,四面体法的数据结构描述各四面体的空间形态及其相互之间的拓扑关系。因此,四面体法不仅可描述地质构造的表面形态,还可描述地质构造内部的结构、构造特征。

由于断层不规则和不连续,描述其空间形态的三维原始数据的稀缺,加大了对断层及相关复杂地质构造认识的难度。国内外针对断层的三维建模软件,主要集中在石油地质勘探和储层模拟方面,但其功能尚不能满足矿产开采活动的需要。因此,对于断层的三维建模,是今后值得探讨研究的方面。

C 钻孔数据预处理

钻孔及所取的岩芯是获取地下地质情况的第一手资料,通过这些资料可使地质工程人员获取地下矿山的岩矿层、地下水层及水文地质动态等各种地球物理信息,是矿床三维显示及储量计算的前提。钻孔样本信息记录主要以孔口坐标、钻孔深度(孔长)和测斜(方向角与倾角)来表示其具体位置。为建立矿床模型,需对样本信息进行坐标转换处理,将其统一到三维坐标系下。另外,由于在钻孔原始数据中采样的数据是具有不同长度的数据集合,为进行空间数据插值及属性分析,需将其离散化、规则化形成具有一定规律的三维空间点数据。

D 空间品位估值

钻孔采样数据不同于其他领域所采集到的数据,钻孔原始数据是离散的、稀疏的。若想得到相对准确的矿体空间几何形状和品位属性,需要通过空间数据插值计算。所谓空间插值指由已知的空间数据来估计或预测未知的空间数据值。空间插值是地矿工程可视化的重要环节,只有通过插值才能将勘测获取的离散的、稀疏的采样数据处理成规则、有序、能够进一步形成体素的数据。

插值计算的结果准确与否,直接关系到后续计算及处理的准确性。因此插值方法的选择是极其关键的一步,在地矿工程中甚至其他各种领域中被广泛使用的插值方法,包括平面几何法、距离幂次反比法及克立格法。这三种方法已经多次被证实在地矿工程计算中具有一定的可靠性和准确性,同时考虑地矿工程三维可视化仿真系统力求面向生产实际,能够运用于实际计算,这三种方法是工程技术人员所广泛采用的方法。

E 矿床模型建立及可视化

经数据预处理和空间品位插值后,矿体被处理为以体素为基本单元的实体集合。以体素作为基本的处理单元,进行矿体模型的建立与可视化具有两个途径:一是体绘制的矿体构模;二是面绘制的矿体构模。前者主要采用光线投射法构模,后者主要采用移动立方体(marching cubes,MC)法构模实现。

a 体绘制的矿床模型构建

(1) 光线投射法的绘制过程。光线投射法是体绘制的典型方法,其一般绘制过程如图 17-15 所示。

该方法中假定三维数据场的每个数据点 $f(x,y,z)$ 分布在空间网格点上,网格点作矩形分布,且网格点之间的间距在 X、Y、Z 三个坐标轴方向上均相等或至少在一个方向上相等,即该方法的适用对象为三维均匀网格结构化数据或三维规则网格结构化数据。

三维空间离散数据场是通过对三维空间连续场进行断层扫描、有限元分析或随机采样等手段而得到的。

数据预处理包括对原始数据的格式转换、对数据的处理(数据稀疏时的插值细化处理及数据稠密时的冗余数据剔除处理)、去除噪声、采样数据的规则化处理及采样数据的体素化处理等。预处理后得到三维体数据。

对体数据进行分类的目的是根据数据值的不同,分析体数据中所蕴含的各种物质的空间结构及各种属性,进而确定各种物质及某一物质的各类属性在体数据中所表达的区域。

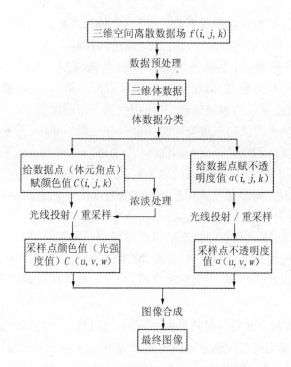

图 17-15　光线投射法的一般绘制过程

接着根据分类结果设定相应的颜色值与不透明度值,以正确表达多种物质的不同分布及某一物质的不同属性变化。这一过程实质是建立了空间场值到颜色值和不透明度值的映射,实现了空间数据场到光强场(或颜色场)的转变。同时,为了使体数据所表示的对象更加层次分明,使不同物质或属性之间的区分更加明确,需进行体浓淡处理,来计算每一数据点的确切颜色值 $C(x,y,z)$。

图像合成是光线投射法的最后一步工作。当在每一条射线上得到每一个重采样点的像空间中的不透明度值及颜色值以后,沿着各条射线将每一个重采样点所获得的颜色值及不透明度值按从前向后或从后向前的次序加以合成,得到对应像素上的最后颜色值,形成最终的整幅图像。

由光线投射法的一般流程可以看出,其重新采样和图像合成是按屏幕上的每一个像素逐个进行的,所以称此方法是一种像空间的体绘制方法。

(2)矿床可视化。光线投射法的矿床可视化过程如下:

1)根据矿体的矿物属性,确定矿物种类,设定显示类别。

2)按照体素绘制的规则,对矿体一体化模型的体素集合进行提取。

3)运用体绘制技术,对矿体模型进行实体表达。

4)同时,通过设定剖面方程参数,实现矿体模型的任意剖切。

b　面绘制的矿床模型构建

(1)体素中等值面剖分方式的确定。确定体素中等值面的分布是移动立方体 MC 法的基础。在体素空间中,体素可由空间数据场中的 8 个相邻点表示。MC 法的基本假设是沿着体素的棱边,数据场呈连续线性变化,即若一条边的两个顶点数据值 f 分别大于或小于等值面的值,则在该边上必有也仅有一点是该边与等值面的交点。根据这一原理可判断所求等值面与哪些体素相交,或穿过哪些体素。

为确定体素中等值面的剖分方式,先给出所求等值面的门限值 C(具体 C 表示矿体品位值),之后对体素的 8 个顶点进行分类,判定其顶点是位于等值面之内还是之外,再依据分类结果,确定等值面的剖分模式,如图 17-16 所示。

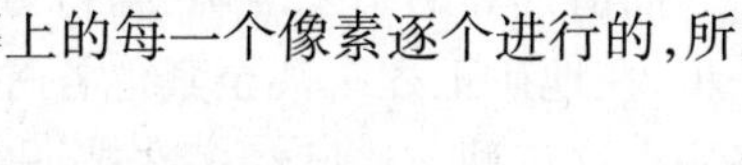

顶点分类规则为:如果 $f \geqslant C$,定义该顶点位于等值面之内,标记为

图 17-16　体素中等值面位置的确定

"1"；如果 $f < C$，定义该顶点位于等值面之外，标记为"0"。

由于每个体素有 8 个顶点，每个顶点可能有 0 或 1 两种状态，因此每个体素按其顶点的 0、1 分布共有 $2^8 =$ 256 种不同的构型。考虑互补对称性，将体素 8 个顶点的标记置反（0 变为 1，1 变为 0），等值面与体素中 8 个顶点间的拓扑关系不会改变，故可将 256 种构型简化为 128 种。再考虑旋转对称性将不同情况的种类进一步组合，可将 128 种构型简化成 15 种，如图 17-17 所示。

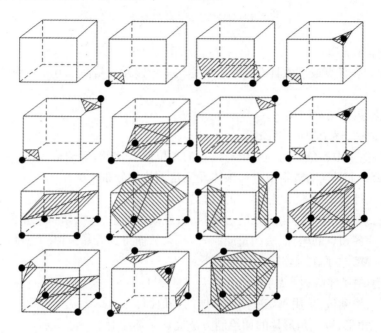

图 17-17　体素中等值面的 15 种基本构型

（2）求等值面与体元边界的交点。确定体元内三角片的构成后，利用线性插值计算三角片顶点位置。对于矿体体素的某棱边，若其两端点 v_1、v_2 标记不同，则等值面一定与此棱边相交。

1）若体元棱边与 X 轴平行，设该边的两端点为 $v_1(i,j,k)$、$v_2(i+1,j,k)$，则交点为 $v(x,j,k)$。x 值的计算见式（17-1）：

$$x = i + \frac{c - f(v_1)}{f(v_2) - f(v_1)} \tag{17-1}$$

2）若体元棱边与 Y 轴平行，设该边的两端点为 $v_1(i,j,k)$、$v_2(i,j+1,k)$，则交点为 $v(i,y,k)$。y 值的计算见式（17-2）：

$$y = j + \frac{c - f(v_1)}{f(v_2) - f(v_1)} \tag{17-2}$$

3）若体元棱边与 Z 轴平行，设该边的两端点为 $v_1(i,j,k)$、$v_2(i,j,k+1)$，则交点为 $v(i,j,z)$。z 值的计算见式（17-3）：

$$z = k + \frac{c - f(v_1)}{f(v_2) - f(v_1)} \tag{17-3}$$

利用上述公式，求得等值面与体元棱边的交点后，可进一步连接交点成三角片，得到该体素内的等值面片。

（3）等值面的法向量计算。在三角面片生成的基础上，需进行等值面法向量的计算。确定了等值面各三角面片的法向量后，可选择适当的光照模型进行光照计算，生成真实感图形。

对于等值面上的每一点，其沿面的切线方向的梯度分量是零。因此，该点的梯度矢量的方向代表了等值面在该点的法向，即可确定三角面片的法向。且等值面往往是两种具有不同密度的物质的分界面，因而其梯度矢量不为零，见式（17-4）：

$$g(x,y,z) = \nabla f(x,y,z) \tag{17-4}$$

三角面片顶点的梯度通过所在棱边的两端点的梯度经线性插值得到。对于体元各角点处的梯度有不同的计算方法，但原理和效果基本类似，如采用中心差分计算各角点处的梯度，见式（17-5）。再利用线性插值求出三角面片各顶点的梯度,即各顶点处的法向,从而实现等值面的绘制。

$$\begin{cases} g_x = \dfrac{f(x_{i+1},y_j,z_k)-f(x_{i-1},y_j,z_k)}{2\Delta x} \\[2mm] g_y = \dfrac{f(x_i,y_{j+1},z_k)-f(x_i,y_{j-1},z_k)}{2\Delta y} \\[2mm] g_z = \dfrac{f(x_i,y_j,z_{k+1})-f(x_i,y_j,z_{k-1})}{2\Delta z} \end{cases} \tag{17-5}$$

式中 $\Delta x,\Delta y,\Delta z$——体元的边长。

(4)MC 算法实现。在计算或读入具有 256 个元素的 MC 体元三角面片分布数组的前提下,按以下七步进行 MC 算法的实现:

1)将三维离散规则数据场分层读入;

2)扫描相邻两层数据,逐个构造体元;

3)对每个体元,将体素中各角点的函数值与给定的品位值 C 比较,以构造该体元的索引;

4)根据索引,在 256 个元素的数组中查得该体元三角面片的分布情况;

5)经线性插值方法计算出该体元棱边与等值面的交点;

6)利用差分方法,求出该体元各角点处的法向量,再经线性插值方法,求得三角面片各顶点处的法向;

7)根据各三角面片各顶点的坐标、法向量绘制三角形,从而得到等品位值的三维矿体的面元模型。

(5)矿床可视化。MC 法的矿床可视化过程如下:

1)确定 MC 法所绘制矿体的边界品位;

2)以边界品位作为搜索值,采用 MC 法构造矿体的等值面;

3)MC 法形成的三角形,以三角形片的面绘制方法完成矿体绘制。

F 断层模型建立及可视化

a 地质平面图的断层建模原理

地质平面图是矿山常见的图件,常以 AutoCAD 格式存在。在地质平面图上,地质平面与断层面相交形成断层线。同一断层在多个地质平面图上形成多个断层线,如图 17-18 所示。在 AutoCAD 中,这些断层线由一系列控制点构成,分别采集不同地质平面图上某一断层所有断层线上的控制点,用来表达不同地质平面图上断层线形态特征,连接该断层相邻断层线上的这些控制点形成断层面。结合矿山地质平面图中断层线的特点,断层的空间几何形态可用 TIN 模型表达。利用地质平面图中所得到断层线的控制点集进行 Delaunay 三角剖分是构建断层 TIN 模型直接有效的方法。

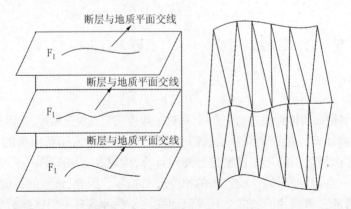

图 17-18 地质平面图的断层建模

b 数据预处理

在地质水平剖面图、工程平面图等资料中,断层表现为由一系列控制点所构成的折线段。这些断层数据分属于不同的断层与平面的交线,且提取的数据点间隔不等,不能直接用于构造断层模型,需进行数据的采集与处理。其具体数据预处理过程如下：

（1）根据勘探线剖面图中的钻孔信息、矿床信息、水平地质图的空间信息，整理各断层数据，记录各水平剖面中断层信息和断层控制点空间位置信息，对断层线、水平剖面、断层进行编号。在此基础上，根据各平面间关系，确定断层范围，分析及判断各平面上的断层线所属断层。

（2）整理钻孔信息、矿床信息、巷道工程信息、水平地质信息等断层关联的数据，结合各水平剖面的提取信息将断层线的各控制点赋予高程信息，记录断层空间位置关系及各地质平面中断层线控制点的三维空间信息。

（3）由于地质平面图、工程平面图等平面间距往往在 10m 以上，故使所采集的断层各控制线间间隔过大，若控制点过于稀疏，则较难形成平滑、连续的断层曲面，故需分析各控制点间的断层空间分布。可经插值细化获取控制点间的各点三维坐标，以增加控制点的密度，获得密度均匀的断层控制点集。

c TIN 模型的断层建模元素

（1）点：位于断层面与地质平面图相交所成的断层线上。

（2）剖分三角形边：由位于断层面上相邻的点连接而成，该边由相邻地质水平面上对应位置的点连线形成。

（3）剖分三角形：由某一地质平面上一点（或两点）与相邻地质平面上的两点（或一点）按照三角剖分原则形成的三角形。

（4）断层面：所形成的相邻剖分三角形依边相连形成的断层 TIN 面。

d 三角剖分约束条件设定

利用矿山地质平面图建立断层的三维模型时，同一断层与不同地质平面所形成的一系列断层线控制点是三维空间中的点集，如果没有设置约束条件而直接进行 Delaunay 剖分，会出现空间拓扑关系的不一致，如图 17-19 所示，图中虚线部分不应该参与剖分。故在进行 Delaunay 剖分之前，必须设定约束条件。

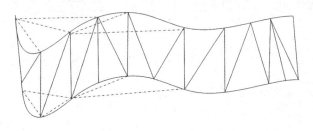

图 17-19 拓扑不一致示意图

利用断层线控制点集剖分实现断层的三维 TIN 模型，在符合 Delaunay 剖分准则的前提下，还需满足以下约束条件：

（1）地质平面约束。各地质平面在三维空间中要求相互平行。

（2）断层线约束。同一断层在不同地质平面所形成的断层线不连通。

（3）断层线控制点约束。同一断层在同一地质平面断层线的控制点间不能构成 Delaunay 三角形。

e 断层 TIN 模型的建立流程

（1）控制点数据采集。依次读取各水平地质平面图上各断层线的控制点坐标，控制点的 x 坐标、y 坐标在 AutoCAD 图中可以读取，控制点的 z 坐标与地质水平面的标高相等。

（2）数据入库。把这些控制点以断层名称分类按照一定的数据格式存入数据库中。

（3）插值处理。若断层线上某一部分的控制点较稀疏，为防止 Delaunay 剖分形成狭长三角形，确保断层面形态的准确性，则需对控制点进行线性插值处理。

（4）Delaunay 剖分。由某一地质平面断层线上一点（或两点）与相邻地质平面对应断层线上的两点（或一点）按照 Delaunay 三角剖分原则形成 Delaunay 三角形，对断层线上所有的控制点循环此操作，直到三角剖分完成。

（5）对剖分后形成的断层面三角网进行裁剪及几何一致、拓扑一致处理，最终形成断层面的 TIN。其主要流程如图 17-20 所示。

f　断层三维可视化仿真

以带约束的 TIN 的断层模型为核心,在数据预处理的基础上,根据各剖面所得信息,进行三维断层模型的显示。通过遍历断层各层水平的三角网格确定所要绘制对象,采用三角形绘制函数、坐标变换函数以及颜色设置函数等作为基本绘制方法进行绘制,其主要流程如图 17-21 所示。

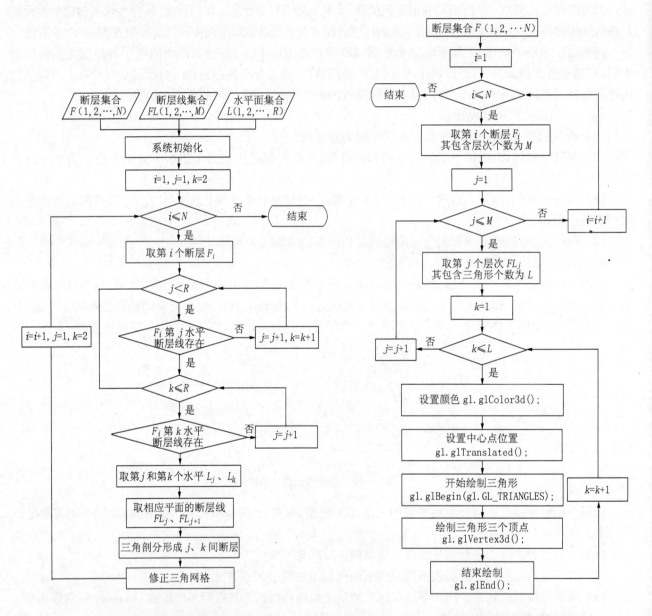

图 17-20　断层模型建立流程　　　　　图 17-21　断层三维可视化流程

17.5.1.3　井巷工程可视化仿真技术

井巷工程三维可视化仿真是以矿山生产数据为基础,运用 CAD 技术及可视化技术进行井巷工程布置的三维显示。

A　井巷工程仿真概述

目前,井巷工程的可视化仿真多是在描绘巷道空间位置工程、相互关系及分布状况等,按仿真手段的不同可分为以 CAD 技术为核心的仿真和以虚拟现实技术为核心的仿真。

a　采矿工程 CAD 技术

采矿工程 CAD 技术的发展较早,与计算机图形处理技术基本同步发展,早在 20 世纪 80 年代初,出现了一些功能比较齐全的采矿 CAD 系统。如 D. Hartly 等人研制的地下采矿设计软件,建立了采矿工程图形库,按需要可组合这些图形完成设计工作,可给出设计结果的立体图和投影图;澳大利亚 MINCOM 公司开发的 Minescape,是三维 CAD 的采矿辅助设计软件系统,可提供地质钻孔信息处理、地质模型建立、矿井设计、现场设计与管理、生产进度计划模拟,支持采矿设计与生产管理,但该软件 UNIX 系统,其应用在我国受到一定限制;法国 ENSG 公司开发的 GOCAD 系统,可建立由点数据组成的图形数据库,这些数据可生成包含地质特征(如断层、褶皱)的三维立体模型,并完成储量计算、作业计划、开拓布置等功能。依据历届 APCOM 会议资料报道,国外研制和开发了一系列关于地质储量计算和矿床开采辅助设计方面的商品化软件,如 MINEX3D、Surpac、Mintec、Geostat System 等。

我国 CAD 研究时间较为滞后,地下矿的研究应用较少。从 20 世纪 80 年代中期开始,我国在地质、测量、采矿等领域开发了一些以解决具体专业问题为主的 CAD 软件,并投入了实际应用。如专门针对无底柱分段崩落法进行了计算机辅助设计系统的研制,包括地测图件处理、阶段平面开拓设计、矿块结构与回采设计等三个部分。针对煤矿生产建设的需要研制了井巷三维立体图自动绘制系统。

陈光富用 Quick Basic 语言编制了井巷工程透视投影图软件,包括原始数据输入、三维模型建立和消隐三部分。许新启等人结合 AutoCAD2000 和 Visual Basic 进行二次开发,形成矿山井巷工程绘图软件。邢玉忠对 AutoCAD 进行了矿井通风系统立体图软件的开发,其绘图所用数据取之于巷道原始参数,为进一步实现由矿井采掘工程平面图及矿井通风系统图到矿井通风立体图的自动转化打下了基础。中南大学开发的 DM&MCAD 软件系统,可完成由地质钻孔资料、地形图到辅助设计的微机化,能绘制各种地质平、剖面图和采矿工程图,并可进行采矿设计。苏州非金属矿工业设计研究院在 AutoCAD 基础上开发了井巷工程计算机辅助设计软件系统 SCAD,用于设计各种平巷、竖井、斜井、天井、溜井、各种车场等,能绘制井巷施工图。侯运炳应用几何造型技术,建立了新城金矿采矿工程巷道基本部件的三维集合模型库,由基本部件几何模型拼接采场的采矿工程结构,并通过采矿方法参数几何模型和采场组合模型优选采矿工程布置方案。

可见,采矿 CAD 辅助设计中井巷工程的三维可视化多建立在第三方软件之上,如 AutoCAD 等。

b　虚拟现实技术

虚拟现实(VR,virtual reality)技术,又称灵境技术,是利用人工智能、计算机图形学、人机接口、多媒体、计算机网络及电子、机械、视听等高新技术,模拟人在特定环境中的视、听、动等行为的高级人机交互技术。VR 以仿真方式给用户创造一实时反映实体对象变化与相互作用的三维虚拟世界,通过头盔显示器、数据手套等辅助传感设备,提供给用户一个与该虚拟世界交互的三维界面,使用户可直接参与并探索仿真对象在所处环境中的作用与变化,产生沉浸感。VR 同时具有沉浸性、交互性和构想性。沉浸性指用户对虚拟世界中的真实感,此真实感使用户难以觉察、分辨出其自身正处于一由计算机生成的虚拟环境中;交互性指用户对虚拟世界中的物体的可操作性;构想性指用户在虚拟世界的多维信息空间中,依靠自身的感知和认知能力可全方位地获取知识,发挥主观能动性,寻求对问题的完美解决。

在矿业领域,国外的 VR 技术研究起步较早,出现了一些二维的矿山 VR 系统,如美国宾夕法尼亚大学开发的 VR 矿工培训系统、德国 DMT 大学开发的矿井决策模拟系统 STMBERG、英国诺丁汉大学的人工智能及其矿业应用研究室(AIMS)开发研制的房柱式开采模拟 VR - MINE 系统等。在国内,北京大学遥感与地理信息系统研究所 GIS 技术研制出数字化矿井系统,实现了地质测量的基础数据生产图形的一体化管理;北京科技大学进行了巷道的三维绘制技术研究;中南大学对地下矿山开拓运输 VR 仿真系统进行了研究;山东工商学院研究了 VR 仿真技术的矿山安全培训系统的设计与实现。

B　井巷工程数据预处理

井巷工程数据预处理主要源于以下三个因素:

(1)井巷工程数据的采集来源不同,可归为两类:一是源于实际井巷的位置实测绘制而成的工程图;一是根据起点、方向角、端面形状、推进距离等因素绘制的设计图。

(2)井巷种类繁多,不便于数据管理和模型建立,需建立基本模型对各类井巷加以统一的表达。

(3)由于井巷模型类别不同,其所需数据基本参数有所不同,如相对直形巷道而言,弧形巷道还需中心弧角度、半径等参数数据。

由上述原因,井巷工程数据预处理过程包括模型统一化、数据规则化和曲巷直巷化三个方面:

(1)模型统一化。分析各类井巷工程,归结为水平直巷、水平弧巷、竖井、斜井、倾斜直巷、倾斜弧巷等基本巷道模型。在各种模型建立的基础上,对应巷道工程分段平面,分别赋予各种模型的水平属性,对于井筒与斜坡道等涉及多个水平的工程,则采用分段标识的方式进行水平属性的确定。

(2)数据规则化。对于源于实测工程图的数据处理,采用选取巷道中心线、设定中心线各关键点的方法,以逐段折线与不同类型断面相结合记录巷道。对于源于设计图的数据处理,也采用线段形式,并结合断面类型加以记录,以形成统一的数据结构。

直形巷道的中心线描述可采用两种方式:一种是巷道一端底边中心点空间坐标、长度及方向角描述方式;另一种是巷道两端底边中心点描述方式。弧形巷道或弧形连接处的中心线描述则采用中心角、中心点坐标和半径方式,对于设计图纸可直接测定这三个参数,但对于实测资料不能直接获取这三个参数,需通过已知弧长、两端点的坐标信息进行三角函数求解。

(3)曲巷直巷化。弧形巷道的可视化不能简单地以一条线段为中心线的形式进行表达,需将曲巷中心线折线化后,以多段折线拟合的形式进行表示,使弧形巷道模型统一为一般直巷道模型,即以多段直巷代替弧形巷道,实现曲巷直巷化,从而方便统一管理和建模。

因巷道参数不同,对于弧形巷道的存储要素也不同,可分为两类:一类是已知弧形巷道中心线的圆心坐标、半径、圆心角、巷道起点坐标和终点坐标;另一类是已知弧形巷道中心线延长线上任意两点、切线交点、半径和圆心角。故两者的曲巷直巷化的过程也有所不同。

C 井巷模型建立

a 井巷工程模型

对井巷工程参数数据进行模型统一化、数据规则化和曲巷直巷化后,形成了几种基本的巷道模型,如竖井模型、斜井模型、水平巷道模型、斜坡道模型等。

(1)竖井模型,按断面类型可进一步分为方形井筒和圆形井筒两种,均包括断面参数、井深和井口中心坐标等属性。其中,方形井筒的断面参数为长和宽,其井底中心坐标可通过井口中心位置坐标与井深求得,再结合长和宽可计算出方形井筒井口、井底断面四个顶点坐标;圆形井筒的断面参数为竖井半径,其井底中心位置坐标可由井口位置坐标与井深求得。

(2)斜井模型,按断面类型可进一步分为方形斜井和圆形斜井两种,均包括断面参数、井深、井口中心位置坐标、方向角和倾角等属性。其中,方形井筒的断面参数为长和宽,其井底中心位置坐标可通过井口中心位置坐标、井深、方向角和倾角求得,再结合长和宽计算出方形井筒井口、井底断面四个顶点坐标;圆形井筒的断面参数为斜井半径,其井底中心位置坐标可由井口中心位置坐标、井深、方向角和倾角求得。若已知井口中心位置坐标与井底中心位置坐标,则也可求出方形井筒的方向角、倾角和各顶点坐标值。

(3)水平巷道模型,按其中心线形态可进一步分为水平直巷道模型和水平弧巷道模型。其中,水平直巷道包括巷道编号、巷道断面参数、巷道类型、巷道两端关键点位置坐标和由前两者计算得到的顶板几何顶点坐标等;水平弧形巷道模型包括巷道编号、巷道断面参数、巷道类型、巷道两端切点位置坐标、两端切线相交点的位置坐标、弧形巷道中心角弧度和由前两者计算得到的顶板几何顶点坐标等。

(4)斜坡道模型,由水平巷道和倾斜巷道组成。其中,倾斜巷道分为倾斜直巷道模型和倾斜弧形巷道模型,此类巷道模型中增加了倾角属性。对于水平巷道,预处理后将其用已知类型巷道模型分段表达。对于倾斜直巷道,通过巷道断面参数与巷道两端关键点位置坐标,计算得到的顶板几何顶点坐标以建立斜坡道模型;也可通过巷道断面参数、巷道一端关键点位置坐标和该端倾角计算出斜坡道另一端关键点位置及各几何顶点坐标。对于倾斜弧巷道,进行直巷化后,与倾斜直巷道处理类似。

b 井巷工程建模过程

井巷模型的信息可归结为两类:一类是巷道底部中心线的属性信息,一般为起点坐标与终点坐标;另一类是巷道断面的参数信息。因断面类型(如矩形、梯形和拱形等)不同,其巷道参数信息也就不同,需进一步求解断面各关键点的信息,以形成适合绘制的模型。从而井巷模型建立过程可分为三个步骤:一是对巷道底部各点求解;二是对断面各关键点求解;三是利用三角面片、矩形面片或圆筒面片构建巷道模型。

（1）巷道底边各点求解。经处理后,所有巷道类型均以直巷道形式存储,其具体存储信息包括底部中心线的起点、终点以及断面参数。巷道底部的各点坐标可由底部中心线和断面宽度信息求解。对于水平巷道底部的形状,平面上可视为一规则的矩形结构;对于斜巷道底部的形状,经向水平方向投影,也可视为一矩形结构。故对巷道底部各点坐标值的求解,可转换为求矩形各点的坐标值。

设巷道底部的中心线为 AB,巷道宽度为 $Width$,其底部矩形为 $A_1B_1B_2A_2$,如图 17-22(a)所示。若直接求解 A_1、A_2、B_1、B_2 各点,需考虑中心线 AB 所处象限的不同引起的求解不同。若采用平移和旋转等坐标变换,对中心线 AB 限定于某一象限内,则可简化求解过程,其具体思路为:1）判断 A 点与 B 点的位置关系,并调整 A 点、B 点以保证 $X_A < X_B$,即若 $X_A > X_B$,互换 A 点、B 点;2）平移坐标,将 A 点作为原点,计算 B 点在新坐标系 $X'O'Y'$ 中的相对位置。若 $Y_B < 0$,则平移后中心线 AB 在第四象限中;若 $Y_B > 0$,则平移后中心线 AB 在第一象限,如图 17-22(b)所示。

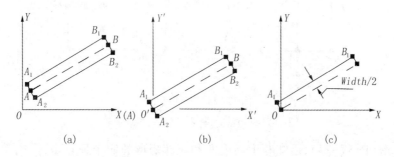

图 17-22   巷道底部关键点求解示意

(a)原巷道各关键点;(b)平移后巷道各关键点;(c)求解 A_1 点坐标

经上述分析,可按以下五种情况确定 A_1 点、A_2 点所在象限:

1）若 $Y_B > 0$ 且 $X_B \neq 0$,因 A_1A_2 与 AB 垂直,且这两点关于 O' 点对称,故 $Y_{A_1} > 0$,$X_{A_1} < 0$,则 $Y_{A_2} < 0$,$X_{A_2} > 0$,即 A_1 点在第二象限,A_2 点在第四象限。

2）若 $Y_B < 0$ 且 $X_B \neq 0$,则 A_1 点在第一象限,A_2 点在第三象限。

3）若 $Y_B > 0$ 且 $X_B = 0$,则 A_1 点在 X 负坐标轴上,A_2 点在 X 正坐标轴上。

4）若 $Y_B < 0$ 且 $X_B = 0$,则 A_1 点在 X 正坐标轴上,A_2 点在 X 负坐标轴上。

5）若 $Y_B = 0$,则 A_1 点在 Y 正坐标轴上,A_2 点在 Y 负坐标轴上。

现以 A_1 点为例(图 17-22(c)),进行坐标的求解。因 A 点作为原点,故可将 AB 的直线方程式由式(17-6)简化为式(17-7)。

$$ax + by + c = 0 \tag{17-6}$$

$$ax + by = 0 \tag{17-7}$$

结合 B 点坐标由式(17-8)可求出 AB 斜率 k,因 A_1B_1 与 AB 平行,所以 A_1B_1 斜率也为 k,且 A_1B_1 到 AB 的距离为 $Width/2$,故 A_1 到原点 A 的距离应满足圆形方程式(17-9),求解二元二次方程组(17-10)。

$$k = Y_B / X_B \tag{17-8}$$

$$x^2 + y^2 = (Width/2)^2 \tag{17-9}$$

$$\begin{cases} y/x = k \\ x^2 + y^2 = (Width/2)^2 \end{cases} \tag{17-10}$$

根据解与系数关系,方程组应存在两组解,见式(17-11),但考虑 A_1、A_2 点所在象限,故可确定点 A_1 点坐标为 (X_{A_1}, Y_{A_1})、A_2 点坐标为 (X_{A_2}, Y_{A_2})。

$$\begin{cases} x = \pm\,(Width/2)\,/\sqrt{1+k^2} \\ y = \pm k\,(Width/2)\,\sqrt{1+k^2} \end{cases} \tag{17-11}$$

同时,由于点 A_1 点、A 点的关系与点 B_1 点、B 点的关系相似,故可通过式(17-12)进行求解。

$$\begin{cases} X_{B_1} = X_B + (X_{A_1} - X_A) \\ Y_{B_1} = Y_B + (Y_{A_1} - Y_A) \end{cases} \tag{17-12}$$

同理,根据 A_2 点与 A 点的关系,结合 B 点坐标可求出 B_2 点坐标。对于各点的 Z 坐标则以两端点的 Z 坐标为准,即 $Z_{A_1} = Z_A$,$Z_{A_2} = Z_A$,$Z_{B_1} = Z_B$,$Z_{B_2} = Z_B$。至此,巷道底部矩形的各顶点坐标均已求出。

(2)巷道断面各顶点求解。巷道断面可分为矩形、梯形和拱形等断面形式,如图17-23所示,故其求解断面顶点需结合具体断面形式。

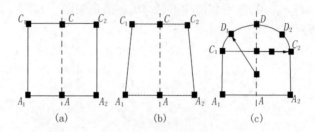

图 17-23　断面类型

(a) 矩形断面;(b) 梯形断面;(c) 拱形断面

对于矩形断面求解(图17-24),已知巷道高度 h 和底部矩形的四个顶点坐标,则顶部矩形的四个顶点 C_1、D_1、D_2、C_2 的坐标可分别由 A_1、B_1、B_2、A_2 点的坐标变换得出,即相对应点的 X、Y 坐标不变,Z 坐标增加 h。

对于梯形断面求解(图17-25),若已知巷道高度 h 和底部矩形的四个顶点坐标及梯形断面角度 α,可求出 C_1、C_2 点到中心 C 点的距离和 D_1、D_2 点到中心 D 点的距离,又因 C 点、D 点坐标可由 A 点、B 点坐标求出,即相对应点的 X、Y 坐标不变,Z 坐标增加 h。进而求出巷道顶部矩形的四个顶点 C_1、D_1、D_2、C_2 的坐标。若已知 W_2,则可直接采用求解巷道底边各点的方式,求出巷道顶部矩形的坐标。

对于拱形断面求解,以三心拱为例,(图17-26),已知巷道底部矩形的四个顶点坐标、高跨比 f、宽度 W 和巷道高度,可求得高度 h_1、拱高 h_2,以及 C、C_1、C_2、E、E_1、E_2、D、F 各点坐标;再根据三心拱的大弧半径 R 和小弧半径 r,求得 O_1、O_2 点的坐标值;进而结合 α 角或 β 角求出 D_1、D_2、F_1、F_2 各点的坐标。

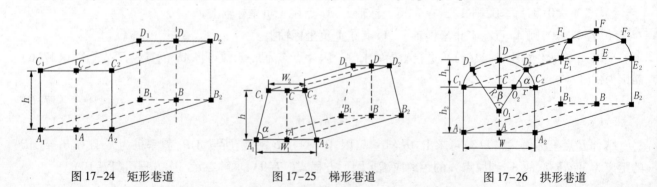

图 17-24　矩形巷道　　　　图 17-25　梯形巷道　　　　图 17-26　拱形巷道

(3)建立井巷模型。各种巷道、井筒、硐室、车场等的空间位置、形体及相互关系,这些内容可通过井巷所知的参数和属性信息构建面模型,并以面绘制方式进行展现。

对于矩形和梯形断面巷道,根据其模型的各顶点坐标,以矩形或三角形面片进行面绘制表示;对于拱形断面巷道,其侧壁及底部以矩形或三角形面片表达,若顶部拱形结构精度要求不高,可直接采用三角网连接各顶点进行绘制,若精度要求较高,如需进行虚拟漫游,则采用以直代曲方式,将弧形分解为更小直线来逼近弧线,再以三角网去逼近拱形结构。

D 井巷工程可视化

井巷工程可视化仿真是在数据预处理和井巷工程模型建立的基础上,通过建立竖井模型、斜井模型、巷道模型、斜坡道模型等数据结构,再以仿真手段实现井巷工程的三维表达,采用面绘制技术表达巷道的空间形态,其具体工作有:

(1)根据巷道类型,设定显示颜色。

(2)建立各种巷道模型,对弧巷道进行直巷拟合。

(3)通过设定断面参数,求解各几何顶点值。

在可视化过程中,井巷工程中的方形井筒模型、平巷直线巷道模型和倾斜直巷道模型采用长方体进行三维描述;平巷弧形巷道模型、倾斜弧形巷道模型采用多个六面体的组合进行模型表达;圆筒竖井采用圆柱体形式进行表达。

17.5.2 矿山地理信息系统(GIS)技术

17.5.2.1 矿山地理信息系统(GIS)概述

A GIS 的相关概念

地理信息是与空间地理位置有关的几何信息和属性信息的统称,是对地理数据的解释和描述,以表达地理特征与地理现象间的联系。地理数据是与空间信息有关的各种数据的符号化表示,包括空间位置、属性特征(简称属性)及时域特征三部分。时域特征是指地理数据采集或地理现象发生的时间段。

地理信息属于空间信息,其位置的识别与数据联系在一起,这是地理信息区别于其他类型信息的最显著特征。地理信息的这一定位特征,通过经纬网或千米网建立的地理坐标来实现空间位置的识别。地理信息具有多维结构的特征,即在二维空间的基础上实现多专题的第三维结构,而各个专题与实体间的联系通过属性码进行,这为地理系统多层次的分析和信息的传输与筛选提供了方便。

地理信息系统(GIS)是一种特定的空间信息系统,是在计算机软、硬件系统支持下,对整个或部分地球表层(包括大气层)空间中的有关地理数据进行采集、储存、分析和处理的技术系统。地理信息系统处理、管理的对象是多种地理空间实体数据及其关系,包括空间定位数据、图形数据、遥感图像数据、属性数据等,用于分析和处理在一定地理区域内分布的各种现象和过程,解决复杂的规划、决策和管理问题。

地理信息系统具有如下特点:

(1)GIS 是计算机化的技术系统,它由若干个相互关联的子系统构成,如数据采集子系统、数据管理子系统、数据处理和分析子系统、图像处理子系统、数据输出子系统等。

(2)GIS 的操作对象是空间数据,即点、线、面、体这类有三维特征的地理实体。这些空间数据在系统中都按统一的地理坐标进行编码,实现对空间要素的查找、定位、统计和分析,这是 GIS 区别于其他类型信息系统的根本标志,也是其技术难点之所在。

(3)GIS 的技术优势在于它的数据综合、模拟与分析评价能力,可以得到常规方法或普通信息系统难以得到的重要信息,实现地理空间过程演化的模拟和预测。

矿山地理信息系统(mining GIS,MGIS)是地理信息技术在矿山开采、生产中的具体应用,其核心技术与地理信息系统技术相同。从矿山地理信息系统的应用层面看,其既具有 GIS 的一般特点,又突现矿山开发过程的特点。MGIS 作为一种应用于采矿行业的典型的企业化地理信息系统,应用于一个矿山企业的采矿、地质、测量、通风、机电、运销和计划等各个部门。MGIS 以在计算机网络上建立一个长期稳定运行的分布式系统为目的,实现矿山企业中各种信息资源的共享。

B 栅格数据与矢量数据

a 栅格数据

栅格结构是将地球表面划分为大小均匀、紧密相邻的网格阵列,每个网格作为一个像元或像素由行、列定义,并包含一个代码表示该像素的属性类型或量值,也可包括一个指向其属性记录的指针,而具体信息存放在属性记录中。故栅格结构是以规则的阵列形式表示空间地物分布的一种数据组织,组织中的每个数据表示地物的属性特征。

栅格结构的显著特点是数据直接记录属性本身,而所在的位置则根据行列号转换为相应的坐标,即定位是根据数据在数据集中的位置得到。在栅格结构中,点用一个栅格单元表示;线状地物用沿线走向的一组相邻栅格单元表示,每个栅格单元最多只有两个相邻单元在线上;面或区域用记有区域属性的相邻栅格单元的集合表示,每个栅格单元可有多于两个的相邻单元同属一个区域。

栅格数据的编码方法有直接栅格编码、压缩编码、游程长度编码、四叉树编码等多种方法。其中,直接栅格编码是将栅格数据看做一数据矩阵,逐行(或逐列)逐个记录代码;压缩编码是通过一定的压缩算法实现数据的高效存储,压缩编码比较适合存储图形数据;游程长度编码通过记录行或列上相邻若干属性相同点的代码来实现;四叉树编码是最有效的栅格数据压缩编码方法之一,能提高图形操作效率,具有可变的分辨率。

b 矢量数据

矢量数据结构通过记录坐标的方式尽可能精确地表示点、线、多边形等地理实体,坐标空间设为连续,允许任意位置、长度和面积的精确定义。对于点实体,矢量结构中只记录其在特定坐标系下的坐标和属性代码;对于线实体,用一系列坐标对的连线表示;多边形指边界完全闭合的空间区域,用一系列坐标对的连线表示。

矢量数据的编码方法:对于点实体和线实体,直接记录空间信息和属性信息;对于多边形地物,有坐标序列法、树状索引编码法和拓扑结构编码法。坐标序列法是由多边形边界的 x、y 坐标对集合及说明信息组成,是最简单的一种多边形矢量编码法,但多边形边界被存储两次,产生数据冗余,且缺少邻域信息。树状索引编码法是将所有边界点进行数字化,顺序存储坐标对,由点索引与边界线号相联系,以线索引与各多边形相联系,形成树状索引结构,消除了相邻多边形边界数据冗余问题。拓扑结构编码法是通过建立一个完整的拓扑关系结构,彻底解决邻域和岛状信息处理问题的方法,但增加了算法的复杂性和数据库的大小。

矢量数据具有图层的概念,GIS 中根据不同需要把地理数据分层存储,每一层是一个基本图件,它是地理特征及其相应属性的逻辑集合,称为图层。图层通常根据图形类型、属性类型和使用目的来划分。

C GIS 基本功能

GIS 作为一个空间信息系统,要求至少具备五项基本功能,即数据输入、图形与文本编辑、数据存储与管理、空间查询与空间分析、数据输出与表达。

a 数据输入功能

数据输入是对数据编码和写入数据库的操作,又称数据采集,其主要考虑如下问题:

(1)统一的地理基础。地理基础是地理信息数据表示格式与规范的重要组成部分,其主要包括统一的地图投影系统、地理坐标系统及地理编码系统。各种来源的地理信息和数据在共同的地理基础上反映出它们的地理位置和地理关系特征。

地理信息系统之所以区别于一般的信息系统,在于其存储记录、管理分析、显示应用的都是地理信息,这些地理信息都具有三维空间分布特征且发生在二维地理平面上,因此它们需要一个空间定位框架,即共同的地理坐标和平面坐标系统。所以说统一的坐标系统是地理信息系统建立的基础。

(2)空间数据输入。空间数据主要指图形数据,包括各种地图与地形图、航测照片、遥感影像、点采样数据等。空间数据输入主要是对图形的数字化处理过程。输入方法可采用数字化仪、扫描仪、摄影测量仪以及GPS 接收机等能以数字形式自动记录测量数据的测量仪器。

(3)属性数据输入。属性数据是用来描述空间数据特征性质的,因属性数据与空间实体相关,又被称为空间实体的特征编码。可采用公共识别符的方法建立属性数据与空间数据的有效联系,来存储和处理这些属性数据。

b 图形与文本编辑功能

(1)空间数据编辑。对图形数据进行编辑,一般要求系统具备文件管理、图形编辑、生成拓扑关系、图形修饰与几何计算、图幅拼接、数据更新等功能。其中,文件管理指对图形文件的读写功能;图形编辑包括对图形数据进行逐点或逐线段增、删、改操作,对图形进行开窗、缩放、移动、旋转、裁剪、粘贴、拷贝操作及分层显示操作等;建立拓扑关系,可根据相应的结点和弧段经编码由计算机自动组织成 GIS 中的线状或面状地物;图形修饰与几何计算:编辑地图时需要根据不同的地物类型,设置不同的线型、颜色和符号,并具有注记的功能,同时,还能通过几何坐标计算多边形的面积、周长、结点间距离和线段长度等;图幅拼接:由于人为或仪器误差致使两个相邻图幅的数据在接合处不一致,即"裂隙",包括几何裂隙和逻辑裂隙。通过定义相邻图幅的接边范围,根据接边方向按横坐标或纵坐标进行排序,对逻辑相同的实体在几何上自然连接,对逻辑上不一致的实体采用交互编辑方式进行编辑修改;数据更新的目的是防止数据的老化和过时。

(2)属性数据编辑。通常属性数据较为规范,适于采用表格形式表示,大多数 GIS 都采用关系数据库管理系统管理属性数据。通常的关系数据库管理系统都为用户提供了一套功能很强的数据编辑和数据库查询语言,即通常所说的 SQL(结构化查询语言)。系统设计人员可适当组织 SQL 语言,建立友好用户界面,实现用户对属性数据的输入、编辑与查询。

c 数据存储与管理功能

GIS 中数据的存储管理主要是通过数据库管理系统完成。GIS 数据库不同于一般的数据库,它具有数据量大、空间数据与属性数据联系紧密、数据应用面广等特点。因此,GIS 的数据库数据集中管理,数据冗余度小,数据与应用程序相互独立。

d 空间查询与空间分析功能

GIS 在处理空间信息的性能上强于其他信息系统,在于它具有很强的空间查询和空间分析能力。GIS 中基本的空间分析操作包括叠置分析、缓冲区分析、拓扑空间查询、空间集合分析、地学分析等。

(1)叠置分析。地理信息数据在建库时是按分层处理的。根据数据的性质分类,性质相同或相近的形成一个数据层。如对于一地形图数据库来说,可将所有建筑物作为一数据层,所有道路作为一数据层等。为确定空间实体间的空间关系,可将不同数据层的数据进行叠加,产生具有新特征的数据层。即将同比例尺、同区域的两个或多个数据层叠置在一起,根据它们的边界交点,建立具有多重属性的图形,即多边形叠置。或根据图形范围的属性、特征进行多个属性数据的统计分析,即统计叠置。直观地讲,叠置操作是将两个或两个以上的地图重叠放在一起,产生新的多边形和新多边形的属性。

(2)缓冲区分析。GIS 的空间操作中,涉及确定不同地理特征的空间接近度或邻近性的操作就需建立缓冲区。缓冲区分析是根据所研究的点、线、面实体,自动建立其周围一定宽度范围的缓冲区多边形。如为建设某项目选址时,可建立缓冲区来查找沿某公路两侧 10 km 内尚未被利用的土地分布情况等。

(3)拓扑空间查询。空间数据的查询是地理信息系统的最基本分析功能,空间数据的查询实质是按一定条件对空间目标的位置和属性信息进行查询,以形成新的数据子集(查询结果)。拓扑空间开拓包括:定位查询,是最基本的查询功能,用于实现图形数据和属性数据的双向查询;分层查询,用于查询分层存放的图形数据和属性数据;域查询,通过在屏幕上开一窗口或指定一任意多边形区域,查询该区域内的所有图形数据及相关的属性数据;条件查询,根据数据项与运算符组成的条件表达式来查询图形和属性数据;空间关系查询,又称拓扑查询,目的是检索与指出相关的空间目标。空间目标间的拓扑关系分两类:一是几何元素间的结构关系,如点、弧段和面之间的关联关系,用来描述所表达几何元素间的拓扑数据结构;二是空间目标间的位置关系,用来描述所表达几何元素间的分布特征,如邻接关系、包含关系、重叠关系、方向关系等。

(4)空间集合分析。空间集合分析以叠置分析运算和布尔逻辑运算为基础,按用户给定的空间数据组合条件检索、查询其他的属性项目或图形数据,即是在叠置分析的基础上进行的一个逻辑选择过程。通常按照逻辑子集给定的条件进行逻辑交运算(AND)、逻辑并运算(OR)和逻辑差运算(NOT)。

(5)地学分析。地学分析用以描述地理系统中各地学要素间的相互关系和客观规律信息,包括数字高程模型分析、地形分析和地学专题分析。其中,地形分析又包括等高线图分析、三维立体图分析、透视图分析、坡度和坡向分析等。

e 数据输出与表达功能

GIS 的数据输出与表达指借助一定的设备和介质,将 GIS 分析或查询检索结果表示为用户需要的可理解的形式的过程,或是将上述结果传送到其他计算机系统的过程。这种输出形式转化为人们能理解的共同形式有地图、表格、图形和图像等;转化为计算机兼容的形式是能读入其他计算机系统的磁盘、磁带或光盘记录形式等,以及某些通信网络、电话网、无线电连接设施等电子传输形式。

17.5.2.2　矿山 GIS 平台关键技术

A　空间数据库管理技术

针对矿山数据信息复杂、量大等特点,为统一管理和共享数据,必须研究一种新型的空间数据库管理技术,其中包括矿山数据的分类组织、分类编码、元数据标准、高效检索、快速更新与分布式管理。从矿山海量的空间数据库中快速提取专题信息,挖掘隐含规律,认识未知现象和进行时空发展预测等,必须研究一种高效、智能、符合矿山的数据挖掘技术。这些规律和知识对矿山的安全、生产、经营与管理能发挥预测和指导作用,可以方便未经专门培训的用户和各业务部门工作人员共享和使用海量矿山信息。

目前,多数矿山使用的 ArcGIS、MapGIS 等信息系统,其数据存储与管理大多采用传统方式,即用文件方式存放图形数据,数据库存放属性数据,几何数据和属性数据是通过索引或关键字链接。该管理方式面临两个主要问题:一是几何数据的处理、更新速度以及空间数据管理的可靠性无法保障;二是地震解释数据、测量数据、地形数据、监测数据、重力数据、磁力数据等多源三维信息的共享比较困难。针对上述存在的问题,要从 3DGIS 的数据管理入手,根据 OpenGIS 规范制定元数据标准,将三维几何数据、拓扑关系和属性数据全部存入数据库管理系统中。目前,Oracle、SQL Server、Informix 等大型数据库系统已经可以支持存储和管理空间二维几何属性数据,具有空间数据操作能力,从而大幅度提高空间数据的处理速度和空间数据管理的可靠性。

B　数据获取技术

数据获取技术是实现 GIS 的基础,其准确与否关系到数据模型和空间分析的准确性。面向矿山的 3DGIS 数据获取,除了传统测量、电子测量、地质钻探等方法,矿山三维空间数据获取还有以下新方法:

(1) 三维物探技术。三维物探技术包括地震探测、地质雷达等技术。通过高分辨率三维地震勘探,可获得高分辨率、高信噪比、高密度的三维数据,通过数据可视化,可以判断出小断层、巷道等,为采区的详细勘探及其他与工程有关的地质灾害预测提供有力保障。

(2) 三维激光扫描。采用数据实景复制技术,利用三维激光扫描仪采集扫描矿区下的点云,点云数据建立几何面片模型,同时配合其他方法获取扫描物体的纹理数据。该方法快速、精确,但数据量大,需要进行数据精简和压缩。

(3) 数字摄影测量。利用数字摄影测量系统可得到矿区地表岩石和地形表面的影像。根据像对立体成像原理,生成矿区地形或矿坑等数字地面模型。数字摄影测量技术已经成熟,与传统测量方式相比,具有精度高、成本低、效率高等优点。

C　集成技术

为实现矿山全过程、全周期的数字化管理、作业、指挥与调度,矿山 GIS 对矿山信息统一管理与可视化表达,无缝集成自动化办公,做到从数据采集、处理、融合、设备跟踪、动态定位、过程管理、调度指挥的全过程一体化。

a　网络集成技术

矿山井下实时、动态、海量数据的传输要求必须构建井下信息高速公路,矿山井上、井下综合通信能够同时传输语音、图像、数据等各种信息,使语音、视频、数据三合一。

b　可视化集成技术

矿山的三维可视化集成技术包括对三维复杂景观的模拟、三维数据场的可视化、矿山虚拟现实等的集成。矿山地面及井下存在着大量复杂的三维自然和人工景观,对三维复杂景观的模拟是 GIS 的基本功能。复杂景观模拟的基本思想是:通过造型过程获得自然客体与人为结构的几何描述或过程描述,通过位置、视点和场景交换,依据特定显示技术,展现描述对象的结构和细节。矿山 GIS 中三维景观模拟以造型技术为主,在三维数据结构的支持下进行。对于复杂景观的造型技术包括几何造型、体元造型和分形造型三种,其中几何造型的实现可采用三维矢量数据结构,体元造型的实现可使用三维栅格或八叉树数据结构,分形造型的实现应综合考虑采用不同的三维数据结构。

D   GIS在资源管理中的应用

在矿山建设和生产过程中,涉及多种资源的管理,如开采矿山资源、伴生矿物、水资源等。GIS的资源管理是建立矿产资源空间数据库,实现图形及其相关属性数据的统一集成管理。

a   矿山资源管理

矿产资源储量和品位管理是矿山资源管理的基础,利用GIS技术进行矿山资源管理,实现矿山资源储量和上覆岩土剥离量的自动快速计算、动态管理与表达,实时反映矿山资源的数量和分布情况,最终保证资源的合理开采和充分利用。储量图件利用GIS制作生成,保存在矿山资源空间数据库中,储量属性数据连接到矿山资源空间数据库,实现储量数据计算、管理和报表输出。在GIS中,图形数据与属性数据相互联系,通过统计计算得到实时的储量计算数据,实现资源储量的动态管理,保证合理的采掘接替关系。同时根据现有的矿山资源空间数据库,实现未来开采的资源储量和品位的预测。

b   其他资源管理

对于矿山的伴生(共生)矿物,建立GIS的数据库,有利于伴生矿物的综合开发利用。尤其对于水资源管理是露天矿山面临的普遍问题,露天矿山的生产活动,破坏了(其)周围的水资源。GIS技术可用于水资源清查,从而反映水资源的分布情况,为合理地利用和保护水资源提供依据。

E   GIS在工程地质中的应用

露天矿山工程地质的原始勘探数据可以在GIS的空间数据库进行高效存储管理。GIS可有效管理露天矿山工程地质图,实现图形与属性关联。

a   反映地层性质和构造

GIS可通过绘制柱状图、剖面图、等值线图等反映地层性质和构造。其中,柱状图是根据钻孔分层、原位测试数据以相对规范的图表表现勘察点垂直方向上的地层分布及其岩土力学特征,GIS可像CAD一样来绘制所需的柱状图。剖面图是根据剖面线上所有钻孔的分层数据,生成垂直断面图件,可直观显示出场区某一方向上地层、构造、矿体变化和矿床成矿规律等,基于钻孔数据、柱状图或空间数据库,GIS可自动绘制剖面图。等值线图是利用钻孔分层数据表达某一地层的厚度、层底和层顶深度等特征的图件,GIS制作等值线,可由自动生成的TIN图转换成等值线图。

b   疏干排水和边坡控制

在露天矿山的疏干排水和边坡控制中,GIS技术可协助矿山工作者解决以下问题:

(1)矿山疏干排水。GIS的疏干排水工程的规划,可有效降低疏干排水工程量,达到较好的疏干排水效果。

(2)采场边坡设计与稳定性分析。选择较陡的边坡角可降低剥采比,同时降低了边坡的稳定性。因此,可通过GIS来计算不同边坡角下的剥采比,并可评价边坡的稳定性,从而在相互矛盾的因素中选出较优方案。

F   GIS在露天矿山设计中的应用

在我国露天矿山中,用GIS进行规划设计的很少,大多采用CAD二维图进行设计。在国外,许多矿山已经应用GIS来解决露天矿山设计问题,如德国的露天煤矿使用GIS设计工作面的作业计划、矿岩运输线路及排土场的位置等。但是,我国GIS在矿山的应用大多集中于底层的矿图管理,在GIS中建立分析模型对露天矿山进行优化分析的应用研究还很少。

露天矿山的境界、生产能力、服务年限、开采工艺等都是重要的问题,随着露天矿的开采活动深入,原来的指标需要改变,如重新圈定开采境界、改进生产工艺系统等。以露天矿的境界圈定为例,用GIS技术建立境界的可视化模型是非常有效的,在传统的GIS软件中建立地质统计学模型可较好地模拟开采境界和品位优化,并实现境界的动态圈定。

利用 GIS 技术可对露天采场进行可视化设计。通过在 GIS 软件中建立专业分析模型,对采场的设计效果进行分析,改进设计效果。矿山设计者通过 GIS 中建立的专业模型(如网络模型、动态规划模型等)优化露天矿生产系统,如利用 GIS 的最佳路径分析功能优化露天运输线路的位置和布局,缩短矿岩运距,从而降低运输成本。

采用 GIS 进行露天矿的设计,不仅可绘制各种工程图件,而且可建立图形元素与其属性数据的连接,这是手工图或 CAD 图所不具备的功能。故采用 GIS 进行规划与设计是 GIS 在露天矿得到成功应用的重要标志。

G   GIS 在露天矿山管理中的应用

a   生产计划和调度

制定露天矿山生产计划和调度方案,利用 GIS 技术建立块状矿床模型,可视化显示矿山的矿岩分布和当前开采状态,建立开采优化模型,确定哪些块段在哪个计划期开采,从而得到一优化的开采方案。确定了相应的开采顺序,也就解决了露天矿山的生产计划和调度问题。

目前,国内大部分露天矿山采用挖掘机-卡车间断工艺系统,采运成本约占露天矿总成本的 60%。因此,GPS/GIS 建立矿山生产调度监控系统,实现对挖掘机、卡车等设备的实时优化调度,使运输系统高效运行,从而提高露天矿山的经济效益。

b   矿图管理

二维矿图管理是目前 GIS 技术比较成熟的应用。GIS 可存储和输出露天矿山所需要的任何图件。GIS 的最终输出产品是电子矿图,GIS 用于露天矿的矿图管理,其实质是建立空间数据库,实现对矿图及其元素属性的存储、编辑、查询和输出,为其他高层次的应用建立基础。

c   其他方面

根据露天矿山的组织结构,建立 GIS 的人力资源数据库,与人员考勤系统连接,可视化地确定和显示什么时间、什么地点有哪些人作业,为管理者提供实时的采场人员分布情况,为决策提供依据,从而提高人力资源管理水平。

利用 GIS 技术对露天矿山的安全设施包括安全工程设施、防灭火设施、机电设备、爆破器材等的布局进行合理科学规划,在满足矿山安全生产条件下尽量节约安全经费,降低生产成本。对于已经发生的安全事故和灾害,进行 GIS 的事故原因分析和影响评价,以预防同类事故的再次出现。

建立 GIS 的决策支持系统,在空间数据库的基础上,建立专家知识库和专业模型,为露天矿山决策提供解决方案。GIS 的决策支持系统可充分发挥 GIS 的空间分析能力,以可视化的直观方式为决策提供依据。

H   GIS 在矿山环境保护与生态恢复中的应用

对于露天开发引发一系列环境问题,如土地破坏、水体污染、大气污染和噪声污染等,GIS 技术在环境影响评价中的应用已较为成熟,有助于解决露天矿环境问题,如通过建立 EGIS(专家地理信息系统),可准确地评价露天矿生产活动对周围环境的影响;通过建立 GIS 的缓冲区分析,可评价爆破产生的环境污染(飞出的岩石、噪声和烟尘)范围。

在矿山环境影响评价的基础上,GIS 可用于制定科学的环境规划,确定环境治理措施的合理布局,以便有效地进行露天矿山排土场或废弃采场的土地复垦,建立 GIS 的土地复垦信息系统,在计算机屏幕上动态显示现在与未来矿区土地覆盖变化,对未来土地复垦后的景观进行预测模拟,从而有效地指导和评价土地复垦作业。

17.5.3   矿山虚拟现实技术

17.5.3.1   虚拟现实及其特征

虚拟现实(virtual reality,VR)是 20 世纪 80 年代兴起的一综合性信息技术,融合了数字图像处理、计算机图形学、人工智能、多媒体技术、传感器技术、网络以及并行处理等多个信息技术分支的最新成果。VR 技术的特点在于由计算机产生一种人为虚拟的环境,该环境是通过计算机构成的三维空间,或把其他现实环境编制到计算机中生成逼真的虚拟环境,借助一些传感器及外部输入、输出设备,使用户在多种感官上产生一种沉浸于虚拟环境的感觉,仿佛身临其境。

虚拟现实技术在非常多的领域应用活跃,如军事模拟及训练、汽车驾驶、飞行训练、医学模拟解剖、三维游戏娱乐、三维电影制作、地理信息系统、三维数字化城市仿真、社区规划、数字化校园、虚拟实验室、数字化自然景点漫游等。

虚拟现实是用计算机图形学构造出酷似真实世界的一种仿真模拟。这个合成的世界不是静态的,可对用户的输入做出响应。虚拟现实是一种高端人机接口,包括通过视觉、听觉、触觉、嗅觉和味觉等多种感觉通道的实时模拟和实时交互。其具有如下特征:

(1) 多感知性。多感知性是指除一般计算机技术所具有的视觉感知外,还有听觉感知、力觉感知、触觉感知、运动感知,甚至包括味觉感知、嗅觉感知等。理想的虚拟现实技术应该具有一切人所具有的感知功能。由于相关技术特别是传感技术的限制,目前虚拟现实技术所具有的感知功能仅限于视觉、听觉、力觉、触觉、运动等几种。

(2) 沉浸感。沉浸感又称临场感,指用户感到作为主角存在于模拟环境中的真实程度。理想的模拟环境应使用户难以分辨真假,使用户全身心投入到计算机创建的三维虚拟环境中,该环境中的一切看上去是真的,如同在现实世界中的感觉一样。

(3) 交互性。交互性是指用户对模拟环境内物体的可操作程度和从环境得到反馈的自然程度(包括实时性)。如用户可用手直接去抓取模拟环境中虚拟的物体,这时手有握着东西的感觉,并可感觉物体的重量,视野中被抓的物体也能立刻随着手的移动而移动。

(4) 想象性。强调虚拟现实技术应具有广阔的可想象空间,可拓宽人类认知范围,不仅可再现真实存在的环境,还可随意构想客观不存在甚至是不可能发生的环境。

17.5.3.2 虚拟现实技术

A 虚拟现实系统

a 虚拟现实系统结构

虚拟现实系统一般由虚拟环境、人及相关的输入、输出设备所组成,如图 17-27 所示。

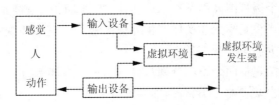

图 17-27 虚拟现实系统结构

(1) 虚拟环境。虚拟环境是一种新型的人机界面形式,由虚拟环境发生器产生,可让使用者通过输入、输出设备(传感器件)与虚拟环境交互,交互结果使使用者有全身心进入这一环境的感觉。

(2) 输入、输出设备(传感器件)。输入、输出设备(传感器件)是用户和虚拟环境交互的部件。一方面,虚拟环境中物体的动作、声音、力反馈等通过相关设备输出,使人能获得视觉、听觉、触觉、力量等多方面的感觉,且这种感觉与在实际环境中经历的一致;另一方面,人可通过输入设备对虚拟环境中的对象执行一定的操作,虚拟环境可根据人的动作做出反应,并重新渲染输出。

(3) 人。虚拟现实实质上是一内含反馈的闭环系统,只有人的存在才能使这一反馈环路有效成立,所以人是 VR 系统中不可缺少的部分。人通过传感器件感受虚拟环境的存在,又通过作用器件去影响虚拟环境,使其做出相应的变化。

(4) 虚拟环境发生器。它能产生使用者所需要的虚拟环境,且能通过输入设备传来的作用信息,了解用户的动作,并对已产生的虚拟环境做出相应的修改。

b　虚拟现实软硬件环境

(1)输入设备。用户基本输入信号包括用户头、手的位置及方向。用户头的位置及方向是系统重要的输入信号,因为它决定从哪个视角对虚拟世界进行渲染。用户手的位置与方向用来与虚拟环境进行交互,如在使用交互手套时,手势可以用来启动或终止系统。类似手套或三维鼠标可用来拾起虚拟物体,并将物体移到别的位置。虚拟现实系统中常用的输入设备有三维鼠标、数据手套、三维跟踪器。

(2)输出设备。虚拟现实系统输出信号含有关虚拟环境的视觉、声音及触觉信息。其中,视觉信号的输出主要是在用户头盔上显示出虚拟环境的视图;声音输出信号由声音模拟子系统产生,经预处理后,用户用耳机或音响设备能确定声音的空间位置;触觉信号是触觉通道携带将要传回用户身体的作用力信号。

虚拟现实系统中常用的输出设备包括三维图形加速卡、立体眼镜、立体投影系统、头盔显示器、音响设备等。其中,三维图形加速卡负责虚拟现实场景的实时渲染和立体渲染的功能;立体眼镜主要是产生深度感觉,进而产生三维立体图像。

(3)软件环境。软件环境主要的支撑软件有两大类:一是建模软件,用于虚拟场景的三维建模;二是图形库及渲染软件,用于虚拟场景的实时渲染及交互控制。目前三维建模软件有很多,如 3DS Max、VRML、Multigen Creator 等。其中,3DS Max 建模精度很高,但是数据量很大;VRML 建模方便,数据量小,但对复杂模型的表现功能不强;Creator 建模简单,数据量很小,比较适合虚拟现实系统的建模。

虚拟场景的实时渲染依赖于图形库的支持,常见的最底层的图形库有 OpenGL 和 DirectX 两种。其中 OpenGL 是跨平台的图形标准库,大多数渲染软件都是采用 OpenGL 作为底层图形库,如用于虚拟现实系统的视景开发软件 World Tool Kit、OpenGVS、VEGA 等。

此外,虚拟现实系统的开发还需要用到图像处理软件、应用程序集成开发环境(如 Visual C + +)等必不可少的工具软件。

B　立体显示技术

a　立体显示的原理及视觉模型

人类能够获得的立体视觉主要是通过双眼观察获得的。产生立体感觉的原因是由景深差形成的生理视差,即人的双眼从左右两边有一定差别的角度进行观察,被观察的物体在人的左右视网膜上形成的光学影像略有差异,这种差异就是双眼生理视差。

若双眼分别观察物体的两个透视图像而不是物体实体,在两眼的视网膜上也会产生同样的生理视差,产生立体感。这种观察透视图像代替观察景物实体产生立体感称为人造立体视觉,这两幅透视图像称之为一个立体像对。形成人造立体视觉需三个基本条件:

(1)所观察的两幅影像必须是从两个不同透视点获取的一个立体像对。

(2)左右两眼必须分别观察其中的一幅影像,即实现分像。

(3)左右像放置的位置必须使视线近似相交,允许两视线决定的视平面有一微小夹角。

其中第 3 个条件尤其重要,即需采用"平行轴非对称视锥透视投影"的方法生成离轴(off - axis)像对。

人类视觉模型是计算机视觉系统的原始模型。人眼的视觉可分为形觉、光觉、色觉和深度觉(也称立体视觉)。其中,形觉是人眼对外界物体各部分不同亮度的分辨能力;光觉是人眼对外界辐射光的感受能力,并同适应过程有关;色觉是人眼能分辨颜色的能力;立体视觉则是人眼辨别物体的空间位置,包括远近、前后、高低等相对位置的功能。计算机视觉关心的核心问题之一是空间知觉,即深度知觉。

深度知觉既可来自单眼线索也可来自双眼线索。前者借助对象本身和周围环境得到深度信息,后者除了可得到和单眼同样的信息外,还可以通过双眼的彼此协调感知深度信息。

单眼观察时,对物体的距离和大小的估计很粗略。对于近距离物体,是利用眼睛的调节产生远近感觉,当物体位置较远时,物体反射而来的光线可被认为是平行光,虽然在视网膜上均成清晰像,但由于人眼的调节能力有限,因此无法辨别其远近。对于较远且熟悉的物体,从物体对眼睛张角的大小来决定其远近,对于非常熟悉的物体,常利用能分辨此物体的细节程度来决定其远近。

双眼观察线索的重要特征是能分辨两物体的相对位置,即估计空间物体的相对距离。典型的双眼线索有如下两种:

(1)双眼辅合作用。当人注视近处物体时,两眼的实现就必须向中间聚合,以便使视线的焦点落在物体上,这种通过眼球转动以聚合视线从而获得深度信息的双眼线索称为双眼辅合作用。

(2)双目视差线索。双眼看同一景物时,由于左右眼的位置不同,所以看到的景象不完全一致,即双目视差。在虚拟现实技术中,利用双目视差来造成立体感是一个重要的方面。

b 立体显示种类

根据立体像对的显示方式不同,可以将立体显示的方法分为两类:双通道立体和单通道立体。

c 数字矿山仿真系统采用的立体显示技术

利用三维软件制作立体图像,可从三维环节和放映环节分别考虑。

双眼的立体成像原理,必须用两个摄影机同时渲染场景,两摄影机的相对位置应尽量与人的两眼相对位置一致,其间距为镜距。其中,一个摄影机位于相当于人左眼的位置上,物体经渲染后形成的像素位于其渲染平面的一处,另一摄影机位于相当于人右眼的位置上,形成的像素位于其渲染平面处。

在播放的环境中,当把两摄影机所沉浸的画面同步投放到同一屏幕上时,必须采用适当的画面分离技术,使观者的左眼只能看到一个摄影机的画面,右眼看到另一个摄影机的画面,常用的画面分离方式有"偏振光式"和"液晶光阀式",两种方式都需要佩戴眼镜来协助分离画面。若裸眼会看到画面呈双影,没有立体效果。

在播放的环境中,用两个投影仪分别将两渲染面投放到同一屏幕上,像素出现在屏幕不同的位置,通过画面分离技术,摄像机一被左眼看见,摄像机二被右眼看见,两眼视线交叉于一点 A。观者感知的那一交点已不在屏幕上,即已出屏,形成了一个有距离信息的立体像 A。这样,三维场景中的物体 A 被立体还原在观众眼前,完成数字矿山仿真系统中的三维立体成像。

C 碰撞检测技术

在计算机辅助设计与制造(CAD/CAM)、计算几何、机器人和自动化、工程分析、计算机图形学、虚拟现实等领域都遇到了有关碰撞检测的问题,进行碰撞检测的目的主要有三个:检测碰撞是否发生、报告发生或即将发生碰撞的部位、动态地查询模型间的距离等。

扫描采样,即在物体运动轨迹上几个特定的时间点进行静态的相交检测,得到的结果作为实际的结果。显然采样方式直接决定了算法的准确性和复杂度。最简单的采样方法是固定时间间隔法,即每隔一定的时间进行一次检测。该方法实现简单,但为减少误差必须尽可能缩短采样间隔时间,但模型之间碰撞的概率却比较小,大部分采样都是不必要的。理想的采样时间是在碰撞即将发生的时候。实际中一般采用时间预测法和距离预测法来预测最早可能发生碰撞的时间。

时间预测法假设模型的运动轨迹已知,通过解析计算预测模型可能发生碰撞的时间,决定采样的时间。若模型运动的轨迹用时间函数表示,碰撞检测就可用解析的方法解决。

距离预测法相对时间预测法应用更广泛。为控制算法误差,首先假设模型运动的最大速度已知。该方法的基本思想是每隔一固定的时间段,跟踪计算各个模型间的最小距离,当距离小于一定的限度时进行静态检测。

D 漫游引擎技术

虚拟漫游引擎主要是实现虚拟场景的三维实时渲染和漫游的交互控制。从逻辑上看,场景漫游要求实现虚拟场景的移动、虚拟场景的实时渲染以及人机交互。虚拟漫游引擎结构如图 17-28 所示。

a 场景的优化

为保证系统运行时的实时性和稳定性,以增强漫游时的沉浸感,一方面提高与图形绘制有关的硬件性能(如配置高档的图形加速卡),另一方面在现有硬件条件下,优化场景数据库,降低场景复杂度。故采用高效的场景调度管理十分必要。

b 调度的优化

一个通用的漫游系统应能完成从一般模型到复杂场景的调度和管理。小数据量的模型可一次导入内

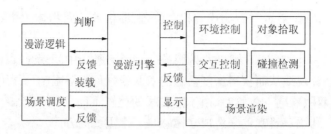

图 17-28 虚拟漫游引擎结构

存,进行绘制渲染,而对于庞大复杂的场景,在装载、调用、输出视景图像时必须采用一定的场景调度技术,保证系统的实时性。

(1)场景模型的分块调度。对于复杂场景,可将其分成包含较少多边形的小单元模块,并存成不同的模型文件,再以外部引用方式分别调入内存。因采用统一的建模坐标系,各模块在内存中将按本来的位置重构一完整的场景。这样,系统可根据视点所看到的区域,动态地选择小单元模块进行调用,不需调用整个模型,有效地提高了系统的漫游实时性。场景模型的分块调度分两种:第一种方法是静态导入、动态调用,适用于计算机内存足够大的情况,系统初始化时将整个场景全部调入内存,调用时系统根据漫游视点的变化动态地调用场景的各个子模块;第二种方法是动态导入、动态调用,适用于计算机内存较小、场景数据量大的情况,先根据场景模型大小适宜的装载模块,漫游时,根据观察者视线范围动态从数据存储器装载相应的模块,该方法的关键是确定并预测视点的漫游路线,以及确定合适大小的模型模块。

(2)场景模型的动态调度。对于复杂场景的漫游,采用场景数据库分块调度技术并不能保证良好的效果,很多场景实体密集,即使一小区域也含高密度的实体,若同时绘制会极大影响系统的实时性,对场景数据库实行动态调用是非常必要的。VEGA 提供了视点视域的场景渲染和调度方式。可通过控制漫游视域范围和设置渲染通道优化动态调度,只渲染在视域范围的实体,从而减少渲染工作量,提高渲染效果。对于实体内部有丰富细节的模块,可采用模型控制面技术实现场景数据的动态调入和卸载。该方法基于碰撞检测理论,建模时在相应模块设定一控制面,该控制面带有行为参数,漫游时使用碰撞检测算法检测该面,若满足该面行为参数设定,则关闭并卸载原有场景模型,加载新模型,以减少系统渲染负担,提高系统实时性。

17.5.3.3 VR 技术在矿山的应用

由于矿山生产环境的特殊性,虚拟现实技术在矿业领域较早地得到应用。

A VR 在风险评价中的应用

随着矿山安全问题的日益重视,矿山环境的风险评价已成为现代矿山生产管理日常工作的一部分。对矿山环境中潜在的灾害事故进行有效的预测与分析是保障安全生产的主要途径。矿山虚拟现实模型为其提供了强有力的观测矿山危险环境的方法,风险标度可放置在环境中的任何位置甚至是附着在移动的物体上,从而实现矿山风险发生过程的可视化。

英国 Notingham 大学通过应用 VR 技术辅助识别和评价对象(如设备、人员)的风险状况,来得出客观的风险评价。这种 VR 计算机系统可动态进行生产环境的风险分析。采矿设备周围的风险区域是动态的,依据当前时刻虚拟环境中所处的状态对回采工作的多个工序如割煤、支架前移等进行风险评价。以风险标度即不同颜色的立体框表征风险的大小,如绿色表征低风险、黄色为中等风险、红色为高风险。该技术曾应用于南非的一个金矿,技术人员应用虚拟现实技术开发的房柱式开采的模拟系统培训井下工人识别矿井开采危害及岩石冒落事故的发生,不仅可三维动态显示矿井作业环境,而且可进行生产作业过程的系统模拟。

B VR 在生产设计的应用

虚拟现实技术可充分利用矿井的钻孔数据、3D 地震数据、地质断层资料及矿井布局资料,构造逼真的可视化环境,用于评估、预测和表达井下矿层、地质的波动及开采情况,使矿井工作人员更好地理解、分析各种复杂的地质与开采环境,有效地进行规划、管理与决策。在矿山的生产管理中,虚拟现实可利用实时监控、动态生成场景的能力等实现对生产调度、安全环保、设备管理等方面的需求。

澳大利亚、美国、德国等在这些方面开展了一系列研究。澳大利亚 CSIRO 公司结合表征矿井动态变化的时间维,创建了 4D 虚拟煤矿,该虚拟煤矿模型将深度转换的 3D 地震反射表面,与透明显示的煤层底板(矿井模型)、钻孔资料、工作面和断层情况充分集成,表达了地质结构与地层的断裂情况,不仅可用于工作场所与设备空间的布局规划,且满足于现场操作人员的技术培训工作。由于该技术尚处在发展初期,国内更多集中在煤矿虚拟环境的几何表达方面,以强调虚拟环境的沉浸感。北京大学遥感与地理信息系统研究所、中国矿业大学等在矿井可视化方面利用地理信息系统,研究 3DGIS 的实现,取得了一定进展,但如何在 GIS 支撑下,结合 VR 技术,将各种采矿、地质、监控数据融入逼真的 VR 交互式虚拟环境中,为矿井的规划、设计、管理、决策等提供更为有效的信息与知识,还处在探索阶段。

C VR 在爆破工程过程的应用

矿山的爆破作业占开采作业很大比重,利用 VR 系统模拟矿山的爆破作业过程及水文、岩石或表土等地质条件,工程技术人员可将自己的设计方案在 VR 系统中预演,并将所得结果同预期结果比较,从而确定最佳的炮眼布置方式、最佳的装药量以及其他作业参数,由此既优化了作业参数又有效避免了不必要的爆破事故发生。

D VR 在事故模拟与调查的应用

矿山事故的发生会对矿山生产造成非常严重的影响,预防的关键在于创造并维护安全的工作环境、宣传并执行安全的作业行为,从而防止错误行为的发生。传统的事故调查是由有经验的调查人员通过搜集现场资料、现场摄像等方法来获取事故的原始信息,然后描绘出事故发生的场景,并按要求将调查结果清晰、准确地表达给相关人员及专家。这个过程更多地是依靠调查者的判断能力与经验,带有很大的主观性。运用VR 技术可快速、有效地生成一系列逼真的三维场景,在计算机里再现事故发生的过程,事故调查者可从各种角度去观测、分析事故发生的经过,找出事故致因,包括系统设计原因和现场人员的动作行为;同时可通过交互式地改变 VR 环境中模型的参数或状态,找到如何避免类似事故发生的途径,制定相关预防措施。诺丁汉大学在 VR 的事故调查与分析方面做了大量研究,一些事故案例已成功用于法庭事故处理与井下事故分析;在该领域,美国的 NIOSH 也开发了低成本、沉浸式桌面虚拟现实训练系统,可用于一些事故的调查分析。

E VR 在特殊采矿环境的应用

在特殊采矿环境虚拟现实技术起到了相当重要的作用。由于矿产资源的不可再生,采矿工业必将向深部、海洋甚至太空等复杂、特殊的环境发展。虚拟现实技术可为特殊环境中的采矿行为进行先期的、指导性的研究。通过利用虚拟现实技术建立相应的虚拟采矿环境,采矿工程师可在此环境中进行交互式设计,设计出适合特殊环境的采矿方法并确定相应的开采参数,还可通过对采矿作业的虚拟确定施工工艺参数,而且可以培训员工适应这种工作方式。用此方式可以避免在特殊环境中盲目开采。

韩国为尽快赶上发达国家深海采矿技术水平,于 1994 年设立了"深海采矿技术开发和深海环境保护"项目,其中最主要的一个研究内容是在采矿系统开发中进行计算机模拟的研究。在结合集矿机的研制中做了计算机模拟履带式行驶器程序的开发和计算机模拟程序的有效性研究。在集成采矿技术研究中重点完成了整个采矿系统的动态模拟程序的开发、采矿船的动态模拟提升管道动态模拟、软管动态模拟、履带车动态模拟、采矿船的动力定位和路线跟踪模拟中间仓对集矿车的位置的控制技术等。

17.6 数字矿山实例

国外数字矿山软件厂家主要有 Geocom-surpac、Datamine、Micromine 等,国内有 Dimine、辽宁聚进等。

17.6.1 Surpac/Datamine 应用

17.6.1.1 Surpac 软件

Surpac 软件是由澳大利亚 Surpac Software International 国际软件公司开发,从最初的测量工程软件发展成为现在的综合矿山环境软件。该软件可用于地质、测量、采矿设计及进度管理等,目前有 90 多个国家使用。

A Surpac 软件的主要特点

Surpac 的编写语言是 C/C ++ ,用户界面使用 Java 和 TCL(tool command language)语言。Surpac 具有客户服务器结构,所有的数据和功能在处理过程中都存储在服务器中,图形引擎和用户界面由客户端使用,也可把图形引擎移到服务器上,这样所有的图形在整个网络中都可使用。客户服务器结构和 Java 语言的用户界面可使整个软件系统通过网络浏览器使用,系统管理员在主机上安装 Surpac 软件,客户就可在世界上任何地方通过网络来使用该软件,而且不同地点的多个用户可通过网络和单一用户部门取得联系,使得用户更便捷地获得有关技术专家的帮助。

用户可将 AutoCAD 图输入到 Surpac 进行二次开发。宏命令/脚本语言是整个功能系统的基础,以 Surpac 为开发基础,用户可开发所需的应用程序,脚本语言是公共的 TCL 语言,便于和其他的软件系统进行整合。

B Surpac 软件的应用

Surpac 具有功能强大的图形绘制显示模块,包括一整套三维立体的建模工具,通过激活自动绘图功能可任意地创建图形,图形可以三维方式产生,也可从旋转的二维图形中得到,用户可从不同的角度来观察图形。Surpac 采用了三维可视化仿真、灯光投影、数据插值拟合、单元剖分和消隐等技术,并与用户以最佳效果来观察图形。

(1)利用 Surpac 软件创建地质数据库。Surpac 的数据库模块能够在保持数据关联的前提下生成具有最小冗余的数据库。在 Surpac 中可创建不同类型的数据库,如 ISAM、ISAMSQL、INFORMINX、ORACLE、PARADOX、DBASEIV 和 MICROSOFT ACCESS。其中,PARADOX 是 Surpac 推荐使用的数据库,其运行速度快、二进制兼容、创建时不需其他软件。Surpac 的一个数据库中可包括 50 个表,每个表可包括 60 个字段,数据表中有三个基本表,分别是 Collar Table(钻孔表)、Survey Table(测量表)、Translation Table(转换表)。钻孔表存储的基本信息包括钻孔的位置及最大深度等,可选信息如钻井时间、类型或者项目的名称等也都可存储在数据库中,当进一步处理和报告时可选择这些信息数据进行处理;测量表存储钻孔测量信息,用来计算钻孔坐标,基本字段包括钻孔测量深度、方位角和倾角;转换表用来存储字符代码,这些代码可有一个等同于数字的值,也可输入一个有效的字符字段。此外还有可选表,如 geology 表和 sample 表,存储的是钻孔样品信息。

表创建之后便可加载数据,数据输入格式一般是文本文件或用逗号分隔的 Excel(CSV)文件。加载数据后便可对数据库进行操作。Surpac 的 V4. 0 版本可以交互操作数据库里的数据,并提供了三维可视化环境,其主要操作有可实现显示钻孔平面分布、提取钻孔地质截面、显示钻孔、制定地质代码的颜色方案、操作多重截面、查询样品数据、在截面上数字化等功能。

(2)实体建模。实体模型是一三维的数据三角网,类似于通过包裹 DTM(数字化地形图)的方式所形成的一种实体形式,用线条描述了通过实体的剖面。实体模型与 DTM 具有同样的原理。实体模型用多边形连接来定义一个实体或空心体,所产生的形体可用于可视化,体积计算,在任意方向上产生剖面以及与来自地质数据库的数据相交。Surpac 中 DTM 的创建是自动的,三角网的创建是通过计算大量的三维空间点到 X - Y 平面上连接形成的。实体模型的不足之处在于不能建立一种具有折叠和悬垂结构的模型,如地质结构、采矿场和放矿点。

该模型连接的一系列三角形在平面上看可能是重叠的,但实际上不是重叠或者相交的。实体模型的三角网可以很彻底地闭合为一空间结构,尽管在 Surpac 中有一系列工具能自动完成很多过程,但是创建一个实体模型比创建一个 DTM 需要更多的交互过程。

若要用已经创建的实体来计算体积、横断钻孔或作为一个块模型的约束,那么就需验证实体创建的是否正确,Surpac 软件提供了相应的验证技术和功能。

(3)块体建模。过去,Surpac 的资源模型也依靠传统的多边形模型,这种方式使用简单且好理解,但非常受时间限制,特别是更改创建模型参数时比较麻烦。相对于多边形模型而言,块体模型使用简单且便于理解,而且模型创建速度快,参数的修改、删除和增加都可随时进行。

块体模型是数据库的一种格式,意味着其结构不仅可以存储和操作数据,还能修补来自数据中的信息,这是与传统数据库不同的地方,存储数据时更像内插替换一个值,而不是度量一个值。第二个不同是这个值具有空间参考性。第三个不同在于块模型打开的时候完全放入内存中,实现动态操作。地质数据库中,特征值是和空间位置联系的,而空间位置却不是和特征值必须联系的。

块模型的部分空间是块的组成部分,每一块都与一记录相关联,该记录以空间为参照,每个点的信息可以通过空间点来修改。

块模型中包含一些组件:1)模型空间。模型空间指的是立方体积,在块模型概念里实体中什么都不存在;2)属性。建立的模型空间属性都是有条件的属性,这些属性可以是指定的、有序的、间隔的,可以是比率,也可以是字符、数值,特征值可通过其他属性值计算得出,这些属性值都可进行报告输出和可视化浏览;3)约束。可以用来控制对块的选择,对信息加以修复,或者是对其进行内插值。最后约束可保存为约束文件,其扩展名为.con。模型本身在模型空间中是一个二进制的图形结构,通过存在的块和不存在的块定义模型,模型文件扩展名为.mdl。块模型可以在任何位置应用,通过空间值的分布建立空间模型。

块体模型的主要参数有:1)原点。该点是其他一些参数如方位角、倾角等的参照点;2)范围。包括了X,Y,Z方向的范围;3)方位。方位指模型垂直方向的角度,也就是与模型方向角平面正交方向的倾角;4)倾伏角,指模型旋转前的水平线在旋转后与水平面的角度,这也是模型倾斜度的参照;5)用户块的大小、尺寸,指X,Y,Z方向的大小,块的尺寸由块模型的报告单位决定,用户块大小也是内插尺寸的一个取决因素。用户块的大小取决于建模目的,以及参考数据空间的情况,如等级控制、资源计算和露天矿优化等;6)每边最多可拥有的次级块、沿模型的每一条边的最多可拥有的块的数量都是2的倍数。

在创建好块体模型后,接下来是在块模型中填充值,主要方法有:1)最小距离法,利用最近的样品点;2)距离反比法,使用反方向的距离解释块值;3)普通克里格法,使用克里格法以地质统计中的方差参数来修改模型中的值。

Surpac软件具有出色的3D图形功能、良好的图形用户界面、功能强大的图形绘制显示模块以及基于网络的客户服务器结构,适合于在地质、测量、采矿等相关专业推广应用。

在建立矿床模型方面,Surpac软件在地质数据库的基础上,提供了功能强大的建模工具及模块,具备多种建模方式,实现了动态操作,模型具有良好的闭合空间结构,是矿山企业进行矿床建模较好的开发工具,具有广泛的应用前景。

17.6.1.2 Datamine 软件

Datamine Australia 是名为 MICL(mineral industries computing limited)的一家自营公司,主要服务于澳大利亚和东南亚地区。Datamine 主要是对矿山开采提供软件技术支持。Datamine Studio 是 Datamine 公司的标志性产品,不仅能在以前所有系统上应用,而且更符合当今的编程标准。该软件能在矿山开采的各个方面得到应用,如在开采、地质建模、资源储量评估、矿山设计和开采计划的编制方面,也充分考虑到复垦等方面的应用。Datamine 有着很好的用户操作和显示界面,如图17-29所示。

Datamine 是一个有标准组件基础的矿业软件包。由于其具有标准组件,所以软件用户可以更改系统的一些配置,从而达到满足即时需求的目的。如果用户的软件需求有了变动,Datamine 能够在任何时候将用户需要的组件添加到系统中。

A Datamine 软件的特征

(1)脚本语言的网页(web based scripting language)。Datamine 采用标准的 HTML 和 JavaScript 语言作为它们的宏语言,所有 Datamine Studio 的命令都可以从使用的 JavaScript 的 HTML 网页上运行,没有必要去学另外的语言,所有在网站上能够

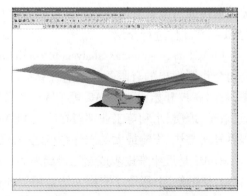

图17-29 Datamine 软件显示界面

找到的图形对于用户都是可支持的。

（2）个性化用户界面。用户可以添加自己的命令按键到操作界面,这样用户就可以很方便地运行一些常用的指令。

（3）能进行开采应用数据的输入、统计,钻孔的编辑,输出线的保存。

（4）地质建模、地质统计、块(包体)建模、储量评估。Datamine 软件运用线框模块组建地形表面和结构体,用块状模型精确地描述地质结构体和采场里品位的变化。

（5）岩石力学应用,力学分析,岩石矿块建模。通过立体网观察器,用户可将一些相关的地质数据输入到地质建模、露天矿设计和地下矿设计中,其优点就是在设计窗口和立体网窗口间进行动态数据的传输。设计窗口中的三维数据点会立刻在立体网观察器中显示和分析。另外在设计窗口中,立体网窗口中选中的炮孔会被高亮显示。立体网观察器适合用来分析许多不同类型的结构体数据,在露天矿和地下矿的稳定性分析、炮孔分析以及开采方面都有广泛的应用。

（6）露天矿开采计划,包括矿坑设计优化、长期计划、矿坑和运输道路的设计等。

（7）地下矿设计计划。通过不同经济和设计参数的运用,用户可以试验项目的经济敏感性。

（8）可采储量优化。

（9）矿山复垦。除了地质建模和矿山计划外,Datamine 也为采场附近的外围设备进行计划和设计,比如废弃物排放设计、详细的土地使用计划和景观美化设计以及复垦等。

（10）环境工程。Datamine 在联合了 Earthworks 的产品以后,现在可以将高空遥感照片直接输入到地质数字建模中;可以扫描或者通过数字图像使用户能够用实际矿石的纹理和矿石周围环境直接创建复垦计划和相关特征;Datamine Studio 和 Earthworks 合作提供的虚拟现实模拟系统将使用户能够进入到矿山的模拟世界。

B　Datamine Studio 的最新功能

（1）条件模拟组件(conditional simulation)。矿业中,条件模拟是用来量化不可靠和最小化风险的。一般评估人员采用的是平均地质属性,而条件模拟采用动态属性。在做决策过程中,由于可变性和临界因素的影响,都可能产生评估误差。

（2）环形设计者(ring designer)。在进行爆破孔规划设计和制定装药信息的时候,环形设计是十分有用的工具。它不仅使设计过程简化,而且也为在岩石表面工作的钻孔和爆破工作人员提供一张清楚、详细的爆破报告。环形设计者具有交互式的图形界面,它可以设计、编辑和显示地下爆破孔。

Datamine 软件应用于矿山的各个领域,从矿区地形到采场模拟、生产计划编制、爆破设计,并且充分考虑复垦计划以及虚拟现实技术的应用研究。Datamine 是一款功能强大的矿业软件,也致力于与 Earthworks 的继续合作,开发出更多的组件来完善系统,扩充系统的功能。

17.6.2　FLAC 的应用

目前,许多软件将数值模拟与有限元计算结果可视化相结合,可以简便、快速地对各种对象进行模拟。较为通用的对围岩力场进行解算的工具有 FLAC^{3D}、ANSYS、ALGOR、ABAQUS 等,本节选择对应用较为广泛的 FLAC^{3D}软件进行介绍。

FLAC(fast lagrangian analysis of continua,连续介质快速拉格朗日分析)是由 Cundall 大学和美国 ITASCA 公司合作开发出的有限差分数值计算程序,主要适用地质和岩土工程的力学分析。20 世纪 90 年代中期以来,我国高校开始引进 FLAC 等 ITASCA 系列软件,研究院所及工程公司也拥有相当数量的用户,土建、交通、采矿、地质、水利等工业部门在应用 FLAC 系统进行工程设计、计算和科学研究,它已经成为我国岩土工程界发展最快、影响最大的软件系统之一。

FLAC 是近年来逐步成熟完善起来的一种新型数值分析方法。FLAC 与基本离散元法相似,但它克服了离散元法的缺陷,吸取了有限元法适用于各种材料模型及边界条件的非规则区域连续问题解的优点。FLAC 所采用的动态松弛法求解,不需要形成耗机时量较大的整体刚度矩阵,占用计算机内存少,利于在微机上求解较大规模的工程问题。同时,FLAC 还应用了节点位移连续的条件,可以对连续介质进行大变形分析,相对局限于小变形假定的其他方法更适合岩土工程的破坏问题研究。

FLAC^{3D}将二维 FLAC 推广到三维空间,不仅包括了 FLAC 的所有功能,并在该程序基础上进一步开发,能够模拟计算三维岩(土)体及其他介质中工程结构的受力与变形性态。与 FLAC 类似,拉格朗日元法的 FLAC^{3D}适用于绝大多数的工程力学问题,尤其适用于材料的弹塑性、大变形分析、流变预测和施工过程的岩土工程的数值模拟,因而得到国内外广泛认可和应用。FLAC^{3D}具有良好的前后处理功能,计算时三维网格自动被剖分成四面体单元。因此,在网格形状划分上没有太多限制,可以准确地模拟工程实际。每个单元体都可以有自己的材料模型,材料可以在外力及应力作用下屈服流动,网格也随着材料的变形而改变(大变形模式)。由于显式方法不需形成矩阵,因此,对计算机硬件的要求也相应降低。同时,程序对差分方程解迭代的精确性和收敛性进行了优化,计算时间和计算结果都能够满足要求。对于岩土材料来说,显式方法很容易引入材料的非线性本构关系。对于遵循非线性应力、应变关系的材料来说,也不需要进行迭代计算(这往往在计算中造成很大误差)。相应于某一给定的应变增量的应力增量,可以在给定的区域内,按实际发生的那样,指定使其符合非线性本构方程。这样,非线性定律可以按它正确的物理模式得以遵循,而不是取决于迭代方法途径的敏感性。

FLAC^{3D}可以模拟岩土或其他材料的力学行为,显式差分法求解运动方程和动力方程,将计算区域划分为若干个单元,单元之间用节点相连,在一个节点施加荷载后该节点的运动方程可以写成时间步长的有限差分形式,在某一微小时间步长内,作用于该点的荷载只对相邻的若干节点产生影响,根据单元节点的速度变化及时间步长,可求出单元之间的相对位移,从而求出单元应变,然后再根据材料的本构模型求解单元应力,随着时间步长的增加,这一过程将扩展到整个计算范围。FLAC^{3D}程序通过计算单元之间的不平衡力,将上一步得出的不平衡力重新分布到各节点,再进行下一步的迭代,直至整个计算体系达到平衡状态。

参 考 文 献

[1] 张幼蒂. 矿业系统工程的发展与展望[J]. 金属矿山,2003,319(1):1~3,10.

[2] 古德生. 21 世纪矿业[J]. 有色冶金设计与研究,2002,23(4):1~5.

[3] 王青,吴惠城,牛京考. 数字矿山的功能内涵及系统构成[J]. 中国矿业,2004,13(1):7~10.

[4] 吴立新,殷作如,钟亚平. 再论数字矿山:特征、框架与关键技术[J]. 煤炭学报,2003,28(1):1~7.

[5] 徐水师. 数字矿山新技术[M]. 徐州:中国矿业大学出版社,2007.

[6] 古德生. 地下金属矿采矿科学技术的发展趋势[J]. 黄金,2004,25(1):18~22.

[7] 孙豁然,徐帅. 论数字矿山[J]. 金属矿山,2007,368(2):1~5.

[8] 吴立新. 数字矿山技术[M]. 长沙:中南大学出版社,2009.

[9] 王李管,曾庆田,贾明涛. 数字矿山整体实施方案及其关键技术[J]. 采矿技术,2006,6(3):493~498.

[10] 鄂大伟. 信息技术概论[M]. 北京:高等教育出版社,2007.

[11] 马明建. 数据采集与处理技术[M]. 西安:西安交通大学出版社,2005.

[12] 第八届全国采矿学术会议论文集[C]. 金属矿山,2009(11):552~626.

[13] 古德生,李夕兵,等. 现代金属矿床开采科学技术[M]. 北京:冶金工业出版社,2006.

[14] James A. Senn. 信息技术基础[M]. 北京:清华大学出版社,2005.

[15] 于润沧. 采矿工程师手册[M]. 北京:冶金工业出版社,2009.

[16] 邵峰晶. 数据挖掘原理与算法[M]. 北京:科学出版社,2009.

[17] 聂洪峰,杨金中,王晓红,等. 矿产资源开发遥感监测技术问题与对策研究[J]. 国土资源遥感,2007,74(7):11~13.

[18] 张建东,彭省临,杨斌,等. 个旧矿区遥感异常信息解译及找矿远景分析[J]. 地质与勘探,2008,22(2):87~91.

[19] 王晓红,聂洪峰,杨清华,等. 高分辨率卫星数据在矿山开发状况及环境监测中的应用效果比较[J]. 国土资源遥感,2004,59(1):15~18.

[20] 荆永滨. 地下矿山生产计划三维可视化编制技术研究[D]. 长沙:中南大学,2007.

[21] 董卫军. 矿山生产计划智能决策计算机系统[J]. 金属矿山,2002,309(3):10~12,16.

[22] 张海波,宋存义. 回采生产计划决策支持系统模型库的研究[J]. 有色金属:矿山部分,2005,57(5):34~36.

[23] 李文虔. 灰色控制系统理论在编制铝土矿生产计划及规划中的应用[J]. 有色金属,2005,57(5):34~36.

[24] 李克庆,黄风吟. 多目标相似优序值法在矿山开发方案优选中的应用[J]. 地质技术经济管理,1995,17(1):42~46.

[25] Sarin, Subhash C. The long-term mine production scheduling problem[J]. IIE Transactions (Institute of Industrial Engineers), 2005, 37(2):109~121.

[26] Kumral M, Dowd P A. A simulated annealing approach to mine production scheduling[J]. Journal of the Operational Research Society. 2005, 56(8):922~930.

[27] Everett J E. Iron ore production scheduling to improve product quality[J]. European Journal of Operational Research, 2001, 129(2):355~361.

[28] 李慧宗. 矿井采掘计划决策支持与评价系统的研究[D]. 淮南:安徽理工大学,2006.

[29] 杨义辉. 采矿 CAD 可视化集成系统研究[D]. 西安:西安科技大学,2006.

[30] 陈建宏,古德生. 采矿 CAD 图元集的构造及多边形图元和标注图元的表述[J]. 中国矿业,2002,11(4):52~54.

[31] 王青,史维祥. 采矿学[M]. 北京:冶金工业出版社,2001.

[32] 李仲奎,戴荣,姜逸明. FLAC^{3D}分析中的初始应力场生成及在大型地下洞室计算中的应用[J]. 岩石力学与工程学报,2002,21(增2):2378~2392.

[33] 唐泽圣,等. 三维数据场可视化[M]. 北京:清华大学出版社,1990.

[34] 李铁克. 制造执行系统模型综述与分析[J]. 冶金自动化,2003,27(4):13~17.

[35] 李晖,王征. 煤矿引入生产执行系统(MES)的必要性[J]. 中国煤炭,2006,32(4):29~33.

[36] 叶楠,奚立峰. 制造执行系统(MES)实时性的改进和系统整合[J]. 工业工程与管理,2005,10(6):46~51.

[37] 湛浩晏. 煤矿井下移动目标定位系统设计[D]. 哈尔滨:哈尔滨工程大学,2007.

[38] 汪治,简胜前. 税务电子化[M]. 北京:清华大学出版社,2005.

[39] 陈晓红. 信息系统教程[M]. 北京:清华大学出版社,2005.

[40] 李国清,胡乃联. 矿山企业 ERP 系统实施方案研究[J]. 金属矿山,2004,331(1):51~53,66.

[41] 肖福坤,康健,张迎新,等. 矿山企业实施 ERP 系统方案研究[J]. 中国矿业,2004,13(12):20~23.

[42] 胡道元. 计算机网络[M]. 北京:清华大学出版社,2009.

[43] 罗周全,古德生. 矿山企业 Intranet 研究[J]. 有色矿山,2000,29(6):39~44.

18 采矿系统工程

18.1 概述

18.1.1 采矿系统工程定义

按《全国自然科学名词审定委员会·煤炭科技名词》,采矿系统工程可以定义为:矿业工程学与系统工程学相结合所形成的一个新的学科分支。采矿系统工程是根据矿业工程内在规律和基本原理,以系统论和现代数学方法研究和解决矿业工程综合优化问题的矿业工程学科分支。

按《中国冶金百科全书·采矿》采矿系统工程定义为:采矿系统工程是从系统的观点出发,用定性与定量相结合的方法,根据经济、技术、社会因素对采矿系统的规划、设计、建设和生产进行优化分析或评价。采矿系统工程离不开现代数学方法与计算机技术,因此又称计算机在采矿中的应用、计算机和运筹学在采矿中的应用,或计算机和数学方法在采矿中的应用。

综上所述,采矿系统工程是以现代数学和计算机技术为工具,对采矿工程的规划、设计、建设、生产和管理进行总体优化,其内容包括在矿业系统工程全过程中。

应该说明的是,采矿系统工程是一门工程技术,它与机械工程、电子工程、水利工程等其他工程学的某些性质不尽相同。上述各工程学都有其特定的工程物质对象,而采矿系统工程则不然,矿产资源开发系统中的任何一种物质系统都能成为它的研究对象,而且不只限于物质系统,还可以包括社会经济系统、经营管理系统等。

18.1.2 采矿系统工程的重要性

采矿系统工程是一门新兴学科,迅速得到广大矿业工作者的认可和重视。

采矿系统工程的重要性主要表现在以下两方面:

(1) 在广度上,采矿系统工程已覆盖整个矿业学科。

1) 从行业上讲,采矿系统工程最早是围绕矿山的规划、设计问题展开的。因此,国内外的各主要矿山设计院都围绕矿山设计中的优化决策和计算机应用首先开展研究,要求实现计算机计算、绘图及决策。与此同时,高等学校和科研部门也纷纷成立采矿系统工程研究所(室),组织广大师生开展相关研究,尤其是研究生的论文选题,采矿系统工程常常是热门课题。随着计算技术的普及和推广,许多生产矿山都设立计算机中心开展工作,并建立大小不等的矿山管理信息系统(MIS),实现科学化管理向数字化矿山迈进。

2) 从学科的角度看,采矿系统工程已渗透到矿业界的众多学科,出现"安全系统工程"、"边坡系统工程"等新的学科分支。作为采矿系统工程普遍采用的技术,如线性规划、计算机模拟、人工智能等,已广泛用于岩石力学、通风安全、采选工艺等学科,已演化为它们的常用工具。

(2) 在深度上,采矿系统工程紧跟信息科学的发展,并有所创新。

采矿系统工程的特点是广泛应用现代数学和计算机技术,因此它紧跟这些科学技术的发展。以人工智能为例,它的三个研究热点问题:专家系统、人工神经网络、遗传算法依次在矿业界推广应用。又如运筹学中的多目标决策、层次分析技术和模糊决策,也迅速融入采矿系统工程中,成为它的常用方法。采矿系统工程使用这些新技术,不仅仅是简单的照搬和模仿,而是结合矿业工程特点进行创新。例如在计算机模拟中,矿业科技人员根据工程上的需要,将动画显示、面向对象设计、并行模拟和分布式模拟技术融合成一体,提高仿真试验的效果。

采矿系统工程具有重要地位的原因主要有：

（1）整体性。矿业工程涉及面广、作业地点分散、影响因素众多，需要从总体上进行全面协调和规划，而这正是采矿系统工程的长处。借助系统的观点，从总体上整合矿业问题，其中在矿山规划、设计和评估中的表现尤为突出。

（2）边缘性。矿业工程涉及许多学科，如地质、测量、矿山机械、矿山电气、环境安全、技术经济等。通过系统工程，研究学科之间的相互渗透和交叉，出现安全系统工程、边坡治理系统工程、地质统计学等边缘学科。

（3）先进性。矿业工程较多地依赖于经验判断。通过采矿系统工程的应用，引入各种现代数学和计算机技术，可以将许多定性分析转化为定量决策，显著提高了矿业工程的科学性。

采矿系统工程作为一门新兴学科，已具有重要的地位。

18.1.3　采矿系统工程的现状及进展

18.1.3.1　现状

在我国，将运筹学用于矿业工程始于 20 世纪 50 年代末期，当时鞍钢有人探索将线性规划的运输问题用于矿山运输调度中，由于历史原因，中间一度中断。1973 年，马鞍山矿山研究院和中科院系统工程研究所用计算机模拟研究了露天矿运输问题。1976 年，冶金系统大力开展矿山设计的计算机优化软件的研究。1979 年在安徽省召开了第一届冶金矿山系统工程讨论会，即"电子计算机在采矿工程应用报告会"。这次会议表明，系统工程方法和计算机技术已应用于中国矿山设计和生产。1981 年以后，各矿业高校相继开设了采矿系统工程的课程。在 1986 年，召开的第 19 届 APCOM 会议上，中国成为该学术会议的组织委员会成员。2001 年的第 29 届 APCOM 会议，在中国北京举行。

采矿系统工程经过几十年的发展，已成为一门独立的学科，它有以下特点：

（1）全面应用现代数学和计算机技术。在采矿系统工程中，已广泛使用运筹学的许多分支，如线性规划、整数规划、非线性规划、动态规划、网络流、多目标决策、可靠性理论等。计算机科学中的许多先进技术，如计算机仿真、计算机辅助设计、数据库等，已成为采矿系统工程的常用手段。

（2）紧跟信息科学的发展。近年来，IT 产业的进展必然影响到采矿系统工程。例如，20 世纪 50 年代出现化学上的 DENDRAL 专家系统，70 年代即推出 PROSPECTOR 找矿专家系统。又如 GPS（全球卫星定位系统）、GIS（地理信息系统）、RS（遥感系统）问世后不久，在矿业界即得到应用。至于矿业上使用的硬、软件，更是随着计算机的更新换代不断地变化。可以说，信息科学的任何进展都会很快在采矿系统工程中得到印证。

（3）密切结合矿业工程的需要。采矿系统工程的发展离不开矿业工业的具体环境，在处理问题时要经常考虑影响因素多、分布广、特殊性强等矿业工业的特点。因此，多目标决策、模糊决策、人工智能、计算机辅助设计等技术特别受矿业界青睐。

18.1.3.2　技术方法的进展

为了更好地揭示矿业系统工程的进展，列举当前矿业系统工程的研究内容和所采用的研究方法，详见表 18-1。

表 18-1　矿业系统工程的研究内容和所采用的研究方法

序号	研究内容	研究方法																	
		与计算机技术密切关联的学科分支									运筹学诸学科分支				应用数学若干学科分支				
		线性规划 LP	整数规划 IP MIP	非线性规划 NLP	目标规划 GP	动态规划 DP	图论及网络 GT	排队论 QT	存储论 IT	决策论 DT	对策论 GT	地质统计学 Geo	可靠性理论 RT	模糊数学 Fuz	灰色理论 GM	系统模拟 SS	系统动态学 SD	人工智能 AI	管理信息系统 MIS	决策支持系统 DSS	辅助设计 CAD
1	矿床模型											A						C			B
2	矿床地质条件评价									A		B		A				B			
3	矿山建设进程					A						B				A		B			

续表18-1

序号	研究内容	研究方法																			
		与计算机技术密切关联的学科分支										运筹学诸学科分支			应用数学若干学科分支						
		线性规划 LP	整数规划 IP MIP	非线性规划 NLP	目标规划 GP	动态规划 DP	图论及网络 GT	排队论 QT	存储论 IT	决策论 DT	对策论 GT	地质统计学 Geo	可靠性理论 RT	模糊数学 Fuz	灰色理论 GM	系统模拟 SS	系统动态学 SD	人工智能 AI	管理信息系统 MIS	决策支持系统 DSS	辅助设计 CAD
4	项目评价	B			A					A			B	B							
5	采矿方法、工艺及设备选择		B				B	C					C	C		A		B			A
6	露天开采境界圈定					B	B									A					
7	生产能力及边界品位			A		A				B		B				B	B				
8	矿井、采区设计	C	A	A		B	C			B	C					B		C			C
9	露天矿长远规划设计		B			A	A			C	B				B	A					C
10	短期生产计划	A	A			A	B									B				B	B
11	矿区发展规划		A			A				B				B	C	A					
12	矿山采场压力与顶板控制									B	C	C	C	B							
13	采准巷道布置与支护						A					C		C							
14	露天矿边坡稳定											B				B					C
15	采矿工作面生产状况分析									B		B		B		A			B		
16	生产监测与控制																B	A			
17	矿山采运系统分析	B	B			B	B				C					A					
18	露天矿运输调度系统	A		C	B	B										A					
19	矿井通风、排水系统						A									A		B			B
20	矿山生产系统可靠性								B			A	B	B							
采用方法 主次分类 A		2	3	2	3	2	4			2		1	1	1		8	1	1			2
B		2	2	1	1	4	3	1	1	7		2	5	5	1	6	1	8	3		3
C		1		1			1	1	1		2	3	3	1	2			1	1	2	1
合计		5	5	4	4	6	8	2	2	9	2	6	9	7	3	14	2	10	4	2	6

注：A、B、C代表采用方法主次分类。

（1）数学规划。这是矿业系统工程使用最早，也是最常用的一种数学手段。其中以线性规划最为常用。其次，动态规划由于其分阶段决策的特点，特别适合于采矿作业在时间上按年（月）、在空间上按层（阶段）的特点，应用也很广泛。至于整数规划、非线性规划尽管在数学表达上适用于矿业工程，但由于解算上的困难，限制了它们的应用。

近年来，线性目标规划受到矿业界的重视，以解决实际中常遇见的多目标同时决策的困难。为了将多目标转化为单目标，一种方法是加权的目标规划（WGP），即根据偏差对决策者的重要程度赋予不同的权重，然后使其加权和为最小；另一种方法是设优先级的目标规划（LGP），即对偏差变量设定优先顺序，再依次使其达到最小。

（2）图论与网络。矿业界最常用的是网络计划技术，从事项目施工管理，包括工序流程网络图绘制、时间参数计算、工期与人力配置优化、作业任务书编制等，都有比较成熟的商业软件。

另一项常用的技术是最短路线问题，用于解决矿岩运输路线。此外，最大流问题、最小费用流问题在矿业中也有应用。至于图论，最有名的是确定露天开采境界的 L–G 法。

（3）计算机模拟。在矿业优化研究中计算机模拟方法达 1/4 以上，尽管这种方法不是一种严格寻优的手段，但是由于矿业系统复杂多变，很难写出严格的数学表达式，因此计算机模拟常被用来研究各开采方案的动态效果。

近年来随着可视化技术的发展，矿用计算机模拟中常采用动画显示，其中包括模拟后动画显示、同步动画显示、图形建模等。另一个动态是在集成应用方面。计算机模拟与电子表格、数据库、计算机辅助设计以及生产计划、监控等组合，综合研究矿业系统。至于计算机工具方面，除了采用 GPSS、SIMSCRIPT、SLAM 等模拟语言外，还采用面向对象的模拟工具，如 IMDE、VSE 等，既具备图形建模功能，又提供模块重用设施。

（4）人工智能。矿业工程的艺术性多于科学性，矿业决策常常依赖于经验判断而不是复杂计算。

因此,人工智能特别受矿业界重视。20 世纪 80 年代,始于美国矿业局,各国陆续开发出许多矿业专家系统。90 年代初,由英国诺丁汉大学领先,掀起一股应用人工神经网络热潮,随后,遗传算法又进入矿业系统工程中。在此基础上,近年来人们又关注数据挖掘和知识发现,力求从浩瀚的数据和知识中揭示矿业的内在规律。

(5) 模糊决策。由于影响矿业系统因素的不确定性,模糊数学和灰色理论也备受矿业界青睐。相关的技术方法,如模糊聚类、模糊评判、灰色关联分析等,常被用于处理各种矿业决策问题。近年来,与此相关的模糊逻辑、粗糙集也陆续用于矿业系统工程。

(6) 计算机辅助设计(CAD)。在矿业设计中常常需要人的指挥和参与,因此矿业系统工程中广泛应用计算机辅助设计,把计算机的高级运算和人的经验智慧融成一体。早期矿业界中的 CAD,大多以 AutoCAD 软件为工作平台,并应用 AutoLISP 及 ARX 编写程序进行二次开发。近年来为了建立自主的知识产权,多抛弃 AutoCAD 用高级语言(VC 等)独立开发各种 CAD 软件。

(7) 其他新技术。矿业系统工程在应用新技术方面最为积极,如虚拟现实技术(VR)、全球卫星定位系统(GPS)、地理信息系统(GIS)、遥感技术(RS)等,都很快在矿业界得到应用。

表 18-2 给出目前矿业系统工程进展的一个大体评估。表中按好、中、差三个等级区分各分支的技术成熟程度,即:

(1) 第 I 级。该分支已有公认的解决方案,其技术比较成熟,已有商用软件出售。

(2) 第 II 级。该分支已有较好的技术方法,但仍需进一步完善。

(3) 第 III 级。该分支还在探索中。

表 18-2　矿业系统工程各分支的进展评估

分支名称	第 I 级	第 II 级	第 III 级	分支名称	第 I 级	第 II 级	第 III 级
1. 矿山地质测量系统				1) 设备计算与选型		√	
(1) 地测数据预处理	√			2) 工艺流程优化		√	
(2) 矿石品位估计	√			3) 总图与设备配置			√
(3) 储量计算与地质作图		√		(5) 投资效果分析		√	
(4) 矿产资源评价			√	3. 矿山生产工艺系统			
2. 矿山规划与设计系统				(1) 生产工艺及设备选择			√
(1) 矿山产量与产品		√		(2) 生产工艺过程分析			√
(2) 露天开采设计				(3) 单项作业优化		√	
1) 露天开采境界	√			4. 矿山管理系统			
2) 开拓运输系统			√	(1) 矿山管理信息系统	√		
3) 运输排土规划		√		(2) 矿山生产过程监控			
4) 采剥计划编制		√		1) 矿山运输调度		√	
(3) 地下开采设计				2) 工业电视	√		
1) 地下开拓系统			√	3) 大型设备自动控制			√
2) 地下采矿方法		√		(3) 矿山安全		√	
3) 采掘计划编制		√		(4) 项目施工管理	√		
(4) 矿物加工设计							

18.2　基础理论与研究方法

系统工程要使用许多数学方法和科学技术。这里着重介绍运筹学及有关的方法。应该指出,下述的每一种方法都是一门独立的学科或数学分支,内容很丰富,本节仅作简要介绍。

18.2.1　线性规划及应用

线性规划是运筹学中应用最广泛的一个分支,特别是由于计算机技术的发展,使得线性规划可以解算具有成千上万个变量和方程的复杂课题。

在采矿工程中,线性规划得到广泛的应用,主要有:

(1) 配矿问题。将不同品级的矿石按要求混合。

(2) 采掘进度计划的编制。在满足矿山各种生产技术约束条件的前提下,使采掘工作的经济效果最佳。

(3) 露天矿排土工作组织。根据排土场的位置及容量,合理安排各工作面的排土路线,使排土工作的经济效果最佳。

（4）矿山生产调度。运用线性规划,合理调度矿山大型设备,提高矿山的经济效果。

（5）运输问题。根据货源产量、用户需求量及运输成本,合理安排运输计划使总的运输成本最低。

（6）生产布局。根据联合企业所属矿山、选矿厂、冶炼厂的生产能力、生产成本和运输费用,合理组织生产任务,使企业盈利最大。

此外,有关人力、设备、原料和产品的调配问题,都可以用线性规划处理。

18.2.2 整数规划及应用

整数规划是指变量只能取整数时的数学规划。

在采矿过程中,有关人员、设备、线路的选择,都只能是整数而不是小数,常常需要应用整数规划。然而,整数规划的解算远比线性规划复杂,其计算时间较长,因而限制了它的应用。目前,整数规划的应用主要有:

（1）采掘进度计划的编制。矿山中,每个矿块是开采或不开采,可分别用0或1两个数表示,从而构成0—1整数规划。

（2）矿山设备和人员的安排。例如,露天矿中挖掘机的配车问题,其车数只能是整数,有人就使用整数规划求解。

（3）一次性费用的处理。在进行开采费用计算时,往往先要集中一次性地支出基建费用,然后才有经常性支出的生产费用。为了反映基建费用的这种一次性支出,也可用0或1来表示要支出或不支出,从而构成0—1整数规划问题。

18.2.3 非线性规划及应用

非线性规划是指目标函数或约束条件中存有非线性关系的数学规划。

采矿工程中的许多关系是非线性关系而不是线性关系,因此非线性规划有着广泛的使用前景。由于解题上的困难,常把非线性问题简化为线性问题来求近似解。目前,采矿中使用非线性规划的领域有:

（1）在大型联合企业里,采矿—选矿—冶炼三者的关系是一个非线性关系,为了合理安排采矿—选矿—冶炼各部门的生产能力,需要用非线性规划来求解。

（2）露天矿大型设备的选择。露天采剥设备的生产效率与其自身尺寸的关系也是个非线性关系,可用非线性规划来解决设备选择问题。

（3）通风井直径的确定。通风井直径与通风效果的关系也是非线性的,可用非线性规划处理。

18.2.4 动态规划及应用

动态规划是研究多阶段决策过程最优化的一种方法。

采矿工程中的许多问题,具有明显的多阶段性,宜用动态规划处理。而且动态规划解算方法简单,更能促进它的应用。目前,动态规划在采矿中主要的应用领域有:

（1）边际品位的确定。边际品位是工业上可以利用的矿块的最低平均品位的要求,是最低工业品位的另一种表达方式。边际品位是开采单元的最低可采品位。选别开采单元是采矿中可分采的最小单元。若选别开采单元的平均品位大于或等于边际品位,则划为矿块;否则为废石块段。该指标为欧美国家和我国的一些矿山所采用,称单指标制,它有利于建立地质模型和电算。这种情况下,不再使用最小可采厚度和夹石剔除厚度。矿山的边际品位可以变动,为此以年为单位构成不同的阶段,每年可以有不同的边际品位方案供选择（状态）,借助动态规划的方法即可求出每年最优的边际品位。

（2）露天开采境界的确定。在以规则方块组成的矿床模型中,每一纵列可视作阶段,每列中的第一方块视作不同的状态,通过动态规划可以找出各列各方块间的联系,从而确定出露天矿境界。

（3）采掘进度计划的编制。以年（月）作为阶段划分整个计划时期,每一阶段又有不同的方案（状态）,从而按动态规划的模式去安排采掘进度计划。

（4）库存控制。矿山设备的备品、备件及主要材料，要有适当的库存量，根据每年的消耗、库存费用和购置费用，可以用动态规划的方法求解。

（5）设备更新。矿山设备到了使用后期，由于效率降低和维修费增加，可用新设备代替。为了确定合理的设备更新策略，可用动态规划处理。如最短路问题、最小支撑树问题、最大流问题、最小费用流问题。

18.2.5　网络分析及应用

网络分析是运筹学中的一个重要分支，它可以直观地解决工程技术和管理中的许多问题。

工程中有关网络流的问题，常常可以用线性规划来表示。然而，由于网络图比较直观，许多问题常常要用网络流法来求解。在采矿工程中，应用网络流的主要有：

（1）露天开采境界的确定。露天开采中各方块之间的上下超前关系，可以表示成树的形式。露天开采境界就是要在满足这种约束关系的前提下综合考虑矿石块和岩石块的价值，寻找一个最大的闭包。

（2）地下开拓运输系统的确定。地下开采中的矿石运输可视作物流。这一物流发自采场，经各种运输巷道运送至矿仓或选矿厂。因此，地下开拓运输系统可视作一个网络流，通过最小费用流的方法可求出最优布置。

（3）通风网络的计算。地下开采的通风也是一个典型的网络问题，可以采用网络流的方法求解。

（4）运输线路的确定。在节点很多的运输网络系统中，为了求出运输费用最小的路线，可以采用最短路的方法。

18.2.6　统筹方法及应用

统筹方法又称网络计划技术，是组织施工和进行计划管理的科学方法。在统筹方法中，求出关键路线后，由于资源（人力、物力、财力）的限制，需要再进一步调整某些工作，这称作网络计划的优化。如，在资源有限的情况下使工期最短；在规定的工期下使投入的资源最小；或者在最短工期下使成本最低等，都属于优化的问题。

统筹方法在采矿工程中已得到广泛的应用。特别是当工程项目比较多、相互衔接关系比较复杂时，更需要采用统筹方法。通过统筹方法，可以了解各工序之间的连接关系，及时做出调整及工作部署。采矿中经常应用统筹方法的领域有：

（1）露天矿新水平的准备。为了保证露天矿正常地延深，及时准备出新的开采水平是关键，在新水平准备的施工组织中可采用统筹方法。

（2）井巷掘进。在井巷掘进的施工组织中，特别是竖井掘进这样的复杂工程中，也广泛应用统筹方法。

（3）设备维修。矿山设备维修，通常是时间短、工序多、任务复杂，应用统筹方法可以改善设备维修工作。

（4）设计工作组织。矿山企业设计，涉及地质、采矿、选矿、机电、总图、土建、技经等多专业的工作，为了把各个部门的工作有机地组织起来，曾运用了统筹方法。

18.2.7　计算机模拟及应用

计算机模拟就是在计算机上对客观系统的结构和行为进行仿真试验，研究有关系统性能的各种数据。

一般情况下，计算机模拟的过程如下：

（1）系统分析。通过深入分析，明确模拟的目标及可控变量，并对其加以数量化。

（2）确定随机分布规律。根据实际的统计数据，确定所模拟事件发生的概率分布，并用计算机产生符合上述分布的随机数和随机变量。

（3）构造模型。根据所模拟对象的特点，选择合适的模拟方法，编写计算机程序。

（4）上机运算。在计算机上反复执行上述程序，得出所需要的模拟结果。

(5) 分析决策。根据所得结果进行统计分析,从而得出结论。不过计算机模拟是针对某一个特定系统而运行的,一旦系统的结构变动,模拟的结果也不同。因此,需要对众多的系统结构进行对比模拟后才能得到最佳的结论。

总之,计算机模拟就是用计算机对系统的模型进行试验,综合考虑各种随机因素,从而得出有益的结论。

采矿中遇到的现象大多是随机现象,很难用简单的数学公式表达。因此,在采矿工程中,计算机模拟是一个非常有效的工具,可以研究各种复杂问题,它在采矿中的应用主要有:

(1) 开采工艺过程的配合。如采装和运输、运输与提升之间的配合等。

(2) 开拓运输方案的选择。综合考虑各种随机因素,研究各种开拓运输方案的优劣。

(3) 库存控制。矿山的零部件及材料消耗是个经常变化的随机变量,利用计算机模拟可以研究各种控制手段的效果。

(4) 风险分析。矿山投资建设的效果受各种因素的影响,借助计算机模拟可以预测其结果。

18.2.8 排队论及应用

在采矿生产中常常会遇到排队现象。例如,露天矿汽车在挖掘机前排队等待装载,工作面上损坏的设备排队等待修理等。用排队论的述语,把要求服务的对象称作顾客,把提供服务的机构称为服务台。

在实际生活中,顾客的到来时刻和服务台进行服务的时间常随条件的变化而变化。若服务台设立得太多,则会出现服务设施闲置浪费;反之,如果服务台太少,则顾客排队等待时间太长。因此,要求在顾客和服务台之间取得平衡。互相平衡就是排队论要解决的问题。

一般排队系统具有三要素,即顾客、排队规划和服务台。

(1) 顾客。顾客的来源和到达排队系统的情况是多种多样的。顾客源(又称顾客总体)可能是有限的,也可能是无限的。顾客到达的方式可能是连续的或是离散的,也可能是一个一个的或是成批的。顾客相继到达的间隔时间可以是确定型的,也可以是随机型的。后者服从某种统计规律,如泊松分布等。

(2) 排队规划。顾客到达时,如果所有服务台都在工作,顾客可以当即离去,也可以排队等待。前者称为损失制,后者称为等待制。等待制又分如下几种服务规划:

1) 先到先服务。这是常用的服务规划。

2) 后到先服务。在流水装配线上,后到的零件先装配。

3) 在优先权的服务。重要的顾客优先服务。

4) 随机服务。由服务台随机选取顾客。

排队的队列有单列和多列之分。在多队列排队情况下,各队列之间的顾客可以转移或不允许转移。至于排队空间,有时是无限的,有时要限制顾客数。

(3) 服务台。服务台有单个和多个之分。后者又有串联式和并联式。服务方式可以对单个顾客,也可以对成批顾客进行。服务时间有确定型和随机型之分。后者服从某种概率分布,如负指数分布。

在采矿工程中,排队论常常用于研究各工艺之间或设备之间的相互配合问题。排队论在采矿中的应用主要有:

(1) 露天矿装运设备之间的配合,特别是挖掘机和汽车之间的配合问题,从而选择挖掘机、汽车的类型和数目。

(2) 地下采掘设备之间的配合,合理确定设备类型和数目。

(3) 矿山地面设施的研究,如储矿仓尺寸的确定等。

应该指出的是,排队论的公式推导中做了一些简化,未能考虑各种复杂的随机现象。因此,采矿生产中的一些实际课题,常常依赖于计算机模拟。不过,如果在模拟过程中局部地引用排队论,可以大大减少模拟时间及费用。

18.2.9 可靠性分析及应用

可靠性分析是研究产品可靠性指标的一门新兴学科,它以产品的寿命特征为研究对象。这里,"产品"

二字具有广义性,它可以是一些元器件,也可以是部件,或是由元器件和部件组成的系统。"寿命"一词则是指产品维持其性能的时间长短,这是一个随机变量。

(1)产品的可靠性。产品的可靠性就是这个产品在规定的条件下和规定的时间内,完成规定功能的能力。在这个定义中,"规定的时间"是定义的核心,"规定的条件"是比较的基础,"规定的功能"用性能指标画线,而"能力"大小用不同的指标来量度。

(2)不维修产品的可能性指标。不维修产品是指产品从开始工作到发生故障后,都不能对它进行任何维修,至于不维修的原因,或是经济上不值得,或是技术不允许。

(3)可维修产品的可靠性指标。可维修产品是指产品发生故障后花费一定时间对其维修,从而使其恢复功能。

近年来,可靠性分析在采矿中得到足够的重视,它在采矿中的主要应用领域有:

(1)设备可靠性分析。对于矿山水泵站、压气机站、运输线路等有多台设备同时运行的设施,可进行可靠性分析,进而确定合理的备用台数。

(2)工作面可靠性分析。矿山通常有多个工作面同时工作,借助可靠性分析,可得出矿山总产量的可靠性及备用工作面数目。

(3)设备维修和更新。通过可靠性分析,确定更换设备的零部件,使设备运行处于良好状态。

18.2.10　模糊数学及应用

在采矿工作中经常遇见许多含糊的概念。例如,关于岩石的"稳固性"、工作环境的"安全性"等,都没有明确的界限。为了使这些定性问题定量化,常常需要应用模糊数学。

模糊数学是用数学方法研究和处理具有"模糊性"现象的数学。这里所谓的模糊性,主要是指客观事物差异的中间过渡的不分明性。

18.2.10.1　模糊数学的主要内容

模糊数学研究的主要内容有:

(1)模糊数。研究数的模糊性。

(2)模糊关系。研究模糊集合之间的关系。

(3)模糊度。研究集合的模糊性及其量度。

(4)模糊聚类分析。研究模糊事物的分类。

(5)模糊综合评判。研究模糊事物的评判方法。

(6)模糊规划。用模糊集合论的方法研究数学规划。

(7)模糊逻辑。对逻辑推理进行模糊处理。

(8)模糊语言。用模糊集合论的方法研究语言。

(9)模糊控制。用模糊集合论的方法研究控制论。

(10)模糊识别。用模糊集合论的方法识别各类事物。

18.2.10.2　采矿中的应用

近年来,采矿工程技术人员对模糊数学日益重视,已应用模糊数学的主要领域有:

(1)岩石分级。根据岩石的物理力学指标,利用模糊聚类分析的方法进行分级。

(2)采矿方法选择。根据矿床的开采技术条件,用模糊综合评判的方法选择采矿方法。

(3)多目标决策。综合考虑各个方案的技术经济指标,用模糊综合评判来选择最佳方案。

18.2.11　专家系统及应用

18.2.11.1　专家系统基本概念

采矿工程中许多问题的决定,都要依赖于工程技术人员的经验和判断,没有严格的数学计算方法。因此,对问题决策的好坏,在很大程度上取决于决策人员的智慧。为了把这些宝贵的经验总结出来,就要采用专家系统的技术。它是人工智能中目前最活跃的一个分支。

专家系统是一种计算机程序,它以人类专家的水平完成专门的、一般较困难的专业任务。研制专家系统的目的,是要在特定的领域中起该领域的人类专家的作用。因此,设计专家系统的基本思想是使计算机的工作过程竭尽全力地模拟人类专家解决实际问题的工作过程。

专家系统的基本结构,大致包括以下五部分:

(1)知识库。它是专家知识、经验与书本知识、常识的存储器。它是专家系统的基础。为了表达知识,可以采用谓词逻辑表示法、语义网络表示法、产生式表示法、框架表示法和过程表示法等。

(2)数据库。专家系统中的数据库不同于一般意义上的数据库(如关系数据库 DBASE)。它用于存储领域内的初始数据和推理过程中得到的各种中间信息。

(3)推理机。它是专家系统的核心,用于控制协调整个系统。它根据当前输入的数据,利用知识库的知识,按一定的推理策略去得出结论。推理的方法可分为:

1)正向推理。以已知的事实作出发点,利用规则推导出结论。

2)反向推理。先假设结论成立,然而利用规则寻求支持这些结论的事实。

3)混合推理。上述两者的综合。

根据推理的确定性,又分精确推理和不精确推理。后者采用概率论或模糊数学的方法,描述事实、规则和结论的不确定性。

(4)解释部分。它负责对推理给出必要的解释,使用户易于理解和接受,并帮助用户向系统学习和维护系统。

(5)知识获取部分。它为修改、扩充知识库中的知识提供手段。

18.2.11.2　专家系统在采矿中的应用

国内外已建立的矿业专家系统有:

(1)矿床预测。根据地质勘探资料,通过推理分析,预测矿体存在及其规律。著名的 Prospector 系统,拥有1100多条推理规则。

(2)岩体稳固性预报。根据现场测试的岩石力学数据(应力、应变、位移等),通过综合分析,预报采场和巷道顶板的稳固性。

(3)设备故障分析。根据设备发生故障的种种迹象,推断出故障发生的部位及原因。

(4)采矿设计。总结矿山设计的经验,用计算机提出最优的采矿设计方案。

18.2.12　计算智能及应用

18.2.12.1　计算智能研究的问题和方法

计算智能,广义地讲就是借鉴仿生学思想,是生物体系的生物进化、细胞免疫、神经细胞网络等机制,用数学语言抽象描述的计算方法。计算智能有着传统的人工智能无法比拟的优越性,它的最大特点就是不需要建立问题本身的精确模型,非常适合于解决那些由于难以建立有效的形式化模型而用传统的人工智能技术难以有效解决,甚至无法解决的问题。

计算智能研究的主要问题有:

(1)学习。学习是一个有特定目的的知识获取过程,并通过这一过程逐渐形成、修改新的知识结构或改善行为性能。获取知识的过程包括积累经验、发现规律、改进性能和适应环境。机器学习则是利用机器来完成学习这一过程,从而达到或部分达到学习的目的。

(2)搜索。搜索是对问题的一种求解方法、技术和过程。搜索是面向问题,不同的问题有不同的搜索方法、技术和过程。

(3)推理。推理是人类逻辑的一种思维形式,也是计算机知识表示的一种知识利用。即根据一定的规则,从已知的断言或知识得出另一个新的断言或知识的过程。

计算智能研究的主要方法有：

（1）模型。具有生物背景知识并描述某一智能行为的数学模型。

（2）算法。以计算理论、技术和工具研究对象模型的核心，它具有数值构造性、迭代性、收敛性、稳定性和实效性。

（3）实验。对许多复杂问题，难以进行理论分析，数值实验和实验模拟成为越来越重要的研究手段，并获得了很大的成功（分叉、混沌、孤波等）。

从方法论的角度和现在的研究现状来看，计算智能的主要方法有模拟退火算法、人工神经网络、群智能算法、模糊系统、进化计算、免疫算法、DNA计算以及交叉融合的模糊神经网络、进化神经网络、模糊进化计算、进化模糊系统、神经模糊系统、进化模糊神经网络和模糊进化神经网络等。

18.2.12.2 计算智能的应用

计算智能的应用主要分为以下几个方面：智能建模、智能控制、智能优化、智能管理、智能仿真、智能设计和制造等。

（1）智能建模。智能建模是应用计算智能的理论和方法，针对系统实测输入输出数据、专家知识和操作经验来建模。智能建模可分为智能分类、智能辨识、智能测量、智能预测、智能决策、智能评价、智能诊断、智能信息处理等。

（2）智能控制。智能控制包括模糊控制、神经网络控制和混合智能控制。混合智能控制包括模糊神经网络控制、进化神经网络控制、神经模糊控制、进化模糊控制等。智能控制要求具有一定程度的自适应、自学习、自组织的智能行为，以实现适应环境变化，减少波动，保证高的控制精度。智能控制的核心是高效的控制算法，保证控制的实时和快速。目前，各类模糊控制技术和应用研究较多，其中，神经控制应用较好，反馈控制实用化还需深入研究。

（3）智能优化。智能优化技术是运用人工智能、思维科学、启发推理、联想识别、学习训练、模糊逻辑、进化算法等技术与运筹学、控制理论、大系统理论中静态优化、动态优化、多级优化等方法相结合，寻求解决现有优化方法存在的人的因素、多目标、局部解、不确定、未确知等问题的新途径。具体有：

1）启发式线性、非线性规划。将专家工作经验、模糊逻辑思维启发信息引入到线性、非线性问题求解的推理和搜索过程，提高求解的速度和效率。

2）学习式动态规划。在动态规划中引入机器学习、神经网络自学习机制，解决多步决策、多阶段动态过程优化的动态适应问题。

3）进化式非线性规划。应用遗传算法、进化策略等进化算法进行非线性问题的优化。

4）联想式多目标优化。利用Hopfield神经网络建立智能优化模型，实现最优选择。

5）模糊多级优化。应用模糊逻辑实现模糊目标分解、模糊约束分解和模糊协调算法，解决大系统的模糊全局优化等。

（4）智能管理。应用管理学科、信息技术、运筹学和人工智能等新技术进行科学管理，提高管理系统的"三化"——智能化、集成化、协调化。智能管理是一门综合管理学科，包括智能分析、智能预测、智能规划、智能优化、智能决策、智能指挥、智能信息处理、智能组织、智能评审、智能协调，它们都是在原有方法基础上引入专家系统、模糊逻辑、协同论、多媒体人机接口、定性与定量集成等智能技术，使得管理更有效、更全面、更科学。目前这方面研究深度还不够，应用更少。

（5）智能仿真。智能仿真技术是现代计算机管理领域中的重要方法和手段，它主要用于：

1）系统仿真。分析系统的动态和稳态特性，系统的定性、定量评价和估算。

2）方案仿真。对系统待选的决策方案、规划方案、设计方案模拟其实现过程，分析其效果。

3）预测仿真。对系统未来的发展进行动态分析，预估其发展前景。

智能仿真是智能技术（如专家系统、知识工程、模式识别、神经网络等）渗透到仿真技术（如仿真模型、仿真算法、仿真语言、仿真软件等）中，建立智能控制方案以及发展规划方案的智能仿真平台。目前，前者（建立智能控制方案）研究较多，后者（发展智能仿真平台）研究较少。

（6）智能设计和制造。在设计系统和产品制造过程中,利用神经网络、模糊系统建立模型,实现虚拟设计和制造;建立智能设计和制造工具包,提高设计和制造的效率,保证产品的性能,降低开发成本。

18.2.12.3　计算智能在采矿中的应用

计算智能在采矿中的应用主要有:

（1）矿石品位优化。利用遗传算法实现边界品位、最小工业品位、原矿品位及精矿品位的优化。在随机生成的一组品位基础上,通过编码、产生初始群体、反复进行复制、交换和突变等迭代计算,利用自适应作用调整品位,逐步逼近最优解。

（2）采矿方法设计。利用遗传规划进行采矿方法结构参数的优化。遗传规划类似于遗传算法,都遵循达尔文的优胜劣汰的原则。它们之间的区别主要是在问题的表达方式上,遗传算法采用定长的字符串表达问题,而遗传规划则采用层次式的可变字符串表达问题,这样可实现采场结构参数的优化。

（3）采掘进度计划。采用两阶段法编制地下采掘进度计划。首先,利用遗传算法大致确定每年拟开采的矿块;其次,利用进化规划调整矿块的开采数量。

（4）矿石品位估计。人工神经网络模拟人脑的思维过程,用神经元组成的网络进行输入和输出之间的自适应调节,建立两者之间的函数关系,从而对矿石品位进行估计。

（5）卡车调度。蚁群在觅食时留下有味激素于途中,向其他伙伴传递自己的足迹信息。信息越浓,说明走过此路径的蚁数越多,此路径就越短。经过反复自适应调整,最终可得出最短路径,从而实现卡车的生产调度。

18.3　矿山地质

18.3.1　地质数据预处理

18.3.1.1　地质数据库

矿山地质工作已广泛使用计算机进行处理。矿床勘探取样的地测数据多且繁杂,数据仓库技术已被广泛应用。地质数据库存储并管理了大量的地测数据信息,包括原始取样、参数数据,还存储着各种不同采矿作业阶段的中间数据及各种分析运算结果。建立地质数据库是进行地质绘图、矿床建模及储量计算的基础。为满足矿山企业设计要求,地质数据库主要用于存储矿床地质特征的基础资料,这些基础资料提供的信息有:

（1）矿体数量、埋藏条件、空间位置及相互关系、矿体规模、形态、产状、厚度及矿体纵横变化;矿体顶底板围岩的岩性及变化情况;矿体中夹层的性质及其分布。

（2）矿石主要有用组分的种类、含量、赋存状态和分布规律,以及沿矿体走向、倾向、厚度方向变化情况;有的矿种还应计算出品位频率直方图、品位分布概率模型、品位的均值、方差及标准差、95%置信水平的置信限、反映品位空间相关性及各向异性的变异函数模型等。

在地质数据库中,以上信息是按照一定的数据结构以二维表的形式存储在计算机中的,如图18-1所示。

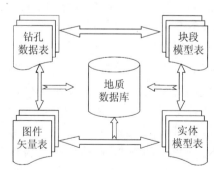

图18-1　地质数据库

其中,钻孔数据表存储井口坐标、钻孔测斜、样品岩性、样品品位等数据;块段模型表存储地面、品位、岩性、岩层等数据;实体模型表存储岩/矿体、岩层、构造等数据;图件矢量表存储剖面图、平面图、地形图等数据。

18.3.1.2　样品组合

勘探区域的基本地质数据来源于所有钻孔的定性描述及其取样化验结果,其中包括:岩芯长度、岩性、颜色、硬度、品位等主要物理特性数据。从探矿钻孔中所取的岩芯是圈定矿体、品位计算及储量估计的主要依据。钻孔一般按照一定的网度分布在一些相互平行的勘探线上。在钻孔工程中,每钻一定深度(一般3 m左右)将岩芯取出,做好标记后地质人员对其进行检验观测。但在利用这些岩芯样品进行品位估计、储量计算之前,需先对这些样品数据进行组合处理,即将几个相邻的样品组合为一个组合样品,并求出组合样品的品位。当矿岩界限分明,且在矿石段内垂直方向上品位变化不大时,常采用矿段组合法,此时组合样品的品位 $\bar{x}$ 是组合段内各样品品位的加权平均值,计算公式为:

$$\bar{x} = \frac{\sum_{i=1}^{n} l_i x_i}{\sum_{i=1}^{n} l_i} \tag{18-1}$$

式中　l_i——第 i 个样品的长度;

　　　x_i——第 i 个样品的品位;

　　　n——矿石段内样品的个数。

矿段样品组合如图18-2所示。

如果各个样品之间的密度相差较大,则可采用重量加权法。如果对矿床拟进行露天开采,此时采用台阶(阶段)样品组合法。台阶样品组合是将一个台阶高度内的样品组合成为一个组合样品。用 $\bar{y}$ 表示台阶组合样品的品位,计算公式为:

$$\bar{y} = \frac{\sum_{i=1}^{m} l_i y_i}{H} \tag{18-2}$$

式中　H——台阶高度。

如果某一个样品跨越了台阶分界线,那么样品的长度则取落于本台阶内的那部分长度,并且该样品的品位值不变。

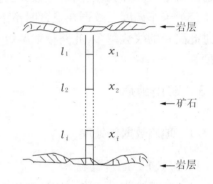

图18-2　矿段样品组合

18.3.1.3　特高品位样品处理

特高品位样品指矿床中那些比平均品位高出许多倍的少数矿样。特高品位数值视具体的工业指标而定。这种矿样一般出现在矿化很不均匀的个别富矿地段中。因为品位特高,使得矿体某一部分的平均品位计算结果剧烈增高,有用组分储量也大大超过实际储量。为了在储量计算时能够比较准确地反映出实际储量,缩小它对矿床平均品位计算的干扰,通常需要采用一定的方法对其处理,这种处理工作称为特高品位处理。以下介绍两种在特高品位处理时较常用的方法:

(1) 删除处理。在计算平均品位时,删除特高品位样品,使该样品品位值不参与计算。

(2) 代值处理:1)以正常样品的上限值代替特高品位样品;2)删除特高品位样品后的平均品位代替特高品位样品或以包括特高品位在内的平均值代替特高品位;3)删除特高品位及过低部分的品位求平均值,以此代替特高品位;4)用特高品位相邻的两侧样品或包括特高品位在内的三个连续样品平均值代替特高品位样品;5)用特高品位下限值代替特高品位样品。

必须指明的是,对极值样品进行处理时应非常谨慎,极值样品虽然在数量上占样品总数的比例很小,但由于其品位很高,所以对矿石的总体品位及金属量的贡献值都很大。因此,不加分析地进行降值或删除处理会严重歪曲矿床的实际品位及金属含量,且降低了矿床的开采价值。对钻孔数据进行样品组合及特高品位处理工作,是地质数据预处理中非常重要的环节。在每个样品具有相同体积的基础上所做的如品位估计等分析计算的结果才有意义,而且减少了样品总数,节约了计算机的存储空间和运算时间,另外也减少了特高品位的影响,使样品的统计分布结果更加精确可靠。表18-3为某钼矿一钻孔的样品组合结果。

表18-3　某钼矿一钻孔样品组合结果

样品编号	深度/m 自	深度/m 至	长度/m 样品	长度/m 矿芯	品位/%	积数/%	圈定厚度/m	积数总和/%	矿段平均品位/%	矿段采取率/%	矿石组别	备注
JD77		228.00	2.00	2.00	0.03	0.060						石英岩
JD78		230.20	2.20	2.20	0.028	0.062	8.80	0.324	0.037	100	表外	石英岩
JD79		232.50	2.30	2.30	0.056	0.129						石英岩
JD80		234.80	2.30	2.30	0.032	0.074						石英岩
JD81		236.50	1.70	1.70	0.028	0.048						石英岩
JD82		238.80	2.30	2.30	0.029	0.067	6.60	0.190	0.029	100	夹石	石英岩
JD83		241.40	2.60	2.60	0.029	0.075						石英岩
JD84		242.82	1.42	1.42	0.071	0.101						石英岩
JD85		244.80	1.98	1.98	0.033	0.065						云英岩
JD86		246.20	1.40	1.40	0.21	0.294						云英岩
JD87		248.50	2.30	2.30	0.15	0.345						云英岩
JD88		251.00	2.50	2.50	0.027	0.068	24.40	1.748	0.072	100	表内	云英岩
JD89		252.70	1.70	1.70	0.065	0.110						云英岩
JD90		253.90	1.20	1.20	0.042	0.050						云英岩
JD91		255.70	1.80	1.80	0.19	0.342						云英岩
JD92		257.35	1.65	1.65	0.015	0.025						云英岩

18.3.2　矿床模型

在矿山设计和生产管理中,常常要使用各种地质图,如矿体纵横剖面图和分层平面图等。为了使这些图件以及有关的地质资料能存放在计算机中,就需要建立矿床模型。所谓矿床模型,就是将各种地质资料信息在计算机中存放的数学方式和结果,便于设计和生产中使用。以网格或块段为单元的数学模型可以存储多种地质信息,这种数学模型称之为矿床模型。矿床模型的建立,依赖于地质数据库中的信息,运用插值计算法,将不规则的样品资料加工成规则的网格化或块段化信息体系。传统的矿床模型有地质平面图、断面图等,现今常用的矿床模型有两种:一种为二维网格式矿床地质模型;另一种则为块段式的三维矿床模型。

18.3.2.1　网格模型

网格模型是将矿床的二维投影面或矿层面划分为矩形网格的模型,之后可在每一个矩形网格上记录矿体厚度、地形标高等地质参数,并且还可对每一网格进行估值。二维网格模型中的地质参数一般均为二维变量且计算机易于实现,因此这项技术已被广泛应用于地理信息系统中,二维网格模型的缺点是模型中矿体边界的确定不够准确。

18.3.2.2　矿块模型

金属矿山最常用的矿床模型是三维矿块模型。三维矿块矿床模型的研究和应用始于20世纪60年代初,是美国Kennecott铜矿公司首先提出的。其实质是将矿体分割成若干个大小相同的正方体(或长方体),并设定各个矿块在各方向上都相互连接、无隔断,如图18-3所示。每一个三维矿块,用坐标表示其中心的空间位置。模型的地质参数均用三维变量记录矿石岩性、矿石品位等地质参数,之后每一矿块的品位可通过克立格法、距离平方反比法或其他估值方法确定,并认为其品位为一常数。这样,以矿块作单位,矿床的空间形态、矿石品位分布和开采后的经济效益都能清楚地表示出来。这种模型主要适用于描述浸染状金属矿床,且多用于大型露天矿山。它结构简单,规律性强并且易于编程,特别有利于品位和储量的估值计算。但它描述矿体形态的能力较差,矿体边界误差也较大,尤其对于复杂矿体的描述,其误差则难以满足实际工作的需要。针对样品稀疏时描述的矿体边界比较粗糙这一事实,A. H. Axelson等人提出了一个可变尺寸的三维矿块模型,或称为变块模型。即在某一方向上矿块的尺寸可以根据实际需求的变化而变化。将模型中部矿块尺寸按某种比例放大,将边界矿块尺寸按需缩小,这样可提高矿体边界的模拟精度,同时也减少了矿块数量,提高了计算机处理速度。

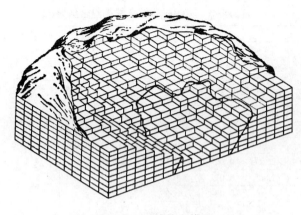

图 18-3 三维块段模型

为了建立矿床模型,在模块的基础上要解决的关键问题有:

(1)矿岩分界线的表示。

(2)各模块矿岩量的计算。

(3)各模块品位的估算。

(4)各模块经济价值的计算。

18.3.3 矿岩界线

在矿床模型中,需要确定矿岩的分界线,以便区分出该块段是矿石还是岩石,以及准确计算矿岩混杂在同一矿块时它所含的矿石量和岩石量。通常有两种处理方法。

18.3.3.1 样条函数法

这种方法广泛应用于黑色金属矿床,用于描述圆滑的矿岩界限。

首先分析一下矿岩分界线的特点,如图 18-4 所示,它表示某矿体的分层平面图。其中,Ⅰ—Ⅰ、Ⅱ—Ⅱ、…表示勘探线,A、B、…是钻孔探出的矿岩分界点。很明显,作为连接这些分界点的矿岩分界线,它要满足下述两个条件:

(1)通过 A、B、…已知点。

(2)线条圆滑。

从数学分析中可知,为了使曲线圆滑,要求其导数处处连续,避免出现左右导数不等的折线点。

18.3.3.2 折线法

折线法常用于有色金属矿床,用折线表示矿体界线。如图 18-5 所示,假设在某平面图上有勘探线Ⅰ、Ⅱ、Ⅲ,已知矿体边界为 a、a'、b、b'、c、c',将这些边界点用折线连接。至于勘探线外侧的矿体则按地质上的规定也用折线外推。

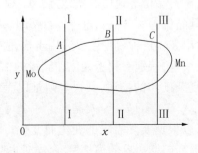

图 18-4 矿岩界线(圆滑)

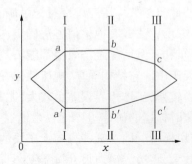

图 18-5 矿岩界线(折线)

18.3.4　储量计算

18.3.4.1　储量计算方法

由于深埋地下的矿体自然形态复杂,各种地质因素是对矿体形态影响的重要原因,因此在储量计算中只能用近似的规则几何体来描述或代替真实矿体求出矿体体积。由于计算体积的方法不同,划分计算单元的方法也不尽相同,因此形成了各种不同的储量计算方法。这些方法可以分为三类:(1)传统储量计算法;(2)地质统计学储量计算法;(3)最佳结构曲线断面积分储量计算法(简称 SD 储量计算法)。通常所说的储量分为矿石储量和金属储量,它们的计算公式分别为:$V = Sm$,$Q = VD$,$P = QC$。其中,V 表示矿石体积,S 表示矿石面积,m 表示矿石厚度,Q 表示矿石储量,D 表示矿石体重,P 表示矿石金属储量,C 表示矿石品位。

A　传统储量计算法

传统储量计算方法有断面法和地质块段法两大基本方法,以这两大基本方法为基础又演变出了多种储量计算法。

(1)断面法(又称剖面法)。断面法是矿床勘探应用中较为广泛的一种储量计算方法。它将矿体根据勘探剖面而分为不同块段。每一块段两侧各有一个勘探剖面控制。之后再按照矿石质量、开采条件等因素将大块段划分成若干小块段,根据块段截面积及各剖面间的垂直距离计算出块段的体积和储量。将各块段的储量求和即是整个矿体的总储量。断面法又可分为垂直断面法、水平断面法以及不平行断面法。

断面法的优点是计算简单,适用于任何产状与形状的矿体,它要求所有勘探工程均分布于同一勘探剖面上,且对块段进行储量计算时必须依据地质勘探剖面图。水平断面法常用于坑道控制的矿体或露天开采的矿床中。

(2)地质块段法。地质块段法的原理是将一矿体投影到一个平面上,之后再根据矿石的不同工业类型、不同品级、不同储量级别等因素将该矿体划分为若干个不同厚度的理想块段。之后求出每个块段的储量再求和。对于勘探工程分布比较均匀,且由单一钻探工程控制,钻孔偏离勘探线较远的矿床,可用此种方法计算储量。这种方法应用简便,可以按照实际需要计算出矿体不同部分的储量。

B　地质统计学储量计算法

由于地质统计学已发展成为一门相对完善的学科,地质统计学储量计算法也形成了完整的算法体系,本部分内容将在 18.3.5 节及 18.3.6 节专门进行系统的介绍。

C　SD 储量计算法

1997 年,SD 储量计算方法在北京通过评审鉴定。2002 年,SD 法被正式列入国家标准 GB/T13908—2002 和相应的全部行业标准及各大院校正规教材。SD 储量计算法是结构曲线积分储量计算及动态分维储量审定法,它适用于各种矿床类型和勘探类型的大多数矿种的固体矿床。SD 储量计算方法的几种主要方法有普通 SD 法、SD 搜索法、SD 推进法、SD 任意块段法、框架 SD 法。这些方法之间的关系如图 18-6 所示。

SD 法按如下要求操作:

(1)确定数据类型。数据类型分为 A 型、B 型、C 型及综合型、标准型。

1)A 型数据一般为平缓、厚大矿体而近乎铅垂取样的数据。

2)B 型数据一般为陡峻矿体取样数据。

3)C 型数据一般为薄层平缓矿体取样的数据。

4)标准型数据来源于单个样品各种取值的数据。

5)综合型数据来源于已经整理过的单工程矿体数据。

对于一个矿床或一个矿体,可能只有一种数据类型,也可能有几种数据类型。每个矿段最多有两种数据类型,每一种数据类型只能有一个矿段计算名称。

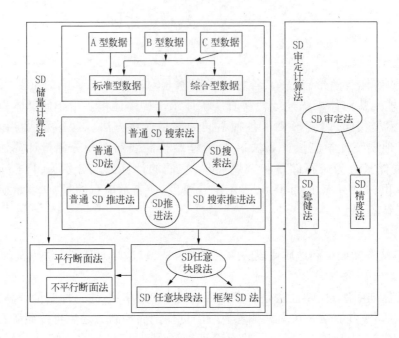

图 18-6　SD 法关系

（2）明确计算要求。根据使用者的客观要求，SD 法将自动分别进行计算，要求的内容包括：

1）计算范围。整体计算、阶段（台阶）计算、分段分块计算、任意分块计算和矿块计算。

2）储量精度、级别、工程控制程度的要求。判别已经达到什么精度、级别、工程控制程度，要求达到什么精度、级别、工程控制程度，整个达到什么精度、级别、工程控制程度。

（3）工业指标的选择。工业指标分单指标和多指标。单指标分两项内容：最低工业品位、最小可采厚度。多指标分五项内容：边界品位、工业品位、可采厚度、夹石剔除厚度、米百分值。

（4）经济评价。

1）在多大的指标条件下有利。

2）在一定指标条件下获利的情况。

3）给定计算数据。

在确定数据类型，提出计算要求后，需要给出具体的数据。这些数据主要包括勘查过程中一些与储量计算有关的数据，如取样的品位、厚度（样长）、勘探线和计算点的坐标、计算范围等。按以上操作，即可实现 SD 法的应用。

18.3.4.2　品位计算

矿石品位是储量计算中重要的参数之一。其中，常见的矿石品位计算法有最近样品法、距离 N 次方反比法、多边形法、地质统计学法。

A　最近样品法

最近样品法是将距离单元矿块最近的样品品位值直接视作该单元矿块的品位估计值。最近样品法的一般步骤为：

（1）以被估单元矿块的中心为圆心，以影响半径 R 为半径作圆（三维状态下为球）。

（2）分别计算出在影响范围内的每一个样品与单元矿块中心点的距离。

（3）确定距离单元矿块中心最近的样品，将最近样品的品位作为被估单元矿块的品位。

但需指出的是，当没有样品落入影响范围内时，被估单元矿块的品位是无法估计的。在此种情况下，该单元矿块的品位一般取 0，即将该矿块当做废石处理。但在实际开采工作中，根据作业情况有迹象表明该单元矿块所处的区域可能存在着矿石，那么此单元矿块的出现则意味着该区域的数据量不够充分，需要增加钻孔来确定其品位与矿量。求出矿床中所有单元矿块的品位之后,将品位大于边界品位的单元矿块设定为矿体。矿石量及矿石平均品位可由矿石单元矿块质量的积分及品位的均值求得。

B 距离 N 次方反比法

在最近样品法中,每次只有一个样品参与单元矿块品位的估值,但估值结果精度不高,若将落入影响范围内的样品全部参与估值,那么估值结果会更加精确。这即是距离 N 次方反比法的初衷。各样品距单元矿块中心的距离不同,其品位对单元矿块的影响程度也不尽相同,距离单元矿块中心越近的样品,其品位对该单元矿块品位的影响也就越大。所以距离单元矿块近的样品的权值应大于距离单元矿块远的样品的权值。设定权值为样品到单元矿块中心距离 N 次方的倒数($1/d^N$)。距离 N 次方反比法(图18-7)的一般步骤如下:

(1)以被估单元矿块的中心为圆心,以影响半径 R 为半径作圆(三维状态下为球)。

(2)分别计算出在影响范围内的每一个样品与单元矿块中心点的距离。

(3)设单元矿块的品位 $\bar{x}$,计算公式为:

$$\bar{x} = \frac{\sum_{i=1}^{n} \dfrac{x_i}{d_i^N}}{\sum_{i=1}^{n} \dfrac{1}{d_i^N}} \tag{18-3}$$

式中　x_i——落入影响范围的第 i 个样品的品位;

　　　d_i——第 i 个样品到单元矿块中心的距离。

在实际应用中,有时将设定一个角度 α(一般设为15°左右),当一个样品与被估单元矿块中心的连线与另一个样品与被估单元矿块中心的连线之间的夹角小于 α 时,距离单元矿块较远的样品将不参与单元矿块的估值运算。如果没有样品落入影响范围内,单元矿块的品位则为零。根据不同的矿床情况,指数 N 应取不同的值。对于品位变化相对较小的矿床而言,N 取值也应较小;而对于品位变化较大的矿床,N 取值也应较大。例如,对于铁、镁等品位变化较小的矿床中,N 一般取2;对于贵重金属(如黄金)矿床,N 一般取值大于2,有时甚至可高达4或5。如果在矿床中存在着区域异性,品位随着区域的变化而变化,那么则需要在不同区域内取不同的 N 值进行品位估算,并且一个区域内的样品一般不参与另一个区域单元矿块品位的估值运算。

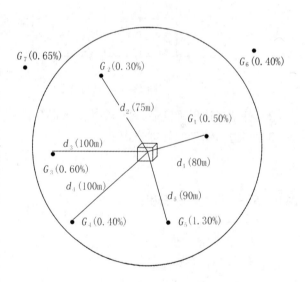

图18-7　距离 N 次方反比法

C 多边形法

多边形法被广泛应用于露天矿山中,块段的开采是分台阶进行的,每个台阶水平即是用于矿量、品位计算的一个水平断面。多边形法计算品位的步骤如下:

(1)将水平面的钻孔坐标及其台阶组样品位标注于平面图上。

(2)依据经验或地质统计学分析,确定出影响半径。

(3)以样品为中心,分别确定出与它相邻的样品,通常是将落在2倍影响半径范围内的样品视为中心样品的相邻样品,如图18-8所示。

(4)用直线连接中心样品和每一相邻样品。

(5)在连接线中点处作连线的垂线(称为二分线),这些二分线相交所围成的多边形即为所求的多边形,如图18-9所示。

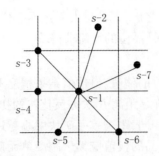

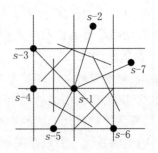

图 18-8　中心样品与相邻样品　　　　图 18-9　样品多边形

1）当钻孔间距大于 2 倍影响半径时，就以中心样品为中心，以影响半径为半径作一圆。位于边缘的样品，当只在其中一侧有相邻样品，而另一侧没有相邻样品时，在没有相邻样品的一侧以中心样品为圆心，作半径为影响半径的圆，然后在 0°、90°、±45°方向上分别作该圆的切线，这些切线与有相邻样品一侧的二分线相交所形成的图形，即为所求的多边形，如图 18-10 和图 18-11 所示。

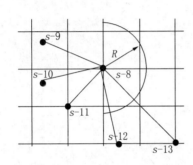

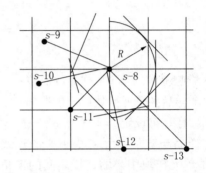

图 18-10　边缘样品　　　　　　　图 18-11　边缘样品多边形

2）各个多边形确定后，每个多边形的品位即视为是常数，并且等于该多边形中心样品的品位。

3）多边形储量的计算公式为：

$$Q = SHD$$
$$P = QC \tag{18-4}$$

式中　　S——多边形的面积；

　　　　D——体重；

　　　　H——台阶高度；

　　　　P——块段金属量；

　　　　C——多边形品位。

如果多边形的品位大于边界品位，则该多边形即为矿石多边形，所有矿石多边形的集合即形成了该水平面上的矿体。反之，小于边界品位的矿石多边形的集合即为废石。

4）矿石的平均品位 $\overline{C}$ 为矿石多边形品位的面积加权平均值，其计算公式为：

$$\overline{C} = \frac{\sum_{i=1}^{n} C_i S_i}{\sum_{i=1}^{n} S_i} \tag{18-5}$$

式中　　C_i——第 i 个矿石多边形的品位；

　　　　S_i——第 i 个多边形的面积；

　　　　n——矿石多边形的个数。

需注意的是，因为矿床中不同区域的成矿作用与矿石种类往往不同，或者因为地质构造致使矿体发生了错动，所以在这种情况下，多边形不应跨越区域界限及构造线。

18.3.4.3 矿块面积、体积计算

在矿床储量计算中,通过正确计算矿块面积和体积才能计算出准确的矿石储量。如今随着计算机技术的发展与成熟,矿业软件已被普遍采用,因此不论在矿体形态描述,还是在计算矿块面积或矿块体积时均可在计算机上以可视化的形式完成。这种技术是计算机图形学、科学计算算法以及矿业作业要求的集成。这种计算机技术进行工程设计时的一个显著特点是在每一个时刻都能保持图面的清晰、整洁,并且对设计的每一个状态均能进行快速精确的数据处理。下面将从计算机图形学与计算算法方面介绍一些矿块面积、体积的求法。

A 空间曲面的描述

进行储量计算时需对各种空间曲面进行处理,如矿体形态及地形、矿体顶底板、夹石顶底板等。这种情况可以采用三角网法来描述空间曲面。用三角网法描述空间曲面是根据积分原理用有限个空间三角形平面逼近某空间曲面,这些三角形两两有一边相邻且不相交,在平面上空间曲面的投影面积等于该三角网中每个三角形在同一投影面上的面积之和。

B 多边形求交

这里的多边形是指由 N 段线段顺序连接所构成的封闭区域。多边形求交即求两多边形的公共区域部分。在此,多边形的形态是任意的,可能是三角形、四边形等;既可能是凸图形,又可能是凹图形,其交可能是一块,也可能是多块。本系统中,各种体积量的计算均以多边形求交为基础。

C 两线段交点的求解

平面上两线段可用参数方程表示,这样求解交点即转化为参数求解。然后判断两线段参数的值,若均在 $[0,1]$ 区间上,则有交点,否则虚交点在某线段的延长线上。

D 线段与平面交点的求解

设线段由空间两点确定,平面由空间三点描述。则该问题可以转化为对直线参数方程中参数的求解,再根据参数的值确定交点的位置。

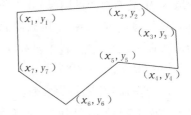

E 平面区域的表示

工程中平面区域一般由图 18-12 所示的闭合多边形描述。

F 平面区域面积的计算

平面区域面积的计算方法很多,其中最简单的是用解析法公式求面积 S。

图 18-12 工程中平面区域

$$A = \frac{1}{2}\left(\begin{vmatrix} x_1 & y_1 \\ x_2 & y_2 \end{vmatrix} + \begin{vmatrix} x_2 & y_2 \\ x_3 & y_3 \end{vmatrix} + \cdots + \begin{vmatrix} x_{n-1} & y_{n-1} \\ x_n & y_n \end{vmatrix} + \begin{vmatrix} x_n & y_n \\ x_1 & y_1 \end{vmatrix} \right) \tag{18-6a}$$

$$S = |A| \tag{18-6b}$$

G 点与区域关系的确定

平面上点与区域关系有三种即区域外、区域内、区域边界上。

(1)转角法求解。先求点与区域边界各点连线间夹角的代数和 α,然后判断:若 $|\alpha| = 360°$ 则点在区域内;若 $\alpha = 0$ 则点在区域外。另外,若点到某一边线的距离为零,则点在区域边界上。

(2)射线法求解。从点出发产生一条射线,求其与区域各线段的交点。若交点数为奇数则点在区域内,否则点在区域外。

H 点与线段关系的确定

线段所在直线将平面分成了两个半平面,如图 18-13 所示。点与线段关系的确定是指判断点在哪个半平面上。其求解算法是先根据式(18-6a)计算 MAB 三点所描述的平面区域的 A 值,再判断:若 $A>0$,则点在上侧;若 $A<0$,则点在下侧;若 $A=0$,则点在线段或线段的延长线上。

I 两平面区域交的求解

两平面区域的交是指这两区域的公共部分所构成的区域。这样,交的求解结果可能有:空,即两区域相互远离无公共部分;交有一块;交有多块,如图 18-14 所示。

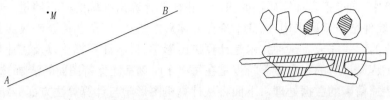

图 18-13　点与线段关系　　　　　图 18-14　两区域的交

一般地,区域是由任意多边形围成的,所以其交也是任意多边形。这样,求该交实际上是确定其多边形的边界,求解算法简述如下:

(1) 使两区域边界按顺时针方向,求两区域边界的交点,得交点集 P 及序号集 L,L 是 P 分别按两多边形边序排序的结果。在求交过程中,对某些特征的重合交点必须剔除。

(2) 将两区域边界依次由相邻的交点分割成若干段(其段数等于交点数),对于每一段,其起始点及终止点为相邻的交点。

(3) 确定两区域边界每一个分割段的性质,这里其性质有三种:1)域外段,即一区域的某分割段在另一区域之外;2)域内段,即一区域的某分割段在另一区域之内;3)重合段,即一区域的某分割段与另一区域的相应分割段重合。分割段性质的判断方法是取分割段上除端点外的任意一点,并求该点与另一区域的关系,则这种关系即为该分割段的性质。

(4) 两区域的交是域内段、重合段所围成的图形。设第一区域的域内段与重合段共同构成段集 $S_1\{s_{1i}\}$,第二区域的域内段与重合段共同构成段集 $S_2\{s_{2j}\}$,则交的形成过程是首先在 S_1 中取一段作为起始段 s_{1i}(通常取 S_1 中最前面的可用段)并给该段以标识,然后在 S_2 中寻找与 s_{1i} 相邻的段 s_{2j},并给以标识,若 s_{1i} 的起始点与 s_{2j} 的终点重合,则 s_{1i} 和 s_{2j} 便形成了一个区域的交。否则再在 S_1 中寻找与 s_{2j} 相邻的段 s_{1i},……这样不断地依次重复,最后会由若干段共同围成一个交。若 S_1 中存在没加标识的段,则重复上述过程直到 S_1 中的段全部被标识,求交过程结束。

J　两封闭区域并的求解

平面上两封闭区域的并是指该两区域所共同构成的平面上的最大图形区域,并的结果可能有:(1)各自的两块,即两区域之交为空时;(2)并为一封闭区域,且其中可能有一个或多个空洞,即该范围之任意点不属于两区域中的任何一个。两区域的并如图 18-15 所示。并的求解过程与交的求解算法类似,区别仅在于并是由域外段、重合段共同构成的,且假若两区域之交为空时并有若干块,则必须是其中一个面积最大者将其他块(空洞)包含在内。

K　两封闭区域差的求解

平面上两封闭区域的差是指第一区域去掉第二区域在第一区域中的部分后剩下部分构成的区域,差的结果可能是:(1)第一区域自身,这时第二区域远离第一区域;(2)差有数块;(3)差为第一区域且第二区域为差中空洞。两区域的差如图 18-16 所示。差的求解与交类似。需要说明的是,差是由第一区域的域外段

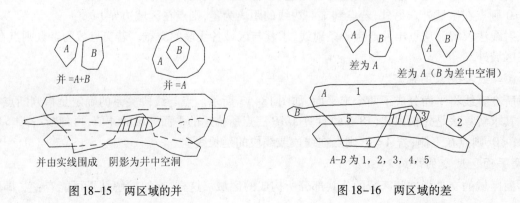

图 18-15　两区域的并　　　　　　　图 18-16　两区域的差

与第二区域的域内段共同构成的,且在形成差之前应将域内段倒序。

18.3.5　地质统计学基础

地质统计学是 20 世纪 60 年代初期出现的一个新兴应用数学分支。南非的 Danie Krige 在金矿品位估算实践中提出了地质统计学的基本思想,后经过法国 Georges Matheron 的数学加工,形成了一套完整的理论体系。地质统计学不仅用于矿床的品位估算,而且也可用在其他领域进行与位置相关的参数变化规律研究及参数估计。

传统统计学中的样品是从一个未知的样品空间中随机选取的,因此这些样品是相互独立的。但是在矿床勘探取样实践中,相互独立的钻孔样品几乎是不存在的。因为当样品在空间中相距很近时,各个样品间存在着较强的相似性,但是当样品相距甚远时,样品之间的相似性则将减弱乃至不复存在。这种现象就说明了各个样品间存在着某种联系,这种联系的强弱与样品在空间的相对位置有关,"区域化变量"理论则油然而生。

18.3.5.1　区域化变量

以空间一点为中心获取一个样品,若该样品的特征值 $g(X)$ 与该点的空间位置 X 相关,并且是空间位置 X 的实函数,那么变量 $g(X)$ 既为一个区域化变量。这种变量既可以表示矿体厚度的变化、地下水位的高低,又可表示井下空气含尘量的状况、矿床的品位分布等。区域化变量的概念是整个地质统计学理论体系的核心。矿床的地质构造及矿化作用是控制矿床品位这一区域化变量变化规律的因素。

18.3.5.2　协变异函数

协变异函数是描述区域化变量变化规律的基本函数。

若两个随机变量 X_1 与 X_2 相关,由传统统计学可知:

X_1 与 X_2 的协方差 $\sigma(X_1, X_2)$ 为:

$$\sigma(X_1, X_2) = E[X_1 - E(X_1)][X_2 - E(X_2)] \tag{18-7}$$

X_1 与 X_2 的方差 σ_1^2 和 σ_2^2 分别为:

$$\sigma_1^2 = E[X_1 - E(X_1)]^2 \tag{18-8}$$

$$\sigma_2^2 = E[X_2 - E(X_2)]^2 \tag{18-9}$$

X_1 与 X_2 的相关系数 ρ_{12} 为:

$$\rho_{12} = \frac{\sigma(X_1, X_2)}{\sigma_1 \sigma_2} \tag{18-10}$$

当随机变量 X_1 与 X_2 相互独立时,协方差 $\sigma(X_1, X_2)$ 与相关系数 ρ_{12} 均等于零。当随机变量 X_1 与 X_2 完全相关时,相关系数 ρ_{12} 等于 1 或 −1。

将上述传统统计学的理论加以应用及延伸至采矿作业中,设样品所属的矿床区域为 Ω(即样本空间),区域化变量 $g(X)$ 则是在矿床区域 Ω 中的随机变量,X 表示样品在该区域内的空间位置。在区域 Ω 中任取两点,将该两点之间的距离设为 h,那么根据区域化变量定义,区域中这两点所对应的在该空间位置处的某种函数值即可表示为 $g(X)$ 和 $g(X+h)$。

参照传统统计学,随机变量 $g(X)$ 与 $g(X+h)$ 的协方差用 $C[g(X), g(X+h)]$ 表示,且令 $C(h)$ 为区域化变量在 Ω 中的协变异函数。其数学表达式为:

$$C[g(X), g(X+h)] = E\{[g(X) - E(g(X))][g(X+h) - E(g(X+h))]\} = C(h) \tag{18-11}$$

由上述概念可知,对于任意矿床,均可计算出协变异函数 $C(h)$,但欲利用协变异函数 $C(h)$ 对矿床区域 Ω 中的单元矿块品位进行估值计算,首先需判断是否满足平稳假设,若满足假设条件才可继续进行下一步品位估算。

18.3.5.3　二阶平稳假设

在数学上,平稳一词是指函数变化的均匀性。若随机函数 $g(X)$ 的空间变化规律不因位置平移($g(X+h)$)而改变,即 $g(X) = g(X+h)$,那么 $g(X)$ 则被称作是平稳的。设 $g(X)$ 表示参与计算的样品 X 的品位值,

$E[g(X)]$ 表示样品品位的数学期望。在地质统计学中,平稳假设规定:

(1) 在研究区域范围内,不论样品 X 的位置如何,其品位值的数学期望 $E[g(X)]$ 都存在且恒为一个常数 μ,即:

$$E[g(X)] = \mu \tag{18-12}$$

(2) 在研究区域范围内,协变异函数 $C(h)$ 与样品 X 的空间位置无关,只与样品之间的距离 h 有关。其数学表达式为:

$$C(h) = E\{[g(X) - \mu][g(X+h) - \mu]\} \tag{18-13}$$

18.3.5.4 半变异函数

半变异函数是用于描述区域化变量 $g(X)$ 变化规律的另一个更具实用性的函数。半变异函数的数学表达式为:

$$r(h) = \frac{1}{2}E[g(X) - g(X+h)]^2 \tag{18-14}$$

若满足二阶稳定性假设,半变异函数与协变异函数之间存在以下关系:

$$\gamma(h) = \frac{1}{2}E[g(X) - g(X+h)]^2 = \frac{1}{2}E\{[g(X) - \mu] - [g(X+h) - \mu]\}^2$$

$$= \frac{1}{2}E[g(X) - \mu]^2 + \frac{1}{2}E[g(X+h) - \mu]^2 - E\{[g(X) - \mu][g(x+h) - \mu]\}$$

$$= \frac{1}{2}\sigma_1^2 + \frac{1}{2}\sigma_2^2 - \sigma(h) = \sigma^2 - \sigma(h) = C(0) - C(h) \tag{18-15}$$

其中,$C(0)$ 为半变异函数的基台值。协变异函数与半变异函数的关系如图18-17所示。由图18-17可看出,协变异函数 $C(h)$ 随样品间距 h 增大而减小,这说明样品间的相关性随样品之间的距离增大而减弱。此外,当样品间距 h 大于变程 a 时,协变异函数 $C(h)$ 等于0,这说明相互间距超过变程的样品互不相关。

18.3.5.5 块金效应

当所取两个样品之间距离为零时($h = 0$),原本理应取值相同的区域化变量 $g(X)$ 与 $g(X+h)$ 在实际中取值却不同。这是由于矿化作用的变化取样以及化验过程中存在着误差,因此在同一位置处不可能取得两个完全相同的样品。半变异函数在原点附近实际上不等于零的这种现象即称为块金效应,用块金值 C_0 表示,块金效应说明了矿床品位变化的随机性。

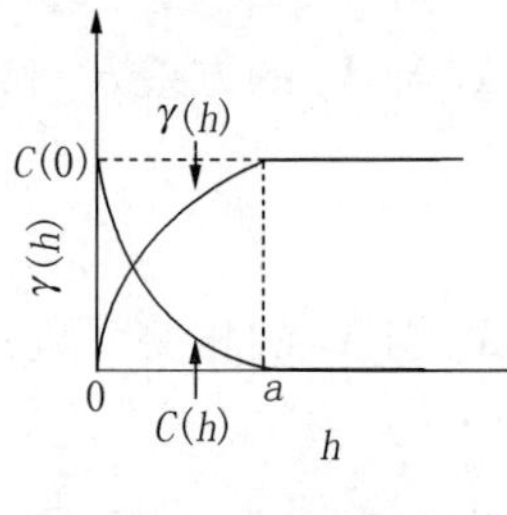

图18-17 协变异函数与半变异函数的关系

18.3.5.6 内蕴假设(弱二阶平稳性假设)

二阶平稳假设考虑的是区域化变量 $g(X)$ 自身的性质,内蕴假设则只研究区域化变量 $g(X)$ 的增量 $[g(X+h) - g(X)]$ 的性质。当区域化变量 $g(X)$ 满足下述两个性质时,则称它是内蕴的。在地质统计学中,内蕴假设规定如下:

(1) 在研究区域范围内,区域化变量 $g(X)$ 的增量的数学期望值存在且均相等,即:

$$E[g(X+h) - g(X)] = 0 \tag{18-16}$$

(2) 在研究区域范围内,区域化变量 $g(X)$ 的增量的方差存在且均相等,即:

$$\gamma(h) = \frac{1}{2}E[g(X+h) - g(X)]^2 \tag{18-17}$$

内蕴假设包含在二阶平稳假设中,内蕴假设是二阶平稳假设的一种特例。

18.3.5.7 实验半变异函数

在统计学中,随机变量 $g(X)$ 的数学期望常用其平均值表示。因此,半变异函数可写作:

$$\gamma(h) = \frac{1}{2n}\sum_{i=1}^{n}[g(X_i + h) - g(X_i)]^2 \tag{18-18}$$

式(18-18)称为实验半变异函数,其中,n 表示样本点个数。

例如:现有如图18-18所示的勘探网,它共有25个钻孔。已知各钻孔间距为25m,并知每个钻孔的品位

$g_i(i=1,2,\cdots,25)$。这时,在水平方向上可求出半变异函数 $\gamma(25)$、$\gamma(50)$、$\gamma(75)$、$\gamma(100)$ 以及垂直方向上的半变异函数 $\gamma(h)$。在计算出各种钻孔间距 h 的 $\gamma(h)$ 值之后,便可拟合出 $\gamma(h)-h$ 的函数关系模型。

18.3.5.8 半变异函数模型

实验半变异函数是由一组离散点组成,在实际应用时很不方便。因此,常常将实验半变异函数拟合为一个可以用数学解析式表达的数学模型。不同的矿床具有不同的地质规律,因此这也就意味着不同的矿床具有不同的半变异函数。根据拟合出的半变异函数曲线的不同形态,常见的半变异函数的数学模型有以下几种:

(1)球状模型。球状模型是实验半变异函数最易于拟合成的一种模型,因此,球状模型即是应用最广的一种半变异函数模型(图18-19),其数学表达式为:

$$\gamma(h) = \begin{cases} C\left(\dfrac{3h}{2a} - \dfrac{h^3}{2a^3}\right) & h \leqslant a \\ C & h > a \end{cases} \tag{18-19}$$

式中　C——基台值,它是半变异函数的最大值,一般情况下该值等于样品方差;

　　a——变程。

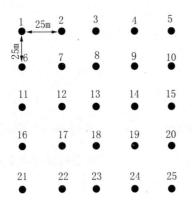

图 18-18　勘探网

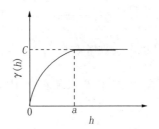

图 18-19　球状模型

由图 18-19 可知,半变异函数 $\gamma(h)$ 随样品间距 h 增大而增大。当样品间距 h 大于变程 a 时,$\gamma(h)$ 达到基台值 C;之后 $\gamma(h)$ 便不再变化。基台值 C 反映了品位变化的规律性,即 C 越大,各样品的品位变化也就越大。

(2)随机模型。当区域化变量 $g(X)$ 的取值完全是随机的,即样品之间的协方差 $C(h)$ 对于所有 h 均等于零时,则半变异函数 $\gamma(h)$ 等于一常量,该曲线形态为一水平直线,如图 18-20 所示,其表明了各样品之间互不相关。随机模型也被称为纯块金效应模型,即:

$$\gamma(h) = C \tag{18-20}$$

(3)指数模型。指数模型的曲线形态类似于球状模型,但曲线变异率较小,且逐渐逼近基台值,如图 18-21 所示。指数模型的数学表达式为:

$$\gamma(h) = C[1 - \exp(-h/a)] \tag{18-21}$$

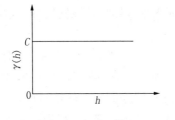

图 18-20　随机模型

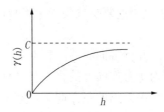

图 18-21　指数模型

（4）高斯模型。高斯模型曲线在原点处的切线为水平线，这一特点表明了半变异函数 $\gamma(h)$ 在样品距离较小时变异很小，如图 18-22 所示。高斯模型的数学表达式为：

$$\gamma(h) = C[1 - \exp(-h^2/a^2)] \tag{18-22}$$

（5）线性模型。线性模型的数学表达式为一线性方程，没有基台值，半变异函数 $\gamma(h)$ 随 h 增大而增大，如图 18-23 所示。线性模型的数学表达式为：

$$\gamma(h) = \frac{P^2}{2}h \tag{18-23}$$

其中，$P^2 = E[g(X_{i+1}) - g(X)]^2$，均等于一常数。

（6）对数模型。当样品间距 h 取对数坐标时，对数模型为一条直线，且没有基台值，a 为常数。需特别指出的是，当 $h < 1$ 时，$\gamma(h)$ 小于零，这与半变异函数的定义矛盾，因此对数模型不能描述 $h < 1$ 时的区域化变量，如图 18-24 所示。对数模型的数学表达式为：

$$\gamma(h) = 3a\ln h \tag{18-24}$$

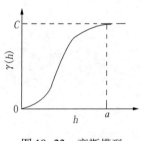　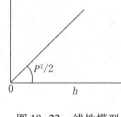　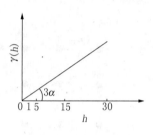

图 18-22　高斯模型　　　图 18-23　线性模型　　　图 18-24　对数模型

（7）嵌套模型。由于存在块金效应，因此在实际作业中应用最广泛的模型是具有块金效应的球状模型，其数学表达式为：

$$\gamma(h) = \begin{cases} C_0 + C\left(\dfrac{3h}{2a} - \dfrac{h^3}{2a^3}\right) & h < a \\ C_0 + C & h \geqslant a \end{cases} \tag{18-25}$$

式中　C_0——块金效应值；

　　　$C_0 + C$——基台值。

区域化变量特性复杂，所以难以用单一结构的数学模型加以描述，因此需同时采用不同的模型嵌套在一起来描述复杂的结构。实践中常用的嵌套模型是由块金效应值 C_0 与两个球状模型组成的。嵌套模型的数学表达式为：

$$\gamma(h) = C_0 + \gamma_1(h) + \gamma_2(h) \tag{18-26}$$

18.3.5.9　各向异性及影响范围

A　各向异性

当区域化变量在不同方向表现出不同形态时，那么半变异函数 $\gamma(h)$ 也将在各个方向上具有不同的特征，这种现象称为各向异性。矿床在各个方向上的半变异函数均相同的各向同性现象在实际作业中极少遇到，因为地质构造及成矿过程的复杂致使绝大多数矿床均呈现出各向异性的特征。常见的各向异性有以下两种：

（1）几何各向异性。几何各向异性的特点表现为半变异函数的基台值 C 不变，而变程 a 随方向的变化而变化。求出任一平面内所有方向上的半变异函数，将发现半变异函数在该平面上的等值线是一组椭圆。椭圆的长轴和短轴称为该平面内的主方向。对应于基台值 C 的等值线上的每一点 r 到原点的距离为在 $0 \rightarrow r$ 方向上半变异函数 $\gamma(h)$ 的变程，该平面内的这组椭圆称为各向异性椭圆，它是影响范围的一种表达。在三维状态下，各向异性椭圆则变为椭球。若平面为水平面，各向异性椭圆的长轴方向一般与矿体的走向重合

（或非常接近），通过各向异性分析即可以确定出矿体的走向，把握矿体的产状。几何各向异性如图 18-25 所示。

（2）区域各向异性。区域各向异性的特点是半变异函数 $\gamma(h)$ 的基台值 C 和变程 a 均随着方向的变化而变化，变化关系如图 18-26 所示。

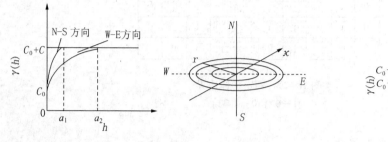

图 18-25　几何各向异性　　　　　　图 18-26　区域各向异性

B　影响范围

因为地质统计学采用半变异函数来描述品位在矿床中的相互关系特性，但在对块段模型中每一单元矿块的品位进行估值时，无论采用何种方法，均需要确定出参与估值运算具体的样品。一般情况下，落入影响范围内的样品均应参与估值运算。半变异函数的变程描述了影响半径的特征，然而当存在各向异性时，不同方向上的半变异函数具有不同的变程，因此影响范围也就随之发生变化。因此如果要确定合理的影响范围，首先则应建立各个方向的半变异函数模型，之后通过模型进行样品的各向异性分析。

18.3.6　地质统计学储量计算法

18.3.6.1　储量计算

地质统计学储量计算方法步骤如下：

（1）建立三维矿块模型，并分层划分出开采盘区，如图 18-27 和图 18-28 所示。

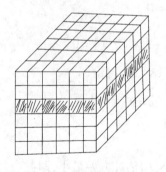 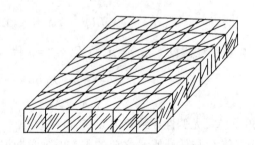

图 18-27　三维矿块模型　　　　　图 18-28　开采盘区

（2）分析数据的统计性质，选择合适的克里格方法，进行实验半变异函数与理论半变异函数的拟合，利用拟合出的半变异函数计算出每一矿块品位，再将计算结果赋值给每一个矿块模型。

（3）根据工业指标，给每个矿块模型赋以矿体标记，以区分出矿体和非矿体，之后根据这些标记圈定出矿体边界。这种通过标记而形成的矿体边界是一个非精确的由边缘块段所围成的矿体边界，如图 18-29 所示。

（4）通过公式 $Q = VD$，$P = QC$ 计算出每个矿块的矿石量和金属量，然后再计算出盘区和全矿体的储量。盘区的储量为该盘区所有克里格块段储量之后，并分矿石类型统计。全矿体储量为该矿体所有盘区储量的和，并按不同类型进行统计。

0	0	1	0	0	0	0	0	0	0
0	1	1	1	1	1	1	0	0	0
0	0	1	1	1	1	0	1	1	0
0	0	1	1	1	1	1	1	1	0
0	1	1	1	1	1	1	1	1	0
0	1	1	1	1	1	1	1		0
0	0	1	1	0	1	1	0	0	0

图 18-29　圈定矿体边界

1—矿体;0—非矿

18.3.6.2　品位计算——克里格法

丹尼·克里格(Danie Krige)提出了地质统计学法的基本思想,它应用地质统计学基本原理,以被估块段附近或内部样品的线性组合为数据资料,对块段的品位进行最佳无偏估计,此方法被命名为克里格法。克里格估值就是在一定条件下具有无偏性和最佳性的线性估计。设被估矿块 V 的真实品位为 G',估计品位为 G,矿块内参与估计的 n 个有效样品的品位分别为 $g_i(i=1,2,\cdots,n)$,通过对 g_i 取加权平均,所得值即为估计值 G。通过求权系数 λ_i,使得 λ_i 满足无偏性及最佳性。数学表达式为:

$$G = \sum_{i=1}^{n} \lambda_i g_i \tag{18-27}$$

无偏性是指真值 G' 与估计值 G 之差的数学期望为零,即:

$$E(G' - G) = 0 \tag{18-28}$$

将式(18-27)代入式(18-28),得:

$$E(G' - \sum_{i=1}^{n} \lambda_i g_i) = 0$$

$$E(G') - E(\sum_{i=1}^{n} \lambda_i g_i) = 0$$

$$E(G') - [\lambda_1 E(g_1) + \lambda_2 E(g_2) + \cdots + \lambda_n E(g_n)] = 0 \tag{18-29}$$

假设满足二阶稳定性假设 $E(g_i) = \mu$,将 $E(g_i) = \mu$ 代入式(18-29),得:

$$\mu - \lambda_1 \mu - \lambda_2 \mu - \cdots - \lambda_n \mu = 0$$

即

$$\lambda_1 + \lambda_2 + \cdots + \lambda_n = 1 \tag{18-30}$$

由式(18-30)可知,无偏性导致权值 λ_i 之和为1。

最佳性是指真值 G' 与估计值 G 之差的平方的数学期望最小,即估计方差最小,即:

$$E(G' - G)^2 \to \min \tag{18-31}$$

通过最佳性可进一步确定权值 λ_i。其中,估计方差也被称为克里格方差或克里格误差。

综合无偏性及最佳性的要求,若将式(18-28)看做目标函数,式(18-27)则为约束条件。因此求解权值 λ_i 的过程,即变成了一个非线性规划问题:

$$\begin{cases} E(G' - G)^2 \to \min \\ \text{s. t.} \cdot \sum_{i=1}^{n} \lambda_i = 1 \end{cases} \tag{18-32}$$

式(18-32)表明,为了确定每一个样品的权值,目标函数是使品位估计的方差最小,约束条件是使权值之和等于1。

A　估计方差 $E(G'-G)^2$

设在某区域 Ω 中取两个样品,其品位为 g_i 与 g_j,两者的协方差用 $C(g_i,g_j)$ 表示。其数学表达式为:

$$C(g_i,g_j) = E\{[g_i-E(g_i)][g_j-E(g_j)]\}$$
$$= E[(g_i-\mu)(g_j-\mu)] = E[g_ig_j] - \mu E[g_i] - \mu E[g_j] + E[\mu^2]$$

根据二阶稳定性假设,上式变成:

$$C(g_i,g_j) = E(g_ig_j) - \mu^2$$

即
$$E(g_ig_j) = C(g_i,g_j) + \mu^2 \tag{18-33}$$

利用协方差表示目标函数式(18-28)的方差。估计方差 $E(G'-G)^2$ 可展开为:

$$E(G'-G)^2 = E(G'^2) - 2E(G'G) + E(G^2) \tag{18-34}$$

式(18-34)右端的三项可逐项推导如下:

(1) $E(G'^2)$。G' 为单元矿块的真实品位,由于单元矿块具有一定的长宽高,因此须将单元矿块再划分成一系列的小矿块,之后用这些小矿块的真实品位的平均值来表示 G',即:

$$G' = \frac{1}{n}\sum_{a=1}^{n} g(X_a) \tag{18-35a}$$

或
$$G' = \frac{1}{n}\sum_{b=1}^{n} g(X_b) \tag{18-35b}$$

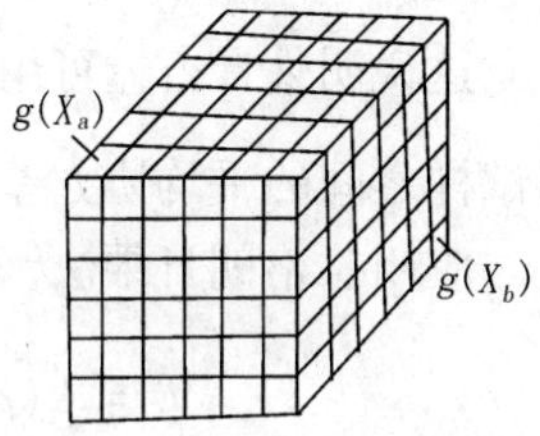

式中　X_a, X_b——分别表示组成单元矿块的更小矿块;

$g(X_a), g(X_b)$——分别表示小矿块 X_a、X_b 的真实品位;

n——小矿块的个数,如图18-30所示。

由此:

$$E(G'^2) = E\left[\frac{1}{n}\sum_{a=1}^{n}g(X_a)\frac{1}{n}\sum_{b=1}^{n}g(X_b)\right] = \frac{1}{n^2}\sum_{a=1}^{n}\sum_{b=1}^{n}E[g(X_a)g(X_b)]$$
$$\tag{18-36}$$

图18-30　小单元矿块

将式(18-33)代入式(18-36),得:

$$E(G'^2) = \frac{1}{n^2}\sum_{a=1}^{n}\sum_{b=1}^{n}\{C[g(X_a),g(X_b)]+\mu^2\} = \frac{1}{n^2}\sum_{a=1}^{n}\sum_{b=1}^{n}C[g(X_a),g(X_b)]+\mu^2$$
$$= \overline{C}(g,g) + \mu^2 \tag{18-37}$$

式中　$\overline{C}(g,g)$——小矿块之间的平均协方差。

(2) $E(G^2)$。将式(18-33)代入 $E(G^2)$,得:

$$E(G^2) = E\left[\left(\sum_{i=1}^{n}\lambda_ig_i\right)\left(\sum_{j=1}^{n}\lambda_jg_j\right)\right] = \sum_{i=1}^{n}\sum_{j=1}^{n}\lambda_i\lambda_jE(g_i,g_j) \tag{18-38}$$

式中　g_i, g_j——样品品位,以钻孔品位为例,它又是由一系列岩芯试样的品位平均而得,即:

$$g_i = \frac{1}{n}\sum_{i=1}^{n}g(X_i) \tag{18-39}$$

式中　X_i——钻孔中的一个试样;

$g(X_i)$——试样 X_i 的品位;

n——钻孔中试样的个数。

将式(18-39)代入式(18-38):

$$E(G^2) = \sum_{i=1}^{n}\sum_{j=1}^{n}\lambda_i\lambda_jE\left[\frac{1}{n}\sum_{i=1}^{n}g(X_i)\frac{1}{n}\sum_{j=1}^{n}g(X_j)\right] = \sum_{i=1}^{n}\sum_{j=1}^{n}\lambda_i\lambda_j\frac{1}{n^2}\sum_{i=1}^{n}\sum_{j=1}^{n}E[g(X_i)g(X_j)]$$
$$\tag{18-40}$$

同理,将式(18-33)代入式(18-40)得:

$$E(G^2) = \sum_{i=1}^{n}\sum_{j=1}^{n}\lambda_i\lambda_j\frac{1}{n^2}\sum_{i=1}^{n}\sum_{j=1}^{n}(C(g_i,g_j)+\mu^2) = \sum_{i=1}^{n}\sum_{j=1}^{n}\lambda_i\lambda_j\overline{C}(g_i,g_j)+\mu^2 \tag{18-41}$$

式中　$\overline{C}(g_i,g_j)$——各样本中试样之间的平均协方差，$\overline{C}(g_i,g_j) = \frac{1}{n^2}\sum_{i=1}^{n}\sum_{j=1}^{n}C[g(X_i),g(X_j)]$。

（3）$E(G'G)$。在上述两项的推导的基础上，得：

$$E(G'G) = E(G'\sum_{i=1}^{n}\lambda_ig_i) = \sum_{i=1}^{n}\lambda_iE(G'g_i) = \sum_{i=1}^{n}\lambda_iE[\frac{1}{n}\sum_{a=1}^{n}g(X_a)\cdot\frac{1}{n}\sum_{i=1}^{n}g(X_i)]$$

$$= \sum_{i=1}^{n}\lambda_i\frac{1}{n^2}\sum_{a=1}^{n}\sum_{i=1}^{n}E[g(X_a),g(X_i)] = \sum_{i=1}^{n}\lambda_i\frac{1}{n^2}\sum_{a=1}^{n}\sum_{i=1}^{n}C[g(X_a),g(X_i)]+\mu^2$$

$$= \sum_{i=1}^{n}\lambda_i\overline{C}(g,g_i)+\mu^2 \tag{18-42}$$

式中　$\overline{C}(g,g_i)$——小矿块与试样之间的平均协方差，$\overline{C}(g,g_i) = \frac{1}{n^2}\sum_{a=1}^{n}\sum_{i=1}^{n}C[g(X_a),g(X_i)]$。

综合式（18-37）、式（18-41）和式（18-42）得估计方差为：

$$E(G'G)^2 = \overline{C}(g,g) - 2\sum_{i=1}^{n}\lambda_i\overline{C}(g,g_i) + \sum_{i=1}^{n}\sum_{j=1}^{n}\lambda_i\lambda_j\overline{C}(g_i,g_j) \tag{18-43}$$

这说明估计方差可用小矿块之间的平均协方差 $\overline{C}(g,g)$、试样之间的平均协方差 $\overline{C}(g_i,g_j)$ 以及小矿块与试样之间的平均协方差 $\overline{C}(g,g_i)$ 表示。

应用拉格朗日乘法，可将上述非线性规划变成一个无约束的极值问题。构造拉格朗日函数 L：

$$L = \overline{C}(g,g) - 2\sum_{i=1}^{n}\lambda_i\overline{C}(g,g_i) + \sum_{i=1}^{n}\sum_{j=1}^{n}\lambda_i\lambda_j\overline{C}(g_i,g_j) - 2\beta(\sum_{i=1}^{n}\lambda_i - 1) \tag{18-44}$$

其中，拉格朗日函数 L 的前三项是式（18-39）的目标函数，第四项是将约束条件乘以 -2β 后并入，-2 是为了以后表达简洁而添加的。函数 L 中，λ_i 及 β 均是未知数。为了使 L 最小，可用一阶偏导数求极值：

$$\begin{cases} \dfrac{\partial L}{\partial \lambda_i} = 0 & (i = 1,2,\cdots,n) \\ \dfrac{\partial L}{\partial \beta} = 0 \end{cases} \tag{18-45}$$

求导后解方程组得：

$$\begin{cases} \sum_{j=1}^{n}\lambda_j\overline{C}(g_i,g_j) - \beta = \overline{C}(g,g_i) \\ \sum_{i=1}^{n}\lambda_i = 1 \end{cases} \quad (i,j = 1,2,\cdots,n) \tag{18-46}$$

将式（18-46）展开，得：

$$\begin{cases} \lambda_1\overline{C}(g_1,g_1) + \lambda_2\overline{C}(g_1,g_2) + \cdots + \lambda_n\overline{C}(g_1,g_n) + \beta = \overline{C}(g,g_1) \\ \lambda_1\overline{C}(g_2,g_1) + \lambda_2\overline{C}(g_2,g_2) + \cdots + \lambda_n\overline{C}(g_2,g_n) + \beta = \overline{C}(g,g_2) \\ \vdots \qquad\qquad \vdots \qquad\qquad\qquad \vdots \qquad\quad \vdots \qquad \vdots \\ \lambda_1\overline{C}(g_n,g_1) + \lambda_2\overline{C}(g_n,g_2) + \cdots + \lambda_n\overline{C}(g_n,g_n) + \beta = \overline{C}(g,g_n) \\ \lambda_1 \quad + \quad \lambda_2 \quad + \cdots + \quad \lambda_n \quad +0 = \quad 1 \end{cases} \tag{18-47}$$

上述线性方程组称为克里格方程组。解方程组可求出 λ_i、β，进一步可求出单元矿块品位的估计值 G。克里格方程组也可用矩阵形式表示。

B　克里格法优点

克里格法提供了计算最佳无偏估计的方法，并且较多边形法、最近距离法、距离 N 次方反比法具有更高的精度。计算克里格方差可以作为衡量估计误差的依据,也可用以判断勘探取样网格的合理性,为钻孔布置方案的优化提供理论依据。

C 克里格法举例

现用一个简单的例子,说明克里格法的品位估计过程。

已知三个钻孔的品位 g_1、g_2、g_3,试估计点 G 的品位。各点的间距如图 18-31 所示,为简化计算,假设 $g_1 - g_2$、$g_1 - g_3$ 的距离为 200m,且各向同性。根据矿床品位分布,已求得变异函数为:

$$\begin{cases} \gamma(h) = 0.01h & h \leqslant 400m \\ \gamma(h) = 4 & h > 400m \end{cases} \tag{18-48}$$

由式(18-47)得克里格方程组:

$$\begin{cases} \lambda_1 \overline{C}(g_1, g_1) + \lambda_2 \overline{C}(g_1, g_2) + \lambda_3 \overline{C}(g_1, g_3) - \beta = \overline{C}(g_1, g) \\ \lambda_1 \overline{C}(g_2, g_1) + \lambda_2 \overline{C}(g_2, g_2) + \lambda_3 \overline{C}(g_2, g_3) - \beta = \overline{C}(g_2, g) \\ \lambda_1 \overline{C}(g_3, g_1) + \lambda_2 \overline{C}(g_3, g_2) + \lambda_3 \overline{C}(g_3, g_3) - \beta = \overline{C}(g_3, g) \\ \lambda_1 + \lambda_2 + \lambda_3 = 1 \end{cases} \tag{18-49}$$

又由半变异函数与协方差的假设得:

$$\begin{cases} \overline{C}(g_1, g_1) = \overline{C}(g_2, g_2) = \overline{C}(g_3, g_3) = C(0) = 4 \\ \overline{C}(g_1, g_2) = \overline{C}(g_2, g_1) = \overline{C}(g_1, g_3) = \overline{C}(g_3, g_1) = C(200) = C(0) - r(200) = 4 - 0.01 \times 200 = 2 \\ \overline{C}(g_2, g_3) = \overline{C}(g_3, g_2) = C(20) = C(0) - r(20) = 4 - 0.01 \times 20 = 3.8 \\ \overline{C}(g, g_1) = \overline{C}(g, g_2) = \overline{C}(g, g_3) = C(100) = C(0) - r(100) = 4 - 0.01 \times 100 = 3 \end{cases} \tag{18-50}$$

将方程组(18-50)代入式(18-47)得:

$$\lambda_1 = 0.487, \lambda_2 = 0.256, \lambda_3 = 0.256, \beta = -0.026$$

由此可估计品位 G:

$$G = 0.487g_1 + 0.256g_2 + 0.256g_3$$

从此例可以看出,尽管 g_1、g_2、g_3 的距离都是 100m,但由于分布不同,在 G 的左侧中只有 g_1 一个钻孔,其权值约等于 0.5,而 g_2、g_3 都在 G 的右侧,其权值各为 0.25 左右。相反,在距离平方反比法中,g_1、g_2、g_3 的权值都一样,这显然不合理,由此可以看出地质统计学的优越性。

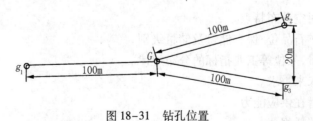

图 18-31 钻孔位置

18.3.7 矿产资源评价及远景预测

18.3.7.1 矿产资源/储量的分类

1999 年 12 月 1 日起实施的《固体矿产资源/储量分类》(GB/T1776—1999)是我国固体矿产第一个可与国际接轨的真正统一的分类,依据矿产勘查阶段和可行性评价及其结果,以及地质可靠程度和经济意义,我国将矿产资源/储量分为 3 大类 16 种类型,见表 18-4。

表18-4 新固体矿产资源/储量分类

经济意义	查明矿产资源			潜在矿产资源
	探明的	控制的	推断的	预测的
经济的	可采储量(111)			
	基础储量(111b)			
	预采储量(121)	预可采储量(122)		
	基础储量(121b)	基础储量(122b)		
边际经济的	基础储量(2M11)			
	基础储量(2M21)	基础储量(2M22)		
次边际经济的	资源量(2S11)			
	资源量(2S21)	资源量(2S22)		
内蕴经济的	资源量(331)	资源量(332)	资源量(333)	资源量(334)?

注:表中所用编码(111~334),第1位数表示经济意义:1=经济的,2M=边际经济的,2S=次边际经济的,3=内蕴经济的,?=经济意义未定的;第2位数表示可行性评价阶段:1=可行性研究,2=预可行性研究,3=概略研究;第3位数表示地质可靠程度:1=探明的,2=控制的,3=推断的,4=预测的。b=未扣除设计、采矿损失的可采储量。

A 储量

储量指基础储量中的经济可采部分,用扣除了设计、采矿损失的实际开采数量表述。经济可采部分分为可采储量(111)、预采储量(121)、预可采储量(122)3种类型。

B 基础储量

基础储量指已查明矿产资源的一部分,是经详查、勘探所控制、探明的,并通过可行性研究、预可行性研究认为属于经济的、边际经济的部分,用未扣除设计、采矿损失的数量表达。基础储量分为探明的(可研)经济基础储量(111b)、探明的(预可研)经济基础储量(121b)、控制的经济基础储量(122b)、探明的(可研)边际基础储量(2M11)、探明的(预可研)边际经济基础储量(2M21)、控制的边际经济基础储量(2M22)6种类型。

C 资源量

资源量指查明矿产资源的一部分和潜在矿产资源。资源量分为探明的(可研)次边际经济资源量(2S11)、探明的(预可研)次边际经济资源量(2S21)、控制的次边际经济资源量(2S22)、探明的内蕴经济资源量(331)、控制的内蕴经济资源量(332)、推断的内蕴经济资源量(333)、预测的资源量(334)7种类型。

18.3.7.2 矿产资源评估的内容

矿产资源评估是指在当前技术经济条件下,由专业机构和人员,按照国家法律法规和资产评估准则,根据特定的目的,依照相关程序,运用科学方法,对矿产资源资产的当前与潜在供应量及价值进行定性或定量技术经济评价的行为。矿产资源评估可分为技术评估和经济评估两方面。

A 技术评估

(1)确定矿产资源的时空分布特点。

(2)确定矿产资源的矿石品位、保有储量及储量级别。

(3)确定具体矿床储量,品位等工业指标的分布规律。

(4)确定矿产资源的未来需求。

(5)确定矿产资源的潜在供应能力。

(6)确定矿产资源的消耗规律。

(7)评估具体矿产开采技术条件。

(8)评估矿产区域组合状况。

(9)评估勘探投资与探明储量的关系。

B 经济评估

(1)边际品位确定。

(2)矿产资源/储量评估。

（3）矿床开采技术条件评估。

（4）矿山企业经济效益评估。

（5）探矿权评估。

（6）采矿权评估。

18.3.7.3 矿产资源技术评估方法

可将矿产资源经济评估的各种方法归纳为 3 类:市场法、成本法及收益法。

A 市场法

市场法指利用市场上同样或类似矿产资源的近期交易价格,经过直接比较或类比分析以估测被评估矿产价值的各种评估技术方法的总称。市场提供了此种方法的各种评估资料及价值,且具有简单易行的评估过程。市场法应用的基本前提是:在运用市场法进行评估之前需具有一个活跃的公开市场,市场越发达、越活跃、则越容易获取各种资料价格。另外,这个市场还应有可比性强的矿床及其交易活动市场,最重要的是找到与被评估对象高度类似的参照矿床。评估时应考虑时间因素、地域因素、品级因素及可利用度因素。市场法的基本表达式为:

$$V_t = \frac{\sum_{i=1}^{m}\left(V_{ri}\prod_{j=1}^{n}K_j\right)}{m}$$

其中

$$K_j = \frac{C_{tj}}{C_{rj}} \tag{18-51}$$

式中 V_t ——待评估矿床(目标矿床)评估价值;

   i ——已交易矿床(参照矿床)编号;

   V_{ri} ——第 i 个参照矿床交易价值;

   j ——影响因素编号;

   K_j ——第 j 个影响因素调整系数;

   C_{tj} ——目标矿床第 j 个因素现状;

   C_{rj} ——参照矿床第 j 个因素现状;

   m ——矿床个数。

市场法可以将矿产资源目前的市场情况进行客观的反映,且评估值更能反映市场现实价格,评估结果易于被各方面理解和接受。但当矿产资源交易市场可提供的比较实例较少时,进行评估则难度较大。

B 成本法

成本法是探矿权评估中的一种方法,它是在模拟现行技术条件下,按原勘探规范要求实施各种勘探手段,依据新的工业指标,将所投入的有效实物工作量利用新的价格或费用标准重置与被评估。探矿权具有相同效果的全新探矿权全价,它考虑勘探风险性附加值,再扣除技术性贬值,以评估探矿权价值的方法。成本法的数学表达式为:

$$V_{ex} = C_{er} + C_{ma} + V_{ri} - D_t \tag{18-52}$$

式中 V_{ex} ——探矿权评估值;

   C_{er} ——探矿权取得费;

   C_{ma} ——管理费;

   V_{ri} ——风险附加值或勘探利润;

   D_t ——技术贬值。

成本法只适用于预查阶段的探矿权评估和经勘查工作后找矿前景仍不确定的探矿权评估。成本法在一般资产评估实务中比较容易为各方所接受,但在采矿权评估中却一般不采用。成本法要求依据可利用的历史资料来确定目前价值。采用成本法评估资产,首先要确定哪些耗费是必需的,它是形成资产价值的基础,并且这些必需的耗费必须体现出社会或行业的平均水平。

C　收益法

收益法是指通过被评估资产未来预期收益的现值来判断资产价值的各种评估方法的总称。该方法基本思路为:任何一个理智的投资者在购置或投资某一资产时,所愿意支付或投资的货币数额不会高于收益额。收益法利用投资回报和收益折现等技术手段,评估预期产出能力和获利能力。根据评估对象未来预期收益的期限可分为有限期收益法和无限期收益法,根据评估对象预期收益额的情况可分为等额收益评估法和非等额收益评估法等。

a　有限期收益法

有限期收益法的数学表达式为:

$$V = \sum_{t=1}^{N} R_t / (1 + r)^t \tag{18-53}$$

式中　V——矿床收益法评估值,等于矿床总现值;

R_t——未来第 t 个收益期(一般以年为单位)的预期收益额,收益期有限时 R_t 还包括期末资产剩余净额;

N——收益年期;

r——折现率或资本化率。

若纯收益固定等于年金 A、折现率大于零时,计算公式为:

$$V = \sum_{t=1}^{N} R_t / (1 + r)^t = A \sum_{t=1}^{N} 1 / (1 + r)^t = \frac{A}{r} \left[1 - \frac{1}{(1 + r)^N} \right] \tag{18-54}$$

若 T 年(含第 T 年)以前纯收益变化,T 年(不含第 T 年)以后纯收益固定等于年金 A、折现率大于零时,计算公式为:

$$V_0 = \sum_{t=1}^{N} R_t / (1 + r)^t = \sum_{t=1}^{T} R_t / (1 + r)^t = \frac{A}{r(1 + r)^T} \left[1 - \frac{1}{(1 + r)^{N-T}} \right] \tag{18-55}$$

b　无限期收益法

无限期收益法的基本计算公式仍然与式(18-53)相同,由于 $N \to \infty$ 时,$\dfrac{1}{(1 + r)^N} \to 0$。

若纯收益固定且等于年金 A、折现率大于零时,计算公式为:

$$V = \sum_{t=1}^{\infty} R_t / (1 + r)^t = A \sum_{t=1}^{\infty} 1 / (1 + r)^t = \frac{A}{r} \tag{18-56}$$

若 T 年(含第 T 年)以前纯收益变化、T 年(不含第 T 年)以后纯收益固定等于年金 A、折现率大于零时,计算公式为:

$$V = \sum_{t=1}^{\infty} R_t / (1 + r)^t = A \sum_{t=1}^{T} R_t / (1 + r)^t = \frac{A}{r(1 + r)^T} \tag{18-57}$$

18.3.7.4　远景预测

矿产资源是国民经济和社会发展不可缺少的生产要素和物质基础,国家短中长期国民经济规划、行业发展规划乃至与矿产资源相关的个体企业的发展计划,客观上都要求对所涉及的矿产资源的供需状况进行预测。由于影响矿产资源供需的因素多且具有不确定性,很难只用某一个确定的数学公式来预测未来矿产资源的供需。因此,绝大多数预测方法都是建立在一定的假设基础上,且具有一定的主观性。对未来矿产资源供需的预测主要有回归分析法、模型法和弹性系数法三种方法。

A　回归分析法

回归分析是用数学模型定量描述被研究对象与影响因素之间的相互关系,通过求解回归方程来预测被研究对象的未来状态,被研究对象与影响因素之间的相互关系是它的切入点,因此可以揭示被研究对象变化的本质原因。通过相关性分析,运用数理统计方法对回归方程进行检验,可以得到具有一定可靠性的预测结果。回归预测基本形式包括一元线性回归、多元线性回归和非线性回归。其不足之处在于对历史数据不论时间先后均同等程度对待,而实际上不同时期的数据信息权重是不同的,等同对待会增大误差。回归变量较多时,主要因素与次要因素的量化处理比较困难。由于回归分析法是基于历史数据建立回归方程,然后根据惯性原理,外推预测被研究对象未来状态的,外推时间越长,可靠度越差。因此,回归分析较适应于短、中期预测。

B　模型法

模型法是通过构筑描述矿产资源需求量与影响因素之间的各种数学模型,进而对未来某一时期矿产资源需求进行预测的方法。如今人们已经研发了各种模型,如灰色预测模型、神经网络模型、Logistic 模型等。

(1)灰色预测模型。介于信息完全已知与完全未知之间的信息不完备系统为灰色系统。灰色系统理论的主要内容包括 GM 模型、灰色预测、灰色关联度分析、灰色统计与聚类、灰色决策、灰色控制。

(2)情景分析法。情景分析适用于分析预测受不确定性因素影响问题的一种系统分析方法。实际上也是通过构筑情景分析模型来研究矿产资源未来需求的一种模型方法。

(3)Logistic 模型。描述矿产资源消费量的 Logistic 模型又称 S 曲线模型,数学表达式为:

$$\frac{\mathrm{d}N_t}{\mathrm{d}t} = rN_T\left(1 - \frac{N_t}{K}\right) \tag{18-58}$$

边界条件:

$$N_t\big|_{t=0} = N_0$$

式中　t——年份;

　N_t——t 年份矿产资源消费量;

　N_0——基准年($t=0$)矿产资源消费量;

　K——矿产资源预测消费量;

　r——经济增长系数。

C　弹性系数法

弹性系数法是矿产资源需求预测中应用最为广泛的一种方法。它首先根据 GDP 增长率的历史数据,计算相应的弹性系数,利用回归分析等方法,预测出弹性系数与 GDP 增长率之间的数学关系式,再根据政府预测的未来 GDP 增长率,反算出未来某一时期弹性系数及相应的矿产品需求量。

18.4　矿山规划与设计

18.4.1　矿区开发规划

矿区开发规划是对矿区矿产资源的开采、加工和利用所做出的总体部署,通常以矿区资源条件、国民经济和社会发展规划、行业规划和地区规划作为部署的依据。根据矿区开发规划可以编制本矿区生产建设计划,安排地质勘探和设计工作。矿区开发规划是在国家经济建设方针政策和经济发展战略的指导下,在详细调查研究和进行充分技术经济论证的基础上编制的。

18.4.1.1　矿区开发系统模型

A　矿区规划的内容

矿区规划的主要内容有:

(1)对矿区资源进行综合评价;

(2)论证矿区建设对全国及地区国民经济发展的作用;

(3)提出矿区开发方式、矿山生产能力、生产工艺、工业厂址、建设步骤、建设时间等的规划意见以及产品用户和加工的要求;

(4)按照矿区最终建设规模,安排矿区内部铁路及公路交通系统、供电系统、环境保护、土地复垦、给水、排水、辅助企业及附属设施、管理机构、文教科研及村镇建设等的初步方案;

(5)与有关部门的协作项目,如铁路、电力、通信、交通等建设范围和投资划分,提出初步协商意见;

(6)初步估算矿区建设所需井下、地面工程量,设备、钢材、木材、水泥的需用量和建设投资,以及矿区职

工人数和居住人口以及经济效益等;

(7) 如矿区已有生产矿井或露天矿时,要调查现有的建筑和设施、设备和生产状态,并提出利用和扩建的意见。

由于各矿区的条件不同,或受规划期内客观条件的限制,具体矿区的规划不一定都包括上述内容。重要的是抓住该矿区具体建设中的关键问题,为正确决策提供多种选择方案和科学依据。

矿区规划中的最优方案选择需要按评价指标进行综合优选。按照所采用的优化方法选用指标,也可以选用一部分指标,其中产量、效益、投资应该是不可缺少的。对于不同条件下的矿区规划方案选择,有时将以某项指标(如投资或产量)作为约束条件。

B　系统模型结构

矿区最优规划要与矿区系统的特征和规划工作内容相适应,个别地对各项技术决策的研究,要针对问题的性质,采用合适的理论方法。总体上,各个问题的解答和方法的应用,要构成相互衔接、相互配合的体系。图 18-32 表示其系统模型结构。

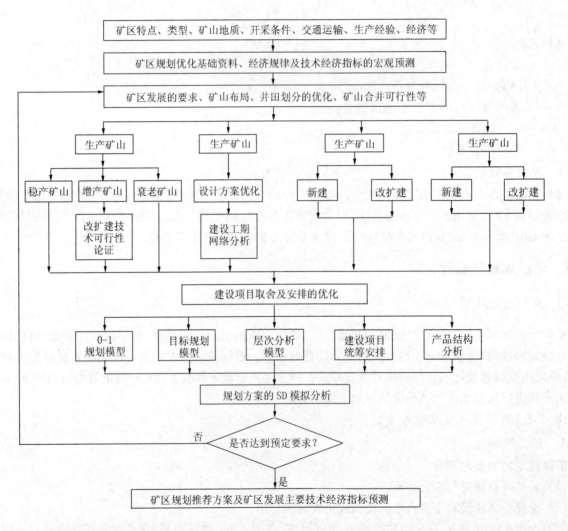

图 18-32　矿区最优规划的组成及结构

18.4.1.2　矿区开发系统优化方法

A　矿区发展方案选择的 0—1 整数规划

编制矿区生产发展的长远规划时的主要任务之一是确定生产矿山改扩建和新建矿井的数量和规模。这时,需要考察矿区总投资、总产量和经济效益三者的相互影响和制约关系,用以解答如何合理使用资金使其发挥最大效益;在有限的投资条件下,如何满足矿区总产量要求。对此可采用0—1数学规划方法。

　　a 数学模型

　　以矿区效益最大为目标函数,以满足增加产量的要求及投资资金总额限制作为约束条件,将可选方案中进行改扩建或新建的矿井定为1,不进行改扩建或新建的矿井为0,数学模型表达式为:

　　目标函数:

$$\begin{cases} Z(I) = \displaystyle\sum_{J=1}^{N} P(J)X(I,J) \Rightarrow \max \quad (I = 1,2,3,\cdots,2^N) \\[2mm] P(J) = \dfrac{Q(J)}{A_o(J)}W(J)\left[T_o - T(J)\right] \end{cases} \tag{18-59}$$

　　约束条件:

$$\begin{cases} \displaystyle\sum_{J=1}^{N} W(J)X(I,J) \geqslant A_L \\[2mm] \displaystyle\sum_{J=1}^{N} D(J)X(I,J) \geqslant D_H \end{cases} \tag{18-60}$$

式中　$Z(I)$——矿区所有矿井采用I方案所增效益,万元;

　　　　$P(J)$——J矿井投资后规划期内增加的总效益,万元;

　　　　$W(J)$——J矿井投资见效后增产数量,t/a;

　　　　$D(J)$——J矿井所需投资金额,万元;

　　　　$T(J)$——J矿井投资后施工期,a;

　　　　$Q(J)$——J矿井规划前的效益,万元/a;

　　　$A_o(J)$——J矿井规划前的产量,kt/a;

　　　　　I——方案编号;

　　　　T_O——规划期年限,a;

　　　　A_L——规划期末矿区要求达到的增产指标,万吨;

　　　　D_H——规划期内矿区投资资金总额,万元;

　$X(I,J)$——I方案J矿井是否改扩建或新建的逻辑变量;

　　　　　N——可以进行改扩建或新建的矿井数目。

　　b 备选方案与方案系列

　　若已知可以进行改扩建或新建的矿井数目为N个,规划时根据矿区规划期的投资总额及矿井所需的投资数量,投资可能采取的分配方案有:只给某一个矿井的;只给某两个矿井的;……直到全部N个矿井都给投资,共2^N个方案组成方案集。

　　每个方案$X(I)$以1或0代表取舍的N维向量表示:

$$\begin{cases} X(I) = (X_1, X_2, \cdots, X_N) \\[2mm] X_J = \begin{cases} 1,\text{对}J\text{矿井投资}D(J) \\ 0,\text{对}J\text{矿井不投资} \end{cases} \end{cases} \tag{18-61}$$

式中　　　　　　　　I——方案的编号;

　　　　　　　J——矿井编号,取值由1到N;

　$(X_1, X_2, \cdots, X_N)$——由X_J取值为1或0组成的N维向量,表示哪个矿井给投资,哪个矿井不给投资。

　　按上述方案分配投资后,各方案所获得的新增收益为:

$$Z(I) = \sum_{J=1}^{N} P(J)X(I,J) \tag{18-62}$$

　　依$Z(I)$值由大到小将全部备选方案重新排序,它表明方案编号靠前的新增效益比靠后的新增效益大,选取时可以按方案序列的顺序进行。

　　c　不同约束条件类型

　　矿区发展规划方案选择时,需要考虑的约束条件因时、因地而有所不同,包括国家对矿区产量要求和投资能力、矿区自筹资金能力等。作为通用的优化模型和计算机程序,约束条件可分为以下几种类型(用 L_X 代表不同类型):

　　(1) $L_X = 1$,约束条件是投资总额 D_X 不大于给定的资金 D_{HI},即满足:

$$D_F(I) = \sum_{J=1}^{N} D(J)X(I,J) \leqslant D_{HI} \tag{18-63}$$

　　当 D_{HI} 值是给定在某一区间内可任意选取时,采用取上限值为 D_{H1},下限值为 D_{H2},步长间隔为 D_{H3} 进行多种投资可能时的方案选择。

　　(2) $L_X = 2$,约束条件是规划期末(如2000年)矿区增加的产量 $W_F(I)$ 不小于给定的增产指标 A_L,若有一部分矿井产量衰减了 $Y(3)$ 时,需满足:

$$W_F(I) = \sum_{J=1}^{N} W(J)X(I,J) \geqslant A_L + Y(3) \tag{18-64}$$

　　(3) $L_X = 3$,约束条件是投资总额 $D_F \leqslant D_{HI}$,矿区增产量 $W_F(I) \geqslant A_L$(或 $A_L + Y(3)$),即满足:

$$\begin{cases} D_F(I) = \sum_{J=1}^{N} D(J)X(I,J) \leqslant D_{HI} \\ W_F(I) = \sum_{J=1}^{N} W(J)X(I,J) \geqslant A_L + Y(3) \end{cases} \tag{18-65}$$

　　当投资总额为 $D_{H1} \sim D_{H2}$ 时,仍可按步长 D_{H3} 进行多种投资时的方案选择。

　　(4) $L_X = 4$,约束条件是投资总额 $D_F \leqslant D_H$ 的同时,分阶段(第一个五年、第二个五年、第三个五年)的增产量 W_{F1}、W_{F2}、W_{F3} 满足增产指标 $A_L(1)$、$A_L(2)$、A_L 的要求,即满足:

$$\begin{cases} D_F(I) = \sum_{J=1}^{N} D(J)X(I,J) \leqslant D_{HI} \\ W_{F1}(I) = \sum_{J=1}^{N} W_1(J)X(I,J) \geqslant A_L(1) + Y(1) \\ W_{F2}(I) = \sum_{J=1}^{N} W_2(J)X(I,J) \geqslant A_L(2) + Y(2) \\ W_{F3}(I) = \sum_{J=1}^{N} W_3(J)X(I,J) \geqslant A_L + Y(3) \end{cases} \tag{18-66}$$

式中　$Y(1)$,$Y(2)$,$Y(3)$——矿井产量衰减量。

　　当要求的产量增加幅度是分阶段平稳上升时,可取 $A_L(1) = \frac{1}{3}A_L$,$A_L(2) = \frac{2}{3}A_L$。

　　(5) $L_X = 5$,作为附加的约束类型,约束条件与 $L_X = 4$ 时基本相同。只增加一个分阶段,代表第四个五年期间产量的增长要求。

　　显然,模型中约束条件越多,最优方案的选取越困难。在各类约束条件下完全可能出现无解或解的数目不多(程序中 N_1 定为输出选优方案的前 N_1 个,初步考虑可以取 $N_1 = 5$),且约束条件越多,出现无解的可能性越大。

　　B　矿区规划方案选择的层次分析法

　　矿区规划方案的评价指标中,除了有一些可以定量表达的指标如产量、效益、投资之外,还有一些难以定量表达的定性指标,如社会效益、就业问题、改善矿区环境和生活福利等。特别是在最后对少数几个矿区规划或矿区发展方案进行对比分析时,更需要对多项以不同形式表达的指标进行对比和综合评价。

　　层次分析法(analytic hierarchy process)是20世纪70年代由美国著名运筹学家、匹兹堡大学西堤(T. L. Saaty)教授提出的。它可以用于解决如规划、预测、排序、资源分配、冲突消除、决策等问题,也适合用于解决矿区规划方案选择问题。

　　层次分析法的主要特点是把复杂问题中的各种因素,通过划分为相互联系的有序层次使之条理化,根据对某一客观现实的判断就每一层次的相对重要性予以定量表示,然后利用数学方法确定每一层次的全部因素相对重要性次序的权值,并通过排序结果来分析和解决问题。

　　矿区规划方案选择的层次分析模型,一般情况下可以构成三个层次进行分析决策,其具体构成如图 18-33 所示。目标层为合理使用资金达到稳产、高产或取得最好效益;准则层有产量、投资、经济效益、社会效益等所代表的几项综合评价指标;策略层为若干个供选择的,也是待评价的矿区规划方案。由此形成的判断矩阵 $O-A$ 见表 18-5,判断矩阵 $Ak-B$ 见表 18-6,最后计算得出的层次总排序见表 18-7。

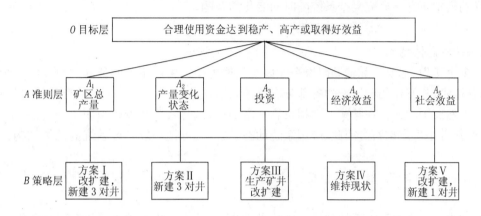

图 18-33　矿区发展规划层次分析模型

表 18-5　判断矩阵 $O-A$

O	A_1	A_2	$\cdots$	A_n	计算出
A_1	a_{11}	a_{12}	$\cdots$	a_{1n}	a_1
A_2	a_{21}	a_{22}	$\cdots$	a_{2n}	a_2
$\vdots$	$\vdots$	$\vdots$		$\vdots$	$\vdots$
A_n	a_{n1}	a_{n2}	$\cdots$	a_{nn}	a_n

表 18-6　判断矩阵 $Ak-B$

A_1	B_1	B_2	$\cdots$	B_j	$\cdots$	B_n	计算出
B_1	b_{11}	b_{12}	$\cdots$	b_{1j}	$\cdots$	b_{1n}	b_1^k
B_2	b_{21}	b_{22}	$\cdots$	b_{2j}	$\cdots$	b_{2n}	b_2^k
$\vdots$	$\vdots$	$\vdots$		$\vdots$		$\vdots$	$\vdots$
B_i	b_{i1}	b_{i2}	$\cdots$	b_{ij}	$\cdots$	b_{in}	b_1^k
$\vdots$	$\vdots$	$\vdots$		$\vdots$		$\vdots$	$\vdots$
B_n	b_{n1}	b_{n2}	$\cdots$	b_{nj}	$\cdots$	b_{nn}	b_n^k

表 18-7　层次总排序

层次 B	A_1	A_2	$\cdots$	A_m	B 层次总排序
	a_1	a_2	$\cdots$	a_m	
B_1	b_1^1	b_1^2	$\cdots$	b_1^m	$\sum\limits_{i=1}^{m} a_i b_1^i$
B_2	b_2^1	b_2^2	$\cdots$	b_2^m	$\sum\limits_{i=1}^{m} a_i b_2^i$
$\vdots$	$\vdots$	$\vdots$		$\vdots$	$\vdots$
B_n	b_n^1	b_n^2	$\cdots$	b_n^m	$\sum\limits_{i=1}^{m} a_i b_n^i$

　　表 18-6 中系数 k 取值:1 表示两者重要性相同;3 表示 B_i 比 B_j 稍重要;5 表示 B_i 比 B_j 明显重要;7 表示 B_i 比 B_j 很重要;9 表示 B_i 比 B_j 极端重要。它们之间的数 2、4、6、8 及其倒数有相类似的意义。显然,当 $i=j$

时，$b_{ij}=1$，另外 $b_{ij}=\dfrac{1}{b_{ij}}(i,j=1,2,\cdots,n)$，所以对 n 阶判断矩阵，仅需要对 $\dfrac{m(n-1)}{2}$ 个元素给出数值。

由于客观事物的复杂性和人们认识上的多样性，可能产生片面性，要求每一个判断矩阵都具有完全一致性是不可能的，特别是对因素多、规模大的问题更是如此。为此，在考察层次分析法得到的结果是否基本合理时，需要在各排序过程中进行一致性检验。

18.4.1.3　矿区系统动态模拟分析

系统动态学能定性与定量地分析研究系统。它采用模拟技术，以结构－功能模拟为其突出的特点。一反过去常用的功能模拟法，它从系统的微观结构入手建模，构造系统的基本结构，进而模拟与分析系统的动态行为。这样的模拟更适于研究复杂系统随时间变化的问题。

A　矿区规划的系统动态学(SD)模型

a　矿区系统的总体结构

矿区是由多个矿山、选矿厂和辅助附属企业以及其他为矿区生产服务的各部门组成的一个复杂的动态系统，是由相互区别、相互作用和影响的各部分有机地联结在一起，为同一目的(生产矿石产品)完成各自功能的集合体。虽然我国的矿山在某些方面担负着一定的社会职能，管理着矿山职工的生活、福利、人口与教育等，但其主要任务是生产矿石。因此，应用系统动态学方法，可把一般矿区系统的总体结构归纳为三个分系统：

(1) 矿区矿石生产系统。该系统包括矿山资源、矿山基建与生产、选矿与加工、交通运输、供电和供水等。

(2) 矿区技术经济系统。该系统包括矿区技术进步、劳动力和生产效率、投资及投资效果、固定资产及产值、收入等。

(3) 矿区环境系统。矿区环境系统主要包括环境污染、地表塌陷、"三废"治理及其利用等。

三个系统之间存在着互相制约和影响的关系。矿石生产系统的运行必然影响环境系统，而环境系统又影响着技术经济系统的发展和制约着矿石生产系统的运行；矿石生产系统必然需要技术经济系统的辅助才能正常地运行和发展；技术经济系统的发展又可以改善矿区环境。因此，现代矿区系统具有如下特征：

(1) 矿区系统的行为是动态的，不仅矿区系统外部环境具有时变性，而且矿区系统内部也总是处于动态平衡状态。

(2) 矿区系统的行为是多目标的。有体现矿区全部经济活动效益的经营目标，有满足社会需要的贡献目标，有体现矿区经济利益的利润目标，有表征矿区发展的战略目标等。

(3) 矿区系统所拥有的矿石资源是有限的。如何在有限的资源条件下尽可能发挥最大的效益，调整矿区的生产经营活动，是矿区面临的一个问题。

(4) 矿区生产系统总是经常面临着各种各样的政策因素影响。有上层管理部门下达的，有当地政府和有关部门规定的，也有企业内部制订的政策因素。如何掌握、介入协调有关的政策因素，使其与技术经济因素共同处于系统协调运动之中，是一个亟待解决的重要课题。

(5) 矿区同外部环境存在相互联系和相互作用，并朝着有序化、现代化发展。

b　系统动态学模型的基本结构

(1) 反馈环。反馈系统是构成系统动态学模型的基础。若系统的输出影响系统的输入，则称该系统为反馈系统。一个反馈系统至少包含一个反馈环。

图 18-34 所示为反馈环的基本结构，它由决策点、系统状态、信息流和行动流四个要素组成。在决策点产生决策后，由行动流对系统的状态产生作用，并通过系统状态变化得到新信息，影响下一步决策。在矿区系统中，从决策产生到系统状态变化和从系统状态变化到对其进行的观测产生新的决策之间，都可能有时间延迟，即需要在反馈环的基本结构中，增加延迟内容。图 18-35 所示为带延迟的反馈环。

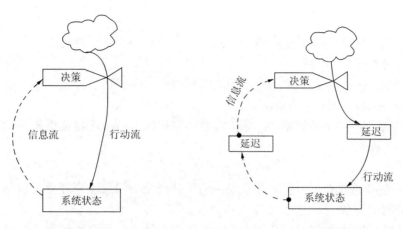

图18-34　反馈环的基本结构　　　　图18-35　带延迟的反馈环

（2）SD 模型的结构。由于反馈环是构成系统的基本单元，其相互作用就决定了系统状态的增长、波动等复杂的动态行为。SD 的一个基本观点是没有原因就没有结果，变量之间的因果关系可区分为正因果关系和负因果关系。当两个相关因素同向变化时，为正因果关系；反之，为负因果关系。在因果关系圈中上述关系分别以正、负因果关系链表示为 $A \to \oplus B$ 或 $A \to \ominus B$。当两个以上的因果关系链首尾串联而形成环形，就称为因果关系环。由带正、负链的因果关系构成的环可分为正、负因果反馈环，其判别方法为：若因果关系环中负链的个数为偶数，该环为正反馈环；若负链的个数为奇数，则该环为负反馈环。正因果反馈环中任一量的变动通过其他变量的作用，最终使该变量同方向的变动趋势加强，即具有自我强化效应，而负因果反馈环中的变量则具有自我稳定效应。

c　矿区规划 SD 模型

用因果关系图表示的矿区规划 SD 模型如图18-36 所示。其中主要的反馈环有3 个正环和4 个负环。

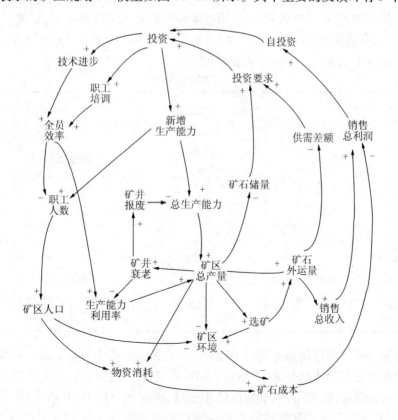

图18-36　矿区发展因果关系

（1）正反馈环。

1）投资→⊕新增生产能力→⊕总生产能力→⊕矿区总产量→⊕矿石外运量→⊕销售总收入→⊕销售总利润→⊕自投资→⊕投资。

2）投资→⊕技术进步→⊕全员效率→⊕生产能力利用率→⊕矿区总产量→⊕矿石外运量→⊕销售总收入→⊕销售总利润→⊕自投资→⊕投资。

3）投资→⊕职工培训→⊕全员效率→⊖职工人数→⊕矿区人口→⊕物资消耗→⊕矿石成本→⊖销售总利润→⊕自投资→⊕投资。

（2）负反馈环。

1）总生产能力→⊕矿区总产量→⊕矿井衰老→⊕矿井报废→⊖总生产能力。该环反映了矿井开发强度与矿区生产能力的制约关系。

2）投资→⊕新增生产能力→⊕总生产能力→⊕矿区总产量→⊕矿石外运量→⊖供需差额→⊕投资要求→⊕投资。该环反映了投资效果是增加矿石产量，减少供需差额。

3）新增生产能力→⊕总生产能力→⊕矿区总产量→⊖矿石储量→⊕投资要求→⊕投资→⊕新增生产能力。该环反映了矿石资源是矿区发展规模的基础和前提。

4）投资→⊕新增生产能力→⊕总生产能力→⊕矿区总产量→⊖矿区环境→⊖矿石成本→⊖销售总利润→⊕自投资→⊕投资。该环反映了矿区环境的影响及矿区环境与矿区发展规模的制约关系。

由此可知，矿区规划系统是由许多正、负反馈环相互耦合而成，系统所呈现的动态行为是这些正、负反馈环相互作用的总结果。各反馈环的相互作用可能会相互抵消，也可能相互加强。当负反馈环的自我调节占主导地位时，系统呈现趋于目标的稳定行为。当正反馈环的自我强化作用占主导地位时，系统呈现增长或衰减的行为。此外，这种主导地位可能随着时间变化而不断转移，让位于新的反馈环。因此，系统总的行为也将随之在稳定与增长中相互转化。

B　矿区规划系统流图和方程

根据系统动态学的原理、解算步骤和方法，在构造系统因果关系图的基础上，要进一步建立系统流图和方程，用以表示系统各部分的相互连接关系和系统结构、系统中主要变量及其相互关系，流图的描述与方程式的表达相互对应。流图中常用的表达符号见表18-8。

表18-8　流图常用符号

类　别		符　号　图　示		
变量	流位	▭	流率	⋈
	外生变量	◎	辅助变量	○
流线	信息	- - →		-○-○-○-○→
	材料		人	⟹
信息输出	信息传递起点	○⤳		▭•⤳
源点与汇点	源点	⋈✂	汇点	⋈✂
其他	延迟		▭▭▭▭	

系统动态学的方程表达式是以反馈系统行为随时间改变的动态行为为基本出发点的微分方程组。描述系统动态行为过程时所用的最基本的是流位（状态）和流率（速率）变量，它们的取值随时间改变。图18-37中的 L_1 和 L_2 为两个流位变量，R_1 和 R_2 为相应的流率变量，由初始时间 D_0 开始考察，每经过一个 DT 时间间隔，记录流位和流率的变化情况。其表达方式是在变量名后面注以 J、K、L 分别代表前一时刻、现在时刻和后一时刻该变量的状态。

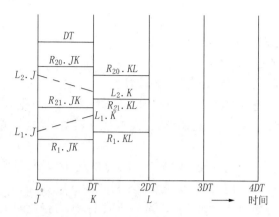

图 18-37 动态行为过程描述

矿区系统动态学模型主要用了六种方程,每一种方程的标志字符及其表达的内容如下:

(1) 流位方程。流位方程又称状态方程,它表达变量某一时刻变化后的累积量。流位方程在DYNAMO语言编写的程序中,以 L 为标志写在第一列。其表达形式举例如下:

$$L\ L.K = L.J + (DT)(RA.JK - RS.JK) \tag{18-67}$$

式中 L——流位变量名;

$L.K$——K 时刻的流位;

$L.J$——J 时刻的流位;

DT——时间间隔;

$RA.JK$——在 J 到 K 的时间间隔中致使流位 L 增加的流率变量;

$RS.JK$——在 J 到 K 的时间间隔中致使流位 L 减少的流率变量。

矿区系统中的储量、生产能力和固定资产等都用流位方程来描述。

(2) 流率方程。流率方程也称速率方程。流率是表示单位时间内流位的变化,指出在被控系统内如何流动。在用 DYNAMO 语言编写的程序中,速率方程以 R 为标志。与流位方程不同,速率方程无一固定格式,速率方程是在 K 时刻进行计算,速率的时间下标为 JK 或 KL。例如:

$$R\ KJKGL.KL = GKTZ.K/KDKTZ \tag{18-68}$$

式中 $KJKGL.$——矿井开工能力;

$KDKTZ$——矿井建设吨矿投资。

(3) 辅助方程。在反馈系统中描述信息的运算式。"辅助"的涵义就是帮助建立速率方程。在 DYNAMO语言中,书写辅助方程时要以字母 A 为标志。

(4) N 方程。N 方程的主要用途是为矿区系统流位方程赋予初始值。在模型程序中,N 方程通常紧跟着流位方程。

(5) 常数方程。为矿区系统变量或因素设置常数参数值,在 DYNAMO 语言中,书写常数方程时要以字母 C 为标志。常数可在重复运行中进行修改。

(6) 表方程。矿区规划模型中往往需要用辅助变量描述某些变量间的非线性关系。显然,简单地由其他变量进行代数组合的辅助变量已不能胜任。若所需的非线性函数能以图形给出,就可以十分简单地用 DYNAMO语言中的表函数表示。

C 应用实例

利用所建立的矿区发展"SD"模型,对某矿区发展的不同决策进行了30 年(1985～2015)的动态模拟,得出了相应的矿区生产建设规模、经济效益、固定资产、职工人数、矿区人口及家属住宅等的动态变化值,由此可得出相应的结论。

(1) 矿区生产规模。本模型对平顶山矿区生产规模模拟了四种方案。

Ⅰ方案:对具备改扩建条件的矿井进行改扩建,并建设新井。

Ⅱ方案:不改建老井,只建新井。

Ⅲ方案:只改建老井,不建新井。

Ⅳ方案:既不改建老井,也不建新井。

模拟结果表明,矿区生产规模和产量采用Ⅰ方案较好。

(2) 矿区经济效益。矿区企业内部经济效益必须以矿石为主,大搞多种经营,大力开展选矿加工。本模型在矿区规模选择Ⅰ方案的前提下,考虑了选矿方案,模拟结果表明,建立与矿井生产能力相适应的选矿厂方案能取得较好的经济效益。

但是,矿业的生产对象是地下的自然资源,随着开采深度的逐步加深,开采难度愈来愈大,生产成本不断增加,矿井逐渐衰老,由于矿石资源的枯竭,最终报废是不可抗拒的客观规律。衰老过程中的经济损失,报废时的人员安置都是矿山企业的特殊问题。即使在正常生产时期,矿山企业的生产、经营状况受资源赋存条件的限制特别大。加之长期以来,矿石的价格与价值背离,使绝大多数矿山企业处于亏损状态,这种不正常状况的结果是产矿愈多,亏损愈大。随着我国进入社会主义市场经济,矿山企业又面临了新的问题和困难。一是部分矿石出现供大于求的局面;二是人员多、效率低、效益差。该矿区同样也面临着如何减人提效、提高矿石质量、开拓矿石销售市场、调整产业结构和提高企业经济效益的问题。

(3) 固定资产与投资。模拟结果表明,固定资产原值和净值都是在不断增加,而资产产出率却随之减少。这表明固定资产产出率随固定资产与投入的劳动力的比值增加而下降,如果把矿区发展归结为投入与投入效果两个因素,则加速矿区发展途径就是增加投入和提高投入效果。如果投资效果已定,则投资就成为矿区发展的决定性因素。

(4) 职工人数和全员效率。模拟结果表明,从效率这个角度来看,矿区生产规模也是Ⅰ方案好。

按效率目标所做的模拟结果,全员效率到2000年达到3.0t/工,到2015年达到4.0t/工左右。但效率的提高就必须减少人员,同时提高机械化程度和科学技术水平,前者涉及精减人员的出路问题,后者涉及矿山地质条件对机械化使用的限制和矿山企业面临亏损而无力购置综采设备的问题。因此,对矿山企业而言,职工人数的减少和效率的提高是有一定限度的。

(5) 模型的验证。为了检验模型的正确性,我们对该规划"SD"模型做了历史验证,把模拟起始时间退回到1980年。验证的主要变量取矿区产量、职工人数、固定资产原值和工业总产值,验证结果见表18-9。

表18-9　矿区发展SD模型验证结果

年份	矿区产量			职工人数			固定资产原值			工业总产值		
	历史值/Mt	仿真值/Mt	误差/%	历史值/人	仿真值/人	误差/%	历史值/万元	仿真值/万元	误差/%	历史值/万元	仿真值/万元	误差/%
1980	2.7790	2.7338	-1.63	21541	21927	+1.79	16892.5	16892.5	0	7416.9	7569.2	+2.05
1981	2.7101	2.6709	-1.45	26055	26380	+1.25	28982.5	28629.5	-1.22	6949.2	7018.4	+0.10
1982	3.9211	3.8272	-2.39	28865	29184	+1.11	63225.7	64324.1	+1.74	10228.8	10321.9	+0.91
1983	4.4415	4.5437	+2.30	31176	31084	-0.30	66617.5	65076.5	-2.31	11503.5	11667.0	+1.42
1984	5.0901	5.1178	-0.54	34291	34541	+0.73	71317.5	73039.1	+2.41	13166.4	13311.5	+1.10
1985	5.7562	5.8449	-1.54	34546	34630	+0.24	98004.4	96625.2	-1.41	16303.1	16562.7	+1.59
1986	6.9389	6.9455	+0.10	35322	35961	+1.81	156435.9	158988.4	+1.63	20153.0	20487.5	+1.66
1987	8.0824	8.1308	+0.60	36828	36257	-1.55	173928.7	175237.8	+0.75	25803.5	26392.4	+2.28
1988	9.3188	9.1207	+2.13	63236	63509	+0.43	209520.8	213908.8	+2.09	44224.2	44488.2	+0.60

由表18-9可知,矿区产量的模拟值与历史值之间最大相对误差为2.39%;职工人数的最大相对误差为1.81%;固定资产原值最大相对误差为2.41%;工业总产值最大相对误差为2.28%。这表明模型的拟合精度是比较高的,用于模拟矿区的发展研究是可信的。

18.4.2　矿山规模与矿石边界品位

18.4.2.1　矿山规模

A　矿山建设规模

矿山建设规模的确定,涉及矿区资源条件,矿区内外部多种技术、经济因素,是一个复杂的系统工程问题。

矿山的建设规模要根据技术上可能、经济上合理、市场需要和委托单位(业主)的要求,进行全面的分析研究后确定。

(1) 技术上可能是确定矿山建设规模的一个前提条件。在矿山设计工作中,对露天矿,要按照可能布置的采矿设备数量和矿山工程延深速度或采矿下降速度来验证在技术上可能达到的矿山生产能力,并通过编制采剥进度计划进行落实。对地下矿,要按照所采用的采矿方法和回采工作条件及开采下降速度来验证矿山在技术上可能达到的生产能力。

从技术上论证可能达到的矿山生产能力时,要以批准的工业矿量(具有开采价值的可采矿量)为基础。与生产能力计算有关的各项参数、指标的选取,特别是新工艺、新设备各种指标的选取,应当稳妥可靠,留有余地,并且要预见到地质条件的可能变化,适当考虑地质储量差异系数。

由于矿床赋存条件上的原因,有时达到建设规模的时间很长。在这种情况下,应考虑由小到大、分期建设的必要性。每期的建设规模一般应考虑在投产后能在 1~3 年内达到建设规模的产量要求。但分期建设要有总体规划,尽量做到前后期衔接合理,并且在近期建设上,原则上不要为远期建设预花很多投资。

(2) 一个建设项目的不同建设规模,其经济效益往往是不同的,要使确定的建设规模达到最佳经济效益,这是确定矿山建设规模的一个基本原则。衡量矿山建设规模的经济效益的主要指标是投资收益率。因此,从经济上研究矿山建设的规模是否合理时,一般应在技术条件可能的基础上考虑几个不同建设规模的方案,分别计算其投资收益率,然后进行比选。

(3) 市场需要或委托单位的要求是确定矿山建设规模必须认真考虑的一个重要因素。在一般情况下,应当尽量满足市场需要或委托单位的要求,但考虑这个因素必须联系技术上的可能和经济上的合理。

B　优化主要方法

目前,国内外关于优化矿山产量规模的主要方法有:

(1) 泰勒准则。把境界内的矿石储量与服务年限归结为经验公式,间接地给出一定储量条件下的最优规模:

$$T = 6.5(1 \pm 0.2)\sqrt[4]{Q} \tag{18-69}$$

式中　T——矿山经济寿命,年;

　　　Q——境界内矿石储量,Mt。

(2) 平均利润率准则。

(3) 经济规模准则。

(4) 成本优先准则。

(5) 资源利用率准则。

(6) 收益率准则。

以上各种方法(除第一种以外),其表述方式虽然不同,但其核心问题是要建立矿山开采成本与规模之间的函数关系,或者是收益与规模的函数关系,然后取最优值。然而,成本(收益)与规模之间的函数关系非常复杂,影响因素众多,各矿情况互不相同,它们之间的关系也不相同,在实际应用中,需要根据不同矿山的具体条件详细分析后确定。

C　最优规模的确定

a　确定矿山合理经济规模的步骤

确定矿山合理经济规模的步骤如下:

(1) 针对矿山资源条件,选择合理的开采工艺及设备;

(2) 确定合理的开采顺序、开拓系统及采矿参数;

(3) 在储量一定的条件下,对不同生产规模的矿山投资及生产成本进行估算;

(4) 按照某一种(或几种)经济评价指标进行不同生产规模下的经济效益计算,它应是贯穿矿山开采全

过程的动态经济计算;

（5）对上项所得结果进行规模经济分析,找出规模优化范围;

（6）对限制矿山生产规模的其他内、外部约束条件进行分析;

（7）合理匹配各决策要素之间的关系,如矿山生产规模与主要固定资产折旧年限、主要开采设备规格、数量之间的关系等;

（8）综合得出合理经济的矿山生产规模。

b   确定矿山最优规模的数学模型

（1）目标函数:$A_p \to Opt$,即:

总成本最低: $C = f(A_p) \to \min$

或总收益最大: $B = f(A_p) \to \max$

（2）约束条件:

$$\sum_{j=1}^{n} a_{ij} x_{ij} \leqslant (\text{或} \geqslant) A_{pj} (j = 1, 2, \cdots, N) \tag{18-70}$$

式中 a_{ij}——第 j 项约束条件的第 i 项变量系数;

x_{ij}——第 j 项约束条件的第 i 项变量;

A_{pj}——第 j 项约束条件所能达到的最大生产能力。

c   实例分析

某露天矿地质储量 2188 Mt,可采原矿储量约 1650 Mt,平均剥采比为 5.35 m³/t。矿体厚度约 30 m,倾角多在 10°以下。剥离物以亚黏土、砂岩等为主,属软至中硬岩性。剥离物厚度为 100~200 m。矿区为丘陵地形,典型黄土高原地貌。原设计生产规模为 15 Mt/a,服务年限 100 年以上。剥离系统选择单斗挖掘机—卡车剥离工艺,采矿系统选择单斗挖掘机—卡车—破碎—胶带工艺。开采条区宽度(即坑底工作线长度)1.5 km。

按照前述生产规模优化计算结果,该露天矿近期经济合理生产规模应在 15~20 Mt/a 之间。其中,约束条件主要包括开采技术条件、外运条件、可用资金条件等。这些约束条件并非一成不变,而是可以创造条件使之宽松化。

鉴于原划分的矿田储量很大,现在其范围内选取不同的矿田储量 P,形成从 $P = 250$ Mt 到 $P = 1500$ Mt 的 6 种方案,然后进行综合优化。所选取的经济效益主要评价指标有:(1)内部收益率 IRR;(2)总净现值 NPV(基准收益率按 10% 计);(3)净现值指数(现值比)。

净现值指数 R 为单位投资所获净现值:

$$R = \frac{NPV}{K} \tag{18-71}$$

式中 NPV——净现值;

K——总投资现值。

在不同矿田储量下,不同矿山生产规模所获得的经济效益指标如图 18-38~图 18-40 所示(图中 $A_{\max}$ 为约束条件限定的生产规模上限)。

由图 18-38~图 18-40 可见,虽然按不同经济效益指标所得结果不尽相同,但有其共同的规律可循:

（1）在一定的矿田储量条件下,随着矿山生产规模的变化,矿山经济效益随之变化,且有其经济效益峰值,相应即为最优经济规模。

（2）随着矿田储量的增大,最优经济规模值也随之相应增大。

（3）由于矿区内外种种约束条件的限制,单个矿山生产规模往往被约束在一定范围之内;在矿田储量很大时(例如本实例中 $P \geqslant 750$ Mt 时),难以达到计算所得最优经济规模。目前,世界范围内单个露天矿生产规模最高达 50 Mt/a,可作为单坑生产规模上限的参考。按此规模,该露天矿年采剥总量将达 0.3 km³。为拓宽研究范围,其他约束条件暂不参与限制。

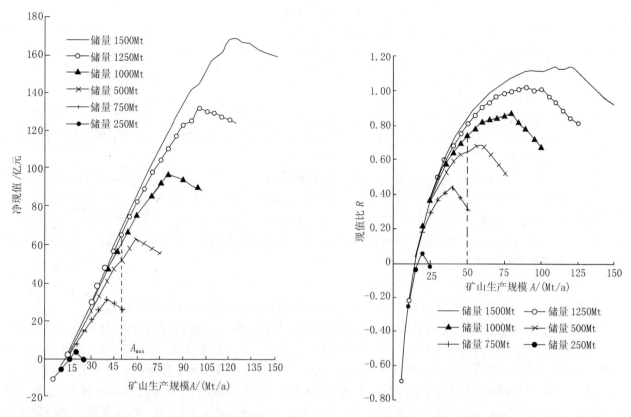

图 18-38 不同矿田储量及矿山生产规模的净现值

图 18-39 不同矿田储量及矿山生产规模的现值比

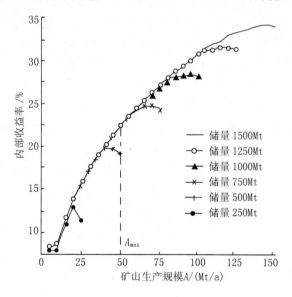

图 18-40 不同矿田储量及矿山生产规模的内部收益率

由此,可以得出在现实可行产量规模范围内,不同生产规模下可以获得最优经济效益的相应矿田储量。为了对不同矿田储量方案进行对比,采用单位储量净现值指标统一衡量。

$$单位储量净现值 = \frac{NPV}{K}$$

整理结果列于表 18-10 中。由表 18-10 可见,当矿山生产规模过低时,其净现值将为负值,即 *IRR* 低于基准收益率。由此可以确定矿山生产规模的下限值。在该矿田条件下,其经济规模下限值约在 12 Mt/a (按基准收益率 12% 计) 。

表 18-10　矿山生产规模与矿田储量综合优化结果

矿山生产规模/(Mt/a)	单位储量净现值峰值/(元/t)	相应合理矿田可采储量/Mt
10	-0.32	—
15	0.15	500~650
20	1.62	350~650
25	2.92	400~700
30	4.20	400~750

由表 18-10 还可见,按照原设计生产规模,原划定矿田储量过大。为了达到决策要素的综合优化,提出该矿田重新划分方案:

(1) 方案 A。将原矿田一分为二,每个矿田工业储量为 700~800 Mt,矿山生产规模各为 25~30 Mt/a。

(2) 方案 B。将原矿田一分为三,每个矿田工业储量为 450~550 Mt,矿山生产规模各为 15~20 Mt/a。

从当前各方面因素综合考虑,方案 B 更现实可行。无论如何,适当划小矿田范围,实现合理的经济生产规模,可以成倍提高开采范围内的总产量规模,这对于矿区优势资源的及时、有效利用,并提高全矿区的综合经济效益,无疑具有重要意义。

18.4.2.2　矿石边界品位

边界品位是计算矿石储量的主要指标,它是圈定矿体时单个矿样中有用组分的最低品位。

当有用组分含量等于或高于边界品位值时,其所代表的区段为矿石,进而根据有用组分平均含量是否高于工业品位,进一步划分为目前可利用储量(表内储量)和目前暂不能利用储量(表外储量)。当有用组分含量低于边界品位值时,其所代表的区段则为围岩或夹石。边界品位应高于选矿后尾矿中的有用组分含量。

20 世纪 60 年代以来,边界品位的优化一直是主要的研究课题。边界品位研究主要有 2 种方法:盈亏平衡法和最大现值法(Lane 法)。盈亏平衡法最初应用于南非 Witwatersrand 金矿,曾一度成为确定边界品位的主导方法,我国矿山也普遍应用。但是,盈亏平衡法得到的边界品位是一个与矿石质量、时间和位置无关的静态区分标准,没有考虑资金的时间价值,它的不合理性是显而易见的,这种方法逐渐被淘汰。Lane 法是 1964 年首先提出的,Lane 法的边界品位优化方法是以净现值为优化目标,得出的是随时间变化的动态边界品位,即称为边际品位,同时受到采矿、选矿和冶炼厂的生产能力约束。

A　盈亏平衡法品位计算

a　价值与成本计算

令 M_C 为 1 t 矿石的开采与加工成本;M_V 为 1 t 品位为 1 的矿石被加工成最终产品能够带来的经济收入。当最终产品为金属时:

$$M_C = C_m + C_p + C'_r \tag{18-72}$$

式中　C_m,C_p,C'_r——1 t 原矿的采矿成本、选矿成本和冶炼成本。

C_m 和 C_p 是按每吨原矿计算的,而冶炼成本一般按每吨精矿计算:

$$C'_r = \frac{g r_p}{g_p} C_r \tag{18-73}$$

式中　g——原矿品位;

　　　r_p——选矿回收率;

　　　g_p——精矿品位;

　　　C_r——每吨精矿的冶炼成本。

故:$M_C = C_m + C_p + \dfrac{g r_p}{g_p} C_r$。

若金属的售价为 P_r,M_V 可用式(18-74)计算:

$$M_V = r_p r_r P_r \tag{18-74}$$

当最终产品为精矿时:

$$M_V = C_m + C_p \tag{18-75}$$

$$M_V = \frac{r_p}{g_p} p_p \tag{18-76}$$

式中　p_p——每吨精矿售价；

　　　r_p——冶炼回收率。

b　已揭露块段的盈亏平衡品位

设某一块段已被揭露，这一块段可以采也可以不采。这时需要做的决策是采或不采，这两种选择间的盈亏平衡品位应满足以下条件：开采盈利 = 不开采盈利。

若该块段作为矿石开采，则：

$$开采盈利 = gM_V - M_C$$

若不予开采，盈利为零。所以有：

$$g_c M_V - M_C = 0 \tag{18-77}$$

式中　g_c——盈亏平衡品位。

$$g_c = M_C / M_V \tag{18-78}$$

当最终产品为金属时，得：

$$g_c = \frac{C_m + C_p}{r_p r_r p_p + \dfrac{r_p}{g_p} C_r} \tag{18-79}$$

当最终产品为精矿时：

$$g_c = \frac{C_m + C_p}{r_p p_p} g_p \tag{18-80}$$

因此，当被揭露的块段的品位大于盈亏平衡品位时，应将其作为矿石开采，否则不予开采。

c　必采块段的盈亏平衡品位

如果某一块段必须被开采（如为了揭露其下面的矿石），那么对该块段的决策选择有：作为矿石开采后送往选厂或作为废石采出后送往排土场。这两种选择间的盈亏平衡品位应满足条件：作为矿石处理的盈利 = 作为废石处理的盈利；作为矿石处理时的盈利 = $g_c = (M_C - W_e)/M_V$；作为废石处理时的盈利 = $- W_e$，即 1 t 废石的排土成本。

故有　　　　　　　　　　$$g_c M_V - M_e = - W_c$$

即

$$g_c = (M_C - W_e)/M_V \tag{18-81}$$

当最终产品为金属时：

$$g_c = \frac{C_m + C_p - W_c}{r_p r_r p_p - \dfrac{r_p}{g_p} C_r} \tag{18-82}$$

当最终产品为精矿时：

$$g_c = \frac{(C_m + C_p - W_c) g_p}{r_p p_p} \tag{18-83}$$

因此，当块段品位高于 g_c 时，将其作为矿石送往选厂要比作为废石送往排土场更为有利。值得注意的是，当块段的品位刚刚高于 g_c 时，将其作为矿石并不能获得盈利。然而，既然块段必须采出，将其作为矿石处理的亏损小于作为废石处理的成本，故仍然将其划为矿石。

d　分期扩帮盈亏平衡品位

采用分期开采时，从一个分期境界到下一个分期境界之间的区域称为分期扩帮区域。是否进行下一期扩帮，取决于开采分区扩帮区域是否能带来盈利。进行这一决策的盈亏平衡品位应满足以下条件：扩帮盈利 = 不扩帮盈利。

当分期扩帮区域内矿石的平均品位为 g_c，剥采比为 R 时：

$$\text{扩帮盈利} = g_c M_V - M_e = RW_c$$

$$\text{不扩帮盈利} = 0$$

故

$$g_c M_V - M_e - RW_c = 0$$

即

$$g_c = (M_C + RW_c)/M_V \tag{18-84}$$

当最终产品为金属时：

$$g_c = \frac{C_m + C_p + RW_c}{r_p r_r p_p - \dfrac{r_p}{g_p} C_r} \tag{18-85}$$

当最终产品为精矿时：

$$g_c = \frac{(C_m + C_p + RW_c) g_p}{r_p p_p} \tag{18-86}$$

因此，如果分期扩帮区域内矿石的平均品位高于 g_c，将其开采更为有利。必须注意的是，上面公式中用到剥采比 R，这意味着在计算分期扩帮盈亏品位前已经在该区域中进行了矿岩划分，而矿岩划分需要用到边界品位。如果决定开采分区扩帮区域，该区域变为必采区域，因此将该区域内每一块段进行矿岩划分的边界品位是必采块段盈亏平衡品位。这里需要强调的是，计算分期扩帮盈亏平衡品位的目的不是为了区分矿岩，而是为了决定是否开采整个分区扩帮区域。如果用必采块段盈亏平衡品位进行矿岩划分后得到的矿石的平均品位高于分期扩帮盈亏平衡品位，开采分期扩帮区域比不予开采更为有利。

B   最大现值法（Lane 法）确定边界品位

Lane 法被公认为是边界品位理论发展的里程碑。它把整个生产过程分为采矿、选矿、冶炼三个主要阶段。每个阶段都有自己的最大生产能力和单位成本。当某阶段成为整个生产过程的瓶颈，即其生产能力制约着整个企业的生产能力时，最佳边界品位也不同。由此，可分别求得采矿生产能力约束条件下的最佳边界品位 g_m、选矿生产能力约束条件下的最佳边界品位 g_c、冶炼生产能力约束条件下的最佳边界品位 g_r。每两个阶段都对应一平衡边界品位。使两个阶段均以最大生产能力满负荷运行，可分别求得采选平衡边界品位 g_{mc}、采冶平衡边界品位 g_{mr}、选冶平衡边界品位 g_{cr}。同时还求得每两个阶段成为生产的主要矛盾时对应的采选边界品位 G_{mc}、采冶边界品位 G_{mr}、选冶边界品位 G_{cr}。当同时考虑采、选、冶三个阶段的约束时，最佳边界品位是 G_{mc}、G_{mr}、G_{cr} 的中间值。

a   最大现值法（Lane 法）的符号定义

M 为采场最大生产能力；m 为单位开采成本；C 为选厂最大生产能力；c 为单位选矿成本；R 为冶炼厂最大生产能力；r 为单位冶炼成本；f 为不变成本；s 为最终产品单位售价；y 为综合回收率。

b   盈利及现值计算

在 Lane 法中，考虑采、选、冶三阶段平衡盈利为：

$$P = (s - r) Q_r - c Q_c - m Q_m - fT \tag{18-87}$$

式中 fT——开采并处理 Q_m 的不变费用；

   Q_m——采场最大生产能力；

   Q_c——选厂最大生产能力；

   Q_r——冶炼厂最大生产能力。

设折现率为 d，从当前时间算起一直到矿山开采结束的未来盈利折现到当前的最大现值为 V，从开采完 Q_m（即时间 T）算起一直到矿山开采结束的未来盈利折现到 T 的最大现值为 W。那么有：

$$V = W/(1+d)^T + P/(1+d)^T$$

或

$$W + P = V(1+d)^T \tag{18-88}$$

由于 d 很小（一般为 0.1 左右），$(1+d)^T$ 可用泰勒级数的一次项近似，即：

$$(1+d)^T \approx 1 + Td$$

故式(18-88)可以写成：

$$W + P = V(1 + Td) \text{ 或 } V - W = P - VTd$$

式中 $V - W$——开采 Q_m 产生的现值增量，记为 V_m，则有 $V_m = P - VTd$。

代入式(18-87)得：

$$V_m = (s - r)Q_r - cQ_c - mQ_m - (f + Vd)T \tag{18-89}$$

式(18-89)是现值增量的基本表达式。求作用于 Q_m 的最佳边界品位就是求使 V_m 最大的边界品位。

c　受生产能力约束的最佳边界品位

企业由采、选、冶三个阶段组成，每一阶段有其最大生产能力。当某阶段成为整个生产过程的瓶颈，即其生产能力制约着整个企业的生产能力时，最佳边界品位也不同。

(1) 采场生产能力约束下的最佳边界品位。当采场的生产能力制约着整个企业的生产能力时，时间 T 是由开采时间决定的，即 $T = Q_m/M$，则有：

$$V_m = (s - r)Q_r - cQ_c - \left(m + \frac{f + Vd}{M}\right)Q_m \tag{18-90}$$

使 V_m 最大的边界品位 g_m 应满足：

$$(s - r)g_m y - c = 0$$

即

$$g_m = c/(s - r)y \tag{18-91}$$

(2) 选厂生产能力约束下的最佳边界品位。当选厂生产能力制约着整个企业的生产能力时，时间 T 是由选矿时间决定的，即 $T = Q_c/C_0$ 则有：

$$V_c = (s - r)Q_r - [c + (f + Vd)/C]Q_c - mQ_m \tag{18-92}$$

通过与上面同样的分析，使 V_c 最大的边界品位为：

$$g_c = \frac{c + \dfrac{f + Vd}{C}}{(s - r)y} \tag{18-93}$$

(3) 冶炼厂生产能力约束下的最佳边界品位。当冶炼生产能力制约着整个企业的生产能力时，时间 T 由冶炼时间给出，即 $T = Q_r/R_0$ 则有：

$$V_c = \left(s - r - \frac{f + Vd}{R}\right)Q_r - cQ_c - mQ_m \tag{18-94}$$

使 V_r 最大的边界品位为：

$$g_r = \frac{C}{\left(s - r - \dfrac{f + Vd}{R}\right)y} \tag{18-95}$$

d　生产能力平衡条件下的边界品位

若采选平衡边界品位记为 g_{mc}，满足条件：

$$\frac{Q_c}{Q_m} = \frac{C}{M} \tag{18-96}$$

若采冶平衡边界品位记为 g_{mr}，满足条件：

$$\frac{Q_r}{Q_m} = \frac{R}{M} \tag{18-97}$$

若选冶平衡边界品位记为 g_{cr}，满足条件：

$$\frac{Q_r}{Q_c} = \frac{R}{C} \tag{18-98}$$

e　最佳边界品位

最佳边界品位见 8.3.2 节内容。

f　实例分析

设某矿山采场最大生产能力 $M = 100\text{t}_{矿岩}/\text{a}$，单位开采成本 $m = 1$ 元/$\text{t}_{矿岩}$，选厂最大生产能力 $C = 50\text{t}_{原矿}/\text{a}$，单位选矿成本 $c = 2$ 元/$\text{t}_{原矿}$，冶炼厂最大生产能力 $R = 40\text{kg}_{金属}/\text{a}$，单位冶炼成本 $r = 5$ 元/$\text{kg}_{金属}$，金属售价 $s = 25$ 元/kg，综合回收率 $y = 100\%$，不变成本 $f = 300$ 元/a，总储量 $Q_{mt} = 1000\text{t}$。品位分布见表 18-11。

表 18-11　原始储量品位分布

品位段/(kg/t)	储量/t	品位段/(kg/t)	储量/t
0.0~0.1	100	0.6~0.7	100
0.1~0.2	100	0.7~0.8	100
0.2~0.3	100	0.8~0.9	100
0.3~0.4	100	0.9~1.0	100
0.4~0.5	100	总计	1000
0.5~0.6	100		

为了计算生产能力平衡边界品位 G_{mc}、G_{mr} 与 G_{cr}，需要首先计算品位-矿量曲线和品位-金属量曲线。计算结果列入表 18-12 中。

表 18-12　不同边界品位下的矿量与金属量

边界品位/(kg/t)	矿量/t	金属量/kg	边界品位/(kg/t)	矿量/t	金属量/kg
0.0	1000	500	0.5	500	375
0.1	900	495	0.6	400	320
0.2	800	480	0.7	300	255
0.3	700	455	0.8	200	180
0.4	600	420	0.9	100	95

g_{mr} 是使 $Q_r/Q_m = R/M = 40/100 = 0.4$ 的边界品位。与上面理由相同，$Q_{rt}/Q_{mt} = 0.4$，$Q_{rt} = 0.4 \times 1000 = 400$。由表 18-11 可知，$g_{mr}$ 介于 0.45 与 0.5 之间，利用线性插值得 $g_{mr} = 0.456$。

g_{cr} 是使 $Q_r/Q_c = R/C = 40/50 = 0.8$ 的边界品位，也是使 $Q_{rt}/Q_{cr} = 0.8$ 的边界品位。从表 18-12 可知，当边界品位为 0.6 时，$Q_{rt} = 320$，$Q_{ct} = 400$，两者之比为 0.8，故 $g_{cr} = 0.6$。由于

$$g_m = \frac{c}{(s - r)y} = \frac{2}{(25 - 5) \times 1} = 0.1$$

令

$$g_c = \frac{c + f/C}{(s - r)y} = \frac{2 + 300/50}{(25 - 5) \times 1} = 0.4$$

$$g_r = \frac{c}{(s - r - f/R)\acute{y}} = \frac{2}{(25 - 20 - 300/40) \times 1} = 0.16$$

由于 $g_{mc} > g_c$，$G_{mc} = g_c = 0.4$；$g_{mr} > g_r$，$G_{mr} = 0.4$；$g_{cr} > g_c$，$G_{cr} = 0.4$。取中间者，得 $G = 0.4$。

由表 18-11 可知，当边界品位 $G = 0.4$ 时，矿量 $Q_{ct} = 600\text{t}$，金属量 $Q_{rt} = 420\text{kg}$。按最大生产能力计算三个阶段所需时间 $T_m = 1000/100 = 10$ 年，$T_c = 600/50 = 12$ 年，$T_r = 420/40 = 10.5$ 年。所以选厂是瓶颈。实际上，$G = g$ 意味着整个企业的生产能力受选矿厂生产能力的约束，不用计算时间也可以从 G 的选择上确定瓶颈阶段。

由于边界品位 G 是受选矿厂生产能力约束下的边界品位，因此选厂满负荷运行，年产量 $Q_c = 50\text{t}$。由表 18-11 可知，当边界品位为 0.4 时，总矿量为 G_{ct}。因此，按所选定的边界品位开采，为选厂提供 50t 矿石所要求的采场矿岩产量为 $Q_m = 50 \times 1000/600 = 83.3\text{t}$。当边界品位为 0.4 时，600t 矿石所含的金属量为 420kg。故 50t 矿石产量所对应的金属产量为 $Q_r = 420/600 \times 50 = 35\text{kg}$。

年盈利为：

$$P = (s - r)Q_r - cQ_c - mQ_m - fT = (25 - 5) \times 35 - 2 \times 50 - m \times 83.3 - 300 \times 1 = 216.7（万元）$$

将储量开采完需要 1000/83.3 = 12 年。每年盈利为 P，12 年的现值为：

$$\sum_{i=1}^{12} \frac{P}{(1 + d)^i} = 1174.6 \text{ 万元}$$

当 $V = 1174.6$ 时，计算新的 g_c 和 g_r，得 $g_c = 0.576$，$g_r = 0.0247$。其他品位不变，即 $g_m = 0.1$，$g_{mc} = 0.5$，$g_{mr} = 0.456$，$g_{cr} = 0.6$。

依据最佳品位确定原则得 $G = 0.5$。由于 $G = g_{mc}$，因此采场与选厂均以满负荷运行，达到生产能力平衡。故 $Q_c = 50\,kg$，$Q_m = 100\,t$。从表 18-12 查得，当边界品位为 0.5 时，总矿量为 500 t，总金属量为 375 kg。

所以，金属年产量 $Q_r = 375/500 \times 50 = 37.5\,kg$，年盈利为 $P = 250$ 万元，生产年限为 10 年，现值为 $V = 1254.7$ 万元。

以 $V = 1254.7$ 重复以上运算得到的最佳边界品位为 $G = 0.5$，与上次迭代结果相同。因此第一年的最佳边界品位为 0.5，采场、选厂和冶炼厂的产量分别为 100 t、50 kg 和 37.5 kg。

经过第一年的开采，总矿岩量变为 900 t，这 900 t 的矿岩在各品位段的分布密度保持不变。运算不同边界品位(0.1% ~ 0.9%)下的矿量与金属量，以 $V = 0$ 为初始现值，重复第一年的步骤，可求得第二年的最佳边界品位和采、选、冶三个阶段的产量。这样逐年计算，最后结果为前 7 年中，采场与选厂以满负荷运行(生产能力达到平衡)，此后，选厂生产变为瓶颈。

C 其他方法

边界品位与用以确定的技术经济指标之间存在着相互制约、互为变量的关系。但是，许多论著中所提出的用以确定边界品位的计算公式中，其技术经济指标(如损失率，贫化率，选矿的选比和回收率，精矿品位以及单位采、选矿成本等)都是静态的。即采用固定值，这种固定值往往是取生产统计而获得的平均值。研究表明，这种方法会严重歪曲计算结果。例如，当边界品位提高时，矿体的规模将缩小，平均品位将提高。而损失率、贫化率及单位矿石开采成本将升高，这些变化还将导致入选品位、选比、选矿回收率、精矿品位及吨精矿选矿成本的一系列连锁反应的变化。而当降低边界品位时，又会出现相反趋势的一系列变化。

由此可见，如果在确定品位指标的经济分析计算中采用静态的技术经济指标，达不到真正优化的目的。因此，要实现品位指标的优化，在经济分析计算中必须建立起能反映其动态变化的指标与参数间直接或间接相关的数学模型。在此，可用到的数学方法有模糊综合评判法、灰色系统理论法、评价锥法、目标规划法等。用以上方法建立边界品位优化的数学模型，与盈亏平衡法和 Lane 法相比，考虑了更多的影响因素，从而使优化结果具有更高的可靠度。

18.4.3 露天开采设计优化

18.4.3.1 露天开采境界

A 基础资料

露天开采境界确定的基础资料包括：

(1) 矿床地质模型。所谓矿床地质模型，是将矿床的空间形态与矿岩特性参数数字化后，按一定的规则存入计算机中。矿床的地质模型中块段(储量计算单元)的划分有规则与不规则两种。

本节主要以规则方块的矿床地质模型为主要依据进行讨论，即按三维方向，将矿床划分成规则的长方块。长方块的高度一般为台阶高度，其长度及宽度要和品位分布特征、开采工艺及勘探程度相适应。每个长方块用数字或字符表明所含矿岩类型、矿岩量、有用矿物及杂质质量分数、矿岩采选特性等信息，按三维顺序排列起来，构成矿床地质模型，又称为方块模型。方块中信息可根据勘探取样资料，用一定的数学地质方法推断得出。

(2) 矿床经济模型。计算出矿床地质模型中各方块的价值后，可进一步构成矿床的经济模型，即：

$$方块价值 = 商品销售额 - 生产经营成本$$

商品销售额根据方块中矿石采选回收得到的最终产品数量、品位及其销售单价计算。生产经营成本中包括矿岩采、选、运输、企管、销售等成本，还应包括税息等。其中运输、排水费用与方块所在空间位置有关。具体计算方法因各矿而异。

方块中矿岩比例与矿石品位不同，价值也高低正负不一。方块价值可作为区分方块可否作为露天坑底单独开采的判据。在确定露天矿开采范围时,可用来累计露天矿包含的总价值。

（3）最终边坡角。最终边坡角在各个方位可以都相同,也可以相异,在不同部位与深度也可不同。最终边坡角除了与岩体稳定性有关外,还取决于固定运输线路的布置。为了使最终边坡角的选择更精确,可以先初步圈定一个境界,然后在此境界上布置线路,计算最终边坡角,再用这个角度重新圈定境界。

B 优化方法

圈定露天开采境界的优化方法很多,有动态规划法、圈论法、网络流法、多重倒锥法等,它们又各自衍生出多种算法,这里仅重点介绍应用最为广泛的多重倒锥法。

a 原理

多重倒锥法将露天坑开采境界视作数以万计的"可采"倒圆锥体的集合(图18-41),所谓"可采"的判据,应根据各自的具体情况确定,常见的有以下几种:

（1）一般情况下要求该倒圆锥体包含的方块总价值大于零,即开采后能赢利。

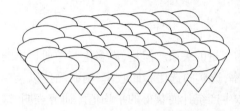

图18-41　可采倒圆锥体集合形成露天境界

（2）方块总价值满足某一机会利润或政策允许亏损值。

（3）露天转地下时,方块总价值大于或等于地下开采利润。

现用如图18-42所示的二维矿床模型说明如何形成可采倒圆锥体集合。图18-42中,矿体用粗实线圈出,矿石方块价值为+6,岩石方块价值为-2,单位为10万元,可采判据为能否赢利,即要求倒锥体内方块总价值不小于零。先从上向下搜索矿石方块,以它们为顶点发生倒锥。首先以第五层的(5,6)方块为顶点发生的倒锥中方块的总价值为$6 \times 7 + (-2) \times 18 = 6$,大于零,可采。以后相继出现的正值倒锥体的顶点方块坐标及倒锥体总价值分别为(5,7)——6;(5,8)——6;(6,8)——4;(6,9)——12;(6,10)——4;(7,8)——4;(7,9)——6。如果再次从上向下搜索,找到(4,4)——8,可采。由此圈成露天开采境界,境界由9个倒锥体集合而成,含22个矿石块,38个岩石块,总盈利560万元,还有两个矿石方块(4,3)及(5,12)因不满足判据要求,未圈入开采境界内。

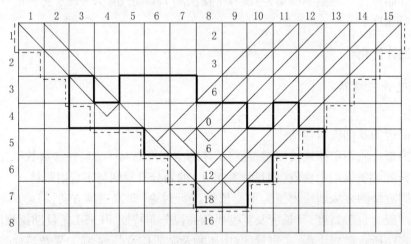

图18-42　二维矿床形成的露天开采境界(第8列为累积价值)

b 具体方法与步骤

多重倒锥法的计算步骤可参考图18-43,具体如下:

第一步,输入矿床地质模型、经济模型与最终边坡角等原始数据。矿床地质模型、经济模型的坐标系通常是以矿床的走向为X轴,垂直走向为Y轴,深度方向为Z轴,以方块的长、宽、高作为新坐标系的单位长度,这样可以简化计算机程序的编制并节省机时。

第二步,形成矿床模型的累积文件。将矿床经济模型中的方块价值沿Z轴方向逐层累加(图18-42),在第8列的方块中表示出累积价值。今后计算开采境界内的总价值时,就直接利用这个事先积累好的文件,不需要再逐个累加,从而减少计算时间。

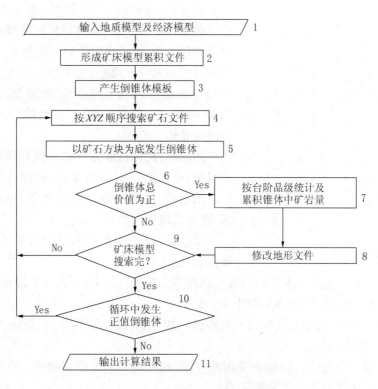

图 18-43 多重倒锥法的程序框图

第三步,形成倒锥体模板。用计算机生成典型的倒锥体,令锥顶方块标记为 O,根据最终边坡角按台阶逐层求出倒锥体内所含的方块标记为 $z-n$,其中 z 是该层台阶号,n 是露天矿总台阶层数。由这些标号值组成倒锥体模板。图 18-44(a)是最终边坡角为 45°时共 5 层台阶的模板标记。

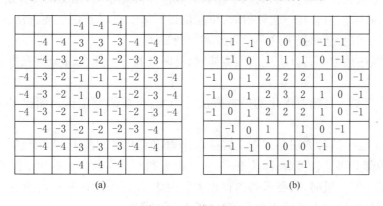

图 18-44 模板标记

构筑模板时,方块在倒锥体内外的判据是方块中心点位置。如中心点在锥面外,则方块在外;如中心点在锥面内,则方块在内。

最终边坡角用作倒锥体的锥面角,如果最终边坡角在不同方位上有所不同,那么,可使倒锥体模板的不同方位具有不同的锥面角。如图 18-45 所示为各向具有不同边坡角的倒锥体模板,各方位的边坡角分别为:0°方位为 45°,45°方位为 45°,90°方位为 40°,180°方位为 45°,225°方位为 45°,270°方位为 45°,315°方位为 45°。图 18-45 中表示了模板中 8 个台阶的边界方块。

第四步,按 X、Y、Z 顺序搜索矿石方块。为了节省用机时间,可以事先把每层矿石方块的坐标单独列举出来,形成一个顶点文件。使用时,打开顶点文件,依次调用矿石方块的坐标,直接在矿床模型中找出相应的矿石方块。

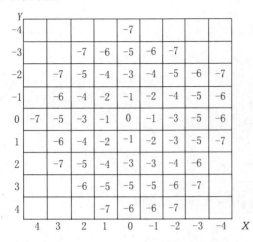

图 18-45　边坡角不同时的模板

第五步,搜索到矿石方块后,以方块坐标(x,y,z)为顶点产生倒锥体。为了节省用机时间,用模板来产生倒锥体。这时将方块(x,y,z)放在模板中标记为 0 处,模板中的标号值与矿床模型中对应方块的 z 值相加。凡相加值大于零的方块便是圈入倒锥体内可能要开采的方块。图 18-44(b)是以图 18-44(a)为模板,以第三层台阶为露天底时圈定的采出倒锥体轮廓。

第六步,用倒锥体方块总价值判断倒锥体是否可采。如不可采,进入第九步;如可采,则执行第七步。

第七步,按台阶分品位等级累计可采倒锥体中的矿岩量,即开采境界内的矿岩量。

第八步,修改地形文件,随着开采范围的扩大和延深,修改地形线。

第九步,检查本矿床模型范围内的矿石方块全部搜索完毕否。如未完,返回第四步,接着按原 X、Y、Z 顺序搜索下一个矿石方块;如已搜索完,进入第十步。

第十步,检查本搜索循环中,是否找到可采倒锥体。如找到,回到第四步,重新按 X、Y、Z 顺序再搜索一个循环;如未找到,进入第十一步。

第十一步,结束计算。分层(台阶)输出采出的方块,构成境界内分层平面图。分台阶输出按品位等级划分的矿岩的累计值,即境界内的矿岩开采量。

C　评价

多重倒锥法将全部的可采倒锥体都搜索殆尽,这些可采倒锥体的集合可以获得最大限度的利润。很多场合确是如此,但有时也会发生较大的偏差。偏差的原因有:

(1)倒锥体之间不能互相支援。例如,两个相邻的倒锥体彼此相交,相交的部分是岩石。假设两者分别单独评价时,都不值得开采。但合在一起评价时,可能值得开采。这时若用前述方法去单独评价,就会做出不采这个倒锥体的错误结论,从而损失这两个可盈利的倒锥体。

(2)按上述依次顺序搜索矿石方块生成倒锥体时,有时还将不可采的部分夹在可采倒锥体中圈入开采的境界。

因此,多重倒锥法只是一种相对优化的模拟方法。为此,很多研究工作试图提出一种严格的最优化方法,目前有两种方法:

(1)改进多重倒锥法。这种方法是先用正锥法求出肯定要开采的范围,再用负锥法求出一定不会开采的范围,然后将剩余的部分再综合考虑,择优开采,实现最大利润。这种方法的数学模型易于理解,但反复搜索的程序复杂,计算工作所占机时长,要求的内存也大。因此,实际采用还有一定困难。此外,还可采用组合锥的方法,将相邻的倒锥组合在一起计算总价值,以扩大开采范围。

(2)寻求数学最优的方法。目前比较成功的方法有如下两种:

1)用图论方法(L-G 方法)求最优露天矿境界。LG 法是 Helmut Lerchs and Ingo F Grossman 最初在 1965 年的论文"露天开采优化设计"中提出的,是具有严格数学逻辑的最终境界优化方法,只要给定价值模型,在任何情况下都可以求出总价值最大的最终开采境界。他们把露天坑视作一棵"树",为了开采最下面一个方块(根),按最终边坡角要求的超前关系向上逐层依次向外扩大,一直延深到地表。利用图论方法求出这棵树的最大开采闭包,即最优露天矿境界。随后很多人据此提出了具体的解法,其中,利普克成奇(Lipkewich)等提出了一种较好的方法,称为"层饼法",可以实际使用,但计算工作量大。陈岱在此基础上,提出了一种"预超法"的改进意见,使计算工作量大大减少,并将这种方法付诸实用。

图论法境界优化算法的执行过程如下:

输入——连通图 $G_1 = \{V_1, E_1\}$，顶点分别为 $v_1, v_2, \cdots, v_n$，边为有向边 $e_1, e_2, \cdots, e_n$。

输出——最大闭包图，即最优境界。

第一步，依据最大允许边坡角的几何约束，将价值模型转化为有向图 G_1，如图 18-46 所示，它是一个简单的 45° 约束的图。

图 G_1 的链接表的形式如图 18-47 所示。

G_1 每个顶点的权值是开采该块的利润，通过一定的参数计算每个节点的 value 值。

计算出：

矿石收益 = 体积 × 密度 × 采矿回采率 × 选矿回收率 × 金属价格。

采矿成本。

剥离成本。

节点的 value = 矿石收益 – 采矿成本 – 剥离成本。

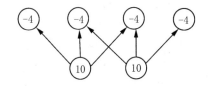

图 18-46　价值模型转化为有向图 G_1

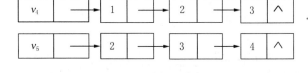

图 18-47　图 G_1 的链接表的形式

将图 G_1 的计算后的节点值依次输入：

for $n = 1$ to i；输入 $v_1 = \cdots$，本例中 value $= \{-4, -4, -4, -4, 10, 10\}$。

第二步，构筑图的正则树（最简单的正则树是在图 G_1 下方加一虚根 v_0，并将 v_0 与 G 中所有节点用 P 弧相连得到的树），标明每条弧的种类。

添加一个节点 v_0，形成图 G_2，G_2 的节点 vex2 $= \{v_0, v_1, \cdots, v_6\}$，$E_2$ 为边的集合，$E_2 = \{\langle v_0, v_1 \rangle, \langle v_0, v_2 \rangle, \cdots\}$，同时需要标记弧的种类。

第三步，在 G_2 中找出正则树（正则树是一个没有不与根直接相连的强弧的树）的强点集合 Y，若 Y 是 G_1 的闭包，则 Y 为最大闭包，Y 中各节点对应的块的集合构成最佳开采境界，算法停止；否则，执行下一步。

第四步，从 G_1 中找出这样的一条弧 (x_i, x_j)，即 x_i 在 Y 内，x_j 在 Y 外的弧，并找出树中包含 x_i 的强 P 分支的根点 x_r，x_r 是支撑强 P 分支的那条弧上属于分支的那个端点（由于是正则树，该弧的另一端点为树根 x_0）。然后将弧 (x_0, x_r) 删除，代之以弧 (x_i, x_j)，得一新树。重新标定新树中各弧的种类。

第五步，如果经过第四步得到的树不是正则树（即存在不直接与根相连的强弧），应用前面所述的正则化步骤，将树转变为正则树。

第六步，如果新的正则树的强节点集合 Y 是图 G_1 的闭包，Y 即为最大闭包；否则，重复第四和第五步，直到 Y 是 G_1 的闭包为止。

L–G 法算法流程如图 18-48 所示。

2）用动态规划方法求最优露天矿境界。矿床模型中每一铅垂的列可视作动态规划中的一个阶段，每列内各方块的关系可以视作多种状态。利用动态规划的方法，可以求出每一个阶段中各状态与其相邻阶段各状态之间的最优关系，从而求出最优露天矿境界。但是这种方法大多在二维模型上规划，不能实际运用。特·布·约翰逊（T. B. Johnson）曾提出两阶段三维动态规划方法，但露天坑轮廓可能出现明显的不规则形状，需做修改。近年来，许多人提出了解决这个方法的有益建议。

此外，圈定境界的优化方法还有网络流法、参数化法以及搜索比较法等。

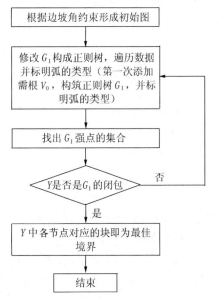

图 18-48　L–G 法算法流程

18.4.3.2　露天矿开拓运输系统

露天矿开拓运输系统是矿山设计和生产的主要研究课题。本节将综合运用专家系统、动态规划、模糊综合评判对露天矿开拓运输系统进行优化。

A　方案初选专家系统

本部分的目的是提出一组可行的开拓运输方案,供今后进一步分析研究。鉴于这一部分的工作主要是逻辑推理,因此,采用人工智能专家系统的方法,它由知识库、数据库、推理机、解释机构及学习机构五部分组成。

在知识库中,该系统采用一阶逻辑表示法表达知识。例如 $(\exists X)\{A(x) \wedge I(x) \wedge H(x) \Rightarrow D(x)\}$ 表示任一矿山 x 当给定年产量 $A(x)$,在特定的地形坡度 $I(x)$ 和地形高差 $H(x)$ 下,有一个可行的开拓运输方案 $D(x)$ 存在。系统中以这样的方式记叙静态事实和推理规则。为了组织系统中的上千条规则,该系统采用产生式表示法,其结构为:

if（事实 1 成立）

　　（事实 2 成立）

　　　　⋮

　　（事实 n 成立）

then（结论 A 存在,其可靠度为 α）

在推理机中,该系统采用两级逆向推理。第一级推理确定单一开拓运输方式(如汽车运输、铁路运输),它采用深度优先控制策略;第二级推理是在单一运输方式基础上衍生出的联合运输方式(如汽车－铁路联合运输),它采用宽度优先控制策略。

鉴于推理过程中事实和规则的不确定性,本系统采用模糊推理。它根据国内外露天矿开拓设计的经验和数据,建立了数百个因素影响开拓方式隶属度的模型,主要形式是:

(1) 升半正态分布:

$$u(z) = \begin{cases} 0 & 0 \leqslant z \leqslant d \\ 1 - \exp[-h(e-d)z] & z > d \end{cases} \tag{18-99}$$

(2) 降半正态分布:

$$u(z) = \begin{cases} 1 & 0 \leqslant z \leqslant d \\ \exp[-h(e-d)z] & z > d \end{cases} \tag{18-100}$$

(3) 对数分布:

$$u(z) = a + b\lg(z) \tag{18-101}$$

(4) 指数分布:

$$u(z) = de^{bz} \tag{18-102}$$

(5) 直线分布:

$$u(z) = a + bz \tag{18-103}$$

式中　　　　z——影响因素;

　　　　$u(z)$——开拓方式的隶属度;

　　　　a,b,d,h——常数。

该系统具有解释功能,它能根据用户要求,解释为了匹配某一开拓方案所需满足的规则及其内容,也可解释已匹配成功的开拓方案所用到的规则。此外,该系统具有良好的透明度,既便于知识库的更新维护,也便于用户监督检查。该系统也有学习功能,它通过机械学习或指点学习,协助用户补充、修改原有的知识库。

B　沟道定线动态规划

上述方案初选只是粗略地给出开拓运输方案,尚未具体进行运输沟道(露天矿出入沟)的布线。本部分的目的在于寻求最优的开拓运输沟道位置。从运筹学角度看,露天矿开拓定线实质上是一个多阶段决策过程。每一个台阶为一个阶段。在每个台阶的周界边缘上,假设有多个出入沟口可供选择,它们就是状态变量。如图18-49所示,假设地表总出入沟口为 O,第一个台阶周界可离散化为 m 个点 $S_1^i(i=1,2,\cdots,m)$,由地表通往第一个台阶的沟道就从这 m 条沟道中选取,即 $Q-S_1^i(i=1,2,\cdots,m)$ 。对于第二个台阶的周界,假若离散成 n 个点 $S_2^j(j=1,2,\cdots,n)$ 。取其中任一点 S_2^j 来看,可与第一个台阶的 m 个点连接,构成可供选择的 m 条沟道 $S_1^i-S_2^j$ 。累计这些沟道的基建费、运输费以及 S_1^i 状态的原有费用。比较累计出的费用,取费用最低者为最优路径(假设为 $S_1^i-S_2^j$)并记录下来。这就是说,一旦在第二个台阶选用 S_2^j 为出入沟口,那么第一个台阶就要选用 S_1^i 为出入沟口。对第二个台阶的 n 个点都重复这样的计算和比较,就可以得到第二个台阶 n 个点通往第一个台阶的最优沟道位置。重复这一个过程直至最下面一个台阶,然后根据最下一个台阶中具有最小费用的状态,反向追踪出每个台阶的最优状态,就得出一条从总出入沟口至最下一个台阶的最优运输沟道位置。

至于总出入沟口的位置,也可以改变。一旦它的位置变动,再次采用上述多阶段决策方法就可以相应求出一条自顶至下的最优沟道。在确定开拓沟道位置时,要求线路满足一定的技术要求,如最大允许纵坡、坡长限制、最小平曲线半径等。因此,在连接上下两台阶的状态时,都要检查这一沟道是否满足技术要求,只有满足者才参加计算和比较,否则予以删除。

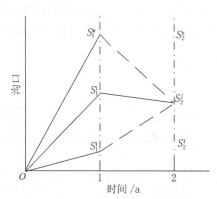

图18-49 动态规划原理

上述多阶段决策过程是一个典型的前进式动态规划。每一个台阶为一个阶段。如果露天矿的台阶有 N 个,则为 N 阶动态规划问题,每个阶段的状态就是该台阶可能有的出入沟口位置。每个阶段的决策是指下一阶段出入沟口是和上一阶段哪一个出入沟口相连,它决定了相邻两水平间运输沟道的位置和长度。至于这段沟道所需要的总费用,即阶段指标,可写做:

$$R_n(S_n,d_n)=d_nI+Q_nl_{n\delta}Q_1+d_nQ_2\sum_{j=1}^{n}Q_j \tag{18-104}$$

式中　$R_n(S_n,d_n)$——从上一台阶沟口 S_{n-1}(状态)至下一台阶沟口 S_n(状态)的阶段指标;

d_n——第 n 阶段出入沟道的长度,即决策变量;

I——沟道单位长度的基建费用;

Q_j——第 j 分层的矿石量;

$l_{n\delta}$——第 n 分层矿岩中心点到该层出入沟口 δ 的距离;

Q_1——水平运输的单价;

Q_2——沿出入沟倾斜运输的单价。

为了比较各出入沟道的优劣,采用下述递推公式:

$$f_n(S_n)=M_{in}\{R_n(S_n,d_n)+f_{n-1}(S_{n-1})\} \tag{18-105}$$

式中　$f_n(S_n)$——第 n 台阶出入沟口 S_n 所需的总费用。

作为初始条件,式(18-105)有:

$$f_0(S_n)=0$$

C　技术经济模糊评价

方案初选专家系统提出了一组可行的开拓运输方案,沟道(出入沟)定线的动态规划又针对不同的总出入沟口位置提出一些运输沟道布线方案。本部分的目的就是要对这些方案进行综合评价,从中筛选出最优的开拓运输方案及其线路。

在方案评价中,应从技术、经济、环境、社会等各方面进行综合分析,其指标体系包括劳动生产率、设备可靠性、组织管理复杂性、基建费、经营费、投资回收期、设备供应可能性、安全性等。对于定量的评价指标,它们的单位不尽相同。为了消除单位在比较中的影响,可用下述方法将定量值转变成方案之间两两比较的相对值：

$$V_{ij} = \begin{cases} u_{ij} & u_{ij} > -1 \\ 1 & -1 \leqslant u_{ij} \leqslant 1 \\ -1/u_{ij} & u_{ij} < 1 \end{cases} \tag{18-106}$$

其中

$$u_{ij} = \frac{u_i - u_j}{u}$$

$$u = |u_1 - u_m|/9$$

$$u_1 = \min\{u_1, u_2, \cdots, u_n\}$$

$$u_m = \max\{u_1, u_2, \cdots, u_n\}$$

式中 u_i——同一评价判据下 i 方案的定量指标；

V_{ij}——i 方案与 j 方案的相对比较值。

然后，累计每个方案的相对比较值，得：

$$a_i = \sqrt[n]{\sum_j u_{ij}}$$

$$a = \sum_i a_i$$

对于定性指标，采用评分的方法使它定量化。具体评分标准见表 18-13。

表 18-13 定性指标的评分标准

评价	很好	好	较好	一般	较差	差	很差
分值	10	8	7	5	3	1	0

对于各种因素的权重，也用评分的方法给出。将权重乘以各项评价指标值，则得出如下评价矩阵（表 18-14）。

表 18-14 评价指标

开拓方案	C_1	C_2	$\cdots$	C_j	$\cdots$	C_m
P_1	f_{11}	f_{12}	$\cdots$	f_{1j}	$\cdots$	f_{1m}
P_2	f_{21}	f_{22}	$\cdots$	f_{2j}	$\cdots$	f_{2m}
$\vdots$	$\vdots$	$\vdots$	$\cdots$	$\vdots$	$\cdots$	$\vdots$
P_i	f_{i1}	f_{i2}	$\cdots$	f_{ij}	$\cdots$	f_{im}
$\vdots$	$\vdots$	$\vdots$	$\cdots$	$\vdots$	$\cdots$	$\vdots$
P_n	f_{n1}	f_{n2}	$\cdots$	f_{nj}	$\cdots$	f_{nm}

$$F = \{f_{ij}\}_{n \times m} \tag{18-107}$$

式中 f_{ij}——i 方案在 j 评价判据下的评价值。

在这些可行开拓方案中，取各种评价判据下指标的最优值构造一个假想的最优方案 $(f_{ki}, f_{k2}, \cdots, f_{km})$，其中：

$$f_{ki} = \max(f_{1i}, f_{2i}, \cdots, f_{ni}) \text{ 或 } \min(f_{1i}, f_{2i}, \cdots, f_{ni})$$

以 f_{ki} 作媒介，计算开拓方案两两之间在某一评价判据 C_i 下的比较值 r_{op}：

$$r_{op} = \frac{d_{op}}{d_{ko} + d_{kp}} \tag{18-108}$$

其中，$d_{kp} = |f_{kj} - f_{pj}|$，$d_{ko} = |f_{kj} - f_{oj}|$，$d_{op} = |f_{oj} - f_{pj}|$。

从而构成单因素模糊相似优先比矩阵 $\boldsymbol{R}$：

$$\boldsymbol{R} = \begin{bmatrix} r_{11} & r_{12} & \cdots & r_{1m} \\ r_{21} & r_{22} & \cdots & r_{2m} \\ \vdots & \vdots & \cdots & \vdots \\ r_{n1} & r_{n2} & \cdots & r_{nm} \end{bmatrix}$$

若 $0 < r_{op} \leqslant 0.5$，说明 P 方案比 O 方案优越；若 $0.5 < r_{op} \leqslant 1$，说明 O 方案比 P 方案优越。

在 R 基础上，选取 λ 水平。也就是说，让 λ 由大至小逐渐变化，将矩阵中各元素值与 λ 进行比较。当元素的值大于或等于 λ 时，该元素值变为1。在矩阵中选最先到达全行都是1所对应的开拓方案为最优，记以序号1。然后，在矩阵中删去该行及序号等于行号的列。再选取较小的 λ 值，依次求出次优、次次优的开拓方案与假想的最优方案的相似程度，也就是方案的优劣程度。

针对所有的评价判据，用同样的方法进行开拓方案优劣排队，得出一系列排队序号，此叠加值表示各方案的综合评价结果。叠加值愈小，则该方案与理想方案愈相似。具有最小叠加值的方案便是最优方案。

18.4.3.3 运输排土规划

露天矿开采时，经常会遇到下列问题：有多个剥离地点 n，剥离量为 $Q_1, Q_2, \cdots, Q_n$；有多个排土地点 m；容纳量为 $Z_1, Z_2, \cdots, Z_m$；而各剥离地点到各排土地点的运费单价为 C_{ij} 元/t($i = 1, 2, \cdots, m$)；求运费最低的运量分配 x_{ij}。

对此，可用线性规划方法求解，标准形式为：

$$\min f = \sum_{i=1}^{n} \sum_{j=1}^{m} C_{ij} x_{ij} \tag{18-109}$$

$$\text{s. t.} \quad \sum_{i=1}^{n} x_{ij} \leqslant Z_j \quad j = 1, 2, \cdots, m$$

$$\sum_{j=1}^{m} x_{ij} = Q_i \quad i = 1, 2, \cdots, n$$

$$x_{ij} \geqslant 0 \quad i = 1, 2, \cdots, n; \quad j = 1, 2, \cdots, m$$

可以用单纯形式求解。

如果 n 与 m 的数量不大，可以不用计算机，采用图上作业法求解上述线性规划模型。

18.4.3.4 露天矿采剥进度计划编制

A 采剥进度计划的种类

露天矿采剥进度计划分为长期计划、年度计划与短期计划。长期计划指矿山整个服务期间采剥顺序的安排。年度计划指一年内的采剥顺序安排，要细分到季。短期计划为月、旬、周、日、班计划。

三类计划的优化方法不尽相同，但又不存在严格的界限。

B 数学模型考虑的因素

长期采剥计划的数学模型往往以规划时期的总利润最大为目标，同时要满足资源、生产能力、质量均衡、剥采比均衡、生产任务、几何关系等约束。

年度采剥在长期计划的指导下进行，其数学模型的目标可以是质量均衡稳定，也可以是产品利润最大，或产量最高。它也要考虑资源、生产能力、质量与剥采比均衡、年生产任务、几何关系等约束条件，有时还要考虑实际存在的问题，如欠剥时不严格要求最小平台宽度，优先保证重点部位的推进，某些工程施工时对正常生产的干扰等。

短期计划是在月计划的指导下进行的，其采剥位置已经确定。短期计划的数学模型的目标往往是矿石质量均衡，使供矿稳定，其实质上是个配矿问题。

C 基础资料

(1) 矿床地质模型、经济模型与境界模型。长期计划往往采用方块模型，便于数学规划。长期计划要求精度不高，以方块为开采单位安排计划就可以满足要求。年度计划也可用方块模型，计划时可以只采部分方块，使推进线符合实际情况，它也可采用不规则块模型。短期计划，最好采用生产炮孔取样的资料来组成地质模型。

(2) 技术经济指标。技术经济指标根据实际情况和各种数学模型的不同而要求各异，一般包括铲车、台阶、选厂的生产能力、选矿参数、工艺成本、商品售价、工作边坡角、最小工作平台宽度、最小转弯半径等。

(3) 上级指令。上级规定计划期间应保证的产量、质量、二级矿量等。

D　优化模型

采剥进度计划的优化研究,已有 50 余年的历史,至今仍是国内外长盛不衰的课题。它在研究方法上可大致划分为以下四类:

(1) 数学规划方法,包括线性规划、整数规划(或混合整数规划)、动态规划、目标规划等。

(2) 计算机辅助设计或系统模拟方法,属于探索寻优方法。

(3) 人工智能方法。这是近年兴起的一个新的学科分支,正在采矿工程中得到应用。

(4) 综合方法。将上述各种优化方法综合应用,以便取长补短。

长期采剥计划编制多用 0—1 整数规划与动态规划,也有用有向图模拟法编制露天矿长期计划。年度采剥计划编制和短期采剥计划编制多用线性规划与以 CAD 为平台的设计方法,也有用试凑法编制短期配矿计划。

下面介绍几种典型的优化模型。

a　用(0,1)整数规划编制长期采剥进度计划

(0,1)整数规划编制长期采剥进度计划数学模型如下:

$$\max \sum^{L,M,N} \rho(i,j,k)x(i,j,k) \tag{18-110}$$

$$\text{s. t.} \ \underline{S} \leqslant \sum^{L,M,N} s(i,j,k)x(i,j,k) \leqslant \bar{S} \tag{18-111}$$

$$\underline{T} \leqslant \sum^{L,M,N} t(i,j,k)x(i,j,k) \leqslant \bar{T} \tag{18-112}$$

$$\underline{C} \leqslant \sum^{L,M,N} c(i,j,k)x(i,j,k) \leqslant \bar{C} \tag{18-113}$$

$$x(i,j,k) \leqslant x(i',j',k')$$

$$i,i' \in 1,2,\cdots,L; j,j' \in 1,2,\cdots,M; k,k' \in 1,2,\cdots,N$$

$$x(i,j,k) = \{0,1\} \ i = 1,2\cdots L; j = 1,2\cdots,M; k = 1,2\cdots,N$$

式中　i,j,k——方块坐标;

L,M,N——方块模型中有 $L \times M \times N$ 个方块;

$x(i,j,k)$——待解未知数,$x = 1$ 指方块当年采出,$x = 0$ 指方块当年不采;

$\rho(i,j,k)$——方块 (i,j,k) 的价值;

$s(i,j,k)$——方块 (i,j,k) 需用挖掘机台班数;

$t(i,j,k)$——方块 (i,j,k) 含矿量;

$c(i,j,k)$——方块 (i,j,k) 含金属量;

$\underline{S},\bar{S}$——分别为年挖掘机开动台班数下限、上限;

$\underline{T},\bar{T}$——分别为年需求矿量下限、上限;

$\underline{C},\bar{C}$——分别为年需求金属量下限、上限;

s. t.——约束条件。

目标式(18-110)表示当年开采方块的总价值要求最大。式(18-111)~式(18-113)表示当年开采方块所需年挖掘机台班数、年采矿总量与年采金属总量必须在规定的上、下限范围内。式(18-114)表示位于下方的方块 (i,j,k) 的开采要滞后于其上方的方块 (i',j',k') 的开采一定距离,以保证几何约束。

用上述数学模型解出当年开采的方块,这些方块的 $x(i,j,k) = 1$。因此每年开采的方块的价值 $\rho(i,j,k)$ 置零,不再参加下一年的排产。这样依次逐年优化,构成整体的长期采剥计划。上述模型是一个巨大的线性方程组,不能用常规的方法解算。因此,引入拉格朗日乘子 λ_s、λ_t、λ_c,使模型简化如下:

$$\max \sum^{L,M,N} \{[\rho(i,j,k) - \lambda_s s(i,j,k) - \lambda_t t(i,j,k) - \lambda_c c(i,j,k)]x(i,j,k)\}$$

进一步表示为：

$$\max \sum^{L,M,N} \{\rho'(i,j,k)x(i,j,k)\} \tag{18-114}$$
$$\text{s.t.} \quad x(i,j,k) \leqslant x(i',j',k')$$
$$i,i' \in 1,2,\cdots,L; \quad j,j' \in 1,2,\cdots,M; \quad k,k' \in 1,2,\cdots,N$$
$$x(i,j,k) = \{0,1\} \quad i = 1,2\cdots,L; \quad j = 1,2\cdots,M; \quad k = 1,2\cdots,N$$

式(18-114)中 $\rho'(i,j,k)$ 为方块的伪价值，比 $\rho(i,j,k)$ 小。

对上述方程求解，具体步骤如图18-50所示。

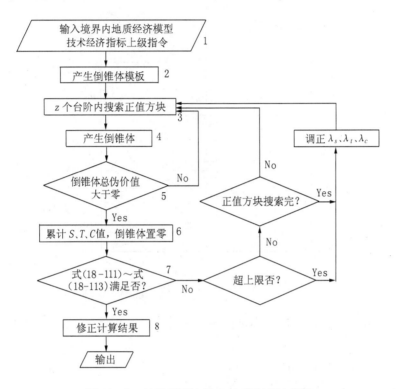

图 18-50　长期采剥计划 0—1 规划解法框图

第一步，输入原始数据及 λ_s、λ_t、λ_c 的初始值。

第二步，用工作边坡角生成倒锥体模板。

第三步，在境界内，逐层(台阶)搜索伪价值 $\rho'(i,j,k)$ 为正的方块，每年只搜索 z 个台阶，z 为同时开采台阶数，尽量从掘沟位置搜索起，按推进方向扩展，顺序搜索。

第四步，以搜索到的正值方块中心为顶点，利用模板产生倒锥体。

第五步，判断倒锥体内方块总伪价值是否大于或等于零。如小于零返回第三步；如大于或等于零，倒锥体开采。其中方块加开采标记，即 $x(i,j,k) = 1$，执行第六步。

第六步，累计所有开采方块(即所有开采倒锥体内方块)的 S、T、C 值。

$$S = \sum_{i,j,k \in |D|} s(i,j,k) \tag{18-115}$$

$$T = \sum_{i,j,k \in |D|} t(i,j,k) \tag{18-116}$$

$$C = \sum_{i,j,k \in |D|} c(i,j,k) \tag{18-117}$$

第七步，将求出的 S、T、C 值与式(18-111) ~ 式(18-113)对比，看是否满足要求：(1)如同时满足，进入第九步；(2)如有一项或更多项超过上限，进入第八步；(3)如未超过上限，又至少有一项未满足下限要求时，且 z 个台阶内正值方块全部搜索完，进入第八步；否则，返回第三步继续搜索正值方块。

第八步,调整 λ_s、λ_t、λ_c,按预定的步距 $\Delta\lambda$ 减小其中一个,返回第三步,以前搜索作废,从头搜索。

第九步,计算结果,进行局部修正,增删个别方块,以满足工艺要求。

第十步,输出结果,如当年开采方块、矿岩量、所需挖掘机台班数、提供金属量等,输出采剥进展图。

上述计算结果是一年的最优解。为了构成逐年的长期计划,可进一步采用 $N-\text{Best}$ 动态规划法,如图18-51所示,每年计算出 n 个较好的 d_t^1、d_t^2、d_t^3,然后从这些结果出发,为下一年编制出一些采剥计划,从中选出 n 个较好的采剥计划方案 d_{t+1}^1、d_{t+1}^2、d_{t+1}^3,作为再下一年编制计划的出发点,如此发展下去。最后,从中选出最优者,构成最终长期采剥计划。

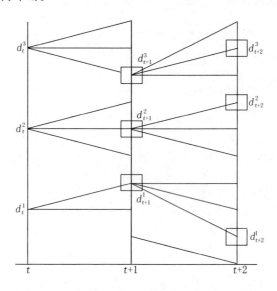

图 18-51　$N-\text{Best}$ 动态规划法

从运筹学衡量,$N-\text{Best}$ 过程不是严格的最优解。但由于可能有的方案太多,只能这样逼近动态规划的最优解。

b　用交互式动态优化法编制长期采剥计划

交互式动态优化法编制长期采剥计划由三部分组成:

(1)用存储论理论求逐年最优生产剥采比。如果提前剥离,其优点是可缓解剥离洪峰,可以减少设备购买总量,减少设备投资;缺点是提前剥离需要提前投资,积压资金。为此,可用动态规划法综合优化,求出逐年最优生产剥采比,计算步骤如下:

第一步,计算每下降一个台阶所能采出的矿量 q_i 与必须采出的岩量 $r_i(i=1,2,\cdots,N$;N 为境界台阶总数)。

第二步,按台阶累计采出的总矿量 Q_i 与总岩量 $R_i(i=1,2\cdots,N)$。

$$Q_i = \sum_{i=1}^{N} q_i, R_i = \sum_{i=1}^{N} r_i$$

第三步,由给定的历年采矿量 $p_t(t=1,2,\cdots,T$;T 为矿山服务年限),求出历年累计总采矿量 p_t 用插值法求出与 P_t 对应的历年累计总剥岩量 V_t。

$$V_t = R_i \frac{(P_t-Q_{i+1})(P_t-Q_{i+2})}{(Q_i-Q_{i+1})(Q_i-Q_{i+2})} + R_{i+1} \frac{(P_t-Q_t)(P_t-Q_{i+2})}{(Q_{i+1}-Q_i)(Q_{i+1}-Q_{i+2})} + R_{i+2} \frac{(P_t-Q_i)(P_t-Q_{i+1})}{(Q_{i+2}-Q_i)(Q_{i+2}-Q_{i+1})} \quad (18-118)$$

式中　Q_i,Q_{i+1},Q_{i+2}——最接近 P_t 的三点,且 $Q_i < P_t < Q_{i+2}$。

由此构成 P_t-V_t 曲线,即临界剥离曲线。

第四步,用动态规划求逐年最优剥采比。

令动态规划分为 T 个阶段(T 年)。设阶段 t 有 m 个状态,每一个状态对应的提前剥离量为 $r_t^i(t=1,2,\cdots,T$;$i=1,2,\cdots,m)$,如果 $t-1$ 阶段的状态为 i,t 阶段的状态为 j,则 t 阶段的剥岩量为 X_t^{ij},总支付费用为 f^{ij},它包括 t 阶段的设备购买费与剥离费。

用前进式动态规划方法，其递推方程是：

$$C_{\min}^{(t)}(j) = \min_t \left[\frac{f^{ij}}{(1+a)^{i-1}} + C_{\min}^{t-1}(i) \right] \qquad (18-119)$$

式中　$C_{\min}^{(t)}(j)$——从 0 到 t 阶段 j 状态所支付的最小费用现值；

　　　　a——贴现率。

递推方程的边界条件为：

$$C_{\min}^{(t)}(j) = C(0,j) \qquad (18-120)$$

递推方程的约束条件为：

$$X_t^{ij} + r_{t-1}^i = d_t + r_t^j \qquad (18-121)$$

式中　d_t——第 t 年必须剥离的岩石量，即第 t 年临界剥岩量的增量，$d_t = V_t - V_{t-1}$。

由式(18-119)反复递推，到达最后一年时，得 $C_{\min}^{(t)}(j)$，根据其中费用最小的一种状态，再反向追踪，可以得到每年的设备添置数、剥岩量与提前剥岩量，由此得逐年最优生产剥采比，以此作为第二部分的目标。

（2）模拟法编制各年采剥计划。

第一步，确定可采方块。

方块 (i,j,k) 可采的条件为：

$$G(i,j,k) > 0 \qquad (18-122)$$

$$\sum_{x=1}^{mx} \sum_{y=1}^{my} G(i \pm x, j \pm y, k-1) = 0 \qquad (18-123)$$

$$(i - i_a)^2 + (j - j_b)^2 \geqslant L^2 \qquad (18-124)$$

式中　$G(i,j,k)$——方块 (i,j,k) 的状态参数，方块为矿石时等于 1，为岩石时为 2，境界外或空气为 0，采去后也为 0；

　　　　mx, my——x、y 方向的最小平台宽度；

　　　　i_a, j_b——k 台阶上另一台挖掘机所在位置；

　　　　L——最小工作线长度。

式(18-122)说明 (i,j,k) 为境界内未采方块；式(18-123)说明上一台阶 $(k-1)$ 的推进已能保证最小平台宽度；式(18-124)说明同一台阶上两台挖掘机之间间距应大于最小工作线长度。如不是直线段，则逐块累计工作线长度。

此外，还应按开采推进方式来挑选方块 (i,j,k)。

第二步，选择最优的开采方块。

在上面确定的可采方块集合中，为各台挖掘机选择开采方块，使生产剥采比与第一部分计算得到的最优生产剥采比最接近，即：

$$\left| \frac{R_{t-1} + r_t}{Q_{t-1} + q_t} - B_t \right| \to \min \qquad (18-125)$$

式中　R_{t-1}, Q_{t-1}——起点至 $t-1$ 阶段累计采出的岩量与矿量；

　　　　r_t, q_t——t 阶段开采的岩石与矿石增量；

　　　　B_t——t 阶段的最优生产剥采比。

如果采剥计划对矿石的品位有限制时，式(18-125)改用(18-126)：

$$\left| \frac{Q_{t-1}' + q_t'}{Q_{t-1} + q_t} - G_t \right| \to \min \qquad (18-126)$$

式中　Q_{t-1}'——起点到 $t-1$ 阶段所采出的金属量；

　　　　q_t'——t 阶段开采的金属增量；

　　　　G_t——t 阶段选厂要求的原矿品位。

（3）人机对话式修改采剥计划。操作人员根据计算机屏幕上显示的采场开采状态图，适当添删某些矿岩方块,使开采状态完全满足各种工艺技术要求。

　　c　用线性规划编制年度采剥计划

　　线性规划编制年度采剥计划数学模型如下:

$$\max \sum_{t=1}^{T} \left[U + n(\beta_t - \beta) - C_t \right] \eta \sum_{e=1}^{M} x_{et} - \sum_{t=1}^{T} \sum_{e=1}^{M} C'_{et} x_{et} S'_{et} - \sum_{t=1}^{T} \sum_{e=1}^{M} C''_{et} y_{et} S''_{et} \tag{18-127}$$

$$\text{s. t.} \quad \eta \sum_{e=1}^{M} x_{et} \geq D_t \quad (t = 1, 2, \cdots, T) \tag{18-128}$$

$$\eta \sum_{e=1}^{M} x_{et} \geq D'_t \quad (t = 1, 2, \cdots, T) \tag{18-129}$$

$$\sum_{e=1}^{M} a_{et} x_{et} \geq a_{t\min} \sum_{e=1}^{M} x_{et} \quad (t = 1, 2, \cdots, T) \tag{18-130}$$

$$\varepsilon_{t\min} \leq \frac{\sum_{e=1}^{M} x_{et} u_e}{\sum_{e=1}^{M} x_{et} v_e} \leq \varepsilon_{t\max} \quad (t = 1, 2, \cdots, T) \tag{18-131}$$

$$\frac{1}{\varphi} \sum_{t=1}^{T} \sum_{e=1}^{M} \left(\frac{x_{et} g_e}{\gamma_{et}} + \frac{y_{et} g_e}{\gamma'_{et}} \right) - \sum_{t=1}^{T} \sum_{e=1}^{M} x_{et} \geq 0 \tag{18-132}$$

$$\sum_{t=1}^{T} x_{et} \leq Q_e \quad (e = 1, 2, \cdots, M) \tag{18-133}$$

$$b'_{et} \leq \frac{y_{et}}{x_{et}} \leq b_{et} \quad (t = 1, 2, \cdots, T; \quad e = 1, 2, \cdots, M) \tag{18-134}$$

$$Q'_{et} \leq x_{et} + y_{et} \leq Q_{et} \quad (t = 1, 2, \cdots, T; \quad e = 1, 2, \cdots, M) \tag{18-135}$$

$$\frac{1}{\sum_{e=1}^{M} L_{et} H_{et}} \sum_{e=1}^{M} \sum_{t'=1}^{t'} \left(\frac{x_{et} h_{ie}}{\gamma_{et}} + \frac{y_{et} h_{ie}}{\gamma'_{et}} \right) + B_0 - \frac{1}{\sum_{e=1}^{M} L_{et} H_{et}} \sum_{e=1}^{M} \sum_{t'=1}^{t'} \left(\frac{x_{et} q_{ie}}{\gamma_{et}} + \frac{y_{et} q_{ie}}{\gamma'_{et}} \right) \geq B_{\min} \tag{18-136}$$

$$i = 1, 2, \cdots, N; t' = 1, 2, \cdots, T; \ e = 1, 2, \cdots, M; x_{et} \geq 0; y_{et} \geq 0; t = 1, 2, \cdots, T \tag{18-137}$$

式中　x_{et}, y_{et}——t 期 e 采区计划采出矿量与岩量,t;

　　　　M——以挖掘机为单元的采区数;

　　　　T——时间分段,一般为四个季,$T = 4$;

　　　　U——标准品位 β 时的精矿售价,元/t;

　　　　n——品位差价,元/t;

　　　　β_t——t 时期实际精矿品位;

　　　　C_t——t 时期扣除运输部分的精矿成本,元/t;

　　　　η——精矿回收率;

　　　C'_{et}, C''_{et}——t 时期 e 采区矿石与岩石的运输成本,元/(t·km);

　　　S'_{et}, S''_{et}——t 时期 e 采区的矿石与岩石的运距,km;

　　　D_t, D'_t——t 时期精矿生产任务与选厂能力,t;

　　　　a_{et}——t 时期 e 采区矿石品位;

　　　　$a_{t\min}$——t 时期要求的最低原矿品位;

　　　u_e, v_e——e 区为硬矿石时,$u_e = 1, v_e = 0$,为软矿石时,$u_e = 0, v_e = 1$;

　$\varepsilon_{t\min}, \varepsilon_{t\max}$——$t$ 时期硬软矿石比值的下限与上限,$g_e - g_e = 1$,采区为开拓工程,否则 $g_e = 0$;

　　　$\gamma_{et}, \gamma'_{et}$——$t$ 时期 e 采区矿岩的密度,m³/t;

　　　　φ——开拓矿量保有系数;

　　　　Q_e——e 采区保有矿量,t;

b_{et}, b'_{et}——t 时期 e 采区要求剥采比的上限与下限;

Q_{et}, Q'_{et}——t 时期 e 采区设备能力的上限与下限;

B_0, B_{min}——计划开始时平台宽度及最小平台宽度,m;

L_{et}, H_{et}——t 时期 e 采区的工作线长度与台阶高度,m;

h_{ie}, q_{ie}——第 i 对上下相邻采区标志,凡参与规划的采区 $q_{ie}=1$,否则 $q_{ie}=0$,其上部采区如同时参与规划,则 $h_{ie}=1$,否则 $h_{ie}=0$;

N——共有 N 对相邻上下采区。

式(18-127)为目标函数,要求盈利最大。式(18-128)为精矿任务约束;式(18-129)为选厂能力约束;式(18-130)为最低品位约束;式(18-131)为硬软矿配比约束;式(18-132)为保有开拓矿量约束;式(18-133)为采区储量约束;式(18-134)为采区剥采比约束;式(18-135)为采区设备能力约束;式(18-136)为最小平台宽度约束;式(18-137)为非负约束。

上述数学模型为典型的线性规划模型,可以用单纯形法求解。

模型以采区作为规划单元,故适用于采区矿石质量比较均匀的场合,否则品位约束与硬度配比约束不一定能满足。

d　用线性规划优化短期开采计划

在长期(年度)计划优化后,短期计划的目标在于落实年度计划的实施。为了做到这一点,可以用线性规划方法使某些重点区段能优先开采。

线性规划优化短期开采计划数学模型如下:

$$\max\left(\sum_{i=1}^{j} x_i\omega_i + \sum_{i=j+1}^{k} x_i\omega_i\right) \tag{18-138}$$

$$\text{s. t. } \sum_{i=1}^{j}(a_i - F_u)x_i \leq 0 \tag{18-139}$$

$$\sum_{i=1}^{j}(a_i - F_l)x_i \geq 0 \tag{18-140}$$

$$\sum_{i=1}^{j} x_i \leq M_{dB} \tag{18-141}$$

$$x_i \leq m_i \tag{18-142}$$

$$\sum_{i=j+1}^{k} x_i \geq V \tag{18-143}$$

$$\sum_{i=1}^{j} x_i - \sum_{i=j+1}^{R} Rx_i \leq 0 \tag{18-144}$$

$$\sum_{i=1}^{R} x_i L_i \leq C_L \tag{18-145}$$

$$\sum_{i=1}^{R} x_i t_i \leq C_T \tag{18-146}$$

$$x_i \geq 0 \tag{18-147}$$

式中　x_i——未知量,规划期 i 方块计划开产量;

ω_i——权系数;

a_i——方块 i 的品位;

F_u, F_l——分别为矿石品位的上限与下限;

M_{dB}——混料场容积,该时期出矿量为一次混料量;

m_i——方块 i 规划时尚存的矿岩量;

V——规定开采的岩石总量;

R——采剥比;

L_i, t_i——分别为方块 i 的装载系数与运输系数；

C_L, C_T——分别为总装载能力与运输能力；

$j, k-1 \sim j$——矿石方块；

$j+1 \sim k$——岩石方块。

式(18-139)及式(18-140)为品位约束；式(18-141)为混料场约束；式(18-142)为资源约束；式(18-143)为岩石开采量约束；式(18-144)为剥采比约束；式(18-145)及式(18-146)为装载及运输能力约束。如果还有其他共生矿物品位与矿石物理性质的约束，可仿照式(18-139)及式(18-140)模式增加。

该模型最大的特点是在目标函数式(18-138)中引用了权系数 ω_i。

下面说明权系数设定与调整方法：

(1) ω_i 的初始设定。短期计划是在年、月计划指导下进行的，年、月计划中已安排开采方块的 ω_i 值最大，周围方块次之，越远越小。

(2) 人工调整 ω_i。ω_i 初始值设定后，用单纯形法求解，输出计算结果，将结果中不宜开采的方块的 ω_i 值人为降低，应优先开采而未计划开采的方块的 ω_i 值人为加大，重新用单纯形法求解。

(3) 计算机自动调整 ω_i。每个方块都用四位码标志，表示东南西北，1 表示该方向可进挖掘机，0 表示不能。如为 0000，说明无法开采，计算机自动将其 ω_i 值降低；如为 0001，说明只有一个方向可进入挖掘机，要检查作业空间与回转半径，进一步判断是否可采，如不可采，ω_i 值降低。编码中 1 的位数越多，说明挖掘机越容易进入，应该开采，可加大 ω_i 值。计算机自动调整后，重新用单纯形法求解。

e　短期采剥计划 CAD 系统

(1) 采剥台阶开采计划线的形成。采剥台阶的推进方式主要有两种，一种是按照采掘带宽度平行推进；另一种是在开采条件的约束下，以任意多边形形状推进。采剥台阶的开采计划线将按照所采用的具体推进方式形成。

1) 按照采掘带宽度平行推进。如果给定了采掘带宽度 A，并且同时给定了该台阶的计划开采矿(岩)量 Q_0，台阶开采计划线的形成按下述步骤进行：

第一步，通过参数输入窗口输入计划参数，如计划月份、计划开采台阶标高、挖掘机号、计划开采矿岩量等。

第二步，在平面图上确定计划开采台阶坡顶线、坡底线，并用鼠标在坡顶线(或坡底线)上沿工作线发展方向拾取计划开采范围的起点和终点。

第三步，在给定的计划开采范围的起点和终点之间，对台阶的坡顶线、坡底线按照采掘带宽度进行平移，并计算开采矿岩量。

第四步，如果计算所得矿岩量 Q 与给定的计划开采矿岩量 Q_0 不相等，则进行搜索计算，直到所形成的计划开采范围的矿岩量 Q 与给定矿岩量 Q_0 相等为止。图 18-52 所示为最终所形成的开采计划线。

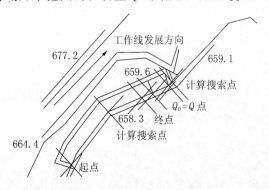

图 18-52　平行推进采掘量搜索计算

2) 在开采条件约束下，以任意多边形推进。编制短期采剥计划过程中，有时为了对到界台阶进行调整或完成其他一些特殊工程，往往并不是按照设计采掘带宽度，以平行推进的方式来形成采剥台阶的开采计划线，而是在开采条件约束下，以任意多边形形状对台阶进行开采，其步骤如下：

① 通过参数输入窗口输入计划参数，如计划月份、计划开采台阶标高、挖掘机号等。

② 用鼠标在平面图上拾取计划开采范围边界点，并计算计划开采范围矿岩量。

③ 如果所圈定开采范围不符合开采要求(开采范围或计划开采矿岩量)，可以调整计划开采范围顶点位置，直到满足要求为止。图 18-53 所示为形成的任意形状的开采计划线，计划线顶点可以调整，并且在调整过程中，可以实时同步计算矿岩量，显示圈定开采范围的矿岩量变化。

（2）计划开采范围矿岩量计算。本短期采剥计划 CAD 系统中,对传统的工程量计算方法进行了改进,通过在算量过程中与矿床地质模型间的数据交互,实现了计划开采范围内各岩种工程量及各种矿量指标计算的自动化。计划开采范围内的矿岩量计算步骤如下:

1）将开采计划区划分为若干微元网格,根据计划区顶点坐标,确定能够包容该计划区的最小矩形,并按照一定网格间距 d 将矩形划分为若干微元网格,每个微元网格面积为 $d \times d$,如图 18-54 所示。

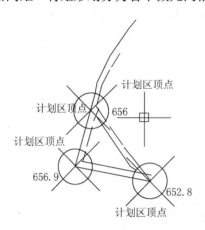

图 18-53　任意形状的开采计划线

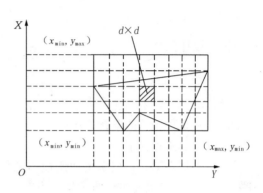

图 18-54　矿岩量计算

2）确定微元网格质心是否落在计划区内。

3）对落在计划区内的微元网格质心点进行估值计算。

4）根据估值所得结果,计算计划区矿岩量。在该步骤中,需要根据估值所得微元质心点处的矿体底板标高 E'_f 和矿体厚度 H_c,并根据该点处（该点处的上、下盘标高取计划区所有顶点上、下盘标高均值分别为 E_t 和 E_f）的上、下盘标高值 E_t、E_f,判断该点处台阶上、下盘与矿体之间的关系:

$$\Delta E = E_f - E'_f$$
$$\Delta F = E_f - E'_f - H_c$$
$$\Delta E' = E_f - E'_f$$
$$\Delta T = E_t - E'_f - H_c$$

由 ΔE、ΔF、ΔT、$\Delta E'$ 的不同,确定该点处的矿体厚度 H:

$$H = \begin{cases} 0 & \Delta E' \leqslant 0 \ 或\ \Delta F \geqslant 0 \\ E'_f + H_c - E_f & \Delta E' > 0, \Delta E \geqslant 0, 且\ \Delta T \geqslant 0 \\ E_t - E_f & \Delta E' > 0, \Delta E \geqslant 0, 且\ \Delta T < 0 \\ H_c & \Delta E' > 0, \Delta E < 0, 且\ \Delta T \geqslant 0 \\ E_t - E_f & \Delta E' > 0, \Delta E < 0, 且\ \Delta T < 0 \end{cases}$$

由以上所得各微元中心点处的矿体厚度 H,利用柱状体体积公式,分别计算微元的矿量 $v_矿$ 和岩量 $v_岩$:

$$v_矿 = d^2 H; \qquad v_岩 = d^2(E_t - E_f) - d^2 H$$

最后,将各个微元的体积求和,即可求得整个开采计划区的矿量 $V_矿$ 和岩量 $V_岩$:

$$V_矿 = \sum_{i=1}^{m} v_{矿i}; \qquad V_岩 = \sum_{i=1}^{m} v_{岩i}$$

（3）采剥工程位置的确定。编制采剥计划过程中,还需要对工作台阶不同的采剥位置进行比较优化。一般来讲,确定采剥工程位置时,应该综合考虑下列因素:

1）相邻台阶之间的几何约束。如图 18-55 所示,相邻两个台阶间的距离不小于 L_i,每个台阶宽度都应该大于或等于最小平台宽度 B_{min}。

2）重点推进区间优先开采。为了确保新水平的开拓延深,加快露天矿开采速度等要求而确定的重点采剥推进区间,应该优先进行开采。

3)生产剥采比最小化。应该按照使某阶段的生产剥采比最小的原则来确定采剥工程位置。

4)对非重点工程和区间采用局部试推的方法来确定采剥工程位置。此外,采剥工程位置以及开采方案的最终确定还要根据采剥设备所在的位置及其调动的可能情况、矿山工程发展中的相互关系、新水平开拓等生产中的各种限制因素做进一步的分析、判断,最终以人机交互的方式来完成。

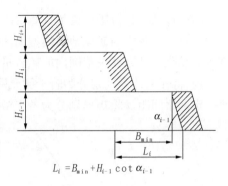

$$L_i = B_{min} + H_{i-1} \cot \alpha_{i-1}$$

图 18-55 相邻台阶约束关系

18.4.4 地下开采设计优化

18.4.4.1 地下矿开拓系统

A 综合评价法

综合评价法是从多种可行的开拓方案中,依据选取一系列优化标准,对各个方案进行综合性评价,从中找出较优开拓方案。其步骤如下:

(1)提出可行开拓方案。根据矿山地质地形条件及其他有关因素,用常规方法提出可行的开拓方案。经过分析比较,筛选出几个需要进一步比较的方案。

(2)确定评价标准。根据影响方案选择的重要条件,选取评价各方案的标准,如基建投资、基建工期、生产经营费、对环境的影响等。然后计算各方案评价标准的指标值,求出方案指标矩阵 $F = [f_{ij}]_{m \times n}$,其中,$m$ 为评价指标的数目,n 为待比较的方案数目。对定性指标也要给出数值,使其定量化。

(3)确定评价指标的重要性权数。在评价过程中,确定的评价指标的作用不等,需要用重要性权数加以区别。通常,采用专家评分法决定权值。将可能选取的评价指标印成表格,请有关专家对指标重要性评分,评分标准常取 0~20。然后,可用下述两种方法确定各指标权数 φ_j:

1)取每一个指标得分的算术平均值作为权数:

$$\varphi_j = \sum_{i=1}^{n} S_{ij}/n \quad (i = 1, 2, \cdots, n; j = 1, 2, \cdots, m) \tag{18-148}$$

式中 S_{ij}——第 i 个评分人对第 j 个指标的评分值;

　　　n——评分总人数;

　　　m——评价指标的数目。

2)按指标重要性序列矩阵计算权数。各指标按专家评分高低排序,依次给分。最低的为 1 分,最高的为 N 分,将各专家评分所得分值列入序列得分矩阵 $A = [a_i]_{m \times n}$。自序列得分矩阵算得指标重要性序列矩阵 $B = [b_{kl}]_{m \times n}$。

$$b_{kl} = \sum_{i=1}^{n} (a_{ik} - a_{il}) \begin{cases} = 1 & a_{ik} > a_{il} \\ = 0 & a_{ik} \leq a_{il} \end{cases}_{m \times n} \quad (k = 1, 2, \cdots, m; l = 1, 2, \cdots, m) \tag{18-149}$$

由矩阵 $B = [b_{kl}]_{m \times n}$ 计算指标重要性权数 φ_j:

$$\varphi_j = \frac{N}{\max\left\{ \sum_{l=1}^{m} b_{ji} \mid_{j=1,2,\cdots,m} \right\}} \sum_{l=1}^{m} b_{jl} \tag{18-150}$$

式中 N——权数最高给分值,常取 20。

(4)将权数标准化。为便于比较,将权数除以权数平均值 λ,得标准权数:

$$\varphi_i^0 = \frac{\varphi_i}{\varphi_c} = \frac{\varphi_i m}{\sum_{l=1}^{m} \varphi_i} \tag{18-151}$$

(5)选出最优值。自各方案的指标中选出其最优值 f_i^0,作为理想最优方案的指标集,最大最优时取最大值,最小最优时取最小值。

(6)将标准值无量纲标准化。以理想最优方案指标值为准,取各方案指标值f_{ij}与理想方案最优值f_i^0的差的绝对值,除以各相应指标最大值和最小值之和,使各指标值化为无量纲标准值δ_{ij},即:

$$\delta_{ij} = \frac{|f_i^0 - f_{ij}|}{\max f_{ij} + \min f_{ij}}$$

(7)计算综合优化值。以每一方案无量纲标准值δ_{ij}与标准权数φ_i^0的积的平方根作为综合优化值F_j,即:

$$F_j = \frac{m}{\sum\limits_{i=1}^{m} \varphi_i^0} \sqrt{\sum_{i=1}^{m} (\delta_{ij}\varphi_i^0)^2} \tag{18-152}$$

具有最小F_j者为综合最优方案,即最优的方案j要求:

$$F_j^0 = \min\{F_j \mid j = 1, \cdots, m\}$$

表18-15归纳了综合评价法的计算步骤。

表 18-15 综合评价法计算步骤

评价指标编号	n 个比较方案的指标值		理想方案指标	n 个方案的无量纲标准化指标值		重要性权数	标准化重要性权数
	$1,2,\cdots,j,\cdots,n$			$1,2,\cdots,j,\cdots,n$			
1	$f_{11}\,f_{12}\cdots f_{1j}\,f_{1n}$		f_1^0	$\delta_{11}\,\delta_{12}\cdots\delta_{1j}\,\delta_{1n}$		φ_1	φ_1^0
2	$f_{21}\,f_{22}\cdots f_{2j}\,f_{2n}$		f_2^0	$\delta_{21}\,\delta_{22}\cdots\delta_{2j}\,\delta_{2n}$		φ_2	φ_2^0
$\vdots$			$\vdots$			$\vdots$	$\vdots$
i	$f_{i1}\,f_{i2}\cdots f_{ij}\,f_{in}$		f_i^0	$\delta_{i1}\,\delta_{i2}\cdots\delta_{ij}\,\delta_{in}$		φ_i	φ_i^0
$\vdots$			$\vdots$			$\vdots$	$\vdots$
m	$f_{m1}\,f_{m2}\cdots f_{mj}\,f_{mn}$		f_m^0	$\delta_{m1}\,\delta_{m2}\cdots\delta_{mj}\,\delta_{mn}$		φ_m	φ_m^0
			$\sum\limits_{i=1}^{m}$	$\delta_{i1},\delta_{i2}\cdots\delta_{ij},\delta_{in}$			
算法	$f_i^0 = \max\{f_{ij}\}$ 最大最优			$\delta_{ij} = \dfrac{|f_i^0 - f_{ij}|}{\max f_{ij} + \min f_{ij}}$			
	$f_i^0 = \min\{f_{ij}\}$ 最小最优			$F_j = \dfrac{m}{\sum\limits_{i=1}^{m} \varphi_i^0}\sqrt{\sum\limits_{i=1}^{m}(\delta_{ij}\varphi_i^0)^2}$			
	$\varphi_i^0 = \dfrac{\varphi_i m}{\sum\limits_{l=1}^{m}\varphi_i}$			$F_j^0 = \min\{F_j \mid j = 1, \cdots, m\}$			

B 网络流法

地下矿开拓系统的核心是物料流动(包括矿石、废石、材料、人员、风流等)的安排,力图用最小的费用完成各种物料输送。因此,可以把开拓系统视作一个网络流,然后根据最小费用的计算,确定物流的最优路径,进而得出最优的开拓运输方案。其具体步骤如下:

(1)提出多种可行的开拓运输方案。例如,图18-56所示的矿山横剖面图中,可以采取单一竖井(AB)开拓、单一斜井(CD)开拓或平硐盲竖井($EIFG$)开拓等方案。

(2)将上述各种开拓运输方案综合在一起,构成网络流图。图18-57是相应于图18-56的网络流图,其中,$O_1,O_2,\cdots,O_5$是流的发点;T_1,T_2,T_3是流的收点;A、B、C、$\cdots$各点是节点;AL、CM、EI、$\cdots$各线段是弧,其上的箭头表示物流的方向。

(3)进行最小费用流的计算。在网络理论中,最小费用流的主要参数包括费用和弧容量两项。所谓费用,是指每条弧线上流量经过后所消耗的资金。它由两部分组成:一部分为建立这条弧(基道)的基建费用H_f,它是一次性支付;另一部分为运送矿石的经营费用H_v,它是经常性的消耗。对于给定的一条弧,H_f是常数,H_v是随流量大小而变化的一个变量,可视作线性关系。因此,费用函数是始于H_f的凹函数(图18-58)。

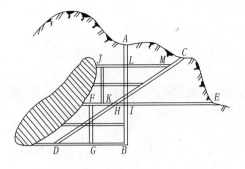

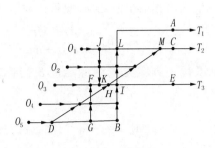

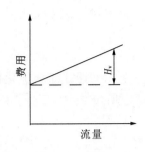

图18-56 矿山横剖面　　　　　图18-57 网络流　　　　　图18-58 费用函数

　　最小费用流计算的第二个基本参数是弧容量。它是指每条弧所能通过的最大流量。严格地说,弧容量是没有限额的,因为巷道断面和运输设施可按需要增加。为了减少有关凹函数的计算工作量,把每条弧上有可能通过的流量的总和视作弧容量。

　　在上述参数基础上,最小费用流问题可写作线性规划:

$$\min \sum_{ij} h_{ij} f_{ij} \tag{18-153}$$

$$\text{s. t.} \begin{cases} \sum_j f_{ji} - \sum_j f_{ij} = 0 & \text{始点、终点除外的}\ i\ \text{点} \\ f_{ij} \leqslant C_{ij} & \text{所有的}(i,j) \end{cases} \tag{18-154}$$

式中　　C_{ij}——弧容量;

　　　　f_{ij}——在弧(i,j)上的流量;

　　　　h_{ij}——在弧(i,j)上的单位流费用;

　　(i,j)——节点。

　　由于费用函数是凹函数,需要采用隐枚举法,在每条凹函数弧上添加参数x_i。若$x_i = 1$,则意味着第i条弧"开放",允许有货流通过;若$x_i = 0$,则指第i条弧"关闭",没有货流通过。这样,上述线性规划变成0—1混合整数规划。

$$\min \left(\sum_{i \in \omega^+} H_{fi} + \sum_{i \in \omega^0} H_{fi} x_i + \sum_{i=1}^{m} h_{vi} f_i \right) \tag{18-155}$$

$$\text{s. t.} \begin{cases} \sum_j f_{ji} - \sum_j f_{ij} = 0 & \text{始点、终点除外的}\ i\ \text{点} \\ 0 \leqslant f_i \leqslant C_i & i = 1, 2, \cdots, m \\ f_i \leqslant x_i C_i & i \in \omega^+ \\ f_i = 0 & i \in \omega^- \\ x_i = 0\ \text{或}\ 1 & i \in \omega^0 \end{cases} \tag{18-156}$$

式中　　H_{fi}——第i条弧线的基建费用;

　　　　h_{vi}——第i条弧线的单位流费用;

　　　　ω^+——$x_i = 1$的弧子集;

　　　　ω^-——$x_i = 0$的弧子集;

　　　　ω^0——x_i有待确定的弧子集。

　　(4)确定开拓运输系统。经过最小费用流的计算,在原有网络图中存在物流的弧(巷道),说明它必须存在(即要开掘);对于没有物流的弧(巷道),说明它没有存在的必要,应该从图中删除。这样,删除后剩下的网络系统图就是矿山的开拓运输系统。

C 综合评价法实例分析

a 开拓方案选择

苍山铁矿为一盲矿体,最浅部距离地表约90m,最深部超过400m,设计采用地下开采方式。考虑矿体赋存条件及基建投资拟采用分期建设方案,即 -140m 水平以上为一期, -140 ~ -350m 段为二期。因矿体埋藏较深,水平宽度较大,比较适合的开拓方式就是竖井斜坡道联合开拓方式。共设计4条竖井。其中,主井1条,专用提升矿石;副井1条,用来提升废石、人员和材料并兼作入风井;回风井2条,用于矿井回风;设计斜坡道1条,用来运送大型无轨设备;另外,为了加快基建进度,在矿体中央处开凿1措施井,用以缩短基建工期。

b 开拓方案比较

通过对开拓系统重新进行选择,采用斜坡道开拓与原竖井开拓方案进行对比,见表18-16。

从表18-16可以看出,与原竖井开拓系统相比,在矿体埋深不大的情况下,采用斜坡道开拓具有基建工程量少、基建投资小、基建时间短等优点,特别是提前一年投产可多获利17092万元。同时,斜坡道开拓采用的无轨设备运输具有机动灵活、生产效率高、管理比较简单等优点。通过以上比较,经优化论证确定采用斜坡道开拓系统。

表18-16 斜坡道开拓与竖井开拓对比 I

比 较 项 目	斜坡道开拓	原竖井开拓
工程量/(m/m³)	14393/227480	19734/246966
基建工期/a	2	3
基建投资/万元	42975	46100

c 开拓方案选择细化

通过初选,在初步设计阶段选择竖井开拓和斜坡道开拓两种开拓方式进行详细技术经济比较。竖井开拓系统中包括的主要开拓工程:主井(箕斗井)、1条主溜井、井下破碎系统、副井(罐笼井)、2条回风竖井、1条斜坡道、专用进风井。斜坡道开拓系统包括的主要开拓工程:2条平行双向主运输斜坡道、1条副井、3条风井。矿山一期开采标高 -140m 以上,开采深度约230m,服务年限25年;矿山二期开采 -290m 以上,总服务年限40年;首采中段均为 -140m 中段;考虑竖井延深比较困难,因此竖井开拓系统2条主副竖井均掘进到底,井底标高分别为 -400m 和 -315m;井下破碎系统布置在 -334m 水平。斜坡道开拓与竖井开拓对比见表18-17。

表18-17 斜坡道开拓与竖井开拓对比 II

比 较 项 目	斜坡道开拓	竖井开拓
工程量/(m/m³)	14393/227480	19734/246966
基建工期/a	3.5	4
基建投资/万元	16621.93	17996.54
年经营费/万元	2491.44	2092.06

注:基建投资年经营费用只比较有差别部分。

通过进一步比较可以看出,斜坡道开拓系统具有基建工程量小、基建工期短、投资省等优点;竖井开拓系统具有年经营费用低等优点。同时,采用斜坡道开拓系统提前半年投产可提前产生经济效益6200万元,经过以上比较,确定仍采用斜坡道开拓系统。

18.4.4.2 采矿方法

地下矿采矿方法设计的优化方法就是用计算机和优化技术完成地下开采方法设计。采矿方法设计时,要考虑的因素很多,计算机处理时难度较大。因此,各国在20世纪80年代才开始将计算机和现代数学方法应用于地下矿采矿方法的设计。地下采矿法设计的计算机方法包含采矿方法的优选和采场结构参数的优化。

A　采矿方法的优选

采矿方法优选的主要方法有模糊数学法、多目标决策法和价值工程法等。

a　模糊数学法

模糊数学法选择采矿方法的主要依据是众多的地质技术条件,采用模糊数学法处理。首先,初选一些采矿方法作为候选者,已知这些采矿方法所要求的地质条件。然后,列出拟选择采矿方法的矿山地质和开采技术条件,计算并确定它们与候选采矿方法所要求的地质和开采技术条件之间的模糊相似程度,选择条件最相近的那个采矿方法。

模糊数学法还可以用来预测采矿方法将取得的技术经济指标。首先,列出本矿山的地质和开采技术条件,对它们进行模糊聚类。聚类时,与本矿山近似程度最高的矿山取得高权值,其余矿山按聚类近似程度排序,依次取较低的权值。然后,将各矿山用这种采矿方法取得的技术经济指标加权平均,得到本矿山采用这种采矿方法取得的技术经济指标加权平均,以及本矿山采用这种采矿方法可能取得的技术经济指标。

b　多目标决策法

选择采矿方法时,考虑采矿成本、采准切割工程量、矿石贫化率和损失率、采场生产能力等多个因素。这些因素从不同侧面反映采矿方法的优劣,具有各自的计算单位。采用多目标决策法将这些因素综合起来,从整体上评价几种采矿方法的可行方案,从中择优。

c　价值工程法

价值工程中,事物的价值用其功能与成本的比值来衡量。选择采矿方法时,将采场生产能力、回采率、贫化率等技术指标视作功能,支出的开采费用视作成本,比较各种采矿方法的功能/成本比,选择比值最大者作为应选的采矿方法。

d　实例分析

某铜铁矿床,走向长 350m ,倾角 60°~70°,平均厚度 50m。矿体连续性好,形状比较规整,地质构造简单。矿石为含铜磁铁矿,致密坚硬,$f=8~12$,属中等稳固。上盘为大理岩,不够稳固,$f=7~9$,岩溶发育;下盘为矽卡岩化斜长岩及花岗闪长斑岩,因受风化,稳固性差。矿石品位较高,平均含铜 1.73%,平均含铁 32%。矿山设计年产矿石量 43 万吨,地表允许陷落。

第一步,初选采矿方法。由于矿石中等稳固、围岩稳固性差、矿体倾角大、地表允许陷落等条件,结合考虑矿石的损失、贫化率、采矿工艺等因素,可用无底柱分段崩落法,分段高 10m,回采巷道间距 10m,垂直走向布置,矿块生产能力 350~400t/d,采准工作量 15m/kt,矿石损失率和矿石贫化率分别为 18%、20%,劳动生产率为 715t/(人·a)。根据矿石价值、围岩与矿石稳固性和矿床规模等条件,又可用上向水平分层充填法。由于矿柱回采方法的不同,这种方法又可分为两种方案:第一种方案矿房宽 10m,矿柱宽 5m,矿房用上向水平分层尾砂充填法回采,矿柱用留矿法回采,嗣后一次胶结充填。先采矿柱,后采矿房,矿块生产能力 120~160t/d,采准工作量 10m/kt,矿石损失率和矿石贫化率均为 6%,劳动生产率为 429t/(人·a)。第二种方案矿房宽 10m,用上向水平分层尾砂充填法回采,靠矿柱边砌隔离墙,矿柱宽 5m,用无底柱分段崩落法回采,矿块生产能力 200~250t/d,采准工作量 10m/kt,矿石损失率和矿石贫化率均为 9%,劳动生产率为 613t/(人·a)。

第二步,构造模糊优先关系矩阵。经分析该矿具体情况,并对两方案优缺点和主要技术经济指标进行比较,建立如下模糊优先关系矩阵(A 代表因素;W 代表权重;R 代表赋值;$C_1 \sim C_5$ 分别代表矿块生产能力、采准工作量、矿石损失率、矿石贫化率、劳动生产率;P_1、P_2 分别代表方案一和方案二):

$$\begin{bmatrix} A & C_1 & C_2 & C_3 & C_4 & C_5 \\ C_1 & 0.5 & 1 & 0 & 1 & 0 \\ C_2 & 0 & 0.5 & 0 & 1 & 0 \\ C_3 & 1 & 1 & 0.5 & 1 & 0 \\ C_4 & 0 & 1 & 0 & 0.5 & 0 \\ C_5 & 1 & 1 & 0 & 1 & 0.5 \end{bmatrix} \begin{bmatrix} C_1 & P_1 & P_2 \\ P_1 & 0.5 & 1 \\ P_2 & 0 & 0.5 \end{bmatrix} \begin{bmatrix} C_2 & P_1 & P_2 \\ P_1 & 0.5 & 0 \\ P_2 & 1 & 0.5 \end{bmatrix} \begin{bmatrix} C_3 & P_1 & P_2 \\ P_1 & 0.5 & 0 \\ P_2 & 1 & 0.5 \end{bmatrix}$$

$$\begin{bmatrix} C_4 & P_1 & P_2 \\ P_1 & 0.5 & 0 \\ P_2 & 1 & 0.5 \end{bmatrix} \begin{bmatrix} C_5 & P_1 & P_2 \\ P_1 & 0.5 & 1 \\ P_2 & 0 & 0.5 \end{bmatrix}$$

第三步,构造模糊一致矩阵,并计算排序向量,由模糊优先关系矩阵变换为模糊一致矩阵并进行层次单排序,结果如下:

$$\begin{bmatrix} A & C_1 & C_2 & C_3 & C_4 & C_5 & W \\ C_1 & 0.5 & 0.7 & 0.3 & 0.4 & 0.4 & 0.2012 \\ C_2 & 0.3 & 0.5 & 0.1 & 0.2 & 0.2 & 0.1094 \\ C_3 & 0.7 & 0.9 & 0.5 & 0.6 & 0.6 & 0.2879 \\ C_4 & 0.4 & 0.6 & 0.2 & 0.3 & 0.3 & 0.1566 \\ C_5 & 0.6 & 0.8 & 0.4 & 0.5 & 0.5 & 0.2548 \end{bmatrix}$$

$$\begin{bmatrix} C_1 & P_1 & P_2 & R_3 \\ P_1 & 0.5 & 0.75 & 0.6340 \\ P_2 & 0.25 & 0.5 & 0.3660 \end{bmatrix} \begin{bmatrix} C_2 & P_1 & P_2 & R_3 \\ P_1 & 0.5 & 0.25 & 0.3660 \\ P_2 & 0.75 & 0.5 & 0.6340 \end{bmatrix} \begin{bmatrix} C_3 & P_1 & P_2 & R_3 \\ P_1 & 0.5 & 0.25 & 0.3660 \\ P_2 & 0.75 & 0.5 & 0.6340 \end{bmatrix}$$

$$\begin{bmatrix} C_4 & P_1 & P_2 & R_3 \\ P_1 & 0.5 & 0.25 & 0.3660 \\ P_2 & 0.75 & 0.5 & 0.6340 \end{bmatrix} \begin{bmatrix} C_5 & P_1 & P_2 & R_3 \\ P_1 & 0.5 & 0.75 & 0.6340 \\ P_2 & 0.25 & 0.5 & 0.3660 \end{bmatrix}$$

第四步,方案综合评价分值如下:

$$C = W \cdot R = (0.2012 \quad 0.1094 \quad 0.2879 \quad 0.1566 \quad 0.2448) \cdot \begin{pmatrix} 0.6340 & 3360 \\ 0.3360 & 6340 \\ 0.3360 & 6340 \\ 0.3360 & 6340 \\ 0.6340 & 3360 \end{pmatrix} = (0.4689 \quad 0.5010)$$

最后对以上计算结果分析,矿房用上向水平分层尾砂充填法回采、矿柱用无底柱分段崩落法回采的方案的评分值相对较大。综上分析后,该矿采矿方法选用第二方案。

B　采场结构参数的优化

采场结构参数的优化目前是用来优化和确定采准切割巷道布置和尺寸参数。常用的方法有 CAD 技术、岩石力学计算方法和计算机模拟。

a　CAD 技术

在计算机屏幕上绘制矿块采准切割巷道,然后计算机根据结构布置,计算和显示巷道工程量、采切比、采切费用等指标。若设计者不满意,可重新修改结构和参数,直到得到满意的技术经济指标为止。

绘制矿块结构图时,可以仿效手工绘图,在计算机屏幕上依次指定采准切割巷道所在的位置。也可以采用拼图方法,在计算机内预先存放一些基本图元(如漏斗、平巷、天井、弯道等),用这些图元拼凑出需要的矿块结构图。也可以采用参数替换法,用高级语言编写程序,根据需要给定一些参数后,由计算机自动布置矿块结构图。

b　岩石力学计算方法

采场结构和参数对矿块和作业面的稳定性有很大影响。根据安全的需要,采用有限元、边界元等岩石力学方法进行强度计算,确定或调整矿块结构和参数。

c　计算机模拟

在崩落采矿方法中,矿块结构参数影响放矿效果和贫化损失指标。因此,可以用计算机模拟放矿过程,根据模拟结果选择最优的矿块结构参数。

18.4.4.3　地下矿采掘进度计划编制

地下采掘进度计划编制是地下矿山的一项重要工作,用计算机编制计划要把全部计划工作当做一个系统,按时间和工程划分层次,合理地安排各类采掘工程(生产勘探、开拓、采准、切割、回采、充填空区、回采矿柱和处理空区等)的工作量、工期、施工顺序和设备、人力、资源的配备。

A　采掘进度计划系统的目标

编制采掘进度计划的总目标是在地下矿山特定地质和开采技术条件以及有关规程约束下均衡地完成矿石产量和质量,并使企业获得最大经济效益。采掘生产计划系统需要满足下述要求:

(1) 各层次计划的目标都服从总目标的要求。

(2) 下层次计划任务根据上层次计划要求制定。同一层次的不同采掘工程计划的完工期限应相互衔接。

(3) 组织下层次计划完成上层次计划,并消除上层次计划执行中产生的偏差。

(4) 满足矿山现有资源及其他有关条件的约束。

采掘计划的总目标可分解为三个子项:

(1) 按计划规定采出所需要矿石的数量和质量。为此要编制多层次出矿计划。

(2) 及时准备新矿块、新分段和新阶段,按期投产,保证持续均衡地完成出矿任务。

(3) 各工程按规定的时间和空间顺序发展,保证最有效地利用矿山资源,消除浪费,减少资金占用,防止采掘失调。为此要编制阶段、矿体、分段和矿块工程项目以及其他基建工程项目计划,使(1)和(2)项目顺利实现。

为了在各期计划中能检查各相应工程项目的全过程,防止计划失误,根据矿山具体情况做滚动计划。通常根据阶段的开拓和开采持续的时间,做滚动的5~8年计划,延续时间应覆盖阶段开拓、开采全过程,使生产顺利衔接。每月再做后3~5月的滚动计划,以便调整生产,及时消除生产计划出现的偏差,使矿山处于主动地位。如果矿块开采时间超过1年以上,则根据矿块采准至回采完毕的延续时间,编制1.5~2年的采矿计划,使各矿块生产顺利衔接。

B　采掘生产计划系统的层次结构和联系

采掘生产计划按计划限期可划分远景规划、五年计划、年计划、季计划、月计划、周计划和日计划;按采掘工程可划分生产计划、采矿计划,或掘进、凿岩、矿块采准切割、阶段开拓、空区处理等计划。采掘生产计划系统的层次结构和联系如图18-59所示。

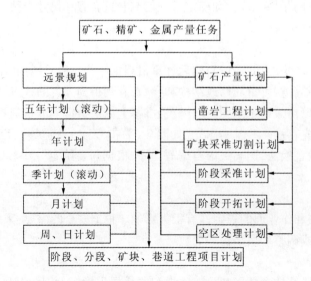

图18-59　采掘生产计划系统的层次结构和联系

为了较准确地估算各工程的起止和延续时间,要编制各类工程项目进度计划,并相应地进行各工程项目的工程设计,这一工作可由 CAD 系统完成。

C　采掘生产计划的优化方法

采掘生产计划的优化目标是以最佳的经济效益,均衡地完成质量稳定的矿石产量任务。不同层次和不同矿山的优化目标不尽相同。由于目前多目标决策问题还没有十分成熟的方法,在计划问题中大多是选取一个主要的目标,其他目标则作为约束条件参加运算,即将多目标问题转化为单目标问题来解算。

各层次计划中常用的优化目标见表 18-18。

表 18-18　生产计划优化目标

优化目标	长期、年计划		季、月、周计划	
	掘进	采矿	掘进	采矿
最大利润	-	+	-	+
最低成本	+	+	+	+
集中作业	-	+	-	-
最大产量或金属量	-	+	-	-
矿石质量稳定	-	+	-	+
三级矿量最优协调	+	-	-	-
均衡利用劳动力资源	+	+	+	+
设备利用均衡	+	+	+	+
采掘队工作均衡	+	+	+	+
按期完成工程计划	-	-	+	+

注:+ 为常用标准,- 为不用或少用标准。

各层次计划的约束条件按其性质划分为 5 组:

(1)上层次计划规定的指标约束。

(2)资源约束。

(3)技术可能性约束。

(4)工程完工期限约束。

(5)开采顺序约束。

常用的各类生产计划约束条件见表 18-19。

表 18-19　常见的各类生产计划约束条件

开采顺序约束	资源约束	上层次计划规定约束	采掘强度约束	工程完工期限约束
邻近矿体协调开采	投资限额	矿石产量、质量	阶段、矿块采矿强度	计划规定完工期限
邻近矿块协调开采	选厂(破碎)能力	精矿产量、质量	工作面出矿强度	工作面及巷道承受地压期限
矿房、矿柱协调开采	供电限额	金属(有用成分)产量	最大掘进速度	矿石氧化自燃期限
工作面协调开采	劳力限额	盈利指标	充填工作最大能力	矿石黏结期限
三级矿量协调要求	通风能力	成本指标	矿块最大凿岩能力	露天矿下降速度(露天地下联合开采)期限
回采作业协调要求	提升能力	损失贫化指标		
通风行人要求	运输能力	规定的采矿方法及其参数		
地压管理要求	金属资源	生产能力负荷水平		
充填、灌浆作业要求	矿量资源	采掘队劳动定额		
禁止掏底回采	灌浆能力			
采掘结合要求	设备数量限额			
疏干要求	采掘能力			
各类规程及其他规定				

根据计划层次和矿山具体条件的不同选用约束条件。选用不同的目标函数时,其约束条件也不同。常用的目标函数及约束条件的简易数学表达式见表 18-20。

表 18-20　常用的目标函数及约束条件的简易数学表达式

项目	名称	公式	说明
目标函数	盈利最大	$L \rightarrow \max$	
	成本最低	$E \rightarrow \min$	
	产量最大	$\sum\limits_{i=1}^{n} x_{it} \rightarrow \max$	
	集中作业	$\sum\limits_{i=1}^{n} \dfrac{x_{it}\eta_{it}}{x_{it}+\varepsilon} \rightarrow \max$	矿块单产 x 愈大,集中作业愈好
	矿石质量稳定	$\left(1 - \dfrac{\sum\limits_{i=1}^{n} x_{it}\alpha_{ij}}{M_{jt}}\right)^2 \rightarrow \min$	计划金属产量与实际金属产量方差最小
	均衡利用劳动资源	$\sum\limits_{t=1}^{T} \left(N_{vt} - \sum x_{vit}\nu_{vi}\right)^2 \rightarrow \min$	T 期限内均衡利用劳动资源与实际利用劳动资源劳动消耗方差最小
	均衡完成采掘任务	$\sum\limits_{t=1}^{T} \left(G_{vt} - \sum x_{vit}\right)^2 \rightarrow \min$	T 期限内计划平均完成任务量与实际完成任务量方差最小
	按期完成计划	$\sum\limits_{i=1}^{N} \left(\dfrac{Q_{vit} - R_{vit+1} - X_{vit} \pm \delta_{vit}}{Q_{vit} - R_{vit+1} + \varepsilon}\right)^2 \rightarrow \min$	计划规定完成工作量与实际完成工作量方差最小
	三级矿量协调且采准工作费用最少	$\sum\limits_{t=1}^{T}\sum\limits_{v=1}^{n} x_{vit}C_v(F_i - H) \rightarrow \min$	计划期内各工程中 v 采准工作的费用投入最迟,完工极限期与实际完工期最符合
上层次计划规定任务约束	矿石总产量	$D_t \leqslant \sum\limits_{i=1}^{n} x_{vit} \leqslant D_t(1+\delta)$	实际矿石产量不小于计划任务量,超产量小于 $D_t\delta$
	分类矿石产量	$D_{ut}(1-\beta) \leqslant \sum\limits_{i=1}^{n} x_{iut} \leqslant D_{ut}(1+\delta)$	实际分类矿石产量比计划超欠产不大于 $D_{ut}\delta$ 和 $D_{ut}\beta$
	金属产量	$M_{jt}(1-\beta_j) \leqslant \sum\limits_{i=1}^{n} x_{it}\alpha_{ij} \leqslant M_{jt}(1+\delta_j)$	实际金属产量比计划超欠产不大于 $M_{jt}\delta_j$ 和 $M_{jt}\beta_j$
	精矿产量	$J_{jt} \leqslant \sum\limits_{i=1}^{n} x_{it}\theta_{ij} \leqslant J_{jt}(1+\delta)$	实际精矿产量比计划超产不大于 $J_{jt}\delta$
	采准切割(凿岩)工作量	$\sum\limits_{v=1}^{m} \left(Q_{vi} - \sum\limits_{1}^{F_i} x_{vit}\right) = 0$	按计划规定期限完成的各类采准工作量等于计划规定的采准工程量
资源约束	劳力资源	$N_{vt}(1-\beta_v) \leqslant \sum x_{vit}\nu_{vi} \leqslant N_{vt}(1+\delta_v)$	实际劳力消耗比计划超欠不大于 $N_{vt}\beta_v$ 和 $N_{vt}\delta_v$
	采掘能力	$\sum\limits_{i=1}^{n} x_{vitl}w_{vit} \leqslant A_{vti}$	实际各类采掘资源总消耗小于或等于矿山采掘能力
	生产能力均衡利用	$G_{vi}(1-\beta_v) \leqslant \sum\limits_{i=1}^{n} x_{vit}w_{vi} \leqslant G_{vi}(1+\delta_v)$	每计划期内实际完成工作量比计划超欠不大于 $G_{vi}\beta_v$ 和 $G_{vi}\beta_v$
	矿石资源	$\sum\limits_{i=1}^{T} x_{it} \leqslant Q_{iT}$	各计划期自工程项目中采出的工业矿量小于或等于其工业矿量
采掘强度约束	采准强度	$x_{vitl} \leqslant \alpha_{vit}$	采准强度小于或等于最高允许强度
	采矿强度	$x_{itl} \leqslant \alpha_{it}\lambda_t$	实际采矿强度小于或等于最高允许强度
完工期限约束	按期限完成任务	$x_{it} \geqslant Q_{it} - (P_{it} - H_{it})\alpha_i$	计划期完成采矿大于或等于计划期工程项目中工业矿量减去该期最大计划剩余量
	按期限完成任务	$x_{itl} \geqslant b_{itl}$	计划完工期采出矿量大于或等于最低允许采矿强度(用于黏结、自燃等条件)
开采顺序约束	作业顺序	$\{q\}1-p$	所有 q 作业都需在 p 作业开始之前完成
	回采作业开始期	$x_{il}\begin{cases} = 0, H_i \leqslant S_i \\ > 0, H_i > S_i \end{cases}$	计划开始时间小于或等于回采可能开始时间时回采作业量为零,大于可能开始时间时回采作业量大于零
	回采作业开始期	$S_i = Z_i$	回采可能开始期等于采准工程结束期
	回采作业开始期	$S_i = \max(Z_{ij}, K_i)$	回采开始期与相邻矿块有关时,则回采开始期自本矿块采准工程完工期和相邻矿块允许工程开始期中选大值

表 18-20 各式中符号意义:A—某一工艺环节的生产能力;a—完成某工程项目的最高允许强度;b—完成某工程项目的最低允许强度;D—矿石的计划生产任务;F—上层次计划规定的完工期限;H—实际完工期

限;P—工程项目的矿石开采极限完工期限;G—分配给每一计划期限的平均工程量;M—计划金属量任务;Q—某一工程项目拥有的实际工业矿量或采准工程量;R—某一工程项目拥有的计划工业矿量或采准工程量;N—均衡利用劳动资源时某一工程的劳动消耗量;ν—单位工程量的劳动消耗定额;W—单位工程量资源消耗定额;x—计划中求解的未知量;α—矿石品位;δ,β—各类参数的允许偏差;λ—矿块回采开始和结束时的降效系数;S—回采作业可能开始期;Z—采准工作可能完工期;C—工程单价;K—相邻矿块允许工程开始的最迟时间;E—矿石成本;η—优先权数;L—盈利;ε—极小的正数;J—计划精矿任务;θ—精矿产出率;i—工程施工地点(矿体、阶段、矿块、矿房、矿柱、进路、巷道等)的下标,$i=1,2,\cdots,n$,无下标代表全矿;j—金属(有用矿物)种类下标;l—工作条件类别或需用资源类别下标;t—计划期顺序号(年、月或周、日),表示某一时间值时,t相当于计划开始期,$t=1,2,\cdots,T$;u—矿石种类下标;v—采准切割形式下标(包括凿岩、充填等),无下标为采矿。

采掘计划系统优化最常用的算法是线性规划和网络技术,后者主要是关键路线法(CPM)和计划评审法(PERT)。表18-21列出前述优化目标的序号。在构成各层次计划的数学模型时,要根据本矿条件及课题要求对表内公式进行适当修正,使其适合本矿条件,且易于解算。数学模型建立后,可根据解题要求编写计算机程序,调试通过后,经过运算,最终输出优化的采掘计划,包括表格、计划图纸和施工作业进度图。由于对目前的优化方法做了一些简化,输出结果可能不完全符合要求。因此,用优化法做出各层次计划后,可通过人机对话方式进行适当地调整,使之更适合生产实际要求。

表18-21　采掘计划编制的优化方法

项目名称		掘进计划			凿岩充填计划		采矿计划				
		长期计划	年计划	月周计划	年计划	月计划	长期计划	年计划	季计划	月计划	周日计划
优化目标	盈利及成本						1,2	1,2	1,2	1,2	
	矿石、精矿、金属量最大						3	3			
	集中作业						4	4			
	矿石质量稳定										
	均衡利用劳动资源		6	6							
	均衡完成采掘任务		7								
	按期完成计划			8		8					
	三级矿量协调积压资金最少		9		9						
约束条件	矿石产量、金属量、精矿量						10,11,12,13	10,11,12,13	10,11,12,13	10,11,12,13	10,11,12,13
	掘进凿岩工作量	14	14		14						
	劳力资源	15	15	15	15	15	15	15	15	15	15
	采掘能力资源	16	16	16	16	16	16	16	16	16	16
	矿石资源						18	18	18	18	18
	采掘强度	19	19	19	19	19	20	20	20	20	20
	完工期限	21b	21b	21b	21b	21b	21b	21b,21a	21b,21a	21b	21b
	开采顺序	22	22	22	23a		23a,23b,23c	23a,23b,23c	23a,23b,23c		

D　应用实例

a　金川龙首矿长期采矿计划编制

为了解决深部开拓工程过渡中的生产衔接,减少金属产量波动,开发了长期采矿计划优化软件。鉴于矿山要求生产过渡期多出金属量,且产量波动要小,所以目标函数选取镍金属产量最大。其表达式为:

$$\max\left\{\sum_t\sum_i(1-D_i)\alpha_{it}x_{it}\right\} \tag{18-157}$$

式中　D_i——第i采场的矿石贫化率;

　　　α_{it}——第i采场t计划期的矿石品位;

　　　x_{it}——第i采场t计划期的采出矿石量。

约束条件有采场生产能力约束、资源约束、矿石质量约束、产量任务约束、矿山生产能力约束、回采顺序约束等,用线性规划解算。软件用高级编程语言编写,可与地质数据库连接,自动取出地质数据编制计划。计划系统在计算机上实现,能输出矿山规定的成套计划表格。软件中包括模拟执行程序,可将编制出的计划模拟执行,检验其可靠程度。经几次应用,为该矿提出有价值的信息,有利于生产过渡工作的决策。

b 黄沙坪铅锌矿生产计划编制

为了将该矿开采顺序理顺,目标函数是在采掘顺序最优的条件下使产量最大,其表达式为:

$$\max\left(\sum_t \sum_i \rho_i x_{it} + \sum_t \sum_j g_j y_{jt} + \sum_t \sum_k r_k z_{kt}\right) \tag{18-158}$$

式中 x_{it}, y_{jt}, z_{kt}——第 t 计划时间内第 i 采场,第 j 矿柱回采和第 k 矿块采切工作量;

ρ_i, g_j, r_k——第 i 采场、第 j 矿柱、第 k 矿块的优先权数。

约束条件有矿山产量任务约束、总利润约束、采准能力约束、入选矿石品位约束、回采顺序约束、采矿强度约束、非负约束等,用线性规划求最优解。

c 西石门铁矿生产计划系统

该计划系统包括中长期计划、年季计划和月计划,采用优化方法导向,计划人员人机对话交互模拟控制调整的方法编制,同时发挥优化方法和计划人员经验的作用。利用搭接网络优化开采顺序,线性规划优化出矿品位,网络技术优化采掘工程施工组织,用交互式模拟方法通过人工干预编制出各期生产计划。计划编制由地质数据库支持,直接从地质数据库软盘或网络上取得需要的地质数据。可单机运行也可联网运行,在有 CAD 设备的矿山,可由 CAD 设备绘制计划图件。

18.5 矿山生产工艺系统

18.5.1 矿山开采设备优化

当具体工艺方案确定后,矿山开采设备优化选择主要是确定设备型号和数量。

18.5.1.1 确定露天矿设备的常用方法

在设计和生产中,确定露天矿设备的方法有如下几种:

(1) 类比法。类比法是按照与设计矿山条件相似的生产矿山的指标取值。

(2) 分析计算法。分析计算法是目前应用最广和通用性最强的计算方法。依据计算单位的不同,可分为以年工作班数或工作小时为基础的计算方法,它实质上是一种均值法。

(3) 概率计算法。概率计算法就是在计算设备的生产能力时,设备的出动率以概率计算。它可以反映出设备出动的随机性,能真实反映设备的运营情况,但该方法的计算量较大。

(4) 计算机模拟法。计算机模拟法是以计算机为工具对不同的设备型号和数量的匹配进行模拟以寻求优化的组合。它的优点是可以考虑各种情况的设备应用,搜索范围比较广,计算的可信度大。

18.5.1.2 露天矿运输设备规划

露天矿汽车运输效率的大小直接关系到整个矿山的生产效率。根据汽车的运输效率,可以计算汽车车辆的组合以及与装载设备合理匹配的情况。

露天矿采用单一的汽车运输形式时,根据汽车的运输能力可以确定历年所需汽车的数量。在计算过程中,可以用两种方法确定汽车的运输能力:一是根据统计报表解线性方程组;二是直接由统计报表计算。

A 线性方程组的构造与求解

当行驶速度 v 不变时,汽车运输能力与运距无关。据此,可建立如下方程:

$$\sum_{j=1}^n N_{ij} x_i = Q_i L_i \quad i = 1, 2, \cdots, n \tag{18-159}$$

式中 N_{ij}——第 j 年动用车龄为 i 年的汽车数量,台;

x_i——车龄为 i 年的汽车运输能力,$t \cdot km/(台 \cdot a)$;

Q_i——第 i 年全部汽车运输矿岩总量,t;

L_i——第 i 年全部汽车的总运距,km;

n——汽车车龄分类数目。

将式(18-159)用矩阵形式表示,即为:

$$A \cdot X = W \tag{18-160}$$

式中

$$A = \begin{bmatrix} N_{11} & N_{12} & \cdots & N_{1n} \\ N_{21} & N_{22} & \cdots & N_{2n} \\ \vdots & \vdots & \vdots & \vdots \\ N_{n1} & N_{n2} & \cdots & N_{nn} \end{bmatrix}; X = \begin{bmatrix} X_1 \\ X_2 \\ \vdots \\ X_n \end{bmatrix}; W = \begin{bmatrix} Q_1 L_1 \\ Q_2 L_2 \\ \vdots \\ Q_n L_n \end{bmatrix}$$

对式(18-160)采用 Gausse 消元法,用 C 语言编程即可求得线性方程组未知变量 $X_1, X_2, \cdots, X_n$ 的值。

在矿山,汽车的使用期限为 5 ~ 8 年,而在实际工作中一般将四年以后的汽车归结为四年车。因此,对式(18-159)中的 n 最大取为 4,式(18-160)即为:

$$\begin{bmatrix} N_{11} & N_{12} & N_{13} & N_{14} \\ N_{21} & N_{22} & N_{23} & N_{24} \\ N_{31} & N_{32} & N_{33} & N_{34} \\ N_{41} & N_{42} & N_{43} & N_{44} \end{bmatrix} \begin{bmatrix} X_1 \\ X_2 \\ X_3 \\ X_4 \end{bmatrix} \begin{bmatrix} Q_1 L_1 \\ Q_2 L_2 \\ Q_3 L_3 \\ Q_4 L_4 \end{bmatrix} \tag{18-161}$$

根据矿山提供的"露天矿汽车行驶里程及各种检修统计表"和"月度报表",经统计可确定汽车的运输能力。

B　汽车运输能力的直接统计计算

汽车运输能力的直接统计计算方法是由"月报表"计算出汽车的装车质量的年平均值和汽车的行程利用率,再由"露天矿生产汽车行驶里程及各种检修统计表"分别统计出一年到四年车的行驶里程数。由式(18-162)可得出具体年度各车龄车的运输能力:

$$X_i = Q \frac{L_i}{n} \eta \tag{18-162}$$

式中　Q——汽车的装载质量的均值,t/台;

L_i——车龄为 i 的汽车的总行程,km;

n——车龄为 i 的汽车数量,台;

η——行程利用率。

C　统计计算的数据分析

根据式(18-162)计算出的汽车的运输能力相当于求正态分布的期望。可以从数理统计的角度进行分析。

在式(18-162)中,装车质量和行程利用率为定值,汽车行驶里程根据车辆的运输情况而定,是一个随机变量,因此汽车的运输效率也是一个随机变量,其分布特征可由汽车的行驶里程而定。为了确定里程的分布,需要统计里程的频率,作出里程的频率直方图(或频率曲线图),从图中可以看出里程的大致分布,再通过统计假设检验和估计相应的参数,最后确定里程的分布函数。统计假设检验的方法很多,主要采用的检验方法有偏度 - 峰度检验法。

正态分布函数是以其平均值为中心的对称分布的函数,对称点峰高受数值分布的离散性即标准偏差制约。若样本所属总体为非正态总体,要不就是曲线不对称,产生左偏(峰位左移)或右偏(峰位右移);要不就是峰值过高(锐窄峰)或过低(平坦峰)。峰的偏移可用偏度来表示,峰的高低可用峰度来表示。

从理论上讲:

(1) 正态分布的偏度　$C_s = \dfrac{\dfrac{1}{n} \sum\limits_{i=1}^{n} (x_i - \bar{x})^3}{\left[\dfrac{1}{n} \sum\limits_{i=1}^{n} (x_i - \bar{x})^2 \right]^{\frac{3}{2}}}$ 应为 0。

（2）正态分布的峰度　$C_e = \dfrac{\dfrac{1}{n}\sum\limits_{i=1}^{n}(x_i - \bar{x})^4}{\left[\dfrac{1}{n}\sum\limits_{i=1}^{n}(x_i - \bar{x})^2\right]^2}$ 应为 3。

若样本所属总体为非正态总体，发生峰偏移或峰值过高或过低，则 C_s 和 C_e 值显然要偏离理论值。C_s 和 C_e 究竟要偏离理论值多大才能判定样本值为正态分布呢？这可用偏度 - 峰度检验的临界值作为判断依据。其判断准则为：

（1）若 $|C_s| < C_s(\alpha, n)$ 且 $C_e(\alpha, n)_下 < C_e < C_e(\alpha, n)_上$，则可认为总体呈正态分布。

（2）若 $|C_s| > C_s(\alpha, n)$ 或且 $C_e > C_e(\alpha, n)_上$ 或 $C_e < C_e(\alpha, n)_下$，则认为总体呈非正态分布。

其中，$C_s(\alpha, n)$ 为在显著性水平下的偏度临界值；$C_e(\alpha, n)_上$、$C_e(\alpha, n)_下$ 分别为显著性水平 α 下的峰度上临界值与下临界值，其值可由偏度 - 峰度检验临界值表查得。

由上述理论，对金堆城钼矿的汽车行驶里程进行分析。表 18-22 列出了金堆城钼矿 2004 ~ 2007 年度新车的行驶里程数。

表 18-22　2004 ~ 2007 年度新车行驶里程数

年　份	行车里程/km								
2004	53733	55283	48466	62658	67628	61447	70024	59734	62003
2005	57300	58320	53716	60745	58260	62096	59871	57620	59536
2006	61574	67933	63139	66101	64951	70984	67404	67230	67321
2007	64240	70017	64153	52967	49371	59532	56147		

根据表 18-22 画出图 18-60 所示的频率直方图。

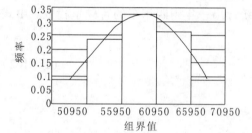

图 18-60　频率直方图

由图 18-60 可知，汽车的行驶里程服从正态分布。经计算，其函数为：

$$f(x) = \frac{1}{5802.129\sqrt{2\pi}}e^{-\frac{(x-61220.41)^2}{2\times33664704}}$$

采用偏度 - 峰度检验法，由前述方法计算得：偏度 $C_s = -0.30$；峰度 $C_e = 2.47$。当 $\alpha = 0.01$ 时，查偏度 - 峰度临界值表：$C_s(0.01, 34) = 0.95$，$C_e(0.01, 34)_上 = 5.15$，$C_e(0.01, 34)_下 = 0.19$。显然，$|C_s| < C_s(\alpha, n)$ 且 $C_e(\alpha, n)_下 < C_e < C_e(\alpha, n)_上$ 成立。故可判定：在显著性水平 $\alpha = 0.01$ 下，汽车行驶里程服从正态分布。所以，可以用汽车行驶里程的算术平均值来计算汽车的运输能力。

18.5.1.3　金堆城钼矿运输汽车的更新规划应用实例

金堆城露天矿以汽车为主要的运输设备，汽车运输效率直接关系到整个露天矿的生产效率。如果已知汽车的运输效率，如何计算汽车车辆的组合以及与装载设备合理匹配情况？如已知各年龄段汽车的运输能力，如何根据年采剥进度计划编制表计算各年完全用新车运矿岩时所需车辆台数？

计算如下：

（1）根据金堆城露天矿 2006 年统计报表计算。由 2006 年报表统计得出，装车质量的均值 Q 为 34.18t/台，行程利用率 η 为 47.64%，则式（18-162）可变为：

$$X_i = 16.28\frac{L_i}{n} \qquad (18-163)$$

根据式（18-163），即可计算出各车龄的运输能力，其计算结果见表 18-23。

（2）根据 2007 年统计报表计算。由 2007 年报表统计得出，装车质量的均值 Q 为 34.87t/台，行程利用率 η 为 47.46%，则式（18-162）可变为：

$$X_i = 16.55\frac{L_i}{n} \qquad (18-164)$$

根据式(18-164),即可计算出各车龄的运输能力,其计算结果见表18-23。

表18-23 金堆城钼矿汽车运输能力计算结果

项 目		一年车	二年车	三年车	四年车
2006 年	数量 n/台	10	10	13	16
	总行程 L_i/km	599600	372600	320400	280600
	运输能力 X_i/(kt·km)	976.1	606.6	401.2	285.5
2007 年	数量 n/台	10	6	19	18
	总行程 L_i/km	591200	221400	482300	328900
	运输能力 X_i/(kt·km)	978.4	610.7	420.0	302.4
两年运输能力均值/(kt·km)		977.3	608.7	410.6	294.0

从表18-23中可以看出,第二年的车与第一年的车相比,其绝对效率下降最大,而在第三年及第四年时,汽车的效率降到第一年的50%以下。这说明自卸汽车在使用过程中,其技术状态随着汽车的老化和磨损程度的增大而恶化,而燃料-润滑油和备件的消耗量、定期的技术保养和修理的次数则增加,因而造成工作班数、行驶里程和运输效率等指标均降低。

(3)根据年采剥进度计划编制表计算各年所需新车数量。随着矿山的开采,露天开采深度逐年增大,而境界外的运距也随排土场的逐步升高而增大。由于排土场升高而引发去排土场线路变动等一些不确定因素的存在,给计算运距带来了不确定性。根据金堆城矿2008年采剥运输计划表,对矿石和废石的运距可以按如下原则进行处理:

1)运往东川河倒装站、西川河倒装站以及三十亩地选厂的矿石的运距均以1140水平为基准,以后每向下延深一个水平,运距增加200m。

2)运往南牛坡排废场的废石的运距以1140水平为基准,并结合地形图确定其运距,每向下延深一个水平,运距增加200m;运往卢家沟排废场的废石以1140水平为基准,并结合地形图确定其运距,每向下延深一个水平,运距增加200m;运往北沟排废场的废石以1164水平为基准,结合地形图后确定其运距,每向下延深一个水平,运距增加200m。

3)在上述水平或其上的水平工作时,矿、岩石的运距以2008年采剥运输计划表为准。

4)向北沟所运废石量仅限于1068水平以上。

根据以上处理原则,可计算出按8500kt/8500kt剥采比计划时,各年所需汽车台数。计算结果见表18-24。

表18-24 根据年度采剥进度计划编制表计算的金堆城钼矿汽车年需要量 (台)

年 份	2009	2010	2011	2012	2013	2014	2015	2016	2017	2018	2019
车辆数	42	44	45	46	49	53	52	59	35	37	35
其中运矿车辆台数	17	19	20	22	24	26	27	29	30	30	31
年 份	2020	2021	2022	2023	2024	2025	2026	2027	2028	2029	2030
车辆数	37	34	38	36	41	40	46	59	69	75	36
其中运矿车辆台数	31	31	32	33	35	35	37	40	50	55	25

在上述计算过程中,均以950kt/a的新车处理。但在实际工作中,矿岩运到地表的运距随着露天采场深度的增加而增加,这不仅是由于运输干线长度增加了,而且还由于增加了调车线、道路等数目;坑线的展线系数随着深度的增加也增大。这会使运输设备的周转时间加长,运输设备的周转率降低,为完成相同的运输量必须增加运输设备。为此,必须修正各年份的车辆数。

表18-25给出了在境界内不同车型在各种运距以及各种水平路段和倾斜(坡度不小于10%)路段比值条件下的不同运输效率(t·km)。

根据表18-25,可以拟合出运距(公里)与效率的相对百分比(运效比)的关系曲线,如图18-61所示。

表18-25　不同车型在不同条件下的运输效率　　　　　　　　　（t·km）

车　型	倾斜路段和总运输长度的比值											
	40%				60%				80%			
	运　距											
	3.0 km	0.5 km	1.0 km	2.0 km	3.0 km	0.5 km	1.0 km	2.0 km	3.0 km	0.5 km	1.0 km	2.0 km
佩尔利 T20-203(20t)	1080	840	580	400	990	780	520	380	930	720	480	330
别拉斯 7523(42t)	1570	1240	800	600	1490	1160	720	520	1400	1080	680	500
别拉斯 7555B(55t)	2450	2020	1410	1070	2310	1940	1320	975	2100	1800	1160	860
别拉斯 75570(90t)	3690	3040	2110	1600	3470	2900	1940	1480	3250	2680	1790	1380

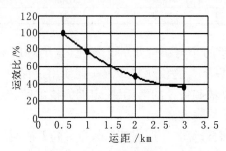

图 18-61　运距与运效比的关系曲线

根据所得出的曲线方程,可以得出在开采境界内不同水平的汽车下降效率,其结果见表18-26。在计算过程中,1140 到 1116 三个水平汽车的运效为 100%,再往下延深时汽车的运效开始变化,其值由拟合出的方程计算。

表18-26　开采境界内不同水平的汽车下降效率　　　　　　　　（%）

水　平	1104	1092	1080	1068	1056	1044	1032
下降效率	5.2	14	22.1	29.5	36.2	42.1	47.4
水　平	1020	1008	996	984	972	960	948 以下
下降效率	52	55.8	59	61.4	63.1	64.1	64.4

根据表18-26,对各年份所得出的车辆数量重新计算,其计算结果见表18-27。

表18-27　各年所需汽车数量　　　　　　　　（台）

年　份	2009	2010	2011	2012	2013	2014	2015	2016	2017	2018
车辆数	42	44	45	47	51	56	55	65	40	41
其中运矿车辆台数	17	20	21	23	25	27	28	30	31	31
年　份	2019	2020	2021	2022	2023	2024	2025	2026	2027	
车辆数	38	42	41	47	43	53	52	63	75	
其中运矿车辆台数	32	32	32	33	34	44	45	43	46	

应当指出,最后几年(2024～2027年)由于矿石品位低而必须加大采矿量才能满足每年 21kt 精矿的要求,而且每年要延深三个水平以上,这实际上是难以实现的,因此需要降低矿石产量指标。也就是说,这几年的车辆数要大大减少。

18.5.2　生产工艺过程分析

18.5.2.1　剥离物的排弃

A　矿山剥离物的合理流向及运量的计算

露天矿的剥离物一般包括腐殖表土、风化岩土、坚硬岩石以及混合岩土。有时也包括暂时不回收的表外矿。剥离物的排弃是露天矿生产工序的重要组成部分。剥离物的排弃场一般占全矿用地面积的 39%～55%,为露天采场的 2～3 倍。排弃场可能破坏当地的自然景色和生态平衡,污染周围环境。更重要的是剥离物排弃工作不落实或设计不合理,会直接影响矿山设计能力的完成,因此,必须做好剥离物(以下称岩土)的排弃设计和生产管理维护。

为使露天矿排岩土经济合理,必须进行排土规划工作。在矿山开拓运输系统确定的条件下,排土工作要达到经济合理的运距和在服务年限内剥离岩土的总费用最低。排土规划还要考虑排土场的容积和数量、排土场与采场的相对位置、地形条件及对环保的影响等。排土场设计工作应进行平面规划和竖向规划,当选择多个排土场分散排土时,要进行平面规划,达到岩土流向、流量的合理分配。在一个排土场内,由于它与采场存在着一定的高差关系,应进行竖向规划。

B 平面规划数学模型的建立

剥离岩土运往排土场时,应对其流量、流向进行合理规划,即用最小的运距和排土费用。目标函数为:

$$Z_{\min} = \sum_{i=1}^{n} \sum_{j=1}^{i} \sum_{k=1}^{m} G(i,j,k) L(i,j,k) \tag{18-165}$$

$$\text{s. t.} \quad \sum_{i=1}^{n} \sum_{j=1}^{i} G(i,j,k) \leqslant G_1(k)$$

$$\sum_{j=1}^{i} \sum_{k=1}^{m} G(i,j,k) \leqslant G_2(i)$$

$$G(i,j,k) \geqslant 0$$

$$L(i,j,k) \geqslant 0$$

$$G_1(k) \geqslant 0$$

$$G_2(k) \geqslant 0$$

式中 $G(i,j,k)$——采场第 i 个台阶第 j 个岩石区段到第 k 排土场的运输量;

$L(i,j,k)$——采场第 i 个台阶第 j 个岩石区段到第 k 排土场的运距;

$G_1(k)$——排土场的接收能力;

$G_2(i)$——采场内第 i 个水平的岩石量;

n——采场内剥离水平总数;

m——排土场的总数;

i——每一开采水平划分的岩石区段数;

Z——岩石运输功。

采场内岩石区段的运距,可采用式(18-166)进行计算。为了计算每一分层岩石区段的中心点,可根据质心的积分公式来计算:

$$x_0 = \frac{\iint x\mathrm{d}x\mathrm{d}y}{\iint \mathrm{d}x\mathrm{d}y} = \frac{\sum x_i \times \Delta x_i \times \Delta y_i}{\sum \Delta x_i \times \Delta y_i} \tag{18-166a}$$

$$y_0 = \frac{\iint y\mathrm{d}_x\mathrm{d}_y}{\iint \mathrm{d}_x\mathrm{d}_y} = \frac{\sum y_i \times \Delta x_i \times \Delta y_i}{\sum \Delta x_i \times \Delta y_i} \tag{18-166b}$$

式中 (x_0, y_0)——分层岩石区段的质心坐标;

$\Delta x_i, \Delta y_i$——任一足够小的长方形的长和宽;

(x_i, y_i)——任一足够小的长方形的几何中心坐标。

岩石区段重心至本水平台阶出口的水平距离 L 为:

$$L = \sqrt{(x_1 - x_0)(x_1 - x_0) - (y_1 - y_0)(y_0 - y_0)} \tag{18-167}$$

式中 (x_1, y_1)——台阶出口坐标;

(x_0, y_0)——岩石区段的重心坐标。

根据采剥进度计划的安排,将每年开采的岩石区段边界输入计算机,然后计算机自动进行方块的划分、面积计算、体积计算、岩量计算、重心计算。

C   竖向规划模式

矿山采用胶带排土时,排土场采用水平分层堆置方式。

D   计算胶带排土场堆置容量

设计排土场总容量时,应与露天矿的总剥离量一致。经过排土场的选择和规划,根据排弃岩土的物理力学性质及初步确定的排土参数,计算排土场的有效容积:

$$V = \frac{v_0 k_s}{k_c} \tag{18-168}$$

式中 v_0——排弃岩土的实方数;

k_s——岩石松散系数;

k_c——排弃岩石的沉降系数;

V——排土场有效容积。

根据露天矿山的特点,通常把矿山运输线路分为采场内部线路、连接采场至排土场之间的外部固定线路和排土场内部线路三部分。以此为基础,对内部线路、外部固定线路和排土场线路分别建立线路数据模型,用计算机生成规则线路数据文件,通过计算机计算每一开采岩块的量、重心等,模拟每一开采岩石块运往排土场的运距,作为优化计算的基础。在排土优化中,以最小运输功为目标进行优化,实际上是优化运输网路中的最短线路。对于具体的矿山,在岩石运输系统中,外部固定路线是一定的,对运输功起主导作用的是采场内部线路及排土场线路的长短。对于采场内部线路,在划分开采岩块时要按照采剥进度计划的要求,在运距的计算上要按开采岩块的开采顺序来计算。对于胶带排土场线路,其长短主要取决于首排区的确定和排土方案的选择。因此,首排区的确定及采用不同排土方法和扩展方式对整个排土方案有重要影响。同一排土场采用不同的排土方法及排土方式具有不同的指标,如运输功的大小、排土场的容积、占地的面积、稳定程度及投资等。

E   大孤山铁矿胶带排土场岩段模型

设矿山有 n 个胶带排土场,每个胶带排土场有 m 种排土方案。用限定条件对要评价的 $n \times m$ 个方案进行评价,最后留下 n 个方案进行多目标决策,从中确定符合上述准则的最优方案。在所有的对比方案中排岩量是一定值,应以在评价期限内的最低费用为准则:

$$\sum_{t=1}^{t} \sum_{n=1}^{n} \frac{A_{nt}}{(1+E)^t} \to \text{Min} \tag{18-169}$$

$$\text{s. t. } P_t > V_t$$
$$H_{max} > H_0$$
$$H_{kmax} > H_k$$
$$B_{kt} > B_{min}$$

式中 A_{nt}——完成与第 t 年排土有关的第 n 项排土费用;

t——排土场总服务年限;

n——排土各种费用的种类;

E——不同年限费用换算系数;

P_t, V_t——按采矿计划排土场第 t 年的接受能力及计划排岩量;

H_{max}——按排土场排土作业安全条件选取的排土场总高度;

H_0——根据排土场条件而选取的排土场实际总高度;

H_{kmax}——按排土场排土作业安全条件而选取的排土场台阶高度;

H_k——按排土场排土作业条件而选取的排土场实际台阶高度;

B_{kt}——按排土场条件而确定的台阶平台实际宽度;

B_{min}——按排土场作业安全条件而确定的最小允许宽度。

输入排土场的平面境界、排土场总高度、排土场台阶高度、排土设备生产能力等。

根据任一结构的排土场,选用不同的排土方法(矩形、扇形、矩形 + 扇形、扇形 + 矩形)以及不同的排土方式(上排、下排、混排),分别计算排土场台阶高度、排土带宽度、排土台阶工作平台宽度,计算组成作业区和台阶单元岩段(排土条带)的位置以及数量和几何位置。

对于具体的矿山,正确地选择排土方案是一项重要而又复杂的过程。因为胶带排土工艺选择是否合理,直接影响到一系列的经济技术指标,如岩石运排费用、投资、排土场的稳定性、排土场占地面积及环境保护等。这里既包括经济因素又包含着社会效果。可采用多目标决策方法对不同的胶带排土工艺及参数等各种因素进行定量分析,从中找到最优的胶带排土工艺及最优参数。

18.5.2.2 运输方式优化

露天矿运输有连续式运输和间断式运输。根据物料移动和线路设备的类型,分为铁路运输、公路(汽车)运输、斜坡道箕斗提升运输、带式输送机运输、水力运输、重力运输和联合运输方式。其中,前 3 种为间断式运输,后 4 种为连续式运输。

露天矿主要的联合运输方式为:(1)公路—铁路联合运输;(2)公路(铁路)—破碎站—胶带输送机联合运输;(3)公路(铁路)—箕斗联合运输;(4)公路(铁路)—平硐溜井联合运输。

A 陡坡铁路运输方式

我国露天矿山铁路运输线路大都采用 2% ~ 2.5% 的缓坡铁路运输,在开采时下降一个台阶即须铺设 1200 ~ 1400m 铁路线路,以便接运下一台阶矿岩;在空间不足的情况下,只有以增加折返次数来弥补,增加了运输距离和台阶宽度,从而使采场空间越来越小,甚至较快地终止铁路运输服务年限。陡坡铁路运输的核心问题是应用牵引力大,能爬大陡坡的铁路运输设备,减少铁路展线长度,增大铁路运输的采深。在前苏联的露天铁矿中,已有萨尔拜、索克洛夫和列别金等露天矿成功地应用了陡坡铁路(纵坡达 6%)运输。近几年,马鞍山矿山研究院与攀钢集团合作开展陡坡铁路实验研究,使用 224t 电机车和线路防爬技术,已经达到了铁路坡度 4% 的预期目标。国内外先进矿山经验证明,在地形条件允许的前提下,加陡铁路运输线路坡度,适当延伸铁路运输服务深度和年限,缩短铁路运距,充分发挥铁路运输潜力,是深凹露天矿降低运输成本的有效途径之一。

B 运输方式

汽车—胶带半连续运输方式既可发挥汽车运输机动灵活、适应性强、短途运输经济、有利于强化开采的长处,又可发挥带式输送机运输能力大、爬坡能力强、运营费低的优势,两者联合可达到最佳的经济效益,是矿山联合运输中具有发展前途的一种方式。目前,矿山运输设备一般的爬坡坡度,汽车为 8% ,普通铁路为 2% ~ 2.5% ,陡坡铁路可达到 4% ~ 5% ,而胶带运输的爬坡坡度可达到 25% ~ 28% ,胶带运输系统对大中型深凹露天矿具有广泛的适用范围。

胶带运输系统是一种连续性的运输方式,该运输方式受空间位置的限制小,可以克服地面障碍物的影响,适应于复杂地形的跨越,目前已成为一种较为安全和成熟的机械运输工具。胶带输运机效率高、运费低廉、运转平稳可靠、能较好地解决从几百米到 50km 的散料运输问题。在地面长距离运输中,胶带输运机的广泛使用,促使其不断发展。与其他运输方式相比,如能在露天采矿场应用,其适应复杂地形的能力强,结构简单,爬坡能力强,且维护方便。

我国从 20 世纪 50 年代起,在海南铁矿就开始采用了胶带机运输。相继湛江矿石码头用胶带机运输铁矿石,1965 年开始试制我国第一台钢芯胶带运输机,于 70 年代在昆明磷矿使用。1977 年研制移动式钢芯胶带运输机在广东茂名石油公司油母页岩矿进行试验,为我国露天矿连续化运输开辟了道路。目前,我国露天矿应用胶带运输的有昆明磷矿、东鞍山铁矿、大孤山铁矿、齐大山铁矿、水厂铁矿、石人沟铁矿、云南小龙潭煤矿、酒钢西沟石灰石矿等。

C 带式输送机选型和驱动装置优化

矿用胶带输运机类型很多,按胶带的结构可以分为普通胶带输送机、钢绳芯胶带输送机以及钢绳牵引胶带输送机。水厂铁矿采用了钢绳芯胶带输送机,安全系数不小于 8.5。胶带输送机的主要参数见表 18-28。

选择先进、合理的带式输送机的驱动装置对带式输送机平稳、安全运行和经济效益意义重大。水厂铁矿技改工程的东部排岩系统的带式输送机选用了 CST(contorted start transmission)即可控启动(停车)装置。东部排岩胶带机驱动装置采用 CST 后,与液力耦合器 + 减速器驱动装置的方案相比,整个系统的制造质量降低 515.5 t,装机功率减少了 2690 kW,2 ~ 3 年即可收回因 CST 价格较高多花的投资,综合经济效益可观。此外,在东部排岩带式输送机上,还精心选择使用了液压自动张紧、特制注油托辊、内置金属网的抗撕裂型胶带、多种保护警报装置以及 PLC 自动控制系统等一系列先进技术和装备,进一步提升了全系统的安全性和可靠性。

表 18-28 胶带机的主要参数

系统	胶带机编号	起止标高/m	水平长/m	倾角/(°)	提升高/m	装机功率/(台/kW)	带强/(N/mm)
东部排岩系统	D - 1	34 ~ 128	552.45	13.2	94	2 × 1000	3150
	D - 2	128 ~ 120	1211.84	近水平	- 8.0	1 × 900	1600
	D - 3	120 ~ 195	476.89	10.9	75.0	2 × 1000	2500
	D - 4	195 ~ 195	683.41	水平	0.0	1 × 1000	2000
	D - 5	34 ~ -50	412.32	15.0	84.0	2 × 900	2500
	D - 6	- 50 ~ -110	315.48	15.0	60.0	3 × 450	2000
	D - 7	- 110 ~ -215	495.91	14.0	115.0	2 × 1000	3150
矿石系统	K - 1	10 ~ 95.85	752.12	9.0	85.85	3 × 450	2500
	K - 2	10 ~ -80	437.73	14.8	90.0	2 × 450	2500
	K - 3	-80 ~ -200	583.73	14.4	120.0	3 × 560	3150
	K - 0	临时过渡用				1 × 450	2000

D 汽车—胶带半连续运输系统设备配套优化

露天矿的采、装、运、排是矿山生产中的主要环节。各环节的设备要选型合理,而且必须进行合理匹配。其一是采、装、运、排设备的规格,要适应矿山的生产能力;其二是采、装、运、排各个环节之间要协调,匹配要合理,以保证整个系统工作有效、可靠。

在汽车—胶带半连续运输系统中,一部分为间断工艺环节,由挖掘机采装和汽车运输环节组成;另一部分为连续工艺环节,由破碎机、固定胶带机、移动胶带机、卸料车和排土机组成。能力匹配可分为两部分来考虑:一是破碎前的间断环节之间与其后续连续环节的能力匹配;二是破碎后的连续工艺系统各环节中,要保护前一环节的能力等于后一环节的能力。

a 间断工艺环节的生产能力

间断工艺环节由挖掘机和汽车组成,该环节的生产能力不能大于挖掘机的生产能力。间断环节的作业时间还会受到连续环节的制约,在连续环节发生故障时,间断环节就会停止运转。

b 连续工艺环节的生产能力

连续工艺环节构成串联系统,各环节间的能力匹配,既要使后继环节不限制先前环节能力的发挥,又要使系统得到合理的利用。在分析系统的生产能力时,要考虑有效作业时间及设备的生产能力。有效作业时间取决于整个系统各个组成部分的工作状态(利用率、可靠性、作业系数)。露天矿半连续运输系统的作业率是确定系统设备能力的重要参数之一。该系统的有效作业率主要取决于时间利用率和设备完好率两个因素。

在确定半连续运输系统的生产能力时,一般采用间断工艺部分的能力略大于连续工艺部分的能力,其优点在于占投资较大的连续部分的设备不待料,充分发挥其生产能力。在考虑汽车—胶带半连续运输工艺的作业率时,应同时考虑间断工艺部分和连续工艺部分的时间利用率。在确定非生产作业时间时,若间断工艺部分与连续工艺部分的参数相同时,要统一考虑,若两者参数不同,应按较大者选取。

c 设备配套优化

汽车—胶带半连续运输系统的有效作业率主要取决于时间利用率和设备完好率。时间利用率是每年可能生产的时间与年历时间的比值。

连续设备的完好率是连续工艺部分设备的纯生产时间与系统的可能生产时间之比,其计算公式为:

$$\varphi = \frac{1}{\sum_{i=1}^{n} \frac{1}{f_i} - (n - 1)} \tag{18-170}$$

式中　φ——连续部分设备完好率；

　　　f_i——单台设备的可靠度；

　　　n——连续部分设备台数。

汽车—胶带半连续运输系统的时间利用率是基本不变的,而设备的完好率则随系统设备环节的增加而降低。

汽车—胶带半连续运输系统是一种高效运输技术,对大型深凹露天矿具有普遍实用性,是未来我国深凹露天矿运输系统的重点发展方向。大型露天矿采矿生产作业环节多,设备类型多、数量大,采、装、运、排各主要环节中的设备,不但要选型合理,而且必须配套优化。其一是采、装、运、排设备的规格,要适应矿山的生产能力;其二是采装运排各作业环节之间,要达到最佳配合与衔接。这样才能保证整个运输系统的可靠、高效运行。

18.5.2.3　露天矿开采工艺方案的专家系统

本节以露天矿开采工艺方案选择的专家系统为例,叙述专家系统的构造过程。

A　专家系统知识库的建造

a　知识库中知识的表示

(1) 对象的结构。整个系统以对象的层次结构为中心,该结构就是知识源,也是工作存储区,同时也是问题求解单元的集合。露天采矿工艺系统是整个专家系统的大对象,也是母体,这里称为"超类"。超类下面分出三个"子类",即表土工艺系统、剥岩工艺系统、采矿工艺系统。每个子类下面又包括许多有关属性,即影响工艺选择的因素,这里称为"槽"。也就是说,对象的每个"槽"记录一个有关的属性。对象的另一个重要组成部分是"规则",超类下面每个子类都有其相应的规则。整个对象的结构如图 18-62 所示。

(2) 槽的结构。对象的"槽"也就是对象的因素或属性,它由若干个"侧面"组成,如图 18-63 所示。

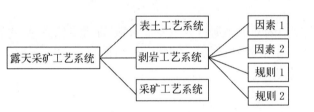 

图 18-62　专家系统对象的结构　　　　　图 18-63　槽的结构

其中,"type"侧面记录该属性的类型,如果该属性是由用户回答的类型,则应有"ask"侧面列出向用户询问的语句;"default"侧面列出用户不能提供信息时系统的默认值。"prompt"侧面用于列出说明该属性的语句;"expect"侧面用于列出"ask"侧面提问的可能取值。例如,子类"表土工艺系统"中属性"地貌特征"的描述方法如下:

object:露天采矿工艺系统

children:表土工艺系统、剥岩工艺系统、采矿工艺系统

　– slots –

地貌特征:

　　　type:s – value

　　　ask:"地貌特征是"

　　　expect:平原、丘陵、黄土高原、山地

其中,类型"s – value"说明该属性应由用户在若干个可能值中选择一个。常用的属性类型还有"float",它用来定义属性的取值是浮点数,当系统向用户提问时,用户应输入一个浮点数。此专家系统中共需要 40 多个"槽",即影响工艺选择的因素共需要 40 多个。

(3) 规则的结构。一个对象的各个子类可以有多条规则,规则的形式为:

　　　rule:〔(规则名)〕

if（前提子句）

…

then conclude（结论子句）

上述规则描述中，"if"语句是用来描述规则的前提条件的，它可以用"and"形式并列列出很多前提条件。"then"语句用来列出结论，即所选择的具体的工艺方法。

表土工艺系统、剥岩工艺系统和采矿工艺系统典型规则描述如下：

rule：选择表土工艺系统 1

    if 表土含水性 of 露天采矿工艺系统 is <10L/(m·s)

    and 地貌特征 of 露天采矿工艺系统 is 平原 or 丘陵 or 黄土高原

    and 地形标高变化 of 露天采矿工艺系统 is <50%

    and 首采区矿田尺寸长 of 露天采矿工艺系统 is >800 m

    and 首采区矿田尺寸宽 of 露天采矿工艺系统 is >800 m

    and 年平均降雨量 of 露天采矿工艺系统 is <600 mm/a

    and 表土平均厚度 of 露天采矿工艺系统 is <200 m

    and 表土承重能力 of 露天采矿工艺系统 is >1.5 MPa/m²

    and 外排距离 of 露天采矿工艺系统 is <3000 m

    and 表土规模 of 露天采矿工艺系统 is 一级 or 二级

    then conclude 表土工艺系统 of 露天采矿工艺系统 is 机械铲 – 卡车

    …

针对表土工艺系统、剥岩工艺系统和采矿工艺系统，共需要 100 多条不同的规则。

b　知识库中知识的获取

露天采矿工艺系统选择专家系统知识库中的知识是通过大量专业资料，征询专家意见，进行大量现场调研，分析国内外露天采矿工艺的应用基础上反复推敲获得的。三种工艺系统分别由 30 多种工艺方案组成，共 100 多种工艺选择规则。具体因素表、方案表略。

B　专家系统推理机的建造

专家系统的推理机封装在系统工具 OEC 的方法中，推理采用正向归纳推理。推理的方法同样也在对象中加以定义。如表土工艺的推理方法定义如下：

```
function：public main
    global NLIST
printv（text0，"n/n/n 表土工艺系统选择结果为："）
    reason（self，表土工艺系统）
    put getvalue（露天采矿工艺系统，表土工艺系统）into NLIST
    if（NLIST = empty）then
        printv（text0，"/n/n 没有选出合适的表土工艺系统/"）
    else
        printv（text0，"/n/n 表土工艺系统为：%/n"，NLIST）
    end if
    debug（global，NLIST）
end main
```

在上述表土工艺的推理方法中，"function"用来定义方法的属性；"public"表明该方法是共用的，也就是该方法可以被其他对象调用。常用的定义方法属性的还有"private"，它用来定义方法是私有的；"printv"函数用来定义在窗口显示的内容；"reason"是方法推理的函数，其中，"self"说明方法所在的对象，这里就是指露天采矿工艺系统；"if…then"模块是用来推理确定的方法的。

为实现采矿工艺的选择,专家系统共有三个方法推理模块,分别用来推理表土工艺系统、剥岩工艺系统和采矿工艺系统。

人类专家具有高度总结性,能根据事物的动作或表样结合自己的专业知识,解释现象产生的原理,并可以进行下一步预测,将感性与理性相结合,能觉察到事物瞬间的微小变化,以专业的头脑变更自己,有很强的学习能力,可以根据环境很快地改变思考方式。一个人的知识是在个人经验、思维结构以及对事物的不断摸索的基础上形成的,建造自己的专家系统就是这样一种集三者于一体的有效的探究方式。

18.5.3 单项作业优化

18.5.3.1 露天矿台阶爆破工程优化

露天矿台阶爆破工程优化主要包括爆破参数优化、起爆顺序、延期时间组合优化、爆破效果定量评估等内容。爆破工作程序如图 18-64 所示。露天矿台阶爆破工程优化技术路线如图 18-65 所示。

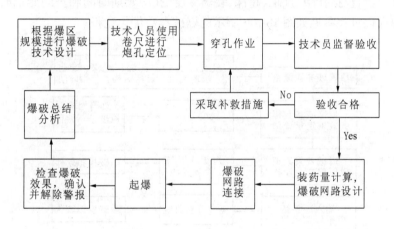

图 18-64　爆破工作程序

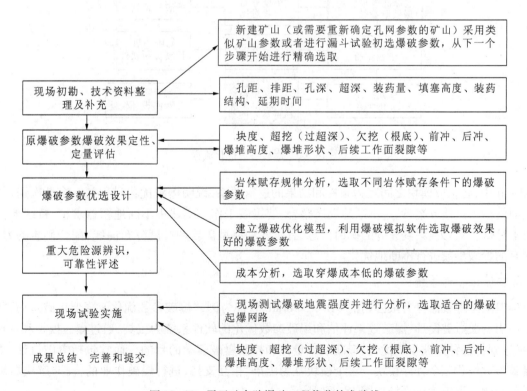

图 18-65　露天矿台阶爆破工程优化技术路线

爆破参数优化主要包括下列内容:

(1) 基本爆破参数(台阶高度 H、台阶坡面角 α 等),穿孔设备的工作参数(钻孔直径 D、最大穿孔深度),各种岩性参数(硬度系数 f、密度 ρ、可爆性等)及炸药性能同爆破参数之间关系的优化;

(2) 确定经济合理的单位炸药消耗量 q;

(3) 生产爆破参数,如抵抗线 W_d、孔间距 a、排间距 b、合理超深 h_c、装药结构、填塞长度、起爆方式等的优化;

(4) 各种矿岩种类适用的爆破孔网参数范围优化。

精确布孔是实现爆破参数优化的基础和前提,同时对实现数字化矿山建设具有十分重要的意义。现代爆破设计软件为准确定位炮孔的进行爆破模拟提供了有益的技术手段。通过全站仪测得的炮孔参数能直接和 AutoCAD 或其他爆破设计软件对接,通过图形逼真的模拟出起爆顺序和抛掷方向。

针对露天矿爆破台阶的设计高度通常是 $10\sim15\,\mathrm{m}$。爆破参数优化是根据台阶高度及孔径等基本因素,优化确定主要的爆破参数,包括孔距、排距、超深、装药深度、孔间延期时间和排间延期时间等。利用专业爆破软件进行爆破参数优化过程参见如图 18-66 所示的爆破参数优化流程。

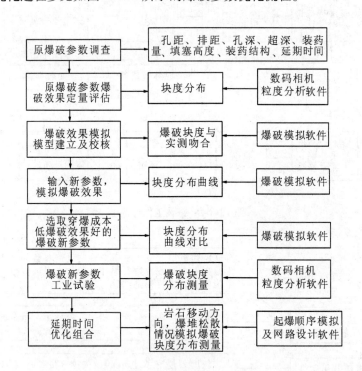

图 18-66 爆破参数优化流程

图 18-66 中,各构成模块之间互为条件和结果的逻辑关系,说明爆破优化过程是一个渐次逼近的过程,不可能立即就给出最佳方案,通过不断地动态整合,使爆破工作在实践中不断地精益求精,持续地追求方案最佳和成本最低。只有搜集到充分的矿山信息,有了各种典型矿岩的粒度分布曲线,配合矿岩的力学指标,就可对现有的爆破参数进行不断地优化。

A 爆破优化软件系统

以奥瑞凯威海爆破器材有限公司的 Orica Software 软件为例,"爆破参数优化及降低爆破震动"的实现手段主要是利用有关爆破设计、爆破效果评估和爆破参数优化的软件系统为工具,通过爆破模拟和现场试验相结合,最终达到将各种爆破参数优化、爆破效果量化和控制爆破震动的目的。通常包括爆破设计、爆破效果评估和爆破参数优化三个程序模块。三个模块互为因果、相互支持,进行爆破作业的模拟,解决爆破工作中存在的各种问题。爆破优化系统如图 18-67 所示。

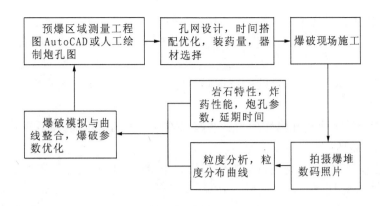

图 18-67 爆破优化系统

a 爆破设计软件

爆破设计软件是针对于爆破器材、爆破理论和爆破软件为一个相互联系的整体,在实际应用过程中不可只取其一。

爆破设计的爆破网路包含地表和孔内起爆网路,如图 18-68 所示。

水平面内布孔,处于横向排和纵向列上的炮孔分别采用不同的延期时间,但通常位于一排或一列中的炮孔具有相同的地表延期时间间隔。从起爆点开始每个炮孔的起爆时间按孔、排间延期时间累加实现,相对于周围炮孔依次相继起爆。爆破过程按起爆走时线向前推进,直至爆破过程完毕,如图 18-69 所示。

图 18-68 爆破网路设计系统   图 18-69 逐孔起爆的网路连接示意图

逐孔起爆网路设计的核心是孔网参数和地表延期时间的确定。计算结果表明,地表延期时间分布与爆破效果的关系大致服从正态分布,理论给出的不是一个绝对的数值,而是一个倾向于最佳爆破效果的时间区间,为不同的矿山应用爆破模拟软件确定最佳的延期时间创造了条件。具体时间由如图 18-70 所示的曲线试验确定。

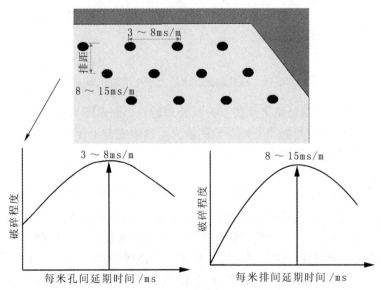

图 18-70 逐孔起爆延期时间的确定

目前,逐孔起爆方法正在世界范围内推广应用,是一种比较先进的爆破技术,它的诞生为矿业爆破工程带来较大影响。逐孔起爆之所以为广大工程技术人员所广泛采纳是因为逐孔起爆方法具有传统爆破技术所不具有的优势:

(1)逐孔起爆方法的应用,使岩石之间的碰撞破碎更充分,可以使爆堆块度均匀,大块产出率降低,节约二次爆破成本;

(2)逐孔起爆由于能使单个炮孔爆炸后为后继炮孔提供更多的自由面,使后继炮孔的炸药利用效果加强,使岩石破碎效果大大提高;

(3)逐孔起爆不会发生跳段,防止应该后响的炮孔先于应该先响的炮孔而产生爆破漏斗,大大减少产生根底或岩墙的几率;

(4)与排间起爆技术相比,由于逐孔起爆一次起爆最大药量大幅度减小,有效降低了爆破震动的危害,同时爆破后冲破坏小,有利于爆区的衔接;

(5)逐孔起爆可以有效控制爆堆移动方向,并且爆堆松散、连续、规整,块度均匀,提高了采装效率。

由于逐孔起爆技术的应用必须以高精度起爆器材为保障,在时间搭配上必须精确推算,因此在爆破设计时,起爆顺序必须严格检查。图18-71所示为逐孔起爆技术的显示记录炮孔坐标。

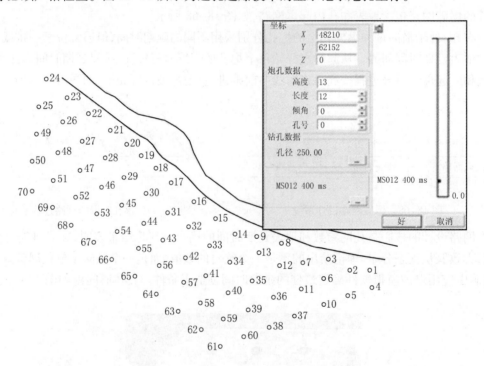

图 18-71   逐孔起爆技术的显示记录炮孔坐标

使用全站仪进行测量所得的测量结果经技术人员处理后整个测量图可以转换为 AutoCAD 文件,在爆破设计软件上直接调用该文件,从而使炮孔坐标参数的输入与读取完全由计算机来处理,大大节省了爆破技术人员的工作量,提高了爆破设计工作效率。

b   爆破粒度分析软件

矿山爆破工程的作用就是将岩石和矿石按照工程需要从原岩上剥离下来并破碎到一定的块度,使之符合后续工艺的要求,同时兼顾控制爆破成本。根据统计显示,在采矿综合成本之中,穿爆成本大约占40%,大块率的多少是影响采装工艺效率的关键。因此,控制爆破大块率在一个可以接受的范围内是极其重要的,也是矿山爆破工作评价的一项指标。这一点可以从采矿工程经济平衡图上明显看出来。

与其他粒度分析方法(如目测法、筛分法、格筛法、统计推算法等)相比,影像处理技术能更快捷地反映出爆破块度的分布。现代爆破粒度分析软件通过分析大量的实际拍摄的爆堆数码照片来获取爆破粒度分布状况,其结果是一个统计量。因此,得到的爆破粒度分布曲线更可靠、直观地反映了爆破效果的好坏,并且这种方法操作简便、经济实用。单张照片的计算机粒度分析时间(与所拍摄照片的块度大小有关)比较长,对于大爆区的大量采集的照片的分析是一项很费时、费力的工作。在专家系统中,爆破粒度分析软件主要有两个作用:一是爆破效果评估的依据;二是爆破参数优化的前提。爆破粒度分析软件的分析过程主要是把现场采集的数码照片调入分析程序,经过照片编辑分析后,获得单张照片的粒度分析曲线,如图 18-72 所示。

当整个爆区的所有照片分析完毕后经过综合就可以得出一次爆破的粒度分布曲线,如图 18-73 所示。

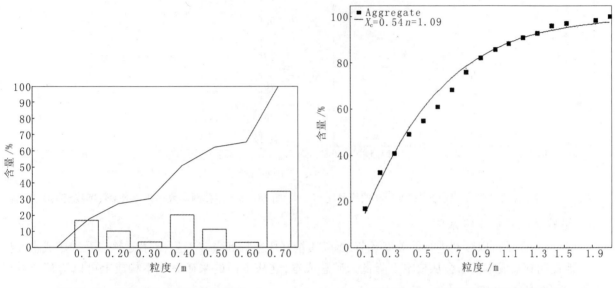

图 18-72　单张照片的粒度分析曲线　　　　图 18-73　爆区的爆破粒度分布曲线

粒度分析软件主要有两个作用:一是获取爆破粒度分布曲线;二是对具有可比性的岩性的不同爆次粒度分布曲线进行比较分析,定性地给出爆破参数优化方向,如图 18-74 所示。从图 18-74 中的三条在同一岩性的不同孔网参数的粒度分布曲线可以看出,根据矿山对爆破粒度的要求,适当调整孔网参数可以获得不同的粒度分布曲线,为爆破参数优化提供参考。

c　爆破模拟优化

爆破模拟软件在爆破参数优化时综合考虑了炸药能量、孔距、排距、填塞高度、岩石的力学指标对爆破效果的影响,对于同一岩性的爆区爆破进行参数优化具有很强的模拟作用,能生成不同爆破参数情况下的爆破效果对比曲线。并利用实测块度分布结果对最初的模拟数据进行校核,从而使模拟结果接近实际爆破结果。

应用爆破模拟需要的基础数据有:

(1)岩石的力学指标,如岩石密度、单向抗压强度、声波速、动弹性模量、泊松比。

(2)炸药能量指标,如炸药密度、炸药体积能、炸药重量能。

(3)炮孔参数,如孔径、孔距、排距、台阶高度、超深、装药长度、填塞长度;控制排孔间延期时间、排间时间。

进行爆破参数优化的基本过程如下:

(1)输入岩石的物理力学指标。

(2)输入爆破孔网参数。

(3)输入新炮孔参数。

(4)比较原孔网参数和新孔网参数爆破模拟块度,对其进行校核,如图 18-75 所示。

图 18-75 中对原参数的粒度曲线经过校核,与现场实测结果一致;另一曲线为新参数的爆破块度模拟

结果。从粒度分布曲线状况来看,新参数比原参数的爆破效果有所改善。

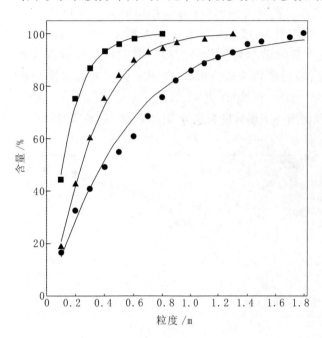

图18-74　具有可比性的岩性的不同爆次粒度分布曲线对比　　图18-75　原孔网参数和新孔网参数爆破模拟块度比较

B　爆破效果定量评价体系

穿孔爆破是采矿得以顺利进行的关键环节,爆破质量好坏影响到采装工艺、矿石运输以及采矿成本。但是,单一地控制穿爆成本并不会从根本上降低采矿总成本,这从下面的采矿总成本构成上可以清楚地看出来,如图18-76所示。

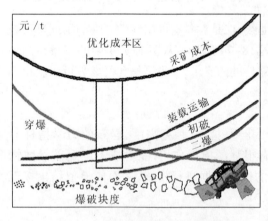

图18-76　矿山采矿综合成本构成

由于穿爆工艺在采矿成本中占有很大比重,因此获得最佳的爆破效果是控制采矿成本的核心。取得良好爆破效果就需要技术人员的精心设计和质量过程控制及确保施工质量,其主要包括爆区地质勘查、爆区的测量、爆破技术设计、装药、填塞、起爆等。爆破过程的管理工作对保证良好的爆破效果至关重要。

矿山爆破工作的目的是将原岩或爆破下来的矿石和岩石破碎成为符合采选工艺要求的块度。爆破块度过大,可以降低穿爆成本,但是也增加了二次爆破及破碎成本和采装成本,从而导致了采矿综合成本的上升;爆破块度过小,在增加穿爆成本的同时使得选矿破碎设备的生产效率没有充分发挥出来,最终也会造成采矿综合成本的增加。爆破效果评价体系主要内容包括:

(1) 爆破块度的分布、大块率、根底的形成、爆堆的形状以及松散度、爆破后爆堆适合铲装与否。

(2) 考核爆破直接成本的因素有延米爆破量,炸药单耗等,并在改善爆破破碎质量的前提下,使钻孔、装载、运输和破碎等后续工序发挥出高效率,考核爆破综合成本。

(3) 在安全上要求爆破时震动强度、飞石距离、空气冲击波强度和破坏范围符合爆破安全规程规定,并且容易控制。

C　爆破工业试验

爆破工业试验方案的基本原则是采用新的爆破参数进行工业试验,并将取得的数据与既有的爆破数据进行对比,优化出更合适的爆破参数。

其中,爆堆块度分布数据是通过对爆堆拍摄数码照片,并利用专业软件分析得出,实现爆破效果的定量评估。依据所收集到的数据,优化出新的爆破参数,利用生产试验对新的爆破参数进行模拟检验,并对其调整,形成一套更完善的爆破孔网参数和装药结构。依据爆破设计软件对调整后的爆破参数进行起爆顺序模拟,以实现起爆更具有次序性、同一延期时间内同时起爆药量更小、爆堆抛掷方向更具可控性。爆破工业试验流程如图18-77所示。

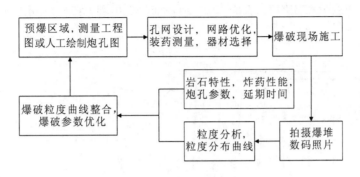

图 18-77　爆破工业试验流程

D　爆破优化应用实例

湖北某矿山通过进行3次爆破工业试验,较好地改善了采场爆破效果。代表性试验如下。

a　爆破工业试验一

东坑130 m水平40号勘探线。孔数52个;矩形布孔方式,孔网为5 m×5 m;V形起爆网络,爆量约12000 m³。其爆区平面如图18-78所示。

爆破效果评价:通过对爆堆采样拍照,使用粒度分析软件分析结果绘制成图18-79,90 cm以下的粒度分布占整个爆堆95%左右。

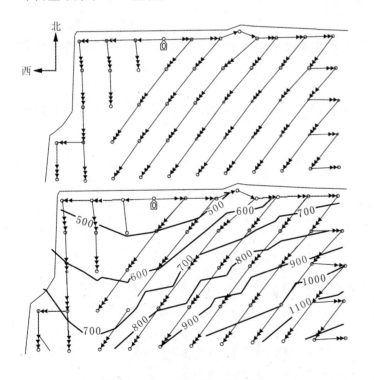

图 18-78　工业试验一爆区平面

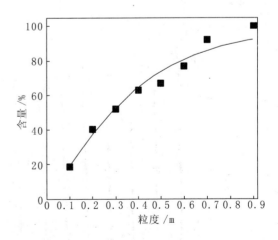

图 18-79　工业试验一爆堆粒度分布曲线

该区域可爆性较好,爆堆集中但前扑较远,块度均匀,粒度较为细碎。但是可以看出,起爆网路走时线分布相对紊乱,微差时间分布不均匀,这是因为在矩形布孔方式的爆破工作面上套用三角形布孔方式的V形起爆网路,且现场可操作性不高,应该改进。

b 爆破工业试验二

东坑 130 m 水平 51 号勘探线 –1 号钻机、2 号电铲。孔数 66 个,爆量 10560 m³;孔网为 4 m×4 m,临自由面一、二排孔孔距为 1.5 m,电雷管起爆。其爆区平面如图 18-80 所示。

爆破效果评价:前排一、二排孔距小,故前冲较远;右侧旁冲,从现场观察,属松动区域,爆破后鼓起;右后侧塌落线不清晰。总体块度分布较均匀,表面未见大于 3 m 块度出现,零星分布有 1 m 左右岩体,爆堆粒度分布曲线如图 18-81 所示。

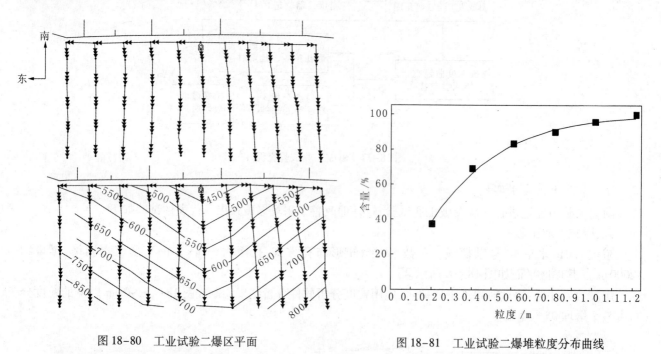

图 18-80 工业试验二爆区平面

图 18-81 工业试验二爆堆粒度分布曲线

根据矩形布孔方式设计的逐孔起爆网路,现场可操作性较好,证实该起爆网路的设计适用于矩形布孔方式,可以应用于后续的爆破作业中。

c 爆破工业试验三

王家山 51~54 号勘探线。孔数 86 个,孔网为 4 m×4 m;采取 V 形起爆网路;爆量约 13800 m³。其爆区平面如图 18-82 所示。

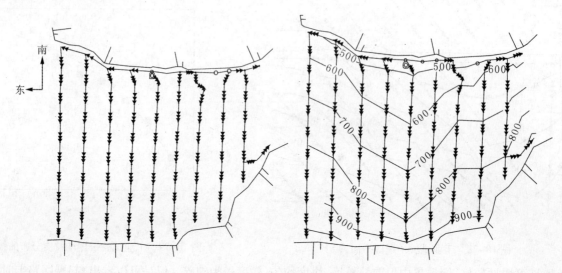

图 18-82 工业试验三爆区平面

爆破效果评价:由于钻机设备状况的原因,工作面穿孔没有严格按照布孔设计的要求完成穿孔作业(西北部有4个炮孔没有完成)。总体块度分布较均匀,表面未见大于3 m块度出现。施工过程中由于地表连接雷管的数量不对,在爆破起爆网路的西侧一列孔的连接使用17 ms地表延期雷管,导致有侧翻。根据此次爆破效果看,该地段矩形布孔、V形逐孔起爆网路的现场可操作性较好,可以应用于后续的爆破作业中。

图18-83是工业爆破试验中比较典型的三次爆破试验的粒度分布曲线,曲线代表实施爆破试验的爆堆粒度分布。

从图18-83中可以看出工业爆破试验的爆破效果,优化后的采场爆破参数如下:

(1)起爆网路。采用矩形布孔方式的V形逐孔起爆网路,如图18-84所示。

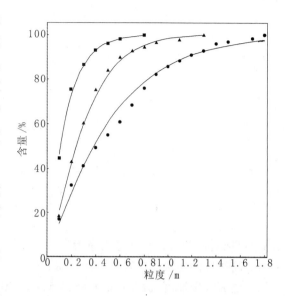

图18-83 三次爆破试验的粒度分布曲线比较

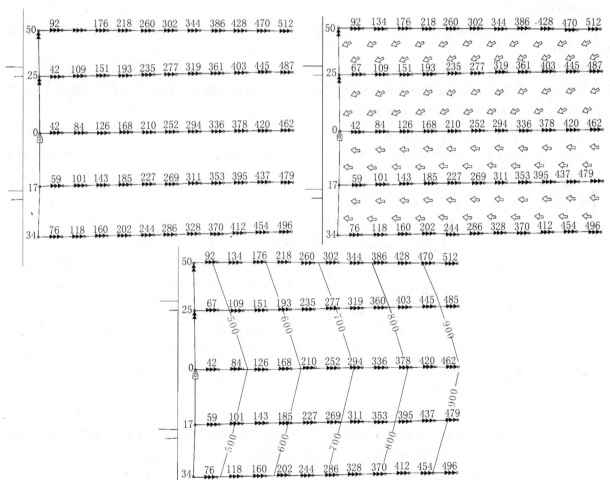

图18-84 矩形布孔方式的V形逐孔起爆网路

(2)控制排孔。在起爆方向上临近自由面的一排孔缩小孔距(加密),以克服采场存在的爆破自由面上因裂隙产生的爆破能量逃逸,如图18-85所示。

图18-85中,a和b为正常的孔网参数下的孔距、排距,而a_1、a_2表示加密后的前排(临自由面的)孔距,

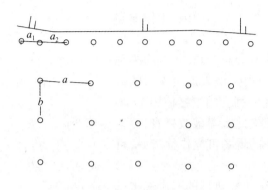

图 18-85　控制排孔

从图中可以看出两者并不一定相等,需要根据现场自由面的情况进行调整。正常孔排布为:

1) 高硬度团块状浅粒岩难爆地段:$\phi170\,mm,4\,m\times5\,m;\phi150\,mm,4\,m\times4\,m$;

2) 层岩难爆地段:$\phi170\,mm,4.5\,m\times5\,m;\phi150\,mm,4\,m\times4.5\,m$。

其中,在现场试验过程中层岩难爆地段 $\phi170\,mm,4\,m\times5\,m;\phi150\,mm,4\,m\times4\,m$ 的孔网参数被证实可以保证较优的爆破效果。

(3) 延期组合。高硬度团块状浅粒岩难爆地段为 $17\sim42\,ms$;层岩难爆地段为 $25\sim42\,ms$;一般地段为 $25\sim65\,ms$。

爆破地表延期组合的选择是通过经验公式进行初步计算,然后通过爆破作业进行校正。爆破作业过程中要根据现场岩石性质、自由面情况等因素的不同做出调整。在进行爆破设计时要着重选择起爆方向,然后根据起爆方向再进行布孔设计和计算延期时间。

18.5.3.2　露天矿装运系统的优化

露天矿装运系统可以用计算机模拟各种类型的装运系统,如铁路系统、公路系统、带式输送系统、箕斗系统以及混合系统。下面以公路系统及铁路系统为例,其他系统的模拟方法与其相同。

A　基础资料及其处理

(1) 事件划分。将装运系统中的工艺过程视作事件。如装运循环的事件可规定为装载、重运、卸载、空运、调度、会车、排队(分挖掘机前排队与卸载点前排队,有时考虑会车点排队)、故障等。

按作业类型区分有矿石装运、岩石装运与辅助作业。辅助作业根据不同系统而不同,其中有设备材料车运行、吊车运行、检修车运行、修路及移道车运行及移道等。根据模拟的要求来确定作业类型与事件,如果要详细地模拟,则各种事件、各种作业都要考虑;如果允许简化,有的次要作业及事件可以不予单独考虑。

(2) 道路及其数字化。根据道路布置平面图,将道路系统分成若干路段。每个路段用两个端部节点及其他路段相连,构成一个网路。节点由道路交岔点、装载点、卸载点、转载点、车库、修理间等构成。路段及节点均编号,路段用长度、坡度、阻力、运行时间、节点号组成的数组描述。当路段正反向均运行时,可以视作两个段来编号,但彼此可对应地检索。

(3) 运行路径的数字化。介绍两种方法:1)路径法。用车辆在起点至终点之间行径的路段号组成的数组描述。2)前方进路法。车辆在某路段上,根据重车、空车与不同的目的地,列出该路段前方可能进入的下一路段号,并注明其优先权,前方进路信息可以并入路段数值中。

(4) 选择装运设备的型号与数量。

(5) 确定配车时的调度原则。汽车运输的露天矿有两类配车方法。一种是固定配车法,即将几台车固定配给某台挖掘机,在铲位及指定的卸车点之间运行。固定配车的装运系统的指标可以用数学解析法求出,与模拟结果相差不多。因此,应用计算机模拟方法求解的意义不大。另一种是混合配车法,即当某台车卸载后,调度员根据当时情况确定驶往挖掘机号,不固定于某台铲。计算机模拟主要用在混合配车的装运系统。编制程序时,程序中的调度原则再根据矿山具体条件制订。可以参考选用下列原则:

1）确定重点部位的优先权。优先权高的挖掘机优先配车，但不超过某一预先规定的限额，如某产量比值或最大理论配车数。

2）按各挖掘机计划作业量的完成系数配车。配车挖掘机为 j 时的条件为：

$$\frac{X_j}{Q_j} = \min\left(\frac{X_j}{Q_j}\right) \qquad (i = 1, 2, \cdots, N) \tag{18-171}$$

式中　　N——挖掘机数；

　　　　Q_j, X_j——i 铲计划作业量与已完成量。

3）按实际配车数与理论配车数比值最小原则配车。第 i 台挖掘机的理论配车数 m_i 为：

$$m_i = \frac{t_{Li} + t_{Hi} + t_{Ei} + t_D}{t_{Li}} \qquad (i = 1, 2, \cdots, N) \tag{18-172}$$

式中　　N——挖掘机数；

　　t_{Li}, t_{Hi}, t_{Ei}——i 挖掘机装车时间均值，i 铲到卸车点间重运与空运时间均值；

　　　　t_D——卸载时间均值。

配车挖掘机为 j 的条件是：

$$\frac{m'_j}{m_j} = \min_i\left(\frac{m'_i}{m_i}\right) \qquad (i = 1, 2, \cdots, N) \tag{18-173}$$

式中　　m'_j——i 铲已配给车数。

铁路运输装运系统的调度原则与汽车运输相似。但当一条铁路线上有两台挖掘机作业，在列车要进入该线路中的铲位时，要考虑以下两种情况：

① 里面的挖掘机正在给一列车装载，列车是否进入外面挖掘机铲位的判据是 Q_1 及 Q_2 两个衡量装载量的数值。当里面挖掘机已装量为 Q，$Q < Q_1$ 时，列车可进入铲位；$Q > Q_2$ 时，列车在外等待，直到里面列车装完并且驶出后再进入；$Q_1 < Q < Q_2$ 时，列车既不进入，也不等待，重新调度往新挖掘机。Q_1 及 Q_2 的值根据具体情况确定，但 $Q_1 < Q_2$。

② 外面挖掘机正在给一列车装载，列车是否等待以便进入里面铲位的判据是 Q_3。当外面列车已装载量为 Q，如 $Q_1 > Q_3$，列车等待；如 $Q < Q_3$，列车不等待，重新调度。Q_3 根据具体情况确定。

（6）收集各工艺环节的作业时间。需要输入的作业时间有挖掘机装车时间、重车在各路段的运行时间、空车在各路段的运行时间、卸车时间以及其他要模拟的辅助作业时间。作业时间可以是确定型的，也可以是随机型的。作业时间可由实测后整理取得。作业时间也可由厂商提供的数据选取，或根据厂商提供的特性曲线计算得到。

（7）收集模拟中考虑的各种因素，如故障、停工影响、会车、上下班集散等所占的时间。它们可以是随机型，也可以是确定型。

B　模拟时间

由于模拟中引入了随机因素，模拟班数太少，不容易得到稳定的运行指标。因此，运行模拟程序时，都要模拟数十个班。模拟班数越多，指标越稳定。可以在模拟时确定一个收敛原则或波动程度来截止模拟。

C　模拟结果

模拟结果可以得到装运系统的下列指标：系统的通过能力，各路段的车流密度与其概率分布，堵塞部位、频率与延续时间的概率分布，装运设备的效率与工时利用，挖掘机等车时间与车辆排队时间等。

D　模拟用途

通过模拟结果可以评价各种装运系统方案的优劣。下列不同的项目，构成不同装运系统方案，如道路布置、路段结构参数、出入沟及卸载点位置、设备型号与数量、工艺制度等。装运系统可以有如下用途：

（1）为新矿山选择装运系统。

（2）为老矿山选择装运系统的改造方案。

（3）选择合理的装运设备的规格与数量。

（4）选择合理的工艺制度，如上下班集散法、调度原则等。

E 模拟实例

实例 1：某矿采用电铲—汽车装运系统，有多台电铲、多个卸点和多台汽车。模拟时考虑故障及会车影响。计算机模拟的目的是了解不同汽车数量所产生的装运结果。采用时间步长法模拟装运过程的具体步骤如下：

第一步，输入原始数据。将数字化后的道路系统与运行路径、装运时间的随机参数等原始数据输入。

第二步，班记录清零。

第三步，产生设备故障时间步长。即按产生随机变量的方法，根据故障发生的概率与延续时间的概率特性参数，产生一班中各种设备发生故障的时刻及其延续时间，即修复的时刻，记入故障时间表。

第四步，增加一个 ΔT 时间步长。

第五步，顺序扫描完好电铲与卸点队列，记录其在 ΔT 时间内事件的进展，一般有下列几种情况：

（1）电铲及卸点如没有卡车在装或卸，在电铲及卸点等车时间中累加一个 ΔT 时间。

（2）如有车在装卸，电铲及卸点在 ΔT 时间发生故障（根据故障时间表），电铲及卸点进入故障队列，排队卡车重新调度进入空运队列。

（3）如电铲或卸点未发生故障，有车排队，在车辆排队时间中累加一个 ΔT 时间。

（4）在电铲或卸点的作业时间中累加一个 ΔT，检查装卸完否。如完，累计电铲或卸点及卡车的产量，卡车进入空（重）运行队列，产生电铲随机装车时间，安排卡车前往的卸点或电铲，产生运行时间；如未完，跳过上述内容。

第六步，顺序扫描卡车重运队列及空运队列，记录其在 ΔT 时间内事件进展。一般有下列几种情况：

（1）如发生故障，卡车进入故障队列。

（2）如在交会点且会车，累计交会次数，进入交会队列；不会车则进入下一路段，产生运行时间，并在运行时间中累加一个 ΔT 时间。

（3）如不在交会点，在运行时间中累加一个 ΔT；检查是否到达电铲或卸点，如到达，进入排队队列。

第七步，模拟故障队列的电铲、卸点与卡车。在故障时间中累加一个 ΔT；故障如已结束，进入完好电铲或卸点队列或卡车运行队列。

第八步，模拟交会队列。在交会时间中累加一个 ΔT；如交会已完，则卡车进入运行队列，产生运行时间。

第九步，班结束否。未结束继续模拟；否则累计当班结果。

第十步，模拟总班数满否。未满则继续模拟；否则输出结果，停机。

实例 2：某矿采用电铲—铁路装运系统。该矿拟改造现有部分线路，以期望提高总装运能力，现提出了几种改造方案，要求检查几种方案各能达到的总装运能力及其指标。采用最短时间事件步长法进行模拟，由于模拟的过程比较复杂，下面仅说明模拟的思路。

（1）将道路系统中的路段分成六种类型，分别为：

1）电铲工作线前的路段。列车在此处时，要判断是否可以进入工作线，如不能进入，重新调度；如需等待，执行等待事件；否则进入铲位，执行装载事件。

2）排土线前的路段。列车在此处时，要判断是重新调度或是等待，或是进入卸车。

3）破碎机前的路段。列车在此处时，要判断进入哪一台破碎机的翻车线执行翻车事件，或者执行等待事件。

4）前方道岔有两个可能进入的路段。列车在此判断前方进路是否有列车或占线，如有，执行等待事件；如无，执行进入下一路段的运行通过事件。

5）前面有连续安设的两个道岔，因而有多个可能进入的路段。类似于 4），判断等待还是进入前方某一个进路。

6）自动闭塞路段。在一条线路上由信号分成若干路段，尾随列车之间要相隔一个路段。

（2）将列车看成顾客，上述路段作为服务台。计算机扫描所有列车，寻出当前具有最短时间事件的机车

u,由机车状态表中找出 u 列车所在路段 C,由路段中找出 C 路段属于哪一类路段,然后从六个路段过程 L_1,L_2,$\cdots$,L_6 中找出与该路段相应的路段过程,加以调用。

(3) 调用路段过程,执行相应事件,修改列车事件表的时钟,记录产量、等待时间、空闲时间、会车次数等,最后累计出模拟结果。

18.5.3.3 地下矿机车运输系统计算机模拟

地下矿机车运输线路长度及其结构随开采工作推进而经常变化,列车运行受许多随机因素的影响,适于应用计算机模拟方法。

地下矿机车运输系统有两类优化问题:一是选择运输设备类型、设备数量、线路布置及运输能力等设计问题;二是选择行车路线、行车组织等运输问题。

地下矿机车运输系统研究的变量有机车和矿车类型、运输设备生产能力、会让站数、运输路线调度、列车调度等。

通常,进行计算机模拟的步骤如下:

(1) 基础资料。根据提出的问题,对地下矿山运输系统进行调查,得到所需要的原始数据和资料。它包括装车点、卸车点和会让站的数量及位置;相邻各站点线段长度、线路坡度、线路数量;列车在各线段的运行速度和时间;机车和矿车的类型、数量和列车组成;列车装卸时间,卡漏、跑矿、掉道等事故发生及处理时间;溜矿井容量;运输调度原则、工作制度等。上述数据有些是确定的,可根据矿山实际选取,有些需实地调查及计算才能得出其概率分布函数。

(2) 确定模拟目标。模拟目标通常有运输费用最小、运输能力最大、等待排队时间最短、运输设备配套最合理等,可视矿山具体情况选定。

(3) 系统分析。系统分析对研究的运输系统进行分析,确定系统中的实体、属性、事件和活动。

(4) 构造模型。地下矿山机车运输属离散事件,常用事件步长法进行模拟,在其基础上可编写计算机程序。

(5) 运算分析。在计算机上执行模拟程序,并对其结果进行分析。针对用单行线的地下矿山机车运输模拟模型,列车在井下周期地行驶,空列车出发后经各会让站至装矿点,装满矿石成为重列车经各会让站返至卸矿点。就这样周而复始地驶经各装卸点及会让站。在计算机模拟中,将列车的运行环节分为 6 个基本事件,即到达装矿点事件、离开装矿点事件、到达会让站事件、离开会让站事件、到达卸矿点事件以及离开卸矿点事件。

模拟开始时,设各机车在指定的地点。首先,计算或按概率分布随机地生成各机车初始事件时间,按先后顺序列入事件表。然后执行事件中最早发生的事件,随即从事件表中消除该事件,并计算该事件持续的时间,以排定下一事件。若站内有车,则需计算等待时间。重车直接通过会让站,而空车则按需要在会让站等待。如果卸车点处溜井满或装车点处溜井空,列车也要排队等待。列车装完或卸完后,唤醒排队列车和同一溜井上口的卸车活动和溜井下口的装车活动,并生成行驶活动。若单行线被封锁,列车需排队等待,否则形成到达事件,并唤醒排队等待通行的其他列车。这六种事件按顺序被逐个从事件表中选取出执行,执行后即被送入事件表待选,然后选取下一事件,并由时钟记录时间。对每一个列车都顺序进行模拟,直至规定的模拟时间为止。然后,输出需要的结果,如每列车的各类等待时间和总计等待时间、每列车的运输量和总和运输量、各溜井的装车量和生产故障时间等,并由此计算其他技术经济指标。

上面介绍的是一通用模拟模型,对每一矿山还要根据具体问题做适当的变动。

18.5.3.4 地下采矿工艺过程计算机模拟

对地下矿生产工艺、设备配置、设备选型等问题进行优化,日益引起人们重视,利用计算机模拟解决上述问题是比较合适的方法。在房柱采矿法、无底柱分段崩落采矿法、胶结充填采矿法等采矿方法中应用无轨自行设备,都有人用计算机模拟进行研究。

无底柱分段崩落采矿法回采工艺是循环往复地爆破和装运各进路中每一步距的矿石,直至分段和矿块全部回采完毕。每一步距爆破运矿工艺可划分为待爆、爆破、悬顶、立槽、待装、装载、运行、卸载等八事件。

用事件步长法进行模拟,自事件表中轮番选取出和送回时间最小的事件,由时钟记录活动时间,记录每一进路、分段、矿块和各设备模拟得到的结果,通过研究使这一回采工艺更加合理。

在待爆事件中,查询各矿块回采进路需要爆破的步距,从中打出最需要爆破的一个步距,产生爆破事件。如果某一矿块这时恰好回采完毕,则按回采顺序去查阅另一新矿块。如果恰好到达规定的模拟期限,则输出模拟结果。

在爆破事件中,记录爆破时间,检查爆破是否正常,如正常,则根据步距内的损失、贫化分布函数,确定本步距爆破出矿量、损失矿量、矿石出矿品位等。如爆破发生故障,如出现立槽或悬顶,则产生处理立槽或处理悬顶事件。

在处理立槽或悬顶事件中,根据有关的概率分布,确定事故处理后本步距崩下的矿量及其品位,记录损失矿量及位置,供下分段回采时参考。记录处理立槽或悬顶时间。爆破、处理悬顶和处理立槽事件后产生待装事件。

在待装事件中将空闲的装运设备调入本进路装矿。如本矿块无空闲设备,进路处于呼叫设备状态。一旦有空闲设备,即来此进路装矿,并改变本矿块和原矿块的装运设备状态。如本矿块有装运设备,则调入呼叫进路装矿,同时记录该设备空闲时间和调入行走时间,产生装载事件。

在装载事件中,产生装矿量和处理堵塞、破大块、装车及重车运行至溜井口卸载时间,从爆破矿量中减去装出矿量。

运行期间间隔一定时间检查机器是否按设备故障发生概率出现故障。发生故障时,设备空闲待修,并按维修时间分布函数,记录维修时间,而后产生卸载事件。

在卸载事件中产生卸载时间和空车返回时间,记录可能发生的故障维修时间。检查本步距矿石是否装完,溜井是否满。如溜井满,则停止装车,记录设备空闲时间,并定期查询溜井允许卸矿时间,及时唤醒等待设备。如本步距矿量装完,将本进路的爆破步距减小,并使装运设备空闲等待。如本进路全部步距都已采完,则将本进路处于采完状态,装运设备空闲等待,记录进路采完时间,累计本进路的采出矿石量、采出金属量、损失贫化指标、回采起止时间、溜井满时间、维修时间、处理爆破故障及二次破碎时间等进路回采技术经济指标。矿块内各进路都回采完毕后,累计矿块回采技术经济指标,并将矿块处于采完状态。

模拟过程中每一事件完成后送回事件表,并自事件中查找完成时间最早的事件取出模拟。一旦到达规定模拟时间,结束模拟,输出需要的结果。

回采工艺模拟可以粗略,也可以详细,视问题的性质而定。例如,可以以车为单元模拟,或以步距为单元模拟,也可以用进路或矿块为单元模拟。

回采工艺模拟的规模可大可小。例如,可以只模拟装运矿石单个工艺,或模拟凿岩爆破和装运回采过程,也可模拟自采准、切割至回采的全部采矿过程,进一步可将采矿和运输全部生产过程进行模拟,确定地下矿山生产的优化参数。

通过回采工艺计算机模拟可以确定下列技术经济指标:矿块平均班产量、日产量;矿块生产能力与凿岩爆破参数、设备配置的关系;回采设备生产能力、利用系数及合理配置;开采顺序对矿山生产能力的影响;矿山采区和全矿的生产能力;矿石回采成本及盈利等。

模拟回采工艺需要输入的数据有:设备故障及维修时间分布规律;爆破故障发生及处理结果的分布规律;处理大块及堵塞的时间分布规律;工作面回采工艺及设备配置;开采顺序;回采工作工艺及设备配置;开采损失、贫化指标等;阶段内矿块布置,同时开采矿块数及进路数、进路长度及步距数;溜井数目及布置;回采工人配置、材料、动力、人工消耗定额等。其中的随机参数由本矿或类似矿山资料确定,或专门测定,这是一项关键且费力的工作,需要专门进行研究。根据采取数据的可靠程度,应对模拟得到的参数进行置信度和区间估计。计算机模拟方法可以解决数学分析方法不能解决的许多问题。

18.6　矿山管理系统

近年来,国内外许多矿山都建立了矿山管理信息系统,把计算机技术与矿山生产密切结合起来。各矿的管理信息系统大小不等,一般都包含地测、设计、计划、设备、库存、营销、财会、人力资源等工作。在矿山内部,各子系统用局域网彼此相连,对外联系则通过 Internet。目前常说的"数字化矿山"主要是指这方面内容。据初步统计,国内大多数煤炭矿务局和金属矿山都建有程度不等的矿山管理信息系统。随着网络技术的发展和 Internet 的普及,人们已用 Internet 技术建立了各部门间的联系,也就出现了企业内部网络(Intranet)和企业外部网络(Extranet)。近年来,又由于 ERP 等管理软件的发展,更促进了矿山管理信息系统的发展。目前,矿山管理信息系统正在不断增强功能,向智能化决策支持系统发展,为管理人员提供决策依据。

18.6.1 金属矿山企业资源计划管理系统

企业资源计划(ERP,enterprise resources planning)结合了先进管理思想与信息技术的最新进展,为企业的信息化建设提供了新的思路。将 ERP 管理思想与矿山企业经营特点相结合,建立适用于矿山企业的 ERP 系统,是矿山企业信息化建设的发展方向。

ERP 的概念是由美国的 Gartner Group 公司于 20 世纪 80 年代提出的,它是由物料需求计划(MRP)、制造资源计划(MRP Ⅱ)逐步演变并结合计算机技术的快速发展而来的。ERP 是一套完整的企业管理系统体系标准,是在 MPR Ⅱ 的基础上进一步发展而成的、面向供应链(supply chain)的信息管理思想。它吸纳了包括业务流程重组(BPR, business process reengineering)、精益生产(LP, lean production)、敏捷制造(AM, agile manufacturing)、并行工程(CE, concurrent engineering)、准时生产(JIT, just in time)、全面质量管理(TQM, total quality management)、约束理论(TOC, theory of constraint)等在内的先进的管理思想,它面向市场、经营和销售,能够对市场快速响应,强调供应商、制造商与分销商之间的新的伙伴关系(详见 17.4.3.9 的内容)。

18.6.2 露天矿生产配矿管理系统

配矿旨在提高被开采有用矿物及其加工产品质量的均匀和稳定,充分利用矿产资源,降低矿石质量的波动程度,从而提高选矿效率和产品质量,降低生产成本。矿石质量控制包括两个方面的内容:一是矿山生产短期作业质量计划,它是根据年度计划及采场条件和作业环境,按月、周或日规划质量方案并组织实施;二是矿山生产过程工序环节作业控制,它是根据资源产出情况及各工序环节作业特点,通过对开采与加工全过程的逐级控制来实现的。矿石质量控制是配矿计划-配矿作业综合措施的实现过程。

目前,国外在控制矿石质量方面主要是将计算机技术用于开采、运输、加工、储存各生产作业环节的控制与管理。矿业发达国家的矿山,如澳大利亚纽曼山铁矿、帕拉布杜铁矿等的矿石质量控制计算机网络系统,将中心控制与现场作业控制紧密结合在一起,采场严格遵从由质量控制中心发布的矿石质量指令组织生产作业。又如美国希宾铁燧石公司的调度系统,将计算机中心控制与流动调度车计算机控制相结合,通过调度车终端与其他信息源沟通,可依据矿石质量变化信息,灵活地指挥各环节配矿作业。国内大多数矿山在控制矿石质量方面,一般是利用计算机相关技术来建立配矿模型,如线性规划、0—1 整数规划等,实现了矿山生产短期作业质量计划的编制。然而,对整个生产过程无法实现实时质量控制与管理。当前利用地理信息系统(GIS)、全球定位技术(GPS)、通用无线分组技术(GPRS),通过线性规划模型,能够实现对露天矿山矿石质量的实时控制,为露天矿山提供科学、合理的短期配矿计划,并且对采场内配矿作业现场进行动态跟踪、调度、管理。

18.6.2.1 生产配矿动态管理系统原理

A 配矿生产控制系统

露天矿配矿生产动态管理系统就是要对矿山生产作业设备进行跟踪、监控和管理,对地理空间具有较大的依赖性。所以,GIS 技术对于配矿生产动态管理系统的可视化、实时动态管理和辅助决策分析等都会发挥巨大的作用;利用 GPS 定位技术为挖掘机提供当前铲装位置的精准坐标、方向、速度和时间等基本信息。利用此技术对爆堆和炮孔的位置信息进行准确定位;利用 GPRS 具有传输速率高、接入时间短、永远在线和按流量计费等优点,能够为车辆 GPS 数据提供实时无线传输,快速建立连接,无建链时延。另外,露天矿车辆定位数据量小且需要频繁进行传输,这一要求正符合 GPRS 特别适用于频繁传送小数据量的特点。

露天矿配矿生产动态管理系统由车载移动终端、通信网络和控制中心组成,如图18-86所示。在此系统中,车载移动终端接收GPS信号,计算出挖掘机和矿车所在的经纬度、角度、高度和速度等信息;各种信息

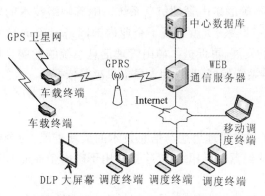

图18-86　生产配矿控制系统结构

通过GPRS无线通信网络及Internet网络被发送至控制中心。GPRS无线移动通信网络作为挖掘机和矿车携载终端和控制中心的远程通信系统,实现挖掘机和矿车位置信息、状态信息、报警信息向中心的发送以及中心向挖掘机和矿车终端调度、控制命令的发送。控制中心内部通过百兆局域网将通信服务器、数据库服务器和调度台互连。控制中心在软件系统的控制下,实时接收并处理来自受控挖掘机的各种信息,在控制中心的LED多媒体显示屏及中心监控终端的电子地图上显示挖掘机位置、当前品位、工作状态等相关信息,并对挖掘机和矿车进行综合控制和调度管理。

B　线性规划模型

针对矿山的实际生产状况,建立多出矿点、多受矿点模型,设矿山有 m 个挖掘机,n 个破碎站,挖掘机 i 运到破碎站 j 矿石量为 x_{ij},挖掘机 i 的供矿品位为 g_{fi},破碎站 j 的要求品位为 g_{sj}。

a　约束条件

(1)供矿量和供矿能力。挖掘机供矿量要在挖掘机供矿能力范围内,并满足矿山生产任务要求,即:

$$Q_i \leqslant \sum_{j=1}^{n} x_{ij}i \leqslant A_i \qquad (i = 1,2,\cdots,m) \tag{18-174}$$

式中　x_{ij}——挖掘机 i 到破碎站 j 供矿量;

　　　A_i——挖掘机 i 的最大供矿能力;

　　　Q_i——挖掘机 i 生产任务。

(2)破碎站最少生产任务。每个碎矿站在配矿计划中指定有最少任务量。设第 j 破碎站的破碎矿量最少任务为 Q_{jr},即:

$$\sum_{i=1}^{m} x_{ij} \geqslant Q_{jr} \tag{18-175}$$

(3)非负约束条件。电铲到破碎站供矿量不能为负数,即:

$$x_{ij} \geqslant 0 \quad i=1,2,\cdots,m; j=1,2,\cdots,n \tag{18-176}$$

b　目标函数

矿山生产的目标品位为 g,偏差为 $\pm 5\%$。根据矿山生产实际情况,建立的目标函数要求每个破碎站所得金属品位与要求的偏差最小,即:

$$\min s' = \left| \frac{\sum_{i=1}^{m} x_{i1}g_{fi} - Q_1 g_{s1}}{Q_1} \right| + \left| \frac{\sum_{i=1}^{m} x_{i2}g_{fi} - Q_2 g_{s2}}{Q_2} \right| + \cdots + \left| \frac{\sum_{i=1}^{m} x_{ij}g_{fi} - Q_j g_{sj}}{Q_j} \right| + \cdots + \left| \frac{\sum_{i=1}^{m} x_{in}g_{fi} - Q_n g_{sn}}{Q_n} \right|$$

$$\tag{18-177}$$

通分并约去常量,简化得新的目标函数:

$$\min s = \sum_{j=1}^{n} \left(Q_1 Q_2 \cdots Q_{j-1} Q_{j+1} \cdots Q_n \left| \sum_{i=1}^{m} x_{ij}g_{fi} - Q_j g_{sj} \right| \right) \tag{18-178}$$

式中　Q_j——破碎站 j 的任务量。

由于式(18-178)中带有绝对值,因此该公式并非线性规划目标函数,需要加入一些约束条件使其转换为线性规划公式。通过调整 $\sum_{i=1}^{m} x_{ij}g_{fi}$ 与 $Q_j g_{sj}$ 的大小关系,可以消去式(18-178)中的绝对值符号。

例如,令 $\sum_{i=1}^{m} x_{ij}g_{fi} \geqslant Q_j g_{sj}$,则 $\left| \sum_{i=1}^{m} x_{ij}g_{fi} - Q_j g_{sj} \right| = \sum_{i=1}^{m} x_{ij}g_{fi} - Q_j g_{sj}$;令 $\sum_{i=1}^{m} x_{ij}g_{fi} < Q_j g_{sj}$,则

$$\left| \sum_{i=1}^{m} x_{ij}g_{fi} - Q_j g_{sj} \right| = Q_j g_{sj} - \sum_{i=1}^{m} x_{ij}g_{fi}。$$

对于每一个碎矿站,都有两种情况(≥和<)。因此,若破碎站有 n 个,那么总共有 $2n$ 个不同的目标函数,也就有 $2n$ 个线性规划需要求解。只需要求出所有线性规划的解,进一步比较所有的解,从中选出最优的解即可达到目的。为了实现上述目标,需要在此模型上添加判断 $\sum_{i=1}^{m} x_{ij}g_{fi}$ 与 $Q_j g_{sj}$ 之间大小关系的约束条件。

例如,若所有站满足 $\sum_{i=1}^{m} x_{ij}g_{fi} \geq Q_j g_{sj}$,增加新约束如下:

$$\sum_{i=1}^{m} x_{ij}g_{fi} \geq Q_j g_{sj} \quad j = 1,2,\cdots,n \tag{18-179}$$

在式(18-179)这种约束下,相应的目标函数为:

$$\mathrm{min}s = \sum_{j=1}^{n} \left[Q_1 Q_2 \cdots Q_{j-1} Q_{j+1} \cdots Q_n \left(\sum_{i=1}^{m} x_{ij}g_{fi} - Q_j g_{sj} \right) \right] \tag{18-180}$$

利用两阶段法来求解:

第一阶段,在问题数学模型中添加若干非负新变量 $x_{n+1},x_{n+2},\cdots,x_{n+h}$,使新构成的初始单纯形表的系数矩阵 $A(A = (b_{ij})_{m \times (n+h)} (i = 1, 2, \cdots, m; j = 1, 2, \cdots, n, n+1, \cdots, n+h))$ 中包含一个 m 阶单位子矩阵。

第一阶段中,以添加所有 h 个人工变量的和取值最小作为它的目标函数,即:

$$\mathrm{min}Z_1 = \sum_{i=n+1}^{n+h} x_i \tag{18-181}$$

若求出 $Z_1 = 0$ 的最优解,所有 h 个人工变量都是非基变量,而基变量全由未添加人工变量前 m 个变量组成。此时,舍去人工变量对应的各列之后所得的系数矩阵就含有一个 m 阶单位矩阵,令其为初始可行基 B_0,转入两阶段法第二阶段继续求解;否则,判断该线性规划问题无可行解。

18.6.2.2 露天矿配矿管理软件系统构成及功能

A 生产配矿动态管理子系统

生产配矿动态管理子系统主要完成生产调度中心的配矿生产管理,包括配矿计划生成和挖掘机作业过程动态跟踪控制。其主要功能如下:

(1) 地图操作。进行地图放大、缩小、漫游、分层显示,显示任意点的坐标,计算任意两点间的距离和任意图形的面积,查询地理目标等。

(2) 配矿参数设置。在利用线性规划模型求解班配矿计划时,进行各个破碎站的生产能力、岩性等级、松散系数、矿石密度等相关参数的设置。

(3) 爆堆管理。进行爆堆中炮孔和边界的坐标及炮孔品位等数据的导入;炮孔和爆堆边界在地图中的展现等;根据炮孔的品位属性在图上采用圆或多边形来任意圈取某一矿块的平均品位,并可以计算相应的矿石量。

(4) 绘制等品位线。在现有爆堆的基础上,任意的设置不同的品位值来绘制不同颜色的等品位线,并可按照品位划分的不同区域求当前品位的矿石量。

(5) 挖掘机跟踪显示。根据调度人员指令以不同方式、不同颜色、不同标识等显示某一挖掘机当前作业位置和当前铲装位置的矿石品位,还可以根据需要关闭某一挖掘机的位置及品位显示。

(6) 历史轨迹回放和历史品位显示。在电子地图上,回放某挖掘机在某段时间内的铲装作业轨迹和铲装矿石品位。

(7) 挖掘机定位查询。查询某挖掘机的当前位置、作业半径、状态及挖掘机驾驶员等。

(8) 指令调度。调度中心可根据当前挖掘机的铲装品位要求,随时发出调度指令,动态地调度当前挖掘机的作业位置,收到指令后挖掘机车载终端的红色指示灯和铃声将进行提示并在显示屏上显示调度指令。

（9）语音调度。调度中心可以呼叫任意一台安装终端的挖掘机,进行调度,呼叫时车载终端的红色指示灯和铃声将进行提示。

（10）挖掘机信息反馈。车载终端通过操作界面可以上传预制的固定信息到调度中心,或直接进行语音通话,以便调度中心及时进行处理。

（11）生成配矿计划。系统根据可工作挖掘机的当前作业区矿石品位、矿石岩性、生产能力、破碎站的碎矿要求、破碎能力、品位要求利用线性规划模型来生成班配矿生产计划。

（12）其他功能。系统预留可扩展接口,可以与 GPS 卡车监控及卡车称重系统相结合,进行破碎站某段时间内矿石的入矿量及品位查询,便于调度人员动态掌握配矿计划完成情况。

B　数据通信控制服务器

数据通信控制服务器通过 TCP/IP 进行数据的采集、发送、转发、协议解析分发、业务处理（包括监控、调度等）,数据接口（包括定位数据、报警数据的入库、作业设备状态的更新等）功能。

C　设备数据管理系统

设备数据管理系统主要是利用数据库技术对生产设备进行管理,包括对挖掘机、矿车等作业设备,司机及操作人员等数据的增加、删除、修改及查询,还有对数据进行定期的备份、删除工作。

18.6.2.3　系统应用

A　系统应用部署

三道庄露天矿隶属于洛钼集团矿山公司,年产量 1000 余万吨,露采境界长 2350 m,宽 1350 m,开采标高 1630.8～1114 m,最大采深 516.8 m,生产台阶高 12 m,采用牙轮钻机穿孔—挖掘机铲装—汽车运输台阶式采剥工艺和汽车—破碎—溜井—电机车运输系统。三道庄露天矿生产配矿动态管理系统主要由设备终端主机和配矿生产管理软件构成。

（1）车载终端安装:车载部分在露天矿前期共在挖掘机上安装高精度 GPS 定位终端 20 台。终端的安装主要包括高性能主机、GPS 天线、GPRS 天线、主机显示屏、红色指示灯以及耳机或免提音箱的安装。在安装完成之后,需要进行调试工作,主要是利用操作手柄来设置主机参数。

（2）软件部署:整个系统有三个子系统,数据通信控制服务器安装在集团公司的 WEB 通信服务器上;设备数据管理服务器安装在集团公司数据库服务器上;配矿生产动态管理系统安装在矿山公司监控中心。

（3）电子地图的校准:首先利用露天矿山每月更新的现状图,将 DWG 格式图在 AutoCAD2006 下转换成 DXF 格式,然后利用 Mapinfo 8.0 将 DXF 格式现状图进行坐标校准,选用 longitude/latitude（wgs84）坐标系,选取两个坐标点:二号破碎站大地坐标为（xxxx.3044、xxxx.7990）,经纬度为（xxx.506202、xx.91905）;办公楼大地坐标为（xxxx.1221、xxxx.2094）,经纬度坐标为（xxx.50295、xx.92468）,电子地图的校准如图 18-87 所示。在得到 tab 格式的电子地图后,再利用 MapX5.0 将地图另存为 Geoset 的电子地图。

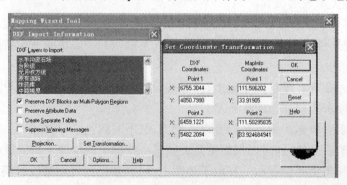

图 18-87　电子地图坐标校准

B　系统应用情况

三道庄露天矿配矿生产动态管理系统自 2008 年 5 月投入试运行以来,通过在现场的不断调试,目前运

行状况良好。其中典型的应用主要有:

(1) 班配矿计划。在配矿计划生成过程中,采取人机交互的方式,如遇到一些现场特殊情况,调度员可以随时在配矿计划生成过程中进行灵活的调整,这样最大限度保证了班配矿计划合理、实用。根据洛钼集团矿山公司要求,在完成产量的同时必须保证矿石品位质量,要求钼品位不超过要求品位的 ±5% 的范围。目前露天矿多个台阶同时出矿,各出矿点品位波动较大,每个班(每天 3 班)有 8 ~ 10 台挖掘机进行矿石开采,有 3 个碎矿站进行碎矿。图 18-88 所示为系统中露天矿某日、某班次配矿计划相关参数,涉及 10 辆挖掘机和 3 个碎矿站,配矿要求出矿品位在 $0.12 \times (1\% \pm 5\%)$ 范围内,矿石量在 $1.65 \times (1\% \pm 3\%)$ 万吨范围内。图 18-89 所示为系统生成的班配矿计划,它是根据矿山生产实际在线性规划基础上得到的最优解。

名称	电铲			破碎站		
	供矿品位	最小能力 /t	最大能力 /t	1号(品位 0.12) 受矿任务 =5000t	2号(品位 0.12) 受矿任务 =8000t	3号(品位 0.12) 受矿任务 =3500t
电铲 1	0.115	600	2000	$x \geq 0$, $x \leq 2000$	$x \geq 0$, $x \leq 2000$	$x \geq 0$, $x \leq 2000$
电铲 2	0.132	600	2000	$x \geq 0$, $x \leq 2000$	$x \geq 0$, $x \leq 2000$	$x \geq 0$, $x \leq 2000$
电铲 3	0.106	600	2000	$x \geq 0$, $x \leq 2000$	$x \geq 0$, $x \leq 2000$	$x \geq 0$, $x \leq 2000$
电铲 4	0.09	600	2000	$x \geq 0$, $x \leq 2000$	$x \geq 0$, $x \leq 2000$	$x \geq 0$, $x \leq 2000$
电铲 5	0.108	600	3000	$x \geq 0$, $x \leq 2000$	$x \geq 0$, $x \leq 2000$	$x \geq 0$, $x \leq 2000$
电铲 6	0.186	600	3000	$x \geq 0$, $x \leq 2000$	$x \geq 0$, $x \leq 2000$	$x \geq 0$, $x \leq 2000$
电铲 7	0.114	600	3000	$x \geq 0$, $x \leq 2000$	$x \geq 0$, $x \leq 2000$	$x \geq 0$, $x \leq 2000$
电铲 8	0.091	600	3000	$x \geq 0$, $x \leq 2000$	$x \geq 0$, $x \leq 2000$	$x \geq 0$, $x \leq 2000$
电铲 9	0.125	600	3000	$x \geq 0$, $x \leq 2000$	$x \geq 0$, $x \leq 2000$	$x \geq 0$, $x \leq 2000$
电铲 10	0.22	600	3000	$x \geq 0$, $x \leq 2000$	$x \geq 0$, $x \leq 2000$	$x \geq 0$, $x \leq 2000$

图 18-88　配矿相关参数

2008 年 6 月 3 日 8 点班供矿安排
(车)

供矿对象	破碎站1号	破碎站2号	破碎站3号	供矿车数 / 辆	供矿品位	运矿车 /t	供矿对象说明
电铲 1	20	40	30	90	0.115	17	1330 台阶
电铲 2	40	50	0	90	0.132	23	1306 台阶
电铲 3	40	50	30	120	0.106	19	1294 台阶
电铲 4	30	50	20	100	0.09	17	1438 台阶南部
电铲 5	40	50	20	110	0.108	32	1318 台阶南部
电铲 6	0	50	0	50	0.186	19	1450 台阶
电铲 7	0	20	20	40	0.114	23	1438 台阶北部
电铲 8	50	50	0	100	0.091	19	1454 台阶
电铲 9	0	0	30	30	0.125	23	1414 台阶
电铲 10	20	20	20	60	0.22	17	1426 台阶
车数总计	240	380	170	790			
吨数总计	5100	7930	3550	16580			
品位统计	0.115	0.12237	0.12177				

图 18-89　某班配矿计划

(2) 配矿生产动态跟踪控制。在配矿生产动态管理界面上系统实时跟踪当前挖掘机的铲装位置,动态显示当前挖掘机工作处的矿石品位,调度人员可以根据当前的品位及时对挖掘机的铲装位置进行调度。通过矿山公司现有的矿石称重系统和卡车调度系统,调度人员还可以实时掌握当前爆堆的剩余矿量和当前班挖掘机的实际装矿量,根据班配矿生产计划,对现场挖掘机和卡车实施动态调整和调度。另外,挖掘机处的矿石品位信息和当前班挖掘机的装载矿石量也会实时显示在挖掘机的终端显示屏上,便于操作人员实时掌握当前铲装的矿石品位和实际工作量。图 18-90 所示为采场挖掘机的作业生产状况。

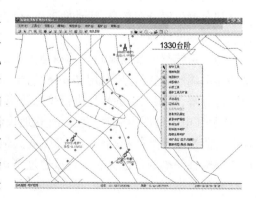

图 18-90　采场挖掘机的作业生产状况

18.6.3　地下矿井下人员和设备定位管理系统

地下矿井下人员和设备定位管理系统是现代矿山企业信息化建设的一个重要组成部分。该系统是利用无线定位技术、无线通信技术、数据库技术、计算机技术与系统工程理论相结合建立的一套地下矿井生产管理系统。利用该系统调度管理人员可以实时地掌握井下人员、设备的分布情况，了解井下的生产作业情况，并根据井下生产计划、实际生产需要或突发情况（设备故障、各类事故）对井下的人员、设备及时合理地进行监控调度，以期更好地保障生产和井下的安全。

18.6.3.1　系统总体概述

A　地下矿井下人员和设备定位管理系统总体结构

地下矿井下人员和设备定位管理系统主要由移动定位系统（Zigbee）、数据通信系统（WiFi 网络）、调度监控系统三大部分组成，如图 18-91 所示。

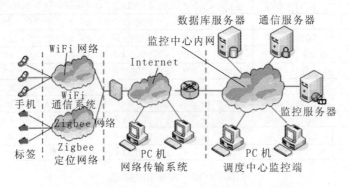

图 18-91　地下矿井人员和设备定位管理系统总体结构

（1）移动定位系统。为了实现地下矿山的人员和设备的监控、调度管理等功能，移动定位系统除了包含用以实现定位功能的车载、人携定位标签以外，还必须配置其他相应的模块，以便能实时采集井下人员、设备的位置信息，并能接受监控中心的调度指令。故定位系统的设计可以划分为三个主要模块，即控制处理模块、Zigbee 定位模块和 Zigbee 通信模块。

（2）数据通信系统。井下的 WiFi 通信网络是连接移动定位系统和管理系统的纽带，作为移动定位终端和监控管理中心的远程通信系统，该网络将实现车载、人携单元的位置信息、状态信息向调度管理中心的发送，以及调度中心向车载、人携单元发送调度指令和控制指令，监控中心内部通过百兆局域网实现通信服务器、数据库服务器和监控调度台的互联。

（3）调度监控系统。调度管理中心主要由若干台监控服务器和数据服务器组成，监控终端通过互联网访问监控服务器，从而实现对车辆的跟踪监控。整个调度管理系统以互联网为平台，具有良好的可扩展性。监控中心内网与井下的 WiFi 通信网络通过 Internet 网实现互联互通。监控调度管理软件实时接收和处理来自井下的人员和车辆的位置信息，在监控中心的 LED 多媒体显示屏及中心监控终端的电子地图上显示井下人员和车辆位置分布信息、运动轨迹以及其他信息，管理人员根据获取的其他生产信息对人员和车辆进行综合监控和调度管理。

（4）系统整体数据流程。移动端 Zigbee 定位标签接收其周围 Zigbee 参考点信号强度信息，经过解算后得到移动端的位置信息，利用 Zigbee 传感器网络，按规定的协议打包后发回监控端。监控端对收到的数据包进行分解，将跟踪点的坐标进行坐标转换和投影变换，将其转换到电子地图所采用的平面坐标系统中的坐标，然后在电子地图上实时、动态、直观地显示出来。对移动端发回的其他数据格式，按统一的数据格式进行存储。监控端发给移动端的监控命令或其他数据也是按规定的协议打包，然后通过 Zigbee 网络以短消息的形式发给移动端的定位标签或直接通过 WiFi 网络电话发布调度指令。各种管理数据及车辆轨迹数据将自动存储到数据库，方便以后的查询和使用。由动态数据对象（ADO，activex data objects）负责监控终端与数据库的连接。定位系统数据流程如图 18-92 所示。

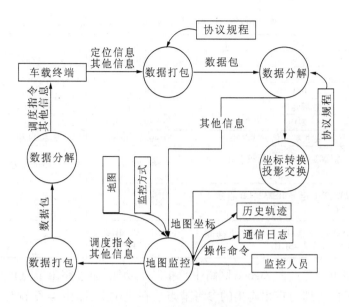

图 18-92 定位系统数据流程

B 地下矿井下人员和设备定位管理系统总体功能

地下矿井下人员和设备定位管理系统综合采用 Zigbee、WiFi、GIS、计算机软件技术、数据库技术、无线局域网技术、无线通信技术和系统化的设计方案,研究、设计并开发一个性能可靠、操作方便、可扩展的地下矿生产管理系统,系统在软件设计方面集成了系统管理、定位查询、生产管理、日志统计等模块。全面整合矿山生产资源(人员、设备),科学合理地按照生产计划进行管理和分配,利用井下 Zigbee 定位系统实时监控井下生产作业情况,根据生产需求和实际作业情况,借助 WiFi 通信平台快速发布调度指令,有效地提高井下生产调度的机动性和灵活性,以及处理突发事件的能力,达到对井下调度管理降低成本的目的。地下矿井下人员和设备定位管理系统的主要包括系统管理功能、定位查询功能、生产管理功能和日志统计四大子系统。

(1) 系统管理子系统主要用以管理企业的各种资源,包括人员管理、车辆管理、标签管理、地图管理和用户管理五大功能。

(2) 定位查询子系统主要借助已经建立的井下 Zigbee 定位网络实现对井下作业人员和设备监控管理;利用 GIS 技术实现对井下各个分段地图的操作;并提供鹰眼操作,方便用户对某些重点区域进行查看。

(3) 生产管理子系统是生产调度系统的核心部分,该模块主要包括生产计划管理、生产任务管理以及生产调度管理三大模块。调度管理人员根据已经制定好的生产计划来进行任务分配,可通过短信息或网络电话进行下达,并可灵活地根据实际生产需要,制定并发布调度指令,以期更好地满足矿山实际生产需要。

(4) 报表统计模块。为了方便管理人员了解与生产相关的各种信息,管理人员可以设定时间区间,按日、按月、按季度或者按年度了解出勤情况、生产计划、实际产量和调度指令等信息。

18.6.3.2 井下定位子系统

Zigbee 技术的井下人员设备定位跟踪系统包括地面监控与信息处理中心系统和井下定位系统两部分。地面监控与信息处理中心通过以太网(ethernet)或 CAN(controller area network)总线与井下的定位系统相连,井下定位系统主要包括固定通信节点(参考节点)和移动节点(标识卡)。由于矿井作业点多,作业位置分散,距离较远,网络覆盖面积较大,加之无线传感器节点和汇聚节点的通信能力有限,故选择采用各传感器节点定时传送数据的网状型网络拓扑结构,即通过无线网络连接可提供多个数据通信的通道,一旦设备数据通信发生故障,还有其他的路径可提供数据通信,采用网状结构部署有效地提高了网络的可靠性。目前应用于无线定位的技术主要有 RFID、Zigbee、WiFi 及 UWB 技术,其具体参数见表 18-29。

A Zigbee 定位网络拓扑结构

(1) 协调器。协调器是网络的协调者,负责发起、组织、管理 Zigbee 网络,协调器与上位机相连,将参考节点和移动节点的数据上传到上位机。

表 18-29　几种无线定位技术参数比较

名　称	RFID	Zigbee	WiFi	UWB
成本	较低	最低	较高	最高
电池寿命	几年	几年	几天	几小时
有效距离/m	100	10~75	100	30
定位结果	区域定位	区域定位	区域定位	精确定位
定位效果	2D	2D	2D	3D
传输速率	2.4~2.5GHz 的扩频通信方式 2Mbps	20/40/250kbps	5.5/11Mbps	40~600Mbps
定位精度	高频下无源标签 10~30m;低频下无源标签 3~10m	10~75m	10m 左右	15~30cm
采用协议	标准 RS232、TTL 电平 RS232、LD 自定义格式通信协议	802.15.4	802.11b	无
通信频道	低频 125kHz;高频 13.54MHz;超高频 850~910MHz;微波 2.45GHz	868MHz/915MHz/2.4GHz	2.4GHz	3.1~10.6GHz

（2）路由参考点。路由参考点在 Zigbee 网络中承担路由功能,通过路由节点可以拓展 Zigbee 网络的通信范围。路由参考节点可以管理与它相连接的参考节点。在定位上,路由参考节点和普通参考节点具有同样的功能。

（3）普通参考点。普通参考点主要用于为待测节点实现定位。在接收到待测节点的定位请求后,普通参考点会将自身的信息传送给待测节点。待测节点发起定位请求,从参考节点处获得参考信息后计算自身位置并向 Zigbee 网络协调器返回得到的自身坐标。

（4）待测点(移动点)。待测点(移动点)是 Zigbee 定位网络中数量一类节点,这类节点一般为卡片或标签,在使用之初就固定地分配给要管理的对象。这类节点在定位网络中负责发起定位请求,通过接受定位区域内相应的参考节点的 RSSI 值后,经过定位算法计算坐标位置并向协调者返回自身位置。

协调器和路由参考节点均为 Zigbee 网络中的全功能节点,普通参考点和移动点都是半功能节点。而且协调器、路由参考节点和普通参考点都是位置固定的节点,节点之间通过无线方式进行通信。协调器在有通信电缆的地方通过 RS-232 接口与现有通信电缆连接,通过交换机将定位信息上传到终端管理计算机。Zigbee 网络拓扑结构如图 18-93 所示。

B　Zigbee 定位系统组成

（1）无线定位子系统。无线定位子系统主要是 Zigbee 的无线定位网络平台,它包括固定定位识别基站、定位标签和标准电缆等。井下人员定位系统采用

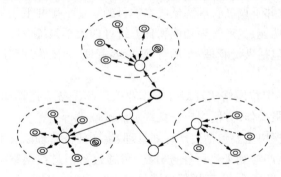

图 18-93　Zigbee 网络拓扑结构

◎—普通参数;❀—待测点;◯—路由参考点;◯—协调器

Zigbee 无线网络技术,Zigbee 读写器(Zigbee 网路模块)布置在人员出入的井口及井下主要巷道的分岔口、各工作面入口等关键部位,其数量和密度决定了人员定位的精确程度,一般是根据现场实际需要,沿坑道每隔200~400m(与井下电源接口位置一致,从而有效地解决设备的供电问题)。由于工作面作业环境复杂、人员密集度高,故在工作面部署时距离可降低为每隔50m,在巷道适当位置(如顶部)安装。定位基站在井下安装时,被分为汇聚节点基站和参考节点基站。汇聚节点基站不但可以通过无线信道与定位标签进行通信,而且还可以通过总线与终端数据服务器进行数据通信。参考节点则不直接与终端数据服务器进行数据交互。所有安装的 Zigbee 网络模块将自动组成一个通信网络,这个通信网络实际就是一个定位网络,每一个网络节点就是一个定位参考点,内嵌在人员的安全帽或腰带上的定位标签以及安装在井下设备上的定位标签,定时发射一定频段的射频信号,即存在信息。网络节点接收标签的信息后自动回复,定位标签根据所获得多个参考点的信号强度信息来确定自身的位置信息。参考节点将获得的移动位置信息传给汇聚节点,再由汇聚节点通过 RS-232 接口与 CAN 总线或现有的通信电缆相连接,再通过交换机将信息上传至终端管理计算机。

通过井下人员跟踪定位软件系统处理,实现人员跟踪定位系统的全部功能。Zigbee 技术的井下人员定位系统如图 18-94 所示。

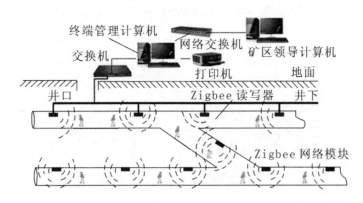

图 18-94　Zigbee 技术的井下定位系统

(2) 数据传输子系统。传输子系统将各基站互连,通过数据传输接口连接到调度中心的管理子系统中的计算机,构成计算机与基站之间的通信网。通过传输子系统既可以收集各个基站的数据并传输到终端管理计算机,还可以将计算机发出的控制和调度指令发送到各个基站。传输子系统既可以通过有线进行连接,也可以采用 Zigbee 技术的无线连接。一般情况下,骨干网采用有线连接,而在布线不方便的地方可采用无线连接。有线连接采用 CAN 总线技术,抗干扰能力强、传输距离远。同时留有 TCP/IP 通信接口,需要时可采用 TCP/IP 技术传输数据。数据传输子系统主要包括分线接头、电缆接头、网络连接设备等。

(3) 管理子系统。管理子系统主要由监控调度中心的终端管理计算机和运行在其上的管理软件组成。它是定位系统的人机界面接口。它具有收集定位信息、数据库存储、实时显示、统计分析、报表打印、参数设置等功能。通过该系统调度管理人员可直观地了解井下人员设备的分布情况,也可设置各种参数控制系统的运行。管理子系统还具有网络功能,可以通过矿山局域网共享信息,实现多人同时查看定位信息。

18.6.3.3　井下通信子系统

A　井下 WiFi 通信网络的物理结构

无线局域网有分布式系统(DS,distribution system)、无线介质(WM,wireless medium)、接入点(AP,access point)和移动接入端(STA,station)等几个部分组成。无线局域网的基本物理结构如图 18-95 所示。

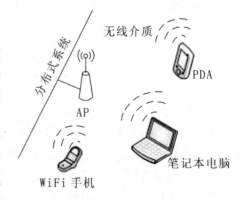

图 18-95　无线局域网的物理结构

(1) 移动接入端也称为主机或终端(terminal),它是无线局域网中最基本的组成单元,由终端用户设备、无线网络接口和网络软件组成。常用到的移动接入端有 WiFi 手机、PDA 和带有无线网卡的笔记本电脑等。

(2) 无线介质是无线局域网中的传输介质,在无线局域网中指的是空气,它是无线电波和红外线传输的良好介质。

(3) AP 接入点是 WLAN(wireless local area networks)的核心部件,一般处于 BSA(basic service area)的中心,其位置固定不动。其所具有的功能包括完成无线局域网与分布式系统中间的互联,以便形成一个扩展业务区(ESA,extended service area);作为 BSS 的控制中心,控制非法接入终端的接入;实现同一个 BSS 不同接入终端的通信和互联。

(4) 分布式系统,一个基本服务单元所能覆盖的范围将受到环境和主机收发设备特性的限制。为了能实现更大区域的无线覆盖,就需要把多个基本服务单元通过分布式系统连接起来,形成一个扩展业务区。通过分布式系统可将属于同一个扩展业务区的所有主机组成一个扩展业务组(ESS,extended service set)。

分布式系统是用来连接不同的基本服务单元的通信信道,成为分布式系统信道(DSM,distribution system medium)。分布式系统信道可以是有线信道,也可以是无线信道。多数情况下,有线分布式系统与骨干网采用有线局域网。而对于分布式系统(WDS,wireless distribution system)可以通过无线网桥取代有线电来实现不同 BSS 的连接,如图 18-96 所示。

图 18-96   无线分布式系统

分布式系统通过 Portal 入口与骨干网相连,从无线局域网发往骨干网的数据经过 Portal,Portal 能够识别无线局域网的帧、DS 的帧和骨干网的帧,并能够实现彼此之间的相互转换。Portal 与无线局域网拓扑结构如图 18-97 所示。

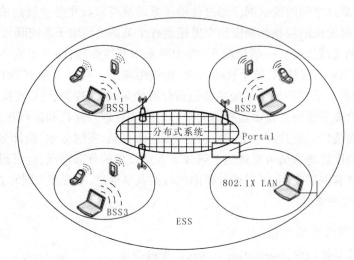

图 18-97   Portal 与无线局域网拓扑结构

B   无线接入点的规划设计原则

无线接入点是井下无线局域网的核心设备,它的规划设计直接影响到整个网络系统的总体性能。在拥有多个无线接入点的无线数据通信网络的设计中,只有将无线接入点进行科学合理的分配才能保证整个服务区内无线网络覆盖均匀,满足服务区内所有用户的使用。

(1)无线接入点位置选择原则。在实际进行 AP 部署时,AP 间距要尽可能远。这样做一方面为了使整个网络造价和管理维护成本最低;另一方面也有效地减少了 AP 之间覆盖重叠区可能会引起的同频道干扰,以提高无线接入点的性能。

(2)无线接入点频率分配原则。802.11b/g 系列的无线 AP 工作在 2.4~2.4835GHz 频段上,通信带宽为 83.5MHz。分为 13 个子信道,每个子信道的频道带宽为 22MHz,各子信道的频率分配情况见表 18-30。

表 18-30   2.4~2.4835 GHz 子信道频率分配情况

信 道	中心频率/MHz	信道低端/高端频率/MHz
1	2412	2401/2423
2	2417	2406/2428
3	2422	2411/2433

续表18-30

信　道	中心频率/MHz	信道低端/高端频率/MHz
4	2427	2416/2438
5	2432	2421/2443
6	2437	2426/2448
7	2442	2431/2453
8	2447	2436/2458
9	2452	2441/2463
10	2457	2446/2468
11	2462	2451/2473
12	2467	2456/2478
13	2472	2461/2483

无线局域网是干扰受限系统,同频干扰会使得单个 AP 的性能下降。所以一般在规划设计 AP 频点时,两个相邻 AP 的频率设定在不相交叠的信道上。从表 18-30 中可以看出,在 2.4 ~ 2.4835GHz 的频率范围内有三个不重叠的信道,分别是 1、6、11 信道。因此,AP 可以在这三个独立的无干扰的信道上运行。或者在实际配置时错开分配以上三个不重叠的三个信道,从而使重叠区域的信号不受同频干扰。

(3) 面向用户设计原则。对于无线接入点的规划设计需遵守在用户密度较高的区域应面向容量,确保有足够的网络容量为该区域内的用户服务。井下 WiFi 通信系统是集无线语音通信、短消息收发为一体的矿山无线通信系统,如何合理部署和分配无线接入点的各通信子系统,以确保有足够的容量服务该区域里的所有子系统,进而更好地为地下矿的生产调度管理服务,是井下 WiFi 通信网络建设亟待解决的问题。

C　井下 WLAN 方案选择

现有的无线局域网(WLAN)架构基本上都是采用智能型接入点(胖 AP)的传统分布式结构。它面临的问题显而易见:对 AP 必须逐一管理、单个进行;不可能在整个系统内查看到网络可能受到的攻击与干扰,从而影响了负载平衡的能力;AP 不能区分无线话音等实时应用与数据传输应用的不同需求;如果某个接入点遭遇盗窃或破坏,安全将得不到保证。故综合考虑矿山井下通信的特殊性,拟采用"瘦 AP + 无线交换机"方案,实现井下各个分段大巷、阶段运输水平、井下重点区域的语音通信。该架构通过集中管理、简化 AP 来解决这个问题。在这种构架中,无线交换机替代了原来二层交换机的位置,瘦 AP 取代了原有的企业级 AP。通过这种方式就可以在整个企业范围内把安全性、移动性、QoS 和其他特性集中起来管理。此解决方案又被称为第三代无线网络技术,它是无线交换机和瘦 AP 的连接,可以穿透三层网络设备。因此,无线网络不影响原有网络的结构,可以实现全网的无线漫游。采用此方案的优势体现在:集中智能的管理;端到端的通信提供更强的安全性;更加智能的无线带宽管理;更高效的无线安全策略管理。

D　井下 WiFi 网络的规划设计与实现

地下矿巷道没有室外传播环境开阔,与室内传播环境也不尽相同。地下矿巷道属于非自由空间,无线电波在巷道内传输时会受到断面尺寸、断面粗糙程度、岔道等因素的影响。本系统中 WiFi 通信网络主要应用语音通信和短消息发送。802.11b/g 系列的 AP 带宽最大为 11Mbps,并可根据实际的环境自动调整到 5.5 Mbps、2Mbps、1Mbps。而 WiFi 手机传输的最大速率为 64kbps,所以无需考虑巷道内 AP 部署的密度问题。巷道内 WiFi 手机在天线增益为 4dBm 情况下,在距离发射功率为 20dBm 的无线接入点 110 m 左右的位置仍然可以保证清晰的通话质量。因此在主巷道内每个 220 m 左右的位置放置一个无线接入点,即可实现巷道内语音网络的覆盖。此外,本系统中所选择的井下无线通信设备工作在 2.4GHz 的频段上,该频段上的无线电波的绕射能力较差,主巷道中的无线信号在分支巷道的弯道处衰减较大。所以,在实地部署时需考虑弯道处的信号损耗因素,在分支巷道口处另外布置无线接入点,而对于分支巷道内 AP 间距仍设置在 220 m 左右,以保障无线网络服务区内的无线信号的无盲区覆盖。井下无线接入点布置如图 18-98 所示。

E　井下无线通信系统与骨干网的配置

地下矿井深度一般为几百米到几千米,采用日常的 UTP5 类双绞线是无法传输的,所以都采用光纤作为

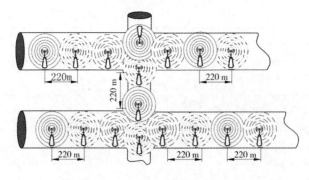

图 18-98   井下无线接入点布置

主要的数据通信电缆,将系统收集到的各种信息、结果、测试数据包等信息上传到地面的服务器。故本系统的骨干网的数据通信电缆也采用光纤传输,光纤两端采用管线收发器来进行光电转换,实现井下无线通信网络的扩容,增大网络覆盖范围。光纤是数据传输中最有效的传输介质,具有频带较宽、电磁绝缘性好、衰减小等特点。另外,选用光纤传输,中继器的间隔可设置得较大,进而可以减少整个网络中中继器的数量,降低系统成本。井下分布式系统通过 Portal 入口与骨干网相连,井下的无线局域网骨干网(有线局域网)的数据必须要经过 Portal,这样就通过 Portal 把无线局域网和骨干网连接起来,形成更大的 WLAN 服务区。井下无线局域网与骨干网配置示意图如图 18-99 所示。

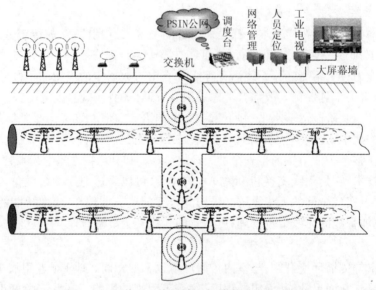

图 18-99   井下无线局域网与骨干网配置示意图

18.6.4   矿山生产过程监控

在矿山系统工程中融入自动控制技术实现矿山生产过程的监控,是矿山系统工程的一项重要工作。目前的监控仅限于个别作业上的控制,尚未达到全过程自动监控。

18.6.4.1   露天矿卡车运输调度

露天矿运输作业车—铲调度是矿山系统工程的重要内容。目前,主要通过 GPS 卫星定位和多频道无线电通信,实现车—铲—调度室之间的信息传递。在软件上大多采用线性规划加动态规划的自动调度模式。首先在每班(日)作业前用线性规划做出总体安排,然后随作业的进展在线即时地用动态规划予以修正,美国 Module 公司著名的 DISPATCH 软件就是典型示例。以往露天矿卡车监控调度系统存在的最大缺点是其自己组建通信网络,自己维护通信网络,一次性投入的成本太高,导致许多矿山企业望而却步。而利用 GIS/

GPS/GPRS 技术实现的露天矿车铲运输监控调度系统,无需自主建网,通信网络交由第三方提供维护和升级,这样成本会大大减少,这为露天矿建立一套快速、高效、实用的地面运输信息化系统提供了良好的平台。至于井下电机车的调度,可以套用地表铁路运输的经验,利用信号、集中、闭塞等手段实现有效调度。一些先进矿山的主要运输大巷已实现自动调度。

露天矿生产调度计算机化是露天矿生产管理计算机系统中的一个重要组成部分。它要根据短期计划给定的生产任务,结合设备管理部门提供的情况,组织当班的生产,并随时采集各种生产信息进行分类、汇总、统计及预测,反馈给计划、设备管理部门。然后,根据变化情况修改计划,指导生产。因此,露天矿生产调度计算机系统是一个关键的子系统。

A　GIS/GPS/GPRS 露天矿卡车运输调度系统

a　系统概念

利用地理信息系统(GIS)技术、全球卫星定位(GPS)技术及通用无线分组传输(GPRS)技术实现的露天矿车铲运输监控调度系统,不仅具有实时调度功能,而且还能对车铲的历史作业轨迹进行回放等。利用空间距离的统计算法来自动统计卡车运载次数和铲装设备装载次数。其工作方法是:调度工程师向设备司机用GIS 生产调度客户端每班发送调度指令,卡车司机根据调度指令来进行生产作业,调度工程师将其调度指令发送时一并输入计算机进行汇总与统计,并组织辅助调度的决策信息,这些信息反映当前采剥任务实际作业情况,并可进行实时监控。采场与设备当前状态以及下一步调整生产组织的提示信息,通过网络传输给矿长及计划、设备管理等职能部门,协同调度工程师调整生产组织,由调度工程师用调度指令或无线电话向设备司机下达指令。

b　硬件配备

图 18-100 所示为典型的硬件配备,它主要包括主机、GPS 天线、GPRS 天线、主机显示屏、红色指示灯以及耳机或免提音箱。

c　系统软件

(1) GIS 车铲监控调度客户端:主要完成监控中心对矿车和挖掘机进行管理、调度和监控。

(2) GPS 车铲运载统计客户端:主要完成车辆运载和挖掘机装载统计工作。

(3) GPS 车辆定位数据处理服务器:便于车铲统计,对车辆终端传回的定位数据进行提取处理,提高统计准确率和统计效率。

(4) 数据通信控制服务器:通过 TCP/IP 进行数据的采集、发送,路由转发、协议解析分发、业务处理(包括监控、调度等),数据接口(包括定位数据、报警数据的入库,车辆状态的更新等)功能。

(5) DBMS 数据管理系统:主要是对数据库进行管理,包括对运矿卡车及挖掘机、司机及操作人员等数据的增加、删除、修改及查询。还有对数据进行定期的备份、删除工作。

系统软件部署结构如图 18-101 所示。

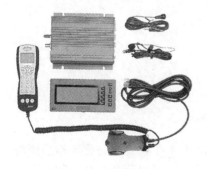

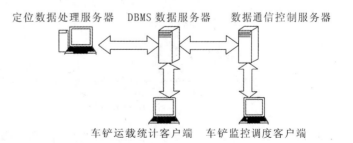

定位数据处理服务器　　DBMS 数据服务器　　数据通信控制服务器

车铲运载统计客户端　　车铲监控调度客户端

图 18-100　调度终端硬件配置　　　　　　　图 18-101　软件部署结构

d　系统功能

(1) 地图操作:进行地图放大、缩小、漫游、分层显示,显示任意点的坐标,计算任意两点间的距离和任意图形的面积,查询地理目标等。

(2)车辆显示:根据监控人员指令以不同方式、不同颜色、不同标识等显示某一车辆,还可以根据需要关闭某一车辆在电子地图上的显示。

(3)历史轨迹回放:在电子地图上,回放某辆车在某段时间内的行驶轨迹。

(4)车辆定位查询:查询某辆车的当前位置、车速、状态及车辆驾驶员等。

(5)指令调度:监控中心发出任意调度指令,车载终端的红色指示灯将进行提示并在显示屏上显示调度指令。

(6)语音调度:监控中心可以呼叫任意一辆安装终端的车辆进行调度,呼叫时车载终端的红色指示灯将进行提示。

(7)终端信息回传:车载终端通过操作界面可以上传预制的固定信息到监控中心,以便监控中心及时进行处理。

(8)运矿车运载次数统计:能够准确地统计出每一辆运矿车某一个班次在指定的挖掘机和破碎站之间的运载次数,也可以按照不同的时段进行次数统计;并能够根据统计情况生成班报表、月报表和季报表。

(9)挖掘机装载次数统计:能够准确地统计出每一台挖掘机某一班次的装载次数,也可以按照不同的时段进行次数统计;并能够根据统计情况生成班报表、月报表和季报表。

B 卡车运输调度的数学模型

a 车铲运载统计模型——最短距离原则

车铲运载统计模型为露天矿山装运设备提供自动统计功能,不仅可以提高运输效率、降低运输成本,而且可以消除统计的人为因素,准确地反映生产实际。运载统计分析算法为:系统通过 GPS 卫星定位系统和 GPRS 无线网络系统,确定卡车的实时位置,通过在铲装设备上的车载终端确定装载点的位置 A(经度、纬度),然后通过 GPS 设备确定卸料点(破碎站、存矿场等)的位置 B(经度、纬度),根据车载终端可知运载卡车的实际位置 C(经度、纬度),如图 18-102 和图 18-103 所示,以下步骤以时间序列为基准。

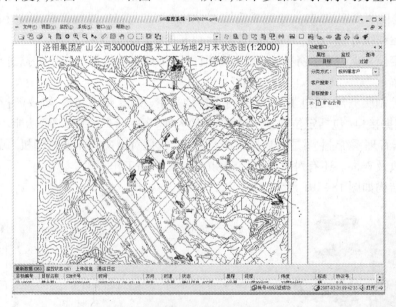

图 18-102 露天矿卡车运输调度主界面

设 $Distance(C,X)$ 为卡车 C 与各个铲装设备的距离,R_1 为铲装设备 A 在装载点的设定扫描距离,R_2 为卸料点 B 的设定扫描距离,R_1 和 R_2 的值应根据露天矿的实际情况来设定,例如设 $R_1 = R_2 = 20\,\text{m}$。

(1)对每一辆卡车的轨迹点进行断点(上一次扫描结束的时刻点)扫描。首先过滤掉卡车静止不动的数据点,然后设置铲装设备和卸料点的有效范围,过滤掉卡车在路途中的数据点,对于在铲装设备或卸料点的扫描范围内的数据点按以下(2)、(3)、(4)步骤进行扫描过滤,初始化状态集合 F_1、F_2 为 false。

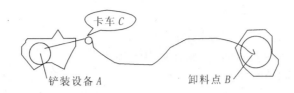

图 18-103　统计算法示意图

（2）找出在铲装设备大范围内的某辆卡车的时间点，搜索从该时间点到之前 5 min 内所有铲装设备的坐标平均值，求出卡车 C 与各个铲装设备之间的最小距离得到 $distance(C,A)$。判断 $distance(C,A)$ 是否小于 R_1（实际标准应根据露天矿的实际情况来确定），若 $distance(C,A) < R_1$，则记下此刻铲装设备以及卡车的所有信息（经、纬度，铲装设备号，卡车号，时间，方向，速度等），并设置标志位 F_1 为 true。

（3）继续对下一时刻符合在铲装设备大扫描范围内条件的卡车数据点按（2）进行扫描，并找出最短距离的铲装设备，然后记下此刻铲装设备以及卡车的所有信息，更新上一时刻符合条件的记录信息。

（4）找出在卸料点大范围内的某辆卡车的时间点，搜索卡车 C 与各个卸料点之间的最小距离得到 $distance(C,B)$。判断 $distance(C,B)$ 是否小于 R_2（实际标准应根据露天矿山的实际情况来确定），若 $distance(C,B) < R_2$，则记下此刻卸料点以及卡车的所有信息（经、纬度，矿车号，时间，方向，速度等），并设置标志位 F_2 为 true。

（5）继续对下一时刻符合在卸料点大范围内条件的卡车数据点按（4）进行扫描，然后记下此刻卸料点以及卡车的所有信息，更新上一时刻符合条件的记录信息。

（6）当 $distance(C,B) > R_2$ 时，对 F_1、F_2 进行判断。只有当 F_1 和 F_2 同时为 true 时，才能按以上记录的信息给卡车 C 和铲装设备 A 各统计一次，初始化 F_1、F_2 为 false。

要确定卡车和铲装设备的实时位置，通常设置定位数据的回传时间是 10s，这样在统计时就会产生海量的冗余数据，在实际开发应用中采用对数据定期自动进行过滤提取的方法进行数据筛选，这样可以大大减少冗余数据，提高统计效率。另外，铲装设备和卸料点的扫描区域可以根据现场实际需要设置为任意多边形。

b　优化配车程序模型

系统软件中含有调度车辆的优化程序，由两个线性规划程序、一个动态规划程序组成，模型如下：

（1）线性规划实现总体最优。这一部分的目标是满足选厂供矿要求，使重复运输量（贫矿储矿堆吞吐量）最小及混矿均匀。目标函数用伪成本最小表示。

数学模型如下：

$$\min C = \sum_{i=1}^{N_m} C_m Q_i + C_p \left(p_i - \sum_{i=1}^{N_m+N_s} Q_i\right) + \sum_{i=1}^{N_s} C_s Q_i + \sum_{i=1}^{N_m+N_s} \sum_{j=1}^{N_q} L_j C_q x_{ij} Q_i \tag{18-182}$$

$$\text{s.t. } 0 \leqslant Q_i \leqslant R_i \quad i = 1,2,\cdots,N_m+N_s \tag{18-183}$$

$$p_i \geqslant \sum_{i=1}^{N_m+N_s} Q_i \tag{18-184}$$

$$x_{jl} \leqslant x_{Aj} + \sum_{i=1}^{N_m+N_s} x_{ij} - x_{Aj} Q_i T_c / (M_c / S_g) \leqslant x_{ju} \quad j = 1,2,\cdots,N_q \tag{18-185}$$

式中　　　C——伪成本，无因次；

N_m, N_s——工作面及贫矿储矿堆挖掘机数；

C_m, C_s, C_p, C_q——工作面矿石装运、贫矿储矿堆装运、选厂欠供及配矿的伪成本；

p_i——选厂生产能力，m^3/h；

N_q——质量考核种类数；

L_j——质量状态指数，按低标准配矿时，$L_j = 1$，按高标准配矿时，$L_j = -1$；

x_{ij}——i 挖掘机 j 种质量的比例数值；

Q_i——i 挖掘机的产量，为待定值，m^3/h；

$$R_i \text{——} i \text{ 挖掘机生产能力}, \text{m}^3/\text{h};$$

$$x_{jl}, x_{ju} \text{——} j \text{ 种质量所占比例的下限、上限};$$

$$x_{Aj} \text{——迄今已采矿石中 } j \text{ 种质量的累计平均比例值};$$

$$T_c \text{——每次规划的间隔时间}, \text{h};$$

$$M_c \text{——迄今累计的出矿量}, \text{t};$$

$$S_g \text{——矿石密度}, \text{t}/\text{m}^3 \text{。}$$

式(18-182)中,C_m、C_s、C_p、C_q 实质是权系数,是任意确定的,但要求 $C_m < C_s < C_p < C_q$。如 C_p 最小,只在 $Q_i \to 0$ 时才能使 $C \to \min$,这显然毫无意义。如 C_p 最小,则优先运储矿堆的矿石,使重复运输量加大。如 $C_s < C_p$,说明由储矿堆装运矿石比配矿更重要;反之,配矿较重要。

式(18-183)和式(18-184)为生产能力约束,后者使目标函数第二项不用绝对值表示。

式(18-185)为质量平稳约束。在已采出总矿量 M_c 中加上新开采的 $\sum Q_i$ 后,总矿量的平均质量在质量上、下限之间。T_c 越小,质量越易稳定。M_c 总额定得越大,矿石质量偏离后,越不易调整回来。由此得到的 Q_i 是整体最优解。

(2)线性规划使生产能力最大。这部分的目标是使卡车吨位数总量最小,其生产能力自然最大。

数学模型如下:

$$\min V = \sum_{i=1}^{N_p} P_i T_i + \sum_{j=1}^{N_d} P_j D_j + N_e T_s \tag{18-186}$$

$$\text{s. t.} \sum_{k=1}^{N_{pij}} p_k - \sum_{k=1}^{N_{poj}} p'_k = 0 \quad j = N_m + N_s + 1, \cdots, N_k \tag{18-187}$$

$$\sum_{k=1}^{N_{poj}} p'_k = R_j \quad j = 1, 2, \cdots, N_m \tag{18-188}$$

$$\sum_{k=1}^{N_{poj}} p'_k \leqslant R_j \quad j = N_m + 1, \cdots, N_m + N_s \tag{18-189}$$

$$P_j = Q_j \quad i = j = 1, 2, \cdots, N_m + N_s \tag{18-190}$$

$$P_j \geqslant 0 \quad i = 1, 2, \cdots, N_k \tag{18-191}$$

式中　N_p——路段数;

　　　N_d——卸载点数;

　　　P_i——路段 i 的通过量,未知量,m^3/h;

　　　T_i——路段 i 的运行时间,h;

　　　P_j——卸载点的 j 的运入量,m^3/h;

　　　D_j——卸载点的 j 的作业时间,h;

　　　N_e——作业挖掘机数;

　　　T_s——平均车容量,m^3;

　N_{pij}, N_{poj}——分别为 j 节点流入的道路数与流出的道路数;

　　　N_k——节点总数,其中有 N_m 个采场装载节点,N_s 个储矿堆装载节点;

　　　R_j——j 节点的装载能力,应充分发挥采场装载能力(等于 R_j),且不超过储矿堆装载能力(不大于 R_j);

　　　p_k——流入节点 j 的路段号;

　　　p'_k——流出节点 j 的路段号。

式(18-186)目标函数中,右边第一项表示在路段上运行的空重车总体积数,第二项表示在翻车的卡车总体积数,第三项表示在挖掘机处的卡车总体积数,因此,目标为卡车总体积数最小。式(18-187)为各路段之间流量平衡。式(18-188)和式(18-189)为挖掘机与流出路段间流量平衡。式(18-190)中的 Q_i 为第一阶段线性规划的解,p_j 为第二阶段线性规划的解,两者应相等,这样把两个阶段线性规划耦合起来。

(3)动态规划。第二阶段线性规划得出了最优的路段流量 p_i,但在实际生产中,车辆是一台一台调度的,要临时决定该汽车应分配给哪一台挖掘机,而该挖掘机又很远,卡车驶抵挖掘机时,状态发生变化,该挖掘机可能已不是最优选择了。因此,用动态规划分配车辆,以道路上的车流密度 P_i 为考核指标,使它逼近第二阶段线性规划得到的最优解 $P_i (i = 1,2,\cdots,N;$ 其中 N 为路段数),就可以得到最优生产状态。

调度每一台卡车时,选出一组道路,由此可以分别驶向各台挖掘机。先计算各条道路的最优(最大)车流吨位数 $H_{i\max}$ 及该台卡车分配给该道路前的道路拥有的车流吨位数 H_{ij},即:

$$H_{i\max} = P_i T_i \tag{18-192}$$

$$H_{ij} = H_{i0} - P_i (A_j - L_i) \tag{18-193}$$

式中　P_i——第二阶段线性规划解得 i 路段应保持的最佳车流通过量,$\mathrm{m^3/h}$;

　　T_i——驶过 i 路段全长所需运行时间,h;

　H_{i0}—— i 路段在上一次配到卡车时所拥有的卡车吨位数,$\mathrm{m^3}$;

　　L_i—— i 路段上一次配到卡车的时刻,h;

　　A_j—— j 车将配往 i 路段的时刻,h。

要求有下述关系:

$$H_{i\max} - H_{ij} > 0 \tag{18-194}$$

否则 i 路段已拥有过多卡车容量,在卡车驶抵挖掘机时会排队。因此当式(18-194)不满足时该道路不参加择优。

将式(18-192)和式(18-193)代入式(18-194)中,移项得:

$$A_j > L_i + H_{i0}/P_i - T_i$$

令 $x_i = L_i + H_{i0}/(P_i - T_i)$,取最小的 x_i 配车,将时间最近的 j 车配给 i 路段(相当于驶向最需要卡车的挖掘机)。如 j 车不在 i 路段区域范围内,则在 i 路段区域范围内选时间最近的 k 车。

比较 x_j 与 x_k,如 $x_k - x_j < D$,则将 k 车配给 i 路段;否则,则将 j 车配给 i 路段。D 为区间补偿因数,D 及上面参与规划的其他常量都可以通过模拟程序确定,也可以根据经验确定。

18.6.4.2　工业电视

工业电视视频监控管理系统是现代矿山生产、经营、管理体系中的一个重要组成部分,是一种先进的、防范能力极强的综合系统,它可以通过遥控摄像机及其辅助设备(平台、镜头等)直接观看采场的情况,一目了然。同时它可以把采场内各个场所的图像和声音全部或部分地记录下来,这样就为日后对某些事件的处理提供了方便条件及重要依据,同时视频监控系统还可以与防盗、报警等其他技术防范体系联动运行,使矿山能够实时掌握前端采场的实际情况,在有情况变化的时候第一时间做出处理、应对,有效地节约人力、物力,避免前端现场被破坏,保证矿山正常的生产活动,提升矿山自身的管理手段。例如,地下矿山人员和材料频繁进出的马头门、罐笼、有危险的采场、工作繁忙的主要运输巷道等,都在观察点设置工业电视。有的矿山还对主要作业(如运输、矿物加工过程)实行全程监视。一些偏远的炸药库、水泵中心、供电中心等,也用工业电视随时监督。在露天矿中,利用工业电视可全面观察采场作业情况,便于管理调度。

A　工业电视视频监控系统设计思路

工业电视视频监控系统规划设计时,应本着远近结合、近期为主、配置合理、适当预留的思路进行系统规划设计,设计时遵循以下原则:

(1)可靠性。在系统设计、设备选型、调试、安装等环节都应严格执行国家、行业的有关标准及公安部门有关安全技术防范的要求,贯彻质量条例,保证系统的可靠性。

(2)独立性。系统应建成直属矿山调度室和安保部门一体化管理的独立体系,绝不能作为其他弱电系统的子系统进行混合管理,以减少系统可能遭到的各种损坏或其他系统可能造成的干扰。

(3)安全性。系统的程序或文件要有能力阻止未授权的使用、访问、篡改,或者毁坏的安全防卫级别,硬件设备具有防破坏报警的安全性功能。

(4)联动性。视频监控系统能与其他系统联动,如 GPS 车辆调度系统、射频考勤系统、供电系统,保证自身能获得更好、更准确的信息,并为其他系统提供必要的服务,同时确保本系统不会影响到其他系统的功能。选择开放的硬件平台,具有多种通信方式,为实现各种设备之间的互联、集成奠定良好的基础;选择标准化和模块化的部件,具有很大的灵活性和扩展性;遵守各种标准规定、规范进行设计,为系统的扩展提供一个良好的环境;系统设计采用支持并符合国际标准、国家标准、工业标准及行业标准的产品,使系统具有良好的兼容性,以利于现在和将来的设备选型及联网集成,便于保证各供应商产品的协同运行,便于施工、维护和降低成本。

(5)扩展性。系统在初步设计时,就应考虑未来的发展,可以方便地进行系统扩容和设备更新,以降低未来发展的成本,使系统具有良好的可持续发展性能。

(6)经济性。在满足车辆监视要求前提下,确保系统稳定可靠、性能良好。在考虑系统先进性的同时,按需选择系统和设备,做到合理、实用,降低成本,从而达到极高的性能和价格比,降低运营成本。

工业电视视频监控系统设计指导思想应符合现行、有效的技术规范和标准。

B　工业电视视频监控中心建设标准

(1)监控室建设标准。视频主监控室面积至少应为 80 m²。电视墙设计一般为 4 台 50″DLP 大屏幕,12 台 100Hz 高清监视器。采用 100M 带宽数字视频传输,采用 10~20 个硬解码器将数字视频转换为模拟视频显示在电视墙上。视频监控室内安装至少一台多媒体计算机,借助于互通的数字网络平台,多媒体计算机可调用其他数字联网资源和视频存储资源。

(2)监控室机房环境要求。监控室及监控机房建设应符合 GB 50348—2004 以及相关国家标准的规定。具体要求如下:

1)屋顶,采用轻质、防火、吸音、美观耐用、拆装方便灵活的材料。

2)墙面,在防霉、防尘、防开裂及保温要求的基础上还应具有一定的屏蔽作用。

3)静电地板,满足抗静电指标。能够有效地将静电泄漏掉。

4)不间断电源,监控室为一级负荷供电单位,为防止意外断电,监控室配备 UPS。UPS 的容量根据设备数量考虑满足 2 h 的支撑时间。设备主要包括 DLP 屏幕、视频光端传输设备、计算机主机。

5)防雷接地,满足国家标准,接地阻值不大于 1 Ω。

6)照明电路,除满足日常工作所需的照明以外,还须配备应急照明系统。

7)空调、新风系统。监控室的设备数量较大、集中度较高,考虑到设备散热以及为值班人员提供舒适的环境,监控室应设空调设备。

监控室装修防火等级符合国家规定。

C　系统建成后整体应达到的要求

(1)具备对露天矿或地下矿重点区域的防护、监控功能。

(2)显示部分:彩色图像主观评价质量不低于 5 级损伤制标准的 4 级;黑白图像质量不低于 10 级灰度等级标准的 8 级。

(3)通过多媒体计算机将查找图像的全部数字记录。录像回放质量达 400 帧/16 路/s。

(4)根据发展规划,系统设计具有功能扩展、容量扩展功能并为今后的发展留有充分的扩容余地。

(5)监视器符合国家认证标准。

(6)摄像机符合 UL1409 安全标准和 FCC 的 A 等级辐射标准。

(7)电视监控系统在标准照度使用时,其系统信噪比不低于 45dB。

(8)按规范要求为保证安防系统的正常运行,UPS 不间断电源应能提供 1 h 的工作容量(保证主机、硬盘、多媒体控制计算机)。

(9)系统工程方案中对全部系统设计出整体雷电防护方案,应建立防雷子系统,要根据 GB50057—1994《建筑物防雷设计规范》及 GB50343—2004《建筑物电子信息系统防雷技术规范》的要求设计施工。

D　实例

洛钼集团矿山公司监控中心方案针对工业电视视频监控系统的建设目标、使用要求和物理环境情况,设计了一套大屏幕投影拼墙系统方案。此系统将国际最卓越的高清晰度数码显示技术、投影墙拼接技术、多屏图像处理技术、多路信号切换技术、网络技术、集中控制技术等的应用集合为一体,使整套系统成为一个拥有高亮度、高清晰度、高智能化控制、操作方法最先进的大屏幕显示系统。

根据实际工程实施经验,组合屏底座高度在 100 cm 左右,控制台到大屏幕的观看距离不小于 2.5 m。同时,为了方便安装维护,投影单元箱体后面需要保留净空间 60 cm。此系统投影拼接墙由 6 台 60″的 6060L1 XGA DLP 一体化显示单元拼接而成(横向 2 排,纵向 3 列),规格为:单屏尺寸 1220 mm(宽)×915 mm(高);整屏尺寸 3660 mm(宽)×1830 mm(高);墙体厚度 790 mm;单屏分辨率 1024×768;全墙分辨率(1024×3)×(768×2)=3072×1536。

工业电视视频监控系统如图 18-104 所示。

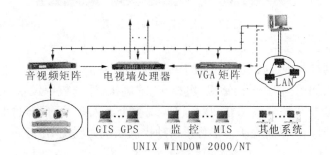

图 18-104　工业电视视频监控系统

$\longrightarrow$ 视频信号
$---\rightarrow$ VGA 信号
$\longmapsto$ RS232 控制线
$=\!=\!=$ 网络信号

洛钼集团矿山公司的大屏幕投影拼墙系统特点如下:

(1)整个投影屏具有高分辨率、高亮度、高对比度,色彩还原真实,图像失真小,亮度均匀,显示清晰,单屏图像均匀性好。

(2)具有显示分辨率叠加功能,可以以超高分辨率全屏显示电子地图、地理信息系统、工业流程图、工业监控信息。

(3)支持多屏图像拼接,画面可整屏显示,也可分屏显示,不受物理拼缝的限制,图像任意漫游、移动,图像可任意开窗口、放大、缩小。

(4)能够将多路输入信号进行重新组合,再现于投影组合屏上,信号源的显示切换过程无停顿、无滞后感、无黑屏现象。

(5)可同时显示多路视频窗口,每个窗口均能够以实时、真彩的模式显示,支持多用户操作资源共享,网络上的每个用户都可对大屏幕进行实时控制操作。

(6)显示系统的各种功能操作实行全计算机控制,并可通过网络连接进行远程遥控。

(7)能实现组合屏整体/单屏的对比度、亮度、灰度、色彩、白平衡等参数的统一调节,全中文的操作界面易于掌握,灵活方便。

(8)大屏幕投影系统能长时间 365 天连续稳定运行,整套系统具有先进性、可靠性和扩充性,操作简单,维护方便,使用寿命长。

(9)投影系统的投影单元及控制系统均采用模块化、标准化、一体化设计,安装调试简单,易于维护保养。

(10)大屏幕投影系统可以与现有及将要建设的各种计算机系统联网运行,可接入多种图像信号,支持16 路视频信号输入、4 路计算机信号输入及网络信号的输入显示(Composite Video、S- Video、PAL、NTSC 等)。图 18-105 所示为监控中心实际效果。

图 18-105   监控中心实际效果

18.6.4.3   大型设备自动控制

目前,我国矿山的自动控制程度较低,仅局限于少数大型设备的自动控制。近年来,采掘设备和矿物加工设备的控制已受到关注,如挖掘机、牙轮钻机、电机车、球磨机、浮选机等设备,都添加了许多自动控制功能,但尚未达到全面的自动化。加拿大拟在 2050 年实现一个无人矿井,瑞典也制定向矿山自动化进军的 Grountechnik 2000 战略计划。现以露天矿卡车称重自动控制系统为例说明。

A   系统概述

露天矿卡车称重自动控制系统中,卡车过秤时,系统控制红、绿信号灯显示,对运矿卡车过秤实行交通管理。当卡车驶达称重台面时,称重计算机通过信号电缆线给识别设备一个开机信号,表明已有卡车准备过磅,天线此时接收到来自读卡器的射频信号并发出微波激励准备过磅卡车的电子标签开始工作,电子标签将自身的信息编码载波到此射频信号上并反射回去,读出装置将反射回的信号接收并调阅数据库,查询对应的车号,便可达到对卡车的识别,称重计算机收到每辆车的车号等数据信息后,可从称重显示仪表获取该车的当前质量信息,并存储在称重计算机中。识别过程完成后,计算机发出指令关闭识别天线,称重计算机可根据相应的称重管理程序对相应的数据予以处理,称重过程结束。系统可以配接摄像头进行摄像监控,实现无人值守,配红外防作弊系统,可以联网实现网络化管理,起到防作弊,堵漏洞,提高工作效率,提高管理水平,实现管理信息化,提高经济效益,完善企业管理。该系统如图 18-106 所示。

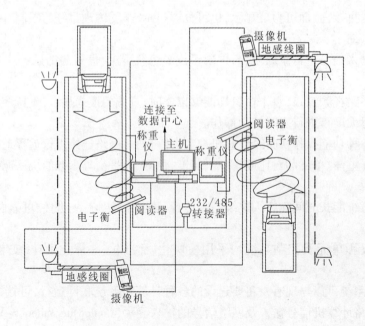

图 18-106   露天矿卡车称重自动控制系统

B   硬件构成

卡车自动称重系统硬件主要包括六部分:电阻应变传感器;测速用光电开关;信号放大电路;数据采集卡;计算机;识别卡和阅读器。每个部分实现不同的功能,按照一定的顺序进行连接和传递数据。最后,在计算机里分析处理车重信号。

(1)卡车称重传感器。传感器是整个硬件系统的起始部分,测量车重并发出电压信号。在系统中将选择现有的汽车轴重仪器的传感器部分作为硬件传感器。

(2)信号处理电路。信号处理电路由带隔离的数据放大器、滤波电路、求和电路、自校准电路、可编程增益控制电路和比较器组成。它们分别完成信号的隔离、放大、滤波、求和、校准、量程自动转换、传感器输出灵敏度的修正以及产生计算机外部中断信号的任务。

(3)光电开关。在动态称重的过程中,还需测量汽车通过称重台时的行驶速度,以此来分析车速对动态称重信号的影响。此外,可以用光电开关的状态来判断是否有车辆通过,以控制数据采集卡是否采集数据。

(4)数据采集卡。数据采集卡的功能是采集数据并与计算机进行数据传递。选用的数据采集卡的信号线要尽可能远离电源线、发电机和具有电磁干扰的场所,也要远离视频监视系统,因为它会对数据采集系统产生很大的影响。在现场试验中,如果信号线和电源线必须并行(比如在同一个电缆沟里),则两者之间必须保持适当的安全距离,同时最好用屏蔽电缆,以确保信号安全准确地传输。

(5)电子标签和阅读器。电子标签用于存储有关物体的身份信息,在应用中电子标签附着在待识别物体的表面(图18-107)。阅读器:主要包括地面读出设备和微波发射天线。应用时可无接触地读出并识别电子标签中所存储的信息从而达到自动识别物体的目的(图18-108)。

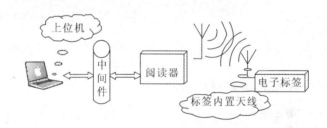

图18-107   阅读器及电子标签硬件   图18-108   阅读器读卡示意图

(6)工业摄像机。摄像机安装在距离地秤两端5~10m的位置处,采用立杆安装,对上称的称重卡车进行实时的监控拍照。摄像机采用宽动态、逆光补偿、低照度等技术保证矿山环境下的24h视频监控。

C   系统软件功能

自动称重系统软件主要具有以下功能:

(1)系统设置。打印设置可以选择系统已安装的打印机;页面设置可以选择打印的页面;串口设置至关重要,直接关系到系统和显示仪表能否通信;口令设置可以修改个人密码。

(2)称重管理。能同时、连续称重,并且各车辆的相关数据互不干扰。各车的资料数据既可直接输入,也可选择输入。各车的称重数据分毛重和皮重点击输入,并且能直接得到净重。各数据确定后核准进入数据库方可打印,防止有人为漏称。设置了灵活多样的打印方式。

(3)称重查询。可以各种不同的条件组合进行查询,并且在其下方的表格中进行显示、打印,尤其是对于不同时期的打印、汇总,如日结、月结、年结等非常方便。

(4)称重归档。可以不同的日期为条件查询,得出的结果各自命名备份。还可把以前备份调出显示,并进行打印。

(5)数据维护。以车号、单位、物资为单项添加、删除等组织数据,以方便在称重中调用。

(6)分类统计。以车号、单位、物资为主索引的分类统计,可选择时间段,在表中可以清楚地看到统计后各条件中所运货物的总净重值,并可以索引为类分类打印出来。

（7）自动称量、去皮。自动采集经过称重系统的矿车质量及车次，并把质量和车次信息存储并打印下来以便统计和查询。去皮时，为避免作弊，对于应减去的质量以车次数与矿车自重的乘积计，而不采用称重系统对矿车的返程进行数据采集。

（8）称重数据保存。为便于事后查询及提供法律依据，称重数据应通过单片机上的 8232 接口送到计算机，储存于硬盘之中。

图 18-109 所示为自动称重系统界面。

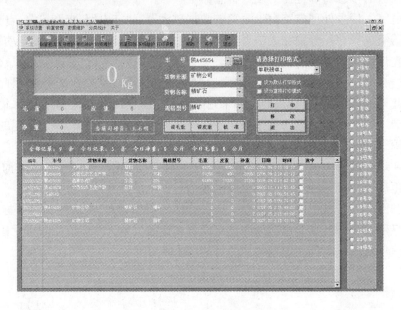

图 18-109 自动称重系统界面

18.6.5 矿山安全与项目施工管理

在矿山安全方面，新形成的安全系统工程采用因果关系预测、时间序列预测、卡尔曼滤波预测等方法进行事故预测。它还采用故障决策树等技术分析事故发生的原因及概率。在可靠性数学的基础上，它还用 FMEA 技术分析事故类型及影响。至于安全评价方面，则采用模糊评判和多目标决策。

在矿山通风决策中，很多工作已采用系统工程的原则和方法。例如，通风系统的选择中就采用人工智能建立通风专家系统。又如通风井巷断面的优化，就采用解析法求解。至于通风网络图，更是用 CAD 技术绘制。特别是针对通风网络的各种解算方法，在图论的基础上开发了许多计算机程序，可进行风量、风压调节。详见第 12 章矿井通风。

18.6.5.1 安全事故故障树分析

为了掌握地采矿山生产过程中损失程度高低或发生频繁事故的影响因素及其组合关系，以北洺河铁矿为例，对透水事故、放炮伤人事故、冒顶片帮事故、天溜井掘进伤人事故及斜井跑车事故进行了故障树分析。分析的主要结果见表 18-31，其中对爆破伤人事故的具体分析如下。

表 18-31 故障树分析主要结果

分析对象	事故原因数	最小割集数	提出的预防措施数
透水事故	15	25	8
爆破伤人事故	23	11	11
冒顶片帮事故	16	9	8
天溜井掘进伤人事故	31	13	13
斜井跑车事故	29	14	16

（1）故障树（FT）图。如图 18-110 ~ 图 18-112 所示。

（2）最小割集。见表 18-32、表 18-33。

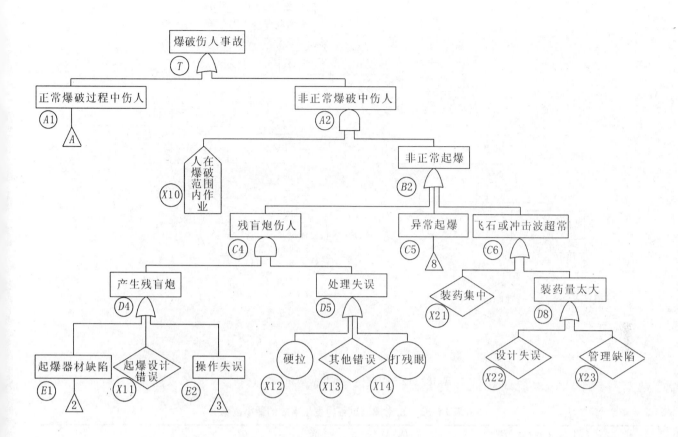

图 18-110 爆破伤人事故故障树(FT)(一)

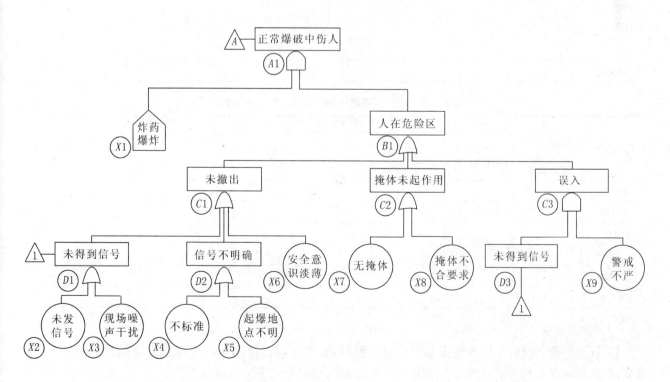

图 18-111 爆破伤人事故故障树(FT)(二)

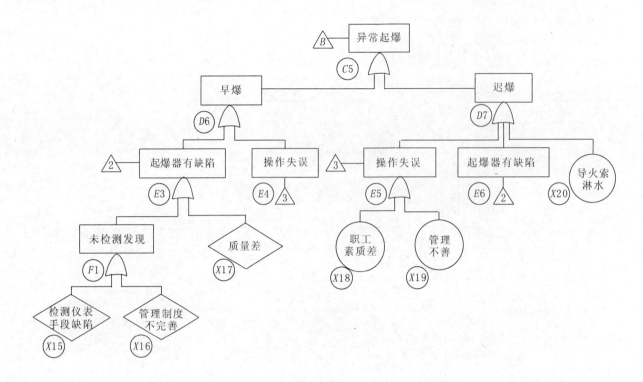

图 18-112　爆破伤人事故故障树(FT)(三)

表 18-32　正常爆破过程中发生事故的最小割集

最小割集	X1	D1	D2	X6	C2	X9	D3
	炸药爆炸	作业人员未收到撤出信号	信号不明确,作业人员未撤出	安全意识淡薄,未撤出	掩体未起作用	警戒不严,其他人员误入	其他人员未收到爆破信号误入
X1D1	1	1					
X1D2	1		1				
X1X6	1			1			
X1C2	1				1		
X1X9D3	1					1	1

表 18-33　非正常爆破过程中发生事故的最小割集

最小割集	E3	E5	X20	X11	D5	X21	D8	X10
	爆破器材有缺陷,造成意外爆炸	操作失误造成意外爆炸	导火索淋水造成迟爆	起爆设计错误产生残盲炮	处理残盲炮失误	装药集中,飞石或冲击波超常	装药量过大,飞石或冲击波超常	人在爆炸范围内作业
E3X10	1							1
E5X10		1						1
X10X20			1					1
D5X10X11				1	1			1
X10X21						1		1
D8X10							1	1

(3) 安全措施:

1) 安全管理,包括:①明确规定爆破的地点和时间,并在爆破范围内设置可靠警戒信号或警戒人员;②爆破后,爆破员必须按规定的等待时间进入爆破地点,确认炮烟散尽且检查无冒顶、危石、支护破坏和盲炮等现象。

2）检查检验,包括:①购进及发放爆破器材时要求予以检验;②爆破作业前检查爆破器材是否完好;③爆破作业前检查点火作业范围内是否淋水;④检查作业范围内是否有残盲炮。

3）爆破设计及操作,包括:①采用一次点火法,杜绝多头点火;②合理设计起爆方式,避免产生残盲炮;③在残眼一定距离外打新眼,严禁处理残盲炮时硬拉;④严格按设计规定作业,避免出现装药过于集中或装药量过大等现象。

4）作业人员素质。加强作业人员的教育,提高其业务能力,尽量避免操作失误现象的发生,严格按安全规程的要求作业。

18.6.5.2　项目施工管理

矿山基建期间,经常采用网络计划技术协调施工生产。根据施工网络的关键路和关键项目,可确定各项目的施工期限。在此基础上,可用随机网络分析各种随机因素的影响,或用风险评审技术(VERT)从事风险决策分析,也可以融入计算机模拟技术研究时间仿真随机网络或排队仿真随机网络。在网络图绘制方面,利用CAD技术也使绘图工作大大改进。目前,施工管理的网络计划技术比较成熟,市场上有许多通用软件可供选用。

地下矿山基建和生产施工主要是在地下进行各类井巷硐室工程和构筑物、设备安装工程等。将它们看作一个系统,对施工工程项目的时间和空间合理安排,使资源利用合理,成本费用最低。当工程项目的子工程超过15~20个以上时,常用网络技术进行优化。

矿山基建期间的施工工程全部为基建施工工程。矿山生产时期的施工工程则包括基建施工工程和生产施工工程。应用网络技术时,最常采用的总目标,对基建施工工程是缩短工期,保证矿山按期投产或分阶段按期完成规定的施工工程;对生产施工工程则是紧缩工期,集中作业,保持合理的三级矿量接替,保证矿山完成规定的矿石产量和质量任务。在解决施工工程问题时,对外协工程(如供电、外部运输等)、设备材料及技术供应等,也要按施工网络要求,同步安排。

采用网络技术解题步骤如下:

(1)搜集原始资料。

1）确定工程项目范围。基建工程可划分为矿井施工、井底车场施工、阶段水平和多项开拓、采切等工程施工。每一子项工程又可进一步划分。生产施工工程也是如此。

2）将确定的工程项目按解题要求及资源条件划分成许多单元工程项目,确定其工程量,并逐一编号。

3）确定工程项目最迟允许完工期和各单元工程所需工期,如属随机性问题,确定各单元工程的乐观、悲观和最可能工期。

4）按施工条件约束,确定各单元工程的紧前、紧后工程的逻辑关系。

5）确定施工的资源条件。如采矿队、掘进队、安装队的队数及组织形式,使用设备及数量,资金及成本费用约束,同期工程及材料、设备、技术文件供应条件等。

(2)根据搜集的资料编制工程项目施工网络图,计算网络图各类参数。

(3)根据优化目标进行工期、完工概率计算,并进行资源合理安排、时间费用分析等网络优化。

(4)给出优化后工程项目的施工技术经济指标及施工进度横道(甘特)图。

(5)在施工过程中对网络图进行动态调整,保持工程合理施工。

目前已在计算机上开发出网络技术的各种软件包,有的将原始资料输入即可进行2~5项的计算并输出相应的数据及甘特图,可供矿山施工工程广泛利用。

以朱子埠矿开拓延深工程为例:朱子埠矿在1979年时,生产水平还有16年可采储量,经长期规划得出1980年要开始下部第三水平的开拓延深工程。6年后第三水平应投入生产才能保证矿山持续稳产。用统筹方法规划第三水平的开拓延深工程施工期。第三水平垂高250m,规划井巷工程量14880m。根据该矿实际平均月进度,估计各条巷道的工期,绘制成工程进度网络(图18-113)。图18-113中,实线为关键路线,横线下数字为工期,单位为月。经组织施工6年后第三水平投产,保证了矿山持续生产。实践证明系统工程方法能产生巨大的经济效益。

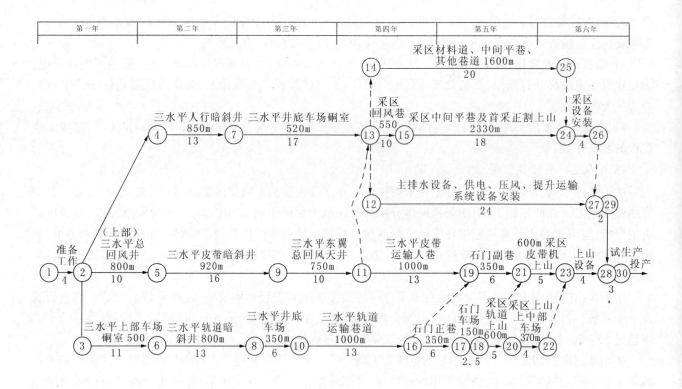

图 18-113　朱子埠矿第三水平开拓延深工程施工进度网络

18.7　发展趋势与方向

18.7.1　发展趋势

　　采矿系统工程是系统工程在矿业工程的具体应用,矿业系统工程作为矿业工程学和系统工程学相结合而形成的一个学科,它的发展必然与其双亲学科密切相关。一方面,它必须遵循矿业工程的内在规律,努力解决矿业系统的规划、设计、施工、生产中的一系列优化课题;另一方面,它必须运用系统工程的观点和方法,紧跟现代数学和计算机技术的进展,不断地改进优化理论与技术。矿业系统工程的发展趋势:

　　(1) 跨学科、多方法的综合应用。从系统工程的角度看,矿业系统是一个多目标、多因素、多变量、随机性强的复杂动态系统。矿业系统的决策,需要多学科、多种方法的综合应用。以露天矿的挖掘机—卡车调度为例,它的硬件涉及 GPS、无线电通讯、计算机,它的软件则包括测量平差、线性规划和动态规划、数据处理等。采用综合性研究方法以解决综合性工程课题,这正反映了现代系统工程的特点。

　　(2) 向多项目的大系统方向发展。矿业工程在系统结构上普遍地具有多层次、多环节,各子系统之间的关系又比较复杂,因此需要从总体上进行全局优化。在过去单项工程的局部优化基础上,人们已扩大视野,着力于研究更广、更大的对象。尤其是矿山决策支持系统的开发,更要求矿业系统工程在更高的层次上展开。近年来,大系统、巨系统、系统动力学等宏观研究手段,已日益受矿业工作者的重视。

　　(3) 严格优化技术正向实用要求靠近。在矿业系统工程的早期,人们利用线性规划、网络流等技术得出矿业问题的最优解,常常偏离矿业的工艺技术要求。CAD 技术的出现又使人们很容易将传统的设计方法转用计算机实现,但这时却忽视了优化的目标。目前的趋势是在人机的交互作用下实现决策的优化,并尽可能提高作业的自动化程度。以采剥计划编制为例,可先用数学规划安排矿山的长期采剥计划,然后在长期计划指导下用 CAD 技术编制短期采剥计划。这样,不仅能保证决策的总体优化,又能提高具体作业的可操作性,使优化技术更加实用。

　　(4) 新学科、新技术的应用继续发展。现代科学技术的发展已迅速渗透到各行各业,矿业系统工程也不断从其他学科的发展中汲取营养。前一阶段,人工智能、模糊数学在矿业系统工程中颇受青睐,如专家系统、人工神经网络、遗传算法、模糊评判、灰色关联分析等。近年来,虚拟现实技术、全球定位系统(GPS)、地理信息系统(GIS)、遥感技术(RS)也在矿山迅速应用。借助这些新学科、新技术,矿业系统工程正在迈向一个新台阶。

(5) 矿用软件开发日益规范化、商品化。矿业系统工程的一些成果,会以软件形式在市场上公开销售,使科学技术转化为生产力。这些商用软件含有严格优化的理论成果,但更多是比较实用的矿山 CAD 技术,如地质数据处理、矿床模型和地质统计学、露天矿境界优化、露天矿采剥计划、地下矿采掘计划、测量内业等内容。目前,国际上比较有名的矿用软件开发公司有美国的 Mintec 公司、Modular 公司(铲—车调度软件)、澳大利亚的 MinMax 公司、MicroMine 公司、Surpac 公司、英国的 DataMine 公司等。

18.7.2　发展方向

18.7.2.1　采矿系统工程现状

我国矿业系统工程尽管起步较晚,经过广大科技工作者的努力,已在理论研究上赶上国际先进水平。不过,在实际应用上仍存有明显差距。具体情况如下:

(1) 在理论研究上已赶上国际先进水平,并有自己的长处:

1) 已应用各种理论和方法。矿业系统工程的各种理论和方法,在我国基本上都得到应用。不仅传统的方法得到应用,如数学规划、网络技术、计算机模拟、CAD 技术等;而且一些新兴技术也在国内得到应用,如人工智能、卫星定位系统(GPS)、地理信息系统(GIS)、虚拟技术(VR)等。可以说,国际上各种先进的理论和方法,在我国都得到应用。尽管有些领域(GPS、VR)还处于模仿或套用阶段,但毕竟已被应用了。

2) 已涉及我国矿山的各个领域。矿业系统工程已渗透到我国矿山的各个领域,包括地质、测量、设计、生产计划、过程分析、生产管理。可以说,国外矿山有的,在国内矿山也得到应用。特别是近年来微型计算机在国内矿山的推广和普及,使得矿业系统工程的应用更加广泛。

3) 具有自己的特长。经过我国科技工作者的努力,特别是在国家自然科学基金委员会的支持下,我国的矿业系统工程有自己的特长,尤其是在人工智能、模糊决策、可靠性理论等研究方面,走在国际的前列。以人工智能为例,从 20 世纪 80 年代后期开始,国家基金委紧随美国矿业局之后,资助国内一些单位开展矿业专家系统及人工神经网络的研究,90 年代后期又资助对遗传算法的研究。目前,我国在矿业人工智能的研究已处于国际领先地位。

模糊决策是我国矿业系统工程的另一个亮点。我国学者充分利用模糊数学和灰色系统理论,充分应用于矿业工程的许多决策课题中。此外,在国家基金委的支持下,可靠性理论已被用于矿业工程,在这方面也领先于其他发达国家。

(2) 在实际应用上落后于国际先进水平。我国矿业系统工程在实际应用上较国外先进水平滞后 5～7 年,主要表现如下:

1) 应用广度上的差距。我国矿业系统工程在矿山上的应用,大多限于个别先进矿山,还未推广普及。以矿山管理信息系统为例,国内仅有少数矿山能经常应用,坚持网上传递信息,其余的大都是摆设。又如采剥(掘)计划编制,尽管多年推广计算机编制方法,但大多数矿山仍采用手工方法。可以说,矿业系统工程更多的是高校、设计研究部门的科研项目,还未在矿山转化为生产力。

2) 应用深度上的差距。我国矿业系统工程的应用,往往停留在表层的初级阶段。以矿山管理信息系统为例,它仅停留在信息的传递上,离管理层决策还有一定距离。又如各种矿用计算机软件,虽然国内各单位开发了许多,但能够在市场上销售并与国外软件抗衡的很少。

3) 硬件设备上的差距。由于我国经济实力有限,硬件设备上的落后也延误矿业系统工程的发展。例如,虚拟现实技术早已知晓,但国内只有少数单位具有相应的操作定位及立体视觉装置。又如遥感技术、GPS 技术的应用,也需要有足够的硬件投资。

（3）模仿多于创新。我国的矿业系统工程尽管紧跟国际先进技术的发展，但前进过程中更多的是照搬、模仿，创新的亮点较少。以计算机辅助设计为例，国外采用多边形法求矿岩量，我国也仿用这一技术；国外利用 AutoCAD 作为 CAD 技术的工作平台，我国也同样使用。又如计算机模拟，国外在模拟中引入图形显示，我国也同样仿制。至于地质统计学、GPS 应用等复杂技术更是以引用为主。总之，我国矿业系统工程尽管有了长足的进步，但与国际先进水平相比仍有差距。

18.7.2.2　发展目标与方向

矿山系统工程的发展目标是充分应用现代数学和计算机技术，全面实现矿山的最优规划、最优设计、最优管理和最优控制，从整体上充分发挥矿山企业的效益。

矿业系统工程的重点发展方向：

（1）综合性强的大型课题。矿业系统工程的优势在于从整体上对系统进行协调和整合，因此要鼓励研究这种协调－整合的关键技术。事实上，企业挖潜改造除了单项作业的改进外，更重要的是从整体上进行统筹安排。为此要支持研究矿区规划、生产全过程分析、全矿决策支持系统的基础研究。这种课题的研究不能只停留在过去方法或内容上的堆累和扩大上，而要在协调和统筹技术上有所创新。

（2）多学科交叉渗透的课题。随着系统研究对象的不断扩展，跨学科开展研究已成为客观发展的必然趋势。以矿山生产过程监控工作为例，多媒体技术有望与各种监测仪器设备及数字处理技术结合起来，形成综合实时监控系统。因此，宜资助这类从事交叉渗透的关键技术，促进各种学科的相互结合。

（3）应用新技术的课题。过去，国家自然科学基金委员会对专家系统、人工神经网络、遗传算法、可靠性理论在矿山上应用的资助，使我国矿业系统工程迅速赶上和超过国际先进水平。今后对全球定位系统（GPS）、地理信息系统（GIS）、遥感技术（RS）等新技术在矿业中的应用也应支持。应该指出，国内外的矿业系统工程多侧重于系统论和运筹学的应用，对系统工程的另外两个基础学科——信息论和控制论的应用重视，今后有必要扭转这种偏废，使本学科全面发展。

（4）打造"数字化矿山"的关键技术。21 世纪是信息化的新世纪，矿山信息化就是矿山现代化的体现，因此要资助有关实现数字化矿山的关键技术，其中包括数据采集、数据传输、数据存取、数据挖掘、知识发现、图数转换、科学决策等技术。数字化矿山不仅是现有各种技术的集成，更是各种信息技术的升华，要在各种技术的协调和整合上下工夫，使之具有在线管理信息系统（OLMIS）和在线分析处理系统（OLLAPS）的功能。数字化矿山见 17 章内容。

（5）开发矿用基础软件的关键技术。目前的矿用软件都是利用市场上的通用软件。以计算机辅助设计为例，大多采用 AutoCAD 作为工作平台，是针对机械设计，与矿业需求有相当差距。有必要针对矿山设计中数据量大、矿图有特色、需要嵌入优化计算和人机交互的特点，开发通用的矿用基础软件，包括矿用中间件技术、群件技术、集成技术和集群技术等。此外，针对当前计算机网络的迅速发展，这种矿用软件应有 C/S 和 B/S 等版本，并且是面向对象的分布式组件。

参 考 文 献

[1]　中国大百科全书：自动控制与系统工程卷[M].北京：中国大百科全书出版社，1991.

[2]　采矿手册编委会．采矿手册·第 7 卷[M].北京：冶金工业出版社，1991.

[3]　中国冶金百科全书[M].北京：冶金工业出版社，1999.

[4]　云庆夏．进化算法[M].北京：冶金工业出版社，2000.

[5]　汪应洛．系统工程[M].第 3 版．北京：机械工业出版社，2003.

[6]　云庆夏，陈永锋，卢才武．采矿系统工程的现状与发展[J].中国矿业，2004(2)：1～6.

[7]　许国志．系统科学与工程应用[M].第 2 版．上海：上海科技教育出版社，2000.

[8]　张幼蒂，王玉浚．采矿系统工程[M].徐州：中国矿业大学出版社，2000.

[9]　云庆夏，陈永锋．我国采矿系统工程进展[J].金属矿山，1999(11)：7～11.

[10]　Sage A. P. Systems Engineering [M]. N. Y. : John Wiley & Sons Inc. ,1992.

[11]　Brian Wilson. Systems：Concepts, Methodologies, and Applications[M].2nd edition. N. Y. :John Wiley & Sons Inc. ,1990.

[12] 云庆夏.采矿系统工程[M].西安:陕西科技出版社,1990.

[13] 张幼蒂,王玉浚.采矿系统工程及其发展趋势探讨[J].煤炭学报,1997,22:52～56.

[14] 张幼蒂,张瑞新.人工智能方法及其在采矿工程中的应用[J].煤炭学报,1998,26(1):70～73.

[15] Denby B, Schofirld D. Role of virtual reality in safety training of mine personnel[J]. Mining Engineering, Oct. 1999:59～64.

[16] Fritz W,Benthaus F C. Application of a Geo－information system within the LMBV for remediation for former mining area[C]// The 28th APCOM Proceedings, Colorado, USA. Oct. 20～22,1999:821～828.

[17] Gibbs B L. What the mining Industry Wants from Technical Software[J]. Mining Engineering,1999(3):33～39.

[18] 段维坤.线性规划上作业法编制露天矿推土计划及选择汽车[J].有色金属,1984(1).

[19] Soukup J. Computerized Production Control in epen-pit Mines[C]//13th APCOM, 1975.

[20] Johnson T B. Improving Returns from Miac Products Through Use of Operations Research Techniques[J]. USBM RI 7230,1968.

[21] Williams P H. Evaluation of production Strategies in a Group. Copper Mines by Lincer programming[C]//10th APCOM, 1972.

[22] Gershon M E. Mine Scheduling Optimization with Mixed Integer Programming[J]. Mining Engineering ,1983(4).

[23] Lambert C,Mutmanshy J M. Application of Integer Programming Optimum Truck and SHC vel in Open-pit Mining[C]//11th APCOM, 1973.

[24] Yun Q X. Optimization of Underground Transportation System Using a Netnork Flows Model[J]. International Journal of Mining Engineering,1983(9).

[25] Splaine M,et al. Optimizing Medium-term Operational Plans for a Group of Copper Mines[C]//10th APCOM,1972.

[26] 席少霖,赵凤冶.最优化计算方法[M].上海:上海科学技术出版社,1983.

[27] Gibson D F, Moo-ey E L. A Mcthematieal Programming AlY Prcach to the Selection of Sir ipping Technique and Dragline Size for Area Surface Mines[C]//17th APCOM,1982.

[28] Wang Y J,Ogbonlowo D B. An Optimization problem for Cool-Mine Ventilation Shafts[C]//17th APCOM, 1982.

[29] Dowd P. Application of Dynamic and Stochastic Programming to Optimize Cut-off Grades and Production Rates, Transaction of Institute of Mining and Metallurgy, 1976.

[30] 顾基发,朱敏.库存控制管理[M].北京:煤炭工业出版社,1987.

[31] Sheres H E,Gentry D W. An Operations Research Approach to the Equipment Replacement Problem[C]//17th APCOM, 1992.

[32] Lerchs H, Grossmann I P. Optimum Design of Open-pit Mines, CIM Transaction, 1965(4).

[33] Wang Y J,Hartman H L. Computer Solution of Three Dimensional Mine Ventilation[J]. International Journal of Rack Mechanics and Mining Science. April 1967.

[34] 白欣,申春平.扇形中深孔计算机辅助设计系统及应用[J].有色金属,1988(1).

[35] 方海秋.矿山运输系统可靠性分析的初步探讨[J].有色金属,1987(1).

[36] 唐健军.电爆网路的可靠性及其评价方法[J].有色金属,1983(1).

[37] Ramani R V. 3.1Introductory Review, Computer Methods for the 80's in the Mineral Industry, 1979,L . S. A.

[38] 刘龄德,夏国平.系统工程基础[M].北京:中央广播电视大学出版社,1985.

[39] Caudill M,Lienert C E. A Simulation Model of Storage Requirement for Open-pit Coal Mines[C]//19th APCOM,1986.

[40] 常本英,王国中.矿山开发的风险分析[R].马鞍山矿山研究院,1993.

[41] Johnson T B,et al. Three-DimensionalDyllamic Programming Method for Optimal ultimate Pit Design[J]. USBM, RI7553, 1971.

[42] Zhang Y G, Yun Q X. A New Approach for Production Scheduling of Open-Pit Mines[C]//19th APCOM, 1986.

[43] 汤卫平,李宝样.露天矿生产工艺过程的模拟——某矿实例研究[J].矿山技术,1986(6).

[44] 王辉光,等.地下矿机车运输系统计算机模拟模型的构造[C]//北京钢铁学院科学研究论文集采矿专集,1982.

[45] 徐光辉.随机服务系统[M].北京:科学出版社,1980.

[46] Luo Z Z, Lin Q N. Erlangian Cyclic Queueing Model for Shovel-truck Haulage System[C]//International Symposium on Mine planning and Equipment Selection. NoV. 1988. Canada.

[47] Elbrond J A. Procedure for the Calculation of Surge Bin Size[J]. Eulk Solids Handling,1982(9).

[48] Faulkneg J A. The vse of Closed Queues in the Development of Coal Face Machinery[J]. Operations Research Qaurter,1968(1).

[49] Kerns B. The Queue in Mining-Applications of the Queueing Theory[J]. J. S. Afr. Inst. Min. Met 11,1965.

[50] 贺仲雄.模糊数学及其应用[M].天津:天津科学技术出版社,1983.

［51］陈贻源.模糊数学［M］.武汉：华中工学院出版社,1984.

［52］林　梅.围岩稳定性的动态分级法［J］.金属矿山,1985(8).

［53］云庆夏,黄光球.采矿方法选择中的模糊决策［J］.化工矿山技术,1986(5).

［54］林尧瑞,等.专家系统原理与实践［M］.北京：清华大学出版社,1988.

［55］采矿设计手册编委会.采矿设计手册矿床开采卷,北京：中国建筑工业出版社,1989.12.

［56］云庆夏,陈永锋.采矿方法选择专家咨询系统［C］//全国非金属矿学术会议论文集,1988.

［57］国土资源部矿产储量司.矿产资源储量计算方法汇编［M］.北京：地质出版社,2000.

［58］张幼蒂,等.采矿系统工程［M］.徐州：中国矿业大学出版社,2001.

矿山建设项目经济评价

矿山建设项目经济评价是矿山项目前期研究工作的重要组成部分,是对拟建矿山项目投入产出的各种经济因素进行调查研究、计算及分析论证,推荐最佳建设方案,使资源达到最佳配置,使矿山项目创造的财富最大化。

经济评价是建立在项目的技术先进可靠的基础上进行的。任何一项技术可行的投资方案,必须要求经济合理。经济评价就是对技术方案的经济合理性的评价,因此,它是建设项目可行性研究的核心,是项目决策科学化的重要手段。

19.1 建设项目经济评价规定

国家发展和改革委员会、建设部于 2006 年制定的《关于建设项目经济评价工作的若干规定》部分内容如下:

(1)建设项目经济评价是项目前期工作的重要内容,对于加强固定资产投资宏观调控,提高投资决策的科学化水平,引导和促进各类资源合理配置,优化投资结构,减少和规避投资风险,充分发挥投资效益,具有重要作用。

(2)建设项目经济评价应根据国民经济和社会发展以及行业、地区发展规划的要求,在项目初步方案的基础上,采用科学的分析方法,对拟建项目的财务可行性和经济合理性进行分析论证,为项目的科学决策提供经济方面的依据。

(3)建设项目经济评价包括财务评价(也称财务分析)和国民经济评价(也称经济分析)。

财务评价是在国家现行财税制度和价格体系的前提下,从项目的角度出发,计算项目范围内的财务效益和费用,分析项目的盈利能力和清偿能力,评价项目在财务上的可行性。

国民经济评价是在合理配置社会资源的前提下,从国家经济整体利益的角度出发,计算项目对国民经济的贡献,分析项目的经济效益、效果和对社会的影响,评价项目在宏观经济上的合理性。

(4)建设项目经济评价内容的选择,应根据项目性质、项目目标、项目投资者、项目财务主体以及项目对经济与社会的影响程度等具体情况确定。对于费用效益计算比较简单,建设期和运营期比较短,不涉及进出口平衡等一般项目,如果财务评价的结论能够满足投资决策需要,可不进行国民经济评价;对于关系公共利益、国家安全和市场不能有效配置资源的经济和社会发展的项目,除应进行财务评价外,还应进行国民经济评价;对于特别重大的建设项目还应辅以区域经济与宏观经济影响分析方法进行国民经济评价。

(5)建设项目经济评价必须保证评价的客观性、科学性、公正性,坚持定量分析与定性分析相结合、以定量分析为主以及动态分析与静态分析相结合、以动态分析为主的原则。

(6)建设项目经济评价的深度,应根据项目决策工作不同阶段的要求确定。建设项目可行性研究阶段的经济评价,应系统分析、计算项目的效益和费用,通过多方案经济比选推荐最佳方案,对项目建设的必要性、财务可行性、经济合理性、投资风险等进行全面的评价。项目规划、机会研究、项目建议书阶段的经济评价可适当简化。

(7)《建设项目经济评价方法》与《建设项目经济评价参数》是建设项目经济评价的重要依据。

对于实行审批制的政府投资项目,应根据政府投资主管部门的要求,按照《建设项目经济评价方法》与《建设项目经济评价参数》执行;对于实行核准制和备案制的企业投资项目,可根据核准机关或备案机关以及投资者的要求,选用建设项目经济评价的方法和相应的参数。

（8）建设项目的经济评价,对于财务评价结论和国民经济评价结论都可行的建设项目,可予以通过;反之应予以否定。对于国民经济评价结论不可行的项目,一般应予以否定;对于关系公共利益、国家安全和市场不能有效配置资源的经济和社会发展的项目,如果国民经济评价结论可行,但财务评价结论不可行,应重新考虑方案,必要时可提出经济优惠措施的建议,使项目具有财务生存能力。

（9）建设项目经济评价参数的测定,应遵循同期性、有效性、谨慎性和准确性的原则,并应结合项目所在地区、归属行业以及项目自身特点,进行定期测算、动态调整和适时发布。

国民经济评价中采用的社会折现率、影子汇率换算系数和政府投资项目财务评价中使用的财务基准收益率,由国家发展和改革委员会与建设部组织测定、发布并定期调整。

有关部门（行业）可根据需要自行测算、补充经济评价所需的其他行业参数,并报国家发展和改革委员会与建设部备案。

（10）项目评价人员应认真做好市场预测,并根据项目的具体情况选用参数,对项目经济评价中选用的价格要有充分的依据并做出论证。建设项目经济评价中使用的其他基础数据,应务求准确,避免造成评价结果失真。

（11）健全建设项目经济评价、评估工作制度。政府投资项目的经济评价工作应由符合资质要求的咨询中介机构承担,并由政府有关决策部门委托符合资质要求的咨询中介机构进行评估。承担政府投资项目可行性研究和经济评价的单位不得参加同一项目的评估。

政府投资项目的决策,应将经科学评估的经济评价结论作为项目或方案取舍的重要依据。

（12）建设项目的经济评价工作,应充分利用信息技术,开发和完善评价软件和项目信息数据库,以加强项目评价工作的科学管理,提高工作效率和经济评价的质量。

19.2   矿山建设项目可行性研究

矿山建设项目经济评价作为项目可行性研究的重要内容,应从可行性研究的不同阶段来理解项目经济评价的不同阶段的深度和作用。本章主要介绍矿山建设项目可行性研究的不同阶段以及可行性研究中的费用估算和投资的财务分析。

19.2.1   可行性研究的阶段划分

项目可行性研究是从技术、经济和社会等多方面对项目可行性和合理性进行评价。从本质上讲,某一项目可行性研究的目标就是阐明如何才能让项目走向成功。成功项目不是客观存在的,而是带有创造性工作的可行性研究及优秀的设计孕育产生的。

从最初的资源勘探到决定资源开发,要进行大量的分析研究工作,同时这也是一项循序渐进的过程。每进一步的研究都是依据了更多的基础数据,同时也增加了研究的时间和费用,自然也提高了研究的精度,因此,也形成了可行性研究的不同阶段。

19.2.1.1   投资机会研究

投资机会研究又称概略研究,是矿山项目一系列有关投资活动的起点,也就是将一个项目意向变成简要的投资建议。投资机会研究是利用类似矿山和矿种开发的经验数据以及所研究矿床、矿体和矿石特征资料进行的投资机会研究,以获得有关项目的基本信息,达到激发投资者（企业、业主）做出响应的目的。因此,投资机会研究是处于项目建议阶段。

编写项目投资机会研究所用的地质资料要不低于普查阶段地质勘查及研究成果资料。这样一种研究的目的应该是快速而经济地确定一项投资的可能性。当投资机会研究的结果引起了投资者的兴趣,并使投资者做出响应时,必须考虑进行初步可行性研究。

19.2.1.2   初步可行性研究

项目初步可行性研究又称预可行性研究,其目的是从总体上、宏观上对项目建设的必要性、建设条件的可行性以及经济效益的合理性进行初步研究和论证,为项目下一步研究提供意见。初步（预）可行性研究对基础资料详细程度和精度的要求仍然比较粗略,通常可依据有关宏观信息和可能条件下所收集到的资料展开工作。对工艺技术和经济的基础资料,应能满足勾画总体设想和初步估算的要求。所依据的资料具体包括:详查勘查工作结束后,或勘探工作进行中或结束后的地质研究成果资料;实验室规模的选冶加工研究成果;类似矿山的生产数据等。

初步(预)可行性研究一般包含下列资料和分析:

(1) 项目概况:项目区域位置、交通状况、地形地貌、气候、项目历史、项目开发计划等。

(2) 地质:区域地质、项目区域的详细描述、储量的初步计算、储量目标的评价。

(3) 采矿:矿床规模、开采计划、设备需求及采矿辅助设施。

(4) 选矿:矿石和精矿的技术描述、选矿设施。

(5) 公用设施:动力、水、备品备件和相关设备的供应。

(6) 外部交通:外部交通状况和需要附加设施的描述,如道路、机场、港口、铁路等。

(7) 行政福利设施:工人住宅、学校、医院及办公楼等。

(8) 人力资源:项目对合格人员的需求以及当地人力资源的可用性。

(9) 环境保护:使项目环境破坏最小化的措施和相关的环保法规。

(10) 法律事项:矿业法、税法、投资法及政治风险。

(11) 经济分析:项目的费用估算、基础设施、原辅材料、人工及其他因素;市场分析,包括产品产销和价格的分析;收入预测、现金流量、净现值和敏感性分析。

19.2.1.3　可行性研究

A　可行性研究的内容

如果初步可行性研究显示出了项目的可行性和合理性,那么就有必要通过一个正式的详细可行性研究来评价项目。这个可行性研究将对项目所涉及的所有参数进行详细研究,也包括政治的、社会的因素对项目的影响。矿山项目所依据的地质资料、信息和成果要达到矿产勘探阶段工作成果的精度要求。一般可行性研究包括对下列因素的研究:

(1) 地质和矿床特性。

(2) 矿物学及矿石加工特性。

(3) 采选设备配置和生产计划。

(4) 基建及投资使用计划。

(5) 收入和费用估算。

(6) 市场营销计划。

(7) 现金流量计算。

(8) 资金筹措。

(9) 重要因素的风险分析和敏感性分析。

B　可行性研究的作用

正如前面所述,可行性研究的目的是评价项目在技术和经济两方面的可行性和合理性,同时也是投资者(企业、业主)决策是否实施项目的重要依据。虽然可行性研究报告没有一个严格的统一格式,但最终可行性研究报告必须起到以下作用:

(1) 提供矿山项目详尽和确定的框架。

(2) 提供一个合适的开采方案,并附有充足的设计图纸和设备清单,使费用估算和经济分析结果达到精度要求。

(3) 根据报告中所说的装备水平和运行方式,阐明项目的盈利性。

(4) 对项目相关的法律、融资渠道、财务制度、环保法规、风险和敏感性分析以及影响项目财务的变量给予评价。

（5）为业主、潜在合作伙伴和银行提供所有的资料文件，这些文件必须是银行认可的。银行认可的可行性研究，就是通常所说的项目融资可行性研究。

表19-1为一个典型项目融资可行性研究的内容。

表19-1　矿山建设项目融资可行性研究的内容

目的	提供项目的深度研究 证明项目实施的合理性 为项目融资提供基础 为项目建设费用控制提供详细框架	投资估算	详细的设备和施工估算 详细的数量计算 厂商报价 民用建筑工程数量计算 机械、结构、管道、仪表、电气的人工和材料费 间接费用
目标	优化的设计 明确的范围 详细的数量 最小的不确定性	作业成本估算	详细估算
地质/矿石储量	探明的/控制的资源量 可采/预可采储量 依据广泛的勘探计划，运用合适的矿床评价技术	费用精度	-5% ~ +10%
采矿	最优的采矿计划 详细的开拓方案、采矿方法，包括采矿试验 充分的工程地质和水文地质研究	不可预见费	投资：10% 作业成本：5%
选冶	确定的试验工作，包括大规模的工业实验（如果需要） 详细的流程确定 详细的设备选型 完成所有流程的P&ID图	市场分析	详细分析产品供需及价格 与销售代理进行详细讨论 销售预测
场地/基础设施	详细的场地勘察 足够的工程地质钻 充分的基础设施研究	法律/财务	股东协议 经营协议 将签订的融资和贷款协议 环保许可证
工程设计	用于招标的设备说明 详细的总图布置 初步的结构设计 初步的电控设备设计 建筑布置	环境研究	完成项目环境影响评价报告 明确当局对项目的要求和许可
		财务评价	项目详细的财务评价，包括融资和风险分析

表19-2为矿山项目不同研究阶段对资料及参数的要求。此表说明，估算结果的精度不是估算本身能决定的，而是由整个研究工作的深度决定的。

表19-2　不同研究阶段对资料及参数的要求

阶段划分		投资机会研究	初步可行性研究	可行性研究
资料精度		30%	20%	10%
地质	资源/储量/规模	推断的	控制的	探明的/控制的
	品位	经验假定	控制的	探明的/控制的
	构造	经验假定	控制的	探明的/控制的
	变异	经验假定	控制的	探明的/控制的
	矿物学	经验假定	控制的	探明的/控制的
	有害元素	经验假定	控制的	探明的/控制的
采矿	开拓方案、采矿方法	经验假定	概念性的	确定的
	剥采比	推断	计算的	证实的
	采矿损失	经验假定	计算的	证实的
	生产规模	经验假定	计算的	证实的
	生产计划	经验假定	计算的	证实的
	投资	经验假定	计算的	证实的
	采矿设备清单	经验假定	概念性的	确定的
	采矿辅助设施	经验假定	经验假定	确定的
	运输距离	经验假定	经验假定	证实的

阶段划分		投资机会研究	初步可行性研究	可行性研究
选冶	回收率	经验假定	计算的	证实的
	工艺选择	经验假定	计算的	证实的
	试验工作	无	初步的	确定的
	效率	经验假定	计算的	证实的
	副产品	经验假定	计算的	证实的
	冶炼类型	经验假定	概念性的	确定的
	动力来源	经验假定	概念性的	确定的
	药剂类型/费用	经验假定	计算的	证实的
	生产规模	经验假定	计算的	证实的
	产品规格	经验假定	计算的	证实的
产品运输	到冶炼厂的距离	经验假定	计算的	证实的
	到市场的距离	计算的	计算的	证实的
基础设施	气候	考虑	产生影响的	证实的
	水	经验假定	概念性的	证实的

19.2.2 可行性研究的基础资料

基础数据对项目可行性研究的结果是至关重要的,但要拥有所有数据又是很困难的。在数据不充分时,评价人员需要谨慎小心,不能忽视对项目有影响的所有变量。

19.2.2.1 考虑因素

表19-3所列出的因素在矿山项目评价中必须给予考虑和分析,这些变量在矿山项目的可行性研究中应得到评价。

表19-3 矿山建设项目可行性研究主要考虑的因素

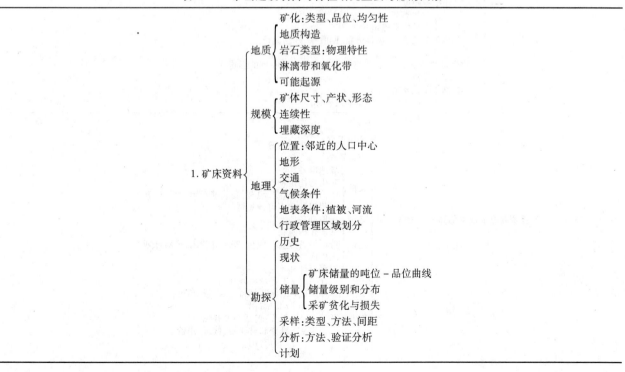

- **2. 项目经济资料**
  - 市场
    - 最终销售产品：精矿、原矿
    - 产品销售方向：主要买主
    - 预计的价格水平：供求情况、有竞争能力的成本、替代品、关税
    - 销售特点
  - 运输
    - 交通状况
    - 产品运输：方式、运距、运费
  - 供电
    - 电力：可利用性、位置、隶属关系、费用
    - 天然气：可利用性、位置、费用
    - 其他方案：现场发电机组
  - 土地
    - 所属关系
    - 需要土地面积：采矿场地、选厂厂址、废石场、尾矿库、其他建构筑物占地
  - 供水
    - 生活及生产用水：来源、水质、可用性、费用
    - 坑内水：水量、水质、深度、排水方式、水处理
  - 劳动力
    - 可利用性和类型：矿山中的技术工/非技术工
    - 组织机构
    - 当地劳动力历史记录
    - 雇员住房和交通
  - 政府事项
    - 税收
    - 复垦要求
    - 采矿法规
    - 其他法规：劳动法、许可证、外汇兑换、合作伙伴协议
  - 融资
    - 融资渠道
    - 债务：偿还、利息
    - 利润分配：法律规定

- **3. 开采方案和采矿方法选择**
  - 物理特性
    - 强度：矿石、废石
    - 均匀性
    - 连续性：矿化
    - 地质：构造
    - 地表塌陷
    - 几何形状
  - 选择性
    - 贫化与损失
    - 废石开采及处理
  - 基建要求
    - 基建工程量、方法、时间
    - 总体布置及计划：基建计划
    - 投资
  - 生产要求
    - 规模、生产计划
    - 后续开拓：方法、工程量、时间安排
    - 定员及设备配置
    - 投资

- **4. 选矿工艺**
  - 矿物学
    - 矿石特性
    - 矿石硬度
  - 工艺方案
    - 工艺类型
    - 产品质量确定
    - 工艺流程：物料流量、回收率、产品品位
    - 生产计划
  - 回收率与产品质量：矿石类型和入选品位对回收率的影响
  - 总体配置
    - 投资
    - 面积要求
    - 与矿床距离：尽量靠近矿体

- **5. 投资和作业成本估算——投资费用**
  - 勘探
  - 基建工程
    - 场地平整
    - 矿床开拓等
  - 流动资金
  - 采矿
    - 场地准备
    - 矿山建构筑物
    - 矿山设备：运费、税金、安装等费用，更新计划
    - 工程设计和不可预见费
  - 选矿
    - 场地准备
    - 选矿建构筑物
    - 选矿设备：运费、税金、安装等费用，更新计划
    - 尾矿库
    - 工程设计和不可预见费
  - 作业成本
    - 采矿
      - 工资及额外补贴
      - 维修和材料费：数量、单价
      - 动力费用
    - 选矿
      - 工资：包括额外补贴
      - 维修和材料费：数量、单价
      - 动力费用
    - 管理费用

矿石储量估算是矿山项目可行性研究首要任务之一。探明的和控制的资源在综合考虑开采、选冶、经济、法律、环保、社会和政治等因素后,具有开采价值的采出矿量称为可采储量和预可采储量,也就是资源转化为储量时,必须经过初步可行性研究或可行性研究工作。当技术、经济、社会和政治中的某些因素发生变化时,储量和资源之间存在相互转换关系。矿石可采储量的这种不确定性,会给那些不能通过长期合同来保证销售价格的矿山项目的评价带来很大影响。

生产技术是矿山项目可行性研究的重点之一。设备、工艺的技术进步对项目的作业成本和投资影响重大。例如,通过比较坑内矿和露天矿的采矿直接单位成本,可以反映出技术变化对采矿成本的影响。近几年,由于缺乏技术进步和仍存在劳动密集,坑内采矿作业成本一直在明显增加。但由于露天矿设备的技术进步,生产效率的提高,使得露天矿的单位作业成本变化不大。当然,这种设备技术进步,作业成本相对稳定,是以投资费用明显增加为代价的。

收入估算是矿山项目可行性研究的另一要点。收入的多少和发生时间取决于矿石储量、生产规模、产品市场价格和选矿回收率。

整体经营环境也是一项主要考虑的因素。近几年对环境保护的要求不断提高,这对矿山经营产生了很大的影响,迫使项目的投资和作业成本增加。矿山项目的经营环境还直接受税收政策的影响,如资源使用税、所得税等。

所有费用因素,不论是直接的还是间接的,都影响到了项目的盈利性,以及项目的生存能力。

19.2.2.2　变量取值

项目可行性研究的目标就是量化和优化变量,使项目走向成功。一旦明确了项目所有的相关因素后,下一步就应使这些因素尽可能量化。

收入和成本费用是两类最重要的变量,同时也是量化中问题较多的变量。

A　收入估算

矿山项目年度收入等于年产品产量乘以产品价格,数学计算十分简单,但要获得最合适的产品产量和产品价格就困难多了。在估算产品产量时,需考虑大量重要因素,如出矿量、出矿品位、选冶回收,以及最后的销售量和可支付量等。

收入计算中的另一个重要变量就是产品销售价格。估算矿产品价格,尤其未来较长时间的矿产品价格远比估算产品产量困难得多,并且还会存在很大的误差。虽然矿产品价格最终由供求关系决定,但有许多复杂因素在影响着供求关系,尤其当消费品变成投资品时,大量的虚拟需求存在,这使得估算矿产品价格难以模型化。

分析矿产品的供求关系是很复杂的事,并且对矿产品价格进行长期可靠的预测几乎是不可能的。大多数金属价格呈周期性变化,周期的长短和变化幅度都不是预测所能反映的。矿产品价格的预测不是一两种分析方法就能做到的,也不是一个机械的程序,而是对经济理论、行业状况、市场、竞争者的综合分析,再加上经验的判断。

B　成本估算

项目可行性研究中的经济评价部分必须基于项目的费用。

项目费用可分为经营成本和投资两大类。一般情况下,经营成本和投资之间有着明显的区别。经营成本是项目经济评价中所使用的特定概念,指在生产期内为生产产品所发生的现金流出,其主要构成就是产品的原辅材料费、燃料动力费、工资、维修费等费用。资产的折旧和摊销费及生产期的财务费用不在其中。经营成本与折旧费、摊销费、财务费用之和形成产品的全部成本。

投资是指为开发或能形成资产而发生的费用支出,这种支出一般能服务项目多年。大笔投资一般发生在项目的初期和达产期,但有的投资则发生在项目寿命期的其他年份。

为了税收的目的,通常把投资形成的资产分为两类:一类是不断折耗磨损的固定资产,另一类是需数年摊销的无形及递延资产。两类资产可以按不同的年限进行折旧和摊销。不同的折旧和摊销年限也是项目评价的重要参数。

矿山项目经营成本和投资的估算是一项难做的工作，必须小心谨慎。对于详细可行性研究中的经营成本和投资估算，必须依据实际的设计和配置图纸、生产计划、设备清单、厂家提供的定额。

19.2.3 项目经济评价原理

改革开放以后，国际上先进的项目评价原理和方法源源不断进入我国，国内翻译出版了很多著作，国家发展和改革委员会、建设部组织编制了《建设项目评价方法与参数》，并在实践中不断完善，现已到第 3 版。

下面将重点介绍项目经济评价中所运用的货币时间价值原理。

货币如果作为储藏手段保存起来，不论经过多长时间，仍为同量货币，其金额不变。但货币如果作为社会生产资金或资本，参与再生产过程，就会带来利润，即得到增值。货币的这种增值现象一般称为货币的时间价值，或称为资金的时间价值。银行贷款利息就是资金时间价值的具体表现。

使用借来的钱就需要支付利息，好比使用租来的资产需要支付租金一样。利率就是期末需要支付的利息费与期初借款额的比率。利率受很多因素影响，如风险、通货膨胀、交易费、资金机会成本等。同时，利率也像其他资产价格一样，由资金的供求关系来确定。如果不存在利息，项目投资分析将简单得多。如果没有利息，投资者就不会关心现金流入或流出的发生时间。

资金的时间价值理论具有广泛的实用性。在项目经济评价中，根据这一原理，可以将不同时间的费用或效益折算为同一时间的等值费用或效益，使费用或效益具有可比性，即可以进行比较和选择。

根据货币时间价值理论导出的几个概念和计算公式，在项目经济分析和评价中得到了日益广泛的应用。这里介绍几个在经济评价中常用的概念和公式：

利率(i)：利率通常以百分率表示，在不作说明时是指年利率。

期数(n)：计算利息的次数，在不作说明时，其单位为"年"。

本金(P)：表示一笔可供投资的现款，一般情况下，它即为整个系统的"现值"。

本利和(F)：按利率 i、本金 P 经过 n 次计算利息后，本金与全部利息之和，又称"终值"。

等额年金(A)：在 n 期中，每期期末在 i 利率条件下，对于本金 P 所作每期数字相同的偿还额，通常简称为"年金"。

根据上述符号的涵义，对各基本复利公式加以表述。

19.2.3.1 一次性投入的终值

一次性投入的终值，也称一次性支付本利和。即已知期初一次投入的现值为 P，求 n 期末的复利本利和（即终值 F），即已知 P、i、n，求 F。其计算公式为：

$$F = P(1+i)^n \qquad (19-1)$$

式中，$(1+i)^n$ 为一次投入的复利和系数，通常记为 $(F/P,i,n)$，故公式又可写成：

$$F = P(F/P,i,n)$$

一次性投入的现值：

已知 n 年后需付款 F，年利率为 i，计息期数 n，求 F 的现值 P。即已知 F、i、n，求 P。其计算公式为：

$$P = F(1+i)^{-n} \qquad (19-2)$$

式中，$(1+i)^{-n}$ 为一次投入的现值系数，通常记为 $(P/F,i,n)$，故公式又可写成：

$$P = F(P/F,i,n)$$

19.2.3.2 等额序列的终值

从第 1 年到第 n 年，逐年年末以等额资金存入银行或投入某项目或从项目得到收益，都可以理解为等额序列年金。若已知 n 年内每年年末投入 A，年利率为 i，求到 n 年末的本利和（即终值）。其计算公式为：

$$F = A\left[\frac{(1+i)^n - 1}{i}\right] \qquad (19-3)$$

式中，$\dfrac{(1+i)^n-1}{i}$ 为序列终值系数或等额序列复利和系数或年金终值系数，通常记为 $(F/A,i,n)$，故公式又可写成：

$$F = A(F/A,i,n)$$

19.2.3.3　等额序列的现值

已知 n 年内每年年末有等额的费用或效益，求其现值。也就是已知 A、i、n，求 P。其计算公式为：

$$P = A\left[\frac{(1+i)^n-1}{i(1+i)^n}\right] \tag{19-4}$$

式中，$\dfrac{(1+i)^n-1}{i(1+i)^n}$ 为等额序列现值系数或年金现值系数，通常记为 $(P/A,i,n)$，故公式又可写成：

$$P = A(P/A,i,n)$$

19.2.3.4　等额存储偿债基金

已知未来 n 期末一笔债款 F，拟于 $1 \sim n$ 的每期期末等额存储一笔钱 A，年利率为 i，到 n 期末偿清 F，求 A 应为多少。也就是已知 F、i、n，求 A。其计算公式为：

$$A = F\left[\frac{i}{i(1+i)^n-1}\right] \tag{19-5}$$

式中，$\dfrac{i}{i(1+i)^n-1}$ 为等额存储偿债基金系数或资金存储系数，通常记为 $(A/F,i,n)$，故公式又可写成：

$$A = F(A/F,i,n)$$

19.2.3.5　等额资金回收

已知第 1 年初投资 P，年利率为 i，如果从第 1 年末至第 n 年末止，每年年末等额还本付息，那么每年年末应偿还多少，也就是已知 P、i、n，求 A。其计算公式为：

$$A = P\left[\frac{i(1+i)^n}{(1+i)^n-1}\right] \tag{19-6}$$

式中，$\dfrac{i(1+i)^n}{(1+i)^n-1}$ 为等额资金回收系数，通常记为 $(A/P,i,n)$，故公式又可写成：

$$A = P(A/P,i,n)$$

19.2.3.6　不等系列终值

从 1 到 n 期每期期末存储金额不等，分别为 $A_1,A_2,\cdots,A_n$，年利率为 i，到 n 期末的本利和或终值 F，计算公式为：

$$F = \sum_{t=1}^{n} A_t(1+i)^{n-t} \tag{19-7}$$

不等额序列的现值：从 1 到 n 期每期期末收入款不等，分别为 $A_1,A_2,\cdots,A_n$，折算为第 1 期期初或零年末的现值 P，年利率为 i，计算公式为：

$$P = \sum_{t=1}^{n} \frac{A_t}{(1+i)^t} \tag{19-8}$$

货币时间价值理论在经济分析评价中的应用，主要表现在据其导出了若干可比性转换技术，这在方法上是个飞跃的发展。众所周知，将一个复杂的庞大的工程建设项目，转化为以货币形式表现的费用和效益，在项目或方案之间就可比了。这是第一次可比性转化。但是，一个工业建设项目往往历时很长，其费用和效益不是在同一时点发生，而是在这很长的时间内渐次发生的，项目建设的方案不同，在对应时点上发生的费用和效益也不同。所以，虽然转化成了货币形式，但还不能直接可比，货币的时间价值理论恰好解决了这个问题。货币的时间价值理论导出了"等值"的概念，由等值概念又可以导出"现值"、"终值"、"年金"等概念，于是可以将不同时点发生的货币转化为同一时点的货币，这样就可比了。所以，货币时间价值理论发展了技术经济的可比性转化技术,并借助于编制项目现金流量表而扩大了其可操作性和应用价值。在实际工作中,应用较广的有现值法、年金法和投资收益率法。这些评价方法将在后面讲述。

19.2.4　利润与现金流量

19.2.4.1　利润

利润是项目在一定期间内的经营成果,是项目销售收入与消耗支出的差额。收入大于支出为利润;反之,则为亏损。利润总额是项目所得税纳税依据。利润计算必须符合国家财会及税收制度的有关规定,所以也称之为"会计利润"。根据现行财税制度,在项目评价中,利润总额一般以年为时间单位计算,可简化为如下的表达式:

$$利润总额 = 产品销售收入 - 总成本费用 - 销售税金及附加 - 营业外净支出 \qquad (19-9)$$

$$总成本费用 = 经营成本 + 折旧、摊销 + 财务费用 \qquad (19-10)$$

$$销售税金及附加 = 城市维护建设税 + 教育费附加 + 资源税 \qquad (19-11)$$

营业外净支出等于营业外收入和营业外支出的差额。新项目营业外净支出由于发生较少,也难以估计,可不计算。

当产品销售收入和总成本费用都不含增值税时,销售税金及附加也不含增值税。

$$税后利润 = 利润总额 - 所得税 = 利润总额 - 应纳税所得额 × 所得税税率 \qquad (19-12)$$

当不需对前期亏损弥补时,当期应纳税所得额与当期利润总额相同;当需要对前期的亏损进行弥补时,当期应纳税所得额小于当期利润总额。

表19-4为一个新建矿山项目的利润计算实例。

表19-4　新建矿山项目的利润计算实例　　　　　　　　　　　　　　（万元）

序号	项　　目	第1年	第2年	第3年	第4年	第5年	第6年	第7年	第8年	第9年	第10年
1	销售收入				297999	372499	372499	372499	372499	372499	372499
2	销售税金及附加				1833	2292	2292	2292	2292	2292	2292
3	总成本费用				273676	336216	336216	336216	336216	336216	336216
4	营业外支出										
5	利润总额(1-2-3-4)				22490	33991	33991	33991	33991	33991	33991
6	弥补以前年度亏损										
7	应纳税所得额(5-6)				22490	33991	33991	33991	33991	33991	33991
8	所得税										5099	5099
9	税后利润(5-8)				22490	33991	33991	33991	33991	28893	28893

19.2.4.2　现金流量

现金流量是某一段时期内项目现金流入和现金流出的数量。将现金流入量和现金流出量相抵的差额称为净现金流量,也称净收益。净现金流量已成为测量投资项目真正盈利性最主要的对象。

项目的现金流量一般是一个以年为单位的时间序列。项目的现金流量表逐年记录了项目从开始实施起到项目结束的全部现金流入和现金流出。一个新建的矿山项目,在基建期只有投资支出使得净现金流量为负。随着项目投产而产生现金流入,净现金流量也开始出现正值。现金流量表实例见表19-5。

表19-5　项目现金流量表实例　　　　　　　　　　　　　　（万元）

序号	项　　目	第1年	第2年	第3年	第4年	第5年	第6年	第7年	第8年	第9年	第10年
1	现金流入				297999	372499	372499	372499	372499	372499	372499
1.1	销售收入				297999	372499	372499	372499	372499	372499	372499
1.2	回收固定资产余值										
1.3	回收流动资金										
2	现金流出	80315	107087	80315	296561	328382	317888	317888	317888	322732	322732
2.1	建设投资	80315	107087	80315							
2.2	更新改造资金										
2.3	流动资金				42246	10494					

序号	项　目	第1年	第2年	第3年	第4年	第5年	第6年	第7年	第8年	第9年	第10年
2.4	经营成本				251357	313897	313897	313897	313897	313897	313897
2.5	销售税金及附加				1833	2292	2292	2292	2292	2292	2292
2.6	营业外支出										
2.7	所得税									5099	5099
2.8	公益金				1125	1700	1700	1700	1700	1445	1445
3	净现金流量(1-2)	-80315	-107087	-80315	1439	44117	54611	54611	54611	49767	49767

从表19-4和表19-5的对比中可看出,项目净现金流量与会计利润有着较大的区别。从达产正常年份来看,在没有投资支出的年份,项目的税后利润小于净现金流量,作为计算所得税基础的税前利润小于税前净现金流量,其差额就是这些年份的折旧与摊销。所有国家的税法中都允许用投资的折旧和摊销去冲减应纳税额,以减小项目的所得税,也就是应以会计利润为基础计算所得税。所以,关于资产折旧的政策实质上是关于所得税的政策。

由于项目现金流量能按时和如实反映项目的现金流入和流出,使得后面讲述的资金时间价值理论能得以运用。因此,分析投资项目的现金流量已成为当今世界投资分析的主流。

19.3　费用估算

费用估算是建设项目可行性研究的重要内容。估算得准确与否直接影响项目的评价结果和投资决策。由于费用估算与项目采用的技术密切相关,国外甚至把项目的费用估算归入项目技术报告范畴。从事矿山项目费用估算的人员一般是懂得矿山工艺技术的工程师,甚至就是采矿工程师本人。因为不同的工艺技术有着不同的费用,可以说生产能力、设备型号乃至工艺技术都是费用的函数。这也是不少关于矿山项目费用估算的书籍用多半的篇幅在讲述工艺技术的原因。

项目费用的估算包括投资估算和经营成本估算两大类。下面主要讲述一些费用估算的概念和方法,而工艺技术将不在此重复。

19.3.1　投资估算

投资估算是指在项目初步设计之前,在项目建议书和可行性研究等项目建设前期阶段,对拟建项目所需投资,通过编制估算文件预先测算和确定的过程。估算的投资是投资决策、筹资和控制造价的重要依据。

19.3.1.1　投资构成

根据国家发展和改革委员会、建设部发布的《建设项目经济评价方法与参数》的说明,在项目经济评价中,项目总投资包括建设投资、建设期贷款利息和全部流动资金三部分,如图19-1所示。

建设投资由建筑安装工程费用、设备及工器具购置费用、工程建设其他费用、预备费用构成。建设投资构成如图19-2所示。

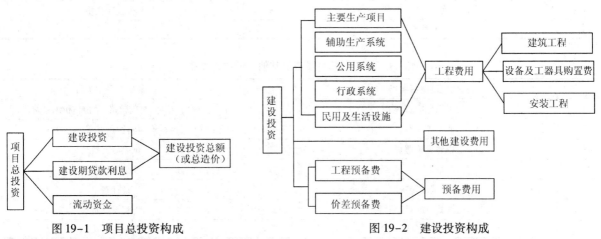

图19-1　项目总投资构成　　　　　　　　图19-2　建设投资构成

在工程项目设计中,由于建设期的贷款利息属于资金筹措费用,受筹措方案影响较大,是为筹措建设投资而发生的次生费用,所以在行业标准《有色金属工业技术经济设计规范》(YS 5018—1996)中,规定包括建设期贷款利息时称"建设投资总额",不包括建设期贷款利息时称"建设投资"。

表19-6和表19-7给出了常规坑内矿山项目投资的工程费用和其他建设费用构成。

表19-6 常规坑内矿山项目投资的工程费用构成

序 号	工程项目和费用名称	序 号	工程项目和费用名称
I-1	主要生产工程	4	精矿脱水
(一)	地质	5	石灰乳制备
1	坑探	6	药剂制备
2	钻探	7	试(化)验室
3	取样化验	(四)	尾矿设施
4	探测设备	1	尾矿坝
(二)	采矿场	2	尾矿输送
1	坑内工程	3	尾矿砂泵站
1.1	井巷工程	4	尾矿回水泵站及管线
1.2	穿孔设备	I-2	公用系统工程
1.3	出矿设备	(一)	动力及通信工程
1.4	坑内运输设备	1	外部供电线路
1.5	坑内破碎	2	总降压变电所
1.6	坑内提升	3	厂区供电线路
1.7	坑内排水	4	厂区通信线路
1.8	坑内通风	(二)	给排水工程
1.9	坑内充填	1	外部供水线路
1.10	坑内机电维修	2	加压泵站
1.11	采切工程	3	厂区管网
1.12	坑内供电	4	高位水池
2	采矿工业场地	5	净化站
2.1	地表提升设施	(三)	总图及运输工程
2.2	地表通风机房	1	外部公路
2.3	空压机房	2	采、选工业场地
2.4	充填站	3	对外运输设备
2.5	坑口服务楼	I-3	行政福利设施工程
(三)	选矿厂	1	办公楼
1	破碎工段	2	生产调度中心
2	磨浮工段	3	其他民用设施
3	精矿浓密		

表19-7 矿山项目投资的其他建设费用构成

序 号	其他建设费用项目	序 号	其他建设费用项目
1	建设用地准备费	8	评估、招标、材料价格、单位估价编制费
2	业主管理费	9	可行性研究费
3	工程建设监理费	10	试验研究费
4	培训费	11	勘察测量费
5	联合试运转费	12	设计费
6	生产工器具及家具购置费	12.1	工程设计费
7	办公与生活家具购置费	12.2	非标设计费

序　号	其他建设费用项目	序　号	其他建设费用项目
12.3	预算编制费	15	供电贴费
13	施工机构迁移费	16	矿山巷道维修费
14	环保评价费	17	引进技术与设备的其他费

19.3.1.2　投资估算阶段与精度

项目建设前期,相应的投资估算分为3个阶段。随着阶段的发展,投资估算逐步准确,其所起的作用也越来越大,各阶段的投资和成本的估算误差如下:

(1) 投资机会(概略)研究,误差允许±30%。

(2) 初步可行性研究(冶金矿山称预可行性研究),误差允许±20%。

这一阶段的投资估算是作为决定是否进行详细可行性研究的依据,同时也是确定哪些关键问题需要进行辅助性专题研究的依据之一。

(3) 可行性研究(又称详细可行性研究)阶段的投资估算。主要是进行全面、详细、深入的技术经济分析论证阶段,要评价选择拟建项目的最佳投资方案,对项目的可行性提出结论性意见。该阶段研究内容详尽,投资和成本估算的误差缩小到±10%。

这一阶段的投资估算是进行详尽经济评价、决定项目可行性、选择最佳投资方案的主要依据,也是编制设计文件,控制初步设计及概算的主要依据。

还可以把估算分为指标性估算、初步估算、控制性估算和确定性估算四类。不同估算类型下的估算误差见表19-8。估算类型、研究阶段和估算误差的对应关系见表19-9。

表19-8　估算误差

估算类型	描　　述	估算误差/%
指标性估算	依据其他项目的经验数据	±30
初步估算	依据概念设计、估算价格和费率	±20
控制性估算	依据已知流程、设备选型、总图布置、设备和材料的预算价格	±10
确定性估算	依据设计图纸和投标价格的实际值	±5

表19-9　估算类型、研究阶段和估算误差的对应关系

估算类型	研　究　阶　段	估算误差/%
指标性估算	投资机会研究或项目建议书阶段	±30
初步估算	(预)初步可行性研究阶段	±20
控制性估算	可行性研究阶段	±10
确定性估算	初步设计(或施工图)阶段	±5

注:初步设计阶段称为概算。

19.3.1.3　可行性研究的投资估算方法

国内外常见的投资估算方法,其中有的适用于整个项目的投资估算,有的适用于一套装置的投资估算。为了提高投资估算的科学性和精确性,应按项目的性质、技术资料和数据的具体情况,有针对性地选用适宜的方法。下面介绍国内项目可行性研究中投资估算的方法。

A　建筑工程投资估算

(1) 建筑物与构筑物,根据主要设计原则,建筑结构形式,以建筑面积或建筑体积、实物工程量及有关技术参数选用估算指标或类似工程造价资料进行编制。

（2）工业炉窑砌筑工程，根据技术特征套用有色估算指标、有色工业炉工程综合定额指标炉窑砌筑部分或类似工程造价资料进行编制。

（3）总平面及运输系统工程一般采用计算主要工程量后分别套用土建、市政、公路、铁路等相应估算指标或定额扩大指标编制。

（4）各种室外管道、高低压供电线路工程，根据技术条件套用定额扩大指标编制。

（5）矿山井巷、露天剥离工程，根据实物工程量，套用综合定额扩大指标编制。

B　安装工程投资估算

（1）设备安装以车间或工段为单元，根据技术特征采用估算指标、定额扩大指标或类似工程造价资料编制。

（2）工艺金属结构、设备绝热、防腐工程以车间或工段为单元，根据技术特征采用估算指标、定额扩大指标或类似工程造价资料编制。

（3）工业管道以车间或工段为单元，根据技术特征采用估算指标、定额扩大指标或类似工程造价资料编制。

（4）变电、配电、动力配线敷设与重母线工程以车间或工段为单元，根据技术特征采用估算指标、定额扩大指标或类似工程造价资料编制。

C　设备及工器具购置费用估算

（1）设备价格。主要设备按制造厂家现行出厂价格计算；次要设备可按占主要设备价值的比例估算，有条件的项目可用主机台（套）价格指标计算。

（2）工器具费。工器具费按有关规定进行计算，如有色工业项目就采用《工程建设其他费用定额指标》中所列指标计算。

（3）设备运杂费。设备运杂费是指购置设备所发生的采购（含招标）、运输、保管等，即将设备由制造厂运至安装地点100 m以内的指定地点所发生的设备出厂价外的全部运杂费用。

D　工程建设其他费用估算

工程建设其他费用估算包括建设场地准备费（含征地、拆迁赔偿等）、业主管理费、工程建设监理费、生产职工培训费、联合试运转费、办公及生活家具购置费、试验研究费、勘察费、设计费、环保评价费、供电贴费、矿山巷道维修费、施工机构迁移费、引进技术与进口设备其他费用等。一般按有关部门颁发费用定额指标执行。

E　工程预备费用

工程预备费用指由于设计条件限制，在高阶段设计中难以预料，而在下阶段设计和建设施工中可能发生的工程费用。一般按工程费用及与其他费用之和的一定费率计算。费率可根据项目情况适当取定。根据有关部门规定，在可行性研究估算中，费率取值范围为12% ~ 20%；初步设计概算费率取值为7% ~ 12%。

F　建设期贷款利息估算

项目建设资金有贷款时，在建设期会发生资本化利息，它是建设项目总造价的组成部分。根据贷款条件和建设期贷款使用计划计算建设期利息。

19.3.1.4　其他简单投资估算方法

A　单位产品投资指标法

单位产品投资指标法是根据类似企业的投资指标，经分析判断，估算投资。其公式为：

$$估算投资 = 类似企业单位产品投资 \times 建设规模 \tag{19-13}$$

B　生产能力指数法

生产能力指数法是根据已建成的、性质类似的建设项目或生产装置的投资额和生产能力及拟建项目或生产装置的生产能力估算拟建项目的投资额。其公式为：

$$新项目投资 = 已知项目投资 \times \left(\frac{新项目生产能力}{已知项目生产能力} \right)^{n} \qquad (19-14)$$

式中　n——一般小于1,有色冶金企业为 $0.6 \sim 0.8$。

C　系数估算法

系数估算法有设备系数法、设备及厂房系数法、主要车间系数法等。

(1)设备系数法:以设备费用为基础,乘以适当系数来推算项目的建设费用。

(2)设备及厂房系数法:根据已确定的工艺流程,先分别估算出工艺设备投资和厂房土建投资。项目的其他费用,与设备关系较大的按设备投资系数计算,与厂房土建关系较大的则以厂房土建投资系数计算,两类投资加起来就得出整个项目的投资。

(3)主要车间系数法:先采用合适的方法计算出主要车间的投资,然后利用已建类似项目的投资比例计算出辅助设施等占主要生产车间投资系数,估算出总的投资。

19.3.1.5　流动资金

流动资金是企业生产经营活动中处于生产领域和流通领域供周转使用的资金。它是实现社会再生产的一个重要条件,是建设项目总投资的重要组成部分。因此,在设计项目中,除估算建设投资外,还必须估算流动资金。

A　流动资金构成

根据流动资金在生产过程中所起的作用,以及在周转中所处的阶段不同,可以划分为生产领域的流动资金和流通领域的流动资金两大类。

生产领域的流动资金可以根据资金的作用和实物形态细分为企业储备资金和企业生产资金。

流通领域的流动资金按其作用和实物形态细分为产成品资金、企业结算资金和企业货币资金。流动资金的构成如图 19-3 所示。

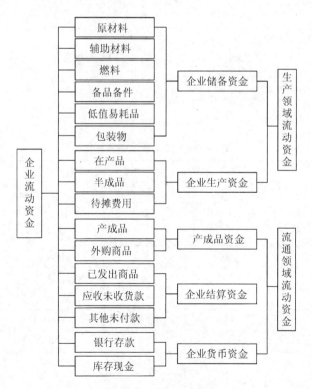

图 19-3　流动资金构成

B　流动资金的估算

在项目评价中,对流动资金的估算通常有两种方法,即扩大指标估算法和分项估算法。

a　扩大指标估算法

扩大指标估算法是按照流动资金与某种费用或收益的比率来估算流动资金的方法。用扩大指标估算流动资金的计算公式有:

(1) 按流动资金占销售收入的比率——销售收入资金率估算法:

$$流动资金 = 年销售收入 \times 销售收入资金率 \tag{19-15}$$

(2) 按流动资金占经营成本的比率——经营成本资金率估算法:

$$流动资金 = 年经营成本 \times 经营成本资金率 \tag{19-16}$$

(3) 按流动资金占建设投资的比率——建设投资资金率估算法:

$$流动资金 = 建设投资 \times 建设投资资金率 \tag{19-17}$$

b　分项估算法

流动资金占用额与经营成本直接发生关系,如果有条件分项估算经营成本时,一般用分项估算法估算。分项估算法是将流动资金分为四项,采用列表方式进行估算。所分四项为:

(1) 应收账款。包括企业在销售过程中应该收取而尚未收取的款项,以及在购买过程中已经预付而尚未到货的预付款项。一般通过项目年经营成本和周转天数来计算。

(2) 存货。是流动资金需用额的主要部分,存货是指企业在生产经营过程中为耗用或者销售的储备物质。原辅材料的存货通过原辅材料年费用和周转天数来计算;在产品和产成品通过年经营成本和周转天数来计算。

(3) 现金。企业在生产经营活动中,所储存的一定量的现金,用来支付日常数额较小的零星开支。可用年经营成本扣除年外购材料费和修理费后的余额来计算。

(4) 应付账款。属流动负债,包括企业在购买材料、物质和接受劳务供应时,应付而未付的款项,是应该占用而未占用的资金;也包括在销售过程中发货前收到的预收款项。可通过年外购材料费和周转天数来计算。

流动资金与表中各项资金的关系为:

$$\left.\begin{array}{l} 流动资产 = 应收账款 + 存货 + 现金 \\ 流动负债 = 应付账款 \\ 流动资金 = 流动资产 - 流动负债 \end{array}\right\} \tag{19-18}$$

流动资金估算实例见表 19-10。

表 19-10　流动资金估算实例　　　　　　　　　　　　　(万元)

序　号	项　　目	周转天数	周转次数	第 4 年	第 5 年	第 6 年
1	流动资产					
1.1	应收账款	60	6	1741.80	3284.13	3284.13
1.2	存货			910.81	1762.93	1762.93
1.2.1	原材料	45	8	468.94	937.89	937.89
1.2.2	备品备件	180	2	181.71	325.73	325.73
1.2.3	在产品	5	72	122.75	241.11	241.11
1.2.4	产成品	5	72	137.41	258.20	258.20
1.3	现金	15	24	98.74	159.66	159.66
小计				2751.35	5206.72	5206.72
2	流动负债			1040.28	2080.56	2080.56
2.1	应付账款	60	6	1040.28	2080.56	2080.56
3	流动资金			1711.07	3126.16	3126.16
4	流动资金本年增加额			1711.07	1415.09	

19.3.2 经营成本估算

经营成本是项目经济评价中所使用的特定概念,作为项目运营期的主要现金流出,其构成和估算可采用下式表达:

$$经营成本 = 外购原材料、燃料和动力费 + 工资及福利费 + 修理费 + 其他费用 \qquad (19-19)$$

或

$$经营成本 = 总成本费用 - 折旧、摊销 - 财务费用 \qquad (19-20)$$

在矿山项目中,生产是由多个作业环节组成,这些作业可形成相对独立的成本中心或核算单元。每个作业有自己的外购原材料、燃料和动力费、工资及福利费、修理费等费用,因此出现了作业成本概念。矿山项目的作业成本与采矿技术和装备水平密切相关。在可行性研究阶段的成本估算中,一般先通过估算各工序的作业成本来汇总成项目的总经营成本。

19.3.2.1 坑内矿山作业成本

坑内采矿主要作业成本项目可归纳为:

(1)生产探矿作业成本。生产探矿作业成本是指为采矿提供准确可靠的地质资料而进一步进行勘探所打的巷道或钻孔的费用。单位作业成本为元/m 或元/m³。

(2)掘进作业成本。掘进作业成本是指在矿块或区段中掘进平巷、天井、人行道、漏斗及使之能进行回采的巷道所发生的费用。单位作业成本为元/m 或元/m³。

(3)回采作业成本。回采作业成本是指在准备好的矿块或采区内将矿石从矿体中分离开来的回采过程所发生的费用。单位作业成本为元/t。

(4)坑内碎矿作业成本。坑内碎矿作业成本是指坑内设置的粗碎作业,单位作业成本为元/t。

(5)坑内充填作业成本。坑内充填作业成本是指回采中用充填料充填采空区以便继续进行回采的全部作业过程发生的费用。单位作业成本为元/t 或元/m³。

(6)坑内运输作业成本。坑内运输作业成本是指将矿石由采场运至井底车场(或卸矿溜井)的作业所发生的费用。单位作业成本为元/t 或元/(t·km)。

(7)提升作业成本。提升作业成本是指将矿石由井底车场提升至井口(或地表)的作业所发生的费用。单位作业成本为元/t。

(8)运矿作业成本。运矿作业成本是指井口至选厂运输矿石所发生的费用。这种运输有不同方式,如索道、电机车、汽车、胶带运输等。单位作业成本为元/t 或元/(t·km)。

(9)通风作业成本。通风作业成本是指为使井下空气清新和工作环境良好,保证井下安全生产所进行的一切输送风量、调节风流及其他有关通风防尘工作所发生的费用。单位作业成本为元/m³。

(10)排水作业成本。排水作业成本是指将井下涌水导入井底水仓再排出井外的作业所发生的费用。单位作业成本为元/m³。

可以根据上述作业的单位成本扩大指标估算整个矿山开采成本。

当然,在条件允许的情况下,也可根据各作业成本的实际消耗来估算每项作业成本。不过,应首先说明估算的费用范围和费用的内容。

坑内矿各作业成本的费用范围和费用内容见表19-11。

表19-11 坑内矿主要作业成本的费用范围和内容

作业项目	费用范围	费用内容
1. 采场凿岩和爆破作业	采场内的钻机作业和装药、爆破作业的费用	人工费: 凿岩和爆破操作工人的工资和各种津贴; 维修人员的工资和各种津贴。 材料费: 钻头、钻杆及配件消耗; 凿岩设备、燃料、润滑油消耗; 炸药、雷管等爆破材料消耗。 公用服务费:如电、压风和供水(压风、供水可能形成独立的作业项目)

作业项目	费用范围	费用内容
2. 采场出矿（出渣）作业	主要装载–运输作业以外的矿岩附加运输，如电耙耙矿，这种运输并不是所有采矿方法都有	人工费 　操作工人的工资和各种津贴； 　维修人员的工资和各种津贴。 材料费（电耙作业）： 　斗绳； 　斗齿； 　链钩和吊链； 　滑轮； 　动力装置。 动力费：电费
3. 采场支护作业	锚杆支护以及空区充填； 其中充填作业环节包括： 尾砂或其他充填料的获得； 尾砂分级； 给充填料添加水泥或其他材料； 浆状充填料输送至采场； 采场充填料的放置，包括隔离栅栏、排水管等； 充填后专用排水设施的运行	（1）锚杆支护 人工费： 　操作工人的工资和各种津贴； 　维修人员的工资和各种津贴。 材料及消耗品： 　锚杆或锚绳； 　垫片； 　护顶板； 　水泥浆及锚栓； 　支护网。 动力费：电费。 （2）充填 人工费： 　操作工人的工资和各种津贴； 　维修人员的工资和各种津贴。 材料： 　生产材料； 　维修材料。 动力费：电费。 　外委承包服务
4. 采场掘进作业	采场掘进亦称生产性掘进工程，是专指在矿块开采期内使用的工程。一般包括： 斜坡道或上下盘运输巷道的进出联络道； 分段和凿岩巷道； 脉内天井； 电耙道； 回采平巷； 充填管井； 溜矿天井； 机械化分层充填采场中，联络斜坡道的挑顶	掘进步骤有凿岩、爆破、出渣、支护、装载、运输以及可能的提升。 费用包括： 　凿岩费用； 　爆破费用； 　出渣费用； 　支护费用 　　（其中材料费有：锚杆、支架、喷射混凝土、混凝土衬砌） 　装载费用； 　运输费用； 　提升费用
5. 运输作业	坑内铲运机、坑内卡车和机车的运输费用	（1）无轨设备费用 人工费： 　操作工人的工资和各种津贴； 　维修人员的工资和各种津贴。 材料及消耗品： 　燃料； 　润滑油（机油、黄油等）； 　轮胎； 　备件。 （2）有轨运输 人工费： 　操作工人的工资和各种津贴； 　维修人员的工资和各种津贴。 材料费 动力费：电费
6. 提升作业	提升作业的操作工至少包括三个岗位：提升机司机、井口工和箕斗工 竖井的维修和维护是一项专业工作，需设专业维修和维护人员	人工费： 　操作工人的工资和各种津贴； 　维修人员的工资和各种津贴。 材料费： 　润滑油； 　钢绳消耗 动力费：电费

作业项目	费用范围	费用内容
7.通风作业	主扇及局扇的通风费用	人工费； 动力费； 风机维修费； 风筒的安装和移动、风管、风墙等费用； 风管和风筒的损耗
8.排水作业	将坑内水排至地表的所有费用	人工费； 动力费； 维修费： 　易损件费用； 　管线维修费用； 安装和拆除临时排水设施费用
9.供电作业	此成本一般分摊到电力用户的作业成本中	人工费； 材料费； 自耗电
10.压气作业	此成本一般分摊到压气用户的作业成本中	人工费； 材料费(含备件)； 动力费
11.供水作业	一般指新水供应成本,此成本一般分摊到水用户的作业成本中	人工费； 材料费(含备件)； 动力费
12.监督和控制作业		专职监督费用： 　采矿监督、工长和班长的费用； 　其他职员的工资； 　交通工具和办公材料费用。 采矿计划部门费用： 　工资； 　办公用品； 　专用交通工具； 　咨询专家费用
13.外委承包费用		可用类似企业的成本资料或预定费率计费

19.3.2.2　露天开采作业成本

A　生产探矿作业成本

生产探矿作业成本是为了保证矿山的平衡正常生产,提高矿床勘探程度,增加工业储量,提高储量级别和深入研究矿床地质特征所进行的探矿工作而发生的生产费用。

如果生产探矿的任务是在采剥作业的穿孔作业中取样、化验、分析完成的,也可不单独进行生产探矿作业成本计算。

B　穿孔作业成本

(1) 以爆破后的钻凿孔长度"米"为计量单位计算。

(2) 在使用不同型号的钻机或钻凿不同孔径的情况下,应分别计算。

C　爆破作业成本

(1) 以爆破后的可采装矿岩总量"吨"为计量单位计算。

(2) "二次爆破"费用计入该项作业成本,但"二次爆破"所取得的矿岩量不能重复计入矿岩总量。

D　铲装作业成本

(1) 以挖掘机装车的矿岩量"吨"为计量单位计算。

（2）需要进行"二次倒装"的铲装量，应追加计入铲装作业量。

E 运输作业

（1）以不同运输设备的运输矿岩总量"吨"或"吨·千米"为计量单位计算。

（2）应按不同的运输方式和运输设备分别计算。目前运输方式主要有有轨运输、汽车运输、胶带运输和索道运输。

F 排土作业成本

（1）以排土量"吨"为计量单位计算。

（2）包括排土场、排土线路的维护、延伸、平整、挖掘机倒运等费用。

G 破碎作业成本

（1）以进入破碎机的矿石量"吨"为计量单位计算。

（2）如果矿岩都需要破碎，应分别计算矿石、岩石的破碎作业成本。

19.3.2.3 选矿作业成本

A 破碎作业成本

（1）以处理原矿量"吨"为计量单位计算。

（2）在可能的情况下分别计算粗、中、细碎的作业成本。

（3）破碎作业的辅助材料主要有破碎衬板、运输皮带、机油。

B 磨矿作业成本

（1）以处理原矿量"吨"为计量单位计算。

（2）磨矿工序主要有球磨机与分级机，分为一次磨矿或二次磨矿。其中，球磨机的动力消耗和磨矿介质消耗占成本比重较大。

（3）辅助材料主要有球磨衬板、钢球。

C 选别作业成本

（1）设计中仍然按原矿处理量为计量单位计算综合选别作业成本。

（2）辅助材料主要是各种浮选药剂。

D 脱水作业成本

（1）以脱水精矿量"吨"为计量单位计算。

（2）脱水主要经过浓缩和过滤等工艺。

（3）辅助材料主要有运输皮带、过滤布。

E 尾矿处理成本

（1）以送到尾矿坝的尾矿量"吨"为计量单位计算。

（2）尾矿处理成本主要指尾矿输送成本。

F 污水处理成本

以污水处理量"吨"为计量单位计算。

19.3.2.4 其他经营成本费用

前面介绍了矿山项目在现场发生的各种作业成本，但矿山项目往往还会发生一些非现场的经营成本，如企业管理费、产品的销售费以及向资源所有者缴纳的资源补偿费等费用。

经营成本中的企业管理费是指企业行政管理部门为管理和组织经营活动的各项费用，其中管理人员的工资将占很大比例。

矿山项目的产品销售费用主要指产品在销售过程中由矿山承担的运输费用、港务费用等，这可以根据运输量和有关费率进行估算。资源补偿费一般根据有关法规规定的费率进行计算，计算基础一般是矿山项目的销售收入。

19.3.2.5 作业成本指标

采矿作业成本与采矿方法密切相关。充填采矿法是比较昂贵的采矿方法,以消耗大量水泥的下向胶结充填法为最贵。空场采矿法和崩落采矿法相对便宜,其中自然崩落法已成为当今最便宜的坑内采矿方法,其成本可以和露天采矿成本相比。矿体的规模和产状也影响采矿方法的选择和万吨采掘比的大小,自然也影响采矿成本的高低。当坑内涌水量很大时,矿山坑内排水有时会成为成本的主要构成。生产规模也影响生产成本水平,一般采用高效大型设备实现大规模生产,会得到相对先进的成本指标。

选矿成本受矿石性质和磨矿细度的影响,其中动力费用一般会占到整个选矿成本的1/3。

表19-12和表19-13分别为国内矿山行业采矿和选矿作业成本水平。

表19-12　采矿作业成本水平

序　号	项　　目	指 标 范 围
1	坑内采矿	
1.1	空场法、崩落法/(元/$t_{矿}$)	35~55
1.2	充填采矿法/(元/$t_{矿}$)	55~90
2	露天采矿/(元/$t_{矿岩}$)	8~14

表19-13　选矿作业成本水平

序　号	项　　目	生产条件	指标范围/(元/t)
1	铜矿石	简单、易选	25~40
		难选	35~55
2	铅锌矿	简单、易选	30~45
		难选	40~65
3	镍矿	浮选	40~65
4	脉金矿石	浮选	25~50
		全泥氰化	70~95

19.4　财务分析

19.4.1　概述

财务分析的基础:对项目财务效益与费用的估算。

财务分析的内容:主要分析项目的盈利能力、偿债能力和财务生存能力。

财务分析的目的:判断项目的财务可接受性,明确项目对银行等财务主体及投资者的价值,为项目决策提供依据。

财务分析的步骤如图19-4所示。

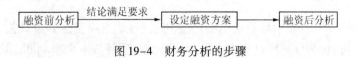

图19-4　财务分析的步骤

融资前分析应以动态分析为主、静态分析为辅。融资后分析应以融资前分析和初步的融资方案为基础,比选融资方案,帮助投资者做出融资决策。

19.4.2　财务分析流程

财务分析流程如图19-5所示。

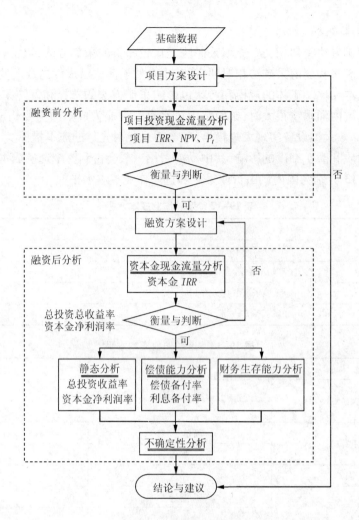

图 19-5   财务分析流程

19.4.3   财务评价指标数学模型

19.4.3.1   静态盈利能力分析(非折现现金流量分析)

A   总投资收益率

总投资收益率(ROI)。表示总投资的盈利水平,系指项目达到设计能力后正常年份的年息税前利润或运营期内年平均息税前利润($EBIT$)与项目总投资(TI)的比率;总投资收益率应按式(19-21)计算:

$$ROI = \frac{EBIT}{TI} \times 100\% \tag{19-21}$$

总投资收益率高于同行业的收益率参考值,表明用总投资收益率表示的盈利能力满足要求。

B   项目资本金净利润率

项目资本金净利润率(ROE)表示项目资本金的盈利水平,是指项目达到设计能力后正常年份的年净利润或运营期内年平均净利润(NP)与项目资本金的(EC)比率;项目资本金净利润率应按式(19-22)计算:

$$ROE = \frac{NP}{EC} \times 100\% \tag{19-22}$$

项目资本金净利润率高于同行业的净利润率参考值,表明用项目资本金净利润率表示的盈利能力满足要求。

C   投资利润率

$$投资利润率 = \frac{年利润总额}{项目总投资} \times 100\% \tag{19-23}$$

D 投资利税率

$$投资利税率 = \frac{年利税总额}{项目总投资} \times 100\% \tag{19-24}$$

年利税总额 = 年销售收入 – 年总成本费用(价格中都含增值税)

或年利税总额 = 年销售收入 – 年总成本费用 + 应纳增值税(价格中不含增值税)

E 资本金利润率

$$资本金利润率 = \frac{年利润总额}{资本金} \times 100\% \tag{19-25}$$

F 销售利润率

$$销售利润率 = \frac{年利润总额}{产品年销售收入} \times 100\% \tag{19-26}$$

G 项目投资回收期

项目投资回收期(P_t)系指以项目的净收益回收项目投资所需要的时间,它是考察项目在财务上投资回收能力的主要静态指标,一般以年为单位。项目投资回收期宜从项目建设开始年计算起,若从项目投产开始年计算,应予以特别注明。项目投资回收期可采用式(19-27)计算:

$$\sum_{t=1}^{P_t} (CI - CO)_t = 0 \tag{19-27}$$

式中 CI——年现金流入量,万元;

$\qquad CO$——年现金流出量,万元;

$\qquad t$——年份;

$\qquad P_t$——投资回收期,年。

项目投资回收期可借助项目投资现金流量表计算。项目投资现金流量表中累计净现金流量由负值变为零的时点,即为项目的投资回收期。投资回收期应按式(19-28)计算:

$$投资回收期(P_t) = 累计现金流量不小于零的年数 - 1 + \frac{上年累计净现金流量绝对值}{当年净现金流量} \tag{19-28}$$

在财务评价中,求出的投资回收期(P_t)可与投资者设定的基准投资回收期(P_c)比较,当 $P_t \leqslant P_c$ 时,认为可以接受。投资回收期短,表明项目投资回收快,抗风险能力强。

投资回收期被广泛使用,其主要原因是:

(1)投资回收期通俗易懂,易于计算。在一定程度上被理解为项目的一个盈利指标。

(2)投资回收期法可为管理面临的风险提供保护。由于存在风险,风险投资应有较短的投资回收期。由于没有理论基础,仍需主观确定一个评判标准。

(3)有人认为投资回收期将"机会损失风险"最小化。由于现金流量能在短时间内回收投资,使得公司有资金去捕捉另外的投资机会。而投资回收期长的项目,可能使公司丧失某些投资机会。

投资回收期可对投资决策提供一些有用的信息,但因有太多的缺陷而不能单独使用。

投资回收期方法的明显缺点:

(1)没有考虑回收期后的现金流量,因此,不能视为表示项目盈利能力的指标。

(2)该方法没考虑投资回收期间现金流量的时间价值或数值大小。

(3)确定可接受的最大投资回收期是个难题。这样一个允许的最大回收期往往是凭主观确定,有一定的随意性。主观确定往往难以令人满意。另外,风险不同的项目能否使用同一个评判标准?怎样确定不同风险下允许的最大投资回收期?这都是有待深入研究的问题。

19.4.3.2 动态盈利能力分析(折现现金流量分析)

A 财务内部收益率

财务内部收益率($FIRR$)系指能使项目计算期内净现金流量现值累计等于零时的折现率,即 $FIRR$ 作为折现率使下式成立：

$$\sum_{t=1}^{n} (CI - CO)_t (1 + FIRR)^{-t} = 0 \tag{19-29}$$

式中　　　CI——现金流入量；

　　　　　CO——现金流出量；

　　$(CI - CO)_t$——第 t 期的净现金流量；

　　　　　　n——项目计算期。

财务内部收益率反映了项目所占用资金的盈利率。项目投资财务内部收益率、项目资本金财务内部收益率和投资各方财务内部收益率都依据上式计算，但所用的现金流入和现金流出不同。

当财务内部收益率大于或等于所设定的判别基准 i_c（通常称为基准收益率）时，项目方案在财务上可以接受。项目投资财务内部收益率、项目资本金财务内部收益率和投资各方财务内部收益率可有不同的判别基准。

B　财务净现值

财务净现值（$FNPV$）系指按设定的折现率（一般采用基准收益率 i_c）计算的项目计算期内净现金流量的现值之和，可按式（19-30）计算：

$$FNPV = \sum_{t=1}^{n} (CI - CO)_t (1 + i_c)^{-t} \tag{19-30}$$

式中　i_c——设定的折现率（同基准收益率）。

一般情况下，财务盈利能力分析只计算项目投资财务净现值，可根据需要选择计算所得税前或所得税后净现值。

按照设定的折现率计算的财务净现值大于或等于零时，项目方案在财务上可考虑接受。

C　财务净现值率

财务净现值率（$FNPVR$）是一个相对指标。它等于项目财务净现值与全部投资现值之比。其表达式为：

$$FNPVR = \frac{FNPV}{I_P} \tag{19-31}$$

式中　I_P——投资的现值的绝对值（投资中应包括固定资产投资和流动资金）。

它可以作为用净现值衡量项目或方案的补充指标，表示单位投资所获得的净现值，只有大于零时方案才有意义。

19.4.3.3　偿债能力分析

A　利息备付率

利息备付率（ICR）是指在借款偿还期内的息税前利润（$EBIT$）与应付利息（PI）的比值，它从付息资金来源的充裕性角度反映项目偿付债务利息的保障程度，应按式（19-32）计算：

$$ICR = \frac{EBIT}{PI} \tag{19-32}$$

利息备付率应分年计算，其值越高，表明利息偿付的保障程度越高。利息备付率应当大于1，并结合债权人的要求确定。

B　偿债备付率

偿债备付率（$DSCR$）系指在借款偿还期内，用于计算还本付息的资金（$EBITDA - TAX$）与应还本付息金额（PD）的比值，它表示可用于还本付息的资金偿还借款本息的保障程度，应按式（19-33）计算：

$$DSCR = \frac{EBITDA - TAX}{PD} \tag{19-33}$$

式中　$EBITDA$——息税前利润加折旧和摊销；

　　　　TAX——企业所得税。

如果项目在运营期内有维持运营的投资,可用于还本付息的资金应扣除维持运营的投资。

偿债备付率应分年计算,其值越高,表明可用于还本付息的资金保障程度越高,偿债备付率应当大于1,并结合债权人的要求确定。

C 资产负债率

资产负债率($LOAR$)系指各期末负债总额(TL)同资产总额(TA)的比率,应按式(19-34)计算:

$$LOAR = \frac{TL}{TA} \times 100\% \tag{19-34}$$

资产负债率是反映项目各年所面临的财务风险程度及偿债能力的指标。对该指标的分析,应结合国家宏观经济状况、行业发展趋势、企业所处竞争环境等具体条件判定。

D 流动比率

流动比率是反映项目各年偿付流动负债能力的指标。

$$流动比率 = \frac{流动资产总额}{流动负债总额} \times 100\% \tag{19-35}$$

联合国工业组织出版的《工业可行性研究编制手册》一书认为满意的流动比率范围为2.0~1.2。

E 速动比率

速动比率是反映项目快速偿付流动负债能力的指标。

$$速动比率 = \frac{流动资产总额 - 存货}{流动负债总额} \times 100\% \tag{19-36}$$

速动比率较满意的数值范围为1.0~1.2。

19.4.3.4 财务生存能力分析

财务生存能力分析,应在财务分析辅助表和利润与利润分配表的基础上编制财务计划现金流量表,通过考察项目计算期内的投资、融资和经营活动所产生的各项现金流入和流出,计算净现金流量和累计盈余资金,分析项目是否有足够的净现金流量维持正常运营,以实现财务可持续性。若各年累计盈余资金出现负值,应进行短期借款,同时分析该短期借款的年份长短和数额大小,进一步判断项目的财务生存能力。

19.4.3.5 评价方法比较

不同的评价方法之间存在一定的内在关系,说明如下:

(1) 投资内部收益率(IRR)与投资回收期。在矿山领域,投资内部收益率和投资回收期一直是项目评价最常用的方法。在某些特殊情况下,两者存在着内在联系。比如,当项目有很长的寿命期,同时每年有一致的净收益,这样,投资回收期的倒数就可近似表示为项目的 IRR。当服务期 $n \to \infty$ 时,投资回收期的倒数正好等于 IRR。这里的投资回收期是不含建设期的回收期。有以下推导:

如果项目初期投资为 P,每年净收益为 A,计算期为 n,项目投资内部收益率为 IRR,根据式(19-4),有下列公式:

$$P = A \frac{(1 + IRR)^n - 1}{IRR(1 + IRR)^n} \tag{19-37}$$

投资回收期 P/A 的倒数 A/P 为:

$$\frac{A}{P} = \frac{IRR(1 + IRR)^n}{(1 + IRR)^n - 1} \tag{19-38}$$

当 $n \to \infty$ 时,A/P 的极限值为:

$$\lim_{n \to \infty} \frac{A}{P} = \lim_{n \to \infty} \frac{IRR(1 + IRR)^n}{(1 + IRR)^n - 1} = IRR \tag{19-39}$$

所以,当 $n \to \infty$ 时,则 $\frac{A}{P} = IRR$。其实当 n 达到 25~30 年时,就已有 $\frac{A}{P} \approx IRR$。对于 IRR 越高的项目,此关系就更加成立。

（2）投资内部收益率（IRR）与净现值（NPV）。在评价单个项目时，IRR 与 NPV 两种方法具有相同的结论。但在对两个互斥型方案进行比较时，就可能会出现矛盾。表 19-14 为两个互斥项目的现金流。

表 19-14　两个互斥项目的现金流和 NPV、IRR　　　　　　　　　　（万元）

年份及效益指标	项目 A	项目 B
0	-10000	-10000
1	1000	7000
2	5000	5000
3	6000	3000
4	7000	1000
净现值 $NPV(i=15\%)$	3213	2685
IRR	24.7%	30.5%

根据净现值评价方法，项目 A 优于项目 B。根据 IRR 评价方法，项目 B 优于项目 A。到底接受项目 A 还是项目 B？由于 NPV 反映了项目对公司（投资者）财富的贡献，即项目 A 的贡献大于 B。因此，一般以净现值的评价结论为准。

另外，IRR 是式（19-29）的解，但当现金流不是常规的现金流量时（现金流量累计值的正、负号出现一次以上的反转），方程会出现多个解，这会给项目比较带来困难，这也是选择 NPV 法作为项目或方案比较准则的原因之一。

19.4.3.6　选择折现率

计算 NPV 所用的折现率，或与项目 IRR 相对比的基准收益率，有时说成是公司盈利的最低要求，有时又说成是项目资金成本。其实，两种说法的本质是一样的，相当于同一点的两个方向。因为，这个折现率可以理解为项目处于一种"盈亏"临界状态下的折现率，而临界状态下的成本就是某种意义上要求的盈利。不过，人们习惯从资金成本的角度来确定这个折现率，或用资金成本来确定公司最低盈利要求。因此，后面将讲述项目的资金成本。

所有资金都有成本，没有免费使用的资金。向银行借钱要支付利息，发行普通股票需要支付股息，使用自己已有的钱投入一个项目，因不能投入其他项目而失去其他的盈利机会，这些都体现了使用资金要付出代价，说明使用资金是有成本的。

为了计算项目的 NPV，需要用一个折现率来折现项目的现金流量。选定的折现率，应该是代表了项目所有资金（包括债务和资本金）的综合成本。资金的这种综合成本就是债务和资本金的加权平均资金成本（国外称 $WACC$），也代表了项目现金流量的最小折现率。

借款成本就是借款利率容易理解，下面将讲述普通股资金成本和项目加权平均资金成本。

A　普通股资金成本

普通股股东对公司的预期收益要求，可以看作为普通股筹资的资金成本。这种预期收益要求通常可采用资本定价模型来确定。

如：采用风险系数 β 的资本定价模型

$$r = r_0 + \beta(r_m - r_0) \tag{19-40}$$

式中　r——普通股资金成本，普通股股东的预期收益要求；

　　　r_0——市场无风险投资收益率，如长期国债利率；

　　　r_m——市场平均风险投资收益率；

　　　β——投资风险系数（有杠杆 β 系数），由统计机构公布。

a　关于贝塔系数

贝塔系数（Beta coefficient）是一种评估证券系统性风险的工具，用以度量一种证券或一个投资证券组合相对总体市场的波动性。贝塔系数（β）是统计学上的概念，是一个在 -1 至 +1 之间的数值，它所反映的是某一投资对象相对于大盘的表现情况。其绝对值越大,显示其收益变化幅度相对于大盘的变化幅度越大;绝对值越小,显示其变化幅度相对于大盘越小。

如果 β 为1,则市场上涨10%,股票上涨10%;市场下滑10%,股票相应下滑10%。如果 β 为1.1,市场上涨10%时,股票上涨11%;市场下滑10%时,股票下滑11% 。如果 β 为0.9,市场上涨10%时,股票上涨9%;市场下滑10%时,股票下滑9% 。

通常贝塔系数是用历史数据来计算的,有的证券交易所会公布个股的贝塔系数(β),比如美国纽约交易所公布的 Freeport – McMoRan Copper&Gold Inc 的贝塔系数(β)是1.84(2010年1月29日)。个股公司的贝塔系数是个股在具体资金结构下的贝塔系数,在统计中还不能直接应用,需要卸载成无杠杆贝塔系数(β),再进行数理统计得出同业的无杠杆贝塔系数(β),然后再依据项目的资金结构加载为有杠杆贝塔系数(β)。

$$有杠杆 \beta 系数 = 无杠杆 \beta 系数 \times \left[1 + \frac{负债}{股本} \times (1 - 税率) \right] \qquad (19\text{-}41)$$

b 市场风险溢价

市场风险溢价($r_m - r_0$)是市场平均风险投资收益率与无风险收益率之差。风险溢价指的是市场的风险补偿机制,即如果一个投资项目面临的风险比较大,它相应的就需要较高的报酬率,风险与报酬成正比。市场风险溢价是相对于无风险报酬而言的。决定风险溢价收益率的因素有以下三点:

(1)宏观经济的波动程度。如果一个国家的宏观经济容易发生波动,那么股票市场的风险溢价收益率就较高,新兴市场由于发展速度较快,经济系统风险较高,所以风险溢价水平高于发达国家的市场。

(2)政治风险。政治的不稳定会导致经济的不稳定,进而导致风险溢价收益率较高。

(3)市场结构。有些股票市场的风险溢价收益率较低是因为这些市场的上市公司规模较大,经营多样化,且相当稳定(比如德国与瑞士)。一般来说,如果上市公司普遍规模较小而且风险性较大,则该股票市场的风险溢价收益率会较大。

例如:无风险投资收益率3%(长期国债利率),市场平均风险投资收益率12%,无杠杆投资风险系数1.32,项目债务占70%,股本占30%,所得税率30%。采用定价模型估算的股本资金成本:

$$有杠杆 \beta 系数 = 1.32 \times \left[1 + \frac{70\%}{30\%} \times (1 - 30\%) \right] = 3.47$$
$$r = 3\% + 3.47 \times (12\% - 3\%) = 34.28\%$$

B 加权平均资金成本

项目的总体资金成本可以用加权平均资金成本表示,将项目各种融资的资金成本以该融资额占总融资额的比例为权数加权平均,得到项目的加权平均资金成本。表19-15是一计算加权平均资金成本的示例。

$$WACC = r_e \times \frac{E}{E+D} + r_d \times (1-t) \times \frac{D}{E+D} \qquad (19\text{-}42)$$

式中 $WACC$——加权平均资金成本;

r_e——权益资金成本(或普通股资金成本);

r_d——债务资金成本(税前),税后债务资金成本为 $r_d \times (1-t)$;

E——股东权益;

D——企业负债;

t——所得税率,30%。

例如,在上述例子中,贷款利率为6%,则项目的加权平均资金成本为:
$$WACC = 34.28\% \times 30\% + 6\% \times (1 - 30\%) \times 70\% = 13.22\%$$

19.4.4 矿权价值及评估

19.4.4.1 矿权及矿权价值

矿权是指自然人、法人和其他社会组织依法享有的,在一定的区域和时间期限内,进行矿产资源勘探或开采等一系列经济活动的权利。矿权是矿产资源所有权派生出来的一种物权,是矿产资源所有权中的使用权能。也就是说,矿产资源所有者(多指国家)将矿产资源使用权能让与他人,允许他人使用、收益。在中华人民共和国物权法中,把矿权定义为用益物权,即矿权拥有者对国家的矿产资源依法享有占用、使用和收益的权利。

矿权包括探矿权和采矿权。探矿权是指探矿权人在依法取得的勘查许可证规定的范围和期限内,勘查矿产资源的权利。采矿权是指采矿权人在依法取得的采矿许可证规定的范围和期限内,开采矿产资源的权利。

矿权已演变成了一种资产或特殊的商品,可在矿权一级市场上出让或在二级市场上转让。矿权交易价格的基础是矿权的价值。矿权价值,即矿权人在一定期限内通过对矿产资源客体的活化劳动和物化劳动的投入而可能产出的投资收益额。

19.4.4.2 矿权价值评估

由于探矿权的评估仍处于探索阶段,能够称其为评估方法的,也均不成熟。下面仅介绍采矿权的评估。

采矿权的评估国际上已有通行的做法,即折现现金流量法,也就是前面所说的现金流量法。运用该方法估算对矿产资源客体的活化劳动和物化劳动的投入而可能产出的投资收益额。

通过折现现金流量分析计算的净现值(NPV)就反映了投资收益。它是在保证了开发投资的合理收益之后的净现值 NPV,即为矿权的评估价值。

采用折现现金流量法评估矿业权有三个重要步骤和一个关键参数。三个重要步骤是:(1)核实储量,计算可采储量;(2)合理确定假设条件,拟定开发方案;(3)建立财务模型,列出现金流量表。一个关键参数,即折现率。可以看出,采矿权评估的实质就是矿山项目的投资评价。已完成可行性研究的矿山项目,实际上也就完成了矿权价值的评价。可行性研究的深度越深,矿权价值的评价就越准确。

由于不同的折现率会得到不同的 NPV,也就反映了不同的矿权价值,折现率在矿权价值评估中是一个关键的参数。

表 19-15 和图 19-6 是某矿权评估的结果。当折现率为 6% 时,项目开发后的净现值(NPV)为 7.66 亿美元。当折现率为 10% 时,NPV 为 1.88 亿美元。如果项目不确定因素很多,面临的技术和政治风险较大,折现率取值就会加大,矿权的价值也就随之降低。如果投资者确定的项目折现率为 13%,项目此时的 NPV <0,投资者可以认为,在现有条件下矿权已没有价值。

表 19-15 折现率的 NPV

折现率/%	NPV/万美元	折现率/%	NPV/万美元
6	76643.2	11	9743
7	58105.4	12	2095.4
8	42632.5	13	-4335.2
9	29690.2	14	-9744.4
10	18844.9	15	-14293.8

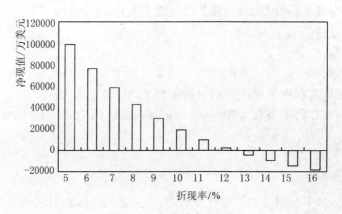

图 19-6 折现率与 NPV

19.5　某矿山工程可行性研究经济评价实例

19.5.1　概述

19.5.1.1　项目概况

某项目为新建镍铜矿采选工程。该矿床规模较大,探明和控制的资源量合计为 46.69 Mt,但资源品位较低,平均地质品位镍:0.56%,铜:0.38%。因此,只有通过大规模开采才有可能实现较好的经济效益。

根据矿体的赋存状况、矿岩稳固性条件,以及地表环境要求,设计选用浅孔房柱采矿嗣后充填法和中深孔空场采矿嗣后充填法。采矿方法所占的比例为:浅孔房柱采矿嗣后充填法占 20%,中深孔空场采矿嗣后充填法占 80%。

经过方案比选后,设计推荐采用竖井开拓方式:主井采用双箕斗提升,用作提升矿石和废石;副井采用单罐笼带平衡锤提升,用作提升人员、材料设备等。

矿井通风采用多级机站通风系统。坑内设移动式螺杆空压机。坑内用水由供水管经副井、各阶段运输平巷和沿脉送至坑内各用水点。坑内正常涌水量 5230 m^3/d,最大涌水量 11300 m^3/d。

坑内采用有轨运输,矿石运输列车由 20t 架线式电机车双机牵引 10 辆 10 m^3 底侧卸式矿车组成;废石运输列车由 10t 架线式电机车单机牵引 S8 梭式矿车组成。坑内破碎站选用 2 台 C125 型颚式破碎机,矿石处理能力 300~750 t/h。

碎矿工艺设计考虑按常规的碎磨流程,即三段一闭路破碎 + 球磨工艺;磨矿系统采用两段连续磨矿;选别流程采用一粗二扫四精的流程结构,再经浓缩、过滤后,最终得到以含镍、铜为主的混合精矿产品。

19.5.1.2　编制依据

经济评价的编制依据为项目可行性研究报告推荐的开采方案、产品方案、建设条件、建设工期、《建设项目经济评价方法与参数》(第3版)及国家现行财税政策、会计制度与相关法规。

19.5.1.3　生产规模及产品方案

设计矿石采选生产规模为 10 kt/d。可行性研究阶段,将探明与控制的资源量作为设计依据,以此计算的矿山服务年限为 12 年;若考虑推断矿量,则服务年限可延长至 24 年。

本项目生产的最终产品为镍铜混合精矿,精矿水分小于 13.5%。根据设计生产规模及各项采选技术指标,计算项目达产年平均产精矿量 153799t,其中含镍 10766t,含铜 6426t,见表 19-16。

表 19-16　项目达产年平均产品产量计算结果

项目		数值
原矿量/(kt/a)		3300
原矿品位/%	Ni	0.52
	Cu	0.35
原矿含金属量/(t/a)	Ni	17225
	Cu	11475
选矿回收率/%	Ni	62.5
	Cu	56.0
精矿品位/%	Ni	7.00
	Cu	4.19
精矿量/(t/a)		153799
精矿含金属量/(t/a)	Ni	10766
	Cu	6426

19.5.1.4　企业定员及劳动生产率

企业主要生产工段采用连续工作制,年工作日为330 d,即全年除了设备必要的检修天数外,其余时间均进行生产,节假日也不休息。每天3班,每班工作8 h。管理职能部门和部分辅助生产工段实行间断工作制,年工作天数为250 d,每天工作8 h。

劳动定员的编制按设计拟定生产工艺和选择的设备,确定新建矿山所需的生产岗位定员,并考虑轮替休人员。经过编制,该新建矿山企业所需总定员人数为1223人。全矿的劳动定员及劳动生产率见表19-17。

表 19-17　劳动定员综合明细

部　门	出勤定员		在册人员				劳动生产率/[t_矿/(人·d)]	
	最大班人数	合计	生产人员	管理人员	服务人员	合计	全员	生产人员
采矿车间	195	507	750	16		766	13.05	13.33
选矿车间	88	164	211	10		221	45.25	47.39
机动车间	93	125	146	4		150		
矿部管理人员	66	86		54	32	86		
全　矿	442	882	1107	84	32	1223	8.18	9.03

19.5.1.5　计算期

计算期包括建设期和生产经营期,根据项目实施计划,建设期确定为3年,生产运营期确定为13年,则项目的计算期为16年。计算期内投产第一年生产负荷为50%,最后一年生产负荷为82%,其余生产年份生产负荷100%。

19.5.2　产品市场分析

产品市场分析简述如下。

19.5.2.1　镍市场分析

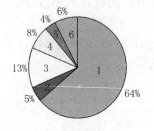

图 19-7　镍消费结构

1—不锈钢;2—合金钢;3—有色合金;
4—电镀;5—铸造;6—其他

A　镍的用途

镍是一种银白色金属,具有机械强度高、延展性好、难熔、在空气中不易氧化等优良特性,用它制造的不锈钢和各种合金钢被广泛地用于飞机、坦克、舰艇、雷达、导弹、宇宙飞船和民用工业中的机器制造、陶瓷颜料、永磁材料、电子遥控等领域。在化学工业中,镍常被用作氢化催化剂。近年来,在彩色电视机、磁带录音机、通讯器材等方面,镍的用途也在迅速增长。2007年,镍的消费结构如图19-7所示。

B　资源状况

据美国地质调查局2008年资料,世界镍的储量67 Mt,基础储量150 Mt,主要分布于澳大利亚、古巴、新喀里多尼亚、加拿大、南非、印度尼西亚和俄罗斯等国家。其中,大约有60%是红土镍矿,40%是硫化镍矿。世界镍储量分布见表19-18。

表 19-18　世界各地区镍储量及储量基础　　　　　　　　　　　　　　　(Mt)

序　号	国家或地区	储　量	储量基础
1	澳大利亚	24	27
2	新喀里多尼亚	7.1	15
3	俄罗斯	6.6	9.2
4	古巴	5.6	23

序　号	国家或地区	储　量	储量基础
5	加拿大	4.9	15
6	巴西	4.5	8.3
7	南非	3.7	12
8	印度尼西亚	3.2	13
9	中国	1.1	7.6
10	菲律宾	0.94	5.2
11	哥伦比亚	0.83	1.1
12	多米尼加共和国	0.72	1
13	委内瑞拉	0.56	0.63
14	博茨瓦纳	0.49	0.92
15	希腊	0.49	0.9
16	津巴布韦	0.015	0.26
17	其他	2.1	5.9
世界合计(近似)		67	150

资料来源：U. S. Geological Survey,Minersl Commodity Summaries 2008。

我国镍矿资源比较丰富,全国保有储量为7.6Mt。主要分布于西北、西南和东北地区,其保有储量占全国总储量的比例分别为76.8%、12.1%、4.9%。甘肃镍储量最多,占全国镍矿总储量的62%,其次是新疆(11.6%)、云南(8.9%)、吉林(4.4%)、湖北(3.4%)和四川(3.3%)。

我国镍资源以硫化铜镍矿为主,占总储量的85%~90%,平均镍含量大于1%的硫化镍富矿石约占全国总保有储量的44.1%。相对来说,氧化镍矿则比较少,而且品位比较低,缺乏竞争力。

C　镍的供需分析

据世界金属统计局的资料,2007年世界矿山镍产量大约1.559Mt,同比增长10%。主要生产国有俄罗斯、加拿大、澳大利亚、印度尼西亚、新喀里多尼亚等,其中俄罗斯2007年产量为0.294Mt,约占当年全球产量的18.8%,居世界第一位。全球镍矿产量增加较快的是印度尼西亚和新喀里多尼亚,新增的镍矿主要用于中国含镍生铁的生产。

世界主要镍矿产量统计见表19-19。

表19-19　1998~2007年世界主要镍矿产量 （kt）

序号	国家或地区	1998年	1999年	2000年	2001年	2002年	2003年	2004年	2005年	2006年	2007年
1	俄罗斯	270	262	266	273	267	301	289	289	290	294
2	澳大利亚	144	120	170	197	188	191	187	186	179	183
3	加拿大	208	186	191	194	189	163	187	200	234	255
4	新喀里多尼亚	125	110	128	113	100	112	118	112	103	125
5	印度尼西亚	76	76	71	118	143	144	136	135	140	229
6	古巴	68	64	68	73	71	67	72	72	74	75
7	中国	49	50	50	52	54	61	76	73	69	70
8	巴西	26	33	32	46	45	45	45	37	36	37
9	哥伦比亚	28	28	28	38	44	48	49	53	51	49
10	南非	37	36	37	36	39	41	40	42	42	37
10国合计		1030	963	1040	1139	1140	1173	1198	1198	1218	1355
10国所占比例		90.4%	91.1%	91.4%	90.6%	89.8%	89.8%	90.5%	88.8%	85.9%	86.9%
世界合计		1139	1058	1138	1256	1269	1307	1324	1349	1417	1559
年增长率		4.8%	-7.1%	7.6%	10.3%	1.0%	3.0%	1.3%	1.9%	5.1%	10.0%

2007 年世界精炼镍产量大约 145.0 万吨,同比增长 9.0%。主要生产国有俄罗斯、中国、加拿大、日本、澳大利亚等,其中俄罗斯产量为 26.7 万吨,约占当年全球产量的 18.4%,居世界第一位。中国的产量增速迅猛,已成为世界第二大镍生产国。这是由于金川、吉林镍业、新疆众鑫等公司不断扩产的结果,以及大量的含镍生产增加了中国精炼镍的产量。世界主要国家精炼镍产量统计见表 19-20。

表 19-20 1998~2007 年世界主要国家精炼镍产量 (kt)

序号	国家或地区	1998 年	1999 年	2000 年	2001 年	2002 年	2003 年	2004 年	2005 年	2006 年	2007 年
1	俄罗斯	234	238	242	248	243	264	261	268	274	267
2	日本	127	132	161	154	158	163	169	164	152	161
3	加拿大	147	124	134	141	145	124	152	140	154	163
4	澳大利亚	80	84	112	128	132	129	122	122	114	114
5	挪威	70	74	59	68	69	77	71	85	82	88
6	芬兰	37	53	54	55	55	53	50	41	47	55
7	中国	48	44	51	50	52	65	76	95	108	220
8	新喀里多尼亚	45	45	44	46	49	51	43	47	49	43
9	古巴	39	38	40	41	42	39	42	42	42	44
10	哥伦比亚	28	28	28	38	44	48	49	53	51	49
	10 国合计	854	861	924	969	988	1012	1035	1056	1073	1204
	10 国所占比例	81.9%	83.0%	83.3%	83.7%	83.3%	83.5%	82.6%	81.5%	80.7%	83.0%
	世界合计	1042	1037	1109	1157	1187	1211	1252	1296	1330	1450
	年增长率	2.7%	-0.4%	6.9%	4.3%	2.5%	2.1%	3.4%	3.4%	2.7%	9.0%

从 2005 年开始,中国已经取代日本成为世界上镍消费量最大的国家,其他主要的镍消费国家和地区有日本、美国、德国、韩国和中国台湾。2007 年全球镍消费量为 1.421 Mt,同比增加 3.2%,但是从各国或地区的消费量变化来看,中国的镍消费量同比大幅度增加,而很多传统镍消费大国的消费量都有所下降。

世界主要国家精炼镍消费量统计见表 19-21。全球镍市场的供需平衡状况见表 19-22。

表 19-21 1998~2007 年世界主要国家精炼镍消费量 (kt)

序号	国家或地区	1998 年	1999 年	2000 年	2001 年	2002 年	2003 年	2004 年	2005 年	2006 年	2007 年
1	日本	161	164	192	199	170	188	195	171	188	196
2	美国	149	140	147	129	121	117	128	128	136	162
3	德国	90	97	126	103	118	95	95	116	106	110
4	中国台湾	80	104	106	92	104	103	91	84	107	76
5	中国	42	39	58	85	84	133	144	201	225	328
6	意大利	53	55	53	63	72	71	62	60	60	64
7	韩国	72	90	90	59	96	113	123	118	101	71
8	法国	55	49	53	49	58	46	34	32	32	31
9	西班牙	27	30	32	48	50	48	48	48	60	42
10	芬兰	37	46	49	48	52	65	59	50	54	54
	10 国或地区合计	768	812	905	875	923	977	979	1008	1069	1133
	10 国所占比例	77.4%	76.8%	77.2%	76.9%	77.8%	78.4%	78.5%	77.7%	77.7%	79.7%
	世界合计	992	1057	1172	1138	1186	1247	1247	1297	1377	1421
	年增长率	0.2%	6.5%	10.9%	-2.9%	4.3%	5.1%	0.0%	4.0%	6.1%	3.2%

表 19-22 1998~2007 年全球镍市场供需平衡 (kt)

供需名称	1998 年	1999 年	2000 年	2001 年	2002 年	2003 年	2004 年	2005 年	2006 年	2007 年
全球消费量	992	1057	1172	1138	1186	1247	1247	1297	1377	1421
全球产量	1042	1037	1109	1157	1187	1211	1252	1296	1330	1450
全球供需平衡	49	-20	-63	20	0	-36	5	-2	-47	29
中国消费量	42	39	58	85	84	133	144	201	225	328
中国产量	48	44	51	50	52	65	76	95	108	220
中国供需平衡	6	6	-7	-36	-32	-68	-68	-106	-117	-108

有专家预测,由于美国次贷危机和中国偏紧的宏观政策将导致全球镍消费放缓。2008 年全球不锈钢产

量预计达到 31904 kt,同比增加 5.25%,镍的消费量将达到 1451 kt,同比增加 2.09%,但镍的供应增加更快,2008 年全年镍产量为 1518.5 kt,同比增加 4.74%,全年供大于求 67.5 kt。

D　镍的价格

2007 年是镍市场上不平凡的一年,无论是镍的单日价(5 月 10 日 3 个月期货镍价达到 52000 美元/t),还是年均价均创下了历史新高。

近 10 年 LME 镍现货均价见表 19-23。

表 19-23　1998~2007 年 LME 镍现货均价

年　份	1998	1999	2000	2001	2002	2003	2004	2005	2006	2007
LME 镍现货均价/(美元/t)	4617	6027	8641	5948	6772	9640	13852	14733	23574	36825
LME 镍现货均价/(美元/lb)	2.09	2.73	3.92	2.70	3.07	4.37	6.28	6.68	10.69	16.70
增长率/%	−33.2	30.5	43.4	−31.2	13.8	42.4	43.7	6.4	60.0	56.2
5 年平均价/(美元/t)	6723	6659	6740	6430	6401	7406	8971	10189	13714	19725
5 年平均价/(美元/lb)	3.05	3.02	3.06	2.92	2.90	3.36	4.07	4.62	6.22	8.95
10 年平均价/(美元/t)					6628	7064	7815	8465	10072	13063
10 年平均价/(美元/lb)					3.01	3.20	3.54	3.84	4.57	5.93

由于全球经济发展放缓,不锈钢市场表现疲软,对镍的需求降低,LME 库存大幅增加,导致全球各大分析机构整体看淡近期镍市。

根据经济发展的规律和历史数据,镍价不会长期维持在高位或者低位运行,而是呈现周期性的波动变化。2008 年,镍价正处于历史的下跌趋势,这种趋势不会长期维持。

对于投资项目评价应采用的镍价,在理论上应是一个预测的长期平均价格,这一预测价格与目前的时价可能有一定的差距,尤其时价处于镍价变化周期的谷值或峰值时,这种差距将更明显。

结合前面市场资料分析,本项目用于评价的镍金属价格采用 125000 元/t(约合 18000 美元/t)。

19.5.2.2　铜市场分析

A　铜的用途

铜是与人类关系非常密切的有色金属,广泛应用于电气、电子、机械制造、建筑、国防等工业领域。铜及其合金的消费量仅次于钢铁和铝。铜在电气、电子工业中应用最广、用量最大,发电机的线圈、电线、电缆等都是用铜制造的。铜用于制造各种子弹、枪炮和飞机、舰艇的热交换器等部件,还用于制造轴承、活塞、开关、阀门及高压蒸气设备等,其他热工技术、冷却装置、民用设备等也广泛使用铜和铜合金。

B　资源状况

总体来看,世界上铜资源比较丰富,世界陆地铜资源量估计为 3000 Mt,深海结核中铜资源估计为 700 Mt。据 2008 年美国地质调查局统计,2007 年世界已探明的铜储量为 490 Mt、基础储量为 940 Mt,分别占陆地铜资源量的 16% 和 31.3%。按 2008 年世界铜矿山产量 15.59 Mt 计,现有储量的静态保证年限为 31 年,基础储量的保证年限为 60 年。

世界上铜资源的分布,从地理上来看,很不平衡,主要集中于南北美洲西海岸、非洲中部、中亚地区及俄罗斯的西伯利亚,其次是阿尔卑斯山脉和中东、美国东南部、西南太平洋沿岸及其岛屿。从国别上讲,世界铜储量最多的国家是智利和美国,分别占世界铜基础储量的 38% 和 7%,其他储量较多的国家还有中国、秘鲁、波兰、澳大利亚、墨西哥、印度尼西亚、赞比亚、俄罗斯、加拿大和哈萨克斯坦等,如图 19-8 所示。

根据大地构造环境和矿床地质条件区分,铜矿床主要的工业类型有斑岩铜矿、砂(页)岩铜矿、含铜黄铁矿、铜镍硫化矿、脉状铜矿、矽卡岩铜矿及碳酸盐铜矿。其中斑岩型铜矿储量占世界总储量的 53.5%,居第一位;沉积及沉积变质型铜矿占总储量的 31%,居第二位;火山岩黄铁矿型铜矿占总储量的 9%,居第三位;岩浆岩、矽卡岩型及其他类型的储量仅占 6.5%。

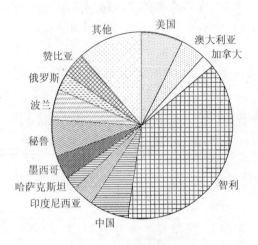

图 19-8　世界铜资源分布

C　铜的供需分析

从 20 世纪 50 年代开始,国际铜市场产销一直呈持续增长趋势,进入 20 世纪 70 年代增长速度稍有放慢。纵观近 40 年(1960~2000 年)来,世界铜矿山和冶炼厂产量持续增长,年均递增率分别为 2.89% 和 2.73%,而且冶炼能力大于矿山能力约 10%。铜的消费同样保持增长态势,年递增率为 2.93%。1995 年以后,受国际经济环境的影响,市场需求增长放缓,国际市场价格下跌,为减少经济损失,世界铜生产巨商开始减产。2003 年世界经济复苏,市场需求强劲,供应吃紧,价格上升。2004 年世界铜生产商力图迅速恢复生产能力,但仍不能缓解供需矛盾,导致 2005~2006 年上半年国际市场铜的价格暴涨。

从表 19-24 反映的情况来看,近几年世界精铜的供需仍处于动态平衡之中。2007 年的精铜产量增幅达到 4.3%,至 18165 kt,同期消费量增幅达到 3.1%,至 18122 kt,产量增幅大于消费,使得全球 2007 年出现 43 kt 供应过剩。国际铜业研究组织(ICSG)近期发表公告称,2008 年的过剩将扩大至 250 kt。ICSG 称,2008 年的增幅将扩大至 5.2%,产量达 18950 kt,其预期消费同比增长 3.8%,低于市场普遍预期的 4.3%。

表 19-24　2001~2007 年精铜供需平衡　　　　　　　　　　　　　　(kt)

年　份		2001	2002	2003	2004	2005	2006	2007	备注
全球市场	产量	15379	15106	15215	15929	16963	17410	18165	CRU
	增幅/%	54	−18	7	47	65	28	43	
	消费量	14524	15020	15413	16714	16942	17569	18122	
	增幅/%	−38	34	26	84	14	47	31	
	供需平衡	855	86	−366	−552	21	−159	43	
中国	表观供应量	2307	2736	3129	3246	3603	3587	4610	安泰科
	其中:产量	1523	1632	1836	2170	2500	3003	3400	
	进口量	835	1181	1357	1200	1223	584	1210	
	出口量	51	77	64	124	120			
	消费量	2200	2600	2950	3300	3600	3850	4205	
	供需平衡	107	136	179	−54	3	−263	405	

资料来源:《中国金属通报》2006 年 2 月,《中国铜业》2008 年 1 月。

2001~2007 年中国经济继续高速增长,精铜的消费递增率高达 14.3%,净进口的递增率在 9%,可以说,亚洲(尤其中国)仍然是全球铜消费增长最大的贡献者。表 19-25 和表 19-26 表明,中国已成为世界上最大精铜消费国和精铜生产国。

表 19-25　全球前十位精铜生产国产量 　　　　　　　　　　　　　　　　（kt）

国家名称	2000 年	2001 年	2002 年	2003 年	2004 年	2005 年	2006 年	2007 年
世界总计	14815.8	15675.3	15350	15221	15850	16612	17436.6	18165
中国	1371	1523	1633	1836	2199	2600	2998.9	3500
智利	2668	2882	2850	2902	2837	2824	2811	2950
日本	1437	1426	1401	1430	1380	1395	1532	1600
美国	1802	1800	1512	1310	1310	1260	1252.4	1280
俄罗斯	824	888	861	855	909	968	959.2	1025
德国	710	694	696	598	653	639	658.3	655
波兰	486	499	509	530	550	560	556.6	520
秘鲁	452	472	503	517	505	510	507.5	400
澳大利亚	484	558	545	484	490	471	429	545
加拿大	551	568	495	455	527	515	500.5	475
韩国	471	476	499	510	496	527	575.5	580

资料来源：World Metal Statistics Yearbook 2007，《中国铜业》2008 年 1 月。

表 19-26　全球前十位精铜消费国（地区） 　　　　　　　　　　　　　　　　（kt）

国家和地区名称	2000 年	2001 年	2002 年	2003 年	2004 年	2005 年	2006 年	2007 年
世界总计	15191.9	14685.6	15051	15317	16657	16765	17065.8	18122
中国	1928.1	2307.3	2737	3084	3364	3656	4020	4562
美国	3025.5	2619	2364	2290	2410	2270	2127	2055
日本	1349.2	1144.7	1164	1202	1279	1229	1282.3	1260
德国	1307.1	1119.6	1067	1010	1100	1115	1393.6	1350
韩国	862.2	848.5	936	901	940	869	815	810
意大利	673.9	676	673	665	715	681	800.5	790
中国台湾	628.4	540	656	619	690	638	642.5	600
法国	574.2	537.7	561	551	536	472	525	475
墨西哥	463.9	436.8	383	353	394	437	345	350
俄罗斯	183	223.8	355	422	526	792	725	750

资料来源：World Metal Statistics Yearbook 2007，《中国铜业》2008 年 1 月。

D　铜的价格

国际市场上较大的铜金属交易市场有伦敦金属交易所、纽约商品交易所和上海期货交易所，并且国际市场通常以伦敦金属交易所公布的价格作为签订铜进出口贸易的基准价格。伦敦金属交易所过去近 20 年的现货价格变化如图 19-9 所示。

铜价的变化受到供求关系、汇率以及投机基金等多重因素影响。从图 19-9 来看，1989~2004 年，铜价呈现 W 形变化，2004 年以后受中国经济对铜需求的增长，铜价不断上升。1995 年，日本住友商社有关人员在国际铜市上大肆投机炒作致使期间国际市场铜价处于较高水平。其后，受过高铜价刺激起来的资源开发积极性，无法很快冷却下来，铜产量快速增长，而世界经济受 1997 年爆发的东南亚金融危机以及 2001 年美国"9·11 事件"的影响，铜消费增长相对较低，铜市场基本处于供大于求状态，铜价多年在周期性低位徘徊。经历了上述一系列不利因素冲击之后，部分铜生产企业因铜价低迷纷纷关闭产能，使铜产量在 2002 年和 2003 年均处于负增长状态，但铜消费受中国经济持续增长以及世界经济复苏影响而持续增长，使铜市场供需关系发生逆转。铜价自 2002 年的较低水平后不断攀升,各类投机资金的介入,进一步推波助澜,在 2004 年刷新历史高点后不断创出历史新高,2006 年 LME 现货价格突破 6000 美元/t,远超出中长期的价格中枢,2007 年又突破了 7000 美元/t 的关口。

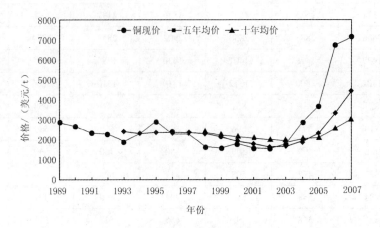

图 19-9   伦敦金属交易所现货铜价格变化

根据前面对国内外铜市场资料分析,本项目用于评价的电铜价格以相对参考历史价格走势及近期铜的市场进行确定,采用 35000 元/t(约合 5100 美元/t)作为进行项目效益测算的长期基准价格。

19.5.3   费用与效益估算

19.5.3.1   投资估算及资金筹措

A   建设投资

(1)投资范围:包括矿山从筹建至达到设计生产能力时,按设计规定的全部井巷工程、土建工程、设备及工器具购置、安装工程、工程建设及其他费用的投资以及预备费。

(2)编制依据包括:

1)工程量:依据相关专业提供的设计条件计算。

2)建筑工程:按项目当地实际工业、民用建筑指标,部分参照类似矿山指标并加以调整。

3)安装工程:按 2008 年 1 月《机械设备与安装工程》编制,不足部分参照类似工程。

4)井巷工程:按中国有色金属工业协会 2008 年 1 月出版的《矿山井巷工程预算定额》编制。

5)设备价格:进口设备及国产大型设备价格按照询价执行,国产设备参照《2006 机电产品报价手册》和《工程建设全国机电设备 2004 年价格汇编》编制。

6)其他费用按有色金属工业总公司 2008 年 1 月颁发的《有色金属工业建安工程费用定额工程建设其他费用定额》执行。

7)征地补偿费用按 37.5 万元/km^2(25000 元/亩)计。

(3)价格基年:2008 年。

(4)估算结果:建设投资估算总额为 158437 万元,按投资构成划分的投资分析见表 19-27;按生产用途划分的投资分析见表 19-28。项目建设投资总估算表见附表 19-1。

表 19-27   按投资构成划分的投资分析

项目名称	建筑工程	设备	安装工程	工器具	其他费用	总价值
总估算价值	68441	48108	7147	362	34380	158437
占总估算/%	43.20	30.36	4.51	0.23	21.70	100

表 19-28 按生产用途划分的投资分析

序号	项 目 名 称	投资/万元	占投资/%
1	主要生产工程	107844	68.07
	其中:地质	517	0.33
	采矿	71779	45.30
	选矿厂	26605	16.79
	尾矿设施	8943	5.64
2	辅助生产工程	1069	0.67
3	公用系统工程	14784	9.33
	其中:供电	4425	2.79
	供水	4079	2.57
	供热	1087	0.69
	总图运输	912	0.58
	行政办公设施	4281	2.70
4	其他费用	16514	10.42
5	工程预备费	18227	11.50
	总估算价值	158437	100.00

B 流动资金

流动资金采用分项详细估算法估算,矿山投产第一年生产负荷50%,需要流动资金4919万元,达到设计生产能力后流动资金需要8046万元。

逐年流动资金估算见附表19-2。

C 资金筹措及建设期利息

项目建设投资中,资本金占35%,其余债务资金拟使用银行贷款,借款年利率为5.94%。项目按照工程进度计划安排各年建设投资使用量,各年度建设投资中的资本金和债务资金等比例同步筹措。按此计算的建设期利息为8821万元。项目所需流动资金中,资本金占30%(铺底流动资金),其余申请银行短期借款,年利率为5.31%。流动资金从投产第一年开始安排,各年的资本金和债务资金比例均为3:7。

项目总投资使用计划与资金筹措具体见附表19-3。

D 总投资

项目总投资包括建设投资、建设期利息和流动资金,合计175305万元,其中资本金比例为33.01%。只包括铺底流动资金(全部流动资金的30%)的项目总投资为169672万元,其中资本金比例为34.11%,符合《国务院关于固定资产投资项目试行资本金制度的通知》(国发[1996]35号)的相关要求。

19.5.3.2 形成资产

A 固定资产

井巷工程、土建工程、设备及工器具购置和安装工程全部形成固定资产,工程建设其他费用中的建设单位管理费、工程监理费、可行性研究费、研究试验费、勘察设计费、环境影响评价费、场地准备及临时设施费、引进技术和引进设备其他费、工程保险费、联合试运转费、建筑工程质量监督费、绿化费等,均形成固定资产,分摊计入相应资产的价值。需要说明的一点,由于2009年1月1日起推行的增值税转型改革,允许企业抵扣新购入设备所含的增值税,因此该部分税金不计入固定资产原值。

B 无形资产

无形资产主要指专利权、非专利技术、商标权、土地使用权和商誉等。本项目形成无形资产原值的费用主要是土地征用及迁移补偿费。

C 其他资产

工程建设其他费用中除形成固定资产和无形资产以外的部分,如生产准备及开办费,计入其他资产费用。

D　工程预备费与建设期利息

工程预备费按其计算基数平均摊入相应资产价值,建设期利息全部计入固定资产价值。本项目固定资产原值为 156027 万元(不含设备购置费用中所含增值税);无形资产原值为 3136 万元;其他资产原值为 1106 万元。

19.5.3.3　总成本费用

项目总成本费用计算与 330 万吨/年矿石采选规模相对应;总成本费用计算终点为企业成品库。

从作业环节上讲,项目的生产成本包括采矿作业、选矿作业及其他辅助生产作业。采矿作业成本范围包括回采作业、掘进作业、充填作业、坑内运输作业、提升作业、坑内破碎、通风作业、压气作业、排水作业等。选矿作业成本的范围包括矿石破碎、筛分、磨矿、浮选、精矿处理、尾矿排放等。

从成本要素上讲,项目的成本包括辅助材料费、动力费、职工薪酬、修理费、折旧与摊销、财务费用以及其他费用。各部分费用的估算说明如下:

(1)材料费。采矿、选矿及相关辅助作业消耗的材料根据工艺流程确定,价格在当地及邻近地区市场价格基础上进行预测。

(2)动力费。按照当地生产用电单价 0.58 元/(kW·h)。结合本项目实际情况估算电耗,企业单位矿石用电量为 54.54 kW·h/t:其中采矿 18.34 kW·h/t;选矿(含尾矿处理)35.57 kW·h/t,其他 0.64 kW·h/t。

(3)职工薪酬。本次评价中,不同的岗位及职位将享有不同的薪酬水平。企业职工薪酬是指企业为获得职工提供的服务而给予的各种形式的报酬以及其他相关支出,包括基本工资、职工福利、各项社会保险、住房公积金、工会经费、职工教育经费等。企业职工的薪酬标准见表 19-29。

表 19-29　职工岗位级别及薪酬标准

薪酬级别	岗位级别	薪酬标准/[元/(人·年)]	本级定员/人	年薪酬总额/(万元/年)
1	经理	125000	2	25
2	副经理	90000	4	36
3	主任	63000	15	95
4	一般管理及技术人员	45000	48	216
5	直接生产工	35244	650	2291
6	辅助生产工	27720	445	1234
7	勤杂工	17028	59	100
合　计			1223	3997

(4)修理费用。固定资产修理费(含备品备件)按固定资产原值的一定比例计取,建筑物的修理费率为 1%,设备的修理费率为 5%。

(5)固定资产折旧。本项目的固定资产折旧采用年限平均法,机器设备的折旧年限按 12 年计算,建(构)筑物的折旧年限按 20 年计算。固定资产残值率取 5%。

项目固定资产折旧费见附表 19-4。

(6)无形资产及其他资产摊销。项目的无形资产(土地使用权)按 20 年摊销,其他资产按 10 年摊销。项目无形资产和其他资产摊销费估算见附表 19-5。

(7)财务费用。财务费用为建设投资贷款、流动资金贷款和其他短期贷款在生产期的利息支出,根据贷款使用及还贷情况按适用利率计算。

(8)其他费用。其他费用包括劳动保护费、办公经费、矿产资源补偿费(销售收入的 2%)、安全生产费(8 元/t 矿)、销售费用、业务招待费以及其他相关费用。各种费用的计提标准根据国家及当地规定标准计取,相关费用参照类似企业计取。

经估算,项目达产年份平均总成本为 50980 万元/年,单位矿石总成本为 154.49 元/t;年经营成本为 39362 万元,单位矿石经营成本为 119.28 元/t。项目的总成本费用估算结果见表 19-30 和表 19-31。项目逐年的总成本费用估算见附表 19-6。

19.5.3.4 营业收入和税金

A 营业收入

项目产品产销率按100%考虑。根据项目生产规模、产品方案设计以及19.5.2节产品市场分析,确定项目产品的出厂价格和营业收入,详见表19-32。

表19-30 总成本费用(生产要素法)

序号	项目	总成本/万元	单位成本/(元/t矿)	占总成本比重/%
1	辅助材料	13353	40.46	26.2
2	动力费	10919	33.09	21.4
3	修理费用	4297	13.02	8.4
4	职工薪酬	3997	12.11	7.8
5	折旧费	9496	28.78	18.6
6	摊销费	247	0.75	0.5
7	财务费用	1875	5.68	3.7
8	其他费用	6796	20.59	13.3
	总成本费用	50980	154.49	100.0
9	其中:固定成本	23989	72.70	47.1
	可变成本	26991	81.79	52.9
10	经营成本	39362	119.28	77.2
11	进项税额	4857	14.72	
12	含税总成本费用	55837	169.20	
	年矿石量/t	3300000		

表19-31 总成本费用(生产成本加期间费用法)

序号	项目	总成本/万元	单位成本/(元/t矿)	占总成本比重/%
1	生产成本	41221	124.91	80.9
	采矿车间	22680	68.73	44.5
	选矿车间	18542	56.19	36.4
2	管理费用	7884	23.89	15.5
	其中:资源补偿费	1515	4.59	3.0
	安全生产费	2640	8.00	5.2
3	财务费用	1875	5.68	3.7
4	总成本费用	50980	154.49	100.0
5	经营成本	39362	119.28	77.2
	年矿石量/t	3300000		

表19-32 项目产品出厂价格和营业收入估算结果(达产年平均)

项目	年产量/t	基础价格/元	增值税率/%	不含税价格/元	计价系数/%	精矿含金属价格/元	营业收入/万元	价值比例/%
混合精矿	153799			4925			75741	100.0
Ni	10766	125000	17	106838	60	64103	69012	91.1
Cu	6426	35000	17	29915	35	10470	6728	8.9

B 税金

增值税:根据2008年11月10日公布的《中华人民共和国增值税暂行条例》,自2009年1月1日起,在全国所有地区、所有行业推行增值税转型改革,允许企业抵扣新购入设备所含的增值税,同时,取消进口设备免征增值税和外商投资企业采购国产设备增值税退税政策,将矿产品增值税税率恢复到17%。本项目评价中,增值税将依据此条例的规定进行计算。

资源税:根据资源状况,按10元/t矿石计取。

城市维护建设税及教育费附加分别按增值税税额的5%和3%计取。

本项目逐年营业收入及税金估算见附表19-7。

19.5.4　财务分析

19.5.4.1　损益计算

本项目实施投产后,企业所得税按应税利润总额的25%计缴。法定盈余公积金按照税后净利润的10%提取。

可供分配利润按弥补以前年度亏损、提取法定盈余公积金、向投资方分配的顺序进行分配。还款资金短缺时,当期可供投资者分配的利润先用于偿还借款。

项目达产年平均利润计算结果见表19-33。

本项目利润与利润分配见附表19-8。

表19-33　项目达产年平均利润　　　　　　　　　　　　　　　　（万元）

序　号	项　目	生产期合计	达产年平均
1	营业收入	938247	75741
2	营业税金及附加	48027	3919
3	总成本费用	643988	50980
4	利润总额	246232	20842
5	所得税	61558	5159
6	净利润	184674	15683

19.5.4.2　盈利能力分析

A　财务基准收益率

分析项目所处行业的特点,参考类似企业的收益水平和项目可能存在的投资风险,结合本项目的资本构成及投资者的期望收益,确定该项目的财务基准收益率的取值。资本金财务基准收益率和所得税前项目投资财务基准收益率设定为10%,所得税后项目投资财务基准收益率设定为8%。

B　融资前分析

各项融资前盈利能力分析指标见表19-34。

表19-34　融资前盈利能力分析指标

序　号	指标名称	所得税前	所得税后	备注
1	项目投资财务内部收益率/%	13.92	11.15	
2	项目投资财务净现值/万元	37220（$I_c=10\%$）	32592（$I_c=8\%$）	
3	项目投资回收期/年	8.73	9.72	含3年建设期

所得税后项目投资财务内部收益率为11.15%,大于设定基准收益率8%;所得税前项目投资财务内部收益率为13.92%,大于设定基准收益率10%,项目在财务上可以被接受。

项目投资现金流量见附表19-9。

C　融资后分析

根据拟定的融资方案,项目生产期内年平均利润总额20842万元,年平均净利润15683万元。

各项融资后盈利能力分析指标见表19-35。

表19-35　融资后盈利能力分析指标

序　号	指标名称	指标	备注
1	项目资本金财务内部收益率/%	14.51	
2	项目资本金财务净现值（$I_c=10\%$）/万元	24105	
3	投资利润率/%	11.89	达产年平均
4	投资利税率/%	18.54	达产年平均
5	项目资本金净利润率/%	27.10	达产年平均

项目资本金财务内部收益率为 14.51%,大于设定基准收益率 10%,项目在财务上可以被接受。

项目资本金现金流量见附表 19-10。

19.5.4.3 偿债能力分析

项目资产负债见附表 19-11。由表 19-11 所示,资产负债率投产后逐年下降,且达产后各年均小于 55%;流动比率、速动比率在达产后逐年增加,且均大于 100%,这表明项目的净资产能够抵补负债。

项目投资规模中的长期借款总额为 111805 万元,偿还借款的资金来源有未分配利润、折旧费和摊销费扣除更新改造资金后的余额。根据项目的最大还款能力计算,项目的贷款偿还期为 8.79 年(含 3 年建设期)。借款还本付息见附表 19-12。

19.5.4.4 财务生存能力分析

财务计划现金流量见附表 19-13,由此可以看出,计算期内各年经营活动现金流入均大于现金流出,说明项目有能力实现自身资金平衡,满足财务可持续的基本条件。从经营活动、投资活动和筹资活动全部净现金流量看,计算期内各年现金流入均大于现金流出,累计盈余资金均为正值,说明项目符合财务生存的必要条件。因此,综合判定,项目方案合理,具备财务生存能力。

19.5.4.5 不确定性分析

A 盈亏平衡分析

项目投产后年均总成本费用为 50980 万元,其中固定成本为 23989 万元,可变成本为 26991 万元,营业收入 75741 万元,营业税金及附加 3919 万元。由此计算项目的盈亏平衡点:

$$BEP(生产能力利用率) = \frac{年固定总成本}{年营业收入 - 年可变总成本 - 年营业税金及附加} \times 100\%$$

$$= \frac{23989}{75741 - 26991 - 3919} \times 100\% = 53.5\%$$

$$BEP(产量) = 10000 \times 53.5\% = 5350 \text{t/d}$$

该项目只要达到设计规模的 53.5%,也就是产量达到 5350 t/d,企业就可以保本,表明项目对产品数量变化适应能力和抗风险能力较强。盈亏平衡图如图 19-10 所示。

B 敏感性分析

产品销售价格、经营成本、建设投资等数据具有一定的不确定性,为预测这些因素未来发生变化时,对项目最终经济效益的影响,就销售价格、经营成本、建设投资等几个因素对项目的经济效益的影响进行了敏感性分析,详见表 19-36 和图 19-11 所示。通过上面的敏感性分析可以看出,本项目对销售价格的变化最为敏感,对建设投资和经营成本的变化相对次之。在项目可行性区域内,允许销售价格降低、经营成本和建设投资增加的幅度均超过 10%,可见本项目具有一定的抗风险能力。

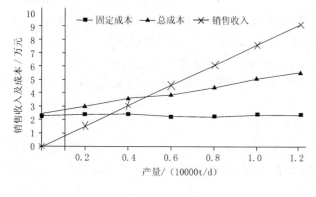

图 19-10 盈亏平衡

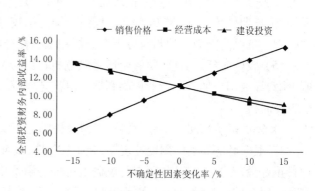

图 19-11 敏感性分析

表 19-36　敏感性分析

变化因素	变化系数/%	项目投资（融资前）			项目资本金（融资后）		
		内部收益率/%	财务净现值/万元 $(I_c=8\%)$	投资回收期/年（含建设期）	内部收益率/%	财务净现值/万元 $(I_c=10\%)$	借款偿还年限/年（含建设期）
基准		11.15	32592	9.72	14.51	24105	8.79
销售价格	115	15.34	80945	8.23	20.77	63522	7.42
	110	14.00	64827	8.65	18.78	50306	7.84
	105	12.60	48709	9.14	16.64	37062	8.22
	100	11.15	32592	9.72	14.51	24105	8.79
	95	9.63	16474	10.44	12.22	11312	9.49
	90	8.04	356	11.35	9.73	-1298	10.42
	85	6.36	-15780	12.48	6.91	-13636	11.65
经营成本	115	8.59	5879	11.06	10.69	3402	10.07
	110	9.46	14783	10.55	12.02	10264	9.58
	105	10.31	23687	10.11	13.28	17147	9.17
	100	11.15	32592	9.72	14.51	24105	8.79
	95	11.97	41496	9.37	15.70	31121	8.46
	90	12.77	50400	9.06	16.92	38311	8.25
	85	13.56	59304	8.76	18.04	45362	8.00
建设投资	115	9.12	12886	10.67	11.39	7913	9.75
	110	9.75	19455	10.35	12.37	13286	9.43
	105	10.42	26023	10.03	13.40	18658	9.11
	100	11.15	32592	9.72	14.51	24105	8.79
	95	11.93	39160	9.41	15.68	29594	8.47
	90	12.77	45729	9.10	16.93	35083	8.16
	85	13.68	52298	8.79	18.37	40767	7.95

19.5.5　综合评价

建设项目的特点是矿石储量大、埋藏深、品位低，所以低投资、低成本、高售价是其取得理想经济效益的前提。设计也是以控制投资、节约成本、提高产品质量和资源综合回收为原则，从各个环节进行优化设计，包括生产规模的论证、厂址方案的选择、设备选型和工艺流程的确定等，以实现项目的工艺科学化、管理简单化和效益最大化。

（1）投资和成本水平。经过可行性研究，项目总投资 175305 万元，单位矿石建设投资水平为 507 元/t。单位矿石总成本为 154.49 元/t，单位矿石经营成本为 119.28 元/t。

（2）盈利能力。当镍的长期平均价格为 12.5 万元/t，铜价为 3.5 万元/t 时，项目建成达产年均营业收入 75741 万元，利润总额 20842 万元，税后利润 15683 万元。项目全部投资财务内部收益率 11.15%，资本金财务内部收益率 14.51%，均高于设定的基准值，表明项目的盈利能力较强。

（3）偿债能力。项目贷款偿还期 8.79 年（含建设期 3 年），在贷款偿还期间，共偿还贷款本金 111805 万元，支付长期借款利息 23976 万元。偿债分析指标较好，偿债能力较强，易于取得贷款机构的贷款支持。

（4）抗风险能力。项目盈亏平衡分析和敏感性分析，都表明项目具有较强的抗风险能力。

（5）投资时机。目前，尽管全球金融危机已经导致实体经济的衰退或减速，金属价格"过山车式"的急剧下降，导致国内的有色行业面临利润下滑甚至亏损。但是，对于即将建设的矿山项目来说，却是一个很好的投资时机。

1）经济萧条期间，各种原材料、能源价格随之下降，降低了建设项目的投资成本。

2）根据经济发展的周期性规律，金属价格 2~3 年后走出低谷，将会迎来一个中长期的反弹；而此时该项目正好投产，达产前几年很有可能赶上市场金属价格的高位运行，这对于项目的投资回收、早见效益非常有利。很多矿山建设项目的实例也证明了以上的观点。

3）国家为了缓解经济危机带来的不利影响，拉动国内消费需求，鼓励投资建设项目，近期出台的一系列减税政策和宽松的货币政策,也有利于该项目的建设和运营。

（6）社会效益。项目达产后,年产值约 7.57 亿元,年上缴国家和地方政府税费约 1.17 亿元,可以极大地促进当地经济的发展。同时,随着矿产资源的短缺,开发深部资源和利用低品位矿石的趋势越来越明显,该项目即属于此类国家鼓励和支持的建设项目,该矿建成后将成为我国今后开发深部低品位矿床的典范。

综上所述,该矿产资源开发项目,经济效益较好,社会效益明显,并符合当前国家和地方经济发展的战略方针和相关政策,因此,该项目是可行且必要的,建议尽快做好项目前期各项工作,为该矿的尽早建成创造有利条件。

附表　财务报表

附表 19-1　财务分析辅助报表 1——项目建设投资总估算　（万元）

序号	工程项目和费用名称	价　值					
		建筑工程	设备	安装工程	工器具	其他费用	总价值
1	第一部分 工程费						
1.1	主要生产工程						
1.1.1	地质	372	145				517
1.1.2	采矿场						
1.1.2.1	开拓工程	37731					37731
1.1.2.2	采矿设备	15	10372	223			10610
1.1.2.3	坑内机电设备及安装	2169	4208	648			7025
1.1.2.4	采矿工业场地	2743	11124	2545			16413
	采矿场合计	43030	25849	3416			71779
1.1.3	选矿厂	6749	17129	2727			26605
1.1.4	尾矿设施	7642	1043	258			8943
	主要生产工程合计	57421	44022	6401			107844
1.2	辅助生产工程						
1.2.1	机修车间	305	401	37			742
1.2.2	机修仓库	112	199	15			326
	辅助生产工程合计	417	600	52			1069
1.3	公用系统工程						
1.3.1	供电	2400	1774	251			4425
1.3.2	供水	3219	714	145			4079
1.3.3	供热	633	372	82			1087
1.3.4	总图运输	769	142	2			912
1.3.5	行政办公设施	3583	483	215			4281
	公用系统工程合计	10603	3486	694			14784
	工程费合计	68441	48108	7147			123696
2	第二部分 其他基建费用				362	16152	16514
3	第一、第二部分合计	68441	48108	7147	362	16152	140210
4	预备费					18227	18227
5	总估算价值	68441	48108	7147	362	34380	158437
	总投资	68441	48108	7147	362	34380	158437

附表 19-2　财务分析辅助报表 2——流动资金估算　　（万元）

序号	项目	周转天数	周转次数	1	2	3	4	5	6	7	8	9	10	11	12	13	14	15	16
	生产负荷						50%	100%	100%	100%	100%	100%	100%	100%	100%	100%	100%	100%	82%
1	流动资产						6102	10413	10413	10413	10413	10413	10413	10413	10413	10413	10413	10413	8898
1.1	应收账款	30	12				2292	3685	3685	3685	3685	3685	3685	3685	3685	3685	3685	3685	3195
1.2	存货						3477	6395	6395	6395	6395	6395	6395	6395	6395	6395	6395	6395	5370
1.2.1	辅助材料	30	12				651	1302	1302	1302	1302	1302	1302	1302	1302	1302	1302	1302	1073
1.2.2	燃料	45	8				798	1597	1597	1597	1597	1597	1597	1597	1597	1597	1597	1597	1316
1.2.3	在产品	10	36				505	900	900	900	900	900	900	900	900	900	900	900	761
1.2.4	产成品	15	24				1146	1842	1842	1842	1842	1842	1842	1842	1842	1842	1842	1842	1598
1.2.5	备品备件	180	2				377	754	754	754	754	754	754	754	754	754	754	754	622
1.3	现金	30	12				333	333	333	333	333	333	333	333	333	333	333	333	333
2	流动负债						1183	2367	2367	2367	2367	2367	2367	2367	2367	2367	2367	2367	1951
3	应付账款	30	12				1183	2367	2367	2367	2367	2367	2367	2367	2367	2367	2367	2367	1951
4	流动资金						4919	8046	8046	8046	8046	8046	8046	8046	8046	8046	8046	8046	6947
5	流动资金本年增加额						4919	3127											-1099

附表 19-3　财务分析辅助报表 3——项目总投资使用计划与资金筹措　　（万元）

序号	项目	合计	1	2	3	4	5
1	总投资	175305	40374	66173	60711	4919	3127
1.1	建设投资	158437	39609	63375	55453		
1.2	建设期利息	8821	765	2798	5258		
1.3	流动资金	8046				4919	3127
2	资金筹措	175305	40374	66173	60711	4919	3127
2.1	项目资本金	57867	13863	22181	19409	1476	938
2.1.1	用于建设投资	55453	13863	22181	19409		
2.1.2	用于流动资金	2414				1476	938
2.2	债务资金	117438	26511	43992	41303	3443	2189
2.2.1	用于建设投资	102984	25746	41194	36044		
2.2.2	用于建设期利息	8821	765	2798	5258		
2.2.3	用于流动资金	5632				3443	2189

附表 19-4　财务分析辅助报表 4——项目固定资产折旧费估算　　（万元）

序号	项目	合计	折旧年限	1	2	3	4	5	6	7	8	9	10	11	12	13	14	15	16
1	房屋、建筑物		20																
	原值						90197	90197	90197	90197	90197	90197	90197	90197	90197	90197	90197	90197	90197
	折旧费	55697					4284	4284	4284	4284	4284	4284	4284	4284	4284	4284	4284	4284	4284
	更新改造																		
	净值						85913	81628	77344	73060	68775	64491	60207	55922	51638	47353	43069	38785	34500
2	机械设备		12																
	原值						65830	65830	65830	65830	65830	65830	65830	65830	65830	65830	65830	65830	65830
	折旧费	65039					5212	5212	5212	5212	5212	5212	5212	5212	5212	5212	5212	5212	2500
	更新改造	4775													1592	2122	1061		
	净值						60619	55407	50195	44984	39772	34561	30710	27312	23007	17795	12584	7372	4872

序号	项目	合计	折旧年限	1	2	3	4	5	6	7	8	9	10	11	12	13	14	15	16
3	固定资产合计																		
	原值						156027	156027	156027	156027	156027	156027	156027	156027	156027	156027	156027	156027	156027
	折旧费	120735					9496	9496	9496	9496	9496	9496	9496	9496	9496	9496	9496	9496	6784
	更新改造	4775											1592	2122	1061				
	净值						146531	137035	127539	118044	108548	99052	90916	83234	74645	65149	55653	46157	39373

附表 19-5　财务分析辅助报表 5——无形资产和其他资产摊销费估算　　　　（万元）

序号	项目	摊销年限	原值	1	2	3	4	5	6	7	8	9	10	11	12	13	14	15	16
1	无形资产	20	3136																
	摊销						157	157	157	157	157	157	157	157	157	157	157	157	157
	净值						2979	2822	2665	2509	2352	2195	2038	1881	1725	1568	1411	1254	1098
2	其他资产	10	1106																
	摊销						111	111	111	111	111	111	111	111	111	111			
	净值						995	884	774	663	553	442	332	221	111				
3	无形及其他资产合计		4241																
	摊销						267	267	267	267	267	267	267	267	267	267	157	157	157
	净值						3974	3707	3439	3172	2905	2637	2370	2103	1835	1568	1411	1254	1098

附表 19-6　财务分析辅助报表 6——项目总成本费用估算

序号	项目	合计	1	2	3	4	5	6	7	8	9	10	11	12	13	14	15	16
	生产负荷/%					50	100	100	100	100	100	100	100	100	100	100	100	82
	采矿量/万吨					165	330	330	330	330	330	330	330	330	330	330	330	272
1	辅助材料/万元	164571				6677	13353	13353	13353	13353	13353	13353	13353	13353	13353	13353	13353	11006
2	动力费/万元	134569				5460	10919	10919	10919	10919	10919	10919	10919	10919	10919	10919	10919	9000
3	修理费用/万元	52959				2149	4297	4297	4297	4297	4297	4297	4297	4297	4297	4297	4297	3542
4	职工薪酬/万元	51955				3997	3997	3997	3997	3997	3997	3997	3997	3997	3997	3997	3997	3997
5	其他费用/万元	88348				6796	6796	6796	6796	6796	6796	6796	6796	6796	6796	6796	6796	6796
6	经营成本/万元	492402				25077	39362	39362	39362	39362	39362	39362	39362	39362	39362	39362	39362	34341
7	折旧费/万元	120735				9496	9496	9496	9496	9496	9496	9496	9496	9496	9496	9496	9496	6784
8	摊销费/万元	3144				267	267	267	267	267	267	267	267	267	267	157	157	157
9	财务费用/万元	27707				6824	6495	4873	3589	2502	1372	299	299	299	299	299	299	258
10	总成本费用/万元	643988				41665	55621	53999	52714	51627	50497	49424	49424	49424	49424	49314	49314	41540
	其中:固定成本/万元	309509				26810	28630	27008	25723	24636	23506	22434	22434	22434	22434	22323	22323	18815
	可变成本/万元	334479				14855	26991	26991	26991	26991	26991	26991	26991	26991	26991	26991	26991	22725
	进项税额/万元	59857				2428	4857	4857	4857	4857	4857	4857	4857	4857	4857	4857	4857	4003
	含税总成本费用/万元	703845				44093	60477	58855	57571	56484	55354	54281	54281	54281	54281	54171	54171	45543

附表 19-7　财务分析辅助报表 7——营业收入及税金估算

序号	项目	单位	合计	1	2	3	4	5	6	7	8	9	10	11	12	13	14	15	16
	生产负荷/%						50	100	100	100	100	100	100	100	100.0	100.0	100	100	82
1	营业收入计算																		
1.1	原矿量/万吨		4067				165	330	330	330	330	330	330	330	330	330	330	330	272
1.2	原矿品位/%	Ni	0.52				0.56	0.56	0.52	0.47	0.47	0.51	0.53	0.53	0.53	0.53	0.54	0.54	0.54
		Cu	0.35				0.40	0.40	0.36	0.36	0.36	0.32	0.34	0.34	0.34	0.34	0.34	0.34	0.34
1.3	原矿含金属量/t	Ni	213387				9281	18563	17131	15533	15533	16837	17612	17612	17612	17612	17691	17744	14625
		Cu	142125				6584	13167	11725	11897	11897	10718	11078	11078	11078	11078	11213	11299	9313
1.4	选矿回收率/%	Ni	62.5				62.5	62.5	62.5	62.5	62.5	62.5	62.5	62.5	62.5	62.5	62.5	62.5	62.5
		Cu	56.0				56.0	56.0	56.0	56.0	56.0	56.0	56.0	56.0	56.0	56.0	56.0	56.0	56.0
1.5	精矿品位/%	Ni	7.00				7.00	7.00	7.00	7.00	7.00	7.00	7.00	7.00	7.00	7.00	7.00	7.00	7.00
		Cu	4.19				4.45	4.45	4.29	4.80	4.80	3.99	3.95	3.95	3.95	3.95	3.98	3.99	3.99
1.6	精矿产量/(t/a)		1905240				82868	165737	152957	138688	138688	150327	157251	157251	157251	157251	157958	158429	130584
1.7	精矿含金属量/t	Ni	133367				5801	11602	10707	9708	9708	10523	11008	11008	11008	11008	11057	11090	9141
		Cu	79590				3687	7374	6566	6662	6662	6002	6204	6204	6204	6204	6280	6328	5215

序号	项目单位		合计	1	2	3	4	5	6	7	8	9	10	11	12	13	14	15	16
1.8	年营业收入/万元	Ni	854916				37184	74369	68634	62232	62232	67454	70561	70561	70561	70561	70879	71090	58596
		Cu	83331				3860	7720	6874	6975	6975	6284	6495	6495	6495	6495	6575	6625	5461
		合计	938247				41045	82089	75509	69207	69207	73739	77057	77057	77057	77057	77453	77715	64056
1.9	吨原矿收入/(元/t)		231				249	249	229	210	210	223	234	234	234	234	235	236	236
	吨精矿收入/(元/t)		4925				4953	4953	4937	4990	4990	4905	4900	4900	4900	4900	4903	4905	4905
2	增值税计算																		
2.1	增值税/万元		91961				6657	7980	6908	6908	7679	8012	7934	8089	8243	8310	8355	6886	
2.1.1	销项税/万元		159502				6978	13955	12836	11765	11765	12536	13100	13100	13100	13100	13167	13212	10890
	进项税/万元		67541				6978	7298	4857	4857	4857	4857	5088	5165	5011	4857	4857	4857	4003
2.1.2	其中:购置设备增值税/万元		7684				4549	2441					231	308	154				
	生产增值税/万元		59857				2428	4857	4857	4857	4857	4857	4857	4857	4857	4857	4857	4857	4003
3	营业税金及附加计算																		
3.1	资源税/万元		40670				1650	3300	3300	3300	3300	3300	3300	3300	3300	3300	3300	3300	2720
3.2	城市维护建设税/万元		4598				333	399	345	345	384	401	397	404	412	416	418	344	
	教育费附加/万元		2759				200	239	207	207	230	240	238	243	247	249	251	207	
3.3	营业税金及附加合计/万元		48027				1650	3833	3938	3853	3853	3914	3941	3935	3947	3959	3965	3968	3271

附表 19-8 财务分析报表 1——利润与利润分配

序号	项目(1~8年)	合计	1	2	3	4	5	6	7	8
	生产负荷/%					50	100	100	100	100
1	营业收入/万元	337057				41045	82089	75509	69207	69207
2	营业税金及附加/万元	17127				1650	3833	3938	3853	3853
3	总成本费用/万元	255626				41665	55621	53999	52714	51627
4	利润总额/万元	64305				−2270	22636	17572	12640	13727
5	弥补以前年度亏损/万元	2270					2270			
6	应纳税所得额/万元	64305					20366	17572	12640	13727
7	所得税/万元	16076					5091	4393	3160	3432
8	净利润/万元	48228				−2270	17544	13179	9480	10295
9	可供分配的利润/万元	48228				−2270	17544	13179	9480	10295
10	提取法定盈余公积金/万元	3296					1318	948	1030	
11	可供投资者分配的利润/万元	44933				−2270	17544	11861	8532	9266
12	利润分配/万元									
13	未分配利润/万元	44933				−2270	17544	11861	8532	9266
14	息税前利润/万元	109239				−4540	40180	29433	21173	22993
15	息税折旧摊销前利润/万元	109239				−4540	40180	29433	21173	22993
16	累计未分配利润/万元	120740				−2270	15274	27135	35668	44933

序号	项目(9~16年)	合计	9	10	11	12	13	14	15	16
	生产负荷/%		100	100	100	100	100	100	100	82
1	营业收入/万元	601191	73739	77057	77057	77057	77057	77453	77715	64056
2	营业税金及附加/万元	30900	3914	3941	3935	3947	3959	3965	3968	3271
3	总成本费用/万元	388361	50497	49424	49424	49424	49424	49314	49314	41540
4	利润总额/万元	181926	19327	23691	23697	23685	23673	24175	24433	19245
5	弥补以前年度亏损/万元									
6	应纳税所得额/万元	181926	19327	23691	23697	23685	23673	24175	24433	19245
7	所得税/万元	45481	4832	5923	5924	5921	5918	6044	6108	4811
8	净利润/万元	136446	14496	17768	17773	17764	17755	18131	18325	14434
9	可供分配的利润/万元	136446	14496	17768	17773	17764	17755	18131	18325	14434

序号	项目(9～16年)	合计	9	10	11	12	13	14	15	16
10	提取法定盈余公积金/万元	13643	1450	1777	1777	1776	1775	1813	1832	1443
11	可供投资者分配的利润/万元	123250	13046	15992	15996	15987	15979	16318	16492	12990
12	利润分配/万元	114508	4754	15992	15996	15987	15979	16318	16492	12990
13	未分配利润/万元	8292	8292							
14	息税前利润/万元	190219	27620	23691	23697	23685	23673	24175	24433	19245
15	息税折旧摊销前利润/万元	304727	32374	39683	39693	39673	39652	40492	40925	32235
16	累计未分配利润/万元	425808	53226	53226	53226	53226	53226	53226	53226	53226

附表 19-9　财务分析报表 2——投资现金流量

序号	项目(1～8年)	总计	1	2	3	4	5	6	7	8
	生产负荷/%					50	100	100	100	100
1	现金流入/万元	1145163				48022	96044	88345	80972	80972
1.1	营业收入/万元	938248				41045	82089	75509	69207	69207
1.2	增值税销项税/万元	159504				6978	13955	12836	11765	11765
1.3	回收固定资产余值/万元	40470								
1.4	回收流动资金/万元	6947								
2	现金流出/万元	862405	39609	63375	55453	34075	57836	56137	54980	54980
2.1	建设投资/万元	158437	39609	63375	55453					
2.2	流动资金/万元	6947				4919	3127			
2.3	经营成本/万元	492400				25077	39362	39362	39362	39362
2.4	生产增值税进项税/万元	59858				2428	4857	4857	4857	4857
2.5	营业税金及附加/万元	48027				1650	3833	3938	3853	3853
2.6	增值税/万元	91961					6657	7980	6908	6908
2.7	维持运营投资/万元	4775								
3	所得税前净现金流量/万元	282759	-39609	-63375	-55453	13947	38208	32208	25992	25992
4	累计所得税前净现金流量/万元	334627	-39609	-102984	-158437	-144490	-106282	-74073	-48081	-22089
5	调整所得税/万元	68485				1138	7283	5611	4057	4057
6	所得税后净现金流量/万元	214275	-39609	-63375	-55453	12809	30925	26597	21935	21935
7	累计所得税后净现金流量/万元		-39609	-102984	-158437	-145628	-114703	-88106	-66171	-44236

序号	项目(9～16年)	9	10	11	12	13	14	15	16
	生产负荷/%	100	100	100	100	100	100	100	82
1	现金流入/万元	86274	90156	90156	90156	90156	90620	90927	122363
1.1	营业收入/万元	73739	77057	77057	77057	77057	77453	77715	64056
1.2	增值税销项税/万元	12536	13100	13100	13100	13100	13167	13212	10890
1.3	回收固定资产余值/万元								40470
1.4	回收流动资金/万元								6947
2	现金流出/万元		57763	58210	57316	56421	56494	56542	47402
2.1	建设投资/万元								
2.2	流动资金/万元								-1099
2.3	经营成本/万元	39362	39362	39362	39362	39362	39362	39362	34341
2.4	生产增值税进项税/万元	4857	4857	4857	4857	4857	4857	4857	4003
2.5	营业税金及附加/万元	3914	3941	3935	3947	3959	3965	3968	3271
2.6	增值税/万元	7679	8012	7934	8089	8243	8310	8355	6886
2.7	维持运营投资/万元			1592	2122	1061			
3	所得税前净现金流量/万元	30462	32393	31946	32841	33735	34126	34385	74961
4	累计所得税前净现金流量/万元	8374	40767	72713	105554	139289	173415	207800	282760
5	调整所得税/万元	5175	5998	5999	5996	5993	6118	6183	4876
6	所得税后净现金流量/万元	25288	26396	25947	26845	27742	28008	28202	70085
7	累计所得税后净现金流量/万元	-18948	7448	33394	60239	87981	115989	144191	214275

计算指标	所得税前	所得税后
项目投资财务内部收益率	13.92%	11.15%
项目投资财务净现值	37220 ($I_c = 10\%$)	32592 ($I_c = 8\%$)
项目投资回收期(含建设期)	8.73 年	9.72 年

附表 19-10　财务分析报表 3——资本金现金流量

序号	项目(1~8年)	合计	1	2	3	4	5	6	7	8
	生产负荷/%					50	100	100	100	100
1	现金流入/万元	394355				48022	96044	88345	80972	80972
1.1	营业收入/万元	307057				41045	82089	75509	69207	69207
1.2	增值税销项税/万元	57299				6978	13955	12836	11765	11765
1.3	回收固定资产余值/万元									
1.4	回收自有流动资金/万元									
2	现金流出/万元	446629	13863	22181	19409	45904	96434	87947	80622	80269
2.1	项目资本金/万元	57867	13863	22181	19409	1476	938			
2.2	借款本金偿还/万元	93750				7493	27308	21624	18296	19082
2.3	借款利息支付/万元	22904				6641	6196	4574	3290	2203
2.4	经营成本/万元	221887				25077	39362	39362	39362	39362
2.5	生产增值税进项税/万元	21856				2428	4857	4857	4857	4857
2.6	营业税金及附加/万元	17127				1650	3833	3938	3853	3853
2.7	增值税/万元	28453					6657	7980	6908	6908
2.8	所得税/万元	22146				1138	7283	5611	4057	4057
2.9	维持运营投资/万元									
3	净现金流量/万元		−13863	−22181	−19409	2118	−389	399	350	703
4	累计净现金流量/万元		−13863	−36044	−55453	−53335	−53725	−53326	−52976	−52273

序号	项目(9~16年)	合计	9	10	11	12	13	14	15	16
	生产负荷/%		100	100	100	100	100	100	100	82
1	现金流入/万元	750808	86274	90156	90156	90156	90156	90620	90927	122363
1.1	营业收入/万元	601191	73739	77057	77057	77057	77057	77453	77715	64056
1.2	增值税销项税/万元	102205	12536	13100	13100	13100	13100	13167	13212	10890
1.3	回收固定资产余值/万元	40470								40470
1.4	回收自有流动资金/万元	6947								6947
2	现金流出/万元	512195	80115	63761	64209	63312	62414	62612	62725	53047
2.1	项目资本金/万元	−330								
2.2	借款本金偿还/万元	18056	18056							
2.3	借款利息支付/万元	1073	1073							
2.4	经营成本/万元	270513	39362	39362	39362	39362	39362	39362	39362	34341
2.5	生产增值税进项税/万元	38002	4857	4857	4857	4857	4857	4857	4857	4003
2.6	营业税金及附加/万元	30900	3914	3941	3935	3947	3959	3965	3968	3271
2.7	增值税/万元	63508	7679	8012	7934	8089	8243	8310	8355	6886
2.8	所得税/万元	46338	5175	5998	5999	5996	5993	6118	6183	4876
2.9	维持运营投资/万元	4775		1592	2122	1061				
3	净现金流量/万元	238614	6159	26396	25947	26845	27742	28008	28202	69315
4	累计净现金流量/万元		−46114	−19718	6229	33074	60816	88824	117025	186341

计算指标
资本金财务内部收益率　　　　14.51%
资本金财务净现值($I_c=10\%$)　24105 万元
资本金投资回收期(含建设期)　10.76 年

附表 19-11　财务分析报表 4——资产负债

序号	项目(1~8年)	1	2	3	4	5	6	7	8
	生产负荷/%				50	100	100	100	100
1	资产/万元	40374	106547	167259	163597	158145	149700	140884	132151
1.1	流动资产总额/万元				13092	17403	18721	19669	20699
1.1.1	应收账款/万元				2292	3685	3685	3685	3685
1.1.2	存货/万元				3477	6395	6395	6395	6395
1.1.3	现金/万元				333	333	333	333	333
1.1.4	预付账款/万元				2441				
1.1.5	累计盈余资金/万元				4549	6990	8308	9256	10286

续附表 19-11

序号	项目(1~8 年)	1	2	3	4	5	6	7	8
1.2	在建工程/万元								
1.3	固定资产净值/万元				146531	137035	127539	118044	108548
1.4	无形及递延资产净值/万元				3974	3707	3439	3172	2905
2	负债及所有者权益/万元	40374	106547	167259	163597	158145	149700	140884	132151
2.1	流动负债总额/万元				4626	7999	7999	7999	7999
2.1.1	应付账款/万元				1183	2367	2367	2367	2367
2.1.2	预收账款/万元								
2.1.3	流动资金借款/万元				3443	5632	5632	5632	5632
2.1.4	短期借款/万元								
2.2	长期借款/万元								
	负债小计/万元	26511	70503	111805	108939	85004	63380	45084	26055
2.3	所有者权益/万元	13863	36044	55453	54659	73141	86320	95800	106096
2.3.1	资本金/万元	13863	36044	55453	56929	57867	57867	57867	57867
2.3.2	资本公积金/万元								
2.3.3	累计盈余公积金/万元						1318	2266	3295
2.3.4	累计未分配利润/万元				-2270	15274	27135	35668	44933
	计算指标/万元								
	资产负债率/%	66	66	67	67	54	42	32	20
	流动比率/%				283	218	234	246	259
	速动比率/%				208	138	154	166	179

序号	项目(9~16 年)	9	10	11	12	13	14	15	16
	生产负荷/%	100	100	100	100	100	100	100	82
1	资产/万元	123837	125614	127391	129168	130943	132756	134589	134517
1.1	流动资产总额/万元	22148	32328	42055	52688	64226	75692	87177	94047
1.1.1	应收账款/万元	3685	3685	3685	3685	3685	3685	3685	3195
1.1.2	存货/万元	6395	6395	6395	6395	6395	6395	6395	5370
1.1.3	现金/万元	333	333	333	333	333	333	333	333
1.1.4	预付账款/万元				2441				
1.1.5	累计盈余资金/万元	11735	21915	31642	42275	53813	65279	76764	85149
1.2	在建工程/万元	40374	106547	167259					
1.3	固定资产净值/万元	99052	90916	83234	74645	65149	55653	46157	39373
1.4	无形及递延资产净值/万元	2637	2370	2103	1835	1568	1411	1254	1098
2	负债及所有者权益/万元	123837	125614	127391	129168	130943	132756	134589	134517
2.1	流动负债总额/万元	7999	7999	7999	7999	7999	7999	7999	6814
2.1.1	应付账款/万元	2367	2367	2367	2367	2367	2367	2367	1951
2.1.2	预收账款/万元								
2.1.3	流动资金借款/万元	5632	5632	5632	5632	5632	5632	5632	4863
2.1.4	短期借款/万元								
2.2	长期借款/万元								
	负债小计/万元	7999	7999	7999	7999	7999	7999	7999	6814
2.3	所有者权益/万元	115838	117615	119392	121168	122944	124757	126589	127703
2.3.1	资本金/万元	57867	57867	57867	57867	57867	57867	57867	57537
2.3.2	资本公积金/万元								
2.3.3	累计盈余公积金/万元	4745	6522	8299	10076	11851	13664	15497	16940
2.3.4	累计未分配利润/万元	53226	53226	53226	53226	53226	53226	53226	53226
	计算指标/万元								
	资产负债率/%	6	6	6	6	6	6	6	5
	流动比率/%	277	404	526	659	803	946	1090	1380
	速动比率/%	197	324	446	579	723	866	1010	1301

附表 19-12　财务分析报表 5——借款还本付息　　（万元）

序号	项目	合计	1	2	3	4	5	6	7	8	9
1	贷款										
1.1	年初贷款累计额			26511	70503	111805	104312	77005	55380	37085	18056
1.2	本年贷款	102984	25746	41194	36044						
1.3	本年应计利息	32798	765	2798	5258	6641	6196	4574	3290	2203	1073
1.4	本年还本付息	135782				14134	33504	26198	21585	21232	19128
1.4.1	偿还本金	111805				7493	27308	21624	18296	19029	18056
1.4.2	偿还利息	23976				6641	6196	4574	3290	2203	1073
2	偿还资金来源					7493	27308	21624	18296	19029	22809
2.1	未分配利润					-2270	17544	11861	8532	9266	13046
2.2	折旧费					9496	9496	9496	9496	9496	9496
2.3	摊销费					267	267	267	267	267	267
2.4	其他										
2.5	减:更新改造资金										
	短期借款										
3	偿还年限	8.79 年(含 3 年建设期)									

附表 19-13　财务分析报表 6——财务计划现金流量　　（万元）

序号	项目(1~8 年)	合计	1	2	3	4	5	6	7	8
1	经营活动净现金流量	128318				18866	36244	27815	22832	22561
	现金流入	394355				48022	96044	88345	80972	80972
1.1	营业收入	337057				41045	88089	75509	69209	69207
	增值税销项税额	57299				6978	13955	12836	11765	11765
	现金流出	266038				29156	59800	60530	58140	58412
	经营成本	182525				25077	39362	39362	39362	39362
1.2	生产增值税进项税	21856				2428	4857	4857	4857	4857
	营业税金及附加	17127				1650	3833	3938	3853	3853
	增值税	35110					6657	7980	6908	6908
	所得税	16076					5091	4393	3160	3432
2	投资活动净现金流量		-39609	-63375	-55453	-4919	-3127			
2.1	现金流入									
	现金流出	166483	39609	63375	55453	4919	3127			
2.2	建设投资	158437	39609	63375	55453					
	维持运营投资									
	流动资金	8046				4919	3127			
3	筹资活动净现金流量	48451	39609	63375	55453	-9398	-30676	-26497	-21884	-21531
	现金流入	175304	40374	66173	60711	4919	3127			
3.1	项目资本金投入	57867	13863	22181	19409	1476	938			
	建设投资借款	11806	26511	43992	41303					
	流动资金借款	5632				3443	2189			
	现金流出	126853	765	2798	5258	14317	33803	26497	21884	21531
3.2	各种利息支出	33104	765	2798	5258	6824	6495	4873	3589	2502
	偿还债务本金	93750				7493	27308	21624	18296	19029
	应付利润									
4	净现金流量	10286				4549	2441	1318	948	1030
5	累计盈余资金					4549	6990	8308	9256	10286

序号	项目(9~16 年)	合计	9	10	11	12	13	14	15	16
1	经营活动净现金流量	215675	25630	28062	28144	27980	27817	28083	28276	21633
	现金流入	703391	86274	90156	90156	90156	90156	90620	90927	74946
1.1	营业收入	601191	73739	77057	77057	77057	77057	77453	77715	64056
	增值税销项税额	90405	12536	13100	13100	13100	13100	13167	13212	10890

续附表 19-13

序号	项目(9~16年)	合计	9	10	11	12	13	14	15	16
1.2	现金流出	487767	60644	62094	62013	62176	62339	62538	62650	53313
	经营成本	309875	39362	39362	39362	39362	39362	39362	39362	34341
	生产增值税进项税	38002	4857	4857	4857	4857	4857	4857	4857	4003
	营业税金及附加	30900	3914	3941	3935	3947	3959	3965	3968	3271
	增值税	63508	7679	8012	7934	8089	8243	8310	8355	6886
	所得税	45481	4832	5923	5924	5921	5918	6044	6108	4811
2	投资活动净现金流量			-1592	-2122	-1061				1099
2.1	现金流入									
2.2	现金流出	3676		1592	2122	1061				-1099
	建设投资									
	维持运营投资	4775		1592	2122	1061				
	流动资金	-1099								-1099
3	筹资活动净现金流量	-137087	-24181	-16291	-16295	-16286	-16278	-16617	-16791	-14348
3.1	现金流入	-1099								-1099
	项目资本金投入	-330								-330
	建设投资借款									
	流动资金借款	-769								-769
3.2	现金流出	135988	24181	16291	16295	16286	16278	16617	16791	13249
	各种利息支出	3125	1372	299	299	299	299	299	299	258
	偿还债务本金	18056	18056							
	应付利润	114508	4754	15992	15996	15987	15979	16318	16492	12990
4	净现金流量	74864	1450	10180	9727	10633	11539	11466	11485	8384
5	累计盈余资金		11735	21915	31642	42275	53813	65279	76764	85149

参 考 文 献

[1] 师利熙,等. 有色金属工业金属经济评价[M]. 北京:冶金工业出版社,1998.

[2] 美国工程师协会. MINING ENGINEERING HANDBOOK[M],1994.

[3] 中国有色金属协会. 有色金属工业项目可行性研究报告编制原则规定[R],2001.

[4] 丁跃进等. 国外矿山项目投资与生产成本估算[M]. 北京:煤炭工业出版社,2002.

[5] 国家发展和改革委员会等. 建设项目经济评价方法与参数[M]. 北京:中国计划出版社,2006.

[6] 于润沧. 采矿工程师手册[M]. 北京:冶金工业出版社,2007.

[7] 采矿设计手册编委会. 采矿设计手册矿床开采卷[M]. 北京:中国建筑工业出版社,1988,751~833.

矿山环境影响评价

20.1 概述

资源、环境、人口与发展问题是当今世界关系人类生存与发展的四大基本问题,我国在这四个方面的矛盾尤为突出。矿产资源是极其宝贵的自然资源,是人类赖以生存和发展的物质基础。21世纪对矿产资源的需求将有增无减,国家的安全和社会的可持续发展要求矿产资源有充分保证。然而,矿产资源的开发具有两面性:一方面为国民经济的发展提供了不可缺少的矿产资源,支撑了区域经济的发展,产生了巨大的经济效益;另一方面也带来了生存环境恶化和生态失衡的负面影响,并给经济和社会的发展带来了不可估量的损失。

矿产资源的开发,实际上消耗的是两种资源,即矿产资源和环境资源。长期以来,为满足国民经济发展的需要,我国进行了大规模的地质勘探、采矿和选矿及冶炼活动。受认识的局限和技术水平的限制,矿业开发活动对环境造成了很大的危害,甚至已经危及了社会的可持续发展。环境是人类赖以生存、繁衍和发展的基本条件,做好矿产资源开发活动的环境影响评价对减轻和避免环境污染及生态破坏具有重要的意义。

我国的环境影响评价制度开始于20世纪70年代,从1973年第一次全国环境保护会议后,环境影响评价的概念开始引入我国。1978年12月31日,中发[1978]79号文件批转的国务院环境保护领导小组《环境保护工作汇报要点》中,首次提出了环境影响评价的意向。1979年4月,国务院环境保护领导小组在《关于全国环境保护工作会议情况的报告》中,把环境影响评价作为一项方针政策再次提出。

1979年9月,《中华人民共和国环境保护法(试行)》颁布,规定:"一切企业、事业单位的选址、设计、建设和生产,都必须提出环境影响报告书,经环境保护主管部门和其他相关部门审查批准后才能进行设计。"

1989年12月26日颁布施行了《中华人民共和国环境保护法》,其中与矿产资源开发有关的条款摘要见上册1.3.6.1环境保护法有关规定。我国的环境影响评价制度正式建立起来。2003年9月1日《中华人民共和国环境影响评价法》的颁布实施,以法律的形式将环境影响评价制度确定下来。

20.2 环境影响评价概论

20.2.1 环境质量与环境影响评价的基本概念

《中华人民共和国环境保护法》所称的环境是指影响人类生存和发展的各种天然的和经过人工改造的自然因素的总体,包括大气、水、海洋、土地、矿藏、森林、草原、野生生物、自然遗迹、自然保护区、风景名胜区、城市和乡村等。

环境科学将地球环境按其组成要素分为大气环境、水环境、土壤环境和生态环境。前三种环境又可称为物化环境,有时形象地称为大气圈、水圈、岩石圈和居于上述三圈交接带或界面上的生物圈。从人类的角度看,它们都是人类生存和发展所依赖的环境,其中生物圈就是通常所称的生态环境。

环境质量包括环境的整体质量(或综合质量)和各环境要素的质量,如大气环境质量、水环境质量、土壤环境质量、生态环境质量等。环境质量表述环境优劣的程度,指一个具体的环境中,环境总体或某些要素对人群健康、生存和繁衍以及社会经济发展适宜程度的量化表达。环境质量的优劣就是根据人类的这些要求进行评价,用评价的结果表征环境质量。环境质量评价是确定环境质量的手段、方法,环境质量是环境质量评价的结果。

环境影响指人类活动(经济活动和社会活动)对环境的作用和导致的环境变化以及由此引起的对人类社会和经济的效应。环境影响评价就是对上述作用、变化以及效应进行评估,并制订避免或减轻不利影响的对策措施。

环境影响按影响来源可分为直接影响、间接影响和累积影响,按影响效果可分为有利影响和不利影响,按影响性质可分为可恢复影响和不可恢复影响。另外,环境影响还可分为短期影响和长期影响,地方、区域影响或国家和全球影响,建设阶段影响和运行阶段影响等。

《中华人民共和国环境影响评价法》所称环境影响评价,是指对规划和建设项目实施后可能造成的环境影响进行分析、预测和评估,提出预防或者减轻不良环境影响的对策和措施,进行跟踪监测的方法与制度。

20.2.2　环境影响评价应遵循的基本原则

环境影响评价是一种过程,这种过程的重点在决策和开发建设活动开始前,体现出环境影响评价的预防功能。决策后或开发建设活动开始,通过实施环境监测计划和持续性研究,环境影响评价还在继续,不断验证其评价结论,并反馈给决策者和开发者,进一步修改和完善其决策和开发建设活动。环境影响评价是一个循环和补充的过程。

一般来说,环境影响评价工作的成果要有一个评价报告,即环境影响报告书。我国《建设项目环境保护管理条例》规定:"建设项目对环境可能造成重大影响的,应当编制环境影响报告书,对建设项目产生的污染和对环境的影响进行全面、详细的评价"。同时规定了编制环境影响报告表的类型。

开展环境影响评价应遵循以下基本原则:

(1) 与拟建项目的特点结合。

(2) 与拟建项目可能影响的区域环境相结合。

(3) 应符合现行的国家、行业和地方的有关法规、标准、技术政策和经审批的各种规划。

(4) 正确识别拟建项目可能的环境影响。

(5) 适当的预测评价技术方法。

(6) 促进清洁生产。

(7) 环境敏感目标得到有效保护,不利环境影响最小化。

(8) 替代方案和减缓措施环境技术经济可行。

20.2.3　环境影响评价的基本要点和工作程序

20.2.3.1　环境影响评价的基本要点

A　编写环境影响评价大纲

环境影响评价大纲是环境影响报告书的总体设计和行动指南。评价大纲应在开展评价工作之前编制,它是指导环境影响评价的技术文件,也是检查报告书内容和质量的主要判据。该文件应在充分研读有关文件、进行初步的工程分析和环境现状调查后形成。

评价大纲包括以下内容:

(1) 总则(包括评价任务的由来,编制依据,控制污染和环境保护的目标,采用的评价标准,评价项目及其工作等级和重点等)。

(2) 建设项目概况及工程初步分析。

(3) 拟建项目地区环境概况。

(4) 建设项目工程分析的内容与方法,环境影响因素识别与评价因子筛选。

(5) 环境现状调查(根据已确定的各评价项目工作等级、环境特点和影响预测的需要,尽量详细地说明调查参数、调查范围及调查的方法、时期、地点、次数等）。明确环境保护目标、评价等级、评价范围、评价标准、评价时段。

（6）确定环境影响预测与评价建设项目的环境影响技术方案、方法（包括预测方法、内容、范围、时段及有关参数的估值方法，对于环境影响综合评价应说明拟采用的评价方法）。明确环境影响评价的主要内容及评价重点。

（7）环境影响评价的专题设置及实施方案。

（8）评价工作成果清单，拟提出的结论和建议。

（9）评价工作组织、计划安排。

B　评价区域环境质量现状调查与评价

区域环境质量现状调查的目的是为了掌握环境质量现状，为环境影响预测、评价和累积效应分析以及投产运行进行环境管理提供基础数据。

a　环境调查的一般原则

（1）调查范围：调查范围应大于评价区域，特别是对评价区域边界以外的附近地区，若遇有重要的污染源时，调查范围应适当放大。

（2）资料收集：应首先立足于现有资料，若现有资料不能满足要求时，再进行现场调查或测试。

（3）调查深度：与评价项目密切相关的部分应全面而详细，尽可能定量化；对不能用定量数据表达的内容，应作出详细的说明。

b　环境现状调查的方法

调查的方法主要有：搜集资料法、现场调查法和遥感法。3种方法的比较见表20-1，通常将这3种方法进行有机的结合，互相补充。

表20-1　环境现状调查3种方法的比较

方　法	搜集资料法	现场调查法	遥　感　法
特点	应用范围广、收效大，较节省人力、物力、时间	直接获取第一手资料，可弥补搜集资料的不足	从整体上了解环境特点，特别是人们不易开展现状调查的地区的环境状况
局限性	只能获得第二手资料，往往不全面，需要补充	工作量大、耗费人力、物力和时间较多，往往受季节、仪器设备条件的限制	受资料盘读和分析技术的制约，产生精度不高，不宜用于微观环境状况调查

c　环境现状调查的内容

（1）地理位置。

（2）地貌、地质和土壤情况，水系分布和水文情况，气候与气象。

（3）矿藏、森林、草原、水产和野生动植物、农产品、动物产品等情况。

（4）大气、水、土壤等的环境质量现状。

（5）环境功能情况（特别注意环境敏感区）及重要的政治文化设施。

（6）社会经济情况。

（7）人群健康状况及地方病情况。

（8）其他环境污染和破坏的现状资料。

C　环境影响预测及方法

预测的方法、阶段和时段、范围和内容应按相应评价工作等级、工程与环境的特性、当地的环境要求而定。同时应考虑预测范围内，规划的建设项目可能产生的环境影响。

a　预测方法

通常采用的预测方法有数学模式法、物理模型法、类比调查法和专业判断法。预测时应尽量选用通用、成熟、简便并能满足准确度要求的方法，见表20-2。

表 20-2　环境影响预测常用的方法

序号	方法	特　　点	应　用　条　件
1	数学模式法	计算简便,结果定量,需要一定的计算条件,输入必要的参数和数据	模式应用条件不满足时,要进行模式修正和验证,应优先选用此法
2	物理模型法	定量化和再现性好,能反映复杂的环境特征	合适的实验条件和必要的基础数据。无法采用方法1,而精度要求又高时,应选用此法
3	类比调查法	半定量性质	时间限制短,无法取得参数、数据,不能采用方法1、2时,可选用此法
4	专业判断法	定性反映环境影响	某些项目评价难以定量时,或上述3种方法不能采用时,可选用此法

b　预测阶段和时段

矿产资源开发建设项目的环境影响可分为 3 个阶段(建设阶段、生产运营阶段、服役期满和退役阶段)和两个时段(冬、夏季或丰、枯水期),预测工作在原则上也应与此对应,预测建设项目的建设阶段、生产运营阶段、服务期满或退役阶段和冬、夏两季或丰、枯水期两个时段(对各种不利条件如事故发生下的影响也应预测)。

c　预测的范围和内容

预测范围应等于或略小于现状调查的范围,预测点的位置和数量除应覆盖现状监测点外,还应根据工程和环境功能要求而定。预测的内容依据评价工作等级、工程与环境特征及环保要求而定,既要考虑建设项目对自然环境的影响,又要考虑对社会和经济的影响;既要考虑污染物在环境中的污染途径,又要考虑对人体、生物及资源的危害程度。

D　环境影响评价方法

评价建设项目的环境影响是关于环境影响资料的鉴别、收集、整理,以各种形象化的形式提出各种信息,向决策者和公众表达项目建设行为对环境影响的范围、程度和性质。

评价建设项目的环境影响,一般采用两种方法,即单项评价法和多项评价法。

a　单项评价方法及其应用原则

单项评价方法是以国家、行业和地方的有关法规、标准为依据,评定与估价各评价项目的单个质量参数的环境影响。预测值未包括环境质量现状值时,评价时应注意叠加环境质量现状值。在评价某个环境质量参数时,应对各预测点在不同情况下该参数的预测值均进行评价。单项评价应有重点,对影响较重的环境质量参数,应尽量评定与估价影响的特性、范围、大小及重要程度。影响较轻的环境质量参数则可较为简略。

b　多项评价方法及其应用原则

多项评价方法适用于各评价项目中多个质量参数的综合评价。采用多项评价方法时,不一定包括该项目已经预测环境影响的所有质量参数,可以有重点地选择适当的质量参数进行评价。建设项目如需进行多个厂址优选时,要应用各评价项目(如大气环境、地表水环境、地下水环境、声环境、生态环境等)的综合评价进行分析、比较,其所用方法可参照各评价项目的多项评价方法。

20.2.3.2　环境影响评价的工作程序

A　建设项目环境影响评价的管理程序

a　环境影响分类筛选

根据国家环境保护部《建设项目环境影响评价分类管理目录》对建设项目确定其应编制环境影响报告书、报告表或登记表的种类。

(1)编写环境影响报告书的项目:新建或扩建工程对环境可能造成重大的不利影响,这些影响可能是敏感的、不可逆的、综合的或以往未有过的。

(2)编写环境影响报告表的项目:新建或扩建工程对环境可能造成有限的不利影响,这些影响是较小的或者减缓影响的补救措施是很容易找到的,通过规定控制或补救措施可以减缓对环境的影响。

(3)编写环境影响登记表的项目:对环境不产生不利影响或影响极小的建设项目。

《建设项目环境影响评价分类管理目录(2008 年版)》对部分矿山建设项目环境影响评价分类管理情况见表 20-3。

表 20-3　建设项目环境影响评价分类管理目录

项目类别	报告书	报告表	登记表	环境敏感区含义
G. 黑色金属				
采选	全部	—	—	
H. 有色金属				
采选	全部	—	—	
J. 非金属采选及制品制造				
(1)土砂石	年采 10 万立方米以上;涉及环境敏感区的	其他	—	基本草原、沙化土地封禁保护区、水土流失重点防治区、重要水生生物的自然产卵场及其索饵场、越冬场和洄游通道
(2)化学矿采选	全部	—	—	
(3)采盐	井盐	湖盐、海盐	—	
(4)石棉及其他非金属矿采选	全部	—	—	

b　评价大纲的审查

评价大纲是环境影响报告书的总体设计,在开展评价之前编制。由建设单位(投资者、业主)向负责审批的环境保护部门申报,并抄送行业主管部门。环境保护部门根据情况确定评审方式,提出审查意见。

c　环境影响评价的质量管理

按照环境影响评价管理程序和工作程序进行有组织、有计划的活动是确保环境影响评价质量的重要措施。质量保证工作应贯穿于环境影响评价的全过程。

d　环境影响报告书的审批

各级主管部门和环保部门在审批环境报告书时应贯彻以下原则:

(1)审查该项目是否符合经济效益、社会效益和环境效益相统一的原则。

(2)审查该项目是否贯彻了"预防为主"、"谁污染谁治理、谁开发谁保护、谁利用谁补偿"的原则。

(3)审查该项目是否符合城市功能区划和城市总体发展规划。

(4)审查该项目的技术政策与装备政策是否符合国家规定。

(5)审查该项目环评过程中是否贯彻了"在污染控制上从单一浓度控制逐步过渡到总量控制","在污染治理上,从单纯的末端治理逐步过渡到对生产全过程的管理","在城市污染治理上,要把单一污染源治理与集中治理或综合整治结合起来"。环境影响报告书审查以技术审查为主,审查方式由负责审批的环境保护行政主管部门视具体情况而定。

我国基本建设程序与环境管理程序的工作关系如图 20-1 所示。

B　环境影响评价文件编制程序

(1)编制建设项目环境影响报告书,其环境影响评价工作大体分为 3 个阶段,其工作程序如图 20-2 所示。

第一阶段为准备阶段,主要工作为研究有关文件,进行初步的工程分析和环境现状调查,识别环境影响因素,筛选评价因子,明确评价重点,确定各专项评价的范围和工作等级,编制环境影响评价大纲。

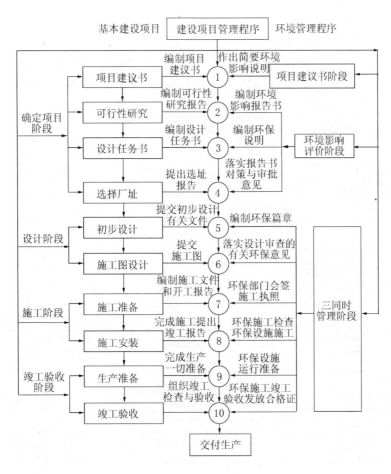

图 20-1　我国基本建设程序与环境管理程序的工作关系

第二阶段为正式工作阶段,其主要工作为进一步作工程分析和环境现状调查与评价,开展清洁生产分析,进行环境影响预测与评价,分析环境保护措施的经济、技术可行性,论证项目选址或选线的环境可行性。

第三阶段为环境影响报告书编制阶段,其主要工作为汇总、分析第二阶段工作所得的各种资料、数据,给出评价结论,完成环境影响报告书的编制。

对于分不同阶段规划建设的项目,应按项目建设的不同阶段进行环境影响的识别、筛选,开展环境影响的预测和评价。

(2) 编制建设项目环境影响报告表,参照上述工作程序进行,一般情况下,可不编制环境影响评价大纲,但环境影响报告表的专项评价应按专项评价导则要求编制。

20.3　矿产资源开发建设中的主要环境问题

矿产资源开发建设活动不可避免地要破坏和改变自然环境,产生各种各样的污染物质,造成大气、水体和土壤的污染,并给生态环境和人体健康带来直接或间接的、近期或远期的、急性或慢性的不利影响。同时矿产资源是一种不可再生的自然资源,所以,开发矿业所产生的环境问题,日益引起人们的重视:一方面是保护矿山环境,防治污染;另一方面是合理开发利用,保护矿产资源。

矿产资源开发建设活动一般包括矿山开采和矿石后处理两部分。矿山开采按其开采方式主要有露天开采和地下开采两大类。矿石后处理部分与一般工业项目类似,主要环境问题是环境污染问题,而矿山开采部分既有环境污染问题,又有生态破坏问题。

环境污染问题主要表现为:

(1) 矿坑水及选矿废水直接排放,污染水体和土壤;

(2) 露天矿、废石场(排土场)、尾矿库扬尘污染;

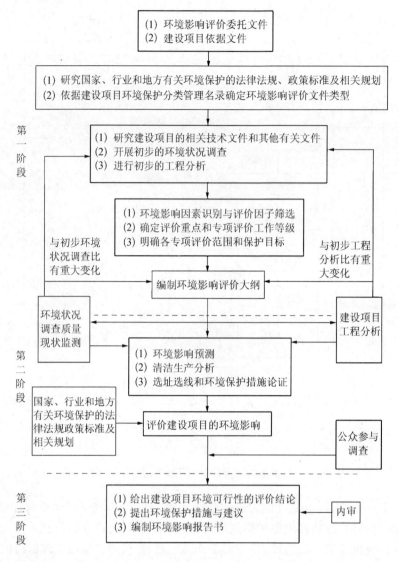

图 20-2   建设项目环境影响评价的工作程序

(3) 尾矿中所含的有毒有害成分及残存与尾矿中的选矿药剂经雨水淋滤和溶质输送,造成周围土壤、水体等的污染;

(4) 硫化矿床开采产生大量由废石、尾矿等氧化形成的 pH 值小于 5 并溶解了大量重金属和常量金属的酸性水,直接或间接污染地表水和地下水,并诱发土壤酸化;

(5) 采矿粉尘、爆破废气、燃油机械废气排放污染环境空气;

(6) 凿岩、爆破、装载及运输设备等产生噪声污染。

生态破坏问题主要表现为:

(1) 矿山开发清除地表植被,造成植被破坏、动植物群落迁徙、物种灭绝;

(2) 改变土地利用类型,造成土壤退化、生产力下降;

(3) 改变原有地形地貌和地质景观;

(4) 废石场(排土场)、尾矿库侵占大量土地;

(5) 露天采坑、废石场(排土场)边坡产生滑坡和泥石流;

(6) 采坑排水造成地表水干涸、地下水位下降、地下水资源减少及引起地面塌陷;

(7) 地面沉降或塌陷,造成地表植被破坏,毁坏地表建(构)筑物;

(8) 造成山体裸露、水土流失等。

20.4　矿产资源开发项目环境影响评价工作主要内容

根据矿产资源开发建设项目的特征及涉及的主要环境问题,矿产资源开发建设项目环境影响评价内容涉及环境污染影响评价和生态环境影响评价两部分,具有多而全的特征,其主要评价工作内容见表20-4。

表20-4　矿山开发活动环境影响评价工作主要内容

评价项目	主要评价内容
环境质量现状调查与评价	主要包括单要素环境质量现状评价和生态环境现状调查与评价两部分。(1)单要素环境质量现状评价主要评价采选工业场地及其周围的环境空气、地表水体、地下水、声学环境等环境质量现状;(2)生态环境质量现状调查,对于不同的评价因子需要采用不同的评价方法,调查因子包括植被、动物、土壤、土地利用状况、水资源等
环境影响因素分析	主要包括环境污染因素和生态破坏因素两部分。(1)环境影响因素主要分析矿山在建设过程中、建成运营期以及服务期满后可能产生的主要污染源及污染物,其方法一般采用计算、类比、经验统计等;(2)生态破坏因素包括生物群落、区域环境、水土流失、滑坡和泥石流、地表沉降或塌陷等
工程概况与工程分析	(1)工程概况:包括建设项目的名称、地点及建设性质,矿产资源赋存状况,矿石储量,矿山采选规模、服务年限、占地面积及平面布置(附图)、土地利用情况、产品方案,职工人数和生活区布置等。对扩建、改建项目,应说明原有项目概况。 (2)工程分析:包括开采方式、开拓方案、采矿方法。主要原料、燃料及其来源和储运、物料平衡、水的用量与平衡、水的回用情况,采选矿工艺过程,废水、废气、废渣等的种类、排放量和排放方式,以及其中所含污染物种类、性质、排放浓度,产生的噪声、振动的特性及数值等,废弃物的综合利用和处理、处置方案,交通运输情况等
地表水环境影响评价	主要评价矿区生活污水、矿坑废水、选矿废水、废石场(排土场)及尾矿库淋溶水的排放对周围地表水环境的影响,预测并利用相应标准评价受纳水体产生的影响及影响程度如何
地下水环境影响评价	主要包括:(1)评价矿山排水对地下水资源和地下水位下降的影响程度和范围;(2)矿山排水及废石场(排土场)、尾矿库的淋溶水渗入地下对地下水水质的影响程度和范围;(3)矿山地下水疏干引起的地表塌陷等次生环境问题
大气环境影响评价	主要评价:(1)露天采场、废石场(排土场)、尾矿库扬尘和粉尘对周围环境空气质量的影响;(2)矿石加工(主要为选矿)等过程产生的粉尘污染物对周围环境空气质量的影响;(3)矿石、废石运输道路扬尘及爆破废气对周围环境空气质量的影响;(4)矿山燃油机械设备尾气排放对周围环境空气质量的影响
声环境影响评价	主要评价场地施工、爆破、露天采矿设备以及矿石、废石铲装运输设备噪声,选矿厂设备噪声对矿区及周围声学环境的影响
生态环境影响评价	露天采矿评价重点为生物群落、区域环境、水土流失、滑坡和泥石流等方面;对于地下开采,评价重点应为地面沉降或塌陷,诱发地质灾害等方面
土壤环境影响评价	主要分析含有大量重金属和常量金属的矿山酸性废水的排放及对土壤理化性质和土壤结构的影响
固体废物环境影响评价	评价重点为判断采矿产生的固体废物的性质(是第Ⅰ类一般工业固体废物、第Ⅱ类一般工业固体废物,还是危险废物),废石场及尾矿库厂址选择评价及废石、尾砂引起的二次污染对环境的影响
污染防治对策与生态保护恢复措施	主要包括:(1)露天采场、废石场(排土场)、尾矿库扬尘、粉尘抑制措施;(2)选矿厂矿石处理过程粉尘治理措施;(3)矿坑水、选矿废水及废石场(排土场)、尾矿库淋溶废水治理措施;(4)噪声防治措施;(5)矿区生态保护与恢复措施
环境经济损益分析	主要分析环保设施投资和生态保护与恢复费用及其产生的经济、社会、环境效益
其他	主要包括:(1)必要时要对尾矿库溃坝进行风险评价,分析尾矿库溃坝及泥石流发生的几率及其对环境的影响程度和范围;(2)废石场(排土场)滑坡、泥石流、地表塌陷,废气、废水泄漏排放造成的环境风险影响;(3)必要时要进行采矿爆破环境影响分析,分析采矿爆破震动对环境的影响;(4)对含有放射性物质的矿床要做放射性环境影响分析

20.5　大气环境影响评价

20.5.1　矿山大气污染因素

矿山建设项目对大气环境的影响主要表现在以下几个方面：

(1) 地下开采风井排放的污风中含有的污染物,主要有粉尘以及在爆破作业时污风中还含有炸药爆炸产生的污染物,如 NO_2 等。

(2) 地面废石场(排土场)、尾矿库干坡段在大风、干燥条件下产生扬尘。

(3) 矿石、废石等在转运装卸、运输等环节产生粉尘,矿石在加工处理过程(破碎、筛分等)产生粉尘。

(4) 露天矿在铲装、运输等作业过程会产生大量粉尘。

(5) 矿山燃油机械设备作业时排放的尾气中含有的污染物。

一般来说,露天开采对大气环境的影响要大于地下开采,在露天采矿过程中,由于大爆破和使用各种移动式机械设备,使露天矿坑空气受到一系列尘毒污染。露天矿有两种尘源：一是自然尘源,如风力作用产生的粉尘；二是生产过程中产尘,如穿孔、爆破、铲装、破碎、运输及溜槽放矿等过程都能产生大量粉尘,其产尘量与所用机械设备类型、生产能力、岩石性质、作业方法及自然条件等因素有关。由于露天矿开采强度大,机械化程度高,又受地面气象条件的影响,不仅有大量生产性粉尘随风飘扬,而且还从地面吹起大量风沙,沉降后的粉尘容易再次飞扬。露天矿对大气环境的污染比地下矿严重。

20.5.2　大气环境影响评价主要内容

A　评价工作级别的确定

根据《环境影响评价技术导则　大气环境》(HJ2.3—2008),选择导则中推荐模式的估算模式对项目的大气环境影响评价进行分级,结合项目的初步工程分析结果,选择正常排放的主要污染物及排放参数,采用估算模式计算各污染物的最大影响程度和最远影响范围,然后按评价工作分级判据进行分级。

根据项目初步工程分析结果,选择 $1 \sim 3$ 种主要污染物,分别计算每一种污染物的最大地面浓度占标率 P_i(第 i 个污染物),及第 i 个污染物的地面浓度达标准限值 10% 时所对应的最远距离 $D_{10\%}$,其中 P_i 为：

$$P_i = (C_i/C_{0i}) \times 100\% \tag{20-1}$$

式中　P_i——第 i 个污染物的最大地面浓度占标率,%;

　　　C_i——采用估算模式计算出的第 i 个污染物的最大地面浓度,mg/m^3;

　　　C_{0i}——第 i 个污染物的环境空气质量标准,mg/m^3。

C_{0i} 一般选用《环境空气质量标准》GB3095 中 1 小时平均取样时间的二级标准的浓度限值,对于没有小时浓度标准的,如 TSP、PM_{10},可取日平均浓度限值的 3 倍值,对于该标准中未含的污染物,可参照《工业企业设计卫生标准》TJ36 中居住区大气中有害物质的最高允许浓度的一次浓度限值。如已有地方标准,应选用地方标准中的相应值。对于上述标准中均未包含的污染物,可参照国外标准选用,但应作出说明,报环保主管部门批准后执行。

矿山项目常见大气污染物主要有颗粒物(TSP、PM_{10})、NO_2、SO_2 和 CO。

评价工作等级的判定依据见表 20-5。

表 20-5　评价工作等级判据

评价工作等级	评价工作等级判据
一级	$P_{max} \geqslant 80\%$,且 $D_{10\%} \geqslant 5\,km$
二级	除一级和三级以外条件均为二级
三级	$P_{max} < 10\%$ 或 $D_{10\%} <$ 污染源距厂界最近距离

B　评价范围的确定

根据项目排放污染物的最远影响范围确定项目的大气环境影响评价范围,即以排放源为中心点,$D_{10\%}$ 为半径的圆或 $2 \times D_{10\%}$ 为边长的矩形区域作为大气环境影响评价范围。当最远距离超过 25 km 时,确定评价范围是 25 km 为半径的圆或 2 km × 25 km 为边长的矩形区域。

评价范围的直径或边长一般不应小于 5 km。

C　大气环境状况调查

a　污染因子的筛选

在污染源调查中,应根据评价项目的特点和当地大气污染状况对污染因子进行筛选。首先应选择该项目最大地面浓度占标率较大的污染物为主要污染因子,其次,还应考虑在评价区内已造成严重污染的污染物。污染源调查中的污染因子数一般不宜多于 5 个。采矿工程大气污染因子主要有 TSP(粉尘、扬尘)、PM_{10}、SO_2、NO_2 等。

b　大气污染源调查对象

对于一、二级评价项目,应调查分析项目所有污染源(对改扩建工程应包括新、老污染源)、评价范围内与项目排放污染物有关的其他在建项目、已批复环境影响评价文件的未建项目等污染源。如有区域替代方案,还应调查评价范围内所有的拟替代的污染源。

对于三级评价项目可只调查分析项目污染源。

调查内容包括污染源坐标、污染物排放方式(点源、面源)、排放浓度、排放量、排气筒参数(高度、出口直径等)。

D　评价区环境空气质量监测

a　现有例行监测资料分析

收集评价范围内及邻近评价范围的各例行空气质量监测点的近三年与项目有关的监测资料。

依据《环境空气质量标准》(GB3095—1996)中数据统计规定,分别统计分析各个监测点不同取值周期的浓度均值,如年均浓度、日均浓度、小时平均浓度等,按照区域相应执行的环境空气质量标准评价长期浓度、短期浓度(日均浓度、小时平均浓度)达标情况(或超标情况、最大超标倍数)和变化趋势。

统计分析一定周期内,短期浓度(日均浓度、小时平均浓度)的超标率情况。

分析不同季节(取暖期与非取暖期,或春、夏、秋、冬季节)主要大气污染物污染水平的变化情况。

利用历史资料分析大气环境质量状况,应对其采用的监测方法、仪器性能、监测频次等数据的有效性予以说明,评估数据质量。当项目同时开展空气质量现状监测时,应对历史资料与现状监测结果的系统误差进行评估、说明。

b　空气质量现状监测

(1)监测项目。选择筛选出的污染因子作为监测因子,矿山建设项目监测因子主要有 TSP、PM_{10}、SO_2、NO_2 等。

(2)监测布点。在评价区内按以环境功能区为主兼顾均布性的原则布点。一级评价项目,监测点数不应少于 10 个;二级评价项目监测点数不应少于 6 个;三级评价项目,如果评价区内已有例行监测点,可不再安排监测,否则,可布置 1~3 个点进行监测。

(3)监测制度。一级评价项目不得少于两期(夏季、冬季);二级评价项目可取一期不利季节,必要时也应作两期;三级评价项目必要时可作一期监测。

每期监测时间,至少应取得有季节代表的 7 天有效数据,采样时间应符合监测资料的统计要求。

E　污染气象调查分析

a　常规气象资料调查要求

气象观测资料的调查要求与项目的评价等级有关,还与评价范围内地形复杂程度、水平流场是否均匀一致、污染物排放是否连续稳定有关。

对于各级评价项目,均应调查评价范围 20 年以上的主要气候统计资料。包括年平均风速和风向玫瑰图、最大风速与月平均风速、年平均气温、极端气温与月平均气温、年平均相对湿度、年均降水量、降水量极值、日照等。

对于一、二级评价项目,还应调查逐日、逐次的常规气象观测资料及其他气象观测资料。

b　常规气象资料的调查期间

对于一级评价项目,至少应获取最近 5 年内至少连续 3 年的常规地面气象资料,对于二级评价项目至少应获取最近 3 年内至少一年的常规地面气象资料。

如果地面气象观测站与项目的距离超过 50 km,并且地面站与评价范围的地理特征不一致,还需进行必要的补充地面气象观测。

c　地面气象资料调查内容

观测资料的常规调查项目:时间(年、月、日、时)、风向(以角度或按 16 个方位表示)、风速、干球温度、低云量、总云量。

根据不同评价等级预测精度要求及预测因子特征,可选择调查的观测资料的内容:湿球温度、露点温度、相对湿度、降水量、降水类型、海平面气压、观测站地面气压、云底高度、水平能见度等。

d　高空气象资料调查内容

观测资料的常规调查项目:时间(年、月、日、时)、探空数据层数、每层的气压、高度、气温、风速、风向(以角度或按 16 个方位表示)。每日观测资料的时次,根据所调查常规高空气象探测站的实际探测时次确定,一般应至少调查每日 1 次(北京时间 8 点)的距地面 1500 m 高度以下的高空气象探测资料。高空气象资料一般应采用距离项目最近的常规高空气象探测站。

F　地形数据

在非平坦的评价范围内,地形的起伏对污染物的传输、扩散会有一定的影响。对于复杂地形下污染物扩散模拟需要输入地形数据。

G　大气环境影响预测

a　大气环境影响的预测内容

一级评价项目预测内容一般包括:(1)全年逐时或逐次小时气象条件下,环境空气保护目标、网格点处的地面浓度和评价范围内的最大地面小时浓度;(2)全年逐日气象条件下,环境空气保护目标、网格点处的地面浓度和评价范围内的最大地面日平均浓度;(3)长期气象条件下,环境空气保护目标、网格点处的地面浓度和评价范围内的最大地面年平均浓度;(4)非正常排放情况,全年逐时或逐次小时气象条件下,环境空气保护目标的最大地面小时浓度和评价范围内的最大地面小时浓度;(5)对于施工期超过一年的项目,并且施工期排放的污染物影响较大,还应预测施工期间的大气环境质量。

二级评价项目预测内容为上述 A、B、C、D 项内容,三级评价项目可不进行上述预测,仅采用估算模式计算结果。

b　预测模式的选择

《环境影响评价技术导则　大气环境》(HJ2.2—2008)中推荐模式有估算模式和进一步预测模式。

(1)估算模式。估算模式是一个单源高斯烟羽模式,可计算点源、火炬源、面源和体源的最大地面浓度,以及下洗和岸边烟熏等特殊条件下的最大地面浓度。估算模式中嵌入了多种预设的气象组合条件,包括一些最不利的气象条件,经估算模式计算出来的是某一种污染源对环境空气质量的最大影响程度和影响范围的保守的计算结果。

SCREEN3(筛选)估算模式主要适用于确定评价等级、确定评价范围以及三级评价项目的环境影响预测。

(2)进一步预测模式。在《环境影响评价技术导则　大气环境》(HJ2.2—2008)导则中,要求一、二级评价项目应进行详细的大气环境影响预测评价,导则中推荐的进一步预测模式有:

1)AERMOD(大气预测模式)模式。AERMOD 模式是一种稳态烟羽扩散模式,可依据大气边界层模拟点源、面源、体源等排放的污染物在短期(小时平均、日平均)、长期(年平均)的浓度分布,适用于农村或城市地区、简单或复杂地形。AERMOD 模式考虑的建筑物尾流的影响,即建筑物下洗。模式使用每小时连续预处理气象数据模拟大于或等于 1 小时平均时间的浓度分布。AERMOD 包括两个预处理模式,即 AERMET 气象预处理模式和 AERMAP 地形预处理模式。

AERMOD 模式适用于评价范围小于 50km 的一级、二级评价项目。

2) ADMS(大气扩散模式系统)模式。ADMS 模式可模拟点源、面源、体源等排放的污染物在短期(小时平均、日平均)、长期(年平均)的浓度分布,还包括一个街道峡谷模型,适用于农村或城市地区、简单或复杂地形。模式考虑了建筑物下洗、湿沉降、重力沉降和干沉降以及化学反应等。化学反应模块包括计算一氧化氮、二氧化氮和臭氧间的反应。ADMS 有气象预处理程序,可以使用地面的常规观测资料、地面状况以及太阳辐射等参数模拟基本气象参数的廓线值。在简单地形条件下,使用该模型模拟计算时,可以不调查探空气象资料。

ADMS-EIA 版适用于评价范围小于 50km 的一级、二级评价项目。

3) CALPUFF(非定常三维拉格朗日烟团输送模式)模式。CALPUFF 模式是一个烟羽扩散模型系统,可模拟三维流场随时间和空间发生变化时污染物的输送、转化和清除过程。CALPUFF 模式适用于从 50 km 到几百公里范围内的模拟尺度,包括了近距离模拟的计算功能,如建筑物下洗、烟羽抬升、排气筒雨帽效应、部分烟羽穿透、次层网络尺度的地形和海陆的相互影响、地形的影响;还包括长距离模拟的计算功能,如干湿沉降的污染物清除、化学转化、垂直风切边效应、穿越水面的传输、熏烟效应以及颗粒物浓度对能见度的影响。适合于特殊情况,如稳定状态下的持续静风、风向逆转、在传输和扩散过程中气象场时空发生变化的模拟。

CALPUFF 模式适用于评价范围大于或等于 50 km 的一级评价项目,以及复杂风场下的一级、二级评价项目。

c　多源叠加的技术要求

一级评价项目计算该建设项目每期建成后各大气污染源的地面浓度,并在接受点上进行叠加;对于改扩建项目,还应计算现有全部大气污染源的叠加地面浓度;对于评价区的其他工业和民用污染源以及界外区的高大点源,应尽可能叠加其地面浓度,如果难以获得上述污染源的调查资料或其浓度监测值远小于大气质量标准时,也可将其监测数据作为背景值进行叠加(对于改扩建项目,背景值可用从评价区现状监测浓度中减去该项目现状计算浓度的方法估计)。

二、三级评价项目主要执行该建设项目每期建成后各大气污染源的地面浓度,并在接受点上进行叠加;对于改扩建项目,还应计算现有全部大气污染源的叠加地面浓度;对于评价区的其他工业和民用污染源以及界外区的高大点源,可以监测数据为背景值对浓度进行叠加处理。

在实际工作中通常的做法是:对于新建项目应预测该项目的环境空气质量,并叠加环境现状背景值,预测项目完成后评价区域的环境空气质量;对于改扩建项目应预测本期工程的环境空气质量和改扩建后全厂(矿)的环境空气质量,并用后者叠加现状背景值和减去改造后的削减量,预测项目完成后评价区域的环境空气质量;除此之外,还应考虑项目建设前后,评价区域内环境背景浓度的变化,即其他在建、拟建项目和区域内将要淘汰的项目引起的环境背景浓度的变化。

H　评价大气环境影响的基本原则

(1) 评价区内各环境功能区是否满足相应的空气质量标准的要求,区域环境空气质量是否有容量。

(2) 建设项目的现有、在建、拟建污染源是否满足达标排放的要求。

(3) 项目完成后,当地的环境空气质量是否能满足环境功能区的要求。

(4) 建设项目的大气污染防治措施是否可行。

(5) 从大气环境影响角度论证项目选址的可行性。

20.6　地表水环境影响评价

20.6.1　矿山废水的形成及危害

矿山开采产生大量废水,如矿坑水、工业用水、废石场淋溶水、选矿厂废水及尾矿库废水等,其中矿坑水、工业用水(包括选矿水)是矿山废水的主要来源。

20.6.1.1　矿坑水

矿坑水量主要取决于矿区地质、水文地质特征、降水、地表水系的分布、岩层土壤性质、采矿方法以及气候条件等因素。

矿坑水的性质和成分与矿床的种类、矿区地质构造、水文地质等因素密切相关。地下水的性质对矿坑水的性质与成分也有影响。但矿坑水在成分和性质上比地下涌水复杂。

A　地下涌水

地下涌水的特点是悬浮杂质含量少,有机物和细菌含量较少,受地面的污染较少,但溶解盐含量高,硬度和矿化度较大。

地下涌水水质特征随距离地表深度变化而不同。近地表多为氧化物介质,水交换活跃,故多出现淡水、碳酸盐类水。再往深处转化为碳酸盐-硫酸盐水和硫酸盐-碳酸盐水类水。中深段(距地表 500～600 m)的地下水水交换缓慢,且接触的多为还原介质,水具有较大的矿化度。再往深部为水停滞区,深部的地下水是含有很浓的氯化物盐类的水。

B　矿坑水

矿坑水是地下涌水、地表水与采矿活动中的污水混合而成,这类水都溶解和掺入了各种可溶解物质的分子、离子、气体,以及混入了各种固体微粒、油类及微生物等,使水的成分发生显著变化,此外,地下水可能含有有害气体,它们从水中逸出,会造成空气环境的污染。

矿坑水中常见离子有:Cl^-、SO_4^{2-}、Na^+、K^+、Ca^{2+}、Mg^{2+} 等数种;微量元素有:钛、砷、镍、铍、镉、铜、铁、钼、银、锡、锰等。可见,矿坑水是含有多种污染物质的废水,其被污染的程度和污染物种类对不同类型的矿山是不同的。

矿坑水污染可分为矿物污染、有机污染及细菌污染等。矿物污染有泥沙污染、矿物杂质、粉尘、溶解盐、酸和碱等。有机污染有油脂、生物代谢产物、木材及其他物质氧化分解产物。矿坑水不溶杂质主要为大于 100 μm 的粗颗粒,以及粒径在 0.1～100 μm 和 0.001～0.1 μm 的固体悬浮物和胶体悬浮物。矿坑水的细菌污染主要是霉菌、肠菌等微生物污染。

矿坑水总硬度多在 30 以上,多为最硬水,未经软化不能作为工业用水。通常矿坑水的 pH 值在 7～8,对于含硫的矿岩的矿坑水中 SO_4^{2-} 较多,pH 值小,大多是酸性水。

20.6.1.2　工业用水产生的废水

矿山生产中需要用水,使用后的水都受到不同程度污染而变成废水。图 20-3 所示为金属矿山用水流程。从图 20-3 可以看出矿山废水污染的过程。

A　矿井排水

矿山开采使地表水和含水层的水大量涌入井下,加上水力开采、水砂充填采矿法的回水,会使矿井排水量增加。

由于采矿产生的废水中含有大量的矿物微粒和油垢、残留的炸药等有机污染物,故在排放中造成地表和地下水的污染。

B　渗透污染

矿山废水排放后,通过土壤及岩石层的裂隙渗透而进入含水层,造成地下水的污染。

C　渗流污染

对于含硫化物废石堆场,直接暴露在空气中,不断进行氧化分解生成硫酸盐类物质,尤其是当降雨浸入废石堆后,在废石堆形成的酸性水会大量渗流出来,污染地表水体。

D　径流污染

矿山开采会破坏地表植被,剥离表土,因而造成水蚀和水土流失现象的发生。降水后形成的径流搬运大量泥沙,会堵塞河流渠道,造成农田污染等。

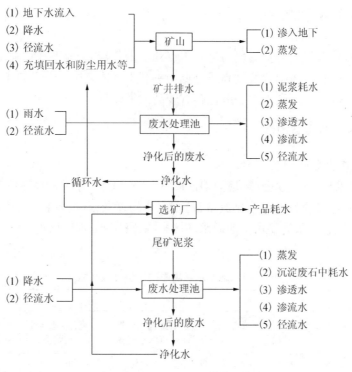

图 20-3 金属矿山用水流程

20.6.2 矿山废水的主要污染物

矿山废水中的主要污染物分为以下几类：

（1）有机污染物。有机污染物主要是矿山生活污水和生产废水中所含的碳水化合物、蛋白质、脂肪类等有机化合物，其水质指标以 COD（化学需氧量）表示。矿山废水池和尾矿库中物质的腐烂，可使水中有机成分含量增高，选矿厂以及分析化验室排放的废水中含有酚类等有机污染物。

（2）油类污染物。油类污染物是矿山废水中普遍存在的污染物，其来源主要是燃油机械设备冲洗及油类泄漏。水面油膜的存在，会阻碍水面的复氧过程，阻碍水分蒸发和大气与水体间的物质交换，影响鱼类和其他水生物的生长繁殖。

（3）酸、碱的污染。酸、碱污染是矿山水污染中普遍存在的现象。在矿山酸性废水中，一般都含有金属和非金属的离子，其种类和含量与矿物成分、含量、矿物埋藏条件、涌水量、采矿方法、气候变化等因素有关。

酸性废水排入水体后，使水体 pH 值发生变化，消灭或抑制细菌及微生物的生长，妨碍水体自净；还可腐蚀设备和水工构筑物等；若天然水体长期受酸碱污染，使水质逐渐酸化或碱化，将会产生生态影响。

（4）氰化物。矿山产生含氰化物废水主要有：浮选铅锌等矿物时排出的废水中一般含有氰化物；用氰化法提金时，所含废水中也含有氰化物。氰化物剧毒，人只要误服 0.1 g 左右的氰化钾或氰化钠就会死亡，当水中 CN^- 含量达 $0.3 \sim 0.5$ mg/L 时便可致鱼类死亡。

（5）重金属污染。在废水污染中，重金属是指原子序数在 $21 \sim 83$ 范围内的金属元素，矿山废水中主要含有：汞、镉、铬、铅、锌、镍、铜、钴、锰、钛、钒、钼和铋等，特别是前几种危害更大。

重金属污染物具有以下特点：

1）不能被微生物降解，只能在各种形态间相互转化、分散，如无机汞能在微生物作用下转化为毒性更大的甲基汞。

2）重金属的毒性以离子态存在时最严重，金属离子在水中容易被负电荷的胶体吸附，吸附金属离子的胶体可随水流迁移，大多数会迅速沉降，因此，重金属一般都富集在排污口下游一定范围内的底泥中。

3）能被生物富集于体内，既危害生物，又通过食物链危害人体。

4) 重金属进入人体后,能够和生物高分子物质发生作用而使这些生物高分子物质失去活性,也可能在人体某些器官内积累,造成慢性中毒。

(6) 氟化物。天然水体中氟的含量变化为每升零点几至十几毫克,地下水特别是深层地下水中,氟的含量可达每升十几毫克以上。饮用水中含氟过高或过低均不利于人体健康。萤石矿山的废水中含有较高的氟化物,对于矿岩氟含量较高的矿山,废水中一般也含有较高的氟化物。

20.6.3　地表水环境影响评价主要内容

20.6.3.1　评价工作级别的确定

在《环境影响评价技术导则　地面水环境》(HJ/T2.3—1993)中,对地表水环境影响评价等级的确定方法根据下列条件进行,即:建设项目的污水排放量,污水水质的复杂程度,各种受纳污水的地面水域(以后简称受纳水域)的规模以及对它的水质要求。地面水环境影响评价分级判据见表20-6。海湾环境影响评价分级判据见表20-7。

表 20-6　地面水环境影响评价分级判据

建设项目污水排放量 /(m³/d)	建设项目污水水质的复杂程度	一级		二级		三级	
		地面水域规模(大小规模)	地面水水质要求(水质类别)	地面水域规模(大小规模)	地面水水质要求(水质类别)	地面水域规模(大小规模)	地面水水质要求(水质类别)
≥20000	复杂	大	Ⅰ~Ⅲ	大	Ⅳ、Ⅴ		
		中、小	Ⅰ~Ⅳ	中、小	Ⅴ		
	中等	大	Ⅰ~Ⅲ	大	Ⅳ、Ⅴ		
		中、小	Ⅰ~Ⅳ	中、小	Ⅴ		
	简单	大	Ⅰ、Ⅱ	大	Ⅲ~Ⅴ		
		中、小	Ⅰ~Ⅲ	中、小	Ⅳ、Ⅴ		
10000~20000	复杂	大	Ⅰ~Ⅲ	大	Ⅳ、Ⅴ		
		中、小	Ⅰ~Ⅳ	中、小	Ⅴ		
	中等	大	Ⅰ、Ⅱ	大	Ⅲ、Ⅳ	大	Ⅴ
		中、小	Ⅰ、Ⅱ	中、小	Ⅲ~Ⅴ		
	简单			大	Ⅰ~Ⅲ	大	Ⅳ、Ⅴ
		中、小	Ⅰ	中、小	Ⅱ~Ⅳ	中、小	Ⅴ
5000~10000	复杂	大、中	Ⅰ、Ⅱ	大、中	Ⅲ、Ⅳ	大、中	Ⅴ
		小	Ⅰ、Ⅱ	小	Ⅲ、Ⅳ	小	Ⅴ
	中等			大、中	Ⅰ~Ⅲ	大、中	Ⅳ、Ⅴ
		小	Ⅰ	小	Ⅱ~Ⅳ	小	Ⅴ
	简单			大、中	Ⅰ、Ⅱ	大、中	Ⅲ~Ⅴ
				小	Ⅰ~Ⅲ	小	Ⅳ、Ⅴ
1000~5000	复杂	大、中	Ⅰ~Ⅲ	大、中	Ⅰ~Ⅲ	大、中	Ⅳ、Ⅴ
		小	Ⅰ	小	Ⅱ~Ⅳ	小	Ⅴ
	中等			大、中	Ⅰ、Ⅱ	大、中	Ⅲ~Ⅴ
				小	Ⅰ~Ⅲ	小	Ⅳ、Ⅴ
	简单					大、中	Ⅰ~Ⅳ
				小	Ⅰ	小	Ⅱ~Ⅴ
200~1000	复杂					大、中	Ⅰ~Ⅳ
						小	Ⅰ~Ⅴ
	中等					大、中	Ⅰ~Ⅳ
						小	Ⅰ~Ⅴ
	简单					中、小	Ⅰ~Ⅳ

表 20-7 海湾环境影响评价分级判据

污水排放量/(m³/d)	污水水质的复杂程度	一级	二级	三级
≥20000	复杂	各类海湾		
	中等	各类海湾		
	简单	小型封闭海湾	其他各类海湾	
5000~20000	复杂	小型封闭海湾	其他各类海湾	
	中等		小型封闭海湾	其他各类海湾
	简单		小型封闭海湾	其他各类海湾
1000~5000	复杂		小型封闭海湾	其他各类海湾
	中等或简单			各类海湾
500~1000	复杂			各类海湾

A 污水排放量的确定

污水排放量中不包括间接冷却水、循环水以及其他含污染物极少的清净水的排放量,但包括含热量大的冷却水的排放量。

B 污水水质的复杂程度

按污水中拟预测的污染物类型以及某类污染物中水质参数的多少划分为复杂、中等和简单3类。

(1) 根据污染物在水环境中输移、衰减特点以及它们的预测模式,将污染物类型分为以下4类:

1) 持久性污染物(其中还包括在水环境中难降解、毒性大、易长期积累的有毒物质)。

2) 非持久性污染物。

3) 酸和碱(以 pH 值表征)。

4) 热污染(以温度表征)。

(2) 按污水水质的复杂程度划分为:

复杂:污染物类型数不小于3,或者只含有两类污染物,但需预测其浓度的水质参数数目不小于10。

中等:污染物类型数等于2,且需预测其浓度的水质参数数目小于10;或者只含有一类污染物,但需预测其浓度的水质参数数目不小于7。

简单:污染物类型数等于1,需预测浓度的水质参数数目小于7。

C 按水域规模划分

各类地面水域的规模是指地面水体的大小规模,标准规定如下:

(1) 河流与河口,按建设项目排污口附近河段的多年平均流量或平水期平均流量划分为:大河:150m³/s 以上;中河:15~150m³/s;小河:15m³/s 以下。

(2) 湖泊和水库,按枯水期湖泊或水库的平均水深以及水面面积划分为:

当平均水深不小于10m时:大湖(库):不小于25km²;中湖(库):2.5~25km²;小湖(库):2.5km² 以下。

当平均水深小于10m时:大湖(库):50km² 以上;中湖(库):5~50km²;小湖(库):5km² 以下。

20.6.3.2 地面水环境现状调查

A 水文调查与水文测量的内容

向有关部门收集水文测量和水质监测等现有资料,当资料不足时,应进行一定的水文调查与水质调查,特别需要进行与水质调查同步的水文测量。

一般情况,水文调查与水文测量在枯水期进行,必要时,其他时期(丰水期、平水期、冰封期等)可进行补充调查。

水文测量的内容与拟采用的环境影响预测方法密切相关。在采用数学模式时应根据所选取用的预测模式及应输入的环境水力学参数的需要决定其内容。

环境水力学参数主要指水体混合输移参数及水质模式参数。

a 河流

河流水文调查与水文测量的内容应根据评价等级、河流的规模决定,其中主要有丰水期、平水期、枯水期的划分,河流平直及弯曲情况(如平直段长度及弯曲段的弯曲半径等),横断面、纵断面及坡度,水位、水深、河宽、流量、流速及其分布,水温、糙率及泥沙含量等。丰水期有无分流漫滩,枯水期有无浅滩、沙洲和断流,北方河流还应了解结冰、封冰、解冻等现象。在采用河流水质数学模式预测时,其具体调查内容应根据评价等级及河流规模按照河流常用水质数学模式、河流环境水力学参数等的需要决定。

河网地区应调查各河段流向、流速、流量关系,了解流向、流速、流量的变化特点。

b 感潮河口

感潮河口的水文调查与水文测量的内容应根据评价等级和河流的规模决定,其中除与河流相同的内容外,还有:感潮河段的范围,涨潮、落潮及平潮时的水位、水深、流向、流速及其分布,横断面、水面坡度以及潮间隙、潮差和历时等。在采用水质数学模式预测时,其具体调查内容应根据评价等级及河流规模按照河口常用水质数学模式、环境水力学参数等的需要决定。

c 湖泊与水库

应根据评价等级、湖泊和水库的规模决定水文调查与水文测量的内容,其中主要有:湖泊水库的面积和形状,丰水期、平水期、枯水期的划分,流入、流出的水量,停留时间,水量的调度和贮量,湖泊、水库的水深,水温分层情况及水流状况(湖流的流向和流速,环流的流向、流速及稳定时间)等。

在采用数学模式预测时,其具体调查内容应根据评价的等级及湖泊、水库的规模按照湖泊、水库水质数学模式和环境水力学参数等的需要决定。

d 海湾

海湾水文调查与水文测量的内容应根据评价等级及海湾的特点选择下列全部或部分内容:海岸形状,海底地形,潮位及水深变化,潮流状况(小潮和大潮循环期间的水流变化、平行于海岸线流动的落潮和涨潮),流入的河水流量、盐度和温度造成的分层情况,水温、波浪的情况以及内海水与外海水的交换周期等。

在采用数学模式预测时,其具体调查内容应根据评价等级及海湾特点按照海湾水质数学模式、环境水力学参数等的需要决定。

B 点污染源调查

根据评价工作的需要选择下述全部或部分内容进行调查:

(1)点源的排放。调查确定排放口的平面位置、排放方向、排放口在断面上的位置、排放形式(分散排放或集中排放)。

(2)排放数据。根据现有的实测数据、统计报表以及各厂矿的工艺路线等选定的主要水质参数,并调查现有的排放量、排放速度、排放浓度及其变化等数据。

(3)用排水状况。主要调查取水量、用水量、循环水量及排水总量等。

(4)厂矿企业、事业单位的废污水处理状况。主要调查废污水的处理设备、处理效率、处理水量及水质状况等。

C 非点污染源的调查

根据评价工作的需要选择下述全部或部分内容进行调查:

(1)概况。原料、燃料、废弃物的堆放位置、堆放面积、堆放形式、堆放点的地面铺装及其保洁程度、堆放物的遮盖方式等。

(2)排放方式、排放去向与处理情况。应说明非点源污染物是有组织的汇集还是无组织的漫流;是集中后直接排放还是处理后排放;是单独排放还是与生产废水或生活污水共同排放等。

(3)排放数据。根据现有实测数据、统计报表以及根据引起非点源污染的原料、燃料、废料、废弃物的物理、化学、生物化学性质选定调查的主要水质参数,调查有关排放季节、排放时期、排放量、排放浓度及其他变化等数据。

20.6.3.3　地面水环境影响预测

A　地面水环境影响预测原则

可能产生对地面水环境影响的建设项目,应预测其产生的影响;预测的范围、时段、内容和方法应根据评价工作等级、工程与环境的特性、当地的环境保护要求来确定。同时应尽量考虑预测范围内规划的建设项目可能产生的环境影响。

预测环境影响时尽量选用通用、成熟、简便并能满足准确度要求的方法。对于季节性河流,应依据当地环保部门所定的水体功能,结合建设项目的特性确定其预测的原则、范围、时段、内容及方法。

当水生生物保护对地面水环境要求较高时(如珍贵水生生物保护区、经济鱼类养殖区等),应简要分析建设项目对水生生物的影响。分析时一般可采用类比分析法或专业判断法。

B　水环境影响预测时期划分与预测时段要求

建设项目地面水环境影响预测时期原则上一般划分为建设期、运行期和服务期满后3个阶段。

所有建设项目均应预测生产运行阶段对地面水环境的影响。该阶段的地面水环境影响应按正常排放和不正常排放两种情况进行预测。根据大型建设项目建设过程阶段的特点和评价等级、受纳水体特点以及当地环保要求决定是否预测建设期的环境影响。

根据建设项目的特点、评价等级、地面水环境特点和当地环保要求,矿山建设项目如服务期满后仍继续排放废水,应预测服务期满后对地面水环境的影响。

地面水环境预测应考虑水体自净能力不同的各个时段。通常可将其划分为自净能力最小、一般、最大3个时段。海湾的自净能力与时期的关系不明显,可以不分时段。

一、二级评价,应分别预测水体自净能力最小和一般两个时段的环境影响。冰封期较长的水域,当其水体功能为生活饮用水、食品工业用水水源或渔业用水时,还应预测冰封期的环境影响。

三级评价或二级评价评价时间较短时,可以只预测自净能力最小时段的环境影响。

C　预测水质参数

在环境现状调查水质参数中选择拟预测水质参数:工程分析和环境现状、评价等级、当地的环保要求、筛选和确定建设期、运行期和服务期满后拟预测的水质参数。

拟预测水质参数的数目应该说明的问题不应过多,一般应少于环境现状调查水质参数的数目。

不同预测时期的水质预测参数彼此不一定相同。

D　水质数学模式类型

水质数学模式按使用的时间尺度划分为动态、稳态和准稳态(或准动态)模式。按使用的空间尺度,划分为零维、一维、二维、三维模式。按模拟预测的水质组分,划分为单一组分和耦合组分模式。

按水质数学模式的求解方法,划分为解析解和数值解。

在水质数学模式中,使用的环境水力条件分恒定、动态、时段平均,使用的点污染源划分为连续恒定排放、非连续恒定排放(瞬时排放、有限时段排放)。

解析模式适用于恒定水域中点源连续恒定排放,其中二维解析模式只适用于矩形河流或水深变化不大的湖泊、水库;稳态数值模式适用于非矩形河流、水深变化较大的浅水湖泊、水库水域内的连续恒定排放;动态数值模式适用于各类恒定水域中的非连续恒定排放或非恒定水域中的各类排放。

在单一组分水质模型中,可模拟的污染物类型包括:持久性污染物、非持久性污染物、酸碱污染和废热。

持久性污染物是指在地面水中不能或很难由于物理、化学、生物作用而进行沉淀或挥发的污染物,例如在悬浮物甚少、沉降作用不明显水体中的无机盐类、重金属等。

非持久性污染物是指在地面水中由于生物作用而逐渐减少的污染物,例如耗氧有机物。

酸碱污染物有各种废酸、废碱等。表征酸碱性的水质参数是 pH 值。

20.6.3.4　地面水环境影响评价

评价建设项目的地面水环境影响是评定与评价建设项目各生产阶段对地面水的环境影响,它是环境影响预测的继续。原则上可以采用单项水质参数评价方法或多项水质参数综合评价方法。

单项水质参数评价是以国家、行业及地方的有关法规、标准为依据,评定与评价各评价项目的单个质量参数的环境影响。预测值未包括环境质量现状值(背景值)时,评价时应注意叠加环境质量现状值。

地面水环境影响的评价范围与其影响预测范围相同。确定其评价范围的原则与环境调查相同。

所有预测点和所有预测的水质参数均应进行各生产阶段不同情况的环境影响评价,并应有重点。空间方面,水文要素和水质急剧变化处、水域功能改变处、取水口附近等应作为重点;水质方面,影响较重的水质参数应作为重点。

多项水质参数综合评价的评价方法和评价的水质参数应与环境现状综合评价相同。

一般采用标准指数法进行单项水质参数评价。

20.7　地下水环境影响评价

20.7.1　矿产资源开发对地下水的主要影响

矿产资源开发对地下水的主要影响包括:

(1) 露天开采对地下水水位、水质、水资源量的影响。

(2) 地下开采对地下水水位、水质、水资源量的影响。

(3) 矿石、矿渣、废石堆放场对土壤的影响、渗滤液对地下水水质的影响。

(4) 尾矿库坝下淋渗、渗漏对地下水水质的影响。

(5) 矿坑水抽排对地下水水位、水质的影响。

(6) 地表水和地下水的补排关系,矿坑排水致污的地表水对地下水的影响。

(7) 矿山开采可能引起的水资源枯竭、岩溶塌陷、地面沉降等环境水文地质问题。

20.7.2　地下水环境影响评价内容

20.7.2.1　建设项目分类

根据建设项目对地下水环境影响的特征,将建设项目分为以下 3 类:

Ⅰ类:指在项目建设、生产运行和服务期满后的各个过程中,可能造成地下水水质污染的建设项目。

Ⅱ类:指在项目建设、生产运行和服务期满后的各个过程中,可能引起地下水流场或地下水水位变化,并导致环境水文地质问题的建设项目。

Ⅲ类:指同时具备Ⅰ类和Ⅱ类建设项目环境影响特征的建设项目。

矿山建设项目同时具备Ⅰ类和Ⅱ类建设项目环境影响特征,一般按Ⅲ类项目要求进行评价。

20.7.2.2　评价基本任务

进行地下水环境现状评价,预测和评价建设项目实施过程中对地下水环境可能造成的直接影响和间接危害(包括地下水污染,地下水流场或地下水水位变化),并针对这种影响和危害提出防治措施,预防与控制环境恶化,保护地下水资源,为建设项目选址决策、工程设计和环境管理提供科学依据。

20.7.2.3　地下水环境影响评价工作分级

根据建设项目不同类型对地下水环境影响程度与范围的大小不同,将地下水环境影响评价工作分为一、二、三级。

　　A　评价工作等级划分原则

Ⅰ类和Ⅱ类建设项目:根据其对地下水环境的影响类型、建设项目所处区域的环境特征及其环境影响程度分别划定评价工作等级。

Ⅲ类建设项目:应按Ⅰ类和Ⅱ类建设项目评价工作等级划分办法,进行地下水环境影响评价工作等级划分,并按所划定的最高工作等级开展评价工作。

B I类建设项目工作等级划分

a 划分依据

I类建设项目地下水环境影响评价工作等级的划分,应根据建设项目场地的包气带防污性能、含水层易污染特征、地下水环境敏感程度、污水排放量与污水水质复杂程度等指标确定。建设项目场地包括主体工程、辅助工程、公用工程、储运工程等涉及的场地。

(1)建设项目场地的包气带防污性能。建设项目场地的包气带防污性能按包气带中岩(土)层的分布情况分为强、中、弱3级,分级原则见表20-8。

表 20-8　包气带防污性能分级

分　级	包气带岩土的渗透性能
强	岩(土)层单层厚度 $M_b \geqslant 1.0\,\mathrm{m}$,渗透系数 $K \leqslant 10^{-7}\,\mathrm{cm/s}$,且分布连续、稳定
中	岩(土)层单层厚度 $0.5\,\mathrm{m} \leqslant M_b < 1.0\,\mathrm{m}$,渗透系数 $K \leqslant 10^{-7}\,\mathrm{cm/s}$,且分布连续、稳定 岩(土)层单层厚度 $M_b \geqslant 1.0\,\mathrm{m}$,渗透系数 $10^{-7}\,\mathrm{cm/s} < K \leqslant 10^{-4}\,\mathrm{cm/s}$,且分布连续、稳定
弱	岩(土)层不满足上述"强"和"中"条件

注:表中"岩(土)层"是指建设项目场地地下基础之下第一岩(土)层。

(2)建设项目场地的含水层易污染特征。建设项目场地的含水层易污染特征分为易、中、不易3级,分级原则见表20-9。

表 20-9　建设项目场地的含水层易污染特征分级

分　级	项目场地所处位置与含水层易污染特征
易	潜水含水层埋深浅的地区;地下水与地表水联系密切地区;不利于地下水中污染物稀释、自净的地区;现有地下水污染问题突出的地区
中	多含水层系统且层间水力联系较密切的地区;存在地下水污染问题的地区
不易	以上情形之外的其他地区

(3)建设项目场地的地下水环境敏感程度。建设项目场地的地下水环境敏感程度可分为敏感、较敏感、不敏感3级,分级原则见表20-10。

表 20-10　地下水环境敏感程度分级

分　级	项目场地的地下水环境敏感特征
敏感	生活供水水源地(包括已建成的在用、备用、应急水源地,在建和规划的水源地)准保护区;除生活供水水源地以外的国家或地方政府设定的与地下水环境相关的其他保护区,如热水、矿泉水、温泉等特殊地下水资源保护区
较敏感	生活供水水源地(包括已建成的在用、备用、应急水源地,在建和规划的水源地)准保护区以外的补给径流区;特殊地下水资源(如矿泉水,温泉等)保护区以外的分布区以及分散居民饮用水源等其他未列入上述敏感分级的环境敏感区
不敏感	上述地区之外的其他地区

(4)建设项目污水排放强度。建设项目污水排放强度可分为大、中、小3级,分级标准见表20-11。

表 20-11　污水排放量分级

分　级	污水排放总量/(m³/d)
大	$\geqslant 10000$
中	$1000 \sim 10000$
小	$\leqslant 1000$

(5)建设项目污水水质的复杂程度。根据建设项目所排污水中污染物类型和需预测的污水水质指标数量,将污水水质分为复杂、中等、简单3级,分级原则见表20-12。当根据污水中污染物类型所确定的污水水质

复杂程度和根据污水水质指标数量所确定的污水水质复杂程度不一致时,取高级别的污水水质复杂程度级别。

表 20-12　污水水质复杂程度分级

污水水质复杂程度级别	污染物类型数	需预测的污水水质指标/个
复　杂	≥2	≥6
中　等	≥2	≥6
	1	<6
简　单	1	<6

b　Ⅰ类建设项目评价工作等级

Ⅰ类建设项目地下水环境影响评价工作等级的划分见表 20-13。

表 20-13　Ⅰ类建设项目地下水环境影响评价工作等级的划分

评价级别	建设项目场地包气带防污性能	建设项目场地的含水层易污染特征	建设项目场地的地下水环境敏感程度	建设项目污染排放量	建设项目水质复杂程度
一级	弱	易	较敏感	大-小	复杂-简单
			不敏感	大	复杂-简单
				中	复杂-中等
				小	复杂
		中	较敏感	大-中	复杂-简单
				小	复杂-中等
			不敏感	大	复杂-简单
				中	复杂
		不易	较敏感	大	复杂-中等
	中	易	较敏感	大	复杂-简单
				中	复杂-中等
				小	复杂
			不敏感	大	复杂
		中	较敏感	大	复杂-中等
				中	复杂
	强	易	较敏感	大	复杂
二级	除了一级和三级以外的其他组合				
三级	弱	不易	不敏感	中	简单
				小	中等-简单
	中	易	不敏感	小	简单
		中	不敏感	中	简单
				小	中等-简单
			较敏感	中	简单
				小	中等-简单
		不易	不敏感	大	中等-简单
				中-小	复杂-简单
			较敏感	小	简单
	强	易	较敏感	小	简单
			不敏感	大	简单
				中	中等-简单
				小	复杂-简单
		中	较敏感	中	简单
				小	中等-简单
			不敏感	大	中等-简单
				中-小	复杂-简单
		不易	较敏感	大	中等-简单
				中-小	复杂-简单
			不敏感	大-小	复杂-简单

C   Ⅱ类建设项目工作等级划分

a   划分依据

Ⅱ类建设项目地下水环境影响评价工作等级的划分,应根据建设项目地下水供水(或排水、注水)规模、引起的地下水水位变化范围、建设项目场地的地下水环境敏感程度以及可能造成的环境水文地质问题的大小等条件确定。

(1)建设项目供水(或排水、注水)规模按水量的多少可分为大、中、小3级,分级标准见表20-14。

(2)建设项目引起的地下水水位变化区域范围可用影响半径来表示,分为大、中、小3级,分级标准见表20-15。

表 20-14   地下水供水(或排水、注水)规模分级

分 级	供水(或排水、注水)量/(m³/d)
大	≥10000
中	2000 ~ 10000
小	≤2000

表 20-15   引起地下水位变化区域范围分级

分 级	地下水水位变化影响半径/km
大	≥1.5
中	0.5 ~ 1.5
小	≤0.5

(3)建设项目场地的地下水环境敏感程度可分为敏感、较敏感、不敏感3级,分级原则见表20-16。

表 20-16   项目场地地下水环境敏感程度分级

分级	项目场地的地下水环境敏感程度
敏感	生活供水水源地(包括已建成的在用、备用、应急水源地,在建和规划的水源地)准保护区;除生活供水水源地以外的国家或地方政府设定的与地下水环境相关的其他保护区,如热水、矿泉水、温泉等特殊地下水资源保护区;生态脆弱区重点保护区域;地质灾害易发区;重要湿地、水土流失重点防治区、沙化土地封禁保护区等
较敏感	生活供水水源地(包括已建成的在用、备用、应急水源地,在建和规划的水源地)准保护区以外的补给径流区;特殊地下水资源(如矿泉水、温泉等)保护区以外的分布区以及分散居民饮用水源等其他未列入上述敏感分级的环境敏感区
不敏感	上述地区之外的其他地区

(4)建设项目造成的环境水文地质问题。包括区域地下水水位下降产生的土地次生荒漠化、地面沉降、地裂缝、岩溶塌陷、海水入侵、湿地退化等,以及灌溉导致局部地下水位上升产生的土壤次生盐渍化、次生沼泽化等,按其影响程度大小可分为强、中等、弱3级,分级原则见表20-17。

表 20-17   可能造成的环境水文地质问题

分级	可能造成的环境水文地质问题
强	产生地面沉降、地裂缝、岩溶塌陷、海水入侵、湿地退化、土地荒漠化等环境水文地质问题,含水层疏干现象明显,产生土壤盐渍化、沼泽化
中等	出现土壤盐渍化、沼泽化迹象
弱	无上述环境水文地质问题

b   Ⅱ类建设项目评价工作等级

Ⅱ类建设项目地下水环境影响评价工作等级的划分见表20-18。

表 20-18　II类建设项目地下水环境影响评价工作等级的划分

评价等级	建设项目供水（或排水、注水）规模	建设项目引起的地下水水位变化区域范围	建设项目场地的地下水环境敏感程度	建设项目造成的环境水文地质问题大小
一级	小-大	小-大	敏感	弱-强
	中等	中等	较敏感	强
		大	较敏感	中等-强
	大	大	较敏感	弱-强
			不敏感	强
		中	较敏感	中等-强
		小	较敏感	强
二级	除了一级和三级以外的其他组合			
三级	小-中	小-中	较敏感-不敏感	弱-中

20.7.2.4　地下水环境影响评价技术要求

A　一级评价要求

通过搜集资料和环境现状调查,了解区域内多年的地下水动态变化规律,详细掌握评价区域的环境水文地质条件(给出大于或等于 1/10000 的相关图件)、污染源状况、地下水开采利用现状与规划,查明各含水层之间以及与地表水之间的水力联系,同时掌握评价区评价期内至少一个连续水文年的枯、平、丰水期的地下水动态变化特征;根据建设项目污染源特点及具体的环境水文地质条件有针对性地开展勘察试验,进行地下水环境现状评价;对地下水水质、水量采用数值法进行影响预测和评价,对环境水文地质问题进行定量或半定量的预测和评价,提出切实可行的环境保护措施。

B　二级评价要求

通过搜集资料和环境现状调查,了解区域内多年的地下水动态变化规律,基本掌握评价区域的环境水文地质条件(给出大于或等于 1/50000 的相关图件)、污染源状况、项目所在区域的地下水开采利用现状与规划,查明各含水层之间以及与地表水之间的水力联系,同时掌握评价区至少一个连续水文年的枯、丰水期的地下水动态变化特征;结合建设项目污染源特点及具体的环境水文地质条件有针对性地补充必要的勘察试验,进行地下水环境现状评价;对地下水水质、水量采用数值法或解析法进行影响预测和评价,对环境水文地质问题进行半定量或定性的分析和评价,提出切实可行的环境保护措施。

C　三级评价要求

通过搜集现有资料,说明地下水分布情况,了解当地的主要环境水文地质条件(给出相关水文地质图件)、污染源状况、项目所在区域的地下水开采利用现状与规划;了解建设项目环境影响评价区的环境水文地质条件,进行地下水环境现状评价;结合建设项目污染源特点及具体的环境水文地质条件有针对性地进行现状监测,通过回归分析、趋势外推、时序分析或类比预测分析等方法进行地下水影响分析与评价;提出切实可行的环境保护措施。

20.7.2.5　地下水环境现状调查与评价

A　调查与评价原则

(1)地下水环境现状调查与评价工作应遵循资料搜集与现场调查相结合、项目所在场地调查与类比考察相结合、现状监测与长期动态资料分析相结合的原则。

(2)地下水环境现状调查与评价工作的深度应满足相应的工作级别要求。当现有资料不能满足要求时,应组织现场监测及环境水文地质勘察与试验。对一级评价,还可选用不同历史时期地形图以及航空、卫星图片进行遥感图像解译配合地面现状调查与评价。

(3)对于地面工程建设项目应监测潜水含水层以及与其有水力联系的含水层,兼顾地表水体,对于地下工程建设项目应监测受其影响的相关含水层。对于改、扩建 I 类建设项目,必要时监测范围还应扩展到包气带。

B　调查与评价范围

a　Ⅰ类建设项目

（1）Ⅰ类建设项目地下水环境现状调查与评价的范围可参考表 20-19 确定,其调查评价范围应包括与建设项目相关的环境保护目标和敏感区域,必要时还应扩展至完整的水文地质单元。

表 20-19　Ⅰ类建设项目地下水环境现状调查评价范围参考

评价等级	调查评价范围/km²	备　注
一级	≥50	环境水文地质条件复杂、地下水流速较大的地区,调查评价范围可取较大值,否则可取较小值
二级	20~50	
三级	≤20	

（2）当Ⅰ类建设项目位于基岩地区时,一级评价以同一地下水文地质单元为调查评价范围,二级评价原则上以同一地下水水文地质单元或地下水块段为调查评价范围,三级评价以能说明地下水环境的基本情况,并满足环境影响预测和分析的要求为原则确定调查评价范围。

b　Ⅱ类建设项目

Ⅱ类建设项目地下水环境现状调查与评价的范围应包括建设项目建设、生产运行和服务期满后 3 个阶段的地下水水位变化的影响区域,其中应特别关注相关的环境保护目标和敏感区域,必要时应扩展至完整的水文地质单元,以及可能与建设项目所在的水文地质单元存在直接补排关系的区域。

c　Ⅲ类建设项目

Ⅲ类建设项目地下水环境现状调查与评价的范围应同时包括上述 a 和 b 两小节所确定的范围。

C　调查内容与要求

a　水文地质条件调查的主要内容

（1）气象、水文、土壤和植被状况。

（2）地层岩性、地质构造、地貌特征与矿产资源。

（3）包气带岩性、结构、厚度。

（4）含水层的岩性组成、厚度、渗透系数和赋水程度;隔水层的岩性组成、厚度、渗透系数。

（5）地下水类型、地下水补给、径流和排泄条件。

（6）地下水水位、水质、水量、水温。

（7）泉的成因类型,出露位置、形成条件及泉水流量、水质、水温,开发利用情况。

（8）集中供水水源地和水源井的分布情况（包括开采层的成井的密度、水井结构、深度以及开采历史）。

（9）地下水现状监测井的深度、结构以及成井历史、使用功能。

（10）地下水背景值（或地下水污染对照值）。

b　环境水文地质问题调查的主要内容

（1）原生环境水文地质问题,包括天然劣质水分布状况,以及由此引发的地方性疾病等环境问题。

（2）地下水开采过程中水质、水量、水位的变化情况,以及由此引起的环境水文地质问题。

（3）与地下水有关的其他人类活动情况调查,如保护区划分情况等。

c　地下水污染源调查

地下水污染源主要包括工业污染源、生活污染源、农业污染源。

调查重点主要包括废水排放口、渗坑、渗井、污水池、排污渠、污灌区、已被污染的河流、湖泊、水库和固体废物堆放（填埋）场等。

对于改、扩建Ⅰ类建设项目,还应对建设项目场地所在区域可能污染的部位（如物料装卸区、储存区、事故池等）开展包气带污染调查,包气带污染调查取样深度一般在地面以下 25~80 cm 之间即可。当调查点所在位置一定深度之下有埋藏的排污系统或储藏污染物的容器时,取样深度应至少达到排污系统或储藏污染物的容器底部以下。

d　地下水环境现状监测

地下水环境现状监测主要通过对地下水水位、水质的动态监测，了解和查明地下水水流与地下水化学组分的空间分布现状和发展趋势，为地下水环境现状评价和环境影响预测提供基础资料。

对于Ⅰ类建设项目应同时监测地下水水位、水质。对于Ⅱ类建设项目应监测地下水水位，涉及可能造成土壤盐渍化的Ⅱ类建设项目，也应监测相应的地下水水质指标。

e　环境水文地质勘察与试验

（1）环境水文地质勘察与试验是在充分收集已有相关资料和地下水环境现状调查的基础上，针对某些需要进一步查明的环境水文地质问题和为获取预测评价中必要的水文地质参数而进行的工作。

（2）除一级评价应进行环境水文地质勘察与试验外，对环境水文地质条件复杂而又缺少资料的地区，二级、三级评价也应在区域水文地质调查的基础上对评价区进行必要的水文地质勘察。

（3）环境水文地质勘察可采用钻探、物探和水土化学分析以及室内外测试、试验等手段，具体参见相关标准与规范。

（4）环境水文地质试验项目通常有抽水试验、注水试验、渗水试验、浸溶试验、土柱淋滤试验、弥散试验、流速试验（连通试验）、地下水含水层储能试验等。在地下水环境影响评价工作中可根据评价等级及资料占有程度等实际情况选用。

（5）进行环境水文地质勘察时，除采用常规方法外，可配合地球物理方法进行勘察。

D　环境现状评价

a　污染源整理与分析

按评价中所确定的地下水质量标准对污染源进行等标污染负荷比计算，将累计等标污染负荷比大于70%的污染源（或污染物）定为评价区的主要污染源（或主要污染物）。通过等标污染负荷比分析，列表给出主要污染源和主要污染因子，并附污染源分布图。

包气带污染分析：对于改、扩建Ⅰ类和Ⅲ类建设项目，应根据建设项目场地包气带污染调查结果开展包气带水、土壤污染分析，并作为地下水环境影响预测的基础。

b　地下水水质现状评价

（1）根据现状监测结果进行最大值、最小值、均值、标准差、检出率和超标率的分析。

（2）地下水水质现状评价应采用标准指数法进行评价。标准指数大于1，表明该水质因子已超过了规定的水质标准，指数值越大，超标越严重。

c　环境水文地质问题的分析

（1）环境水文地质问题的分析应根据水文地质条件及环境水文地质调查结果进行。

（2）区域地下水水位降落漏斗状况分析，应叙述地下水水位降落漏斗的面积、漏斗中心水位的下降幅度、下降速度及其与地下水开采量时空分布的关系，单井出水量的变化情况，含水层疏干面积等，阐明地下水降落漏斗的形成、发展过程，为发展趋势预测提供依据。

（3）地面沉降、地裂缝状况分析，应叙述沉降面积、沉降漏斗的沉降量（累计沉降量、年沉降量）等，及其与地下水降落漏斗、开采（包括回灌）量时空分布变化的关系，阐明地面沉降的形成、发展过程及危害程度，为发展趋势预测提供依据。

（4）岩溶塌陷状况分析，应叙述与地下水相关的塌陷发生的历史过程、密度、规模、分布及其与人类活动（如采矿、地下水开采等）时空变化的关系，并结合地质构造、岩溶发育等因素，阐明岩溶塌陷发生、发展规律及危害程度。

（5）土壤盐渍化、沼泽化、湿地退化、土地荒漠化分析，应叙述与土壤盐渍化、沼泽化、湿地退化、土地荒漠化发生相关的地下水位、土壤蒸发量、土壤盐分的动态分布及其与人类活动（如地下水回灌过量、地下水过量开采）时空变化的关系，并结合包气带岩性、结构特征等因素，阐明土壤盐渍化、沼泽化、湿地退化、土地荒漠化发生、发展规律及危害程度。

20.7.2.6 地下水环境影响预测

A 预测原则

（1）建设项目地下水环境影响预测应遵循已确定的原则进行。考虑到地下水环境污染的隐蔽性和难恢复性，还应遵循环境安全性原则，预测应为评价各方案的环境安全和环境保护措施的合理性提供依据。

（2）预测的范围、时段、内容和方法均应根据评价工作等级、工程特征与环境特征，结合当地环境功能和环保要求确定，应以拟建项目对地下水水质、水位、水量动态变化的影响及由此而产生的主要环境水文地质问题为重点。

（3）Ⅰ类建设项目，对工程可行性研究和评价中提出的不同选址（选线）方案，或多个排污方案等所引起的地下水环境质量变化应分别进行预测，同时给出污染物正常排放和事故排放两种工况的预测结果。

（4）Ⅱ类建设项目，应遵循保护地下水资源与环境的原则，对工程可行性研究中提出的不同选址方案，或不同开采方案等所引起的水位变化及其影响范围应分别进行预测。

（5）Ⅲ类建设项目，应同时满足上述（3）和（4）的要求。

B 预测范围

（1）地下水环境影响预测的范围可与现状调查范围相同，但应包括保护目标和环境影响的敏感区域，必要时扩展至完整的水文地质单元，以及可能与建设项目所在的水文地质单元存在直接补排关系的区域。

（2）预测重点应包括：

1）已有、拟建和规划的地下水供水水源区。

2）主要污水排放口和固体废物堆放处的地下水下游区域。

3）地下水环境影响的敏感区域（如重要湿地、与地下水相关的自然保护区和地质遗迹等）。

4）可能出现环境水文地质问题的主要区域。

5）其他需要重点保护的区域。

C 预测时段

地下水环境影响预测时段应包括建设项目建设、生产运行和服务期满后3个阶段。

D 预测因子

a Ⅰ类建设项目

Ⅰ类建设项目预测因子应选取与拟建项目排放的污染物有关的特征因子，选取重点应包括：

（1）改、扩建项目已经排放的及将要排放的主要污染物。

（2）难降解、易生物蓄积、长期接触对人体和生物产生危害作用的污染物，应特别关注持久性有机污染物。

（3）国家或地方要求控制的污染物。

（4）反映地下水循环特征和水质成因类型的常规项目或超标项目。

b Ⅱ类建设项目

Ⅱ类建设项目预测因子应选取水位及与水位变化所引发的环境水文地质问题相关的因子。

c Ⅲ类建设项目

Ⅲ类建设项目，应同时满足 a 和 b 的要求。

E 预测方法

（1）建设项目地下水环境影响预测方法包括数学模型法和类比预测法。其中，数学模型法包括数值法、解析法、均衡法、回归分析、趋势外推、时序分析等方法。

（2）一级评价应采用数值法；二级评价中水文地质条件复杂时应采用数值法，水文地质条件简单时可采用解析法；三级评价可采用回归分析、趋势外推、时序分析或类比预测法。

（3）采用数值法或解析法预测时，应先进行参数识别和模型验证。

（4）采用解析模型预测污染物在含水层中的扩散时，一般应满足以下条件：

1）污染物的排放对地下水流场没有明显的影响。

2）预测区内含水层的基本参数（如渗透系数、有效孔隙度等）不变或变化很小。

（5）采用类比预测分析法时，应给出具体的类比条件。类比分析对象与拟预测对象之间应满足以下要求：

1）二者的环境水文地质条件、水动力场条件相似。

2）二者的工程特征及对地下水环境的影响具有相似性。

F　预测模型概化

a　水文地质条件概化

应根据评价等级选用预测方法，结合含水介质结构特征，地下水补给、径流、排泄条件，边界条件及参数类型来进行水文地质条件概化。

b　污染源概化

污染源概化包括排放形式与排放规律的概化。根据污染源的具体情况，排放形式可以概化为点源或面源。排放规律可以简化为连续恒定排放或非连续恒定排放。

c　水文地质参数值的确定

对于一级评价，地下水水量（水位）、水质预测所需要的含水层渗透系数、释水系数、给水度和弥散度等参数值，应通过现场试验获取。对于二级、三级评价所需的水文地质参数值，可从评价区以往环境水文地质勘察成果资料中选取，或依据相邻地区和类比区最新的勘察成果资料确定；对环境水文地质条件复杂而又缺少资料的地区，二级、三级评价所需的水文地质参数值，也应通过现场试验获取。

20.7.2.7　地下水环境影响评价原则与要求

A　评价原则

（1）评价应以地下水环境现状调查和地下水环境影响预测结果为依据，对建设项目不同选址（选线）方案、各实施阶段（建设、生产运行和服务期满后）不同排污方案及不同防渗措施下的地下水环境影响进行评价，并通过评价结果的对比，推荐地下水环境影响最小的方案。

（2）地下水环境影响评价采用的预测值未包括环境质量现状值时，应叠加环境质量现状值后再进行评价。

（3）Ⅰ类建设项目应重点评价建设项目污染源对地下水环境保护目标（包括已建成的在用、备用、应急水源地，在建和规划的水源地，生态环境脆弱区域和其他地下水环境敏感区域）的影响。评价因子与影响预测因子相同。

（4）Ⅱ类建设项目应重点依据地下水流场变化，评价地下水水位（水头）降低或升高诱发的环境水文地质问题的影响程度和范围。

B　评价范围

地下水环境影响评价范围与环境影响预测范围相同。

C　评价方法

（1）Ⅰ类建设项目的地下水水质影响评价，可采用标准指数法进行评价。

（2）Ⅱ类建设项目评价可导致环境水文地质问题时，可采用预测水位与现状调查水位相比较的方法进行评价，具体方法如下：

1）地下水位降落漏斗。对水位不能恢复、持续下降的疏干漏斗，采用中心水位降和水位下降速率进行评价。

2）土壤盐渍化、沼泽化、湿地退化、土地荒漠化、地面沉降、地裂缝、岩溶塌陷，根据地下水水位变化速率、变化幅度、水质及岩性等分析其发展的趋势。

D　评价要求

a　Ⅰ类建设项目

评价Ⅰ类建设项目对地下水水质影响时,可采用以下判据评价水质能否满足地下水环境质量标准要求。

(1) 以下情况应得出可以满足地下水环境质量标准要求的结论:

1) 建设项目在各个不同生产阶段,除污染源附近小范围以外地区,均能达到地下水环境质量标准要求。

2) 在建设项目实施的某个阶段,有个别水质因子在较大范围内出现超标,但采取环保措施后,可满足地下水环境质量标准要求。

(2) 以下情况应作出不能满足地下水环境质量标准要求的结论:

1) 改、扩建项目已经排放和将要排放的主要污染物在评价范围内的地下水中已经超标。

2) 削减措施在技术上不可行,或在经济上明显不合理。

b Ⅱ类建设项目

评价Ⅱ类建设项目对地下水流场或地下水水位(水头)影响时,应依据地下水资源补采平衡的原则,评价地下水开发利用的合理性及可能出现的环境水文地质问题的类型、性质及其影响的范围、特征和程度等。

c Ⅲ类建设项目

Ⅲ类建设项目的环境影响评价应按照上述 a 和 b 的要求进行。

20.8 生态环境影响评价

20.8.1 矿产资源开发的生态学效应

20.8.1.1 景观生态学效应

矿产资源开发地表景观格局发生变化,包括清除地表植被、增建生产设施和生活设施、挖毁原地貌、废弃物(弃土、弃石、垃圾)堆置、地表塌陷形变等,是矿区开发最突出的问题。景观格局的变化,使矿区固有的自然生态功能完全丧失,产生了诸如水土流失、环境污染等生态环境问题,伴随着时间推移和开发规模的扩大,这种景观结构的变化还会不断延伸、扩大。矿区开采将导致景观生态结构的全面变化。

20.8.1.2 城镇化效应

矿业是一种劳动密集型产业。矿业开发往往伴随着矿区城镇的形成和发展。我国有许多城市就是由于矿业开发而形成和发展起来的,同所有城镇一样,矿区城镇也是一种人工生态系统,具有一般城镇的生态环境特点和问题。但矿区城镇又与一般城镇不同。矿区城镇为靠近矿区,方便生产,其选址受到很大的限制,有的建在高岗,有的建在沟旁,地形起伏不平,建筑设施分散,道路曲折不平,矿区城镇的生态问题更多。

矿产资源开发,都必须修筑交通运输网络,因此交通运输工程所具有的廊道效应和其他效应,在矿业开发项目中同样存在着。

20.8.1.3 区域生态影响效应

矿产资源开发,特别是大型矿山的发展,会带动形成一系列工业,包括矿产品加工业,相应的配套产业等。因而,一个矿区的建设,往往会在其交通运输便捷可达或具有匹配资源的地区形成一系列工业和商业或新的工商业城镇,从而导致区域性生态环境的巨大变迁。

20.8.1.4 污染生态效应

矿产开采和加工是一种污染型产业。矿产资源开发过程中会使水体、大气和声学环境受到污染。主要表现有矿坑水、选矿废水以及废石场、尾矿库淋溶废水的排放会污染水体,露天采矿、采剥掘废石(土)和尾矿堆置,会产生粉尘和风蚀,会产生扬尘。采矿及矿产品加工运输设备机械设备产生的噪声会对周围声学环境产生影响。

20.8.2 矿山建设项目的生态环境影响

综合各类矿山项目开发建设活动特点,其主要生态环境影响包括生态系统变换、地面形变与自然灾害、水资源影响问题、环境污染。

20.8.2.1 生态系统变换

以植被为核心的生态系统,将由于开矿破坏植被而发生根本性的变化。完全或部分清除植被将使原自然生态系统的所有功能完全损失或削弱,如农副产品资源生产力损失、蓄水保土功能丧失等。由此导致矿区小气候恶化,区域生态功能减弱,产生新的生态问题而影响区域的可持续发展。

矿山开采到一定程度,只有部分地区可能建成新的人工植被,于是,矿区的自然生态系统就逐渐转化为人工控制的城市生态系统或半人工生态系统。

20.8.2.2 地面形变与自然灾害

矿山开采和相关工程的兴建会使矿区地形发生巨大变化,如地下采矿会引起地面沉陷,露天采矿或形成露天采坑或削平高山,固体废弃物堆置会填塞沟渠,道路修建劈山开路等,都会引起严重的水土流失,山体失稳而发生塌方,甚至会引起滑坡和泥石流灾害。

20.8.2.3 水资源影响问题

矿产资源开发对水资源的影响包括地表水资源和地下水资源。地表水影响有取水、改变河道和水文条件、污染水质等;地下水影响有疏干地下水导致水位下降,供水发生困难和地面沉降问题等。地下水位下降可能会造成地表植被死亡。矿业开发和矿区城镇兴起水资源由农用转为矿业和城镇使用,引起工、农业争水问题,或者因过量开采地下水,会造成更大范围的生态环境影响。

20.8.2.4 环境污染

矿山开采引起的环境污染影响是严重的,并因开采矿种不同而异。污染主要来自剥离物、尾矿和矿渣等固体废物,矿坑排水和选矿废水等,爆破、掘进和交通运输产生的气态污染物,以及各种机械的噪声污染,矿区道路开通和城镇建设,都会产生水、气、声、渣等污染物。矿产品加工则产生工业污染物。这些污染的生态效应依具体情况而异:有的影响地表水,可使河流生物绝迹;有的影响地下水,使地下水资源很难利用;有的影响人体健康,有的影响农业生产。矿区的污染物类型和污染方式很多,主要是采矿产生固体废物和矿坑水,以及矿产品加工产生的固态废物和选矿废水。

20.8.3 矿山建设项目生态环境影响评价要点

20.8.3.1 评价指导思想

根据矿产资源开发项目的特点及生态环境影响,矿山项目评价的指导思想是:

(1) 要有区域观念,要从保持可持续发展出发考虑矿区的生态环境影响与生态建设问题;

(2) 要有发展观念,要从矿业和矿区滚动发展出发动态地考虑规划、布局和矿区建设问题;

(3) 要有资源观念,要从区域或流域整体效益出发考虑区域各种资源的优化配置,优化利用和优化保护;

(4) 要有灾变观念,要从矿区长远的生态安全出发,考虑矿区防灾减灾,长治久安的生态建设问题;

(5) 要有环境观念,要充分考虑矿区环境的污染承受能力;

(6) 要有生态观念,要全面认识生态系统特点、脆弱性、重建和恢复能力等。

从矿产资源开发项目的工程特点出发,其生态环境影响的重点问题是:地表植被清除导致动植物资源减少和生态群落破坏;地下水超采、疏干、污染及相关的生态影响问题;土壤植被破坏导致的资源损失和水土流失或沙漠化加剧问题;地面形变或塌陷造成的地质灾害危及社会、生态影响;矿山固体废弃物堆置引起的生态问题,如引起的污染和淤积问题,扬尘影响农田、果园的收成和居民生活,渗滤液流入农田影响农业生产,渗滤液污染地下水等;采矿选矿废水污染水环境和影响农业灌溉等;与土地占用有关的资源和生态问题;与水资源竞争性利用有关的生态问题等。

矿产资源开发应从区域可持续发展出发,考察其资源赋存状况和利用的合理性,矿区建设布局的合理性,生态环境功能区划以及矿区生态规划。

20.8.3.2 环境影响评价重点

矿山开采环境影响评价重点包括下列内容:

（1）地表土（岩）剥离和地表植被清除改变了土地利用现状及引发的景观生态和物种生存问题。

（2）露天开采破坏地表应力引起滑坡、泥石流、崩塌，进而引发生态环境损害。

（3）地下开采引起地面沉降或塌陷，进而引发生态环境问题。

（4）地下开采改变地应力，诱发地震等地质灾害，进而引发生态环境问题。

（5）废石及弃土堆放，进而引发的生态环境问题。

（6）矿山移民带来的生态问题。

20.8.4 生态环境影响评价主要内容

20.8.4.1 评价工作等级的确定

根据《环境影响评价导则　非污染生态影响》（HJ/T19—1997）对生态环境影响评价等级的规定，将生态环境影响评价工作等级划分为一、二、三级。经过对工程和项目所在区域进行初步分析，选择 1~3 个方面的主要生态影响并依据表 20-20 列出的生态影响及生态因子变化的程度和范围进行工作等级划分，并按较高级别的评价等级评价。

表 20-20　生态影响评价工作等级划分

影响区域生态敏感性	工程占地（水域）范围		
	面积≥20km² 或长度≥100km	面积 2~20km² 或长度 50~100km	面积≤2km² 或长度≤50km
特殊生态敏感区	一级	一级	一级
重要生态敏感区	一级	二级	三级
一般区域	二级	三级	三级

20.8.4.2 评价范围的确定

生态影响评价应能够充分体现生态完整性，涵盖评价项目全部活动的直接影响区域和间接影响区域。评价工作范围应依据评价项目对生态因子的影响方式、影响程度和生态因子之间的相互影响和相互依存关系确定。可综合考虑评价项目与项目区的气候过程、水文过程、生物过程等生物地球化学循环过程的相互作用关系，以评价项目影响区域所涉及的完整气候单元、水文单元、生态单元、地理单元界限为参照边界。

20.8.4.3 生态环境现状调查与评价

A　生态现状调查

a　生态现状调查要求

生态现状调查是生态现状评价、影响预测的基础和依据，调查的内容和指标应能反映评价工作范围内的生态背景特征和现存的主要生态问题。在有敏感生态保护目标（包括特殊生态敏感区和重要生态敏感区）或其他特别保护要求对象时，应做专题调查。生态现状调查应在收集资料基础上开展现场工作，生态现状调查的范围应不小于评价工作的范围。

（1）一级评价应给出采样地样方实测、遥感等方法测定的生物量、物种多样性等数据，给出主要生物物种名录、受保护的野生动植物物种等调查资料。

（2）二级评价的生物量和物种多样性调查可依据已有资料推断，或实测一定数量的、具有代表性的样方予以验证。

（3）三级评价可充分借鉴已有资料进行说明。

b　调查内容

（1）生态背景调查。根据生态影响的空间和时间尺度特点，调查影响区域内涉及的生态系统类型、结构、功能和过程，以及相关的非生物因子特征（如气候、土壤、地形地貌、水文及水文地质等），重点调查受保护的珍稀濒危物种、关键种、土著种、建群种和特有种，天然的重要经济物种等。如涉及国家级和省级保护物种、珍稀濒危物种和地方特有物种时，应逐个或逐类说明其类型、分布、保护级别、保护状况等；如涉及特殊生态敏感区和重要生态敏感区时，应逐个说明其类型、等级、分布、保护对象、功能区划、保护要求等。

（2）主要生态问题调查。调查影响区域内已经存在的制约本区域可持续发展的主要生态问题,如水土流失、沙漠化、石漠化、盐渍化、自然灾害、生物入侵和污染危害等,指出其类型、成因、空间分布、发生特点等。

B　生态现状评价

a　评价要求

在区域生态基本特征现状调查的基础上,对评价区的生态现状进行定量或定性的分析评价,评价应采用文字和图件相结合的表现形式。

b　评价内容

（1）在阐明生态系统现状的基础上,分析影响区域内生态系统状况的主要原因。评价生态系统的结构与功能状况（如水源保护、防风固沙、生物多样性保护等主导生态功能）、生态系统面临的压力和存在的问题、生态系统的总体变化趋势等。

（2）分析和评价受影响区域内动、植物等生态因子的现状组成、分布。当评价区域涉及受保护的敏感物种时,应重点分析该敏感物种的生态学特征;当评价区域涉及特殊生态敏感区或重要生态敏感区时,应分析其生态现状、保护现状和存在的问题等。

20.8.4.4　生态影响预测评价内容和方法

A　生态影响预测评价内容

生态影响预测评价内容应与现状评价内容相对应,依据区域生态保护的需要和受影响生态系统的主导生态功能选择评价预测指标。

（1）评价工作范围内涉及的生态系统及其主要生态因子的影响评价。通过分析影响作用的方式、范围、强度和持续时间来判别生态系统受影响的范围、强度和持续时间;预测生态系统组成和服务功能的变化趋势,重点关注其中的不利影响、不可逆影响和累积生态影响。

（2）敏感生态保护目标的影响评价应在明确保护目标的性质、特点、法律地位和保护要求的情况下,分析评价项目的影响途径、影响方式和影响程度,预测潜在的后果。

（3）预测评价项目对区域现存主要生态问题的影响趋势。

B　生态影响预测评价方法

生态影响预测评价方法应根据评价对象的生态学特性,在调查、判定该区主要的、辅助的生态功能以及完成功能必需的生态过程的基础上,分别采用定量分析与定性分析相结合的方法进行预测与评价。常用的方法包括列表清单法、图形叠置法、生态机理分析法、景观生态学法、指数法与综合指数法、类比分析法、系统分析法和生物多样性评价等。

20.8.4.5　生态影响的防护、恢复、补偿及替代方案

A　生态影响的防护、恢复与补偿原则

（1）应按照避让、减缓、补偿和重建的次序提出生态影响防护与恢复的措施;所采取措施的效果应有利修复和增强区域生态功能。

（2）凡涉及不可替代、极具价值、极敏感、被破坏后很难恢复的敏感生态保护目标（如特殊生态敏感区、珍稀濒危物种）时,必须提出可靠的避让措施或生态环境替代方案。

（3）涉及采取措施后可恢复或修复的生态目标时,也应尽可能提出避让措施,否则应制定恢复、修复和补偿措施。各项生态保护措施应按项目实施阶段分别提出,并提出实施时限和估算经费。

B　替代方案

（1）替代方案主要指项目中的选线、选址替代方案,项目的组成和内容替代方案,工艺和生产技术的替代方案,施工和运营方案的替代方案,生态保护措施的替代方案。

（2）评价应对替代方案进行生态可行性论证,优先选择生态影响最小的替代方案,最终选定的方案至少应该是生态保护可行的方案。

C 生态保护措施

（1）生态保护措施应包括保护对象和目标、内容、规模及工艺，实施空间和时序，保障措施和预期效果分析，绘制生态保护措施平面布置示意图和典型措施设施工艺图。估算或概算环境保护投资。

（2）应提出长期的生态监测计划、科技支撑方案，明确监测因子、方法、频次等。

（3）明确施工期和运营期管理原则与技术要求。可提出环境保护工程分标与招投标原则，施工期工程环境监理，环境保护阶段验收和总体验收、环境影响后评价等环保管理技术方案。

20.8.4.6　结论与建议

从生态影响及生态恢复、补偿等方面，对项目建设的可行性提出结论与建议。

20.9　声环境影响评价

20.9.1　矿山建设项目对声环境的影响

20.9.1.1　矿山机械设备噪声源分析

噪声是污染矿山环境的公害之一。地下开采主要设备多在井下，对地面声学环境的影响相对不大，而对井下人员所受危害却很大，尤其是大型矿山使用许多大型和大功率设备，噪声污染更显严重。现场测定矿山机械设备噪声级范围见表20-21。

表20-21　矿山机械设备噪声级范围

序　号	设备类型	噪声级/dB(A)	测定位置
1	空压机	100~105	1m处
2	电动通风机	90~100	5m处
3	气动风机	约110	操作岗位
4	颚式破碎机	90~100	操作岗位
5	锤式破碎机	92~98	操作岗位
6	风动碎石锤	104~112	操作岗位
7	磨钎机	102~122	操作岗位
8	输送机	82~113	操作岗位
9	球磨机	约100	操作岗位
10	泵	89~100	操作岗位
11	浮选设备	63~91	车间内部
12	风动凿岩机	110~115	1m处
13	电铲	78~101	驾驶室
14	回转钻机	72~100	操作岗位
15	前端式装载机	83~101	操作岗位
16	耙矿机	92~104	操作岗位
17	机车	75~95	驾驶室

20.9.1.2　矿山噪声的特点

矿山噪声的特点是声源多、连续噪声多、声级高，噪声级多在90~115dB(A)，有的超过115dB(A)，噪声频谱呈中、高频。

在矿山企业中，噪声突出的危害是引起矿工听力降低、头晕和职业性耳聋。据统计，在井下凿岩10年以上的凿岩工80%听力衰退，其表现为语言听力障碍，20%为职业性耳聋。噪声还会引起神经系统、心血管系统和消化系统等多种疾病。

设备噪声对矿山外部声学环境的影响，一般来说地下开采要比露天开采小，由于地下采矿设备多位于数十米乃至数百米的地下，对地面声学环境的影响可忽略不计。露天开采分为山坡露天和深凹露天，深凹露天开采随着开采深度的增加,采矿设备噪声对外部声学环境的影响将会减轻。山坡露天开采设备噪声环境影响相对较大。

20.9.2　噪声环境影响评价主要内容

噪声环境影响评价是在噪声源调查分析、噪声测量和敏感目标调查基础上,对建设项目产生的噪声影响,按照噪声传播声级衰减和叠加的计算方法,预测噪声影响范围、程度和影响人口数量,对照相应的标准评价噪声影响并提出相应防治噪声措施的过程。

20.9.2.1　噪声环境影响评价等级的确定

噪声环境影响评价工作等级分为三级,一级为详细评价,二级为一般性评价,三级为简要评价。

(1)评价范围内有适用于《声环境质量标准》GB3096—2008 规定的 0 类声环境功能区域,以及对噪声有特别限制要求的保护区等敏感目标,或建设项目建设前后评价范围内敏感目标噪声级增高量达 5 dB(A)以上[不含 5 dB(A)],或受影响人口数量显著增多时,按一级评价。

(2)建设项目所处的声环境功能区为 GB3096 规定的 1 类、2 类地区,或建设项目建设前后评价范围内敏感目标噪声级增高量达 3～5 dB(A)[含 5 dB(A)],或受噪声影响人口数量增加较多时,按二级评价。

(3)建设项目所处的声环境功能区为 GB3096 规定的 3 类、4 类地区,或建设项目建设前后评价范围内敏感目标噪声级增高量在 3 dB(A)以下[不含 3 dB(A)],且受影响人口数量变化不大时,按三级评价。

在确定评价工作等级时,如建设项目符合两个以上级别的划分原则,按较高级别的评价等级评价。

20.9.2.2　噪声环境影响评价工作基本要求

A　一级评价工作基本要求

(1)在工程分析中,给出建设项目对环境有影响的主要声源的数量、位置和声源源强,并在标有比例尺的图中标识固定声源的具体位置或流动声源的路线等位置。在缺少声源源强的相关资料时,应通过类比测量取得,并给出类比测量的条件。

(2)评价范围内具有代表性的敏感目标的声环境质量现状需要实测。对实测结果进行评价,并分析现状声源的构成及其对敏感目标的影响。

(3)噪声预测应覆盖全部敏感目标,给出各敏感目标的预测值及厂界(或场界、边界)噪声值。

(4)固定声源评价、流动声源经过城镇建成区和规划区路段的评价应绘制等声级线图,当敏感目标高于(含)三层建筑时,还应绘制垂直方向的等声级线图。给出建设项目建成后不同类别的声环境功能区内受影响的人口分布、噪声超标的范围和程度。

(5)当工程预测的不同时段噪声级可能发生变化的建设项目,应分别预测其不同时段的噪声级。

(6)对工程可行性研究和评价中提出的不同选址(选线)和建设布局方案,应根据不同方案噪声影响人口的数量和噪声影响的程度进行比选,并从声环境保护角度提出最终的推荐方案。

(7)针对建设项目的工程特点和所在区域的环境特征提出噪声防治措施,并进行经济、技术可行性论证,明确防治措施的最终降噪效果和达标分析。

B　二级评价的基本要求

(1)在工程分析中,给出建设项目对环境有影响的主要声源的数量、位置和声源源强,并在标有比例尺的图中标识固定声源的具体位置或流动声源的路线等位置。在缺少声源源强的相关资料时,应通过类比测量取得,并给出类比测量的条件。

(2)评价范围内具有代表性的敏感目标的声环境质量现状以实测为主,可适当利用评价范围内已有的声环境质量监测资料,并对声环境质量现状进行评价。

(3)噪声预测应覆盖全部敏感目标,给出各敏感目标的预测值及厂界(或场界、边界)噪声值,根据评价需要绘制等声级线图。给出建设项目建成后不同类别的声环境功能区内受影响的人口分布、噪声超标的范围和程度。

（4）当工程预测的不同时段噪声级可能发生变化的建设项目,应分别预测其不同时段的噪声级。

（5）从声环境保护角度对工程可行性研究和评价中提出的不同选址(选线)和建设布局方案的环境合理性进行分析。

（6）针对建设项目的工程特点和所在区域的环境特征提出噪声防治措施,并进行经济、技术可行性论证,给出防治措施的最终降噪效果和达标分析。

C　三级评价的基本要求

（1）在工程分析中,给出建设项目对环境有影响的主要声源的数量、位置和声源源强,并在标有比例尺的图中标识固定声源的具体位置或流动声源的路线等位置。在缺少声源源强的相关资料时,应通过类比测量取得,并给出类比测量的条件。

（2）重点调查评价范围内主要敏感目标的声环境质量现状,可利用评价范围内已有的声环境质量监测资料,若无现状监测资料时应进行实测,并对声环境质量现状进行评价。

20.9.2.3　噪声环境影响的评价范围

噪声环境影响的评价范围一般根据评价工作等级确定。

对于矿山建设项目,项目边界往外200 m和运输道路两侧200 m内作为评价范围一般能满足一级评价的要求,二级和三级评价范围可根据实际情况适当缩小。若矿区周围较为空旷而较远处有敏感区,则评价范围应适当放宽到敏感区附近。

20.9.2.4　噪声环境现状调查与测量

A　噪声环境现状调查的内容

（1）评价范围内现有噪声源种类、数量及相应的噪声级。交通噪声源应给出相应的种类、流量、速度和路况等;工业企业应给出厂界噪声达标与超标情况。

（2）评价范围内现有敏感目标及环境噪声功能区划分情况。现有敏感目标(居民集中区、学校、医院、疗养院等)应调查其名称、行政区域、数量及户数人数等;环境噪声功能区应调查当地政府关于功能区划文件,以确认环境噪声功能区类别。

（3）评价范围内各噪声功能区的噪声环境现状、各功能区环境噪声超标情况、边界噪声超标情况以及受噪声影响人口分布。

B　噪声环境现状调查的方法

噪声环境现状调查的基本方法有收集资料法、现场调查法、现场测量法。实际工作中应根据声环境影响评价等级相应的工作要求确定采用其中一种或几种方法相结合。

为了提高环境现状调查的效果,在调查中运用照相、录音、录像等直观显示的手段。

C　环境噪声现状测量点的布置原则

（1）噪声环境现状测量点布置一般要覆盖整个评价范围,重点要布置在现有噪声源对敏感区有影响的那些点上。

（2）对于建设项目包含多个呈点状声源性质的情况,噪声环境现状测量点应布置在声源四周,靠近声源处测量密度应高于距离声源较远处的测量点密度。

（3）矿山建设中的运输道路建设,声源性质呈线状的情况,应根据噪声敏感区域分布状况和工程特点确定若干噪声测量断面,在各个断面上距声源不同距离处布置一组测量点(如15 m、30 m、60 m、120 m、240 m)。

（4）对于新建工程,当评价范围内没有明显噪声源且声级较低[小于50 dB(A)],噪声现状测量点可以大幅度减少或不设测量点。

D　噪声环境现状测量量和测量时段

a　测量量

（1）噪声环境测量量为昼间等效声级(L_d)和夜间等效声级(L_n),高声级的突发性噪声测量量应为最大A声级及噪声持续时间。

(2) 噪声源的测量量有倍频带声压级、总声压级、A 声级、线性声级或声功率级、A 声功率级等。

(3) 对较为特殊的噪声源(如排气放空等)应同时测量声级的倍频特性和 A 声级。

(4) 脉冲噪声应同时测量 A 声级及脉冲声级。

b 测量时段

(1) 应在声源正常运行工况的条件下测量。

(2) 每一测点,应分别进行昼间、夜间的测量。

(3) 对噪声起伏较大的情况应增加昼间、夜间的测量次数。

E 噪声环境现状评价的主要内容

(1) 评价范围内现有噪声敏感区、保护目标的分布情况、噪声功能区的划分情况等。

(2) 噪声环境现状的调查和测量方法:包括测量仪器、参照或参考的测量方法、测量标准、测量时段、读数方法等。

(3) 评价范围内现有噪声源种数、数量及相应的噪声级、噪声特性、主要噪声源分析等。

(4) 评价范围内环境噪声现状包括:

1) 各功能区噪声级、超标状况及主要噪声源。

2) 边界噪声级、超标状况及主要噪声源。

(5) 受噪声影响的人口分布。

20.9.2.5 噪声环境影响预测

A 预测的基础资料

噪声预测应掌握的基础资料包括建设项目的声源资料和建筑布局、室外声波传播条件、气象参数及有关资料等。

(1) 噪声源资料是指声源种类(包括设备型号)与数量、各噪声源的声级与发声持续时间、声源的空间位置、声源的作用时间段。

(2) 影响声波传播的各种参数包括当地常年平均气温和平均湿度,预测范围内声波传播的遮挡物的位置及长、宽、高数据,树林、灌木等分布情况、地面覆盖情况,风向、风速等。

B 噪声源噪声级数据的获得

获得噪声源数据有两个途径:(1) 类比测量法;(2) 引用已有的数据。

应首先考虑类比测量法。评价等级为一级,必须采用类比测量法;评价等级为二级、三级,可引用已有的噪声源噪声级数据。

对引用已有的数据要注意以下两点:

(1) 引用类似的噪声源噪声级数据,必须是公开发表的、经过专家鉴定并且是按有关标准测量得到的数据。

(2) 报告书应指明被引用数据的来源。

C 预测范围和预测点的布置

a 预测范围

一般与所确定的噪声评价等级规定的范围相同,也可稍大于评价范围。

b 预测点布设

(1) 所有的噪声环境现状测量点都应作为预测点。

(2) 为了便于绘制等声级线图,可以使用网格法确定预测点。

D 预测方法

采用《环境影响评价技术导则 声环境》(HJ2.4—2009)中推荐的方法进行预测计算。

E 声源简化的条件和方法

在声环境影响评价中,需要根据靠近声源某一位置处的已知声级来计算距声源较远处预测点的声级。

在预测前需要根据声源与预测点之间空间分布形式对声源简化为3类声源:点声源、线声源和面声源。

(1)点生源确定原则:当声波波长比声源尺寸大的多或者预测点离开声源的距离比声源本身尺寸大的多时,声源可作点声源处理,等效点声源位置在声源本身的中心。各种机械设备噪声可简化为点声源。

(2)线声源确定原则:当许多点声源连续分布在一条直线上时,可认为该声源是线状声源。对矿山项目来讲,公路运输的车流和铁路运输列车均可视为线状声源处理。

(3)面声源:当声源体积较大,声源声级较强时,在声源附近的一定距离内会出现距离变化而声级基本不变或变化微小时,该环境处于面声源影响范围。

F 噪声环境影响评价

噪声环境影响评价的基本内容包括以下7个方面:

(1)项目建设前环境噪声现状。

(2)根据噪声预测结果和环境噪声评价标准,评述建设项目施工、运行阶段噪声的影响程度、影响范围和超标状况(以敏感区域或敏感点为主)。

(3)分析受噪声影响的人口分布(包括受超标和不超标噪声影响的人口分布)。

(4)分析建设项目的噪声源和引起超标的主要噪声源及主要原因。

(5)分析建设项目的选址、设备布置和设备选型的合理性,分析建设项目设计中已有的噪声防治措施对策的适用性和防治效果。

(6)为了使建设项目的噪声达标,评价必须提出需要增加的、适用于评价工程的噪声防治对策措施,并分析其经济、技术的可行性。

(7)提出针对该建设项目的有关噪声污染管理、噪声监测和城市规划方面的建议。

G 噪声环境影响评价结论

噪声环境影响评价结论是全部噪声评价工作的总结,一般应包括下列内容:

(1)环境噪声现状概述,包括现有噪声源、功能区噪声超标情况和受噪声影响的人口。

(2)简要说明建设项目的噪声级预测和影响评价结果,包括功能区噪声超标情况,主要噪声源和受噪声影响的人口分布。

(3)着重说明评价过程中提出的噪声防治措施和对策。

(4)对环境噪声管理和监测以及城市规划方面的建议。

20.10 固体废物环境影响评价

20.10.1 矿山固体废物来源及种类

固体废物是指在生产、生活和其他活动中产生的丧失原有利用价值或者虽未丧失利用价值但被抛弃或者放弃的固态、半固态和置于容器中的气态的物品、物质以及法律、行政法规规定纳入固体废物管理的物品、物质。不能排入水体的液态废物和不能排入大气的置于容器中的气态废物,由于多具有较大的危害性,一般纳入固体废物管理体系。

矿产资源开发过程中产生的固体废物主要包括废石(弃土)和尾矿。废石指金属、非金属矿山开采过程中剥离下来的各种围岩和弃土及井下掘进的废石,尾矿指在选矿过程中提取精矿以后剩下的尾渣。

20.10.2 固体废物的特点

20.10.2.1 资源和废物的相对性

固体废物具有鲜明的时间和空间特性,是在错误的时间放在错误地点的资源。从时间方面讲,它仅仅是目前的科学技术和经济条件下无法加以利用,但随着时间的推移,科学技术的发展和人们需求的变化,今天的固体废物可能成为明天的资源。从空间角度看,废物仅仅相对某一过程或某一方面没有价值,而并非在一切过程或一切方面都没有使用价值。一种过程的废物,往往可以成为另一种过程的原料。固体废物,一般具有某些工业原材料所具有的化学、物理特性,且较废水、废气容易收集、运输和加工处理,因而可以回收利用。

20.10.2.2　环境污染的源头

固体废物中的有害成分在长期的自然因素作用下,会转入大气、水体和土壤,又成为大气、水体和土壤环境的污染源头。矿山固体废物对外环境的影响主要有废石场、尾矿库在大风气象条件下,其中的细微颗粒、粉尘等随风飞扬,对大气环境造成污染。废石、尾砂会产生淋溶废水,污染物的排放会对地表水、地下水产生污染。有害成分进入土壤,会破坏土壤性质和结构。

20.10.2.3　危害具有潜在性、长期性和灾难性

固体废物对环境的影响不同于废气、废水。固体废物黏滞性大,扩散性小,它对环境的影响主要是通过水、气和土壤进行的。固态的危险废物具有黏滞性和不可稀释性,一旦造成环境污染,有时很难补救恢复。其中污染成分的迁移转化,是一个比较缓慢的过程,其危害可能在数年乃至数十年后才能发现。从某种意义上讲,固体废物,特别是危险废物对环境造成的危害可能比水、气造成的危害严重得多。

20.10.3　固体废物对环境的影响

20.10.3.1　对大气环境的影响

矿山废石、尾砂对大气环境的影响主要是堆放的固体废物中的细微颗粒、粉尘等随风飞扬,从而对大气环境造成污染。废物中的某些成分,在适宜的湿度和温度下会发生化学反应或被微生物分解,能释放出有害气体,造成地区性空气污染。

20.10.3.2　对水环境的影响

固体废物弃置于水体,将使水质直接受到污染,严重危害水生生物的生存条件,并影响水资源的充分利用。此外,向水体倾倒固体废物还将缩减江河湖面有效面积,使其排洪和灌溉能力降低。在陆地堆积或简单填埋的固体废物,经过雨水的浸渍和废物自身的分解,将会产生有害化学物质的渗滤液,会对附近地区的地表和地下水造成污染。若废石和尾砂中含硫,则易产生酸性水。

20.10.3.3　对土壤环境的影响

废物堆放,其中的有害组分容易污染土壤。土壤是许多细菌、真菌等微生物聚居的场所,这些微生物与周围的环境构成一个生态系统,在大自然的物质循环中,担负着碳循环和氮循环的一部分重要任务。固体废物经过风化、雨雪淋溶、地表径流的侵蚀,有毒有害物质进入土壤,能杀害土壤中的微生物,改变土壤的性质和结构,破坏土壤的腐解能力,导致草木不生。

20.10.4　矿山固体废物环境影响评价要点

20.10.4.1　环境影响评价内容

矿山固体废物环境影响评价内容主要包括:

(1)污染源调查及固废性质判定。根据调查结果,要给出包括固体废物的名称、组分、性态、数量等内容的调查清单。对于矿产资源开发过程中排放的废石、尾矿及其他固体废物,应根据《一般工业固体废物处理、处置场污染控制标准》(GB18599—2001)、《国家危险废物名录》以及《危险废物鉴别标准》(GB5085—2007)等要求确定矿产资源开发过程中产生的废石以及尾矿的性质,一般按固体废物和危险废物分别列出。

(2)固体废物处置场所厂址选择。对矿山废石场(排土场)、尾矿库选址进行分析,主要评价拟选场地是否符合选址标准。其方法是根据场地自然条件,采用选址标准逐项进行评判。评价重点是场地的水文地质条件、工程地质条件、土壤自净能力、周围环境敏感点分布和安全条件等。

(3)污染防治措施论证。对固体废物的处理处置提出防治措施,并对防治措施的可行性加以论证,如废石场、尾矿库淋溶废水的防治措施,废石场、尾矿库风蚀扬尘的防治措施等。

(4)提出综合利用方案。矿山产生的废石、尾砂中一般还含有一定量的有价值元素,随着技术进步,可以提取其中的有价值元素。废石和尾矿一般可以作为建筑材料或制造建筑材料的原料、采矿的充填料等加

以综合利用,环境评价应对此进行分析。

20.10.4.2 固体废物环境评价的特点

由于对固体废物污染实行的是产生、收集、储存、运输、预处理直至处置全过程控制,因此在环境评价中应包括建设项目涉及的各个过程。为了保证固体废物处理处置设施的安全稳定运行,必须建立一套完整的收、贮、运体系,因此在环境评价中这个体系与处理、处置设施构成一个整体。

20.11 环境影响报告书主要内容

环境影响报告书编制的总体要求:

报告书应该全面、客观、公正,概括地反映环境影响评价的全部工作,文字应简洁、准确,并尽量采用图表和照片,论点明确,有利于查阅和审查。原始数据、全部计算过程等不必在报告书中列出,必要时可编入附件。所参考的主要文献应按其发表的时间次序由近及远列出目录。评价内容较多的报告书,其重点评价项目可另编分项报告书,主要技术问题可另编专题报告。

环境影响报告书的主要内容是根据环境影响评价技术导则总纲要求,并根据环境和工程的特点及评价工作等级,选择下列全部或部分内容进行编制。

20.11.1 总则

(1) 简要说明矿产资源开发建设项目的特点、环境影响评价的工作过程及环境影响报告书的主要结论。

(2) 编制依据:1) 相关法律法规;2) 相关标准及技术规范;3) 相关政策及规划;4) 有关技术文件;5) 有关工作文件。

(3) 评价因子与评价标准。分列现状评价因子和预测评价因子,给出各评价因子所执行的环境质量标准、排放标准与其他有关标准及具体限值。

(4) 评价范围及环境敏感目标。附图列表说明评价范围和各环境要素的环境功能类别或级别,各环境要素敏感保护目标和功能,及其与建设项目的相对位置关系。

(5) 相关规划及环境功能区划。附图列表说明建设项目所在城镇、区域或流域发展总体规划、环境保护规划、生态保护规划、环境功能区划或保护区规划、矿产资源开发规划。

(6) 评价工作等级和评价重点。说明各专项评价工作等级,明确重点评价内容。

20.11.2 建设项目概况

采用图表及文字结合方式,概要说明建设项目的基本情况、项目组成、主要工艺流程和工程布置以及与原有、在建工程的关系。

(1) 基本情况。基本情况包括与项目相关的有关发展规划,建设项目名称、地理位置、建设地点、建设性质、建设规模、前期准备工作情况,矿山规模和产品方案,主要经济技术指标,工程总投资,拟采取的环境保护措施、环保投资及比例等。

(2) 项目组成。项目组成包括主体工程、辅助工程、配套工程、公用工程、环境工程,主要设备装置,工程数量;功能性配套工程,非功能性配套工程,如受项目影响必须迁建、改建和新建工程;对于本工程投资未包括的,但是必须配套建设的项目内容,以及是否存在环境保护方面的重要制约因素等。

(3) 主要工艺流程和工程布置。主要工艺流程和工程布置包括工程建设进度计划和施工工艺方案,主要工程分布、工程施工布置及平面布置,主要生产、运行工艺流程,占地面积,土地利用情况,职工人数,生产制度和生活区布局等。

(4) 与原有、在建工程的关系。扩建、改建和技术改造项目应说明原有及在建工程的基本情况、项目组成、工艺流程和工程布置,主要环境问题以及扩建、改建和技术改造项目与原有、在建工程的依托关系。明确现有工程存在的环境问题和拟采取的更新"以新带老"措施。

20.11.3   工程分析

20.11.3.1   工程分析的内容

对建设项目全部项目组成和建设期、运营期、服务期满后所有时段的全部行为过程的环境影响因素及其影响特征、强度、方式等进行详细分析并说明。主要内容如下：

（1）宏观背景分析。建设项目所在区域、流域或行业发展规划中的地位，与总体规划和其他建设内容的关系。

（2）工程概况。矿山建设规模，开采方式（露天、地下），开采工艺，主要原辅材料及其他物料，理化性质和毒理特征，能源消耗数量、来源及其储运方式，原燃料类别、构成与成分，产品的性质、数量，物料平衡，水平衡（总用水量、新水用量、重复用水量、排水量等）；工程占地类型及数量，土石方量、取弃土量。

（3）污染因素分析。绘制生产工艺污染流程图，分析各种污染物产生、排放情况，列表给出污染物的种类、性质、产生量、产生浓度、削减量、排放量、排放浓度、排放方式、排放去向及达标情况；各种治理、回收、利用、减缓措施状况等；分析工程选址与工程设计参数是否符合环境保护标准要求。

（4）生态影响因素分析。明确各种生态影响作用因子，结合工程发生的具体环境，分析其影响范围、性质、特点和程度，尤其注意敏感保护目标的工程分析。应特别关注特殊工程点段分析，如废石场（排土场）、尾矿库等，并关注间接性影响、区域性影响、累积性影响以及战略性影响等特有影响因素的分析。

（5）水资源利用合理性分析。按"清污分流、污污分流、雨污分流，一水多用、重复利用、循环使用"的原则做好水平衡，分析水资源使用的合理性，在保证达到国家用水与排水标准的前提下，提出进一步节水的有效措施。

（6）通过对建设项目资源、能源、产品、废物等的装卸、搬运、储藏、预处理等环节的分析，核定这些环节的污染来源、种类、性质、排放方式、强度、去向及达标情况等。

（7）交通运输。给出运输方式（公路、铁路等），物流输入、输出平衡表。分析由于建设项目的施工和运行，使当地及附近地区交通运输量增加所带来环境影响的类型、因子、性质及强度。

（8）土地的开发利用。通过了解拟建项目对土地的开发利用，分析其产生环境影响的因素。

（9）非正常工况分析。主要对矿山废水、废气等治理设施检修、发生故障时的污染物非正常排放进行分析，找出非正常排放的来源、污染物种类与强度，发生的可能性及发生的频率等。

（10）污染物排放统计汇总。对建设项目有组织与无组织、正常工况与非正常工况排放的各种污染物浓度、排放量、排放方式、排放条件与去向等进行统计汇总。对改扩建项目的污染物排放总量统计，应分别按现有、在建、改扩建项目实施后汇总污染物产生量、排放量及其变化量，给出改扩建项目建成后最终的污染物排放总量。

20.11.3.2   工程分析的方法

工程分析的方法主要有：类比分析法、物料平衡计算法、查阅参考资料分析法等。

20.11.4   环境影响识别与评价因子筛选

20.11.4.1   环境影响识别

在了解和分析建设项目所在区域发展规划、环境保护规划、环境功能区划及环境现状的基础上，分解和列出建设项目的直接和间接行为，以及可能受上述行为影响的环境要素及相关参数。影响识别应明确建设项目在建设过程、生产运行、服务期满后等不同阶段的各种行为与可能受影响的环境要素间的作用效应关系、影响性质、影响范围、程度等，定性分析建设项目对各环境要素可能产生的污染影响与生态破坏、有利与不利、长期与短期、可逆与不可逆、直接与间接、累积与非累积影响等。

20.11.4.2   评价因子筛选

依据环境影响因素识别结果，并结合区域环境质量要求，筛选确定评价因子是进行定量环境影响评价的基础。选择的评价因子应能够反映建设项目环境影响的主要特征和环境系统的基本状况。应筛选出没有环境标准的环境影响特征因子,并参考有关标准进行评价。

20.11.5 周围环境现状调查与评价

环境现状调查的方法主要有收集资料法、现场调查法、遥感和地理信息系统分析法。

环境现状调查与评价内容主要分为四个方面,即自然环境现状调查与评价、社会环境现状调查与评价、区域污染源调查与评价和环境质量现状调查与评价。自然环境包括地理地质、地形地貌、气候与气象、水文、土壤、水土流失、生态等,社会环境包括人口、工业、农业、能源、土地利用、交通运输、发展规划等,区域污染源主要是评价区内的污染源,环境质量包括大气环境、水环境、声环境、土壤环境质量等。

20.11.6 环境影响预测和评价

A 环境影响预测和评价方法

环境影响预测是指对能代表评价区各种环境质量参数变化的预测,预测值未包括环境质量现状值(即背景值)时,评价时注意应叠加环境质量现状值。环境质量参数包括两类:一类是常规参数,另一类是特征参数。前者反映评价区的一般质量状况,后者反映该评价区与建设项目有联系的环境质量状况。

预测环境影响时应尽量选用通用、成熟、简便并能满足准确度要求的方法。目前使用较多的预测方法有:数学模式法、物理模型法、类比调查法和专业判断法等。

B 预测和评价时段

(1)建设项目的环境影响,按照该项目实施过程的不同阶段,可以划分为建设阶段的环境影响、生产运行阶段的环境影响和服务期满后的环境影响3个时段。生态影响为主的建设项目还应分析不同选址、选线方案的环境影响。矿山建设项目既有环境污染,又有生态破坏,还应分析不同选址、选线方案的环境影响。

(2)矿山建设项目建设周期一般较长,建设阶段的噪声、振动、地表水、大气、土壤等对环境的影响程度较重、影响时间较长,应进行建设阶段的影响预测。矿山建设项目应预测施工建设期和运营期的生态环境影响,以及生产运行阶段、正常排放和非正常排放两种情况的环境影响。

(3)在进行环境影响预测时,应考虑环境对污染影响的承载能力。一般情况,应该考虑两个时段,即污染影响的承载能力最差的时段(对污染来说就是环境净化能力最低的时段)和污染影响的承载能力一般的时段。

C 预测和评价范围

(1)预测范围的大小、形状等取决于环境影响评价工作的等级、工程及环境的特性和敏感保护目标分布等情况,预测范围按环境要素分别在各专项影响评价技术导则中确定。

(2)在预测范围内应布设适当的预测点,通过预测这些点所受的环境影响,由点及面反映该范围所受的环境影响。预测点的数量与布置,按各环境要素分别在《环境影响评价技术导则》各专项影响评价技术导则中确定。

D 预测和评价内容

a 污染影响为主的建设项目环境影响预测和评价内容

建设项目应预测的环境质量参数的类别和数目,与评价工作等级、工程和环境特性及当地的环保要求有关,在各专项影响评价的技术导则中作出具体规定。建设项目所造成的环境影响如不能满足环境质量要求,应对建设项目污染物排放量提出进一步减污或区域削减方案,并给出对建设项目进行环境影响控制(实施环保措施后)的预测结果。

b 生态影响建设项目环境影响预测和评价内容

生态环境影响预测一般包括生态系统整体性及其功能的变化预测和敏感生态问题预测,如野生生物物种及其生态环境影响预测,自然资源、农业生态、城市生态、海洋生态影响预测,区域生态环境问题预测,施工

期环境影响预测,水土流失预测,移民影响预测等。生态环境影响预测主要有以下内容:

(1)预测拟建项目对自然生态系统整体性的影响,须预测系统是否会发生严重的退化,系统组成的变化趋势,生态环境功能是否受到严重削弱或破坏;预测系统是否可以自然恢复,明确自然或人工辅助恢复的关键因子和措施。

(2)预测生态系统组成中何种因子会受到影响,是否会影响关键的生态因子。

(3)预测对敏感保护目标的影响,当与规划、法规相容(包括经合法程序进行调整后的规划)时,其实际的影响是否存在和可以接受。

(4)预测对自然资源的影响,阐明是否造成重大资源和经济损失,是否对重要的和稀缺的资源造成影响以及这种影响在生态环境上的反映。

(5)预测区域的生态环境问题趋于恶化或趋于好转。

c　景观影响预测和评价内容

景观是指视觉意义上的景物及其景象,即美学的景观、风景、景致、景色和景观资源。在城镇地区、集中居住区、科教文化区、旅游和风景名胜区等对美学景观有较高要求的地区及其附近的建设项目,应当进行景观的影响评价、保护景观和景观资源。景观影响评价可置于生态环境影响评价或社会环境影响评价中,亦可单独设章节进行评价。

景观影响评价包括建设项目自身的景观美学评价和建设项目外围环境的景观美学评价,评价二者的关系,达到总体协调和美观。景观影响评价主要进行景观敏感性评价、景观美感度评价、景观影响关系及程度以及景观敏感目标的保护与景观影响的减缓措施。

E　选址和规模的环境可行性分析

建设项目的选址和规模,应从是否与规划相协调、是否违反法规要求、是否满足环境功能区要求、是否影响敏感的环境保护目标或造成重大资源经济和社会文化损失等方面进行环境合理性论证。如要进行多个厂址方案的比选时,应综合评价每个选址方案的环境影响并综合比较,提出选址意见。

F　环境保护措施及其经济、技术论证

a　污染控制措施分析

明确建设项目拟采取的具体环境保护措施,应充分体现可持续发展战略思想,满足法律法规、产业政策、环保政策、资源政策要求。结合环境影响评价结果,论证项目拟采取环境保护措施实现达标排放、满足环境质量与污染物排放总量控制要求的可行性。生态环保措施必须落实到具体时段和具体点位上,并特别注意施工建设期的环保措施。

b　环境保护措施及其经济、技术可行性分析

建设项目环境保护措施按照技术先进、可靠和经济合理的原则,进行多方案比选,推荐最佳方案。对关键性环境保护设施,应调查国内外同类措施实际运行结果,分析、论证该环境保护设施的有效性与可靠性。

c　环境保护投资估算

按工程实施不同时段,分别列出其环保投资额,并分析其合理性。计算环保投资占工程总投资的比例,给出各项措施及投资估算一览表。

G　清洁生产分析和循环经济

a　清洁生产分析

国家已发布行业清洁生产标准和相关技术指南的建设项目,应按所发布的规定内容和指标进行清洁生产水平分析,必要时提出进一步改进措施与建议。国家未发布行业清洁生产标准和相关技术指南的,应从以下方面分析建设项目的清洁生产水平:

(1)结合行业及工程特点,从资源能源利用、生产工艺与设备、生产过程、污染物产生、废物处理与综合利用、环境管理要求等方面确定清洁生产指标。

(2)资源能源利用:应评价其是否采用了无毒、无害或者低毒、低害的原辅材料,是否采用了清洁能源或

燃料。对于改扩建项目,还应评价其是否替代原有毒性大、危害严重的原辅材料,是否替代原有非清洁能源或燃料。

(3)生产工艺和设备:应评价其是否采用资源、能源利用率高,原辅材料转化率高以及污染物产生量少的工艺和设备。对于改扩建项目,还应评价其是否采用替代资源、能源利用率低,原辅材料转化率低以及污染物产生量大的工艺和设备。评价其是否采用了先进的技术和工艺。

(4)生产过程:应评价其原辅材料转化率,资源、能源利用率,水的重复利用率和循环使用率。

(5)对于矿产资源的勘查,以及资源的开发建设、开采,应评价其是否有利于合理利用资源和提高资源利用水平,是否采用有利于防止污染和生态破坏的开发方式及工艺技术。

b 循环经济

矿业发展带来的环境问题日益突出。我国矿产开发总体规模已居世界第 3 位,开采矿石 50.21 亿吨,成为世界矿业大国。然而,矿业的发展过程中,付出的环境代价沉重。据统计,全国因采矿引起的地面塌陷面积 87000 km^2;因采矿造成的废水、废液排放量占工业排放总量的 10% 以上;金属矿山堆积尾矿达 50 亿吨,并以每年 2 亿~3 亿吨的速度递增;按年产 2.6 亿吨铁矿计算,年产出尾矿达 1.5 亿~2.0 亿吨。矿山产生固体废物量为全国新增量 50% 以上。发展矿业循环经济,最大限度地合理利用我国矿产资源,提高资源的利用水平,减少矿业对环境的影响,实现矿业经济的可持续发展和经济与环境的协调发展。从企业、区域或行业等不同层次,进行循环经济分析,提高资源利用率和优化废物处置途径。

H 总图布置方案分析

从保护周围环境、景观及敏感目标要求出发,分析总图及规划布置方案的合理性。

I 环境风险评价

矿山建设项目环境风险主要是尾矿库溃坝、废石场发生滑坡和泥石流、炸药库爆炸、地表塌陷等,应对上述环境风险事故进行分析评价。

J 污染物排放总量控制

(1)建设项目污染物排放总量控制应在满负荷生产运行、污染物浓度和速率达标排放和清洁生产的前提下,按照首先考虑环境容量总量,后考虑目标总量的顺序,提出总量控制指标。

(2)根据国家实施主要污染物排放总量控制的有关要求和地方环境保护行政主管部门对污染物排放总量控制的具体指标,确定和提出建设项目污染物排放总量。建设项目排放的主要污染物排放总量必须纳入所在地区的污染物排放总量控制计划。

(3)所有排放污染物的建设项目,必须采取污染物排放总量削减措施,如采取措施后污染物排放总量仍然不能达到控制要求,必须采取"以新带老"或区域削减措施,并论证建设项目污染物排放总量控制措施的可行性与可靠性。削减措施要与建设项目同步实施,并纳入建设项目竣工环境保护验收内容。

K 环境影响经济损益分析

从建设项目产生的正负两个方面影响,以定性与定量结合方式,分析建设项目环境影响所造成的经济损失与效益。

a 环境影响的经济损失分析

以建设项目实施后的影响预测与环境现状进行比较,从环境要素、资源类别、社会文化等方面及其相关指标,分析计算建设项目的环境破坏或污染引起的经济损失。

b 环境影响的经济效益分析

建设项目所造成的正面环境影响,产生经济效益,其分析的步骤、方法可比照环境经济损失的步骤、方法。

L 环境管理与环境监测

根据国家和地方的要求,结合建设项目具体情况,有针对性地提出建设项目不同阶段、具有可操作性的环境管理措施与监测计划。环境监测应包括对建设项目、外环境和区域环境质量的监测以及生态环境监测,并纳入地方环境管理。

矿产开发项目要重视建设全过程的环境管理措施与监测计划,并提出施工期环境监理的具体要求。对于重要的生态保护项目和可能具有较大生态风险的建设项目和区域、流域开发项目,应提出长期的生态监测计划。

M　公众意见调查

a　公众意见调查的对象

公众意见的主体包括:

(1) 有关单位,即位于建设项目环境影响(含风险事故)范围内的单位和社区及其他组织,特别是与建设项目存在相关利益或承担环境风险的有关组织。

(2) 专家,即熟悉建设项目所属行业专家、熟悉相关环境问题及所需要的其他特定专业的专家和关心项目建设的有关专家。

(3) 公众,即具有完全行为能力的有关自然人,包括直接受影响的人、预期要获得收益的人和其他关注项目建设的人。

要充分注意公众意见调查的广泛性与代表性,并以直接受影响的单位和公众为主。直接受影响的调查人数不应低于调查总人数的70%,应列出公众意见调查主体对象的名单及其基本情况。

b　调查的形式

公众意见调查可根据实际需要和具体条件,采取举办论证会、听证会或者其他形式,征求有关单位、专家和公众的意见,如会议讨论、座谈,建立信息中心如设立网站、热线电话和公众信箱,新闻媒体发布,以及开展社会调查如问卷、通信、访谈等。

c　公众意见调查的实施

(1) 告知公众建设项目的有关信息。告知公众建设项目的有关信息包括建设项目概况、清洁生产水平、可能产生的主要环境影响、拟采取的环境保护措施及预期效果、对公众的环保承诺等,可针对征求意见对象的不同对上述告知信息的深度和内容进行调整。

(2) 征求意见的内容。征求意见的内容包括对建设项目实施的态度、对项目选址的态度、对项目主要环境影响的认识及态度、对项目采取环境保护措施的建议、对项目拆迁、扰民问题的态度与要求等。

d　调查结果的分析和处理

对征求的所有意见,按条款分别按"有关单位、专家、公众"进行归类与统计分析,并在归类分析的基础上进行综合评述。对每一类意见,均应进行认真分析、回答采纳或不采纳并说明理由。

20.11.7　环境影响评价结论

环境影响报告书的评价结论是上述环境评价工作总的结论,应在概括全部评价工作的基础上,简洁、准确、客观地总结建设项目实施过程各阶段的生产和生活活动与当地环境的关系,明确一般情况下和特定情况下的环境影响,规定采取的环境保护措施,从环境保护角度分析,得出建设项目是否可行的结论,对项目建设的可行性、实施必须达到的条件提出综合结论与建议。

附件:将建设项目依据文件、评价标准和污染物排放总量批复文件、引用文献、原燃料品质等必要的有关文件、资料附在环境影响报告书后。

参 考 文 献

[1]《环境影响评价技术导则　总纲》编写组.HJ/T2.1—1993 环境影响评价技术导则　总纲[S].北京:中国环境科学出版社,2008.

[2]《环境影响评价技术导则　大气环境》编写组.HJ2.2—2008 环境影响评价技术导则　大气环境[S].北京:中国环境科学出版社,2008.

[3]《环境影响评价技术导则　地面水环境》编写组.HJ/T2.3—1993 环境影响评价技术导则　地面水环境[S].北京:中

国环境科学出版社,2008.

[4] 《环境影响评价技术导则　声环境》编写组．HJ2.4—2009 环境影响评价技术导则　声环境[S]．北京:中国环境科学出版社,2008.

[5] 《环境影响评价技术导则　生态环境》编写组．HJ/T19—1997 环境影响评价技术导则　生态环境[S]．北京:中国环境科学出版社,2008.

[6] 建设项目地下水环境影响评价规范(DZ0225—2004)[M]．北京:中国环境科学出版社,2003.

[7] 国家环境保护总局监督管理司．中国环境影响评价培训教材[M]．北京:化学工业出版社,2000.

[8] 梁鹏．环境影响评价技术方法[M]．北京:中国环境科学出版社,2009.

[9] 谭民强．采掘类环境影响评价[M]．北京:中国环境科学出版社,2009.

[10] 胡明安等．鄂东南大型矿业基地资源开发的环境影响评价指标及生态重建示范工程调研[M]．武汉:中国地质大学出版社,2004.

[11] 韦冠俊．矿山环境工程[M]．北京:冶金工业出版社,2001.

[12] 毛文永．生态环境影响评价[M]．北京:国家环境保护总局环境工程评估中心,2001.

[13] 金岚．环境生态学[M]．北京:高等教育出版社,1992.

[14] 采矿手册编委会．采矿手册 第六卷[M]．北京:冶金工业出版社,1991.

21 职业病危害评价

2002 年 5 月 1 日施行的《中华人民共和国职业病防治法》，其立法目的是预防、控制和消除职业病危害，防治职业病，保护劳动者健康及其相关权益和促进经济发展。

《中华人民共和国职业病防治法》对职业病从法律角度作出了解释，将职业病严格限定于企业、事业单位和个体经济组织的劳动者在职业活动中，因接触粉尘、放射性物质和其他有毒有害物质等因素而引起的疾病。职业病危害因素是指职业活动中存在的各种有害的化学、物理、生物因素以及在作业过程中产生的其他职业有害因素。

《中华人民共和国职业病防治法》第十五条规定：新建、扩建、改建建设项目和技术改造、技术引进项目可能产生职业病危害的，建设单位在可行性论证阶段应当向卫生行政部门提交职业病危害预评价报告。卫生行政部门应当自收到职业病危害预评价报告之日起三十日内，作出审核决定并书面通知建设单位。未提交预评价报告或者预评价报告未经卫生行政部门审核同意的，有关部门不得批准该建设项目。第十六条规定：建设项目在竣工验收前，建设单位应当进行职业病危害控制效果评价。建设项目竣工验收时，其职业病防护设施经卫生行政部门验收合格后，方可投入正式生产和使用。第十七条规定：职业病危害预评价、职业病危害控制效果评价由依法设立的取得省级以上人民政府卫生行政部门资质认证的职业卫生技术服务机构进行。

目前，我国非煤矿山职业病管理与防治有关的法律法规主要有《中华人民共和国职业病防治法》、《劳动法》、《矿山安全法》、《金属非金属矿山安全规程》、《冶金工业安全卫生设计规定》等。矿山地形、地质条件复杂，工程施工和生产作业环节多，工作环境差，不同程度地存在各种职业危害，包括粉尘、毒物、噪声、振动、高温、高湿等，由此导致各种职业病并存，如尘肺病、慢性职业中毒、急性职业中毒、职业性眼耳鼻喉口腔疾病及职业性皮肤病等，其中以尘肺病为主，占各种职业病的 70% 以上。因此，按照有关法律法规的规定，矿山企业应当建立健全职业病防治责任制，加强对职业病防治的管理，提高职业病防治水平，对产生的职业病危害承担责任。矿山企业应按照《劳动防护用品选用规则》（GB11651—1989）和《劳动防护用品配备标准（试行）》的规定，为作业人员配备符合国家标准或行业标准要求的劳动防护用品。进入矿山作业场所的人员，应按规定佩戴防护用品。

矿山建设项目应该委托由依法设立的取得省级以上人民政府卫生行政部门资质认证的职业卫生技术服务机构进行职业病危害预评价、职业病危害控制效果评价，职业卫生技术服务机构所作评价应当客观、真实。职业病危害严重的建设项目的防护设施设计，应当经卫生行政部门进行卫生审查，符合国家职业卫生标准和卫生要求的，方可施工。

21.1 矿山建设项目职业病危害评价的基本概念

矿山建设项目是指新建、扩建、改建矿山建设项目和矿山技术改造、技术引进项目。

职业病是指劳动者在生产劳动及其他职业活动中，接触职业性危害因素而引起的疾病。卫生部、劳动和社会保障部于 2002 年 4 月 18 日颁布《职业病目录》（卫生监发［2002］108 号），将 10 类 115 种职业病列入法定职业病。法定职业病包括：(1) 尘肺 13 种；(2) 职业性放射性疾病 11 种；(3) 化学因素所致职业中毒 56 种；(4) 物理因素所致职业病 5 种；(5) 生物因素所致职业病 3 种；(6) 职业性皮肤病 8 种；(7) 职业性眼病

3 种;(8)职业性耳鼻喉口腔疾病 3 种;(9)职业性肿瘤 8 种;(10)其他职业病 5 种。

矿山职业病危害是指从事矿山职业活动的劳动者可能导致职业病的各种危害。

矿山职业病危害因素是矿山职业活动中影响劳动者健康的各种危害因素的统称。可分为 3 类,生产工艺过程中产生的有害因素,包括化学、物理、生物因素;劳动过程中的有害因素;生产环境中的有害因素。

矿山建设项目职业病危害评价包括可能产生职业病危害的新建、扩建、改建矿山建设项目和技术改造、技术引进项目(以下统称矿山建设项目)在可行性论证阶段进行的职业病危害预评价和在竣工验收前进行的职业病危害控制效果评价,即职业病危害评价分为预评价和控制效果评价。

可能产生职业病危害的矿山建设项目是指在生产或使用过程中可能产生职业病危害因素的矿山建设项目。

21.2 职业病危害评价目的

矿山建设项目职业病危害评价的目的是为了提高矿山职业病防治和职业卫生管理水平及经济效益,即从矿山建设项目可行性研究论证阶段通过职业病危害评价,贯彻国家、行业、地方职业卫生方面的有关法律、法规、标准,提出职业病危害防护要求,采取积极有效的措施把职业病危害因素控制或消除在投入使用之前,提高矿山建设项目投产后职业病危害防护水平,以防患于未然,从而预防、控制和消除矿山建设项目可能产生的职业病危害,保护劳动者健康及其相关权益,促进矿山经济发展。

21.3 职业病危害评价原则

职业病危害评价原则包括:

(1)严肃性。建设项目职业病危害评价制度是《中华人民共和国职业病防治法》中确立的主要法制制度之一,也就是说建设项目职业病危害评价是国家以法律的形式确定下来,法律、法规是职业病危害评价的重要依据。承担职业病危害评价工作的机构及人员必须首先学习、掌握并严格执行国家、行业、地方颁布的有关职业卫生方面的法律、法规、标准、规范,并随时了解更新的法规、规范,在评价过程中以此为依据分析建设项目在执行有关职业卫生方面的法律、法规、标准、规范中存在的问题,为建设项目的决策、设计和职业卫生管理提出符合国家职业卫生要求的评价结论和建议。

(2)严谨性。矿山建设项目的职业病危害评价涉及的范围广,影响因素复杂多变,尤其是矿山建设项目职业病危害预评价在时间上又具有超前性,为保证矿山建设项目职业病危害评价能准确地反映建设项目的客观实际和结论的正确性,在开展矿山建设项目职业病危害预评价的全过程中,必须建立完善的质量体系,依据科学的评价方法和评价程序,以科学的态度进行工作,针对矿山行业的特殊性,委托有矿山相关专业的人员机构承担评价工作。

从收集资料、调查分析、职业病危害因素的识别及分析、现场及类比现场的检测分析,直到作出评价结论与建议,必须严守科学的态度,用科学的方法和可靠的数据,按照科学的工作程序完成各项工作,保证评价结论及建议的正确性、合理性和可靠性。

(3)公正性。评价结论是建设项目决策、设计、管理的依据,也是国家卫生行政部门在建设项目职业病危害分类管理的依据。因此,对于建设项目职业病危害预评价的每一项工作环节都要做到客观公正。在评价过程中要防止评价人员的主观因素影响,又要排除外界因素的干扰,避免出现倾向性。

(4)可行性。职业病危害评价的可行性是针对矿山建设项目的实际情况和特征,对矿山建设项目进行全面分析的程序和方法是可行的;要针对矿山建设项目中可能产生或者产生的职业病危害因素及其对工作场所、劳动者健康的影响进行分析和评价方法是合理的,既要符合项目实际,又要有理论依据;对建设项目拟采取的职业病危害防护设施的预期效果或者控制效果进行技术分析及评价,提出符合实际的经济、技术条件的合理可行的措施。要关注矿山清洁生产及生态与环境保护,尤其要关注矿山通风系统合理及预期效果。

21.4　矿山建设项目职业病危害评价程序

21.4.1　职业病危害预评价程序

按照《建设项目职业病危害评价规范》的要求,建设项目职业病危害预评价工作程序主要包括收集资料、编制预评价方案、工程分析、实施预评价、得出预评价结论、编制预评价报告等6个阶段。

(1) 收集资料:1) 项目的批准文件;2) 项目的技术资料;3) 国家、地方、行业有关职业卫生方面的法律、法规、标准、规范等。其中项目的技术资料应包括项目概况,布置情况,生产工艺流程、设备、原辅料、产品、产量,拟采取的职业病危害防护措施情况,有关设计图,有关职业卫生现场检测资料,有关劳动者职业性健康检查资料等。

(2) 编制预评价方案:1) 预评价范围;2) 预评价目的、依据;3) 职业病危害因素识别与分析内容和方法;4) 预评价工作的组织、经费、计划安排。

(3) 工程分析:1) 建设项目概况;2) 总平面布置;3) 生产过程拟使用的原料、辅料、中间品、产品化学名称、用量或产量;4) 主要生产工艺流程、生产设备及其布局,生产设备机械化、自动化、密闭化程度;5) 主要生产工艺、生产设备可能产生的职业病危害因素种类、部位及其存在的形态;6) 拟采取的职业病危害防护措施。

(4) 实施预评价:1) 对建设项目可能产生的职业病危害因素对工作场所和劳动者健康的危害程度进行预测;2) 对拟采取的职业病防护措施的预期效果进行评价。

(5) 得出预评价结论:在类比现场调研、工程分析、实施预评价的基础上,经定性分析、定量计算,得出预评价结论。

(6) 编制预评价报告:按照《建设项目职业病危害评价规范》要求编制预评价报告。

建设单位(业主)在可行性研究论证阶段完成建设项目职业病危害预评价报告后,应当按规定填写《建设项目职业病危害预评价报告审核(备案)申请书》,向有管辖权的卫生行政部门提出申请并提交申报材料。卫生行政部门收到《建设项目职业病危害预评价报告审核(备案)申请书》和有关资料后,属于审核管理的项目,应当对申请资料是否齐全进行核对,并在5个工作日内作出是否受理申请的决定或出具申请材料补正通知书。

职业病危害预评价工作程序如图21-1所示。

21.4.2　职业病危害控制效果评价程序

(1) 收集资料:1) 项目的批准文件;2) 项目的技术资料;3) 国家、行业、地方有关职业卫生方面的法律、法规、标准、规范等。其中项目的技术资料应包括:项目概况;生产工艺流程;生产设备情况;职业病危害防护措施落实情况。

(2) 编制控制效果评价方案:1) 控制效果评价范围;2) 控制效果评价的目的、依据;3) 职业病危害因素分析与确定的内容和方法;4) 控制效果评价工作的组织、经费、计划安排。

(3) 工程分析:1) 建设项目概况;2) 总平面布置;3) 生产过程使用的原料、辅料、中间品、产品化学名称、用量或产量;4) 主要生产工艺流程、生产设备及其布局;5) 主要生产工艺、生产设备产生职业病危害因素的种类、部位及其存在的形态;6) 采取的职业病危害防护措施。

(4) 实施控制效果评价:1) 对建设项目产生的职业病危害因素、对工作场所和劳动者健康的危害程度进行评价;2) 对采取的职业病防护措施的控制效果进行评价。

(5) 得出控制效果评价结论:在现场调研、检测、工程分析、实施控制效果评价的基础上,经定性分析、定量计算,得出控制效果评价结论。

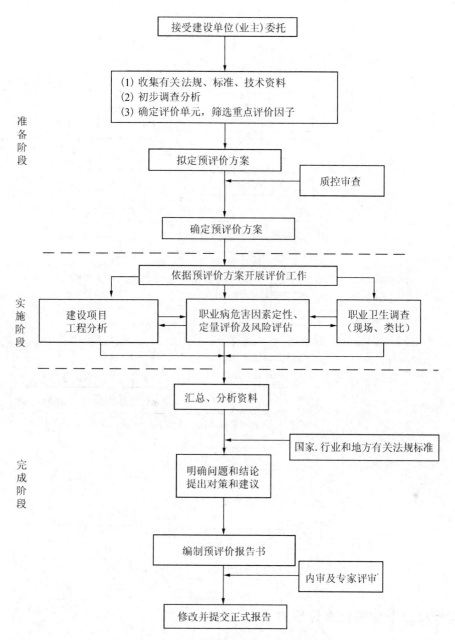

图 21-1 职业病危害预评价工作程序

（6）编制控制效果评价报告：按照《建设项目职业病危害评价规范》要求编制控制效果评价报告。

根据《建设项目职业病危害分类管理办法》相关规定，职业病危害轻微的建设项目，建设单位（业主）应当将职业病危害控制效果评价报告报预评价备案卫生行政部门备案。卫生行政部门收到《建设项目职业病防护设施竣工验收（备案）申请书》和有关资料后，应当对申请资料是否齐全、程序是否合法进行审查，符合要求的进行备案，不符合要求的不予备案。职业病危害一般和严重的建设项目，建设单位应当向原审批职业病危害预评价报告的卫生行政部门提出竣工验收申请，填写《建设项目职业病防护设施竣工验收（备案）申请书》，并按规定提交申报材料。卫生行政部门收到《建设项目职业病防护设施竣工验收（备案）申请书》和有关资料后，应当对申请资料是否齐全进行核对，并在 5 个工作日内作出是否受理申请的决定或出具申请材料补正通知书。卫生行政部门可以指定机构或组织专家对控制效果评价报告进行技术审查，并根据审查结论进行现场验收。通过验收的，应当在现场验收后 20 个工作日内予以批复；未通过的，应当书面通知建设单位并说明理由。

矿山建设项目职业病控制效果评价程序如图 21-2 所示。

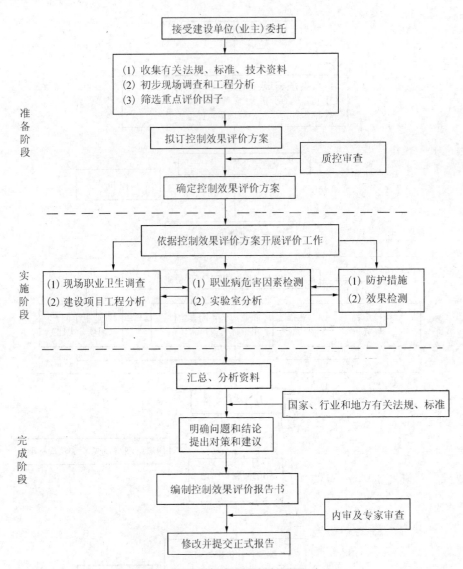

图 21-2 职业病控制效果评价程序

21.5 矿山建设项目职业病危害评价方法

21.5.1 职业病危害预评价方法

矿山建设项目职业病危害评价方法是对矿山建设项目进行职业病危害分析、评价的工具。职业病危害预评价通常采用类比法、系统工程分析法、检查表法、风险评估法。

21.5.1.1 类比法

类比法是通过对相同或相似项目的职业卫生调查,作业环境、劳动条件的测试数据或模拟实验的测试数据为依据,类推拟评价建设项目工作场所职业病危害因素浓度(强度),并与国家卫生标准比较,再依据以往职业病危害调查结果和资料,确定其危害的可能性和危害程度,对设计中拟采取的职业病防护措施的合理性和可行性作出评价。在找到合适类比工程的基础上,采用此方法直观易懂,但要注意区分类比工程与建设项目的差异,不可盲目等同。

21.5.1.2 系统工程分析法

系统工程分析法是对建设项目工程概况;建设地点;生产过程中使用、生产或产生的原料、辅料、产品、副产品、中间品;生产工艺;职业病危害程度;总平面布置;生产车间与设备布局;车间建筑设计卫生要求;卫生工程技术防护设施;个人防护设施;应急救援设施;辅助卫生用具;职业病防治管理措施等方面进行全面、系统地分析,了解建设项目产生主要职业病危害因素的种类、存在环节及其岗位分布,从而对建设项目职业病危害程度、职业病危害防护措施防护效果进行进一步分析与评价。

21.5.1.3 检查表法

检查表法是一种最基本、最简便、广泛应用于建设项目的评价方法,通过对建设项目进行详尽分析和研究,依据国家法律、法规、规范和相关技术标准、操作规程、事故案例等,列出检查单元、检查部位、检查项目、检查内容、检查要求等,逐项检查建设项目的职业卫生有关内容与国家标准、规范,对比看符合情况及存在问题、缺陷和潜在的隐患。检查表法是应用在许多专业学科中实施检查或诊断的一种项目明细表法,建设项目的职业病危害预评价工作中应用检查表法,是以国家、行业有关职业病防治的法律、法规、规章、规范和标准为依据,结合所要评价的建设项目生产过程中可能产生的职业病危害因素等具体特点,列出实施检查的项目明细表,逐项检查建设项目可能存在的职业病危害因素的毒理学特征、浓度(强度)、潜在危险性、接触人数、频率、时间、职业病危害防护措施和发生职业病的危(风)险程度等并进行综合分析。该评价方法可以保证评价工作的全面、完整,避免草率、疏忽和遗漏。应用检查表法可使评价工作标准化、规范化。对不同的目的、检查对象设置不同的检查表,针对性强。检查表简明易懂、方便适用、易于掌握,能弥补有关人员知识、经验不足的缺陷。但是该方法需事先编制大量的检查表,工作量大且检查表的质量受编制人员知识水平和经验的影响。

21.5.1.4 风险评估法

风险评估法是依据工作场所职业病危害因素的种类、理化性质、浓度(强度)、暴露方式、接触人数、接触时间、接触频率、职业病危害防护措施、毒理学资料、流行病学等相关资料,按一定准则,对建设项目发生职业病危害的可能性和危害程度进行评估,并按照危害程度考虑消除或减轻这些风险所需的职业病危害防护措施,使其降低到可承受的水平。

在实际工作中,这些方法通常要结合起来使用,才会使分析结果更加科学、可靠。

21.5.2 职业病危害控制效果评价方法

矿山建设项目职业病危害控制效果评价方法通常采用系统工程分析法、职业卫生检测检验法、检查表法、风险评估法。其中职业卫生检测检验法包括职业病危害因素检测检验及职业病危害防护设施防护效果测定,它是利用现代检测、检验手段,根据检测规范和方法,对建设项目可能产生的生产性粉尘、有毒化学物质、物理因素、生物因素等职业病危害因素进行定性、定量分析,对防尘、防毒、通风、空调等职业病防护设施的防护效果进行测定。

21.6 矿山建设项目职业病危害预评价

根据《建设项目职业病危害分类管理办法》第十二条规定:建设单位应当在建设项目可行性研究论证阶段,根据《职业病危害因素分类目录》和《建设项目职业卫生专篇编制规范》编写职业卫生专篇,并委托具有相应资质的职业卫生技术服务机构进行职业病危害预评价。

矿山建设项目职业病危害预评价报告是取得省级以上人民政府卫生行政部门资质认证的建设项目职业病危害评价机构,依照《中华人民共和国职业病防治法》、《中华人民共和国矿山安全法》、《建设项目职业病危害分类管理办法》、《建设项目职业病危害评价规范》、《工业企业设计卫生标准》、《建设项目职业病危害预评价技术导则》、《金属非金属矿山安全规程》、《冶金工业安全卫生设计规定》等国家有关职业卫生方面的法律、法规、标准、规范的要求,在建设项目可行性研究论证阶段,识别与分析矿山拟建项目可能存在或产生主要职业病危害因素的种类、环节及其岗位分布,预测主要职业病危害因素对工作场所和劳动者健康的职业病危害程度,确定职业病危害类别,分析与评价拟采取的职业病防护措施的预期效果,指出建设项目在职业病危害防护方面存在的主要问题,提出科学、可行、有效的职业病危害防护对策措施,并作出客观、真实的职业病危害预评价结论。

预评价报告书主要章节内容:

（1）总论。

1）项目背景。

2）职业病危害预评价目的。

3）职业病危害预评价依据。

4）职业病危害预评价范围。

5）职业病危害预评价内容。

6）职业病危害预评价方法。

7）职业病危害预评价单元的划分。

8）类比现场的选择。

9）职业病危害预评价程序。

10）职业病危害预评价质量控制。

（2）工程分析。

1）建设项目概况：包括建设地点、性质、规模、总投资、设计能力、工作制度及劳动定员、自然条件等。

2）矿山总体布置、走向、长度、周边环境、生产工艺技术，采用的开采方式、采矿方法、通风方式等。

3）生产过程拟使用的原料、辅料、中间品、副产品、产品化学名称、用量或产量分析，是否伴生放射性物质。

4）主要生产工艺流程，采矿、出矿、运输、通风、破碎等主要生产设备，可能产生的职业病危害因素种类、产生环节、存在形态，生产设备机械化和自动化程度、密闭化程度。

5）拟采取的职业病危害防护措施分析。

6）各工种可能接触职业病危害因素的毒理学特征、场所、接触人数、接触方式、接触频率、接触时间等情况进行分析。

（3）职业病危害因素分析与评价。矿山建设项目职业病危害预评价常用的职业病危害因素识别方法主要有经验法和类比法。一般矿山职业病危害因素识别见21.8节。

经验法是评价人员依据其掌握的相关专业知识和实际工作经验，对照职业卫生有关法律、法规，借助经验和判断能力直观地对评价对象的职业病危害因素进行分析的方法。类比法是利用相同或类似工程职业卫生监测、统计资料进行类推，分析评价对象的职业病危害因素。在实际工作中，这两种方法往往不是孤立运用的，通常要结合起来，对建设项目中可能产生的生产性粉尘、有毒物质、物理因素、生物因素等职业病危害因素进行定性和定量评价。

在评价过程中需要对可能产生职业病危害因素的种类、数量、存在形态等进行分析，并对其可能对工作场所、劳动者健康的影响进行分析与评价。

（4）职业病防护措施分析与评价。职业病防护措施主要是对下列项目进行分析与评价：

1）建设地点。

2）总平面布置。

3）生产工艺、生产车间布置与工艺布局。

4）建筑卫生学（通风、照明）。

5）卫生工程技术防护措施。

6）个体防护措施分析。

7）应急救援设施。

8）卫生辅助设施。

9）职业卫生管理措施。

由于矿山的特殊性，要重点关注通风系统的合理性及运行效果。

（5）控制职业病危害的措施。在对建设项目全面分析、评价的基础上，针对建设项目在职业病危害防护上的不足，从选址、总平面布置、生产工艺、生产车间与设备布局、建筑设计卫生要求、卫生工程技术防护措施、个人防护、辅助卫生设施、应急救援措施、职业病危害管理措施等方面,综合提出职业病危害防护措施和建议。

（6）评价结论。在类比现场或现场调研、工程分析、实施职业病危害评价的基础上,经定性、定量分析,得出评价结论。评价结论对职业病危害因素种类及环节、职业病危害程度分析与评价、职业病危害防护措施分析与评价、职业病危害类别及评价,作出高度概括与总结,评价结论应客观、真实、明确。

21.7　矿山建设项目职业病危害控制效果评价

根据《建设项目职业病危害分类管理办法》第二十三条规定:建设单位在竣工验收前,应当委托具有相应资质的职业卫生技术服务机构进行职业病危害控制效果评价,职业病危害控制效果评价应当尽可能由原编制职业病危害预评价报告的技术机构承担。建设项目的主体工程完工后,需要进行试生产的,其配套建设的职业病防护设施必须与主体工程同时投入试运行,在试运行期间应当对职业病防护设施运行情况及工作场所职业病危害因素进行监测,并在试运行 12 个月内进行职业病危害控制效果评价。

矿山建设项目职业病危害控制效果评价是取得省级以上人民政府卫生行政部门资质认证的建设项目职业病危害评价机构,依照《中华人民共和国职业病防治法》、《中华人民共和国矿山安全法》、《建设项目职业病危害分类管理办法》、《建设项目职业病危害评价规范》、《工业企业设计卫生标准》、《建设项目职业病危害控制效果评价技术导则》、《金属非金属矿山安全规程》、《冶金工业安全卫生设计规定》等国家有关职业卫生方面的法律、法规、标准、规范的要求在建设项目竣工验收前,识别、分析与确定建设项目存在或产生主要职业病危害因素的种类、环节及其岗位分布,分析与评价主要职业病危害因素对工作场所和劳动者健康的职业病危害程度及采取的职业病防护措施的控制效果,指出建设项目在职业病危害防护方面存在的主要问题,提出科学、可行、有效的职业病危害防护措施,并作出客观、真实的职业病危害控制效果评价结论。

控制效果评价报告书主要章节内容:

（1）总论。

1）项目背景。

2）职业病危害控制效果评价目的。

3）职业病危害控制效果评价依据。

4）职业病危害控制效果评价范围。

5）职业病危害控制效果评价内容。

6）职业病危害控制效果评价方法。

7）职业病危害控制效果评价单元的划分。

8）职业病危害控制效果评价程序。

9）职业病危害控制效果评价质量控制。

（2）工程分析。

1）建设项目基本情况:项目概况、地理位置与自然条件、工程组成、规模、设计能力、总投资、生产制度与劳动定员等。

2）矿山总体布置、走向、长度、周边环境、生产工艺技术,采用的开采方式、采矿方法、通风方式等。

3）采出的矿石性质、中间品、产品名称、产量,辅料及用量、是否有放射性物质;主要生产工艺流程,采矿、出矿、运输、通风、破碎等主要生产设备,可能产生的职业病危害因素和种类、产生环节、存在形态,生产设备机械化和自动化程度、密闭化程度。

4）参照建设项目职业病危害预评价报告,工程是否发生变化,职业病危害因素是否变化。

5）项目试运行情况。

（3）建设项目存在或产生主要职业病危害因素识别、分析与确定。

1）生产工艺过程中的有害因素,主要包括生产性粉尘、化学毒物、物理因素及生物因素。

2）劳动过程中的有害因素,主要包括劳动组织和劳动制度不合理、劳动强度过大、精神或心理过度紧张、劳动时个别器官或系统过度紧张、长时间不良体位、劳动工具不合理等。

3）生产环境中的有害因素,主要包括自然环境因素、厂房建筑或布局不合理、来自其他生产过程散发的有害因素造成的生产环境污染。

（4）职业病危害程度分析与评价。职业病危害程度评价是在职业病危害因素识别与分析的基础上,进一步分析生产过程中可能产生的生产性粉尘、有毒物质、物理因素等职业病危害因素的浓度或强度及其对劳动者健康的影响。

职业健康监护情况分析与评价,也是职业病危害程度分析与评价的内容之一。

（5）职业病危害防护设施防护效果分析与评价。职业病危害防护设施防护效果主要是对下列项目进行分析与评价:

1）建设地点。

2）总平面布置。

3）生产工艺、生产车间与工艺布局。

4）建筑卫生学(采暖、通风、照明)。

5）卫生工程技术防护措施:防尘、防毒措施、噪声与振动防护措施。

6）个体防护措施。

7）应急救援设施。

8）卫生辅助设施。

9）职业卫生管理措施。

由于矿山的特殊性,要重点关注通风系统的合理性及运行效果。

（6）职业病危害防护措施建议。在对建设项目全面分析、评价的基础上,针对试生产阶段存在的职业病防护措施的不足,从组织管理、工程技术、个体防护、卫生保健、应急救援等方面,综合提出职业病危害防护措施的建议。

（7）职业病危害控制效果评价结论。在全面总结评价工作的基础上,归纳建设项目的职业病防护设施、职业病危害因素及危害程度、个体使用的职业病防护用品、建筑卫生学及辅助设施、职业卫生管理等的评价结论,指出存在的主要问题,对该建设项目职业病危害控制效果做总体评价。

21.8   矿山建设项目职业病危害因素识别

在工程分析和类比调查或检查表的基础上,首先按照职业病危害因素的类别划分评价单元,分为生产性粉尘、生产性有毒物质、物理因素3个评价单元,在每个评价单元中以不同工艺特征,如采准、回采及出矿、井下运输、井下破碎、辅助系统等进行分析。矿石和围岩与矿石伴(共)生的成分差别很大,不同的矿山危害因素的识别和分析也差别很大,要根据可行性研究报告仔细分析矿石及围岩成分,并根据采取的生产设备、炸药、辅助设备的具体情况,分析识别建设项目的职业病危害因素。一般矿山的主要职业病危害因素见表21-1。

表 21-1   主要职业病危害因素

生 产 单 元	职业病危害因素
采 准	生产性粉尘: 　凿岩、爆破、装运出渣等掘进过程中产生的粉尘 　水泥尘:掘进后巷道在支护干喷过程中产生的粉尘 生产性有毒物质: 　CO_2:爆破及柴油铲运机等排放的废气 　NO_x:爆破及柴油铲运机排放的废气 　CO:爆破后产生的有害气体 　SO_2:爆破后产生的有害气体 　H_2S:爆破后产生的有害气体 三硝基甲苯:装药过程产生 物理性有害因素: 　噪声:爆破、凿岩及出渣,装运设备运行过程产生的噪声 　振动:爆破、凿岩设备、装运设备 　高温:部分含硫、深井矿山

续表21-1

生 产 单 元	职业病危害因素
回采及出矿	生产性粉尘: 　　凿岩、爆破、装运出矿等过程产生的粉尘 生产性有毒物质: 　　CO:爆破后产生的有害气体 　　NO_x:爆破后产生的有害气体 　　SO_2:爆破后产生的有害气体 　　H_2S:爆破后产生的有害气体 　　三硝基甲苯:装药过程产生 物理性有害因素: 　　噪声:爆破、凿岩及出矿设备运行过程产生的噪声 　　振动:爆破、凿岩、装运设备 　　高温:部分含硫、深井矿山
井下运输	生产性粉尘: 　　溜井放矿、卸矿 物理性有害因素: 　　噪声:溜井放矿、卸矿、电机车运输 　　高温:部分含硫、深井矿山
井下破碎	生产性粉尘: 　　破碎设备、皮带运输等 物理性有害因素: 　　噪声:破碎设备

在井下用胶带输送机运输的场所,考虑井下通风条件,胶带机黏接调和剂如含有苯,还应考虑苯的危害。

参 考 文 献

[1] 2001 年 10 月 27 日中华人民共和国主席令第 60 号. 中华人民共和国职业病防治法[M]. 北京:法律出版社,2002.
[2] 卫生部卫监发[2002]第 63 号. 建设项目职业病危害评价规范:修订征求意见稿. 2002.
[3] 卫生部卫监发[2002]第 63 号. 职业病危害因素分类目录:修订征求意见稿. 2002.
[4] 卫生部令第 49 号. 建设项目职业病危害分类管理办法:修订征求意见稿. 2006.
[5] 中国疾病预防控制中心职业卫生与中毒控制所. 职业健康监护技术规范 GBZ 188—2007[S]. 北京:人民卫生出版社,2007.
[6] 赵勇进,胡晓抒,周启栋,等. 职业卫生手册[M]. 南京:江苏人民出版社,2002.

22 安全评价

22.1 生产安全事故及危险、有害因素

22.1.1 非煤矿山安全生产现状

截至 2010 年 12 月,我国共有非煤矿山 75937 家。按采矿行业分,其中金属矿山 9503 家、非金属矿山 75379 家、其他矿山 1243 家;按开采方式分,地下矿山 9973 家、露天矿山 76000 家、其他矿山 152 家;按规模分,大、中、小型矿山分别占非煤矿山总数的 0.6%、2.5%、96.9%。我国非煤矿山的特点是:数量多、规模小、分布零散、矿种全、安全基础薄弱、人员素质不高(从业人员中农民工占 50% 以上,农民工流动性大,缺乏基本的安全知识和自我保护能力)。

随着国民经济的快速发展,我国非煤矿山安全生产形势总体是好的,狠抓安全生产工作的落实,坚持安全第一、预防为主、综合治理的方针,安全生产工作取得了明显的成效,主要表现在:

(1) 初步建立了非煤矿山安全法律法规体系,国家安全生产监督管理总局发布了 9 个部门规章、22 个安全生产行业标准和 1 个国家标准,各地也相继颁布了一批地方性法规、规章及安全生产条例等,为促进矿山安全生产制度化提供了依据。

(2) 严把非煤矿山安全准入关,认真实施矿山安全许可制度,在坚持颁证条件、确保审核质量的前提下,基本完成了非煤矿山安全生产许可证的颁发与换证工作。

(3) 各省、市、自治区都建立了安全监管机构,基本形成了省、市、县三级安全监管体系,矿山重点乡镇建立了安全监管站,全国共配备了非煤矿山安全监管人员 33641 人。

(4) 矿山整顿、尾矿库和地下矿山机械通风专项整治取得了阶段性成果。仅 2009 年,各地区提请政府取缔关闭非煤矿山 10087 家、尾矿库 2605 座。非煤矿山从 2005 年的 103544 家减少到 2010 年的 75937 家。乱挖乱采、非法违规开采得到一定控制,2009 年底地下矿山机械通风率已达 89%,全国危、险、病尾矿库分别下降了 53.7%、72.5%、51.6%。

目前,非煤矿山生产安全事故时有发生,造成人员伤亡和巨大的经济损失。下面仅以非煤矿山发生事故的起数和造成的死亡人数为例:2006~2009 年历年发生的事故数和死亡人数分别为:1872 起和 2277 人、1861 起和 2188 人、1416 起和 2068 人、1230 起和 1542 人。

据《非煤矿山安全生产"十二五"规划》纲要(征求意见稿)介绍,上述事故的主要类型为物体打击、高处坠落、坍塌与片帮冒顶、放炮及中毒窒息等,该六类事故的起数和死亡人数分别占事故总数的 80% 以上。

针对安全生产存在的诸多问题,必须充分认识非煤矿山安全生产的长期性、艰巨性、复杂性和紧迫性。随着经济发展,以人为本的思想深入人心,社会对非煤矿山的安全生产提出了更高的要求,遏制事故的发生,减少危险危害,降低事故总量,推动矿山安全生产是当务之急。

因此,要统筹规划,突出重点,采取行之有效的措施,防患于未然,必须认真实施国家规定的安全生产标准《安全评价准则》,以促进矿山安全生产。

22.1.2 安全生产事故

安全生产事故是造成死亡、职业病、伤害、财产损失或其他损失的意外事件,其发生所造成的损失可分为

死亡、伤害、职业病、财产损失及其他损失共四大类。

（1）伤亡事故。伤亡事故是指职工在劳动过程中发生的人身伤害、急性中毒事故,即指职工在本岗位劳动,或虽不在本岗位劳动,但由于企业的设备和设施不安全、劳动条件和作业环境不良,所发生的轻伤、重伤、死亡事故。

（2）职业病。职业病是指劳动者在生产劳动及其他职业活动中,接触职业性危害因素而引起的疾病。

（3）在事故管理活动中,涉及如下事故:

1）生产安全事故。在生产经营过程中,造成人员伤亡、财产损失,导致生产经营活动暂时终止或永远终止的意外事件。生产安全事故按人和物的伤害与损失情况可分为伤亡事故、设备事故和未遂事故。

2）轻伤。损失工作日低于 105 天的暂时性全部丧失劳动能力伤害。

3）重伤。永久性全部丧失劳动能力及损失工作日等于或超过 105 天的暂时性全部丧失劳动能力伤害。

4）直接经济损失。直接经济损失指生产安全事故造成的人员伤亡救治费、赔偿费、善后处理费和毁坏的建筑物、设备的价值总和。

5）损失工作日。事故受害者失去工作能力的时间（日）。

6）致因物。引起事故或事故发生的物体或物质。

7）不安全状态。可能导致事故发生的物体或物质条件。

8）不安全行为。违反安全规则或安全原则,使事故有可能或有机会发生的行为。

（4）事故等级。国务院令第 493 号《生产安全事故报告和调查处理条例》（2007 年 6 月 1 日起施行）规定:根据生产安全事故（以下简称事故）造成的人员伤亡或者直接经济损失,事故一般分为特别重大事故、重大事故、较大事故和一般事故 4 个等级,见表 22-1。

表 22-1　生产安全事故等级

事故等级	人员伤亡或者直接经济损失
特别重大事故	造成 30 人以上死亡,或者 100 人以上重伤（包括急性工业中毒,下同）,或者 1 亿元以上直接经济损失的事故
重大事故	造成 10 人以上 30 人以下死亡,或者 50 人以上 100 人以下重伤,或者 5000 万元以上 1 亿元以下直接经济损失的事故
较大事故	造成 3 人以上 10 人以下死亡,或者 10 人以上 50 人以下重伤,或者 1000 万元以上 5000 万元以下直接经济损失的事故
一般事故	造成 3 人以下死亡,或者 10 人以下重伤,或者 1000 万元以下直接经济损失的事故

注:核设施事故、国防科研生产事故的报告不适用《生产安全事故报告和调查处理条例》。

22.1.3　矿山危险、有害因素辨识与分析

矿山危险、有害因素可能带来人员伤害、职业病、财产损失或破坏作业环境,从这个意义上讲,它可以理解为危险源或事故隐患。

辨识时应识别出危险、有害因素的分布、伤害（危害）方式及途径和重大危险、有害因素。对于组织来说,应辨识的主要部位为厂址、厂区平面布局、建（构）筑物、生产工艺过程、生产设备、有害作业部位（粉尘、毒物、噪声、振动、辐射、高温、低温等）和管理设施、事故应急抢救设施及辅助生产生活卫生设施等。

22.1.3.1　危险、有害因素辨识的主要内容

危险、有害因素（以下简称危害）辨识的主要内容包括厂区平面布置、厂址、建（构）筑物、生产工艺流程、生产设备、装置及其他。

A　平面布置

（1）总平面布置:功能分区（生产、管理、辅助生产、生活区）布置;高温、有害物质、噪声、辐射、易燃物、易爆物、危险设备设施布置;工艺流程布置;建筑物、构筑物布置;风向、安全距离、卫生防护距离等。

（2）运输线路及码头：厂区道路、厂区铁路、危险品装卸区、厂区码头。

B 厂址

从厂址的工程地质、地形、自然灾害、周围环境、气象条件、资源、交通、抢险救灾支持条件等方面进行分析。

C 建（构）筑物

建（构）筑物包括结构、防火、防爆、朝向、采光、运输、操作、安全、运输、检修、通道、安全出口、生产卫生设施。

D 生产工艺流程

生产工艺流程包括物料（毒性、腐蚀性、燃爆性）温度、压力、速度、作业及控制条件、事故及失控状态。

E 生产设备、装置

（1）机械设备：运动零部件和工件、操作条件、检修作业，误运转和误操作。

（2）电气设备：断路、短路、触电、火灾、爆炸、误运转和误操作、静电、雷电。

（3）危险性较大设备、高处作业设备和特种设备以及特种设施。

F 其他

（1）粉尘、毒物、噪声、振动、辐射、高温、低温等有害作业部位。

（2）劳动组织、女职工劳动保护、体力劳动强度。

（3）管理设施、事故应急抢救设施和辅助生产、生活卫生设施等。

22.1.3.2 危害辨识方法

A 直接经验法

a 经验法

对照有关法规标准、检查表或依靠分析人员的观察分析能力，借助于经验和判断能力直观地评价对象危险性和危害性的方法。

b 类比法

利用相同或相似系统或作业条件的经验和职业安全卫生的统计资料来类推、分析评价对象的危险有害因素。多用于危害因素和作业条件危险因素的辨识过程。

B 系统安全分析法

应用安全工程系统安全分析的方法进行危害辨识，常用于复杂系统、没有事故经验的新开发系统。常用的系统安全分析方法有事件树（ETA）、事故树（FTA）等。

22.1.3.3 非煤露天矿山生产过程中危险、有害因素辨识与分析

非煤露天矿山开采过程中主要存在滑坡和泥石流危害、塌陷危害、爆破危害、火灾爆炸危害、车辆伤害、机械伤害、物体打击及高处坠落、水灾危害、粉尘危害、噪声、中暑危害等主要危险、有害因素。

A 滑坡和泥石流危害

滑坡是边坡岩土体沿其内部结构软弱面作整体滑动，在较大的范围内边坡沿某一特定剪切面滑动而丧失稳定性的结果。在滑落前，滑体的后缘会出现张裂隙，而后缓慢滑动，成周期性地快慢更迭，最后骤然滑落。滑坡不仅会造成人员伤害，而且对露天采场的破坏也是严重的。露天采场、排土场均可能存在滑坡危害。引起滑坡的主要原因：

（1）不良地质条件。不良地质条件主要指断层接触带，矿岩破碎带，节理裂隙发育，软弱岩脉穿插，地下水的影响。

（2）采场地压。露天采场的开挖，影响了矿岩的整体性，应力重新平衡时会产生岩体变形甚至位移，通常情况下应力释放是一个缓慢的过程。

（3）凿岩爆破不当。露天采场中深孔爆破时，如果设计处理不当，也会破坏边坡的稳定性，主要有炮孔深度不当;炮孔间距不当;装药量过大;坡底超挖;形成露天采场最终边坡的爆破作业应采用控制爆破。

（4）雨水影响。矿岩中有含水层时,要采取疏水措施,当降雨量大,露天坑顶部的截水沟和清扫平台上的排水沟不通畅时,雨水汇流后会直接冲刷边坡,诱发滑坡。

（5）冰冻影响。露天边坡由于受冰冻影响,破坏了边坡的稳定性,可能发生崩塌和滑坡事故。

（6）维护加固不当。当出现滑坡征兆时,应及时采取锚杆或长锚索进行加固,因施工水平和施工工艺存在问题,也会引起滑坡。

（7）排土场基底存在软弱岩层、排弃物料中含大量泥土和风化岩石或在地表汇水和雨水作用下,可能会发生滑坡和泥石流危害。

泥石流是指在山区或者其他沟谷深壑,地形险峻的地区,因为暴雨暴雪或其他自然灾害引发的山体滑坡并携带有大量泥沙以及石块的特殊洪流。

泥石流具有突然性及流速快,流量大,物质容量大和破坏力强等特点,发生泥石流常常会冲毁公路铁路等交通设施,甚至冲毁农田和村镇、形成堰塞湖等,造成巨大损失。

（8）边坡结构参数不当方面的因素等。

B　坍塌与塌陷危害

在开采过程中,如果开采工艺设计不合理或不严格按开采工艺操作,导致边坡高度、边坡角严重超标,甚至在边坡底部掏采等违章作业,作业环境将极不安全,特别是采场台阶又称阶段与断层、节理面相交,或岩层倾向与边坡方向一致时,很容易发生楔形滑落甚至造成大范围坍塌。

如果排土场堆高超高,边坡角过陡,排土方式不当,或在外载荷和雨水等外界条件作用下,可引发坍塌危害。

若采取露天和地下联合开采或者开采时存在老采空区等,如果安全隔离矿柱厚度不够或设计存在缺陷或安全管理措施不到位,生产过程中也有可能发生塌陷危险,对设备及人员造成伤害。

C　爆破危害

爆破作业接触的对象是炸药、雷管等易燃易爆品。由于炸药本身易爆,能量巨大,产生巨大的震动、冲击波,生产过程中,使用不当或爆破处理不当均会产生爆破危害,对人员、建(构)筑物及设备造成较大的损害。爆破危害是露天矿主要危险有害因素之一。

a　爆破危害的种类

常见的爆破危害有爆破震动危害、爆破冲击波危害、爆破飞石危害、拒爆危害、早爆危害、迟爆危害、爆破有毒气体危害等。

（1）爆破震动危害。炸药在岩土体中爆炸后,在距爆源的一定范围内,岩土体中产生弹性震动波,即是爆破地震。露天采场采用中深孔大爆破,因一次炸药量较大,爆破地震也比较强烈,对附近的建(构)筑物、工业场地(还包括机械设备和人员)和岩体等会有一定的影响,容易产生爆破震动危害。

爆破地震对地面建(构)筑物等的危害程度应由爆破地震安全距离来确定。

（2）爆破冲击波危害。爆破时,部分爆炸气体产物随崩落的岩土冲出,在空气中形成冲击波,可能危害附近的建(构)筑物等设施。

（3）爆破飞石危害。露天矿爆破时,个别散石会飞散较远,造成对附近人员、建(构)筑物等伤害和损坏。影响飞石危害的主要因素有:岩石特性的影响,由于岩体不均匀,从软弱处冲出形成飞石;地质因素及地形因素的影响;爆破设计与施工不当。如药量过大,填塞长度不够或填塞质量不好,最小抵抗线过小,多段微差爆破中,起爆顺序不当或延迟时间太短等。对爆破飞石危害,我国目前用安全距离作为判定的指标。在采场中,人员在小于爆破安全距离以内均有可能受到爆破飞石伤害。

（4）拒爆危害。爆破作业中,由于各种原因造成起爆药包(雷管或导爆索)瞎火和炸药的部分或全部未爆的现象称为拒爆。爆破中产生拒爆不仅影响爆破效果,而且处理时有较大的危险,如果未能及时发现或处理不当,将可能会造成事故。炸药拒爆,在处理过程中发生对人员和设备的伤害和损坏,可能成为事故的隐患。

(5) 早爆危害。早爆是实施爆破前发生的意外爆炸,即在爆破作业中未按规定的时间提前引爆的现象。早爆对人员和设备造成极大的危害,酿成重大安全事故。各种原因引起的炸药早爆可能成为事故的隐患。

(6) 迟爆危害。迟爆是指起爆器材在规定的最大引爆时间内,未发生起爆现象。各种原因引起的迟爆,对人员和设备可能成为事故的隐患。

(7) 爆破有毒气体危害。炸药爆炸产生中的有毒气体主要是一氧化碳和氮氧化物,在深凹露天爆破作业中,如未加强爆破后的通风工作,人员违章作业,容易发生爆破有毒气体中毒事故。

b 引发爆破危害的主要原因

(1) 爆破设计与施工不当。

(2) 炸药及爆破器材受潮、遇水或质量问题造成早爆、迟爆、自爆、拒爆。

(3) 爆破作业不当,如起爆方式不正确或炸药装填方法不正确或爆破网络连接错误。

(4) 盲炮处理方法不正确造成爆炸伤亡。

(5) 温度过高引起自爆。

(6) 非爆破资质专业人员作业或违章作业等。

(7) 炸药运输过程中强烈振动或摩擦。

(8) 人员过失及环境干扰。

(9) 防护措施不到位,组织管理不健全、措施不力,警戒不到位、信号不完善、安全距离不够等。

(10) 放炮后人员过早进入工作面,造成炮烟中毒。

c 爆破危害的后果

(1) 爆破产生的冲击波,造成附近设备设施损坏、人员伤亡及岩体失稳。

(2) 爆破飞石造成设备设施损坏和人员伤害。

(3) 盲炮处理方法不正确造成爆炸伤亡。

(4) 拒爆、早爆、自爆、迟爆等造成设备设施损坏及人员伤害。

(5) 爆破产生的大量有毒有害气体对作业人员的身体造成极大伤害,甚至中毒死亡。

D 火灾、爆炸危害

在采矿工业场地内有时设有爆破材料库,包括炸药库、起爆材料库、原料库、油料库等,主要储存采矿场用炸药、雷管及导爆管等火工品。炸药、雷管等火工品不仅具有火灾危害,而且自身就具有燃烧、爆炸特性。按《危险化学品重大危险源辨识》(GB18218—2009)中重大危险源临界量工业炸药 10t 的规定,炸药库库区内民爆物品量若超过重大危险源临界量,则炸药库库区将构成重大危险源。

矿山采用大型液压采掘设备和无轨运输设备等,而运输设备的轮胎、胶带输送机的胶带及各种电器设备的绝缘物大多数属于易燃物质,运行中导体通过电流而发热起火,开关合上和断开产生电弧,由于断路、接地或设备损坏等可能产生火花等,均可引发火灾,甚至导致爆炸。

总之,就露天开采而言,发生火灾的场所主要为机电设备、物料聚集处、运输皮带等。引起火灾事故的主要因素如下:

(1) 设备的原因,如不符合防火的要求,电气设备安装、使用、维护不当等。

(2) 物料的原因,如可燃物质的自燃,机械摩擦及撞击生热,在运输装卸时受剧烈振动等。

(3) 环境的原因,如高温、通风不良、雷击、静电、地震等自然因素。

(4) 管理的原因。

E 车辆伤害

矿山开采有大量车辆运行,存在发生车辆事故危险,其原因有以下几个方面:

(1) 车辆较多,交通混乱。可能有汽车、电机车、翻斗车、压路机、平路机、装载机、工程指挥车等多种车辆。管理不善,信号失灵,如发生碰撞、追尾等事故。

(2)运输距离较大,路况不良,车辆驾驶员易疲劳驾驶。

(3)车辆载重量大,有的车辆易翻车。

(4)自然条件的不利影响,如雾天影响视线,冰雪和雨水使路面变滑等。

(5)露天采场运输所采用的装载车辆及运输车辆若为大型车辆,高度较大,驾驶人员视线容易被遮挡,如果在作业过程中有无关人员进入采场运输通道内,可能发生运输车辆伤害事故。

(6)安全管理不到位,如车辆驾驶员没有经过培训,或者对安全驾驶和行车安全的重要性认识不足,思想麻痹、违章驾驶;路面缺乏维护保养;车辆没有按照有关规定进行维修保养,或带病行车等,也可能造成车辆事故的发生。

F 机械性危害

机械性危害主要指运行的机械部件对人体的挤压、撕裂、切割、碰撞等形式的伤害。在露天采矿场,进行穿孔、采装、运输、排土等生产作业以及破碎作业时,均使用相应的机械设备,如牙轮钻机、潜孔钻机、液压挖掘机、机械挖掘机、前装机、推土机、破碎冲击器和空压机等。这些设备运行时,其传动机构的外露部分,如齿轮、传动轴、链条、胶带等都有可能对人体造成机械伤害。造成机械性伤害的主要原因是人员违章作业,其次是设备的防护设施不全、设备的安全性能不好等。

G 物体打击

露天采场在生产过程中,特别是采装和排土时,由于作业环境和管理等原因,导致岩堆过高,或形成伞檐,或边坡浮石及上段工作平台碎石清扫不净等,受到爆破、采装、运输等某种震动,很可能发生滚石滑落。可能对下部平台作业人员或设备造成严重的物体打击危害。造成滚石的主要原因有:

(1)处理浮石、伞檐不及时。

(2)处理浮石操作方法不当。因处理前缺乏全面、细致的检查,没有掌握情况而由于处理浮石操作方法不当所引起的滚石事故。

(3)爆破时边帮受震动,引起浮石突然下滑,造成滚石事故。

(4)安全平台宽度不够,不能充分缓冲和阻截滑落的岩石。

(5)在处理浮石时,操作工人的技术不熟练,站立位置不当,当浮石落下时无法躲避造成事故。

H 高处坠落

在开采中,由于露天采场的作业场所高差较大,可能出现人员、设备站立不当,从分层坡面高处坠落;台阶坍塌,造成设备人员高处坠落;排土时没有人指挥,没有安全堤,没有反坡,汽车卸载时可能从排土场边高处坠落;露天矿山的台阶、行人坡道、积水的采掘工作面、倾角较大的采掘工作面等处也可能发生高处坠落伤害事故。

I 触电危害

采矿生产系统中采用采掘设备、运输设备等各种用电设备、电气装置及配电线路,如果矿山设备的供电电缆绝缘性差,或与金属管(线)和导电材料接触或横过公路、铁路时未设防护措施,电力驱动的钻机、挖掘机和机车内,没有完好的绝缘手套、绝缘靴、绝缘工具和器材等,停、送电和移动电缆时,不使用绝缘防护用品和工具,电气人员操作时,未穿戴和使用防护用具,电气设备可能为人所触及的裸露带电部分,无保护罩或遮拦及警示标识等安全装置,均可能引起触电伤害。

J 水害

大气降水是地下水和地表水的主要来源,若是山坡露天开采,降水和裂隙水一般均可沿自然地形自流排出采场,如无防洪排水措施,雨水直接冲刷边坡,破坏边坡的稳定,会造成坍塌;若是凹陷露天开采时,如果没有采取防洪排水措施或排水设施配置不够,在暴雨季节可能会大面积积水而引发水灾危害。在矿区开采过程中,如未及时发现岩溶或旧采区,可能发生突水、透水危害。

K 粉尘危害

粉尘危害是矿山主要的危害之一。粉(矿)尘对人的主要危害是能引起尘肺病。尘肺病是由于长期大量吸入微细矿尘而引起的一种慢性职业病,它使肺组织发生病理学改变,从而丧失正常的通气和换气功能,严重损害身体健康,最后可导致因窒息而死。尘肺病是矿工的主要职业病,发病率高,对身体影响大,迄今尚无很好的根治方法。

矿山开采各生产工序,如穿孔、爆破、采装、破碎、运输等,都产生大量的粉(矿)尘,还有运输道路上的扬尘、大风天气采场和排土场的扬尘。

a 排土场与道路扬尘

矿山公路运输和排废作业,尤其是在旱季,有大量的粉尘产生,而在作业点和汽车经过的运输线路上,经常沉积大量粉尘,在大风干燥天气下,将会尘土弥漫。

b 爆破粉尘

爆破时,特别是在大爆破时能产生大量粉尘。爆破产尘量的大小和装药量、矿岩性质、气候条件等因素有关,爆破作业时要求撤出全部工作人员,待爆破结束粉尘散尽后才允许工作人员进入采场作业。

山坡露天矿爆破后的粉尘极易随风扩散,大范围地污染周围环境。

深凹露天矿,爆破作业产生的尘毒不易扩散,且各采区每次爆破炸药用量相对较大,产生的尘毒较多,威胁作业人员的身体健康。

c 潜孔钻机作业粉尘

采场潜孔钻机进行钻孔作业,钻机的钻头高速旋转与土岩摩擦,若无防尘措施,钻孔将成为产尘点,产生较大的粉尘,在大风、干燥天气尤为严重。钻孔扬尘对钻机司机和附近工作场地将带来污染。

d 破碎产尘

矿岩破碎时,产生大量的粉尘,特别是当破碎干燥的矿岩时,若未采取防尘措施,产生的粉尘会弥漫整个作业区,危害作业人员的健康。

e 聚堆粉尘

采用推土机进行平整和聚堆,电铲、液压铲、装载机进行矿石和废石的铲装作业。若无防尘措施,铲装作业的粉尘浓度也较高。另外,凹陷露天开采时,产生的粉尘、有毒有害气体(主要来源于汽车尾气和爆破作业)较难排出,对作业人员的危害较大。

L 噪声危害

噪声主要来源于穿孔、爆破、破碎、装卸矿岩等作业(各种空压机、潜孔或牙轮钻机、凿岩机、液压铲、推土机、破碎机和运输车辆等)。长期在噪声超标环境中作业,如防护措施不够,会对人体产生损伤,引起噪声性疾病。噪声不但影响人脑正常接收信息,而且会影响人的睡眠,导致健康状况下降。此外,噪声还恶化了作业环境,影响人机操作。

噪声不仅对作业人员造成危害,而且对附近的居民及建(构)筑物也产生危害,尤其是夜间的影响比较严重。

M 其他危害

矿山生产过程中还存在振动危害、雷击灾害、地震灾害、高温危害等危害因素。

22.1.3.4 非煤地下矿山生产过程中的危险、有害因素辨识与分析

非煤地下矿山危险源类别主要有:化学危险性(火灾、爆炸、中毒等)、物理危险性、机械危险性(各种设备引起的机械事故)、电气危险性以及地表下沉、巷道和采场冒顶、片帮等危险。造成这些危险的主要因素有:自然因素(地震、雷电、暴雨洪水和恶劣的地质条件),设备因素(提升、运输设备,采掘设备、水泵房电气设备、主风机设备、空压机以及其他特种设备),人为因素(包括设计因素和管理因素)。

A 自然因素

自然因素主要危险、有害因素包括:矿区地表塌陷、矿坑涌水、涌砂、采场冒落、工业设施(如工业厂房、

开拓与运输系统、地面防排水系统、防洪围堰)的场地失稳等。

a　地表塌陷

造成矿区地表塌陷的主要原因有:

(1) 矿区没有进行全面的岩石力学分析研究工作,使得岩石抗压强度和抗剪强度试验数据,以及深部开采的崩落角、错动角和矿岩稳固程度等数据失准。

(2) 设计或生产中,采用空场采矿法顶板暴露面积超过允许值,或者井巷支护措施不合理。

(3) 采空区处理不及时或充填不过关。

(4) 缺乏对地表塌陷区的监测。

(5) 生产过程中堵水、排水措施不当。

(6) 施工中不注意减少对围岩天然状态的扰动。

(7) 井口、工业场区没有布置在采矿最终错动线外。

b　矿坑涌水

矿坑涌水事故产生的主要原因有:

(1) 水文地质条件不清,如有溶洞水、采空区积水,或涌水量计算失准,设计暴雨频率标准低,排水能力不够,造成淹井事故。

(2) 矿山地面的防洪围堰、截水沟失效,造成淹井事故。

(3) 排水管或阀门耐压强度不够,造成管道爆裂伤人或毁物。

(4) 采取的防排水措施不当,或采场充填效果差、地压管理不善等,破坏了地表水系或上部富水岩层,造成水体突入井下形成灾害事故。

(5) 遇突水事故,没及时关闭防水闸门而发生淹井事故。

(6) 自然灾害(如地震、雷电、暴雨洪水)也可能造成采场涌水量的大量增加。

c　工业场地事故

工业场地事故主要是地基的稳定性以及可能受到地下采矿岩层移动和地面洪水的影响等。

B　井巷掘进事故

井巷掘进主要危险因素有:

(1) 凿岩时,容易发生风、水管飞出打伤人。向上凿岩时,钢钎断落伤人。断钎、凿岩机下落夹伤人手。凿岩前不注意敲帮问顶,凿岩时震落松动岩石击伤操作人员。钢钎打入哑炮孔内,引起爆炸伤人。中深孔凿岩时,除可能发生的设备伤人事故外,不安全因素还有凿岩硐室的稳定性。

(2) 铲运机等柴油机燃烧不彻底造成局部尾气浓度过高,巷道照明设施不完善,设备制动系统故障及无轨设备在行驶过程中的刮、蹭等。在装载过程中,常会发生铲运机等机械设备伤人,行走压人、撞人、矿车挤伤人等。竖井施工抓岩机撞、压、碰、挤伤人,吊桶装载过满甩石伤人等。

(3) 冒顶片帮事故。

(4) 在天井、溜井、竖井、大断面硐室施工时,容易发生高处坠落事故。

(5) 在天井、溜井、竖井、大断面硐室作业时,往往出现上面作业人员将物体掉落或滚落,击伤下面的作业人员。

(6) 掘进局扇存在的不安全因素:接地保护装置不到位,设备绝缘不良,安装不符合规程要求,发生短路、超负荷、接触电阻过大等。

C　采矿过程事故

a　采矿方法的问题

(1) 采矿方法(案)选择不当,采场结构参数、回采顺序不合理,导致地压增大、采场顶板冒落、片帮,回采巷道变形破坏。

(2) 采场爆破参数不合理或爆破质量不高。爆破工作中,由于装药和起爆方法不当、爆破器材质量不合格及爆破孔设计不合理等原因均会造成早爆、迟爆和拒爆事故。

（3）溜井的标识不清、栏杆不全、照明不良、人员违章等均可能造成坠井事故；溜井卸矿时，操作不当，可能导致人员坠入溜井。

（4）爆破后，炮烟集聚，人员过早进入或误入爆区将会发生炮烟中毒事故；工作面通风情况不好，长期在工作面作业吸入粉尘，可导致职业病。

（5）采空区未处理、未封闭或没有显示标识，可能导致人员误入产生砸伤、埋人等事故。

b　回采过程中的主要危险和危害

最常发生的事故是冒顶片帮，其主要原因有：

（1）顶板和两帮管理方法不当。如采场布置方式与矿床地质条件不适应，顶帮暴露面积太大，时间过长，顶板支护、放顶时间选择不当，都容易发生冒顶事故。天井、漏斗布置在矿体上盘或切割巷道过宽，容易破坏矿体及围岩的完整性，也可能产生片帮事故。

（2）作业人员疏忽大意，检查不周。根据冒顶伤亡事故的分析，只有极少事故是由于大型冒落引起的，大多数都属于局部冒落及浮石伤人，且多发生在爆破后 $1 \sim 2\,h$ 内。这是因为岩石受爆破的冲击和震动作用后，局部岩石发生松动和开裂，稍受震动或时间一长就会冒落，极有可能伤及作业人员。

（3）处理浮石操作方法不当。冒顶事故大多数是因为对顶板缺乏全面、细致的检查，没有掌握浮石情况而造成的。有时因为操作工人的技术不熟练，处理浮石时站立位置不当，当浮石下来时无法躲避造成事故；也有些事故是由于违反操作规章制度，冒险空顶作业，违章回收支柱而造成的，有的是无知而造成的。

（4）地质情况变化，地质条件不好。如在矿体中有小断层、裂隙、软岩、泥夹层、破碎带等，都容易引起冒顶片帮。

（5）地压活动影响。开采后采空区未能及时有效地处理，随着开采深度不断增加，矿山的生产区域不同程度地受到采空区地压活动的影响，容易导致采场和巷道发生大面积冒顶片帮。

c　采空区、采场地压管理及井下支护事故

（1）空区充填不及时，造成顶板冒落，引发地压活动。

（2）空区充填不接顶，多个采场顶板连成一片，使暴露面积过大，诱发顶板冒落。

（3）空区充填挡墙强度不够，充填体涌出淹井，可能造成人员伤害或设备破坏。

（4）空区监测仪表灵敏度不够，造成地压显现预报不及时。

（5）监测方法不当、监测数据处理不及时，造成地压显现预报不及时，延误地压显现预报。

（6）监测数据处理方法不正确，造成地压分析结果失真。

（7）支护方式不当，不能控制顶板掉渣或片落、冒顶。

（8）支护参数不合理，造成支护失效，不能控制顶板掉渣或片落、冒顶。

（9）锚杆台车性能掌握不好，造成人员伤害或设备破坏。

（10）喷射混凝土支护时，机具水路不畅，产生粉尘，造成职业病危害。

d　充填系统事故

（1）充填站砂仓、水泥仓高处坠落伤人。

（2）水泥仓除尘器性能不佳，粉尘污染环境。

（3）运转部件缺少防护或防护不好，机械伤人。

（4）电气设备漏电，造成触电事故。

（5）充填管路布置不合理，压力过高发生爆裂、泄漏砂浆伤人或污染井巷。

（6）采场充填起始和结束时，充填软管摆动伤人。

（7）泄水设施排水不畅，充填后集水压力过高，形成隐患。

（8）充填管路堵塞处理不当伤人。

D　爆破事故

（1）炸药存放点管理不严造成爆破事故。

（2）炸药燃烧中毒事故。

（3）爆破时，由于对最小抵抗线掌握不准，装药过多，造成爆破飞石击中人身和设备。

（4）残孔及盲炮处理不当。

（5）由于起爆材料质量不合格或点炮拖延时间造成的迟爆或早爆事故，矿山由于保管不善导致爆炸材料变质或过期爆炸材料不及时销毁，致使在爆破工作中造成拒爆、迟爆等爆破伤亡事故。

（6）爆破后过早进入工作面，引起爆破伤亡事故。

（7）不了解爆破材料及使用性能造成的事故。

（8）井下炸药库防潮设施未按规范执行，引发炸药库爆炸。

（9）其他如雷电、静电、杂电等电气爆破事故以及硫化矿药包自爆等。

E　提升、运输过程中的主要危险、有害因素

a　竖井提升中主要危险、有害因素

（1）钢丝绳未及时检验或更换，钢丝绳发生断裂，箕斗或罐笼坠落。

（2）防坠器失灵，箕斗或罐笼坠落。

（3）提升系统安全保护装置（特别是天轮、防过卷装置）失灵、通信信号设施存在隐患甚至发生错误信号，或提升机司机精力不集中，造成过卷或墩罐。

（4）竖井防护栏缺失或损坏，造成人员或物体坠井。

（5）罐笼未设活动顶盖，断电时人员被困罐笼中。

（6）提升竖井作为安全出口时，如果没有提升设备和梯子间、梯子构件和梯子间平台等构件，没有足够的强度且未考虑防锈蚀措施，一旦发生事故时，地表抢救人员和井下工作人员无法从梯子间出入或撤离，从而导致重大安全事故。

b　斜井提升中主要危险、有害因素

由于斜井提升中频繁摘挂钩，再加上钢丝绳容易磨损和断裂，因此容易发生跑车事故。其后果较为严重，不仅造成设备损毁，而且导致人员伤亡，生产停顿。造成跑车事故的原因有：

（1）作业人员没有经过安全培训或没有严格按操作规程作业造成跑车。

（2）钢丝绳断裂或连接装置断裂造成跑车。

（3）提升机制动失灵造成跑车。

（4）车辆运行中挂钩插销跳出造成跑车。

（5）斜井上部和中间车场，阻车器或挡车栏没有装设或失效，下部及中间车场没有设躲避硐室。

（6）管理不当引起跑车伤人事故，如斜井行车也行人，或人员在运输道上行走；斜井用矿车组提升时，人货混合串车提升；斜井运输时蹬钩等。

（7）通信信号设施存在隐患，发出错误信号造成跑车。

（8）轨道不符合质量标准，或没有及时清理，造成矿车掉道或运行时跳动。

（9）斜井运送人员时，要严格按照有关规程操作。

c　地表运输系统中主要危险、有害因素

（1）道路不符合设计要求或没有经常养护，不能保证车辆运行顺利。

（2）道路通过生活区，路况复杂，发生交通事故伤人、毁物。

（3）铁路道口无人把守或看守人员擅离职守，发生人或车与列车相撞。

（4）汽车驾驶员未经培训或驾驶技能差或违章驾驶（如酒后驾车），发生交通事故伤人、毁物。

（5）自卸汽车运载易燃、易爆物品，卸载时发生爆炸事故。

（6）车辆没有按有关规定进行维修保养，不能保持其安全性能。

（7）卸矿平台没有足够的调车宽度，挡车设施没有或不合格，导致伤人、毁物、翻车等事故。

d　井下电机车运输主要危险、有害因素

（1）巷道断面规格不够或未设置躲避硐室，电机车挤伤、撞伤人。

（2）电机车司机未经培训或技能差或违章驾驶，电机车挤伤、撞伤人。

（3）轨道铺设质量差或损坏，电机车发生掉道，毁物、伤人。

（4）电机车架线高度不够或局部下坠，造成人员触电。

（5）行人不按规定行走运输巷道行人侧，发生电机车挤伤、撞伤人。

（6）巷道照明不够，发生行人与电机车相撞事故。

（7）车辆运输时由于刹车失灵、信号系统故障可能发生跑车和撞车事故。

F　通风防尘系统事故

金属、非金属矿山井下常见的对安全生产威胁最大的有毒有害气体有：一氧化碳、二氧化硫、硫化氢、氮氧化合物、放射性气体等。这些气体主要来源于爆破时所产生的炮烟、硫化矿物的氧化、柴油机工作时所产生的废气、井下火灾、开采含铀（钍）伴生的金属矿床等。另外，空气中危害人体健康的有害物质还有矿尘，特别是硫化矿尘（能引起炎症）、有毒矿尘（含铅、砷、汞等，能引起中毒）、含有游离二氧化硅的矿尘（能引起硅肺病）。因此通风防尘系统的安全尤为重要。

通风防尘系统可能出现的事故及注意事项如下：

（1）通风系统设计不合理，造成风流短路或串风。

（2）井下局扇通风设施不完善，造成采场内风量不足。

（3）用风点计算不全面或实际与计算差异，造成通风量不足，不能及时排除炮烟或除尘效果差。

（4）井巷断面实际尺寸与计算差异，造成风速过高或过低。

（5）井下尽量避免使用柴油设备，否则应加大通风量。

（6）开拓、采准形成后，应重新进行通风验算，否则可能造成通风效果不好。

（7）通风系统缺乏反风装置，使作业人员在紧急情况时无法逃生。

（8）硐室通风不够，降温不力，可造成作业人员劳动舒适度降低。

（9）井下破碎系统应采用独立的回风天井的通风系统。

（10）主要进风井巷、运输巷道以及人行平巷不进行清洗，造成粉尘堆积与污染。

（11）矿山对井下空气质量缺乏定期监测、控制措施或个人防护不当，导致有毒有害成分超标而造成危害。

（12）溜井装卸矿口应设置防雾装置，卸矿口应安设自动防尘门。

（13）主扇必须连续运转。独头工作面有人作业时，局扇必须连续运转。

（14）开采后所留老窿、井巷没有得到处理，对后期的通风、行人等带来安全隐患。

G　矿山火灾事故

（1）用火管理不当。

（2）对易燃易爆物品管理不严，库房不符合防火标准，没有根据物质的性质分类储存。

（3）电气设备绝缘不良，安装不符合规程要求，发生短路、超负荷、接触电阻过大等。

（4）工艺布置不合理，易燃易爆场所未采取相应的防火防爆措施，设备不能及时维护检修。

（5）违反安全操作规程，使设备超温、超压作业或在易燃易爆场所违章动火、吸烟或用汽油等易燃液体。

（6）避雷设施装置不当，缺乏检修或避雷装置。

（7）易燃易爆生产场所设备、管线没有采取消除静电措施。

（8）棉纱、油布、沾油铁屑等，由于放置不当，在一定条件下引起火灾。

（9）生产场所的可燃蒸气、气体或粉尘在空气中达到爆炸浓度，因通风不良，遇火源引起火灾。

（10）爆破作业中发生的炸药燃烧，爆破原因引起的硫化矿尘燃烧，木材燃烧，爆破后因通风不良造成可燃气体聚集而发生燃烧、爆炸。

（11）采用空场法采矿的高硫矿山，矿石长时间存留引起的自燃。

H　矿山电气事故

a　电气设备

井下及各要害部位发生突然断电事故，可能威胁矿山安全生产。电气设备及电缆可能发生火灾和触电事故。机电方面(充填站、水泵电机、主风机等电气设备)的安全,主要在于正确的操作、防护配置、及时的保养维护、可靠的接地保护装置等。

b　供电系统

(1) 违反规定带负荷开闭隔离开关,产生电弧伤人。

(2) 冷却水供应不足,如温度继电器失灵,可能使绕圈严重过热,造成绕圈短路,变压器或电抗器烧坏甚至爆炸。

(3) 冷却系统内漏,冷却水漏入变压器油中,导致设备绝缘下降,可能造成绕圈短路爆炸事故。

(4) 漏油,导致设备绝缘下降,如继电器失灵,可能造成绕圈短路爆炸事故。

(5) 变压器温度异常上升,大量变压器油挥发形成爆炸性气体积聚,如继电器失灵,可能导致爆炸事故。

(6) 变压器年久老化,绝缘性能降低,可能导致造成绕圈短路甚至爆炸事故。

(7) 因设备故障或人为失误,造成电流(或电压)互感器二次侧开路(或侧断路),导致二次电压升高,带来电击危险或烧坏设备。

(8) 电缆沟防火、防爆或防鼠性能不良,可能因放炮或产生火星引发燃爆事故。

(9) 矿山未按电压等级要求布置,造成人员伤害。

(10) 矿山未形成双电源,特殊情况下造成重大设备或人员的伤害。

(11) 井下电气设备不应接零,否则可能引起伤害事故。

(12) 井下若用普通变压器,其中性点不应直接接地,变压器二次侧的中性点不应引出载流中性线(N线)。

(13) 地面中性点直接接地的变压器或发电机,不应用于向井下供电,否则可能造成伤害事故。

I　供气系统事故

(1) 空压机站地基不好,地面因震动发生沉降,破坏设备。

(2) 空压机站风包未定期检验或使用检验不合格的风包,发生爆炸。

(3) 运转部件缺少防护或防护不好,机械伤人。

(4) 空压机润滑油在高温高压下加剧氧化形成积炭附在金属表面和风阀上。积炭本身是易燃物,温度升高到一定程度就可能引起燃烧。

(5) 空压机在运转过程中,机械的撞击或压缩空气中固体微粒通过汽缸、风包、风阀和管道等处时,会因摩擦放电而产生火花,引起沉积在这些部位的积炭的燃烧爆炸。

(6) 空压机接地不良或电源接头不良,产生静电或火花,造成积炭的燃烧爆炸。

(7) 空压机在汽缸中的温度高于润滑油闪点的情况下,遇有火花,将润滑油引燃。

(8) 供气管路年久失修,发生爆裂毁物、伤人。

(9) 空压机噪声和振动未控制或控制不好,造成职业病危害。

J　供水系统事故

(1) 运转部件缺少防护或防护不好,机械伤人。

(2) 供水管路年久失修,发生爆裂毁物、伤人。

(3) 未按要求设置减压阀而发生伤人事件。

K　其他事故及危害

(1) 矿区外部的影响因素。因开采引发的地质灾害对地表建(构)筑物、运输线路、供电高压线路等外部系统的损害。

(2) 井下炸药库事故。井下炸药库如果设计不合理、位置不当、通风不良、防火防爆措施不合要求和管理不善等,可能发生火灾爆炸事故。

(3) 井下破碎设施事故。在井下破碎系统中可能会出现以下危险和危害:破碎设备伤人、破碎过程中产生飞石伤人、破碎设备产生的粉尘、噪声对人和环境的危害。

（4）特种设备事故。由于设计、选型或使用不当,安全设施不完善,起重机可能发生起重伤害事故;电梯可能发生断绳事故;锅炉、压力容器若使用不当,会发生火灾、爆炸事故等。

22.2 安全评价概述

22.2.1 安全评价的目的及意义

22.2.1.1 定义

中华人民共和国安全生产标准《安全评价通则》(AQ8001—2007)对安全评价作了如下定义:安全评价是以实现安全为目的,应用安全系统工程原理和方法,辨识与分析工程、系统、生产经营行为和社会活动中的危险、有害因素,预测发生事故或造成职业危害的可能性和严重程度,提出科学、合理、可行的安全风险管理对策措施建议。

22.2.1.2 目的

安全评价的目的是查找、分析和预测工程、系统中存在的危险、有害因素及可能导致的事故后果和严重程度,提出合理可行的安全对策措施,指导危险源监控和事故预防,以达到最低事故率、最少损失和最优的安全投资效益。

22.2.1.3 安全评价的意义

安全评价的意义在于可有效地预防或减少事故发生,减少财产损失以及人员的伤亡和伤害。安全评价是安全生产管理的一个必要组成部分,有助于政府安全监督管理部门对生产经营单位的安全生产实行宏观控制;有助于安全投资的合理选择;有助于提高生产经营单位的安全管理水平;有助于生产经营单位提高经济效益。

22.2.2 安全评价的内容

安全评价是利用安全系统工程原理和方法识别与评价系统、工程中存在的危险、有害因素及其导致事故的危险性,并制定安全对策措施的过程,该过程包括4个方面的内容,即危险、有害因素识别与分析,危险性评价,确定可接受风险和制定安全对策措施,如图22-1所示。

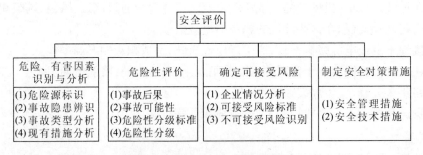

图22-1 安全评价的基本内容

通过危险、有害因素识别与分析,找出可能存在的危险源,分析它们可能导致的事故类型,以及目前采取的安全对策措施的有效性和实用性;危险性评价是采用定量或定性安全评价方法,预测危险源导致事故的可能性和严重程度,进行危险性的分级;确定可接受风险是根据识别出的危险、有害因素和可能导致事故的危险性以及企业自身的条件,建立可接受风险指标,并确定哪些是可接受风险,而哪些是不可接受风险;根据风险的分级和确定的不可接受风险以及企业的经济条件,制定安全对策措施,有效地控制各类风险。

国家安全生产监督管理总局发布《金属非金属地下矿山安全避险"六大系统"安装使用和监督检查暂行规定》(安监总管—[2010]168号),规定要求:

（1）金属非金属地下矿山(以下简称地下矿山)安全避险"六大系统"是指监测监控系统、井下人员定位系统、紧急避险系统、压风自救系统、供水施救系统和通信联络系统。

（2）地下矿山企业应按本规定要求期限安装使用安全避险"六大系统"，并加强日常管理和维护，确保各系统正常运行。

（3）县级以上安全监管部门负责本行政区域内地下矿山企业安全避险"六大系统"安装使用的监督检查工作。

（4）新建、改建和扩建地下矿山建设项目安全设施设计应包括安全避险"六大系统"相关内容，并结合矿山压风、供水的设计，对压风自救系统、供水施救系统进行设计。

（5）自规定要求期限开始，安全评价单位在地下矿山安全现状评价和安全验收评价时，要对矿山应涉及的安全避险"六大系统"进行评价。

22.2.3 安全评价的程序

22.2.3.1 前期准备
前期准备工作内容：
（1）明确被评价对象和评价范围。
（2）收集国内外相关法律法规、技术标准。
（3）组建评价组，对项目本身进行风险评估。
（4）实地调查并搜集相关技术资料。

22.2.3.2 危险、有害因素辨识与分析
危险、有害因素辨识与分析工作内容：
（1）辨识和分析危险、有害因素。
（2）确定危险、有害因素存在的部位和存在的形式。
（3）确定危险、有害因素发生作用的途径及其变化的规律。

22.2.3.3 划分评价单元
按照一定的原则和方法，根据评价对象的复杂程度和实际需要，将评价对象划分为若干相对独立的部分。

22.2.3.4 定性定量评价
定性定量评价工作内容：
（1）选择科学、有效、适用于评价对象的定性、定量评价方法。
（2）充分利用检测、检验数据和新技术鉴定结果等依据，如各类特种设备、安全设备、特殊作业许可证明。
（3）对危险、有害因素导致事故发生的可能性和严重程度进行定性、定量评价。
（4）真实、准确地确定事故可能发生的部位、频次、严重程度的等级及相关结果。

22.2.3.5 提出安全风险管理对策措施建议
提出安全风险管理对策措施建议主要有两方面工作：
（1）明确已采用或已提出的安全风险管理对策措施及其落实情况。
（2）补充或提出新的安全风险管理对策措施。

22.2.3.6 形成安全评价结论
A 确定安全评价结论的原则
（1）充分依据检测、检验报告所提供的直接证据。
（2）通过综合分析得出科学的结论。
（3）注意结论的严谨性，明确评价结论成立所需的条件。
（4）考虑结论的时效性，说明评价结论只适用于评价时的现实状况。

B　安全评价结论的内容

（1）危险、有害因素在进行评价时所处状况下的评价结果。

（2）评价对象在特定条件下是否符合国家有关法律、法规和技术标准。

22.2.3.7　编制安全评价报告

安全评价程序框图如图22-2所示。

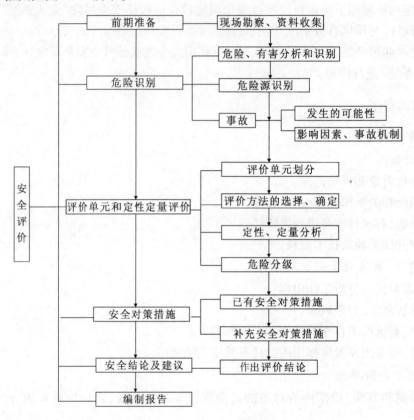

图22-2　安全评价程序框图

22.2.4　安全评价单元的划分

安全评价过程中,合理、正确地划分评价单元,是成功开展危险、有害因素识别和安全评价工作的重要环节。

22.2.4.1　评价单元

评价单元就是在危险、有害因素识别与分析的基础上,根据评价目标和评价方法的需要,将系统分成有限的、确定范围的评价单元。

一个作为评价对象的建设项目、装置（系统）,一般是由相对独立、相互联系的若干部分（子系统、单元）组成。各部分的功能、含有的物质、存在的危险和有害因素、危险性和危害性以及安全指标均不尽相同。以整个系统作为评价对象实施评价时,一般按一定原则将评价对象分成若干个评价单元分别进行评价,再综合为整个系统的评价。将系统划分为不同类型的评价单元进行评价,不仅可以简化评价工作,减少评价工作量,避免遗漏,而且由于能够得出各评价单元危险性（危害性）的比较概念,避免了以最危险单元的危险性（危害性）来表征整个系统的危险性（危害性）,夸大整个系统的危险性（危害性）的可能,从而提高了评价的准确性,降低了采取对策措施所需的安全投入。

22.2.4.2　评价单元划分的原则和方法

A　评价单元划分的原则

a　自然条件

（1）地理状况及气象条件。

（2）水文地质条件。

（3）周边环境、交通状况及居民分布。

b　基本工艺条件

（1）工艺流程。

（2）危险物质分布情况。

（3）作业人员分布情况。

（4）设备设施相对空间位置。

c　符合安全状况

（1）危险、有害因素类别。

（2）发生事故的可能性。

（3）事故严重程度及影响范围。

d　便于实施评价

（1）评价单元相对独立。

（2）具有明显的特征界限。

B　评价单元划分的方法

评价单元一般以生产工艺、工艺装置、物料的特点和特征与危险、有害因素的类别、分布有机结合进行划分，还可以按评价的需要将一个评价单元再划分为若干子评价单元或更细致的单元。由于至今尚无一个明确通用的"规则"来规范单元的划分方法，因此，不同的评价人员对同一个评价对象所划分的评价单元有所不同，评价单元划分并不要求绝对一致。评价单元划分的方法如下：

（1）以危险、有害因素的类别为主划分评价单元。

1）对工艺方案、总体布置及自然条件、社会环境对系统影响等方面的分析和评价，可将整个系统作为一个评价单元。

2）按危险、有害因素的类别各划分一个单元，再按工艺、物料、作业特点（即其潜在危险、有害因素的不同）划分成子单元分别评价。

（2）以装置和物质的特征划分评价单元。

1）按装置工艺功能划分。

2）按布置的相对独立性划分。

3）按工艺条件划分评价单元。

4）根据以往事故资料，将发生事故能导致停产，波及范围大，造成巨大损失和伤害的关键设备作为一个评价单元；将危险、有害因素大且资金密度大的区域作为一个评价单元；将危险、有害因素特别大的区域、装置作为一个评价单元；将具有类似危险性潜能的单元合并为一个大评价单元。

22.2.5　安全评价法律法规及规程规范

22.2.5.1　法律法规

（1）《中华人民共和国安全生产法》（中华人民共和国主席令第 70 号，2002 年 6 月）。

（2）《中华人民共和国矿山安全法》（中华人民共和国主席令第 65 号，1992 年 11 月）。

（3）《中华人民共和国劳动法》（中华人民共和国主席令第 28 号，1994 年 7 月）。

（4）《中华人民共和国职业病防治法》（中华人民共和国主席令第 60 号，2001 年 10 月）。

（5）《民用爆炸物品安全管理条例》（国务院令第 466 号，1984 年 1 月）。

（6）《中华人民共和国矿山安全法实施条例》（劳动部令第 4 号，1996 年 10 月）。

（7）《安全生产许可证条例》（国务院令第 397 号，2004 年 1 月）。

（8）《非煤矿矿山企业安全生产许可证实施办法》（国家安全生产监督管理总局令第 20 号，2009 年 6 月）。

(9)《特种设备安全监察条例》(国务院549号令,2009年5月)。

(10)《矿山特种作业人员安全操作资格考核规定》(劳部发[1996]35号)。

(11)《非煤矿山安全评价导则》(安监管技装字[2003]93号)。

(12)《关于开展重大危险源监督管理工作的指导意见》(安监管协字[2004]56号)。

(13)《国家安全监管总局关于进一步加强中小型金属非金属矿山(尾矿库)安全基础工作改善安全生产条件的指导意见》(安监总管—[2009]44号)。

(14)《国家安全监管总局关于加强金属非金属矿山安全基础管理的指导意见》(安监总管—[2007]214号)。

(15)《作业场所职业健康监督管理暂行规定》(国家安监总局23号令,2009年8月)。

(16)《劳动防护用品监督管理规定》(国家安监总局令第1号,2005年7月)。

(17)《非煤矿矿山建设项目安全设施设计审查与竣工验收办法》(国家安全生产监督管理总局、国家煤矿安全监察局令第18号)。

(18)《小型露天采石场安全生产暂行规定》(国家安全生产监督管理总局、国家煤矿安全监察局令第19号,2004年12月)。

(19)《特种设备质量监督与安全监察规定》(国家质量技术监督令第13号,2000年6月)。

(20)《关于加强非煤矿矿山及石油、冶金、有色、建材等相关行业建设项目安全设施"三同时"工作的通知》(安监总管—字[2005]67号)。

(21)《关于加强建设项目安全设施"三同时"工作的通知》(发改投资[2003]1346号)。

(22)《国务院关于进一步加强安全生产的决定》(国发[2004]2号)。

(23)《生产经营单位安全培训规定》(国家安监总局令第3号,2006年1月)。

(24)《建设工程安全生产管理条例》(国务院令第393号,2003年11月)。

(25)《安全评价机构管理规定》(国家安全生产监督管理总局第22号令,2009年10月)。

(26)关于加强金属非金属地下矿山通风安全管理防范中毒窒息事故的通知(安监总管—[2010]93号)。

22.2.5.2　规程规范

(1)《金属非金属矿山安全规程》(GB16423—2006)。

(2)《爆破安全规程》(GB6722—2003)。

(3)《工业企业设计卫生标准》(GBZ1—2002)。

(4)《建筑设计防火规范》(GB50016—2006)。

(5)《安全评价通则》(AQ8001—2007)。

(6)《安全预评价导则》(AQ8002—2007)。

(7)《安全验收评价导则》(AQ8003—2007)。

(8)《安全现状评价导则》(安监管规划字[2004]36号)。

(9)《金属非金属矿山排土场安全生产规则》(AQ2005—2005)。

(10)《建筑物防雷设计规范》(GB50057—1994)。

(11)《机械防护安全规程》(GB12265—1990)。

(12)《建筑物抗震设计规范》(GB50011—2001)。

(13)《工业企业总平面设计规范》(GB50187—1993)。

(14)《矿山电力设计规范》(GB50070—1994)。

(15)《爆炸和火灾危险环境电力装置设计规范》(GB50058—1992)。

(16)《爆炸性环境用电设备》(GB3836—2000)。

(17)《生产设备安全卫生设计总则》(GB5083—1999)。

(18)《危险化学品重大危险源辨识》(GB18218—2009)。

（19）《工业与民用供电系统设计规范》（GBL52—1983）。

（20）《矿山井巷工程施工及验收规范》（GBJ213—1990）。

（21）《罐笼安全技术要求》（GB16542—1996）。

（22）《竖井罐笼提升信号系统安全技术要求》（GB16541—1996）。

（23）《企业职工伤亡事故分类》（GB6441—1986）。

（24）《生产过程危险和有害因素分类与代码》（GB/T13861—1992）。

（25）《岩土工程勘察规范》（GB50021—2001）。

（26）《生产过程安全卫生要求总则》（GB/T12801—2008）。

（27）《机械安全防止下肢触及危险区的安全距离》（GB12265.2—2000）。

（28）《机械安全避免人体各部位挤压的最小间距》（GB12265.3—1997）。

（29）《生产经营单位生产安全事故应急预案编制导则》（AQ/T9002—2006）。

（30）《金属非金属地下矿山通风技术规范》（AQ2013—2008）。

22.2.5.3　其他评价依据

（1）建设工程可行性研究报告或矿产资源开发利用方案。

（2）初步设计说明书。

（3）矿床勘探详查地质报告。

（4）初步设计安全专篇。

（5）矿山提供的采掘工程图、地质水文图、地面总布置图、各中段设计图、调研资料等。

22.2.6　安全评价报告

22.2.6.1　安全评价报告内容标题

安全评价报告内容包括以下 7 个部分：

（1）前言。

（2）评价项目概况。

（3）危险、有害因素分析。

（4）评价方法选择和评价单元划分。

（5）定性、定量评价。

（6）安全风险管理对策措施及建议。

（7）安全评价结论。

22.2.6.2　格式

安全评价报告的格式要求，详见《安全评价通则》（AQ8001—2007）。

A　基本格式要求

（1）封面；（2）安全评价资质证书副本影印件；（3）著录项；（4）目录；（5）编制说明；（6）前言；（7）正文；（8）委托书；（9）附件；（10）附图。

B　规格要求

（1）安全评价报告应采用 A4 幅面，左侧装订。

（2）安全评价报告正文部分全部使用小四号仿宋字，标题加粗。

C　封面格式

封面的内容应包括：

（1）委托单位名称；

（2）评价项目名称；

（3）标题；

（4）安全评价机构名称；

（5）安全评价机构资质证书编号；

（6）评价报告完成时间。

D　标题

标题应统一写为"安全××评价报告"，其中××应根据评价项目的类别填写。

22.2.7　安全评价机构

22.2.7.1　安全评价资质

《安全评价机构管理规定》规定，国家对安全评价机构实行资质许可制度，安全评价机构应当取得相应的安全评价资质证书，并在资质证书确定的业务范围内从事安全评价活动。未取得资质证书的安全评价机构，不得从事法定安全评价活动。

安全评价机构的资质分为甲级、乙级两种。

甲级资质由省、自治区、直辖市安全生产监督管理部门审核，国家安全生产监督管理总局审批、颁发证书；乙级资质由设区的市级安全生产监督管理部门审核，省级安全生产监督管理部门审批、颁发证书。

取得甲级资质的安全评价机构，可以根据确定的业务范围在全国范围内从事安全评价活动；取得乙级资质的安全评价机构，可以根据当地安监部门确定的业务范围在其所在的省、自治区、直辖市内从事安全评价活动。

国务院及其投资主管部门审批（核准、备案）的建设项目以及跨省、自治区、直辖市的建设项目必须由取得甲级资质的安全评价机构承担。

（1）资质取得条件和程序。

1）申请条件。申请甲级、乙级资质的机构，可于每年6月向国家安全生产监督管理总局、省级安全生产监督管理部门提出申请。

甲级资质安全评价机构申请条件：

① 具有法人资格，注册资金500万元以上，固定资产400万元以上。

② 有与其开展工作相适应的固定工作场所和设施、设备，具有必要的技术支撑条件。

③ 取得安全评价机构乙级资质3年以上，且没有违法行为记录。

④ 有健全的内部管理制度和安全评价过程控制体系。

⑤ 有25名以上专职安全评价师，其中一级安全评价师20%以上，二级安全评价师30%以上。按照不少于专职安全评价师30%的比例配备注册安全工程师。安全评价师、注册安全工程师有与其申报业务相适应的专业能力。

⑥ 法定代表人通过一级资质培训机构组织的相关安全生产和安全评价知识培训，并考试合格。

⑦ 设有专职技术负责人和过程控制负责人。专职技术负责人有二级以上安全评价师和注册安全工程师资格，并具有与所申报业务相适应的高级专业技术职称。

⑧ 法律、行政法规、规章规定的其他条件。

乙级资质安全评价机构申请条件：

① 具有法人资格，注册资金300万元以上，固定资产200万元以上。

② 有与其开展工作相适应的固定工作场所和设施设备，具有必要的技术支撑条件。

③ 有健全的内部管理制度和安全评价过程控制体系。

④ 有16名以上专职安全评价师，其中一级安全评价师20%以上、二级安全评价师30%以上。按照不少于专职安全评价师30%的比例配备注册安全工程师。安全评价师、注册安全工程师有与其申报业务相适应的专业能力。

⑤ 法定代表人通过二级资质以上培训机构组织的相关安全生产和安全评价知识培训，并考试合格。

⑥ 设有专职技术负责人和过程控制负责人。专职技术负责人有二级以上安全评价师和注册安全工程

师资格,并具有与所申报业务相适应的高级专业技术职称。

⑦ 法律、行政法规、规章规定的其他条件。

2) 申请程序。

甲级资质申请程序:

① 申请人将安全评价机构资质申请表和所具备申请条件的证明材料,报所在地省级安全生产监督管理部门审核。

② 省级安全生产监督管理部门在 5 天内对申请人提供的证明材料进行预审,以决定是否受理。予以受理的,自受理申请之日起 20 天内完成审核工作,并将审核报告和证明材料报国家安全生产监督管理总局;不予受理的,向申请人书面说明理由。

③ 国家安全生产监督管理总局接到审核报告和证明材料后,应当按照本规定的要求进行审批,并在 20 天内完成审批工作。经审批合格的,颁发资质证书;不合格的,不予颁发资质证书,并书面说明理由。

乙级资质申请程序:

① 申请人将安全评价机构资质申请表和所具备申请条件的证明材料,报所在地设区的市级安全生产监督管理部门审核。

② 设区的市级安全生产监督管理部门在 5 天内对申请人提供的证明材料进行预审并决定是否受理。予以受理的,自受理申请之日起 20 天内完成审核工作,并将审核报告和证明材料报省级安全生产监督管理部门;不予受理的,向申请人书面说明理由。

③ 省级安全生产监督管理部门接到审核报告和证明材料后,应当按照本规定的要求进行审批,并在 20 天内完成审批工作。经审批合格的,颁发资质证书,并填写乙级资质安全评价机构审批备案表,自颁发资质证书之日起 30 天内报国家安全生产监督管理总局备案;不合格的,不予颁发资质证书,并书面说明理由。

(2) 安全评价机构取得资质 1 年以上,需要增加业务范围的,应于每年 9 月向资质审批机关提出申请。申请增加业务范围的程序按照上述程序进行。

(3) 甲级、乙级资质证书的有效期均为 3 年。资质证书有效期满需要延期的,安全评价机构应当于期满前 3 个月向原资质审批机关提出申请,经复审合格后予以办理延期手续;不合格的,不予办理延期手续。

(4) 安全评价机构有下列情形之一的,应当在发生变化之日起 30 天内向原资质审批机关申请办理资质证书变更手续:

1) 机构分立或者合并的。

2) 机构名称或者地址发生变化的。

3) 法定代表人、技术负责人发生变化的。

22.2.7.2　安全评价活动

安全评价机构应当依照法律、法规、规章、国家标准及行业标准的规定,遵循客观公正、诚实守信、公平竞争的原则,遵守执业准则,恪守职业道德,依法独立开展安全评价活动,客观、如实地反映所评价的安全事项,并对作出的安全评价结果承担法律责任。

(1) 安全评价机构开展安全评价业务活动时,应当依法与委托方签订安全评价技术服务合同,明确评价对象、评价范围以及双方的权利、义务和责任。

安全评价机构与被评价对象有利害关系的,应当回避。

建设项目的安全预评价和安全验收评价不得委托同一个安全评价机构。

(2) 安全评价机构应当依法与从业人员签订劳动合同,并为其提供必要的劳动防护用品。

(3) 取得甲级资质的安全评价机构跨省、自治区、直辖市开展安全评价活动,应当填写甲级资质安全评价机构跨省(自治区、直辖市)开展评价工作报告表,报送评价项目所在地的省级安全生产监督管理部门,并接受其监督检查。

22.2.7.3　安全评价过程控制

安全评价机构应编制安全评价过程控制文件,明确过程控制方针和目标,确定岗位职责,并依据安全评价过程控制文件及相关的内部管理制度对本机构的安全评价业务活动全过程实施有效的控制。

安全评价过程控制主要包括项目风险分析、项目组织实施、评价报告内部审核和技术支撑。

A 项目风险分析

项目风险分析的目的是分析、预测承担评价项目的风险程度,策划评价过程,确定实施评价项目可行性的程序与要求,确保评价工作不损害本机构利益,符合国家法律法规的要求,满足客户需求。

项目风险分析的内容包括:评价类别;项目规模;评价范围;工艺流程;项目中所涉及的主要装置和附属设施情况;项目中存在的主要危险、有害因素;客户的安全管理现状及经济状况;项目安全评价的前置条件(立项批复;设计;施工;设备设施的检测检验;项目运行稳定等);客户要求完成评价报告的时间及对评价工作的要求;客户可承担的评价费用。

B 项目组织实施

a 评价准备阶段

确定评价组长和报告审核人;组建评价组;进行项目策划;现场考察准备;收集被评价项目的相关资料;评价组成员依据项目策划分工,负责收集相关的法律、法规和技术标准及参考文献。

b 评价阶段主要内容

(1)现场调研考察方式:预评价项目选择与被评价项目拟建的场所及类似的现场进行调研考察,并到被评价单位进行现场调研;验收评价和现状评价进行实地调研考察。

(2)现场调研考察:评价组全体成员均应进行现场考察。现场调研考察的重点包括:了解现场及安全管理体系的整体情况,确定评价的重点;现场勘察,取得数据,安全设施情况;对危险源进行辨识;遵守有关法律、法规及标准的状况;法定检测检验项目的全面性和真实有效性及存在的问题。

(3)现场检测检验:根据评价工作需要,确定现场检测检验项目和方法,检测时应按检测程序和方法进行检测。

(4)考察现场记录要求:评价人员在现场考察前编制《评价检查清单及检查记录》。现场考察时填写《评价检查清单及检查记录》。《评价检查清单及检查记录》在评价工作结束后作为评价报告档案的一部分统一存档。

(5)定性定量评价:评价组根据评价的类型和被评价项目的实际情况,选择定性定量的评价方法。进行定性定量评价,得出评价结果,并确定所评价对象的风险程度。

(6)安全对策措施及建议:评价组根据现场调研考察的情况及定性定量评价的结果,提出安全对策措施及建议。

(7)评价结论:评价组长在汇总评价组评价结果后,确定评价结论,并组织人员编制安全评价报告。评价组长应及时将对策措施和建议及评价结果反馈给客户,征求其意见,在公正客观的情况下,采纳客户的意见。

C 评价报告内部审核

(1)审核过程。

1)评价报告的初审。

2)评价报告的修改。评价组长组织人员根据审核意见进行修改。评价组长将修改后的初审稿交付审核人员。审核人员对修改情况进行确认后,在《评价报告审核表》上签字确认审核通过。

3)评价报告的复审。评价报告初审稿交付后,复审人员应在规定时间内对其进行复审。复审主要是针对初审提出的问题进行,同时检查评价报告是否有重大遗漏。复审可在评价报告初审稿上进行,修改内容字迹应清晰可辨。

复审审核人员在审核完成后,填写《评价报告审核表》的复审栏,对审核情况进行说明,并给出通过与否的结论。评价组长组织人员根据审核意见进行修改。

4)评价报告的外审。需要外审时进行外审。将评价报告报审稿交付客户,由相关部门组织审查。在外审结束后,评价组组长负责根据外审意见对评价报告进行修改,形成评价报告最终稿。

(2)评价报告审核情况的监督。

(3)审核记录的保留。所有审核记录作为评价报告档案的一部分存档。

D 技术支撑

技术支撑包括内部技术支撑和外部技术支撑。内部技术支撑主要指内部技术人员、实验室、仪器设备等;外部技术支撑主要指可以利用的外部技术力量,如技术专家、合作利用的实验室、仪器设备等。

22.3 安全评价方法

22.3.1 安全评价方法分类

安全评价方法的分类很多,常用的有按评价结果的量化程度分类法、按评价的推理过程分类法、按安全评价要达到的目的分类法、按针对的评价对象分类法等。

22.3.2 常用的安全评价方法

安全评价方法有许多种,在进行安全评价中也会用到多种评价方法。常用的安全评价方法的理论、步骤及适用条件简要论述如下。

22.3.2.1 安全检查表法

A 应用

安全检查表法(Safety Check List,SCL)是进行安全检查,发现潜在危险,督促各项安全法规、制度、标准实施的一个较为有效的工具,也是安全系统工程中最基础、最广泛使用的一种定性分析方法。

B 原理

安全检查表法是将被评价系统进行剖析,分成若干个单元或层次,列出各单元或各层次的危险因素,然后确定检查项目,把检查项目按单元或层次的组成顺序编制成表格,以提问或现场观察方式确定各检查项目的状况,并填写到表格对应的项目上,从而对系统的安全状态进行评价。

C 安全检查表的主要内容

安全检查表既要系统全面,又要简单明了、切实可行。安全检查表涉及人、机、物、法、环 5 个方面,必须包括以下 6 个方面的基本内容:

(1)总体要求:包括建厂条件、工厂设置、平面布置、建筑标准、交通、道路等。

(2)生产工艺:包括原材料、燃料、生产过程、工艺流程、物料输送及储存等。

(3)机械设备:包括机械设备的安全状态、可靠性、防护装置、保安设备、检控仪表等。

(4)安全管理:包括管理体制、规章制度、安全教育及培训、人的行为等。

(5)人机工程:包括工作环境、工业卫生、人机配合等。

(6)防灾措施:包括急救、消防、安全出口、事故处理计划等。

D 编制时应注意的问题

安全检查表内容包括法律法规、标准、规范和规定。在编制安全检查表时,应随时关注并采用新颁布的有关法律法规、标准、规范和规定,执行现行、有效版本。正确使用安全检查表,不仅可以保证每个设备符合法律法规和标准的要求,而且可以识别出需进一步分析的内容。

安全检查表分析是基于经验的方法,编制安全检查表的评价人员应当熟悉装置的操作、标准和规程,并从有关渠道(如内部标准、规范、行业指南等)选择合适的安全检查的内容。安全评价人员在进行评价时必须首先获得一份安全检查表,如果无法获得前人已经编制的安全检查表,评价人员必须运用自己的经验和可靠的参考资料编制合适的安全检查表;所拟定的安全检查表应当通过评价能够回答安全检查表所列的问题,能够发现系统的设计和操作等各方面与有关法律法规、标准不符的内容,应特别注意防止漏项或给出无法回答的问题。

安全检查报告包括：

（1）偏离设计的工艺条件所引起的安全问题。

（2）偏离规定的操作规程所引起的安全问题。

（3）新发现的安全问题。

E　优缺点

安全检查表是进行安全检查,发现潜在危险的一种实用而简单可行的定性分析方法。

该方法的优点：

（1）能够事先编制检查表,故可有充分的时间组织有经验的人员来编写,不至于漏掉能导致危险的关键因素。

（2）可以根据规定的标准、规范和法规,检查遵守的情况。

（3）检查表的应用方式有问答方式和现场观察方式,给人的印象深刻,能起到安全教育的作用,表内还可注明改进措施的要求,隔一段时间后重新检查改进情况。

（4）简明易懂,容易掌握。

该方法的缺点：

（1）只能作定性的评价,不能给出定量的评价结果。

（2）只能对已经存在的对象进行评价,如果要对处于规划或设计阶段的对象进行评价,必须找到相似或类似的对象。

F　适用范围

安全检查表可以对安全生产管理,熟知的工艺设计、物料、设备或操作过程等进行评价。它常用于专门设计的评价,也能用于新开发工艺过程的早期阶段评价,判定或估测危险,还可以对运行多年的在役装置的危险进行检查。它常用于安全验收评价、安全现状评价等,很少用于安全预评价。一般用于项目建设、运行过程的各个阶段。

22.3.2.2　预先危险性分析

A　内容

预先危险性分析(Preliminary Hazard Analysis,PHA)又称初步危险分析,主要用于对危险物质和装置的主要工艺区域等进行分析。通过预先危险性分析,可以解决以下5个方面的问题：

（1）大体识别与系统有关的主要危险、有害因素。

（2）分析、判断危险、有害因素导致事故发生的原因。

（3）评价事故发生对人员及系统产生的影响,事故可能造成的人员伤害和系统破坏、物质损失情况。

（4）确定已识别危险、有害因素的危险性等级。

（5）提出消除或控制危险、有害因素的对策措施。

B　原理

通过对评价项目、装置等开发初期阶段的物料、装置、工艺过程以及能量失控时可能出现的危险性类别、条件及可能造成的后果,做宏观的概略分析,辨识系统中潜在的危险、有害因素,确定其危险性等级,防止这些危险、有害因素失控,导致事故的发生。

C　分析步骤

采用预先危险性分析进行分析的步骤如下：

（1）通过经验判断、技术诊断或其他方法,调查确定危险源及其存在地点,即识别出系统存在的危险、有害因素并确定其存在于系统的哪些子系统(部位),对所需分析系统的生产目的、物料、装置及设备、工艺过程、操作条件以及周围环境等进行充分详细的调查了解。

（2）根据过去的经验教训及同行业生产中发生的事故(或灾害)情况,类比判断所要分析的系统中可能出现的情况,查找能够造成系统故障、物质损失和人员伤害的危险性,分析事故(或灾害)可能的类型。

(3)对确定的危险源分类,制成预先危险性分析表。

(4)识别转化条件,既研究危险、有害因素转变为危险状态的触发条件和危险状态转变为事故(或灾害)的必要条件,又进一步寻求对策措施,检验对策措施的有效性。

(5)进行危险性分级,排列出轻重缓急次序,以便处理。

(6)制定事故(或灾害)的预防性对策措施。

D 分析要点

(1)应考虑工艺特点,列出其危险性和危险状态。如原料、中间产品和最终产品,以及它们的反应活性、操作环境、装置设备、设备布置、操作活动(测试、维修等)、系统之间的连接、各单元之间的联系、防火及安全设备。

(2)评价组在完成预先危险性分析(PHA)过程中应考虑以下因素:

1)危险设备和物料,如燃料、爆炸、高压系统、其他储运系统。

2)设备与物料及人员之间与安全有关的隔离装置或安全距离,如设备的相互作用,火灾、爆炸的产生和发展,控制、停车系统。

3)影响设备和物料的环境因素,如地震、振动、洪水、极端环境温度、静电、放电、湿度。

4)操作、测试、维修及紧急处置规程,如人为失误的可能性、操作人员的作用、设备布置、可接近性,人员的安全保护。

5)辅助设施,如测试设备、培训、公用工程。

6)与安全有关的设备,如调节系统、防水、灭火及人员保护设备。

(3)使用预先危险性分析方法需要分析人员获得装置设计标准、设备说明、材料说明及其他资料。危险分析应尽可能从不同渠道汲取相关经验,包括相似设备的危险性分析、相似设备的操作经验等。由于预先危险性分析主要是项目发展的初期识别危险,装置的资料是有限的。然而,为了让预先危险性分析达到预期的目的,分析人员必须至少获取可行性研究报告,必须知道生产过程所包含的主要方法、工艺参数以及主要设备的类型。

E 特点

预先危险性分析是进一步进行危险分析的先导,是宏观的概略分析,是一种定性方法。在项目发展的初期使用预先危险性分析有如下优点:

(1)它能识别可能的危险,用较少的费用或时间就能进行改正。

(2)它能帮助项目开发的分析和(或)设计操作指南。

(3)方法简单易行、经济、有效。

F 适用范围

预先危险性分析应该在系统设计或设备研制的初期进行。随着设计研制工作的进展,这种分析应不断进行,分析结果用于改进设计和制造。对固有系统中采取新的操作方法,接触新的危险性物质、工具和设备时,采用预先危险性分析进行分析也比较适用。

22.3.2.3 作业条件危险性评价法

A 基本概念和原理

美国的 K. J. 格雷厄姆(Keneth. J. Graham)和 G. F. 金尼(Gilbert F. Kinney)研究了人们在具有潜在危险的环境中作业的危险性,提出了以所评价的环境与某些作为参考环境的对比为基础的作业条件危险性评价法。作业条件危险性评价法是一种简单易行的半定量安全评价方法,它主要评价人员在具有潜在危险性的环境中作业时的危险性。认为影响作业条件危险性的因素是 L(事件发生的可能性)、E(人员暴露于危险环境的频繁程度)和 C(一旦发生事故可能造成的后果)。用这三个因素的乘积 $D = LEC$ 来评价作业条件的危险性,D 值越大,作业条件的危险性也越大。

B 分析步骤

针对某种特定、实际的作业条件,采用作业条件危险性评价方法进行评价时,具体的分析步骤如下:

（1）对所评价的对象根据情况进行"打分"，恰当选取 L、E、C 的值。

（2）根据 $D = LEC$，计算出其危险性分数值。

（3）在按经验将危险性分数值划分的危险程度等级表或图上，查出其危险程度，以便采取相应的控制措施。事故或危险事件发生可能性分值 L 见表 22-2、暴露于潜在危险环境的分值 E 见表 22-3、发生事故或危险事件可能结果的分值 C 见表 22-4、危险性分值 D 见表 22-5。

表 22-2   事故或危险事件发生可能性分值 L

分　数　值	事故发生可能性	分　数　值	事故发生可能性
10	完全会被预料到	0.5	可以设想，很不可能
6	相当可能	0.2	极不可能
3	可能	0.1	实际上不可能
1	完全意外，很少可能		

表 22-3   暴露于潜在危险环境的分值 E

分　数　值	暴露于危险环境的频繁程度	分　数　值	暴露于危险环境的频繁程度
10	连续暴露	2	每月暴露1次
6	每天工作时间内暴露	1	每年几次暴露
3	每周1次或偶尔暴露	0.5	非常罕见的暴露

表 22-4   发生事故或危险事件可能结果的分值 C

分　数　值	事故造成的后果	分　数　值	事故造成的后果
100	10 人以上死亡	7	严重伤残
40	数人死亡	3	有伤残
15	1 人死亡	1	轻伤，需救护

表 22-5   危险性分值 D

分　数　值	风险级别	危险程度
>320	一	极其危险，不能继续作业
160～320	二	高度危险，要立即整改
70～160	三	显著危险，需要整改
20～70	四	一般危险，需要注意
<20	五	稍有危险，可以接受

C   特点与适用范围

作业条件危险性评价法适用于评价人们在某种具有潜在危险的作业环境中进行作业的危险程度评价。该法简单易行，危险程度的级别划分比较清楚、明了，但由于它主要是根据经验来确定 3 个影响因素的分数值及划分危险程度等级，因此具有一定的局限性。它是一种作业的局部评价，故不能普遍适用。在具体应用时，还可以根据自己的经验、具体情况适当加以修正。

22.3.2.4   事故树分析法

A   应用

事故树分析法（Fault Tree Analysis，FTA），是安全系统工程中重要的分析方法之一，它能对系统的危险性进行识别评价，既适用于定性分析，又适用于定量分析，是一种安全分析评价和事故预测的先进方法。

B   基本概念和原理

事故树分析法又称故障树分析，是对既定的生产系统或作业中可能出现的事故条件及可能导致的灾害后果,按工艺流程、先后次序和因果关系绘成的程序方框图,表示导致灾害、伤害事故(不希望事件)的各种因素之间的逻辑关系。它由输入符号或关系符号组成,用以分析系统的安全问题或系统的运行功能问题,并为判明灾害、伤害的发生途径及与灾害、伤害之间的关系,提供一种最形象、最简洁的表达形式。

事故树分析是一种可以从结果到原因找出与本事故有关的各种因素间因果关系和逻辑关系的分析方法。这种方法从要分析的特定事故或故障开始,逐层分析其发生原因,将特定的事故和各层原因(危险因素)事件之间用逻辑门符号连接起来,得到形象、简洁的表达其逻辑关系(因果关系)的逻辑图形。图中各因果关系用不同的逻辑门连接起来后,应用布尔代数逻辑运算法则进行简化运算和分析,确定各因素对事故影响的大小,从而掌握和制定事故控制的要点,通过定量分析,能计算出顶上事件发生的概率。事故树分析法能较详细地检查出系统中固有的、潜在的(包括人为的)危险因素,为制定安全技术对策措施、管理措施和事故分析提供依据。

C　事故树的数学基础

a　基本概念

(1) 集。具有某种共同可识别特点的项(事件)的集合。这些共同特点使之能够区别于他类事物。

(2) 并集。把集合 A 的元素和集合 B 的元素合并在一起,这些元素的全体构成的集合叫做 A 与 B 的并集,记为 $A \cup B$ 或 $A + B$。若 A 与 B 有公共元素,则公共元素在并集内只出现一次。

(3) 交集。两个集合 A 与 B 的交集是两个集合的公共元素所构成的集合,记为 $A \cap B$ 或 $A \cdot B$。

(4) 补集。在整个集合(Ω)中集合 A 的补集为一个不属于 A 集的所有元素的集。补集又称余,记为 $\bar{A}$。

b　布尔代数规则

布尔代数运算符号"$+$"称为布尔加,"$\cdot$"称为布尔积,"$'$"称为布尔补,A、B、C 为某集合的任意三个元素,0、1 分别表示空集和全集。布尔代数主要运算法有:

(1) 交换律　　$A + B = B + A$　　　　　　　$A \cdot B = B \cdot A$

(2) 结合律　　$A + (B + C) = (A + B) + C$　　$A \cdot (B \cdot C) = (A \cdot B) \cdot C$

(3) 分配律　　$A + (B \cdot C) = (A + B) \cdot (A + C)$　$A \cdot (B + C) = (A \cdot B) + (A \cdot C)$

(4) 吸收律　　$A + (A \cdot B) = A$　　　　　　$A \cdot (A + B) = A$

(5) 互补律　　$A + A' = 1$　　　　　　　　$A \cdot A' = 0$

(6) 对合律　　$(A')' = A$

(7) 幂等律　　$A + A = A$　　　　　　　　$A \cdot A = A$

(8) 德·摩根律　$(A + B)' = A' \cdot B'$　　　　$(A \cdot B)' = A' + B'$

D　事故树的编制

事故树是由各种事件符号和逻辑门组成的,事件之间的逻辑关系用逻辑门表示。这些符号分为事件符号、逻辑符号等。

a　事件符号

事件符号如图 22-3 所示。

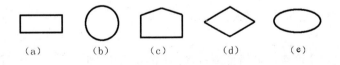

图 22-3　事件符号

(1) 矩形符号[图 22-3(a)]代表顶上事件或中间事件,是通过逻辑门作用的,由一个或多个原因而导致的故障事件。

(2) 圆形符号[图 22-3(b)]代表基本事件,表示不要求进一步展开的基本引发故障事件。

(3) 屋形符号[图 22-3(c)]代表正常事件,即系统在正常状态下发挥正常功能的事件。

（4）菱形符号［图22-3(d)］代表省略事件,因该事件影响不大或因情报不足,因而没有进一步展开的故障事件。

（5）椭圆形符号［图22-3(e)］代表条件事件,表示施加于任何逻辑门的条件或限制。

b 逻辑符号

事故树中表示事件之间逻辑关系的符号称为门,主要有以下几种:

（1）或门。代表一个或多个输入事件发生,即发生输出事件的情况。或门符号如图22-4(a)所示。

（2）与门。代表当全部输入事件发生时,输出事件才发生的逻辑关系,表现为逻辑积得关系。与门符号如图22-4(b)所示。

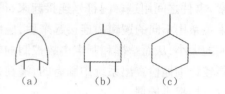

图22-4 逻辑符号

（3）禁门。是与门的特殊关系。它的输出事件是由单输入事件所引起的,但在输入造成输出之间必须满足某种特定的条件。禁门符号如图22-4(c)所示。

E 分析步骤

事故树分析的基本程序如下:

（1）熟悉系统。要详细了解系统状态及各种参数,绘出工艺流程图或布置图。

（2）调查事故。收集事故案例,进行事故统计,设想给定系统可能要发生的事故。

（3）确定顶上事件。要分析的对象事件即为顶上事件。对所调查的事故进行全面分析,从中找出后果严重且较易发生的事故作为顶上事件。

（4）确定目标值。根据经验教训和事故案例,经统计分析后,求解事故发生的概率(频率),作为要控制的事故目标值。

（5）调查原因事件。调查与事故有关的所有原因事件和各种因素。

（6）画出事故树。从顶上事件起,一级一级找出直接原因事件,到所要分析的深度,按其逻辑关系,画出事故树。

（7）定性分析。按事故树结构进行简化,求最小割集(或最小径集),并确定各基本事件的结构重要度。定性分析是事故树分析的核心内容之一,其目的是分析该类事故的发生规律及特点,通过求取最小割集(或最小径集),找出控制事故的可行方案,并从事故树结构上、发生概率上分析各基本事件的重要程度,以便按轻重缓急分别采取措施。结构重要度分析,是从事故树结构上分析各基本事件的重要程度,即在不考虑各基本事件的发生概率,或者说假定各基本事件的发生概率都相等的情况下,分析基本事件的发生对顶上事件所产生的影响程度。

（8）定量分析。主要包括:1）确定各基本事件的故障或失误率;2）求取顶上事件发生的概率,将计算结果与通过统计分析得出的事故发生概率进行比较。

（9）安全性评价。根据损失率的大小评价该类事故的危险性,从定量和定性分析的结果中寻找能够降低顶上事故发生概率的最佳方案。方案的提出还要根据目前所掌握的情况,考虑安全生产管理的实际状况及实施的难易程度。

在分析事故树时,如果事故树规模很大,可借助计算机进行。

F 建树原则

事故树的编制过程是一个严密的逻辑推理过程,应遵循以下规则:

（1）确定顶上事件应优先考虑风险大的事故事件。能否正确选择顶上事件,直接关系到分析的结果,是事故树分析的关键。在系统危险分析的结果中,不希望发生的事件不止一个,每一个不希望发生的事件都可以作为顶上事件。但是,应当把易于发生且后果严重的事件优先作为分析的对象,即顶上事件。当然,也可把发生频率不高但后果严重以及后果虽不太严重但发生非常频繁的事故作为顶上事件。

（2）确定边界条件的规则。在确定了顶上事件之后,为了不致使事故树过于繁琐、庞大,应明确规定被分析系统与其他系统的界面,以及一些必要的合理的假设条件。

（3）循序渐进的规则。事故树分析是一种演绎的方法,在确定了顶上事件后,要逐级展开。首先,分析顶上事件发生的直接原因,在这一级的逻辑门的全部输入事件已无遗漏地列出之后,再继续对这些输入事件的发生原因进行分析,直至列出引起顶上事件发生的全部基本原因事件为止。

（4）不允许门与门直接相连的规则。在编制事故树时,任何一个逻辑门的输出都必须有一个结果事件,不允许不经过结果事件而将门与门直接相连。只有这样做,才能保证逻辑关系的准确性。

（5）给事故事件下定义的规则。只有明确地给出事故事件的定义及其发生条件,才能正确地确定事故事件发生的原因。给事故事件下定义,就是要用简单、明了的语句描述事故事件的内涵,即它是什么。

G　技术路线

对非煤矿山企业的事故树分析,是把系统最有可能发生而且带来惨重损失的事故,作为顶上事件,对导致事故的可能原因,逐一进行分析,并确定基本事件的结构重要度。事故树分析法的技术路线为:确定顶上事件→确定基本事件→确定逻辑关系→求出最小割集→确定基本事件的结构重要度→针对重要基本事件采取安全防范措施。

H　事故树分析法优缺点

事故树分析法是一种描述事故因果关系的有方向的"树",是系统安全工程中的重要的分析方法之一,其主要优点:

（1）能够识别导致事故的基本事件与人为失误的组合,可为人们提供设法避免或减少导致事故基本原因的线索,从而降低事故发生的可能性。

（2）对导致灾害事故的各种因素及逻辑关系能作出全面、简洁和形象的描述。

（3）便于查明系统内固有的或潜在的各种危险因素,为设计、施工和管理提供科学依据。

（4）使有关管理人员、作业人员全面了解和掌握各项防灾要点。

（5）便于进行逻辑计算。进行定性、定量分析和系统评价。

其主要缺点:

（1）步骤较多,计算较复杂,目前国内数据较少,进行定量分析还需做大量工作。

（2）事故树分析法受评价人员的经验局限。

22.3.2.5　事件树分析

A　应用

事件树分析（Event Tree Analysis,ETA）是安全系统工程的重要分析方法之一。事件树分析最初用于可靠性分析,现在已有许多国家将事件树分析作为标准化的分析方法。我国将事件树分析作为对已发生事故进行技术分析的方法,并列入国家标准《企业职工伤亡事故调查分析规则》之中。

B　基本概念与原理

事件树分析的理论基础是决策论。它与事故树分析正好相反,是一种从原因到结果的自下而上的分析方法。从一个初因事件开始,交替考虑成功与失败的两种可能性,然后再以这两种可能性为新的初因事件,如此继续分析下去,直至找到最后的结果为止。因此,它是一种归纳逻辑树图,能够看到事故发生的动态发展过程。

任何事故都是一个多环节事件发展变化过程的结果,因此,事件树分析也称为事故过程分析。瞬间造成的事故后果,往往是多环节事件失败而酿成的,所以,这种宏观地分析事故的发展过程,对掌握事故规律、控制事故发生是非常有益的。事件树分析的实质,是利用逻辑思维的初步规律和逻辑思维的形式,分析事故形成过程。

C　特点及适用范围

事件树分析法可以定性、定量地辨识初始事件发展为事故的各种过程及后果,并分析其严重程度。根据树图可在各发展阶段的每一步采取有效措施,使之向成功方向发展。事件树分析是一种图解形式,层次清楚、阶段明显,可以进行多阶段、多因素复杂事件动态发展过程的分析,预测系统中事故发展的趋势。

事件树分析既可看作事故树分析法(FTA)的补充,可以将严重事故的动态发展过程全部揭示出来,也可以看作故障类型和影响分析(FMEA)的延伸,在 FMEA 分析了故障类型对子系统以及系统产生的影响的基础上,结合故障发生概率,对影响严重的故障进行定量分析。事件树分析对任何系统均可适用,可以用来分析系统故障、设备失效、工艺异常、人为失误等,应用比较广泛,尤其适用于多环节事件和多重保护系统的事态分析。

D　采用事件树分析的目的

(1)能够指出如何不发生事故,以便对职工进行直观的安全教育。

(2)能够指出消除事故的根本措施,改进系统的安全状况。

(3)从宏观角度分析系统可能发生的事故,掌握系统中事故发生的规律。

(4)可以找出最严重的事故后果,为确定顶上事件提供依据。事故树分析确定顶上事件需要两个参数,事故损失的严重度即每次事故损失的价值和单位时间损失的次数,从而求出损失率(或风险率)的大小,即单位时间损失的价值。

E　分析步骤和建树原则

a　确定初始事件

初始事件一般指系统故障、设备失效、工艺异常、人为失误等,这主要取决于安全系统或操作人员对初始事件的反应。如果所选定的初始事件能直接导致一个具体事故,事件树就能较好地确定事故的原因。在事件树分析的绝大多数应用中,初始事件都是由事先设想或估计的。

b　初始事件的安全功能

初始事件做出响应的安全功能可被看成为防止初始事件造成后果的预防措施。安全功能措施通常包括:(1)系统自动对初始事件做出的响应(包括自动停车系统);(2)当初始事件发生时,报警器向操作者发出警报;(3)操作工按设计要求或操作规程对报警做出响应;(4)启动冷却系统、压力释放系统和破坏系统,以减轻事故的严重程度;(5)设计对初始事件的影响起限制作用的围堤或封闭方法。

这些安全功能(措施)主要是减轻初始事件造成的后果,分析人员应该确定事件的顺序(全面),确认在事件树中安全功能是否成功。

c　编制事件树

事件树展开的是事故序列,由初始事件开始,再对控制系统和安全系统如何响应进行处理,其结果是明确地确定出由初始事件引起的事故。分析人员按事件顺序列出安全功能(措施)的动作,有时事件可能同时发生。在估计安全系统对异常状况的响应时,分析人员应仔细考虑正常工艺控制对异常状况的响应。

编制事件树的第一步,是写出初始事件和用于分析的安全功能(措施),初始事件列在左边,安全功能(措施)写在顶端横栏内。

第二步是评价安全功能(措施)。通常,只考虑两种可能:安全措施成功还是失败。

假设初始事件已经发生,分析人员须确定所采用的安全措施成功或失败的派定标准;接着判断如果安全措施成功或失败了,对事故的发生有什么影响。如果对事故有影响,则事件树要分成两支,分别代表安全措施成功和安全措施失败,一般把成功一支放在上面,失败一支放在下面。如果该安全措施对事故的发生没有什么影响,则不需分叉(分支),可进行下一项安全措施。用字母标明成功的安全措施(如 A, B, C, D),用字母上面加一横代表失败的安全措施(如 $\bar{A}$, $\bar{B}$, $\bar{C}$, $\bar{D}$)。展开事件树的每一个分叉(节点),将各种设定的安全措施按先后顺序写在顶端横栏内,并对每一项安全功能(措施)依次进行评价,直到得出由初始事件导出的各种事故结果。

d　描述导致事故的顺序、阐明事故结果

对各事故序列结果进行解释(说明):应说明由初始事件引起的一系列结果,其中某一序列或多个序列有可能表示安全回复到正常状态或有序地停车。从安全角度看,其重要意义在于得到事故的后果。

e　确定事故序列的最小割集

用事故树分析对事件树事故序列加以分析,以便确定其最小割集。每一事故序列都可以被看作是由"事故序列(结果)"作为顶上事件的事故树,并用"与门"将初始事件和一系列安全系统失败(故障)与"事故序列(结果)"(顶上事件)相连接。

f　定量计算、分级

如已知各个事件的发生概率,即可进行定量计算(设备节点的失败概率为 P_i,则成功概率为 $1 - P_i$)。根据定量计算的结果,作出事故严重程度的分级。

g　编制分析结果

事件树的最后一步是将分析研究的结果汇总,分析人员应对初始事件、一系列的假设和事件树模式等进行分析,并列出事故序列的最小割集。列出讨论的不同事故后果和从事件树分析得到的建议措施。

22.3.2.6　因果分析法

A　基本概念和原理

把系统中产生事故的原因及造成的结果所构成错综复杂的因果关系,采用简明的文字和线条加以全面表示的方法称为因果分析法。用于表述事故发生的原因与结果关系的图形为因果分析图。因果分析图的形状像鱼刺,故也叫鱼刺图。该图是由日本武城工业大学校长石川馨先生所发明的,故又名石川图。

B　绘制步骤和方法

鱼刺(因果)图是由原因和结果两部分组成的。一般情况下,可从人的不安全行为(安全管理、设计者、操作者等)和物质条件构成的不安全状态(设备缺陷、环境不良等)两大因素中从大到小,从粗到细,由表及里深入分析,则可得出鱼刺图。

在绘制图形时,一般可按下列步骤进行:

(1) 画出主干,即一条箭头指向右端的射线(也称为脊),将已确定要分析的某个特定问题或事故,写在图的右边。

(2) 确定造成事故的因素分类项目,如安全管理、操作者、材料、方法、环境等,画大枝。既在该射线的两旁画上与该射线成60°夹角的直线(称为大枝),又在其端点标上造成事故的因素(称为大因)。

(3) 将上述项目深入发展,确定对应的项目造成事故的原因(称为中因),画中枝。在上述射线上画若干条水平线(称为中枝),一个中因画出一个中枝,中因记在中枝线的上下。

(4) 还可以对这些中枝上的原因进一步分析,提出小原因,如此层层展开,一直到不能再分为止。

(5) 确定鱼刺图中的主要原因,并标上符号,作为重点控制对象。

(6) 注明鱼刺图的名称。可归纳为:针对结果,分析原因;先主后次,层层深入。

C　特点及应用

鱼刺图有3个显著基本特点:

(1) 直观表示对所观察的效应或考察的现象有影响的原因。

(2) 这些可能的原因的内在关系被清晰地显示出来。

(3) 内在关系一般是定性的和假定的。鱼刺图法原来主要用于全面质量管理方面。近十几年来,已被广泛地使用于安全工程领域的分析中,成为一种重要的事故分析方法。它用图形的形式来表示事故因果关系,能帮助我们集中注意力搜寻产生事故的根源,并为收集数据指出方向。

22.3.2.7　模糊评价数学模型分析法

A　原理

矿山安全系统是一个复杂的非线性系统,矿山灾害涉及许多不确定因素,而且各个因素之间的相互关系错综复杂。矿山灾害的随机性、模糊性和不确定性决定了矿山安全状态的变化不会按照某一特殊的规律或函数变化。模糊神经网络有较强的非线性函数逼近能力,可以根据样本数据训练得到输出变量之间的函数关系,既可以通过网络学习,确定各神经元之间的耦合权值,从而使网络整体具有近似函数的功能。同时,模糊神经根据需要给神经网络加入规则,这样就可以避免"黑箱"问题。

B　应用

进行模糊评价的首要条件是确立评价因素集,并对各因素赋予相应的权重值,从而得出评价矩阵,再由相应的权重值与评价矩阵构成系统评价矩阵,由此求出系统的总得分,再对照安全等级得出评价结论。

通常模糊评价所采用的数学模型如式(22-1)所示:

$$F = C \cdot ST \tag{22-1}$$

式中　F——系统的总得分;

C——系统评价矩阵;

ST——相应评价因素的级分。

而系统评价矩阵 C 由各个评价因素的权重分配集 A(它由各评价因素的影响大小所决定)和总评价矩阵 B 来确定,如式(22-2)所示:

$$C = A \cdot B \tag{22-2}$$

评价矩阵 B_i 由各个评价因素对应的子因素的权重分配集 A_i(它由各评价因素的影响大小所决定)和各子因素对应的评价矩阵 R_i 所确定(R_i 值由经验或由安全评价专家库中数值选取),如式(22-3)所示:

$$B_i = A_i \cdot R_i \tag{22-3}$$

根据上述 3 个公式,采用隶属度的概念将模糊信息定量化,利用传统数学方法对多种因素进行定量评价,可较为科学地对企业的安全现状给出客观、公正的分析。

C　可行性分析

矿山灾害系统的最大特点是动态性、随机性和模糊性,各参数之间相互制约,许多问题都表现出极为明显的非线性关系,变量之间的关系十分复杂,目标难以用确切的数学方程来描述。其主要特点如下:

(1)灾害系统内部设计相当多的状态变量,很多状态变量很难精确确定或者根本无法确定。

(2)灾害系统内部状态变量之间的关系也相当复杂,往往保持一种动态关系,利用微分方程很难求解或者根本无法求解。

灾害系统内部各子系统之间的关系也相当复杂,很难定量描述。

D　存在的问题

(1)定量分析矿山事故系统运动规律和状态时,通常将非线性关系简化为线性关系。由于非线性系统与对应的线性化系统的动力拓扑结构不一定一致,这种简化可能会对矿山灾害规律产生不利影响。

(2)矿山事故系统的动力学拓扑关系结构可能具有多态性,在系统控制参量的变化作用下,系统的运动可能从一种动力学结构向另一种动力学结构转化。这样的研究分析得到的结果仅仅是系统的局部性质。

(3)矿山事故系统是一个具有确定性和非确定性的矛盾统一体,从传统的矿山灾害现场的认识方法出发,不容易提示矿山灾害系统之间的非确定性性质,采用传统的数值模拟方法所得到的结果与真实事故系统的运动状态相距甚远,而且可能完全相反。

22.3.2.8　其他方法

A　危险和可操作性研究

危险和可操作性研究(HAZOP, Hazard and Operability Study)也称为危险性和可操作性研究。该方法的基本过程是以关键词为引导,找出系统中工艺过程或状态的变化(即偏差),然后再继续分析造成偏差的原因、后果及可采取的对策。

B　故障假设/安全检查表分析

故障假设/安全检查表分析(What…If/Safety Checklist Analysis)是将故障假设分析与安全检查表分析这两种分析方法组合在一起的分析方法,由熟悉工艺过程的人员所组成的分析组来进行。分析组用故障假设分析方法确定过程可能发生的各种事故类型,然后用一份或多份安全检查表帮助补充可能的疏漏,此时所用的安全检查表与通常的安全检查表略有不同,它不再着重于设计或操作特点,而着重于危险和事故产生的原因,以启发对与工艺过程有关的危险类型和原因的思考。这两种分析方法组合起来能够发挥各自的优点,即故障假设分析的创造性和经验的安全检查表分析的完整性,弥补各自单独使用时的不足。

C 人员可靠性分析

人员可靠性分析(HRA)技术可用来识别和改进 PSF(行为形成因子),从而减少人为失误的机会。这种技术分析是系统、工艺过程和操作人员的特性,识别失误的源头。

D 原因–后果分析法

该方法是通过绘制原因–后果图来进行系统或装置的风险分析和评价的。是把事件树"顺推"特点和事故树"逆推"特点融为一体的方法,该方法表示了事故与许多可能的基本事件的关系,可以实现反映事故概率与后果关系的"Farmer 曲线"的风险评价。对一个具体的事故序列来说,原因后果的求解是事故序列的最小割集。与事故树的最小割集类似,这些割集表示产生每个事故系列的基本原因。

E 日本劳动省的"六阶段安全评价"方法

在这一评价模式中,应用了定性评价(安全检查表)、定量危险性评价、按事故信息评价和系统安全评价(事件树、事故树分析)等评价方法。评价分为 6 个阶段,采取逐步深入,定性和定量结合,层层筛选的方式对危险进行识别、分析和评价,并采取措施修改设计,消除危险。

F 专家评议法

专家评议法是一种吸收专家参加,根据事物的过去、现在及发展趋势,进行积极的创造性思维活动,对事物的未来进行分析、预测的方法。专家评议法适合于对类比工程、系统、装置的安全评价,它可以充分发挥专家丰富的实践经验和理论知识。专家评议法对专项安全评价十分有用,可以将问题研究讨论得更深入、更详细、更透彻,得出具体执行意见和结论,便于进行科学决策。

G 安全综合评价法

关于系统安全水平的综合评价,现在已提出多种方法。综合这些方法,其考虑的内容和思路可以归纳为图 22-5 所示的原理图。

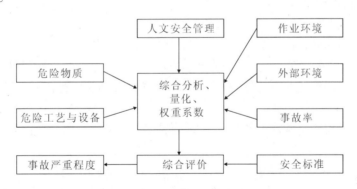

图 22-5 系统安全水平的综合评价原理

22.4 安全评价分类及其评价报告

根据工程、系统生命周期和评价的目的,一般将安全评价分为安全预评价、安全验收评价、安全现状评价 3 类。这种分类方法是目前国内普遍接受的安全评价分类法。

22.4.1 安全预评价

安全预评价实际上就是在项目建设前应用安全评价的原理和方法对系统(工程、项目)的危险性、危害性进行预测性评价。安全预评价以拟建项目作为研究对象,根据建设项目可行性研究报告提供的生产工艺过程、使用和产出的物质、主要设备和操作条件等,研究系统固有的危险、有害因素。应用系统安全工程的方法,对系统的危险性进行定性、定量分析,确定系统的危险、有害因素及其危险、危害程度;针对主要危险、有害因素及其可能产生的危险、危害后果提出消除、预防和降低的对策措施;评价采取措施后的系统是否能满足规定的安全要求,从而得出建设项目应如何设计、管理才能达到安全指标要求的结论。安全预评价为落实建设项目安全生产"三同时"、制订工业园区建设安全生产规划、降低生产经营活动事故风险提供技术支撑。

安全预评价的主要依据是《工业项目可行性研究报告》,安全评价人员需了解《工业项目可行性研究报告》的编制要求,以便判断委托方提供的《工业项目可行性研究报告》是否可以作为安全预评价的主要依据。

安全预评价的目的、内容和要求概括为以下 4 个方面:

(1) 安全预评价是一种有目的的行为,它是在研究事故和危害为什么会发生、是怎样发生的和如何防止发生等问题的基础上,回答建设项目依据设计方案建成后的安全性如何、是否能达到安全标准的要求及如何达到安全标准、安全保障体系的可靠性如何等至关重要的问题。

(2) 安全预评价的核心是对系统存在的危险、有害因素进行定性、定量分析,即针对特定的系统范围,对发生事故、危害的可能性及其危险、危害的严重程度进行评价。

(3) 安全预评价依据安全生产和安全管理的可接受风险标准,对系统进行分析、评价,说明系统的安全性。

(4) 安全预评价的最终目的是确定采取哪些安全技术、管理措施,使各子系统及建设项目整体达到可接受风险的要求。

安全预评价的最终成果是安全预评价报告,安全预评价报告作为项目报批的文件之一,同时也是项目最终设计的重要依据文件之一。《安全预评价报告》将提供给建设单位(投资者、业主)、设计单位、施工单位、监理单位及政府管理部门等。设计单位将根据其内容设计安全对策措施,施工单位将其作为施工的参考,建设单位将其作为安全生产和安全管理的参考。

(1) 安全预评价程序。

前期准备→辨识与分析危险、有害因素→划分评价单元 →定性、定量评价→提出安全对策措施建议→做出评价结论→编制安全预评价报告。

(2) 安全预评价内容包括:

1) 前期准备工作包括明确评价对象和评价范围,组建评价组,收集国内外相关法律法规、标准、规章、规范,收集并分析评价对象的基础资料、相关事故案例,对类比工程进行实地调查等内容。

2) 辨识和分析评价对象可能存在的各种危险、有害因素,分析危险、有害因素发生作用的途径及其变化规律。

3) 评价单元划分应考虑安全预评价的特点,以自然条件、基本工艺条件、危险和有害因素分布及状况、便于实施评价为原则进行。

4) 根据评价的目的、要求和评价对象的特点、工艺、功能或活动分布,选择科学、合理、适用的定性、定量评价方法,对危险、有害因素导致事故发生的可能性及其严重程度进行评价。对于不同的评价单元,可根据评价的需要和单元特征选择不同的评价方法

5) 为保障评价对象建成或实施后能安全运行,应从评价对象的总图布置、功能分布、工艺流程、设施、设备、装置等方面提出安全技术对策措施;从评价对象的组织机构设置、人员管理、物料管理、应急救援管理等方面提出安全管理对策措施;从保证评价对象安全运行的需要提出其他安全对策措施。

6) 评价结论应概括评价结果,给出评价对象在评价时的条件下与国家有关法律法规、标准、规章、规范的符合性结论,给出危险、有害因素引发各类事故的可能性及其严重程度的预测性结论,明确评价对象建成或实施后能否安全运行的结论。

(3) 安全预评价报告有如下内容:

1) 安全预评价报告的总体要求是安全预评价工作过程的具体体现,是评价对象在建设过程中或实施过程中的安全技术性指导文件。安全预评价报告文字应简洁、准确,可同时采用图表和照片,以使评价过程和

结论清楚、明确,利于阅读和审查。

2) 安全预评价报告的基本内容。

① 结合评价对象的特点,阐述编制安全预评价报告的目的。

② 列出有关的法律法规、标准、规章、规范和评价对象被批准设立的相关文件等安全预评价的依据。

③ 介绍评价对象的选址、总图及平面布置、水文情况、地质条件、工业园区规划、生产规模、工艺流程、功能分布、主要设施、设备、装置、主要原材料、产品(中间产品)、经济技术指标、公用工程及辅助设施、人流、物流等概况。

④ 列出辨识与分析危险、有害因素的依据,阐述辨识与分析危险、有害因素的过程。

⑤ 阐述划分评价单元的原则、分析过程等。

⑥ 列出选定的评价方法,并作简单介绍。阐述选定此方法的原因。详细列出定性、定量评价过程。明确重大危险源的分布、监控情况以及预防事故扩大的应急预案内容。给出相关的评价结果,并对得出的评价结果进行分析。

⑦ 列出安全对策措施建议的依据、原则、内容。

⑧ 作出评价结论。安全预评价结论应简要列出主要危险、有害因素评价结果,指出评价对象应重点防范的重大危险、有害因素,明确应重视的安全对策措施建议,明确评价对象潜在的危险、有害因素在采取安全对策措施后,能否得到控制以及受控的程度如何。给出评价对象从安全生产角度是否符合国家有关法律法规、标准、规章、规范的要求。

3) 安全预评价报告的附件及附图。

附件:委托书,可行性研究(或矿产资源开发利用方案)批复,其他附件。

附图:主要地质剖面图、平面图,总平面布置图,开拓系统图,通风系统图,采矿方法图,主要工艺流程图,采矿系统单元划分及危害因素分布图。

22.4.1.1 非煤地下矿山安全预评价报告

A 前言

前言包括安全评价的目的、依据、范围、内容和程序。评价范围除了应明确要评价的各生产系统以外,还应注明矿山开采平面范围拐点坐标及开采深度。

B 建设项目背景及矿山概况

(1) 自然地理包括区域位置、地理坐标、矿区范围、交通情况、地形地貌、气候降水等。

(2) 矿区地质包括区域地层、构造、岩浆岩等。

(3) 矿床及矿体特征包括矿体特征、矿石特征、矿石类型、矿床成因,资源储量情况等。

(4) 开采技术条件包括矿区水文地质条件、工程地质条件、周边环境、产品方案等。

(5) 设计概况包括可行性研究报告的开采方式、生产规模、矿山工作制度、开采范围、开拓系统布置、提升运输系统、采矿方法、回采工艺、采空区处理、排水系统、通风系统、供电系统、供气系统、供水系统、通信系统、总图布置、采矿设备、安全投资情况等。

(6) 工艺流程等。

C 主要危险、有害因素辨识与分析

(1) 分析的目的。根据被评价的工程、系统的情况,辨识和分析危险、有害因素,确定危险、有害因素存在的部位,存在的方式,事故发生的途径及其变化的规律。

(2) 自然因素对建设工程安全性影响。

1) 水文地质。主要含水岩层特性,含水层之间的水力联系,破碎带、断层,未探明的隐伏的裂隙、断层、溶洞、破碎带、径流带,报废的、未封孔的地质钻孔,氧化带,地表水体,降水及突水条件等。

2) 工程地质。矿体上部的第四系、风化带、氧化带,矿床勘探程度,地质构造等。

3) 环境地质。生产生活用水、废水外排处理、地下水位变化、矿石及围岩中的有害物质、地震等。

4）地表沉降。采场暴露面积、地质构造、采空区处理、地表岩石错动范围圈定等。

5）工业设施场地稳定性。从各工业场地设计以及所处地形,分析工业场地受到洪水、滑坡及泥石流、塌方等威胁。

（3）开拓系统危险、有害因素。开采顺序、井口位置、井下主要工程布置、地质构造、安全设施、井下炸药库等。

（4）竖井提升运输系统存在危险、有害因素。

1）竖井提升。钢丝绳检验、检测,提升系统安全保护装置,提升装置检测,物料下放,大型设备及材料提升,人员乘罐,爆破器材下放,人员操作等。

2）坑内运输。运输设备调度、井下设备运行、巷道架线、运输设备、井下信号、人员操作等。

3）地表运输。厂区内运输线路、驾驶人员素质等。

（5）采矿系统危险、有害因素。

1）开拓和采矿方法。开拓和采矿方法适应性、顶板暴露面积、特殊地段回采、顶板支护、浮石处理、出矿、警示标志、安全设施等。

2）爆破。炸药存放和管理、凿岩、爆破器材、爆破警戒、安全距离、放炮信号、盲炮处理、爆破协调指挥等。

3）地压管理。采空区处理、地压监测、采空区封闭、充填体、充填设施、充填管路等。

（6）通风系统危险、有害因素。通风系统的可靠性、通风线路、风流质量、通风能力、通风设施,掘进工作面或盲巷的风量控制,爆破后的烟尘通风处理,井下破碎系统的风尘处理,大型、特殊硐室的通风等。

（7）排水系统危险、有害因素。水泵安设位置、排水能力、排水管路、防水设施、防水救援预案等。

（8）其他危险、有害因素。供电系统、供气系统、供水系统、通信系统、采矿设备、矿山火灾、爆炸、安全管理和基建期存在危险、有害因素等。

（9）重大危险源辨识与分析。根据不同重大危险源的临界量、地质条件复杂程度以及自然发火倾向等确定矿区内的重大危险源。

D　评价单元的划分和评价方法的选择

a　评价单元的划分

根据矿山项目工程提供的有关技术资料和现场调查、类比调查的结果,以及井下采矿所固有的系统特点,在建设项目主要危险、有害因素分析的基础上,遵循突出重点,抓主要环节的原则,一般将整个开采系统划分为9个大的评价单元,即总图布置单元、开拓系统单元、提升运输系统单元、采矿系统单元、通风系统单元、防排水系统单元、安全管理机构及安全管理制度单元、矿山公共安全单元、职业卫生单元等,见表22-6。

表22-6　地下采矿安全预评价单元划分

评价单元	依据标准	主要危险、有害因素	评价方法
总图布置	GB16423—2006 GB50187—1993	受洪水袭击,雷击,地表沉降,废石堆场滑坡及泥石流,空气污染等	PHA方法 SCL法
开拓系统	GB6722—2003 GB16423—2006	井筒布置在地质不良地段,掘进时,导致涌泥砂、突水。掘进凿岩、爆破未按规程操作;井巷处在破碎带且未及时支护,导致片帮、冒顶;井下掘进时未探明水文地质条件,导致突水	PHA方法 FMEA分析
提升运输系统	GB16423—2006	运输发生拖曳、挤压;钢丝绳断裂、坠落、过卷	PHA方法 FMEA分析
采矿系统	GB16423—2006	开拓和采矿方法选择及回采顺序不当,采场暴露面积过大,所留护顶矿柱尺寸不够,矿柱回采不当,导致采场片帮、冒顶、垮塌,导致地表沉降及井下突水或形成冲击地压等;凿岩时风管伤人、人员摔倒;爆破伤人;使用压气设备时,发生机械伤人、爆炸伤害事故;充填管爆管、甩管伤人,充填不及时、接顶不实,导致采空区垮塌	PHA方法 FTA分析 FMEA分析

评价单元	依据标准	主要危险、有害因素	评价方法
通风系统	GB16423—2006	触电和机械伤害；矿井总风量不够，风流短路，通风设施不全，局部高温地段未采取空气调节，造成中毒、窒息、中暑	PHA 方法
防排水系统	GB16423—2006	触电和机械伤害；未探明含水岩层、地质构造，导致突水；防水闸门设计位置不合理，重点场所得不到保护	PHA 方法 FMEA 分析
安全机构及安全管理制度	安全生产法	未依法设置安全机构，人员配置不合理；未建立管理制度，管理制度不健全	PHA 方法
矿山公共安全	GBJ16—1987 GBJ170 GBL52—1983 安监局 18 号令	防火消防设施未建立或不全；供电设施不全，造成触电、火灾	PHA 方法
职业卫生	GBZ2—2007	噪声、粉尘、有毒有害气体	PHA 方法 类比法

b 安全预评价方法选择

分析矿山项目工程潜在危险、有害因素，结合预评价范围，运用有关评价方法进行系统安全评价，找出主要灾害事故被触发的原因，系统地了解各危险源危险状况信息。可选用的预评价法主要有预先危险性分析（PHA）、地下矿故障类型及影响分析、事故树分析评价法等。

E 定性定量评价

根据评价单元划分的结果，对划分的单元逐一进行评价。在评价过程中，结合矿山的实际情况，合理选择评价方法，对一些重要的安全设施、设备的可靠性进行计算验证，从而得出相应的科学结论。对自然地质的评价在其他相关系统、单元中进行综合评价。

a 预先危险性分析

通过对矿山项目工程的有害、危险因素的辨识，并对导致各危险、有害因素的触发条件进行详细的分析，同时对各种触发条件下的事故模式进行预测，并对照类似矿山的有关数据，对划分出的评价单元进行系统分析，确定出该种危险、有害因素所造成的危险，并进行定级划分，作为矿山在下一阶段设计和生产中加以重点防范的对象。

安全预先危险性评价见表 22-7，故障类型和影响分析见表 22-8。

表 22-7　安全预先危险性评价

评价子单元	主要危险、有害种类	触发条件	事故后果	危险等级	对策与措施
工程地质	工程地质岩组的完整性、稳固性	矿体顶、底板岩性；区内矿体与围岩界线；设计因素	采场垮塌	Ⅲ	合理选择采矿方法及支护参数
水文地质	未做详细水文地质工作	地表水体发育情况；风化带；含水岩层；裂隙、节理发育情况；设计因素	矿井突水	Ⅳ	加强水文地质及防治水工作后，危险等级可降低至Ⅲ级
自然环境	暴雨、雷电	地震危害；暴雨、雷击；强风暴	设施损坏和人员伤害	Ⅰ	按设计构筑防雷装置，井架加固
井巷布置	错动角的合理性	错动角；岩石物理力学性质试验；移动范围	井巷损坏和生产系统破坏	Ⅲ	按设计布置井巷工程
井巷掘进	冒顶、片帮	未进行敲帮问顶；未对掘进工作面进行支护或支护损坏未及时维修；竖井掘进未超前探水、人员设备坠落；井巷设计错误	人员伤亡，设备受损	Ⅲ	按规程作业、超前探水、加强通风、加强管理
安全出口	设计因素	竖井、风井未修建人行梯子间，逃生系统不畅；各分层或矿块未按设计要求设置两个安全出口	救灾、人员逃生无法实现	Ⅳ	按设计完善安全设施、确保两个独立的安全出口，完善采场设计后，危险等级可降低至Ⅲ级

评价子单元	主要危险、有害种类	触 发 条 件	事 故 后 果	危险等级	对策与措施
井上、井下运输	管理因素、人为因素	违反安全操作规程和劳动纪律;未在错车道错车;巷道未及时支护或维修;巷道断面过小或未按设计要求进行;照明设施不好;作业前,未对车辆运行状态仔细检查	车辆受损、人员受伤	Ⅱ	加强管理,按设计规范施工
竖井提升	提升信号不明确,管理因素、人为因素	钢丝绳强度不够或磨损未及时更换,未安装防坠器和稳罐装置;管理不当,信号工、卷扬工未持证上岗,未安装井口保护装置	提升人员伤亡	Ⅲ	按规范安装提升安全装置,加强检修、管理
采矿方法	回采顺序及结构参数设计错误	回采顺序不当及矿块参数不合理,采矿工作面支护不及时,导致顶板变形破坏,冒落,采空区塌陷	井下作业人员和设备伤害事故	Ⅲ	按设计布置矿块,按GB16423规程作业,开展采矿试验
回采工艺	采场冒顶、垮塌,设计因素	矿块结构参数、回采顺序不合理,导致采场顶板冒落,矿柱变形;采场支护不及时;采场没有两个安全出口;矿柱回采不及时,导致地压活动,恶化采矿生产环境;上下采场没有留足开采安全距离,可能导致人员和设备掉入采空区;爆破参数不合理,诱发采场顶板冒落、矿柱强度减弱等;采场铲运机出矿管理不严;采空区未处理、或未封闭、或没有显示标牌,可能导致作业人员误入;采场暴露面积过大,诱发顶板冒落;支护方式不当;检查不周、疏忽大意;处理浮石操作方法不当;违反操作规章制度,冒险空顶作业,违章回收支柱	设备损坏,人员伤亡	Ⅳ	加强支护,设计补充回采顺序、工艺要求,开展相关试验监测,尽量减少采空区的暴露面积,缩短暴露时间,保障充填工艺的及时进行等措施后,危险等级可降低至Ⅲ级
凿岩爆破	爆破作业违章,人为因素	凿岩时打残孔;凿岩时风、水管飞出;钎杆打入哑炮孔内;作业前,未敲帮问顶;坑内炸药库管理不当;坑内运输未按规程操作;爆破作业违章等;井下爆破后未及时通风;大孔凿岩时硐室垮塌、钻机倾倒、炮孔偏斜;悬顶事故处理不当	危害工人健康;爆炸伤人;炮烟中毒;伤人及设备事故	Ⅲ	严格按规程 GB6722作业
压气设施	管理因素	润滑油在高压下加剧氧化形成积炭附在金属表面和风阀上,积炭本身是易燃物,温度升高;在运转过程中,机械的撞击或压缩空气中固体微粒附在汽缸等处时,会因摩擦放电而产生火花;供气管路爆裂、泄漏	触电、爆炸、温度高等伤人	Ⅱ	加强管理,定期检修
充填	管理因素、设计因素	采空区空顶面积过大;采空区充填不及时;支护体强度不够;充填不能接顶;采空区封闭工作不完善 地表充填站位置选择、尾砂管道堵管并处理不当,爆管伤人,井下全尾砂充填密闭墙倒塌等	地表塌陷,井下开采安全得不到保障	Ⅳ	采取及时支护、充填、进行强度试验、封闭空区,危险等级可降低至Ⅲ级
通风设施	人为因素	通风机能力不够或无反风装置;未定期进行通风机检修;井下主要巷道和采掘工作面未装局扇;供风管路爆裂、泄漏	机械伤害、触电、人员呼吸困难	Ⅱ	机械通风
通风网路	设计因素	通风网路不畅,无导风装置;未定期进行通风网路节点检算;井下主要巷道和采掘工作面未装局扇	通风不畅,损害人体健康	Ⅲ	加强通风网路管理
排水设备	管理因素、设计因素	排水泵和水管备用系数不能满足井下最大排水要求;排水管路爆裂、泄漏;线路停电而排水设施又未采用双回路供电;未考虑地表强降雨汇集沿塌陷裂缝流入井下	矿井淹没,人员伤害和设备损坏	Ⅳ	按设计要求提交井下最大涌水量,选择排水设备,完善防水设施,加强维护、管理后,危险等级可降低至Ⅲ级
防洪设施	地质条件	地表防洪沟设施未修建;井口周围未采取防洪措施,造成地表水从井口倒灌,沿塌陷裂隙进入井下采场	泥水淹没矿井	Ⅲ	按设计开挖地表防洪沟、挡水墙

续表22-7

评价子单元	主要危险、有害种类	触发条件	事故后果	危险等级	对策与措施
供水网络	管理因素、设计因素	生产、生活及井上下消防用水水量不足、水管爆裂、检修不及时	影响生产、生活,火灾	Ⅲ	及时检修、按设计施工
工业场地	设计因素、地质条件	设置在不稳地段;强风暴雨;建筑物设在地表错动影响范围以内	井口设施及建筑物受损	Ⅱ	按设计布置
工艺设备	管理因素、设计因素	违章操作设备或操作失误;未采取隔离措施、未设置防护栏或保护罩;未按设计安装必要的排风除尘装置	设备损坏、飞石伤人	Ⅲ	加强安全防护设施和个体保护
安全机构	管理因素	未建立、健全主要负责人、分管负责人、安全生产管理人员、职能部门、岗位安全生产责任制;未制定安全检查制度、职业危害预防制度、安全教育培训制度、生产安全事故管理制度、重大危险源监控和重大隐患整改制度、设备安全管理制度、安全生产档案管理制度、安全生产奖惩制度等规章制度;未制定作业安全规程和各工种操作规程;未设置安全生产管理机构、配备专职安全生产管理人员;主要负责人和安全生产管理人员的安全生产知识和管理能力应经考核合格	救灾、减灾无法实施	Ⅱ	依法设置安全机构,加强安全管理
防火	人为因素、管理因素	矿山的建(构)筑物、设备及井下未按国家有关防火规定安装防火设施;在给设备加注燃油时,有人员吸烟和明火;用汽油擦洗设备;乱扔使用过的油纱等易自燃材料;消防用水水池不符合要求	造成火灾,人员伤亡,设备损坏,零星火灾	Ⅱ	按消防条例构筑防火设施,备齐消防器材
管理制度	管理因素	安全投入不符合安全生产要求,未按照有关规定提取安全技术措施专项经费;特种作业人员未经有关业务主管部门考核合格,未取得特种作业操作资格证书;其他从业人员未按照规定接受安全生产教育和培训,并经考试不合格;未依法参加工伤保险,没有为从业人员缴纳工伤保险费;对有职业危害的场所未定期检测,没有防治职业危害的具体措施,未按规定为从业人员配备符合国家标准或行业标准的劳动防护用品	矿山各种事故均有可能发生	Ⅲ	依法设置安全机构,建立健全制度,加强安全管理
供电设施	管理因素	供配电所未按《电力设计规范》设计;电气设备、线路无避雷、接地装置;主体供电设备无低压保护装置;未制定严格的送停电制度;带电作业无个体防护用具;电气设备有能为人所触及的裸露带电部分,且未设置保护罩或遮拦及警示标识等安全装置;井下电压等级配置不合理;在带电的导线、设备、变压器、油开关附近,有损坏电气绝缘或引起电气火灾的热源;身体上、精神上的缺陷或处于过度疲劳、思想不集中的状态下工作;违反安全操作规程和劳动纪律	设备损坏、人员触电伤害	Ⅱ	按规范设计,加强安全管理,设置专业技术人员
周边环境	管理因素	提升机、风机噪声;爆破震动;地表塌陷	地表建(构)筑物损坏	Ⅱ	达到国家有关规程标准要求
职业卫生	管理因素	新工人身体健康不良,不适合从事矿山作业者;长期接触粉尘及噪声环境;作业点,未采取湿式作业防尘措施和消声措施;未按规定佩戴个体防护用品;饮水水质不符合卫生标准	粉尘危害、噪声危害	Ⅱ	建立完善的机械通风系统,加强个体防护

注:表中Ⅳ、Ⅲ、Ⅱ、Ⅰ分别代表重大危险、有害因素(灾难性的)、主要危险、有害因素(危险的)、一般危险、有害因素(临界的)、次要危险、有害因素(安全的)。

表 22-8　故障类型和影响分析(FMEA)

危险场所	作业名称	危险性及控制		安全装置、设施
		事 故 模 式	建 议 措 施	
竖井掘进时工作面	提升	(1) 设备升降人员到井口时,井盖口未关闭和停稳,人员上下,造成坠井伤人事故; (2) 防坠器、罐道、过卷装置未安装,强行进行掘进提升,造成各种人身和机械事故	(1) 升降人员到井口时,必须等井盖口关闭和停稳,才允许人员上下,人员乘吊桶时必须佩戴安全带; (2) 必须按照规范的要求,安装防坠器、吊桶罐道、过卷装置等安全设施	
	凿岩	(1) 采用干式凿岩,造成掘进面粉尘浓度过大,危害工人身体健康; (2) 凿岩时风、水管飞出伤人; (3) 钢钎打入哑炮孔内,引起爆炸伤人; (4) 凿岩前不注意敲帮问顶,凿岩时振落松动岩石击伤操作人员	(1) 严禁干式凿岩,采用湿式凿岩; (2) 凿岩前,工作面做好照明,检查风水管的连接是否牢固; (3) 凿岩前必须检查和处理松动岩石,检查支架有无破损和异常情况; (4) 凿岩前必须检查工作面上有无瞎炮,有瞎炮时必须处理之后方可凿岩,严禁沿残孔打孔; (5) 加强工作面的通风除尘	
	装岩	抓岩机撞、压、碰、挤伤人,吊桶装载过满甩石伤人	(1) 装岩前要处理好井壁浮石; (2) 采用抓岩机装岩时,抓岩司机要站在抓岩机运行线路的侧面,不准自远处向吊桶内抛掷岩石,以防岩石弹出伤人; (3) 吊桶装岩不能太满,岩面要低于桶口 10 cm	
	探防水	在竖井掘进时,工程通过或接近含水的岩层、断层、陷落区,地表水或与钻孔相通的地质破碎带时,未进行专门的防水设计,且未进行超前探、防水,从而淹没掘进工作面或淹井	(1) 通过或接近上述地区时,必须贯彻"有疑必探,先探后掘"的原则,做专门的防水设计,发现异常情况时,应采取相应的措施; (2) 有用的钻孔和各种通地表出口,必须妥善进行防水处理,报废的钻孔和各种出口,必须严密封闭	
	井口防护	井口无防护盖,造成从井口掉落物料和废渣,击伤作业人员	井口必须有严密可靠的井口盖和能自动启闭的井盖门,卸渣装置必须严密,不许漏渣;禁止向井筒内投掷物料	井口设防护门、井口盖
	凿井吊盘和稳车	稳车的基础不牢,稳绳不齐,造成施工井架和各种悬挂不稳或倾斜,容易造成人身和设施事故	按照设计要求,校核稳车的基础,现场调整好稳绳的长度	
平巷	凿岩	(1) 向上凿岩时,钢钎断落伤人,由于断钎,凿岩机下落夹伤人的手; (2) 采用干式凿岩,造成掘进面粉尘浓度过大,危害工人身体健康; (3) 凿岩时风、水管飞出打伤人; (4) 钢钎打入哑炮孔内,引起爆炸伤人; (5) 凿岩前不注意敲帮问顶,凿岩时震落松动岩石击伤操作人员	(1) 严禁干式凿岩,采用湿式凿岩; (2) 凿岩前,工作面做好照明,检查风、水管的连接是否牢固; (3) 凿岩前必须检查和处理松动岩石,检查支架有无破损和异常情况; (4) 凿岩前必须检查工作面上有无瞎炮,有瞎炮时则必须处理之后方可凿岩,严禁沿残孔打孔; (5) 钻孔开门时应减少进气量,让钎头钻进 3～5 cm 后再增大进气量,钻孔时钎子、凿岩机和钻架必须在同一垂直面上,钎杆应保持在炮孔中心位置旋转,以减少钎子与孔壁的摩擦力,保持炮孔垂直; (6) 钻孔时,操作凿岩机的人要站在凿岩机的后侧方,使凿岩机贴在身旁,以便用身体的力量来平衡住凿岩机,不使凿岩机左右摇晃,同时还可以随时看见炮孔是不是又圆又直,断钎时要迅速抱住钻机,避免造成伤人事故	
	装岩	常会发生矿车或装岩机掉道伤人,行走压人,撞人,触电,矿车或装岩机挤伤,矿车自动滑行伤人等事故	(1) 装岩机司机应站在脚踏板上操作,禁止将头伸到车内张望,防止撞帮挤人,装岩机行走时防止压坏电缆和风、水管;离矿车 2 m 内禁止站人; (2) 装岩设备及运输要经常维修,固定专人操作	

危险场所	作业名称	危险性及控制		安全装置、设施
		事故模式	建议措施	
平巷	探防水	在平巷掘进时,工程通过或接近含水的岩层、断层、陷落区、地表水或与钻孔相通的地质破碎带时,未采取专门的防水措施,且未进行超前探、防水,从而淹没掘进工作面或淹井	(1) 通过或接近上述地区时,必须贯彻"有疑必探,先探后掘"的原则,做专门的防水设计,发现异常情况时,应采取相应的措施; (2) 有用的钻孔和各种通地表出口,必须妥善进行防水处理,报废的钻孔和各种出口,必须严密封闭	
	支护	工作面放炮后进行作业时,松动岩石坠落伤人,支护不符合要求,引起冒顶事故,造成伤人或设备损坏	(1) 放炮通风后作业人员进入工作面时一定要检查和清理爆破后悬浮在巷道顶板和两帮上的松动岩石; (2) 最大空顶距要保持在作业规程规定的范围内,要经常检查巷道支护情况,如有破坏,应抓紧修理; (3) 经常行人的裸露的巷道,每天要有人巡回检查,对顶、帮有松动的地段,要及时处理	
硐室及天井、溜井	凿岩	(1) 采用干式凿岩,造成掘进面粉尘浓度过大,危害工人身体健康; (2) 凿岩时风水管飞出打伤人; (3) 钢钎打入哑炮孔内,引起爆炸伤人; (4) 凿岩前不注意敲帮问顶,凿岩时震落松动岩石击伤操作人员	(1) 严禁干式凿岩,采用湿式凿岩; (2) 凿岩前,工作面做好照明,检查风、水管的连接是否牢固; (3) 凿岩前必须检查工作面上有无盲炮,有盲炮时,则必须处理之后方可凿岩,严禁沿残孔钻孔; (4) 凿岩前必须检查和处理松动岩石,检查支架有无破损和异常情况	
	装岩	装岩机撞、压、碰、挤伤人,装载过满甩石伤人	(1) 装岩前要处理好井壁浮石; (2) 采用抓岩机装岩时,抓岩机司机要站在抓岩机运行线路的侧面,不准自远处向吊桶内抛掷岩石,以防岩石弹出伤人; (3) 吊桶装岩不能太满,岩面要低于桶口10 cm	
	探防水	在硐室、天井、溜井施工时,工程通过或接近含水的岩层、断层、陷落区、地表水体或与钻孔相通的地质破碎带等时,未进行专门的防水设计,且未进行超前探、防水,从而淹没工作面或淹井	(1) 通过或接近上述地区时,必须贯彻"有疑必探,先探后掘"的原则,做专门的防水设计,发现异常情况时,应采取相应的措施; (2) 有用的钻孔和各种通地表出口,必须妥善进行防水处理,报废的钻孔和各种出口,必须严密封闭	
	支护	工作面放炮后进行作业时松动岩石坠落伤人,支护不符合要求,引起冒顶事故,造成伤人或设备损坏	(1) 放炮通风后作业人员进入工作面时,一定要检查和清理因爆破而悬浮在巷道顶板和两帮上的松动岩石; (2) 最大空顶距要保持在作业规程规定的范围内,要经常检查巷道支护情况,如有破坏,应抓紧修理; (3) 经常行人的裸露的巷道,每天要有人巡回检查,对顶、帮有松动的地段,要及时敲帮问顶并及时处理	
	凿井平台	天井和大断面硐室施工时,由于岩性不好时支护方式不当、工作面清理不当、风水管线连接不当或爆裂,造成高空坠落事故	施工时,在距顶板1.8~2 m处要设牢固的板台。掘时高度超出8 m,应设隔板和安全棚,安全棚距不超过6 m,上下人梯子或扒钉的支持点应位于井框的横梁上,梯子倾角不大于80°,平台出口要保证在0.6 m×0.7 m以上,不打横梁的天井,应该用铁钩子架设托梁,铁钩子一般用直径为ϕ20~30 mm圆钢制作,插入两帮的眼深不小于800 m,并保持水平	

危险场所	作业名称	危险性及控制		安全装置、设施
		事故模式	建议措施	
开拓系统	开拓系统保护	错动带内有建筑物,可能造成开拓系统和采矿作业相互影响	工程布置要在该错动带之外一定距离	
	通风系统	开拓系统未能考虑到矿山通风系统对于延伸的要求,通风设备不足,从而造成通风不良	应统筹考虑通风系统的要求,优化通风线路,使通风系统运行在最优状态	局扇
	开拓系统稳定性	延伸时未能进行详细的工程地质勘探,对工程、水文地质条件不清,从而在施工过程中,穿过大的含水层、断层和破碎带等不利地质条件,造成开拓工程的施工困难和本身的不稳定	要充分掌握该地区的工程、水文地质条件,避免开拓工程穿过大的含水层、断层和破碎带等不利地质条件,加强开拓工程的支护和维护,确保开拓系统的安全	
采空区及地压管理	采空区处理	矿石回采完毕,采空区未能及时处理而造成大面积地压活动	(1) 严格封堵各采空区与外界的联系,并满足强度要求; (2) 建立地下、地表地区及位移观测系统,进行地压活动监测、预报; (3) 及时安装锚杆加强支撑,必要时留矿柱以支撑顶板; (4) 矿房回采顺序要合理,及时处理采空区	
	地压管理	(1) 采场遇有断层、裂隙、破碎带或爆破破坏顶板,局部地压显现加大时的伤害; (2) 因矿体赋存位置,采场顶板巷道突然来压造成的伤害; (3) 采区大面积地压显现(矿柱压裂、巷道破坏、工作面发生大面积片帮冒顶)所造成的伤害	(1) 可用木支护支撑(矿厚小于 3m),发生局部冒落可架设木棚或木垛,或采取锚杆护顶; (2) 迅速撤离人员和设备,封闭出矿口,人员和设备撤至安全地点; (3) 查明主要原因,应按计划及时放顶,避免发生上述情况。每个采区边界留矿区连续矿柱以免灾害祸及相邻采区,矿柱宽度应由试验确定,对巷道和顶板的稳定性进行定期监测; (4) 及时安装锚杆加强支撑,必要时留矿柱支撑顶板; (5) 矿房回采顺序要合理,采场回采完毕后及时处理采空区	
炸药存放点	爆破管理	爆破器材遗失	(1) 爆破作业管理人员,必须经过培训,并取得合格证书; (2) 各项工作责任到人,明确分工	
		爆破器材性能不稳,发生拒爆或早爆	定期检查爆破器材各项指标,不合格不能使用	配备专用检测仪表仪器
	爆破器材储存	炸药存放点发生火灾、爆炸	(1) 炸药存放点不得采用明火照明; (2) 各类器材根据影响范围,分开存放; (3) 炸药存放点容量不得超过规定标准; (4) 炸药存放点设置防火门; (5) 炸药存放点设有两个独立出口,有单独的通风流,并保证风量; (6) 各炸药存放点之间留足够殉爆距离; (7) 雷管库设在炸药存放点一头,并设置金属丝网门	防火门及通风设施
井下采场及爆破工作面	爆破器材加工	加工过程中雷管发生爆炸	(1) 装配前检查雷管外观,有压扁、破损、锈蚀、加强帽歪斜者,严禁使用; (2) 雷管内有杂物,用手轻轻弹出;弹不出,禁止使用; (3) 导爆索插入雷管不得旋转摩擦	
		起爆药包爆炸	使用木质或竹质锥子,雷管不得露出药包,并固定紧	

危险场所	作业名称	危险性及控制		安全装置、设施
		事 故 模 式	建 议 措 施	
井下采场及爆破工作面	装药	装药不连续,造成拒爆	采用装药器连续装药	装药器
		装药过程中炸药起火	(1)禁用明火,严禁抽烟; (2)炸药及起爆弹轻拿轻放; (3)以木棍或竹棍做炮棍	
	连线	连线遗漏,造成局部拒爆	(1)专人检查线路; (2)导爆管、雷管按规范连接,包裹牢实; (3)线路挂设位置合适	
	点火起爆	早爆	(1)预留足够长度的导爆索; (2)网路不能脚踩、石压	
		点火后迷失方向	(1)最后两人点火,一起撤离; (2)配备照明工具	
	爆破	爆区周围有人未撤离,造成伤亡	加强警戒工作,起爆前做检查,发信号	
		炮烟中毒	(1)爆破后要有足够时间通风,人员才能进入; (2)巷道掘进时,保持新鲜风流巷道与工作面的贯通,并进行充分通风	
		周围设施、设备破坏	(1)准确计算危险区范围,范围内设施撤离; (2)采取控制爆破技术,降低最大一段药量	
井下采场	二次爆破	爆破冲击、飞石伤及人员设备	(1)加强二爆管理,认真作好警戒; (2)固定时间进行二爆; (3)提高爆破技术,降低二爆单耗; (4)采用钻孔爆破	
	盲炮处理	处理不当,引起爆炸	(1)爆破负责人主管盲炮处理; (2)用有经验的爆破技术人员处理盲炮	
采矿方法	采准	(1)凿岩机:断钎伤人、开口时袖口卷钎杆、利用残留炮孔、清除风带内岩渣时风带摆动伤人; (2)哑炮、残药; (3)爆破时飞石或冲击波伤人及设备、炮烟伤人; (4)凿岩和出渣时粉尘浓度过大; (5)巷道贯通时协调不好伤人; (6)落石、片帮伤人; (7)钎杆从炮孔滑落伤人,工人滑跌伤人; (8)与上水平贯通时协调不好伤人; (9)用电耙出渣时凿岩伤人; (10)溜井施工坠落伤人; (11)凿岩时钎杆滑落伤人; (12)爆破作业、早爆伤人,炮烟中毒	(1)严格按爆破安全规程操作; (2)设备人员撤至安全地带,加强警戒,加强局部通风; (3)湿法凿岩,出渣前洒水,并戴好防尘口罩; (4)超前探水; (5)作业前检、撬顶、帮浮石; (6)停止作业时及时拔出钎杆,上山一侧设置手扶绳,工人站在渣堆上打眼; (7)在透口两侧放好警戒; (8)设工作平台,戴安全带; (9)加强掌子面通风; (10)贯通前加强贯通点两侧的警戒工作	专用防尘口罩、手扶绳
	切割	(1)凿岩爆破同采准; (2)处理切割槽、漏斗"留顶盖"事故	严格按设计要求一次拉好,否则应提出处理意见才能施工	

危险场所	作业名称	危险性及控制		安全装置、设施
		事 故 模 式	建 议 措 施	
采矿方法	回采搬运	(1) 浅眼落矿：落石、片帮伤人，冒顶与垮顶伤人，工人滑跌伤人； (2) 二次破碎伤人； (3) 处理漏斗伤人； (4) 矿厚大于3m时，顶板冒落伤人； (5) 采场顶板大面积冒落时冲击波伤人； (6) 中段巷道破碎地段冒落伤人； (7) 上山破碎地段冒落伤人； (8) 出矿进路眉线破坏伤人	(1) 加强检撬与支护，采场跨度按设计施工，工人站在渣堆上作业； (2) 操作工人站在安全地点作业； (3) 不准在漏斗口正下方作业，不准在采场内漏斗口正上方站人； (4) 应用分层回采或切顶回采，在回采破碎地段时需安装锚杆和金属防护网； (5) 采取木支护临时支护，爆破前拆除，采取喷锚支护； (6) 采用锚杆支护保护眉线，防止二次破碎破坏眉线； (7) 施工前将钻机安装牢固，严格按设计施工，不得超钻。人员不得站在施工炮眼正下方； (8) 木柱需有 3~5cm 的柱窝，木柱应保持5°左右的仰角，木柱上口应安木楔或柱帽，加强柱间联系	
	放矿	(1) 二次破碎伤人； (2) 处理悬顶伤人； (3) 坠入溜井伤人	(1) 严格按爆破安全规程作业； (2) 人员不得进入悬顶区下作业； (3) 加强照明，溜井口设格筛，防护栏； (4) 采场下部保持一定厚度的矿石垫层，均匀放矿	
竖井提升	提升竖井	罐笼坠落	(1) 平衡锤和提升容器的钢丝绳，应定期进行检查； (2) 保证提升钢丝绳的安全系数，在使用前必须进行试验，并定期更换	
		墩罐	(1) 井口和井下各阶段井口车场都必须设信号装置，凡使用阶段均应设专职信号工； (2) 提升信号系统应设有：工作执行信号、提升阶段指示信号、提升种类信号、检修信号、事故信号以及无电话联系时的联系询问信号	
		(1) 人员坠落； (2) 井架倒塌	(1) 禁止罐笼同时提升人员、货物或爆炸材料。罐笼和井底车场应设牢固的栅栏门和良好的照明； (2) 经常检查和检修提升机的紧急制动装置，确保灵敏可靠； (3) 罐笼提升系统的各阶段应使用摇台； (4) 各阶段井口，必须装设安全门，进车侧必须装设阻车器； (5) 井架必须进行认真设计，严格审查，精心施工； (6) 设置过卷保护装置，过卷高度应符合规定	
地面运输系统	转载	矿车自罐笼推出时罐笼无栅门或未挂好栅门(拦杆)，易发生矿车和人员的坠落事故	必须设立围拦、墩坎和红灯等危险标识	
	卸矿	(1) 矿仓口未设围拦、墩坎和红灯等标志，会造成人员或自行设备坠落事故； (2) 矿仓内有大量的粉矿和水，会造成溜井堵塞，处理时泥浆、矿渣容易突然涌出，造成人身伤害事故； (3) 矿仓未设格筛，会造成矿仓卡塞，处理时容易诱发事故	矿仓口必须设格筛，禁止水流入矿仓，不准向矿仓内卸含有大量水的粉矿	

续表22-8

危险场所	作业名称	危险性及控制		安全装置、设施
		事 故 模 式	建 议 措 施	
井下运输和井底车场	放矿卸矿	（1）溜井口未设围拦、墩坎和红灯等标识，会造成人员或自行设备坠落事故； （2）矿仓内有大量的粉矿和水，会造成溜井堵塞，处理时泥浆、矿渣容易突然涌出，造成人身伤害事故； （3）矿仓未设格筛，会造成矿仓卡塞，处理时容易诱发事故； （4）使用井壁破碎的溜井，会造成井壁垮塌、溜井陷落、人员和设备陷落等	（1）溜井口必须设立围拦、墩坎和红灯等危险标识； （2）溜井口必须设格筛； （3）禁止水流入矿仓，不准向溜井内卸含有大量水的粉矿，及时进行处理和维修溜井	
	运行	运行的人工推车无灯光信号或灯光较弱，会造成人员伤害	增设灯光信号，同时加强照明	
破碎硐室	破碎矿石	（1）设备防护不当，设备受损； （2）开机前没有对周围环境进行安全检查，造成误伤人事故； （3）工作人员违反操作规程，使自身及设备受损	（1）对设备进行定期检查并正确防护； （2）按照规程操作； （3）开机前认真检查周围环境	破碎设备
井下防排水	井下排水系统	水仓的布设不符合规范的要求，水泵的数量不够，造成排水不畅，淹井等事故	（1）布置井下防排水系统，应留足防水矿柱、防水闸门、水仓容积、排水设备能力等； （2）井下排水设备应按规范要求选用。井筒应装设两条排水管，其中一条工作，一条备用。水仓的容积和布设方式以及水泵房的布设均应符合规范的要求； （3）水仓应设立两个独立的系统，以便轮流清仓	
	井巷掘进	在井巷掘进时，工程通过或接近含水的岩层、断层、陷落区、地表水或与钻孔相通的地质破碎带、积水的老窿时，未进行专门的防水设计，且未进行超前探、防水，从而淹没掘进工作面或淹井	（1）通过或接近上述地区时，必须贯彻"有疑必探，先探后掘"的原则，做专门的防水设计，发现异常情况时，应采取相应的措施； （2）有用的钻孔和各种通过地表出口，必须妥善进行防水处理，报废的钻孔和各种出口，必须严密封闭； （3）在工作面发生突水时应及时采取措施，封堵水源，可采取注浆封堵或边注边掘等措施	
空压机房	汽缸	空气受到压缩后产生高温、高压，排气温度过高造成爆炸	（1）降低吸气温度，特别是要减少风阀漏气对吸气温度的影响； （2）提高冷却效果	
	配电柜	接地不良或电源接头不良，产生静电或火花，造成积炭的燃烧爆炸	按规范要求设立可靠的接地，电源接头要求牢靠	
	风包、风阀和管道	（1）润滑油在高压下加剧氧化，形成积炭附在金属表面和风阀上，积炭本身是易燃物，温度升高到一定程度就可能引起燃烧； （2）在运转过程中，机械的撞击或压缩空气中固体微粒附在汽缸等处时，会因摩擦放电而产生火花，引起沉积在这些部位的积炭燃烧爆炸	（1）严格执行安全操作规程； （2）各级排气温度要设温度表监视，不得超过规定； （3）冷却水不得中断，出水温度不超过40℃，并应有断水保护或断水信号； （4）汽缸要使用专用的润滑油，其闪点不得低于215℃； （5）安全阀和压力调解器必须动作可靠，压力表指示准确； （6）风阀要加强维护，定期清洗积炭，消除漏气； （7）风包内的油垢要定期清除，风包出口应加装释压阀； （8）汽缸水套及冷却器要定期清理，去除水垢，要改善冷却水质，避免结垢	

危险场所	作业名称	危险性及控制		安全装置、设施
		事 故 模 式	建 议 措 施	
地面防排水	井筒位置	井口位置地势较低,地表水流入井筒,造成淹井	井口标高应高出当地历年最高洪水位1m以上,确难找到较高的位置或需在山坡上建筑井筒时,必须修筑坚实的高台,或在井口附近修筑可靠的泄水沟或防洪堤坝,以防止暴雨、山洪从井筒涌入淹没矿山	
	防止地面积水	地面易于积水的地形,会使得雨季淹没地表一些设施	矿区内的洼地、陷落区及旧河道应采取防止积水的措施:面积不大的要填平;面积大的要开凿疏水渠,修筑围堤,必要时要建立排水设施,做到及时拦水、疏水和排水	
	封闭通道	地表通达井下的一些通道如果不处理,容易使得地表水流入井下,增加井下排水压力或淹井	对地面可能向井下灌水的裂缝、洞穴以及废旧钻孔等均应及时地用泥浆、黏土或水泥砂浆等堵塞,对报废的井巷也必须妥善封闭	
地表水突入		(1)开采过程中,采场顶板崩塌后将地表水导入; (2)作业区域扩大后,采空区面积增大,区域岩层移动后形成导水裂隙将地表水导入井下造成灾害; (3)洪水期地表水灌入井下形成淹井灾害; (4)移动界线范围内的水塘水渗透、灌入井下,造成灾害	(1)进行岩体力学、变形参数试验; (2)优化采场结构参数; (3)建立地表及岩层移动监测、预报系统; (4)在可能突水区的井巷工程处设置防水闸门; (5)加强井下排水能力,保证设备状况良好; (6)建立水文监测系统及机构; (7)在有条件区段设立隔离矿柱; (8)井口标高及防洪围堤达到设计要求; (9)对移动界线范围内的水塘水要进行疏干,不能有积水	

通过预先危险性分析,找出地下矿山开采引起的各级危险等级事故的触发条件,对Ⅲ级及以上级别的事故单元应引起高度重视,采取一切必要的安全措施,降低其危险等级。

b　地下矿故障类型及影响分析(FMEA)

地下开采主要包括开拓、采切和回采及空区处理步骤,各步骤一般都要经过凿岩、爆破、通风、装载、支护和运输提升等工序。对地下开采主体工程中这几个主要危险单元或工艺进行故障类型及影响分析,用表格的形式发掘出危险作业的事故模式或故障模式,提出对策、措施、建议。

c　地下矿事故树分析

事故树分析法是分析顶上事件、中间事件、正常事件、基本事件等之间的各种关系,即在一个系统中各危险、有害因子与评价函数的关系。片帮冒顶事故树分析如图22-6所示。片帮冒顶事故是矿山掘进和采矿作业的主要事故之一,产生事故的因素亦很多且后果较为严重。

通过确定事故树的基本事件,并求解最小割集、最小径集和结构重要度,做定性分析;求解顶上事件发生概率Q、概率重要系数$I_{P_{(i)}}$、临界重要系数,做定量分析。找出片帮冒顶事故各危险因素重要度系数的大小,从矿岩体稳定性、施工作业、支护等方面制定相应的安全措施,最大限度地降低对作业人员和设备的危害。

F　安全措施及建议

根据可行性研究报告以及建设项目特点,提出安全措施。

(1)可行性研究报告中已经提出的安全措施。

(2)预评价报告提出的安全措施。

1)自然因素安全措施。包括地质岩层出现的"天窗",黏土层,不良地质构造,地质钻孔封孔不良,氧化矿带,地表水体,井下涌水,主要含水层等水文地质方面的安全措施;对不良的工程地质会引起片帮、冒顶事故的安全措施;对废水利用,地震预防,地表沉降变形等方面的环境地质安全措施;对工业场地防洪、防渗、防塌方等方面的安全措施。

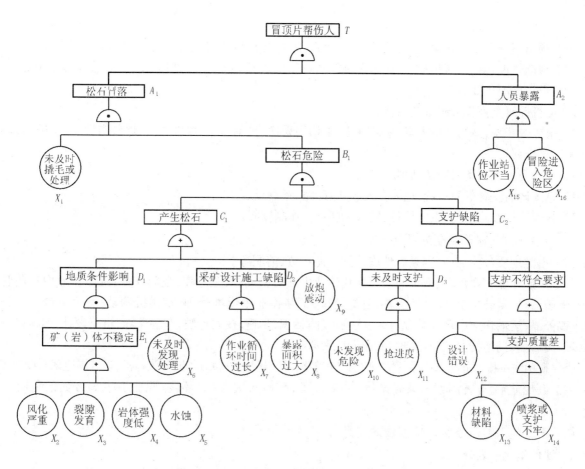

图 22-6 片帮冒顶事故树分析

2）开拓系统安全措施。包括对开拓系统的形成,管路铺设,井下炸药库,主要井巷布置,废弃井巷处理,井下避灾标识,安全设施,警示标识等方面的安全措施。

3）提升运输系统安全措施。包括对钢丝绳检验、更换,提升设备检测,提升安全装置,设备下放,人员乘罐,工作人员素质等;对井下运输设备调度,行人制度,巷道照明,架线,运输设备,安全设施,人员乘车等;对地表厂区道路等方面的安全措施。

4）通风系统安全措施。对通风网路,风流线路,通风设备、设施管理,风流控制,通风检测,主通风机检测,反风,风机安全设施,烟尘处理,破碎系统除尘,大型、特殊硐室的通风等方面的安全措施。

5）排水系统安全措施。对防水设施,排水设备,排水管道,救援预案等方面的安全措施。

6）采矿方法安全措施。对采场暴露面积,采场结构参数,回采顺序,凿岩,爆破影响,顶板支护,顶板管理,保安矿柱,出矿,爆破器材,盲炮处理,爆破安全,充填系统,地压活动,采空区,安全设施,警示标识,工作人员素质等方面的安全措施。

7）其他方面安全措施。包括供电、供气、供水、采矿设备、防火、防爆、安全管理、基建期的安全措施。

（3）建议。对可行性研究报告中未提到的设计方案和安全措施提出新的建议。

G　安全预评价结论

包括可行性研究报告中对各个系统设计的安全可靠性以及需要补充、改进、优化的地方,是否符合国家相关政策法规以及行业标准规范,安全措施落实后能否保证生产安全。

22.4.1.2　非煤露天矿山安全预评价报告

A　前言

前言包括安全评价的目的、依据、范围、内容和程序。

B　建设项目背景及矿山概况

（1）项目概况包括区域位置，交通情况，矿区范围，地形地貌及气象特征，资源量，生产规模等。

（2）地质概况包括区域地质、矿床地质、矿石特征、围岩及夹层、水文地质、工程地质、环境地质等。

（3）设计概况主要有：

1）可行性研究报告采矿系统内容。

2）采矿。开采方式、开拓方案、采矿方法、平均剥采比、采剥总量、爆破方法、爆破参数、二次破碎以及矿山开采工艺流程。

3）废石场。主要剥离物及处理。

4）总图运输。总平面布置、运输方式、运输道路、车辆调度。

5）其他包括破碎系统、主要设备、供水、供电、工作制度等。

C　主要危险、有害因素辨识与分析

（1）自然地质危险、有害因素。地震、滑坡、泥石流、溶洞等。

（2）采矿作业主要危险、有害因素。穿孔作业中钻机移动，安全距离，夜间作业；爆破作业中炸药管理，装药，爆破器材，爆破安全，爆破后检查，盲炮处理；铲装作业中爆堆处理，挖掘机调动，安全平台，挖掘机作业，车辆停靠；运输作业中路面状况，移动坑线，线路标识，车速，夜间行驶，车辆保养，道路设计，运输设备；边坡处理，废石场，场地扬尘，安全管理，操作人员素质等。

（3）矿山防洪排水危险、有害因素。矿山运输道路、工业场地的排水设施，防洪标准，矿区周边截水设施等。

（4）其他危险、有害因素。破碎系统、采矿设备、矿山火灾、周边环境、职业卫生等方面的危险、有害因素。

D　评价单元的划分和评价方法的选择

a　评价单元的划分

根据矿山项目工程提供的有关技术资料和现场调查、类比调查的结果，以及露天采矿系统特点，在建设项目主要危险、有害因素分析的基础上，遵循突出重点，抓主要环节的原则，一般将整个开采系统划分为9个大的评价单元，17个评价子单元，见表22-9。

表22-9　露天采矿安全预评价单元划分

评价单元	子　单　元	依据标准	主要危险、有害因素	评价方法
工业场地与生产设施	工业场地布置	GB16423—2006 GB50187—1993	滚石，爆破飞石	PHA方法
	生产设施	GB16423—2006 GB12265—1990	机械伤害，高处坠落	
	辅助设施	GBJ170 GBL52—1983 GB12265—1990 GB17055—1997	变配电室未有效设置防护措施，空压机发生事故，未设置消防用水	
	防火	GBJ16—1987	管理不当	
防排水	防排水	GB16423—2006	采场未设置防洪系统及足够的防排水设施	PHA方法
采矿作业	穿孔	GB16423—2006	未按安全规程操作	PHA方法、事故后果分析法、LEC法
	爆破	GB16423—2006 GB6722—2003	火工品运输、加工、使用未按规程操作	
	铲装	GB16423—2006	铲装方法不当	
	运输	GB16423—2006	新工作面窄、运矿道路建设不符合规程	
采场边坡	采场边坡	GB16423—2006	边坡未按设计参数施工	PHA方法 ETA法

评价单元	子　单　元	依据标准	主要危险、有害因素	评价方法
废石场	排土工艺	GB16423—2006	排土段高超高,边坡过陡	PHA 方法
	排土场参数	GB16423—2006	台阶坡底形成软弱层	PHA 方法
破碎系统	破碎系统	GB8196	粉尘、噪声	PHA 方法
职业卫生	职业卫生	GBZ1—2002	缺乏劳动保护	PHA 方法
周边环境	周边环境	GB16423—2006 GB6722—2003	滚石、爆破飞石	事故后果分析法 PHA 方法
安全技术管理	安全机构	安全生产法	未依法设置	PHA 方法
	安全管理	安全生产法	未依法设置	

b　评价方法选择

通过对露天开采建设项目的潜在危险、有害因素的初步分析,结合项目的评价范围,进一步运用有关评价方法进行系统安全评价,找出主要灾害事故被触发的原因,系统地了解各危险状况信息;探索几个重大危险可能触发造成的波及范围和破坏程度。可选用的评价方法有预先危险性分析法、事故后果分析法和作业条件危险性评价法等。

E　爆破事故的后果分析

通过数值计算,对爆破振动、冲击波和飞石三种爆破事故后果进行定量评价,并提出预防措施。具体如下:

(1) 爆破振动分析。依据采用的炸药类型、爆破方式、炸药用量和建(构)筑物允许的爆破振动速度,按照爆破振动衰减公式,选取不同参数条件下,计算不同距离、不同炸药用量情况下,爆破对周边设施的影响。

(2) 冲击波影响分析。依据采用的炸药类型、爆破方式、炸药用量,按照冲击波影响距离计算公式,计算冲击波影响距离和一次爆破炸药量之间的关系,分析在冲击波影响范围内的人、物、设备可能受到的破坏和伤害。

(3) 个别飞散物影响分析。依据采用的炸药类型、爆破方式、炸药用量和不同爆破条件下个别飞散物对人员的安全距离,按照个别飞散物影响距离计算公式,计算爆破个别碎块飞散的安全距离,并考虑地形影响,分析安全距离的合理性。

F　作业条件危险性评价

对穿孔、爆破、铲装、运输和排土等采矿作业各流程采用作业条件危险性(LEC)评价法。分析穿孔作业、爆破作业、铲装作业、运输作业和排土作业等各步骤事故发生的可能性(L)、人员暴露于危险环境的频繁程度(E)、一旦发生事故可能造成的后果(C),通过公式 $D = LEC$,计算采矿作业的危险性等级(D),并评价各步骤存在的危险等级。

G　矿山开采对周围环境的影响分析

分析矿山爆破飞石和震动对农田、居民区、电力线路、采石窑口作业的影响,噪声对矿区周围环境的影响,扬尘对矿区周围的居民生活的影响,采区范围内植被破坏产生的视觉污染,并提出安全对策与措施。

H　职业卫生评价

对露天矿山开采中穿孔、爆破、矿岩装运、破碎、排土等环节产生的粉尘、噪声、振动、有毒有害气体危害,以及寒、暑季节影响进行分析评价。

I　安全措施及建议

(1) 可行性研究报告中已经提出的安全措施。

(2) 预评价报告提出的安全措施。对防滑坡泥石流滚石,防爆破事故,防交通事故,防机械伤害,防高处坠落,供电,供气,采矿作业中的穿孔、爆破、铲装、运输、采场边坡、废石场、破碎系统、防粉尘、防噪声、防火、安全管理等方面提出相应的安全措施。

(3)建议。对可行性研究报告中未明确的安全措施提出建议。

J   安全预评价结论

安全预评价结论包括可行性研究报告中对各个系统设计的安全可靠性以及需要补充、改进、优化的地方,是否符合国家相关政策法规以及行业规范标准,安全措施落实后能否保证生产安全。

22.4.2   安全验收评价

安全验收评价是在建设项目竣工、试生产运行正常或区域建设完成后进行,通过对建设项目或区域内的设施、设备、装置实际运行状况及管理状况的检查、分析、确认,查找存在的危险、有害因素,确定其与安全生产法律法规、技术标准的符合性,预测发生事故或造成职业危害的可能性和严重程度,提出科学、合理、可行的安全风险管理措施建议。

安全验收评价是为安全验收进行的技术准备,最终形成的安全验收评价报告将作为建设项目"三同时"安全验收审查的依据。在安全验收评价中,应再次检查安全预评价中提出的安全对策措施的可行性,检查这些对策措施确保安全生产的有效性以及在设计、施工和运行中的落实情况,包括各项安全措施落实的情况、施工过程中的安全设施施工和监理情况,安全设施的调试、运行和检测情况,以及各项安全管理制度的落实情况等。

(1)安全验收评价程序。安全验收评价程序分为前期准备,危险、有害因素辨识,划分评价单元,选择评价方法,定性、定量评价,提出安全风险管理对策措施及建议,做出安全验收评价结论,编制安全验收评价报告。

(2)安全验收评价内容。安全验收评价包括危险、有害因素的辨识与分析,符合性评价和危险危害程度的评价,安全对策措施建议,安全验收评价结论等内容。

安全验收评价主要从以下方面进行评价:评价对象前期(安全预评价、可行性研究报告、初步设计中安全卫生专篇等)对安全生产保障等内容的实施情况和相关对策实施建议的落实情况;评价对象的安全对策实施的具体设计、安装施工情况有效保障程度;评价对象的安全对策措施在试投产中的合理有效性和安全措施的实际运行情况;评价对象的安全管理制度和事故应急预案的建立与实际开展和演练有效性。

1)前期准备工作。主要包括明确评价对象及其评价范围,组建评价组,收集国内外相关法律法规、标准、规章、规范,安全预评价报告、初步设计文件、施工图、工程监理报告、工业园区规划设计文件,各项安全设施、设备、装置检测报告、交工报告、现场勘察记录、检测记录、查验特种设备使用,特殊作业、从业等许可证明,典型事故案例,事故应急预案及演练报告,安全管理制度台账,各级各类从业人员安全培训落实情况等实地调查收集到的基础资料。

2)查找危险、有害因素。参考安全预评价报告,根据周边环境、平立面布局、生产工艺流程、辅助生产设施、公用工程、作业环境、场所特点或功能分布,分析并列出危险、有害因素及其存在的部位、重大危险源的分布、监控情况。

3)划分评价单元。评价单元可按以下内容划分:法律、法规等方面的符合性,设施、设备、装置及工艺方面的安全性,物料、产品安全性能,公用工程、辅助设施配套性,周边环境适应性和应急救援有效性,人员管理和安全培训方面充分性等。

评价单元的划分应能够保证安全验收评价的顺利实施。

4)选择评价方法。

① 符合性评价。检查各类安全生产相关证照是否齐全,审查、确认建设项目是否满足安全生产法律法规、标准、规章、规范的要求,检查安全设施、设备、装置是否已与主体工程同时设计、同时施工、同时投入生产和使用,检查安全预评价中各项安全对策措施建议的落实情况,检查安全生产管理措施是否到位,检查安全

生产规章制度是否健全,检查是否建立了事故应急救援预案。

②事故发生的可能性及其严重程度的预测。采用科学、合理、适用的评价方法对建设项目、工业园区实际存在的危险、有害因素引发事故的可能性及其严重程度进行预测性评价。

5）安全对策措施建议。根据评价结果,依照国家有关安全生产的法律法规、标准、规章、规范的要求,提出安全对策措施建议。安全对策措施建议应具有针对性、可操作性和经济合理性。

6）安全验收评价结论。安全验收评价结论应包括:符合性评价的综合结果;评价对象运行后存在的危险、有害因素及其危险危害程度;明确给出评价对象是否具备安全验收的条件。对达不到安全验收要求的评价对象,明确提出整改措施建议。

（3）安全验收评价报告。

1）总体要求。安全验收评价报告应全面、概括地反映验收评价的全部工作。安全验收评价报告应文字简洁、准确,可采用图表和照片,以使评价过程和结论清楚、明确,利于阅读和审查。符合性评价的数据、资料和预测性计算过程等可以编入附录。安全验收评价报告应根据评价对象的特点及要求,选择下列全部或部分内容进行编制。

2）基本内容。

①结合评价对象的特点,阐述编制安全验收评价报告的目的。

②列出有关的法律法规、标准、规章、规范;安全验收评价报告;相关的批复文件等评价依据。

③介绍评价对象的选址、总图及平面布置、生产规模、工艺流程、功能分布、主要设施、设备、装置、主要原材料、产品（中间产品）、经济技术指标、公用工程及辅助设施、人流、物流、工业园区规划等概况。

④危险、有害因素的辨识与分析。列出辨识与分析危险、有害因素的依据,阐述辨识与分析危险、有害因素的过程。明确在安全运行中实际存在和潜在的危险、有害因素。

⑤阐述划分评价单元的原则、分析过程等。

⑥选择适当的评价方法并做简单介绍。描述符合性评价过程、事故发生可能性及其严重程度分析计算。得出评价结果,并进行分析。

⑦列出安全对策措施建议的依据、原则、内容。

⑧列出评价对象存在的危险、有害因素种类及其危险危害程度;说明评价对象是否具备安全验收的条件;对达不到安全验收要求的评价对象,明确提出整改措施建议;明确评价结论。

3）安全验收评价报告的格式。安全验收评价报告的格式应符合《安全评价通则》中规定的要求。

22.4.2.1　非煤地下矿山安全验收评价报告

A　前言

前言包括安全验收评价目的、基本原则、评价依据、评价范围和内容、工作程序等。

B　建设项目概况

（1）矿山概况。

（2）自然地理。矿区地理位置及交通,地形地貌,气候特征,矿区周边环境,矿区范围。

（3）矿区建设条件。包括矿区地质、矿床地质、水文地质、工程地质、矿床开采技术条件等情况。

（4）项目设计与建设概况。包括开拓系统、提升运输系统、通风系统、排水系统、采矿方法、供水系统、供电系统、通信系统、供气系统、充填系统、总图布置和采矿设备各方面的试生产现状及设备试运转情况是否与项目初步设计或设计变更相符合。

C　主要危险、有害因素识别与分析

根据矿山的试生产现状,辨识和分析危险、有害因素,确定危险、有害因素存在的部位,存在的方式,以及事故发生的途径。地下矿山在生产过程中,一般存在水害、冒顶片帮、爆破伤害、爆炸伤害、车辆伤害、机械伤害、触电、火灾、高处坠落、物体打击、中毒窒息、粉尘危害、噪声危害、振动危害、安全管理缺陷等危险、有害因素。

（1）水文地质、工程地质主要危险、有害因素。

1）水文地质。水文观测，地质钻孔，排水系统保养和维修，水文地质勘探程度，第四系，地表塌陷范围，水文地质管理等。

2）工程地质。工程地质勘探程度，风化带或氧化带，地质构造，顶板管理，开采顺序，危岩处理，留设矿柱等。

（2）开拓系统。安全出口，巷道顶板管理，矿体变化，人行天井，巷道掘进，废弃巷道处理，安全设施，警示标识，避灾线路标识，井下炸药存放等。

（3）提升、运输系统。

1）竖井提升。提升信号，井口防护，钢丝绳、提升机检测，提升安全保护装置，马头门安全设施，井架安全设施，井下候罐区，人员、车辆、物料、爆破器材提升，井筒检修，操作人员素质等。

2）斜井或斜坡道提升。钢丝绳检验或更换，信号、标识，安全门或阻车器，连接装置，跑车装置等。

3）巷道及运输。巷道设计，施工质量，轨道铺设，架空线，行人，管线吊挂，巷道照明，设备运行，机车安全装置，警示标识，物料摆放等。

（4）防洪排水系统。水文地质勘探程度，设计暴雨频率标准，排水设备，排水管路，防水设施，设备检修，泵房管理等。

（5）通风系统。主通风机检测，巷道风量、风速，风流质量，通风设施，各用风点风量，主通风机反风，专用回风井、回风巷，开拓、采准延伸后的通风验算，通风管理，主扇防护等。

（6）采矿系统。

1）开拓和采矿方法。回采顺序，矿柱，采场通风，采场平场，顶板检撬，照明，地压管理，采场内设备，采空区处理等。

2）爆破。爆破器材、炸药管理，爆破材料质量，爆破安全，爆破影响等。

（7）其他方面包括供电系统、供水系统、供气系统、采矿设备、安全管理、防火、防爆、总图布置方面的危险、有害因素。

D　评价单元的划分和评价方法的选择

a　评价单元的划分

根据矿山提供的有关技术资料，通过现场调查和类比调查的结果，以及井下采矿所固有的系统特点，在建设项目主要危险、有害因素分析的基础上，遵循突出重点、抓主要环节的原则，一般将整个开采系统划分为十大评价单元，即自然地质单元、开拓系统单元、提升运输系统单元、采矿系统单元、通风系统单元、防排水系统单元、总图布置单元、安全管理机构及安全管理制度单元、矿山公共安全单元和职业卫生单元。

为了评价工作的方便和直观，再将这十大单元进一步划分若干具体的评价子单元。

b　安全验收评价方法的选择

安全验收评价主要是检查项目"三同时"建设情况；安全专篇和安全预评价中提出的安全对策措施，确保安全生产的有效性以及在设计、施工和运行中的落实情况；项目施工过程中的安全设施施工和监理情况、安全设施的调试、运行和检测情况；各项安全管理制度的落实情况等。采用安全检查表法评价，对建设项目安全"三同时"、安全设施符合性、生产系统适应性进行评价。

E　符合性评价

根据建设项目的特点和前期生产状况，并对照《非煤矿矿山企业安全生产许可证实施办法》、《非煤矿矿山建设项目安全设施设计审查与竣工验收办法》、《金属非金属矿山安全规程（GB16423—2006）》和安全评价划分的评价单元，编制相应的安全检查表对矿山建设工程进行"三同时"安全检查。

安全检查表评分说明如下：

（1）矿山安全检查表分为自然地质（40分）、矿山开拓系统（320分）、提升运输系统（50分）、采矿系统（230分）、矿山通风（41分）、矿山防排水（50分）、总图布置（20分）、安全机构与管理制度（200分）、公共安全（49分）和全矿山安全综合评价结果汇总表。各项评价内容参见表22-10～表22-20。

表 22-10 地下矿山评价单元划分

评价单元	子单元	主要危险、有害因素	评价方法
自然地质	工程地质	冒顶片帮、地表塌陷	SCL 法
	水文地质	矿井突水或淹井	
开拓系统	井巷工程	布置在错动范围内,井筒变形或报废;凿岩爆破未按规程操作;井巷未及时支护	SCL 法
	井下硐室	未按设计要求进行支护;未通风或风流不畅	
	安全出口	安全出口系统不畅	
提升运输系统	提升设施	钢丝绳断裂,措施井的防坠器失灵	SCL 法
	机械运输	拖曳、挤压	
采矿系统	回采工艺	矿块参数不合理,回采顺序不合理,所留矿柱强度不够	SCL 法
	爆破器材	未按安全条例进行管理、领用及清退	
	凿岩爆破	违章作业	
通风系统		风量不够或分配不合理;风流短路、窒息和中毒;触电和机械伤害	SCL 法
防排水	防排水预案	未按安全规程要求编制应急预案	SCL 法
	防排水设施	淹井;触电和机械伤害	
总图布置	工业场地	布置在错动范围内	SCL 法
安全机构及管理制度	安全机构	未按规定设置或配备人员不合理	SCL 法
	规章制度	未按规定建立、健全	
	安全规划	未有或不合理	
	矿图	与实际不符	
公共安全	防灭火	消防设施不全	SCL 法
	供电管理	触电、火灾	
职业卫生		噪声、粉尘、有毒有害气体	职业卫生分级评价法(依据矿山实际检测数据进行评价)

表 22-11 自然地质评价

评价内容	检测方法	评分办法	目标分数	得分
1. 工程地质			17	
(1)矿山必须编制年度探矿、探水计划	查计划	没有编制不得分	5	
(2)对开采范围内的工程地质要进行探矿(岩)设计	查现场及设计	没有设计不得分	3	
(3)要探明开采范围内的地质构造及岩性	查现场及设计	不完善扣 1~2 分	3	
(4)是否及时修改地质资料	查资料	不及时修改不得分	1	
(5)对巷道揭露的矿岩要进行地质素描	查资料	不完善扣 1 分	1	
(6)地质储量要建立动态表	查资料	没有建立不得分	1	
(7)地面要建立岩移观测站	查现场	没有建立不得分	3	
2. 水文地质			23	
(1)要探明开采范围内的水文地质条件	查资料	不完善扣 1 分	3	
(2)应及时修改水文地质图	查资料	不及时修改不得分	1	
(3)井下探防水要编制施工组织设计	查施工组织	缺一次扣 1 分	2	
(4)水害严重的矿山,必须建立专门的防水机构	查机构	没有机构不得分	6	
(5)塌陷区范围内,要有防水设施防止暴雨季节洪水涌入井下	查现场	有待完善扣 1~3 分	5	
(6)防洪物资要齐备	查现场	没有,不得分	3	
(7)设立防洪抢险人员	查资料	没有,不得分	3	
自然地质分数总计			40	

表 22-12　开拓系统评价单元

评价内容	检测方法	评分办法	目标分数	得分
1. 井巷工程			90	
(1) 每个掘进工作面必须编制作业规程,并经总工程师批准	查作业规程	无规程不得分,内容不全、无批准扣5分	10	
(2) 每条巷道掘进工程必须有施工设计,并经总工程师批准	查设计	无设计不得分,无批准扣5分	10	
(3) 井巷工程能保证作业人员安全的有效措施,并进行定期检查	查设计及现场	不能保证不得分,未定期检查扣5分	10	
(4) 斜井施工中,必须有防止滚石的措施	查设计和现场检查	无措施不得分	10	
(5) 竖井施工或检修中,必须有防止落石和杂物的措施,从业人员必须使用保险带	查施工或检修记录	不符合不得分,查一处扣5分	10	
(6) 井巷断面能满足行人、运输、通风和安全设施、设备的安装、维修及施工需要	查设计和现场检查	有个别地方断面不满足,扣3~6分	10	
(7) 主要井巷工程失修率不超过7%,其中严重失修率不超过3%	查日常检查记录	失修率超过7%扣5分,严重失修率超过3%扣8分	10	
(8) 矿山井巷工程必须定期维修,并配备足够维修人员	查记录和机构配置	未定期维修、无专人维修各扣5分	10	
(9) 矿山主要井巷工程规格符合设计要求,确保从业人员活动畅通	查设计和日常检查记录	有一处不满足扣2分	10	
2. 井下硐室			40	
(1) 永久性中央变电所和井底车场内其他机电设备检修硐室须混凝土支护	查设计和现场检查	未支护或不满足要求不得分	10	
(2) 提升绞车硐室应符合安全规程要求	查设计和现场检查	不符合安全规程不得分	10	
(3) 井下炸药库硐室必须混凝土支护,并有良好的通风条件、两个安全出口	查设计和现场检查	不满足要求或一个安全出口不得分,通风不好扣5分	10	
(4) 井下破碎硐室必须混凝土支护,并有良好的通风条件、两个安全出口	查设计和现场检查	不满足要求或一个安全出口不得分,通风不好扣5分	10	
3. 安全出口			190	
(1) 每个矿井至少有两个独立的能行人的直达地面的安全出口,安全出口间距不得少于30 m	查设计和现场	只有一个安全出口或间距小于30 m不得分	50	
(2) 矿井的每个生产水平(中段)有与直达地面的出口相通	查设计和现场	安全出口正在完善扣20分	40	
(3) 各个采区(盘区)至少有两个安全出口	查设计和现场	只有一个安全出口不得分	30	
(4) 提升竖井作为安全出口时,必须有保障行人安全的梯子间	查设计和现场	无梯子间不得分	30	
(5) 井口及行人巷道要有明显的安全出口标识	查设计和现场	无出口标识不得分	20	
(6) 安全出口的高度不小于1.8 m	查设计和现场	有一处不满足扣5分	20	
开拓系统分数总计			320	

表 22-13　提升运输评价单元

评价内容	检测方法	评分办法	目标分数	得分
1. 提升设施			35	
(1) 提升设备的天轮、卷筒、摩擦轮、导向轮和导向轮等的最小直径同钢丝绳直径比是否满足规程要求	现场检查计算	查一处不合格扣0.5分,扣完为止	2.0	
(2) 钢丝绳固定与缠绕是否满足规范要求	现场检查	不符合要求不得分	1.0	
(3) 提升速度是否满足规范要求	现场检查	查一处超限扣0.5分	1.0	

评价内容	检测方法	评分办法	目标分数	得分
(4)滚筒直径1.2 m以上的提升机必须装设保险装置	现场检查、试验	不符合要求不得分	1.0	
(5)斜坡道提升系统设常闭式防跑车装置和必要挡车装置,行车时严禁行人	现场检查	没有安装防跑车装置,扣2分	2.0	
(6)竖井提升系统必须设防坠(多绳除外)和过卷保护装置,并经常检查,保持完好	现场检查和检查记录	无安全设施不得分,无检查记录扣1分	2.0	
(7)提升系统必须有完备的声光信号装置、各水平要有声光信号装置、各中段必须有直通联系电话	现场检查	各水平缺声光信号,扣1分	2.0	
(8)竖井井筒内提升容器之间、容器和井壁或罐道梁之间的最小间隙,必须符合规程要求	查设计和现场检查	无设计不得分,不符合一处扣1分	2.0	
(9)提升设备必须有能独立操纵的工作制动和紧急制动的安全制动系统,其操作系统须设在司机操作台	现场检查	不符合要求不得分,查一处扣1分	2.0	
(10)各提升中段的安全标识设置齐全	现场检查	各段的安全标志不全,扣1分	1.0	
(11)单绳缠绕式提升设备的钢丝绳,在悬挂时的安全系数必须满足规范要求	检查安全系数计算书	无计算书不得分	3.0	
(12)提升钢丝绳的定期检验	查试验报告	未定期检验不得分	3.0	
(13)使用中的钢丝绳作定期检验时,安全系数不符合要求,必须更换	查验算报告	未作验算报告不得分	3.0	
(14)连接装置和其他部分,按极限破断强度计算的安全系数必须满足相应条件的要求	检查安全系数计算书	无计算书不得分	3.0	
(15)连接装置使用和试验	现场抽查和试验记录	查一处扣1.5分,扣完3分为止	3.0	
(16)钢丝绳日常检查	查检查记录	无日常检查不得分	4.0	
2. 机械运输			15.0	
(1)竖井垂深超过50 m和长度超过1500 m的平巷(包括平硐)必须有机械运人设备	查现场	未按规定设置人车的不得分	1.0	
(2)斜井运送人员的车辆必须有顶盖,车辆上必须有可靠的断绳保险器	查现场	使用非标准人车或断绳保险器不可靠不得分	1.0	
(3)新改扩建矿山不得使用空矿车运人	查现场	不符合要求不得分	1.0	
(4)机车运人时,人员上下地点应有足够的照明,架空线必须装设分段开关,上下人员时切断架空线电源	查现场检查	不符合要求不得分	1.0	
(5)电机车的适用范围必须符合《金属非金属矿山安全规程》有关规定	现场抽查	不符合规定不得分	1.0	
(6)电机车运行中必须要有发送紧急信号的规定	现场抽查	无制定发送紧急信号不得分	1.0	
(7)电机车运行中必须制定运行规章	现场抽查	无制定运行规章不得分	1.0	
(8)电机车的闸、灯、警铃、连接器和撒砂装置必须正常使用	现场检查	查一处闸、灯、警铃、连接器和撒砂装置不合格扣1分	4.0	
(9)架空线高度必须满足规范要求	现场抽查	架线不符合规程要求,扣1分	1.0	
(10)架空线悬挂间隔必须满足规范要求	现场检查	悬线间隔过大,扣1分	1.0	

续表 22-13

评价内容	检测方法	评分办法	目标分数	得分
(11) 主要运输巷道轨道质量必须满足规范要求	现场检查	查一处轨道高低差、间隙、轨距偏差不合格扣0.25分	1.0	
(12) 轨道连接满足规范要求	现场检查	轨缝无焊接,扣0.5分	1.0	
提升运输分数总计			50.0	

表 22-14 采矿系统评价单元

评价内容	检测方法	评分办法	目标分数	得分
1. 回采工艺			130	
(1) 矿山必须编制年度采掘计划	查采掘计划	无采掘计划不得分	10	
(2) 每个回采工作面必须编制作业规程,并经总工程师批准	查作业规程	无规程不得分,内容不全扣5分,无批准扣10分	20	
(3) 设计规定保留的矿柱、岩柱,在规定的期限内,应当予以保护,不得开采或毁坏	查设计和现场	未按设计开采不得分	20	
(4) 每个采场必须有开采单体设计,并经总工程师批准	查设计	无设计不得分,无批准扣5分	15	
(5) 采场回采必须有控制顶板冒落的措施	查设计	无措施不得分	15	
(6) 竖井与各中段的连接处、天井、溜井、地井和漏斗口,必须设有标识、照明、护栏或格筛、盖板等防坠措施	查设计、现场	有一项不满足要求不得分	15	
(7) 地表陷落区应设明显标识和栅栏,通过陷落区的井巷工程应封闭,人员不准进入陷落区和采空区	查设计、现场	塌陷范围内未设置栅栏扣10分	15	
(8) 在处理矿山溜井、采区溜井或采场漏斗堵塞时,必须有安全保障措施	现场检查	无措施不得分,有一处不合格扣5分	10	
(9) 采空区处理必须编制处理设计,并严格按照设计施工	查设计、处理过程记录	采空区处理措施不完善,扣5~10分	10	
2. 爆破器材			40.0	
(1) 爆炸物品的生产、储存、购买、运输、使用符合《民用爆炸物品管理条例》规定	查各类资质和领用记录	不符合不得分,有一次违章扣2分	8.0	
(2) 制定严格的管理、领用和清退登记制度	查制度、日常领用记录	无制度不得分,有一次违章扣1分	4.0	
(3) 地面炸药库必须有设计,其位置、结构和设施满足规程要求,并经主管部门批准和公安部门许可	查设计、批准许可证	有一项不符合不得分	8.0	
(4) 井下临时炸药库必须有设计,其位置、结构和设施满足规程要求	查设计、现场	有一项不符合不得分	8.0	
(5) 地面、井下炸药库不得超过储存最大药量	查设计、现场	有一项不符合不得分	8.0	
(6) 地面、井下炸药库必须有足够的消防器材	现场检查	不符合要求不得分	4.0	
3. 凿岩爆破			60.0	
(1) 井下爆破作业,必须按审批的爆破设计书或爆破说明进行。爆破设计书应由单位主要负责人批准	查设计和批准文件	无设计不得分,无批准文件扣2分	8.0	
(2) 爆破从业人员必须持证上岗,并定期进行培训	查上岗证和培训记录	无证上岗不得分,无培训扣1分	4.0	

评价内容	检测方法	评分办法	目标分数	得分
(3) 地下爆破应在有关的通道上设置岗哨。回风巷应使用木板交叉钉封或设支架路障,并挂上"爆破危险区,不准入内"的标志,巷道经过充分通风后,方可拆除回风巷的木板及标志	现场检查	有一处不符合扣1分,扣完为止	8.0	
(4) 起爆前必须有明确的警戒信号,打开所有的井盖门,与爆破作业无关的人员必须撤离井口	现场检查	有一处不符合扣1分	4.0	
(5) 距离炸药库30m以内的区域禁止爆破	查设计、现场、测量	无设计和不符合要求不得分	4.0	
(6) 爆破后,爆破员必须按规定的等待时间进入爆破地点,检查有无冒顶、危石、支护破坏和盲炮等现象,如果有应及时进行处理,只有确认爆破地点安全后,经当班爆破班长同意,才准许人员进入爆破地点	检查现场、爆破记录	有一处不符合扣1分	12.0	
(7) 电力起爆时,爆破主线、区域线、连接线必须悬挂,不得同金属管物等导电物体接触,也不得靠近电缆、电线、信号线等	检查现场、爆破记录	有一处不符合扣1分	8.0	
(8) 竖井、盲竖井、斜井、盲斜井或天井掘进爆破,起爆时井筒内不得有人	检查现场、爆破记录	有一处不符合扣1分	4.0	
(9) 严禁在残孔上打孔	检查现场、爆破记录	有一处不符合扣1分	4.0	
(10) 每次爆破后,爆破员应认真填写爆破记录	检查现场、爆破记录	有一处不符合扣1分	4.0	
采矿系统分数总计			230	

表22-15 通风系统评价单元

评价内容	检测方法	评分办法	目标分数	得分
(1) 所有矿井必须建立完善的机械通风系统,满足《金属非金属矿山安全规程》的规定	查通风系统图及资料	无机械通风系统不得分	10.0	
(2) 掘进工作面和通风不良的采场必须安装局部通风设备	现场检查	不符合要求不得分	6.0	
(3) 井下各用风点的风速、风量和风质必须满足作业安全要求	现场检查和检测	查一处不合格扣1分	6.0	
(4) 停止作业并已撤出通风设备而又无贯穿风流通风的采场、独头上山或较长的独头巷道,应设栅栏和标志,防止人员进入	查设计图纸和现场检查	查一处不合格扣1分	4.0	
(5) 井下炸药库和充电硐室,要有独立的回风道;井下所有机电硐室都必须供给新鲜风流	查设计图纸和现场检查	查一处不合格扣1分,扣完为止	4.0	
(6) 凿岩必须采用湿式作业。缺水地区或湿式作业有困难的地点,应采取干式捕尘或其他有效防尘措施	查设计图纸和现场检查	查一处不合格扣1分,扣完为止	3.0	
(7) 主要通风机房必须有地面信号电缆与调度室相连,并保持畅通	检查现场及通信系统图	没有设置通信电话不得分	3.0	
(8) 矿山必须要有足够的检测仪表,制定定期(10天)检测计划,并有检测记录	现场检查检测记录	配备仪器不全不得分	3.0	
(9) 矿山井下的风流速度必须符合《金属非金属矿山安全规程》的规定	查设计图纸和现场检查	不符合要求不得分	2.0	
通风系统分数总计			41	

表 22-16 防排水评价单元

评价内容	检测方法	评分办法	目标分数	得分
1. 防排水预案			22.0	
(1) 矿山必须编制防治水规划和年度防治水计划	查规划和计划	无规划和计划不得分	8.0	
(2) 水文地质复杂的矿山,必须在井底车场周围设置防水闸门,对接近水体而又有断层通过的地区或与水体有联系的可疑地段,必须有探放水措施	查设计资料和现场检查	井下探放水措施不全,扣4~8分	8.0	
(3) 矿山防排水应急救援预案,并明确人员、设备、材料和培训、演练	查预案和日常记录	无预案不得分,有一处不符合扣2分	6.0	
2. 防排水措施			28.0	
(1) 矿山必须在雨季前对防治水工程进行全面检查	查检查记录	无检查不得分	6.0	
(2) 矿井(竖井、斜井、平硐等)井口的标高,必须高于当地历史最高洪水位1m以上,并有防止地表水进入井口的措施	查设计和现场检查、测量	不符合要求不得分,无措施扣2~6分	6.0	
(3) 井下主要排水设备的型号和数量,应能满足井下排水量的需求	查设计资料、现场	无设计不得分,排水设备不满足要求扣2~6分	6.0	
(4) 井下排水管路必须有工作的和备用的	查设计资料和现场检查	无设计不得分,无备用管路扣1分	2.0	
(5) 井下排水泵房和水仓连接通道应设置防水闸门	查设计资料和现场检查	无设计不得分,无防水闸门扣1分	2.0	
(6) 井下泵房必须有两个安全出口	查设计资料和现场检查	无设计不得分,一个安全出口扣1分	2.0	
(7) 水仓沉淀池每年至少清理两次淤泥	现场检查和查记录	每少一次扣2分,扣完为止	1.0	
(8) 井下探防水必须要有设计和专人负责	查设计资料和现场检查	探防水措施落实不具体扣1.5分	1.5	
(9) 探防水必须制定规程,做到有疑必探,先探后掘	查规程和探防水记录	探防水措施落实不具体扣1.5分	1.5	
防排水分数总计			50.0	

表 22-17 总图布置评价单元

评价内容	检测方法	评分办法	目标分数	得分
(1) 井口工业场地的安全设施、建筑物等必须符合设计要求	查设计、现场	不符合设计要求不得分	3	
(2) 井架上的人行梯必须符合设计标准	查设计、现场	有一处不符合扣1分	2	
(3) 井口工业场地堆放的物料,必须按种类、规格等码放整齐	查现场	措施并不符合要求扣1分	1	
(4) 处在山坡处的工业场地,山坡要有防山体滑坡的安全设施	查设计、现场	没有采取安全措施不得分	2	
(5) 各类建筑物的防雷设置必须按防雷分类进行设置	查设计、现场	有一处不符合要求不得分	2	
(6) 井口工业场地的消防、救援通道必须畅通	查现场	不符合要求不得分	2	
(7) 厂区道路必须达到设计标准	查设计、现场	不符合要求不得分	1	
(8) 处在错动范围内井筒及设施,必须留足保安矿柱	查资料	没有留足保安矿柱不得分	3	
(9) 工业场地要有水沟等防洪设施,确保工业场地不受洪水的侵害	查设计、现场	不符合要求不得分	1	
(10) 工业场地的警示标语要齐全	查现场	有一处不符合要求不得分	1	
(11) 工业场地的井口、平台、集水坑、水池、卸矿地点等,按规定要设置安全防护栏	查现场	有一处不符合要求扣1分	2	
总图布置分数总计			20	

表 22-18 安全机构、管理制度评价单元

评 价 内 容	检 测 方 法	评 分 办 法	目标分数	得分
1. 安全机构			40.0	
（1）矿山必须建立安全员队伍	检查人员设置情况和工作记录	无设置机构不得分	20.0	
（2）矿山必须建立通风防尘队伍	检查人员设置情况和工作记录	无设置机构不得分	10.0	
（3）矿山必须建立辅助救援队伍	查资料和现场检查	无队伍扣5分,无演习扣3分	5.0	
（4）矿山每班组必须设专职或兼职安全员	查资料和现场检查	无设置扣5分,工作制度不全扣2分	5.0	
2. 规章制度			84.0	
（1）矿山必须建立安全生产责任制度	检查3个月会议记录	无制度各小条均不得分	6.0	
（2）矿山必须建立安全目标管理制度	检查3个月活动记录	无制度各小条均不得分	6.0	
（3）矿山必须建立安全例会制度	检查3个月安全检查记录	无制度各小条均不得分	6.0	
（4）矿山必须建立安全检查制度	检查合同条款、查记录	无制度各小条均不得分	6.0	
（5）矿山必须建立安全教育培训制度	检查3个月干部下井记录	每一人次不合格扣2分,扣完6分为止	6.0	
（6）矿山必须建立设备管理制度	查制度	无责任制不得分	6.0	
（7）矿山必须建立危险源管理制度	查制度	无责任制不得分	6.0	
（8）必须建立事故隐患排查与整改制度	查制度	无责任制不得分	6.0	
（9）矿山必须建立安全技术措施审批制度	查制度	无责任制不得分	6.0	
（10）必须建立劳动保护用品管理制度	查制度	无责任制不得分	6.0	
（11）矿山必须建立事故管理制度	查制度	无责任制不得分	6.0	
（12）矿山必须建立应急管理制度	查制度	无责任制不得分	6.0	
（13）矿山必须建立安全奖惩制度	查制度	无责任制不得分	6.0	
（14）必须建立安全生产档案管理制度	查制度	无责任制不得分	6.0	
3. 安全规划			67.0	
（1）矿山职工调换工作岗位必须重新培训	查资料	不符合要求不得分	1.0	
（2）井下实习和参观人员在下井前必须学习有关安全注意事项	查记录	不符合要求不得分	1.0	
（3）矿山在编制生产建设发展规划的同时,必须编制安全技术发展规划	查规划	无规划不得分	5.0	
（4）矿山每年必须编制安全技术措施计划	查计划	无计划不得分	15.0	
（5）矿山必须编制灾害应急救援预案和处理计划	查计划	无计划不得分	15.0	
（6）每年矿山必须编制矿山年度检修计划	查计划	无规划各小条均不得分	30.0	
4. 矿图			9.0	
（1）矿山地面、井下采掘工程对照图	检查矿山图纸资料	无图纸或图纸不合格不得分	1.0	
（2）矿山地质和水文地质图	检查矿山图纸资料	无图纸或图纸不合格不得分	1.0	
（3）矿山井下采掘工程布置图	检查矿山图纸资料	无图纸或图纸不合格不得分	1.0	
（4）矿山井巷工程布置图	检查矿山图纸资料	无图纸或图纸不合格不得分	1.0	
（5）矿山井下通风系统图	检查矿山图纸资料	无图纸或图纸不合格不得分	1.0	
（6）矿山运输系统图	检查矿山图纸资料	无图纸或图纸不合格不得分	1.0	
（7）矿山井下防排水系统图	检查矿山图纸资料	无图纸或图纸不合格不得分	1.0	
（8）矿山供电系统图	检查矿山图纸资料	无图纸或图纸不合格不得分	1.0	
（9）矿山井下避灾线路图	检查矿山图纸资料	无图纸或图纸不合格不得分	1.0	
安全机构、管理制度分数总计			200	

表 22-19　公共安全评价单元

评价内容	检测方法	评分办法	目标分数	得分
1. 防灭火			9.0	
（1）生产和建设矿山必须制定地面和井下防火措施、防火制度	检查有关规章制度	无制定制度或制度不全不得分	2.0	
（2）矿山地面必须设置消防水池，并经常保持足够的水量	查有关资料和现场检查	无水池或水量不足不得分	2.0	
（3）消防制度健全，防灭火措施得力，消防器材充足	查有关资料和现场检查	无制度、无专职人员、无消防材料各扣1分	2.0	
（4）井下使用和已经用过的润滑油、棉纱、布头、纸等必须放在铁皮筒内，统一运送到地表	现场检查	发现一处不符合扣1分，扣完为止	1.0	
（5）井下严禁将剩下的废油泼洒在巷道和硐室内	现场检查	发现一处不符合扣1分，扣完为止	1.0	
（6）有特殊要求的防护用品、器材、安全监测仪器仪表、安全附件等必须符合国家或行业安全标准	查有关资料和现场检查	不符合要求不得分	1.0	
2. 供电管理			40	
（1）矿山必须制定各类用电设备的规章制度	查制度和记录	无规章制度不得分，缺一项制度扣1分	5.0	
（2）矿山必须有专职电气维修人员，并持证上岗	查定员和查上岗证	缺一项制度扣1分	5.0	
（3）矿山必须编制主要用电设备分布图，并有责任人	查资料图纸	缺一项制度扣0.5分	2.0	
（4）矿山必须有独立的双回路电源线路	查设计和图纸	不符合要求不得分	5.0	
（5）井下照明电压，运输巷道和井底车场应不超过220 V；采掘工作面、出矿巷道、天井和天井至回采工作面之间，应不超过36 V；行灯电压应不超过36 V；携带式电动工具的电压，应不超过127 V	查设计和图纸、查现场记录	无设计不得分，有一处不符合扣2分	5.0	
（6）井下所有电气设备及其金属外壳、电缆的配件、金属外皮等都应有接地保护，禁止接零或中性点直接接地	现场检查	无设计不得分，有一处不符合扣1分	2.0	
（7）井下电缆敷设应当有必要的保护和绝缘措施	查设计和现场检查	无设计不得分，有一处不符合扣1分	2.0	
（8）定期对机电设备进行检查、维护，检漏装置必须灵敏可靠	现场检查和查检查记录	有一处不符合扣1分	2.0	
（9）矿山变电所的高压馈电线上，应装设检漏保护装置	现场检查	无检漏保护装置不得分	2.0	
（10）井下低压馈电线上，应装设带有漏电闭锁保护装置，若没有必须装设自动切断馈电线的检漏装置	现场检查	无装低压检漏扣1分	2.0	
（11）井下所有作业地点、安全通道和通往作业地点的人行道，都应有照明	现场检查	每发现一处扣0.5分	2.0	
（12）矿井井上、井下通信设施完善可靠	现场检查	不完善扣1~2分	2.0	
（13）矿山井下电气设备必须符合《金属非金属矿山安全规程》的规定	现场检查电气设备	有一处不符合扣1分	2.0	
（14）矿山井下电缆必须符合《金属非金属矿山安全规程》的规定	现场抽查	有一处不符合扣0.5分	1.0	
（15）井下用电设备周围必须保持清洁、无淋水、积水，外壳完整	现场抽查	有一处不符合扣0.5分	1.0	
安全机构、管理制度分数总计			49	

表 22-20 安全综合评价结果汇总

评 价 项 目	目 标 分 数	不存在项目分数	实 得 分 数
一、自然地质评价	40		
二、矿山开拓系统评价	320		
三、提升运输系统评价	50		
四、采矿系统评价	230		
五、通风系统评价	41		
六、防排水评价	50		
七、总图布置评价	20		
八、安全机构、管理制度评价	200		
九、公共安全评价	49		
总计	1000		
最后评价实得分数	1000		
综合评价等级			

（2）安全验收评分办法。在安全评价时，如该矿无某评价指标的内容而不需要评价时，该指标分数应从总分中扣除。计算方法为：

被评价项目实际得分 = （实际评价指标分数总和×1000）÷（1000 - 被扣除的某评价指标分数）

（3）综合评价等级划分。把矿山安全评价结果划分为4个等级，Ⅰ为安全可靠级（$M = 950 \sim 1000$ 分）、Ⅱ为基本安全可靠级（$M = 800 \sim 950$ 分）、Ⅲ为临界级（$M = 500 \sim 800$ 分）、Ⅳ为危险级（$M = 0 \sim 500$ 分）。

F 安全设施"三同时"评价

a 安全设施"三同时"说明

地下矿山井下主要安全设施为：主副井提升设施及梯子间、井下排水设施、井下通风设施、风井（安全出口）、供配电设施、井下防火设施等。验收评价时对矿山安全设施及相关资料进行现场检查了解，依据《金属非金属矿山安全规程》（GB16423—2006）等相关规程的要求，对各生产系统设置情况、运转情况、安全管理制度等进行详细的评价。

b 安全设施符合性及适应性评价

（1）开拓系统。

1）设计的开拓系统是否已经形成。

2）矿山所形成的开拓系统能否满足生产水平的生产任务。

3）开拓系统中安全出口及其设施（如主副井梯子间、风井梯子间等）是否按照设计进行施工和完善。

4）是否按设计安装了防水闸门。

5）井筒安全间隙、运输巷道、井底车场的人行道、架线高度、设备与支护间的安全间隙是否符合安全规程的规定。

6）开拓系统是否与《初步设计》及《安全专篇》一致，不一致的地方是否增加了变更设计与说明。

7）主要巷道高度、人行道高度与宽度、设备与巷道壁间隙、架线高度等是否符合安全规程。

8）井下主要硐室，如中央变电所、水泵房、水仓是否符合设计要求。

（2）提升运输系统。

1）现有运输能力能否满足矿山开采能力。

2）提升设备、运输线路、运输设备型号、铺轨架线等是否与设计一致。

3）提升机、钢丝绳是否委托有资质单位进行了检测，并出具了检测报告。

4）车辆是否按有关规定进行维修保养。

5）轨道铺设是否达到安全规程要求。

（3）排水系统。

1）井下排水设备及排水管道是否与设计一致。

2）水泵的排水量、管路的直径及壁厚能否满足排水要求。

3）水仓容量能否满足要求。

（4）通风系统。

1）通风方式是否符合矿山生产系统。

2）通风量能否满足矿山生产要求。

3）风机型号、数量、安设位置是否与设计相符。

4）是否对通风系统进行了全面的检测，检测的风速、风量、风质、温度、湿度等是否符合供风要求及国家卫生标准。

5）井下破碎系统是否有独立的回风天井。

6）主要进风井巷、运输巷道以及人行平巷是否每年进行清洗。

7）溜井卸矿口是否有防尘装置。

8）井下有无风流短路、漏风现象。

9）井下辅扇、工作面局扇配备是否满足生产及安全要求。

10）是否委托有资质单位对主风机性能进行检测。

（5）采矿方法。

1）选用的采矿方法是否符合开采矿体的地质特征以及企业的技术、管理水平。

2）所采用的采矿方法、采场结构参数是否与设计一致。

3）是否按设计控制采场顶板暴露面积和暴露时间。

4）采空区是否及时处理，处理方式是否合理。

5）采用充填法处理采空区的矿山，充填站是否已经建成并投入使用。

6）充填能力能否满足安全和生产需要。

7）是否进行过充填试验。

8）充填体强度能否满足要求。

9）充填是否接顶，能否防止采空区垮塌和地表塌陷。

（6）其他包括供气系统、供电系统、安全制度、证件等方面的符合性进行评价。

c 评价结论

说明矿山安全设施是否满足"三同时"要求，即矿山主要安全设施与主体工程是否达到了安全"三同时"，安全设施是否满足设计要求和矿山安全生产的需要。

G 安全生产规范性评价

a 安全设施、设备规范性评价

（1）矿山安全设施及设备。提升设备、通风设备、排水设备、运输设备、供配电设备、凿岩设备和特种设备及设施。

（2）安全设施规范性检查见表22-21。

表22-21 安全设施规范性检查

检查项目及内容	检查结果	评价结论
安全设施设计单位是否具有相关资质，设计是否符合规程要求		
安全设施施工单位是否具有相关资质，施工是否符合设计要求		
安全设施的设置是否符合设计要求		
安全设施是否有效		
安全设施的维护是否及时		
安全设施是否有维护记录，记录是否在维护有效期内		

（3）设备规范性检查见表22-22和表22-23。

b　安全管理机构、人员规范性评价

（1）安全管理机构及人员设置情况。

（2）安全管理机构、人员设置规范性检查见表22-24。

表22-22　采装设备规范性检查

检查内容	安全要求	检查结果	评价结论
钻机	钻机是否为标准设备		
	钻机是否完好		
	钻机是否日常保养		
空压机	空压机是否为标准设备		
	空压机运转保养情况		
铲运机	铲运机是否为标准设备		
	铲运机运转保养情况		
	铲运机驾驶室上方是否设牢固的防护棚		
	铲运机是否有废气净化装置		
电机车	电机车是否为标准设备		
	电机车日常运转和保养情况		
	电机车的滑触线架设是否符合规程规定		
	是否为报废车辆		
矿车	是否为标准设备		
	是否日常保养和维修		
	是否使用报废的车辆		

表22-23　辅助系统设备规范性检查

检查内容	安全要求	检查结果	评价结论
提升机	是否为定型设备		
	是否运转正常和日常维护		
	措施井是否进行定期的检查和试验		
罐笼	是否为定型设备		
	是否进行定期的检查和试验		
	是否运转正常和日常维护		
钢丝绳	是否为定型设备		
	是否运转正常和日常维护		
	是否进行定期的检查和试验		
主扇	是否为定型设备		
	主扇是否连续运转		
	主扇是否具有相同型号和规格的备用电动机和反风措施		
	主扇风机房是否设有测量设备的仪器仪表		
	是否进行自控系统的检查		
局扇	是否为定型设备		
	是否有完善的保护装置		
	是否运转正常和日常维护		
	局扇和风筒是否进行定期的检查和试验		

检查内容	安 全 要 求	检 查 结 果	评价结论
水泵	是否为定型设备		
	是否运转正常和日常维护		
	是否进行定期的检查和试验		
供电设施	电力装置应符合规程要求		
	在变压器、带电导线、设备、油开关附近,不应有损坏电气绝缘或引起火灾的热源		
	是否对电气设备配置了符合规程要求的检查制度		
	矿井电气设备保护接地系统是否形成接地网		
	井下电气设备是否接零		
	设备是否完好,运转是否正常		
	金属外壳是否良好接地		
	是否进行了定期的检查检修		

表22-24　安全管理机构、人员设置规范性检查

检查项目及内容	检 查 结 果	评 价 结 论
安全管理机构是否健全		
安全管理人力资源设置是否合理		
安全管理人员配备的技术力量是否满足要求		
安全管理人员是否经过考试合格并持证上岗		

c　其他安全生产规范性评价

(1)主要设备是否定期检查和试验。

(2)设备型号与设计是否一致。

(3)主要设备的辅助设备是否按设计配备。

(4)主要设备是否满足或适应实际生产。

d　评价结论

H　生产系统适应性评价

a　生产系统的适应性分析

矿山采矿生产系统主要有:采矿、提升、运输、防排水、通风、供配电、通信、供气和供水、辅助系统等。在这些系统中,对安全生产影响较大的有开拓、提升、运输、防排水、通风和供配电系统,这些系统如果能力不足或工作不正常,可能直接引起开采过程中的非正常生产甚至引起事故,故权值取5;其他系统对矿山的安全生产有一定的影响,权值取3或1。生产系统的权值见表22-25。

表22-25　生产系统的权值

系统名称	系统失控后果	权　值
采矿系统	凿岩、爆破、片帮、冒顶等事故,对生产、人员安全有重大的影响	5
提升系统	人员设备坠落,事故后果严重,可能性较大,危险程度大	5
运输系统	翻车、机械伤人,对安全生产有一定影响	5
防排水系统	排水不畅影响正常生产,甚至导致淹井,事故后果严重,可能性较大,危险程度大	5
通风系统	通风效果差、人员窒息及炮烟中毒,直接造成人员伤亡,事故后果严重,可能性较大,危险程度大	5

系统名称	系统失控后果	权　值
供配电系统	生产系统瘫痪,触电造成人员伤亡,事故后果严重,可能性较大,危险程度大	5
通信系统	生产调度失灵,对生产和人员安全有一定影响	3
供气和供水	噪声污染,不能进行湿式凿岩,工人患职业病,对安全生产有一定影响	1
辅助系统	后勤供给不足、设备检修不及时、安全管理不到位、安全教育与培训不正常,对生产和人员安全有较大的影响	3

b　生产系统的适应性评价方法

为了进行适应性评价的需要,给每个系统赋予一定的权值,见表22-25。将各生产系统对矿体生产安全的适应性分为3个等级,各评价等级、分值及评价依据见表22-26。

表22-26　评价等级、分值及评价依据

评价等级	评价分值	评价依据
有效	100～80	满分要求: (1) 能力可以满足要求; (2) 覆盖范围足够; (3) 没有任何隐患; (4) 任何情况下都是有效的; (5) 任何状态下都是有效的 扣分依据: (1) 有隐患但不在主要开采区,扣5分; (2) 覆盖范围不够但不在主要开采区,扣5分; (3) 紧急情况下不适应但调整后适应所有开采区,扣5分; (4) 检修状态下不适应但可以立即启动适应开采区,扣5分
基本有效	80～65	满分要求: (1) 改进后能力可以满足要求; (2) 改进后覆盖范围足够; (3) 在矿山开采区没有隐患; (4) 紧急情况下适应所有开采区; (5) 检修状态下适应所有开采区 扣分依据: (1) 在开采范围有隐患,扣5分; (2) 紧急情况下部分不适应开采区,扣5分; (3) 检修状态下不适应但可以立即启动适应一些开采区,扣5分
无效	<65	有下列情况之一者为不适应并扣5分: (1) 改造后的能力不能适应生产; (2) 改造后范围仍不能覆盖一些开采区; (3) 紧急情况下不适应主要生产作业; (4) 缺乏必需的设备、设施又无法改进; (5) 系统不完善又无法改进或不想改进; (6) 系统不合理又无法改进或不想改进; (7) 存在安全隐患; (8) 存在对矿山生产安全的其他不利因素,且无法改进或不想改进等

生产系统的适应性分值用式(22-4)计算:

$$P = \frac{1}{Q} \sum_{1}^{N} p_i q_i \tag{22-4}$$

式中　P——生产系统适应性分值；

N——生产系统数；

q_i——第 i 个生产系统的权值；

p_i——第 i 个生产系统的适应性分值；

Q——生产系统的权之和,由式(22-5)给出：

$$Q = \sum_1^N q_i \qquad (22-5)$$

c　生产系统的适应性评价内容

(1)提升系统。矿山采用的提升方案；各井筒提升能力；提升系统的能力覆盖范围；人行梯子间等紧急逃生装置是否符合规范要求。给矿山提升系统的适应性赋值。

(2)排水系统。水仓、泵房的布置；排水方式；排水能力；矿山排水系统的能力覆盖范围；是否开展矿山突水应急预案的经常性演练等适应性工作。给矿山排水系统的适应性赋值。

(3)通风系统。通风方式；风机；通风能力；矿山通风系统的能力覆盖范围；井下调风装置及设施是否达到足够的数量；通风的检测。给矿山通风系统的适应性赋值。

(4)供配电系统。电源来路；供电系统能力；矿山供电系统的能力覆盖范围；矿山Ⅰ类负荷供电情况；地面电气设备接零保护；井下电气设备接地保护；备用设施。给矿山供配电系统的适应性赋值。

(5)运输系统。井下运输设备；运输能力；井下运输系统能力覆盖范围。给矿山运输系统的适应性赋值。

(6)采矿系统。采矿方法；出矿设备；采矿系统生产能力；地压管理；采空区处理。给矿山采矿系统的适应性赋值。

(7)辅助系统。是否配备齐全辅助系统设施,包括辅助系统的能力是否满足要求；辅助系统的能力覆盖范围是否满足要求。给矿山辅助系统的适应性赋值。

(8)其他。包括供气、供水、通信及机修、后勤补给等系统的适应性进行评价并赋值。

根据以上各系统的适应性,计算矿山生产系统适应性。

Ⅰ　职业卫生符合性评价

对地下矿山生产各工序中危害职工健康的烟(粉)尘、有毒有害气体、噪声、振动等因素以及矿山为保证职工健康所采取的防护措施是否符合有关安全规程规范要求进行评价。

J　安全对策措施与建议

(1)预评价所提出的安全对策措施实施情况。

(2)安全专篇所提出的安全对策措施落实情况。

(3)验收评价提出的安全对策措施。

1)自然地质方面。

①防突水。对水文观测,水体防护,构造带处理,地质勘探钻孔保护,掘进探、放水,突水处理,应急救援,地表水治理等提出相应的安全对策措施。

②防片帮冒顶。对复杂地质条件地段,构造带,天井掘进,顶板检查,凿岩前检查等提出相应的安全对策措施。

2)开拓系统方面。对开拓计划,安全出口,巷道布置,施工前勘探,弃废巷道处理,安全设施,警示标识,管线吊挂,巷道水沟,马头门信号室,巷道畅通,巷道管理等提出相应的安全对策措施。

3)提升、运输系统方面。

①竖井提升。对提升机、钢丝绳检测,提升安全保护装置检查,马头门安全,井架安全,井筒、井口检查,乘罐制度,爆破器材运送,井筒保护等提出相应的安全对策措施。

②斜井(或斜坡道)提升。对提升机、钢丝绳检测,信号装置、警示标识,安全门、阻车器及跑车装置等提出相应的安全对策措施。

③ 井下运输。对人行道,特殊工种,溜井口安全设施,机车运行,设备养护,人工推车,机车运行等提出相应的安全对策措施。

4)排水系统方面。对水文地质勘探,排水设施、设备,防水设施,防水演练,泵房管理,溜井防水等提出相应的安全对策措施。

5)通风系统方面。对通风设施,主扇运转,风流控制,风量、风速、风质测量,反风,专用回风井、巷,入风井防尘,用风地点通风,风量调整等提出相应的安全对策措施。

6)采矿方法方面。

① 采矿方法。对回采压力集中,采场、矿柱参数,采场通风,出矿,采场平场,顶板管理,采空区监测,采场照明,采场内设施、设备管理,安全警示标识,地表安全等提出相应的安全对策措施。

② 爆破。对炮位施工,炮孔防水,爆破现场,炸药搬运,装药,爆破器材管理,堵孔处理,炮孔填塞,起爆,爆破警戒,盲炮处理,浮石处理等提出相应的安全对策措施。

7)其他方面。包括供电系统、通信系统、总图布置、职业卫生、安全管理、采掘设备等方面的安全对策措施。

(4)建议。针对验收评价存在的问题,提出安全建议。

K 安全验收评价结论

(1)矿山安全设施设计、施工、投入生产和使用是否满足"三同时"的要求,且设计、施工单位是否具备相应的资质。

(2)是否建立并完善各项安全管理制度、操作规程。

(3)安全管理机构是否健全,设置是否合理,人员技术力量是否可以满足安全生产需要。

(4)主要负责人、安全生产管理人员和特种作业人员是否经过培训并取得资格证书。

(5)矿山是否制定应对各种灾害(水灾、火灾、塌陷、坠落等)发生的应急救援预案。

(6)矿山基建过程中,主要的安全设施及工程施工是否有监理,且完成后是否有完备的竣工验收报告。

(7)矿山各个生产系统是否满足矿山正常生产的需要。

(8)是否落实安全预评价和初步设计安全专篇所提出的安全对策措施。

22.4.2.2 非煤露天矿山安全验收评价报告

A 前言

前言包括安全验收评价目的、基本原则、评价依据、评价范围和内容、工作程序等。

B 建设项目概况

(1)矿山概况。

(2)自然地理包括矿区地理位置,地理坐标,矿区交通,地形地貌,气候,降水,矿区范围。

(3)矿区建设条件包括矿区地质、矿床地质、水文地质、工程地质、周边环境、矿床开采技术条件等。

(4)项目设计与建设概况包括矿床开拓运输系统、采矿方法、开采范围、采场要素、基建工程、采矿工艺(穿爆、铲装、运输)、排土场、排水系统、供电系统、供水系统、总图布置、矿山主要设备及其试生产现状、设备试运转情况,是否与项目初步设计或设计变更相符合。

C 主要危险、有害因素辨识与分析

(1)主要危险、有害因素。露天开采过程中,常见的危险、有害因素有矿岩及材料搬运、人员滑跌或坠落、机械伤害、拖曳伤害、爆破事故、坍塌和滑坡等。

(2)自然地质危险、有害因素。

1)自然危险、有害因素。山体稳定状态,地表岩石风化等。

2)工程地质危险、有害因素。矿床风化带,地质构造发育程度,岩石破碎情况等。

3)边坡危险、有害因素。采场帮坡、边坡、平台参数,降雨影响,边坡松动(浮)岩石等。

4）水文地质危险、有害因素。含水层,含水、渗水构造,大气降水,周围水体,矿山周围积水等。

5）其他危险、有害因素包括气象、地震、雷电等因素。

（3）采矿作业危险、有害因素。

1）穿孔。钻机作业,凿岩机作业,操作人员业务素质,夜间作业,违章指挥,用电工具等。

2）爆破。炸药加工、管理,爆破器材,爆破飞石,避炮设施,爆破后检查,盲炮处理,爆破作业警戒线、信号等。

3）铲装。铲装设备,挖掘机调动,安全平台,作业信号,车辆停靠,操作人员业务素质等。

4）运输。路面情况,采场指示、警示标识,车辆协调指挥等。

5）排土。清基工作,边坡稳定,排土场参数,对下游村庄和农田的影响,设备故障,车辆指挥,人员失误,管理不善,警戒标识等。

（4）矿石倒装作业时主要危险、有害因素。卸料平台安全设施,协调指挥,照明,作业条件,机械伤害,高处坠落,电气伤害,噪声、振动及粉尘危害等。

（5）其他危险、有害因素。包括空压机爆炸、矿山火灾、防排水、爆破对周边环境影响、安全管理以及新水平准备过程中危险、有害因素。

D　评价单元划分和评价方法选择

a　评价单元划分

按安全系统工程的原理,考虑各方面的综合作用,将安全验收评价总目标,从"人、机、料、法、环"的角度,分解为安全管理单元、设备与设施单元、物料与材料单元、开采工艺单元、场地与环境单元,见表22-27。

表22-27　露天矿评价单元划分及内容

评价单元	主　要　内　容
安全管理	安全管理体系、管理组织、管理制度、责任制、操作规程、持证上岗、应急救援等
设备与设施	生产设备、安全装置、辅助设施、特种设备、电器仪表、避雷设施、消防器材等
物料与材料	油类、火工品
开采工艺	穿孔、爆破、采装、运输、排土
场地与环境	露天采场、排土场、周边环境等

根据露天采场的开采工艺特点,在分解的5个评价单元基础上,将矿山工程系统再划分为18个子单元,详见表22-28。

表22-28　露天矿评价子单元划分

评价单元	子单元	依据标准	主要危险、有害因素
安全管理	安全机构	安全生产法、安监总管—(2007)214号、安监总局令20号	指挥错误、操作错误、监护错误
	规章制度	安全生产法、安监总管—(2007)214号、安监总局令20号	指挥错误、操作错误、监护错误
	安全规划及基础管理	安全生产法、安监总管—(2007)214号	指挥错误、操作错误、监护错误
	矿图	安全生产法、GB16423—2006	指挥错误、操作错误、监护错误
设备与设施	穿孔设备	GB16423—2006	机械伤害、撞击、坠落、噪声、粉尘
	铲装设备	GB16423—2006	机械伤害、撞击、坠落
	运输设备	GB16423—2006	机械伤害、撞击、坠落
	防排水设备和设施	GB16423—2006	触电、噪声、水灾
	除尘设施	GBZ1—2002	机械伤害、触电、粉尘
物料与材料	油类	GB16423—2006	火灾、爆炸、中毒
	火工器材	GB6722—2003	炸药、雷管爆炸

评价单元	子单元	依 据 标 准	主要危险、有害因素
开采工艺	穿孔	GB16423—2006	机械伤害、坠落、噪声、粉尘
	爆破	GB16423—2006 GB6722—2003	放炮事故
	铲装	GB16423—2006	机械伤害、撞击、坠落、噪声、粉尘
	运输	GB16423—2006	机械伤害、车辆伤害、高处坠落、噪声、粉尘
场地与环境	露天采场	GB16423—2006 GB50187—1993	车辆伤害、机械伤害、高处坠落、放炮、坍塌滑坡、雷电、火灾
	排土场	GB16423—2006 GB50421—2007 AQ2005—2005	机械伤害、车辆伤害、高处坠落、坍塌、滑坡、噪声、粉尘
	周边环境	安监局 18 号令	飞石、噪声、粉尘

　　b　安全验收评价方法

　　典型评价方法适应的生产过程见表 22-29。

表 22-29　典型评价方法适应的生产过程

评 价 方 法	各生产阶段					
	设计	试生产	工程实施	正常运转	事故调查	拆除报废
安全检查表	×	●	●	●	×	●
危险指数法	●	×	×	●	×	×
预先危险性分析	●	●	●	●	●	●
危险可操作性研究	×	●	●	●	●	×
故障类型及影响分析	×	●	●	●	●	●
事件树分析	×	●	●	●	●	●
故障树分析	×	●	●	●	●	●
人的可靠性分析	×	●	●	●	●	×
概率危险评价	●	●	●	●	●	×

　　注:"●"表示通常采用,"×"表示很少采用或不适用。

　　安全验收评价方法一般选择安全检查表法,以法律法规、标准、规范为依据,检查系统整体上的符合性和配套安全设施的有效性。

　　E　符合性评价

　　a　安全"三同时"符合性评价

　　根据建设项目的特点和试生产情况,并对照《非煤矿矿山企业安全生产许可证实施办法》、《非煤矿矿山建设项目安全设施设计审查与竣工验收办法》、《金属非金属矿山安全规程(GB16423—2006)》和上一节划分的评价单元,编制相应的安全检查表对矿山建设工程进行"三同时"安全符合性检查。

　　根据相关法律法规、规范和技术标准,结合矿山生产实际情况,针对划定的评价单元,首先拟定出各评价单元(子单元)的安全检查表,其次根据矿山安全生产管理的实际情况逐条逐项进行分析评价,通过综合评价来判断各单元的安全生产状况,最后按照各单元在整个安全生产中的重要程度来计算矿山总体符合率,最终判断其安全生产状况。评价符合率与安全生产等级的对应关系见表 22-30。

　　采用"安全检查表"对露天矿进行系统适应性和安全设施、设备的适应性检查分析,并根据各评价项目的重要程度进行量化,达到定性、定量地确定系统状态的目的,检查内容可参见表 22-31～表 22-37。安全管理符合性评价结果见表22-38。

表 22-30　评价符合率与安全生产等级的对应关系

检查表评价符合率	安全生产等级	备　注
≥95%	特级安全级	完全符合非煤矿山安全生产条件
80%~95%	安全级	符合非煤矿山安全生产条件,存在问题在生产过程中进行整改完善
50%~80%	临界安全级	基本符合非煤矿山安全生产条件,部分系统或配套安全设施符合性较差,须限期整改或完善
<50%	危险级	不符合非煤矿山安全生产条件,必须停产整顿

表 22-31　安全管理安全检查评价

检查项目	检查内容	检查方法	检查结果	评价意见
安全机构	(1) 各级领导树立"安全第一"的思想,有一领导分管安全工作	查档案		
	(2) 按(安监总管—(2007)214号)设立专门安全生产管理机构	查档案		
	(3) 按(安监总管—(2007)214号)配备2名专职安全人员,并保持相对稳定	查档案		
规章制度	(1) 矿山必须建立安全生产责任制度	查档案		
	(2) 矿山必须建立安全目标管理制度	查档案		
	(3) 矿山必须建立安全例会制度	查档案		
	(4) 矿山必须建立安全检查制度	查档案		
	(5) 矿山必须建立安全教育培训制度	查档案		
	(6) 矿山必须建立设备管理制度	查档案		
	(7) 矿山必须建立危险源管理制度	查档案		
	(8) 必须建立事故隐患排查与整改制度	查档案		
	(9) 矿山必须建立安全技术措施审批制度	查档案		
	(10) 必须建立劳动保护用品管理制度	查档案		
	(11) 矿山必须建立事故管理制度	查档案		
	(12) 矿山必须建立应急管理制度	查档案		
	(13) 矿山必须建立安全奖惩制度	查档案		
	(14) 必须建立安全生产档案管理制度	查档案		
安全规划及基础管理	(1) 抓好新工人进矿后的三级教育和调换工种的教育,做到有安全教育登记表、卡等	查档案		
	(2) 开展全员安全教育(包括干部),受教育面达100%	查档案		
	(3) 运用多种形式进行宣传教育,做到生动活泼,坚持不懈有成效	查档案		
	(4) 特种人员持证上岗做到每年进行一次考核	查档案		
	(5) 开展定期和不定期的安全生产检查,做到检查有记录、整改有计划、完成有项目	查记录		
	(6) 矿山在编制生产建设发展规划的同时,必须编制安全技术发展规划	查档案		
	(7) 每年在编制生产计划的同时编制安全措施计划并按时上报	查档案		
	(8) 安全措施费用按规定提取并用于改善劳动条件,做到专款专用,按期完成项目	查档案		
	(9) 制定应急管理制度,完善应急救援体系	查档案		
	(10) 劳动防护用品穿戴齐全,无野蛮操作,坚持文明生产	查现场		
总图	(1) 矿山地形地质图	查档案		
	(2) 矿山总平面布置图	查档案		
	(3) 开采终了境界图	查档案		
	(4) 矿山采场工程平面布置图	查档案		
	(5) 矿山采场剖面图	查档案		

表 22-32　设备与设施安全检查

检查项目	检查内容	检查结果	评价意见
穿孔设备	现场检查、合格证		
铲装设备	现场检查、合格证		
运输设备	现场检查、合格证		
防排水设备和设施	现场检查、查看竣工图		
除尘设施	现场检查、合格证		

表 22-33　物料与材料安全检查

检查项目	检查内容	检查方法	检查结果	评价意见
油类	加油站,储油库	现场检查		
火工器材	(1)爆破器材外观检验,检查器材的生产厂名、批号、日期,外观有无损坏或不正常现象	现场检查、查记录		
	(2)爆破材料运输	现场检查		
	(3)路面平整程度,路况	现场检查		

表 22-34　开采工艺安全检查

检查项目	检查内容	检查方法	检查结果	评价意见
穿孔	穿孔参数是否按设计要求作业	现场检查		
爆破	(1)爆炸物品的购买、使用符合《民用爆炸物品安全管理条例》规定	查各类资质和日常领用记录		
	(2)爆破作业,是否按审批的爆破设计书进行。爆破设计书是否由单位主要负责人批准	查设计和批准文件		
	(3)爆破从业人员是否持证上岗,是否定期进行培训	查上岗证和培训记录		
	(4)爆破前是否有专人对爆破器材的质量、数量进行严格的检查并认真填写爆破前登记表	查记录		
	(5)起爆前是否有明确的警戒信号,与爆破作业无关的人员是否撤离警戒区,是否将所有机电设备搬运到安全地点	现场检查		
	(6)爆破是否在有关的通道上设置警戒岗哨,是否同时发出音响和视觉信号	现场检查		
	(7)爆破后,爆破员是否按规定的等待时间进入爆破地点,是否检查有无危石和盲炮等现象,如果有是否及时进行处理	现场检查和检查爆破记录		
	(8)每次爆破后,爆破员是否认真填写爆破记录	现场检查和检查爆破记录		
	(9)是否将剩余的爆破器材如数及时交回器材库	资料检查、现场检查		
铲装	(1)是否建立健全铲装作业安全生产制度	资料检查		
	(2)挖掘机、装载机操作员是否持证上岗	现场检查		
	(3)挖掘机及前装机铲装作业时,禁止铲斗从车辆驾驶室上方经过	现场调查		
	(4)开采设备是否与采矿作业相匹配	查看现场、查看设计		
	(5)当汽车运输时,相邻挖掘机车距不得小于其最大挖掘半径的3倍,且不得小于50 m	现场检查		
	(6)严禁挖掘机在运转过程中调整悬臂架的位置	现场检查		
	(7)推土机作业时,是否有明确详尽的岗位作业规程	资料检查		
	(8)机械铲装时,应保证最终边坡的稳定性	现场检查		
	(9)临近最终边坡的采剥作业,必须按设计确定的宽度预留安全、运输平台	现场检查		
	(10)如在装载地点不能进行环行运输时,应备有供调车用的场地	现场检查		

检查项目	检 查 内 容	检查方法	检查结果	评价意见
运输	(1) 矿区运输道路是否符合《规程》要求	查看设计、查看现场		
	(2) 采矿工作面的运输平台是否满足采剥要求	查看设计、查看现场		
	(3) 夜间装卸车地点,应有良好照明	现场检查		
	(4) 冰雪和多雨季节,道路较滑时应有防滑措施并减速行驶	现场检查		

表 22-35　场地与环境安全检查

检查项目	检 查 内 容	检查方法	检查结果	评价意见
露天采场	(1) 开采必须自上而下台阶式开采	查看现场		
	(2) 出现滑坡征兆时,应停止危险区的作业,撤离人员,禁止人员和车辆通行,并报矿有关部门及时处理	现场调查		
	(3) 大雾、炮烟、尘雾和照明不良而影响能见度,或因暴风雨、雪或有雷击危险不能坚持正常生产时,应立即停止作业;威胁人身安全时,人员应转移到安全地点	现场调查		
	(4) 坠落高度基准面2 m以上(含2 m)的高处作业时,必须佩戴安全带或设置安全网、护栏等保护设施	查看现场		
	(5) 平台宽度符合设计要求,满足穿孔凿岩作业和装载、运输的要求	查看现场		
	(6) 采场内风化严重有垮塌危险的永久边坡地段,应设明显标志,防止人员、车辆靠近	查看现场		
	(7) 台阶高度:松软的岩土在不爆破时机械铲装不大于机械的最大挖掘高度;坚硬稳固的矿岩爆破后机械铲装不大于机械最大挖掘高度的1.2倍	查看现场		
	(8) 台阶采剥结束及时清理平台和坡面上的浮石	查看现场		
	(9) 应设置截水沟避免雨水直接冲刷边坡	查看现场		
	(10) 重点部位和有潜在滑坡危险的地段应进行加固	查看现场		
	(11) 有坠人危险的陷坑、泥浆池和水仓等,均须加盖或设栅栏,并应设明显标识和照明	查看现场		
	(12) 对采场工作帮应每季检查一次,高陡帮应每月检查一次,不稳定区段在暴雨过后应及时检查,发现异常立即处理	查看现场		
	(13) 在最终边坡附近是否采用控制爆破和采取减震措施	查看设计、查看现场		
	(14) 临近最终边坡的采掘作业是否超挖坡底	查看现场		
	(15) 公路技术参数(宽度、坡度、转弯半径)是否满足现有车辆安全行驶要求	查看设计、查看现场		
	(16) 采矿工作面的运输平台是否满足采剥要求	查看设计、查看现场		
	(17) 在道路的急弯、陡坡等行车危险地段,应设置挡车墙等安全措施,并按规定设置明显的行车警示标识	查看现场		
排土场	(1) 设置专职人员对排土场进行观测和管理;较大的水力排土场设置值班室,专人负责定期观测和记录	查看现场 查看资料		
	(2) 建立、健全下列适合本单位排土场实际情况的规章制度: 1) 安全目标管理制度;2) 安全生产责任制度;3) 安全生产检查制度;4) 安全技术措施实施计划;5) 安全操作以及有关安全培训;6) 教育制度和安全评价制度	查看资料		
	(3) 应有以下主要设计资料: 1) 排土场设计应由有资质的机构进行设计;2) 有下列设计图纸资料:排土场设计资料、排土场最终平面图、排土场工程水文地质资料、排土场稳定性评价资料、排土场复垦规划资料	查看资料		

检查项目	检 查 内 容	检查方法	检查结果	评价意见
排土场	（4）排土场距采矿场、工业场地（厂区）、居民点、铁路、道路、耕种区、水域、隧洞的安全距离符合设计要求	查看设计 查看现场		
	（5）排土工艺参数符合以下要求： 1）排土场排土工艺、排土顺序、阶段高度、总堆置高度、安全平台宽度、总边坡角及相邻阶段同时作业的超前堆置距离符合设计要求；2）排弃岩土的岩土比、岩土混排或分排应符合设计要求	查看设计 查看现场		
	（6）排土场进行排弃作业时，应圈定危险范围并设立警示标识	查看现场		
	（7）汽车排土作业应满足下列要求： 1）卸排作业场地应经常保持平整，并保持有3%~5%的反坡；2）夜间作业时，作业点应设置良好的照明设施；3）汽车运输排土卸载平台边缘有牢固可靠的挡车设施，其高度不小于轮胎直径的2/5；4）汽车进入排土场内距排土工作面50~200 m，限速15 km/h，小于50 m限速8 km/h；5）在同一地段进行卸车和推土作业时，设备之间必须保持足够的安全距离	查看现场		
	（8）排土场安全检查内容： 1）排土场稳定性安全检查，内容包括：排土参数、变形、裂缝、底鼓、滑坡等项目；2）排水构筑物与防洪安全检查，内容包括：排水构筑物检查和截洪沟断面检查	查看现场		
	（9）排土场防洪和排水检查内容： 1）排土场应有可靠的截流、防洪和排水设施；水力排土场必须有足够的调洪、储洪容积，设置防汛设施；2）较大的水力排土场配备通信设施和必要的水位、坝体沉陷与位移、坝体浸润线观测设施	查看现场		
	（10）处于地震烈度高于Ⅵ度地区的排土场，应制订相应的防震和抗震的措施及应急预案	查看资料		
	（11）在结束施工的排土场平台和斜坡上普遍植被	查看现场		
周边环境	（1）爆破警戒范围标识是否完善	查看现场		
	（2）个别飞石砸坏周边建（构）筑物及砸伤人员	查看记录及现场		

表 22-36 初步设计安全专篇中提出的安全对策措施落实情况检查

检 查 部 位		检查内容	安 全 要 求	检查结果	评价意见
采矿方面	（1）穿孔	现场调查	GB16423—2006		
	（2）爆破	现场调查	GB16423—2006，GB6722—2003		
	（3）运输	现场调查	GB16423—2006		
	（4）防排水	现场调查	GB16423—2006		
	（5）边坡	现场调查	GB16423—2006		
	（6）矿石倒装矿仓	现场调查	GB16423—2006，GB50295—1999		
	（7）工业场地	现场调查	GB16423—2006		
	（8）生产设施	现场调查	GB16423—2006		
	（9）防火及防雷	现场调查	GBJ16—1987，GB50057—1994		
安全管理	（1）安全专职机构	现场走访	安全生产法		
	（2）安全管理制度	现场走访	安全生产法		
	（3）安全教育、培训机构及人员配备	现场走访	安全生产法		
	（4）建立事故应急的组织机构，编制事故应急处理预案	查资料	安监总局令第20号，国务院第397号令		
	（5）安全专项投资	查资料	安监总局令第20号，国务院第397号令		

表 22-37　"三同时"符合性检查结果汇总

检 查 项 目	检查内容(项)	检查结果(符合项)
一、安全管理安全检查	30	
二、设备与设施安全检查	5	
三、物料与材料安全检查	4	
四、开采工艺安全检查	24	
五、场地与环境安全检查	30	
六、初步设计中提出的安全对策措施落实情况检查表	14	
总　计	107	
综合评价等级:		符合率: %

表 22-38　安全管理符合性评价结果

评 价 因 子	扣 除 分 值	所 得 分 值	符合率/%
一、安全生产岗位责任制			
二、安全生产教育			
三、安全技术措施			
四、安全生产检查			
五、安全生产规章制度			
六、安全生产管理机构及人员配置			
七、岗位安全操作规程			
八、应急救援预案			
合　计			

b　安全管理、安全设施及设备符合性评价

（1）安全管理符合性评价。对矿山安全生产责任制、安全生产教育、安全技术措施、安全生产检查、安全生产规章制度、安全生产管理机构及人员配置、岗位安全操作规程、应急救援预案等 8 个评价因子的符合性进行分析并评分。

（2）安全设施符合性评价。对防排水、除尘和供电设施及设备 3 个评价因子进行分析和评价,见表 22-39。

表 22-39　安全设施及设备符合性评价结果

评 价 因 子	扣 除 分 值	所 得 分 值	符合率/%
一、防排水设施及设备			
二、除尘设施及设备			
三、供电设施及设备			
合　计			

（3）主要设备符合性评价。对穿孔设备、铲装设备、运输设备、电气装置等设备设施是否符合安全生产要求、是否满足矿山生产能力要求等符合性进行分析和评价。

F　生产系统适应性评价

露天采矿生产系统(包括穿孔、爆破、铲装、运输、排土等),如果能力不够或不能正常工作,直接引起矿山非正常生产,甚至引起事故,故权值取 5;其他系统则是间接地影响矿山的安全生产,对矿山生产有一定的影响,构成重大威胁的概率较小,如供电系统权值取 3,防排水系统权值取 2,见表 22-40。

表22-40　露天采矿生产系统权值

系统名称	系统失控后果	权值
开采系统	穿孔、爆破、采装、运输、排土,以及开采过程中的爆破飞石、滚石和台阶坍塌等事故对生产、人员安全有重要的影响	5
防排水系统	排水不畅,影响正常生产;事故后果一般	2
供电系统	(1) 挖掘机无法工作,影响正常生产,夜间生产照明不足,影响安全生产; (2) 影响生产,可造成人员伤亡,危险程度一般	3

a　生产系统适应性评价方法

生产系统的适应性分值计算公式和适应性评价等级、分值及评价依据同本章非煤地下矿山生产系统适应性评价。

b　生产系统的适应性评价内容

(1) 开采系统。

1) 穿孔爆破作业。对矿山采用的钻机、钻孔和爆破方法、起爆方法、爆破参数、安全距离的适应性进行分析和核算,并评分。

2) 铲装运输排土作业。对开拓运输系统、装载设备、运输设备、排土工艺、排土场参数的适应性进行分析和核算,并评分。

(2) 防排水系统。对矿山截洪沟、排水沟、排水方式、排水设备、排水能力的适应性进行分析和核算,并评分。

(3) 供电系统。对矿山用电、供电能力、供电线路的适应性进行分析和核算,并评分。

G　安全对策措施及建议

(1) 初步设计安全专篇所提出的安全对策措施落实情况。

(2) 验收评价提出的安全对策措施。

1) 采场方面。

① 穿孔。对钻机行走、转移时,钻机钻孔时,钻机发生接地故障时,钻机通过高、低压线路时,停、切、送电源时,跨越公路的电缆,恶劣天气,高空作业时,机械、电气、风路系统安全控制装置失灵时,以及对操作者安全技术知识培训、安全技术操作规程等方面提出相应的安全对策措施。

② 爆破。对恶劣天气,安全警戒,炮孔填塞,爆破材料运输,爆破人员素质,炮位验收,爆堆处理,盲炮预防,盲炮处理,爆破警戒线内的设备设施防护,爆破器材管理等方面提出相应的安全对策措施。

③ 铲装。对伞檐处理,挖掘设备作业时的周围人员安全,悬浮岩块,塌陷征兆,挖掘设备的警报装置,操作人员素质等方面提出相应的安全对策措施。

④ 运输。对运输道路参数,运输设备检修,行车安全间距,夜间作业,道路养护,车辆制动,汽车尾气净化,超重装车,易燃、易爆物品运输,运输设备运行速度控制,恶劣天气的运输,道路管理,特殊路段管理,工作面装车,安全生产教育等方面提出相应的安全对策措施。

2) 采场边坡方面。对边坡安全管理,加固治理,靠帮爆破控制等方面提出相应的安全对策措施。

3) 排土场。对参数控制,底部垫层,破坏地段维护,下游民房,防洪、排水设施,作业区或危险区内人员活动,平台平整,排土线推进,坡度要求,设备之间的安全距离,汽车卸土,推土作业,汽车场内行驶,废石(土)流失,有害成分扩散,防汛工作,恶劣天气,安全设施,警戒标志,统一指挥,最终台阶坡面夯实、复垦等方面提出相应的安全对策措施。

4) 其他。防排水、防尘、防雷电、防地震、工业场地布置、设备与设施、防火防爆、周边环境、矿石倒装、安全技术管理等方面提出相应的安全对策措施。

5) 建议。针对验收评价提出的矿山存在的问题,提出安全建议。

H　安全验收评价结论

参照本章非煤地下矿山内容。

安全验收评价程序框图如图22-7所示。

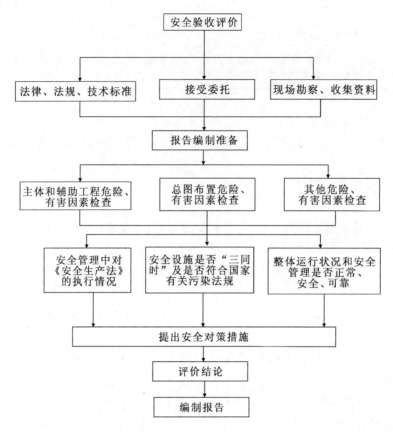

图22-7　安全验收评价程序框图

22.4.3　安全现状评价

安全现状评价是针对生产经营活动、区域运行管理的安全风险状况、安全管理状况进行安全评价,辨识与分析其存在的危险、有害因素,确定其与安全生产法律法规、技术标准的符合性,预测发生事故或造成职业危害的可能性和严重程度,提出科学、合理、可行的安全风险管理对策措施建议。

安全现状评价可针对一个完整的独立系统、区域,也可针对特定或局部的生产方式、生产工艺、生产装置或某一场所进行。这种对在用生产装置、设备、设施、储存、运输及安全管理状况进行的全面综合安全评价,不仅包括生产过程的安全设施,也包括生产经营单位整体的安全管理模式、制度和方法等安全管理体系的内容,一般应包括如下内容:

(1) 全面收集评价所需的信息资料,采用合适的安全评价方法进行危险、有害因素识别与分析,给出安全评价所需的基础资料。

(2) 对于可能造成重大后果的危险、有害因素,特别是事故隐患,采用适应的安全评价方法,进行定性、定量安全评价,确定危险、有害因素导致事故的可能性及其严重程度。

(3) 对辨识出的危险源,按照危险性进行排序,按照可接受风险标准,确定可接受风险和不可接受风险;对于辨识出的事故隐患,根据其事故的危险性,确定整改的先后顺序。

(4) 对于不可接受的风险和事故隐患,提出整改措施。为了安全生产,提出安全管理对策措施。评价形成的《安全现状评价报告》应作为建设单位(投资者、业主)安全生产管理的依据;对评价报告中提出的整改意见,应逐步落实;对评价报告中提出的安全管理模式、各项安全管理制度,应逐步建立并实施。

安全现状评价所需的资料从以下方面收集:(1)生产工艺;(2)物料;(3)建设单位周边环境情况;(4)设备设施相关资料;(5)管道;(6)电气、仪表及自动控制系统;(7)共用工程系统;(8)事故应急救援预案;(9)规章制度及企业标准;(10)相关的检测和检验报告。

安全现状评价通常采用的定性、定量安全评价方法有:

(1)定性安全评价方法:预先危险性分析;安全检查表;故障类型和影响分析;故障假设分析;故障树分析;危险与可操作性研究;风险矩阵法等。

(2)定量安全评价方法:故障树分析;事件树分析;安全一体化水平评价方法;事故后果灾害评价等。

22.4.3.1 非煤地下矿山安全现状评价报告

A 前言

前言包括安全现状评价目的、评价依据、评价范围和内容、工作程序等。

B 矿山概况

(1)自然地理。

(2)矿山地质。

(3)矿山现状包括开采范围、开拓系统、采矿方法、排水系统、通风系统、供水系统、供电系统、供气系统、通信系统、采矿设备等方面。

C 主要危险、有害因素辨识与分析

(1)危险、有害因素。地下矿山常见的危险、有害因素主要有塌陷、片帮冒顶、人员滑跌、高处坠落、爆破事故、中毒和窒息、运搬、机械伤害;还有起重伤害、车辆伤害、火灾、水的危害等。

(2)主要危险、有害因素辨识。

1)水文地质、工程地质主要危险、有害因素分析。

2)开拓系统。安全出口,巷道顶板管理,巷道布置,矿体变化,人行天井,巷道掘进及巷道畅通,废弃巷道处理,安全设施,警示标志,避灾线路标志,井下炸药存放等。

3)提升运输系统。提升信号,井口防护,钢丝绳,提升机检测,提升安全保护装置,马头门安全设施,井架安全设施,井下候罐区,人员、车辆、物料、爆破器材提升,井筒检修,斜井安全门、阻车器、跑车装置,人行道,车辆运行,警示标志,信号,操作人员素质等。

4)通风系统。主通风机检测,巷道风量,风速,风流质量,通风设施,各用风点风量,主通风机反风,专用回风井、回风巷,有害气体,开拓、采准延伸后的通风验算,通风管理,主扇防护等。

5)排水系统。水文地质勘探程度,排水设备,排水管路,防水设施,设备检修,泵房管理,救援预案等。

6)采矿系统。采矿方法、工艺,回采顺序,矿柱,采场通风,采场平场,顶板检查,照明,地压管理,采场内设备,采空区处理,爆破器材,炸药管理,爆破材料质量,爆破安全,爆破影响,盲炮处理,操作人员管理,采场技术管理等。

7)其他包括分析供电系统、通信系统、供气系统、采掘设备、安全管理、防火、防爆、总图布置等方面的危险、有害因素。

D 评价单元的划分和评价方法的选择

a 评价单元的划分

根据矿山有关技术资料和现场调查、类比调查的结果,以及井下采矿所固有的系统特点,在主要危险、有害因素分析的基础上,遵循突出重点,抓主要环节的原则,将整个开采系统划分为8个大的评价单元,即安全管理单元、矿山井巷单元、地下开采单元、提升运输单元、通风防尘单元、电气设备单元、防排水单元、防灭火单元。

b 评价方法选择

通过对矿山的潜在危险和有害因素的辨识与分析,结合评价范围,进一步运用有关评价方法进行系统安全评价,找出主要灾害事故被触发的原因,系统地了解各危险源危险状况信息;探索几个重大危险源可能触发造成的波及范围和破坏程度。安全现状评价一般采用安全检查表法、生产系统适应性评价和安全生产设施、设备规范性评价等。

E 安全检查表法

根据矿山的工艺特点和生产设施的现状,列出需检查的单元、部位、项目、要求等,编制成安全检查表,然后依据安全规程参考表中所列项目,逐项进行对照检查、评价。可参见表22-41~表22-48。

表22-41 矿山安全管理单元检查

评价子单元	检查项目	检 查 内 容	检查结果	评价意见
管理机构人员	安全管理机构与安全管理人员	企业应设置安全生产管理机构或配备相应的专职安全生产管理人员		
	主要负责人安全生产任职资格	下列主要负责人应取得有效的安全生产资格: (1) 矿长(经理); (2) 负责安全的副矿长(副经理); (3) 负责生产(设备)的副矿长(副经理); (4) 负责技术的矿级负责人(总工程师)		
	特种作业人员	特种作业人员必须满足下列要求: (1) 特种作业人员操作资格证在有效期限内,并进行年度审核、验证; (2) 特种作业人员持证上岗; (3) 所有特种作业岗位都应设置具有有效特种作业操作资格证的人员		
	事故应急救援组织	矿山企业应设立矿山救护队或按规定与邻近有资质的救护队签订救护协议		
安全生产责任制和安全生产管理制度	安全生产责任制	应建立、健全下列人员或部门的安全生产责任制: (1) 主要负责人; (2) 分管负责人; (3) 安全生产管理人员; (4) 职能部门; (5) 各岗位人员		
	安全生产管理制度	应按安监总管—(2007)214号文,建立健全14项主要安全管理制度		
	操作规程	建立、健全所有工种的岗位操作规程		
安全生产教育和培训	安全生产教育、培训计划和档案	矿山企业的培训和教育应满足下列要求: (1) 制定完善的安全生产教育培训计划; (2) 贯彻落实"三级"教育制度; (3) 建立从业人员安全教育和培训档案		
	安全生产教育、培训内容和时间	各类人员培训内容和时间符合下列要求: (1) 主要负责人和安全生产管理人员的安全生产知识和管理能力经考核合格; (2) 培训内容符合各类人员培训大纲规定; (3) 新进矿山的井下作业职工,安全生产教育、培训时间不少于72 h,并考试合格; (4) 调换工种和采用新工艺的人员,必须重新培训并考试合格; (5) 所有生产作业人员每年接受教育、培训时间不少于20 h		
安全生产投入	安全生产投入	矿山企业的安全生产投入应做到: (1) 制定年度安全技术措施计划; (2) 按计划和有关规定提取安全技术措施费用; (3) 按计划使用安全技术措施费用		

评价子单元	检查项目	检 查 内 容	检查结果	评价意见
职业危害管理	职业危害防治措施	矿山企业在职业危害防治方面应做到： （1）对存在粉尘、有毒有害气体、放射性物质、噪声和高温等职业危害的场所进行定期检测； （2）制定防治粉尘、有毒有害气体、放射性物质、噪声和高温等职业危害的具体措施		
	劳动保护用品	为从业人员配备符合国家标准或者行业标准要求的、合格的劳动保护用品，并按规定发放		
	职工健康监护	矿山企业应定期为职工体检，并建立职工健康监护档案		
事故应急救援预案	生产安全事故应急救援预案	制定本单位生产安全事故应急救援预案，并根据具体情况及时修改		
	救灾演习	每年组织一次应急救灾演习		

表22-42　矿山井巷单元检查

评价子单元	检查项目	检 查 内 容	检查结果	评价意见
图纸	图纸	下列图纸应齐全、规范，及时填绘： （1）矿区工程地质和水文地质图； （2）井上、井下对照图； （3）巷道布置图； （4）井巷掘进施工图； （5）井下避灾路线图		
安全出口	矿井安全出口	每个矿井至少有两个独立的能行人的直达地面的安全出口，且间距不小于30 m		
	生产水平安全出口	每个生产水平（中段）至少有两个能行人的安全出口，并与通往地面的安全出口相通		
	出口安全标识	井巷的分道口应有路标		
梯子间与人行道	竖井装备梯子间出口	竖井梯子间设置应符合下列规定： （1）梯子倾角不大于80°； （2）上下相邻两层平台的间距不大于8 m； （3）上下相邻平台的梯子出口要错开，平台梯子出口尺寸不应小于0.6 m×0.7 m； （4）梯子上端高出平台1 m，下端距井壁不小于0.6 m； （5）梯子宽度不小于0.4 m，梯蹬间距不大于0.3 m； （6）梯子间与提升间应全部隔开		
	人行道	运输平巷人行道有效宽度应符合下列规定： （1）平巷运输时，人力运输巷道的人行道不小于0.7 m，机车运输巷道的人行道不小于0.8 m，无轨运输巷道的人行道不小于1.0 m，带式输送机运输巷道的人行道不小于1.0 m； （2）井底车场矿车摘挂钩处应设两条人行道，每条净宽不小于1.0 m； （3）运输物料的斜井，车道和人行道之间应设置坚固的隔墙		
	安全间隙	在水平巷道中，运输设备之间及运输设备与支护之间的间隙应不小于0.3 m；带式输送机与其他设备突出部分之间的间隙应不小于0.4 m；无轨运输设备与支护之间的间隙应不小于0.6 m		

续表 22-42

评价子单元	检查项目	检查内容	检查结果	评价意见
井巷支护	支护要求	在不稳定岩层中掘进井巷时应进行支护;在松软或流砂性岩层中掘井时,永久性支护至掘进工作面之间应架设临时支护或特殊支护		
	支护质量	支护质量满足下列要求: (1) 木支护时,木质良好并采取防腐措施,支架架设牢固可靠,顶、两帮的空隙必须塞紧,柱窝应打在稳定的岩石上,爆破前应加固支架; (2) 砌碹支护,在砌碹前拆除原有支架时必须及时清理浮石,并采取临时支护措施,砌碹后应将顶帮空隙填实,碹胎强度应不小于支撑重量3倍的安全系数; (3) 竖井砌碹时,永久支护与掘进工作面之间应安设临时井圈,井圈及背板应用楔子塞紧,不稳定岩层临时井圈应紧靠工作面并加固,砌碹应保持碹壁平整,接口严密; (4) 喷锚支护应有专门设计,锚杆应做拉力试验,喷锚应做厚度和强度检查,锚杆的托板必须紧贴巷壁并用螺母拧紧		
	支护间距	需要支护的井巷,支护与工作面之间的距离应在设计中规定		
井巷维护与报废	日常管理要求	对所有支护的井巷应进行定期检查发现问题及时处理,并作记录;主要提升井筒、运输大巷和大硐室的维修应编制安全技术措施计划,并经主管矿长批准		
	井巷维修要求	井巷维修应满足以下要求: 平巷维修或扩大断面应首先加固工作地点附近的支架;维修斜井时应停止车辆运行,并设警戒和明显标志;撤换独头巷道支架时,里面不得有人;竖井维修必须编制施工组织计划		
	报废井巷管理	报废的井巷和硐室的入口必须及时封闭;报废井巷地面入口周围应设置高度不小于1.5 m的栅栏,并标明原来井巷的名称		
	废旧井巷修复	对报废井巷首先确认其安全后方可施工修复,修复被水淹没的井巷时对陆续露出部分应及时检查支护,并采取措施防止有害气体和积水突然涌出		
防坠	竖井与中段防坠要求	竖井与各中段的连接处应有足够的照明和高度不小于1.5 m的栅栏或金属网,并设有阻车器		
	井巷口防坠要求	矿山各井口等容易发生坠落的场所应设有标识、照明、护栏或隔筛、盖板	·	
	井巷口附近施工防坠要求	在竖井、天井、溜井或漏斗口上方作业,以及在相对于坠落基准面2m及以上的其他地点作业时,作业人员必须系安全带或采取其他安全保护措施,作业时派专人监护		

表 22-43　矿山地下开采单元检查

评价子单元	检查项目	检查内容	检查结果	评价意见
采矿设计与作业规程	采矿设计	地下采矿有采矿设计		
	图纸	所有采掘工作面图纸应齐全、规范,及时填绘		
	作业规程	采矿作业应按作业规程进行		
	矿柱保护	严格保证矿柱(含顶、底柱和间柱等)的尺寸、形状和直立度,并有专人检查和管理,以确保整个利用期间的稳定性		
	矿柱回采要求	矿柱回采方案应在回采设计中同时提出;矿柱回采时应检查运输巷道的稳定情况采取必要的加固措施		
出矿、出渣	出矿设施设备	出矿设施设备必须满足国家规范、标准要求。铲运机驾驶座上方,应设牢固的防护棚		
	安全管理	不得在顶板危险的地方出矿、出渣		

续表22-43

评价子单元	检查项目	检查内容	检查结果	评价意见
凿岩和爆破作业	凿岩作业	严格按设计进行施工		
	爆破管理制度	建立并执行爆破管理制度		
	爆破设计	应具有爆破设计说明书,并按照设计说明书进行爆破施工		
	爆破作业管理	(1) 爆破作业人员应取得有效爆破作业上岗证,并持证上岗; (2) 爆破作业要有专人指挥; (3) 每次爆破后,爆破员必须及时将剩余爆破器材退库; (4) 爆破后,须对现场进行检查并填写爆破记录		
	爆破器材储存	爆破器材的储存应满足下列要求: (1) 建立爆破器材储存制度; (2) 库房内储存的爆破器材数量不得超过库房设计容量;性质相抵触的爆破器材必须分库储存;库房内严禁存放其他物品; (3) 爆破用品必须存放在专用的爆破物品存放点(库),有专人保管		
	爆破器材运输	(1) 车辆、矿车运输必须符合国家有关运输规则的安全要求; (2) 爆破器材包装应牢固、严密,性质相抵触的爆破器材不得混装; (3) 装载爆破器材的车厢、矿车、罐笼等,不准同时载运职工和其他易燃、易爆物品		
地表沉陷管理	管理制度	建立、健全地表沉陷管理制度,并贯彻执行		
	地表岩移观测与监测	建立地表岩移观测制度,设置地表岩移观测系统,按制度监测		
	地表沉陷区安全措施	地表陷落区应设明显标志或栅栏,通往陷落区的井巷应封闭		
采矿方法	一般要求	(1) 采矿设计必须符合国家规范、标准的要求; (2) 更改设计须出具更改设计单		
	采矿过程要求	回采过程中应认真检查,清除浮石		
	风流	各分段联络道必须有足够的新鲜风流		
	作业安全	凿岩、装药、出矿等作业应在支护区域内进行		
	放矿管理	应编制好放矿计划,严格进行控制放矿		
	现场要求	采场应有良好的照明;行人井、通风井,都应保持畅通		
采矿机械	出矿照明与信号	应有良好的照明;铲运机开动前,司机应发出信号		
	运输巷道要求	运输巷道底板平整,坡度和弯道的曲线半径应符合设备要求		

表22-44　矿山提升运输单元检查

评价子单元	检查项目	检查内容	检查结果	评价意见
管理制度	管理制度	主要包括以下管理制度: (1) 人员上下井管理制度; (2) 交接班制度; (3) 检查制度; (4) 设备操作、维护保养、检修制度		
记录及图纸资料	记录	下列记录应齐全、填写规范: (1) 设备运转记录; (2) 试验和更换钢丝绳的记录; (3) 大、中、小修记录; (4) 司机班中检查和交接班记录; (5) 主要装置(包括钢丝绳、防坠器、天轮、提升容器、罐道等)的检查记录		
	图纸	下列提升设备、设施的图纸齐全、完整,符合规范: (1) 井下运输系统图; (2) 提升系统图		

续表22-44

评价子单元	检查项目	检查内容	检查结果	评价意见
井下运输	运输轨道铺设	应及时敷设永久性轨道,轨道路基应铺以碎石或砾石道渣,轨枕下面的道渣厚度应不小于90 mm,轨枕埋入道渣的深度应不小于轨枕厚度的2/3		
	轨道曲线段要求	轨道的曲线半径,应符合相关规定,曲线段轨道加宽和外轨超高,应符合运输技术条件的要求		
	电机车运输规定	有爆炸性气体的回风巷道及高硫和有自燃发火危险的矿井不应使用架线式电机车;司机离开机车时,应切断电动机电源,拉下控制器把手,取下车钥匙,扳紧车闸将机车刹住		
	电机车运行规定	电机车运行应遵循有关规定,司机不得将头或身体探出车外		
	电机车架线要求	架线式电机车运输的滑触线悬挂高度在主要运输巷道:电源电压低于500 V时,悬挂高度不低于1.8 m;电源电压高于500 V时,不低于2.0 m;井下调车场、架线式电机车道与人行道交岔点:电源电压低于500 V时,不低于2.0 m;电源电压高于500 V时,不低于2.2 m;滑触线架设应符合有关规定		
竖井提升	升降人员和物料罐笼规定	用于升降人员和物料的罐笼,应符合GB16542的规定		
	升降人员罐笼安全要求	升降人员罐笼必须装设安全可靠的防坠器		
	提升保护装置	竖井提升系统应设过卷保护装置,过卷高度应符合有关规定;提升井架(塔)内应设置过卷挡梁和楔形罐道;提升装置的各部分以及提升机的各部分,每天应由专职人员检查一次,每月应由矿机电部门组织有关人员检查一次;发现问题应立即处理,并将检查结果和处理情况记入提升装置记录簿		
	提升系统信号	井口和井下各阶段马头门车场,均应设信号装置;提升信号系统应设有下列信号: (1) 工作执行信号; (2) 提升阶段指示信号; (3) 提升种类信号; (4) 检修信号; (5) 事故信号; (6) 无联系电话时,应设联系询问信号		
	安全警示牌	所有升降人员的井口及提升机室应悬挂以下布告牌: (1) 每班上下班时间表; (2) 信号标志; (3) 每层罐笼每次允许乘罐的人数; (4) 其他有关升降人员的注意事项		
钢丝绳与连接装置	钢丝绳试验	提升钢丝绳和平衡钢丝绳,使用前应进行试验		
	钢丝绳定期检验	提升钢丝绳的检验,应使用符合条件的设备和方法进行,检验周期应满足有关要求		
	钢丝绳使用要求	提升钢丝绳,悬挂时及使用中定期检验的安全系数应符合有关规定;对提升钢丝绳,除每日进行检查外,应每周进行一次详细检查,每月进行一次全面检查		
	连接装置安全系数要求	连接装置的安全系数,必须符合下列规定: (1) 升降人员或升降人员和物料的连接装置和其他有关部分,不小于13; (2) 升降物料的连接装置和其他有关部分,不小于10; (3) 无极绳运输的连接装置,不小于8; (4) 矿车的连接钩、环和连接杆,不小于6		

续表22-44

评价子单元	检查项目	检 查 内 容	检查结果	评价意见
提升装置	提升装置基本要求	提升装置的天轮、卷筒、主导轮和导向轮的最小直径与钢丝绳直径之比及最小直径与钢丝绳中最粗钢丝的最大直径之比,应符合有关规定		
	提升卷筒钢丝绳层数规定	各种提升装置的卷筒缠绕钢丝绳的层数,应符合规定要求		
	升降人员限速	竖井用罐笼升降人员及吊桶升降人员时,加速度和减速度的最高速度应不超过规定要求		
	电动控制系统保护	电动控制系统保护主要有以下内容: (1) 提升装置的机电控制系统,应有符合要求的保护与电气闭锁装置; (2) 提升系统应有保护和联锁装置; (3) 提升机控制系统,除应满足正常提升要求外,还应满足运行工作状态的要求; (4) 提升设备应有能独立操纵的工作制动和紧急制动的安全制动系统; (5) 提升设备应有定车装置,以便调整卷筒位置和检修的制动装置;安全制动装置的空动时间应满足规定要求		
	提升设备仪表	提升设备应装设下列仪表: (1) 提升速度4m/s以上的提升机,应装设速度指示器或自动速度记录器; (2) 电压表和电流表; (3) 指示制动系统的气压表或油压表以及润滑油压表		
	提升作业安全	在交接班、人员上下井时间内,非计算机控制的提升机,应由正司机开车,副司机在场监护		
	提升装置检测	主要提升装置,每年应由有资质的检测机构检测一次		

表22-45 矿山通风防尘单元检查

评价子单元	检查项目	检 查 内 容	检查结果	评价意见
图纸及管理制度	图 纸	有下列图纸并应每年至少填绘一次: (1) 通风系统图; (2) 防尘管路系统图		
	管理制度	有通风防尘管理制度		
通风系统	基本要求	矿井通风系统必须满足下列要求: (1) 所有矿井必须建立完善的机械通风系统,并根据生产变化及时调整通风系统; (2) 采场形成通风系统之前,不得生产回采		
	矿井风量、风速和风质	矿井风量、风速和风质应符合下列要求: (1) 矿井风量满足生产安全需要和规程要求; (2) 井巷最高风速不超过规程要求; (3) 井下采掘工作面进风流中的空气成分、入风井巷和采掘工作面风源含尘量、井下作业地点空气中有害物质的浓度符合规程要求		
	矿井有效风量率	矿井通风系统的有效风量率,应不低于60%		
	串联通风	采掘工作面之间不得采用不符合卫生标准的风流进行串联通风		
	硐室通风	井下炸药临时存放硐室、所有机电硐室都应供给新鲜风流		
	通风构筑物	通风构筑物应符合下列规定: (1) 通风构筑物(风门、风桥、风窗、挡风墙等)必须由专人负责检查、维修,保持完好严密状态; (2) 主要运输巷道应设两道风门,其间距应大于一列车长度		

评价子单元	检查项目	检　查　内　容	检查结果	评价意见
主扇	主扇运转	主扇必须连续运转,发生故障或需要停机检查时应立即向调度室和主管矿长报告,并通知所有井下作业人员撤离		
	备用电动机	每台主扇必须有相同型号和规格的备用电动机,有能迅速调换电动机的设施		
	反风设施	主扇应有使矿井风流在10min内反向的措施。每年至少进行1次反风试验,并有试验记录		
	主扇测量仪表及记录	主扇风机房应设有测量风压、风量、电流、电压和轴承温度等的仪表。每班都应对扇风机运行情况进行检查并填写运转记录		
局部通风	基本要求	基本要求: (1)掘进工作面和通风不良的采场必须安装局部通风设备; (2)局扇应有完善的保护装置; (3)独头工作面有人作业时,局扇必须连续运转		
	风筒口与工作面的距离	压入式通风不得超过10m;抽出式通风不得超过5m;混合式通风,压入风筒的出口不得超过10m,抽出风筒的出口应滞后压入风筒的出口5m以上		
	风筒敷设	风筒接头严密,吊挂平直、牢固,不拐死弯		
	警示标识	停止作业并已撤除通风设备而又无贯穿风流通风的采场、独头上山或较长的独头巷道,应设栅栏和标识,防止人员进入		
粉尘防治	防尘供水	防尘用水,采用集中供水方式,水质应符合卫生标准要求。储水池的容量应不小于一个班的耗水量		
	凿岩作业防尘	凿岩必须采取湿式作业。缺水地点或湿式作业有困难的地点,应采取干式捕尘或其他有效防尘措施		
	装卸矿(岩)作业防尘	爆破后和装卸矿(岩)时,必须进行喷雾洒水		
	巷(岩)壁清洗	凿岩、出渣前应清洗工作面10m内的巷壁;进风道、人行道及运输巷道的岩壁应每季至少清洗一次		
	作业人员个体防护	接尘作业人员必须佩戴合格防尘口罩		
检查测定	检测仪器仪表	矿山企业必须配备足够数量的测风仪表、测尘仪器和气体测定分析仪器等,并应按国家规定进行校验		
	通风系统测定	矿井通风系统应每年测定一次(包括主要巷道的通风阻力测定)		
	风量、主扇工况和气象条件测定	矿井总进风量、总排风量和主要通风道的风量,应每季测定一次;主扇运转特性及工况,应每年测定两次;作业地点的气象条件(温度、湿度和风速等),每月至少测定一次		
	粉尘浓度测定	按下列要求对生产性粉尘进行测定: (1)总粉尘:定期测定作业场所的空气含尘浓度,井下凿岩工作面应每月测定两次,其他工作面、地面每月测定一次,并逐月进行统计分析、上报和向职工公布;粉尘分散度,每年测定两次; (2)呼吸性粉尘:工班个体呼吸性粉尘监测,采、掘(剥)工作面每三个月测定一次,其他工作面或作业场所每年测定二次;每个采样工种分两个班次连续采样,一个班次内至少采集两个有效样品,先后采集的有效样品不应少于4个;定点呼吸性粉尘监测每月测定一次		
	有害气体浓度测定	矿井空气中有害气体的浓度应每月测定一次。井下空气成分的取样分析,应每半年进行一次		

表 22-46 矿山电气设备单元检查

评价子单元	检查项目	检 查 内 容	检查结果	评价意见
记录及图纸资料	图纸	下列电气设备、设施的图纸齐全、完整,符合规范: (1)井上、井下配电系统图; (2)井下电气设备布置图; (3)井下通信系统图		
	设备档案及运行记录	主要电气设备的技术档案及运行记录应包括: (1)设备使用说明书; (2)设备安装开工报告; (3)调试安装验收单; (4)试验记录; (5)设备事故记录; (6)设备大修、更换主要部件及技术改造记录		
设备综合管理	机电设备合格证	机电设备有产品合格证		
	在用主要生产设备	在用主要生产设备完好		
	特种设备	特种设备有经有资质单位检测证书和产品合格证		
	设备更新、检修	有设备更新、检修计划,并按计划执行		
供电	井下各级配电标准电压	井下各级配电电压应遵守下列规定: (1)高压网路的配电电压,不应超过 10 kV; (2)低压网路的配电电压,不应超过 1140 V; (3)照明电压,运输巷道、井底车场应不超过 220 V;采掘工作面、出矿巷道、天井和天井至回采工作面之间,应不超过 36 V;行灯电压应不超过 36 V; (4)手持式电气设备电压,不应超过 127 V; (5)电机车牵引网路供电电压,采用交流电源时应不超过 400 V;采用直流电源时,应不超过 600 V		
	供电线路	由地面到井下中央变电所或主排水泵房的电源电缆,至少应敷设两条独立线路		
	接地、接零要求	井下电气设备不应接零;井下应采用矿用变压器,若用普通变压器,其中性点不应直接接地;变压器二次侧的中性点不应引出载流中性线(N线);地面中性点直接接地的变压器或发电机,不应用于向井下供电		
	断路器要求	向井下供电的断路器和井下中央变配电所各回路断路器,不应装设自动重合闸装置		
电气线路	线路保护	移动式电力线路,必须采用井下矿用橡套电缆;井下信号和控制用线路,应使用铠装电缆		
	硐室、木支护巷道及钻孔中电缆铺设	敷设在硐室或木支护巷道中的电缆,应选用塑料护套钢带(或钢丝)铠装电缆;在钻孔中敷设电缆,应将电缆紧固在钢丝绳上;钻孔不稳固时,应敷设保护套管		
	井下电缆敷设要求	敷设井下电缆,应符合下列规定: (1)在水平巷道或倾角 45° 以下的巷道内,电缆悬挂高度和位置,应保证电缆在矿车脱轨时不致受到撞击、在电缆坠落时不致落在轨道或运输机上,电力电缆悬挂点的间距应不大于 3 m,控制与信号电缆及小断面电力电缆间距应为 1.0~1.5 m,与巷道周边最小净距不小于 50 mm; (2)不准将电缆悬挂在风、水管上;电缆上不准悬挂任何物件;电缆与风、水管平行敷设时,电缆应敷设在管子的上方,其净距应不小于 300 mm; (3)在竖井或倾角大于 45° 的巷道内,电缆悬挂点的间距:在倾斜巷道内应不超过 3 m,控制与信号电缆及小截面电力电缆间距不超过 1.5 m;在竖井内应不超过 6 m;敷设电缆的夹子、卡箍或其他夹持装置,应能承受电缆重量,且应不损坏电缆的外皮; (4)橡套电缆应有专供接地用的芯线,接地芯线不应兼作其他用途; (5)高、低压电力电缆之间的净距应不小于 100 mm;高压电缆之间、低压电缆之间的净距应不小于 50 mm,并应不小于电缆外径		

续表22-46

评价子单元	检查项目	检查内容	检查结果	评价意见
电气线路	防火墙电缆保护	电缆通过防火墙、防水墙或硐室部分,每条应分别用金属管或混凝土管保护;管孔应按设计要求加以密闭		
	线路标注	巷道内的电缆每隔一定距离和在分路点上,应悬挂注明编号、用途、电压、型号、规格、起止地点等的标志牌		
	矿用阻燃电缆	高温矿床或有发火危险的地下矿床,宜选用矿用阻燃电缆		
电气保护	短路电流	井下电力网的短路电流,不得超过保护用的断路器井下使用时允许的短路开断电流。矿用高压油断路器使用于井下时的开断电流不得超过原额定开断电流值的一半		
	低压馈出线	从井下中央变电所或采区配电所引出的低压馈出线,应装设带有过电流保护的自动开关		
	保护装置	井下变配电所高压馈电线,应装设单相接地保护装置;低压馈电线,应装设漏电保护装置;有爆炸危险的矿井,保护装置应能实现有选择性地切断故障线路或能实现漏电检测并动作于信号		
机电硐室	中央变配电所硐室设置	井下永久性中央变配电所硐室,应砌碹;采区变电所硐室应用非可燃性材料支护;硐室顶板和墙壁应不渗水;电缆沟应无积水		
	变配电硐室出口及门设置	长度超过6m的变配电硐室,应在两端各设一个出口;当硐室长度大于30m时,应在中间增设一个出口;各出口处应装有向外开的铁栅栏门;在有淹没、火灾、爆炸危险的矿井,机电硐室都应设置防火门或防水门		
	电气设备间距	硐室内各电气设备之间应留有宽度不小于0.8m的通道,设备与墙壁之间的距离应不小于0.5m		
	控制装置及警示标志	硐室内电气设备的控制装置,必须注明编号和用途,并有停送电标志;硐室入口应悬挂"非工作人员禁止入内"的标志牌,高压电气设备必须悬挂"高压危险"的标志牌,并应有照明		
照明及通信	照明设置	井下所有作业地点、安全通道和通往作业地点的人行道,都应有照明		
	特种照明	采掘工作面可采用移动式电气照明;有爆炸危险的井巷和采掘工作面,应采用携带式蓄电池矿灯		
	通信系统设置	地表调度室至井下各中段采区、马头门、装卸矿点、井下车场、主要机电硐室、井下变电所、主要泵房和主扇风机房等,必须设有可靠的通信系统		
接地保护及要求	接地保护	井下所有电气设备的金属外壳及电缆的配件、金属外皮、道中接近电缆线路的金属构筑物等都应接地。		
	局部接地极	下列地点,应设置局部接地极: (1)装有固定电气设备的硐室和单独的高压配电装置; (2)采区变电所和工作面配电点; (3)铠装电缆每隔100m左右就应接地一次,遇有接线盒的金属外壳应接地		
	接地网	矿井电气设备保护接地系统应形成接地网		
	中段接地干线	各中段的接地干线,都应与主接地极相连		
	接地极要求	接地极应符合下列要求: (1)主接地极设置在水仓或水坑内时,应采取面积不小于0.75 m²、厚度不小于5 mm的钢板; (2)局部接地极设置在排水沟中时,应采用面积不小于0.6 m²、厚度不小于3.5 mm的钢板,或具有同样面积而厚度不小于3.5 mm的钢管,并应平放于水沟深处; (3)局部接地极设置在其他地点时,应采用直径不小于35 mm、长度不小于1.5 m、壁厚不小于3.5 mm的钢管,钢管上至少应有20个直径不小于5 mm的孔,并竖直埋入地下		
	接地材料要求	接地装置所用的钢材必须镀锌或镀锡;接地装置的连接线应采取防腐措施		

评价子单元	检查项目	检 查 内 容	检查结果	评价意见
检查和维修	设备的检查、维修和调整管理	电气设备的检查、维修和调整等,应建立相应制度;检查中发现的问题应及时处理,并应及时将检查结果记入记录簿		
	绝缘油检验	变压器等电气设备使用的绝缘油,必须每年进行一次理化性能及耐压试验;操作频繁的电气设备使用的绝缘油,必须每半年进行一次耐压试验;理化性能试验或耐压实验不合格的,必须更换		
	移动式机械橡套电缆	供给移动式机械(装岩机、电钻)电源的橡套电缆,靠近机械的一段可沿地面敷设,但其长度应不大于45 m,中间不应有接头,电缆应安放适当,使其不被运转机械损坏		
	矿井电气工作业要求	矿井电气工作人员,必须遵守下列规定: (1) 对重要线路和重要工作场所的停电和送电,以及对700 V以上的电气设备的检修,应持有主管电气工程技术人员签发的工作标准进行作业; (2) 不应带电检修或搬动任何带电设备(包括电缆和电线);检修或搬动时,必须先切断电源,并将导体完全放电和接地; (3) 停电检修时,所有已切断的开关把手均要加锁,必须验电、放电和将线路接地,并且悬挂"有人作业,禁止送电"的警示牌。只有执行这项工作的人员,才有权取下警示牌并送电		

表 22-47 矿山防排水单元检查

评价子单元	检查项目	检 查 内 容	检查结果	评价意见
一般规定和图纸资料	一般规定	存在水害的矿山企业应满足下列要求: (1) 建设前应进行专门的勘察和防治水设计,勘察和设计工作应由具有相应资质的单位完成; (2) 水害严重的矿山企业应成立防治水专门机构,在基建、生产过程中持续开展有关防治水方面的调查、监测和预测预报工作		
	图纸	下列图纸应齐全、完整,符合规范: (1) 矿山地质地形图; (2) 矿区工程地质和水文地质图,井上、井下对照图; (3) 排水管路系统图		
	地表水文资料	应查清矿区及其附近地表水流系统和汇水面积、河流沟渠汇水情况、疏水能力、积水区和水利工程的现状和规划情况,以及当地日最大降雨量、历年最高洪水位,并结合矿区特点建立和健全防水、排水系统		
	井下水文资料	调查并核实矿区范围内小矿井、老井、老采空区,现有生产井中的积水区、含水层、岩溶带、地质构造等情况;查明矿井水的来源,掌握矿区水的运动规律,摸清矿井水与地表水和大气降雨的水力关系		
地面防水	矿井井口标高	矿井井口标高,必须高于当地历史最高洪水位1 m以上。		
	防止地表水进入井下的措施	矿区及其附近的积水或雨水有可能侵入井下时,必须根据具体情况,采取下列措施: (1) 容易积水的地点应修筑泄水沟; (2) 矿区受河流、洪水威胁时应修筑防水堤坝; (3) 漏水的沟渠和河流应及时防水、堵水或改道; (4) 地面塌陷、裂缝区的周围应设置截水沟或挡水围堤; (5) 有用的钻孔必须封盖;报废的竖井、斜井、探矿井、钻孔和平硐等必须封闭,并在周围挖掘排水沟,防止地表水进入地下采区; (6) 影响矿区安全的水坑、岩溶漏斗、溶洞等均应严密封闭		
	雨季防洪	每年雨季前,应由主管矿长组织一次防水检查,并编制防水计划,其工程应在雨季前竣工		

评价子单元	检查项目	检 查 内 容	检查结果	评价意见
井下防水	防水矿(岩)柱	在下列情况下应留设防水矿(岩)柱,防水矿(岩)柱的尺寸由设计确定,在设计规定的保留期内不得开采或破坏: (1)对积水的旧井巷、老采区、流砂层、各类地表水体、沼泽、强含水层、强岩溶带等不安全地带应留设防水矿(岩)柱; (2)相邻的井巷或采区,如果其中之一有涌水危险,则应在井巷或采区间留出隔离安全矿柱		
	防水门设置	在下列地点应设置防水门,防水门的位置、数量和结构与设计相符: (1)矿山的主要泵房出口处应装设防水门; (2)水文地质条件复杂的矿山应在关键巷道内设置防水门; (3)在通往强含水带、积水区和有大量突然涌水可能区域的巷道,以及专用的截水、放水巷道内应设置防水门		
	探水和防水	探水和防水应遵循以下规定: (1)对接近水体的地带或与水体有联系的可疑地段,应编制探水设计。探水孔的位置、方向、数目、孔径、每次钻进的深度和超前距离,符合设计规定; (2)探水、放水工作,应由有经验的人员根据专门设计进行;放水量应按照排水能力和水仓容积进行控制; (3)对老采空区、氧化带的溶洞、与深大断裂有关的含水构造进行探水以及被淹井巷的排水和放水作业时,应事先采取通风安全措施,并使用防爆照明灯具		
井下排水设施	水泵	井下主要排水设备必须由工作、备用和检修水泵组成。其中工作水泵的能力,应能在20 h内排出矿井24 h包括充填水及其他用水等的正常涌水量。除备用水泵外,其余水泵,应能在20 h内排出矿井24 h的最大涌水量		
	排水管	井筒内应装设两条排水管,其中一条工作,一条备用。排水管全部投入工作时,应能在20 h内排出24 h的最大涌水量。		
	水仓	水仓应由两个独立的巷道系统组成,涌水量较大、水中含泥量多的矿井,可设置多条水仓。每个水仓的断面和长度,应能满足最小泥砂颗粒在进入吸水井前达到沉淀的要求。多条水仓组成2~3组,每组应能独立工作。每条(组)水仓容积应能容纳2~4 h井下正常涌水量。井下主要水仓的总容积应能容纳6~8 h正常涌水量		
	水泵房	水泵房宜设在井筒附近,并应与井下主变电所联合布置。井底主要泵房的通道不应少于两个,其中一个通往井底车场,通道断面应能满足泵房内最大设备的搬运,出口处应装设密闭防水门;另一个应用斜巷与井筒连通,斜巷上口应高出泵房地面7 m以上,泵房地面应高出井底车场轨面0.5 m(潜没式泵房除外)		

表22-48　矿山防灭火单元检查

评价子单元	检查项目	检 查 内 容	检查结果	评价意见
地面防灭火	防火制度和措施	存在火灾隐患的场所,应建立防火制度,采取防火措施,备足消防器材		
	地面消防水管系统	建立地面消防水管系统,水池容积和管道规格应满足消防和生活供水的需要		
	消防通道	各厂房和建筑物之间建立消防通道,消防通道上禁止堆放物料		

评价子单元	检查项目	检 查 内 容	检查结果	评价意见
井下防灭火	井下消防水管系统	结合湿式作业供水管道建立井下消防水管系统,管道规格应考虑生产用水和消防用水的需要		
	木材支护井巷和硐室的消防要求	用木材支护的竖井、斜井及其井架和井口房、主要运输巷道、井底车场硐室,应设置消防水管。生产供水管兼作消防水管时,应每隔50～100m设支管和供水接头		
	井巷和硐室防火要求	主要进风巷道、进风井筒及其井架和井口建筑物,主要扇风机房和压入式辅助扇风机房,风硐和暖风道,井下电机室、机修室、变压器室、变电所、电机车库和油库等,均应用非可燃性材料建筑,室内应有醒目的防火标志和防火注意事项,并配备相应的灭火器材		
	易燃部位的防漏电或防短路措施	井下输电线路和直流回馈线路通过木质井框、井架和易燃材料的部位,必须采取有效防止漏电或短路的措施		
	油类和易燃易爆物品的存放管理	油类和易燃易爆物品的存放管理应符合下列要求: (1)井下各种油类应单独存放于安全地点; (2)井下柴油设备或油压设备出现漏油应及时处理。每台柴油设备均应配备灭火装置; (3)废弃的油、棉纱、布头、纸和油毡等易燃品放在有盖的铁桶内; (4)易燃易爆器材,严禁放在电缆接头、轨道接头或接地极附近		
	电焊防火措施	在井下或井口建筑物内进行焊接,应制定经主管矿长批准的防火措施		
	矿井防火灾计划	矿井防火灾计划应每年编制,报主管部门批准,并根据采掘计划、通风系统和安全出口的变动情况及时修改		

F 安全对策措施及建议

(1)主要危险、有害因素和危险源点

1)水害。掘进工作面、采场、中央变电所等。

2)冒顶片帮。掘进工作面、采场、支护不良地段等。

3)中毒窒息。掘进工作面、回风巷道、独头巷道及其他通风不良的场所等。

4)火灾及爆炸。油罐、用气装置(锅炉)、炸药存放点、爆破作业、焊接作业等。

5)物理爆炸。锅炉、空压机、气瓶等。

6)触电危险。变配电设备设施、电气线路、用电设备设施。

7)静电危害。使用、输送、储存易燃易爆物质的设施,以及火灾爆炸危险环境中的设备设施。

8)物体打击。爆破飞石、巷道硐室及采场浮石等。

9)高空坠落。2m以上各类高空作业点,如天井、溜井口。

10)车辆伤害。厂内运输车辆、井下电机车运输及井下无轨运输设备等。

11)机械伤害。空压站、提升机房、水泵房等的各类传动旋转部位。

12)灼伤。高温设备、管路及使用弧光电焊等。

13)噪声危害。空压设备、泵类、风机等设备。

14)粉尘。凿岩爆破、破碎场所等。

(2)验收评价已提出的安全对策措施

(3)现状评价提出的安全对策措施

1)自然灾害方面。对水文观测,水体防护,构造带处理,地质勘探钻孔保护,掘进探、放水,突水处理,应急救援,地表水治理,复杂地质条件地段,构造带,天井掘进,顶板检撬,凿岩前检查等提出相应的安全对策措施。

2)开拓系统方面。对开拓计划,安全出口,巷道布置,施工前勘探,弃废巷道处理,安全设施,警示标志,管线吊挂,巷道水沟,马头门信号室,巷道管理等提出相应的安全对策措施。

3)提升、运输系统方面。

① 竖井提升。对提升机、钢丝绳检测,提升安全保护装置检查,马头门安全,井架安全,井筒、井口检查,乘罐制度,爆破器材运送,井筒保护等提出相应的安全对策措施。

② 斜井(或斜坡道)提升。对提升机、钢丝绳检测,信号装置、警示标志,安全门、阻车器及跑车装置等提出相应的安全对策措施。

③ 井下运输。对人行道,特殊工种,溜井口安全设施,机车运行,设备养护,人工推车等提出相应的安全对策措施。

4)排水系统方面。对水文地质勘探,排水设施、设备,防水设施,防突水演习,泵房管理,溜井防水等提出相应的安全对策措施。

5)通风系统方面。对通风设施,主扇运转,风流控制,风量、风速、风质测量,反风,专用回风井、巷,入风井防尘,用风地点通风,风量调整等提出相应的安全对策措施。

6)采矿系统安全对策措施。

① 采矿方法。对回采压力集中,采场、矿柱参数,采场通风,出矿,采场平场,顶板管理,采空区监测,采场照明,采场内设施、设备管理,安全警示标志,地表安全等提出相应的安全对策措施。

② 爆破。对炮位施工,炮孔防水,爆破现场,炸药搬运,装药,爆破器材管理,堵孔处理,炮孔填塞,起爆,爆破警戒,盲炮处理,浮石处理等提出相应的安全对策措施。

7)其他方面包括供电系统,通信系统,压气系统,防火、防爆,总图布置,职业卫生,安全管理等方面的安全对策措施。

(4)安全建议

G　安全现状评价结论

矿山各生产系统、设备设施及安全管理是否满足安全生产要求。

22.4.3.2　非煤露天矿山安全现状评价报告

A　前言

前言包括安全现状评价目的、基本原则、评价依据、评价范围和内容、工作程序等。

B　矿山概况

(1)自然地理。

(2)矿山地质。

(3)矿山现状。矿山现状包括采矿方法、开采范围、采场参数、生产能力、矿床开拓运输方案、采矿工艺(穿爆、铲装、运输)、排土场、排水系统、供电系统、总图布置、矿山主要设备各方面的生产现状。

C　主要危险、有害因素辨识与分析

(1)滑坡坍塌。形成滑坡坍塌的主要原因有:

1)断层发育,与露天边坡相交、切割,影响边坡的稳定性。

2)边坡岩体泥化、风化严重,降低了岩体的完整性。

3)随着露天采深不断增大,岩体内原来闭合性的裂隙内聚力降低,并逐渐张开,形成易于滑动的软弱面。

(2)物体打击。造成物体打击危险的主要原因有:

1)浮石不及时排除,排浮不净或排除时不按安全操作规程作业,滚石滑落。

2)对危石未及时处理。

3)安全帽、安全鞋等个体劳保用品穿戴不齐或未正确穿戴。

4)作业人员精力不集中,对出现的危险不能及时作出反应。

5)照明不足,无法看清浮石。

6）装载设备铲装矿岩时和矿车装载矿岩运输速度快时,由于惯性作用甩出矿岩伤人。

7）生产台阶爆破后没有及时进行台阶上部浮石、危石排险工作或排险作业不彻底。

（3）中毒窒息。中毒和窒息主要可能发生在爆破作业现场。

（4）触电。引发触电的主要原因有:

1）变压器周围不设防护栏,缺警示标志。

2）输电线路明节、鸡爪、裸露与人体接触。

3）保护装置缺陷(如避雷、接地、短路、超载等保护)。

4）挖掘机检修时超过规定的安全电压。

5）机电故障。

6）落地电缆接头多、质量不合格、绝缘不好。

7）挖掘机操作、维修人员未经培训合格、未持证上岗、违章作业。

8）违章指挥。

9）绝缘手套、绝缘鞋质量不合格,用电工具质量不合格等。

（5）爆破伤害。导致爆破危险的主要因素有:

1）炸药加工、存放管理不严造成爆破事故。

2）炸药燃烧中毒事故。

3）爆破时,由于最小抵抗线掌握不准,装药过多,造成爆破飞石超过安全距离允许范围,击中人、牲畜、建筑物和设备;或因对安全距离估计不足,警戒不严造成人员伤亡和设备损坏。

4）爆破器材质量不良造成的爆破事故。

5）爆破后过早进入爆破作业区引起的事故。

6）避炮设施安全距离不够或不牢固造成人身伤害。

7）爆破作业后,检查不彻底或未检查,没有清理出未爆炸的残余炸药。

8）盲炮未处理或处理不当,哑炮自爆。

9）爆破器材不合格,过期可能引发早爆、迟爆、自爆甚至拒爆事故。

10）爆破作业未按规程设置警戒线、发声光信号、清场不彻底、避炮不及时等均易产生事故。

（6）车辆伤害。引发车辆伤害的主要原因有:

1）路面凹凸不平,移动坑线坡度过陡,易造成人员伤亡和设备损坏。

2）驾驶人员违章作业、操作失误,线路标志不明显,车速过快,易引起坠落和撞车事故。

3）恶劣天气运输车辆之间安全距离不够,缺乏统一指挥,安全意识不强等。

4）夜间行驶无照明,道路、车挡或车辆照明设施不完善,易引起安全事故。

5）车辆未定期保养,汽车方向、制动刹车不灵,易引起安全事故。

6）道路处在断层或节理等地质构造,地下涌水、排水沟堵塞,重型设备反复碾压、爆破地震波、冲击波破坏等易造成道路损坏、垮塌;公路转弯半径小,坡度过大,路基路面宽度不够,易造成人身、设备事故。

7）运输设备装载过满或装载不均、偏重,将巨大岩块装入车的一侧,引起翻车事故。

8）铁路运输线路养护不及时,线路弯曲、变形、下沉、轨距扩大等引起机车撞车、脱轨翻车事故。

9）机车制动失灵等故障。

（7）机械伤害。引发机械伤害的主要原因有:

1）机械转动部位未设防护罩。

2）机械操作人员违规操作。

3）机械维修人员未按安全操作规程维修作业。

4）作业人员未经培训合格、无证上岗,不了解机械性能。

5）人员在机械回转范围内经过。

6）警示标志缺陷或没有。

(8) 火灾。引发火灾的主要原因有：

1) 露天采场电路胶线、电缆、塑料管道等可燃物,若因物体打击、设备撞压、碾压,或绝缘强度下降,防护设施缺陷或长时间超负荷运行等,造成短路而不跳闸,产生电火花,燃烧。

2) 电缆接头由于施工和选用密封绝缘材料质量不符合要求,运行中,接头氧化、发热,引起绝缘击穿短路爆炸起火。

3) 避雷设施装置不当,缺乏检修、检修不及时或缺乏避雷装置,发生放电引起火灾。

4) 职工住宅、生活区,因电气线路短路,过载,用火不当等,可引发火灾。

5) 变压器、电气室、修理室等,因设备长时间带油超负荷运行或有油污等,若遇电气短路或用火不当,可能导致火灾。

6) 易燃、可燃物料仓库,若因电路通过,防雷、防漏电、防短路等设施缺陷,易导致电火花引发火灾。

7) 违反安全操作规程,使设备超温超压作业或在易燃易爆场所违章动火、使用明火、吸烟或用汽油等易燃液体。

8) 爆破器材库,若雷管、炸药存放不当,明火管理不严,电气火花、雷电火花等,会导致火灾,并引起爆炸。

(9) 火药爆炸。火药爆炸是矿山可能发生的重大危险因素,存在于爆破器材库及爆炸物品在储存、运输、使用过程中。引发火药爆炸的主要原因有：

1) 雷管、炸药放置不当。

2) 不了解炸药性能,摩擦、折断、揉搓某些炸药。

3) 库房内使用明火或照明设施引发明火。

4) 穿带铁钉的鞋或化纤衣服等引起静电火花。

5) 雷电火花。

6) 外部大火蔓延或火星飞溅。

7) 运输、储存中撞击、挤压等。

8) 爆炸物品领退管理制度不严,造成流失,将导致社会安全问题。

(10) 容器爆炸。引起容器爆炸的主要原因有：

1) 空压机未按规定清扫,造成积炭、结垢,防护装置缺陷,导致温度过高、压力增大、管路阻塞,引发爆炸事故。

2) 储气罐质次或长时间使用、裂变、腐蚀又未作定期检测,或仪表失灵,管路阻塞造成压力过大,导致爆炸。

3) 压力管道因腐蚀变形、裂缝、撞击等发生泄漏或爆炸。

(11) 水灾。造成水灾的主要原因有：

1) 大气降雨过多,防洪设施失效。

2) 排水泵、排水管路故障或排水能力不足。

3) 停电。

4) 管理不善。

(12) 高处坠落。造成高处坠落的原因有：

1) 钻机距崖边距离小。

2) 夜间作业无照明或照明设施不完善。

3) 高处作业未系安全绳,或安全绳不牢固等。

4) 排土场无挡车设施,车辆行驶快,造成车辆高处坠落。

5) 人员违章操作、违章指挥推土机作业。

(13) 起重伤害。造成起重伤害的原因有：

1) 超载。

2）牵引链或产品未达到规定质量要求。

3）无证操作起重设备或作业人员违章。

4）开关失灵,不能及时切断电源,导致运行失控。

5）操作人员注意力不集中或视觉障碍,不能及时停车。

6）被运物体积过大。

7）突然停电。

8）起重设备故障等。

（14）其他有害因素。

1）粉尘。

① 凿岩、爆破产生的矿岩粉尘,或其他悬浮于空气中的微粒。

② 铲装、运输、卸矿作业产生的粉尘。

③ 其他生产过程中产生的粉尘。

2）噪声与振动。噪声与振动是矿山常见的有害因素,主要产生于凿岩作业、铲装设备、运输设备、空压机等机械运转、振动、摩擦、碰撞等。

3）有害气体。有害气体主要来源于矿用汽车在运输过程中排放的尾气和爆破作业产生的废气。

4）爆破影响。爆破影响主要是爆破器材、警戒范围、安全距离、爆破后检查、盲炮处理等过程中的事故伤害。

D　评价单元划分和评价方法选择

a　评价单元的划分

按安全系统工程的原理,考虑各方面的综合作用,将安全现状评价从"人、机、料、法、环"的角度,分解为安全管理单元、设备与设施单元、物料与材料单元、开采工艺单元、场地与环境单元。

b　安全评价方法

主要采用安全检查表法,以法律法规、标准、规范为依据,检查主要设备、设施的规范性和生产系统、安全管理的适应性。

根据露天矿采用的开采工艺特点,按生产工艺、生产设施设备相对位置、危险有害因素类别及事故范围,在分解的 5 个评价单元基础上,将矿山工程系统再划分为 18 个子单元,参见露天矿山验收评价单元化分表 22-7、表 22-8。

E　安全检查表法

各单元检查表参照露天矿山验收评价安全检查表,见表 22-31 ~ 表 22-37。

F　生产系统适应性评价

参照露天矿山验收评价生产系统适应性评价法。

G　主要设备与设施规范性评价

（1）主要设备规范性评价。对现场使用的穿孔、铲装、运输、电气等设备是否安全生产进行评价。

（2）安全设施规范性分析。对露天采场防排水设施、除尘设施、避炮设施等进行规范性评价。

H　职业卫生评价

对露天矿山生产中存在的烟（粉）尘、有毒气体、噪声等危害操作者健康的因素进行分析评价。

I　安全对策措施及建议

（1）验收评价已提出的安全对策措施落实情况。

（2）现状评价提出的安全对策措施。

1）采场方面

① 穿孔。对钻机行走、转移时,钻机钻孔时,钻机发生接地故障时,钻机通过高、低压线路时,停、切、送电源时,跨越公路的电缆,恶劣天气,高空作业时,机械、电气、风路系统安全控制装置失灵时以及操作者安全

技术知识培训,安全技术操作规程等方面提出相应的安全对策措施。

② 爆破。对恶劣天气,安全警戒,炮孔填塞,爆破材料运输,爆破人员素质,炮位验收,爆堆处理,盲炮预防,盲炮处理,爆破警戒线内的设备设施防护,爆破器材管理等方面提出相应的安全对策措施。

③ 铲装。对伞檐及根底处理,挖掘设备作业时的周围人员安全,悬浮岩块、塌陷征兆、瞎炮处理,挖掘设备的警报装置,操作人员素质等方面提出相应的安全对策措施。

④ 运输。对运输道路参数,运输设备检修,行车安全间距,夜间作业,道路养护,车辆制动,汽车尾气净化,超重装车,易燃、易爆物品运输,运输设备运行速度控制,恶劣天气的运输、道路管理,特殊路段管理,工作面装车,安全生产教育等方面提出相应的安全对策措施。

2)采场边坡方面。对边坡安全管理,加固治理,靠帮爆破控制等方面提出相应的安全对策措施。

3)排土场方面。对参数控制,底部垫层,破坏地段维护,下游民房,防洪、排水设施,作业区或危险区内人员活动,平台平整,排土线推进,坡度要求,设备之间的安全距离,汽车卸土,推土作业,汽车场内行驶,废石(土)流失,有害成分扩散,防汛工作,恶劣天气,安全设施,警戒标志,统一指挥,出现破坏迹象后的安全论证,最终台阶坡面夯实,复垦等方面提出相应的安全对策措施。

4)其他方面。防排水、防尘、防雷电、防地震、工业场地布置、设备与设施、防火防爆、周边环境、矿石倒装、安全技术管理等方面的安全对策措施。

5)安全建议。针对现状评价提出的矿山所存在的问题,提出安全建议。

J 安全现状评价结论

矿山各生产系统、设备设施及安全管理是否满足安全生产要求。

参 考 文 献

[1] 李美庆. 安全评价员使用手册[M]. 北京:化学工业出版社,2007.
[2] 刘志民. 最新安全评价技术、方法及典型实例解析[M]. 北京:煤炭工业出版社,2008.
[3] 司志勇. 安全评价师应用手册实务全书[M]. 北京:中国劳动知识出版社,2009.
[4] 柴建设,别凤喜,刘志敏. 安全评价技术·方法·实例[M]. 北京:化学工业出版社,2008.

冶金工业出版社部分图书推荐

书　　名	定价(元)
采矿手册(第1卷~第7卷)	927.00
采矿工程师手册(上、下)	395.00
现代采矿手册(上册)	290.00
现代采矿手册(中册)	450.00
现代金属矿床开采技术	260.00
爆破手册	180.00
中国典型爆破工程与技术	260.00
中国爆破新技术Ⅱ	200.00
工程爆破实用手册(第2版)	60.00
地下装载机	99.00
中国冶金百科全书·采矿	180.00
中国冶金百科全书·安全环保	120.00
中国冶金百科全书·选矿	140.00
矿山废料胶结充填(第2版)	48.00
采矿概论	28.00
采矿学(第2版)	58.00
地下采矿技术	36.00
露天采矿机械	32.00
倾斜中厚矿体损失贫化控制理论与实践	23.00
井巷工程(本科教材)	38.00
井巷工程(高职高专教材)	36.00
现代矿业管理经济学	36.00
选矿知识600问	38.00
采矿知识500问	49.00
矿山尘害防治问答	35.00
金属矿山安全生产400问	46.00
煤矿安全生产400问	43.00
矿山工程设备技术	79.00
选矿手册(第1卷至第8卷共14分册)	637.50
矿用药剂	249.00
选矿设计手册	140.00
炸药化学与制造	59.00
矿山地质技术	48.00
矿井风流流动与控制	30.00
金属矿山尾矿综合利用与资源化	16.00